U0930017

台湾地区标准目录

（2009）

福建省标准化研究所
福建省台湾标准研究中心 编

中国标准出版社
北京

图书在版编目(CIP)数据

台湾地区标准目录.2009/福建省标准化研究所，福建省台湾标准研究中心编.—北京:中国标准出版社，2010

ISBN 978-7-5066-5709-9

Ⅰ.①台… Ⅱ.①福… ②福… Ⅲ.①行业标准-台湾省-2009-目录 Ⅳ.①T-652.2

中国版本图书馆 CIP 数据核字(2010)第 027434 号

中国标准出版社出版发行
北京复兴门外三里河北街 16 号
邮政编码:100045
网址 www.spc.net.cn
电话:68523946 68517548
中国标准出版社秦皇岛印刷厂印刷
各地新华书店经销
*
开本 880×1230 1/16 印张 45.25 字数 1 993 千字
2010 年 2 月第一版 2010 年 2 月第一次印刷
*
定价 **220.00** 元

如有印装差错 由本社发行中心调换

举报电话:**(010)68533533**

《台湾地区标准目录（2009）》

编　委　会

序

在人类文明与社会进步的历史长河中，从语言到文字、从商品到货币、从工具到设备……无一不深深烙下标准的印记。随着经济全球化进程的加快，国际经济竞争与融合日趋复杂且更加激烈，全球市场份额的扩张已经不再是单纯的产品流动，而是演变成以产品为载体的产品专利与技术标准的结合和扩张。经济越发展，标准越重要；标准越先进，竞争越有利。“没有标准，世界的运行将戛然而止。”

2009 年 5 月，国务院出台了《关于支持福建省加快建设海峡西岸经济区的若干意见》，明确提出海峡西岸经济区要“积极对接台湾制造业”，将其建成东部沿海地区先进制造业的重要基地。国家质检总局《关于进一步支持海峡西岸经济区建设的意见》明确“支持福建省质量技术监督局建立的闽台标准服务平台列入国家技术标准资源服务平台。”《福建省贯彻落实〈国务院关于支持福建省加快建设海峡西岸经济区的若干意见〉的实施意见》明确要求深化闽台“标准、计量、认证等领域的交流合作”。这一系列政策文件充分阐明了两岸标准交流合作的重要性，同时也为我们开展两岸标准交流合作的形式、内容、目标指明了前进的方向。

2009 年 12 月，海峡两岸关系协会与台湾海峡交流基金会第四次领导人会谈签署《海峡两岸标准计量检验认证合作协议》，提出在标准领域“积极探索和推动重点领域共通标准的制定；开展标准信息（资讯）交换，并推动两岸标准信息（资讯）平台建设；加强标准培训资源共享”等内容。正是在这一背景下，本书的出版，对落实《海峡两岸标准计量检验认证合作协议》，推动海峡两岸经贸往来，促进两岸产业合作，提升两岸贸易产品质量及安全，保护消费者权益具有重要意义。

《台湾地区标准目录(2009)》是福建省质监局所属的福建省标准化研究所、福建省台湾标准研究中心在多年跟踪收集研究台湾地区标准工作的基础上,因应时代的发展,呼应形势的要求整理汇编而成,旨在服务两岸产业深度对接,促进两岸产业融合。该目录的出版发行是福建质监部门对台湾地区标准研究的一项初步成果,也是我们服务两岸经贸发展的一项基础性工作。两岸产业的对接,离不开标准的对接,标准的对接将直接推动产业的对接和经贸发展,从而为两岸关系的发展作出积极贡献。

福建省质量技术监督局局长

黄彦和

2010年1月

编者的话

为推动两岸产业协作、贸易往来和交流，促进两岸关系和谐和经济发展，服务海西建设，方便广大对台湾地区标准有需求的相关公司、大专院校、科研院所、检验检疫机构等及时查找、应用台湾地区标准，我们编写了《台湾地区标准目录(2009)》。

本书收录截止到2009年8月发布的现行台湾地区标准14357条，内容涉及土木工程及建筑、机械工程、电机工程、电子工程、机动车及航太工程、轨道工程、造船工程、铁金属冶炼、非铁金属冶炼、核子工程、化学工业、纺织工业、矿业、农业、食品、木业、纸业、环境保护、陶业、日常用品、卫生及医疗器材、资讯及通信、工业安全、品质管理、物流及包装、一般及其他等26个行业。

在编制本书过程中，我们对台湾地区标准进行了以下加工：

- ◆ 对台湾地区标准名称同时以繁、简字体并示；
- ◆ 将台湾地区标准的发布日期以公元纪年记录；
- ◆ 按照中国标准分类法对台湾地区标准进行逐条分类，并给出了中国标准分类号，以方便读者对照。

为方便读者使用，现对本书正文作如下说明：

标准号	台湾地区标准分类号	标准名称	中国标准分类
11567-2005	A1042	建築製圖 (建筑制图)	P04

其中："11567"表示标准号；

"2005"表示公元纪年；

"A1042"表示台湾地区标准分类号，属"土木工程及建筑"类别；

"P04"表示中国标准文献分类法P(工程建设)大类下的P04(基础标准与通用方法)小类；

"建築製圖"及"建筑制图"分别为用繁体汉字及简体汉字表示的标准名称。

本书的编写得到福建省质量技术监督局领导的高度重视，也得到中国标准出版社等有关单位的大力支持和配合。在此向所有关心本书出版及为本书出版付出努力的同志一并表示衷心的感谢。

由于时间仓促、水平有限，错误和不妥之处在所难免，衷心希望广大读者提出宝贵意见，使之日臻完善。

编　者

2010年1月

目录

土木工程及建筑

标准号	台湾地区标准分类号	标准名称	中国标准分类

A1 一 般

标准号	台湾地区标准分类号	标准名称	中国标准分类
483-2005	A1001	鋼筋混凝土管 （钢筋混凝土管）	Q14
856-1989	A1005	木門窗用金屬製品總則 （木门窗用金属制品总则）	Y71
2857-1975	A1009	營建業架設工程安全標準 （营建业架设工程安全标准）	P09
2927-1991	A1010	建築尺度配合基準 （建筑尺度配合基准）	P30
3537-1991	A1012	建築物設計模矩 （建筑物设计模矩）	P30
3538-1991	A1013	工業化建築之優先使用水平尺度 （工业化建筑之优先使用水平尺度）	P34
3539-1991	A1014	建築物之一般規則(許可差之應用) （建筑物之一般规则(许可差之应用)）	P30
4112-1991	A1015	建築模矩 （建筑模矩）	P30
4113-1991	A1016	建築模矩詞彙 （建筑模矩词汇）	P30
4114-1991	A1017	建築組件基本許可差 （建筑组件基本许可差）	Q70
4115-1991	A1018	建築模矩配合原則 （建筑模矩配合原则）	P30
4347-1991	A1019	門窗組件標準模矩尺度 （门窗组件标准模矩尺度）	P32
4348-1991	A1020	建築用板類標準尺度 （建筑用板类标准尺度）	Q10
4439-1991	A1021	住宅用衛生設備組件模矩尺度 （住宅用卫生设备组件模矩尺度）	Q81
4440-1991	A1022	住宅用廚房組件模矩尺度 （住宅用厨房组件模矩尺度）	Q75
4769-1991	A1023	住宅用空氣調節設備組件模矩尺度 （住宅用空气调节设备组件模矩尺度）	Q76
4770-1991	A1024	住宅用配管組件模矩尺度 （住宅用配管组件模矩尺度）	Q70
5085-1980	A1025	架空索道 （架空索道）	P52
6298-1986	A1026	道路用碎石 （道路用碎石）	Q20
6299-1980	A1027	混凝土用碎石 （混凝土用碎石）	Q13
6300-1985	A1028	石材 （石材）	Q21
6541-1980	A1029	動力絞車 （动力绞车）	P97
8084-1991	A1030	住宅用組件等之模矩尺度 （住宅用组件等之模矩尺度）	Q70
8465-1987	A1031	建築物隔音等級 （建筑物隔音等级）	P31

标准号	台湾地区标准分类号	标准名称	中国标准分类
8465-1-2007	A1031-1	聲學—建築物及建築構件之隔音量評定—空氣音隔音 (声学—建筑物及建筑构件之隔音量评定—空气音隔音)	P31
8465-2-2007	A1031-2	聲學—建築物及建築構件之隔音量評定—衝擊音隔音 (声学—建筑物及建筑构件之隔音量评定—冲击音隔音)	P31
9452-1987	A1032	建築元件性能分類 (建筑组件性能分类)	Q70
9453-1987	A1033	建築材料性能詞彙 (建筑材料性能词汇)	Q04
9454-1987	A1034	建築材料裝飾詞彙 (建筑材料装饰词汇)	Q04
9553-1986	A1035	混凝土破碎機用鑿柄之形狀及尺度 (混凝土破碎机用凿柄之形状及尺度)	P96
9653-1987	A1036	建築材料形狀詞彙 (建筑材料形状词汇)	Q04
9654-1987	A1037	建築材料詞彙 (建筑材料词汇)	Q04
10137-1983	A1038	離心法製混凝土基樁施工標準 (离心法制混凝土基桩施工标准)	P25
10140-1983	A1039	石棉水泥管煙囪施工標準 (石棉水泥管烟囱施工标准)	P48
10991-1984	A1040	混凝土圓柱試體模具 (混凝土圆柱试体模具)	P96
11318-2000	A1041	建築用天然石相關詞彙 (建筑用天然石相关词汇)	Q21
11567-2005	A1042	建築製圖 (建筑制图)	P04
12642-2008	A1043	公共兒童遊戲場設備 (公共儿童游戏场设备)	P33
12643-2008	A1044	遊戲場鋪面材料衝擊吸收性能試驗法 (游戏场铺面材料冲击吸收性能试验法)	P33
12891-1998	A1045	混凝土配比設計準則 (混凝土配比设计准则)	Q13
12934-1991	A1046	組立式臨時房屋 (组立式临时房屋)	Q73
12946-1992	A1047	建築尺度許可差詞彙 (建筑尺度许可差词汇)	P04
12947-1992	A1048	建築現場施工尺度許可差之檢驗與管制 (建筑现场施工尺度许可差之检验与管制)	P04
12948-1992	A1049	建築尺度許可差之圖面標示法 (建筑尺度许可差之图面标示法)	P04
12949-1992	A1050	建築尺度許可差規範之管制準則 (建筑尺度许可差规范之管制准则)	P04
12950-1992	A1051	建築尺度符合量測之確認準則 (建筑尺度符合量测之确认准则)	P04
13079-1992	A1052	建築尺度偏差及許可差之類型 (建筑尺度偏差及许可差之类型)	P04
13080-1992	A1053	建築尺度之精度表示 (建筑尺度之精度表示)	P04
13081-1992	A1054	建築組合件偏差之預測及許可差之分配 (建筑组合件偏差之预测及许可差之分配)	Q70
13082-1992	A1055	建築組件基本尺度(目標尺寸之選定) (建筑组件基本尺度(目标尺寸之选定))	Q70

标准号	台湾地区标准分类号	标准名称	中国标准分类
13083-1992	A1056	建築尺度許可差之評估準則 （建筑尺度许可差之评估准则）	P04
13129-1993	A1057	建築用接頭基本詞彙 （建筑用接头基本词汇）	Q04
13130-1993	A1058	建築用接頭設計基本原則 （建筑用接头设计基本原则）	Q04
13131-1993	A1059	建築用接頭機能一般檢核表 （建筑用接头机能一般检核表）	Q04
13132-1993	A1060	建築用接頭尺度調整能力之分類 （建筑用接头尺度调整能力之分类）	Q04
13133-1993	A1061	建築用接頭密封材料詞彙 （建筑用接头密封材料词汇）	Q04
13433-2007	A1062	防火捲門檢查標準 （防火卷门检查标准）	P32
13962-1997	A1063	建築物鋼骨構造用噴附式防火被覆材料總則 （建筑物钢骨构造用喷附式防火被覆材料总则）	Q40
14277-1998	A1064	地工合成材詞彙 （地工合成材词汇）	Q10
14531-2001	A1065	土壤描述及判定法 （土壤描述及判定法）	P13
14532-2001	A1066	貫入試驗及劈管採樣法 （贯入试验及劈管采样法）	P13
14533-2001	A1067	土樣保存及運送法 （土样保存及运送法）	P13
14651-2008	A1068	建築物防火詞彙——一般火災現象用語 （建筑物防火词汇——一般火灾现象用语）	P16
14652-2008	A1069	建築物防火詞彙—防火試驗用語 （建筑物防火词汇—防火试验用语）	P16
14704-2002	A1070	營建材料試驗法之精密度與偏差 （营建材料试验法之精密度与偏差）	Q04
14891-2005	A1071	混凝土及混凝土用粒料詞彙 （混凝土及混凝土用粒料词汇）	Q04
14996-2006	A1078	建築物防火詞彙—防火安全用語 （建筑物防火词汇—防火安全用语）	P16
381-1994	A2002	建築用生石灰 （建筑用生石灰）	Q27
387-1993	A2003	建築用砂 （建筑用砂）	Q13
560-2005	A2006	鋼筋混凝土用鋼筋 （钢筋混凝土用钢筋）	H44

A2 建 材

标准号	台湾地区标准分类号	标准名称	中国标准分类
857-1989	A2007	鋼製及不銹鋼製普通鉸鏈 （钢制及不锈钢制普通铰链）	Y71
858-1989	A2008	蝶形鉸鏈 （蝶形铰链）	Y71
859-1989	A2009	風鉤 （风钩）	Y71
860-1989	A2010	環頭螺釘 （环头螺钉）	Y71

标准号	台湾地区标准分类号	标准名称	中国标准分类
861-1989	A2011	門鎖用蓋板 (门锁用盖板)	Y71
862-1989	A2012	門用鎖箱 (门用锁箱)	Y71
863-1989	A2013	門鎖用鎖片 (门锁用锁片)	Y71
864-1989	A2014	門用手握 (门用手握)	Y71
865-1989	A2015	雙開手柄 (双开手柄)	Y71
866-1989	A2016	單開手柄 (单开手柄)	Y71
867-1989	A2017	門窗用手把(附襯板) 门窗用手把(附衬板)	Y71
868-1989	A2018	弓形手把 (弓形手把)	Y71
869-1989	A2019	門窗用插梢 (门窗用插梢)	Y71
870-1989	A2020	鎖用搭扣(環扣可旋轉者) (锁用搭扣(环扣可旋转者))	Y71
871-1989	A2021	鎖用搭扣(花邊型) (锁用搭扣(花边型))	Y71
872-1989	A2022	鎖用搭扣(直邊型) (锁用搭扣(直边型))	Y71
873-1989	A2023	窗用彈簧鍵 (窗用弹簧键)	Y71
874-1989	A2024	木門窗用金屬製品檢驗法 (木门窗用金属制品检验法)	Y71
875-1989	A2025	掛鉤(無突緣) (挂钩(无突缘))	Y71
876-1989	A2026	掛鉤(有突緣) (挂钩(有突缘))	Y71
1240-2002	A2029	混凝土粒料 (混凝土粒料)	Q13
1260-1982	A2031	離心法製空心鋼筋混凝土基樁 (离心法制空心钢筋混凝土基桩)	Q14
2178-1986	A2032	混凝土用液膜養護劑 (混凝土用液膜养护剂)	Q13
2220-1985	A2034	砂灰磚 (砂灰砖)	Q15
2314-1986	A2035	碳化軟木板 (碳化软木板)	B69
2466-2002	A2036	圬工灌漿用粒料 (圬工灌浆用粒料)	Q13
2602-1989	A2037	離心法先拉式預力混凝土基樁 (离心法先拉式预力混凝土基桩)	Q14
3001-1986	A2039	圬工砂漿用粒料 (圬工砂浆用粒料)	Q13
3036-2003	A2040	混凝土用飛灰及天然或煅燒卜作嵐攙和物 (混凝土用飞灰及天然或煅烧卜作岚搀和物)	Q13
3037-2003	A2041	水硬性水泥及混凝土試驗用水槽、濕養櫃及濕養室 (水硬性水泥及混凝土试验用水槽、湿养柜及湿养室)	Q92

标准号	台湾地区标准分类号	标准名称	中国标准分类
3090-1998	A2042	預拌混凝土 （预拌混凝土）	Q13
3091-1986	A2043	混凝土用輸氣附加劑 （混凝土用输气附加剂）	Q13
3092-2005	A2044	鋁合金製窗 （铝合金制窗）	Q73
3300-2004	A2045	鋼筋混凝土用再軋鋼筋 （钢筋混凝土用再轧钢筋）	H44
3691-1998	A2046	結構混凝土用之輕質粒料 （结构混凝土用之轻质粒料）	Q13
3763-2009	A2047	水泥防水劑 （水泥防水剂）	Q12
3802-2008	A2048	纖維水泥板 （纤维水泥板）	Q14
3803-1992	A2049	磨石子地磚 （磨石子地砖）	Q21
3905-2003	A2050	下水道用鋼筋混凝土管(推進施工法用) （下水道用钢筋混凝土管(推进施工法用)）	Q14
3928-1991	A2052	圓柱形及管形門鎖 （圆柱形及管形门锁）	Y71
3930-2009	A2053	預鑄混凝土緣石 （预铸混凝土缘石）	Q72
4061-1986	A2055	鋼筋混凝土 U 形溝 （钢筋混凝土 U 形沟）	Q72
4063-1986	A2056	鋼筋混凝土 U 形溝用蓋 （钢筋混凝土 U 形沟用盖）	Q72
4065-1992	A2057	無筋及鋼筋混凝土 L 形側溝 （无筋及钢筋混凝土 L 形侧沟）	Q72
4166-2007	A2058	輕型捲門組件 （轻型卷门组件）	Q73
4212-2007	A2059	重型捲門組件 （重型卷门组件）	Q73
4349-1991	A2060	房屋用門鎖及閂鎖 （房屋用门锁及闩锁）	Y71
4458-2008	A2061	石膏板 （石膏板）	Q62
4683-1994	A2064	複層紋膜裝飾塗材 （复层纹膜装饰涂材）	Q18
4723-1985	A2065	關門器 （关门器）	Y71
4724-1985	A2066	地鉸鏈 （地铰链）	Y71
4750-2008	A2067	鋼管施工架 （钢管施工架）	P96
4802-1993	A2068	鋼筋混凝土渡水槽 （钢筋混凝土渡水槽）	Q81
4804-1993	A2069	鋼筋混凝土渡水槽用墊台 （钢筋混凝土渡水槽用垫台）	Q81
4965-1998	A2070	吸音用開孔石膏板 （吸音用开孔石膏板）	Q62
4993-1988	A2071	下水道用人孔蓋 （下水道用人孔盖）	Q81

标准号	台湾地区标准分类号	标准名称	中国标准分类
4995-1993	A2072	下水道用鋼筋混凝土人孔井壁 (下水道用钢筋混凝土人孔井壁)	Q81
5043-1988	A2073	建築用鬆緊螺旋扣 (建筑用松紧螺旋扣)	Y71
5044-1988	A2074	建築用鬆緊螺旋扣本體 (建筑用松紧螺旋扣本体)	Y71
5045-1989	A2075	建築用鬆緊螺旋扣螺釘 (建筑用松紧螺旋扣螺钉)	Y71
5083-2001	A2076	H 型鋼樁 (H 型钢桩)	Q73
5644-1983	A2078	可調鋼管支柱 (可调钢管支柱)	Q73
5646-1987	A2079	混凝土內之棒形振動器 (混凝土内之棒形振动器)	P97
5648-1987	A2080	混凝土模板振動器 (混凝土模板振动器)	P97
6400-2006	A2081	聚氯乙烯塑膠窗 (聚氯乙烯塑料窗)	Q74
6533-1986	A2082	石膏板用鐵釘 (石膏板用铁钉)	Y72
6534-1986	A2083	絕緣纖維板用鐵釘 (绝缘纤维板用铁钉)	Y72
6535-1986	A2084	不銹鋼釘 (不锈钢钉)	Y72
6536-1986	A2085	活銷對頭鉸鏈 (活销对头铰链)	Y71
6537-1983	A2086	拉門軌 (拉门轨)	Y71
6538-1986	A2087	門鉸鏈(附襯套或墊圈) (门铰链(附衬套或垫圈))	Y71
6539-1986	A2088	拉門及拉窗用槽輪 (拉门及拉窗用槽轮)	Y71
6871-1985	A2089	磨石子板 (磨石子板)	Q21
6985-1985	A2090	建築填縫用聚胺酯 (建筑填缝用聚胺酯)	Q24
6986-1982	A2091	建築防水用聚胺酯 (建筑防水用聚胺酯)	Q24
6987-1994	A2092	室內地板舖設用聚胺酯 (室内地板铺设用聚胺酯)	Q24
6989-1996	A2093	塊石 (块石)	Q21
6990-1985	A2094	舖築瀝青路面用石灰石粉 (铺筑沥青路面用石灰石粉)	Q20
6991-1985	A2095	石板瓦 (石板瓦)	Q21
6992-1981	A2096	珍珠石粉 (珍珠石粉)	Q25
6993-1996	A2097	鋼製及不銹鋼製插閂 (钢制及不锈钢制插闩)	Y71
6994-1996	A2098	黃銅插閂 (黄铜插闩)	Y71

标 准 号	台湾地区标准分类号	标 准 名 称	中国标准分类
6995-1996	A2099	平面插閂 (平面插闩)	Y71
6996-1996	A2100	突面插閂 (突面插闩)	Y71
7184-1997	A2101	鋼製門 (钢制门)	Q73
7185-1996	A2102	鋼製門用旗形鉸鏈、門止及天地閂 (钢制门用旗形铰链、门止及天地闩)	Y71
7331-1981	A2103	硬質泡沫橡膠隔熱材料 (硬质泡沫橡胶隔热材料)	Q25
7334-1981	A2104	鋼筋混凝土用金屬模板 (钢筋混凝土用金属模板)	P96
7477-2005	A2105	鋁合金製門 (铝合金制门)	Q73
7611-1993	A2106	浴缸尺度 (浴缸尺度)	Q81
7612-1993	A2107	玻璃纖維強化塑膠浴缸 (玻璃纤维强化塑料浴缸)	Q22
7774-1981	A2108	硬質聚胺基甲酸酯泡沫塑膠隔熱材料 (硬质聚胺基甲酸酯泡沫塑料隔热材料)	Q25
7851-2006	A2109	熱軋鋼板樁 (热轧钢板桩)	Q73
7929-1986	A2110	建築工程用遮布 (建筑工程用遮布)	Q17
7931-1988	A2111	木製嵌板門 (木制嵌板门)	Q71
7932-1988	A2112	木製門樘 (木制门樘)	Q71
7933-1994	A2113	鋼筋混凝土板樁 (钢筋混凝土板桩)	Q72
7934-2001	A2114	鋼管樁 (钢管桩)	Q73
7935-1994	A2115	預力混凝土板樁 (预力混凝土板桩)	Q72
7936-1981	A2116	防火門用調整無負荷之彈簧鉸鏈 (防火门用调整无负荷之弹簧铰链)	Y71
7937-1996	A2117	門用單向彈簧鉸鏈 (门用单向弹簧铰链)	Y71
7938-1996	A2118	門用雙向彈簧鉸鏈 (门用双向弹簧铰链)	Y71
8072-1999	A2119	活動隔牆 (活动隔墙)	Q70
8074-1995	A2120	建築用組件(混凝土屋頂嵌板) (建筑用组件(混凝土屋顶嵌板))	Q18
8076-1995	A2121	建築用組件(混凝土樓板嵌板) (建筑用组件(混凝土楼板嵌板))	Q18
8078-1995	A2122	建築用組件(混凝土牆壁嵌板) (建筑用组件(混凝土墙壁嵌板))	Q18
8082-1992	A2123	薄塗裝飾材料 (薄涂装饰材料)	Q18
8182-1995	A2124	建築用組件(鋼製屋頂嵌板) (建筑用组件(钢制屋顶嵌板))	Q18

标准号	台湾地区标准分类号	标准名称	中国标准分类
8184-1995	A2125	建築用組件(鋼製牆壁嵌板) (建筑用组件(钢制墙壁嵌板))	Q18
8186-1995	A2126	建築用組件(鋼製樓板嵌板) (建筑用组件(钢制楼板嵌板))	Q18
8339-1987	A2127	鋼製屋頂折板 (钢制屋顶折板)	Q73
8341-1982	A2128	蛭石 (蛭石)	Q25
8641-1988	A2129	屋頂防水用塗膜材料(丙烯酸脂橡膠類) (屋顶防水用涂膜材料(丙烯酸脂橡胶类))	Q18
8642-1988	A2130	屋頂防水用塗膜材料(氯丁二烯橡膠類) (屋顶防水用涂膜材料(氯丁二烯橡胶类))	Q18
8643-1988	A2131	屋頂防水用塗膜材料(丙烯樹脂類) (屋顶防水用涂膜材料(丙烯树脂类))	Q18
8644-1988	A2132	屋頂防水用塗膜材料(橡膠地瀝青類) (屋顶防水用涂膜材料(橡胶地沥青类))	Q18
8646-1995	A2133	高壓蒸氣養護輕質氣泡混凝土嵌板 (高压蒸气养护轻质气泡混凝土嵌板)	Q18
8760-1991	A2134	住宅用鋼製柵欄 (住宅用钢制栅栏)	Q73
8901-1982	A2135	建築用油性填縫材料 (建筑用油性填缝材料)	Q24
8903-1982	A2136	建築用密封材料 (建筑用密封材料)	Q24
8905-2000	A2137	混凝土空心磚 (混凝土空心砖)	Q14
8906-1993	A2138	聚氯乙烯地磚 (聚氯乙烯地砖)	Q22
8913-1982	A2139	玻璃纖維強化塑膠連地板浴缸 (玻璃纤维强化塑料连地板浴缸)	Q81
9057-1982	A2140	玻璃棉吸音材料 (玻璃棉吸音材料)	Q25
9455-2001	A2141	鋼板網 (钢板网)	Q73
9456-2008	A2142	木質系水泥板 (木质系水泥板)	Q14
9659-1982	A2143	岩棉吸音材料 (岩棉吸音材料)	Q25
9957-1983	A2144	吸音用開孔鋁板 (吸音用开孔铝板)	Q25
10141-1994	A2151	建築灌注補修用環氧樹脂 (建筑灌注补修用环氧树脂)	Q27
10143-1983	A2152	建築物防水用合成高分子膠布 (建筑物防水用合成高分子胶布)	Q17
10145-1983	A2153	建築物防水用基布及他物積層之合成高分子膠布 (建筑物防水用基布及他物积层之合成高分子胶布)	Q17
10209-1988	A2154	建築用墊條 (建筑用垫条)	Q24
10211-1983	A2155	吸音用開孔石棉水泥板 (吸音用开孔石棉水泥板)	Q25
10410-1998	A2158	油毛氈紙 (油毛毡纸)	Q17

标准号	台湾地区标准分类号	标准名称	中国标准分类
10414-1998	A2160	織物油毛氈 (织物油毛毡)	Q17
10416-2001	A2161	抗拉油毛氈 (抗拉油毛毡)	Q17
10418-1998	A2162	穿孔油毛氈 (穿孔油毛毡)	Q17
10487-1988	A2165	聚乙烯泡沫塑膠隔熱材料 (聚乙烯泡沫塑料隔热材料)	Q25
10637-1983	A2166	浮式樓板用岩棉緩衝材料 (浮式楼板用岩棉缓冲材料)	Q25
10638-1983	A2167	浮式樓板用玻璃棉緩衝材料 (浮式楼板用玻璃棉缓冲材料)	Q25
10639-1983	A2168	水泥混和用聚合物擴散材料 (水泥混和用聚合物扩散材料)	Q12
10640-1983	A2169	燒石膏 (烧石膏)	Q27
10641-1983	A2170	混凝土用膨脹材料 (混凝土用膨胀材料)	Q13
10678-1993	A2171	鋁合金製架高活動地板 (铝合金制架高活动地板)	Q73
10782-1984	A2172	石棉保溫材料 (石棉保温材料)	Q25
10841-1984	A2173	L型側溝用陰井蓋 (L型侧沟用阴井盖)	Q81
10867-1984	A2176	鋁製推軸窗 (铝制推轴窗)	Q73
10994-2008	A2177	岩綿裝飾吸音板 (岩绵装饰吸音板)	Q25
11052-1984	A2179	粗糙水泥飾面噴糝材料 (粗糙水泥饰面喷糁材料)	Q18
11054-1984	A2180	砂質水泥飾面噴糝材料 (砂质水泥饰面喷糁材料)	Q18
11194-1985	A2181	纖維質飾面材料 (纤维质饰面材料)	Q18
11196-1985	A2182	壁紙施工用澱粉系黏著劑 (壁纸施工用淀粉系黏着剂)	Q24
11228-2004	A2183	工程用非織物 (工程用非织物)	Q29
11317-2000	A2184	建築飾面用大理石 (建筑饰面用大理石)	Q21
11325-1999	A2186	鋼筋混凝土製電纜槽 (钢筋混凝土制电缆槽)	Q14
11354-1985	A2187	鋁製橫拉窗用紗窗 (铝制横拉窗用纱窗)	Q73
11491-1997	A2188	壁紙 (壁纸)	Q18
11691-2008	A2189	無鋼襯預力混凝土管 (无钢衬预力混凝土管)	Q14
11697-2007	A2192	住宅屋面用裝飾水泥板 (住宅屋面用装饰水泥板)	Q18
11699-1986	A2193	外裝用石棉水泥板 (外装用石棉水泥板)	Q18

标准号	台湾地区标准分类号	标准名称	中国标准分类
11701-2008	A2194	岩綿襯板 (岩绵衬板)	Q25
11758-2007	A2198	水泥板與木絲水泥積層板 (水泥板与木丝水泥积层板)	Q14
11772-1986	A2200	自來水用鋼管內襯水泥砂漿 (自来水用钢管内衬水泥砂浆)	Q13
11774-1986	A2201	自來水用內襯聚氯乙烯塑膠硬質管之鋼管 (自来水用内衬聚氯乙烯塑料硬质管之钢管)	H48
11824-1987	A2202	混凝土用高爐爐碴粗粒料 (混凝土用高炉炉碴粗粒料)	Q13
11827-1987	A2203	道路用高爐爐碴 (道路用高炉炉碴)	Q20
11890-1987	A2204	混凝土用高爐爐碴細粒料 (混凝土用高炉炉碴细粒料)	Q13
11982-1987	A2205	鋼製及鋁合金製橫式百葉窗簾 (钢制及铝合金制横式百叶窗帘)	Q73
11984-1987	A2206	建築用暗架式牆壁及平頂輕鋼架 (建筑用暗架式墙壁及平顶轻钢架)	Q73
11986-1991	A2207	鋼網柵欄組件 (钢网栅栏组件)	Q73
11988-1987	A2208	嵌板用紙芯 (嵌板用纸芯)	Q18
11990-1997	A2209	石膏板用接縫處理材料 (石膏板用接缝处理材料)	Q24
12053-1987	A2210	體育館用鋼製架高地板組件 (体育馆用钢制架高地板组件)	Q73
12055-1997	A2211	住宅用玻璃棉隔熱材料 (住宅用玻璃棉隔热材料)	Q25
12057-1997	A2212	噴敷用玻璃棉隔熱材料 (喷敷用玻璃棉隔热材料)	Q25
12059-1997	A2213	噴敷用岩棉隔熱材料 (喷敷用岩棉隔热材料)	Q25
12061-1997	A2214	噴敷用纖維素纖維隔熱材料 (喷敷用纤维素纤维隔热材料)	Q25
12063-1987	A2215	隔熱填充用珍珠岩粉 (隔热填充用珍珠岩粉)	Q25
12115-1987	A2217	裝配雙層玻璃之隔熱門窗(橫拉門窗) (装配双层玻璃之隔热门窗(横拉门窗))	Q70
12223-1988	A2218	水淬高爐爐碴 (水淬高炉炉碴)	Q12
12283-2001	A2219	混凝土用化學摻料 (混凝土用化学掺料)	Q13
12285-2008	A2220	鋼襯預力混凝土管 (钢衬预力混凝土管)	Q14
12326-2009	A2221	景觀用擋土牆及護坡混凝土塊 (景观用挡土墙及护坡混凝土块)	Q72
12330-1999	A2223	預鑄鏡筋混凝土圍牆組件 (预铸镜筋混凝土围墙组件)	Q72
12332-1988	A2224	裏襯石膏板鋼製披疊板 (里衬石膏板钢制披迭板)	Q73
12351-1988	A2226	建築用海棉墊條 (建筑用海棉垫条)	Q24

标 准 号	台湾地区标准分类号	标 准 名 称	中国标准分类
12410-1988	A2227	住宅用鋼製及鋁合金製正門嵌板 (住宅用钢制及铝合金制正门嵌板)	Q18
12412-1988	A2228	住宅用金屬製横拉式防護門窗 (住宅用金属制横拉式防护门窗)	Q73
12414-1988	A2229	鋁合金製屋頂折板組件 (铝合金制屋顶折板组件)	Q73
12430-1988	A2230	鋼製窗 (钢制窗)	Q73
12431-1988	A2231	横拉窗用五金 (横拉窗用五金)	Y71
12456-1988	A2232	鋼筋混凝土用防銹劑 (钢筋混凝土用防锈剂)	Q13
12549-1993	A2233	混凝土及水泥墁料用水淬高爐爐碴粉 (混凝土及水泥墁料用水淬高炉炉碴粉)	Q13
12596-2000	A2234	聚氯乙烯地磚用接著劑 (聚氯乙烯地砖用接着剂)	Q27
12598-2000	A2235	木磚用接著劑 (木砖用接着剂)	Q27
12600-2000	A2236	牆板及天花板用接著劑 (墙板及天花板用接着剂)	Q27
12609-2000	A2238	塑膠發泡板用接著劑 (塑料发泡板用接着剂)	Q27
12611-2000	A2239	陶質壁磚用接著劑 (陶质壁砖用接着剂)	Q27
12694-1990	A2240	門鏈 (门链)	Y71
12696-1990	A2241	嵌入式門鎖 (嵌入式门锁)	Y71
12737-1990	A2242	中空樓板用螺旋鋼製管模 (中空楼板用螺旋钢制管模)	P96
12739-1998	A2243	預力混凝土用螺旋套管 (预力混凝土用螺旋套管)	Q13
12809-1995	A2244	搪瓷(珐瑯)鋼板墻壁嵌板 (搪瓷(珐琅)钢板墙壁嵌板)	Q18
12833-1991	A2245	流動化混凝土用化學摻料 (流动化混凝土用化学掺料)	Q13
12872-1991	A2246	建築物等用避雷設備(避雷針) (建筑物等用避雷设备(避雷针))	Q77
12892-1991	A2247	纖維混凝土用鋼纖維 (纤维混凝土用钢纤维)	H49
12893-1991	A2248	建築用耐燃木材 (建筑用耐燃木材)	B69
12935-1991	A2249	止滑用感壓性砂鋁箔膠帶 (止滑用感压性砂铝箔胶带)	Q29
12963-1992	A2250	裝飾混凝土磚 (装饰混凝土砖)	Q14
13044-2007	A2251	安全門用推壓式門鎖 (安全门用推压式门锁)	Y71
13206-2002	A2252	塑膠包覆人孔踏步 (塑料包覆人孔踏步)	H44
13209-1993	A2253	道路用鋼筋混凝土側溝 (道路用钢筋混凝土侧沟)	Q14

标 准 号	台湾地区 标准分类号	标 准 名 称	中国标准 分 类
13265-2000	A2254	擠出成形水泥複合材中空板 (挤出成形水泥复合材中空板)	Q18
13295-2002	A2255	高壓混凝土地磚 (高压混凝土地砖)	Q14
13480-1995	A2256	高壓蒸氣養護輕質氣泡混凝土磚 (高压蒸气养护轻质气泡混凝土砖)	Q14
13492-1995	A2257	搪瓷(琺瑯)磚 (搪瓷(珐琅)砖)	Q31
13512-1995	A2258	墁砌水泥 (墁砌水泥)	Q11
13513-1995	A2259	磚、石墁砌用墁料 (砖、石墁砌用墁料)	Q29
13514-1995	A2260	磚、石墁砌用預拌墁料 (砖、石墁砌用预拌墁料)	Q29
13515-1995	A2261	標準砂 (标准砂)	Q13
13540-1995	A2262	預鑄混凝土電纜管組 (预铸混凝土电缆管组)	Q14
13599-1995	A2263	塑膠浴缸蓋 (塑料浴缸盖)	Q22
13613-1995	A2264	搪瓷(琺瑯)浴缸 (搪瓷(珐琅)浴缸)	Q31
13615-1995	A2265	不銹鋼浴缸 (不锈钢浴缸)	Q81
13777-2008	A2266	纖維強化水泥板 (纤维强化水泥板)	Q14
13863-1997	A2267	整體成色混凝土用顏料 (整体成色混凝土用颜料)	Q13
13943-1997	A2268	組合浴室(整體浴室) (组合浴室(整体浴室))	Q81
13961-1997	A2269	混凝土拌和用水 (混凝土拌和用水)	Q13
13977-1997	A2270	組合式廁所 (组合式厕所)	Q81
13978-1997	A2271	組合式盥洗室 (组合式盥洗室)	Q81
14120-1998	A2272	預鑄預力混凝土箱涵 (预铸预力混凝土箱涵)	Q14
14164-2008	A2273	氧化鎂板 (氧化镁板)	Q25
14245-1998	A2274	電信用離心法製預力混凝土電桿 (电信用离心法制预力混凝土电杆)	Q14
14463-2000	A2275	白水泥石灰塗料 (白水泥石灰涂料)	Q18
14497-2001	A2276	改質瀝青防水氈 (改质沥青防水毡)	Q17
14562-2001	A2277	高密度硬質聚胺基甲酸酯發泡塑膠隔熱墊 (高密度硬质聚胺基甲酸酯发泡塑料隔热垫)	Q25
14565-2001	A2278	鋼襯混凝土管 (钢衬混凝土管)	Q14
14602-2001	A2279	道路用鋼爐碴 (道路用钢炉碴)	Q20

标 准 号	台湾地区标准分类号	标 准 名 称	中国标准分类
14688-2002	A2280	噴凝土用材料 (喷凝土用材料)	Q13
14689-2002	A2281	噴凝土用摻料 (喷凝土用掺料)	Q13
14701-2002	A2282	新拌與硬固混凝土接著用乳膠劑 (新拌与硬固混凝土接着用乳胶剂)	Q27
14771-2003	A2283	鋼筋混凝土用熱浸鍍鋅鋼筋 (钢筋混凝土用热浸镀锌钢筋)	H44
14813-2005	A2284	聚酯樹脂混凝土管(明挖施工法用) (聚酯树脂混凝土管(明挖施工法用))	Q14
14814-2005	A2285	聚酯樹脂混凝土管(推進施工法用) (聚酯树脂混凝土管(推进施工法用))	Q14
14826-2004	A2286	隔熱混凝土用輕質粒料 (隔热混凝土用轻质粒料)	Q13
14890-2005	A2287	再生纖維水泥板 (再生纤维水泥板)	Q14
14995-2006	A2288	透水性混凝土地磚 (透水性混凝土地砖)	Q14
15245-2009	A2289	聚酯樹脂混凝土人孔 (聚酯树脂混凝土人孔)	Q14

A3 检　验

标 准 号	台湾地区标准分类号	标 准 名 称	中国标准分类
484-2005	A3003	鋼筋混凝土管檢驗法 (钢筋混凝土管检验法)	Q14
485-1993	A3004	粒料取樣法 (粒料取样法)	Q10
486-2001	A3005	粗細粒料篩析法 (粗细粒料筛析法)	Q10
487-1993	A3006	細粒料比重及吸水率試驗法 (细粒料比重及吸水率试验法)	Q10
488-2008	A3007	粗粒料密度、相對密度(比重)及吸水率試驗法 (粗粒料密度、相对密度(比重)及吸水率试验法)	Q10
489-1993	A3008	細粒料表面含水率試驗法 (细粒料表面含水率试验法)	Q10
490-2009	A3009	粗粒料(37.5 mm 以下)洛杉磯磨損試驗法 (粗粒料(37.5 mm 以下)洛杉矶磨损试验法)	Q10
1163-2008	A3027	粒料容積密度與空隙率試驗法 (粒料容积密度与空隙率试验法)	Q10
1164-1983	A3028	細粒料中有機物含量檢驗法 (细粒料中有机物含量检验法)	Q10
1167-1995	A3031	使用硫酸鈉或硫酸鎂之粒料健度試驗法 (使用硫酸钠或硫酸镁之粒料健度试验法)	Q10
1168-1984	A3032	混凝土試體抵抗凍融試驗法(水中快速凍融法) (混凝土试体抵抗冻融试验法(水中快速冻融法))	P25
1169-1984	A3033	混凝土試體抵抗凍融試驗法(空氣中快速冰凍水中快速溶解法) (混凝土试体抵抗冻融试验法(空气中快速冰冻水中快速溶解法))	P25
1170-1984	A3034	混凝土試體抵抗凍融試驗法(水中緩慢凍融法) (混凝土试体抵抗冻融试验法(水中缓慢冻融法))	P25

标准号	台湾地区标准分类号	标准名称	中国标准分类
1171-1995	A3035	粒料中土塊與易碎顆粒試驗法 (粒料中土块与易碎颗粒试验法)	Q10
1174-1986	A3038	新拌混凝土取樣法 (新拌混凝土取样法)	Q13
1175-1986	A3039	硬化混凝土之水泥含量試驗法 (硬化混凝土之水泥含量试验法)	P25
1176-2003	A3040	混凝土坍度試驗法 (混凝土坍度试验法)	P25
1230-2005	A3043	試驗室混凝土試體製作及養護法 (试验室混凝土试体制作及养护法)	P25
1231-2005	A3044	工地混凝土試體製作及養護法 (工地混凝土试体制作及养护法)	P25
1232-2002	A3045	混凝土圓柱試體抗壓強度檢驗法 (混凝土圆柱试体抗压强度检验法)	P25
1233-1984	A3046	混凝土抗彎強度試驗法(三分點載重法) (混凝土抗弯强度试验法(三分点载重法))	P25
1234-1984	A3047	混凝土抗彎強度試驗法(中心點載重法) (混凝土抗弯强度试验法(中心点载重法))	P25
1235-1998	A3048	混凝土泌水試驗法 (混凝土泌水试验法)	P25
1237-1997	A3050	混凝土拌和用水試驗法 (混凝土拌和用水试验法)	P25
1238-2005	A3051	混凝土鑽心試體及鋸切長條試體取樣法 (混凝土钻心试体及锯切长条试体取样法)	P25
1239-1987	A3052	混凝土試體横向、縱向及扭曲之基本頻率試驗法 (混凝土试体横向、纵向及扭曲之基本频率试验法)	P25
1241-2005	A3053	利用鑽心試體測定混凝土構件厚度試驗法 (利用钻心试体测定混凝土构件厚度试验法)	Q72
2221-1985	A3054	砂灰磚檢驗法 (砂灰砖检验法)	Q15
2313-1971	A3055	鑄鐵管水泥砂漿襯裏方法 (铸铁管水泥砂浆衬里方法)	Q13
2315-1986	A3056	碳化軟木板檢驗法 (碳化软木板检验法)	B69
3408-1985	A3059	粗粒料(粒徑 19 mm 以上)磨損試驗法 (粗粒料(粒径 19 mm 以上)磨损试验法)	Q10
3801-2008	A3061	混凝土圓柱試體劈裂抗張強度試驗法 (混凝土圆柱试体劈裂抗张强度试验法)	Q14
3804-1992	A3062	磨石子地磚檢驗法 (磨石子地砖检验法)	Q21
3904-1986	A3064	建築用板類彎曲試驗法 (建筑用板类弯曲试验法)	Q04
3929-1991	A3065	圓柱形及管形門鎖檢驗法 (圆柱形及管形门锁检验法)	Y71
4062-1986	A3068	鋼筋混凝土 U 形溝檢驗法 (钢筋混凝土 U 形沟检验法)	Q72
4064-1986	A3069	鋼筋混凝土 U 形溝用蓋檢驗法 (钢筋混凝土 U 形沟用盖检验法)	Q72
4066-1992	A3070	無筋及鋼筋混凝土 L 形側溝檢驗法 (无筋及钢筋混凝土 L 形侧沟检验法)	Q72
4684-1994	A3076	複層紋膜裝飾塗材檢驗法 (复层纹膜装饰涂材检验法)	Q18

标准号	台湾地区标准分类号	标准名称	中国标准分类
4725-1984	A3077	地鉸鏈及關門器檢驗法 (地铰链及关门器检验法)	Y71
4726-1984	A3078	鉸鏈往復開關檢驗法 (铰链往复开关检验法)	Y71
4751-1996	A3079	鋼管施工架檢驗法 (钢管施工架检验法)	P96
4803-1993	A3080	鋼筋混凝土渡水槽檢驗法 (钢筋混凝土渡水槽检验法)	Q81
4994-1988	A3082	下水道用人孔蓋檢驗法 (下水道用人孔盖检验法)	Q81
4996-1993	A3083	下水道用鋼筋混凝土人孔井壁檢驗法 (下水道用钢筋混凝土人孔井壁检验法)	Q81
5084-1986	A3084	鋼製及不銹鋼製普通鉸鏈檢驗法 (钢制及不锈钢制普通铰链检验法)	Y71
5086-2009	A3085	土壤顆粒分析及常數測定之氣乾土樣準備法 (土壤颗粒分析及常数测定之气干土样准备法)	P13
5087-1986	A3086	土壤液性限度試驗法 (土壤液性限度试验法)	P13
5088-1986	A3087	土壤塑性限度試驗與塑性指數決定法 (土壤塑性限度试验与塑性指数决定法)	P13
5089-1986	A3088	土壤離心含水當量試驗法 (土壤离心含水当量试验法)	P13
5090-1988	A3089	土壤比重試驗法 (土壤比重试验法)	P13
5091-1986	A3090	實驗室土壤含水量測定法 (实验室土壤含水量测定法)	P13
5263-1986	A3092	土壤收縮因數試驗法 (土壤收缩因子试验法)	P13
5265-1986	A3094	道路與鋪面材料用礦物填縫料篩分析法 (道路与铺面材料用矿物填缝料筛分析法)	Q20
5645-1980	A3095	可調鋼管支柱檢驗法 (可调钢管支柱检验法)	Q73
5647-1987	A3096	混凝土內棒形振動器檢驗法 (混凝土内棒形振动器检验法)	P96
5649-1987	A3097	混凝土模板振動器檢驗法 (混凝土模板振动器检验法)	P96
5949-1982	A3098	銅掛鎖(制梢栓式)檢驗法 (铜挂锁(制梢栓式)检验法)	Y71
5950-1982	A3099	銅掛鎖(制梢片式)檢驗法 (铜挂锁(制梢片式)检验法)	Y71
5951-1982	A3100	磁性掛鎖檢驗法 (磁性挂锁检验法)	Y71
5952-1982	A3101	鑄鐵(或鋅合金)掛鎖檢驗法 (铸铁(或锌合金)挂锁检验法)	Y71
5953-1982	A3102	鋼片製掛鎖檢驗法 (钢片制挂锁检验法)	Y71
5954-1982	A3103	疊片掛鎖檢驗法 (叠片挂锁检验法)	Y71
5955-1982	A3104	對號掛鎖檢驗法 (对号挂锁检验法)	Y71
5956-1982	A3105	鋼片機車掛鎖檢驗法 (钢片机车挂锁检验法)	Y71

标准号	台湾地区标准分类号	标准名称	中国标准分类
5957-1980	A3106	住宅用設備組件之排水試驗法 (住宅用设备组件之排水试验法)	P32
5958-1980	A3107	住宅用設備組件之振動試驗法 (住宅用设备组件之振动试验法)	P32
5959-1980	A3108	住宅用設備組件之強度及耐久性試驗法 (住宅用设备组件之强度及耐久性试验法)	P32
5960-1988	A3109	育樂設備(雲霄飛車)檢查標準 (育乐设备(云霄飞车)检查标准)	Q87
6301-1983	A3110	住宅用設備組件之保溫及隔熱試驗法 (住宅用设备组件之保温及隔热试验法)	P32
6302-1980	A3111	住宅用設備組件之電絕緣試驗法 (住宅用设备组件之电绝缘试验法)	P32
6303-1980	A3112	住宅用衛生設備組件之耐濕及防水試驗法 (住宅用卫生设备组件之耐湿及防水试验法)	P32
6532-2003	A3113	建築物室內裝修材料之耐燃性試驗法 (建筑物室内装修材料之耐燃性试验法)	Q18
6540-1986	A3114	拉門及拉窗用槽輪檢驗法 (拉门及拉窗用槽轮检验法)	Y71
6542-1980	A3115	動力絞車檢驗法 (动力绞车检验法)	P97
6731-1982	A3116	疊片式機車掛鎖檢驗法 (迭片式机车挂锁检验法)	Y71
6872-1985	A3117	磨石子板檢驗法 (磨石子板检验法)	Q21
6873-1989	A3118	室內換氣量之測定法(二氧化碳法) (室内换气量之测定法(二氧化碳法))	Q76
6874-1989	A3119	空氣調節與換氣設備之風量測定法 (空气调节与换气设备之风量测定法)	Q76
6988-1986	A3120	建築填縫及室內地板舖設用聚胺酯檢驗法 (建筑填缝及室内地板铺设用聚胺酯检验法)	Q24
7332-1981	A3121	隔熱材料之導熱係數測定法(平板比較法) (隔热材料之导热系数测定法(平板比较法))	Q25
7333-1981	A3122	隔熱材料之導熱係數測定法(平板直接法) (隔热材料之导热系数测定法(平板直接法))	Q25
7478-1983	A3123	鋁製推門之透明合成樹脂塗膜檢驗法 (铝制推门之透明合成树脂涂膜检验法)	Q18
7613-1993	A3124	玻璃纖維強化塑膠浴缸檢驗法 (玻璃纤维强化塑料浴缸检验法)	Q22
7614-1994	A3125	薄材料防焰性試驗法 (薄材料防焰性试验法)	Q04
7849-1981	A3126	土工機械翻轉時駕駛員保護架之性能及檢驗法 (土工机械翻转时驾驶员保护架之性能及检验法)	P97
7930-1986	A3128	建築工程用遮布檢驗法 (建筑工程用遮布检验法)	Q17
8075-1995	A3130	建築用組件(混凝土屋頂嵌板)檢驗法 (建筑用组件(混凝土屋顶嵌板)检验法)	Q18
8077-1995	A3131	建築用組件(混凝土樓板嵌板)檢驗法 (建筑用组件(混凝土楼板嵌板)检验法)	Q18
8079-1995	A3132	建築用組件(混凝土牆壁嵌板)檢驗法 (建筑用组件(混凝土墙壁嵌板)检验法)	Q18
8081-1981	A3133	建築用組件(嵌板)性能檢驗法 (建筑用组件(嵌板)性能检验法)	Q18

标准号	台湾地区标准分类号	标准名称	中国标准分类
8083-1992	A3134	薄塗裝飾材料檢驗法 (薄涂装饰材料检验法)	Q18
8183-1995	A3135	建築用組件(鋼製屋頂嵌板)檢驗法 (建筑用组件(钢制屋顶嵌板)检验法)	Q18
8185-1995	A3136	建築用組件(鋼製牆壁嵌板)檢驗法 (建筑用组件(钢制墙壁嵌板)检验法)	Q18
8187-1995	A3137	建築用組件(鋼製樓板嵌板)檢驗法 (建筑用组件(钢制楼板嵌板)检验法)	Q18
8188-1982	A3138	混凝土養護材料保持水份能力檢驗法 (混凝土养护材料保持水份能力检验法)	P25
8340-1987	A3139	鋼板製屋頂折板檢驗法 (钢板制屋顶折板检验法)	Q73
8342-1982	A3140	蛭石檢驗法 (蛭石检验法)	Q25
8463-1982	A3141	建築物音壓級差實地測定法 (建筑物音压级差实地测定法)	P31
8464-1982	A3142	建築物現場樓板衝擊音級測定法 (建筑物现场楼板冲击音级测定法)	P31
8466-1986	A3143	聲音透過損失之實驗室測定法 (声音透过损失之实验室测定法)	P31
8555-1982	A3144	銅掛鎖(平面型制梢栓式)檢驗法 (铜挂锁(平面型制梢栓式)检验法)	Y71
8645-1988	A3145	建築防水用塗膜材料檢驗法 (建筑防水用涂膜材料检验法)	Q17
8647-1995	A3146	高壓蒸氣養護輕質氣泡混凝土嵌板檢驗法 (高压蒸气养护轻质气泡混凝土嵌板检验法)	Q18
8755-1987	A3147	瀝青舖面混合料壓實試體之厚度或高度試驗方法 (沥青铺面混合料压实试体之厚度或高度试验方法)	E43
8756-1988	A3148	密級配與開放級配壓實瀝青舖面混合料中空隙率試驗法 (密级配与开放级配压实沥青铺面混合料中空隙率试验法)	E43
8757-1987	A3149	瀝青混合料壓實試體容積比重及密度試檢驗法(封臘法) (沥青混合料压实试体容积比重及密度试检验法(封腊法))	E43
8758-1987	A3150	瀝青舖面混合料理論最大比重試驗法 (沥青铺面混合料理论最大比重试验法)	E43
8759-1987	A3151	瀝青混合壓實試體容積比重及密度試驗法(飽和面乾法) (沥青混合压实试体容积比重及密度试验法(饱和面干法))	E43
8761-1991	A3152	住宅用鋼製柵欄檢驗法 (住宅用钢制栅栏检验法)	Q73
8902-1982	A3153	建築用油性填縫材料檢驗法 (建筑用油性填缝材料检验法)	Q24
8904-1982	A3154	建築用密封材料檢驗法 (建筑用密封材料检验法)	Q24
8907-1991	A3155	聚氯乙烯地磚檢驗法 (聚氯乙烯地砖检验法)	Q22
8908-1982	A3156	塑膠建築材料風化評定法 (塑料建筑材料风化评定法)	Q22
8909-1982	A3157	塑膠建築材料室外暴露檢驗法 (塑料建筑材料室外暴露检验法)	Q22
8910-1994	A3158	塑膠建築材料加速暴露試驗法 (塑料建筑材料加速暴露试验法)	Q22
8911-1982	A3159	地板滑動檢驗法(擺錘型) (地板滑动检验法(摆锤型))	Q70

标准号	台湾地区标准分类号	标准名称	中国标准分类
8912-1982	A3160	建築材料及組件磨耗檢驗法(旋轉圓盤及打擊地板材料之磨耗檢驗法) (建筑材料及组件磨耗检验法(旋转圆盘及打击地板材料之磨耗检验法))	Q04
8914-1982	A3161	玻璃纖維強化塑膠連地板浴缸檢驗法 (玻璃纤维强化塑料连地板浴缸检验法)	Q81
8915-1988	A3162	育樂設備(觀覽車)檢查標準 (育乐设备(观览车)检查标准)	Q87
8916-1988	A3163	育樂設備(水上飛船)檢查標準 (育乐设备(水上飞船)检查标准)	Q87
9054-1982	A3164	施工機械用儀錶類之振動及衝擊檢驗法 (施工机械用仪表类之振动及冲击检验法)	P96
9056-2008	A3165	聲學—迴響室之吸音量測 (声学—回响室之吸音量测)	P31
9058-1982	A3166	玻璃棉吸音材料檢驗法 (玻璃棉吸音材料检验法)	Q25
9208-2003	A3167	混凝土用輸氣劑檢驗法 (混凝土用输气剂检验法)	G86
9335-1988	A3168	育樂設備(旋轉馬車)檢查標準 (育乐设备(旋转马车)检查标准)	Q87
9552-1982	A3169	鋼筋混凝土用再軋鋼筋檢驗法 (钢筋混凝土用再轧钢筋检验法)	H44
9656-1982	A3170	振動壓路機性能試驗法(引擎及實質) (振动压路机性能试验法(引擎及实质))	P97
9657-1982	A3171	振動壓路機性能試驗法(振動及駕駛) (振动压路机性能试验法(振动及驾驶))	P97
9658-1982	A3172	振動壓路機性能試驗法(壓實及噪音) (振动压路机性能试验法(压实及噪音))	P97
9660-1982	A3173	岩棉吸音材料檢驗法 (岩棉吸音材料检验法)	Q25
9661-1987	A3174	新拌混凝土空氣含量試驗法(壓力法) (新拌混凝土空气含量试验法(压力法))	P25
9662-1987	A3175	新拌混凝土空氣含量試驗法(容積法) (新拌混凝土空气含量试验法(容积法))	P25
9960-1983	A3177	住宅用隔熱材料之隔熱性能試驗法 (住宅用隔热材料之隔热性能试验法)	Q25
9961-1983	A3178	建築用板類衝擊試驗法 (建筑用板类冲击试验法)	Q04
10142-1994	A3181	建築灌注補修用環氧樹脂檢驗法 (建筑灌注补修用环氧树脂检验法)	Q27
10144-1983	A3182	建築物防水用合成高分子膠布檢驗法 (建筑物防水用合成高分子胶布检验法)	Q17
10146-1983	A3183	建築物防水用基布及他物積層之合成高分子膠布檢驗法 (建筑物防水用基布及他物积层之合成高分子胶布检验法)	Q17
10147-2008	A3184	屋頂外部表面防火試驗法 (屋顶外部表面防火试验法)	P32
10148-1983	A3185	建築物木構造部分防火檢驗法 (建筑物木构造部分防火检验法)	P32
10210-1988	A3186	建築用墊條檢驗法 (建筑用垫条检验法)	Q24
10212-1983	A3187	抽屜鎖(制梢栓式)檢驗法 (抽屉锁(制梢栓式)检验法)	Y71

标准号	台湾地区标准分类号	标准名称	中国标准分类
10523-1987	A3197	門窗隔熱性能檢驗法 (门窗隔热性能检验法)	P32
10679-1983	A3198	木造建築物防火用水泥砂漿施工法 (木造建筑物防火用水泥砂浆施工法)	P32
10732-1984	A3199	硬化混凝土反彈數試驗法 (硬化混凝土反弹数试验法)	P25
10733-1984	A3200	硬化混凝土貫入試驗法 (硬化混凝土贯入试验法)	P25
10783-1984	A3201	石棉保溫材料檢驗法 (石棉保温材料检验法)	Q25
10784-1984	A3202	建築材料及建築組件磨耗試驗法(落砂法) (建筑材料及建筑组件磨耗试验法(落砂法))	Q04
10785-1984	A3203	建築材料及建築組件磨耗試驗法(研磨紙法) (建筑材料及建筑组件磨耗试验法(研磨纸法))	Q04
10842-2001	A3204	木磚用接著劑接著強度試驗法 (木砖用接着剂接着强度试验法)	Q27
10896-2003	A3207	卜特蘭水泥混凝土用飛灰或天然卜作嵐礦物摻料之取樣及檢驗法 (卜特兰水泥混凝土用飞灰或天然卜作岚矿物掺料之取样及检验法)	Q14
10979-1984	A3208	離心法製混凝土試體之抗壓強度試驗法 (离心法制混凝土试体之抗压强度试验法)	P25
10989-1984	A3209	現場粒料樣品減量為試驗樣品取樣法 (现场粒料样品减量为试验样品取样法)	Q10
10990-1998	A3210	粒料中輕質顆粒含量試驗法 (粒料中轻质颗粒含量试验法)	Q10
10992-1984	A3211	混凝土圓柱試體模具檢驗法 (混凝土圆柱试体模具检验法)	P96
10993-1984	A3212	混凝土伸縮縫預製填縫物試驗法(凹式) (混凝土伸缩缝预制填缝物试验法(凹式))	Q24
11053-1984	A3215	粗糙水泥飾面噴糅材料檢驗法 (粗糙水泥饰面喷糅材料检验法)	Q13
11055-1984	A3216	砂質水泥飾面噴糅材料檢驗法 (砂质水泥饰面喷糅材料检验法)	Q13
11056-1984	A3217	卜特蘭水泥砂漿乾燥收縮量測定法 (卜特兰水泥砂浆干燥收缩量测定法)	Q13
11151-1984	A3218	混凝土單位重、拌和體積及含氣量(比重)試驗法 (混凝土单位重、拌和体积及含气量(比重)试验法)	P25
11152-1984	A3219	根據鋼筋混凝土握裹力比較混凝土性能試驗法 (根据钢筋混凝土握裹力比较混凝土性能试验法)	P25
11153-1984	A3220	細粒料中有機物對水泥砂漿強度影響試驗法 (细粒料中有机物对水泥砂浆强度影响试验法)	Q13
11195-1985	A3221	纖維質飾面材料檢驗法 (纤维质饰面材料检验法)	Q18
11197-1985	A3222	壁紙施工用澱粉系黏著劑檢驗法 (壁纸施工用淀粉系黏着剂检验法)	Q27
11227-2002	A3223	建築用防火門耐火試驗法 (建筑用防火门耐火试验法)	Y22
11297-2005	A3224	混凝土圓柱試體蓋平法 (混凝土圆柱试体盖平法)	P25
11298-1985	A3225	粒料含水量乾燥測定法 (粒料含水量干燥测定法)	Q13

标准号	台湾地区标准分类号	标准名称	中国标准分类
11319-2000	A3226	建築用天然石抗壓強度試驗法 (建筑用天然石抗压强度试验法)	Q21
11320-2000	A3227	石材腳踏磨損抗力試驗法 (石材脚踏磨损抗力试验法)	Q21
11321-2000	A3228	建築用天然石吸水率及體比重試驗法 (建筑用天然石吸水率及体比重试验法)	Q21
11322-2000	A3229	建築用天然石破壞模數試驗法 (建筑用天然石破坏模数试验法)	Q21
11524-2006	A3233	門窗性能試驗法通則 (门窗性能试验法通则)	P32
11525-2003	A3234	門窗防露性能試驗法 (门窗防露性能试验法)	P32
11526-2003	A3235	門窗抗風壓性試驗法 (门窗抗风压性试验法)	P32
11527-2004	A3236	門窗氣密性試驗法 (门窗气密性试验法)	P32
11528-2004	A3237	門窗水密性試驗法 (门窗水密性试验法)	P32
11700-1986	A3242	外裝用石棉水泥板檢驗法 (外装用石棉水泥板检验法)	Q14
11773-1986	A3249	自來水用鋼管內襯水泥砂漿檢驗法 (自来水用钢管内衬水泥砂浆检验法)	H48
11775-1986	A3250	自來水用內襯聚氯乙烯塑膠硬質管之鋼管檢驗法 (自来水用内衬聚氯乙烯塑料硬质管之钢管检验法)	H48
11776-1986	A3251	土壤粒徑分析試驗法 (土壤粒径分析试验法)	P13
11777-2005	A3252	土壤含水量與密度關係試驗法(標準式夯實試驗法) (土壤含水量与密度关系试验法(标准式夯实试验法))	P13
11777-1-2005	A3252-1	土壤含水量與密度關係試驗法(改良式夯實試驗法) (土壤含水量与密度关系试验法(改良式夯实试验法))	P13
11778-1986	A3253	土壤直接剪力試驗法 (土壤直接剪力试验法)	P13
11825-1987	A3254	混凝土用高爐爐碴粗粒料檢驗法 (混凝土用高炉炉碴粗粒料检验法)	Q13
11826-1987	A3255	高爐爐碴粒料化學分析法 (高炉炉碴粒料化学分析法)	Q13
11828-1987	A3256	道路用高爐爐碴檢驗法 (道路用高炉炉碴检验法)	Q20
11891-1987	A3257	混凝土用高爐爐碴細粒料檢驗法 (混凝土用高炉炉碴细粒料检验法)	Q13
11983-1987	A3258	鋼製及鋁合金製橫式百葉窗簾檢驗法 (钢制及铝合金制横式百叶窗帘检验法)	Q73
11985-1987	A3259	建築用暗架式牆壁及平頂輕鋼架檢驗法 (建筑用暗架式墙壁及平顶轻钢架检验法)	Q73
11987-1991	A3260	鋼網柵欄組件檢驗法 (钢网栅栏组件检验法)	H49
11989-1987	A3261	嵌板用紙芯檢驗法 (嵌板用纸芯检验法)	Q10
11991-1997	A3262	石膏板用接縫處理材料檢驗法 (石膏板用接缝处理材料检验法)	Q24
12054-1987	A3263	體育館用鋼製架高地板組件檢驗法 (体育馆用钢制架高地板组件检验法)	Q73

标准号	台湾地区标准分类号	标准名称	中国标准分类
12066-1987	A3269	紅外線放射計簡易放射率測定法 (红外线放射计简易放射率测定法)	P96
12239-1988	A3270	土壤單向度壓密試驗法 (土壤单向度压密试验法)	P13
12282-1988	A3271	凝聚性土壤現場十字片剪力試驗法 (凝聚性土壤现场十字片剪力试验法)	P13
12333-1988	A3277	裏襯石膏板鋼製披疊板檢驗法 (里衬石膏板钢制披迭板检验法)	Q73
12352-1988	A3279	建築用海棉墊條檢驗法 (建筑用海棉垫条检验法)	Q24
12382-2006	A3280	夯實土樣加州載重比試驗法 (夯实土样加州载重比试验法)	P13
12383-2006	A3281	夯實土壤阻力 R 值及膨脹壓力試驗法 (夯实土壤阻力 R 值及膨胀压力试验法)	P13
12384-1988	A3282	凝聚性土壤無圍壓縮強度試驗法 (凝聚性土壤无围压缩强度试验法)	P13
12385-1988	A3283	土壤顆粒分析及常數測定之濕土樣配製法 (土壤颗粒分析及常数测定之湿土样配制法)	P13
12386-1988	A3284	土壤薄管取樣法 (土壤薄管取样法)	P13
12387-1988	A3285	工程用土壤分類試驗法 (工程用土壤分类试验法)	P13
12388-1988	A3286	瀝青舖面混合料取樣法 (沥青铺面混合料取样法)	E43
12389-1988	A3287	瀝青粒料混合料中粒料包裹率試驗法 (沥青粒料混合料中粒料包裹率试验法)	E43
12390-1988	A3288	瀝青路面壓實度試驗法 (沥青路面压实度试验法)	E43
12391-1988	A3289	水對瀝青包裹粒料影響之工地快速試驗法 (水对沥青包裹粒料影响之工地快速试验法)	E43
12392-1988	A3290	土壤與柔性舖面之非反覆式靜力平板載重試驗法(應用於機場與公路舖面之設計與評估) (土壤与柔性铺面之非反复式静力平板载重试验法(应用于机场与公路铺面之设计与评估))	P13
12393-1988	A3291	土壤與柔性舖面之反覆式靜力平板載重試驗法(應用於機場與公路舖面之設計與評估) (土壤与柔性铺面之反复式静力平板载重试验法(应用于机场与公路铺面之设计与评估))	P13
12394-1988	A3292	瀝青粒料混合料包裹與剝脫試驗法 (沥青粒料混合料包裹与剥脱试验法)	E43
12395-1988	A3293	以馬歇爾儀試驗瀝青混合料塑性流動阻力試驗法 (以马歇尔仪试验沥青混合料塑性流动阻力试验法)	E43
12411-1988	A3294	住宅用鋼製及鋁合金製正門嵌板檢驗法 (住宅用钢制及铝合金制正门嵌板检验法)	Q18
12413-1988	A3295	住宅用金屬製橫拉式防護門窗檢驗法 (住宅用金属制横拉式防护门窗检验法)	Q73
12415-1988	A3296	鋁合金製屋頂折板組件檢驗法 (铝合金制屋顶折板组件检验法)	Q73
12432-1988	A3297	橫拉窗用五金檢驗法 (横拉窗用五金检验法)	Y71
12433-1988	A3298	土壤中圓錐及摩擦錐之擬靜態深貫入式試驗法 (土壤中圆锥及摩擦锥之拟静态深贯入式试验法)	P13

标准号	台湾地区标准分类号	标准名称	中国标准分类
12457-1988	A3299	鋼筋混凝土用防銹劑檢驗法 (钢筋混凝土用防锈剂检验法)	Q13
12458-1988	A3300	水淬高爐爐碴玻璃質含量測定法 (水淬高炉炉碴玻璃质含量测定法)	Q12
12459-1988	A3301	卜特蘭水泥中水淬高爐爐碴、矽質材料、飛灰及石灰石之含量測定法 (卜特兰水泥中水淬高炉炉碴、硅质材料、飞灰及石灰石之含量测定法)	Q12
12460-1988	A3302	基樁軸向靜壓載重試驗法 (基桩轴向静压载重试验法)	P22
12472-1988	A3303	育樂設備(飛行塔)檢查標準 (育乐设备(飞行塔)检查标准)	Q87
12514-2007	A3305	建築物構造部分耐火試驗法 (建筑物构造部分耐火试验法)	P16
12602-2001	A3309	牆板及天花板用接著劑接著強度試驗法 (墙板及天花板用接着剂接着强度试验法)	Q27
12695-1990	A3314	門鏈檢驗法 (门链检验法)	Y71
12697-1990	A3315	嵌入式門鎖檢驗法 (嵌入式门锁检验法)	Y71
12738-1990	A3316	中空樓板用螺旋鋼製管模檢驗法 (中空楼板用螺旋钢制管模检验法)	H49
12740-1998	A3317	預力混凝土用螺旋套管檢驗法 (预力混凝土用螺旋套管检验法)	Q13
12810-1995	A3318	搪瓷(琺瑯)鋼板墻壁嵌板檢驗法 (搪瓷(珐琅)钢板墙壁嵌板检验法)	Q18
12832-1991	A3319	新拌混凝土含水量試驗法 (新拌混凝土含水量试验法)	P25
12894-1991	A3320	建築用耐燃木材檢驗法 (建筑用耐燃木材检验法)	B69
12936-1991	A3321	止滑用感壓性砂鋁箔膠帶檢驗法 (止滑用感压性砂铝箔胶带检验法)	Q29
12964-1992	A3322	裝飾混凝土磚檢驗法 (装饰混凝土砖检验法)	Q14
13134-1993	A3324	建築用接頭氣密性之實驗室試驗法 (建筑用接头气密性之实验室试验法)	Q04
13175-1993	A3325	聚酯樹脂混凝土強度試驗用試體製作法 (聚酯树脂混凝土强度试验用试体制作法)	Q13
13176-1993	A3326	聚酯樹脂混凝土抗壓強度試驗法 (聚酯树脂混凝土抗压强度试验法)	Q13
13177-1993	A3327	聚酯樹脂混凝土梁彎曲折斷部分之抗壓強度試驗法 (聚酯树脂混凝土梁弯曲折断部分之抗压强度试验法)	Q13
13178-1993	A3328	聚酯樹脂混凝土抗彎強度試驗法 (聚酯树脂混凝土抗弯强度试验法)	Q13
13179-1993	A3329	聚酯樹脂混凝土抗劈裂強度試驗法 (聚酯树脂混凝土抗劈裂强度试验法)	Q13
13180-1993	A3330	聚酯樹脂混凝土可工作時間測定法 (聚酯树脂混凝土可工作时间测定法)	Q13
13208-1993	A3332	管內法建築材料垂直射入吸音率測定法 (管内法建筑材料垂直射入吸音率测定法)	Q04
13210-1993	A3333	道路用鋼筋混凝土側溝檢驗法 (道路用钢筋混凝土侧沟检验法)	Q14

标准号	台湾地区标准分类号	标准名称	中国标准分类
13297-1993	A3336	混凝土製品耐磨性試驗法(噴砂法) (混凝土制品耐磨性试验法(喷砂法))	Q13
13298-1993	A3337	地工織物正向透水率試驗法 (地工织物正向透水率试验法)	Q29
13299-1993	A3338	地工織物撕裂強度試驗法(梯形法) (地工织物撕裂强度试验法(梯形法))	Q29
13300-1993	A3339	地工織物抗拉力試驗法(寬幅法) (地工织物抗拉力试验法(宽幅法))	Q29
13301-2002	A3340	鋼筋混凝土用鋼筋瓦斯壓接接頭檢查法 (钢筋混凝土用钢筋瓦斯压接接头检查法)	H44
13302-1993	A3341	鋼筋混凝土用竹節鋼筋瓦斯壓接部超音波探傷試驗法 (钢筋混凝土用竹节钢筋瓦斯压接部超音波探伤试验法)	H44
13407-1998	A3342	細粒料中水溶性氯離子含量試驗法 (细粒料中水溶性氯离子含量试验法)	Q10
13465-1995	A3343	新拌混凝土中水溶性氯離子含量試驗法 (新拌混凝土中水溶性氯离子含量试验法)	P25
13481-1995	A3344	高壓蒸氣養護輕質氣泡混凝土磚檢驗法 (高压蒸气养护轻质气泡混凝土砖检验法)	Q14
13482-1995	A3345	地工織物溫度穩定性試驗法 (地工织物温度稳定性试验法)	Q29
13483-1995	A3346	地工織物抗拉強度及伸長率試驗法(抓式法) (地工织物抗拉强度及伸长率试验法(抓式法))	Q29
13493-1995	A3347	搪瓷(琺瑯)磚檢驗法 (搪瓷(珐琅)砖检验法)	Q31
13541-1995	A3348	預鑄混凝土電纜管組檢驗法 (预铸混凝土电缆管组检验法)	Q14
13582-1995	A3349	工程用布對銲接及熔斷火花之防焰性試驗法 (工程用布对焊接及熔断火花之防焰性试验法)	P16
13600-1995	A3350	塑膠浴缸蓋檢驗法 (塑料浴缸盖检验法)	Q22
13614-1995	A3351	搪瓷(琺瑯)浴缸檢驗法 (搪瓷(珐琅)浴缸检验法)	Q31
13616-1995	A3352	不銹鋼浴缸檢驗法 (不锈钢浴缸检验法)	Q81
13617-1995	A3353	混凝土粒料岩相分析指引 (混凝土粒料岩相分析指引)	Q13
13618-1995	A3354	粒料之潛在鹼質與二氧化矽反應性試驗法(化學法) (粒料之潜在碱质与二氧化硅反应性试验法(化学法))	Q13
13619-1995	A3355	水泥與粒料之組合潛在鹼質反應性試驗法(水泥砂漿棒法) (水泥与粒料之组合潜在碱质反应性试验法(水泥砂浆棒法))	Q13
13620-1995	A3356	碳酸鹽質岩石用作混凝土粒料之潛在鹼質反應性試驗法(岩石圓柱體法) (碳酸盐质岩石用作混凝土粒料之潜在碱质反应性试验法(岩石圆柱体法))	Q13
13963-1997	A3358	鋼骨構造用噴附式防火被覆材料厚度及密度試驗法 (钢骨构造用喷附式防火被覆材料厚度及密度试验法)	Q40
13964-1997	A3359	鋼骨構造用噴附式防火被覆材料凝聚力及黏著力試驗法 (钢骨构造用喷附式防火被覆材料凝聚力及黏着力试验法)	Q40
13965-1997	A3360	鋼骨構造用噴附式防火被覆材料抗壓強度試驗法 (钢骨构造用喷附式防火被覆材料抗压强度试验法)	Q40
13966-1997	A3361	鋼骨構造用噴附式防火被覆材料受撓度影響試驗法 (钢骨构造用喷附式防火被覆材料受挠度影响试验法)	Q40

标准号	台湾地区标准分类号	标准名称	中国标准分类
13967-1997	A3362	鋼骨構造用噴附式防火被覆材料鋼材腐蝕試驗法 (钢骨构造用喷附式防火被覆材料钢材腐蚀试验法)	Q40
13968-1997	A3363	鋼骨構造用噴附式防火被覆材料氣流落塵量試驗法 (钢骨构造用喷附式防火被覆材料气流落尘量试验法)	Q40
13969-1997	A3364	鋼骨構造用噴附式防火被覆材料受衝擊影響度試驗法 (钢骨构造用喷附式防火被覆材料受冲击影响度试验法)	Q40
13970-1997	A3365	鋼骨構造用噴附式防火被覆材料石棉含量試驗法 (钢骨构造用喷附式防火被覆材料石棉含量试验法)	Q40
13971-2006	A3366	帷幕牆及其附屬門、窗與天窗氣密性性能試驗法 (帷幕墙及其附属门、窗与天窗气密性性能试验法)	Q70
13972-2006	A3367	帷幕牆及其附屬門、窗與天窗正負風壓結構性性能試驗法 (帷幕墙及其附属门、窗与天窗正负风压结构性性能试验法)	Q70
13973-2006	A3368	帷幕牆及其附屬門、窗與天窗動態水密性性能試驗法 (帷幕墙及其附属门、窗与天窗动态水密性性能试验法)	Q70
13974-2006	A3369	帷幕牆及其附屬門、窗與天窗靜態水密性性能試驗法 (帷幕墙及其附属门、窗与天窗静态水密性性能试验法)	Q70
13975-1997	A3370	帷幕牆混凝土錨件強度試驗法 (帷幕墙混凝土锚件强度试验法)	Q70
13976-1997	A3371	石材彎曲強度試驗法 (石材弯曲强度试验法)	Q21
14220-1998	A3372	混凝土凝結時間試驗法 (混凝土凝结时间试验法)	P25
14259-1998	A3373	地工合成材抽樣法 (地工合成材抽样法)	Q20
14260-1998	A3374	地工織物及地工防水膜標稱厚度試驗法 (地工织物及地工防水膜标称厚度试验法)	Q29
14261-1998	A3375	地工合成材之定水頭横向透水率試驗法 (地工合成材之定水头横向透水率试验法)	Q20
14262-1998	A3376	地工織物表觀開孔徑試驗法 (地工织物表观开孔径试验法)	Q29
14263-1998	A3377	地工織物、地工防水膜及相關產品之抗穿刺試驗法 (地工织物、地工防水膜及相关产品之抗穿刺试验法)	Q29
14278-1998	A3378	地工織物抗磨損性試驗法(砂紙磨塊法) (地工织物抗磨损性试验法(砂纸磨块法))	Q29
14279-1998	A3379	地工織物單位面積質量試驗法 (地工织物单位面积质量试验法)	Q29
14280-2006	A3380	帷幕牆及其附屬門、窗物理性能試驗總則 (帷幕墙及其附属门、窗物理性能试验总则)	Q70
14281-2006	A3381	帷幕牆及其附屬門、窗與天窗靜態層間變位性能試驗法 (帷幕墙及其附属门、窗与天窗静态层间变位性能试验法)	Q70
14514-2003	A3382	建築物防火區劃貫穿部耐火試驗法 (建筑物防火区划贯穿部耐火试验法)	P16
14603-2001	A3383	硬固水泥砂漿及混凝土長度變化試驗法 (硬固水泥砂浆及混凝土长度变化试验法)	Q13
14702-2002	A3384	硬固水泥砂漿及混凝土中酸溶性氯離子含量試驗法 (硬固水泥砂浆及混凝土中酸溶性氯离子含量试验法)	Q13
14703-2002	A3385	硬固水泥砂漿及混凝土中水溶性氯離子含量試驗法 (硬固水泥砂浆及混凝土中水溶性氯离子含量试验法)	Q13
14705-2008	A3386	建築材料燃燒熱釋放率試驗法—圓錐量熱儀法 (建筑材料燃烧热释放率试验法—圆锥量热仪法)	Q10
14732-2005	A3387	依粗料含量調整土壤夯實密度試驗法 (依粗料含量调整土壤夯实密度试验法)	P22

标准号	台湾地区标准分类号	标准名称	中国标准分类
14733-2005	A3388	以砂錐法測定土壤工地密度試驗法 (以砂锥法测定土壤工地密度试验法)	P13
14743-2003	A3389	建築材料著火性試驗法 (建筑材料着火性试验法)	P16
14779-2008	A3390	輕質粗粒料之顆粒統壓強度試驗法 (轻质粗粒料之颗粒统压强度试验法)	Q13
14791-2003	A3391	細粒料磨損試驗法 (细粒料磨损试验法)	Q13
14792-2003	A3392	混凝土抗磨性試驗法(噴砂法) (混凝土抗磨性试验法(喷砂法))	Q13
14793-2003	A3393	礦物攙料或高爐爐碴粉對防止鹼質與二氧化矽反應所致混凝土過度膨脹之有效性試驗法 (矿物搀料或高炉炉碴粉对防止碱质与二氧化硅反应所致混凝土过度膨胀之有效性试验法)	Q12
14794-2003	A3394	水硬性水泥砂漿棒暴露於硫酸鹽溶液中之長度變化試驗法 (水硬性水泥砂浆棒暴露于硫酸盐溶液中之长度变化试验法)	Q13
14795-2004	A3395	混凝土抗氯離子穿透能力試驗法—通過電荷量表示法 (混凝土抗氯离子穿透能力试验法—通过电荷量表示法)	Q13
14803-2004	A3396	建築用防火捲門耐火試驗法 (建筑用防火卷门耐火试验法)	P32
14815-2004	A3397	建築用防火固定窗耐火試驗法 (建筑用防火固定窗耐火试验法)	P32
14840-2004	A3398	自充填混凝土障礙通過性試驗法(U形或箱形法) (自充填混凝土障碍通过性试验法(U形或箱形法))	Q13
14841-2008	A3399	自充填混凝土流下性試驗法(漏斗法) (自充填混凝土流下性试验法(漏斗法))	Q13
14842-2004	A3400	高流動性混凝土坍流度試驗法 (高流动性混凝土坍流度试验法)	Q13
14892-2005	A3401	混凝土加速養護試體之製作及試驗法 (混凝土加速养护试体之制作及试验法)	C44
14917-2005	A3402	噴凝土試驗格板樣品之準備與測試法 (喷凝土试验格板样品之准备与测试法)	Q15
15038-2009	A3403	建築用門遮煙性試驗法 (建筑用门遮烟性试验法)	P32
15045-2006	A3404	建築物防火用膨脹填縫條耐火性能試驗法 (建筑物防火用膨胀填缝条耐火性能试验法)	P32
15046-2006	A3405	慣性剖面儀量測鋪面縱向剖面試驗法 (惯性剖面仪量测铺面纵向剖面试验法)	P97
15048-2007	A3406	建築材料耐燃性試驗法—全尺度燃燒試驗法 (建筑材料耐燃性试验法—全尺度燃烧试验法)	Q10
15160-3-2008	A3407-3	聲學—建築物及建築構件之隔音量測—建築構件空氣音隔音之實驗室量測 (声学—建筑物及建筑构件之隔音量测—建筑构件空气音隔音之实验室量测)	P31
15160-6-2008	A3407-6	聲學—建築物及建築構件之隔音量測—樓板衝擊音隔音之實驗室量測 (声学—建筑物及建筑构件之隔音量测—楼板冲击音隔音之实验室量测)	P31
15160-8-2009	A3407-8	聲學—建築物及建築構件之隔音量測—重質標準樓板表面材之衝擊音降低量實驗室量測 (声学—建筑物及建筑构件之隔音量测—重质标准楼板表面材之冲击音降低量实验室量测)	P31

标准号	台湾地区标准分类号	标准名称	中国标准分类
15171-2008	A3408	粗粒料中扁平、細長或扁長顆粒含量試驗法 （粗粒料中扁平、细长或扁长颗粒含量试验法）	Q10
15172-2008	A3409	使用非黏結帽蓋測試混凝土圓柱試體抗壓強度檢驗法 （使用非黏结帽盖测试混凝土圆柱试体抗压强度检验法）	Q13
15206-2008	A3410	建築物構造線形接合密封部耐火試驗法 （建筑物构造线形接合密封部耐火试验法）	P32
15213-1-2008	A3411-1	建築物外牆立面防火試驗法—中尺度試驗 （建筑物外墙立面防火试验法—中尺度试验）	P32
15213-2-2008	A3411-2	建築物外牆立面防火試驗法—大尺度試驗 （建筑物外墙立面防火试验法—大尺度试验）	P32
15218-2008	A3412	聲學—建築物使用之吸音材—吸音量評定 （声学—建筑物使用之吸音材—吸音量评定）	P31
15256-2009	A3414	聲學—風管消音箱及空氣終端單元之實驗室量測程序—插入損失、氣流噪音及總壓力損失 （声学—风管消音箱及空气终端单元之实验室量测程序—插入损失、气流噪音及总压力损失）	P31
15246-2009	A3415	聚酯樹脂混凝土製品用不飽和聚酯樹脂試驗法 （聚酯树脂混凝土制品用不饱和聚酯树脂试验法）	Q13

A4　施工机械及仪器

标准号	台湾地区标准分类号	标准名称	中国标准分类
7101-1986	A4001	傾斜式混凝土拌和機 （倾斜式混凝土拌和机）	P97
7102-1986	A4002	鼓形混凝土拌和機 （鼓形混凝土拌和机）	P97
7103-1986	A4003	快速混凝土拌和機 （快速混凝土拌和机）	P97
7335-1988	A4004	柴油打樁錘規範之標準格式 （柴油打桩锤规范之标准格式）	P97
7848-1988	A4005	土工機械用駕駛座安全帶及其固定裝置 （土工机械用驾驶座安全带及其固定装置）	P97
7850-1981	A4006	土工機械翻轉時駕駛員保護架之撓度界限領域 （土工机械翻转时驾驶员保护架之挠度界限领域）	P97
8080-1994	A4007	工程用沈水泵 （工程用沈水泵）	P98
9055-1988	A4008	施工機械用引擎轉速計 （施工机械用引擎转速计）	P96
9457-1988	A4009	施工機械用儀錶撓性軸 （施工机械用仪表挠性轴）	P96
9458-1988	A4010	施工機械用行駛速率里程計 （施工机械用行驶速率里程计）	P96
9459-1982	A4011	施工機械用溫度計 （施工机械用温度计）	P96
9554-1988	A4012	鑽土機規範之標準格式 （钻土机规范之标准格式）	P97
9945-1988	A4014	土工機械(檢修口之最小尺度) （土工机械(检修口之最小尺度)）	P97
9946-1988	A4015	土工機械(檢修裝置) （土工机械(检修装置)）	P97
9947-1988	A4016	土工機械(操作員人體尺度及最小活動空間) （土工机械(操作员人体尺度及最小活动空间)）	P97

标准号	台湾地区标准分类号	标准名称	中国标准分类
9948-1988	A4017	野地土工機械(煞車系統之最低性能準則) (野地土工机械(煞车系统之最低性能准则))	P97
9949-1988	A4018	土工機械(保護及遮蔽設備之定義及規範) (土工机械(保护及遮蔽设备之定义及规范))	P97
9950-1988	A4019	土工機械(加油口尺度) (土工机械(加油口尺度))	P97
9951-1988	A4020	土工機械(養護及調整工具) (土工机械(养护及调整工具))	P97
9952-1988	A4021	土工機械(開挖機操作員之控制) (土工机械(开挖机操作员之控制))	P97
9953-1988	A4022	土工機械(重心定位法) (土工机械(重心定位法))	P97
9954-1988	A4023	土工機械(操作及養護手冊編製指南) (土工机械(操作及养护手册编制指南))	P97
9955-1988	A4024	土工機械(翻轉時及落物時操作員保護架之實驗室評價—撓度界限領域規範) (土工机械(翻转时及落物时操作员保护架之实验室评价—挠度界限领域规范))	P97
9956-1988	A4025	土木機械(落物保護架之性能及檢驗法) (土木机械(落物保护架之性能及检验法))	P97
10138-1989	A4026	振動式打樁機規範標準格式 (振动式打桩机规范标准格式)	P97
10139-1989	A4027	打樁設備規範標準格式 (打桩设备规范标准格式)	P97
11192-1985	A4028	瀝青舖築機規範書標準格式 (沥青铺筑机规范书标准格式)	P97
11193-1985	A4029	瀝青舖築機性能檢驗法 (沥青铺筑机性能检验法)	P97

机 械 工 程

标准号	台湾地区标准分类号	标准名称	中国标准分类

B1 一 般

标准号	台湾地区标准分类号	标准名称	中国标准分类
3-2005	B1001	工程製圖(一般準則) (工程制图(一般准则))	A01
3-1-2005	B1001-1	工程製圖(尺度標註) (工程制图(尺度标注))	J04
3-10-1992	B1001-10	工程製圖(電機電子製圖符號) (工程制图(电机电子制图符号))	J04
3-11-2005	B1001-11	工程製圖(圖表畫法) (工程制图(图表画法))	J04
3-12-1994	B1001-12	工程製圖(幾何公差—最大實體原理) (工程制图(几何公差—最大实体原理))	J04
3-13-1994	B1001-13	工程製圖(幾何公差—位置度公差之標註) (工程制图(几何公差—位置度公差之标注))	J04
3-14-1994	B1001-14	工程製圖(幾何公差—基準及基準系統之標註) (工程制图(几何公差—基准及基准系统之标注))	J04
3-15-1994	B1001-15	工程製圖(幾何公差—符號之比例及尺度) (工程制图(几何公差—符号之比例及尺度))	J04
3-16-1994	B1001-16	工程製圖(幾何公差—檢測原理與方法) (工程制图(几何公差—检测原理与方法))	J04
3-2-2005	B1001-2	工程製圖(機械元件習用表示法) (工程制图(机械组件习用表示法))	A01
3-3-2002	B1001-3	工程製圖(表面符號) (工程制图(表面符号))	J04
3-4-1999	B1001-44	工程製圖(幾何公差) (工程制图(几何公差))	A01
3-5-1992	B1001-5	工程製圖(鉚接符號) (工程制图(铆接符号))	A01
3-6-2005	B1001-6	工程製圖(銲接符號表示法) (工程制图(焊接符号表示法))	J04
3-7-1994	B1001-7	工程製圖(鋼架結構圖) (工程制图(钢架结构图))	A01
3-8-2004	B1001-8	工程製圖(管路製圖) (工程制图(管路制图))	J04
3-9-1992	B1001-9	工程製圖(液壓系氣壓系製圖符號) (工程制图(液压系气压系制图符号))	J04
4-1-2009	B1002-1	限界與配合(公差與偏差制度) (限界与配合(公差与偏差制度))	J04
4-2-1987	B1002-2	限界與配合(一般工件之檢驗) (限界与配合(一般工件之检验))	J04
68-1972	B1003	圓錐錐度 (圆锥锥度)	J04
71-1947	B1004	工具圓錐柄至較粗處之過渡尺寸(準則) (工具圆锥柄至较粗处之过渡尺寸(准则))	J47
75-1982	B1005	輥紋 (辊纹)	J05
79-1947	B1006	螺釘間之最小距離(適用於六角螺釘及螺帽) (螺钉间之最小距离(适用于六角螺钉及螺帽))	J13
174-1983	B1007	鍵鋼剖面及偏差(冷拉,用於鞍形鍵) (键钢剖面及偏差(冷拉,用于鞍形键))	J18

标准号	台湾地区标准分类号	标准名称	中国标准分类
175-1983	B1008	鍵槽公差(用於斜面鍵及平鍵) (键槽公差(用于斜面键及平键))	J18
211-1953	B1009	鑽頭直徑(鑽螺絲孔底孔用) (钻头直径(钻螺丝孔底孔用))	J41
217-1953	B1010	沉孔蔴花鑽頭及空心沉孔蔴花鑽頭之尺寸公差 (沉孔麻花钻头及空心沉孔麻花钻头之尺寸公差)	J41
224-1953	B1011	鑽頭製造公差(磨圓後之蔴花鑽頭,沉孔蔴花鑽頭及空心沉孔蔴花鑽頭) (钻头制造公差(磨圆后之麻花钻头,沉孔麻花钻头及空心沉孔麻花钻头))	J41
237-1953	B1012	鑽頭角度 (钻头角度)	J41
300-1979	B1013	中心孔(60 度,R 型、A 型、B 型及 C 型) (中心孔(60 度,R 型、A 型、B 型及 C 型))	J51
518-1955	B1015	韋氏螺紋偏差及公差(精配) (韦氏螺纹偏差及公差(精配))	J04
519-1955	B1016	韋氏螺紋限界尺寸(精配) (韦氏螺纹限界尺寸(精配))	J04
520-1955	B1017	韋氏螺紋偏差及公差(中配及粗配) (韦氏螺纹偏差及公差(中配及粗配))	J04
521-1955	B1018	韋氏螺紋限界尺寸(中配及粗配) (韦氏螺纹限界尺寸(中配及粗配))	J04
529-1978	B1019	公制螺紋公差(ISO 制)(原則及基本數據) (公制螺纹公差(ISO 制)(原则及基本数据))	J04
530-1978	B1020	公制螺紋公差(ISO 制)(商用內、外螺紋之限界尺寸—中品級) (公制螺纹公差(ISO 制)(商用内、外螺纹之限界尺寸—中品级))	J04
531-1978	B1021	公制螺紋公差(ISO 制)(結構用螺紋之偏差) (公制螺纹公差(ISO 制)(结构用螺纹之偏差))	J04
532-1996	B1022	公制粗螺紋限界尺寸及公差(ISO 制)(細品級—4 H、5 H、4 h)(標稱直徑 1 至 68 mm,螺距 0.25 至 6 mm) (公制粗螺纹限界尺寸及公差(ISO 制)(细品级—4 H、5 H、4 h)(标称直径 1 至 68 mm,螺距 0.25 至 6 mm))	J04
2139-2004	B1023	陸用鋼製鍋爐 (陆用钢制锅炉)	J98
2141-2004	B1025	陸用鍋爐之效率計算方法 (陆用锅炉之效率计算方法)	J98
2468-1966	B1029	鐘錶大小之表示法 (钟表大小之表示法)	Y11
3126-1978	B1030	螺栓、螺釘、螺樁之長度及螺紋長度 (螺栓、螺钉、螺桩之长度及螺纹长度)	J13
3138-1981	B1031	方頭螺栓長度及螺紋長度 (方头螺栓长度及螺纹长度)	G17
3594-1988	B1033	銑刀孔徑 (铣刀孔径)	J41
3595-1988	B1034	普通銑刀及端銑刀之刃向及螺旋之方向 (普通铣刀及端铣刀之刃向及螺旋之方向)	J54
3596-1988	B1035	角銑刀之刃向、角向及螺紋之方向 (角铣刀之刃向、角向及螺纹之方向)	J41
3981-1999	B1036	自攻螺釘螺紋尺度 (自攻螺钉螺纹尺度)	J13
4018-1987	B1037	一般許可差(機械切削) (一般许可差(机械切削))	J41

标准号	台湾地区标准分类号	标准名称	中国标准分类
4019-1987	B1038	一般許可差(衝壓) (一般许可差(冲压))	J62
4020-1987	B1039	一般許可差(剪割) (一般许可差(剪割))	J62
4021-1987	B1040	一般許可差(鐵鑄件) (一般许可差(铁铸件))	J31
4022-1987	B1041	一般許可差(壓鑄) (一般许可差(压铸))	J31
4023-1987	B1042	燄割鋼板之一般許可差 (焰割钢板之一般许可差)	J33
4024-1987	B1043	一般許可差(鋼鑄件) (一般许可差(钢铸件))	J31
4025-1987	B1044	一般許可差(鋁合金鑄件) (一般许可差(铝合金铸件))	H61
4026-1987	B1045	一般許可差(金屬燒結品) (一般许可差(金属烧结品))	H72
4027-1987	B1046	尺度之一般許可差通則 (尺度之一般许可差通则)	J32
4035-1976	B1047	工具機上之進給一標稱數值、界限數值、變速比例 (工具机上之进给一标称数值、界限数值、变速比例)	J50
4036-1983	B1048	工具機之負荷轉數一標稱數值、界限數值、變速比例 (工具机之负荷转数一标称数值、界限数值、变速比例)	J50
4106-1977	B1049	液壓缸之內徑及活塞桿直徑 (液压缸之内径及活塞杆直径)	J20
4218-1978	B1050	結件一般名詞定義 (结件一般名词定义)	J13
4219-1978	B1051	螺紋一般名詞 (螺纹一般名词)	J04
4220-1978	B1052	結件名詞定義(螺紋種類) (结件名词定义(螺纹种类))	J13
4235-2003	B1053	結件之允收檢驗 (结件之允收检验)	J13
4238-1981	B1054	螺栓、螺釘、螺樁、螺帽之加工精度及許可差 (螺栓、螺钉、螺桩、螺帽之加工精度及许可差)	J13
4239-1978	B1055	螺栓、螺釘、螺樁、螺帽之標示 (螺栓、螺钉、螺桩、螺帽之标示)	J13
4240-1980	B1056	螺栓、螺釘、螺帽之電鍍層 (螺栓、螺钉、螺帽之电镀层)	J13
4242-1978	B1057	螺栓、螺釘、螺帽之對面寬度及對角寬度 (螺栓、螺钉、螺帽之对面宽度及对角宽度)	J13
4243-1978	B1058	螺栓、螺釘之頭下內圓角半徑 (螺栓、螺钉之头下内圆角半径)	J13
4244-1987	B1059	六角頭螺釘頭高及六角螺帽厚度 (六角头螺钉头高及六角螺帽厚度)	J13
4245-1978	B1060	穿通孔徑(螺紋直徑 1.6 公釐 150 公釐) (穿通孔径(螺纹直径 1.6 公厘 150 公厘))	J04
4317-1978	B1061	螺紋標示法 (螺纹标示法)	J04
4318-1978	B1062	公制精細小螺紋公差(ISO 制) (公制精细小螺纹公差(ISO 制))	J04
4319-1978	B1063	公制精細小螺紋限界尺(ISO 制) (公制精细小螺纹限界尺(ISO 制))	J04

标准号	台湾地区标准分类号	标准名称	中国标准分类
4323-1982	B1064	螺釘端部 （螺钉端部）	J13
4325-1978	B1066	退刀及凹槽（適用於公制梯形、鋸齒形、圓頂螺紋以及其他具有粗螺距之螺紋） （退刀及凹槽（适用于公制梯形、锯齿形、圆顶螺纹以及其他具有粗螺距之螺纹））	J41
4326-1978	B1067	螺釘螺帽之其他製造式樣 （螺钉螺帽之其他制造式样）	J13
4353-1978	B1068	螺釘頭十字穴 （螺钉头十字穴）	J13
4354-2005	B1069	螺釘與螺帽之加工精度及公差（特精級） （螺钉与螺帽之加工精度及公差（特精级））	J13
4370-1978	B1070	圓螺紋（具有間隙淺螺腹、螺距為7 mm之限界尺寸和偏差螺紋量規之公差和許可磨損） （圆螺纹（具有间隙浅螺腹、螺距为7 mm之限界尺寸和偏差螺纹量规之公差和许可磨损））	J04
4372-1978	B1071	圓螺紋（具有間隙，深螺腹，螺距7 mm之螺紋限界尺寸和偏差螺紋量規之公差和許可磨損） （圆螺纹（具有间隙，深螺腹，螺距7 mm之螺纹限界尺寸和偏差螺纹量规之公差和许可磨损））	J04
4408-1987	B1072	自攻螺釘之加工精度及許可差 （自攻螺钉之加工精度及许可差）	J13
4486-2003	B1073	螺釘表面瑕疵 （螺钉表面瑕疵）	J13
4530-1996	B1074	結件頭部詞彙 （结件头部词汇）	J04
4531-1996	B1075	結件頸部詞彙 （结件颈部词汇）	J04
4532-1996	B1076	結件端部詞彙 （结件端部词汇）	J04
4533-1996	B1077	結件配合部分詞彙 （结件配合部分词汇）	J04
4534-1997	B1078	結件詞彙（螺釘、螺栓、螺樁） （结件词汇（螺钉、螺栓、螺桩））	J04
4535-1997	B1079	結件詞彙（螺帽） （结件词汇（螺帽））	J04
4536-1997	B1080	結件詞彙（墊圈） （结件词汇（垫圈））	J04
4537-1997	B1081	結件詞彙（銷） （结件词汇（销））	J04
4538-1997	B1082	結件詞彙（鉚釘） （结件词汇（铆钉））	J04
4539-1997	B1083	結件詞彙（製造方法） （结件词汇（制造方法））	J04
4540-1997	B1084	結件詞彙（製造機械） （结件词汇（制造机械））	J04
4541-1997	B1085	結件詞彙（加工工具） （结件词汇（加工工具））	J04
4542-1997	B1086	結件詞彙（量規） （结件词汇（量规））	J04
4543-1997	B1087	結件詞彙（外觀） （结件词汇（外观））	J04

标准号	台湾地区标准分类号	标准名称	中国标准分类
4544-1996	B1088	公制粗螺紋限界尺寸及公差(ISO 制)(中品級—5 H、6 H、6 h、6 g)(標稱直徑 1 至 68 mm,螺距 0.25 至 6 mm) (公制粗螺纹限界尺寸及公差(ISO 制)(中品级—5 H、6 H、6 h、6 g)(标称直径 1 至 68 mm,螺距 0.25 至 6 mm))	J04
4545-1996	B1089	公制粗螺紋限界尺寸及公差(ISO 制)(粗品級—7 H、8 g)(標稱直徑 3 至68 mm,螺距 0.5 至 6 mm) (公制粗螺纹限界尺寸及公差(ISO 制)(粗品级—7 H、8 g)(标称直径 3 至 68 mm,螺距 0.5 至 6 mm))	J04
4546-1996	B1090	公制細螺紋限界尺寸及公差(ISO 制)(細品級—4 H、5 H、4 h)(標稱直徑 1 至 300 mm,螺距 0.2 至 6 mm) (公制细螺纹限界尺寸及公差(ISO 制)(细品级—4 H、5 H、4 h)(标称直径 1 至 300 mm,螺距 0.2 至 6 mm))	J04
4547-1996	B1091	公制細螺紋限界尺寸及公差(ISO 制)(中品級—6 H、6 h、6 g)(標稱直徑2.5至 300 mm,螺距 0.35 至 6 mm) (公制细螺纹限界尺寸及公差(ISO 制)(中品级—6 H、6 h、6 g)(标称直径 2.5 至 300 mm,螺距 0.35 至 6mm))	J04
4548-1996	B1092	公制細螺紋限界尺寸及公差(ISO 制)(粗品級—7H、8 g)(標稱直徑 4 至 300 mm,螺距 0.5 至 6 mm) (公制细螺纹限界尺寸及公差(ISO 制)(粗品级—7H、8g)(标称直径 4 至 300 mm,螺距 0.5 至 6 mm))	J04
4575-1978	B1093	螺釘螺帽及類似產品之加工精度及許可差(耐高、低溫之韌性鋼材製) (螺钉螺帽及类似产品之加工精度及许可差(耐高、低温之韧性钢材制))	J13
4576-1983	B1094	減徑柄螺栓之結合法(概覽,應用範圍與裝用實例) (减径柄螺栓之结合法(概览,应用范围与装用实例))	J13
4577-1978	B1095	減徑柄螺栓之結合法—結合計算方法 (减径柄螺栓之结合法—结合计算方法)	J13
4585-1998	B1096	螺釘及螺帽之裝配工具—詞彙 (螺钉及螺帽之装配工具—词汇)	J04
4670-1994	B1097	工具機規範之項目—總則 (工具机规范之项目—总则)	J50
4670-1-1994	B1098	工具機規範之項目—普通車床 (工具机规范之项目—普通车床)	J53
4670-2-1994	B1099	工具機規範之項目—桌上車床 (工具机规范之项目—桌上车床)	J53
4670-3-1994	B1100	工具機規範之項目—六角車床 (工具机规范之项目—六角车床)	J53
4670-4-1994	B1101	工具機規範之項目—單軸自動車床(主軸台固定型) (工具机规范之项目—单轴自动车床(主轴台固定型))	J53
4670-5-1994	B1102	工具機規範之項目—單軸自動車床(主軸台滑動型) (工具机规范之项目—单轴自动车床(主轴台滑动型))	J53
4670-6-1994	B1103	工具機規範之項目—多軸自動車床 (工具机规范之项目—多轴自动车床)	J53
4670-7-1994	B1104	工具機規範之項目—立式搪車床 (工具机规范之项目—立式搪车床)	J53
4670-8-1994	B1105	工具機規範之項目—直立鑽床 (工具机规范之项目—直立钻床)	J54
4670-9-1994	B1106	工具機規範之項目—旋臂鑽床 (工具机规范之项目—旋臂钻床)	J54
4670-10-1994	B1107	工具機規範之項目—臥式搪床(工作台式) (工具机规范之项目—卧式搪床(工作台式))	J54

标 准 号	台湾地区标准分类号	标 准 名 称	中国标准分类
4670-11-1994	B1108	工具機規範之項目—臥式搪床(落地床式) (工具机规范之项目—卧式搪床(落地床式))	J54
4670-12-1994	B1109	工具機規範之項目—立式搪床 (工具机规范之项目—立式搪床)	J54
4670-13-1994	B1110	工具機規範之項目—工模搪孔機(門型) (工具机规范之项目—工模搪孔机(门型))	J54
4670-14-1994	B1111	工具機規範之項目—工模搪孔機(單柱型) (工具机规范之项目—工模搪孔机(单柱型))	J54
4670-15-1994	B1112	工具機規範之項目—膝型銑床 (工具机规范之项目—膝型铣床)	J54
4670-16-1994	B1113	工具機規範之項目—床型銑床 (工具机规范之项目—床型铣床)	J54
4670-17-1994	B1114	工具機規範之項目—龍門銑床 (工具机规范之项目—龙门铣床)	J54
4670-18-1994	B1115	工具機規範之項目—龍門刨床 (工具机规范之项目—龙门刨床)	J57
4670-19-1994	B1116	工具機規範之項目—牛頭刨床 (工具机规范之项目—牛头刨床)	J57
4670-20-1994	B1117	工具機規範之項目—齒輪刨製機(齒輪刨刀型) (工具机规范之项目—齿轮刨制机(齿轮刨刀型))	J57
4670-21-1994	B1118	工具機規範之項目—齒輪刨製機(齒條刨刀型) (工具机规范之项目—齿轮刨制机(齿条刨刀型))	J57
4670-22-1994	B1119	工具機規範之項目—滾齒機 (工具机规范之项目—滚齿机)	J57
4670-23-1994	B1120	工具機規範之項目—外圓磨床暨萬能磨床 (工具机规范之项目—外圆磨床暨万能磨床)	J55
4670-24-1994	B1121	工具機規範之項目—內磨床 (工具机规范之项目—内磨床)	J55
4670-25-1994	B1122	工具機規範之項目—平面磨床(往復台式) (工具机规范之项目—平面磨床(往复台式))	J55
4670-26-1994	B1123	工具機規範之項目—平面磨床(旋轉台式) (工具机规范之项目—平面磨床(旋转台式))	J55
4670-27-1994	B1124	工具機規範之項目—無心磨床 (工具机规范之项目—无心磨床)	J55
4670-28-1994	B1125	工具機規範之項目—萬能工具磨床 (工具机规范之项目—万能工具磨床)	J55
4685-1979	B1126	大工作件用中心孔(60 ,A 型、B 型及 C 型) (大工作件用中心孔(60 ,A 型、B 型及 C 型))	J50
4686-1979	B1127	退刀及凹槽(適用於依規定之韋氏管螺紋) (退刀及凹槽(适用于依规定之韦氏管螺纹))	J05
4805-1983	B1128	錐坑(埋頭螺釘用) (锥坑(埋头螺钉用))	J13
4806-1979	B1129	錐坑(精密機械埋頭螺釘用) (锥坑(精密机械埋头螺钉用))	J13
4807-1983	B1130	柱坑(六角承窩頭螺釘與有槽平頂錐頭螺釘用) (柱坑(六角承窝头螺钉与有槽平顶锥头螺钉用))	J13
4808-1979	B1131	柱坑(六角頭螺釘與六角螺帽用) (柱坑(六角头螺钉与六角螺帽用))	J13
5007-1979	B1132	直柄旋轉刀具之柄徑及驅動方頭之尺寸 (直柄旋转刀具之柄径及驱动方头之尺寸)	J41
5060-1979	B1133	讓切 (让切)	V20

标准号	台湾地区标准分类号	标准名称	中国标准分类
5061-1979	B1134	T形槽(工具機用) (T形槽(工具机用))	J50
5092-1980	B1135	工具機操作符號—動作件運動方向符號 (工具机操作符号—动作件运动方向符号)	J50
5093-1980	B1136	工具機操作符號—工具機附件及動作件符號 (工具机操作符号—工具机附件及动作件符号)	J50
5094-1980	B1137	工具機操作符號—操作符號 (工具机操作符号—操作符号)	J50
5095-1980	B1138	工具機操作符號—安全裝置注意點及其他有關之符號 (工具机操作符号—安全装置注意点及其他有关之符号)	J50
5096-2000	B1139	工具機操作符號 (工具机操作符号)	J50
5182-2000	B1140	數值控制工具機之符號 (数值控制工具机之符号)	J50
5270-1980	B1146	液壓、氣壓圖形符號—基本符號 (液压、气压图形符号—基本符号)	A22
5270-1-1980	B1147	液壓、氣壓圖形符號—管路及連接 (液压、气压图形符号—管路及连接)	J20
5270-2-1980	B1148	液壓、氣壓圖形符號—泵及馬達 (液压、气压图形符号—泵及马达)	A22
5270-3-1980	B1149	液壓、氣壓圖形符號—壓缸 (液压、气压图形符号—压缸)	A22
5270-4-1980	B1150	液壓、氣壓圖形符號—控制方式 (液压、气压图形符号—控制方式)	J20
5270-5-1980	B1151	液壓、氣壓圖形符號—壓力控制閥 (液压、气压图形符号—压力控制阀)	J20
5270-6-1980	B1152	液體、氣壓圖形符號—流量控制閥 (液体、气压图形符号—流量控制阀)	J20
5270-7-1980	B1153	液壓、氣壓圖形符號—方向控制閥 (液压、气压图形符号—方向控制阀)	A22
5270-8-1980	B1154	液壓、氣壓圖形符號—止回閥 (液压、气压图形符号—止回阀)	A22
5270-9-1980	B1155	液壓、氣壓圖形符號—附屬零件 (液压、气压图形符号—附属零件)	J20
5271-1980	B1156	夾緊裝置操作元件總則 (夹紧装置操作组件总则)	J45
5286-2005	B1157	工業自動化系統與整合—數值控制機器之坐標系統及運動術語 (工业自动化系统与整合—数值控制机器之坐标系统及运动术语)	J50
5391-1985	B1158	工具機名詞 (工具机名词)	J50
5401-1980	B1159	墊圈總則 (垫圈总则)	J13
5402-1980	B1160	無火花及爆擊工具—三角頭螺釘連接總則 (无火花及爆击工具—三角头螺钉连接总则)	J13
5506-1980	B1161	電機機械用無填裝槽滾珠軸承(公差與徑向間隙) (电机机械用无填装槽滚珠轴承(公差与径向间隙))	J11
5510-2008	B1162	起重機詞彙—第1部:起重機之種類 (起重机词汇—第1部:起重机之种类)	J80
5675-2008	B1163	起重機詞彙—第2部:起重機之規格明細 (起重机词汇—第2部:起重机之规格明细)	J80

标 准 号	台湾地区 标准分类号	标 准 名 称	中国标准 分 类
5676-2008	B1164	起重機詞彙—第 3 部:起重機之動作 (起重机词汇—第 3 部:起重机之动作)	J80
5677-2008	B1165	起重機詞彙—第 4 部:起重機之機械零組件 (起重机词汇—第 4 部:起重机之机械零组件)	J80
5678-2008	B1166	起重機詞彙—第 5 部:起重機之構造部分 (起重机词汇—第 5 部:起重机之构造部分)	J80
5682-1980	B1167	滾動軸承之標稱號碼 (滚动轴承之标称号码)	J11
5683-1980	B1168	滾動軸承負荷能量—名詞說明,負荷能量,額定荷負及壽命之計算 (滚动轴承负荷能量—名词说明,负荷能量,额定荷负及寿命之计算)	J11
5694-1980	B1169	滾動軸承組成零附件及球面滑動軸承總則 (滚动轴承组成零附件及球面滑动轴承总则)	J11
5695-1980	B1170	電力牽引器用滾柱軸承(保管、裝置、潤滑、裝配、清潔及再利用) (电力牵引器用滚柱轴承(保管、装置、润滑、装配、清洁及再利用))	J11
5696-1980	B1171	電力牽引器用滾柱軸承(名稱及標稱號碼) (电力牵引器用滚柱轴承(名称及标称号码))	J11
5697-1980	B1172	電力牽引器用滾柱軸承之徑向及軸向間隙 (电力牵引器用滚柱轴承之径向及轴向间隙)	J11
5698-1980	B1173	電力牽引器用滾柱軸承之公差 (电力牵引器用滚柱轴承之公差)	J11
5700-1980	B1174	滾動軸承名詞 (滚动轴承名词)	J11
5717-2001	B1175	齒輪詞彙—幾何學之定義 (齿轮词汇—几何学之定义)	J17
5718-2001	B1176	齒輪詞彙—蝸桿蝸輪之幾何學定義 (齿轮词汇—蜗杆蜗轮之几何学定义)	J17
5978-1984	B1198	齒輪計算用參數之符號、名稱及單位 (齿轮计算用参数之符号、名称及单位)	J17
5979-1984	B1199	齒輪之一般計算理論 (齿轮之一般计算理论)	J17
5980-1984	B1200	齒輪之負載能力 (齿轮之负载能力)	J17
5981-1984	B1201	齒輪計算之基本公式 (齿轮计算之基本公式)	J17
5982-1984	B1202	圓柱齒輪齒根負載能力之計算 (圆柱齿轮齿根负载能力之计算)	J17
5983-1984	B1203	圓柱齒輪齒廓面負載能力之計算 (圆柱齿轮齿廓面负载能力之计算)	J17
5984-1984	B1204	傘齒輪齒根負載能力之計算 (伞齿轮齿根负载能力之计算)	J17
5985-1984	B1205	傘齒輪齒廓面負載能力之計算 (伞齿轮齿廓面负载能力之计算)	J17
5986-1984	B1206	圓柱齒輪與傘齒輪之負載能力計算—齒形因數 YF (圆柱齿轮与伞齿轮之负载能力计算—齿形因子 YF)	J17
6307-1980	B1207	電力牽引器用滾柱軸承內外環間之軸向變位允許量 (电力牵引器用滚柱轴承内外环间之轴向变位允许量)	J11
6308-1980	B1208	電力牽引器用滾柱軸承去角、內圓角及肩高 (电力牵引器用滚柱轴承去角、内圆角及肩高)	J11

标准号	台湾地区标准分类号	标准名称	中国标准分类
6309-1980	B1209	電力牽引器用滾柱軸承標稱號碼、規範說明和圖說註寫 (电力牵引器用滚柱轴承标称号码、规范说明和图说注写)	J11
6310-1980	B1210	電力牽引器用滾柱軸承軸及軸承殼配合公差選擇基準 (电力牵引器用滚柱轴承轴及轴承壳配合公差选择基准)	J11
6311-1980	B1211	電力牽引器用滾柱軸承軸外徑和軸承殼內徑之尺度公差 (电力牵引器用滚柱轴承轴外径和轴承壳内径之尺度公差)	J11
6419-1980	B1212	圓柱齒輪用齒輪形切齒刀(公差) (圆柱齿轮用齿轮形切齿刀(公差))	J41
6422-1980	B1213	手動遠程操作管軸叉形方孔活節 (手动远程操作管轴叉形方孔活节)	N17
6423-1980	B1214	手動遠程操作管軸及其配件總則 (手动远程操作管轴及其配件总则)	N17
6424-1980	B1215	手動遠程操作管軸裝置,裝配準則 (手动远程操作管轴装置,装配准则)	N17
6426-2006	B1216	起重機鋼結構部分之計算標準 (起重机钢结构部分之计算标准)	R46
6733-1980	B1217	往復式內燃機手動遙控操作運動方向 (往复式内燃机手动遥控操作运动方向)	J92
6740-1980	B1218	鑽床心軸鼻端 (钻床心轴鼻端)	J52
6743-1995	B1219	工具機主要零件名詞—總則 (工具机主要零件名词—总则)	J51
6744-1995	B1220	車床主要零件名詞 (车床主要零件名词)	J53
6745-1995	B1221	鑽床主要零件名詞 (钻床主要零件名词)	J54
6746-1995	B1222	搪床主要零件名詞 (搪床主要零件名词)	J54
6747-1995	B1223	銑床主要零件名詞 (铣床主要零件名词)	J04
6748-1995	B1224	龍門刨床主要零件名詞 (龙门刨床主要零件名词)	J04
6749-1995	B1225	牛頭刨床主要零件名詞 (牛头刨床主要零件名词)	J04
6750-1995	B1226	插床主要零件名詞 (插床主要零件名词)	J04
6751-1996	B1227	拉床主要零件詞彙 (拉床主要零件词汇)	J04
6752-1996	B1228	鋸床、切斷機主要零件詞彙 (锯床、切断机主要零件词汇)	J04
6753-1996	B1229	磨床主要零件詞彙 (磨床主要零件词汇)	J04
6754-1996	B1230	表面光製機主要零件詞彙 (表面光制机主要零件词汇)	J04
6755-1996	B1231	切齒機主要零件詞彙 (切齿机主要零件词汇)	J04
6756-1996	B1232	齒輪磨床主要零件詞彙 (齿轮磨床主要零件词汇)	J04
6757-1996	B1233	齒輪光製機主要零件詞彙 (齿轮光制机主要零件词汇)	J56
6758-1996	B1234	單元組合機主要單元詞彙 (单元组合机主要单元词汇)	J58

标 准 号	台湾地区标准分类号	标 准 名 称	中国标准分类
6760-1996	B1236	工具機加工方法詞彙 (工具机加工方法词汇)	J50
6998-2005	B1238	工業自動化系統—數值控制機器—NC處理機之輸出—檔案結構和語言之格式 (工业自动化系统—数值控制机器—NC处理机之输出—档案结构和语言之格式)	J50
7120-1983	B1239	管凸緣尺度公差 (管凸缘尺度公差)	J15
7186-1984	B1240	圓柱齒輪之齒廓移位 (圆柱齿轮之齿廓移位)	J17
7187-1984	B1241	圓柱齒輪輪齒之精度(一般基準) (圆柱齿轮轮齿之精度(一般基准))	J17
7190-1981	B1242	圓柱軸端尺度,可傳動扭矩 (圆柱轴端尺度,可传动扭矩)	J10
7191-2006	B1243	起重機之變速箱 (起重机之变速箱)	J19
7203-1996	B1244	彈簧種類詞彙 (弹簧种类词汇)	J26
7204-1996	B1245	彈簧構造詞彙 (弹簧构造词汇)	J26
7205-1996	B1246	彈簧設計詞彙 (弹簧设计词汇)	J26
7206-1996	B1247	彈簧製造及檢驗詞彙 (弹簧制造及检验词汇)	J26
7207-1996	B1248	彈簧零件詞彙 (弹簧零件词汇)	J26
7572-1984	B1249	漸開線圓柱齒輪切齒刀具之基準齒條齒廓(精細機械用) (渐开线圆柱齿轮切齿刀具之基准齿条齿廓(精细机械用))	J41
7573-1984	B1250	0.5齒制正齒輪之軸中心距及正面工作壓力角 (0.5齿制正齿轮之轴中心距及正面工作压力角)	J17
7574-1984	B1251	0.5齒制正齒輪之齒底圓直徑 (0.5齿制正齿轮之齿底圆直径)	J17
7575-1984	B1252	0.5齒制正齒輪之齒頂圓直徑 (0.5齿制正齿轮之齿顶圆直径)	J17
7576-1984	B1253	0.5齒制正齒輪之齒跨距 (0.5齿制正齿轮之齿跨距)	J17
7577-1984	B1254	0.5齒制正齒輪之雙銷直徑尺度 (0.5齿制正齿轮之双销直径尺度)	J17
7578-1984	B1255	0.5齒制正齒輪之弦齒厚及弦齒冠 (0.5齿制正齿轮之弦齿厚及弦齿冠)	J17
7579-1984	B1256	0.5齒制正齒輪之接觸比 (0.5齿制正齿轮之接触比)	J17
7580-1984	B1257	0.5齒制正齒輪之齒頂接觸處滑動速率 (0.5齿制正齿轮之齿顶接触处滑动速率)	J17
7590-1981	B1258	圓柱形拉力螺旋彈簧規格數據圖表由圓金屬線製造 (圆柱形拉力螺旋弹簧规格数据图表由圆金属线制造)	J26
7591-1981	B1259	圓柱形壓縮螺旋彈簧規格數據圖表由圓金屬線及圓金屬條製造 (圆柱形压缩螺旋弹簧规格数据图表由圆金属线及圆金属条制造)	J26
7592-1981	B1260	圓柱形壓縮螺旋彈簧之計算(由扁鋼條製造) (圆柱形压缩螺旋弹簧之计算(由扁钢条制造))	J26

标 准 号	台湾地区标准分类号	标 准 名 称	中国标准分类
7615-1981	B1261	家庭用縫紉機名詞(機頭零件名稱) (家庭用缝纫机名词(机头零件名称))	Y17
7616-1981	B1262	家庭用縫紉機之縫紉名詞 (家庭用缝纫机之缝纫名词)	Y17
7617-1981	B1263	家庭用縫紉機機頭之分類與標示記號 (家庭用缝纫机机头之分类与标示记号)	Y17
7618-1981	B1264	工業用縫紉機機頭之分類名詞與標示記號 (工业用缝纫机机头之分类名词与标示记号)	Y17
7775-1999	B1265	數值控制工具機詞彙 (数值控制工具机词汇)	J50
7854-1981	B1267	皿形彈簧計算 (皿形弹簧计算)	J26
7856-1981	B1268	圓柱形拉伸螺旋彈簧之計算及設計(圓金屬線或金屬條製成) (圆柱形拉伸螺旋弹簧之计算及设计(圆金属线或金属条制成))	J26
7857-1981	B1269	圓柱形壓縮螺旋彈簧之計算及設計(圓金屬線或圓金屬條製成) (圆柱形压缩螺旋弹簧之计算及设计(圆金属线或圆金属条制成))	J26
7858-1981	B1270	圓柱形扭轉螺旋彈簧之計算及設計(圓金屬線或圓金屬條製成) (圆柱形扭转螺旋弹簧之计算及设计(圆金属线或圆金属条制成))	J26
7859-1981	B1271	疊板彈簧設計 (叠板弹簧设计)	J26
7868-1981	B1272	表面粗糙度 (表面粗糙度)	J04
7939-1981	B1273	圓鋼製環鏈總則(荷重用) (圆钢制环链总则(荷重用))	J18
7943-1981	B1274	集塵裝置之表示法 (集尘装置之表示法)	J09
7946-1981	B1275	滾動軸承配合公差總則 (滚动轴承配合公差总则)	J11
7947-1981	B1276	滾動軸承界限尺度之一般設計 (滚动轴承界限尺度之一般设计)	J11
8103-1981	B1277	鋼鐵之正常化及退火熱處理 (钢铁之正常化及退火热处理)	H05
8343-1999	B1278	數值控制工具機—軸與動作術語 (数值控制工具机—轴与动作术语)	J50
8350-1984	B1279	數值控制工具機孔帶用可變段格式(定位及直線切削控制用) (数值控制工具机孔带用可变段格式(定位及直线切削控制用))	J50
8467-1982	B1280	承面磨擦之種類及計量 (承面磨擦之种类及计量)	J12
8468-1982	B1281	徑向滑動軸承運轉試驗通則 (径向滑动轴承运转试验通则)	J12
8475-1982	B1282	木工平刨機之標稱尺寸 (木工平刨机之标称尺寸)	J65
8476-1982	B1283	車床刀架裝刀具部分尺寸 (车床刀架装刀具部分尺寸)	J52
8556-1982	B1284	滑動軸承中耐摩擦金屬摩擦狀態之特性 (滑动轴承中耐摩擦金属摩擦状态之特性)	J12

标准号	台湾地区 标准分类号	标准名称	中国标准 分类
8649-1982	B1285	夾板剪節機之標稱尺寸 (夹板剪节机之标称尺寸)	J62
9068-1982	B1286	滑動軸承之配合 (滑动轴承之配合)	J12
9222-1982	B1287	滾動軸承之配合尺度 (滚动轴承之配合尺度)	J11
9223-1982	B1288	滾動軸承蓋連接尺度(起重機用) (滚动轴承盖连接尺度(起重机用))	J11
9336-1982	B1289	滾動軸承殼氈圈溝 (滚动轴承壳毡圈沟)	J11
9572-1985	B1290	滾動軸承公差(徑向軸承) (滚动轴承公差(径向轴承))	J11
9573-1985	B1291	滾動軸承公差(止推軸承) (滚动轴承公差(止推轴承))	J11
9574-1985	B1292	滾動軸承公差(徑向間隙) (滚动轴承公差(径向间隙))	J11
9575-1982	B1293	滾動軸承負荷能量(理論基礎) (滚动轴承负荷能量(理论基础))	J11
9666-2004	B1294	螺帽表面瑕疵 (螺帽表面瑕疵)	J13
9682-1982	B1295	數控機械之執行指令及資料格式 (数控机械之执行指令及数据格式)	J50
9683-1984	B1296	定位、輪廓及定位/輪廓數值控制機械用互換性孔帶可變段格式 (定位、轮廓及定位/轮廓数值控制机械用互换性孔带可变段格式)	J50
9965-1989	B1297	塑膠射出成型機用金屬模具之相關尺度 (塑料射出成型机用金属模具之相关尺度)	J46
9966-1986	B1298	塑膠壓縮成型機及轉移成型機用金屬模具之相關尺度 (塑料压缩成型机及转移成型机用金属模具之相关尺度)	J46
10051-1983	B1299	圓鋸機之標稱尺寸 (圆锯机之标称尺寸)	J57
10052-2005	B1300	薄片木車床之標稱尺度 (薄片木车床之标称尺度)	J65
10053-1983	B1301	平刀磨床之標稱尺寸 (平刀磨床之标称尺寸)	J55
10054-1983	B1302	刮刀磨床之標稱尺寸 (刮刀磨床之标称尺寸)	J55
10055-1984	B1303	圓筒砂光機之標稱尺寸 (圆筒砂光机之标称尺寸)	J65
10056-1983	B1304	寬帶砂光機之標稱尺寸 (宽带砂光机之标称尺寸)	J65
10057-1983	B1305	滾筒乾燥機之標稱尺寸 (滚筒干燥机之标称尺寸)	J65
10058-1983	B1306	熱壓機之標稱尺寸 (热压机之标称尺寸)	J65
10059-1995	B1307	佈膠機之標稱尺度 (布胶机之标称尺度)	J65
10060-1983	B1308	雙邊裁剪之標稱尺寸 (双边裁剪之标称尺寸)	B97
10061-1995	B1309	合板刨光機之標稱尺度 (合板刨光机之标称尺度)	B97

标 准 号	台湾地区 标准分类号	标 准 名 称	中国标准 分 类
10062-1989	B1310	薄板刨邊機之標稱尺度 (薄板刨边机之标称尺度)	J65
10063-1995	B1311	單板平切機之標稱尺度 (单板平切机之标称尺度)	J65
10231-1993	B1312	鍋爐規章(鍋爐給水與鍋爐水水質標準) (锅炉规章(锅炉给水与锅炉水水质标准))	J98
10234-1983	B1313	主心軸鼻端及刀柄用 7/24 錐度 (主心轴鼻端及刀柄用 7/24 锥度)	J52
10235-1983	B1314	漸開線栓槽組(基本定義) (渐开线栓槽组(基本定义))	J10
10306-1983	B1315	鋼模鍛件—圖示法(項目) (钢模锻件—图标法(项目))	J32
10307-1983	B1316	鋼模鍛件—不同形狀剖面之最小壁厚 (钢模锻件—不同形状剖面之最小壁厚)	J32
10308-1983	B1317	鋼模鍛件—切削裕度、圓角半徑及拔模斜度(角度) (钢模锻件—切削裕度、圆角半径及拔模斜度(角度))	J32
10309-1983	B1318	鋼模鍛件—公差及許可差 (钢模锻件—公差及许可差)	J32
10310-1983	B1319	橫式桿端鍛粗機製造之鋼模鍛件 (横式杆端锻粗机制造之钢模锻件)	J32
10312-1983	B1320	自動販賣機安裝標準 (自动贩卖机安装标准)	N19
10488-1983	B1321	鋼模鍛件—技術性交貨條件 (钢模锻件—技术性交货条件)	J32
10524-1983	B1322	漸開線栓槽組—總表 (渐开线栓槽组—总表)	J18
10525-1983	B1323	漸開線栓槽組—標稱尺度,測定尺度(模數 0.6,0.8 及 1) (渐开线栓槽组—标称尺度,测定尺度(模数 0.6,0.8 及 1))	J18
10526-1983	B1324	漸開線栓槽組—標稱尺度,測定尺度(模數 1.25) (渐开线栓槽组—标称尺度,测定尺度(模数 1.25))	J18
10527-1983	B1325	漸開線栓槽組—標稱尺度,測定尺度(模數 1.5) (渐开线栓槽组—标称尺度,测定尺度(模数 1.5))	J18
10528-1983	B1326	漸開線栓槽組—標稱尺度,測定尺度(模數 2) (渐开线栓槽组—标称尺度,测定尺度(模数 2))	J18
10529-1983	B1327	漸開線栓槽組—標稱尺度,測定尺度(模數 2.5) (渐开线栓槽组—标称尺度,测定尺度(模数 2.5))	J10
10530-1983	B1328	漸開線栓槽組—標稱尺度,測定尺度(模數 3) (渐开线栓槽组—标称尺度,测定尺度(模数 3))	J18
10531-1983	B1329	漸開線栓槽組—標稱尺度,測定尺度(模數 4) (渐开线栓槽组—标称尺度,测定尺度(模数 4))	J18
10532-1983	B1330	漸開線栓槽組—標稱尺度,測定尺度(模數 5) (渐开线栓槽组—标称尺度,测定尺度(模数 5))	J18
10533-1983	B1331	漸開線栓槽組—標稱尺度,測定尺度(模數 6) (渐开线栓槽组—标称尺度,测定尺度(模数 6))	J18
10534-1983	B1332	漸開線栓槽組—標稱尺度,測定尺度(模數 8) (渐开线栓槽组—标称尺度,测定尺度(模数 8))	J18
10535-1983	B1333	漸開線栓槽組—標稱尺度,測定尺度(模數 10) (渐开线栓槽组—标称尺度,测定尺度(模数 10))	J18
10536-1983	B1334	漸開線栓槽組—齒廓配合公差 (渐开线栓槽组—齿廓配合公差)	J10
10537-1983	B1335	漸開線栓槽組—齒廓自定中心之檢驗及量規 (渐开线栓槽组—齿廓自定中心之检验及量规)	J18

标准号	台湾地区标准分类号	标准名称	中国标准分类
10538-1983	B1336	漸開線栓槽組—滾齒刀,鉋齒刀,拉刀 (渐开线栓槽组—滚齿刀,刨齿刀,拉刀)	J18
10594-2002	B1337	升降機 (升降机)	Q78
10595-1987	B1338	升降機之車廂與升降路之尺度 (升降机之车厢与升降路之尺度)	X91
10682-1983	B1339	木工用横切鋸之鋸齒形狀 (木工用横切锯之锯齿形状)	J65
10764-1984	B1340	自行車之分類及基本特性 (自行车之分类及基本特性)	Y14
10897-2006	B1341	小型鍋爐 (小型锅炉)	J98
10998-1984	B1342	工業用直線縫紉機機頭主體部零件名詞 (工业用直线缝纫机机头主体部零件名词)	Y04
10999-1984	B1343	工業用直線縫紉機機頭上軸部零件名詞 (工业用直线缝纫机机头上轴部零件名词)	Y17
11000-1984	B1344	工業用直線縫紉機機頭過線系零件名詞 (工业用直线缝纫机机头过线系零件名词)	Y17
11001-1984	B1345	工業用直線縫紉機機頭梭部零件名詞 (工业用直线缝纫机机头梭部零件名词)	Y04
11002-1984	B1346	工業用直線縫紉機機頭送料部零件名詞 (工业用直线缝纫机机头送料部零件名词)	Y17
11003-1984	B1347	工業用直線縫紉機機頭壓布腳部零件名詞 (工业用直线缝纫机机头压布脚部零件名词)	Y17
11004-1984	B1348	工業用直線縫紉機機頭繞線部零件名詞 (工业用直线缝纫机机头绕线部零件名词)	Y17
11259-1985	B1349	滾動軸承公差(去角尺度之容許差) (滚动轴承公差(去角尺度之容许差))	J11
11277-1985	B1350	鐵及鋼之高週波淬火回火熱處理 (铁及钢之高周波淬火回火热处理)	H40
11641-1986	B1351	木材及木質材料加工機械詞彙 (木材及木质材料加工机械词汇)	J65
11871-1987	B1352	冷媒壓縮機之額定溫度條件 (冷媒压缩机之额定温度条件)	J72
11872-1987	B1353	使用孔口板或噴嘴之流量測定法 (使用孔口板或喷嘴之流量测定法)	N12
12078-1987	B1354	敞模鍛件之切削裕度 (敞模锻件之切削裕度)	J62
12244-1988	B1355	塑膠射出成型機構造準則 (塑料射出成型机构造准则)	G95
12554-1989	B1356	瓦斯鍋爐燃燒設備 (瓦斯锅炉燃烧设备)	J98
12613-1989	B1357	鑽頭詞彙 (钻头词汇)	J04
12651-1990	B1358	升降階梯構造 (升降阶梯构造)	Q78
13084-1992	B1359	木材加工機械之安全通則 (木材加工机械之安全通则)	C69
13085-1992	B1360	木材加工機械之試驗方法通則 (木材加工机械之试验方法通则)	C69
13136-1993	B1361	台式帶鋸機之構造安全基準 (台式带锯机之构造安全基准)	C65

标 准 号	台湾地区标准分类号	标 准 名 称	中国标准分类
13137-1993	B1362	送材輪進給式帶鋸機之構造安全基準 （送材轮进给式带锯机之构造安全基准）	T09
13138-1993	B1363	送材車式帶鋸機之構造安全基準 （送材车式带锯机之构造安全基准）	T09
13167-1993	B1364	立軸機之構造安全基準 （立轴机之构造安全基准）	C69
13168-1993	B1365	花鉋機之構造安全基準 （花刨机之构造安全基准）	C69
13169-1993	B1366	單板旋切機之構造安全基準 （单板旋切机之构造安全基准）	C69
13170-1993	B1367	熱壓機之構造安全基準 （热压机之构造安全基准）	C69
13269-1993	B1368	單片縱鋸機及多片縱鋸機之構造安全基準 （单片纵锯机及多片纵锯机之构造安全基准）	C69
13531-1995	B1369	圓錐用語 （圆锥用语）	A52
13532-1995	B1370	圓錐錐度 （圆锥锥度）	A52
13533-1995	B1371	中心距離許可差 （中心距离许可差）	J04
13534-1995	B1372	圓錐公差制度 （圆锥公差制度）	A52
13535-1995	B1373	機械用稜柱角度及稜柱斜度 （机械用棱柱角度及棱柱斜度）	J04
13536-1995	B1374	圓錐配合 （圆锥配合）	J04
14110-1998	B1375	螺钉及螺帽之裝配工具—扳手技術通則 （螺钉及螺帽之装配工具—扳手技术通则）	A00
14726-2003	B1376	工具機數值控制—定位、直線運動與輪廓控制系統程式及資料格式 （工具机数值控制—定位、直线运动与轮廓控制系统程序及数据格式）	L79
14804-2004	B1377	機械安全—緊急停止—設計原則 （机械安全—紧急停止—设计原则）	C65
14805-2004	B1378	機械安全—防止上肢觸及危險區域之安全距離 （机械安全—防止上肢触及危险区域之安全距离）	C65
14806-2004	B1379	機械安全—防止下肢觸及危險區域之安全距離 （机械安全—防止下肢触及危险区域之安全距离）	C65
14807-2004	B1380	機械安全—避免身體之一部分被壓傷之最小間隙 （机械安全—避免身体之一部分被压伤之最小间隙）	C65
14878-2005	B1381	夾鉗與剪鉗詞彙 （夹钳与剪钳词汇）	J47
14879-2005	B1382	電子用夾鉗與剪鉗詞彙 （电子用夹钳与剪钳词汇）	J47
15076-1-2007	B1383-1	工具機之模組單元—工件固定托板—第1部：標稱尺度800 mm以下之工件固定托板 （工具机之模块单元—工件固定托板—第1部：标称尺度800 mm以下之工件固定托板）	J52
15076-2-2007	B1383-2	工具機之模組單元—工件固定托板—第2部：標稱尺度800 mm以上之工件固定托板 （工具机之模块单元—工件固定托板—第2部：标称尺度800 mm以上之工件固定托板）	J52

标 准 号	台湾地区标准分类号	标 准 名 称	中国标准分类
15193-1-2008	B1384-1	機械安全—接近機械之永久性方法—第1部:接近兩不同高度層固定方式之選擇 (机械安全—接近机械之永久性方法—第1部:接近两不同高度层固定方式之选择)	C68
15193-2-2008	B1384-2	機械安全—接近機械之永久性方法—第2部:工作平台與走道 (机械安全—接近机械之永久性方法—第2部:工作平台与走道)	C68
15193-3-2008	B1384-3	機械安全—接近機械之永久性方法—第3部:階梯、踏梯及護欄 (机械安全—接近机械之永久性方法—第3部:阶梯、踏梯及护栏)	C68
15193-4-2008	B1384-4	機械安全—接近機械之永久性方法—第4部—固定梯 (机械安全—接近机械之永久性方法—第4部—固定梯)	C68

B2 零 件

标 准 号	台湾地区标准分类号	标 准 名 称	中国标准分类
27-1971	B2001	傳動設備(傳動軸之直徑) (传动设备(传动轴之直径))	J18
28-1947	B2002	傳動設備(傳動軸之載荷轉數) (传动设备(传动轴之载荷转数))	J18
29-1947	B2003	傳動設備(傳動皮帶輪) (传动设备(传动皮带轮))	J18
30-1947	B2004	傳動設備(傳動皮帶輪速率之圖解) (传动设备(传动皮带轮速率之图解))	U21
120-1947	B2005	頸圈(用螺絲銷、輕型) (颈圈(用螺丝销、轻型))	J18
121-1947	B2006	頸圈(用螺絲銷、重型) (颈圈(用螺丝销、重型))	J18
122-1972	B2007	頸圈(用開口銷或錐銷) (颈圈(用开口销或锥销))	J13
147-1983	B2008	柱軸梢(用以承裝聯軸器,皮帶輪與齒輪) (柱轴梢(用以承装联轴器,皮带轮与齿轮))	J18
148-1983	B2009	錐軸梢(用以承裝聯軸器與齒輪) (锥轴梢(用以承装联轴器与齿轮))	J18
150-1994	B2010	精製墊圈(用於六角螺釘及螺帽) (精制垫圈(用于六角螺钉及螺帽))	J13
151-1994	B2011	半光(輾光)製墊圈(用於六角螺釘及螺帽 M1 至 M20) (半光(辗光)制垫圈(用于六角螺钉及螺帽 M1 至 M20))	J13
152-1994	B2012	半光(輾光)製墊圈(用於柱頭、半圓頭螺釘及螺帽 M1 至 M20) (半光(辗光)制垫圈(用于柱头、半圆头螺钉及螺帽 M1 至 M20))	J13
153-1994	B2013	粗製墊圈(用於六角螺釘及螺帽) (粗制垫圈(用于六角螺钉及螺帽))	J13
154-1994	B2014	粗製大墊圈(用於公制螺栓及螺帽 M6 至 M52) (粗制大垫圈(用于公制螺栓及螺帽 M6 至 M52))	J13
155-1994	B2015	粗製方墊圈(用於公制螺栓及螺帽) (粗制方垫圈(用于公制螺栓及螺帽))	J13
156-1994	B2016	方形推拔墊圈(槽鐵用) (方形推拔垫圈(槽铁用))	J13

标准号	台湾地区标准分类号	标准名称	中国标准分类
157-1994	B2017	方形推拔墊圈(工字鐵用) (方形推拔垫圈(工字铁用))	J13
158-1994	B2018	長方形防鬆墊圈(用於螺釘及螺帽 M3 至 M52) (长方形防松垫圈(用于螺钉及螺帽 M3 至 M52))	J13
159-1994	B2019	長舌墊圈 (长舌垫圈)	J13
160-1994	B2020	外爪墊圈 (外爪垫圈)	J13
161-1994	B2021	開口彈簧墊圈 (开口弹簧垫圈)	J13
183-2001	B2022	一般機械及重機械用圓柱齒輪—模數 (一般机械及重机械用圆柱齿轮—模数)	J17
184-2001	B2023	一般機械及重機械用圓柱齒輪—標準基準齒條齒廓 (一般机械及重机械用圆柱齿轮—标准基准齿条齿廓)	J17
185-1984	B2024	工具機用變換齒輪之尺度 (工具机用变换齿轮之尺度)	J51
186-1984	B2025	工具機用變換齒輪之齒數(導軸車床、銑床及製齒機用) (工具机用变换齿轮之齿数(导轴车床、铣床及制齿机用))	J51
330-1954	B2026	手輪(以低導熱材料製成) (手轮(以低导热材料制成))	J27
331-1954	B2027	手輪(曲環,直輻) (手轮(曲环,直辐))	J27
332-1954	B2028	手輪(曲環,斜輻) (手轮(曲环,斜辐))	J27
333-1980	B2029	金屬手輪(圓轂孔) (金属手轮(圆毂孔))	J04
334-1980	B2030	金屬手輪(方轂孔) (金属手轮(方毂孔))	J04
335-1980	B2031	金屬手輪(方錐孔) (金属手轮(方锥孔))	J27
341-1975	B2032	自行車(腳踏車)螺紋標準 (自行车(脚踏车)螺纹标准)	Y14
343-1991	B2033	自行車(腳踏車)車架 (自行车(脚踏车)车架)	Y14
345-1992	B2035	自行車(腳踏車)車頭部零件 (自行车(脚踏车)车头部零件)	Y14
347-1992	B2037	自行車(腳踏車)主軸部零件 (自行车(脚踏车)主轴部零件)	Y14
348-1991	B2038	自行車(腳踏車)座墊騎軸 (自行车(脚踏车)座垫骑轴)	Y14
349-1993	B2039	自行車(腳踏車)擋泥板 (自行车(脚踏车)挡泥板)	Y14
350-1993	B2040	自行車(腳踏車)車把 (自行车(脚踏车)车把)	Y14
351-1993	B2041	自行車(腳踏車)車把握套 (自行车(脚踏车)车把握套)	Y14
354-1990	B2044	自行車(腳踏車)手煞車 (自行车(脚踏车)手煞车)	Y14
355-1990	B2045	自行車(腳踏車)大鏈輪及曲柄 (自行车(脚踏车)大链轮及曲柄)	Y14
356-1991	B2046	自行車(腳踏車)腳踏 (自行车(脚踏车)脚踏)	Y14

标准号	台湾地区标准分类号	标准名称	中国标准分类
357-1991	B2047	自行車(脚踏車)鏈條 (自行车(脚踏车)链条)	Y14
358-1975	B2048	自行車(脚踏車)自由輪 (自行车(脚踏车)自由轮)	Y14
359-1990	B2049	自行車(脚踏車)小鏈輪 (自行车(脚踏车)小链轮)	Y14
360-1993	B2050	自行車(脚踏車)前輪轂 (自行车(脚踏车)前轮毂)	Y14
361-1990	B2051	自行車(脚踏車)後輪轂 (自行车(脚踏车)后轮毂)	Y14
362-1993	B2052	自行車(脚踏車)輻絲 (自行车(脚踏车)辐丝)	Y14
363-1995	B2053	自行車(脚踏車)輪圈 (自行车(脚踏车)轮圈)	Y14
364-1984	B2054	自行車輪胎氣門嘴 (自行车轮胎气门嘴)	Y14
365-1975	B2055	自行車(脚踏車)座墊 (自行车(脚踏车)座垫)	Y14
388-1954	B2056	活鑽襯及定位螺釘(公制) (活钻衬及定位螺钉(公制))	J44
389-1954	B2057	活鑽襯及定位螺釘(英制) (活钻衬及定位螺钉(英制))	J44
390-1954	B2058	定鑽襯(公制) (定钻衬(公制))	J12
391-1954	B2059	定鑽襯(英制) (定钻衬(英制))	J44
392-1954	B2060	薄軸承襯 (薄轴承衬)	J12
393-1954	B2061	厚軸承襯 (厚轴承衬)	J12
394-1954	B2062	軸承襯(嵌以硬鉛) (轴承衬(嵌以硬铅))	J12
395-1954	B2063	圓角半徑、直倒角、環槽(用於軸承襯) (圆角半径、直倒角、环槽(用于轴承衬))	J12
396-1978	B2064	推拔銷 (推拔销)	J13
397-1978	B2065	圓柱定位銷 (圆柱定位销)	J13
398-1978	B2066	開口銷 (开口销)	J13
399-1983	B2067	定位銷裝配位置(用於圓錐銷及開口銷) (定位销装配位置(用于圆锥销及开口销))	J13
492-1955	B2068	韋氏螺紋(尖端無空隙) (韦氏螺纹(尖端无空隙))	J04
493-1955	B2069	韋氏細螺紋(尖端有空隙,直徑自 20 至 189 公釐) (韦氏细螺纹(尖端有空隙,直径自 20 至 189 公厘))	J04
494-1990	B2070	平行管螺紋 (平行管螺纹)	J05
495-1990	B2071	推拔管螺紋 (推拔管螺纹)	J05
496-1978	B2072	公制螺紋基準輪廓(ISO 制) (公制螺纹基准轮廓(ISO 制))	J05

标准号	台湾地区标准分类号	标准名称	中国标准分类
497-1978	B2073	公制粗螺紋(ISO 制) (公制粗螺纹(ISO 制))	J05
498-1978	B2074	公制細螺紋 1(ISO 制)(總則) (公制细螺纹 1(ISO 制)(总则))	J05
499-1978	B2075	公制細螺紋 2(ISO 制)(標稱直徑 1 至 3.5 公釐,螺距 0.2 至 0.35 公釐) (公制细螺纹 2(ISO 制)(标称直径 1 至 3.5 公厘,螺距 0.2 至 0.35 公厘))	J05
500-1978	B2076	公制細螺紋 3(ISO 制)(標稱直徑 4 至 8 公釐,螺距 0.5 至 0.75公釐) (公制细螺纹 3(ISO 制)(标称直径 4 至 8 公厘,螺距 0.5 至 0.75 公厘))	J05
501-1978	B2079	公制細螺紋 4(ISO 制)(標稱直徑 8 至 30 公釐,螺距 1 至 1.25 公釐) (公制细螺纹 4(ISO 制)(标称直径 8 至 30 公厘,螺距 1 至 1.25 公厘))	J05
502-1978	B2081	公制細螺紋 5(ISO 制)(標稱直徑 12 至 80 公釐,螺距 1.5 公釐) (公制细螺纹 5(ISO 制)(标称直径 12 至 80 公厘,螺距 1.5 公厘))	J04
503-1978	B2082	公制細螺紋 6(ISO 制)(標稱直徑 18 至 150 公釐,螺距 2 公釐) (公制细螺纹 6(ISO 制)(标称直径 18 至 150 公厘,螺距 2 公厘))	J04
504-1978	B2083	公制細螺紋 7(ISO 制)(標稱直徑 30 至 250 公釐,螺距 3 公釐) (公制细螺纹 7(ISO 制)(标称直径 30 至 250 公厘,螺距 3 公厘))	J04
505-1978	B2084	公制細螺紋 8(ISO 制)(標稱直徑 42 至 300 公釐,螺距 4 公釐) (公制细螺纹 8(ISO 制)(标称直径 42 至 300 公厘,螺距 4 公厘))	J04
506-1978	B2085	公制細螺紋 9(ISO 制)(標稱直徑 70 至 300 公釐,螺距 6 公釐) (公制细螺纹 9(ISO 制)(标称直径 70 至 300 公厘,螺距 6 公厘))	J04
507-1978	B2086	公制精細小螺紋(ISO 制) (公制精细小螺纹(ISO 制))	J05
508-1978	B2087	圓螺紋(螺紋輪廓基本尺寸) (圆螺纹(螺纹轮廓基本尺寸))	J05
509-1955	B2088	圓螺紋(防毒面具類用) (圆螺纹(防毒面具类用))	J04
510-1978	B2089	爱迪生式螺紋 (爱迪生式螺纹)	J04
511-1978	B2090	梯形螺紋(螺紋輪廓) (梯形螺纹(螺纹轮廓))	J04
512-1978	B2091	梯形螺紋(總則) (梯形螺纹(总则))	J04
513-1978	B2092	梯形螺紋(一般用梯形螺紋的裕度及公差) (梯形螺纹(一般用梯形螺纹的裕度及公差))	J04
514-1978	B2093	梯形螺紋(基本尺寸) (梯形螺纹(基本尺寸))	J04
515-1978	B2094	公制鋸齒形螺紋(螺紋輪廓) (公制锯齿形螺纹(螺纹轮廓))	J04
516-1978	B2095	公制鋸齒形螺紋(總則) (公制锯齿形螺纹(总则))	J04
517-1978	B2096	公制鋸齒形螺紋(裕度及公差) (公制锯齿形螺纹(裕度及公差))	J04
566-1966	B2097	冷作鉚釘 (冷作铆钉)	J13
567-1966	B2098	熱作鉚釘 (热作铆钉)	J13

标准号	台湾地区标准分类号	标准名称	中国标准分类
712-1987	B2106	黃銅螺紋口球型閥(10 kgf/cm²) (黄铜螺纹口球型阀(10 kgf/cm²))	J16
713-1993	B2107	鑄鐵凸緣型閘閥(10 kgf/cm²)(閥桿非上升型) (铸铁凸缘型闸阀(10 kgf/cm²)(阀杆非上升型))	J16
714-1993	B2108	鑄鐵凸緣型閘閥(5 kgf/cm²)(閥桿上升型) (铸铁凸缘型闸阀(5 kgf/cm²)(阀杆上升型))	J16
715-1993	B2109	鑄鐵凸緣型閘閥(10 kgf/cm²)(閥桿上升型) (铸铁凸缘型闸阀(10 kgf/cm²)(阀杆上升型))	J16
716-1962	B2110	截流活門(凸緣式)(標稱壓力 16 公斤/平方公分;最大使用壓力 16 公斤/平方公分) (截流活门(凸缘式)(标称压力 16 公斤/平方公分;最大使用压力 16 公斤/平方公分))	J16
717-1962	B2111	截流活門(凸緣式)(標稱壓力 25 公斤/平方公分;最大使用壓力 25 公斤/平方公分) (截流活门(凸缘式)(标称压力 25 公斤/平方公分;最大使用压力 25 公斤/平方公分))	J16
718-1962	B2112	截流活門(凸緣式)(標稱壓力 40 公斤/平方公分;最大使用壓力 40 公斤/平方公分) (截流活门(凸缘式)(标称压力 40 公斤/平方公分;最大使用压力 40 公斤/平方公分))	J16
1362-1961	B2113	皮帶扣 (皮带扣)	J18
2222-1964	B2114	動力用滾子鏈條 (动力用滚子链条)	J92
2861-2000	B2115	滾珠軸承用鋼珠 (滚珠轴承用钢珠)	J11
2862-1994	B2116	徑向深溝滾珠軸承(單列、無填裝槽) (径向深沟滚珠轴承(单列、无填装槽))	J11
2864-1985	B2117	深溝止推滾珠軸承(單向具平面座外環) (深沟止推滚珠轴承(单向具平面座外环))	J12
2869-2006	B2118	球狀石墨鑄鐵件 (球状石墨铸铁件)	J31
3120-1987	B2119	六角頭螺栓(具小對面寬度) (六角头螺栓(具小对面宽度))	J13
3121-1998	B2120	六角頭螺栓(精製及半精製公制粗螺紋) (六角头螺栓(精制及半精制公制粗螺纹))	J13
3122-2001	B2121	六角頭全螺紋螺栓(精製及半精製公制粗螺紋) (六角头全螺纹螺栓(精制及半精制公制粗螺纹))	J13
3123-1987	B2122	六角頭螺栓(粗製) (六角头螺栓(粗制))	J13
3124-1987	B2123	六角頭螺栓(鋼結構用) (六角头螺栓(钢结构用))	J13
3125-1980	B2124	六角頭配合螺栓(鋼結構用) (六角头配合螺栓(钢结构用))	J13
3128-1998	B2126	六角螺帽(精製及半精製公制粗螺紋) (六角螺帽(精制及半精制公制粗螺纹))	J13
3129-1998	B2127	六角螺帽(薄型) (六角螺帽(薄型))	J13
3130-1998	B2128	六角螺帽(粗製公製粗螺紋) (六角螺帽(粗制公制粗螺纹))	J13
3132-1983	B2130	小六角螺帽(機動車工業用) (小六角螺帽(机动车工业用))	J13

标准号	台湾地区标准分类号	标准名称	中国标准分类
3133-1981	B2131	方頭螺栓(總則) (方头螺栓(总则))	J13
3134-1981	B2132	方頭螺栓(精製) (方头螺栓(精制))	J13
3135-1981	B2133	方頭螺栓(次精製) (方头螺栓(次精制))	J13
3136-1981	B2134	方頭螺栓(一般用) (方头螺栓(一般用))	J13
3137-1981	B2135	大方頭螺栓(一般用) (大方头螺栓(一般用))	J13
3515-1973	B2139	腳踏車車鈴 (脚踏车车铃)	Y14
3542-1995	B2140	鉤環 (钩环)	T72
3616-2004	B2141	腳踏車用碳鋼滾珠 (脚踏车用碳钢滚珠)	Y14
3932-1998	B2142	六角承窩頭螺釘 (六角承窝头螺钉)	J13
3934-1998	B2143	螺栓、螺釘、螺樁之機械性質 (螺栓、螺钉、螺桩之机械性质)	J13
3982-1999	B2144	有槽盤頭自攻螺釘 (有槽盘头自攻螺钉)	J13
4028-1999	B2145	螺帽之機械性質(有效螺紋長度在0.4 d以上者) (螺帽之机械性质(有效螺纹长度在0.4 d以上者))	J13
4067-1983	B2146	方螺帽 (方螺帽)	J13
4107-1983	B2149	液壓接頭用扁封 (液压接头用扁封)	J22
4108-1977	B2150	液壓或氣壓管路用接頭螺紋(管螺紋) (液压或气压管路用接头螺纹(管螺纹))	J15
4109-1977	B2151	液壓管路用管接頭(管螺紋) (液压管路用管接头(管螺纹))	J15
4169-1977	B2152	S32 至 S88 型式鋼滾子鏈條及鏈輪 (S32 至 S88 型式钢滚子链条及链轮)	J92
4170-1977	B2153	短節距精確傳動滾子鏈條及鏈輪 (短节距精确传动滚子链条及链轮)	J92
4171-1977	B2154	長節距動力傳達及輸送用精確滾子鏈條及鏈輪 (长节距动力传达及轮送用精确滚子链条及链轮)	J92
4172-1977	B2155	短節距傳動用精確襯套鏈條及鏈輪 (短节距传动用精确衬套链条及链轮)	J92
4173-1977	B2156	輸送機鏈條、配件及鏈輪 (轮送机链条、配件及链轮)	J81
4221-1978	B2157	梯形螺紋(標稱直徑 8 mm 至 100 mm 的內螺紋限界尺寸) (梯形螺纹(标称直径 8 mm 至 100 mm 的内螺纹限界尺寸))	J04
4222-1978	B2158	梯形螺紋(標稱直徑 105 mm 至 300 mm 的內螺紋限界尺寸) (梯形螺纹(标称直径 105 mm 至 300 mm 的内螺纹限界尺寸))	J04
4223-1978	B2159	梯形螺紋(標稱直徑 8 mm 至 100 mm 的外螺紋限界尺寸) (梯形螺纹(标称直径 8 mm 至 100 mm 的外螺纹限界尺寸))	J04
4224-1978	B2160	梯形螺紋(標稱直徑 105 mm 至 300 mm 的外螺紋限界尺寸) (梯形螺纹(标称直径 105 mm 至 300 mm 的外螺纹限界尺寸))	J04
4225-1978	B2161	短梯形螺紋(螺紋輪廓) (短梯形螺纹(螺纹轮廓))	J04

标准号	台湾地区标准分类号	标准名称	中国标准分类
4226-1978	B2162	短梯形螺紋(總則) (短梯形螺纹(总则))	J04
4227-1978	B2163	木螺釘螺紋 (木螺钉螺纹)	J04
4228-1978	B2164	玻璃容器用外螺紋 (玻璃容器用外螺纹)	J04
4229-1978	B2165	公制螺紋(ISO 制)(螺釘、螺栓及螺帽標稱直徑與螺距之選擇) (公制螺纹(ISO 制)(螺钉、螺栓及螺帽标称直径与螺距之选择))	J05
4230-2000	B2166	扭矩式六角防鬆鋼螺帽 (扭矩式六角防松钢螺帽)	J13
4232-1978	B2168	扭矩式六角防鬆鋼螺帽之機械性能及性質 (扭矩式六角防松钢螺帽之机械性能及性质)	J13
4234-1991	B2169	不銹鋼製螺釘及螺帽 (不锈钢制螺钉及螺帽)	J13
4236-2005	B2170	鋼結構用六角螺帽 (钢结构用六角螺帽)	J13
4237-2000	B2171	熱浸鍍鋅螺栓及螺帽 (热浸镀锌螺栓及螺帽)	J13
4246-1980	B2172	輥紋扭頭螺釘 (辊纹扭头螺钉)	J13
4247-1980	B2173	輥紋扭頭平螺釘 (辊纹扭头平螺钉)	J13
4248-1980	B2174	有槽輥紋扭頭螺釘 (有槽辊纹扭头螺钉)	J13
4249-1980	B2175	半柱端方頭螺釘 (半柱端方头螺钉)	J13
4250-1980	B2176	軸環半柱端方頭螺釘 (轴环半柱端方头螺钉)	J13
4251-1980	B2177	槽頭棒螺釘 (槽头棒螺钉)	J13
4252-1978	B2178	反向曲線形或波浪形彈簧墊圈(高壓縮負荷彈簧墊圈) (反向曲线形或波浪形弹簧垫圈(高压缩负荷弹簧垫圈))	J13
4253-1978	B2179	開口推拔銷 (开口推拔销)	J13
4254-1978	B2180	夾轉螺帽用內爪墊圈 (夹转螺帽用内爪垫圈)	J13
4255-1978	B2181	安全環彈簧墊圈 (安全环弹簧垫圈)	J13
4303-2000	B2182	有槽平頂埋頭自攻螺釘 (有槽平顶埋头自攻螺钉)	J13
4304-2000	B2183	有槽扁圓頂埋頭自攻螺釘 (有槽扁圆顶埋头自攻螺钉)	J13
4305-2000	B2184	十字穴盤頭自攻螺釘 (十字穴盘头自攻螺钉)	J13
4306-2000	B2185	十字穴平頂埋頭自攻螺釘 (十字穴平顶埋头自攻螺钉)	J13
4307-2000	B2186	十字穴扁圓頂埋頭自攻螺釘 (十字穴扁圆顶埋头自攻螺钉)	J13
4308-2000	B2187	六角頭自攻螺釘 (六角头自攻螺钉)	J13
4309-1978	B2188	圓錐彈簧墊圈 (圆锥弹簧垫圈)	J13

标准号	台湾地区标准分类号	标准名称	中国标准分类
4310-1978	B2189	小外徑精製墊圈 (小外径精制垫圈)	J13
4311-1983	B2190	U形環插銷 (U形环插销)	J13
4312-1983	B2191	U形環有頭插銷 (U形环有头插销)	J13
4313-2000	B2192	六角防鬆螺帽(高型) (六角防松螺帽(高型))	J13
4314-2000	B2193	六角防鬆螺帽(低型) (六角防松螺帽(低型))	J13
4315-1983	B2194	蓋頭防鬆螺帽 (盖头防松螺帽)	J13
4316-1978	B2195	螺帽之機械性質(有效螺紋長度未滿0.4 d者) (螺帽之机械性质(有效螺纹长度未满0.4 d者))	J13
4320-1987	B2196	六角頭螺栓(精製及半精制,公制細螺紋) (六角头螺栓(精制及半精制,公制细螺纹))	J13
4321-1987	B2197	六角頭全螺紋螺栓(精製及半精製,公制細螺紋) (六角头全螺纹螺栓(精制及半精制,公制细螺纹))	J13
4322-1982	B2198	六角頭全螺紋螺栓(粗製) (六角头全螺纹螺栓(粗制))	J13
4352-1988	B2199	自攻螺釘之機械性質 (自攻螺钉之机械性质)	J13
4355-1980	B2200	有槽平頂錐頭螺釘 (有槽平顶锥头螺钉)	J13
4356-1980	B2201	有槽大盤頭螺釘 (有槽大盘头螺钉)	J13
4357-1980	B2202	有槽盤頭螺釘 (有槽盘头螺钉)	J13
4358-1980	B2203	有槽盤頭有肩螺釘 (有槽盘头有肩螺钉)	J13
4359-1980	B2204	有槽小盤頭全柱端螺釘 (有槽小盘头全柱端螺钉)	J13
4360-1980	B2205	有槽小盤頭螺釘 (有槽小盘头螺钉)	J13
4361-1980	B2206	有槽凸肩螺釘 (有槽凸肩螺钉)	J13
4362-1980	B2207	精密用有槽平頂錐頭螺釘(標稱直徑自0.3 mm至1.4 mm) (精密用有槽平顶锥头螺钉(标称直径自0.3 mm至1.4 mm))	J13
4363-1980	B2208	精密用有槽平頂埋頭螺釘(標稱直徑0.4 mm至1.4 mm) (精密用有槽平顶埋头螺钉(标称直径0.4 mm至1.4 mm))	J13
4364-1981	B2209	六角頭配合螺栓(具長螺紋部份) (六角头配合螺栓(具长螺纹部份))	J13
4365-1981	B2210	六角頭配合螺栓(具短螺紋部份) (六角头配合螺栓(具短螺纹部份))	J13
4366-1987	B2211	六角頭螺栓(具大對面寬度、高預力連接鋼結構用) (六角头螺栓(具大对面宽度、高预力连接钢结构用))	J13
4367-1978	B2212	圓螺紋(厚0.5 mm以下之鋼皮製品及其配合螺紋) (圆螺纹(厚0.5 mm以下之钢皮制品及其配合螺纹))	J04
4368-1978	B2213	圓螺紋(起重機吊鉤用) (圆螺纹(起重机吊钩用))	J04
4369-1978	B2214	圓螺紋(具有間隙、淺螺腹,螺距為7 mm之標稱尺寸) (圆螺纹(具有间隙、浅螺腹,螺距为7 mm之标称尺寸))	J04

标准号	台湾地区标准分类号	标准名称	中国标准分类
4371-1978	B2215	圓螺紋(具有間隙、深螺腹、螺距為7 mm之理論值) (圆螺纹(具有间隙、深螺腹、螺距为7 mm之理论值))	J04
4373-1987	B2216	翼形螺帽(高型) (翼形螺帽(高型))	J13
4374-1987	B2217	翼形螺帽(低型) (翼形螺帽(低型))	J13
4375-1987	B2218	蝶形螺帽 (蝶形螺帽)	J13
4376-1987	B2219	弓形螺帽 (弓形螺帽)	J13
4377-1983	B2220	方螺帽(低型) (方螺帽(低型)	J13
4378-1983	B2221	特種基礎螺帽 (特种基础螺帽)	J13
4379-1983	B2222	低型螺帽(具小對面寬度) (低型螺帽(具小对面宽度))	J13
4402-1978	B2223	有齒墊圈 (有齿垫圈)	J13
4403-1978	B2224	有齒墊圈(用於螺釘之組合) (有齿垫圈(用于螺钉之组合))	J13
4404-1978	B2225	鋸齒墊圈 (锯齿垫圈)	J13
4405-1978	B2226	鋸齒墊圈(用於螺釘之組合) (锯齿垫圈(用于螺钉之组合))	J13
4406-1978	B2227	彈簧墊圈(彎形成波浪形) (弹簧垫圈(弯形成波浪形))	J13
4407-1978	B2228	波浪形彈簧墊圈(用於螺釘之組合) (波浪形弹簧垫圈(用于螺钉之组合))	J13
4409-1981	B2229	套有墊圈之螺釘 (套有垫圈之螺钉)	J13
4410-1983	B2230	套有墊圈之自攻螺釘 (套有垫圈之自攻螺钉)	J13
4411-1981	B2231	有槽平頂埋頭螺釘 (有槽平顶埋头螺钉)	J13
4412-1981	B2232	有槽平頂埋頭長柱端螺釘 (有槽平顶埋头长柱端螺钉)	J13
4413-1981	B2233	電開關用平頂錐埋頭螺釘 (电开关用平顶锥埋头螺钉)	J13
4414-1981	B2234	有槽扁圓頂埋頭螺釘 (有槽扁圆顶埋头螺钉)	J13
4415-1981	B2235	有槽扁圓頂埋頭長柱端螺釘 (有槽扁圆顶埋头长柱端螺钉)	J13
4416-1981	B2236	有槽平蕈形頭螺釘 (有槽平蕈形头螺钉)	J13
4417-1981	B2237	平頂埋頭有鰭螺栓 (平顶埋头有鳍螺栓)	J13
4418-1981	B2238	平頂埋頭長方頸螺栓 (平顶埋头长方颈螺栓)	J13
4419-1981	B2239	平頂埋頭短方頸螺栓 (平顶埋头短方颈螺栓)	J13
4420-1981	B2240	鍛槽平頂埋頭螺栓(鋼結構用) (锻槽平顶埋头螺栓(钢结构用))	J13

标准号	台湾地区 标准分类号	标准名称	中国标准 分类
4421-1981	B2241	夾緊用座螺栓與錐形彈簧墊圈 (夹紧用座螺栓与锥形弹簧垫圈)	J13
4422-1981	B2242	方頭突緣螺釘(M5～M24) (方头突缘螺钉(M5～M24))	J13
4423-1981	B2243	方頭錐形端螺釘(M5～M24) (方头锥形端螺钉(M5～M24))	J13
4424-1981	B2244	杯頭方頸螺栓(粗製) (杯头方颈螺栓(粗制))	J13
4425-1981	B2245	大杯頭方頸螺栓(紡織機用) (大杯头方颈螺栓(纺织机用))	J13
4426-1981	B2246	基礎螺栓 (基础螺栓)	J13
4427-1981	B2247	基礎螺樁 (基础螺桩)	J13
4428-1992	B2248	六角螺帽(圓角梯形螺紋) (六角螺帽(圆角梯形螺纹))	J13
4429-1992	B2249	凸肩螺帽(公制細螺紋,圓角梯形螺紋) (凸肩螺帽(公制细螺纹,圆角梯形螺纹))	J13
4430-1983	B2250	六角熔接螺帽 (六角熔接螺帽)	J13
4431-1993	B2251	方形熔接螺帽 (方形熔接螺帽)	J13
4432-1993	B2252	頂槽圓螺帽 (顶槽圆螺帽)	J13
4433-1993	B2253	側孔圓螺帽 (侧孔圆螺帽)	J13
4434-1993	B2254	頂孔圓螺帽 (顶孔圆螺帽)	J13
4462-1978	B2255	滾紋螺帽(低型) (滚纹螺帽(低型))	J13
4463-1978	B2256	側孔圓螺帽(細螺紋) (侧孔圆螺帽(细螺纹))	J13
4464-1978	B2257	側槽圓螺帽(鎖緊滾動軸承用) (侧槽圆螺帽(锁紧滚动轴承用))	J13
4465-1978	B2258	側槽圓螺帽 (侧槽圆螺帽)	J13
4466-1978	B2259	側槽圓螺帽(用扣環固定) (侧槽圆螺帽(用扣环固定))	J13
4467-1978	B2260	側槽圓螺帽(用鎖緊片固定) (侧槽圆螺帽(用锁紧片固定))	J13
4468-1978	B2261	45°鋸齒形單螺紋(液壓機用) (45°锯齿形单螺纹(液压机用))	J13
4469-1983	B2262	堡形螺帽 (堡形螺帽)	J13
4470-1983	B2263	堡形螺帽(低形) (堡形螺帽(低形))	J13
4471-1983	B2264	小堡形螺帽 (小堡形螺帽)	J13
4472-1983	B2265	六角蓋頭螺帽 (六角盖头螺帽)	J13
4473-1983	B2266	六角圓頂蓋頭螺帽 (六角圆顶盖头螺帽)	J13

标准号	台湾地区标准分类号	标准名称	中国标准分类
4474-1978	B2267	滾紋螺帽 (滚纹螺帽)	J13
4475-1981	B2268	有槽無頭長柱端固定螺釘 (有槽无头长柱端固定螺钉)	J13
4476-1981	B2269	有槽無頭杯形端固定螺釘 (有槽无头杯形端固定螺钉)	J13
4477-1981	B2270	有槽無頭錐形端固定螺釘 (有槽无头锥形端固定螺钉)	J13
4478-1981	B2271	有槽無頭去角端固定螺釘 (有槽无头去角端固定螺钉)	J13
4479-1981	B2272	六角承窩無頭長柱端固定螺釘 (六角承窝无头长柱端固定螺钉)	J13
4480-1981	B2273	六角承窩無頭杯形端固定螺釘 (六角承窝无头杯形端固定螺钉)	J13
4481-1981	B2274	六角承窩無頭錐形端固定螺釘 (六角承窝无头锥形端固定螺钉)	J13
4482-1981	B2275	六角承窩無頭平端固定螺釘 (六角承窝无头平端固定螺钉)	J13
4483-1978	B2276	旋入螺帽 (旋入螺帽)	J13
4484-1981	B2277	緊固銑床心軸螺釘 (紧固铣床心轴螺钉)	J13
4488-1981	B2278	翼形頭螺釘(重型) (翼形头螺钉(重型))	J13
4489-1981	B2279	翼形頭螺釘(輕型) (翼形头螺钉(轻型))	J13
4490-1981	B2280	環首螺栓 (环首螺栓)	J13
4491-1981	B2281	吊環螺釘 (吊环螺钉)	J13
4492-1981	B2282	小環首螺栓(M20) (小环首螺栓(M20))	J13
4549-1978	B2283	鋼導管螺紋(尺度) (钢导管螺纹(尺度))	H48
4550-1978	B2284	玻璃螺紋(用於電器供玻璃護罩和帽蓋) (玻璃螺纹(用于电器供玻璃护罩和帽盖))	J04
4551-1978	B2285	瓦斯瓶用螺紋 (瓦斯瓶用螺纹)	J04
4552-1978	B2286	圓角梯形螺紋(標稱尺寸) (圆角梯形螺纹(标称尺寸))	J04
4553-1978	B2287	圓角梯形螺紋(螺紋限界尺寸與偏差;螺紋量規之公差與許可磨損) (圆角梯形螺纹(螺纹限界尺寸与偏差;螺纹量规之公差与许可磨损))	J04
4554-1978	B2288	推拔細螺紋(貯裝液體燃料焊接器材用,錐度 1：20) (推拔细螺纹(贮装液体燃料焊接器材用,锥度 1：20))	J04
4555-1981	B2289	六角承窩頭螺釘(M1.4 至 M2.5) (六角承窝头螺钉(M1.4 至 M2.5))	J13
4556-1981	B2290	六角承窩短頭螺釘 (六角承窝短头螺钉)	J13
4557-1981	B2291	六角承窩短頭螺釘(具六角桿扳手導孔者) (六角承窝短头螺钉(具六角杆扳手导孔者))	J13

标准号	台湾地区 标准分类号	标准名称	中国标准 分类
4558-1981	B2292	六角承窩平頂埋頭螺釘 (六角承窝平顶埋头螺钉)	J13
4559-1981	B2293	十字穴扁圓頂柱頭螺釘 (十字穴扁圆顶柱头螺钉)	J13
4560-1981	B2294	十字穴平頂埋頭螺釘 (十字穴平顶埋头螺钉)	J13
4561-1981	B2295	十字穴扁圓頂埋頭螺釘 (十字穴扁圆顶埋头螺钉)	J13
4562-1981	B2296	十字穴圓頭木螺釘 (十字穴圆头木螺钉)	J13
4563-1981	B2297	十字穴平頂埋頭木螺釘 (十字穴平顶埋头木螺钉)	J13
4564-1981	B2298	十字穴扁圓頂埋頭木螺釘 (十字穴扁圆顶埋头木螺钉)	J13
4566-1981	B2299	T形頭螺栓 (T形头螺栓)	J13
4567-1981	B2300	T形頭方頸螺栓 (T形头方颈螺栓)	J13
4568-1981	B2301	T形頭雙趾螺栓 (T形头双趾螺栓)	J13
4569-1981	B2302	T形頭螺栓(具單邊圓角) (T形头螺栓(具单边圆角))	J13
4570-1981	B2303	T形槽螺栓 (T形槽螺栓)	J13
4571-1981	B2304	大T形頭螺栓 (大T形头螺栓)	J13
4572-1981	B2305	T型頭螺栓(繪圖儀器用) (T型头螺栓(绘图仪器用))	J13
4573-1981	B2306	有槽扁圓頂埋頭螺栓(繪圖儀器用) (有槽扁圆顶埋头螺栓(绘图仪器用))	J13
4574-1981	B2307	有蓋螺栓 (有盖螺栓)	J13
4578-1978	B2308	減徑柄螺栓之結合法—具大間隙之公制螺紋(標稱尺寸與限界尺寸) (减径柄螺栓之结合法—具大间隙之公制螺纹(标称尺寸与限界尺寸))	J13
4579-1983	B2309	減徑柄螺栓之結合法(螺栓) (减径柄螺栓之结合法(螺栓))	J13
4580-1983	B2310	減徑柄螺栓之結合法(螺樁) (减径柄螺栓之结合法(螺桩))	J13
4581-1978	B2311	減徑柄螺栓之結合法—六角螺帽 (减径柄螺栓之结合法—六角螺帽)	J13
4582-1978	B2312	減徑柄螺栓之結合法—蓋頭螺帽 (减径柄螺栓之结合法—盖头螺帽)	J13
4583-1978	B2313	減徑柄螺栓之結合法—伸延套筒 (减径柄螺栓之结合法—伸延套筒)	J13
4584-1983	B2314	減徑柄螺栓之結合法—螺樁之旋入螺孔 (减径柄螺栓之结合法—螺桩之旋入螺孔)	J13
4603-1978	B2315	螺樁(旋入端長～1 d) (螺桩(旋入端长～1 d))	J13
4604-1978	B2316	螺樁(旋入端長～1.25 d) (螺桩(旋入端长～1.25 d))	J13

标准号	台湾地区标准分类号	标准名称	中国标准分类
4605-1978	B2317	螺樁(旋入端長～2 d) (螺桩(旋入端长～2 d))	J13
4606-1983	B2318	螺樁(旋入端長～2.5 d) (螺桩(旋入端长～2.5 d))	J13
4607-1983	B2319	螺樁(T形螺帽用) (螺桩(T形螺帽用))	J13
4608-1983	B2320	螺樁(熔接用) (螺桩(熔接用))	J13
4609-1983	B2321	雙端螺樁 (双端螺桩)	J13
4610-1983	B2322	螺紋桿 (螺纹杆)	J04
4645-1983	B2323	雙舌墊圈 (双舌垫圈)	J13
4646-1983	B2324	斜墊圈(工字鐵高強度結構用) (斜垫圈(工字铁高强度结构用))	J13
4647-1983	B2325	斜墊圈(槽鐵高強度結構用) (斜垫圈(槽铁高强度结构用))	J13
4648-1978	B2326	墊圈(附裝重型彈簧銷螺釘用) (垫圈(附装重型弹簧销螺钉用))	J13
4649-1978	B2327	硬化光墊圈 (硬化光垫圈)	J13
4650-1978	B2328	墊圈(預組自攻螺釘用) (垫圈(预组自攻螺钉用))	J13
4651-1978	B2329	光墊圈(平頂錐頭螺釘用) (光垫圈(平顶锥头螺钉用))	J13
4652-1983	B2330	有槽無頭去角端螺釘 (有槽无头去角端螺钉)	J13
4653-1983	B2331	有槽無頭長柱端螺釘 (有槽无头长柱端螺钉)	J13
4654-1983	B2332	六角頭長柱端固定螺釘 (六角头长柱端固定螺钉)	J13
4655-1978	B2333	六角頭短柱錐形端固定螺釘 (六角头短柱锥形端固定螺钉)	J13
4656-1978	B2334	自削螺釘 (自削螺钉)	J13
4657-1982	B2335	無頭止推端螺釘 (无头止推端螺钉)	J13
4658-1984	B2336	貫頭螺釘(固定扳桿型) (贯头螺钉(固定扳杆型))	J13
4659-1984	B2337	貫頭螺釘(滑動扳桿型) (贯头螺钉(滑动扳杆型))	J13
4660-1984	B2338	貫頭螺帽(固定扳桿型) (贯头螺帽(固定扳杆型))	J13
4661-1984	B2339	貫頭螺帽(滑動扳桿型) (贯头螺帽(滑动扳杆型))	J13
4662-1984	B2340	嵌入螺帽(嵌於塑膠製品内) (嵌入螺帽(嵌于塑料制品内))	J13
4663-1984	B2341	嵌入螺帽(片封式,嵌於塑膠製品内) (嵌入螺帽(片封式,嵌于塑料制品内))	J13
4664-1984	B2342	嵌入螺帽(封閉式,嵌於塑膠製品内) (嵌入螺帽(封闭式,嵌于塑料制品内))	J13

标准号	台湾地区标准分类号	标准名称	中国标准分类
4665-1984	B2343	嵌入螺帽(長型封閉式,嵌於塑膠製品與壓鑄件內用) (嵌入螺帽(长型封闭式,嵌于塑料制品与压铸件内用))	J13
4687-1993	B2344	電弧樁熔接用柱樁—螺紋樁 (电弧桩熔接用柱桩—螺纹桩)	J13
4688-1993	B2345	電弧樁熔接用柱樁—無螺紋樁 (电弧桩熔接用柱桩—无螺纹桩)	J13
4689-1995	B2346	電弧樁熔接用柱樁—混凝土固定及剪力連接樁 (电弧桩熔接用柱桩—混凝土固定及剪力连接桩)	J13
4690-1993	B2347	電弧樁熔接用柱樁—T形樁 (电弧桩熔接用柱桩—T形桩)	J13
4691-1983	B2348	尖端燃熔用螺樁 (尖端燃熔用螺桩)	J13
4692-1983	B2349	尖端燃熔用無螺紋樁 (尖端燃熔用无螺纹桩)	J13
4693-1983	B2350	魚尾板螺栓(具圓頭橢圓頸) (鱼尾板螺栓(具圆头椭圆颈))	J13
4694-1979	B2351	魚尾板螺栓(具方頭) (鱼尾板螺栓(具方头))	J13
4695-1979	B2352	圓頭橢圓頸螺栓(礦坑構架用) (圆头椭圆颈螺栓(矿坑构架用))	D97
4696-1983	B2353	圓頭單鰭螺栓 (圆头单鳍螺栓)	J13
4697-1982	B2354	平頂埋頭雙鰭螺栓 (平顶埋头双鳍螺栓)	J13
4698-1982	B2355	平頂埋頭雙肋螺栓與錐坑(農業機械用) (平顶埋头双肋螺栓与锥坑(农业机械用))	J13
4699-1982	B2356	方頭螺栓(木導板用) (方头螺栓(木导板用))	J13
4700-1987	B2357	六角頭全螺紋螺栓(具小對面寬度) (六角头全螺纹螺栓(具小对面宽度))	J13
4701-1982	B2358	六角蓋頭螺栓 (六角盖头螺栓)	J13
4702-1982	B2359	六角頭減徑柄螺栓 (六角头减径柄螺栓)	J13
4703-1982	B2360	電錶封閉用螺釘 (电表封闭用螺钉)	J13
4704-1982	B2361	電錶裝置用螺栓與翼形螺帽 (电表装置用螺栓与翼形螺帽)	J13
4729-1984	B2362	圓螺帽 (圆螺帽)	J13
4730-1984	B2363	圓形環首螺帽 (圆形环首螺帽)	J13
4731-1984	B2364	滾紋螺帽(製圖儀器用) (滚纹螺帽(制图仪器用))	J13
4732-1984	B2365	有環滾紋螺帽 (有环滚纹螺帽)	J13
4733-1984	B2366	突緣六角螺帽 (突缘六角螺帽)	J13
4771-1979	B2367	T形螺帽 (T形螺帽)	J13
4772-1979	B2368	圓螺紋六角螺帽及堡形螺帽(動力車輛之鬆緊螺旋扣及拉桿用) (圆螺纹六角螺帽及堡形螺帽(动力车辆之松紧螺旋扣及拉杆用))	J13

标准号	台湾地区标准分类号	标准名称	中国标准分类
4773-1979	B2369	鉚結螺帽 (铆结螺帽)	J13
4843-1982	B2370	重型六角頭管塞(具肩部與平行螺紋) (重型六角头管塞(具肩部与平行螺纹))	J13
4844-1982	B2371	重型六角頭管塞(具肩部、通氣孔與平行螺紋) (重型六角头管塞(具肩部、通气孔与平行螺纹))	J13
4845-1982	B2372	輕型六角頭管塞(具肩部與平行螺紋) (轻型六角头管塞(具肩部与平行螺纹))	J13
4846-1982	B2373	六角頭管塞(具推拔螺紋) (六角头管塞(具推拔螺纹))	J13
4847-1982	B2374	六角承窩管塞(具肩部與平行螺紋) (六角承窝管塞(具肩部与平行螺纹))	J13
4848-1982	B2375	六角承窩管塞(具推拔螺紋) (六角承窝管塞(具推拔螺纹))	J13
4849-1982	B2376	心塞、心塞桿 (心塞、心塞杆)	J13
4850-1982	B2377	螺旋塞(用於排水配件者,銅鋅合金製) (螺旋塞(用于排水配件者,铜锌合金制))	Q81
4851-1982	B2378	螺旋塞(用於排水配件者,硬質聚乙烯製) (螺旋塞(用于排水配件者,硬质聚乙烯制))	Q81
4853-1979	B2379	火星塞 (火星塞)	T37
4945-1983	B2380	製圖儀器用調整螺釘 (制图仪器用调整螺钉)	J13
4946-1983	B2381	製圖儀器用夾緊螺釘 (制图仪器用夹紧螺钉)	J44
4947-1979	B2382	T形頭弧頂有錨螺釘 (T形头弧顶有锚螺钉)	J13
4948-1982	B2383	具突緣螺帽及墊圈之連接螺釘(雙併枕木用) (具突缘螺帽及垫圈之连接螺钉(双并枕木用))	J13
4949-1979	B2384	自攻螺釘,其應用及心孔直徑(薄板用) (自攻螺钉,其应用及心孔直径(薄板用))	J13
5004-1992	B2385	自行車(腳踏車)用反光板 (自行车(脚踏车)用反光板)	Y14
5014-1979	B2386	六角螺帽(1.5 d高) (六角螺帽(1.5 d高))	J13
5015-1979	B2387	預力鋼架用墊圈(圓形高度預力鋼架用) (预力钢架用垫圈(圆形高度预力钢架用))	J13
5050-1979	B2388	平墊圈(帶墊螺釘用) (平垫圈(带垫螺钉用))	J13
5051-1979	B2389	皿型彈簧墊圈(帶墊螺釘用) (皿型弹簧垫圈(带垫螺钉用))	J13
5052-1979	B2390	單圈彈簧墊圈(柱頭螺釘用) (单圈弹簧垫圈(柱头螺钉用))	J13
5053-1979	B2391	彎形彈簧墊圈(帶墊螺釘用) (弯形弹簧垫圈(带垫螺钉用))	J13
5054-1979	B2392	球面墊圈及圓錐座 (球面垫圈及圆锥座)	J13
5055-1979	B2393	公制突緣六角螺帽(高 1.5 d) (公制突缘六角螺帽(高 1.5 d))	J13
5108-1983	B2394	止推襯墊 (止推衬垫)	J13

标准号	台湾地区标准分类号	标准名称	中国标准分类
5109-1980	B2395	球形把手 (球形把手)	J27
5111-1980	B2396	塑膠手輪 (塑料手轮)	J27
5112-1980	B2397	墊圈(鋼結構用) (垫圈(钢结构用))	J13
5113-1980	B2398	墊圈(木結構用) (垫圈(木结构用))	J13
5114-1980	B2399	中級墊圈(用於螺栓) (中级垫圈(用于螺栓))	J13
5115-1980	B2400	粗級墊圈(用於螺栓) (粗级垫圈(用于螺栓))	J13
5116-1980	B2401	墊圈(電線電纜函管端引接用) (垫圈(电线电缆函管端引接用))	J13
5183-1980	B2402	家庭用縫紉機零件公差 (家庭用缝纫机零件公差)	Y17
5184-1990	B2403	家庭用縫紉機壓布腳 (家庭用缝纫机压布脚)	Y17
5185-1990	B2404	家庭用縫紉機梭盒 (家庭用缝纫机梭盒)	Y17
5186-1990	B2405	家庭用縫紉機梭線輪 (家庭用缝纫机梭线轮)	Y17
5187-1990	B2406	家庭用縫紉機針板 (家庭用缝纫机针板)	Y17
5188-1990	B2407	家庭用縫紉機滑板 (家庭用缝纫机滑板)	Y17
5189-1990	B2408	家庭用縫紉機傳送齒 (家庭用缝纫机传送齿)	Y17
5190-1988	B2409	家庭用縫紉機腳踏驅動裝置(機腳) (家庭用缝纫机脚踏驱动装置(机脚))	Y17
5191-1990	B2410	家庭用縫紉機三卷壓布腳 (家庭用缝纫机三卷压布脚)	Y17
5193-1980	B2411	螺紋銷 (螺纹销)	J13
5194-1980	B2412	墊圈(外徑～3 倍螺栓直徑) (垫圈(外径～3 倍螺栓直径))	J13
5195-1980	B2413	繩眼襯環 (绳眼衬环)	J13
5266-1984	B2414	齒輪模數(蝸桿蝸輪對) (齿轮模数(蜗杆蜗轮对))	J17
5267-1984	B2415	圓柱齒輪輪齒之精度(累積周節誤差之公差) (圆柱齿轮轮齿之精度(累积周节误差之公差))	J17
5268-1984	B2416	圓柱齒輪輪齒之精度(嚙合複合誤差之公差) (圆柱齿轮轮齿之精度(啮合复合误差之公差))	J17
5274-1984	B2417	精細機械用正齒輪(齒跨距數值表) (精细机械用正齿轮(齿跨距数值表))	J17
5275-1984	B2418	精細機械用螺旋齒輪(齒跨距數值表) (精细机械用螺旋齿轮(齿跨距数值表))	J17
5276-1984	B2419	精細機械用正齒輪(因數 COSα/COSαw 數值表) (精细机械用正齿轮(因子 COSα/COSαw 数值表))	J17
5277-1984	B2420	精細機械用圓柱齒輪(齒跨距測量工具之徑向調整量數值表) (精细机械用圆柱齿轮(齿跨距测量工具之径向调整量数值表))	J17

标准号	台湾地区标准分类号	标准名称	中国标准分类
5278-1984	B2421	漸開線圓柱齒輪之基準齒條(精細機械用) (渐开线圆柱齿轮之基准齿条(精细机械用))	J17
5279-1984	B2422	圓柱蝸桿之尺度及蝸桿傳動機構軸中心距與轉速比之配合 (圆柱蜗杆之尺度及蜗杆传动机构轴中心距与转速比之配合)	J17
5280-1984	B2423	圓柱齒輪之螺旋角 (圆柱齿轮之螺旋角)	J17
5281-1984	B2424	齒輪箱之圓柱齒輪軸中心距許可差及軸線平行誤差之公差 (齿轮箱之圆柱齿轮轴中心距许可差及轴线平行误差之公差)	J17
5282-1984	B2425	漸開線齒制用切齒刀具之基準齒條 (渐开线齿制用切齿刀具之基准齿条)	J41
5283-1984	B2426	圓柱齒輪輪齒之精度(齒廓面元線誤差之公差) (圆柱齿轮轮齿之精度(齿廓面元线误差之公差))	J17
5284-1984	B2427	0.5 齒制正齒輪之齒廓移位 (0.5 齿制正齿轮之齿廓移位)	J17
5285-1984	B2428	圓柱齒輪輪齒之精度(個別參數誤差之公差) (圆柱齿轮轮齿之精度(个别参数误差之公差))	J17
5287-1988	B2429	家庭用縫紉機皮帶板 (家庭用缝纫机皮带板)	Y17
5288-1990	B2430	家庭用縫紉機機殼 (家庭用缝纫机机壳)	Y17
5289-1990	B2431	家庭用縫紉機半回轉式大梭盤及梭子 (家庭用缝纫机半回转式大梭盘及梭子)	Y17
5290-1988	B2432	家庭用縫紉機上軸 (家庭用缝纫机上轴)	Y17
5291-1988	B2433	家庭用縫紉機下軸 (家庭用缝纫机下轴)	Y17
5292-1989	B2434	家庭用縫紉機針棒 (家庭用缝纫机针棒)	Y17
5293-1989	B2435	家庭用縫紉機壓布桿 (家庭用缝纫机压布杆)	Y17
5294-1988	B2436	家庭用縫紉機上軸連桿 (家庭用缝纫机上轴连杆)	Y17
5295-1988	B2437	家庭用縫紉機上下傳送軸 (家庭用缝纫机上下传送轴)	Y17
5296-1989	B2438	家庭用縫紉機用 V 型聚胺基甲酸乙酯(PU)皮帶 (家庭用缝纫机用 V 型聚胺基甲酸乙酯(PU)皮带)	Y17
5297-1990	B2439	工業用縫紉機壓布桿 (工业用缝纫机压布杆)	Y17
5298-1984	B2440	低壓軟管夾 (低压软管夹)	J15
5394-1995	B2441	吊鉤 (吊钩)	J80
5396-1980	B2442	液壓用過濾器 (液压用过滤器)	J20
5398-1980	B2443	鋼索夾 (钢索夹)	J44
5399-1980	B2444	防鬆螺帽(650 ℃以内使用) (防松螺帽(650 ℃以内使用))	J13
5400-1983	B2445	黃油嘴(具 1/8″管螺紋) (黄油嘴(具 1/8″管螺纹))	J21
5403-1980	B2446	無火花及爆擊工具—保護頸 (无火花及爆击工具—保护颈)	J44

标准号	台湾地区标准分类号	标准名称	中国标准分类
5404-1980	B2447	無火花及爆擊工具用—三角頭突緣螺釘 (无火花及爆击工具用—三角头突缘螺钉)	J13
5405-1980	B2448	無火花及爆擊工具—三角螺帽 (无火花及爆击工具—三角螺帽)	J13
5406-1989	B2449	家庭用縫紉機水平送料軸 (家庭用缝纫机水平送料轴)	Y17
5407-1989	B2450	家庭用縫紉機下軸擺動軸 (家庭用缝纫机下轴摆动轴)	Y17
5408-1989	B2451	家庭用縫紉機送料叉桿 (家庭用缝纫机送料叉杆)	Y17
5409-1989	B2452	工業用縫紉機垂直全回轉梭子組 (工业用缝纫机垂直全回转梭子组)	Y17
5410-1989	B2453	工業用縫紉機梭線輪 (工业用缝纫机梭线轮)	Y17
5411-1989	B2454	工業用縫紉機梭盒 (工业用缝纫机梭盒)	Y17
5412-1989	B2455	工業用縫紉機送料齒 (工业用缝纫机送料齿)	Y17
5413-1989	B2456	工業用縫紉機針板 (工业用缝纫机针板)	Y17
5414-1989	B2457	工業用縫紉機針棒固定柱 (工业用缝纫机针棒固定柱)	Y17
5415-1990	B2458	工業用縫紉機滑板 (工业用缝纫机滑板)	Y17
5488-1980	B2459	家庭用縫紉機之組合 (家庭用缝纫机之组合)	Y17
5489-1990	B2460	工業用縫紉機橡皮合葉 (工业用缝纫机橡皮合叶)	Y17
5490-1990	B2461	工業用縫紉機送料桿 (工业用缝纫机送料杆)	Y17
5491-1989	B2462	工業用縫紉機壓布腳 (工业用缝纫机压布脚)	Y17
5492-1989	B2463	工業用縫紉機連桿式挑線桿 (工业用缝纫机连杆式挑线杆)	Y17
5493-1989	B2464	工業用縫紉機針棒 (工业用缝纫机针棒)	Y17
5494-1989	B2465	工業用縫紉機針棒連桿 (工业用缝纫机针棒连杆)	Y17
5495-1989	B2466	工業用縫紉機針固定環 (工业用缝纫机针固定环)	Y17
5496-1989	B2467	工業用縫紉機上軸連桿 (工业用缝纫机上轴连杆)	Y17
5497-1980	B2468	工業用縫紉機送料叉桿 (工业用缝纫机送料叉杆)	Y17
5498-1985	B2469	斜角接觸滾珠軸承(單列非自承式) (斜角接触滚珠轴承(单列非自承式))	J11
5499-1985	B2470	深溝滾珠軸承(雙列具填裝缺口) (深沟滚珠轴承(双列具填装缺口))	J11
5500-1985	B2471	自動對位滾珠軸承(平行孔與推拔孔) (自动对位滚珠轴承(平行孔与推拔孔))	J11
5501-1985	B2472	自動對位滾珠軸承(具加寬內環及附夾緊套筒內環) (自动对位滚珠轴承(具加宽内环及附夹紧套筒内环))	J11

标准号	台湾地区 标准分类号	标准名称	中国标准 分类
5502-1985	B2473	滾柱軸承(單列具導肋外環) (滚柱轴承(单列具导肋外环))	J11
5503-1985	B2474	滾錐軸承 (滚锥轴承)	J11
5504-1985	B2475	徑向斜角接觸滾珠軸承(單列及雙列) (径向斜角接触滚珠轴承(单列及双列))	J11
5505-1985	B2476	小電器用滾珠軸承 (小电器用滚珠轴承)	J11
5507-1982	B2477	嵌入夾緊滾動軸承(具球面外環與加寬內環) (嵌入夹紧滚动轴承(具球面外环与加宽内环))	J11
5508-1980	B2478	嵌入夾緊滾動軸承用壓製外殼 (嵌入夹紧滚动轴承用压制外壳)	J11
5509-1980	B2479	嵌入夾緊滾動軸承用鑄製外殼 (嵌入夹紧滚动轴承用铸制外壳)	J11
5680-1989	B2480	家庭用縫紉機機臺 (家庭用缝纫机机台)	Y17
5681-1989	B2481	家庭用直線縫紉機機頭 (家庭用直线缝纫机机头)	Y17
5684-1980	B2482	滾動軸承零件—滾柱 (滚动轴承零件—滚柱)	J11
5685-1980	B2483	滾動軸承零件—滾棒 (滚动轴承零件—滚棒)	J11
5686-1980	B2484	滾動軸承零件—滾針 (滚动轴承零件—滚针)	J11
5687-1980	B2485	單列徑向滾鼓軸承 (单列径向滚鼓轴承)	J11
5688-1980	B2486	雙列徑向自動對位滾鼓軸承 (双列径向自动对位滚鼓轴承)	J11
5689-1980	B2487	滾針軸承附軸承籠組件—穿通及半穿通抽製外環、無內環 (滚针轴承附轴承笼组件—穿通及半穿通抽制外环、无内环)	J11
5690-1982	B2488	滾針及軸承籠組件—軸向 (滚针及轴承笼组件—轴向)	J11
5691-1980	B2489	滾針及軸承籠組件—徑向 (滚针及轴承笼组件—径向)	J11
5692-1980	B2490	滾針軸承—尺度系號 48 及 49,具軸承籠 (滚针轴承—尺度系号 48 及 49,具轴承笼)	J11
5693-1980	B2491	滾動軸承—外環附滾針及軸承籠組件(尺度系號 48 及 49) (滚动轴承—外环附滚针及轴承笼组件(尺度系号 48 及 49))	J11
5699-1980	B2492	電力牽引器用滾柱軸承 NJ＋HJ 軸承系列用之 L 形肋環 (电力牵引器用滚柱轴承 NJ＋HJ 轴承系列用之 L 形肋环)	J11
5709-1999	B2493	閥之標稱尺度及內徑 (阀之标称尺度及内径)	J16
5710-1980	B2494	閘閥端面間之尺度 (闸阀端面间之尺度)	J16
5711-1980	B2495	球形閥端面間之尺度 (球形阀端面间之尺度)	J16
5712-1980	B2496	角閥端面間之尺度 (角阀端面间之尺度)	J16
5713-1980	B2497	止回閥端面間之尺度 (止回阀端面间之尺度)	J16
5714-1980	B2498	旋塞端面間之尺度 (旋塞端面间之尺度)	J16

标准号	台湾地区标准分类号	标准名称	中国标准分类
5715-1980	B2499	球閥端面間之尺度 (球阀端面间之尺度)	J16
5716-1980	B2500	塞閥端面間之尺度 (塞阀端面间之尺度)	J16
5962-1985	B2501	青銅螺紋口球形閥(5 kgf/cm^2) (青铜螺纹口球形阀(5 kgf/cm^2))	J16
5963-1988	B2502	青銅螺紋口球形閥(10 kgf/cm^2) (青铜螺纹口球形阀(10 kgf/cm^2))	J16
5964-1988	B2503	青銅螺紋口閘閥(5 kgf/cm^2) (青铜螺纹口闸阀(5 kgf/cm^2))	J16
5965-1988	B2504	青銅螺紋口角閥(10 kgf/cm^2) (青铜螺纹口角阀(10 kgf/cm^2))	J16
5966-1988	B2505	青銅螺紋口閘閥(10 kgf/cm^2) (青铜螺纹口闸阀(10 kgf/cm^2))	J16
5967-1985	B2506	青銅螺紋口擺動型止回閥(10 kgf/cm^2) (青铜螺纹口摆动型止回阀(10 kgf/cm^2))	J16
5968-1985	B2507	青銅螺紋口升降型止回閥(10 kgf/cm^2) (青铜螺纹口升降型止回阀(10 kgf/cm^2))	J16
5969-1985	B2508	青銅凸緣型球形閥(10 kgf/cm^2) (青铜凸缘型球形阀(10 kgf/cm^2))	J16
5970-1985	B2509	青銅凸緣型角閥(10 kgf/cm^2) (青铜凸缘型角阀(10 kgf/cm^2))	J16
5971-1985	B2510	青銅凸緣型閘閥(10 kgf/cm^2) (青铜凸缘型闸阀(10 kgf/cm^2))	J16
5972-1993	B2511	鑄鐵凸緣型球型閥(10 kgf/cm^2) (铸铁凸缘型球型阀(10 kgf/cm^2))	J16
5973-1993	B2512	鑄鐵凸緣型角閥(10 kgf/cm^2) (铸铁凸缘型角阀(10 kgf/cm^2))	J16
5974-1993	B2513	鑄鐵凸緣型擺動式止回閥(10 kgf/cm^2) (铸铁凸缘型摆动式止回阀(10 kgf/cm^2))	J16
6000-1989	B2514	家庭用縫紉機機臺之鉸鏈及鎖類 (家庭用缝纫机机台之铰链及锁类)	Y17
6001-1980	B2515	工業用短平台平車直線縫(LS1)低速縫紉機機頭 (工业用短平台平车直线缝(LS1)低速缝纫机机头)	Y17
6002-1980	B2516	縫紉機齒形皮帶 (缝纫机齿形皮带)	Y17
6003-1980	B2517	縫紉機齒形皮帶輪 (缝纫机齿形皮带轮)	Y92
6312-1980	B2518	電力牽引器用滚柱軸承毛氈填封與填封槽 (电力牵引器用滚柱轴承毛毡填封与填封槽)	J22
6407-1984	B2519	圓柱齒輪與傘齒輪之負載能力計算—負載分配因數 $Y\varepsilon$ 及齒進度比 $\varepsilon\beta$ (圆柱齿轮与伞齿轮之负载能力计算—负载分配因子 $Y\varepsilon$ 及齿进度比 $\varepsilon\beta$)	J17
6408-1984	B2520	圓柱齒輪與傘齒輪之負載能力計算—齒廓面作用帶因數 ZH (圆柱齿轮与伞齿轮之负载能力计算—齿廓面作用带因子 ZH)	J17
6409-1984	B2521	圓柱齒輪與傘齒輪之負載能力計算—材料因數 ZM (圆柱齿轮与伞齿轮之负载能力计算—材料因子 ZM)	J17
6410-1984	B2522	圓柱齒輪與傘齒輪之負載能力計算—小齒輪單齒接觸因數 ZB、大齒輪單齒接觸因數 ZD 及正面接觸比 $\varepsilon\alpha$ (圆柱齿轮与伞齿轮之负载能力计算—小齿轮单齿接触因子 ZB、大齿轮单齿接触因子 ZD 及正面接触比 $\varepsilon\alpha$)	J17

标准号	台湾地区标准分类号	标准名称	中国标准分类
6411-1984	B2523	圓柱齒輪與傘齒輪之負載能力計算—接觸比因數 Zε (圆柱齿轮与伞齿轮之负载能力计算—接触比因子 Zε)	J17
6412-1984	B2524	圓柱齒輪與傘齒輪之負載能力計算—螺旋角因數 Yβ (圆柱齿轮与伞齿轮之负载能力计算—螺旋角因子 Yβ)	J17
6413-1980	B2525	齒輪負荷能力(計算舉例) (齿轮负荷能力(计算举例))	J17
6414-1984	B2526	直齒傘齒輪之基準齒條(一般機械及重機械用) (直齿伞齿轮之基准齿条(一般机械及重机械用))	J17
6415-1984	B2527	齒輪模數(直齒傘齒輪) (齿轮模数(直齿伞齿轮))	J17
6420-1980	B2528	錐形黃油嘴(具公制螺紋) (锥形黄油嘴(具公制螺纹))	J21
6421-1980	B2529	錐形黃油嘴(具韋氏管螺紋) (锥形黄油嘴(具韦氏管螺纹))	J21
6644-1996	B2530	鐵路車輛用板片彈簧 (铁路车辆用板片弹簧)	S34
6732-1980	B2531	滾子鏈軸聯結器 (滚子链轴联结器)	J19
6736-1980	B2532	12.5 公釐鏈條組件 (12.5 公厘链条组件)	J18
6875-1981	B2534	噴霧機用軟管連接器與接頭 (喷雾机用软管连接器与接头)	J15
6882-1982	B2535	鑄鋼凸緣型球形閥(10 kgf/cm²) (铸钢凸缘型球形阀(10 kgf/cm²))	J16
6883-1982	B2536	鑄鋼凸緣型角閥(10 kgf/cm²) (铸钢凸缘型角阀(10 kgf/cm²))	J16
6884-1982	B2537	鑄鋼凸緣型閘閥(10 kgf/cm²)(閥桿上升型) (铸钢凸缘型闸阀(10 kgf/cm²)(阀杆上升型))	J16
6885-1992	B2538	鑄鋼凸緣型擺動式止回閥(10 kgf/cm²) (铸钢凸缘型摆动式止回阀(10 kgf/cm²))	J16
6886-1982	B2539	鑄鋼凸緣型球形閥(20 kgf/cm²) (铸钢凸缘型球形阀(20 kgf/cm²))	J16
7005-1996	B2540	扭桿彈簧 (扭杆弹簧)	J26
7104-1981	B2541	滾柱軸承(單列,導肋內環) (滚柱轴承(单列,导肋内环))	J11
7105-1981	B2542	滾柱軸承(錐度 1：12,錐孔,扣環槽) (滚柱轴承(锥度 1：12,锥孔,扣环槽))	J11
7106-1981	B2543	滾柱軸承(雙列,導肋內或外環) (滚柱轴承(双列,导肋内或外环))	J11
7107-1981	B2544	滾針軸承(無內環) (滚针轴承(无内环))	J11
7108-1982	B2545	滾棒軸承(無環) (滚棒轴承(无环))	J11
7109-1981	B2546	桿端球面軸承(一般設計限界尺度) (杆端球面轴承(一般设计限界尺度))	J12
7110-1981	B2547	滾柱軸承(平行孔,扣環槽) (滚柱轴承(平行孔,扣环槽))	J11
7111-1981	B2548	滾柱軸承(無內環) (滚柱轴承(无内环))	J11
7112-1981	B2549	滾柱軸承(無外環) (滚柱轴承(无外环))	J11

标准号	台湾地区标准分类号	标准名称	中国标准分类
7113-1982	B2550	鑄鋼凸緣型角閥(20 kgf/cm²) (铸钢凸缘型角阀(20 kgf/cm²))	J16
7114-1982	B2551	鑄鋼凸緣型閘閥(20 kgf/cm²)(閥桿上升型) (铸钢凸缘型闸阀(20 kgf/cm²)(阀杆上升型))	J16
7115-1982	B2552	鑄鋼凸緣型擺動式止回閥(20 kgf/cm²) (铸钢凸缘型摆动式止回阀(20 kgf/cm²))	J16
7116-1981	B2553	青銅螺紋型有栓旋塞 (青铜螺纹型有栓旋塞)	J16
7117-1983	B2554	青銅螺紋型填函蓋旋塞 (青铜螺纹型填函盖旋塞)	J16
7118-1983	B2555	鐵金屬製管凸緣之壓力定額 (铁金属制管凸缘之压力定额)	J15
7119-1981	B2556	管凸緣襯墊座之尺度 (管凸缘衬垫座之尺度)	J15
7188-1981	B2557	管式遙遠控制桿管(可搖轉之冠狀齒輪傳導) (管式遥远控制杆管(可摇转之冠状齿轮传导))	N17
7189-1981	B2558	遙遠控制桿管(斜齒輪傳導) (遥远控制杆管(斜齿轮传导))	N17
7337-1981	B2559	圓頭鉚釘,標稱直徑 10 至 36 mm (圆头铆钉,标称直径 10 至 36 mm)	J13
7338-1981	B2560	埋頭鉚釘,標稱直徑 10 至 36 mm (埋头铆钉,标称直径 10 至 36 mm)	J13
7339-1981	B2561	圓頭鉚釘,標稱直徑 1 至 8 mm (圆头铆钉,标称直径 1 至 8 mm)	J13
7340-1981	B2562	埋頭鉚釘,標稱直徑 1 至 8 mm (埋头铆钉,标称直径 1 至 8 mm)	J13
7551-1981	B2563	割稻機及水稻聯合收穫機用割刀 (割稻机及水稻联合收获机用割刀)	B91
7552-1981	B2564	割草機用圓形割刀 (割草机用圆形割刀)	B91
7553-1988	B2565	滑入熔接式鋼製管凸緣(5 kgf/cm²) (滑入熔接式钢制管凸缘(5 kgf/cm²))	J15
7554-1988	B2566	滑入熔接式鋼製管凸緣(10 kgf/cm²) (滑入熔接式钢制管凸缘(10 kgf/cm²))	J15
7555-1988	B2567	滑入熔接式鋼製管凸緣(16 kgf/cm²) (滑入熔接式钢制管凸缘(16 kgf/cm²))	J15
7556-1988	B2568	滑入熔接式鋼製管凸緣(20 kgf/cm²) (滑入熔接式钢制管凸缘(20 kgf/cm²))	J15
7557-1988	B2569	滑入熔接式鋼製管凸緣(30 kgf/cm²) (滑入熔接式钢制管凸缘(30 kgf/cm²))	J15
7558-1988	B2570	熔接頸鋼製管凸緣(30 kgf/cm²) (熔接颈钢制管凸缘(30 kgf/cm²))	J15
7559-1981	B2571	銅合金製管凸緣基準尺度 (铜合金制管凸缘基准尺度)	J15
7560-1981	B2572	真空裝置用凸緣 (真空装置用凸缘)	J15
7561-1981	B2573	液壓用套接熔接式管凸緣(210 kgf/cm²) (液压用套接熔接式管凸缘(210 kgf/cm²))	J15
7562-1981	B2574	蕈形頭鉚釘(標稱直徑 1.6 至 6 mm) (蕈形头铆钉(标称直径 1.6 至 6 mm))	J13
7563-1981	B2575	扁圓頭鉚釘(標稱直徑 1.4 至 6 mm) (扁圆头铆钉(标称直径 1.4 至 6 mm))	J13

标准号	台湾地区标准分类号	标准名称	中国标准分类
7564-1981	B2576	平頂埋頭鉚釘(皮帶鉚釘),標稱直徑 3 至 5 mm (平顶埋头铆钉(皮带铆钉),标称直径 3 至 5 mm)	J13
7565-1981	B2577	鉚釘工具組(鉚釘頭模) (铆钉工具组(铆钉头模))	J13
7566-1981	B2578	鉚釘工具組(鉚釘桿定位器) (铆钉工具组(铆钉杆定位器))	J13
7567-1981	B2579	短空心盤頭鉚釘(標稱直徑 1.6 至10 mm) (短空心盘头铆钉(标称直径 1.6 至10 mm))	J13
7568-1981	B2580	短空心平頂埋頭鉚釘,標稱直徑 1.6 至 10 mm (短空心平顶埋头铆钉,标称直径 1.6 至 10 mm)	J13
7569-1981	B2581	夾緊鉚釘 (夹紧铆钉)	J44
7570-1981	B2582	鉚釘,用於剎車襯及離合器襯 (铆钉,用于刹车衬及离合器衬)	T31
7571-1981	B2583	帶形料深引伸空心鉚釘 (带形料深引伸空心铆钉)	J13
7581-1981	B2584	球頭式黃油嘴 (球头式黄油嘴)	J21
7582-1981	B2585	平頭式黃油嘴 (平头式黄油嘴)	J21
7583-1981	B2586	漏斗式黃油嘴 (漏斗式黄油嘴)	J21
7584-1981	B2587	遙遠操作傳導桿管(軸承座) (遥远操作传导杆管(轴承座))	N17
7585-1981	B2588	遙遠操作傳導桿管(旋桿延長段接頭) (遥远操作传导杆管(旋杆延长段接头))	N17
7586-1981	B2589	遙遠操作傳導桿管(可擺動之冠狀齒輪傳動機構之保護罩) (遥远操作传导杆管(可摆动之冠状齿轮传动机构之保护罩))	N17
7587-1981	B2590	遙遠操作傳導桿管(支架) (遥远操作传导杆管(支架))	N17
7588-1981	B2591	遙遠操作傳導桿管(熔接於甲板上之操作裝置一具四方頭軸者) (遥远操作传导杆管(熔接于甲板上之操作装置一具四方头轴者))	N17
7589-1981	B2592	遙遠操作傳導桿管(熔接於甲板上之操作裝置一具可擺動之冠狀齒輪傳動機構者) (遥远操作传导杆管(熔接于甲板上之操作装置一具可摆动之冠状齿轮传动机构者))	N17
7593-1981	B2593	冷捲成形壓縮螺旋彈簧(簧線直徑小於 0.5 mm 之構造尺度) (冷卷成形压缩螺旋弹簧(簧线直径小于 0.5 mm 之构造尺度))	J26
7594-1981	B2594	冷捲成形壓縮螺旋彈簧(簧線直徑0.5 mm 以上之構造尺度) (冷卷成形压缩螺旋弹簧(簧线直径0.5 mm 以上之构造尺度))	J26
7595-1981	B2595	冷捲成形拉力螺旋彈簧之品質(由圓金屬線製造) (冷卷成形拉力螺旋弹簧之质量(由圆金属线制造))	J26
7596-1981	B2596	冷捲成形壓縮螺旋彈簧之品質(由圓金屬線製造) (冷卷成形压缩螺旋弹簧之质量(由圆金属线制造))	J26
7853-1981	B2597	皿形彈簧尺度及品質特性 (皿形弹簧尺度及质量特性)	J26
7855-1982	B2598	一般用圓柱形壓縮螺旋彈簧—圓金屬條製成 (一般用圆柱形压缩螺旋弹簧—圆金属条制成)	J26
7860-1981	B2599	中心螺栓疊板彈簧用 (中心螺栓叠板弹簧用)	J13

标准号	台湾地区标准分类号	标准名称	中国标准分类
7861-1981	B2600	夾箍疊板彈簧用 (夹箍叠板弹簧用)	J44
7862-1981	B2601	有軌車輛用疊板彈簧板端 (有轨车辆用叠板弹簧板端)	S34
7863-1981	B2602	疊板彈簧小凸起 (叠板弹簧小凸起)	J26
7864-1981	B2603	彈簧板端導托—懸吊彈簧用 (弹簧板端导托—悬吊弹簧用)	J26
7865-1981	B2604	彈簧板端鞍板及中間板懸吊彈簧用 (弹簧板端鞍板及中间板悬吊弹簧用)	J26
7866-1981	B2605	蝸旋彈簧指示電計器用 (蜗旋弹簧指示电计器用)	N21
7867-1981	B2606	防震橡膠彈簧工業用載貨手車及拖車車軸用 (防震橡胶弹簧工业用载货手车及拖车车轴用)	T22
7940-1981	B2607	運送機用圓鋼製長環環鏈 (运送机用圆钢制长环环链)	J81
7941-1981	B2608	運送機用圓鋼製半長環環鏈及箕式運送機用鏈條尺度 (运送机用圆钢制半长环环链及箕式运送机用链条尺度)	J81
7944-1981	B2609	喇叭口管用 90°肘形接頭(精密式) (喇叭口管用 90°肘形接头(精密式))	J15
7945-1981	B2610	喇叭口管用套接(精密式) (喇叭口管用套接(精密式))	J15
7948-1981	B2611	徑向滾柱軸承(無內環,E 型) (径向滚柱轴承(无内环,E 型))	J11
7949-1981	B2612	雙列全滾柱軸承(尺度系列 48 與 49) (双列全滚柱轴承(尺度系列 48 与 49))	J11
7950-1981	B2613	滾柱軸承用 L 型肋環(E 型) (滚柱轴承用 L 型肋环(E 型))	J11
7951-1981	B2614	液壓缸 (液压缸)	J20
7953-1981	B2615	液壓用氣囊型蓄壓器 (液压用气囊型蓄压器)	J20
8085-2009	B2616	單向水龍頭(立式) (单向水龙头(立式))	Y71
8086-1995	B2617	給水用角閥 (给水用角阀)	Q81
8087-2009	B2618	單向水龍頭(長頸式) (单向水龙头(长颈式))	Y71
8088-2009	B2619	冷熱混合水龍頭 (冷热混合水龙头)	Y71
8089-1995	B2620	落水管(不附清除蓋) (落水管(不附清除盖))	Q81
8095-1981	B2623	深溝止推滾珠軸承(單向,對位座外環,附對位座墊) (深沟止推滚珠轴承(单向,对位座外环,附对位座垫))	J11
8096-1981	B2624	深溝止推滾珠軸承(雙向,平面座外環) (深沟止推滚珠轴承(双向,平面座外环))	J11
8097-1981	B2625	深溝止推滾珠軸承(雙向,對位座外環,附對位座墊) (深沟止推滚珠轴承(双向,对位座外环,附对位座垫))	J11
8098-1981	B2626	自動對位止推滾鼓軸承(單向附對稱滾鼓) (自动对位止推滚鼓轴承(单向附对称滚鼓))	J11
8099-1981	B2627	自動對位止推滾鼓軸承(單向附不對稱滾鼓) (自动对位止推滚鼓轴承(单向附不对称滚鼓))	J11

标 准 号	台湾地区 标准分类号	标 准 名 称	中国标准 分 类
8100-1981	B2628	深溝止推全滿滾珠軸承(單向,連扣蓋) (深沟止推全满滚珠轴承(单向,连扣盖))	J11
8101-1981	B2629	止推滾柱軸承(單向) (止推滚柱轴承(单向))	J11
8192-1982	B2630	圓柱軸頭(機器製造用) (圆柱轴头(机器制造用))	J12
8193-1982	B2631	工具機用平行鍵之尺度及應用 (工具机用平行键之尺度及应用)	J51
8202-1982	B2632	割稻機及水稻聯合收穫機用固定割刀 (割稻机及水稻联合收获机用固定割刀)	B91
8203-1982	B2633	連結銷(農業曳引機用) (连结销(农业曳引机用))	T54
8204-1999	B2634	徑向深溝滾珠軸承—單列、無填裝槽、具推拔孔 (径向深沟滚珠轴承—单列、无填装槽、具推拔孔)	J11
8205-1999	B2635	徑向深溝滾珠軸承—單列、無填裝槽、附扣環槽 (径向深沟滚珠轴承—单列、无填装槽、附扣环槽)	J11
8206-1999	B2636	徑向深溝滾珠軸承—單列、無填裝槽、附密封 (径向深沟滚珠轴承—单列、无填装槽、附密封)	J11
8207-1982	B2637	徑向深溝滾珠軸承(單列,無填裝槽,附扣蓋) (径向深沟滚珠轴承(单列,无填装槽,附扣盖))	J11
8208-1982	B2638	凸緣軸承(二螺釘固定) (凸缘轴承(二螺钉固定))	J12
8209-1982	B2639	凸緣軸承(四螺釘固定) (凸缘轴承(四螺钉固定))	J12
8210-1982	B2640	連座滑動軸承 (连座滑动轴承)	J12
8211-1982	B2641	連座對合軸承(二螺釘固定) (连座对合轴承(二螺钉固定))	J12
8212-1982	B2642	連座對合軸承(四螺釘固定) (连座对合轴承(四螺钉固定))	J12
8213-1982	B2643	滑動軸承用捲製軸承襯(尺度) (滑动轴承用卷制轴承衬(尺度))	J12
8215-1983	B2644	機車用轉向軸承 (机车用转向轴承)	T23
8354-1982	B2645	空心鉚釘(由管料製造) (空心铆钉(由管料制造))	J13
8472-1982	B2646	機械衝床用雙滾鍵離合器 (机械冲床用双滚键离合器)	J51
8557-1982	B2647	手動遠程操作傳導桿管—零件設計及製造之技術規範 (手动远程操作传导杆管—零件设计及制造之技术规范)	N17
8652-1982	B2648	工具機用頂尖 (工具机用顶尖)	J52
8653-1982	B2649	活動頂尖 (活动顶尖)	J52
8654-1982	B2650	四爪獨立夾頭 (四爪独立夹头)	J51
8655-1982	B2651	矩形磁性夾頭 (矩形磁性夹头)	J51
8656-1982	B2652	圓形磁性夾頭 (圆形磁性夹头)	J51
8769-1982	B2653	滑動軸承用捲製軸襯之潤滑孔、潤滑槽、潤滑坑 (滑动轴承用卷制轴衬之润滑孔、润滑槽、润滑坑)	J05

标准号	台湾地区标准分类号	标准名称	中国标准分类
8770-1982	B2654	滑動軸承用捲製軸襯之材料 (滑动轴承用卷制轴衬之材料)	J12
8772-1982	B2655	重型彈性空心梢 (重型弹性空心梢)	J13
8773-1982	B2656	輕型彈性空心梢 (轻型弹性空心梢)	J13
8774-1982	B2657	翼形彈簧旋扣(雙翼形) (翼形弹簧旋扣(双翼形))	J26
8775-1982	B2658	翼形彈簧旋扣(單翼形) (翼形弹簧旋扣(单翼形))	J26
8776-1982	B2659	推拔銷(有螺紋及一定之推拔長) (推拔销(有螺纹及一定之推拔长))	J13
8777-1982	B2660	推拔銷(有螺紋及一定之螺紋長) (推拔销(有螺纹及一定之螺纹长))	J13
8778-1982	B2661	推拔銷(有内螺紋) (推拔销(有内螺纹))	J13
8779-1982	B2662	圆柱銷(有内螺紋) (圆柱销(有内螺纹))	J13
8920-1982	B2663	張力軸襯—軸用 (张力轴衬—轴用)	J12
8921-1982	B2664	張力軸襯—轂用 (张力轴衬—毂用)	J12
8922-1982	B2665	滑動軸承用軸襯(驅動元件) (滑动轴承用轴衬(驱动组件))	J12
8923-1982	B2666	滑動軸承用抗摩合金襯料 (滑动轴承用抗摩合金衬料)	J12
8924-1982	B2667	接合管 (接合管)	J15
8925-1982	B2668	槽銷(半長槽及環槽端) (槽销(半长槽及环槽端))	J44
8926-1982	B2669	槽銷(全長平底槽及導端) (槽销(全长平底槽及导端))	J44
8927-1982	B2670	槽銷(全長斜底槽) (槽销(全长斜底槽))	J44
8928-1982	B2671	槽銷(半長斜底槽) (槽销(半长斜底槽))	J44
8929-1982	B2672	彈簧扣中間墊板及墊楔 (弹簧扣中间垫板及垫楔)	J13
8930-1982	B2673	加強型彈簧墊圈(電器開關—接觸用) (加强型弹簧垫圈(电器开关—接触用))	J13
8931-1982	B2674	農業拖車用疊板彈簧 (农业拖车用叠板弹簧)	T34
8932-1982	B2675	手錶帶彈簧樞銷 (手表带弹簧枢销)	J13
8934-1982	B2676	自行車用刹車操縱線 (自行车用刹车操纵线)	Y14
9062-1982	B2677	托架滑動軸承—總成及外殼 (托架滑动轴承—总成及外壳)	J12
9063-1982	B2678	托架滑動軸承—軸承襯 (托架滑动轴承—轴承衬)	J12
9064-1982	B2679	托架滑動軸承—潤滑環 (托架滑动轴承—润滑环)	J12

标准号	台湾地区标准分类号	标准名称	中国标准分类
9065-1982	B2680	托架滑動軸承—軸承油封、軸承蓋片及組合尺寸 (托架滑动轴承—轴承油封、轴承盖片及组合尺寸)	J12
9066-1982	B2681	止推滑動軸承—軸襯式止推軸承之組合尺寸 (止推滑动轴承—轴衬式止推轴承之组合尺寸)	J12
9067-1982	B2682	止推滑動軸承—止推軸承環之組合尺寸 (止推滑动轴承—止推轴承环之组合尺寸)	J12
9072-1996	B2683	扣環(滾動軸承用) (扣环(滚动轴承用))	J11
9073-1996	B2684	皿形彈簧 (皿形弹簧)	J26
9074-1998	B2685	C 型扣環 (C 型扣环)	J13
9075-1998	B2686	C 型同心扣環 (C 型同心扣环)	J44
9076-1996	B2687	E 型扣環 (E 型扣环)	J44
9215-1982	B2688	槽銷(全長平行槽及圓端) (槽销(全长平行槽及圆端))	J44
9216-1982	B2689	槽銷(半長反向槽) (槽销(半长反向槽))	J44
9217-1982	B2690	槽銷(中段三分之一長槽) (槽销(中段三分之一长槽))	J44
9218-1982	B2691	槽銷(圓頭) (槽销(圆头))	J44
9219-1982	B2692	槽銷(埋頭) (槽销(埋头))	J44
9220-1982	B2693	滑動軸台(一般機械工業用) (滑动轴台(一般机械工业用))	J12
9221-1982	B2694	潤滑環滑動軸台(G 型) (润滑环滑动轴台(G 型))	J12
9224-1982	B2695	木工帶鋸片總則 (木工带锯片总则)	J65
9225-1982	B2696	木工圓鋸片總則 (木工圆锯片总则)	J65
9226-1982	B2697	木工用空心圓鋸片總則(開槽用) (木工用空心圆锯片总则(开槽用))	J65
9227-1982	B2698	手工用木工鋸片總則 (手工用木工锯片总则)	J47
9337-1982	B2699	滾動軸承殼用氈圈 (滚动轴承壳用毡圈)	J11
9338-1982	B2700	滾動軸承殼用氈帶 (滚动轴承壳用毡带)	J11
9340-1982	B2701	滾輪 (滚轮)	J11
9341-1985	B2702	油封 (油封)	J04
9343-1982	B2703	手推平車 (手推平车)	T99
9344-1982	B2704	手推平車用車身 (手推平车用车身)	T99
9345-1982	B2705	手推平車用車輪 (手推平车用车轮)	T99

标准号	台湾地区标准分类号	标准名称	中国标准分类
9346-1982	B2706	手推平車用輪架 (手推平车用轮架)	T99
9348-1982	B2707	滑動軸承軸襯—燒結材料製 (滑动轴承轴衬—烧结材料制)	J12
9349-1982	B2708	滑動軸承軸襯—銅合金製整件 (滑动轴承轴衬—铜合金制整件)	J13
9350-1982	B2709	滑動軸承軸襯—有潤滑孔及潤滑槽 (滑动轴承轴衬—有润滑孔及润滑槽)	J12
9351-1982	B2710	滑動軸承軸襯—碳精製 (滑动轴承轴衬—碳精制)	T12
9352-1982	B2711	滑動軸承軸襯—熱硬性樹脂製 (滑动轴承轴衬—热硬性树脂制)	J12
9354-1982	B2712	滑動軸承軸襯—熱塑性塑膠製 (滑动轴承轴衬—热塑性塑料制)	J13
9557-2005	B2713	一般目的及起重設備用圓鋼製短環環鏈及定長環鏈 (一般目的及起重设备用圆钢制短环环链及定长环链)	J80
9558-2005	B2714	起重設備用圓鋼製短環環鏈 (起重设备用圆钢制短环环链)	J80
9559-2006	B2715	起重設備用圓鋼製環鏈—品質等級 5 (起重设备用圆钢制环链—质量等级 5)	J80
9560-2006	B2716	起重設備用圓鋼製環鏈—品質等級 6 (起重设备用圆钢制环链—质量等级 6)	J80
9561-2006	B2717	起重設備用圓鋼製環鏈—品質等級 8 (起重设备用圆钢制环链—质量等级 8)	R46
9567-1982	B2718	滾動軸承拔出套筒 (滚动轴承拔出套筒)	J11
9568-1982	B2719	滾動軸承套接套筒(附螺帽與鎖緊墊圈) (滚动轴承套接套筒(附螺帽与锁紧垫圈))	J11
9569-1982	B2720	滾動軸承鎖緊墊圈 (滚动轴承锁紧垫圈)	J13
9570-1982	B2721	具鍵槽止推軸環尺度 (具键槽止推轴环尺度)	J12
9571-1982	B2722	具銷孔止推軸環尺度 (具销孔止推轴环尺度)	J12
9668-1988	B2723	有槽扁圓頂柱頭小螺釘 (有槽扁圆顶柱头小螺钉)	J13
9669-1988	B2724	有槽扁圓頂盤頭小螺釘 (有槽扁圆顶盘头小螺钉)	J13
9670-1988	B2725	有槽平頂柱頭小螺釘 (有槽平顶柱头小螺钉)	J13
9671-1988	B2726	有槽圓頭小螺釘 (有槽圆头小螺钉)	J13
9672-1988	B2727	有槽蕈形頭小螺釘 (有槽蕈形头小螺钉)	J13
9673-1988	B2728	有槽扁圓頂錐頭小螺釘 (有槽扁圆顶锥头小螺钉)	J13
9674-1988	B2729	十字穴扁圓頂錐頭小螺釘 (十字穴扁圆顶锥头小螺钉)	J13
9675-1988	B2730	十字穴蕈形頭小螺釘 (十字穴蕈形头小螺钉)	T31
9676-1988	B2731	十字穴圓頭小螺釘 (十字穴圆头小螺钉)	J13

标准号	台湾地区标准分类号	标准名称	中国标准分类
9677-1988	B2732	十字穴扁圓頂盤頭小螺釘 (十字穴扁圆顶盘头小螺钉)	J13
9678-1982	B2733	有槽平頂埋頭小螺釘(精密機械用) (有槽平顶埋头小螺钉(精密机械用))	J13
9679-1982	B2734	有槽扁圓頂埋頭小螺釘(精密機械用) (有槽扁圆顶埋头小螺钉(精密机械用))	J13
9680-1982	B2735	有槽平頂盤頭小螺釘(精密機械用) (有槽平顶盘头小螺钉(精密机械用))	J13
9681-1982	B2736	有槽扁圓頂盤頭小螺釘(精密機械用) (有槽扁圆顶盘头小螺钉(精密机械用))	J13
9786-1983	B2737	一般級滾珠螺桿 (一般级滚珠螺杆)	J13
9787-1983	B2738	精密級滾珠螺桿 (精密级滚珠螺杆)	J13
9804-1987	B2739	黃銅螺紋口擺動型止回閥(黃銅螺紋口擺動型止回閥(8.5 kgf/cm^2) (黄铜螺纹口摆动型止回阀(黄铜螺纹口摆动型止回阀(8.5 kgf/cm^2))	J16
9805-1991	B2740	黃銅螺紋口閘閥(8. kgf/cm^2) (黄铜螺纹口闸阀(8. kgf/cm^2))	J16
9806-1983	B2741	工業用縫紉機用針 (工业用缝纫机用针)	Y92
9969-1983	B2742	蒸汽及壓力氣體用彈簧式安全閥 (蒸汽及压力气体用弹簧式安全阀)	J16
9970-1983	B2743	鍋爐水位計玻璃 (锅炉水位计玻璃)	N12
9971-1983	B2744	鍋爐水位計—反射式 (锅炉水位计—反射式)	N12
9972-1983	B2745	鍋爐水位計—透視式 (锅炉水位计—透视式)	N12
9973-1983	B2746	鍋爐水位計—附 10 kgf/cm^2 旋塞圓管型 (锅炉水位计—附 10 kgf/cm^2 旋塞圆管型)	N12
9974-1983	B2747	鍋爐水位計—附 10 kgf/cm^2 閥圓管型 (锅炉水位计—附 10 kgf/cm^2 阀圆管型)	N12
10303-1983	B2748	37°油管喇叭口接頭螺帽 (37°油管喇叭口接头螺帽)	J13
10304-1983	B2749	37°油管喇叭口接頭管套 (37°油管喇叭口接头管套)	J15
10305-1983	B2750	37°油管喇叭口 (37°油管喇叭口)	J15
10421-1983	B2751	管夾 (管夹)	J15
10489-2003	B2752	O 型環 (O 型环)	J22
10592-1983	B2753	海上浮標定位用圓鋼製環鏈 (海上浮标定位用圆钢制环链)	R63
10593-1983	B2754	海上浮標定位用圓鋼製環鏈(鉤環、旋轉鉤環、轉動鉤) (海上浮标定位用圆钢制环链(钩环、旋转钩环、转动钩))	R62
10683-1983	B2755	圓鋼製環鏈(不涉及品質要求) (圆钢制环链(不涉及质量要求))	J18
10684-1983	B2756	打結環鏈(不涉及品質要求) (打结环链(不涉及质量要求))	J18

标准号	台湾地区 标准分类号	标准名称	中国标准 分类
10735-1984	B2757	平車或跑車型自行車塑膠輪圈 (平车或跑车型自行车塑料轮圈)	Y14
10736-1984	B2758	蝸形夾頭 (蜗形夹头)	J52
10737-1984	B2759	萬能分度頭及單式分度頭 (万能分度头及单式分度头)	J52
10738-1984	B2760	旋轉式分度台(水平型) (旋转式分度台(水平型))	J40
10739-1984	B2761	旋轉式分度台(傾斜型) (旋转式分度台(倾斜型))	J40
10792-1984	B2762	公制推拔外螺紋與配用之平行內螺紋(標稱尺度及公差) (公制推拔外螺纹与配用之平行内螺纹(标称尺度及公差))	J04
11088-1989	B2763	青銅螺紋口擺動型止回閥(8.5 kgf/cm^2) (青铜螺纹口摆动型止回阀(8.5 kgf/cm^2))	J16
11089-1991	B2764	青銅螺紋口閘閥(15 kgf/cm^2) (青铜螺纹口闸阀(15 kgf/cm^2))	J16
11090-1997	B2765	青銅螺紋口脈動閘閥(8.5 kgf/cm^2) (青铜螺纹口脉动闸阀(8.5 kgf/cm^2))	J16
11156-1984	B2766	手用桿壓式黃油槍用存油筒(空)主要尺寸 (手用杆压式黄油枪用存油筒(空)主要尺寸)	J21
11157-1984	B2767	潤滑孔、潤滑槽、潤滑坑 (润滑孔、润滑槽、润滑坑)	J21
11328-1985	B2768	摩擦接合用高強度六角螺栓、六角螺帽及平墊圈組合件 (摩擦接合用高强度六角螺栓、六角螺帽及平垫圈组合件)	J13
11355-1998	B2769	青銅螺紋型球閥(10 kgf/cm^2) (青铜螺纹型球阀(10 kgf/cm^2))	J16
11612-1986	B2770	機械開槽式管接頭 (机械开槽式管接头)	J15
11931-1987	B2771	塑膠型模用頂出套筒 (塑料型模用顶出套筒)	J46
11932-1987	B2772	塑膠型模用角銷 (塑料型模用角销)	J46
11933-1987	B2773	塑膠型模用頂出導銷 (塑料型模用顶出导销)	J46
11934-1987	B2774	塑膠型模用止動螺栓 (塑料型模用止动螺栓)	J46
11935-1987	B2775	塑膠型模用支持座 (塑料型模用支持座)	J46
11936-1987	B2776	塑膠型模用止銷 (塑料型模用止销)	J46
11937-1987	B2777	塑膠型模用流道拉銷 (塑料型模用流道拉销)	J46
11938-1987	B2778	塑膠型模用澆口拉料銷 (塑料型模用浇口拉料销)	J46
11939-1987	B2779	塑膠型模用定位塞 (塑料型模用定位塞)	J46
11940-1987	B2780	塑膠型模形狀及其標準組件 (塑料型模形状及其标准组件)	J46
12068-1987	B2781	壓鑄模用支座 (压铸模用支座)	J46
12069-1987	B2782	壓鑄模用頂出桿 (压铸模用顶出杆)	J46

标准号	台湾地区标准分类号	标准名称	中国标准分类
12070-1987	B2783	壓鑄模用頂出板導銷 (压铸模用顶出板导销)	J46
12071-1987	B2784	壓鑄模用斜角撐銷 (压铸模用斜角撑销)	J46
12072-1987	B2785	壓鑄模用定位銷 (压铸模用定位销)	J46
12073-1987	B2786	熱鍛閉合模之模具材料 (热锻闭合模之模具材料)	J62
12074-1987	B2787	熱鍛閉合模之餘料穴 (热锻闭合模之余料穴)	J62
12075-1987	B2788	熱鍛閉合模之不同形狀斷面最小厚度及最小高度 (热锻闭合模之不同形状断面最小厚度及最小高度)	J62
12076-1987	B2789	熱鍛閉合模之模具磨耗許可量 (热锻闭合模之模具磨耗许可量)	J62
12077-1987	B2790	熱鍛閉合模之最小圓角半徑與拔模斜度(角度) (热锻闭合模之最小圆角半径与拔模斜度(角度))	J62
12209-1988	B2791	控制扭矩之高強度螺栓、六角螺帽及平墊圈組 (控制扭矩之高强度螺栓、六角螺帽及平垫圈组)	J13
12243-1988	B2792	衝壓加工先導桿 (冲压加工先导杆)	J52
12434-1988	B2793	錯縱縫縫紉機 (错纵缝缝纫机)	Y17
12515-1989	B2794	燒結青銅自潤軸承 (烧结青铜自润轴承)	J12
12516-1989	B2795	燒結鐵基自潤軸承 (烧结铁基自润轴承)	J11
12517-1989	B2796	航空用燒結自潤軸承 (航空用烧结自润轴承)	J12
12606-1991	B2797	管凸緣用渦卷形密合墊 (管凸缘用涡卷形密合垫)	J22
12741-1995	B2798	水道用蝶型閥(短體型) (水道用蝶型阀(短体型))	J16
12742-1997	B2799	水道用蝶型閥(長體型) (水道用蝶型阀(长体型))	J16
12743-1995	B2800	水道用蝶型閥(薄體型) (水道用蝶型阀(薄体型))	J16
12744-1998	B2801	一般用蝶型閥 (一般用蝶型阀)	J16
12756-1990	B2802	縫紉機用螺紋 (缝纫机用螺纹)	J04
12795-1993	B2803	水道用彈性座封閘閥 (水道用弹性座封闸阀)	J16
12848-1991	B2804	球狀石墨鑄鐵螺紋口球形閥(10 kgf/cm^2) (球状石墨铸铁螺纹口球形阀(10 kgf/cm^2))	J16
12849-1991	B2805	球狀石墨鑄鐵凸緣球形閥(10 kgf/cm^2) (球状石墨铸铁凸缘球形阀(10 kgf/cm^2))	J16
12850-1991	B2806	球狀石墨鑄鐵凸緣升降型止回閥(10 kgf/cm^2) (球状石墨铸铁凸缘升降型止回阀(10 kgf/cm^2))	J16
12851-1991	B2807	球狀石墨鑄鐵螺紋口升降型止回閥(10 kgf/cm^2) (球状石墨铸铁螺纹口升降型止回阀(10 kgf/cm^2))	J16
12895-1991	B2808	熔接與截割器(切斷器)用橡皮軟管接頭 (熔接与截割器(切断器)用橡皮软管接头)	J15

标准号	台湾地区标准分类号	标准名称	中国标准分类
13330-1993	B2809	自行車(腳踏車)用發電燈 (自行车(脚踏车)用发电灯)	Y14
13287-1993	B2810	自行車(腳踏車)用發電燈泡 (自行车(脚踏车)用发电灯泡)	Y14
14645-2002	B2811	一般配管用不銹鋼鋼管接頭 (一般配管用不锈钢钢管接头)	J15

B3 工 具

标准号	台湾地区标准分类号	标准名称	中国标准分类
65-1998	B3001	螺釘及螺帽之裝配工具—扳手口寬 (螺钉及螺帽之装配工具—扳手口宽)	J47
66-1972	B3002	方頭及方孔(用於軸,手輪及手柄) (方头及方孔(用于轴,手轮及手柄))	J27
67-1980	B3003	旋轉刀具之方頭尺度及其柄徑 (旋转刀具之方头尺度及其柄径)	J40
76-1982	B3005	輥紋輪 (辊纹轮)	J47
123-1972	B3006	工具圓錐(公制圓錐 9-200)(有扁頭) (工具圆锥(公制圆锥 9-200)(有扁头))	J47
124-1972	B3007	工具圓錐(公制圓錐 4-200)(無扁頭) (工具圆锥(公制圆锥 4-200)(无扁头))	J47
125-1972	B3008	工具圓錐(莫氏圓錐 0-6 及公制圓錐 80-200)(有扁頭) (工具圆锥(莫氏圆锥 0-6 及公制圆锥 80-200)(有扁头))	J47
126-1980	B3009	工具圓錐柄 (工具圆锥柄)	J47
131-1972	B3010	頂針(用莫氏圓錐 0-6 公制圓錐 4,6,80-120) (顶针(用莫氏圆锥 0-6 公制圆锥 4,6,80-120))	J51
132-1947	B3011	頂針(用公制圓錐 4-140) (顶针(用公制圆锥 4-140))	J51
133-2004	B3012	螺釘及螺帽之裝配工具—單頭開口扳手(D 級扭矩);衝製 (螺钉及螺帽之装配工具—单头开口扳手(D 级扭矩);冲制)	J47
134-2004	B3013	螺釘及螺帽之裝配工具—單頭開口扳手(D 級扭矩);鍛製 (螺钉及螺帽之装配工具—单头开口扳手(D 级扭矩);锻制)	J47
135-2004	B3014	螺釘及螺帽之裝配工具—雙頭開口扳手(C 級扭矩) (螺钉及螺帽之装配工具—双头开口扳手(C 级扭矩))	J47
138-2004	B3017	螺釘及螺帽之裝配工具—敲柄開口扳手(B 級扭矩) (螺钉及螺帽之装配工具—敲柄开口扳手(B 级扭矩))	J47
139-1964	B3018	套筒扳手(口寬自 8 至 36 mm) (套筒扳手(口宽自 8 至 36 mm))	J47
140-1964	B3019	套筒扳手(口寬自 41 至 145 mm) (套筒扳手(口宽自 41 至 145 mm))	J47
141-1964	B3020	彎柄雙頭扳手(用於管子) (弯柄双头扳手(用于管子))	J47
142-1998	B3021	螺釘及螺帽之裝配工具—單頭梅花扳手(A 級扭矩) (螺钉及螺帽之装配工具—单头梅花扳手(A 级扭矩))	J47
143-1980	B3022	螺釘及螺帽之裝配工具—四方頭橫柄單頭套筒扳手(A 級扭矩) (螺钉及螺帽之装配工具—四方头横柄单头套筒扳手(A 级扭矩))	J47
149-1947	B3025	稜角修圓 (棱角修圆)	J38

标准号	台湾地区 标准分类号	标准名称	中国标准 分类
163-1947	B3026	銷子概覽 (销子概览)	J18
164-1983	B3027	嵌斜鍵 (嵌斜键)	J18
165-1983	B3028	平斜鍵 (平斜键)	J18
166-1983	B3029	鞍形鍵 (鞍形键)	J18
167-1983	B3030	雙切線鍵 (双切线键)	J18
168-1983	B3031	切線鍵(用於衝擊式之變向負荷) (切线键(用于冲击式之变向负荷))	J18
169-1983	B3032	配合平鍵及滑鍵 (配合平键及滑键)	J18
170-1983	B3033	配合平鍵(用於薄轂) (配合平键(用于薄毂))	J18
171-1983	B3034	滑鍵螺釘及孔 (滑键螺钉及孔)	J18
172-1983	B3035	半圓鍵 (半圆键)	J18
173-1983	B3036	鍵鋼剖面及偏差(冷拉) (键钢剖面及偏差(冷拉))	J18
177-1983	B3037	配合平鍵及槽(用於柱軸梢) (配合平键及槽(用于柱轴梢))	J18
178-1983	B3038	配合平鍵及槽(用於錐軸梢) (配合平键及槽(用于锥轴梢))	J18
209-1990	B3039	方錐柄長鑽頭 (方锥柄长钻头)	J41
210-1990	B3040	方錐柄短鑽頭 (方锥柄短钻头)	J41
212-1980	B3041	短蔴花鑽(圓柱柄) (短麻花钻(圆柱柄))	J41
213-1990	B3042	驅動榫直柄短鑽頭 (驱动榫直柄短钻头)	J41
214-1990	B3043	直柄長鑽頭 (直柄长钻头)	J41
215-1990	B3044	驅動榫直柄長鑽頭 (驱动榫直柄长钻头)	J41
216-1991	B3045	(莫氏)推拔柄鑽頭 ((莫氏)推拔柄钻头)	J41
218-1991	B3046	(莫氏)推拔柄柱坑鑽頭 ((莫氏)推拔柄柱坑钻头)	J41
219-1991	B3047	直柄柱坑鑽頭 (直柄柱坑钻头)	J41
220-1953	B3048	蔴花鑽頭(莫氏圓錐柄) (麻花钻头(莫氏圆锥柄))	J41
221-1991	B3049	較大(莫氏)推拔柄鑽頭 (较大(莫氏)推拔柄钻头)	J41
222-1953	B3050	蔴花鑽頭(方角錐,臥式) (麻花钻头(方角锥,卧式))	J41
223-1953	B3051	起鑽鑽頭 (起钻钻头)	J41

标 准 号	台湾地区标准分类号	标 准 名 称	中国标准分类
225-1980	B3052	殼形擴孔鑽 (壳形扩孔钻)	J41
226-1979	B3053	中心鑽(60°,圓弧錐形) (中心钻(60°,圆弧锥形))	J41
227-1979	B3054	中心鑽(60°,直線錐形) (中心钻(60°,直线锥形))	J41
228-1979	B3055	中心鑽(60°,去角直線錐形) (中心钻(60°,去角直线锥形))	J41
229-1980	B3056	60°錐坑鑽 (60°锥坑钻)	J41
230-1980	B3057	90°錐坑鑽 (90°锥坑钻)	J41
231-1980	B3058	120°錐坑鑽 (120°锥坑钻)	J41
232-1953	B3059	30°沉鑽頭 (30°沉钻头)	J41
233-1953	B3060	沉鑽頭(韋氏圓柱頭螺絲孔) (沉钻头(韦氏圆柱头螺丝孔))	J41
234-1953	B3061	頸圈沉鑽頭 (颈圈沉钻头)	J41
235-1953	B3062	沉鑽頭(韋氏圓柱頭螺絲孔) (沉钻头(韦氏圆柱头螺丝孔))	J41
236-1953	B3063	75°沉鑽頭 (75°沉钻头)	J41
238-1981	B3064	莫氏圓錐孔鉸刀(莫氏圓錐柄,機用) (莫氏圆锥孔铰刀(莫氏圆锥柄,机用))	J41
239-1981	B3065	公制圓錐孔鉸刀(莫氏圓錐柄,機用) (公制圆锥孔铰刀(莫氏圆锥柄,机用))	J41
240-1980	B3066	手鉸刀 (手铰刀)	J41
241-1952	B3067	手用活動鉸刀 (手用活动铰刀)	J41
242-1952	B3068	機用鉸刀(莫氏圓錐柄) (机用铰刀(莫氏圆锥柄))	J41
243-1980	B3069	嵌刃式機用鉸刀(莫氏圓錐柄) (嵌刃式机用铰刀(莫氏圆锥柄))	J41
244-1952	B3070	機用活動鉸刀(莫氏圓錐柄) (机用活动铰刀(莫氏圆锥柄))	J41
245-1952	B3071	光底活動鉸刀(機用,莫氏圓錐柄) (光底活动铰刀(机用,莫氏圆锥柄))	J41
246-1980	B3072	機用鉸刀(圓柱柄) (机用铰刀(圆柱柄))	J41
247-1952	B3073	機用鉸刀(方頭圓柱柄) (机用铰刀(方头圆柱柄))	J41
248-1952	B3074	機用鑲齒鉸刀(方頭圓柱柄) (机用镶齿铰刀(方头圆柱柄))	J41
249-1952	B3075	機用活動鉸刀(方頭圓柱柄) (机用活动铰刀(方头圆柱柄))	J41
250-1952	B3076	光底活動鉸刀(機用,方頭圓柱柄) (光底活动铰刀(机用,方头圆柱柄))	J41
251-1952	B3077	插桿(沉鑽頭及鉸刀用,莫氏圓錐柄) (插杆(沉钻头及铰刀用,莫氏圆锥柄))	J41

标准号	台湾地区标准分类号	标准名称	中国标准分类
252-1952	B3078	插桿(沉鑽頭及鉸刀用,方頭圓柱柄) (插杆(沉钻头及铰刀用,方头圆柱柄))	J41
253-1952	B3079	無柄鉸刀 (无柄铰刀)	J41
254-1980	B3080	嵌刃式殼形鉸刀(螺釘固定刀片) (嵌刃式壳形铰刀(螺钉固定刀片))	J41
255-1952	B3081	光底活動鉸刀 (光底活动铰刀)	J41
256-1981	B3082	鉚釘孔鉸刀(莫氏圓錐柄) (铆钉孔铰刀(莫氏圆锥柄))	J41
257-1952	B3083	鍋爐鉚釘孔鉸刀(方頭圓柱柄) (锅炉铆钉孔铰刀(方头圆柱柄))	J41
258-1952	B3084	鉸刀校驗樣圈 (铰刀校验样圈)	J41
259-1952	B3085	活動鉸刀,手用 (活动铰刀,手用)	J41
301-1953	B3086	韋氏絲公,手用 (韦氏丝公,手用)	J47
302-1953	B3087	公制絲公,手用 (公制丝公,手用)	J47
303-1953	B3088	公制絲公指定法示例 (公制丝公指定法示例)	J47
304-1953	B3089	公制絲公,手用,每套兩件 (公制丝公,手用,每套两件)	J47
305-1953	B3090	絲公,手用,適於韋氏管子螺紋 (丝公,手用,适于韦氏管子螺纹)	J47
306-1953	B3091	穿透絲公,方頭長圓柱柄,適於韋氏螺孔 (穿透丝公,方头长圆柱柄,适于韦氏螺孔)	J47
307-1953	B3092	穿透絲公,方頭長圓柱柄,適於公制螺紋 (穿透丝公,方头长圆柱柄,适于公制螺纹)	J47
308-1953	B3093	絲公(適於韋氏螺絲鋼板) (丝公(适于韦氏螺丝钢板))	J47
309-1953	B3094	絲公,適於公制螺絲鋼板 (丝公,适于公制螺丝钢板)	J47
310-1953	B3095	絲公,適於韋氏螺孔鋼板 (丝公,适于韦氏螺孔钢板)	J47
311-1953	B3096	絲公鉸手 (丝公铰手)	J47
312-1953	B3097	絲公接桿 (丝公接杆)	J47
313-1953	B3098	導引絲公,機用,適於韋氏螺孔 (导引丝公,机用,适于韦氏螺孔)	J47
314-1953	B3099	導引絲公,機用,適於公制螺孔 (导引丝公,机用,适于公制螺孔)	J47
315-1953	B3100	導引絲公,機用,適於韋氏管子螺孔 (导引丝公,机用,适于韦氏管子螺孔)	J47
319-1980	B3101	固定把手(橢圓形) (固定把手(椭圆形))	J04
320-1980	B3102	活動把手(橢圓形) (活动把手(椭圆形))	J04
321-1979	B3103	夾緊把手 (夹紧把手)	J04

标 准 号	台湾地区 标准分类号	标 准 名 称	中国标准 分 类
322-1954	B3104	彎搖柄 (弯摇柄)	J27
323-1954	B3105	直搖柄 (直摇柄)	J27
324-1954	B3106	固定手把(圓錐形) (固定手把(圆锥形))	J27
325-1954	B3107	活動手把(圓錐形) (活动手把(圆锥形))	J27
326-1954	B3108	扳柄,桿端具橢圓形手把 (扳柄,杆端具椭圆形手把)	J27
327-1954	B3109	兩用扳柄,橢圓形桿端 (两用扳柄,椭圆形杆端)	J27
328-1954	B3110	直扳柄 (直扳柄)	J27
329-1954	B3111	銼刀把 (锉刀把)	J47
540-1997	B3112	方鏟 (方铲)	J83
541-1997	B3113	尖鏟 (尖铲)	J83
542-1981	B3114	鋼鏟柄 (钢铲柄)	J83
1014-1981	B3115	十字鎬(各部份名稱) (十字镐(各部份名称))	J47
1015-1981	B3116	十字鎬(兩端部為斜錐狀) (十字镐(两端部为斜锥状))	J47
1016-1981	B3117	十字鎬(一端為斜錐狀,一端為扁平狀) (十字镐(一端为斜锥状,一端为扁平状))	J47
1017-1981	B3118	十字鎬(兩端部為圓錐狀) (十字镐(两端部为圆锥状))	J47
1018-1981	B3119	單十字鎬(一端為斜錐狀,一端為鎚狀) (单十字镐(一端为斜锥状,一端为锤状))	J47
1019-1981	B3120	單十字鎬(僅具單一斜錐狀端部) (单十字镐(仅具单一斜锥状端部)	J47
1020-1981	B3121	單十字鎬(僅具單一鴨嘴狀端部) (单十字镐(仅具单一鸭嘴状端部))	J47
1021-1981	B3122	十字鎬(一端為尖錐狀,一端為鋼撬狀) (十字镐(一端为尖锥状,一端为钢撬状))	J47
1022-1981	B3123	十字鎬(一端為錐狀,一端為寬平狀) (十字镐(一端为锥状,一端为宽平状))	J47
1023-1981	B3124	十字鎬用木柄 (十字镐用木柄)	J47
1025-1983	B3125	手用鴨嘴型鋼鎚 (手用鸭嘴型钢锤)	J47
1026-1986	B3126	手用鋼鎚 (手用钢锤)	J47
1027-1994	B3127	手用拔釘鎚 (手用拔钉锤)	J47
1051-1959	B3128	平頭木螺絲釘 (平头木螺丝钉)	J13
1052-1959	B3129	半圓頭木螺絲釘 (半圆头木螺丝钉)	J13

标准号	台湾地区标准分类号	标准名称	中国标准分类
1053-1959	B3130	凸頭木螺絲釘 （凸头木螺丝钉）	J13
1054-1987	B3131	六角頭木螺絲釘 （六角头木螺丝钉）	J13
1096-1992	B3132	木工用手鋸總則 （木工用手锯总则）	J47
1097-1992	B3133	木工用板鋸 （木工用板锯）	J65
1098-1992	B3134	木工用腰鋸 （木工用腰锯）	J65
1099-1992	B3135	木工用兩刃鋸 （木工用两刃锯）	J65
1100-1992	B3136	木工用魚頭形鋸 （木工用鱼头形锯）	J65
1101-1992	B3137	木工用夾背鋸 （木工用夹背锯）	J65
1103-1992	B3138	木工用萬用鋸 （木工用万用锯）	J65
1104-1992	B3139	木工用矩形鋸 （木工用矩形锯）	J65
1105-1992	B3140	木工用鼠尾形鋸 （木工用鼠尾形锯）	J65
1106-1992	B3141	木工用尖尾鋸 （木工用尖尾锯）	J65
1107-1992	B3142	木工用矩形竹鋸 （木工用矩形竹锯）	J65
1108-1992	B3143	木工用前拉鋸 （木工用前拉锯）	J65
1109-1992	B3144	雙人用長鋸 （双人用长锯）	J65
1130-2005	B3145	夾鉗與剪鉗——一般技術要求 （夹钳与剪钳——一般技术要求）	J47
1131-2006	B3146	夾鉗與剪鉗—拔釘鉗 （夹钳与剪钳—拔钉钳）	J47
1132-2006	B3147	夾鉗與剪鉗—對口剪鉗(平口鉗) （夹钳与剪钳—对口剪钳(平口钳)）	J47
1133-2008	B3148	夾鉗與剪鉗—對口斜角剪鉗(斜口鉗) （夹钳与剪钳—对口斜角剪钳(斜口钳)）	J47
1134-2008	B3149	夾鉗與剪鉗—工程及配線用鉗(老虎鉗) （夹钳与剪钳—工程及配线用钳(老虎钳)）	J47
1136-2005	B3151	管鉗 （管钳）	J47
1137-2008	B3152	夾鉗與剪鉗—握式夾鉗(尖嘴鉗) （夹钳与剪钳—握式夹钳(尖嘴钳)）	J47
1141-1959	B3156	調節距離用螺紋及調節輪 （调节距离用螺纹及调节轮）	J52
1185-1978	B3157	銼(總則) （锉(总则)）	J47
1186-1978	B3158	銼齒密度 （锉齿密度）	J47
1187-1978	B3159	木工用闊平頭扁平銼 （木工用阔平头扁平锉）	J47

标 准 号	台湾地区标准分类号	标 准 名 称	中国标准分类
1188-1978	B3160	木工用尖平頭扁平銼 (木工用尖平头扁平锉)	J47
1189-1978	B3161	木工用闊平頭扁圓銼 (木工用阔平头扁圆锉)	J47
1190-1978	B3162	木工用細尖頭扁圓銼 (木工用细尖头扁圆锉)	J47
1191-1978	B3163	木工用圓銼 (木工用圆锉)	J47
1192-1978	B3164	銅工用扁平銼 (铜工用扁平锉)	J47
1193-1978	B3165	銅工用扁圓銼 (铜工用扁圆锉)	J47
1194-1978	B3166	鐵工用闊平頭扁平銼 (铁工用阔平头扁平锉)	J47
1195-1978	B3167	鐵工用尖平頭扁平銼 (铁工用尖平头扁平锉)	J47
1196-1978	B3168	鐵工用扁圓銼 (铁工用扁圆锉)	J47
1197-1978	B3169	鐵工用圓銼 (铁工用圆锉)	J47
1198-1978	B3170	鐵工用四角銼 (铁工用四角锉)	J47
1199-1978	B3171	鐵工用菱形銼 (铁工用菱形锉)	J47
1200-1978	B3172	鐵工用三角銼 (铁工用三角锉)	J47
1201-1978	B3173	鐵工用刀形銼 (铁工用刀形锉)	J47
1202-1978	B3174	鐵工用特種扁平銼 (铁工用特种扁平锉)	J47
1203-1978	B3175	鐵工用特種四角銼 (铁工用特种四角锉)	J47
1204-1978	B3176	鐵工用重式扁平銼 (铁工用重式扁平锉)	J47
1205-1978	B3177	鐵工用重式扁圓銼 (铁工用重式扁圆锉)	J47
1206-1978	B3178	鐵工用重式圓銼 (铁工用重式圆锉)	J47
1207-1978	B3179	鐵工用重式四角銼 (铁工用重式四角锉)	J47
1208-1978	B3180	鐵工用重式三角銼 (铁工用重式三角锉)	J47
1209-1959	B3181	扁平磨鋸銼 (扁平磨锯锉)	J47
1210-1959	B3182	薄形磨鋸銼 (薄形磨锯锉)	J47
1211-1978	B3183	三角形磨鋸銼 (三角形磨锯锉)	J47
1212-1978	B3184	薄三角形磨鋸銼 (薄三角形磨锯锉)	J47
1213-1978	B3185	帶鋸用三角形磨鋸銼 (带锯用三角形磨锯锉)	J47

标 准 号	台湾地区 标准分类号	标 准 名 称	中国标准 分 类
1433-1993	B3186	手弓鋸用鋸條 （手弓锯用锯条）	J65
2692-2005	B3189	夾鉗與剪鉗—滑節轉樞夾鉗（鯉魚鉗） （夹钳与剪钳—滑节转枢夹钳（鲤鱼钳））	J47
3006-1976	B3191	超硬金屬鑲刀塊 （超硬金属镶刀块）	J11
3007-1976	B3192	接頭斜套（含螺帽和保險鎖用於輾滾軸承者） （接头斜套（含螺帽和保险锁用于辗滚轴承者））	J11
3008-1976	B3193	可卸斜套（用於滾珠軸承） （可卸斜套（用于滚珠轴承））	J11
3093-1989	B3194	超硬合金抽線模 （超硬合金抽线模）	J46
3094-1984	B3195	衝頭 （冲头）	J47
3095-1985	B3196	9.5 mm 中心衝 （9.5 mm 中心冲）	J47
3096-1986	B3197	鍛工手鎚 （锻工手锤）	J47
3097-1970	B3198	鏨子 （凿子）	J47
3098-1984	B3199	拔釘鉤 （拔钉钩）	J47
3099-1985	B3200	彎鋼筋器 （弯钢筋器）	J47
3100-1985	B3201	斷鋼筋器 （断钢筋器）	J42
3150-1984	B3202	撬桿 （撬杆）	J47
3155-1983	B3207	石工鏨 （石工凿）	J47
3156-1970	B3208	螺紋模（整件開口式） （螺纹模（整件开口式））	J62
3224-1971	B3209	活動角規 （活动角规）	J42
3303-2002	B3210	活動扳手 （活动扳手）	J47
3371-1972	B3211	公制粗牙手力螺絲攻，精度 3 級 （公制粗牙手力螺丝攻，精度 3 级）	J47
3372-1972	B3212	統一制粗牙手力螺絲攻，精度 3 級 （统一制粗牙手力螺丝攻，精度 3 级）	J41
3373-1995	B3213	直柄鑽頭 （直柄钻头）	J41
3409-1972	B3214	圓鋸片（金屬割切用） （圆锯片（金属割切用））	J41
3410-1985	B3215	割草鐮刀 （割草镰刀）	J47
3411-1985	B3216	割禾鐮刀 （割禾镰刀）	J47
3413-1998	B3217	螺釘及螺帽之裝配工具—雙頭梅花扳手（B 級扭矩） （螺钉及螺帽之装配工具—双头梅花扳手（B 级扭矩））	J47
3414-1998	B3218	螺釘及螺帽之裝配工具—深偏位雙頭梅花扳手（A 級扭矩） （螺钉及螺帽之装配工具—深偏位双头梅花扳手（A 级扭矩））	J47

标 准 号	台湾地区标准分类号	标 准 名 称	中国标准分类
3469-1978	B3220	金屬楔 (金属楔)	J44
3513-1972	B3221	斧(單刃雙刃尖嘴及鶴嘴者) (斧(单刃双刃尖嘴及鹤嘴者))	J47
3597-1988	B3222	槽銑刀 (槽铣刀)	J41
3598-1988	B3223	普通銑刀 (普通铣刀)	J41
3599-1988	B3224	側銑刀 (侧铣刀)	J41
3600-1988	B3225	T型槽銑刀 (T型槽铣刀)	J41
3601-1988	B3226	開縫鋸 (开缝锯)	J41
3602-1988	B3227	螺釘頭槽銑刀 (螺钉头槽铣刀)	J41
3603-1988	B3228	單側角銑刀 (单侧角铣刀)	J41
3604-1988	B3229	不等角銑刀 (不等角铣刀)	J41
3605-1988	B3230	等角銑刀 (等角铣刀)	J41
3606-1988	B3231	面銑刀 (面铣刀)	J41
3607-1988	B3232	附螺紋孔單側角銑刀 (附螺纹孔单侧角铣刀)	J41
3608-1974	B3233	直柄端銑刀 (直柄端铣刀)	J41
3609-1974	B3234	圓錐柄端銑刀 (圆锥柄端铣刀)	J41
3610-1974	B3235	兩刃直柄端銑刀 (两刃直柄端铣刀)	J41
3611-1988	B3236	殼形端銑刀 (壳形端铣刀)	J41
3612-1974	B3237	殼形端銑刀及正面銑刀用心軸 (壳形端铣刀及正面铣刀用心轴)	J41
3613-1974	B3238	兩刃圓錐柄端銑刀 (两刃圆锥柄端铣刀)	J41
3614-1998	B3239	螺釘及螺帽之裝配工具—手動套筒扳手(E級扭矩) (螺钉及螺帽之装配工具—手动套筒扳手(E级扭矩))	J47
3617-1973	B3240	熔金屬手杓 (熔金属手杓)	J47
3659-1973	B3241	弓鋸架(手弓鋸,珠寶工鋸及彎形鋸) (弓锯架(手弓锯,珠宝工锯及弯形锯))	J47
3974-1978	B3242	鍛工用冷鑿 (锻工用冷凿)	J47
3975-1978	B3243	扁鑿 (扁凿)	J47
3976-1978	B3244	橫鑿 (横凿)	J47
3977-1978	B3245	氣動插入鑿 (气动插入凿)	J47

标准号	台湾地区标准分类号	标准名称	中国标准分类
3978-1978	B3246	開槽鑿 (开槽凿)	J47
3979-1976	B3247	剪割鋼皮用手剪 (剪割钢皮用手剪)	J47
3980-1976	B3248	木工用圓鋸片 (木工用圆锯片)	J65
4030-1976	B3249	軸承箱〔滾珠軸承組合 2(輕級行列)含錐形孔道及緊圈主要尺度〕 (轴承箱〔滚珠轴承组合 2(轻级行列)含锥形孔道及紧圈主要尺度〕)	J11
4031-1976	B3250	軸承箱〔滾珠軸承組合 3(中級行列)含錐形孔道及緊圈主要尺度〕 (轴承箱〔滚珠轴承组合 3(中级行列)含锥形孔道及紧圈主要尺度〕)	J11
4032-1976	B3251	軸承箱〔滾珠軸承組合 2(輕級行列)圓形孔道,主要尺度〕 (轴承箱〔滚珠轴承组合 2(轻级行列)圆形孔道,主要尺度〕)	J11
4033-1976	B3252	軸承箱〔滾珠軸承組合 3(中級行列)圓形孔道,主要尺度〕 (轴承箱〔滚珠轴承组合 3(中级行列)圆形孔道,主要尺度〕)	J11
4034-1981	B3253	滾柱軸承用 L 形肋環 (滚柱轴承用 L 形肋环)	J11
4037-1983	B3254	鉗工虎鉗(方膛定座式) (钳工虎钳(方膛定座式))	J47
4038-1983	B3255	鉗工虎鉗(圓膛定座式) (钳工虎钳(圆膛定座式))	J47
4039-1976	B3256	機工虎鉗(銑床及牛頭鉋床用) (机工虎钳(铣床及牛头刨床用))	J52
4069-1982	B3257	氣動輪磨機 (气动轮磨机)	J43
4070-1982	B3258	高速氣動輪磨機 (高速气动轮磨机)	J43
4071-1982	B3259	氣動盤形輪磨機 (气动盘形轮磨机)	J43
4072-1982	B3260	氣動鑽機 (气动钻机)	J48
4073-1998	B3261	螺釘及螺帽之裝配工具—鍛製及管製套筒扳手之最大外徑 (螺钉及螺帽之装配工具—锻制及管制套筒扳手之最大外径)	J47
4096-1989	B3262	手提電鑽用夾頭 (手提电钻用夹头)	K64
4098-1977	B3263	手搖鑽 (手摇钻)	J41
4099-1977	B3264	胸壓鑽 (胸压钻)	J47
4100-1977	B3265	手搖鑽與胸壓鑽用夾頭 (手摇钻与胸压钻用夹头)	J41
4101-1984	B3266	切管器 (切管器)	J47
4102-2005	B3267	夾鉗與剪鉗—多滑節轉樞夾鉗(水泵鉗) (夹钳与剪钳—多滑节转枢夹钳(水泵钳))	J47
4103-1990	B3268	鏈條管鉗 (链条管钳)	J47
4190-1998	B3269	螺釘及螺帽之裝配工具—手動套筒扳手用加長桿 (螺钉及螺帽之装配工具—手动套筒扳手用加长杆)	J47

标准号	台湾地区标准分类号	标准名称	中国标准分类
4191-1998	B3270	螺釘及螺帽之裝配工具—手動套筒扳手用萬向接頭 (螺钉及螺帽之装配工具—手动套筒扳手用万向接头)	J47
4215-1978	B3274	工具柄楔 (工具柄楔)	J47
4216-1978	B3275	扭絲鉗(附邊剪器) (扭丝钳(附边剪器))	J47
4256-1988	B3276	扣聯側銑刀 (扣联侧铣刀)	J41
4257-1978	B3277	鑲刃側銑刀 (镶刃侧铣刀)	J41
4258-1978	B3278	碳化物鑲片正面銑刀(鑄造用) (碳化物镶片正面铣刀(铸造用))	J41
4266-1978	B3279	高速鋼端焊刀具 (高速钢端焊刀具)	J41
4267-1978	B3280	焊接碳化物車刀 (焊接碳化物车刀)	J41
4295-1998	B3281	螺釘及螺帽之裝配工具—雙頭梅花扳手口寬之組合 (螺钉及螺帽之装配工具—双头梅花扳手口宽之组合)	J47
4296-1999	B3282	螺釘及螺帽之裝配工具—複合扳手 (螺钉及螺帽之装配工具—复合扳手)	J47
4401-1998	B3285	螺釘及螺帽之裝配工具—T 形雙頭套筒扳手(A 級扭矩) (螺钉及螺帽之装配工具—T 形双头套筒扳手(A 级扭矩))	J47
4586-1998	B3286	螺釘及螺帽之裝配工具—T 形單頭套筒扳手(A 級扭矩) (螺钉及螺帽之装配工具—T 形单头套筒扳手(A 级扭矩))	J47
4813-1994	B3288	木工機械用平鉋刀 (木工机械用平刨刀)	J65
4814-2000	B3289	螺釘及螺帽之裝配工具—螺絲起子 (螺钉及螺帽之装配工具—螺丝起子)	J47
4818-2000	B3293	螺釘及螺帽之裝配工具—絕緣式螺絲起子 (螺钉及螺帽之装配工具—绝缘式螺丝起子)	J47
4852-1999	B3294	螺釘及螺帽之裝配工具—扭力扳柄及扭力螺絲起子柄 (螺钉及螺帽之装配工具—扭力扳柄及扭力螺丝起子柄)	J47
4967-1994	B3295	木工機械用開槽圓鋸片 (木工机械用开槽圆锯片)	J65
4968-1994	B3296	木工機械用圓鋸片 (木工机械用圆锯片)	J65
4969-1994	B3297	木工機械用鋸片帶 (木工机械用锯片带)	J65
4997-1979	B3298	短柄機力螺絲攻與手扳螺絲攻 (短柄机力螺丝攻与手扳螺丝攻)	J41
4998-1979	B3299	長柄機力螺絲攻(標稱直徑自 3 mm 至 24 mm) (长柄机力螺丝攻(标称直径自 3 mm 至 24 mm))	J47
4999-1979	B3300	用於平行及推拔管螺紋之手扳螺絲攻(一般尺度及標示) (用于平行及推拔管螺纹之手扳螺丝攻(一般尺度及标示))	J47
5000-1984	B3301	螺絲攻磨製螺紋公差(用於 4H 至 8H 及 4G 至 6G 之粗螺紋及細螺紋) (螺丝攻磨制螺纹公差(用于 4H 至 8H 及 4G 至 6G 之粗螺纹及细螺纹))	J04
5001-2000	B3302	螺釘及螺帽之裝配工具—方驅動頭 (螺钉及螺帽之装配工具—方驱动头)	J47
5002-1998	B3303	螺釘及螺帽之裝配工具—機動套筒扳手(E 級扭矩) (螺钉及螺帽之装配工具—机动套筒扳手(E 级扭矩))	J47

标 准 号	台湾地区标准分类号	标 准 名 称	中国标准分 类
5003-2000	B3304	螺釘及螺帽之裝配工具—起子頭六角驅動頭 (螺钉及螺帽之装配工具—起子头六角驱动头)	J52
5010-2000	B3305	螺釘及螺帽之裝配工具—六角柄,六角桿螺絲起子頭 (螺钉及螺帽之装配工具—六角柄,六角杆螺丝起子头)	J47
5011-2000	B3306	螺釘及螺帽之裝配工具—機動套筒扳手用六角柄方頭加長桿 (螺钉及螺帽之装配工具—机动套筒扳手用六角柄方头加长杆)	J52
5012-1979	B3307	星形把手 (星形把手)	J13
5013-1979	B3308	十字形把手 (十字形把手)	J13
5016-1979	B3309	高速鋼刀具塊 (高速钢刀具块)	J41
5046-1979	B3310	螺釘及螺帽之裝配工具—雙彎頭十字頭扳手 (螺钉及螺帽之装配工具—双弯头十字头扳手)	J47
5047-1979	B3311	螺釘及螺帽之裝配工具—雙彎頭平頭扳手 (螺钉及螺帽之装配工具—双弯头平头扳手)	J47
5048-1979	B3312	螺釘及螺帽之裝配工具—十字頭扳手 (螺钉及螺帽之装配工具—十字头扳手)	J47
5049-2000	B3313	螺釘及螺帽之裝配工具—套筒扳手用驅動方頭扳柄 (螺钉及螺帽之装配工具—套筒扳手用驱动方头扳柄)	J47
5056-1983	B3314	活榫塊 (活榫块)	J44
5057-1983	B3315	具螺紋柄支腳(夾具用) (具螺纹柄支脚(夹具用))	J44
5058-1983	B3316	可調整組合墊塊 (可调整组合垫块)	J44
5059-1983	B3317	支座銷與定位銷 (支座销与定位销)	J13
5097-1998	B3318	螺釘及螺帽之裝配工具—六角桿扳手 (螺钉及螺帽之装配工具—六角杆扳手)	J47
5098-1998	B3319	螺釘及螺帽之裝配工具—導趾六角桿扳手 (螺钉及螺帽之装配工具—导趾六角杆扳手)	J47
5099-1998	B3320	螺釘及螺帽之裝配工具—手動套筒扳手用配合接頭 (螺钉及螺帽之装配工具—手动套筒扳手用配合接头)	J47
5103-1980	B3324	螺釘及螺帽之裝配工具—鉤形及銷鉤扳手 (螺钉及螺帽之装配工具—钩形及销钩扳手)	J47
5104-1980	B3325	螺釘及螺帽之裝配工具—彎叉頭扳手 (螺钉及螺帽之装配工具—弯叉头扳手)	J47
5105-1980	B3326	螺釘及螺帽之裝配工具—雙銷扳手 (螺钉及螺帽之装配工具—双销扳手)	J47
5106-1980	B3327	螺釘及螺帽之裝配工具—螺旋棘輪柄六角套筒驅動接頭 (螺钉及螺帽之装配工具—螺旋棘轮柄六角套筒驱动接头)	J47
5107-1980	B3328	螺釘及螺帽之裝配工具—螺旋棘輪驅動接頭(軸柄及套夾)之尺度 (螺钉及螺帽之装配工具—螺旋棘轮驱动接头(轴柄及套夹)之尺度)	J47
5110-1983	B3329	球形把手夾緊桿 (球形把手夹紧杆)	J27
5181-1980	B3330	螺釘及螺帽之裝配工具—螺旋棘輪柄方驅動接頭 (螺钉及螺帽之装配工具—螺旋棘轮柄方驱动接头)	J47

标准号	台湾地区标准分类号	标准名称	中国标准分类
5272-1980	B3331	磁性拾取桿 (磁性拾取杆)	J47
5273-1980	B3332	機械拾取桿 (机械拾取杆)	J47
5299-2000	B3333	螺釘及螺帽之裝配工具—六角柄十字頭螺絲起子頭 (螺钉及螺帽之装配工具—六角柄十字头螺丝起子头)	J47
5300-2001	B3334	螺釘及螺帽之裝配工具—六角柄平頭螺絲起子頭 (螺钉及螺帽之装配工具—六角柄平头螺丝起子头)	J47
5301-2001	B3335	螺釘及螺帽之裝配工具—方窩六角套筒頭 (螺钉及螺帽之装配工具—方窝六角套筒头)	J47
5302-2001	B3336	螺釘及螺帽之裝配工具—六角柄六角套筒加長桿 (螺钉及螺帽之装配工具—六角柄六角套筒加长杆)	J47
5303-2001	B3337	螺釘及螺帽之裝配工具—三角套筒頭 (螺钉及螺帽之装配工具—三角套筒头)	J47
5306-2001	B3340	螺釘及螺帽之裝配工具—叉狀頭螺絲起子 (螺钉及螺帽之装配工具—叉状头螺丝起子)	J47
5307-2001	B3341	螺釘之螺帽之裝配工具—六角套筒螺絲起子柄 (螺钉之螺帽之装配工具—六角套筒螺丝起子柄)	J47
5308-2001	B3342	螺釘及螺帽之裝配工具—精密機械用平頭螺絲起子 (螺钉及螺帽之装配工具—精密机械用平头螺丝起子)	J47
5309-2001	B3343	螺釘及螺帽之裝配工具—塑膠製螺絲起子手柄 (螺钉及螺帽之装配工具—塑料制螺丝起子手柄)	J47
5392-1980	B3344	木工虎鉗 (木工虎钳)	J47
5393-1980	B3345	鍛工砧 (锻工砧)	J32
5482-1980	B3346	滑車 (滑车)	J81
5658-1998	B3347	螺釘及螺帽之裝配工具—敲柄梅花扳手(B級扭矩) (螺钉及螺帽之装配工具—敲柄梅花扳手(B级扭矩))	J47
5659-1980	B3348	螺釘及螺帽之裝配工具—斜柄雙頭開口梅花扳手(C級扭矩) (螺钉及螺帽之装配工具—斜柄双头开口梅花扳手(C级扭矩))	J47
5660-1998	B3349	螺釘及螺帽之裝配工具—淺偏位雙頭梅花扳手(A級扭矩) (螺钉及螺帽之装配工具—浅偏位双头梅花扳手(A级扭矩))	J47
5661-1980	B3350	工具圓錐套筒 (工具圆锥套筒)	J52
5666-1980	B3351	銑床主軸鼻端 (铣床主轴鼻端)	J52
5667-1980	B3352	銑刀心軸端部 (铣刀心轴端部)	J52
5668-1980	B3353	銑刀心軸螺栓端部 (铣刀心轴螺栓端部)	J52
5669-1980	B3354	銑刀心軸 (铣刀心轴)	J52
5670-1980	B3355	銑刀心軸軸環 (铣刀心轴轴环)	J52
5671-1980	B3356	銑刀心軸軸承軸環 (铣刀心轴轴承轴环)	J52
5672-1980	B3357	銑刀心軸端軸環 (铣刀心轴端轴环)	J52
5673-1980	B3358	銑刀心軸螺帽 (铣刀心轴螺帽)	J52

标 准 号	台湾地区标准分类号	标 准 名 称	中国标准分类
5674-1980	B3359	銑刀孔徑 (铣刀孔径)	J41
5977-1980	B3360	高速鋼刀片—螺釘固定式,機用鉸刀,殼形鉸刀 (高速钢刀片—螺钉固定式,机用铰刀,壳形铰刀)	J41
5987-1987	B3361	衝模柄 (冲模柄)	J46
5988-1987	B3362	衝模用栓柄 (冲模用栓柄)	J62
5989-1985	B3363	衝模用上模座及下模座 (冲模用上模座及下模座)	J46
5990-1987	B3364	衝模用模座組 (冲模用模座组)	J46
5991-1987	B3365	衝模用圓衝頭 (冲模用圆冲头)	J46
5992-1987	B3366	衝模用頂出裝置 (冲模用顶出装置)	J46
5993-1987	B3367	衝模用螺旋彈簧 (冲模用螺旋弹簧)	J46
5994-1987	B3368	衝模用滾珠滑導模座組 (冲模用滚珠滑导模座组)	J46
5995-1980	B3369	壓鑄模用主模板 (压铸模用主模板)	J46
5996-1980	B3370	壓鑄模用導銷 (压铸模用导销)	J46
5997-1980	B3371	壓鑄模用射出銷 (压铸模用射出销)	J46
5998-1980	B3372	壓鑄模用回行銷 (压铸模用回行销)	J46
5999-1980	B3373	壓鑄模用導銷襯套 (压铸模用导销衬套)	J46
6306-1980	B3374	圓柱柄切槽銑刀 (圆柱柄切槽铣刀)	J41
6401-1980	B3375	鑽模用導套 (钻模用导套)	J46
6402-1980	B3376	鑽模導套用固定螺釘 (钻模导套用固定螺钉)	J46
6403-1980	B3377	鑽模用C型插入墊圈 (钻模用C型插入垫圈)	J46
6404-1980	B3378	鑽模用C型旋入墊圈 (钻模用C型旋入垫圈)	J46
6405-1980	B3379	鑽模用壓板 (钻模用压板)	J46
6416-1980	B3380	圓柱齒輪用齒輪形切齒刀(正齒輪用鐘形切齒刀) (圆柱齿轮用齿轮形切齿刀(正齿轮用钟形切齿刀))	J41
6417-1980	B3381	圓柱齒輪用齒輪形切齒刀(正齒輪用圓盤形切齒刀) (圆柱齿轮用齿轮形切齿刀(正齿轮用圆盘形切齿刀))	J41
6418-1980	B3382	圓柱齒輪用齒輪形切齒刀(直齒內齒輪用有柄切齒刀) (圆柱齿轮用齿轮形切齿刀(直齿内齿轮用有柄切齿刀))	J41
6425-1980	B3383	開槽銑刀(莫氏圓錐柄) (开槽铣刀(莫氏圆锥柄))	J41
6545-1980	B3384	塑膠型模用主模板 (塑料型模用主模板)	J46

标准号	台湾地区标准分类号	标准名称	中国标准分类
6546-1980	B3385	塑膠型模用導銷 (塑料型模用导销)	J46
6547-1980	B3386	塑膠型模用頂出銷 (塑料型模用顶出销)	J46
6548-1980	B3387	塑膠型模用復歸銷 (塑料型模用复归销)	J46
6549-1980	B3388	塑膠型模用導銷襯套 (塑料型模用导销衬套)	J46
6550-1980	B3389	塑膠型模用定位環 (塑料型模用定位环)	J46
6551-1980	B3390	塑膠型模用澆口襯套 (塑料型模用浇口衬套)	J46
6734-1980	B3391	30°角愛克姆螺紋銑刀 (30°角爱克姆螺纹铣刀)	J41
6735-1980	B3392	折疊元鍬 (折叠元锹)	J47
6742-1980	B3393	彈簧筒夾 (弹簧筒夹)	J52
6761-1980	B3394	高速鋼製取心鑽(圓柱柄) (高速钢制取心钻(圆柱柄))	J41
6762-1980	B3395	高速鋼製取心鑽(莫氏圓錐柄) (高速钢制取心钻(莫氏圆锥柄))	J41
6763-1980	B3396	具固定導桿之柱坑鑽(圓柱柄) (具固定导杆之柱坑钻(圆柱柄))	J41
6764-1980	B3397	具互換導桿之柱坑鑽(莫氏圓錐柄) (具互换导杆之柱坑钻(莫氏圆锥柄))	J41
6876-1983	B3398	車床之主心軸鼻端及面板 (车床之主心轴鼻端及面板)	J52
6877-1981	B3399	螺絲攻(ISO公制粗螺紋,三件成套,手用) (螺丝攻(ISO公制粗螺纹,三件成套,手用))	J47
6878-1981	B3400	螺帽攻(ISO公制粗螺紋) (螺帽攻(ISO公制粗螺纹))	J41
6879-1981	B3401	螺絲攻(ISO公制粗螺紋,加強柄、機用) (螺丝攻(ISO公制粗螺纹,加强柄、机用))	J41
6880-1981	B3402	螺絲攻(ISO公制細螺紋、機用) (螺丝攻(ISO公制细螺纹、机用))	J41
6881-1981	B3403	螺紋攻(ISO公制粗螺紋、機用) (螺纹攻(ISO公制粗螺纹、机用))	J41
7001-1981	B3404	驅動榫舌(圓柱柄,工具用) (驱动榫舌(圆柱柄,工具用))	J47
7002-1981	B3405	推拔銷鉸刀(圓柱柄,機用) (推拔销铰刀(圆柱柄,机用))	J41
7003-1981	B3406	推拔銷鉸刀(莫氏圓錐柄,機用) (推拔销铰刀(莫氏圆锥柄,机用))	J41
7004-1981	B3407	鑽模導套用麻花鑽(圓柱柄) (钻模导套用麻花钻(圆柱柄))	J41
7192-1981	B3408	滾子鏈輪與套筒鏈輪滾齒刀基準輪廓 (滚子链轮与套筒链轮滚齿刀基准轮廓)	J41
7193-1981	B3409	滾子鏈輪與套筒鏈輪銑刀基準輪廓 (滚子链轮与套筒链轮铣刀基准轮廓)	J41
7194-2001	B3410	具有榫槽或鍵槽之單紋螺紋滾齒刀〔模數1至40〕—標稱尺度 (具有榫槽或键槽之单纹螺纹滚齿刀〔模数1至40〕—标称尺度)	J41

标准号	台湾地区标准分类号	标准名称	中国标准分类
7195-1981	B3411	孔、槽及驅動件(金屬切削刀具用) (孔、槽及驱动件(金属切削刀具用))	J52
7196-1981	B3412	銑刀軸桿用軸環(用於有鍵槽之銑刀) (铣刀轴杆用轴环(用于有键槽之铣刀))	J52
7344-1984	B3413	撬桿(消防用) (撬杆(消防用))	C85
7345-1981	B3414	三角鋤 (三角锄)	J47
7346-1981	B3415	沙鏟 (沙铲)	J47
7347-1981	B3416	土礫鏟 (土砾铲)	J47
7348-1981	B3417	挖溝鏟 (挖沟铲)	J83
7349-1981	B3418	盤形鏟 (盘形铲)	J83
7350-1981	B3419	加料鏟 (加料铲)	J83
7351-1981	B3420	一般鏟 (一般铲)	J83
7352-1981	B3421	平鏟 (平铲)	J47
8102-1993	B3422	手弓鋸用撓性鋸條 (手弓锯用挠性锯条)	J41
8194-1985	B3423	液壓用副板型四通電磁操作閥 (液压用副板型四通电磁操作阀)	J20
8196-1982	B3424	液壓用電磁線圈總成(乾式) (液压用电磁线圈总成(干式))	J20
8473-1982	B3429	衝頭(打銷用) (冲头(打销用))	J47
8474-1982	B3430	衝頭(對孔用) (冲头(对孔用))	J47
8657-1982	B3431	螺釘拔取器 (螺钉拔取器)	J47
8658-1982	B3432	螺釘啟動器 (螺钉启动器)	J47
9967-1995	B3434	工具機用鑽頭夾頭 (工具机用钻头夹头)	J52
10236-1986	B3435	動力弓鋸用鋸條 (动力弓锯用锯条)	J41
10237-1983	B3436	起重機用手柄 (起重机用手柄)	J27
10420-1988	B3437	輪胎撬棒 (轮胎撬棒)	J47
10642-1983	B3438	鍛工用直口扁平夾鉗 (锻工用直口扁平夹钳)	J62
10643-1983	B3439	鍛工用有槽顎夾夾鉗 (锻工用有槽颚夹夹钳)	J62
10644-1983	B3440	鍛工用鉚釘夾鉗 (锻工用铆钉夹钳)	J62
10645-1983	B3441	鍛工用單葫蘆形夾鉗 (锻工用单葫芦形夹钳)	J62

标准号	台湾地区标准分类号	标准名称	中国标准分类
10646-1983	B3442	鍛工用雙葫蘆形夾鉗 (锻工用双葫芦形夹钳)	J62
10647-1983	B3443	鍛工用尖鑿平口鉗 (锻工用尖錾平口钳)	J62
10648-1983	B3444	鍛工用V形夾鉗 (锻工用V形夹钳)	J62
10681-1983	B3445	木工用橫切鋸鋸片 (木工用横切锯锯片)	J65
11087-1984	B3446	油灰刀 (油灰刀)	J47
11154-1984	B3447	手用衝壓式黃油槍 (手用冲压式黄油枪)	J21
11155-1984	B3448	手用槓壓式黃油槍及附件 (手用杠压式黄油枪及附件)	J21
11158-1984	B3449	鑽石用碳化鎢鑽刃及鑽桿組 (钻石用碳化钨钻刃及钻杆组)	J41
11159-1984	B3450	碳化鎢鑽刃留心鑽頭 (碳化钨钻刃留心钻头)	J41
11356-1985	B3451	手動彎管器 (手动弯管器)	J47
11357-1985	B3452	虎鉗鉗口套 (虎钳钳口套)	J47
11358-1985	B3453	氣動往復式手提木工鋸 (气动往复式手提木工锯)	J65
11494-1986	B3454	絕緣斜鉗 (绝缘斜钳)	J47
11495-1986	B3455	絕緣彎嘴鉗 (绝缘弯嘴钳)	J47
11892-1987	B3456	手剪(修剪花草用) (手剪(修剪花草用))	J47
11893-1987	B3457	手剪(修剪樹籬用) (手剪(修剪树篱用))	J47
12334-1988	B3463	剝皮鉗 (剥皮钳)	J47
12335-1988	B3464	快速扳手 (快速扳手)	J47
12336-1988	B3465	萬能扳手 (万能扳手)	J47
12337-1988	B3466	扣環鉗 (扣环钳)	J47
12338-1988	B3467	撬桿 (撬杆)	J47
12550-1989	B3468	索針 (索针)	J52
12551-1998	B3469	螺釘及螺帽之裝配工具—六角柄起子頭用六角驅動撓性加長桿(家庭用) (螺钉及螺帽之装配工具—六角柄起子头用六角驱动挠性加长杆(家庭用))	J47
12552-1998	B3470	螺釘及螺帽之裝配工具—六角柄起子頭用六角驅動接合式加長桿(家庭用) (螺钉及螺帽之装配工具—六角柄起子头用六角驱动接合式加长杆(家庭用))	J47

标准号	台湾地区标准分类号	标准名称	中国标准分类
14221-1998	B3472	火星塞套筒扳手 （火星塞套筒扳手）	J47
14282-1998	B3473	螺釘及螺帽之裝配工具—十字形套筒扳手 （螺钉及螺帽之装配工具—十字形套筒扳手）	J47
14880-2005	B3474	電子用夾鉗與剪鉗——般技術要求 （电子用夹钳与剪钳——般技术要求）	J47
14882-2005	B3475	電子用夾鉗與剪鉗—單功能剪鉗 （电子用夹钳与剪钳—单功能剪钳）	J47
14883-2005	B3476	電子用夾鉗與剪鉗—單功能夾鉗 （电子用夹钳与剪钳—单功能夹钳）	J47
14884-2005	B3477	夾鉗與剪鉗—槓桿式剪鉗 （夹钳与剪钳—杠杆式剪钳）	J47
14977-2006	B3478	夾鉗與剪鉗—建築工鉗 （夹钳与剪钳—建筑工钳）	J47

B4 机 器

标准号	台湾地区标准分类号	标准名称	中国标准分类
146-1947	B4001	軸心高度，主動機及從動機 （轴心高度，主动机及从动机）	K20
707-1981	B4002	煤油爐 （煤油炉）	Y68
2057-1980	B4003	耕耘機〔動力 15 仟瓦(20 馬力)以下〕 （耕耘机〔动力 15 仟瓦(20 马力)以下〕）	B91
2138-2000	B4004	小型渦卷泵 （小型涡卷泵）	J71
2402-1983	B4005	中文打字機 （中文打字机）	Y54
2403-1971	B4006	中文打字機用活字 （中文打字机用活字）	Y54
2695-1966	B4007	陸用小型水冷柴油發動機 （陆用小型水冷柴油发动机）	J91
2928-1968	B4009	擦光機 （擦光机）	K65
2959-1969	B4010	油盅 （油盅）	J21
3002-1969	B4011	陸用小型氣冷柴油發動機 （陆用小型气冷柴油发动机）	K20
3003-1969	B4012	陸用小型氣冷汽油發動機 （陆用小型气冷汽油发动机）	J91
3176-1970	B4013	內燃機用活塞環 （内燃机用活塞环）	J92
3196-1980	B4014	耕耘機用拖車 （耕耘机用拖车）	B91
3197-1980	B4015	人力水田中耕除草機(橫軸迴轉爪型) （人力水田中耕除草机(横轴回转爪型)）	B91
3252-1980	B4016	人力脫穀機 （人力脱谷机）	B91
3254-1980	B4017	動力脫穀機 （动力脱谷机）	B91
3255-1981	B4018	高壓動力噴霧機 （高压动力喷雾机）	B91

标准号	台湾地区 标准分类号	标准名称	中国标准 分类
3305-1981	B4019	自動噴霧罐 (自动喷雾罐)	B91
4116-1981	B4020	移動式穀類運送機(空氣浮動式) (移动式谷类运送机(空气浮动式))	B91
4485-1983	B4021	小型往復氣冷空氣壓縮機 (小型往复气冷空气压缩机)	J72
4601-1986	B4022	水稻聯合收穫機 (水稻联合收获机)	B91
4671-1986	B4023	稻穀乾燥機 (稻谷干燥机)	B91
4727-1986	B4024	動力插秧機 (动力插秧机)	B91
5701-1980	B4025	液壓用齒輪泵—排出口徑 10～50 mm (液压用齿轮泵—排出口径 10～50 mm)	J20
5703-1980	B4026	液壓用輪葉泵—排出口徑 10～50 mm (液压用轮叶泵—排出口径 10～50 mm)	J20
5705-1980	B4027	液壓用輪葉馬達—口徑 20～50 mm (液压用轮叶马达—口径 20～50 mm)	J20
5707-1980	B4028	液壓用壓力補整流量控制閥 (液压用压力补整流量控制阀)	J20
6004-1980	B4029	農業機械之操作標示符號 (农业机械之操作标示符号)	A22
6005-1980	B4030	礱穀機用橡膠滾筒 (砻谷机用橡胶滚筒)	B91
6006-1980	B4031	耕耘機用接頭 (耕耘机用接头)	B91
6007-1982	B4032	輸送鏈條(農業機械用) (输送链条(农业机械用))	B90
6008-1980	B4033	噴霧機用旋塞 (喷雾机用旋塞)	B91
6009-1980	B4034	製麵機零件 (制面机零件)	X91
6010-1980	B4035	人力噴霧器 (人力喷雾器)	B91
6011-1980	B4036	人力噴粉器 (人力喷粉器)	B91
6012-1980	B4037	耕耘機用拖車剎車車軸 (耕耘机用拖车刹车车轴)	B91
6013-1980	B4038	耕耘刀 (耕耘刀)	B91
6543-2006	B4039	架空移動起重機 (架空移动起重机)	J80
6544-2006	B4040	架空移動起重機用鑄鋼製直行車輪 (架空移动起重机用铸钢制直行车轮)	J80
6615-2006	B4041	架空移動起重機用鍛鋼製直行車輪 (架空移动起重机用锻钢制直行车轮)	J80
6641-2006	B4042	架空移動起重機用鋼纜槽輪 (架空移动起重机用钢缆槽轮)	R46
6642-2006	B4043	卸載機之計算卸載能力 (卸载机之计算卸载能力)	J83
6643-2006	B4044	起重機之額定載重、額定速度與轉動半徑 (起重机之额定载重、额定速度与转动半径)	J80

标准号	台湾地区标准分类号	标准名称	中国标准分类
7550-1981	B4045	滚子乾燥器 （滚子干燥器）	B97
7778-2009	B4046	送風機 （送风机）	J72
7869-1981	B4047	通風用過濾器 （通风用过滤器）	J77
7878-1981	B4048	手動鏈條吊車（正齒輪傳動） （手动链条吊车（正齿轮传动））	J81
7879-1981	B4049	帶式運送機用滾子組 （带式运送机用滚子组）	J81
7880-1981	B4050	鋼製滾子輸送台 （钢制滚子输送台）	J81
8344-1985	B4051	工業用手提式單環縫型袋口縫紉機 （工业用手提式单环缝型袋口缝纫机）	Y17
8917-1996	B4052	固定式消防用加壓離心泵 （固定式消防用加压离心泵）	C84
8918-1996	B4053	固定式消防用加壓離心泵之原動機 （固定式消防用加压离心泵之原动机）	C84
8919-1996	B4054	固定式消防用加壓離心泵之附屬裝置 （固定式消防用加压离心泵之附属装置）	C84
9347-1982	B4055	手推升降運送車 （手推升降运送车）	T99
9555-2007	B4056	拖板車—主要尺度 （拖板车—主要尺度）	T99
9556-1982	B4057	油壓平台墊板托車之種類及主要尺度 （油压平台垫板托车之种类及主要尺度）	T99
9665-1982	B4058	分批式滾輪鑄砂混合機 （分批式滚轮铸砂混合机）	J61
9962-1983	B4059	木台式靈敏鑽床 （木台式灵敏钻床）	J54
10302-1985	B4060	工業用超高速直針絡邊縫紉機 （工业用超高速直针络边缝纫机）	Y17
10596-1983	B4061	電動濕磨豆（米）機 （电动湿磨豆（米）机）	X91
10680-1995	B4062	雙吸式渦卷泵 （双吸式涡卷泵）	J71
10847-1993	B4063	小型多段離心泵 （小型多段离心泵）	J71
11327-1993	B4064	深井用沈水電動機泵 （深井用沈水电动机泵）	J71
11380-2002	B4065	液壓升降機 （液压升降机）	J81
11493-1986	B4066	放電加工機試驗方法及檢查 （放电加工机试验方法及检查）	J59
11529-1989	B4067	塑膠射出成型機檢驗標準 （塑料射出成型机检验标准）	G95
12067-1987	B4068	自動鍛造機系統準則 （自动锻造机系统准则）	J62
12118-1987	B4069	內燃機用火星塞 （内燃机用火星塞）	T10
12118-1-1987	B4069-1	內燃機用火星塞螺紋尺度 （内燃机用火星塞螺纹尺度）	T10

标准号	台湾地区标准分类号	标准名称	中国标准分类
12245-1988	B4070	C型動力衝床 （C型动力冲床）	J62
12555-1989	B4071	住宅用太陽能熱水器 （住宅用太阳能热水器）	F12
12575-2007	B4072	蒸氣壓縮式冰水機組 （蒸气压缩式冰水机组）	Q76
12678-1991	B4073	半自動捆包機 （半自动捆包机）	J83
12679-1991	B4074	自動捆包機 （自动捆包机）	J83
12812-1990	B4075	離心式冰水機組 （离心式冰水机组）	J24
12917-1991	B4076	氧乙炔熔接用手動吹管 （氧乙炔熔接用手动吹管）	J64
12918-1991	B4077	手動焰割器 （手动焰割器）	J64
13627-1996	B4078	營建用齒條式升降機 （营建用齿条式升降机）	P97
13628-1996	B4079	營建用提升機 （营建用提升机）	P97
14965-2006	B4080	高空工作車 （高空工作车）	T53

B5　钢管、钢瓶

标准号	台湾地区标准分类号	标准名称	中国标准分类
708-1962	B5001	鋼管之壓力等級 （钢管之压力等级）	H48
709-1956	B5002	標稱管徑 （标称管径）	J15
711-2009	B5004	單向水龍頭（螺紋式） （单向水龙头（螺纹式））	Y71
789-1982	B5005	鐵金屬製管凸緣基準尺度（2 kgf/cm^2） （铁金属制管凸缘基准尺度（2 kgf/cm^2））	J15
790-1982	B5006	鐵金屬製管凸緣基準尺度（10 kgf/cm^2） （铁金属制管凸缘基准尺度（10 kgf/cm^2））	J15
791-1982	B5007	鐵金屬製管凸緣基準尺度（16 kgf/cm^2） （铁金属制管凸缘基准尺度（16 kgf/cm^2））	J15
792-1982	B5008	鐵金屬製管凸緣基準尺度（20 kgf/cm^2） （铁金属制管凸缘基准尺度（20 kgf/cm^2））	J15
793-1982	B5009	鋼製管凸緣基準尺度（40 kgf/cm^2） （钢制管凸缘基准尺度（40 kgf/cm^2））	J15
794-1982	B5010	鋼製管凸緣基準尺度（63 kgf/cm^2） （钢制管凸缘基准尺度（63 kgf/cm^2））	J15
830-1982	B5020	壓力管路用鑄鐵管—使用 TYTON 插承口（LA 級） （压力管路用铸铁管—使用 TYTON 插承口（LA 级））	H48
831-1982	B5021	壓力管路用鑄鐵管—使用 TYTON 插承口（A 級） （压力管路用铸铁管—使用 TYTON 插承口（A 级））	H48
832-1982	B5022	壓力管路用鑄鐵管—使用 TYTON 插承口（B 級） （压力管路用铸铁管—使用 TYTON 插承口（B 级））	J15
833-1981	B5023	壓力管路用延性鑄鐵管件—凸緣管 （压力管路用延性铸铁管件—凸缘管）	J15

标准号	台湾地区标准分类号	标准名称	中国标准分类
837-1982	B5027	壓力管路用延性鑄鐵管件—凸緣套管接頭 (压力管路用延性铸铁管件—凸缘套管接头)	J15
838-1982	B5028	壓力管路用延性鑄鐵管件—雙承口套管 (压力管路用延性铸铁管件—双承口套管)	J15
839-1982	B5029	壓力管路用延性鑄鐵管件—90°雙承口彎管 (压力管路用延性铸铁管件—90°双承口弯管)	J15
840-1982	B5030	壓力管路用延性鑄鐵管件—45°雙承口彎管(DSB-45) (压力管路用延性铸铁管件—45°双承口弯管(DSB-45))	J15
841-1982	B5031	壓力管路用延性鑄鐵管件—221/2°雙承口彎管(DSB-22) (压力管路用延性铸铁管件—221/2°双承口弯管(DSB-22))	J15
842-1982	B5032	壓力管路用延性鑄鐵管件—111/4°雙承口彎管(DSB-11) (压力管路用延性铸铁管件—111/4°双承口弯管(DSB-11))	J15
843-1982	B5033	壓力管路用延性鑄鐵管件—雙承口支管凸緣T形管(DST-FB) (压力管路用延性铸铁管件—双承口支管凸缘T形管(DST-FB))	J15
844-1982	B5034	壓力管路用延性鑄鐵管件—全承口T形管(AST) (压力管路用延性铸铁管件—全承口T形管(AST))	J15
845-1982	B5035	壓力管路用鑄鐵管件—凸緣漸縮管 (压力管路用铸铁管件—凸缘渐缩管)	J15
846-1982	B5036	壓力管路用延性鑄鐵管件—雙管接漸縮管(DST) (压力管路用延性铸铁管件—双管接渐缩管(DST))	J15
849-1982	B5039	壓力管路用延性鑄鐵管件—90°雙凸緣彎管(FB) (压力管路用延性铸铁管件—90°双凸缘弯管(FB))	J15
850-1982	B5040	壓力管路用延性鑄鐵管件—90°雙凸緣連座彎管(DFDB) (压力管路用延性铸铁管件—90°双凸缘连座弯管(DFDB))	J15
851-1982	B5041	壓力管路用延性鑄鐵管件—45°雙凸緣彎管(DFB-45) (压力管路用延性铸铁管件—45°双凸缘弯管(DFB-45))	J15
852-1982	B5042	壓力管路用延性鑄鐵管件—凸緣三通管(AFT) (压力管路用延性铸铁管件—凸缘三通管(AFT))	J15
853-1993	B5043	凸緣十字管接頭(使用壓力16 kgf/cm^2) (凸缘十字管接头(使用压力16 kgf/cm^2))	J15
855-1982	B5045	壓力管路用延性鑄鐵管件—管口蓋板 (压力管路用延性铸铁管件—管口盖板)	J15
1337-1967	B5046	壓縮天然氣鋼瓶 (压缩天然气钢瓶)	G93
2448-2002	B5047	液化石油氣用熔接鋼瓶 (液化石油气用熔接钢瓶)	K15
2724-2000	B5053	溶解乙炔氣熔接鋼瓶 (溶解乙炔气熔接钢瓶)	G93
2929-1972	B5067	螺紋式鋼管製管件(配合有縫鋼管用)(壓力在16 kg/cm^2以下) (螺纹式钢管制管件(配合有缝钢管用)(压力在16 kg/cm^2以下))	J15
2943-1983	B5068	螺紋式展性鑄鐵管件 (螺纹式展性铸铁管件)	J15
2958-1968	B5069	衛生設備用鑄鐵管及管件 (卫生设备用铸铁管及管件)	J21
4152-1990	B5077	溶解乙炔氣鋼瓶閥 (溶解乙炔气钢瓶阀)	G93
7197-1982	B5078	鐵金屬製管凸緣基準尺度(5 kgf/cm^2) (铁金属制管凸缘基准尺度(5 kgf/cm^2))	J15
7198-1982	B5079	鋼製管凸緣基準尺度(30 kgf/cm^2) (钢制管凸缘基准尺度(30 kgf/cm^2))	H48

标准号	台湾地区标准分类号	标准名称	中国标准分类
8198-1982	B5080	壓力管路用延性鑄鐵管件—凸緣管接 (压力管路用延性铸铁管件—凸缘管接)	J15
8199-1982	B5081	壓力管路用延性鑄鐵管件—30°雙管接彎管 (压力管路用延性铸铁管件—30°双管接弯管)	J15
8200-1982	B5082	壓力管路用延性鑄鐵管件—雙凸緣漸縮管 (压力管路用延性铸铁管件—双凸缘渐缩管)	J15
8201-1982	B5083	壓力管路用延性鑄鐵管件—90°連座彎管 (压力管路用延性铸铁管件—90°连座弯管)	J15
9788-2005	B5084	壓力容器(通則) (压力容器(通则))	J74
9789-2005	B5085	壓力容器之胴體及端板 (压力容器之胴体及端板)	J74
9790-2001	B5086	壓力容器之孔補強 (压力容器之孔补强)	J74
9791-2001	B5087	壓力容器螺栓之固定凸緣 (压力容器螺栓之固定凸缘)	A82
9792-2005	B5088	壓力容器之管板 (压力容器之管板)	J74
9793-2001	B5089	壓力容器之蓋板 (压力容器之盖板)	A82
9794-2005	B5090	壓力容器以牽條支撐之平板 (压力容器以牵条支撑之平板)	A82
9795-2005	B5091	壓力容器之伸縮接頭 (压力容器之伸缩接头)	J74
9796-2001	B5092	以鞍座支撐之臥型壓力容器 (以鞍座支撑之卧型压力容器)	J74
9797-2005	B5093	壓力容器之夾套 (压力容器之夹套)	J74
9798-2001	B5094	非圓型胴體之壓力容器 (非圆型胴体之压力容器)	A82
9799-2001	B5095	壓力容器之應力解析及疲勞解析 (压力容器之应力解析及疲劳解析)	A82
9800-2001	B5096	壓力容器熔接接頭之機械試驗 (压力容器熔接接头之机械试验)	A82
9801-2001	B5097	壓力容器之耐壓試驗及洩漏試驗 (压力容器之耐压试验及泄漏试验)	A82
9802-2007	B5098	壓力容器之快速開關蓋裝置 (压力容器之快速开关盖装置)	J74
9803-2001	B5099	壓力容器熔接施工方法之確認試驗 (压力容器熔接施工方法之确认试验)	A82
10215-2001	B5100	壓力容器之檢視窗 (压力容器之检窗口)	A82
10216-2001	B5101	壓力容器之用詞 (压力容器之用词)	J74
10848-2000	B5104	高壓鋼瓶閥 (高压钢瓶阀)	J74
10849-1984	B5105	高壓鋼瓶閥螺紋標準 (高压钢瓶阀螺纹标准)	J74
12240-1988	B5106	多層卷壓力容器 (多层卷压力容器)	J74
12242-2000	B5107	無縫鋼製高壓氣體容器 (无缝钢制高压气体容器)	J74

标 准 号	台湾地区 标准分类号	标 准 名 称	中国标准 分 类
12652-1990	B5108	多管圓筒形熱交換器 (多管圆筒形热交换器)	J75
12653-1990	B5109	液化石油氣用蒸發器 (液化石油气用蒸发器)	E97
12654-1990	B5110	液化石油氣臥式圓筒形儲槽 (液化石油气卧式圆筒形储槽)	G93
12655-1990	B5111	冷凍用壓力容器構造 (冷冻用压力容器构造)	J73
12811-1990	B5112	冷凍裝置用管凸緣 (冷冻装置用管凸缘)	J73
12896-1993	B5113	氣體熔接、截割(切斷)用壓力調整器 (气体熔接、截割(切断)用压力调整器)	J64
12937-1996	B5114	鋼製全熔接石油類儲槽構造 (钢制全熔接石油类储槽构造)	E98
13635-1996	B5115	一般配管用鋼製對接銲接式管件 (一般配管用钢制对接焊接式管件)	J15
13636-1996	B5116	配管用鋼製對接銲接式管件 (配管用钢制对接焊接式管件)	J15
13637-1996	B5117	配管用鋼板製對接銲接式管件 (配管用钢板制对接焊接式管件)	J15
14966-2006	B5118	簡易壓力容器 (简易压力容器)	J74
14967-2006	B5119	小型壓力容器 (小型压力容器)	J74
14968-2006	B5120	簡易鍋爐 (简易锅炉)	J98

B6 量 器

标 准 号	台湾地区 标准分类号	标 准 名 称	中国标准 分 类
127-1947	B6001	公制圓錐量規(有扁頭) (公制圆锥量规(有扁头))	J42
128-1947	B6002	公制圓錐量規(無扁頭) (公制圆锥量规(无扁头))	J42
129-1947	B6003	莫氏圓錐量規(有扁頭) (莫氏圆锥量规(有扁头))	J42
130-1972	B6004	莫氏圓錐量規(無扁頭) (莫氏圆锥量规(无扁头))	J42
182-1966	B6005	壓力計 (压力计)	N11
522-1955	B6006	韋氏螺紋量規(製造公差及損磨限) (韦氏螺纹量规(制造公差及损磨限))	J42
523-1955	B6007	韋氏螺紋量柱(通過端限界尺寸、精配、中配及粗配) (韦氏螺纹量柱(通过端限界尺寸、精配、中配及粗配))	J42
524-1955	B6008	韋氏螺紋量柱(不通過端限界尺寸,精配,中配及粗配) (韦氏螺纹量柱(不通过端限界尺寸,精配,中配及粗配))	J42
525-1955	B6009	韋氏螺紋活動量規(通過端損磨檢驗用,精配,中配及粗配) (韦氏螺纹活动量规(通过端损磨检验用,精配,中配及粗配))	J42
526-1955	B6010	韋氏螺紋樣圈(通過端限界尺寸,精配,中配及粗配) (韦氏螺纹样圈(通过端限界尺寸,精配,中配及粗配))	J42
527-1955	B6011	韋氏螺紋樣圈之量柱及損磨量柱(通過端,精配,中配及粗配) (韦氏螺纹样圈之量柱及损磨量柱(通过端,精配,中配及粗配))	J42

标准号	台湾地区标准分类号	标准名称	中国标准分类
528-1955	B6012	韋氏螺紋活動量規(檢驗通過及不通過端樣圈,精配,中配及粗配) (韦氏螺纹活动量规(检验通过及不通过端样圈,精配,中配及粗配))	J42
533-1991	B6013	公制粗螺紋限界量規 (公制粗螺纹限界量规)	J42
534-1991	B6014	公制細螺紋限界量規 (公制细螺纹限界量规)	J42
535-1991	B6015	統一制粗螺紋限界量規 (统一制粗螺纹限界量规)	J42
536-1991	B6016	統一制細螺紋限界量規 (统一制细螺纹限界量规)	J42
537-1992	B6017	測螺紋用三線規 (测螺纹用三线规)	J42
538-1955	B6018	公制螺紋樣圈之量柱及磨損量柱(通過端,精配,中配及粗配) (公制螺纹样圈之量柱及磨损量柱(通过端,精配,中配及粗配))	J42
539-1955	B6019	公制螺紋活動量規(檢驗通過端及不通過端樣圈,精配,中配及粗配) (公制螺纹活动量规(检验通过端及不通过端样圈,精配,中配及粗配))	J42
3541-1978	B6024	十字穴深度量規 (十字穴深度量规)	J42
4174-1983	B6025	外分厘卡 (外分厘卡)	J42
4175-1981	B6026	游標卡尺 (游标卡尺)	J42
4176-1989	B6027	針盤指示錶(分度 0.01 mm) (针盘指示表(分度 0.01 mm))	J42
4177-1997	B6028	針盤指示錶(分度 0.001 mm) (针盘指示表(分度 0.001 mm))	N13
4752-1982	B6029	游標測深規 (游标测深规)	J42
4753-1982	B6030	槓桿式針盤指示錶 (杠杆式针盘指示表)	N13
4754-1982	B6031	內徑規(缸徑規) (内径规(缸径规))	J42
4755-1982	B6032	測隙規 (测隙规)	J42
4756-1982	B6033	正弦規 (正弦规)	J42
4757-1982	B6034	微動指示錶 (微动指示表)	J42
4758-1982	B6035	指示分厘卡 (指示分厘卡)	A42
4759-1982	B6036	直規 (直规)	J42
4893-1982	B6037	分厘頭 (分厘头)	A42
4894-1983	B6038	液體比重計 (液体比重计)	A53
7199-1981	B6039	水平儀 (水平仪)	N31

标 准 号	台湾地区 标准分类号	标 准 名 称	中国标准 分 类
7200-1981	B6040	光學測量儀器用三腳架接頭 （光学测量仪器用三脚架接头）	N35
7201-1981	B6041	經緯儀 （经纬仪）	N31
7202-1981	B6042	袖珍羅盤儀 （袖珍罗盘仪）	N31
7341-1981	B6043	照準儀 （照准仪）	C85
7342-1981	B6044	手持水平儀 （手持水平仪）	A42
7343-1981	B6045	角尺 （角尺）	A52
7547-1981	B6046	空氣流量式測微儀 （空气流量式测微仪）	N12
7548-1981	B6047	金屬直尺 （金属直尺）	A52
7549-1981	B6048	精密平板 （精密平板）	J42
7870-1981	B6049	標準尺 （标准尺）	A52
7871-1994	B6050	木工用金屬製角尺 （木工用金属制角尺）	A52
7872-1995	B6051	輪齒分厘卡 （轮齿分厘卡）	J42
7873-1981	B6052	輪齒游標卡尺 （轮齿游标卡尺）	J42
7955-1981	B6053	架盤天平 （架盘天平）	N61
7956-1981	B6054	電子比測儀 （电子比测仪）	L86
7957-1981	B6055	木製折尺 （木制折尺）	A52
7958-1983	B6056	固定調速式轉速計 （固定调速式转速计）	N13
7960-1981	B6057	攜帶型轉速計 （携带型转速计）	N13
8092-1981	B6058	規矩塊 （规矩块）	J42
8093-1981	B6059	圓筒直角規 （圆筒直角规）	A42
8094-1983	B6060	V 槽塊 （V 槽块）	A42
8189-1982	B6061	游標高度尺 （游标高度尺）	J42
8190-1982	B6062	精密方形水平儀 （精密方形水平仪）	N31
8191-1982	B6063	精密水平儀 （精密水平仪）	N31
8345-1982	B6064	自動視準儀 （自动视准仪）	N31
8762-1982	B6065	微小硬度試驗機—維克氏硬度及克諾普硬度 （微小硬度试验机—维克氏硬度及克诺普硬度）	N71

标准号	台湾地区 标准分类号	标准名称	中国标准 分类
8764-1983	B6066	艾里克生凹壓試驗機 (艾里克生凹压试验机)	N71
8766-1989	B6067	蕭氏硬度試驗機 (萧氏硬度试验机)	N71
8768-1982	B6068	埃若德衝擊試驗機 (埃若德冲击试验机)	N71
9059-1982	B6069	溫度記錄器 (温度记录器)	N11
9060-1982	B6070	濕度記錄儀 (湿度记录仪)	N51
9061-1982	B6071	氣壓記錄儀 (气压记录仪)	N11
9209-1982	B6072	維克氏硬度試驗機 (维克氏硬度试验机)	N71
9211-1982	B6073	壓縮試驗機 (压缩试验机)	J20
9466-1982	B6074	汽缸壓力試驗器(汽油機用) (汽缸压力试验器(汽油机用))	J20
9468-1982	B6075	火星塞測隙規 (火星塞测隙规)	T37
9470-1982	B6076	拉伸試驗機 (拉伸试验机)	N71
9472-1982	B6077	勃氏硬度試驗機 (勃氏硬度试验机)	N71
10046-1983	B6078	螺距規(英制 60°螺紋) (螺距规(英制 60°螺纹))	J05
10047-1983	B6079	洛氏硬度標準硬度塊 (洛氏硬度标准硬度块)	H22
10048-1983	B6080	材料試驗機用負載校準裝置 (材料试验机用负载校准装置)	N70
10422-1983	B6081	洛氏硬度試驗機及洛氏表面硬度試驗機 (洛氏硬度试验机及洛氏表面硬度试验机)	H22
10424-1983	B6082	沙丕衝擊試驗機 (沙丕冲击试验机)	H22
10490-1983	B6083	光學平板 (光学平板)	N34
10793-1984	B6084	表面粗糙度比較標準片 (表面粗糙度比较标准片)	J42
10794-1984	B6085	觸針式表面粗糙度測定儀 (触针式表面粗糙度测定仪)	J42
11091-1984	B6086	投影檢測機 (投影检测机)	N34
11229-1985	B6087	紫外線碳弧燈式耐光性試驗器 (紫外线碳弧灯式耐光性试验器)	N30
11230-1985	B6088	紫外線碳弧燈式耐候性試驗器 (紫外线碳弧灯式耐候性试验器)	N30
11231-1985	B6089	日光碳弧燈式耐候性試驗器 (日光碳弧灯式耐候性试验器)	N61
11232-1985	B6090	氙弧燈式耐光性及耐候性試驗器 (氙弧灯式耐光性及耐候性试验器)	N61
11276-1985	B6091	工具顯微鏡 (工具显微镜)	N34

标准号	台湾地区标准分类号	标准名称	中国标准分类
12116-1987	B6092	自動彈簧吊秤 (自动弹簧吊秤)	A53
12117-1987	B6093	自動彈簧秤 (自动弹簧秤)	A53
12481-1989	B6094	蕭氏硬度標準塊 (萧氏硬度标准块)	H22
12752-1990	B6095	平行管螺紋量規 (平行管螺纹量规)	J42
12753-1990	B6096	推拔管螺紋量規 (推拔管螺纹量规)	J42
13373-1994	B6097	限界量規 (限界量规)	N13
13374-1994	B6098	限界量規之公差、許可差及容許磨耗 (限界量规之公差、许可差及容许磨耗)	N13
13375-1994	B6099	螺紋限界量規之形狀及尺度 (螺纹限界量规之形状及尺度)	J04
13723-1996	B6100	金屬材料拉伸試驗用伸長計 (金属材料拉伸试验用伸长计)	H22
13979-2007	B6101	渦流流量計 (涡流流量计)	N12
14866-1-2004	B6102-1	密閉導管內水流量之量測—冷飲水用水量計—第1部:規範 (密闭导管内水流量之量测—冷饮水用水量计—第1部:规范)	P40
14866-2-2004	B6102-2	密閉導管內水流量之量測—冷飲水用水量計—第2部:安裝規定與選用 (密闭导管内水流量之量测—冷饮水用水量计—第2部:安装规定与选用)	P40
14866-3-2004	B6102-3	密閉導管內水流量之量測—冷飲水用水量計—第3部:檢驗法及設備 (密闭导管内水流量之量测—冷饮水用水量计—第3部:检验法及设备)	P40
15084-1-2007	B6103-1	密閉導管內水流量之量測—冷飲水用連結式水量計—第1部:規範 (密闭导管内水流量之量测—冷饮水用连结式水量计—第1部:规范)	N12
15084-2-2007	B6103-2	密閉導管內水流量之量測—冷飲水用連結式水量計—第2部:安裝規定 (密闭导管内水流量之量测—冷饮水用连结式水量计—第2部:安装规定)	N12
15084-3-2007	B6103-3	密閉導管內水流量之量測—冷飲水用連結式水量計—第3部:檢驗法 (密闭导管内水流量之量测—冷饮水用连结式水量计—第3部:检验法)	N12

B7 检 验

标准号	台湾地区标准分类号	标准名称	中国标准分类
94-1993	B7001	車床精度檢驗 (车床精度检验)	J53
95-1993	B7002	直立鑽床精度檢驗 (直立钻床精度检验)	J54
96-1993	B7003	旋臂鑽床精度檢驗與動態檢驗法 (旋臂钻床精度检验与动态检验法)	J54

标准号	台湾地区标准分类号	标准名称	中国标准分类
97-1993	B7004	門型龍門刨床精度檢驗與動態檢驗法 (门型龙门刨床精度检验与动态检验法)	J57
98-1993	B7005	牛頭刨床精度檢驗 (牛头刨床精度检验)	J57
99-1993	B7006	插床精度檢驗 (插床精度检验)	J57
100-1993	B7007	床台型臥式搪床精度檢驗 (床台型卧式搪床精度检验)	J54
101-1993	B7008	落地型臥式搪床精度檢驗 (落地型卧式搪床精度检验)	J54
162-1971	B7009	彈簧墊圈檢驗標準 (弹簧垫圈检验标准)	J16
176-1947	B7010	銷子槽檢驗標準 (销子槽检验标准)	J18
366-2008	B7011	城市與旅行自行車—安全要求與測試方法 (城市与旅行自行车—安全要求与测试方法)	Y14
543-1972	B7012	鋼鏟檢驗標準 (钢铲检验标准)	J47
544-1966	B7013	普通縫紉機檢驗標準 (普通缝纫机检验标准)	Y17
659-1967	B7015	水泵檢驗法(總則) (水泵检验法(总则))	J71
660-1956	B7016	水泵工作位差檢驗法 (水泵工作位差检验法)	J71
661-2004	B7017	水泵出水量檢驗法 (水泵出水量检验法)	J71
662-1967	B7018	水泵轉速檢驗法 (水泵转速检验法)	J71
663-1967	B7019	水泵動力及效率檢驗法 (水泵动力及效率检验法)	J71
664-1967	B7020	水泵傳動軸溫度檢驗法 (水泵传动轴温度检验法)	J71
665-1967	B7021	水泵檢驗報告書格式 (水泵检验报告书格式)	J71
1024-1968	B7024	十字鎬檢驗標準 (十字镐检验标准)	J47
1095-1959	B7025	木螺絲釘檢驗法 (木螺丝钉检验法)	J13
1110-1992	B7026	木工用手鋸檢驗法 (木工用手锯检验法)	J65
1142-2005	B7027	夾鉗與剪鉗試驗法 (夹钳与剪钳试验法)	J47
1214-1978	B7028	銼之檢驗法 (锉之检验法)	J47
1323-2002	B7029	液化石油氣用熔接鋼瓶檢驗法 (液化石油气用熔接钢瓶检验法)	J74
1324-2005	B7030	液化石油氣用鋼瓶閥 (液化石油气用钢瓶阀)	G93
2181-1980	B7031	耕耘機檢驗法 (耕耘机检验法)	B91
2467-1966	B7032	鐘錶檢驗標準通則 (钟表检验标准通则)	Y11

标准号	台湾地区标准分类号	标准名称	中国标准分类
2469-1966	B7033	普通級掛鐘及桌鐘檢驗標準 (普通级挂钟及桌钟检验标准)	Y11
2470-1966	B7034	中級及高級掛鐘及桌鐘檢驗標準 (中级及高级挂钟及桌钟检验标准)	Y11
2653-1981	B7035	人力噴霧器檢驗法 (人力喷雾器检验法)	B91
2696-1966	B7036	陸用小型內燃機之檢查 (陆用小型内燃机之检查)	J91
2697-1966	B7037	陸用小型內燃機性能檢驗法 (陆用小型内燃机性能检验法)	J91
2726-1973	B7038	鼓風機試驗法 (鼓风机试验法)	J72
2780-1971	B7039	球狀石墨鑄鐵管及管件檢驗標準 (球状石墨铸铁管及管件检验标准)	H41
2863-1985	B7040	滾動軸承精度檢驗法 (滚动轴承精度检验法)	J11
2865-1982	B7041	止推(軸向)軸承精度檢驗法 (止推(轴向)轴承精度检验法)	J11
2866-2004	B7042	升降機、升降階梯及升降送貨機檢查方法 (升降机、升降阶梯及升降送货机检查方法)	J81
3005-1969	B7043	定速回轉柴油發動機性能檢驗法 (定速回转柴油发动机性能检验法)	J41
3038-1969	B7044	空氣壓縮機試驗法 (空气压缩机试验法)	J13
3157-1981	B7045	曲柄衝床精度檢驗標準 (曲柄冲床精度检验标准)	J62
3374-1981	B7046	動力微粒噴霧(粉)機檢驗法 (动力微粒喷雾(粉)机检验法)	B91
3470-1980	B7047	動力中耕除草機檢驗法 (动力中耕除草机检验法)	B91
3615-2009	B7048	空氣調節機 (空气调节机)	Y61
3864-1991	B7051	自行車(腳踏車)車架檢驗法 (自行车(脚踏车)车架检验法)	Y14
3865-1990	B7052	自行車(腳踏車)車頭部零件檢驗法 (自行车(脚踏车)车头部零件检验法)	Y14
3866-1992	B7053	自行車(腳踏車)主軸部零件檢驗法 (自行车(脚踏车)主轴部零件检验法)	Y14
3867-1990	B7054	自行車(腳踏車)前輪轂檢驗法 (自行车(脚踏车)前轮毂检验法)	Y14
3868-1990	B7055	自行車(腳踏車)擋泥板檢驗法 (自行车(脚踏车)挡泥板检验法)	Y14
3869-1990	B7056	自行車(腳踏車)車把檢驗法 (自行车(脚踏车)车把检验法)	Y14
3870-1990	B7057	自行車(腳踏車)車把握套檢驗法 (自行车(脚踏车)车把握套检验法)	Y14
3871-1975	B7058	自行車(腳踏車)手剎車檢驗法 (自行车(脚踏车)手刹车检验法)	Y14
3872-1975	B7059	自行車(腳踏車)大鏈輪檢驗法 (自行车(脚踏车)大链轮检验法)	Y14
3873-1975	B7060	自行車(腳踏車)後輪轂檢驗法 (自行车(脚踏车)后轮毂检验法)	Y14

标准号	台湾地区标准分类号	标准名称	中国标准分类
3874-1993	B7061	自行車(腳踏車)車胎空氣閥檢驗法 (自行车(脚踏车)车胎空气阀检验法)	Y14
3875-1991	B7062	自行車(腳踏車)鏈條檢驗法 (自行车(脚踏车)链条检验法)	Y14
3876-1991	B7063	自行車(腳踏車)腳踏檢驗法 (自行车(脚踏车)脚踏检验法)	Y14
3877-1975	B7064	自行車(腳踏車)小鏈輪檢驗法 (自行车(脚踏车)小链轮检验法)	Y14
3878-1975	B7065	自行車(腳踏車)自由輪檢驗法 (自行车(脚踏车)自由轮检验法)	Y14
3879-1991	B7066	自行車(腳踏車)座墊騎軸檢驗法 (自行车(脚踏车)座垫骑轴检验法)	Y14
3880-1993	B7067	自行車(腳踏車)輻絲檢驗法 (自行车(脚踏车)辐丝检验法)	Y14
3881-1994	B7068	自行車(腳踏車)輪圈檢驗法 (自行车(脚踏车)轮圈检验法)	Y14
3882-1993	B7069	自行車(腳踏車)零件塗裝 (自行车(脚踏车)零件涂装)	Y14
3883-1993	B7070	自行車(腳踏車)零件塗裝檢驗法 (自行车(脚踏车)零件涂装检验法)	Y14
3884-1993	B7071	自行車(腳踏車)零件表面處理 (自行车(脚踏车)零件表面处理)	Y14
3885-1993	B7072	自行車(腳踏車)零件表面處理檢驗法 (自行车(脚踏车)零件表面处理检验法)	Y14
3886-1993	B7073	自行車(腳踏車)零件熱處理 (自行车(脚踏车)零件热处理)	Y14
3887-1993	B7074	自行車(腳踏車)零件熱處理檢驗法 (自行车(脚踏车)零件热处理检验法)	Y14
3933-1976	B7075	六角承孔頭螺釘檢驗法 (六角承孔头螺钉检验法)	J13
3935-1978	B7076	螺栓螺釘螺樁之機械性質檢驗法 (螺栓螺钉螺桩之机械性质检验法)	J13
3983-1978	B7077	自攻螺釘之機械性質檢驗法 (自攻螺钉之机械性质检验法)	J13
4040-1976	B7079	機工虎鉗檢驗法 (机工虎钳检验法)	J47
4097-1989	B7081	手提電鑽用夾頭檢驗法 (手提电钻用夹头检验法)	K64
4168-1986	B7082	工具機精度檢驗通則 (工具机精度检验通则)	N19
4217-1978	B7083	扭絲鉗檢驗法 (扭丝钳检验法)	J47
4233-1978	B7084	扭矩式六角防鬆鋼螺帽機械性能及性質檢驗法 (扭矩式六角防松钢螺帽机械性能及性质检验法)	J13
4241-1978	B7085	螺栓、螺釘、螺帽電鍍層之檢驗法 (螺栓、螺钉、螺帽电镀层之检验法)	J13
4259-1982	B7086	膝型臥式銑床及萬能銑床精度檢驗標準 (膝型卧式铣床及万能铣床精度检验标准)	J41
4260-1982	B7087	膝型立式銑床精度檢驗標準 (膝型立式铣床精度检验标准)	J41
4261-1981	B7088	內圓磨床精度檢驗標準 (内圆磨床精度检验标准)	J55

标准号	台湾地区标准分类号	标准名称	中国标准分类
4262-1983	B7089	碳化物車刀性能試驗方法 (碳化物车刀性能试验方法)	J41
4263-1978	B7090	碳化物刀片檢驗標準 (碳化物刀片检验标准)	H72
4264-1978	B7091	碳化物刀片分類標準 (碳化物刀片分类标准)	H72
4265-1978	B7092	高速鋼車刀性能試驗方法 (高速钢车刀性能试验方法)	J41
4299-1981	B7094	外圓磨床及萬能磨床精度檢驗標準 (外圆磨床及万能磨床精度检验标准)	J55
4300-1985	B7095	往復床台型臥式平面磨床精度檢驗標準 (往复床台型卧式平面磨床精度检验标准)	J55
4301-1985	B7096	旋轉床台型立式平面磨床精度檢驗標準 (旋转床台型立式平面磨床精度检验标准)	J55
4302-1981	B7097	六角車床精度檢驗標準 (六角车床精度检验标准)	J53
4350-1982	B7098	立式搪車床精度檢驗標準 (立式搪车床精度检验标准)	J54
4351-1982	B7099	滾齒機精度檢驗標準 (滚齿机精度检验标准)	J56
4441-1978	B7100	無心磨床精度檢驗標準 (无心磨床精度检验标准)	J55
4487-2003	B7101	螺釘表面瑕疵檢驗法 (螺钉表面瑕疵检验法)	J13
4565-1978	B7102	工具機振動檢驗法 (工具机振动检验法)	J50
4600-1989	B7103	工具機噪音檢驗法 (工具机噪音检验法)	J50
4602-1986	B7104	水稻聯合收穫機檢驗法 (水稻联合收获机检验法)	B91
4666-1978	B7105	螺紋滾床檢驗標準 (螺纹滚床检验标准)	J62
4667-1978	B7106	冷鍛頭機檢驗標準(雙衝程式) (冷锻头机检验标准(双冲程序))	J62
4668-1978	B7107	整頭機檢驗標準 (整头机检验标准)	J59
4669-1978	B7108	螺帽型成機檢驗標準 (螺帽型成机检验标准)	J13
4672-1986	B7109	稻穀乾燥機檢驗法 (稻谷干燥机检验法)	B91
4728-1986	B7110	動力插秧機檢驗法 (动力插秧机检验法)	B91
4809-1994	B7111	木工機械精度檢驗通則 (木工机械精度检验通则)	J65
4810-1995	B7112	手押鉋機精度檢驗 (手押刨机精度检验)	J65
4811-1995	B7113	自動單面鉋機精度檢驗 (自动单面刨机精度检验)	J57
4812-1995	B7114	自動雙面鉋機精度檢驗 (自动双面刨机精度检验)	J65
4895-1982	B7115	弓鋸機精度檢驗標準 (弓锯机精度检验标准)	J57

标准号	台湾地区标准分类号	标准名称	中国标准分类
4896-1982	B7116	立式帶鋸機精度檢驗標準 (立式带锯机精度检验标准)	J57
4897-1982	B7117	臥式帶鋸機精度檢驗標準 (卧式带锯机精度检验标准)	J57
4961-1990	B7118	液壓壓床精度檢驗標準 (液压压床精度检验标准)	J62
4962-1982	B7119	剪機精度檢驗標準 (剪机精度检验标准)	J62
4963-1985	B7120	木台式鑽床精度檢驗標準 (木台式钻床精度检验标准)	J54
4964-1982	B7121	鑽銑機精度檢驗標準 (钻铣机精度检验标准)	J54
5008-1995	B7122	木工用縱鋸機 (木工用纵锯机)	J65
5009-1995	B7123	木工用單立軸機 (木工用单立轴机)	J65
5062-1979	B7124	工具機之操作方向 (工具机之操作方向)	J50
5192-2001	B7125	齒輪噪音量測法 (齿轮噪音量测法)	J17
5395-1991	B7126	液壓壓床動態檢驗法 (液压压床动态检验法)	J62
5397-1980	B7127	液壓用過濾器檢驗法 (液压用过滤器检验法)	J77
5483-1980	B7128	驗電起子檢驗法 (验电起子检验法)	J47
5486-1980	B7131	衝擊螺絲起子柄檢驗法 (冲击螺丝起子柄检验法)	J47
5487-2006	B7132	夾鉗與剪鉗—萬能鉗 (夹钳与剪钳—万能钳)	J47
5511-1983	B7133	數值控制工具機動態檢驗通則 (数值控制工具机动态检验通则)	J50
5512-1986	B7134	數值控制工具機精度檢驗通則 (数值控制工具机精度检验通则)	J50
5650-1980	B7135	瓦斯點火器檢驗法 (瓦斯点火器检验法)	Q82
5653-1980	B7136	水平儀檢驗法 (水平仪检验法)	N31
5654-1992	B7137	自行車用打氣筒檢驗法 (自行车用打气筒检验法)	Y69
5662-1980	B7141	工具機動態檢驗通則 (工具机动态检验通则)	J50
5663-1986	B7142	自動三面刨床精度檢驗標準 (自动三面刨床精度检验标准)	J57
5664-1986	B7143	自動四面刨床精度檢驗標準 (自动四面刨床精度检验标准)	J57
5665-1986	B7144	直立鑽床動態檢驗法 (直立钻床动态检验法)	J54
5679-1980	B7145	動力脫穀機檢驗法 (动力脱谷机检验法)	B91
5702-1980	B7146	液壓用齒輪泵檢驗法—排出口徑 10～50 mm (液压用齿轮泵检验法—排出口径 10～50 mm)	J20

标准号	台湾地区 标准分类号	标准名称	中国标准 分类
5704-1980	B7147	液壓用輪葉泵檢驗法—排出口徑 10～50 mm （液压用轮叶泵检验法—排出口径 10～50 mm）	J20
5706-1980	B7148	液壓用輪葉馬達檢驗法—口徑 20～50 mm （液压用轮叶马达检验法—口径 20～ 50mm）	J20
5708-1980	B7149	液壓用壓力補整流量控制閥檢驗法 （液压用压力补整流量控制阀检验法）	J20
5961-1993	B7150	閥之檢驗總則 （阀之检验总则）	J16
5975-1980	B7151	車床動態檢驗法 （车床动态检验法）	J53
5976-1980	B7152	膝型立式銑床動態檢驗法 （膝型立式铣床动态检验法）	J54
6304-1980	B7153	帶鋸機及其進給溜板之運轉檢驗法 （带锯机及其进给溜板之运转检验法）	J65
6305-1986	B7154	帶鋸機進給溜板精度檢驗標準 （带锯机进给溜板精度检验标准）	J65
6406-1987	B7155	模座组精度檢驗 （模座组精度检验）	J46
6552-1985	B7156	床台型臥式搪床動態檢驗法 （床台型卧式搪床动态检验法）	J54
6553-1980	B7157	內圓磨床動態檢驗法 （内圆磨床动态检验法）	J55
6737-1980	B7158	鋸帶伸展具之檢驗法 （锯带伸展具之检验法）	J57
6738-1985	B7159	旋轉床台型立式平面磨床動態檢驗法 （旋转床台型立式平面磨床动态检验法）	J55
6739-1980	B7160	鋸帶磨銳機 （锯带磨锐机）	J55
6999-1981	B7161	數值控制車床動態檢驗法 （数值控制车床动态检验法）	J53
7000-1993	B7162	數值控制車床精度檢驗標準 （数值控制车床精度检验标准）	J53
7336-1981	B7163	鉚釘檢驗總則 （铆钉检验总则）	J13
7777-1981	B7164	木台式車床精度檢驗標準 （木台式车床精度检验标准）	J53
7779-1981	B7165	送風機檢驗法 （送风机检验法）	J72
7874-1981	B7166	膝型臥式銑床及萬能銑床動態檢驗法 （膝型卧式铣床及万能铣床动态检验法）	J54
7875-1981	B7167	六角車床動態檢驗法 （六角车床动态检验法）	J53
7876-1981	B7168	外圓磨床及萬能磨床動態檢驗法 （外圆磨床及万能磨床动态检验法）	J55
7877-1985	B7169	往復床台型臥式平面磨床動態檢驗法 （往复床台型卧式平面磨床动态检验法）	J55
7942-1981	B7170	集塵裝置之性能測定法 （集尘装置之性能测定法）	J09
7952-1981	B7171	液壓缸檢驗法 （液压缸检验法）	J20
7954-1981	B7172	液壓用氣囊型蓄壓器檢驗法 （液压用气囊型蓄压器检验法）	J20

标准号	台湾地区 标准分类号	标准名称	中国标准 分类
7962-1986	B7173	數值控制床台型臥式搪床動態檢驗法 (数值控制床台型卧式搪床动态检验法)	J54
7963-1986	B7174	數值控制床台型臥式搪床精度檢驗標準 (数值控制床台型卧式搪床精度检验标准)	J54
7959-1983	B7175	固定調速式轉速計檢驗法 (固定调速式转速计检验法)	N13
7961-1981	B7176	攜帶型轉速計檢驗法 (携带型转速计检验法)	N13
8195-1985	B7177	液壓用副板型四通電磁操作閥檢驗法 (液压用副板型四通电磁操作阀检验法)	J20
8197-1982	B7178	液壓用電磁線圈總成檢驗法(乾式) (液压用电磁线圈总成检验法(干式))	J20
8214-1983	B7179	滑動軸承用捲製軸承襯檢驗法(外徑及內徑) (滑动轴承用卷制轴承衬检验法(外径及内径))	J12
8351-1983	B7180	數值控制膝型立式銑床動態檢驗法 (数值控制膝型立式铣床动态检验法)	J54
8352-1986	B7181	數值控制膝型立式銑床精度檢驗標準 (数值控制膝型立式铣床精度检验标准)	J54
8353-1982	B7182	滾齒機動態檢驗法 (滚齿机动态检验法)	J56
8469-1982	B7183	殼模造模機動態檢驗法 (壳模造模机动态检验法)	J61
8470-1986	B7184	殼模造模機精度檢驗標準 (壳模造模机精度检验标准)	J61
8471-1982	B7185	砂模造模機檢驗法 (砂模造模机检验法)	J61
8648-1982	B7186	無心磨床動態檢驗法 (无心磨床动态检验法)	J55
8650-1986	B7187	單板裁剪機動態檢驗法 (单板裁剪机动态检验法)	J62
8651-1986	B7188	單板裁剪機精度檢驗標準 (单板裁剪机精度检验标准)	J62
8763-1983	B7189	微小硬度試驗機檢驗法—維克氏硬度及克諾普硬度 (微小硬度试验机检验法—维克氏硬度及克诺普硬度)	N71
8765-1982	B7190	艾里克生凹壓試驗機檢驗法 (艾里克生凹压试验机检验法)	N71
8767-1989	B7191	蕭氏硬度試驗機檢驗法 (萧氏硬度试验机检验法)	N71
8933-1982	B7192	兩輪機車前後減震彈簧檢驗法 (两轮机车前后减震弹簧检验法)	T80
9069-1982	B7193	塑膠編織袋製造機檢驗法 (塑料编织袋制造机检验法)	G95
9070-1982	B7194	塑膠粉碎機檢驗法 (塑料粉碎机检验法)	G95
9071-1982	B7195	塑膠吹袋機檢驗法 (塑料吹袋机检验法)	G95
9210-1982	B7196	維克氏硬度試驗機檢驗法 (维克氏硬度试验机检验法)	N71
9212-1982	B7197	壓縮試驗機檢驗法 (压缩试验机检验法)	N71
9213-1982	B7198	萬能工具磨床動態檢驗法 (万能工具磨床动态检验法)	J55

标准号	台湾地区标准分类号	标准名称	中国标准分类
9214-1982	B7199	萬能工具磨床精度檢驗標準 (万能工具磨床精度检验标准)	J55
9339-1992	B7200	健身用腳踏車檢驗法 (健身用脚踏车检验法)	Y55
9342-1982	B7201	油封性能試驗法 (油封性能试验法)	J21
9353-1982	B7202	熱硬性樹脂製滑動軸承軸襯檢驗法 (热硬性树脂制滑动轴承轴衬检验法)	J12
9460-1982	B7203	膝型立臥複合銑床精度檢驗標準 (膝型立卧复合铣床精度检验标准)	J54
9461-1982	B7204	膝型立臥複合萬能銑床精度檢驗標準 (膝型立卧复合万能铣床精度检验标准)	J54
9462-1982	B7205	床台型臥式銑床動態檢驗法 (床台型卧式铣床动态检验法)	J54
9463-1982	B7206	床台型臥式銑床精度檢驗標準 (床台型卧式铣床精度检验标准)	J54
9464-1982	B7207	床台型立式銑床動態檢驗法 (床台型立式铣床动态检验法)	J54
9465-1982	B7208	床台型立式銑床精度檢驗標準 (床台型立式铣床精度检验标准)	J54
9467-1982	B7209	汽缸壓力試驗器檢驗法(汽油機用) (汽缸压力试验器检验法(汽油机用))	J20
9469-1982	B7210	火星塞測隙規檢驗法 (火星塞测隙规检验法)	T37
9471-1982	B7211	拉伸試驗機檢驗法 (拉伸试验机检验法)	N71
9473-1982	B7212	勃式硬度試驗機檢驗法 (勃式硬度试验机检验法)	N71
9474-1982	B7213	截割刀具檢驗法 (截割刀具检验法)	J41
9475-1983	B7214	數值控制立式六角及單軸鑽床動態檢驗法 (数值控制立式六角及单轴钻床动态检验法)	J54
9476-1986	B7215	數值控制立式六角及單軸鑽床精度檢驗標準 (数值控制立式六角及单轴钻床精度检验标准)	J54
9562-1982	B7216	自動車床之檢驗試棒 (自动车床之检验试棒)	J53
9563-1995	B7217	單軸自動車床(車頭固定型)動態檢驗法 (单轴自动车床(车头固定型)动态检验法)	J53
9564-1996	B7218	單軸自動車床(車頭固定型)精度檢驗 (单轴自动车床(车头固定型)精度检验)	J53
9565-1986	B7219	單軸自動車床(車頭移動型)精度檢驗標準 (单轴自动车床(车头移动型)精度检验标准)	J53
9566-1982	B7220	多軸自動車床精度檢驗標準 (多轴自动车床精度检验标准)	J53
9663-1982	B7221	多軸自動車床動態檢驗法 (多轴自动车床动态检验法)	J63
9664-1986	B7222	單軸自動車床(車頭移動型)動態檢驗法 (单轴自动车床(车头移动型)动态检验法)	J53
9667-2004	B7223	螺帽表面瑕疵檢驗法 (螺帽表面瑕疵检验法)	J13
9723-1986	B7224	切削中心機用托板之尺度 (切削中心机用托板之尺度)	J59

标准号	台湾地区标准分类号	标准名称	中国标准分类
9807-1983	B7227	工業用縫紉機之噪音測定法 （工业用缝纫机之噪音测定法）	Y17
9963-1998	B7228	檯式靈敏鑽床動態檢驗法 （台式灵敏钻床动态检验法）	J54
9964-1998	B7229	檯式靈敏鑽床精度檢驗 （台式灵敏钻床精度检验）	J54
9968-1995	B7230	工具機用鑽頭夾頭檢驗法 （工具机用钻头夹头检验法）	J52
10049-1983	B7231	材料試驗機用負載校準裝置檢驗法 （材料试验机用负载校准装置检验法）	A42
10050-1983	B7232	木工機械噪音檢驗法 （木工机械噪音检验法）	Z32
10149-1983	B7233	立式多軸鑽床之動態檢驗法 （立式多轴钻床之动态检验法）	J54
10150-1983	B7234	立式多軸鑽床之精度檢驗標準 （立式多轴钻床之精度检验标准）	J54
10151-1983	B7235	工模搪床之動態檢驗法 （工模搪床之动态检验法）	J54
10152-1983	B7236	工模搪床之精度檢驗標準 （工模搪床之精度检验标准）	J54
10213-1983	B7237	容積型壓縮機檢驗法 （容积型压缩机检验法）	J72
10214-1983	B7238	總壓力比 30 以下之空氣儲氣筒充氣用及軸馬力 5.5 kW 以下之小型往復壓縮機檢驗法 （总压力比 30 以下之空气储气筒充气用及轴马力 5.5 kW 以下之小型往复压缩机检验法）	J72
10219-1994	B7239	熱壓機精度檢驗法 （热压机精度检验法）	J54
10220-1994	B7240	木工銑床精度檢驗法 （木工铣床精度检验法）	J65
10221-1994	B7241	木工鑽及角鑿機精度檢驗法 （木工钻及角凿机精度检验法）	J65
10222-1994	B7242	作榫機精度檢驗法 （作榫机精度检验法）	J65
10223-1994	B7243	花鉋機精度檢驗法 （花刨机精度检验法）	J65
10224-1986	B7244	鉋刀研磨機精度檢驗標準 （刨刀研磨机精度检验标准）	J65
10225-1984	B7245	圓筒砂光機精度檢驗標準 （圆筒砂光机精度检验标准）	J65
10226-1998	B7246	寬帶砂光機精度檢驗 （宽带砂光机精度检验）	J65
10227-1995	B7247	佈膠機精度檢驗 （布胶机精度检验）	J65
10228-1995	B7248	合板刨光機精度檢驗 （合板刨光机精度检验）	B97
10229-1989	B7249	薄板刨邊機精度檢驗標準 （薄板刨边机精度检验标准）	J65
10230-1995	B7250	單板平切機精度檢驗 （单板平切机精度检验）	J65
10232-1989	B7251	立式內面拉床之動態檢驗法 （立式内面拉床之动态检验法）	J57

标准号	台湾地区标准分类号	标准名称	中国标准分类
10233-1989	B7252	立式内面拉床之精度檢驗標準 (立式内面拉床之精度检验标准)	J57
10311-1983	B7253	自動販賣檢驗法 (自动贩卖检验法)	K65
10423-1983	B7254	洛氏硬度試驗機及洛氏表面硬度試驗機檢驗法 (洛氏硬度试验机及洛氏表面硬度试验机检验法)	H22
10425-1983	B7255	沙丕衝擊試驗機檢驗法 (沙丕冲击试验机检验法)	N71
10539-1994	B7256	熱壓機動態檢驗法 (热压机动态检验法)	J54
10540-1994	B7257	木工銑床動態檢驗法 (木工铣床动态检验法)	J65
10541-1994	B7258	木工鑽及角鑿機動態檢驗法 (木工钻及角凿机动态检验法)	J65
10542-1994	B7259	作榫機動態檢驗法 (作榫机动态检验法)	J65
10543-1994	B7260	花鉋機動態檢驗法 (花刨机动态检验法)	J65
10544-1986	B7261	鉋刀研磨機動態檢驗法 (刨刀研磨机动态检验法)	J65
10734-1984	B7262	平車或跑車型自行車塑膠輪圈檢驗法 (平车或跑车型自行车塑料轮圈检验法)	Y14
10786-1984	B7263	圓筒砂光機動態檢驗法 (圆筒砂光机动态检验法)	J65
10787-1998	B7264	寬帶砂光機動態檢驗法 (宽带砂光机动态检验法)	J65
10788-1995	B7265	佈膠機動態檢驗法 (布胶机动态检验法)	J65
10789-1995	B7266	合板刨光機動態檢驗法 (合板刨光机动态检验法)	J65
10790-1989	B7267	薄板刨邊機動態檢驗法 (薄板刨边机动态检验法)	J65
10791-1995	B7268	單板平切機動態檢驗法 (单板平切机动态检验法)	B97
10868-1984	B7269	家庭用錯縱縫縫紉機縫製性能試驗方法 (家庭用错纵缝缝纫机缝制性能试验方法)	Y17
10956-1998	B7270	圓鋸機精度檢驗 (圆锯机精度检验)	J57
10957-1998	B7271	圓鋸機動態檢驗法 (圆锯机动态检验法)	J57
11329-1985	B7272	摩擦接合用高強度六角螺栓、六角螺帽及平墊圈組合件檢驗法 (摩擦接合用高强度六角螺栓、六角螺帽及平垫圈组合件检验法)	J13
11870-1987	B7273	冷媒壓縮機試驗法 (冷媒压缩机试验法)	J72
12210-1988	B7274	控制扭矩之高強度螺栓、六角螺帽及平墊圈組檢驗法 (控制扭矩之高强度螺栓、六角螺帽及平垫圈组检验法)	J13
12556-1989	B7275	太陽能集熱器集熱性能檢驗法 (太阳能集热器集热性能检验法)	F12
12557-1989	B7276	太陽能蓄熱槽蓄熱性能檢驗法 (太阳能蓄热槽蓄热性能检验法)	F12
12558-1989	B7277	自然循環式太陽能熱水系統檢驗法 (自然循环式太阳能热水系统检验法)	F12

标准号	台湾地区标准分类号	标准名称	中国标准分类
12754-1990	B7278	平行螺紋量規之檢驗法 （平行螺纹量规之检验法）	J42
12755-1990	B7279	推拔螺紋量規之檢驗法 （推拔螺纹量规之检验法）	J42
13135-1993	B7280	帶鋸機及送材裝置之試驗及檢驗法 （带锯机及送材装置之试验及检验法）	J65
13191-1993	B7281	木工帶鋸機之性能試驗及精度檢驗法 （木工带锯机之性能试验及精度检验法）	J65
13192-1993	B7282	帶鋸片伸整機之性能試驗及精度檢驗法 （带锯片伸整机之性能试验及精度检验法）	J65
13193-1993	B7283	迴轉式單板截剪機之性能試驗及精度檢驗法 （回转式单板截剪机之性能试验及精度检验法）	J65
13194-1993	B7284	雙端截鋸機之性能試驗及精度檢驗法 （双端截锯机之性能试验及精度检验法）	J65
13267-1993	B7285	木工鑽孔機之性能試驗及精度檢驗法 （木工钻孔机之性能试验及精度检验法）	J65
13268-1993	B7286	多軸鉋機之性能試驗及精度檢驗法 （多轴刨机之性能试验及精度检验法）	J65
13437-1994	B7287	鍋爐給水及鍋爐水之試驗法 （锅炉给水及锅炉水之试验法）	J98
13494-1995	B7288	立式切削中心機精度檢驗 （立式切削中心机精度检验）	J41
13495-1995	B7289	立式切削中心機動態檢驗法 （立式切削中心机动态检验法）	J41
14328-2006	B7290	個人住宅用升降機 （个人住宅用升降机）	Q78
14464-2003	B7291	無風管空氣調節機與熱泵之試驗法及性能等級 （无风管空气调节机与热泵之试验法及性能等级）	Q76
14635-2002	B7292	無負載或精加工情況下工具機運轉之幾何精度 （无负载或精加工情况下工具机运转之几何精度）	J50
14636-2002	B7293	數值控制工具機定位精度暨重現性檢驗通則 （数值控制工具机定位精度暨重现性检验通则）	J50
14637-2002	B7294	數值控制工具機圓弧檢驗通則 （数值控制工具机圆弧检验通则）	J50
14780-2003	B7295	螺帽之擴張試驗 （螺帽之扩张试验）	J13
14781-2003	B7296	螺帽之圓錐安全負載試驗 （螺帽之圆锥安全负载试验）	J13
14854-2004	B7297	閥之試驗—耐火型式試驗要求事項 （阀之试验—耐火型式试验要求事项）	J16
14881-2005	B7298	電子用夾鉗與剪鉗試驗法 （电子用夹钳与剪钳试验法）	J47
14941-2005	B7299	線放電加工機—精度檢驗 （线放电加工机—精度检验）	J59
15077-1-2007	B7300-1	切削中心機之檢驗條件—第1部：具水平主軸與附屬頭之幾何檢驗(水平Z軸) （切削中心机之检验条件—第1部：具水平主轴与附属头之几何检验(水平Z轴)）	J58
15077-2-2007	B7300-2	切削中心機之檢驗條件—第2部：具垂直主軸或萬向頭具垂直向主旋轉軸機器之幾何檢驗(垂直Z軸) （切削中心机之检验条件—第2部：具垂直主轴或万向头具垂直向主旋转轴机器之几何检验(垂直Z轴)）	J58

标准号	台湾地区标准分类号	标准名称	中国标准分类
15077-3-2008	B7300-3	切削中心機之檢驗條件—第3部:具整合型分段指示或連續萬向分度頭之機器幾何檢驗(垂直Z軸) (切削中心机之检验条件—第3部:具整合型分段指示或连续万向分度头之机器几何检验(垂直Z轴))	J50
15077-4-2007	B7300-4	切削中心機之檢驗條件—第4部:線性軸與旋轉軸之定位精度與重現性 (切削中心机之检验条件—第4部:线性轴与旋转轴之定位精度与重现性)	J58
15077-5-2007	B7300-5	切削中心機之檢驗條件—第5部:工件夾持托板之定位精度與重現性 (切削中心机之检验条件—第5部:工件夹持托板之定位精度与重现性)	J58
15077-6-2007	B7300-6	切削中心機之檢驗條件—第6部:進給、速率與插值之精度 (切削中心机之检验条件—第6部:进给、速率与插值之精度)	J58
15077-7-2007	B7300-7	切削中心機之檢驗條件—第7部:精加工之試件精度 (切削中心机之检验条件—第7部:精加工之试件精度)	J58
15077-8-2007	B7300-8	切削中心機之檢驗條件—第8部:在三個坐標平面內之輪廓性能評估 (切削中心机之检验条件—第8部:在三个坐标平面内之轮廓性能评估)	J58
15077-9-2008	B7300-9	切削中心機之檢驗條件—第9部:刀具與托板更換之操作時間評估 (切削中心机之检验条件—第9部:刀具与托板更换之操作时间评估)	J50
15173-2008	B7301	接風管型空氣調節機及空氣對空氣式熱泵之試驗法及性能等級 (接风管型空气调节机及空气对空气式热泵之试验法及性能等级)	J75

B8 自动化

标准号	台湾地区标准分类号	标准名称	中国标准分类
10955-2000	B8001	工業用機器人詞彙 (工业用机器人词汇)	L66
11057-1989	B8002	自動控制一般詞彙 (自动控制一般词汇)	N17
11258-1989	B8003	電腦輔助製造詞彙(有關自動倉庫系統之一般名詞) (计算机辅助制造词汇(有关自动仓库系统之一般名词))	N18
11258-1-1989	B8003-1	電腦輔助製造詞彙(有關自動倉庫系統之設備名詞) (计算机辅助制造词汇(有关自动仓库系统之设备名词))	J04
11258-2-1989	B8003-2	電腦輔助製造詞彙(有關自動倉庫系統之功能名詞) (计算机辅助制造词汇(有关自动仓库系统之功能名词))	J04
11258-3-1989	B8003-3	電腦輔助製造詞彙(有關自動倉庫系統之布置與排程名詞) (计算机辅助制造词汇(有关自动仓库系统之布置与排程名词))	N18
11258-4-1989	B8003-4	電腦輔助製造詞彙(有關群組技術之分類,編號系統與原理名詞) (计算机辅助制造词汇(有关群组技术之分类,编号系统与原理名词))	J04
11258-5-1989	B8003-5	電腦輔助製造詞彙(有關群組技術之功能與應用名詞) (计算机辅助制造词汇(有关群组技术之功能与应用名词))	J04
11258-6-1989	B8003-6	電腦輔助製造詞彙(有關彈性製造系統之組成元素與布置名詞) (计算机辅助制造词汇(有关弹性制造系统之组成元素与布置名词))	N18

标准号	台湾地区标准分类号	标准名称	中国标准分类
11258-7-1989	B8003-7	電腦輔助製造詞彙(有關彈性製造系統之自動化應用名詞) (计算机辅助制造词汇(有关弹性制造系统之自动化应用名词))	N18
11275-1989	B8004	電腦輔助設計詞彙 (计算机辅助设计词汇)	N18
11299-1-1997	B8005-1	感測與轉換詞彙(有關一般儀表技術之量測系統基本觀念名詞) (感测与转换词汇(有关一般仪表技术之量测系统基本观念名词))	N05
11299-2-1997	B8005-2	感測與轉換詞彙(有關一般儀表技術之感測基本觀念名詞) (感测与转换词汇(有关一般仪表技术之感测基本观念名词))	N05
11299-3-1997	B8005-3	感測與轉換詞彙(有關一般儀表技術之轉換基本觀念名詞) (感测与转换词汇(有关一般仪表技术之转换基本观念名词))	N05
11299-4-1997	B8005-4	感測與轉換詞彙(有關一般儀表技術之信號運算名詞) (感测与转换词汇(有关一般仪表技术之信号运算名词))	N05
11299-5-1997	B8005-5	感測與轉換詞彙(有關一般儀表技術之量測信號處理名詞) (感测与转换词汇(有关一般仪表技术之量测信号处理名词))	N05
11299-6-1997	B8005-6	感測與轉換詞彙(有關一般儀表技術之顯示與紀錄名詞) (感测与转换词汇(有关一般仪表技术之显示与纪录名词))	N05
11299-7-1997	B8005-7	感測與轉換詞彙(有關量測方法與裝備名詞) (感测与转换词汇(有关量测方法与装备名词))	N05
11381-1985	B8006	可靠度詞彙(一般詞彙) (可靠度词汇(一般词汇))	A22
11381-1-1985	B8006-1	可靠度詞彙(有關故障之詞彙) (可靠度词汇(有关故障之词汇))	A22
11381-2-1985	B8006-2	可靠度詞彙(有關維護度之詞彙) (可靠度词汇(有关维护度之词汇))	A22
11381-3-1985	B8006-3	可靠度詞彙(有關設計之詞彙) (可靠度词汇(有关设计之词汇))	A22
11381-4-1985	B8006-4	可靠度詞彙(有關試驗之詞彙) (可靠度词汇(有关试验之词汇))	A22
11381-5-1985	B8006-5	可靠度詞彙(有關時間之詞彙) (可靠度词汇(有关时间之词汇))	A22
11381-6-1985	B8006-6	可靠度詞彙(有關管理與分布之詞彙) (可靠度词汇(有关管理与分布之词汇))	A22
11642-1997	B8007	液壓及氣壓基本詞彙 (液压及气压基本词汇)	J20
11642-1-1997	B8007-1	液壓及氣壓之能量轉換詞彙 (液压及气压之能量转换词汇)	J20
11642-2-1997	B8007-2	液壓及氣壓之能量控制詞彙 (液压及气压之能量控制词汇)	J20
11642-3-1997	B8007-3	液壓及氣壓之控制用元件及迴路詞彙 (液压及气压之控制用组件及回路词汇)	J20
11642-4-1997	B8007-4	液壓及氣壓之其他元組件詞彙 (液压及气压之其他元组件词汇)	J01
13989-1997	B8008	生產自動化與庫存管理詞彙(一般名詞) (生产自动化与库存管理词汇(一般名词))	J04
13989-1-1997	B8008-1	生產自動化與庫存管理詞彙(有關庫存管理之名詞) (生产自动化与库存管理词汇(有关库存管理之名词))	J04
13989-2-1997	B8008-2	生產自動化與庫存管理詞彙(有關物料需求規劃之名詞) (生产自动化与库存管理词汇(有关物料需求规划之名词))	J04
13989-3-1997	B8008-3	生產自動化與庫存管理詞彙(有關生產管理之名詞) (生产自动化与库存管理词汇(有关生产管理之名词))	J04

标准号	台湾地区 标准分类号	标准名称	中国标准 分类
13989-4-1997	B8008-4	生產自動化與庫存管理詞彙(有關產能規劃之名詞) (生产自动化与库存管理词汇(有关产能规划之名词))	J04
13989-5-1997	B8008-5	生產自動化與庫存管理詞彙(有關預測之名詞) (生产自动化与库存管理词汇(有关预测之名词))	J04
13989-6-1997	B8008-6	生產自動化與庫存管理詞彙(有關採購之名詞) (生产自动化与库存管理词汇(有关采购之名词))	J04
14486-2000	B8009	工業用機器人之機械介面—圓形介面(A式) (工业用机器人之机械接口—圆形接口(A式))	J28
14487-2000	B8010	工業用機器人之機械介面—軸式介面(A式) (工业用机器人之机械接口—轴式接口(A式))	J28
14488-2000	B8011	工業用機器人—坐標系統與運動術語 (工业用机器人—坐标系统与运动术语)	J28
14489-2000	B8012	工業用機器人—特性之標示 (工业用机器人—特性之标示)	J28
14490-2000	B8013	工業用機器人—安全性 (工业用机器人—安全性)	J28
14491-2000	B8014	工業用機器人—性能準則與相關試驗法 (工业用机器人—性能准则与相关试验法)	J28
14604-2001	B8015	工業用機器人—端效器自動交換系統—詞彙及特性 (工业用机器人—端效器自动交换系统—词汇及特性)	J28
14671-2002	B8016	工業用機器人—電磁相容性試驗方法及性能評估準則—指引 (工业用机器人—电磁兼容性试验方法及性能评估准则—指引)	N17
14714-2003	B8017	工業用機器人電阻銲槍用之氣缸——般要求 (工业用机器人电阻焊枪用之气缸——般要求)	J64
14715-2003	B8018	工業用機器人電阻銲接—銲槍之變壓器 (工业用机器人电阻焊接—焊枪之变压器)	J64
14716-2003	B8019	工業用機器人—應用上之測試—點銲 (工业用机器人—应用上之测试—点焊)	N17
14782-2003	B8020	工業用機器人性能評估作業之測試儀器與量測方法 (工业用机器人性能评估作业之测试仪器与量测方法)	L66

电机工程

标准号	台湾地区标准分类号	标准名称	中国标准分类

C1 一　般

标准号	台湾地区标准分类号	标准名称	中国标准分类
31-1980	C1001	電線尺度 (电线尺度)	K10
32-1980	C1002	銅之電阻 (铜之电阻)	H21
33-1988	C1003	輸電及配電之標稱電壓 (输电及配电之标称电压)	K04
42-1988	C1004	電力系統供電頻率 (电力系统供电频率)	K04
102-1988	C1005	詢價與訂購電機應開列之條款(中小型直流發電機) (询价与订购电机应开列之条款(中小型直流发电机))	K23
103-1988	C1006	詢價與訂購電機應開列之條款(中小型直流電動機) (询价与订购电机应开列之条款(中小型直流电动机))	K04
104-1988	C1007	詢價與訂購電機應開列之條款(中小型同步交流發電機) (询价与订购电机应开列之条款(中小型同步交流发电机))	K20
105-1988	C1008	詢價與訂購電機應開列之條款(中小型同步電動機) (询价与订购电机应开列之条款(中小型同步电动机))	K21
106-1988	C1009	詢價與訂購電機應開列之條款(中小型感應電動機) (询价与订购电机应开列之条款(中小型感应电动机))	K22
107-1988	C1010	詢價與訂購電機應開列之條款(中小型同步變流機) (询价与订购电机应开列之条款(中小型同步变流机))	K21
108-1988	C1011	詢價與訂購電機應開列之條款(中小型變壓器) (询价与订购电机应开列之条款(中小型变压器))	K41
299-1988	C1013	指示電計器標準 (指示电计器标准)	A01
316-1974	C1014	標稱低電壓(未滿 100 伏) (标称低电压(未满 100 伏))	K00
317-1994	C1015	標準電流定額 (标准电流定额)	K00
400-1994	C1016	電量文字符號 (电量文字符号)	K04
401-1982	C1017	電機工程製圖符號(制定及分類) (电机工程制图符号(制定及分类))	K04
402-1982	C1018	基本符號(電力工程用) (基本符号(电力工程用))	K04
403-1982	C1019	電網及線路符號 (电网及线路符号)	K40
404-1957	C1020	開關及控制設備符號 (开关及控制设备符号)	K30
405-1957	C1021	直流電機符號 (直流电机符号)	K23
406-1957	C1022	交流電機符號 (交流电机符号)	K22
407-1982	C1023	變壓器符號 (变压器符号)	K41
408-1957	C1024	整流器符號 (整流器符号)	K46
409-1957	C1025	儀器用互感器符號 (仪器用互感器符号)	N28

标准号	台湾地区标准分类号	标准名称	中国标准分类
410-1957	C1026	計器符號 (计器符号)	N20
411-1980	C1027	電驛及接點之符號 (电驿及接点之符号)	K33
412-1957	C1028	保護設備符號 (保护设备符号)	K04
2659-1966	C1034	低壓線架 (低压线架)	K36
2801-1967	C1035	絕緣劑(一般電器用) (绝缘剂(一般电器用))	K15
3071-1993	C1036	旋轉電機標準尺度 (旋转电机标准尺度)	K20
3202-1992	C1037	吊車用電動機尺度 (吊车用电动机尺度)	K26
3376-1983	C1038	一般用電機具防爆構造通則 (一般用电机具防爆构造通则)	K35
3376-0-2008	C1038-0	爆炸性環境—第0部:設備之一般規定 (爆炸性环境—第0部:设备之一般规定)	K35
3376-1-2008	C1038-1	爆炸性環境—第1部:耐壓防爆外殼構造"d"之設備保護 (爆炸性环境—第1部:耐压防爆外壳构造"d"之设备保护)	K35
3376-10-2002	C1038-10	爆炸性氣體環境用電機設備—第10部:危險區域劃分 (爆炸性气体环境用电机设备—第10部:危险区域划分)	K35
3376-11-2002	C1038-11	爆炸性氣體環境用電機設備—第11部:本質安全"i" (爆炸性气体环境用电机设备—第11部:本质安全"i")	K35
3376-12-2002	C1038-12	爆炸性氣體環境用電機設備—第12部:依據最大實驗安全間隙及最小引燃電流對混合氣體或蒸氣之分類 (爆炸性气体环境用电机设备—第12部:依据最大实验安全间隙及最小引燃电流对混合气体或蒸气之分类)	K35
3376-13-2002	C1038-13	爆炸性氣體環境用電機設備—第13部:機房或建物加壓保護構造及使用 (爆炸性气体环境用电机设备—第13部:机房或建物加压保护构造及使用)	K35
3376-14-2002	C1038-14	爆炸性氣體環境用電機設備—第14部:危險區域之電機設備裝置(不包含礦坑用) (爆炸性气体环境用电机设备—第14部:危险区域之电机设备装置(不包含矿坑用))	K35
3376-15-2002	C1038-15	爆炸性氣體環境用電機設備—第15部:保護型式"n" (爆炸性气体环境用电机设备—第15部:保护型式"n")	K35
3376-16-2002	C1038-16	爆炸性氣體環境用電機設備—第16部:分析室機械通風防爆構造 (爆炸性气体环境用电机设备—第16部:分析室机械通风防爆构造)	K35
3376-17-2002	C1038-17	爆炸性氣體環境用電機設備—第17部:安裝於危險區域電機設備之檢查和維護(不包含礦坑用) (爆炸性气体环境用电机设备—第17部:安装于危险区域电机设备之检查和维护(不包含矿坑用))	K35
3376-18-2002	C1038-18	爆炸性氣體環境用電機設備—第18部:模鑄防爆構造"m" (爆炸性气体环境用电机设备—第18部:模铸防爆构造"m")	K35
3376-19-2002	C1038-19	爆炸性氣體環境用電機設備—第19部:爆炸性氣體環境用設備之修護與檢修(不包含礦坑用或爆炸物) (爆炸性气体环境用电机设备—第19部:爆炸性气体环境用设备之修护与检修(不包含矿坑用或爆炸物))	K35

标 准 号	台湾地区标准分类号	标 准 名 称	中国标准分 类
3376-2-2008	C1038-2	爆炸性環境—第 2 部:正壓外殼構造“p”之設備保護 (爆炸性环境—第 2 部:正压外壳构造“p”之设备保护)	K35
3376-20-2002	C1038-20	爆炸性氣體環境用電機設備—第 20 部:與使用電機設備有關之可燃性氣體與蒸氣之資料 (爆炸性气体环境用电机设备—第 20 部:与使用电机设备有关之可燃性气体与蒸气之资料)	K35
3376-4-2002	C1038-4	爆炸性氣體環境用電機設備—第 4 部:引燃溫度測試方法 (爆炸性气体环境用电机设备—第 4 部:引燃温度测试方法)	K35
3376-5-2002	C1038-5	爆炸性氣體環境用電機設備—第 5 部:填粉防爆構造“q” (爆炸性气体环境用电机设备—第 5 部:填粉防爆构造“q”)	K35
3376-6-2008	C1038-6	爆炸性環境—第 6 部:油浸構造“o”之設備保護 (爆炸性环境—第 6 部:油浸构造“o”之设备保护)	K35
3376-7-2008	C1038-7	爆炸性環境—第 7 部:增加安全構造“e”之設備保護 (爆炸性环境—第 7 部:增加安全构造“e”之设备保护)	K35
3377-1988	C1039	一般用防爆構造白熾燈具 (一般用防爆构造白炽灯具)	K35
3620-1994	C1040	無端環狀磁帶盒尺度標準 (无端环状磁带盒尺度标准)	G82
3621-1994	C1041	陶磁鐵心通則 (陶磁铁心通则)	L19
3663-1994	C1042	旋轉式開關 (旋转式开关)	K31
3988-2000	C1043	控制器具之絕緣電阻及耐電壓 (控制器具之绝缘电阻及耐电压)	K40
3989-1991	C1044	低電壓電動機控制中心 (低电压电动机控制中心)	K30
3996-1994	C1045	配電盤及盤裝器具之顏色 (配电盘及盘装器具之颜色)	K36
4380-1982	C1046	控制機構的絕緣距離 (控制机构的绝缘距离)	K30
5017-1984	C1047	電阻電焊機總則 (电阻电焊机总则)	J64
5018-1979	C1048	電焊機線路圖 (电焊机线路图)	J64
5019-1979	C1049	電焊機用線路圖符號 (电焊机用线路图符号)	J64
5023-1984	C1050	點焊用電極嘴之形狀及尺度 (点焊用电极嘴之形状及尺度)	J33
5202-2000	C1051	地線及中性線色別及端子符號通則 (地线及中性线色别及端子符号通则)	K10
5312-1980	C1052	照明燈類玻殼之形狀及其代號 (照明灯类玻壳之形状及其代号)	K74
5313-1980	C1053	鎢絲白熾燈之燈絲形狀及其代號 (钨丝白炽灯之灯丝形状及其代号)	K71
5419-1994	C1054	感應電動機之起動分類 (感应电动机之起动分类)	K23
5421-1999	C1055	三相感應電動機特性計算法 (三相感应电动机特性计算法)	K22
5428-1985	C1056	單頭插頭、插口 (单头插头、插口)	M05
5525-1983	C1057	順序控制接線展開圖 (顺序控制接线展开图)	K04

标准号	台湾地区标准分类号	标准名称	中国标准分类
5526-1983	C1058	旋轉電機順序控制符號 （旋转电机顺序控制符号）	K20
5527-1983	C1059	變壓器及整流器順序控制符號 （变压器及整流器顺序控制符号）	K40
5528-1983	C1060	斷路器及開關順序控制符號 （断路器及开关顺序控制符号）	K31
5529-1983	C1061	電阻器順序控制符號 （电阻器顺序控制符号）	K32
5530-1983	C1062	電驛順序控制符號 （电驿顺序控制符号）	K33
5531-1983	C1063	計器順序控制符號 （计器顺序控制符号）	N04
5532-1983	C1064	一般使用順序控制符號 （一般使用顺序控制符号）	K04
5533-1983	C1065	功能順序控制符號 （功能顺序控制符号）	K04
5740-1994	C1066	交流旋轉電機之標么值 （交流旋转电机之标么值）	K22
5741-1980	C1067	指示燈及按鈕之顏色 （指示灯及按钮之颜色）	K70
6014-1994	C1068	電絕緣相關名詞釋義 （电绝缘相关名词释义）	K04
6015-1994	C1069	絕緣紙相關名詞釋義 （绝缘纸相关名词释义）	Y32
6017-1980	C1071	絕緣連接線相關名詞之解釋 （绝缘连接线相关名词之解释）	K15
6056-1992	C1072	低壓配線用熔線通則 （低压配线用熔线通则）	K31
6432-1984	C1073	小型燈泡名稱之訂定法 （小型灯泡名称之订定法）	K71
6765-1994	C1074	第二類電器絕緣構造總則 （第二类电器绝缘构造总则）	K30
6768-1985	C1075	屋內配線用電線連接器總則 （屋内配线用电线连接器总则）	K30
6769-1980	C1076	電纜直接埋入混凝土中施工法 （电缆直接埋入混凝土中施工法）	P91
6887-1986	C1077	電磁圈總則 （电磁圈总则）	L17
7211-1983	C1078	三相感應電動機端子符號對照 （三相感应电动机端子符号对照）	A01
7621-1981	C1079	控制用開關通則 （控制用开关通则）	A00
8357-1988	C1080	電絕緣用雲母製品通則 （电绝缘用云母制品通则）	K15
8372-1982	C1081	氧化鐵製棒狀及板狀天線鐵心尺度 （氧化铁制棒状及板状天线铁心尺度）	L19
8373-1982	C1082	氧化鐵製 E 型鐵心尺度 （氧化铁制 E 型铁心尺度）	H61
8374-1982	C1083	氧化鐵製螺旋形鐵心尺度 （氧化铁制螺旋形铁心尺度）	L19
8375-1982	C1084	氧化鐵製壺形鐵心尺度 （氧化铁制壶形铁心尺度）	H61

标准号	台湾地区标准分类号	标准名称	中国标准分类
8376-1982	C1085	氧化鐵製U形鐵心尺度 (氧化铁制U形铁心尺度)	L19
8377-1982	C1086	氧化鐵製偏向鐵心尺度 (氧化铁制偏向铁心尺度)	H61
9080-1994	C1087	電子設備用固定電阻器色碼 (电子设备用固定电阻器色码)	L13
9093-1982	C1088	磁性放大器總則 (磁性放大器总则)	L19
9100-1982	C1089	分電盤總則 (分电盘总则)	K36
9101-1987	C1090	屋內配線設計圖符號總則 (屋内配线设计图符号总则)	K04
9102-1987	C1091	屋內配線設計圖開關類符號 (屋内配线设计图开关类符号)	K31
9103-1987	C1092	屋內配線設計圖電驛類符號 (屋内配线设计图电驿类符号)	K33
9104-1987	C1093	屋內配線設計圖計器類符號 (屋内配线设计图计器类符号)	N04
9105-1987	C1094	屋內配線設計圖電機類符號 (屋内配线设计图电机类符号)	K20
9106-1987	C1095	屋內配線設計圖變比器類符號 (屋内配线设计图变比器类符号)	N04
9107-1987	C1096	屋內配線設計圖連接類符號 (屋内配线设计图连接类符号)	K30
9108-1987	C1097	屋內配線設計圖配電箱類符號 (屋内配线设计图配电箱类符号)	K36
9109-1987	C1098	屋內配線設計圖配線類符號 (屋内配线设计图配线类符号)	K10
9110-1987	C1099	屋內配線設計圖匯流排槽類符號 (屋内配线设计图汇流排槽类符号)	K10
9111-1987	C1100	屋內配線設計圖電燈、插座類符號 (屋内配线设计图电灯、插座类符号)	K10
9112-1987	C1101	屋內配線設計圖電話、電鈴類符號 (屋内配线设计图电话、电铃类符号)	M40/Y69
9113-1987	C1102	屋內配線設計圖火警警報系統類符號 (屋内配线设计图火警警报系统类符号)	C81
9114-1987	C1103)	屋內配線設計圖電視、播音類符號 (屋内配线设计图电视、播音类符号)	M70
9115-1994	C1104	照明用玻璃罩與吊裝配合尺寸 (照明用玻璃罩与吊装配合尺寸)	K74
9355-1982	C1105	絕緣器及套管名詞 (绝缘器及套管名词)	K48
9356-1985	C1106	600 V以下空斷開關及空氣斷路器之最小啟斷距離 (600 V以下空断开关及空气断路器之最小启断距离)	K31
9357-1982	C1107	電力儀表耐候性能 (电力仪表耐候性能)	N20
9817-1983	C1108	一般用電機具耐壓防爆構造 (一般用电机具耐压防爆构造)	K35
9818-1983	C1109	一般用電機具油中防爆構造 (一般用电机具油中防爆构造)	K35
9819-1983	C1110	一般用電機具內壓防爆構造 (一般用电机具内压防爆构造)	K35

标准号	台湾地区标准分类号	标准名称	中国标准分类
9820-1983	C1111	一般用電機具增加安全防爆構造 (一般用电机具增加安全防爆构造)	K35
9821-1983	C1112	一般用電機具本質安全防爆構造 (一般用电机具本质安全防爆构造)	K35
9822-1983	C1113	一般用電機具防爆構造之禁鬆構造 (一般用电机具防爆构造之禁松构造)	K35
9824-1983	C1114	一般用電機具防爆構造與出線盒間導線連接法 (一般用电机具防爆构造与出线盒间导线连接法)	K35
9825-1983	C1115	一般用電機具防爆構造之出線盒與外部導線連接法 (一般用电机具防爆构造之出线盒与外部导线连接法)	K35
9827-2001	C1116	花線安全電流 (花线安全电流)	K12
9828-1988	C1117	硬質 PVC 管配線安全電流 (硬质 PVC 管配线安全电流)	K10
9829-1988	C1118	導線管槽配線安全電流 (导线管槽配线安全电流)	K10
9830-1988	C1119	瓷絕緣子配線安全電流 (瓷绝缘子配线安全电流)	K15
9831-1988	C1120	周圍溫度對導線安全電流之影響 (周围温度对导线安全电流之影响)	K10
10320-1983	C1121	線圈用鐵心試驗一般規則 (线圈用铁心试验一般规则)	L19
10324-1993	C1122	低壓三相鼠籠型感應電動機標準尺度(特殊框號用,臥式) (低压三相鼠笼型感应电动机标准尺度(特殊框号用,卧式))	K22
10325-1993	C1123	低壓三相鼠籠型感應電動機標準尺度(特殊框號用,凸緣式) (低压三相鼠笼型感应电动机标准尺度(特殊框号用,凸缘式))	K20
10326-1993	C1124	凸緣式旋轉電機外型幾何公差 (凸缘式旋转电机外型几何公差)	K20
10606-1983	C1125	電容式點焊機之焊接能力 (电容式点焊机之焊接能力)	J64
10611-1987	C1126	旋轉電機端子符號及旋轉方向 (旋转电机端子符号及旋转方向)	K20
10649-1983	C1127	靜態電驛順序控制符號 (静态电驿顺序控制符号)	K33
10740-1984	C1128	熔線名詞 (熔线名词)	K31
10902-1991	C1129	電燈泡燈帽及燈座種類及尺度 (电灯泡灯帽及灯座种类及尺度)	K70
10904-1994	C1130	電燈泡試驗法總則 (电灯泡试验法总则)	K70
10912-1984	C1131	電機用炭刷尺度 (电机用炭刷尺度)	K16
10913-1984	C1132	電工用銅材電阻係數及導電率 (电工用铜材电阻系数及导电率)	H62
11443-1985	C1136	驅動裝置及綜合表示誤差容許限度 (驱动装置及综合表示误差容许限度)	N28
11445-1-1998	C1137-1	旋轉電機之定額及性能總則 (旋转电机之定额及性能总则)	K20
11445-2-1998	C1137-2	旋轉電機損失與效率試驗法 (旋转电机损失与效率试验法)	K20
11445-4-1998	C1137-4	同步機電機參數試驗法 (同步机电机参数试验法)	K21

标准号	台湾地区标准分类号	标准名称	中国标准分类
11445-5-1998	C1137-5	旋轉電機外殼保護等級分類(IP碼) (旋转电机外壳保护等级分类(IP码))	K20
11445-6-1998	C1137-6	旋轉電機之冷卻方式(IC碼) (旋转电机之冷却方式(IC码))	K20
11445-7-1998	C1137-7	旋轉電機構造型式和安裝配置之分類(IM碼) (旋转电机构造型式和安装配置之分类(IM码))	K20
11445-8-1998	C1137-8	旋轉電機端子符號及旋轉方向 (旋转电机端子符号及旋转方向)	K20
11445-9-1998	C1137-9	旋轉電機之噪音限度 (旋转电机之噪音限度)	K20/Z67
12354-1988	C1138	線規與公制直徑及有效截面積對照表 (线规与公制直径及有效截面积对照表)	A51
12355-1988	C1139	美規絞線與公制直徑及有效截面積對照表 (美规绞线与公制直径及有效截面积对照表)	K11
12356-1988	C1140	三相220 V一般用電動機動配線及保護設備 (三相220 V一般用电动机动配线及保护设备)	K22
12357-1988	C1141	低壓絕緣電線最高容許溫度 (低压绝缘电线最高容许温度)	K12
12490-1989	C1142	設備用圖符號標示總則 (设备用图符号标示总则)	K04
12491-1989	C1143	電機電子設備用圖符號(總則) (电机电子设备用图符号(总则))	L04
12491-1-1989	C1143-1	電機電子設備用圖符號(電源,電壓) (电机电子设备用图符号(电源,电压))	K04/L04
12491-10-1989	C1143-10	電機電子設備用圖符號(電視,視頻) (电机电子设备用图符号(电视,视频))	M63
12491-11-1989	C1143-11	電機電子設備用圖符號(洗滌機,洗碟機) (电机电子设备用图符号(洗涤机,洗碟机))	K65
12491-12-1989	C1143-12	電機電子設備用圖符號(放射性設備) (电机电子设备用图符号(放射性设备))	A22
12491-13-1989	C1143-13	電機電子設備用圖符號(醫療設備) (电机电子设备用图符号(医疗设备))	C30
12491-14-1989	C1143-14	電機電子設備用圖符號(影像) (电机电子设备用图符号(影像))	M71
12491-2-1989	C1143-2	電機電子設備用圖符號(一般) (电机电子设备用图符号(一般))	L04/K04
12491-3-1989	C1143-3	電機電子設備用圖符號(移動,動作,運轉,調整) (电机电子设备用图符号(移动,动作,运转,调整))	L04/K04
12491-4-1989	C1143-4	電機電子設備用圖符號(警報,信號,濾波器) (电机电子设备用图符号(警报,信号,滤波器))	L04/K04
12491-5-1989	C1143-5	電機電子設備用圖符號(數位傳輸) (电机电子设备用图符号(数字传输))	L78
12491-6-1989	C1143-6	電機電子設備用圖符號(電信) (电机电子设备用图符号(电信))	M04
12491-7-1989	C1143-7	電機電子設備用圖符號(雷達控制台,無線電測向儀) (电机电子设备用图符号(雷达控制台,无线电测向仪))	M50
12491-8-1989	C1143-8)	電機電子設備用圖符號(音響,說,聽) (电机电子设备用图符号(音响,说,听))	M63
12491-9-1989	C1143-9	電機電子設備用圖符號(記錄,重現) (电机电子设备用图符号(记录,重现))	A22

标准号	台湾地区标准分类号	标准名称	中国标准分类
12757-1990	C1144	工業計控器性能表示法通則 (工业计控器性能表示法通则)	N18
12839-1991	C1145	電力電纜地下埋設施工法 (电力电缆地下埋设施工法)	P04
13802-1-1997	C1146-1	電機工程製圖符號(一般規定) (电机工程制图符号(一般规定))	J04
13802-10-1997	C1146-10	電機工程製圖符號(電信:傳輸) (电机工程制图符号(电信:传输))	M04
13802-11-1997	C1146-11	電機工程製圖符號(建築及地形學之裝置圖與製圖) (电机工程制图符号(建筑及地形学之装置图与制图))	J04
13802-2-1997	C1146-2	電機工程製圖符號(符號元件、特定符號及其他通用符號) (电机工程制图符号(符号组件、特定符号及其他通用符号))	Y11
13802-3-1997	C1146-3	電機工程製圖符號(導體及連接裝置) (电机工程制图符号(导体及连接装置))	J04
13802-4-1997	C1146-4	電機工程製圖符號(被動組件) (电机工程制图符号(被动组件))	J04
13802-5-1997	C1146-5	電機工程製圖符號(半導體及電子管) (电机工程制图符号(半导体及电子管))	J04
13802-6-1997	C1146-6	電機工程製圖符號(電能之產生及轉換) (电机工程制图符号(电能之产生及转换))	Y11
13802-7-1997	C1146-7	電機工程製圖符號(開關設備、控制設備及保護設備) (电机工程制图符号(开关设备、控制设备及保护设备))	J04
13802-8-1997	C1146-8	電機工程製圖符號(測試儀器、電燈及信號設備) (电机工程制图符号(测试仪器、电灯及信号设备))	J04
13802-9-1997	C1146-9	電機工程製圖符號(電信:交換及周邊設備) (电机工程制图符号(电信:交换及接口设备))	J04
14165-1998	C1147	電器外殼保護分類等級(IP 碼) (电器外壳保护分类等级(IP 码))	K09
14952-1-2005	C1148-1	電氣絕緣材料之耐熱性測定指引—第 1 部:老化程序與試驗結果評估之一般導引 (电气绝缘材料之耐热性测定指引—第 1 部:老化程序与试验结果评估之一般导引)	K15
14952-2-2005	C1148-2	電氣絕緣材料之耐熱性測定指引—第 2 部:試驗準則之選定 (电气绝缘材料之耐热性测定指引—第 2 部:试验准则之选定)	K15
14952-3-1-2005	C1148-3-1	電氣絕緣材料之耐熱性測定指引—第 3 部:耐熱特性計算之說明—第 1 章:利用常態分配完整資料的平均值進行計算 (电气绝缘材料之耐热性测定指引—第 3 部:耐热特性计算之说明—第 1 章:利用常态分配完整数据的平均值进行计算)	K15
14952-3-2-2005	C1148-3-2	電氣絕緣材料之耐熱性測定指引—第 3 部:耐熱特性計算之說明—第 2 章:不完整資料的計算—以包含中間時間到終止點之等量試驗群組驗證試驗結果 (电气绝缘材料之耐热性测定指引—第 3 部:耐热特性计算之说明—第 2 章:不完整数据的计算—以包含中间时间到终止点之等量试验群组验证试验结果)	K15
14952-4-1-2005	C1148-4-1	電氣絕緣材料之耐熱性測定指引—第4 部:老化箱—第 1 章:單室老化箱 (电气绝缘材料之耐热性测定指引—第 4 部:老化箱—第 1 章:单室老化箱)	K15
14953-2005	C1149	電氣絕緣系統之評估與鑑定指引 (电气绝缘系统之评估与鉴定指引)	K15
14954-2005	C1150	電氣絕緣系統功能評估之原則性觀點—老化歷程與診斷程序 (电气绝缘系统功能评估之原则性观点—老化历程与诊断程序)	K15

标 准 号	台湾地区 标准分类号	标 准 名 称	中国标准 分 类
14955-2005	C1151	電氣絕緣系統之耐熱性評估試驗程序先導指引 (电气绝缘系统之耐热性评估试验程序先导指引)	K15
14956-2005	C1152	基於使用經驗與功能試驗之絕緣系統性能評估 (基于使用经验与功能试验之绝缘系统性能评估)	K15
14957-2005	C1153	電氣絕緣之耐熱性評估與分級 (电气绝缘之耐热性评估与分级)	K15

C2 电 线 电 缆

标 准 号	台湾地区 标准分类号	标 准 名 称	中国标准 分 类
546-2004	C2001	300 V 橡膠絕緣花線 (300 V 橡胶绝缘花线)	K12
666-1995	C2002	裸硬銅單電線 (裸硬铜单电线)	K12
668-1995	C2004	裸硬銅絞電線 (裸硬铜绞电线)	K12
670-1995	C2005	鍍錫軟銅單電線 (镀锡软铜单电线)	K12
672-1995	C2007	鍍錫軟銅絞電線 (镀锡软铜绞电线)	K12
675-2004	C2010	600 V 橡膠絕緣電線 (600 V 橡胶绝缘电线)	K12
679-1998	C2012	600 V 聚氯乙烯絕緣電線 (600 V 聚氯乙烯绝缘电线)	K12
1364-1995	C2030	裸軟銅單電線 (裸软铜单电线)	K11
1365-1995	C2031	裸軟銅絞電線 (裸软铜绞电线)	K11
1366-1995	C2032	鍍錫硬銅單電線 (镀锡硬铜单电线)	K11
1367-1995	C2033	鍍錫硬銅絞電線 (镀锡硬铜绞电线)	K11
1368-1995	C2034	裸半硬銅單電線 (裸半硬铜单电线)	K11
1369-1987	C2035	塑膠(聚乙烯)風雨電線 (塑料(聚乙烯)风雨电线)	K12
2063-1987	C2036	尼龍被覆電話線(架設通信線路用) (尼龙被覆电话线(架设通信线路用))	Q25
2146-1987	C2037	600 V 橡膠絕緣鉛被覆電纜 (600 V 橡胶绝缘铅被覆电缆)	K15
2182-1997	C2038	油性樹脂瓷漆包銅線 (油性树脂瓷漆包铜线)	K12
2183-1997	C2039	聚酯漆包銅線 (聚酯漆包铜线)	K12
2184-1997	C2040	聚乙烯甲醛漆包銅線 (聚乙烯甲醛漆包铜线)	K12
2185-1997	C2041	聚胺酯漆包銅線 (聚胺酯漆包铜线)	G17
2225-1986	C2042	低壓熔線 (低压熔线)	H62
2226-1984	C2043	低壓配線用鏈熔線 (低压配线用链熔线)	K31

标准号	台湾地区 标准分类号	标准名称	中国标准 分类
2227-1984	C2044	低壓配線用筒型熔線 （低压配线用筒型熔线）	K31
2548-1980	C2045	電池連接線 （电池连接线）	K12
2549-1993	C2046	軟銅紮線 （软铜扎线）	Q12
2655-1997	C2047	交連聚乙烯絕緣聚氯乙烯被覆電力電纜 （交连聚乙烯绝缘聚氯乙烯被覆电力电缆）	K13
2698-1980	C2048	漆布絕緣電線 （漆布绝缘电线）	K12
2727-1987	C2049	圓鋁單電線 （圆铝单电线）	K11
2728-1987	C2050	絕緣電纜用鋁絞線 （绝缘电缆用铝绞线）	K11
2899-1991	C2051	聚氯乙烯絕緣電話電纜 （聚氯乙烯绝缘电话电缆）	K13
2900-1984	C2052	聚氯乙烯絕緣屋内電話線 （聚氯乙烯绝缘屋内电话线）	K12
3199-1994	C2053	聚氯乙烯絕緣花線 （聚氯乙烯绝缘花线）	L19
3205-1994	C2054	聚乙烯絕緣鋁帶聚乙烯被覆市内星絞電纜 （聚乙烯绝缘铝带聚乙烯被覆市内星绞电缆）	K13
3206-1986	C2055	玻璃纖維包圓銅線 （玻璃纤维包圆铜线）	K12
3207-1986	C2056	雙層玻璃纖維包矩形銅線 （双层玻璃纤维包矩形铜线）	K13
3301-1989	C2058	600 V 聚氯乙烯絕緣聚氯乙烯被覆電纜(VV) （600 V 聚氯乙烯绝缘聚氯乙烯被覆电缆(VV)）	K13
3471-1997	C2059	聚乙烯絕緣鋁帶聚乙烯被覆市内對型電話電纜 （聚乙烯绝缘铝带聚乙烯被覆市内对型电话电缆）	K13
3619-1990	C2060	鋼心鋁電纜 （钢心铝电缆）	L19
4618-1995	C2062	手提型點焊機用水冷式延長電纜 （手提型点焊机用水冷式延长电缆）	K13
4735-1-2004	C2063-1	50 Ω及 75 Ω射頻同軸電纜—第 1 部:通則與測試方法 （50 Ω及 75 Ω射频同轴电缆—第 1 部:通则与测试方法）	K80
4735-2-2004	C2063-2	50 Ω及 75 Ω射頻同軸電纜—第 2 部:電纜特性 （50 Ω及 75 Ω射频同轴电缆—第 2 部:电缆特性）	K13
4898-1997	C2064	控制電纜 （控制电缆）	K13
5744-1989	C2065	電機用半硬鋁線 （电机用半硬铝线）	K11
5747-2004	C2066	電機機械及配件用橡膠絕緣引線 （电机机械及配件用橡胶绝缘引线）	K12
5748-1980	C2067	雙紗包平角銅線 （双纱包平角铜线）	K12
5749-1989	C2068	矩形銅線 （矩形铜线）	K11
5750-1990	C2069	電機繞組用軟銅單電線 （电机绕组用软铜单电线）	K11
6062-1990	C2071	電樞紮線用鍍錫非磁性鋼線 （电枢扎线用镀锡非磁性钢线）	H49

标准号	台湾地区 标准分类号	标准名称	中国标准 分类
6063-1989	C2072	1 000 V螢光燈用絕緣電線 (1 000 V荧光灯用绝缘电线)	K12
6064-1987	C2073	氖氣管用絕緣電線 (氖气管用绝缘电线)	K12
6066-1997	C2074	自融性聚胺酯漆包圓銅繞組線 (自融性聚胺酯漆包圆铜绕组线)	K12
6068-1987	C2075	橡膠絕緣聚氯丁二烯被覆電纜 (橡胶绝缘聚氯丁二烯被覆电缆)	K13
6070-1986	C2077	電機器具用聚氯乙烯絕緣電線 (电机器具用聚氯乙烯绝缘电线)	K12
6071-1987	C2078	600 V矽橡膠絕緣玻璃纖維編織電線 (600 V硅橡胶绝缘玻璃纤维编织电线)	K12
6073-1983	C2080	桿上變壓器引下用高壓絕緣電線 (杆上变压器引下用高压绝缘电线)	K12
6074-1990	C2081	電纜用鋼帶鎧裝及防蝕層 (电缆用钢带铠装及防蚀层)	K13
6075-1989	C2082	箱式配電設備用6.6 kV絕緣電線 (箱式配电设备用6.6 kV绝缘电线)	K12
6077-2004	C2083	電視接收用同軸電纜 (电视接收用同轴电缆)	L91
6554-1985	C2084	漆包銅線總則 (漆包铜线总则)	K12
6555-1998	C2085	聚乙烯甲醛漆包矩形銅繞組線 (聚乙烯甲醛漆包矩形铜绕组线)	K12
6556-1984	C2086	600 V聚氯乙烯絕緣及被覆輕便電纜 (600 V聚氯乙烯绝缘及被覆轻便电缆)	K13
6645-1980	C2087	細葛絕緣電線 (细葛绝缘电线)	K12
6646-1992	C2088	汽車用高壓電線 (汽车用高压电线)	K12
6648-1992	C2089	汽車用低壓電線 (汽车用低压电线)	K12
6650-1985	C2090	X射線裝置用高壓電纜 (X射线装置用高压电缆)	L91
6770-1980	C2091	直接埋入混凝土中電纜 (直接埋入混凝土中电缆)	K13
7125-1986	C2092	汽車用防止雜音電阻高壓線 (汽车用防止杂音电阻高压线)	K13
7353-1983	C2093	紗包銅線及絲包銅線 (纱包铜线及丝包铜线)	K12
7354-1981	C2094	硬鋁絞電線 (硬铝绞电线)	K12
7357-1997	C2095	聚乙烯醇縮甲醛漆包鋁線 (聚乙烯醇缩甲醛漆包铝线)	K12
7780-1990	C2096	漆包線用塑膠軸 (漆包线用塑料轴)	K12
7781-1987	C2097	聚氯乙烯絕緣接戶電線(DV) (聚氯乙烯绝缘接户电线(DV))	K12
7782-1981	C2098	室外用聚氯乙烯絕緣鋼心鋁電線(ACSR-OW) (室外用聚氯乙烯绝缘钢心铝电线(ACSR-OW))	K12
7783-1991	C2099	600 V聚氯乙烯絕緣鋁電線 (600 V聚氯乙烯绝缘铝电线)	K12

标准号	台湾地区标准分类号	标准名称	中国标准分类
7966-1997	C2100	聚酯亞胺漆包銅線 (聚酯亚胺漆包铜线)	K12
7968-1981	C2102	鎧裝電纜用鍍鋅低碳鋼線 (铠装电缆用镀锌低碳钢线)	H49
8379-1995	C2103	600 V 耐熱聚氯乙烯絕緣電線(HIV) (600 V 耐热聚氯乙烯绝缘电线(HIV))	K12
8558-1996	C2104	鋁導體聚氯乙烯絕緣接戶線(A1—DV,ACSR—DV) (铝导体聚氯乙烯绝缘接户线(A1—DV,ACSR—DV))	K12
8559-1987	C2105	屋外用聚氯乙烯絕緣電線(OW) (屋外用聚氯乙烯绝缘电线(OW))	K12
8560-1982	C2106	2Px1.2 mm 市外星型聚乙烯絕緣鎧裝電話電纜 (2Px1.2 mm 市外星型聚乙烯绝缘铠装电话电缆)	K13
8561-1982	C2107	2Px1.2 mm 市外星型聚乙烯絕緣管導電話電纜 (2Px1.2 mm 市外星型聚乙烯绝缘管导电话电缆)	K13
8935-1989	C2108	熔接用電纜 (熔接用电缆)	K13
8936-1990	C2109	升降機用移動電纜 (升降机用移动电缆)	K13
9124-2000	C2110	船舶電器設備用電線電纜總則 (船舶电器设备用电线电缆总则)	K10
9126-2000	C2111	船用 660 V 單心 EPR 絕緣 PVC 被覆金屬網鎧裝電纜(660 V-SPYC)及660 V 單心 EPR 絕緣 PVC 被覆金屬網鎧裝 PVC 防蝕電纜(660 V-SPYCY) (船用 660 V 单心 EPR 绝缘 PVC 被覆金属网铠装电缆(660 V-SPYC)及660 V 单心 EPR 绝缘 PVC 被覆金属网铠装 PVC 防蚀电缆(660 V-SPYCY))	K13
9127-2000	C2112	船用 660 V 二心 EPR 絕緣 PVC 被覆金屬網鎧裝電纜(660 V-DPYC)及 660 V 二心 EPR 絕緣 PVC 被覆金屬網鎧裝 PVC 防蝕電纜(660 V-DPYCY) (船用 660 V 二心 EPR 绝缘 PVC 被覆金属网铠装电缆(660 V-DPYC)及660 V 二心 EPR 绝缘 PVC 被覆金属网铠装 PVC 防蚀电缆(660 V-DPYCY))	K13
9128-2000	C2113	船用 660 V 三心 EPR 絕緣 PVC 被覆金屬網鎧裝電纜(660 V-TPYC)及 660 V 三心 EPR 絕緣 PVC 被覆金屬網鎧裝 PVC 防蝕電纜(660 V-TPYCY) (船用 660 V 三心 EPR 绝缘 PVC 被覆金属网铠装电缆(660 V-TPYC)及660 V 三心 EPR 绝缘 PVC 被覆金属网铠装 PVC 防蚀电缆(660 V-TPYCY))	K13
9129-1988	C2114	船用 660 V 單心 EPR 絕緣 CP 被覆金屬網鎧裝電纜(660 V-SPNC)及 660 V 單心 EPR 絕緣 CP 被覆金屬網鎧裝 PVC 防蝕電纜(660 V-SPNCY) (船用 660 V 单心 EPR 绝缘 CP 被覆金属网铠装电缆(660 V-SPNC)及 660 V 单心 EPR 绝缘 CP 被覆金属网铠装 PVC 防蚀电缆(660 V-SPNCY))	K13
9130-1988	C2115	船用 660 V 二心 EPR 絕緣 CP 被覆金屬網鎧裝電纜(660 V-DPNC)及 660 V 二心 EPR 絕緣 CP 被覆金屬網鎧裝 PVC 防蝕電纜(660 V-DPNCY) (船用 660 V 二心 EPR 绝缘 CP 被覆金属网铠装电缆(660 V-DPNC)及 660 V 二心 EPR 绝缘 CP 被覆金属网铠装 PVC 防蚀电缆(660 V-DPNCY))	K13

标 准 号	台湾地区标准分类号	标 准 名 称	中国标准分类
9131-1988	C2116	船用 660 V 三心 EPR 絕緣 CP 被覆金屬網鎧裝電纜(660 V-TPNC)及 660 V 三心 EPR 絕緣 CP 被覆金屬網鎧裝 PVC 防蝕電纜(660 V-TPNCY) (船用 660 V 三心 EPR 绝缘 CP 被覆金属网铠装电缆(660 V-TPNC)及 660 V 三心 EPR 绝缘 CP 被覆金属网铠装 PVC 防蚀电缆(660 V-TPNCY))	K13
9132-1988	C2117	船用 660 V 單心 EPR 絕緣鉛皮被覆金屬網鎧裝電纜(660 V-SPLC)及660 V 單心 EPR 絕緣鉛皮被覆金屬網鎧裝 PVC 防蝕電纜(660 V-SPLCY) (船用 660 V 单心 EPR 绝缘铅皮被覆金属网铠装电缆(660 V-SPLC)及 660 V 单心 EPR 绝缘铅皮被覆金属网铠装 PVC 防蚀电缆(660 V-SPLCY))	K13
9133-1988	C2118	船用 660 V 二心 EPR 絕緣鉛皮被覆金屬網鎧裝電纜(660 V-DPLC)及660 V 二心 EPR 絕緣鉛皮被覆金屬網鎧裝 PVC 防蝕電纜(660 V-DPLCY) (船用 660 V 二心 EPR 绝缘铅皮被覆金属网铠装电缆(660 V-DPLC)及660 V 二心 EPR 绝缘铅皮被覆金属网铠装 PVC 防蚀电缆(660 V-DPLCY))	K13
9134-1988	C2119	船用 660 V 三心 EPR 絕緣鉛皮被覆金屬網鎧裝電纜(660 V-TPLC)及660 V 三心 EPR 絕緣鉛皮被覆金屬網鎧裝 PVC 防蝕電纜(660 V-TPLCY) (船用 660 V 三心 EPR 绝缘铅皮被覆金属网铠装电缆(660 V-TPLC)及660 V 三心 EPR 绝缘铅皮被覆金属网铠装 PVC 防蚀电缆(660 V-TPLCY))	K13
9135-1989	C2120	船用 250 V 單心、二心、三心 EPR 絕緣 PVC 被覆金屬網鎧裝電纜及 250 V 單心、二心、三心 EPR 絕緣 PVC 被覆金屬網鎧裝 PVC 防蝕電纜 (船用 250 V 单心、二心、三心 EPR 绝缘 PVC 被覆金属网铠装电缆及 250 V 单心、二心、三心 EPR 绝缘 PVC 被覆金属网铠装 PVC 防蚀电缆)	K13
9136-1989	C2121	船用 250 V 單心、二心、三心 EPR 絕緣 CP 被覆金屬網鎧裝電纜及 250 V 單心、二心、三心 EPR 絕緣 CP 被覆金屬網鎧裝 PVC 防蝕電纜 (船用 250 V 单心、二心、三心 EPR 绝缘 CP 被覆金属网铠装电缆及 250 V 单心、二心、三心 EPR 绝缘 CP 被覆金属网铠装 PVC 防蚀电缆)	K13
9137-1988	C2122	船用 250 V 單心、二心、三心 EPR 絕緣 PVC 被覆電纜(250 V-SPY,250 V-DPY,250 V-TPY) (船用 250 V 单心、二心、三心 EPR 绝缘 PVC 被覆电缆(250 V-SPY,250 V-DPY,250 V-TPY))	K13
9138-1988	C2123	船用 660 V 多心 EPR 絕緣 PVC 被覆金屬網鎧裝電纜(660 V-MPYC)及 660 V 多心 EPR 絕緣 PVC 被覆金屬網鎧裝 PVC 防蝕電纜(660 V-MPYCY) (船用 660 V 多心 EPR 绝缘 PVC 被覆金属网铠装电缆(660 V-MPYC)及 660 V 多心 EPR 绝缘 PVC 被覆金属网铠装 PVC 防蚀电缆(660 V-MPYCY))	K13
9139-1988	C2124	船用 660 V 多心 EPR 絕緣 CP 被覆金屬網鎧裝電纜(660 V-MPNC)及 660 V 多心 EPR 絕緣 CP 被覆金屬網鎧裝 PVC 防蝕電纜(660 V-MPNCY) (船用 660 V 多心 EPR 绝缘 CP 被覆金属网铠装电缆(660 V-MPNC)及 660 V 多心 EPR 绝缘 CP 被覆金属网铠装 PVC 防蚀电缆(660 V-MPNCY))	K13

标准号	台湾地区标准分类号	标准名称	中国标准分类
9140-1988	C2125	船用660 V多心EPR絕緣鉛皮被覆金屬網鎧裝電纜(660 V-MPLC)及660 V多心EPR絕緣鉛皮被覆金屬網鎧裝PVC防蝕電纜(660 V-MPLCY) (船用660 V多心EPR绝缘铅皮被覆金属网铠装电缆(660 V-MPLC)及660 V多心EPR绝缘铅皮被覆金属网铠装PVC防蚀电缆(660 V-MPLCY))	K13
9141-1988	C2126	船用250 V多心EPR絕緣PVC被覆金屬網鎧裝電纜(250 V-MPYC)及250 V多心EPR絕緣PVC被覆金屬網鎧裝PVC防蝕電纜(250 V-MPYCY) (船用250 V多心EPR绝缘PVC被覆金属网铠装电缆(250 V-MPYC)及250 V多心EPR绝缘PVC被覆金属网铠装PVC防蚀电缆(250 V-MPYCY))	K13
9142-1988	C2127	船用250 V多心EPR絕緣CP被覆金屬網鎧裝電纜(250 V-MPNC)及250 V多心EPR絕緣CP被覆金屬網鎧裝PVC防蝕電纜(250 V-MPNCY) (船用250 V多心EPR绝缘CP被覆金属网铠装电缆(250 V-MPNC)及250 V多心EPR绝缘CP被覆金属网铠装PVC防蚀电缆(250 V-MPNCY))	K13
9143-1988	C2128	船用250 V多心EPR絕緣鉛皮被覆金屬網鎧裝電纜(250 V-MPLC)及250 V多心EPR絕緣鉛皮被覆金屬網鎧裝PVC防蝕電纜(250 V-MPLCY) (船用250 V多心EPR绝缘铅皮被覆金属网铠装电缆(250 V-MPLC)及250 V多心EPR绝缘铅皮被覆金属网铠装PVC防蚀电缆(250 V-MPLCY))	K13
9144-1988	C2129	船用250 V電話用PVC絕緣PVC被覆金屬網鎧裝電纜(250 V-TTYC)及250 V電話用PVC絕緣PVC被覆金屬網鎧裝PVC防蝕電纜(250 V-TTYCY) (船用250 V电话用PVC绝缘PVC被覆金属网铠装电缆(250 V-TTYC)及250 V电话用PVC绝缘PVC被覆金属网铠装PVC防蚀电缆(250 V-TTYCY))	K13
9145-1988	C2130	船用660 V單心、二心、三心矽橡膠絕緣玻璃纖維編織電纜(660 V-SSRD,660 V-DSRD,660 V-TSRD) (船用660 V单心、二心、三心硅橡胶绝缘玻璃纤维编织电缆(660 V-SSRD,660 V-DSRD,660 V-TSRD))	K13
9146-1988	C2131	船用660 V單心、二心、三心矽橡膠絕緣鉛皮被覆金屬網鎧裝電纜(660 V-SSRLC,660 V-DSRLC,660 V-TSRLC) (船用660 V单心、二心、三心硅橡胶绝缘铅皮被覆金属网铠装电缆(660 V-SSRLC,660 V-DSRLC,660 V-TSRLC))	K13
9147-1988	C2132	船用660 V二心、三心、四心EPR絕緣CP被覆輕便電纜(660 V-DPNP,660 V-TPNP,660 V-FPNP) (船用660 V二心、三心、四心EPR绝缘CP被覆轻便电缆(660 V-DPNP,660 V-TPNP,660 V-FPNP))	K13
9148-1988	C2133	船用250 V三心PVC絕緣PVC被覆花線(250 V-TYP) (船用250 V三心PVC绝缘PVC被覆花线(250 V-TYP))	K13
9149-1988	C2134	船用660 V配電盤用PVC石綿絕緣電線(660 V-STW) (船用660 V配电盘用PVC石绵绝缘电线(660 V-STW))	K12
9150-1988	C2135	船用660 V配電盤用單心可撓PVC石綿絕緣電線(660 V-STWP) (船用660 V配电盘用单心可挠PVC石绵绝缘电线(660 V-STWP))	K12
9151-1989	C2136	船用660 V單心、二心、三心EPR絕緣PVC被覆金屬網鎧裝電纜(附共同遮蔽)及660 V單心、二心、三心EPR絕緣PVC被覆金屬網鎧裝PVC防蝕電纜(附共同遮蔽) (船用660 V单心、二心、三心EPR绝缘PVC被覆金属网铠装电缆(附共同遮蔽)及660 V单心、二心、三心EPR绝缘PVC被覆金属网铠装PVC防蚀电缆(附共同遮蔽))	K13

标准号	台湾地区标准分类号	标准名称	中国标准分类
9152-1988	C2137	船用 660 V 單心、二心、三心 EPR 絕緣 CP 被覆金屬網鎧裝電纜(附共同遮蔽)及 660 V 單心、二心、三心 EPR 絕緣 CP 被覆金屬網鎧裝 PVC 防蝕電纜(附共同遮蔽) (船用 660 V 单心、二心、三心 EPR 绝缘 CP 被覆金属网铠装电缆(附共同遮蔽)及 660 V 单心、二心、三心 EPR 绝缘 CP 被覆金属网铠装 PVC 防蚀电缆(附共同遮蔽))	K13
9153-1988	C2138	船用 660 V 二心、三心 EPR 絕緣 PVC 被覆金屬網鎧裝電纜(附各心線個別遮蔽)及 660 V 二心、三心 EPR 絕緣 PVC 被覆金屬網鎧裝 PVC 防蝕電纜(附各心線個別遮蔽) (船用 660 V 二心、三心 EPR 绝缘 PVC 被覆金属网铠装电缆(附各心线个别遮蔽)及 660 V 二心、三心 EPR 绝缘 PVC 被覆金属网铠装 PVC 防蚀电缆(附各心线个别遮蔽))	K13
9154-1988	C2139	船用 660 V 二心、三心 EPR 絕緣 CP 被覆金屬網鎧裝電纜(附各心線個別遮蔽)及 660 V 二心、三心 EPR 絕緣 CP 被覆金屬網鎧裝 PVC 防蝕電纜(附各心線個別遮蔽) (船用 660 V 二心、三心 EPR 绝缘 CP 被覆金属网铠装电缆(附各心线个别遮蔽)及 660 V 二心、三心 EPR 绝缘 CP 被覆金属网铠装 PVC 防蚀电缆(附各心线个别遮蔽))	K13
9155-1988	C2140	船用 250 V 單心、二心、三心 EPR 絕緣 PVC 被覆金屬網鎧裝電纜(附共同遮蔽)及 250 V 單心、二心、三心 EPR 絕緣 PVC 被覆金屬網鎧裝 PVC 防蝕電纜(附共同遮蔽) (船用 250 V 单心、二心、三心 EPR 绝缘 PVC 被覆金属网铠装电缆(附共同遮蔽)及 250 V 单心、二心、三心 EPR 绝缘 PVC 被覆金属网铠装 PVC 防蚀电缆(附共同遮蔽))	K13
9156-1988	C2141	船用 250 V 單心、二心、三心 EPR 絕緣 CP 被覆金屬網鎧裝電纜(附共同遮蔽)及 250 V 單心、二心、三心 EPR 絕緣 CP 被覆金屬網鎧裝 PVC 防蝕電纜(附共同遮蔽) (船用 250 V 单心、二心、三心 EPR 绝缘 CP 被覆金属网铠装电缆(附共同遮蔽)及 250 V 单心、二心、三心 EPR 绝缘 CP 被覆金属网铠装 PVC 防蚀电缆(附共同遮蔽))	K13
9157-1988	C2142	船用 250 V 二心、三心 EPR 絕緣 PVC 被覆金屬網鎧裝電纜(附各心線個別遮蔽)及 250 V 二心、三心 EPR 絕緣 PVC 被覆金屬網鎧裝 PVC 防蝕電纜(附各心線個別遮蔽) (船用 250 V 二心、三心 EPR 绝缘 PVC 被覆金属网铠装电缆(附各心线个别遮蔽)及 250 V 二心、三心 EPR 绝缘 PVC 被覆金属网铠装 PVC 防蚀电缆(附各心线个别遮蔽))	K13
9158-1988	C2143	船用 250 V 二心、三心 EPR 絕緣 CP 被覆金屬網鎧裝電纜(附各心線個別遮蔽)及 250 V 二心、三心 EPR 絕緣 CP 被覆金屬網鎧裝 PVC 防蝕電纜(附各心線個別遮蔽) (船用 250 V 二心、三心 EPR 绝缘 CP 被覆金属网铠装电缆(附各心线个别遮蔽)及 250 V 二心、三心 EPR 绝缘 CP 被覆金属网铠装 PVC 防蚀电缆(附各心线个别遮蔽))	K13
9159-1988	C2144	船用 660 V 多心 EPR 絕緣 PVC 被覆金屬網鎧裝電纜(附共同遮蔽)及660 V 多心 EPR 絕緣 PVC 被覆金屬網鎧裝 PVC 防蝕電纜(附共同遮蔽) (船用 660 V 多心 EPR 绝缘 PVC 被覆金属网铠装电缆(附共同遮蔽)及660 V 多心 EPR 绝缘 PVC 被覆金属网铠装 PVC 防蚀电缆(附共同遮蔽))	K13
9160-1988	C2145	船用 660 V 多心 EPR 絕緣 CP 被覆金屬網鎧裝電纜(附共同遮蔽)及660 V 多心 EPR 絕緣 CP 被覆金屬網鎧裝 PVC 防蝕電纜(附共同遮蔽) (船用 660 V 多心 EPR 绝缘 CP 被覆金属网铠装电缆(附共同遮蔽)及660 V 多心 EPR 绝缘 CP 被覆金属网铠装 PVC 防蚀电缆(附共同遮蔽))	K13

标准号	台湾地区标准分类号	标准名称	中国标准分类
9161-1988	C2146	船用660 V多心EPR絕緣PVC被覆金屬網鎧裝電纜(附各心線個別遮蔽)及660 V多心EPR絕緣PVC被覆金屬網鎧裝PVC防蝕電纜(附各心線個別遮蔽) (船用660 V多心EPR绝缘PVC被覆金属网铠装电缆(附各心线个别遮蔽)及660 V多心EPR绝缘PVC被覆金属网铠装PVC防蚀电缆(附各心线个别遮蔽))	K13
9162-1989	C2147	船用660 V多心EPR絕緣CP被覆金屬網鎧裝電纜(附各心線個別遮蔽)及660 V多心EPR絕緣CP被覆金屬網鎧裝PVC防蝕電纜(附各心線個別遮蔽) (船用660 V多心EPR绝缘CP被覆金属网铠装电缆(附各心线个别遮蔽)及660 V多心EPR绝缘CP被覆金属网铠装PVC防蚀电缆(附各心线个别遮蔽))	K13
9163-1989	C2148	船用250 V多心EPR絕緣PVC被覆金屬網鎧裝電纜(附共同遮蔽)及250 V多心EPR絕緣PVC被覆金屬網鎧裝PVC防蝕電纜(附共同遮蔽) (船用250 V多心EPR绝缘PVC被覆金属网铠装电缆(附共同遮蔽)及250 V多心EPR绝缘PVC被覆金属网铠装PVC防蚀电缆(附共同遮蔽))	K13
9164-1989	C2149	船用250 V多心EPR絕緣CP被覆金屬網鎧裝電纜(附共同遮蔽)及250 V多心EPR絕緣CP被覆金屬網鎧裝PVC防蝕電纜(附共同遮蔽) (船用250 V多心EPR绝缘CP被覆金属网铠装电缆(附共同遮蔽)及250 V多心EPR绝缘CP被覆金属网铠装PVC防蚀电缆(附共同遮蔽))	K13
9165-1989	C2150	船用250 V多心EPR絕緣PVC被覆金屬網鎧裝電纜(附各心線個別遮蔽)及250 V多心EPR絕緣PVC被覆金屬網鎧裝PVC防蝕電纜(附各心線個別遮蔽) (船用250 V多心EPR绝缘PVC被覆金属网铠装电缆(附各心线个别遮蔽)及250 V多心EPR绝缘PVC被覆金属网铠装PVC防蚀电缆(附各心线个别遮蔽))	K13
9166-1989	C2151	船用250 V多心EPR絕緣CP被覆金屬網鎧裝電纜(附各心線個別遮蔽)及250 V多心EPR絕緣CP被覆金屬網鎧裝電纜(附各心線個別遮蔽) (船用250 V多心EPR绝缘CP被覆金属网铠装电缆(附各心线个别遮蔽)及250 V多心EPR绝缘CP被覆金属网铠装电缆(附各心线个别遮蔽))	K13
9167-1989	C2152	船用250 V電話用PVC絕緣PVC被覆金屬網鎧裝電纜(附共同遮蔽)及250 V電話用PVC絕緣PVC被覆金屬網鎧裝PVC防蝕電纜(附共同遮蔽) (船用250 V电话用PVC绝缘PVC被覆金属网铠装电缆(附共同遮蔽)及250 V电话用PVC绝缘PVC被覆金属网铠装PVC防蚀电缆(附共同遮蔽))	K13
9168-1989	C2153	船用250 V電話用PVC絕緣PVC被覆金屬網鎧裝電纜(附各對遮蔽)及250 V電話用PVC絕緣PVC被覆金屬網鎧裝PVC防蝕電纜(附各對遮蔽) (船用250 V电话用PVC绝缘PVC被覆金属网铠装电缆(附各对遮蔽)及250 V电话用PVC绝缘PVC被覆金属网铠装PVC防蚀电缆(附各对遮蔽))	K13
9976-1983	C2155	纖維包電阻線 (纤维包电阻线)	K12
9977-1983	C2156	瓷漆及油性樹脂瓷漆絲包電阻線 (瓷漆及油性树脂瓷漆丝包电阻线)	K12
10238-1983	C2157	高溫絕緣電線總則 (高温绝缘电线总则)	K12

标准号	台湾地区标准分类号	标准名称	中国标准分类
10314-1983	C2158	600 V 聚乙烯絕緣電線(IE) (600 V 聚乙烯绝缘电线(IE))	K12
10599-2004	C2159	600 V 乙丙烯橡膠(EPR)絕緣電纜 (600 V 乙丙烯橡胶(EPR)绝缘电缆)	K13
10612-1983	C2160	聚四氟乙烯(特夫綸)絕緣電線 (聚四氟乙烯(特夫纶)绝缘电线)	K12
10613-1983	C2161	聚四氟乙烯(特夫綸)絕緣銅線編織電線 (聚四氟乙烯(特夫纶)绝缘铜线编织电线)	K12
10614-1983	C2162	聚四氟乙烯(特夫綸)絕緣聚醯胺纖維(耐綸)編織電線 (聚四氟乙烯(特夫纶)绝缘聚酰胺纤维(耐纶)编织电线)	K12
10615-1983	C2163	聚四氟乙烯(特夫綸)絕緣銅線編織聚醯胺(耐綸)被覆電線 (聚四氟乙烯(特夫纶)绝缘铜线编织聚酰胺(耐纶)被覆电线)	K12
10616-1992	C2164	聚四氟乙烯(特夫綸)絕緣銅線編織聚氯乙烯被覆電線 (聚四氟乙烯(特夫纶)绝缘铜线编织聚氯乙烯被覆电线)	K12
10741-2004	C2165	600 V 橡膠絕緣可撓式電纜 (600 V 橡胶绝缘可挠式电缆)	K13
11164-1991	C2166	聚乙烯絕緣自持屋外電話線 (聚乙烯绝缘自持屋外电话线)	K12
11359-2000	C2167	聚乙烯(交連聚乙烯)絕緣聚氯乙烯(聚乙烯)被覆耐火電纜 (聚乙烯(交连聚乙烯)绝缘聚氯乙烯(聚乙烯)被覆耐火电缆)	K13
11382-1985	C2168	聚酯尼龍被覆漆包銅線 (聚酯尼龙被覆漆包铜线)	K12
11383-1985	C2169	聚亞胺醯胺聚酯漆包銅線 (聚亚胺酰胺聚酯漆包铜线)	K12
11384-1985	C2170	聚胺酯尼龍被覆漆包銅線 (聚胺酯尼龙被覆漆包铜线)	K12
11385-1985	C2171	變性聚酯絕緣聚亞胺醯胺被覆漆包銅線 (变性聚酯绝缘聚亚胺酰胺被覆漆包铜线)	K12
12726-1998	C2172	遮蔽型控制電纜 (遮蔽型控制电缆)	V20
13589-1995	C2173	屋內用通訊電纜—星型結構 (屋内用通讯电缆—星型结构)	M42
13647-1996	C2174	發泡、充實聚乙烯雙層絕緣充膠積層鋁帶聚乙烯被覆(FS—JF—LAP)市內電纜 (发泡、充实聚乙烯双层绝缘充胶积层铝带聚乙烯被覆(FS—JF—LAP)市内电缆)	K13
13990-1997	C2175	聚乙烯絕緣聚氯乙烯被覆屋內電話電纜 (聚乙烯绝缘聚氯乙烯被覆屋内电话电缆)	M42
14264-1998	C2176	聚氯乙烯(PVC)跳線 (聚氯乙烯(PVC)跳线)	K12
14268-1998	C2177	印點型聚氯乙烯(PVC)絕緣聚氯乙烯被覆屋內電纜 (印点型聚氯乙烯(PVC)绝缘聚氯乙烯被覆屋内电缆)	K13
14283-2009	C2178	600 V 橡膠絕緣電纜 (600 V 橡胶绝缘电缆)	K11
14284-1998	C2179	聚乙烯絕緣聚氯乙烯被覆(PE-PVC)屋內扁平電纜 (聚乙烯绝缘聚氯乙烯被覆(PE-PVC)屋内扁平电缆)	K13
14285-1998	C2180	聚乙烯絕緣聚氯乙烯被覆(PE-PVC)引進線 (聚乙烯绝缘聚氯乙烯被覆(PE-PVC)引进线)	K12

标准号	台湾地区标准分类号	标准名称	中国标准分类
14515-2001	C2181	彩色聚乙烯絕緣積層被覆(CCP—LAP)市內電纜 (彩色聚乙烯绝缘积层被覆(CCP—LAP)市内电缆)	K13
14516-2001	C2182	聚氯乙烯絕緣聚氯乙烯被覆(PVC—PVC)終端電纜 (聚氯乙烯绝缘聚氯乙烯被覆(PVC—PVC)终端电缆)	K13
14744-2003	C2183	600 V 氯磺化聚乙烯橡膠絕緣電纜 (600 V 氯磺化聚乙烯橡胶绝缘电缆)	K13
14796-1-2004	C2184-1	額定電壓 450/750 V 以下橡膠絕緣電纜—第 1 部:通則 (额定电压 450/750 V 以下橡胶绝缘电缆—第 1 部:通则)	K13
14796-2-2004	C2184-2	額定電壓 450/750 V 以下橡膠絕緣電纜—第 2 部:測試方法 (额定电压 450/750 V 以下橡胶绝缘电缆—第 2 部:测试方法)	K13
14796-4-2004	C2184-4	額定電壓 450/750 V 以下橡膠絕緣電纜—第 4 部:花線及可撓式電纜 (额定电压 450/750 V 以下橡胶绝缘电缆—第 4 部:花线及可挠式电缆)	K13

C3 检 验

标准号	台湾地区标准分类号	标准名称	中国标准分类
298-1994	C3002	電燈泡(普通照明用) (电灯泡(普通照明用))	K71
599-1996	C3003	配電用變壓器檢驗法 (配电用变压器检验法)	K41
682-1980	C3004	絕緣電線檢驗標準總則 (绝缘电线检验标准总则)	K12
684-1980	C3006	絕緣電線通電檢驗標準 (绝缘电线通电检验标准)	K11
685-1980	C3007	絕緣電線導體直流電阻檢驗標準 (绝缘电线导体直流电阻检验标准)	K12
686-1980	C3008	絕緣電線銅導體導電率檢驗標準 (绝缘电线铜导体导电率检验标准)	K12
687-1987	C3009	橡膠絕緣電線電纜檢驗法 (橡胶绝缘电线电缆检验法)	K12
689-1988	C3011	塑膠絕緣電線電纜檢驗法 (塑料绝缘电线电缆检验法)	N20
720-1984	C3013	小電燈泡試驗法 (小电灯泡试验法)	K72
804-1971	C3014	腳踏車用發電照明設備檢驗標準 (脚踏车用发电照明设备检验标准)	K73
907-1970	C3016	電信線路用瓷絕緣子檢驗法 (电信线路用瓷绝缘子检验法)	K48
1030-1982	C3019	手電筒檢驗法 (手电筒检验法)	K72
1055-1972	C3020	集魚用電燈泡檢驗標準 (集鱼用电灯泡检验标准)	K71
1144-1969	C3021	絕緣橡膠布帶檢驗法 (绝缘橡胶布带检验法)	K15
1149-1981	C3022	架空通信線路瓷絕緣子用直螺腳檢驗法 (架空通信线路瓷绝缘子用直螺脚检验法)	K48
1327-1994	C3025	電絕緣用油檢驗法 (电绝缘用油检验法)	E38
1370-1987	C3026	銅電線檢驗標準 (铜电线检验标准)	K11

标准号	台湾地区标准分类号	标准名称	中国标准分类
2604-1988	C3027	電氣絕緣用清漆試驗法 (电气绝缘用清漆试验法)	K15
2604-1-1988	C3027-1	電氣絕緣用清漆其他試驗法 (电气绝缘用清漆其他试验法)	K71
2802-1968	C3028	絕緣劑(一般電器用)檢驗法 (绝缘剂(一般电器用)检验法)	K15
2963-1975	C3030	電熱線與電熱帶壽命試驗方法 (电热线与电热带寿命试验方法)	H40
3201-1983	C3031	永久磁鐵試驗法 (永久磁铁试验法)	L19
3204-1973	C3032	石墨電極檢驗法 (石墨电极检验法)	K13
3226-1985	C3033	絕緣清漆試驗法 (绝缘清漆试验法)	K15
3257-1985	C3034	乾電池用吸墨紙檢驗法 (干电池用吸墨纸检验法)	Y32
3263-1989	C3035	貯備型電熱水器檢驗法 (贮备型电热水器检验法)	J54
3307-1972	C3036	鍍銀(電鍍)檢驗標準 (镀银(电镀)检验标准)	A29
3431-1982	C3037	乾(扁)電池用清漆檢驗法 (干(扁)电池用清漆检验法)	K15
3543-1973	C3038	電工用玻化陶瓷材料試驗法 (电工用玻化陶瓷材料试验法)	K15
3741-1985	C3039	預熱型螢光燈管用輝光起動器檢驗法 (预热型荧光灯管用辉光起动器检验法)	A82
3889-1985	C3042	螢光燈管燈具(預熱型)檢驗法 (荧光灯管灯具(预热型)检验法)	K71
3891-1986	C3044	電燈泡(普通照明用)檢驗法 (电灯泡(普通照明用)检验法)	H44
3907-1988	C3045	配線用插接器試驗法 (配线用插接器试验法)	K30
3908-1987	C3046	配線器具之試驗法 (配线器具之试验法)	A42
3909-1981	C3047	單相分電箱檢驗法 (单相分电箱检验法)	A42
3991-1995	C3053	金屬閉鎖型配電箱及控制箱檢驗法(A. C. 3. 3 36 kV) (金属闭锁型配电箱及控制箱检验法(A. C. 3. 3 36 kV))	K36
3993-1981	C3054	高壓交流起動器檢驗法 (高压交流起动器检验法)	K43
3995-1985	C3055	高壓綜合型起動盤檢驗法 (高压综合型起动盘检验法)	K43
4614-1978	C3056	照相用閃光燈泡光度測定法 (照相用闪光灯泡光度测定法)	K73
4617-1984	C3057	電動起重機檢驗法 (电动起重机检验法)	J80
4619-1995	C3058	手提型點焊機用水冷式延長電纜檢驗法 (手提型点焊机用水冷式延长电缆检验法)	K13
4674-2008	C3059	家用滾筒式乾衣機—性能量測方法 (家用滚筒式干衣机—性能量测方法)	Y63
4705-1979	C3060	路燈用光電式自動點滅器檢驗法 (路灯用光电式自动点灭器检验法)	K31

标准号	台湾地区标准分类号	标准名称	中国标准分类
4775-1987	C3061	家用電爐檢驗法 (家用电炉检验法)	Y63
4777-1987	C3062	反射電暖爐檢驗法 (反射电暖炉检验法)	Y63
4779-1987	C3063	電熨斗檢驗法 (电熨斗检验法)	Y63
4874-1987	C3065	電暖墊檢驗法 (电暖垫检验法)	Y63
4971-1979	C3066	硬質聚氯乙烯電氣接線盒檢驗法 (硬质聚氯乙烯电气接线盒检验法)	K36
5031-1984	C3067	凸壓電焊機檢驗法 (凸压电焊机检验法)	J64
5064-1994	C3068	輝度測量法 (辉度测量法)	K70
5065-1988	C3069	照度測定法 (照度测定法)	K70
5118-1994	C3070	測試標準白熾燈泡之測光方法 (测试标准白炽灯泡之测光方法)	K71
5197-1980	C3071	標準螢光管光通量測定法 (标准荧光管光通量测定法)	K71
5311-1985	C3072	小型電機及裝置之衝擊試驗法 (小型电机及装置之冲击试验法)	K20
5315-1980	C3073	配電箱試驗法 (配电箱试验法)	K36
5317-1983	C3074	低壓封閉開關試驗法 (低压封闭开关试验法)	K31
5416-1991	C3075	電烤箱檢驗法 (电烤箱检验法)	Y63
5418-1994	C3076	屋內配線用電線連接工具檢驗法 (屋内配线用电线连接工具检验法)	J47
5424-1985	C3078	小型電機及裝置之振動試驗法 (小型电机及装置之振动试验法)	K20
5536-1987	C3079	單相電動機用小型開關試驗法 (单相电动机用小型开关试验法)	K31
5745-1987	C3080	銅電線及鋁電線檢驗法 (铜电线及铝电线检验法)	K11
6019-1984	C3081	指示型熱電溫度計檢驗法 (指示型热电温度计检验法)	N11
6021-1984	C3082	指示型電阻溫度計檢驗法 (指示型电阻温度计检验法)	N11
6023-1982	C3083	測溫用電阻管檢驗法 (测温用电阻管检验法)	N11
6025-1980	C3084	熱敏電阻測溫器檢驗法 (热敏电阻测温器检验法)	L15
6027-1980	C3085	標準電池檢驗法 (标准电池检验法)	K82
6029-1985	C3086	錳乾電池檢驗法 (锰干电池检验法)	K82
6031-1980	C3087	空氣乾電池檢驗法 (空气干电池检验法)	K82
6033-1987	C3088	鹼性一次電池檢驗法 (碱性一次电池检验法)	K82

标准号	台湾地区标准分类号	标准名称	中国标准分类
6037-1980	C3089	圓筒密閉型鎳鎘蓄電池檢驗法 (圆筒密闭型镍镉蓄电池检验法)	K84
6040-1980	C3091	固體電氣絕緣材料之絕緣耐力試驗法 (固体电气绝缘材料之绝缘耐力试验法)	K15
6041-1985	C3092	電氣絕緣紙試驗法 (电气绝缘纸试验法)	Y32
6055-1980	C3094	螢光燈管座及起動器座檢驗法 (荧光灯管座及起动器座检验法)	K74
6057-1992	C3095	低壓配線用熔線檢驗法 (低压配线用熔线检验法)	K31
6060-1983	C3096	低壓斷流器試驗法 (低压断流器试验法)	K31
6065-1987	C3097	氖氣管用絕緣電線檢驗法 (氖气管用绝缘电线检验法)	K12
6076-1989	C3099	箱式配電設備用 6.6 kV 絕緣電線檢驗法 (箱式配电设备用 6.6 kV 绝缘电线检验法)	K12
6078-2004	C3100	電視接收用同軸電纜檢驗法 (电视接收用同轴电缆检验法)	L91
6431-1984	C3101	家庭用縫紉機用電燈泡試驗法 (家庭用缝纫机用电灯泡试验法)	K74
6647-1992	C3103	汽車用高壓電線檢驗法 (汽车用高压电线检验法)	K12
6649-1992	C3104	汽車用低壓電線檢驗法 (汽车用低压电线检验法)	K12
6652-1980	C3105	熱電偶用補償導線檢驗法 (热电偶用补偿导线检验法)	L91
6654-1991	C3106	隔離開關操作棒檢驗法 (隔离开关操作棒检验法)	K65
6772-1993	C3107	絕緣瓷器試驗法 (绝缘瓷器试验法)	K48
6773-1993	C3108	絕緣瓷器之外觀檢查 (绝缘瓷器之外观检查)	K48
6889-1986	C3109	一般用直流電磁圈檢驗法 (一般用直流电磁圈检验法)	L17
6891-1986	C3110	一般用交流電磁圈檢驗法 (一般用交流电磁圈检验法)	L17
7007-1985	C3111	螢光燈管用玻璃管檢驗法 (荧光灯管用玻璃管检验法)	K71
7009-1992	C3112	二相伺服電動機檢驗法 (二相伺服电动机检验法)	A42
7122-1981	C3113	室内 6.6 kV 高壓用分段開關檢驗法 (室内 6.6 kV 高压用分段开关检验法)	K43
7124-1981	C3114	附跳脱裝置高壓交流負載開關檢驗法 (附跳脱装置高压交流负载开关检验法)	K43
7126-1986	C3115	汽車用防止雜音電阻高壓線試驗法 (汽车用防止杂音电阻高压线试验法)	K12
7210-1981	C3116	瞬熱式封口機檢驗法 (瞬热式封口机检验法)	J83
7214-1981	C3117	電機用矽鋼片試驗方法 (电机用硅钢片试验方法)	H53
7355-1987	C3118	圓鋁單電線檢驗法 (圆铝单电线检验法)	A42

标准号	台湾地区标准分类号	标准名称	中国标准分类
7358-1981	C3119	電池充電器檢驗法 (电池充电器检验法)	K84
7600-1981	C3120	電氣絕緣用漆布紙類試驗法 (电气绝缘用漆布纸类试验法)	K15
7622-1981	C3122	控制用開關檢驗法 (控制用开关检验法)	K31
7624-1981	C3123	控制用鈕型開關檢驗法 (控制用钮型开关检验法)	K31
7626-1981	C3124	控制用凸輪開關檢驗法 (控制用凸轮开关检验法)	K31
7628-1984	C3125	電動定時開關試驗法 (电动定时开关试验法)	K31
7629-1981	C3126	電熱用金屬材料電阻隨溫度變化之係數測試法 (电热用金属材料电阻随温度变化之系数测试法)	H21
7630-1981	C3127	磁性材料之疊層因數測試法 (磁性材料之迭层因子测试法)	K10
7631-1981	C3128	多薄片樣品之表面絕緣電阻係數測試法 (多薄片样品之表面绝缘电阻系数测试法)	H21
7632-1981	C3129	超過 100 A 電流通過之閉路接點其電壓降測試法 (超过 100 A 电流通过之闭路接点其电压降测试法)	K04
7965-1995	C3130	桌上型電動輪磨機試驗法 (桌上型电动轮磨机试验法)	K64
8355-1988	C3131	電絕緣用雲母製品檢驗法 (电绝缘用云母制品检验法)	K15
8378-1982	C3132	球間隙之電壓測量法 (球间隙之电压测量法)	A42
8780-1989	C3133	家庭用絕緣式電熱水器(瞬熱型) (家庭用绝缘式电热水器(瞬热型))	Y63
8781-1988	C3134	電絕緣用熱收縮套管檢驗總則 (电绝缘用热收缩套管检验总则)	K15
8782-1988	C3135	電絕緣用熱收縮套管尺度測定法 (电绝缘用热收缩套管尺度测定法)	K15
8783-1988	C3136	電絕緣用熱收縮套管收縮試驗法 (电绝缘用热收缩套管收缩试验法)	K15
8784-1988	C3137	電絕緣用熱收縮套管拉伸試驗法 (电绝缘用热收缩套管拉伸试验法)	K48
8785-1988	C3138	電絕緣用熱收縮套管絕緣強度試驗法 (电绝缘用热收缩套管绝缘强度试验法)	K15
8786-1988	C3139	電絕緣用熱收縮套管體積電阻係數測定法 (电绝缘用热收缩套管体积电阻系数测定法)	K15
8787-1988	C3140	電絕緣用熱收縮套管介質常數及介質消耗因數測定法 (电绝缘用热收缩套管介质常数及介质消耗因子测定法)	K15
8788-1988	C3141	電絕緣用熱收縮套管吸水性試驗法 (电绝缘用热收缩套管吸水性试验法)	K48
8789-1988	C3142	電絕緣用熱收縮套管耐溶劑性試驗法 (电绝缘用热收缩套管耐溶剂性试验法)	K15
8790-1988	C3143	電絕緣用熱收縮套管耐熱性試驗法 (电绝缘用热收缩套管耐热性试验法)	K15
8791-1988	C3144	電絕緣用熱收縮套管低溫特性試驗法 (电绝缘用热收缩套管低温特性试验法)	K15
8792-1988	C3145	電絕緣用熱收縮套管耐熱衝擊性試驗法 (电绝缘用热收缩套管耐热冲击性试验法)	K15

标准号	台湾地区标准分类号	标准名称	中国标准分类
8793-1988	C3146	電絕緣用熱收縮套管耐燃性試驗法 (电绝缘用热收缩套管耐燃性试验法)	K15
8794-1988	C3147)	電絕緣用熱收縮套管保存性試驗法 (电绝缘用热收缩套管保存性试验法)	K15
8795-1988	C3148	電絕緣用熱收縮套管銅腐蝕性試驗法 (电绝缘用热收缩套管铜腐蚀性试验法)	K15
8796-1982	C3149	交流電磁開關檢驗法 (交流电磁开关检验法)	N20
8937-1990	C3150	升降機用移動電纜檢驗法 (升降机用移动电缆检验法)	K13
8938-1993	C3151	漆包銅線及漆包鋁線檢驗法 (漆包铜线及漆包铝线检验法)	K12
9081-1982	C3152	電機械器具及配線材料防水試驗法 (电机械器具及配线材料防水试验法)	K20
9082-1982	C3153	電絕緣用矽質清漆試驗法 (电绝缘用硅质清漆试验法)	K15
9083-1982	C3154	電絕緣用矽膠混合物試驗法 (电绝缘用硅胶混合物试验法)	K15
9084-1982	C3155	電絕緣用布帶試驗法 (电绝缘用布带试验法)	K15
9085-1982	C3156	電用六氟化硫(SF6)試驗法 (电用六氟化硫(SF6)试验法)	A42
9117-1982	C3157	家庭用垂吊式螢光管照明燈具檢驗法 (家庭用垂吊式荧光管照明灯具检验法)	K71
9121-1982	C3159	照明用反射罩檢驗法 (照明用反射罩检验法)	K74
9125-2000	C3161	船舶電器設備用電線電纜檢驗法 (船舶电器设备用电线电缆检验法)	K10
9358-1982	C3162	電力儀表耐候性能試驗法 (电力仪表耐候性能试验法)	N20
9478-1982	C3163	盤用熱電型高頻電流表檢驗法 (盘用热电型高频电流表检验法)	N21
9581-1982	C3165	鐵鎳軟磁性合金板及帶檢驗法 (铁镍软磁性合金板及带检验法)	A42
9583-1982	C3166	恆溫器用金屬片檢驗法 (恒温器用金属片检验法)	A42
9684-1996	C3167	電線用鋼管檢驗法 (电线用钢管检验法)	H48
9808-1983	C3168	控制機具絕緣距離、絕緣電阻及耐電壓試驗法 (控制机具绝缘距离、绝缘电阻及耐电压试验法)	K30
9812-1995	C3169	手提型電動圓鋸機試驗法 (手提型电动圆锯机试验法)	K64
9815-1983	C3170	電器具用電線曲折率試驗法 (电器具用电线曲折率试验法)	K12
10315-1983	C3172	家用電器絕緣分類及試驗法 (家用电器绝缘分类及试验法)	Y60
10318-1983	C3174	軟鐵酸鹽磁體材料性能試驗法 (软铁酸盐磁体材料性能试验法)	L19
10319-1983	C3175	變壓器及感應線圈用鐵心試驗法 (变压器及感应线圈用铁心试验法)	L19
10321-1983	C3176	磁頭用鐵心試驗法 (磁头用铁心试验法)	L19

标准号	台湾地区标准分类号	标准名称	中国标准分类
10322-1983	C3177	記憶裝置用鐵心試驗法 (记忆装置用铁心试验法)	L19
10598-1983	C3178	微波裝置用鐵心試驗法 (微波装置用铁心试验法)	L19
10601-1983	C3179	鉸鏈型電磁電驛試驗法 (铰链型电磁电驿试验法)	L25
10604-1983	C3180	漏電電驛試驗法 (漏电电驿试验法)	K33
10608-1987	C3181	鬈髮器試驗法 (鬈发器试验法)	Y64
10609-1995	C3182	手提電磨機試驗法 (手提电磨机试验法)	K64
10610-1995	C3183	手提圓盤電磨機試驗法 (手提圆盘电磨机试验法)	K64
10798-1984	C3184	商業用冷凍、冷藏展式櫃檢驗法 (商业用冷冻、冷藏展式柜检验法)	J73
10899-1984	C3185	平板型接頭檢驗法 (平板型接头检验法)	K30
10901-1991	C3186	工業用接線板檢驗法 (工业用接线板检验法)	K36
10905-1994	C3187	電燈泡燈帽溫升試驗法 (电灯泡灯帽温升试验法)	K70
10906-1994	C3188	電燈泡輝度比試驗法 (电灯泡辉度比试验法)	K70
10908-1984	C3189	指示電計器試驗法 (指示电计器试验法)	A42
10911-1984	C3190	微動開關試驗法 (微动开关试验法)	K31
10918-1998	C3191	電源線組檢驗法 (电源线组检验法)	A42
10919-2008	C3192	低壓三相鼠籠型感應電動機(一般用)檢驗法 (低压三相鼠笼型感应电动机(一般用)检验法)	A42
10922-1984	C3193	直動記錄電計器試驗法 (直动记录电计器试验法)	N28
11005-1984	C3194	空心瓷管檢驗法 (空心瓷管检验法)	K48
11161-1984	C3195	聲音及振動用八音度及 1/3 八音度頻帶分析器檢驗法 (声音及振动用八音度及 1/3 八音度频带分析器检验法)	K36
11163-1984	C3196	金屬被覆熱電偶檢驗法 (金属被覆热电偶检验法)	N11
11181-1985	C3197	封閉型微動開關檢驗法 (封闭型微动开关检验法)	N20
11300-1985	C3198	電動刮鬍刀檢驗法 (电动刮胡刀检验法)	Y62
11444-1985	C3202	瓦時,乏時及電力最大需量表示裝置(分離型)試驗法 (瓦时,乏时及电力最大需量表示装置(分离型)试验法)	N22
12246-1988	C3203	電絕緣塗料用 100%油溶性酚樹脂試驗法 (电绝缘涂料用 100%油溶性酚树脂试验法)	K15
12247-1988	C3204	電絕緣用無溶劑液狀樹脂試驗法 (电绝缘用无溶剂液状树脂试验法)	K15
12248-1988	C3205	電絕緣用黏帶試驗法 (电绝缘用黏带试验法)	K15

标准号	台湾地区标准分类号	标准名称	中国标准分类
12249-1988	C3206	電絕緣用黏帶其他試驗法 (电绝缘用黏带其他试验法)	K15
12624-1989	C3207	貯備型電開水器檢驗法 (贮备型电开水器检验法)	Y63
12727-1990	C3208	遮蔽型控制電纜檢驗法 (遮蔽型控制电缆检验法)	K13
13543-1995	C3210	低電壓金屬閉鎖型配電箱檢驗法 (低电压金属闭锁型配电箱检验法)	K84
14545-1-2001	C3211-1)	火災危險性試驗—第 1 部:評估電氣產品火災危險性的指引(通則) (火灾危险性试验—第 1 部:评估电气产品火灾危险性的指引(通则))	C80
14545-2-2001	C3211-2	火災危險性試驗—第 1 部:制定評估電氣產品之火災危險性需求及試驗內容之指引—電子零組件之指引 (火灾危险性试验—第 1 部:制定评估电气产品之火灾危险性需求及试验内容之指引—电子零组件之指引)	C80
14545-3-2001	C3211-3	火災危險性試驗—第 1 部:制定評估電氣產品之火災危險性需求及試驗內容之指引—預選程序之指引 (火灾危险性试验—第 1 部:制定评估电气产品之火灾危险性需求及试验内容之指引—预选程序之指引)	C80
14545-4-2001	C3211-4	火災危險性試驗—第 2 部:試驗方法—第1 章/第 0 單元:熾熱線試驗方法—通則 (火灾危险性试验—第 2 部:试验方法—第1 章/第 0 单元:炽热线试验方法—通则)	C67
14545-5-2001	C3211-5	火災危險性試驗—第 2 部:試驗方法—第1 章/第 1 單元:完成品之熾熱線試驗及指引 (火灾危险性试验—第 2 部:试验方法—第1 章/第 1 单元:完成品之炽热线试验及指引)	C80
14545-6-2001	C3211-6	火災危險性試驗—第 2 部:試驗方法—第 1 章/第 2 單元:材料可燃性之熾熱線試驗 (火灾危险性试验—第 2 部:试验方法—第1 章/第 2 单元:材料可燃性之炽热线试验)	C80
14545-7-2001	C3211-7	火災危險性試驗—第 2 部:試驗方法—第1 章/第 3 單元:材料引燃性之熾熱線試驗 (火灾危险性试验—第 2 部:试验方法—第1 章/第 3 单元:材料引燃性之炽热线试验)	C80
14545-8-2001	C3211-8	火災危險性試驗—第 2 部:試驗方法—第2 章:針焰試驗 (火灾危险性试验—第 2 部:试验方法—第2 章:针焰试验)	C80
14545-9-2001	C3211-9	火災危險性試驗—第 2 部:試驗方法—第3 章:不良連接試驗(電熱法) (火灾危险性试验—第 2 部:试验方法—第3 章:不良连接试验(电热法))	C80
14969-2-75-2006	C3212-2-75	環境試驗—第 2—75 部:試驗—Eh 試驗:鎚擊試驗 (环境试验—第 2—75 部:试验—Eh 试验:锤击试验)	L04
14970-2006	C3213	家用電動洗碗機—性能量測方法 (家用电动洗碗机—性能量测方法)	Y60
14978-2007	C3214	家用和類似用途之電器產品—電磁場—評估與量測方法 (家用和类似用途之电器产品—电磁场—评估与量测方法)	Y60
14979-2007	C3215	家用洗衣機—性能量測方法 (家用洗衣机—性能量测方法)	Y62
15049-2007	C3216	高壓鈉氣燈泡 (高压钠气灯泡)	K71

标准号	台湾地区标准分类号	标准名称	中国标准分类
15186-1-2008	C3218-1	潔淨室及其附屬之控制環境—第 1 部:空氣清淨度之分級 (洁净室及其附属之控制环境—第 1 部:空气清净度之分级)	Y60
15229-2008	C3219	家用電器—待機電力量測 (家用电器—待机电力量测)	Y60
15247-2009	C3220	照明用發光二極體元件與模組之一般壽命試驗方法 (照明用发光二极管组件与模块之一般寿命试验方法)	P31
15248-2009	C3221	發光二極體元件之熱阻量測方法 (发光二极管组件之热阻量测方法)	P31
15249-2009	C3222	發光二極體元件之光學與電性量測方法 (发光二极管组件之光学与电性量测方法)	P31
15250-2009	C3223	發光二極體模組之光學與電性量測方法 (发光二极管模块之光学与电性量测方法)	P31

C4　电机、电器、材料

标准号	台湾地区标准分类号	标准名称	中国标准分类
39-1980	C4001	電氣裝置手柄之操作及指示 (电气装置手柄之操作及指示)	K04
318-1971	C4002	交流斷路器標準(短路試驗用) (交流断路器标准(短路试验用))	A00
419-1982	C4004	空氣去極原電池 (空气去极原电池)	K82
547-1992	C4008	電扇(桌上型及掛壁型) (电扇(桌上型及挂壁型))	Y63
597-1992	C4009	吊電扇 (吊电扇)	Y61
598-1996	C4010	配電用變壓器 (配电用变压器)	K41
690-1998	C4012	配線用插接器 (配线用插接器)	K30
692-1991	C4013	螺旋燈座 (螺旋灯座)	K74
693-1981	C4014	防水螺旋燈頭 (防水螺旋灯头)	K74
695-1987	C4015	室內用小型開關 (室内用小型开关)	K31
696-1984	C4016	無蓋閘刀開關 (无盖闸刀开关)	K31
719-1983	C4017	小電燈泡(手攜電筒用) (小电灯泡(手携电筒用))	K72
923-1983	C4019	注油電桿(台灣區暫用) (注油电杆(台湾区暂用))	A51
927-2006	C4020	螢光燈管用安定器 (荧光灯管用安定器)	K74
1028-1992	C4021	地電扇 (地电扇)	Y61
1029-1990	C4022	手電筒 (手电筒)	K72
1056-1999	C4023	低壓三相感應電動機 (低压三相感应电动机)	K22
1057-2001	C4024	低壓單相感應電動機 (低压单相感应电动机)	K20

标准号	台湾地区标准分类号	标准名称	中国标准分类
1092-1987	C4025	預熱型螢光燈管用輝光起動器 (预热型荧光灯管用辉光起动器)	K74
1143-1969	C4026	絕緣橡膠布帶 (绝缘橡胶布带)	K15
1145-1981	C4027	架空通信線路瓷絕緣子用直螺腳總則 (架空通信线路瓷绝缘子用直螺脚总则)	K47
1146-1981	C4028	架空通信線路瓷絕緣子用直螺腳 1 號 (架空通信线路瓷绝缘子用直螺脚 1 号)	J13
1147-1981	C4029	架空通信線路瓷絕緣子用直螺腳 2 號 (架空通信线路瓷绝缘子用直螺脚 2 号)	J13
1148-1981	C4030	架空通信線路瓷絕緣子用直螺腳 3 號 (架空通信线路瓷绝缘子用直螺脚 3 号)	J13
1246-1981	C4032	配電線路用避雷器 (配电线路用避雷器)	K49
1267-1983	C4033	弔線盒 (吊线盒)	K36
1307-1984	C4034	交流瓦時計 (交流瓦时计)	N22
1326-1993	C4035	電絕緣用油 (电绝缘用油)	Q14
1371-1983	C4039	絕緣油取樣法 (绝缘油取样法)	E38
1373-1999	C4040	高壓(3.3 kV)三相感應電動機 (高压(3.3 kV)三相感应电动机)	K22
1409-1982	C4041	蓄電池用微孔性橡膠隔離板 (蓄电池用微孔性橡胶隔离板)	K15
1410-1982	C4042	蓄電池用強化纖維隔離板 (蓄电池用强化纤维隔离板)	K15
1411-1982	C4043	鉛蓄電池用外殼 (铅蓄电池用外壳)	K84
1488-1993	C4044	有蓋閘刀開關 (有盖闸刀开关)	K31
2059-1994	C4045	裝飾用小燈泡 (装饰用小灯泡)	K72
2060-1992	C4046	通風電扇 (通风电扇)	Y61
2061-1992	C4047	立地電扇 (立地电扇)	Y61
2062-2000	C4048	電冰箱及冷凍箱 (电冰箱及冷冻箱)	J73
2064-1982	C4049	電氣絕緣用黏性聚氯乙烯膠帶 (电气绝缘用黏性聚氯乙烯胶带)	K15
2147-1983	C4050	電絕緣材料之分類 (电绝缘材料之分类)	H42
2322-1964	C4051	電機用刷之尺度 (电机用刷之尺度)	H49
2355-1980	C4052	絕緣清漆 (绝缘清漆)	K15
2450-1992	C4055	自動旋轉吊電扇 (自动旋转吊电扇)	Y61
2518-1992	C4057	電鍋 (电饭锅)	Y63

标准号	台湾地区标准分类号	标准名称	中国标准分类
2547-1982	C4058	熱收縮 PVC 塑膠管(乾電池製造用) (热收缩 PVC 塑料管(干电池制造用))	K12
2606-1997	C4060	電線用鋼管 (电线用钢管)	H48
2607-2003	C4061	電線用鋼管(塗絕緣漆) (电线用钢管(涂绝缘漆))	H48
2654-1985	C4062	乾電池用碳棒 (干电池用碳棒)	K13
2657-1966	C4063	殺菌用低壓水銀放電管 (杀菌用低压水银放电管)	K71
2658-1994	C4064	高壓水銀燈泡 (高压水银灯泡)	K48
2660-1984	C4065	螢光管燈具(預熱型) (荧光管灯具(预热型))	K71
2661-1992	C4066	電動果汁機 (电动果汁机)	Y68
2662-1987	C4067	電咖啡壺 (电咖啡壶)	Y63
2663-1972	C4068	低壓自動油開關 (低压自动油开关)	K31
2729-2008	C4069	高壓水銀弧燈用安定器 (高压水银弧灯用安定器)	K74
2730-2003	C4070	霓虹燈變壓器 (霓虹灯变压器)	K41
2786-2006	C4072	交流電弧電銲機 (交流电弧电焊机)	J64
2803-1968	C4073	配電用熔線鏈開關 (配电用熔线链开关)	K31
2804-1979	C4074	路燈用光電式自動點滅器 (路灯用光电式自动点灭器)	K31
2831-1969	C4077	鋁導體電線電纜用配件 (铝导体电线电缆用配件)	X14
2897-1988	C4078	漆棉布帶 (漆棉布带)	K15
2898-1985	C4079	絕緣薄紙 (绝缘薄纸)	K13
2901-2004	C4080	中小型交流同步發電機 (中小型交流同步发电机)	K21
2902-1968	C4081	蓄電池用封膠 (蓄电池用封胶)	K15
2903-1968	C4082	乾電池用封膠 (干电池用封胶)	H40
2930-1982	C4084	交流電磁開關 (交流电磁开关)	K31
2931-1990	C4085	無熔線斷路器 (无熔线断路器)	K31
2932-1992	C4086	電烤麵包器 (电烤面包器)	Y63
2933-1987	C4087	電暖器 (电暖器)	C80
2934-2003	C4088	低壓三相鼠籠型感應電動機(一般用) (低压三相鼠笼型感应电动机(一般用))	K22

标 准 号	台湾地区标准分类号	标 准 名 称	中国标准分类
2944-1994	C4089	腳踏車用燈泡 （脚踏车用灯泡）	T38
2962-1984	C4091	電熱線與電熱帶 （电热线与电热带）	N20
3043-1986	C4092	蓄電池用玻璃纖維墊片 （蓄电池用玻璃纤维垫片）	H61
3070-1987	C4093	絕緣油（寒地用） （绝缘油（寒地用））	E38
3200-1980	C4094	永久磁鐵材料 （永久磁铁材料）	L19
3203-1971	C4095	石墨電極 （石墨电极）	Q51
3210-1981	C4096	鋼板用點熔接機 （钢板用点熔接机）	J64
3225-1988	C4097	矽質清漆 （硅质清漆）	K15
3227-1971	C4098	捲筒電報紙 （卷筒电报纸）	Y64
3228-1985	C4099	電動刮鬍刀 （电动刮胡刀）	Y62
3256-1985	C4100	乾電池用吸墨紙 （干电池用吸墨纸）	Y32
3258-1982	C4101	乾電池用封口劑 （干电池用封口剂）	K15
3261-1994	C4102	反射燈泡 （反射灯泡）	K13
3264-2001	C4103	手提電鑽 （手提电钻）	K64
3265-2001	C4104	手提電磨機 （手提电磨机）	K64
3266-2001	C4105	手提圓盤電磨機 （手提圆盘电磨机）	K64
3329-1987	C4106	裝飾用燈串及燈組 （装饰用灯串及灯组）	K73
3330-2000	C4107	機車用鉛蓄電池 （机车用铅蓄电池）	H40
3375-1983	C4108	小電燈泡（礦坑帽燈用） （小电灯泡（矿坑帽灯用））	K73
3422-1985	C4109	耐油軟木板 （耐油软木板）	K15
3423-1981	C4110	高壓水銀燈器具之防爆構造 （高压水银灯器具之防爆构造）	K15
3424-1988	C4111	漆斜條棉布帶 （漆斜条棉布带）	K15
3425-1988	C4112	漆絲布帶 （漆丝布带）	K15
3426-1988	C4113	漆棉布 （漆棉布）	K15
3427-1988	C4114	漆絲布 （漆丝布）	K15
3428-1988	C4115	漆玻璃纖維布 （漆玻璃纤维布）	K15

标准号	台湾地区标准分类号	标准名称	中国标准分类
3429-1988	C4116	漆矽玻璃纖維布 (漆硅玻璃纤维布)	K15
3430-1982	C4117	乾(扁)電池用清漆 (干(扁)电池用清漆)	K15
3434-1990	C4118	銅線用壓著端子 (铜线用压着端子)	K30
3618-1992	C4119	100瓦以下單相感應電動機 (100瓦以下单相感应电动机)	K13
3692-1974	C4120	手提式按摩器 (手提式按摩器)	M30
3693-1994	C4121	電烤箱 (电烤箱)	Y63
3714-1990	C4122	手提型頭髮吹風機 (手提型头发吹风机)	Y64
3737-1994	C4124	紅外線燈泡 (红外线灯泡)	L11
3765-2005	C4125	家用和類似用途電器產品的安全—第1部:通則 (家用和类似用途电器产品的安全—第1部:通则)	Y63
3765-11-2002	C4125-11	家用和類似用途電器產品的安全—第2部:滾筒式乾衣機的個別規定 (家用和类似用途电器产品的安全—第2部:滚筒式干衣机的个别规定)	Y60
3765-12-2003	C4125-12	家用和類似用途電器產品的安全—第2部:保溫盤及類似電器的個別規 (家用和类似用途电器产品的安全—第2部:保温盘及类似电器的个别规)	Y60
3765-13-2005	C4125-13	家用和類似用途電器產品的安全—第2部:油炸鍋、平底鍋及類似電器的個別規定 (家用和类似用途电器产品的安全—第2部:油炸锅、平底锅及类似电器的个别规定)	Y60
3765-14-2005	C4125-14	家用和類似用途電器產品的安全—第2部:廚房電器的個別規定 (家用和类似用途电器产品的安全—第2部:厨房电器的个别规定)	Y60
3765-15-2003	C4125-15	家用和類似用途電器產品的安全—第2部:液體加熱型電器的個別規定 (家用和类似用途电器产品的安全—第2部:液体加热型电器的个别规定)	Y63
3765-2-2002	C4125-2	家用和類似用途電器產品的安全—第2部:真空吸塵器及吸水清潔機的個別規定 (家用和类似用途电器产品的安全—第2部:真空吸尘器及吸水清洁机的个别规定)	Y60
3765-21-2003	C4125-21	家用和類似用途電器產品的安全—第2部:貯備型熱水器的個別規定 (家用和类似用途电器产品的安全—第2部:贮备型热水器的个别规定)	Y61
3765-24-2000	C4125-24	家用和類似用途電器產品的安全—第2部:冷凍冷藏器具及製冰機的個別規定 (家用和类似用途电器产品的安全—第2部:冷冻冷藏器具及制冰机的个别规定)	Y61
3765-25-2005	C4125-25	家用和類似用途電器產品的安全—第2部:微波爐的個別規定 (家用和类似用途电器产品的安全—第2部:微波炉的个别规定)	Y63

标准号	台湾地区标准分类号	标准名称	中国标准分类
3765-28-2005	C4125-28	家用和類似用途電器產品的安全—第2部:縫紉機的個別規定 (家用和类似用途电器产品的安全—第2部:缝纫机的个别规定)	L09
3765-29-2005	C4125-29	家用和類似用途電器產品的安全—第2部:電池充電器的個別規定 (家用和类似用途电器产品的安全—第2部:电池充电器的个别规定)	Y63
3765-3-2003	C4125-3	家用和類似用途電器產品的安全—第2部:電熨斗的個別規定 (家用和类似用途电器产品的安全—第2部:电熨斗的个别规定)	Y63
3765-30-2005	C4125-30	家用和類似用途電器產品的安全—第2部:室內加熱器的個別規定 (家用和类似用途电器产品的安全—第2部:室内加热器的个别规定)	Y60
3765-31-2005	C4125-31	家用和類似用途電器產品的安全—第2部:排油煙機的個別規定 (家用和类似用途电器产品的安全—第2部:排油烟机的个别规定)	Y63
3765-32-2004	C4125-32	家用和類似用途電器產品的安全—第2部:按摩器的個別規定 (家用和类似用途电器产品的安全—第2部:按摩器的个别规定)	Y60
3765-34-2000	C4125-34	家用和類似用途電器產品的安全—第2部:壓縮機的個別規定 (家用和类似用途电器产品的安全—第2部:压缩机的个别规定)	Y60/J72
3765-35-2003	C4125-35	家用和類似用途電器產品的安全—第2部:瞬熱型熱水器的個別規定 (家用和类似用途电器产品的安全—第2部:瞬热型热水器的个别规定)	J72
3765-4-2002	C4125-4	家用和類似用途電器產品的安全—第2部:旋轉式脫水機的個別規定 (家用和类似用途电器产品的安全—第2部:旋转式脱水机的个别规定)	Y60
3765-40-2000	C4125-40	家用和類似用途電器產品的安全—第2部:電熱泵、空氣調節機及除濕機的個別規定 (家用和类似用途电器产品的安全—第2部:电热泵、空气调节机及除湿机的个别规定)	Y63
3765-41-2004	C4125-41	家用和類似用途電器產品的安全—第2部:泵的個別規定 (家用和类似用途电器产品的安全—第2部:泵的个别规定)	Y60/J71
3765-5-2002	C4125-5	家用和類似用途電器產品的安全—第2部:洗碗機的個別規定 (家用和类似用途电器产品的安全—第2部:洗碗机的个别规定)	Y60
3765-51-2004	C4125-51	家用和類似用途電器產品的安全—第2部:加熱及供水設備用的放置型循環泵的個別規定 (家用和类似用途电器产品的安全—第2部:加热及供水设备用的放置型循环泵的个别规定)	J71
3765-52-2005	C4125-52	家用和類似用途電器產品的安全—第2部:口腔衛生電器的個別規定 (家用和类似用途电器产品的安全—第2部:口腔卫生电器的个别规定)	Y63

标 准 号	台湾地区 标准分类号	标 准 名 称	中国标准 分 类
3765-53-2005	C4125-53	家用和類似用途電器產品的安全—第2部:蒸汽浴加熱電器的個別規定 (家用和类似用途电器产品的安全—第2部:蒸汽浴加热电器的个别规定)	Y63
3765-59-2005	C4125-59	家用和類似用途電器產品的安全—第2部:電殺蟲器的個別規定 (家用和类似用途电器产品的安全—第2部:电杀虫器的个别规定)	Y63
3765-6-2003	C4125-6	家用和類似用途電器產品的安全—第2部:放置式爐灶、爐架、烤爐及類似器具的個別規定 (家用和类似用途电器产品的安全—第2部:放置式炉灶、炉架、烤炉及类似器具的个别规定)	Y60
3765-60-2005	C4125-60	家用和類似用途電器產品的安全—第2部:漩渦浴具的個別規定 (家用和类似用途电器产品的安全—第2部:漩涡浴具的个别规定)	Y63
3765-65-2004	C4125-65	家用和類似用途電器產品的安全—第2部:空氣清淨機的個別規定 (家用和类似用途电器产品的安全—第2部:空气清净机的个别规定)	Y60
3765-66-2005	C4125-66	家用和類似用途電器產品的安全—第2部:水床加熱器的個別規定 (家用和类似用途电器产品的安全—第2部:水床加热器的个别规定)	Y63
3765-7-2002	C4125-7	家用和類似用途電器產品的安全—第2部:洗衣機的個別規定 (家用和类似用途电器产品的安全—第2部:洗衣机的个别规定)	Y60
3765-73-2004	C4125-73	家用和類似用途電器產品的安全—第2部:固定型浸入式電熱器的個別規定 (家用和类似用途电器产品的安全—第2部:固定型浸入式电热器的个别规定)	Y63
3765-74-2004	C4125-74	家用和類似用途電器產品的安全—第2部:攜帶型浸入式電熱器的個別規定 (家用和类似用途电器产品的安全—第2部:携带型浸入式电热器的个别规定)	Y60
3765-75-2004	C4125-75	家用和類似用途電器產品的安全—第2部:商用供應機及自動販賣機的個別規定 (家用和类似用途电器产品的安全—第2部:商用供应机及自动贩卖机的个别规定)	K65
3765-78-2004	C4125-78	家用和類似用途電器產品的安全—第2部:戶外烤肉電器的個別規定 (家用和类似用途电器产品的安全—第2部:户外烤肉电器的个别规定)	Y63
3765-8-2004	C4125-8	家用和類似用途電器產品的安全—第2部:電動刮鬍刀、剪髮器及類似電器的個別規定 (家用和类似用途电器产品的安全—第2部:电动刮胡刀、剪发器及类似电器的个别规定)	Y60
3765-80-2005	C4125-80	家用和類似用途電器產品的安全—第2部:電扇的個別規定 (家用和类似用途电器产品的安全—第2部:电扇的个别规定)	Y63
3765-81-2004	C4125-81	家用和類似用途電器產品的安全—第2部:電暖足器及電熱墊的個別規定 (家用和类似用途电器产品的安全—第2部:电暖足器及电热垫的个别规定)	Y60

标 准 号	台湾地区标准分类号	标 准 名 称	中国标准分类
3765-84-2004	C4125-84	家用和類似用途電器產品的安全—第2部:盥洗設備的個別規定 (家用和类似用途电器产品的安全—第2部:盥洗设备的个别规定)	Q18
3765-9-2003	C4125-9	家用和類似用途電器產品的安全—第2部:烤架、烤麵包機和類似攜帶型烹飪電器的個別規定 (家用和类似用途电器产品的安全—第2部:烤架、烤面包机和类似携带型烹饪电器的个别规定)	Y60
3805-1989	C4127	抽油煙機 (抽油烟机)	Y68
3807-1990	C4128	單相分電箱 (单相分电箱)	K36
3910-2000	C4129	飲水供應機 (饮水供应机)	K14
3990-1995	C4130	金屬閉鎖型配電箱及控制箱(A.C.3.3～36 kV) (金属闭锁型配电箱及控制箱(A.C.3.3～36 kV))	K36
3992-1981	C4131	高壓交流起動器 (高压交流起动器)	K43
3994-1985	C4132	高壓綜合型起動盤 (高压综合型起动盘)	K43
4079-1987	C4133	線簧電驛 (线簧电驿)	K33
4117-1991	C4134	道路照明用燈桿(漸細型) (道路照明用灯杆(渐细型))	K47
4332-1988	C4135	家庭用縫紉機電動機 (家庭用缝纫机电动机)	K22
4612-1985	C4137	手電燈用電燈泡(適用於額定電壓1.1伏至7.2伏) (手电灯用电灯泡(适用于额定电压1.1伏至7.2伏))	K72
4613-1994	C4138	照相用閃光燈泡 (照相用闪光灯泡)	K73
4615-1994	C4139	電影用錄放音機燈泡 (电影用录放音机灯泡)	K73
4616-1984	C4140	電動起重機 (电动起重机)	J80
4734-1979	C4142	高壓交流斷路器 (高压交流断路器)	K43
4774-1987	C4143	家用電爐 (家用电炉)	Y63
4776-1987	C4144	反射電暖爐 (反射电暖炉)	Y63
4778-1987	C4145	電熨斗 (电熨斗)	Y62
4782-2006	C4147	交流電弧電銲用自動電擊防止裝置 (交流电弧电焊用自动电击防止装置)	J64
4872-1979	C4148	工業用軸流風扇 (工业用轴流风扇)	K65
4873-1987	C4149	電暖墊 (电暖垫)	Y63
4875-1979	C4150	分流器 (分流器)	N28

标准号	台湾地区标准分类号	标准名称	中国标准分类
4950-1979	C4151	電動絞肉機 (电动绞肉机)	Y68
4970-1979	C4152	硬質聚氯乙烯電氣接線盒 (硬质聚氯乙烯电气接线盒)	K15
5020-1979	C4153	電焊機用電磁閥 (电焊机用电磁阀)	J64
5021-1979	C4154	銲條夾持器 (焊条夹持器)	J64
5022-1984	C4155	電焊機用閘流調節器 (电焊机用闸流调节器)	J64
5024-1979	C4156	電阻電焊機用點火器 (电阻电焊机用点火器)	K33
5025-1979	C4157	電焊機用電磁接觸器 (电焊机用电磁接触器)	K14
5026-1984	C4158	手提型點焊機用變壓器 (手提型点焊机用变压器)	K41
5027-1984	C4159	搭接電阻電焊機用時間控制器 (搭接电阻电焊机用时间控制器)	J64
5028-1984	C4160	穩流整流式直流電弧電焊機 (稳流整流式直流电弧电焊机)	J64
5029-2006	C4161	小型交流電弧電銲機 (小型交流电弧电焊机)	J64
5030-1984	C4162	凸壓電焊機 (凸压电焊机)	J64
5063-1979	C4163	放映機燈泡 (放映机灯泡)	K73
5117-1984	C4164	氖氣燈管 (氖气灯管)	K71
5119-1988	C4165	照度計 (照度计)	A42
5196-1980	C4166	霓虹指示燈泡 (霓虹指示灯泡)	K71
5198-1990	C4167	高絕緣電阻計 (高绝缘电阻计)	N25
5200-1994	C4168	標準光度電燈泡 (标准光度电灯泡)	K74
5201-1980	C4169	投光器用電燈泡 (投光器用电灯泡)	K73
5203-1994	C4170	接地電阻測試計 (接地电阻测试计)	N25
5310-1994	C4171	配電盤用燈泡 (配电盘用灯泡)	K73
5314-1980	C4172	配電箱 (配电箱)	K36
5316-1983	C4173	低壓封閉開關 (低压封闭开关)	K31
5417-1994	C4174	屋內配線用電線連接工具 (屋内配线用电线连接工具)	J47
5420-1984	C4175	飛機用小型電燈泡 (飞机用小型电灯泡)	K73
5422-2006	C4176	漏電斷路器 (漏电断路器)	K31

标准号	台湾地区标准分类号	标准名称	中国标准分类
5425-1991	C4177	電捕昆蟲器 (电捕昆虫器)	Y69
5426-1984	C4178	三用表 (三用表)	N21
5427-1990	C4179	乾電池式蜂鳴器 (干电池式蜂鸣器)	Y69
5513-1984	C4180	交通號誌電燈泡 (交通号志电灯泡)	Q84
5514-1984	C4181	低壓鈉氣燈管 (低压钠气灯管)	K71
5515-1984	C4182	鹵素電燈泡 (卤素电灯泡)	K71
5516-1980	C4183	高壓受電用感應式過電流電譯 (高压受电用感应式过电流电译)	K45
5517-1990	C4184	壓縮端子 (压缩端子)	K30
5518-1996	C4185	銅線用裸壓接套筒 (铜线用裸压接套筒)	K14
5519-1985	C4186	電機用聚脂塑膠膜積層絕緣紙 (电机用聚脂塑料膜积层绝缘纸)	K15
5520-1985	C4187	硫化纖維板 (硫化纤维板)	K15
5521-1983	C4188	電器用聚酯膜 (电器用聚酯膜)	K15
5522-1983	C4189	電容器用金屬化聚酯膜 (电容器用金属化聚酯膜)	K15
5523-1980	C4190	電磁軟鐵板 (电磁软铁板)	L19
5524-1988	C4191	電磁軟鐵棒 (电磁软铁棒)	L19
5534-1982	C4192	熱電偶 (热电偶)	N11
5535-1987	C4193	單相電動機用小型開關 (单相电动机用小型开关)	K31
5537-1980	C4194	電力用離心法製預力混凝土電桿 (电力用离心法制预力混凝土电杆)	Q14
5742-1994	C4195	配電盤用指示電計器之尺度(類比式) (配电盘用指示电计器之尺度(模拟式))	N21
5743-1994	C4196	凸緣形指示電計器之尺度(類比式) (凸缘形指示电计器之尺度(模拟式))	N21
5746-1980	C4197	電機用聚酯絕緣帶 (电机用聚酯绝缘带)	K15
6018-1984	C4198	指示型熱電溫度計 (指示型热电温度计)	N11
6020-1984	C4199	指示型電阻溫度計 (指示型电阻温度计)	N11
6022-1982	C4200	測溫用電阻管 (测温用电阻管)	N11
6024-1980	C4201	熱敏電阻測溫器 (热敏电阻测温器)	N11
6026-1980	C4202	標準電池 (标准电池)	K82

标 准 号	台湾地区 标准分类号	标 准 名 称	中国标准 分 类
6028-1985	C4203	錳乾電池 (锰干电池)	K82
6030-1980	C4204	空氣乾電池 (空气干电池)	K82
6032-1987	C4205	鹼性一次電池 (碱性一次电池)	K82
6034-2000	C4206	可攜式鉛蓄電池 (可携式铅蓄电池)	K84
6036-1980	C4207	圓筒密閉型鎳鎘蓄電池 (圆筒密闭型镍镉蓄电池)	T36
6038-2000	C4208	固定式鉛蓄電池 (固定式铅蓄电池)	K84
6043-1996	C4210	通信電纜用絕緣紙 (通信电缆用绝缘纸)	K13
6044-1985	C4211	電機用壓紙板 (电机用压纸板)	Y32
6045-1997	C4212	線圈絕緣紙 (线圈绝缘纸)	Y32
6046-1985	C4213	電解電容器用紙 (电解电容器用纸)	Y32
6048-1980	C4215	配線用木台 (配线用木台)	K36
6049-1980	C4216	紅外線燈管 (红外线灯管)	K71
6050-1984	C4217	屋外用熔線夾 (屋外用熔线夹)	K31
6051-1998	C4218	低電壓配線用螺旋型熔線及栓型熔線 (低电压配线用螺旋型熔线及栓型熔线)	K31
6054-1980	C4220	螢光燈管座及起動器座 (荧光灯管座及起动器座)	K74
6058-1980	C4221	分離式插接器 (分离式插接器)	K30
6059-1983	C4222	低壓斷流器 (低压断流器)	K31
6079-1991	C4223	金屬製導管及地板槽附件總則(電線用) (金属制导管及地板槽附件总则(电线用))	J15
6080-1993	C4224	電線用鋼管管接頭 (电线用钢管管接头)	J15
6081-1993	C4225	電線用鋼管彎頭 (电线用钢管弯头)	J15
6082-1993	C4226	電線用鋼管管口護套 (电线用钢管管口护套)	J15
6083-1993	C4227	電線用鋼管鎖帽 (电线用钢管锁帽)	J15
6084-1982	C4228	電線用鋼管護管夾 (电线用钢管护管夹)	J15
6085-1992	C4229	電線鋼管通用配件 (电线钢管通用配件)	J15
6087-1991	C4231	金屬製電線接線盒 (金属制电线接线盒)	J15
6090-1992	C4234	電線用鋼管圓形匣 (电线用钢管圆形匣)	J15

标准号	台湾地区 标准分类号	标准名称	中国标准 分类
6091-1992	C4235	電線用鋼管平面開關匣 (电线用钢管平面开关匣)	J15
6092-1993	C4236	電線用鋼管連接器 (电线用钢管连接器)	J15
6093-1992	C4237	電線用鋼管端蓋 (电线用钢管端盖)	J15
6094-1983	C4238	電線用鋼管進口蓋 (电线用钢管进口盖)	J15
6095-1986	C4239	電線用鋼管絕緣襯套 (电线用钢管绝缘衬套)	J15
6096-1986	C4240	電線用鋼管連接管接頭 (电线用钢管连接管接头)	J15
6097-1987	C4241	鋼製地板電線槽 (钢制地板电线槽)	P63
6098-1987	C4242	地板電線槽接頭 (地板电线槽接头)	P63
6099-1987	C4243	地板電線槽接線匣 (地板电线槽接线匣)	P63
6100-1987	C4244	地板電線槽插接配件 (地板电线槽插接配件)	P63
6101-1991	C4245	電線用柔韌金屬管 (电线用柔韧金属管)	K10
6102-1995	C4246	室内用平面蓋板 (室内用平面盖板)	J15
6103-1983	C4247	電線用2號柔韌金屬管絕緣襯套 (电线用2号柔韧金属管绝缘衬套)	K15
6104-1983	C4248	電線用柔韌金屬管連接器 (电线用柔韧金属管连接器)	K15
6105-1983	C4249	電線用柔韌金屬管管接頭 (电线用柔韧金属管管接头)	K15
6106-1991	C4250	帽套(硬質PVC電線用管) (帽套(硬质PVC电线用管))	H61
6109-1990	C4253	導電線用聚氯乙烯塑膠硬質管配件總則 (导电线用聚氯乙烯塑料硬质管配件总则)	K15
6110-1990	C4254	導電線用聚氯乙烯塑膠硬質管接頭 (导电线用聚氯乙烯塑料硬质管接头)	K15
6111-1990	C4255	導電線用聚氯乙烯塑膠硬質管連接器 (导电线用聚氯乙烯塑料硬质管连接器)	K15
6112-1990	C4256	導電線用聚氯乙烯塑膠硬質管彎頭 (导电线用聚氯乙烯塑料硬质管弯头)	K15
6113-1990	C4257	導電線用聚氯乙烯塑膠硬質管接線盒及蓋 (导电线用聚氯乙烯塑料硬质管接线盒及盖)	K15
6115-1990	C4259	導電線用聚氯乙烯塑膠硬質管護管夾 (导电线用聚氯乙烯塑料硬质管护管夹)	K15
6116-1990	C4260	導電線用聚氯乙烯塑膠硬質管管帽 (导电线用聚氯乙烯塑料硬质管管帽)	K15
6427-1984	C4261	測定照相用感光材料靈敏度之電燈泡 (测定照相用感光材料灵敏度之电灯泡)	K73
6428-1994	C4262	電話交換機用燈泡 (电话交换机用灯泡)	K73
6429-1994	C4263	收音機盤面用燈泡 (收音机盘面用灯泡)	K72

标准号	台湾地区 标准分类号	标准名称	中国标准 分类
6430-1984	C4264	家庭縫紉機用電燈泡 （家庭缝纫机用电灯泡）	K72
6651-1982	C4265	熱電偶用補償導線 （热电偶用补偿导线）	L91
6653-1991	C4266	隔離開關操作棒 （隔离开关操作棒）	K65
6766-1991	C4267	絕緣被覆連接套 （绝缘被覆连接套）	K14
6767-1991	C4268	醫用設備級接地站及接頭 （医用设备级接地站及接头）	K65
6771-1986	C4269	絕緣器用金屬配件 （绝缘器用金属配件）	K47
6774-1986	C4270	普通型及耐鹽型懸垂絕緣器 （普通型及耐盐型悬垂绝缘器）	K48
6776-1984	C4272	線路用柱形絕緣體 （线路用柱形绝缘体）	K48
6777-1984	C4273	屋內柱形絕緣體 （屋内柱形绝缘体）	K48
6778-1984	C4274	長幹絕緣體 （长干绝缘体）	K48
6780-1984	C4276	電廠用柱形絕緣體 （电厂用柱形绝缘体）	K48
6782-1986	C4278	6 600 V 裝腳絕緣器 （6 600 V 装脚绝缘器）	K48
6783-1993	C4279	高電壓穿心式絕緣礙子 （高电压穿心式绝缘碍子）	K48
6784-1982	C4280	高壓瓷管 （高压瓷管）	K48
6785-1986	C4281	氖氣管用絕緣器 （氖气管用绝缘器）	K48
6786-1984	C4282	6.6 kV 拉線絕緣體 （6.6 kV 拉线绝缘体）	K48
6787-1993	C4283	饋線裝腳絕緣礙子 （馈线装脚绝缘碍子）	K48
6788-1980	C4284	井形耐拉絕緣子 （井形耐拉绝缘子）	K48
6789-1986	C4285	球型絕緣器 （球型绝缘器）	K48
6790-1986	C4286	低壓鼓型絕緣器 （低压鼓型绝缘器）	K48
6793-1986	C4289	低壓裝腳絕緣器 （低压装脚绝缘器）	K48
6794-1986	C4290	低壓穿心型絕緣器 （低压穿心型绝缘器）	K48
6795-1980	C4291	架空通信線路瓷絕緣子 （架空通信线路瓷绝缘子）	K48
6796-1984	C4292	屋內用 3.3 kV～33 kV 環氧樹脂絕緣體 （屋内用 3.3 kV～33 kV 环氧树脂绝缘体）	K15
6797-1991	C4293	電器用插接器 （电器用插接器）	K30
6888-1986	C4294	一般用直流電磁圈 （一般用直流电磁圈）	L17

标准号	台湾地区标准分类号	标准名称	中国标准分类
6890-1986	C4295	一般用交流電磁圈 (一般用交流电磁圈)	L17
7006-1985	C4296	螢光燈管用玻璃管 (荧光灯管用玻璃管)	K71
7008-1992	C4297	二相伺服電動機 (二相伺服电动机)	K20
7121-1981	C4298	室内 6.6 kV 高壓用分段開關 (室内 6.6 kV 高压用分段开关)	K43
7123-1981	C4299	附跳脱裝置高壓交流負載開關 (附跳脱装置高压交流负载开关)	L22
7208-1981	C4300	手壓型瞬熱式封口機 (手压型瞬热式封口机)	K34
7209-1981	C4301	腳踏型瞬熱式封口機 (脚踏型瞬热式封口机)	K34
7212-1981	C4302	船舶無線電機用直流換流機及交流反相機 (船舶无线电机用直流换流机及交流反相机)	U61
7213-1981	C4303	船舶無線電機用感應型電動發電機 (船舶无线电机用感应型电动发电机)	U61
7215-1981	C4304	冷軋矽鋼帶 (冷轧硅钢带)	H46
7216-1981	C4305	方向性矽鋼帶 (方向性硅钢带)	H53
7217-1981	C4306	小型電動機用矽鋼帶 (小型电动机用硅钢带)	H53
7218-1981	C4307	磁極用矽鋼片 (磁极用硅钢片)	H53
7356-1981	C4308	電線用木製小型卷軸 (电线用木制小型卷轴)	K12
7359-1981	C4309	架空通信線路瓷絕緣子用直螺腳 4 號 (架空通信线路瓷绝缘子用直螺脚 4 号)	K47
7597-1981	C4310	特高壓輸電用展性鑄鐵及鋁製線夾 (特高压输电用展性铸铁及铝制线夹)	K47
7598-1981	C4311	起重機用集電裝置 (起重机用集电装置)	K62
7599-1981	C4312	電氣絕緣用矽質玻璃布(絲)套管 (电气绝缘用硅质玻璃布(丝)套管)	K48
7601-1988	C4313	漆矽玻璃纖維布帶 (漆硅玻璃纤维布带)	K15
7602-1988	C4314	雙面矽膠玻璃纖維布 (双面硅胶玻璃纤维布)	K15
7603-1989	C4315	對苯二甲酸漆布 (对苯二甲酸漆布)	K15
7604-1989	C4316	對苯二甲酸漆布帶 (对苯二甲酸漆布带)	K15
7605-1988	C4317	漆嫘縈布 (漆嫘萦布)	K15
7606-1988	C4318	漆嫘縈布帶 (漆嫘萦布带)	K15
7607-1988	C4319	漆斜條嫘縈布帶 (漆斜条嫘萦布带)	K15
7608-1988	C4320	油漆紙 (油漆纸)	K15

标 准 号	台湾地区标准分类号	标 准 名 称	中国标准分 类
7609-1988	C4321	漆玻璃纖維布帶 (漆玻璃纤维布带)	K15
7610-1988	C4322	漆斜條玻璃纖維布帶 (漆斜条玻璃纤维布带)	K15
7619-2009	C4323	空氣清淨機 (空气清净机)	Q76
7623-1994	C4324	控制用鈕型開關 (控制用钮型开关)	K31
7625-1981	C4325	控制用凸輪開關 (控制用凸轮开关)	K31
7627-1984	C4326	電動定時開關 (电动定时开关)	K31
7964-1995	C4327	桌上型電動輪磨機 (桌上型电动轮磨机)	K65
8356-1988	C4328	電絕緣用超薄膜雲母及集成雲母 (电绝缘用超薄膜云母及集成云母)	K15
8358-1988	C4329	熱成形用雲母板 (热成形用云母板)	K15
8359-1988	C4330	整流子片用雲母板 (整流子片用云母板)	K15
8360-1988	C4331	衝壓用雲母板 (冲压用云母板)	K15
8361-1988	C4332	電熱用雲母板 (电热用云母板)	K15
8362-1988	C4333	柔韌雲母 (柔韧云母)	K15
8363-1988	C4334	雙面紙雲母片及帶 (双面纸云母片及带)	K15
8364-1988	C4335	單面紙雲母片及帶 (单面纸云母片及带)	K15
8365-1988	C4336	雙面玻璃纖維布雲母片及帶 (双面玻璃纤维布云母片及带)	K15
8366-1988	C4337	單面玻璃纖維布雲母片及帶 (单面玻璃纤维布云母片及带)	K15
8367-1988	C4338	雙面膠膜雲母片及帶 (双面胶膜云母片及带)	K15
8368-1988	C4339	單面膠膜雲母片及帶 (单面胶膜云母片及带)	K15
8369-1982	C4340	通信機器用接點材料 (通信机器用接点材料)	M05
8370-1982	C4341	鐵矽鋁合金粉環狀鐵心 (铁硅铝合金粉环状铁心)	L19
8371-1982	C4342	氧化鐵插入鐵心 (氧化铁插入铁心)	L19
8798-1990	C4344	電烙鐵 (电烙铁)	K65
8799-1990	C4345	電鈴 (电铃)	Y69
8800-1982	C4346	裝飾燈 (装饰灯)	K72
8801-1982	C4347	手提螢光燈 (手提荧光灯)	K71

标准号	台湾地区标准分类号	标准名称	中国标准分类
8802-2007	C4348	緊急照明燈 (紧急照明灯)	K72
8803-1982	C4349	工作燈 (工作灯)	K72
9077-1982	C4350	汽車用鉛蓄電池充電線夾 (汽车用铅蓄电池充电线夹)	J13
9078-1999	C4351	電源轉接器 (电源转接器)	K85
9086-1982	C4352	電絕緣用石棉水泥板 (电绝缘用石棉水泥板)	K15
9087-1982	C4353	電絕緣用矽玻璃纖維積層板 (电绝缘用硅玻璃纤维积层板)	K48
9089-1982	C4355	屋內用高壓避電器 (屋内用高压避电器)	K49
9090-1982	C4356	櫃式高壓受電設備 (柜式高压受电设备)	K44
9091-1982	C4357	櫃式高壓受電設備用斷流器 (柜式高压受电设备用断流器)	K43
9092-1982	C4358	櫃式高壓受電設備用絕緣子 (柜式高压受电设备用绝缘子)	K48
9094-1982	C4359	高壓及特高壓電容器用電抗器 (高压及特高压电容器用电抗器)	K42
9095-1998	C4360	高壓電力電容器放電線圈 (高压电力电容器放电线圈)	K42
9096-1986	C4361	遙控用變壓器 (遥控用变压器)	K41
9097-1987	C4362	恆溫器(壓力式) (恒温器(压力式))	N61
9098-1982	C4363	限流器 (限流器)	K33
9099-1982	C4364	起重機用配線管 (起重机用配线管)	K15
9116-1982	C4365	家庭用垂吊式螢光管照明燈具 (家庭用垂吊式荧光管照明灯具)	K70
9118-2008	C4366	道路照明燈具 (道路照明灯具)	K72
9120-1982	C4367	照明用反射罩 (照明用反射罩)	K74
9477-1982	C4369	盤用熱電型高頻電流表 (盘用热电型高频电流表)	N21
9576-1982	C4370	營建場所用高壓線路防護線管 (营建场所用高压线路防护线管)	K15
9578-1992	C4371	箱型電扇 (箱型电扇)	Y61
9580-1982	C4373	鐵鎳軟磁性合金板及帶 (铁镍软磁性合金板及带)	L19
9582-1982	C4374	恆溫器用金屬片 (恒温器用金属片)	H61
9685-1982	C4375	電絕緣用熱收縮聚氯乙烯套管(管狀) (电绝缘用热收缩聚氯乙烯套管(管状))	K15
9686-1982	C4376	電絕緣用熱收縮聚烯烴套管(管狀) (电绝缘用热收缩聚烯烃套管(管状))	K15

标准号	台湾地区标准分类号	标准名称	中国标准分类
9687-1982	C4377	電絕緣用熱收縮聚四氟乙烯套管(管狀) (电绝缘用热收缩聚四氟乙烯套管(管状))	K15
9688-1982	C4378	電絕緣用熱收縮氟化乙烯丙烯共聚合體套管(管狀) (电绝缘用热收缩氟化乙烯丙烯共聚合体套管(管状))	K15
9689-1982	C4379	電絕緣用熱收縮聚偏二氟乙烯套管(管狀) (电绝缘用热收缩聚偏二氟乙烯套管(管状))	K15
9690-1982	C4380	電絕緣用熱收縮聚氯丁二烯橡膠套管(管狀) (电绝缘用热收缩聚氯丁二烯橡胶套管(管状))	K48
9809-1983	C4381	電磁計數器 (电磁计数器)	N24
9810-1983	C4382	電阻電焊機用旋轉開關 (电阻电焊机用旋转开关)	K31
9811-2001	C4383	手提電動圓鋸機 (手提电动圆锯机)	K64
9813-2004	C4384	工程沉水泵用低壓三相感應電動機 (工程沉水泵用低压三相感应电动机)	K26
9814-2001	C4385	工程沈水泵用低壓單相感應電動機 (工程沈水泵用低压单相感应电动机)	K26
9816-1997	C4386	電器試驗用試驗指 (电器试验用试验指)	A42
9823-1983	C4387	一般用電機具防爆構造之出線盒 (一般用电机具防爆构造之出线盒)	K25
10313-1983	C4388	同步器 (同步器)	N21
10316-2001	C4389	乏時器 (乏时器)	N22
10323-1999	C4390	低壓三相鼠籠型感應電動機(特殊框號用) (低压三相鼠笼型感应电动机(特殊框号用))	K22
10327-1983	C4391	電機用炭刷 (电机用炭刷)	K16
10328-1983	C4392	航空用非密封式單極雙投靈敏開關 (航空用非密封式单极双投灵敏开关)	K31
10491-1983	C4393	電絕緣用聚氯乙烯套管 (电绝缘用聚氯乙烯套管)	K15
10597-1994	C4394	浴室用通風電扇 (浴室用通风电扇)	Y61
10600-1983	C4395	鉸鏈型電磁電驛 (铰链型电磁电驿)	K33
10602-1983	C4396	浮接充電用閘流體整流器 (浮接充电用闸流体整流器)	K84
10603-1983	C4397	漏電電驛 (漏电电驿)	K33
10605-1983	C4398	電容式點焊機 (电容式点焊机)	J64
10607-1987	C4399	鬈髮器 (鬈发器)	Y64
10795-1984	C4400	絕緣電阻計(發電機式) (绝缘电阻计(发电机式))	N25
10796-1984	C4401	絕緣電阻計(電池式) (绝缘电阻计(电池式))	L13

标准号	台湾地区标准分类号	标准名称	中国标准分类
10797-1984	C4402	商業用冷凍、冷藏展示櫃 (商业用冷冻、冷藏展示柜)	J73
10898-1984	C4403	平板型接頭 (平板型接头)	L00
10900-1991	C4404	工業用接線板 (工业用接线板)	K36
10903-1984	C4405	球形電燈泡 (球形电灯泡)	K70
10907-1984	C4406	指示電計器 (指示电计器)	N21
10909-1984	C4407	直流用倍率器 (直流用倍率器)	N28
10910-1984	C4408	微動開關 (微动开关)	K31
10914-1984	C4409	一般用電阻線、帶、條及板 (一般用电阻线、带、条及板)	K10
10915-1989	C4410	聲度、振動位準記錄用位準記錄器 (声度、振动位准记录用位准记录器)	N65
10916-1984	C4411	整流條 (整流条)	K32
10917-1996	C4412	電源線組總則 (电源线组总则)	K10
10917-1-2008	C4412-1	轉接電源線組 (转接电源线组)	K30
10917-2-1996	C4412-2	非分離式電源線組 (非分离式电源线组)	K13
10917-3-1996	C4412-3	分離式電源線組 (分离式电源线组)	K13
10917-4-1996	C4412-4	室外用電源線組 (室外用电源线组)	K13
10920-1984	C4413	電動機用三角橡膠帶及皮帶輪 (电动机用三角橡胶带及皮带轮)	J18
10921-1984	C4414	直動記錄電計器 (直动记录电计器)	N27
10923-1984	C4415	直流用分流器及倍率器 (直流用分流器及倍率器)	N28
11006-1984	C4416	家庭用小型電燈泡 (家庭用小型电灯泡)	K71
11007-1984	C4417	白熾燈用投光器 (白炽灯用投光器)	K72
11008-1994	C4418	鐵路車輛用燈泡 (铁路车辆用灯泡)	K73
11009-1984	C4419	鐵路號誌用電燈泡 (铁路号志用电灯泡)	S61
11010-1989	C4420	貯備型電熱水器 (贮备型电热水器)	Y63
11092-1984	C4421	全蓋開關 (全盖开关)	K31
11093-1984	C4422	屋內配線用接線盒〔平型聚氯乙烯絕緣聚氯乙烯被覆電纜(VVF用)〕 (屋内配线用接线盒〔平型聚氯乙烯绝缘聚氯乙烯被覆电缆(VVF用)〕)	K36

标准号	台湾地区标准分类号	标准名称	中国标准分类
11094-1984	C4423	無螺紋端子 (无螺纹端子)	K30
11160-1984	C4424	聲音及振動用八音度及1/3八音度頻帶分析器 (声音及振动用八音度及1/3八音度频带分析器)	N65
11162-1984	C4425	金屬被覆熱電偶 (金属被覆热电偶)	N11
11180-1985	C4426	封閉型微動開關 (封闭型微动开关)	K31
11214-1985	C4427	引掛型插接器 (引挂型插接器)	K30
11330-1999	C4428	低壓三相鼠籠型感應電動機(深井用沉水電動機泵用) (低压三相鼠笼型感应电动机(深井用沉水电动机泵用))	K26
11428-1999	C4429	瓦時計 (瓦时计)	N22
11430-1985	C4431	瓦時計(單獨計器)查表發訊器 (瓦时计(单独计器)查表发讯器)	K30
11434-1985	C4433	瓦時計(附變比器計器)查表發訊器 (瓦时计(附变比器计器)查表发讯器)	N22
11437-2001	C4435	變比器 (变比器)	N28
11441-1985	C4436	瓦時,乏時及電力最大需量表示裝置(分離型) (瓦时,乏时及电力最大需量表示装置(分离型))	L38
11442-1985	C4437	集中查表用瓦時表示裝置(分離型) (集中查表用瓦时表示装置(分离型))	N22
11474-1992	C4438	電動榨汁機 (电动榨汁机)	Y68
11568-1986	C4439	岸邊用固定型自動感應式電壓調節器 (岸边用固定型自动感应式电压调节器)	K41
11569-1986	C4440	岸邊用直流輸配電供應器 (岸边用直流输配电供应器)	K34
11570-1986	C4441	遙控電驛及遙控開關 (遥控电驿及遥控开关)	N17
11613-1989	C4442	家庭用水電阻接地式電熱水器(瞬熱型) (家庭用水电阻接地式电热水器(瞬热型))	Y63
11779-1993	C4443	防爆型電動機 (防爆型电动机)	K25
11780-1986	C4444	防爆型開關 (防爆型开关)	K35
11873-1999	C4445	變極低壓三相感應電動機 (变极低压三相感应电动机)	K22
11894-1999	C4446	直流電機 (直流电机)	K23
12151-1987	C4447	電工用絕緣劑 (电工用绝缘剂)	K15
12152-2008	C4448	合成樹脂可撓電線導管 (合成树脂可挠电线导管)	K15
12153-1998	C4449	合成樹脂可撓電線導管用配件 (合成树脂可挠电线导管用配件)	K15
12154-1987	C4450	不中斷電源供應裝置 (不中断电源供应装置)	K85
12339-1992	C4451	電磁爐 (电磁炉)	Y63

标准号	台湾地区标准分类号	标准名称	中国标准分类
12353-1988	C4452	F20型纖維管式熔線 (F20型纤维管式熔线)	K45
12435-1988	C4453	電絕緣用聚酯膜黏帶 (电绝缘用聚酯膜黏带)	K48
12436-1988	C4454	電絕緣用清漆套管 (电绝缘用清漆套管)	K15
12437-1988	C4455	電絕緣用塗飾清漆 (电绝缘用涂饰清漆)	K15
12438-1988	C4456	油性樹酯瓷漆包線用清漆 (油性树酯瓷漆包线用清漆)	K15
12439-1988	C4457	電絕緣用線圈浸漬清漆 (电绝缘用线圈浸渍清漆)	K15
12440-1988	C4458	黏著用清漆 (黏着用清漆)	Y31
12441-1988	C4459	電絕緣用樹脂玻璃膠帶 (电绝缘用树脂玻璃胶带)	K48
12442-1992	C4460	工業用縫紉機電動機 (工业用缝纫机电动机)	K22
12492-2000	C4461	除濕機 (除湿机)	Q76
12518-1993	C4462	微波爐 (微波炉)	Y63
12623-1989	C4463	貯備型電開水器 (贮备型电开水器)	Y63
12625-1993	C4464	電熱水瓶 (电热水瓶)	Y63
13303-2005	C4466	金屬電纜線架系統 (金属电缆线架系统)	K13
13304-1993	C4467	特殊用精密級電位計 (特殊用精密级电位计)	N25
13390-2001	C4468	樹脂型乾式變壓器 (树脂型干式变压器)	K41
13516-1999	C4469	開飲機 (开饮机)	Q83
13542-1995	C4470	低電壓金屬閉鎖型配電箱 (低电压金属闭锁型配电箱)	K36
13551-1995	C4471	金屬閉鎖型配電箱及控制箱用匯流排 (金属闭锁型配电箱及控制箱用总线)	K36
13621-1995	C4472	聚醯胺樹脂接線盒 (聚酰胺树脂接线盒)	L24
13755-2006	C4473	螢光燈管用交流電子式安定器 (荧光灯管用交流电子式安定器)	K74
14125-2007	C4474	安定器內藏式螢光燈泡(一般照明用) (安定器内藏式荧光灯泡(一般照明用))	K72
14265-1998	C4475	充氣機 (充气机)	J72
14266-1998	C4476	RA箱緊束帶 (RA箱紧束带)	A82
14267-1998	C4477	注雜酚油防腐木桿 (注杂酚油防腐木杆)	B71
14269-1998	C4478	不銹鋼緊束具組 (不锈钢紧束具组)	A82

标准号	台湾地区标准分类号	标准名称	中国标准分类
14286-2007	C4479	低電壓匯流排 (低电压总线)	K36
14335-1999	C4480	燈具安全通則 (灯具安全通则)	K70
14399-2000	C4481	溫度熔線 (温度熔线)	H62
14400-2003	C4482	低壓三相鼠籠型高效率感應電動機(一般用) (低压三相鼠笼型高效率感应电动机(一般用))	K20
14437-2000	C4483	電源自動切換開關 (电源自动切换开关)	K43
14465-2000	C4484	電動遊樂器 (电动游乐器)	Y57
14576-2007	C4485	緊密型螢光燈管(一般照明用) (紧密型荧光灯管(一般照明用))	K71
14607-2001	C4486	電子式電度表 (电子式电度表)	N22
14608-2001	C4487	需量計量器 (需量计量器)	N22
14609-2001	C4488	時間電價計量器 (时间电价计量器)	N22
14816-1-2006	C4489-1	低電壓開關裝置及控制裝置—第1部:通則 (低电压开关装置及控制装置—第1部:通则)	K31
14816-2-2004	C4489-2	低電壓開關裝置及控制裝置—第2部:斷路器 (低电压开关装置及控制装置—第2部:断路器)	K31
14855-1-2004	C4490-1	一次電池—第1部:通則 (一次电池—第1部:通则)	K82
14857-1-2004	C4491-1	可攜式應用二次鋰單電池及電池組—第1部:二次鋰單電池 (可携式应用二次锂单电池及电池组—第1部:二次锂单电池)	K13
14857-2-2004	C4491-2	可攜式應用二次鋰單電池及電池組—第2部:二次鋰電池組 (可携式应用二次锂单电池及电池组—第2部:二次锂电池组)	K13
14905-2005	C4492	手持型電動工具的安全—第1部:通則 (手持型电动工具的安全—第1部:通则)	K64
14905-1-2005	C4492-1	手持型電動工具的安全—第2部:電鑽與衝擊電鑽的個別規定 (手持型电动工具的安全—第2部:电钻与冲击电钻的个别规定)	K26
14905-11-2005	C4492-11	手持型電動工具的安全—第2部:往復鋸的個別規定(曲線鋸與刀鋸) (手持型电动工具的安全—第2部:往复锯的个别规定(曲线锯与刀锯))	K64
14905-12-2005	C4492-12	手持型電動工具的安全—第2部:混凝土振動機的個別規定 (手持型电动工具的安全—第2部:混凝土振动机的个别规定)	K64
14905-13-2005	C4492-13	手持型電動工具的安全—第2部:鏈鋸的個別規定 (手持型电动工具的安全—第2部:链锯的个别规定)	K64
14905-14-2005	C4492-14	手持型電動工具的安全—第2部:電鉋的個別規定 (手持型电动工具的安全—第2部:电刨的个别规定)	K64
14905-15-2005	C4492-15	手持型電動工具的安全—第2部:籬笆剪與草皮修剪機的個別規定 (手持型电动工具的安全—第2部:篱笆剪与草皮修剪机的个别规定)	K64
14905-16-2005	C4492-16	手持型電動工具的安全—第2部:打釘機的個別規定 (手持型电动工具的安全—第2部:打钉机的个别规定)	K64

标 准 号	台湾地区标准分类号	标 准 名 称	中国标准分类
14905-17-2005	C4492-17	手持型電動工具的安全—第 2 部:成形機與修邊機的個別規定 (手持型电动工具的安全—第 2 部:成形机与修边机的个别规定)	K64
14905-2-2005	C4492-2	手持型電動工具的安全—第 2 部:螺絲起子與衝擊扳手的個別規定 (手持型电动工具的安全—第 2 部:螺丝起子与冲击扳手的个别规定)	J47
14905-3-2005	C4492-3	手持型電動工具的安全—第 2 部:砂輪機、抛光機與盤式砂光機的個別規定 (手持型电动工具的安全—第 2 部:砂轮机、抛光机与盘式砂光机的个别规定)	J43
14905-4-2005	C4492-4	手持型電動工具的安全—第 2 部:砂光機與抛光機的個別規定(盤式除外) (手持型电动工具的安全—第 2 部:砂光机与抛光机的个别规定(盘式除外))	J43
14905-5-2005	C4492-5	手持型電動工具的安全—第 2 部:圓盤鋸的個別規定 (手持型电动工具的安全—第 2 部:圆盘锯的个别规定)	K64
14905-6-2005	C4492-6	手持型電動工具的安全—第 2 部:電鎚的個別規定 (手持型电动工具的安全—第 2 部:电锤的个别规定)	K64
14905-7-2005	C4492-7	手持型電動工具的安全—第 2 部:不燃性液體噴槍的個別規定 (手持型电动工具的安全—第 2 部:不燃性液体喷枪的个别规定)	K64
14905-8-2005	C4492-8	手持型電動工具的安全—第 2 部:剪切機與切片機的個別規定 (手持型电动工具的安全—第 2 部:剪切机与切片机的个别规定)	J43
14905-9-2005	C4492-9	手持型電動工具的安全—第 2 部:攻螺絲機的個別規定 (手持型电动工具的安全—第 2 部:攻螺丝机的个别规定)	K64
14971-2-1-2006	C4493-2-1	家用和類似用途固定式電氣裝置之開關—第 2—1 部:電子式開關之個別規定 (家用和类似用途固定式电气装置之开关—第 2—1 部:电子式开关之个别规定)	K61
14971-2-2-2006	C4493-2-2	家用和類似用途固定式電氣裝置之開關—第 2—2 部:電磁遙控開關之個別規定 (家用和类似用途固定式电气装置之开关—第 2—2 部:电磁遥控开关之个别规定)	K31
14971-2-3-2006	C4493-2-3	家用和類似用途固定式電氣裝置之開關—第 2—3 部:延時開關之個別規定 (家用和类似用途固定式电气装置之开关—第 2—3 部:延时开关之个别规定)	K31
14980-1-2007	C4494-1	家用和類似一般用途之電器耦合器—第1 部:通則 (家用和类似一般用途之电器耦合器—第1 部:通则)	K30
14980-2-1-2007	C4494-2-1	家用和類似一般用途之電器耦合器—第2—1 部:縫紉機耦合器 (家用和类似一般用途之电器耦合器—第2—1 部:缝纫机耦合器)	K30
14980-2-2-2007	C4494-2-2	家用和類似一般用途之電器耦合器—第2—2 部:家用和類似用途設備之互連式耦合器 (家用和类似一般用途之电器耦合器—第2—2 部:家用和类似用途设备之互连式耦合器)	K30
14981-1-2007	C4495-1	家用電器開關—第 1 部:通則 (家用电器开关—第 1 部:通则)	K31

标 准 号	台湾地区 标准分类号	标 准 名 称	中国标准 分 类
14981-2-1-2007	C4495-2-1	家用電器開關—第 2—1 部:電線開關之個別規定 (家用电器开关—第 2—1 部:电线开关之个别规定)	K31
14981-2-4-2007	C4495-2-4	家用電器開關—第 2—4 部:獨立架設開關之個別規定 (家用电器开关—第 2—4 部:独立架设开关之个别规定)	K31
14981-2-5-2007	C4495-2-5	家用電器開關—第 2—5 部:轉換選擇器之個別規定 (家用电器开关—第 2—5 部:转换选择器之个别规定)	K31
14982-1-2007	C4496-1	小型熔線—第 1 部:小型熔線之定義及小型熔線體之通則 (小型熔线—第 1 部:小型熔线之定义及小型熔线体之通则)	L91
14982-10-2007	C4496-10	小型熔線—第 10 部:小型熔線之使用者指引 (小型熔线—第 10 部:小型熔线之使用者指引)	L91
14982-2-2007	C4496-2	小型熔線—第 2 部:筒型熔線體 (小型熔线—第 2 部:筒型熔线体)	L91
14982-3-2007	C4496-3	小型熔線—第 3 部:次小型熔線體 (小型熔线—第 3 部:次小型熔线体)	L91
14982-4-2007	C4496-4	小型熔線—第 4 部:通用模組型熔線體 (小型熔线—第 4 部:通用模块型熔线体)	L91
14982-5-2007	C4496-5	小型熔線—第 5 部:小型熔線體之品質評估指導綱要 (小型熔线—第 5 部:小型熔线体之质量评估指导纲要)	L91
14982-6-2007	C4496-6	小型熔線—第 6 部:小型熔線體之熔線保持器 (小型熔线—第 6 部:小型熔线体之熔线保持器)	L91
14983-2006	C4497	乾式電力變壓器 (干式电力变压器)	K41
15130-3-10-2007	C4497-3-10	電纜之燃燒試驗—第 3—10 部:垂直敷設成束電線電纜之垂直火焰擴散試驗—器材 (电缆之燃烧试验—第 3—10 部:垂直敷设成束电线电缆之垂直火焰扩散试验—器材)	K13
15130-3-21-2007	C4497-3-21	電纜之燃燒試驗—第 3—21 部:垂直敷設成束電線電纜之垂直火焰擴散試驗—類別 A F/R (电缆之燃烧试验—第 3—21 部:垂直敷设成束电线电缆之垂直火焰扩散试验—类别 A F/R)	K13
15130-3-22-2007	C4497-3-22	電纜之燃燒試驗—第 3—22 部:垂直敷設成束電線電纜之垂直火焰擴散試驗—類別 A (电缆之燃烧试验—第 3—22 部:垂直敷设成束电线电缆之垂直火焰扩散试验—类别 A)	K13
15130-3-23-2007	C4497-3-23	電纜之燃燒試驗—第 3—23 部:垂直敷設成束電線電纜之垂直火焰擴散試驗—類別 B (电缆之燃烧试验—第 3—23 部:垂直敷设成束电线电缆之垂直火焰扩散试验—类别 B)	K13
15130-3-24-2007	C4497-3-24	電纜之燃燒試驗—第 3—24 部:垂直敷設成束電線電纜之垂直火焰擴散試驗—類別 C (电缆之燃烧试验—第 3—24 部:垂直敷设成束电线电缆之垂直火焰扩散试验—类别 C)	K13
15130-3-25-2007	C4497-3-25	電纜之燃燒試驗—第 3—25 部:垂直敷設成束電線電纜之垂直火焰擴散試驗—類別 D (电缆之燃烧试验—第 3—25 部:垂直敷设成束电线电缆之垂直火焰扩散试验—类别 D)	K13
14984-1-2006	C4498-1	電力變壓器—第 1 部:通則 (电力变压器—第 1 部:通则)	K41
15156-105-2008	C44981-5	高壓開關裝置及控制裝置—第 105 部:交流開關—熔線組合 (高压开关装置及控制装置—第 105 部:交流开关—熔线组合)	K43
15174-2008	C4499	LED 模組之交、直流電源電子式控制裝置—性能要求 (LED 模块之交、直流电源电子式控制装置—性能要求)	K84

标 准 号	台湾地区标准分类号	标 准 名 称	中国标准分类
14985-1-2006	C4499-1	電器配件—家用或類似裝置用過電流保護斷路器—第 1 部:交流操作用斷路器 (电器配件—家用或类似装置用过电流保护断路器—第 1 部:交流操作用断路器)	L11
14985-2-2006	C4499-2	電器配件—家用或類似裝置用過電流保護斷路器—第 2 部:交流及直流操作用斷路器 (电器配件—家用或类似装置用过电流保护断路器—第 2 部:交流及直流操作用断路器)	L91
15175-2008	C4500	高電壓試驗技術—部分放電量測 (高电压试验技术—部分放电量测)	K73
15015-2006	C4500	戶外景觀照明燈具 (户外景观照明灯具)	K73
15026-1-2006	C4501-1	燃料電池技術—第 1 部:術語 (燃料电池技术—第 1 部:术语)	F19
15176-1-2008	C4501-1	風力機—第 1 部:設計規定 (风力机—第 1 部:设计规定)	F19
15176-2-2008	C4501-2	風力機—第 2 部:小型風力機設計規定 (风力机—第 2 部:小型风力机设计规定)	L24
15177-2008	C4502	風力發電機組詞彙 (风力发电机组词汇)	F11
15187-1-2008	C4503-1	低壓熔線—第 1 部:一般規定 (低压熔线—第 1 部:一般规定)	K3
15187-2-2008	C4503-2	低壓熔線—第 2 部:專業人員用熔線之補充規定(以工業用為主之熔線) (低压熔线—第 2 部:专业人员用熔线之补充规定(以工业用为主之熔线))	K3
15187-2-1-2008	C4503-2-1	低壓熔線—第 2—1 部:專業人員用熔線之補充規定(以工業用為主之熔線)—第 Ⅰ 至 Ⅵ 章:經標準化之熔線各種類型範例 (低压熔线—第 2—1 部:专业人员用熔线之补充规定(以工业用为主之熔线)—第 Ⅰ 至 Ⅵ 章:经标准化之熔线各种类型范例)	K31
15187-3-2008	C4503-3	低壓熔線—第 3 部:非專業人員用熔線之補充規定(以家用及類似用途為主之熔線) (低压熔线—第 3 部:非专业人员用熔线之补充规定(以家用及类似用途为主之熔线))	K31
15187-3-1-2008	C4503-3-1	低壓熔線—第 3—1 部:非專業人員用熔線之補充規定(以家用及類似用途為主之熔線)—第 Ⅰ 章至第 Ⅳ 章:經標準化之熔線各種類型範例 (低压熔线—第 3—1 部:非专业人员用熔线之补充规定(以家用及类似用途为主之熔线)—第 Ⅰ 章至第 Ⅳ 章:经标准化之熔线各种类型范例)	K31
15187-4-2008	C4503-4	低壓熔線—第 4 部:半導體裝置保護用熔線鏈之補充規定 (低压熔线—第 4 部:半导体装置保护用熔线链之补充规定)	K3
15187-4-1-2008	C4503-4-1	低壓熔線—第 4—1 部:半導體裝置保護用熔線鏈之補充規定—第 Ⅰ 章至第 Ⅲ 章:經標準化之熔線鏈各種類型範例 (低压熔线—第 4—1 部:半导体装置保护用熔线链之补充规定—第 Ⅰ 章至第 Ⅲ 章:经标准化之熔线链各种类型范例)	K3
15233-2008	C4504	發光二極體道路照明燈具 (发光二极管道路照明灯具)	P31
15285-2009	C4506	旅行用交流電源式行動電話機充電器之安全性要求及測試方法 (旅行用交流电源式行动电话机充电器之安全性要求及测试方法)	K84

电子工程

标准号	台湾地区标准分类号	标准名称	中国标准分类

C5　一　般

标准号	台湾地区标准分类号	标准名称	中国标准分类
413-1982	C5001	基本符號(電訊工程用) (基本符号(电讯工程用))	L04
414-1982	C5002	有線電話符號 (有线电话符号)	L04
415-1982	C5003	有線電報符號 (有线电报符号)	L04
416-1982	C5004	無線電話及無線電報符號 (无线电话及无线电报符号)	M30
417-1982	C5005	電子管符號 (电子管符号)	L35
3694-1974	C5008	電子機器用可變電阻器通則 (电子机器用可变电阻器通则)	L13
3768-1985	C5010	電晶體收音機用聚乙烯可變電容器尺度 (晶体管收音机用聚乙烯可变电容器尺度)	L11
3770-1989	C5011	電晶體收音機用中週變壓器及振盪線圈之尺度與接線法 (晶体管收音机用中周变压器及振荡线圈之尺度与接线法)	L17
3772-1989	C5012	電晶體收音機用中週變壓器之Q標準匝數比及標準阻抗 (晶体管收音机用中周变压器之Q标准匝数比及标准阻抗)	L41
3773-1989	C5013	收音機用中週變壓器(真空管調頻用)總則 (收音机用中周变压器(真空管调频用)总则)	L17
4493-1985	C5018	電話插頭及附件螺釘總則 (电话插头及附件螺钉总则)	M40
4506-1985	C5019	電話插口總則 (电话插口总则)	M40
4589-1994	C5020	電子設備用固定電容器通則 (电子设备用固定电容器通则)	L11
4590-1978	C5021	電子機器交流電源用電容器通則 (电子机器交流电源用电容器通则)	L11
4706-2000	C5022	電子機器用紙質及塑膠膜電容器通則 (电子机器用纸质及塑料膜电容器通则)	L11
4711-1997	C5023	電子設備用固定電阻器通則 (电子设备用固定电阻器通则)	L13
4736-1986	C5024	電子設備用連接器總則 (电子设备用连接器总则)	L23
4738-1986	C5025	射頻同軸連接器總則 (射频同轴连接器总则)	L23
4783-1979	C5026	磁帶錄音、再生系統:尺度與特性 (磁带录音、再生系统:尺度与特性)	M71
4784-1985	C5027	圓錐型揚聲器總則 (圆锥型扬声器总则)	M72
4901-1994	C5029	可靠度保證電子零組件通則 (可靠度保证电子零组件通则)	L05
4903-1986	C5031	信賴性保證紙質及塑膠膜固定電容器總則 (信赖性保证纸质及塑料膜固定电容器总则)	L11
4953-1985	C5034	商用與家用卡式錄音帶之尺度與性能 (商用与家用卡式录音带之尺度与性能)	M71
5207-1980	C5037	十進位電阻型分壓器通則(直流型) (十进制电阻型分压器通则(直流型))	N28

标准号	台湾地区标准分类号	标准名称	中国标准分类
5208-1980	C5038	十進位變壓器型分壓器通則(電壓型) (十进制变压器型分压器通则(电压型))	N28
5429-1980	C5039	電子電機用高可靠性焊接之檢定標準 (电子电机用高可靠性焊接之检定标准)	J33
5553-1980	C5041	陶基印刷電路單元標準 (陶基印刷电路单元标准)	L63
5556-1986	C5042	分離式四聲道唱片訊號之再生 (分离式四声道唱片讯号之再生)	M71
5557-1980	C5043	盤式記錄磁帶 (盘式记录磁带)	G83
5558-1986	C5044	記錄磁帶之精密捲盤 (记录磁带之精密卷盘)	M71
5758-1980	C5048	接收機用揚聲器之定相 (接收机用扬声器之定相)	M72
5759-1980	C5049	無線電接收機揚聲器之測試 (无线电接收机扬声器之测试)	M72
5760-1980	C5050	印刷線路裝配之測試點位置 (印刷线路装配之测试点位置)	L30
5761-1980	C5051	磁帶之層膜間黏著性測試法 (磁带之层膜间黏着性测试法)	G83
5764-1980	C5054	穩壓二極體雜訊電壓之測量方法 (稳压二极管噪声电压之测量方法)	L41
5770-1987	C5057	絕緣及無絕緣熱敏電阻器通則 (绝缘及无绝缘热敏电阻器通则)	L15
6137-1988	C5059	個別半導體元件之色碼 (个别半导体组件之色码)	L40
6138-1989	C5060	唱片錄音特性 (唱片录音特性)	M71
6139-1989	C5061	放音矩陣四聲道唱片之解碼器(Ⅰ型) (放音矩阵四声道唱片之译码器(Ⅰ型))	M71
6140-1989	C5062	放音矩陣四聲道唱片解碼器(Ⅱ型) (放音矩阵四声道唱片译码器(Ⅱ型))	M71
6141-1980	C5063	電磁輻射對人體影響之安全基準 (电磁辐射对人体影响之安全基准)	L06
6142-1989	C5064	較佳值 (较佳值)	L04
6315-1980	C5067	單色(黑白)525/60雜亂間條閉路電視攝影機電性標準 (单色(黑白)525/60杂乱间条闭路电视摄影机电性标准)	M73
6318-1980	C5069	收音機、收音電唱機、高傳真設備與錄音機之包裝檢驗 (收音机、收音电唱机、高传真设备与录音机之包装检验)	M08
6319-1980	C5070	印刷線路之精確性與符合性 (印刷线路之精确性与符合性)	L30
6320-1980	C5071	電磁延遲線之定義 (电磁延迟线之定义)	L18
6321-1980	C5072	底板配線之色碼 (底板配线之色码)	L30
6560-1980	C5074	高速二極體逆向回復時間之測量法 (高速二极管逆向回复时间之测量法)	L41
6561-1980	C5075	高速二極體逆向回復時間測試用固定裝置之特性 (高速二极管逆向回复时间测试用固定装置之特性)	L41
6661-1988	C5076	色碼用之標準顏色 (色码用之标准颜色)	L04

标准号	台湾地区标准分类号	标准名称	中国标准分类
6662-1986	C5077	光纖連接器詞彙 （光纤连接器词汇）	L04
6798-1980	C5078	編碼色條訊號 （编码色条讯号）	M63
6808-1989	C5081	電晶體總則 （晶体管总则）	L40
6809-1989	C5082	電晶體外形圖面之畫法 （晶体管外形图面之画法）	L40
6898-1981	C5089	空白錄音磁帶之標準尺度 （空白录音磁带之标准尺度）	G83
6900-1982	C5090	525/60,2：1 間條閉路電視攝影機電性能標準 （525/60,2：1 间条闭路电视摄影机电性能标准）	G83
6901-1982	C5091	單色閉路電視攝影裝備工程規範綱要 （单色闭路电视摄影装备工程规范纲要）	M73
7010-1981	C5092	配合自動機器生產之標準尺度系統 （配合自动机器生产之标准尺度系统）	L04
7011-1981	C5093	多極半導體裝置的電極編號與多元半導體裝置的元件命名 （多极半导体装置的电极编号与多元半导体装置的组件命名）	L40
7014-1981	C5094	電子及離子管符號 （电子及离子管符号）	L35
7015-1981	C5095	天線符號 （天线符号）	M51
7016-1981	C5096	脈波及調變符號 （脉波及调变符号）	L04
7017-1981	C5097	危險警報系統特別符號 （危险警报系统特别符号）	C81
7018-1981	C5098	磁頭符號 （磁头符号）	M71
7019-1981	C5099	微波電路元件符號 （微波电路组件符号）	L26
7020-1981	C5100	電離輻射之檢測附件符號 （电离辐射之检测附件符号）	A01
7021-1981	C5101	天線及波導標準術語定義 （天线及波导标准术语定义）	L04
7022-1981	C5102	無線電波傳播標準術語定義 （无线电波传播标准术语定义）	G82
7226-1981	C5110	附防爆裝置之陰極射線管 （附防爆装置之阴极射线管）	K25
7360-1981	C5111	電容器符號 （电容器符号）	L11
7361-1981	C5112	基本符號,電機電子用 （基本符号,电机电子用）	L04
7362-1981	C5113	導線、電纜及電線符號 （导线、电缆及电线符号）	L91
7363-1981	C5114	配電線與傳輸線符號 （配电线与传输线符号）	A01
7364-1981	C5115	接點符號 （接点符号）	L04
7365-1981	C5116	開關與接觸器符號 （开关与接触器符号）	L22
7366-1981	C5117	電驛符號 （电驿符号）	L25

标准号	台湾地区标准分类号	标准名称	中国标准分类
7651-1982	C5120	高解像度單色閉路電視攝影機電性能標準 (高解像度单色闭路电视摄影机电性能标准)	M73
7652-1983	C5121	525/60,2:1間條直接觀看單色閉路電視監視器電性能標準 (525/60,2:1间条直接观看单色闭路电视监视器电性能标准)	M74
7653-1983	C5122	直接觀看高解像度單色閉路電視監視器電性能標準 (直接观看高解像度单色闭路电视监视器电性能标准)	M73
8384-1982	C5128	儀器用之磁帶—類比模式錄音之標準化 (仪器用之磁带—模拟模式录音之标准化)	G83
8385-1982	C5129	9.5及19 cm/s磁帶錄音標準(四音軌盤式立體錄音) (9.5及19 cm/s磁带录音标准(四音轨盘式立体录音))	G83
8662-1982	C5130	時鐘與電動報時裝置符號 (时钟与电动报时装置符号)	Y11
8663-1982	C5131	時鐘之精密裝置用組件符號 (时钟之精密装置用组件符号)	A01
8664-1982	C5132	頻率、頻帶、調變與頻率圖之符號 (频率、频带、调变与频率图之符号)	A01
8665-1982	C5133	邁射及雷射之微波技術符號 (迈射及雷射之微波技术符号)	A01
8666-1982	C5134	電力及電信方面之增列符號 (电力及电信方面之增列符号)	A01
8939-1982	C5135	收銀機定義 (收款机定义)	K34
8940-1982	C5136	計算器定義 (计算器定义)	L60
8941-1982	C5137	會計機定義 (会计机定义)	L66
9079-1994	C5138	電子零件色碼 (电子零件色码)	L04
10330-1983	C5159	數值控制設備與資料終端設備,使用並列二進位資料互換電路之介面 (数值控制设备与数据终端设备,使用并列二进制数据互换电路之接口)	L65
10546-1983	C5165	脈波基本名詞 (脉波基本名词)	L04
10547-1983	C5166	波形基準名詞 (波形基准名词)	L04
10548-1983	C5167	脈波表示法 (脉波表示法)	L04
10549-1983	C5168	重疊波形名詞 (重叠波形名词)	L04
10550-1983	C5169	脈波失真與顫動名詞 (脉波失真与颤动名词)	L04
10551-1983	C5170	脈波時間關係名詞 (脉波时间关系名词)	L04
10552-1983	C5171	波形處理名詞 (波形处理名词)	L04
10553-1983	C5172	脈波基本技術名詞 (脉波基本技术名词)	L04
10554-1985	C5173	印刷電路用銅積層板總則 (印刷电路用铜积层板总则)	L30

标 准 号	台湾地区标准分类号	标 准 名 称	中国标准分类
10617-1983	C5174	積體電路基本名詞 (集成电路基本名词)	L55
10618-1983	C5175	積體電路一般名詞 (集成电路一般名词)	L55
10619-1983	C5176	積體電路製造技術名詞 (集成电路制造技术名词)	L55
10850-2000	C5184	印刷電路板通則 (印刷电路板通则)	L30
10851-2000	C5185	多層印刷電路板 (多层印刷电路板)	L30
11096-1986	C5186	兩耳用耳機總則 (两耳用耳机总则)	L31
11104-1984	C5187	自動插裝用混合輻式引線結構零件引線之裝帶 (自动插装用混合辐式引线结构零件引线之装带)	K14
11105-1984	C5188	自動插裝用輻式結構零件引線之裝帶 (自动插装用辐式结构零件引线之装带)	L08
11106-1984	C5189	二極體靜態參數測量之熱平衡狀態 (二极管静态参数测量之热平衡状态)	L41
11182-1985	C5190	電子裝置用高頻線圈及中頻變壓器通則 (电子装置用高频线圈及中频变压器通则)	L17
11222-1985	C5198	聽錄設備(符號) (听录设备(符号))	M71
11331-1985	C5199	標準光纖材料等級與較佳尺度 (标准光纤材料等级与较佳尺度)	M33
11475-1994	C5204	電子零組件通則 (电子零组件通则)	K14
11476-1994	C5205	電子零組件故障率試驗法通則 (电子零组件故障率试验法通则)	L04
11762-1986	C5211	電子設備之使用環境條件 (电子设备之使用环境条件)	L04
11786-1986	C5212	頻率 3 MHz 以下電連接器總則 (频率 3 MHz 以下电连接器总则)	L23
11895-1987	C5213	可靠度保證雲母固定電容器總則 (可靠度保证云母固定电容器总则)	L11
11901-1987	C5214	一般電子設備用機架及單體機座之尺度 (一般电子设备用机架及单体机座之尺度)	L94
11941-1987	C5215	計價電子秤總則 (计价电子秤总则)	N13
12080-1987	C5217	電子測定器詞彙 (电子测定器词汇)	K00
12211-1994	C5218	電子零組件環境條件之分類 (电子零组件环境条件之分类)	L04
12287-2000	C5219	可靠度保證固定電阻器總則 (可靠度保证固定电阻器总则)	L13
12288-1988	C5220	可靠度保證金屬皮膜固定電阻器總則 (可靠度保证金属皮膜固定电阻器总则)	L13
12291-1988	C5221	可靠度保證混合碳固定電阻器總則 (可靠度保证混合碳固定电阻器总则)	L13
12295-1988	C5222	可靠度保證功率型線繞固定電阻器總則 (可靠度保证功率型线绕固定电阻器总则)	L13
12506-1989	C5226	液晶顯示板總則 (液晶显示板总则)	L47

标准号	台湾地区 标准分类号	标准名称	中国标准 分类
12711-1990	C5231	使用印刷電路板用頻率 3 MHz 以下連接器之微處理機系統之接脚配置 （使用印刷电路板用频率 3 MHz 以下连接器之微处理机系统之接脚配置）	K14
12712-1990	C5232	專業性數位化聲頻記錄之取樣率及音源編碼 （专业性数字化声频记录之取样率及音源编码）	Z32
12713-1990	C5233	電子裝置用機械構造名詞 （电子装置用机械构造名词）	L93
12714-1990	C5234	程序測量及控制系統之二進位直流電壓信號 （程序测量及控制系统之二进制直流电压信号）	L60
12901-1991	C5251	電視接收機與數位周邊設備間之相互連接(8 梢連接器) （电视接收机与数字接口设备间之相互连接(8 梢连接器)）	M74
12902-1991	C5252	電視接收機與類比周邊設備間之相互連接(21 梢多梢連接器) （电视接收机与模拟接口设备间之相互连接(21 梢多梢连接器)）	M74
13195-1993	C5255	聲頻記錄(脈碼調變之編碼/解碼器系統) （声频记录(脉码调变之编码/译码器系统)）	M70
13196-1993	C5256	專業數位聲頻記錄之取樣率與聲源編碼 （专业数字声频记录之取样率与声源编码）	M70
13197-1993	C5257	光電 X 射線影像加強器的影像失真之決定 （光电 X 射线影像加强器的影像失真之决定）	M71
13211-1993	C5258	視聽設備與系統之電源供應額定值面板標示 （视听设备与系统之电源供应额定值面板标示）	L31
13212-1993	C5259	表面聲波諧振器 第一部:一般性資訊及標準值 （表面声波谐振器 第一部:一般性信息及标准值）	L20
13213-1993	C5260	對矽晶光電元件之電流電壓特性測量值做溫度與輻射校正之程序 （对硅晶光电组件之电流电压特性测量值做温度与辐射校正之程序）	L50
13484-1995	C5261	國際電話接續鏈路之響度評定分配 （国际电话接续链路之响度评定分配）	M42
13485-1995	C5262	公眾電話交換網路之響度評定分配 （公众电话交换网络之响度评定分配）	M42
13544-1995	C5263	量測航空噪音的頻率加權—D 加權 （量测航空噪音的频率加权—D 加权）	A59
13545-1995	C5264	聲學量測上優選的頻率 （声学量测上优选的频率）	A59
14299-1999	C5265	電磁相容性詞彙 （电磁兼容性词汇）	L04
14300-1999	C5266	單模光纖之特性 （单模光纤之特性）	M33
14301-1-1999	C5267-1	光纜—第一部分:一般規格 （光缆—第一部分:一般规格）	M33
14301-2-1999	C5267-2	光纜—第二部分:產品規格 （光缆—第二部分:产品规格）	M33
14301-3-2000	C5267-3	光纜—第三部分:電信光纜規格 （光缆—第三部分:电信光缆规格）	M33
14336-2005	C5268	資訊技術設備安全通則 （信息技术设备安全通则）	R87
14408-2004	C5269	影音及其類似電子產品—安全規定 （影音及其类似电子产品—安全规定）	M70

标准号	台湾地区标准分类号	标准名称	中国标准分类
14587-1-2001	C5270-1	電磁相容性(EMC)—第1部:總則—第1章:術語與基本定義之應用與說明 (电磁兼容性(EMC)—第1部:总则—第1章:术语与基本定义之应用与说明)	L06
14588-5-2001	C5271-5	電磁相容性(EMC)—第2部:環境—第5章:電磁環境之分類 (电磁兼容性(EMC)—第2部:环境—第5章:电磁环境之分类)	L06
14673-2002	C5272	脈衝性雜訊對行動無線通信的干擾—產品劣化的判定方式及其性能的改善方法 (脉冲性噪声对行动无线通信的干扰—产品劣化的判定方式及其性能的改善方法)	L06
14674-1-2006	C5273-1	電磁相容性(EMC)——般性標準—第1部:住宅、商業與輕工業環境之免疫力 (电磁兼容性(EMC)——般性标准—第1部:住宅、商业与轻工业环境之免疫力)	M74
14674-2-2006	C5273-2	電磁相容性(EMC)——般性標準—第2部:工業環境之免疫力 (电磁兼容性(EMC)——般性标准—第2部:工业环境之免疫力)	L06
14674-3-2006	C5273-3	電磁相容性(EMC)——般性標準—第3部:住宅、商業與輕工業區環境之發射標準 (电磁兼容性(EMC)——般性标准—第3部:住宅、商业与轻工业区环境之发射标准)	M74
14734-2003	C5274	印刷電路術語和定義 (印刷电路术语和定义)	L04
14735-3-2003	C5275-3	印刷電路板設計與應用 (印刷电路板设计与应用)	L30
14735-7-2003	C5275-7	不具導孔之軟性單面和雙面印刷電路板規格 (不具导孔之软性单面和双面印刷电路板规格)	L30
14735-8-2003	C5275-8	具導孔之軟性單面和雙面印刷電路板規格 (具导孔之软性单面和双面印刷电路板规格)	L30
14735-9-2003	C5275-9	具導孔之軟性多層印刷電路板規格 (具导孔之软性多层印刷电路板规格)	L30
14757-2-2003	C5276-2	不斷電系統(UPS)—第2部:電磁相容要求 (不断电系统(UPS)—第2部:电磁兼容要求)	M74
14843-1-2004	C5277-1	不斷電系統(UPS)—第1部:使用於操作者觸及區之不斷電系統安全通則 (不断电系统(UPS)—第1部:使用于操作者触及区之不断电系统安全通则)	L65
14843-2-2004	C5277-2	不斷電系統(UPS)—第1部:使用於限制觸及區之不斷電系統安全通則 (不断电系统(UPS)—第1部:使用于限制触及区之不断电系统安全通则)	L65
14934-2-2005	C5278-2	電磁相容—限制值—第2部:諧波電流發射(設備每相輸入電流在16 A以下)之限制值 (电磁兼容—限制值—第2部:谐波电流发射(设备每相输入电流在16 A以下)之限制值)	M70
14934-3-2005	C5278-3	電磁相容—限制值—第3部:每相額定電流在16 A以下且不屬於有條件連接之設備於公共低電壓電源系統中電壓改變、電壓變動及閃爍之限制值 (电磁兼容—限制值—第3部:每相额定电流在16 A以下且不属于有条件连接之设备于公共低电压电源系统中电压改变、电压变动及闪烁之限制值)	M70

标准号	台湾地区标准分类号	标准名称	中国标准分类
14934-4-2005	C5278-4	電磁相容—限制值—第 4 部:額定電流大於 16 A 之設備於低電壓電源系統中諧波電流發射之限制值 (电磁兼容—限制值—第 4 部:额定电流大于 16 A 之设备于低电压电源系统中谐波电流发射之限制值)	M70
14934-5-2005	C5278-5	電磁相容—限制值—第 5 部:額定電流大於 16 A 之設備於低電壓電源系統中電壓變動及閃爍之限制值 (电磁兼容—限制值—第 5 部:额定电流大于 16 A 之设备于低电压电源系统中电压变动及闪烁之限制值)	M70
14972-2008	C5279	地面數位電視接收機技術規範 (地面数字电视接收机技术规范)	M74
15016-1-2006	C5280-1	雷射產品安全—第 1 部:設備分類、要求和用戶指南 (雷射产品安全—第 1 部:设备分类、要求和用户指南)	L09
15016-2-2006	C5280-2	雷射產品安全—第 2 部:光纖通訊系統之安全性 (雷射产品安全—第 2 部:光纤通讯系统之安全性)	L09
15113-2007	C5281	太陽光電能源系統:名詞與符號 (太阳光电能源系统:名词与符号)	F12
15270-2009	C5282	行動及可攜式數位電視接收機技術規範 (行动及可携式数字电视接收机技术规范)	M74

C6 检 验

标准号	台湾地区标准分类号	标准名称	中国标准分类
1262-1990	C6001	廣播收音機用中頻變壓器 (广播收音机用中频变压器)	L17
3259-1994	C6006	收音電唱兩用機檢驗法 (收音电唱两用机检验法)	M71
3432-1994	C6007	電子設備用固定電容器檢驗法 (电子设备用固定电容器检验法)	L11
3545-1994	C6008	唱盤檢驗法 (唱盘检验法)	M71
3622-1995	C6009	環境試驗法(電氣、電子)通則 (环境试验法(电气、电子)通则)	L04
3623-1995	C6010	環境試驗法(電氣、電子)—濕熱(穩態)試驗 (环境试验法(电气、电子)—湿热(稳态)试验)	L04
3626-1985	C6013	電子組件耐電壓試驗法 (电子组件耐电压试验法)	L10
3627-1995	C6014	環境試驗法(電氣、電子)—鹽霧試驗 (环境试验法(电气、电子)—盐雾试验)	L10
3628-1990	C6015	環境試驗法(電氣、電子)—端子強度試驗法 (环境试验法(电气、电子)—端子强度试验法)	L04
3629-1989	C6016	環境試驗方法(電氣、電子)—正弦波振動試驗方法 (环境试验方法(电气、电子)—正弦波振动试验方法)	L04
3631-1993	C6018	環境試驗法(電氣、電子)—密封性試驗法 (环境试验法(电气、电子)—密封性试验法)	L04
3632-1991	C6019	環境試驗法(電氣、電子)—焊錫試驗法 (环境试验法(电气、电子)—焊锡试验法)	L04
3633-1993	C6020	環境試驗法(電氣、電子)—溫度變化試驗 (环境试验法(电气、电子)—温度变化试验)	L04/K
3634-1989	C6021	環境試驗方法(電氣、電子)—高溫(耐熱性)試驗方法 (环境试验方法(电气、电子)—高温(耐热性)试验方法)	L04
3635-1985	C6022	電子組件絕緣電阻試驗法 (电子组件绝缘电阻试验法)	H62

标准号	台湾地区标准分类号	标准名称	中国标准分类
3738-1985	C6023	低壓電容器檢驗法 (低压电容器检验法)	L11
3739-1985	C6024	高壓電力電容器檢驗法 (高压电力电容器检验法)	K13
3769-1985	C6025	電晶體收音機用聚乙烯可變電容器檢驗法 (晶体管收音机用聚乙烯可变电容器检验法)	L42
3771-1989	C6026	電晶體收音機用中週變壓器之檢驗法 (晶体管收音机用中周变压器之检验法)	L42
3774-1989	C6027	收音機用中週變壓器(真空管調頻用)檢驗法 (收音机用中周变压器(真空管调频用)检验法)	L17
3997-1989	C6029	電晶體檢驗法 (晶体管检验法)	L42
3998-1989	C6030	小信號用二極體檢驗法 (小信号用二极管检验法)	L41
4712-1993	C6031	數字電子錶檢驗法 (数字电子表检验法)	Y11
4737-1986	C6032	電子設備用連接器檢驗法 (电子设备用连接器检验法)	L23
4785-1984	C6033	圓錐型揚聲器檢驗法 (圆锥型扬声器检验法)	M72
4788-1984	C6034	號角型揚聲器檢驗法 (号角型扬声器检验法)	M72
4877-1987	C6036	指針型電壓計檢驗法 (指针型电压计检验法)	L86
4899-1997	C6037	電子設備用固定電阻器檢驗法 (电子设备用固定电阻器检验法)	L13
4900-1979	C6038	電子機器用可變電阻器檢驗法 (电子机器用可变电阻器检验法)	L13
4951-1989	C6039	UHF 電視機接收天線檢驗法 (UHF 电视机接收天线检验法)	M74
4952-1989	C6040	VHF 電視機接收天線檢驗法 (VHF 电视机接收天线检验法)	M74
5066-1983	C6041	單件半導體裝置之環境檢驗法及耐久性檢驗法—總則 (单件半导体装置之环境检验法及耐久性检验法—总则)	L40
5067-1988	C6042	單件半導體裝置之環境檢驗法及耐久性檢驗法—焊錫耐熱性試驗 (单件半导体装置之环境检验法及耐久性检验法—焊锡耐热性试验)	L40
5068-1988	C6043	單件半導體裝置之環境檢驗法及耐久性檢驗法—焊錫附著性試驗 (单件半导体装置之环境检验法及耐久性检验法—焊锡附着性试验)	L40
5069-1988	C6044	單件半導體裝置之環境檢驗法及耐久性檢驗法—熱衝擊試驗 (单件半导体装置之环境检验法及耐久性检验法—热冲击试验)	L40
5070-1988	C6045	單件半導體裝置之環境檢驗法及耐久性檢驗法—溫度循環試驗 (单件半导体装置之环境检验法及耐久性检验法—温度循环试验)	L40
5071-1988	C6046	單件半導體裝置之環境檢驗法及耐久性檢驗法—溫濕度循環試驗 (单件半导体装置之环境检验法及耐久性检验法—温湿度循环试验)	L40

标准号	台湾地区标准分类号	标准名称	中国标准分类
5072-1988	C6047	單件半導體裝置之環境檢驗法及耐久性檢驗法—氣密性試驗 （单件半导体装置之环境检验法及耐久性检验法—气密性试验）	L40
5073-1988	C6048	單件半導體裝置之環境檢驗法及耐久性檢驗法—衝擊試驗 （单件半导体装置之环境检验法及耐久性检验法—冲击试验）	L40
5074-1988	C6049	單件半導體裝置之環境檢驗法及耐久性檢驗法—自然落下試驗 （单件半导体装置之环境检验法及耐久性检验法—自然落下试验）	A21
5075-1988	C6050	單件半導體裝置之環境檢驗法及耐久性檢驗法—等加速度試驗 （单件半导体装置之环境检验法及耐久性检验法—等加速度试验）	A21
5076-1988	C6051	單件半導體裝置之環境檢驗法及耐久性檢驗法—振動試驗 （单件半导体装置之环境检验法及耐久性检验法—振动试验）	A21
5077-1988	C6052	單件半導體裝置之環境檢驗法及耐久性檢驗法—端子強度試驗 （单件半导体装置之环境检验法及耐久性检验法—端子强度试验）	L40
5078-1988	C6053	單件半導體裝置之環境檢驗法及耐久性檢驗法—鹽水噴霧試驗 （单件半导体装置之环境检验法及耐久性检验法—盬水喷雾试验）	L40
5538-1988	C6054	單件半導體裝置之環境檢驗法及耐久性檢驗法—小信號用二極體連續動作試驗 （单件半导体装置之环境检验法及耐久性检验法—小信号用二极管连续动作试验）	L41
5539-1988	C6055	單件半導體裝置之環境檢驗法及耐久性檢驗法—穩壓二極體連續動作試驗 （单件半导体装置之环境检验法及耐久性检验法—稳压二极管连续动作试验）	L41
5540-1988	C6056	單件半導體裝置之環境檢驗法及耐久性檢驗法—電壓可變電容量二極體高溫逆向偏壓試驗 （单件半导体装置之环境检验法及耐久性检验法—电压可变电容量二极管高温逆向偏压试验）	L41
5541-1988	C6057	單件半導體裝置之環境檢驗法及耐久性檢驗法—電晶體連續動作試驗 （单件半导体装置之环境检验法及耐久性检验法—晶体管连续动作试验）	L40
5542-1988	C6058	單件半導體裝置之環境檢驗法及耐久性檢驗法—場效電晶體連續動作試驗 （单件半导体装置之环境检验法及耐久性检验法—场效晶体管连续动作试验）	L44
5543-1988	C6059	單件半導體裝置之環境檢驗法及耐久性檢驗法—電晶體斷續動作試驗 （单件半导体装置之环境检验法及耐久性检验法—晶体管断续动作试验）	L40
5544-1988	C6060	單件半導體裝置之環境檢驗法及耐久性檢驗法—場效電晶體斷續動作試驗 （单件半导体装置之环境检验法及耐久性检验法—场效晶体管断续动作试验）	L44
5545-1988	C6061	單件半導體裝置之環境檢驗法及耐久性檢驗法—電晶體高溫逆向偏壓試驗 （单件半导体装置之环境检验法及耐久性检验法—晶体管高温逆向偏压试验）	L40

标准号	台湾地区标准分类号	标准名称	中国标准分类
5546-1988	C6062	單件半導體裝置之環境檢驗法及耐久性檢驗法—場效電晶體高溫逆向偏壓試驗 （单件半导体装置之环境检验法及耐久性检验法—场效晶体管高温逆向偏压试验）	L44
5547-1988	C6063	單件半導體裝置之環境檢驗法及耐久性檢驗法—高溫保存試驗 （单件半导体装置之环境检验法及耐久性检验法—高温保存试验）	L40
5548-1981	C6064	實用標誌材料之抗溶性檢驗法 （实用标志材料之抗溶性检验法）	L08
5550-1987	C6065	熱敏電阻器檢驗法 （热敏电阻器检验法）	L15
5554-1980	C6066	陶基印刷電路檢驗標準 （陶基印刷电路检验标准）	L63
5555-1986	C6067	電唱機轆聲檢驗法 （电唱机辘声检验法）	M60
5751-1980	C6068	電子元件與半導體應用之陶質視在密度測試法 （电子组件与半导体应用之陶质视在密度测试法）	L92
5753-1980	C6069	二氧化鍺體密度測試法 （二氧化锗体密度测试法）	G13
5754-1980	C6070	二氧化鍺之揮發物含量測試法 （二氧化锗之挥发物含量测试法）	G13
5755-1980	C6071	鎢線之鬆垂測試法 （钨线之松垂测试法）	H63
6117-1988	C6072	單件半導體裝置之環境檢驗法及耐久性檢驗法—耐濕性試驗 （单件半导体装置之环境检验法及耐久性检验法—耐湿性试验）	L40
6118-1988	C6073	單件半導體裝置之環境檢驗法及耐久性檢驗法—低溫保存試驗 （单件半导体装置之环境检验法及耐久性检验法—低温保存试验）	L40
6119-1988	C6074	單件半導體裝置之環境檢驗法及耐久性檢驗法—整流二極體連續動作試驗 （单件半导体装置之环境检验法及耐久性检验法—整流二极管连续动作试验）	L43
6120-1988	C6075	單件半導體裝置之環境檢驗法及耐久性檢驗法—閘流體之連續動作試驗 （单件半导体装置之环境检验法及耐久性检验法—闸流体之连续动作试验）	L43
6121-1988	C6076	單件半導體裝置之環境檢驗法及耐久性檢驗法—整流二極體連續通電試驗 （单件半导体装置之环境检验法及耐久性检验法—整流二极管连续通电试验）	L43
6122-1988	C6077	單件半導體裝置之環境檢驗法及耐久性檢驗法—閘流體之連續通電試驗 （单件半导体装置之环境检验法及耐久性检验法—闸流体之连续通电试验）	L43
6123-1988	C6078	單件半導體裝置之環境檢驗法及耐久性檢驗法—整流二極體之斷續通電試驗 （单件半导体装置之环境检验法及耐久性检验法—整流二极管之断续通电试验）	L43
6124-1988	C6079	單件半導體裝置之環境檢驗法及耐久性檢驗法—閘流體之斷續通電試驗 （单件半导体装置之环境检验法及耐久性检验法—闸流体之断续通电试验）	L43

标准号	台湾地区标准分类号	标准名称	中国标准分类
6125-1988	C6080	單件半導體裝置之環境檢驗法及耐久性檢驗法—整流二極體之高溫通電試驗 （单件半导体装置之环境检验法及耐久性检验法—整流二极管之高温通电试验）	L43
6126-1988	C6081	單件半導體裝置之環境檢驗法及耐久性檢驗法—閘流體之高溫通電試驗 （单件半导体装置之环境检验法及耐久性检验法—闸流体之高温通电试验）	L43
6146-1988	C6083	電機開關檢驗法—總則 （电机开关检验法—总则）	L22
6147-1988	C6084	電機開關檢驗法—開關電阻值 （电机开关检验法—开关电阻值）	L22
6148-1988	C6085	電機開關檢驗法—電容值 （电机开关检验法—电容值）	L22
6149-1988	C6086	電機開關檢驗法—裝架方法之強度 （电机开关检验法—装架方法之强度）	L22
6150-1988	C6087	電機開關檢驗法—端子溫度上昇 （电机开关检验法—端子温度上升）	L22
6151-1988	C6088	電機開關檢驗法—過負荷 （电机开关检验法—过负荷）	L22
6152-1988	C6089	電機開關檢驗法—電耐久性 （电机开关检验法—电耐久性）	L22
6153-1988	C6090	電機開關檢驗法—機械耐久性 （电机开关检验法—机械耐久性）	L22
6154-1988	C6091	電機開關檢驗法—高低溫操作 （电机开关检验法—高低温操作）	L22
6155-1988	C6092	電機開關檢驗法—主動器、裝架襯套電阻值 （电机开关检验法—主动器、装架衬套电阻值）	L22
6156-1988	C6093	電機開關檢驗法—指定脈衝震動 （电机开关检验法—指定脉冲震动）	L22
6157-1988	C6094	電機開關檢驗法—監測接觸齒震 （电机开关检验法—监测接触齿震）	L22
6158-1988	C6095	電機開關檢驗法—沙及灰塵 （电机开关检验法—沙及灰尘）	L22
6316-1980	C6096	電子裝置用帶狀金屬與細線之密度測試法 （电子装置用带状金属与细线之密度测试法）	L93
6663-1980	C6097	磁帶張力特性檢驗法 （磁带张力特性检验法）	L19
6664-1980	C6098	磁帶塗佈層電阻值檢驗法 （磁带涂布层电阻值检验法）	L19
6800-1980	C6100	高頻及特高頻之電晶體雜訊指數測量法 （高频及特高频之晶体管噪声指数测量法）	L40
6801-1980	C6101	頻率 20 千赫以下之電晶體雜訊指數測量法(利用正弦訊號產生器方法) （频率 20 千赫以下之晶体管噪声指数测量法(利用正弦讯号产生器方法)）	L40
6802-1980	C6102	半導體邏輯閘微電路雜訊界限之測試程序 （半导体逻辑闸微电路噪声界限之测试程序）	L40
6805-1980	C6103	變阻器定義及測試方法 （变阻器定义及测试方法）	L13
6899-1988	C6104	儀器記錄用空白磁帶物理特性及檢驗法 （仪器记录用空白磁带物理特性及检验法）	G83

标准号	台湾地区标准分类号	标准名称	中国标准分类
7012-1981	C6105	電晶體集基時間常數與共射極輸入阻抗電阻部分檢驗法 (晶体管集基时间常数与共射极输入阻抗电阻部分检验法)	L40
7013-1981	C6106	電晶體高頻、極高頻及高頻小訊號功率增益檢驗法 (晶体管高频、极高频及高频小讯号功率增益检验法)	L40
7228-1981	C6107	電子儀器用木質外殼表層處理檢驗法 (电子仪器用木质外壳表层处理检验法)	A29
7229-1981	C6108	電晶體之中頻雜訊指數測試法 (晶体管之中频噪声指数测试法)	L42
7230-1981	C6109	熱電材料之室溫電阻係數測試法 (热电材料之室温电阻系数测试法)	L15
7231-1981	C6110	交換脈衝測試法 (交换脉冲测试法)	L04
7367-1981	C6111	絕緣材料之直流電阻或電導測試法 (绝缘材料之直流电阻或电导测试法)	K15
7633-1981	C6112	氣密鎢棒及鎢線之表面缺陷檢驗法 (气密钨棒及钨线之表面缺陷检验法)	H63
7634-1981	C6113	非金屬磁性材料在微波頻率之複數電介質常數測試法 (非金属磁性材料在微波频率之复数电介质常数测试法)	L19
7636-1981	C6114	非金屬磁性材料之飽和磁化強度或飽和磁感應測試法 (非金属磁性材料之饱和磁化强度或饱和磁感应测试法)	L19
7637-1981	C6115	光纖組件檢驗法—總則 (光纤组件检验法—总则)	M33
7638-1981	C6116	光纖組件檢驗法—連接器之光纜柔順性試驗 (光纤组件检验法—连接器之光缆柔顺性试验)	M33
7639-1981	C6117	光纖組件檢驗法—連接器之耐濕性試驗 (光纤组件检验法—连接器之耐湿性试验)	L23
7640-1981	C6118	光纖組件檢驗法—中繼連接組件之光纜保持性試驗 (光纤组件检验法—中继连接组件之光缆保持性试验)	M33
7641-1981	C6119	光纖組件檢驗法—集束光纜連接器插入損失試驗 (光纤组件检验法—集束光缆连接器插入损失试验)	L23
7642-1987	C6120	光纖裝置檢驗法(光纖組件密封漏氣試驗 FOTP-23) (光纤装置检验法(光纤组件密封漏气试验 FOTP-23))	M33
7643-1987	C6121	光纖裝置檢驗法(互接裝置插入損失 FOTP-34) (光纤装置检验法(互接装置插入损失 FOTP-34))	M33
7644-1981	C6122	音響系統 (音响系统)	M72
7650-1981	C6126	電子組件可燃性檢驗法 (电子组件可燃性检验法)	L10
7657-1986	C6127	頻率 3 MHz 以下電連接器檢驗法(捲縮端子之變形 TP-7) (频率 3 MHz 以下电连接器检验法(卷缩端子之变形 TP-7))	L23
7658-1986	C6128	頻率 3 MHz 以下電連接器檢驗法(捲縮端子之抗拉強度 TP-8) (频率 3 MHz 以下电连接器检验法(卷缩端子之抗拉强度 TP-8))	L23
7659-1986	C6129	頻率 3 MHz 以下電連接器檢驗法(耐壓檢驗 TP-20) (频率 3 MHz 以下电连接器检验法(耐压检验 TP-20))	L23
7660-1986	C6130	頻率 3 MHz 以下電連接器檢驗法(絕緣電阻 TP-21) (频率 3 MHz 以下电连接器检验法(绝缘电阻 TP-21))	L23
7661-1987	C6131	頻率 3 MHz 以下電連接器檢驗法(壽命試驗 TP-22) (频率 3 MHz 以下电连接器检验法(寿命试验 TP-22))	L23
7662-1981	C6132	頻率 3 MHz 以下電連接器檢驗法(TP-23 低電壓電流電路檢驗) (频率 3 MHz 以下电连接器检验法(TP-23 低电压电流电路检验))	L23

标准号	台湾地区标准分类号	标准名称	中国标准分类
7663-1987	C6133	頻率 3 MHz 以下電連接器檢驗法(維護老化試驗 TP-24) (频率 3 MHz 以下电连接器检验法(维护老化试验 TP-24))	L23
7664-1987	C6134	頻率 3 MHz 以下電連接器檢驗法(探針損壞試驗 TP-25) (频率 3 MHz 以下电连接器检验法(探针损坏试验 TP-25))	L23
8104-1981	C6135	金屬氧化物半導體場效電晶體線性臨界電壓測試法 (金属氧化物半导体场效晶体管线性临界电压测试法)	L44
8105-1981	C6136	晶體集極-射極飽和電壓測試法 (晶体管集极-射极饱和电压测试法)	L40
8106-1981	C6137	金屬氧化物半導體場效電晶體飽和臨界電壓測試法 (金属氧化物半导体场效晶体管饱和临界电压测试法)	L44
8216-1986	C6138	頻率 3 MHz 以下電連接器檢驗法(鹽水噴霧腐蝕試驗 TP-26) (频率 3 MHz 以下电连接器检验法(盐水喷雾腐蚀试验 TP-26))	L23
8217-1986	C6139	頻率 3 MHz 以下電連接器檢驗法(特定脈衝機械衝擊試驗 TP-27) (频率 3 MHz 以下电连接器检验法(特定脉冲机械冲击试验 TP-27))	L23
8218-1986	C6140	頻率 3 MHz 以下電連接器檢驗法(振動試驗 TP-28) (频率 3 MHz 以下电连接器检验法(振动试验 TP-28))	L23
8219-1986	C6141	頻率 3 MHz 以下電連接器檢驗法(接點之牢固試驗 TP-29) (频率 3 MHz 以下电连接器检验法(接点之牢固试验 TP-29))	L23
8220-1986	C6142	頻率 3 MHz 以下電連接器檢驗法(耐濕性試驗 TP-31) (频率 3 MHz 以下电连接器检验法(耐湿性试验 TP-31))	L23
8221-1987	C6143	頻率 3 MHz 以下電連接器檢驗法(熱震試驗 TP-32) (频率 3 MHz 以下电连接器检验法(热震试验 TP-32))	L23
8222-1987	C6144	頻率 3 MHz 以下電連接器檢驗法(軋壓試驗 TP-40) (频率 3 MHz 以下电连接器检验法(轧压试验 TP-40))	L23
8223-1987	C6145	頻率 3 MHz 以下電連接器檢驗法(圓形護套電纜可撓性試驗 TP-41) (频率 3 MHz 以下电连接器检验法(圆形护套电缆可挠性试验 TP-41))	L23
8224-1987	C6146	乾式簧開關檢驗法(總則) (干式簧开关检验法(总则))	L22
8225-1987	C6147	乾式簧開關檢驗法(品質管制與品質保證規定) (丅式簧丌关检验法(质量管理与质量保证规定))	L22
8226-1987	C6148	乾式簧開關檢驗法(目視與機械檢驗) (干式簧开关检验法(目视与机械检验))	L22
8227-1987	C6149	乾式簧開關檢驗法(動作參數) (干式簧开关检验法(动作参数))	L22
8228-1987	C6150	乾式簧開關檢驗法(電介質) (干式簧开关检验法(电介质))	L22
8229-1987	C6151	乾式簧開關檢驗法(動作、彈跳、復原與轉接時間) (干式簧开关检验法(动作、弹跳、复原与转接时间))	L22
8230-1987	C6152	乾式簧開關檢驗法(絕緣電阻) (干式簧开关检验法(绝缘电阻))	L22
8383-1982	C6153	二極體順向暫態之測量 (二极管顺向瞬时之测量)	L41
8477-1982	C6154	鋼片表面絕緣電阻係數檢驗法 (钢片表面绝缘电阻系数检验法)	H21
8478-1982	C6155	滑動電氣接觸雜音測試法 (滑动电气接触杂音测试法)	L10
8479-1982	C6156	精密及半精密膜式固定電阻器 (精密及半精密膜式固定电阻器)	L13
8659-1982	C6157	金屬電阻材料之導體電阻及電阻係數試驗法 (金属电阻材料之导体电阻及电阻系数试验法)	H21

标准号	台湾地区标准分类号	标准名称	中国标准分类
8660-1982	C6158	金屬電阻材料之電阻—溫度特性試驗法 (金属电阻材料之电阻—温度特性试验法)	H21
8661-1982	C6159	金屬電阻材料之熱電勢試驗法 (金属电阻材料之热电势试验法)	H21
8667-1987	C6160	乾式簧開關檢驗法(內部潮濕) (干式簧开关检验法(内部潮湿))	L22
8668-1987	C6161	乾式簧開關檢驗法(振動) (干式簧开关检验法(振动))	L22
8669-1987	C6162	乾式簧開關檢驗法(衝擊) (干式簧开关检验法(冲击))	L22
8670-1987	C6163	乾式簧開關檢驗法(密封) (干式簧开关检验法(密封))	L22
8671-1987	C6164	乾式簧開關檢驗法(接觸粘著性) (干式簧开关检验法(接触粘着性))	L22
8672-1987	C6165	乾式簧開關檢驗法(負載電流) (干式簧开关检验法(负载电流))	L22
8805-1982	C6166	工業用電子式自動平衡型記錄器檢驗法 (工业用电子式自动平衡型记录器检验法)	N14
8942-1992	C6167	電子鐘檢驗法(石英振盪式) (电子钟检验法(石英振荡式))	Y11
9228-1987	C6168	乾式簧開關檢驗法(電容量) (干式簧开关检验法(电容量))	L22
9229-1987	C6169	乾式簧開關檢驗法(引線表面處理與端子強度) (干式簧开关检验法(引线表面处理与端子强度))	L22
9230-1987	C6170	乾式簧開關檢驗法(接觸點壽命試驗) (干式簧开关检验法(接触点寿命试验))	L22
9231-1987	C6171	乾式簧開關檢驗法(實體尺度) (干式簧开关检验法(实体尺度))	L22
9232-1987	C6172	乾式簧開關檢驗法(運送準備) (干式簧开关检验法(运送准备))	L22
9233-1987	C6173	乾式簧開關檢驗法(詳細規格) (干式簧开关检验法(详细规格))	L22
9234-1987	C6174	乾式簧開關檢驗法(130 ℃單層絕緣線標準試驗線圈) (干式簧开关检验法(130 ℃单层绝缘线标准试验线圈))	L22
9235-1987	C6175	乾式簧開關檢驗法(使用時注意事項) (干式簧开关检验法(使用时注意事项))	L22
9236-1988	C6176	頻率 3 MHz 以下電連接器檢驗法(漏氣試驗 TP-2) (频率 3 MHz 以下电连接器检验法(漏气试验 TP-2))	L23
9237-1988	C6177	頻率 3 MHz 以下電連接器檢驗法(高空浸漬試驗 TP-3) (频率 3 MHz 以下电连接器检验法(高空浸渍试验 TP-3))	L23
9238-1988	C6178	頻率 3 MHz 以下電連接器檢驗法(耐用試驗 TP-9) (频率 3 MHz 以下电连接器检验法(耐用试验 TP-9))	L23
9239-1982	C6179	頻率 3 MHz 以下電連接器檢驗法(溫度試驗 TP-17) (频率 3 MHz 以下电连接器检验法(温度试验 TP-17))	L23
9240-1988	C6180	頻率 3 MHz 以下電連接器檢驗法(外觀及尺度檢查 TP-18) (频率 3 MHz 以下电连接器检验法(外观及尺度检查 TP-18))	L23
9241-1982	C6181	頻率 3 MHz 以下電連接器檢驗法(拔出力量 TP-37) (频率 3 MHz 以下电连接器检验法(拔出力量 TP-37))	L23
9242-1988	C6182	頻率 3 MHz 以下電連接器檢驗法(碰撞試驗 TP-42) (频率 3 MHz 以下电连接器检验法(碰撞试验 TP-42))	L23

标准号	台湾地区标准分类号	标准名称	中国标准分类
9243-1988	C6183	頻率 3 MHz 以下電連接器檢驗法(彎曲試驗 TP-43) (频率 3 MHz 以下电连接器检验法(弯曲试验 TP-43))	L23
9363-1988	C6184	頻率 3 MHz 以下電連接器檢驗法(加速力 TP-1) (频率 3 MHz 以下电连接器检验法(加速力 TP-1))	L23
9364-1988	C6185	頻率 3 MHz 以下電連接器檢驗法(接觸端子插入、鬆脫及拔出力量 TP-5) (频率 3 MHz 以下电连接器检验法(接触端子插入、松脱及拔出力量 TP-5))	L24
9365-1988	C6186	頻率 3 MHz 以下電連接器檢驗法(接觸電阻 TP-6) (频率 3 MHz 以下电连接器检验法(接触电阻 TP-6))	L23
9366-1988	C6187	頻率 3 MHz 以下電連接器檢驗法(配對及分離力量 TP-13) (频率 3 MHz 以下电连接器检验法(配对及分离力量 TP-13))	L23
9367-1988	C6188	頻率 3 MHz 以下電連接器檢驗法(耐臭氧試驗 TP-14) (频率 3 MHz 以下电连接器检验法(耐臭氧试验 TP-14))	L23
9368-1982	C6189	頻率 3 MHz 以下電連接器檢驗法(分類及試驗項目 TP-34) (频率 3 MHz 以下电连接器检验法(分类及试验项目 TP-34))	L24
9369-1988	C6190	頻率 3 MHz 以下電連接器檢驗法(接觸端子插入扣鎖 TP-35) (频率 3 MHz 以下电连接器检验法(接触端子插入扣锁 TP-35))	L23
9370-1982	C6191	頻率 3 MHz 以下電連接器檢驗法(電纜拉力 TP-38) (频率 3 MHz 以下电连接器检验法(电缆拉力 TP-38))	L23
9371-1988	C6192	頻率 3 MHz 以下電連接器檢驗法(流體靜壓力試驗 TP-39) (频率 3 MHz 以下电连接器检验法(流体静压力试验 TP-39))	L23
9584-1982	C6193	電動機起動用電解電容器檢驗法 (电动机起动用电解电容器检验法)	L11
10329-1992	C6205	石英鐘機芯檢驗法 (石英钟机芯检验法)	Y11
10555-1985	C6206	印刷電路用銅積層板檢驗法 (印刷电路用铜积层板检验法)	L63
10692-1994	C6207	陸上行動通信用 25～947 MHz 調頻/調相接收機檢驗法(總則) (陆上行动通信用 25～947 MHz 调频/调相接收机检验法(总则))	M36
10693-1994	C6208	陸上行動通信用 25～947 MHz 調頻/調相接收機檢驗法(定義、試驗條件) (陆上行动通信用 25～947 MHz 调频/调相接收机检验法(定义、试验条件))	M74
10694-1994	C6209	陸上行動通信用 25～947 MHz 調頻/調相接收機檢驗法(測量設備之特性及基準靈敏度) (陆上行动通信用 25～947 MHz 调频/调相接收机检验法(测量设备之特性及基准灵敏度))	M74
10695-1994	C6210	陸上行動通信用 25～947 MHz 調頻/調相接收機檢驗法(聲頻響應、諧波失真因數、交流聲及雜訊) (陆上行动通信用 25～947 MHz 调频/调相接收机检验法(声频响应、谐波失真因子、交流声及噪声))	M74
10696-1994	C6211	陸上行動通信用 25～947 MHz 調頻/調相接收機檢驗法(鄰波道、混附響應及互調變抗拒力) (陆上行动通信用 25～947 MHz 调频/调相接收机检验法(邻波道、混附响应及互调变抗拒力))	M74
10697-1994	C6212	陸上行動通信用 25～947 MHz 調頻/調相接收機檢驗法(輻射性、傳導性混附發射及聲頻靜音靈敏度) (陆上行动通信用 25～947 MHz 调频/调相接收机检验法(辐射性、传导性混附发射及声频静音灵敏度))	M74

标准号	台湾地区标准分类号	标准名称	中国标准分类
10698-1994	C6213	陸上行動通信用 25～947 MHz 調頻/調相接收機檢驗法(靜音截斷、接收機動作及閉合時間) (陆上行动通信用 25～947 MHz 调频/调相接收机检验法(静音截断、接收机动作及闭合时间))	M74
10699-1994	C6214	陸上行動通信用 25～947 MHz 調頻/調相接收機檢驗法(聲頻靈敏度、溫度及高濕度) (陆上行动通信用 25～947 MHz 调频/调相接收机检验法(声频灵敏度、温度及高湿度))	M74
10700-1994	C6215	陸上行動通信用 25～947 MHz 調頻/調相接收機檢驗法(振動、衝擊穩定性及電源電壓範圍) (陆上行动通信用 25～947 MHz 调频/调相接收机检验法(振动、冲击稳定性及电源电压范围))	M74
10852-2000	C6216	印刷電路板檢驗法 (印刷电路板检验法)	L30
10872-1987	C6217	光纖裝置檢驗法(撞擊試驗 FOTP-2) (光纤装置检验法(撞击试验 FOTP-2))	M33
10873-1984	C6218	光纖組件檢驗法—連接器溫度循環(冷熱衝擊) (光纤组件检验法—连接器温度循环(冷热冲击))	M33
10874-1987	C6219	光纖裝置檢驗法(加速度試驗 FOTP-18) (光纤装置检验法(加速度试验 FOTP-18))	M33
10875-1987	C6220	光纖裝置檢驗法(溫度壽命試驗FOTP-4) (光纤装置检验法(温度寿命试验 FOTP-4))	M33
10876-1984	C6221	光纖組件檢驗法—連接器振動試驗 (光纤组件检验法—连接器振动试验)	M33
10877-1984	C6222	光纖組件檢驗法—連接器維護老化試驗 (光纤组件检验法—连接器维护老化试验)	M33
10878-1984	C6223	光纖組件檢驗法—光纜撞擊試驗 (光纤组件检验法—光缆撞击试验)	M33
10924-1984	C6224	光纖組件檢驗法—抗拉力試驗 (光纤组件检验法—抗拉力试验)	M33
10925-1984	C6225	光纖組件檢驗法—液體浸漬試驗 (光纤组件检验法—液体浸渍试验)	M33
10926-1987	C6226	光纖裝置檢驗法(無外被光纖外徑測量法 FOTP-27) (光纤装置检验法(无外被光纤外径测量法 FOTP-27))	M33
10927-1987	C6227	光纖裝置檢驗法(光纖抗強拉度測量法 FOTP-28) (光纤装置检验法(光纤抗强拉度测量法 FOTP-28))	M33
10928-1984	C6228	光纖組件檢驗法—折射率徑向分佈圖橫向干涉法 (光纤组件检验法—折射率径向分布图横向干涉法)	M33
10929-1984	C6229	光纖組件檢驗法—線路不連續試驗 (光纤组件检验法—线路不连续试验)	M33
10930-1984	C6230	光纖組件檢驗法—灰塵(細砂)試驗 (光纤组件检验法—灰尘(细砂)试验)	M33
10931-1984	C6231	光纖組件檢驗法—光纜燭心作用試驗 (光纤组件检验法—光缆烛心作用试验)	M33
10932-1984	C6232	光纖組件檢驗法—光纜被覆收縮 (光纤组件检验法—光缆被覆收缩)	M33
10933-1984	C6233	光纖組件檢驗法—光纜被覆伸長及抗拉強度 (光纤组件检验法—光缆被覆伸长及抗拉强度)	M33
11097-1984	C6234	兩耳用耳機檢驗法 (两耳用耳机检验法)	L31
11098-1984	C6235	電機開關檢驗法—接點跳動 (电机开关检验法—接点跳动)	L22

标准号	台湾地区标准分类号	标准名称	中国标准分类
11099-1984	C6236	電機開關檢驗法—自動焊錫之環境影響 (电机开关检验法—自动焊锡之环境影响)	K31
11100-1984	C6237	電機開關檢驗法—彩色度 (电机开关检验法—彩色度)	L22
11101-1986	C6238	電機開關檢驗法—傳導度(亮度) (电机开关检验法—传导度(亮度))	L22
11102-1984	C6239	電機開關檢驗法—邏輯(TTL)位準耐久性 (电机开关检验法—逻辑(TTL)位准耐久性)	K31
11103-1984	C6240	電機開關檢驗法—低位準耐久性 (电机开关检验法—低位准耐久性)	L22
11183-1985	C6241	電子裝置用高頻線圈及中頻變壓器檢驗法 (电子装置用高频线圈及中频变压器检验法)	L17
11233-1992	C6242	環境試驗法(電氣、電子)—低溫(耐寒性)試驗法 (环境试验法(电气、电子)—低温(耐寒性)试验法)	L04
11234-1990	C6243	環境試驗方法(電氣、電子)—衝擊試驗方法 (环境试验方法(电气、电子)—冲击试验方法)	L04
11236-1991	C6245	環境試驗法(電氣、電子)—低氣壓試驗法 (环境试验法(电气、电子)—低气压试验法)	L10
11237-1985	C6246	電子組件浸漬循環試驗法 (电子组件浸渍循环试验法)	L10
11239-1985	C6248	電子組件長時間電性動作試驗法 (电子组件长时间电性动作试验法)	L10
11240-1985	C6249	電子組件反覆機械動作試驗法 (电子组件反复机械动作试验法)	L10
11332-1985	C6250	光纖組件檢驗法(周圍光線感受性) (光纤组件检验法(周围光线感受性))	M33
11333-1985	C6251	光纖組件檢驗法(光纜浸液試驗) (光纤组件检验法(光缆浸液试验))	M33
11334-1988	C6252	光纖裝置檢驗法(光纜結試驗 FOTP-87) (光纤装置检验法(光缆结试验 FOTP-87))	M33
11446-1-2000	C6253-1	電視廣播傳輸接收機之量測方法—第一部:概論—射頻及視頻之量測 (电视广播传输接收机之量测方法—第 部:概论 射频及视频之量测)	M74
11446-2-2000	C6253-2	電視廣播傳輸接收機之量測方法—第 2 部:聲道——般方法與單聲道方法 (电视广播传输接收机之量测方法—第 2 部:声道——般方法与单声道方法)	M74
11446-3-2000	C6253-3	電視廣播傳輸接收機之量測方法—第 3 部:利用副載波系統之多聲道電視接收機之電氣量測 (电视广播传输接收机之量测方法—第 3 部:利用副载波系统之多声道电视接收机之电气量测)	M74
11446-4-2000	C6253-4	電視廣播傳輸接收機之量測方法—第 4 部:利用雙載波調頻(FM)系統之多聲道電視接收機之電氣量測 (电视广播传输接收机之量测方法—第 4 部:利用双载波调频(FM)系统之多声道电视接收机之电气量测)	M74
11446-5-2000	C6253-5	電視廣播傳輸接收機之量測方法—第 5 部:利用 NICAM 雙波道數位聲音系統之多聲道電視接收機之電氣量測 (电视广播传输接收机之量测方法—第 5 部:利用 NICAM 双波道数字声音系统之多声道电视接收机之电气量测)	M74
11446-6-2000	C6253-6	電視廣播傳輸接收機之量測方法—第 6 部:不同於廣播信號標準條件之量測 (电视广播传输接收机之量测方法—第 6 部:不同于广播信号标准条件之量测)	M74

标准号	台湾地区标准分类号	标准名称	中国标准分类
11571-1986	C6254	頻率 3 MHz 以下電連接器檢驗法(電暈試驗 TP-44) (频率 3 MHz 以下电连接器检验法(电晕试验 TP-44))	L23
11572-1986	C6255	頻率 3 MHz 以下電連接器檢驗法(連續性試驗 TP-46) (频率 3 MHz 以下电连接器检验法(连续性试验 TP-46))	L23
11573-1986	C6256	頻率 3 MHz 以下電連接器檢驗法(細砂與塵埃試驗 TP-50) (频率 3 MHz 以下电连接器检验法(细砂与尘埃试验 TP-50))	L23
11574-1986	C6257	頻率 3 MHz 以下電連接器檢驗法(配對連接器之抗冰試驗 TP-51) (频率 3 MHz 以下电连接器检验法(配对连接器之抗冰试验 TP-51))	L23
11575-1986	C6258	頻率 3 MHz 以下電連接器檢驗法(電流循環試驗 TP-55) (频率 3 MHz 以下电连接器检验法(电流循环试验 TP-55))	L23
11703-1986	C6259	光纖組件檢驗法(特定脈衝衝擊試驗 FOTP-14) (光纤组件检验法(特定脉冲冲击试验 FOTP-14))	A42
11704-1986	C6260	光纖組件檢驗法(高空浸漬試驗FOTP-15) (光纤组件检验法(高空浸渍试验 FOTP-15))	M33
11705-1986	C6261	光纖組件檢驗法(透射率改變FOTP-20) (光纤组件检验法(透射率改变FOTP-20))	M33
11706-1986	C6262	光纖組件檢驗法(輸出遠場放射圖型之測量 FOTP-47) (光纤组件检验法(输出远场放射图型之测量 FOTP-47))	A42
11707-1986	C6263	光纖組件檢驗法(多模式玻璃光纖資訊傳輸容量之脈波失真測量 FOTP-51) (光纤组件检验法(多模式玻璃光纤信息传输容量之脉波失真测量 FOTP-51))	M33
11708-1994	C6264	陸上行動通信用 25～470 MHz 調頻/調相發射機檢驗法 (陆上行动通信用 25～470 MHz 调频/调相发射机检验法)	M36
11709-1994	C6265	陸上行動通信用 25～1 000 MHz 調頻/調相設備攜帶型/個人無線電發射機、接收機及收發信機組合檢驗法 (陆上行动通信用 25～1 000 MHz 调频/调相设备携带型/个人无线电发射机、接收机及收发信机组合检验法)	M34
11715-1986	C6266	一般用雷射唱機檢驗法 (一般用激光唱机检验法)	M71
11716-1986	C6267	卡式錄放音機檢驗法 (卡式录放音机检验法)	M74
11717-1986	C6268	汽車用卡式放音機檢驗法 (汽车用卡式放音机检验法)	M74
11765-1991	C6269	磁性錄音帶檢驗法 (磁性录音带检验法)	G83
11785-1997	C6273	監視器檢驗法 (监视器检验法)	L63
11812-1987	C6274	擴大機檢驗法 (扩大机检验法)	M72
11787-1986	C6275	光纖組件檢驗法(光纜連接裝置抗壓碎試驗 FOTP-26) (光纤组件检验法(光缆连接装置抗压碎试验 FOTP-26))	M33
11788-1986	C6276	光纖組件檢驗法(低溫及高溫彎曲試驗 FOTP-37) (光纤组件检验法(低温及高温弯曲试验 FOTP-37))	M33
11789-1986	C6277	光纖組件檢驗法(長距離斜射率光纖之光譜衰減測量 FOTP-46) (光纤组件检验法(长距离斜射率光纤之光谱衰减测量 FOTP-46))	M33
11830-1987	C6278	發光二極體(指示用)測量法 (发光二极管(指示用)测量法)	L41
11878-1987	C6279	射頻信號增幅器檢驗法 (射频信号增幅器检验法)	L41
11902-1987	C6280	光纖裝置檢驗法(溫度變化對光纖衰減之影響 FOTP-52) (光纤装置检验法(温度变化对光纤衰减之影响 FOTP-52))	M33

标准号	台湾地区标准分类号	标准名称	中国标准分类
11903-1987	C6281	光纖裝置檢驗法(光纖抗黴菌之評估 FOTP-56) (光纤装置检验法(光纤抗霉菌之评估 FOTP-56))	M33
11904-1987	C6282	光纖裝置檢驗法(有填充物光纜之化合物滴漏試驗 FOTP-81) (光纤装置检验法(有填充物光缆之化合物滴漏试验 FOTP-81))	M33
11905-1987	C6283	光纖裝置檢驗法(光纜至連接器之軸向壓力負載 FOTP-83) (光纤装置检验法(光缆至连接器之轴向压力负载 FOTP-83))	M33
11906-1987	C6284	光纖裝置檢驗法(光纜被覆自黏性試驗 FOTP-84) (光纤装置检验法(光缆被覆自黏性试验 FOTP-84))	N20
11907-1987	C6285	光纖裝置檢驗法(特種用途光纜之火焰試驗 FOTP-99) (光纤装置检验法(特种用途光缆之火焰试验 FOTP-99))	M33
11992-1987	C6286	光纖裝置檢驗法(光纖零組件内之串訊 FOTP-42) (光纤装置检验法(光纤零组件内之串讯 FOTP-42))	N20
11993-1987	C6287	光纖裝置檢驗法(長距離斜射率光纖光譜衰減測量之光投射條件 FOTP-50) (光纤装置检验法(长距离斜射率光纤光谱衰减测量之光投射条件 FOTP-50)	M33
12007-1987	C6288	螺線掃描錄放影機檢驗法 (螺线扫描录放机检验法)	M71
12079-1987	C6294	數字電壓計檢驗法 (数字电压计检验法)	L86
12081-1987	C6295	光纖裝置檢驗法(光纖、光纜、連接器及其他光纖裝置之目視及機械檢查 FOTP-13) (光纤装置检验法(光纤、光缆、连接器及其他光纤装置之目视及机械检查 FOTP-13))	A42
12082-1987	C6296	光纖裝置檢驗法(多模光纖資訊傳輸量之頻域測量 FOTP-30) (光纤装置检验法(多模光纤信息传输量之频域测量 FOTP-30))	M33
12083-1987	C6297	光纖裝置檢驗法(光纜拉力負載與彎曲試驗 FOTP-33) (光纤装置检验法(光缆拉力负载与弯曲试验 FOTP-33))	M33
12084-1987	C6298	光纖裝置檢驗法(光纜組件扭力試驗 FOTP-36) (光纤装置检验法(光缆组件扭力试验 FOTP-36))	M33
12085-1987	C6299	光纖裝置檢驗法(資訊傳輸量測量之模攪拌器投射需求 FOTP-54) (光纤装置检验法(信息传输量测量之模搅拌器投射需求 FOTP-54))	M33
12086-1987	C6300	光纖裝置檢驗法(光纖鍍層幾何形狀之測量法 FOTP-55) (光纤装置检验法(光纤镀层几何形状之测量法 FOTP-55))	M33
12087-1987	C6301	光纖裝置檢驗法(充膠光纜流體滲透試驗 FOTP-82) (光纤装置检验法(充胶光缆流体渗透试验 FOTP-82))	M33
12119-1987	C6302	音響產品包裝、外觀檢驗法 (音响产品包装、外观检验法)	A83
12120-1987	C6303	家用音響產品可靠度檢驗法 (家用音响产品可靠度检验法)	M72
12121-1987	C6304	影像產品可靠度檢驗法 (影像产品可靠度检验法)	M60
12122-1987	C6305	調幅通信接收機檢驗法 (调幅通信接收机检验法)	M74
12170-1987	C6306	光纖裝置檢驗法(鹽水噴霧腐蝕試驗 FOTP-16) (光纤装置检验法(盐水喷雾腐蚀试验 FOTP-16))	M33
12171-1987	C6307	光纖裝置檢驗法(圍繞光易感性FOTP-22) (光纤装置检验法(围绕光易感性 FOTP-22))	M33
12297-1988	C6308	頻率 3 MHz 以下電連接器檢驗法(接點強度 TP-15)、 (频率 3 MHz 以下电连接器检验法(接点强度 TP-15))	L23

标准号	台湾地区标准分类号	标准名称	中国标准分类
12298-1988	C6309	頻率 3 MHz 以下電連接器檢驗法(硝酸氣試驗,鍍金接點 TP-53) (频率 3 MHz 以下电连接器检验法(硝酸气试验,镀金接点 TP-53))	L23
12358-1988	C6311	光纖裝置檢驗法(扭力試驗 FOTP-63) (光纤装置检验法(扭力试验 FOTP-63))	M33
12359-1988	C6312	光纖裝置檢驗法(鍍層及緩衝層耐磨性之測量 FOTP-66) (光纤装置检验法(镀层及缓冲层耐磨性之测量 FOTP-66))	M33
12360-1988	C6313	光纖裝置檢驗法(液體浸漬試驗FOTP-75) (光纤装置检验法(液体浸渍试验 FOTP-75))	M33
12361-1988	C6314	光纖裝置檢驗法(光纜扭轉試驗FOTP-85) (光纤装置检验法(光缆扭转试验 FOTP-85))	M33
12362-1988	C6315	光纖裝置檢驗法(光纜扭與彎試驗 FOTP-91) (光纤装置检验法(光缆扭与弯试验 FOTP-91))	M33
12363-1988	C6316	光纖裝置檢驗法(光纖及光纜絕對光學功率試驗 FOTP-95) (光纤装置检验法(光纤及光缆绝对光学功率试验 FOTP-95))	M33
12364-1988	C6317	光纖裝置檢驗法(光纜外部結冰試驗 FOTP-98) (光纤装置检验法(光缆外部结冰试验 FOTP-98))	M33
12366-1988	C6318	光纖裝置檢驗法(光纜之壓縮負載電阻 FOTP-41) (光纤装置检验法(光缆之压缩负载电阻 FOTP-41))	M33
12367-1988	C6319	光纖裝置檢驗法(輸出近場放射圖型之測量 FOTP-43) (光纤装置检验法(输出近场放射图型之测量 FOTP-43))	M33
12368-1988	C6320	光纖裝置檢驗法(折射率徑向分布圖,光折射率 FOTP-44) (光纤装置检验法(折射率径向分布图,光折射率 FOTP-44))	N20
12369-1988	C6321	光纖裝置檢驗法(測量光纖幾何之微觀方法 FOTP-45) (光纤装置检验法(测量光纤几何之微观方法 FOTP-45))	M33
12370-1988	C6322	光纖裝置檢驗法(線上作業之直徑測量法 FOTP-48) (光纤装置检验法(联机操作之直径测量法 FOTP-48))	M33
12371-1988	C6323	光纖裝置檢驗法(核輻射對光纖阻件影響之測量 FOTP-49) (光纤装置检验法(核辐射对光纤阻件影响之测量 FOTP-49))	M33
12372-1988	C6324	光纖裝置檢驗法(多模斜射率光纖或光纖組件在長距離通訊系統中衰減量之替代量測法 FOTP-53) (光纤装置检验法(多模斜射率光纤或光纤组件在长距离通讯系统中衰减量之替代量测法 FOTP-53))	M33
12373-1988	C6325	光纖裝置檢驗法(斜射率光纖纖核直徑之測量 FOTP-58) (光纤装置检验法(斜射率光纤纤核直径之测量 FOTP-58))	M33
12473-1988	C6326	電視遊樂器檢驗法 (电视游乐器检验法)	L66
12507-1989	C6327	液晶顯示板測量法 (液晶显示板测量法)	L47
12559-1989	C6328	光纖裝置檢驗法(光纜填塞套管壓力試驗 FOTP-94) (光纤装置检验法(光缆填塞套管压力试验 FOTP-94))	M33
12560-1989	C6329	光纖裝置檢驗法(氣密光纜之漏氣試驗 FOTP-100) (光纤装置检验法(气密光缆之漏气试验 FOTP-100))	M33
12561-1989	C6330	光纖裝置檢驗法(加速氧化老化試驗 FOTP-101) (光纤装置检验法(加速氧化老化试验 FOTP-101))	M33
12562-1989	C6331	光纖裝置檢驗法(緩衝式光纖彎曲試驗 FOTP-103) (光纤装置检验法(缓冲式光纤弯曲试验 FOTP-103))	M33
12563-1989	C6332	光纖裝置檢驗法(用相位移法測量光纖色散 FOTP-169) (光纤装置检验法(用相位移法测量光纤色散 FOTP-169))	M33
12564-1989	C6333	光纖裝置檢驗法(防火牆連接器之防火試驗 FOTP-172) (光纤装置检验法(防火墙连接器之防火试验 FOTP-172))	M33

标准号	台湾地区标准分类号	标准名称	中国标准分类
12565-1989	C6334	環境試驗方法(電氣、電子)—溫濕度循環(12＋12 小時循環)試驗方法 (环境试验方法(电气、电子)—温湿度循环(12＋12 小时循环)试验方法)	L04/K04
12566-1993	C6335	環境試驗法(電氣、電子)—溫濕度組合(循環)試驗 (环境试验法(电气、电子)—温湿度组合(循环)试验)	L04
12715-1990	C6336	環境試驗方法(電氣、電子)—碰撞試驗方法 (环境试验方法(电气、电子)—碰撞试验方法)	L04
12716-1990	C6337	環境試驗方法(電氣、電子)—動態試驗(包括衝擊、碰撞、振動及定加速度)之零組件、設備安裝方法及指南 (环境试验方法(电气、电子)—动态试验(包括冲击、碰撞、振动及定加速度)之零组件、设备安装方法及指南)	L04
12817-1990	C6338	環境試驗法(電氣、電子)—耐溶劑性(浸漬)試驗法 (环境试验法(电气、电子)—耐溶剂性(浸渍)试验法)	A21
12865-1-1991	C6339-1	數位微電子檢驗法(高位準輸出電壓) (数字微电子检验法(高位准输出电压))	L10
12865-10-1992	C6339-10	數位微電子檢驗法(功能測試) (数字微电子检验法(功能测试))	L10
12865-11-2005	C6339-11	數位微電子量測法(雜訊邊限量測) (数字微电子量测法(噪声边限量测))	L10
12865-2-1991	C6339-2	數位微電子檢驗法(低位準輸出電壓) (数字微电子检验法(低位准输出电压))	L10
12865-3-1991	C6339-3	數位微電子檢驗法(低位準輸入電流) (数字微电子检验法(低位准输入电流))	L10
12865-4-1991	C6339-4	數位微電子檢驗法(高位準輸入電流) (数字微电子检验法(高位准输入电流))	L10
12865-5-1991	C6339-5	數位微電子檢驗法(輸出端短路電流) (数字微电子检验法(输出端短路电流))	L55
12865-6-1991	C6339-6	數位微電子檢驗法(端子電容值) (数字微电子检验法(端子电容值))	L10
12865-7-1991	C6339-7	數位微電子檢驗法(驅動源,動態) (数字微电子检验法(驱动源,动态))	L10
12865-8-1991	C6339-8	數位微電子檢驗法(負載條件) (数字微电子检验法(负载条件))	L10
12865-9-1991	C6339-9	數位微電子檢驗法(延遲量測) (数字微电子检验法(延迟量测))	L10
12866-1991	C6340	環境試驗法(電氣、電子)—低溫/低氣壓複合試驗法 (环境试验法(电气、电子)—低温/低气压复合试验法)	L04
12867-1991	C6341	環境試驗法(電氣、電子)—高溫/低氣壓複合試驗法 (环境试验法(电气、电子)—高温/低气压复合试验法)	L04
12874-1995	C6342	環境試驗法(電氣、電子)—鹽霧(循環)試驗 (环境试验法(电气、电子)—盐雾(循环)试验)	A21
13059-1-1992	C6346-1	光電伏打元件(第一部:光電伏打電流—電壓特性量測) (光电伏打组件(第一部:光电伏打电流—电压特性量测))	F12
13059-10-2002	C6346-10	光電伏打元件(第十部:線性量測法) (光电伏打组件(第十部:线性量测法))	R87
13059-2-2002	C6346-2	光電伏打元件(第二部:基準太陽電池之要求) (光电伏打组件(第二部:基准太阳电池之要求))	F12
13059-3-1992	C6346-3	光電伏打元件(第三部:具光譜照射光參考數據之陸上光電伏打(PV)太陽元件量測原理) (光电伏打组件(第三部:具光谱照射光参考数据之陆上光电伏打(PV)太阳组件量测原理))	F12

标准号	台湾地区标准分类号	标准名称	中国标准分类
13059-5-2002	C6346-5	光電伏打元件(第五部:利用開路電壓法決定光電伏打元件之等效電池溫度) (光电伏打组件(第五部:利用开路电压法决定光电伏打组件之等效电池温度))	R87
13059-6-2002	C6346-6	光電伏打元件(第六部:基準太陽電池模組之要求) (光电伏打组件(第六部:基准太阳电池模块之要求))	R87
13059-7-2002	C6346-7	光電伏打元件(第七部:光電伏打元件測試中所產生光譜不匹配誤差之計算) (光电伏打组件(第七部:光电伏打组件测试中所产生光谱不匹配误差之计算))	R87
13059-8-2002	C6346-8	光電伏打元件(第八部:光電伏打元件光譜響應之量測) (光电伏打组件(第八部:光电伏打组件光谱响应之量测))	R87
13059-9-2002	C6346-9	光電伏打元件(第九部:太陽模擬器之性能要求) (光电伏打组件(第九部:太阳仿真器之性能要求))	M40
13086-1992	C6347	環境試驗法(電氣、電子)—表面黏著元件之焊錫性,金屬端的耐溶解性及焊錫耐熱性 (环境试验法(电气、电子)—表面黏着组件之焊锡性,金属端的耐溶解性及焊锡耐热性)	L04
13088-1992	C6348	發光二極體大型燈(戶外顯示用)量測法 (发光二极管大型灯(户外显示用)量测法)	L41
13089-1992	C6349	發光二極體大型燈(戶外顯示用)耐久性試驗法—預燒試驗(順向偏壓) (发光二极管大型灯(户外显示用)耐久性试验法—预烧试验(顺向偏压))	L41
13090-1992	C6350	發光二極體大型燈(戶外顯示用)耐久性試驗法—連續通電試驗 (发光二极管大型灯(户外显示用)耐久性试验法—连续通电试验)	L41
13092-1992	C6351	發光二極體顯示幕(戶外用)量測法 (发光二极管显示屏(户外用)量测法)	L41
13093-1992	C6352	發光二極體顯示幕(戶外用)產品可靠度試驗法 (发光二极管显示屏(户外用)产品可靠度试验法)	L41
13214-1993	C6353	環境試驗法(電氣、電子)—面落下、角落下及翻倒(主要為設備)試驗法 (环境试验法(电气、电子)—面落下、角落下及翻倒(主要为设备)试验法)	L04
13215-1993	C6354	環境試驗法(電氣、電子)—自然落下試驗法 (环境试验法(电气、电子)—自然落下试验法)	L04
13288-1993	C6355	環境試驗法(電氣、電子)—溫度變化試驗之指引 (环境试验法(电气、电子)—温度变化试验之指引)	L04
13438-2006	C6357	資訊技術設備—射頻擾動特性—限制值與量測方法 (信息技术设备—射频扰动特性—限制值与量测方法)	L06
13439-2004	C6358	聲音與電視廣播接收機與相關設備—射頻干擾特性—限制值與量測方法 (声音与电视广播接收机与相关设备—射频干扰特性—限制值与量测方法)	M70
13623-1995	C6359	單晶片之電阻率、霍爾係數及霍爾移動率之測定法(范德普法) (单芯片之电阻率、霍尔系数及霍尔移动率之测定法(范德普法))	H82
13624-1995	C6360	砷化鎵晶體結晶完整性檢驗法(熔融氫氧化鉀浸蝕法) (砷化镓晶体结晶完整性检验法(熔融氢氧化钾浸蚀法))	H83
13648-1996	C6361	通信用雷射二極體量測法 (通信用雷射二极管量测法)	L41

标准号	台湾地区标准分类号	标准名称	中国标准分类
13649-1996	C6362	通信用雷射二極體之可靠度測試 (通信用雷射二极管之可靠度测试)	L41
13650-1996	C6363	通信用雷射二極體之批品質控制測試 (通信用雷射二极管之批质量控制测试)	L41
13651-1996	C6364	通信用發光二極體量測法 (通信用发光二极管量测法)	L41
13652-1996	C6365	通信用發光二極體之可靠度測試 (通信用发光二极管之可靠度测试)	L41
13653-1996	C6366	通信用發光二極體之批品質控制測試 (通信用发光二极管之批质量控制测试)	M33
13654-1996	C6367	通信用光二極體量測法 (通信用光二极管量测法)	L50
13655-1996	C6368	通信用光二極體之可靠度測試 (通信用光二极管之可靠度测试)	L41
13656-1996	C6369	通信用光二極體之批品質控制測試 (通信用光二极管之批质量控制测试)	L41
13724-1996	C6370	微電子銲線拉力試驗法 (微电子焊线拉力试验法)	L10
13725-1996	C6371	微電子銲線之非破壞性拉力試驗法 (微电子焊线之非破坏性拉力试验法)	L10
13726-1996	C6372	晶粒固著強度試驗法 (晶粒固着强度试验法)	T42
13727-1996	C6373	導電膠之體積電阻率量測法 (导电胶之体积电阻率量测法)	L30
13779-1996	C6374	自動控制用紅外發光二極體量測法 (自动控制用红外发光二极管量测法)	L41
13780-1996	C6375	自動控制用紅外發光二極體耐久性試驗法—連續通電試驗 (自动控制用红外发光二极管耐久性试验法—连续通电试验)	L41
13781-1996	C6376	自動控制用紅外發光二極體耐久性試驗法—預燒試驗(順向偏壓) (自动控制用红外发光二极管耐久性试验法—预烧试验(顺向偏压))	L41
13783-1-2009	C6377-1	家電製品、電動工具和類似裝置的電磁相容性要求—第1部:發射 (家电制品、电动工具和类似装置的电磁兼容性要求—第1部:发射)	L06
13783-2-2007	C6377-2	家電製品、電動工具和類似裝置之電磁相容性要求—第2部:免疫力—產品族系標準 (家电制品、电动工具和类似装置之电磁兼容性要求—第2部:免疫力—产品族系标准)	L06
13790-1996	C6378	通信用光分歧元件量測法 (通信用光分歧组件量测法)	L23
13791-1996	C6379	通信用光衰減器量測法 (通信用光衰减器量测法)	L23
13792-1996	C6380	通信用光極化器量測法 (通信用光极化器量测法)	L23
13793-1996	C6381	通信用光隔離器量測法 (通信用光隔离器量测法)	L23
13794-1996	C6382	通信用光濾波器量測法 (通信用光滤波器量测法)	L23
13803-2003	C6383	工業、科學、醫學射頻設備之電磁干擾特性的限制值與量測法 (工业、科学、医学射频设备之电磁干扰特性的限制值与量测法)	L06

标 准 号	台湾地区 标准分类号	标 准 名 称	中国标准 分 类
13804-1997	C6384	應用置換法測量微波爐 1 GHz 以上之輻射指引 (应用置换法测量微波炉 1 GHz 以上之辐射指引)	N30
13805-1997	C6385	光電半導體晶圓之光激光譜量測法 (光电半导体晶圆之光激光谱量测法)	N30
13806-1997	C6386	發光二極體磊晶片發光波長與亮度量測法 (发光二极管磊芯片发光波长与亮度量测法)	L50
13807-1997	C6387	發光二極體用環氧樹脂試驗法 (发光二极管用环氧树脂试验法)	G04
14111-1998	C6388	光極化控制器量測法 (光极化控制器量测法)	A60
14112-1998	C6389	可調型光極化分光器量測法 (可调型光极化分光器量测法)	A60
14113-1998	C6390	光纖通信用被動元件之可靠度測試 (光纤通信用被动组件之可靠度测试)	A60
14114-1998	C6391	光纖通信用被動元件之批品質控制測試 (光纤通信用被动组件之批质量控制测试)	A60
14115-2009	C6392	電氣照明與類似設備之射頻擾動限制值與量測方法 (电气照明与类似设备之射频扰动限制值与量测方法)	L06
14139-1998	C6393	無線通信用紅外線傳輸和接收模組功能特性量測法 (无线通信用红外线传输和接收模块功能特性量测法)	M36
14140-1998	C6394	無線通信用紅外線傳輸和接收模組之可靠度及批品質控制測試 (无线通信用红外线传输和接收模块之可靠度及批质量控制测试)	M36
14178-1998	C6395	光纖通信用數位傳輸和接收模組之性能量測法 (光纤通信用数字传输和接收模块之性能量测法)	L23
14179-1998	C6396	光纖通信用數位傳輸和接收模組之可靠度測試 (光纤通信用数字传输和接收模块之可靠度测试)	L23
14180-1998	C6397	光纖通信用數位傳輸和接收模組之批品質控制測試 (光纤通信用数字传输和接收模块之批质量控制测试)	L23
14181-1998	C6398	光纖通信用類比視訊雷射傳輸和接收模組之性能量測法 (光纤通信用模拟视讯雷射传输和接收模块之性能量测法)	L23
14182-1998	C6399	光纖通信用類比視訊雷射傳輸和接收模組之可靠度及批品質控制測試 (光纤通信用模拟视讯雷射传输和接收模块之可靠度及批质量控制测试)	L23
14409-2006	C6400	聲音與電視廣播接收機及相關設備—免疫力特性—限制值與量測方法 (声音与电视广播接收机及相关设备—免疫力特性—限制值与量测方法)	M74
14434-2008	C6401	車輛、船體和由內燃機引擎驅動裝置之無線電擾動特性—保護接收機之限制值與量測方法(不含內建或鄰近於車輛、船體、裝置之接收機) (车辆、船体和由内燃机引擎驱动装置之无线电扰动特性—保护接收机之限制值与量测方法(不含内建或邻近于车辆、船体、装置之接收机))	L0
14492-1-2000	C6402-1	不同發射類別之無線電接收機的量測方法—第 1 部:概論及含括音頻量測在內的量測方法 (不同发射类别之无线电接收机的量测方法—第 1 部:概论及含括音频量测在内的量测方法)	M74
14492-3-2000	C6402-3	不同發射類別之無線電接收機的量測方法—第 3 部:調幅聲音廣播發射適用的接收機 (不同发射类别之无线电接收机的量测方法—第 3 部:调幅声音广播发射适用的接收机)	M74

标准号	台湾地区标准分类号	标准名称	中国标准分类
14492-4-2000	C6402-4	不同發射類別之無線電接收機的量測方法—第 4 部:調頻聲音廣播發射適用的接收機 (不同发射类别之无线电接收机的量测方法—第 4 部:调频声音广播发射适用的接收机)	M74
14492-6-2002	C6402-6	不同發射類別之無線電接收機的量測方法—第 6 部:一般用途通訊接收機 (不同发射类别之无线电接收机的量测方法—第 6 部:一般用途通讯接收机)	M74
14492-9-2002	C6402-9	不同發射類別之無線電接收機的量測方法—第 9 部:無線電數據系統(RDS)接收相關特性值的量測 (不同发射类别之无线电接收机的量测方法—第 9 部:无线电数据系统(RDS)接收相关特性值的量测)	M74
14498-2001	C6403	道路車輛—經由傳導和耦合方式的電擾動—第 0 部:定義及通則 (道路车辆—经由传导和耦合方式的电扰动—第 0 部:定义及通则)	T35
14498-1-2009	C6403-1	道路車輛—經由傳導及耦合之電擾動—第 1 部:定義及通則 (道路车辆—经由传导及耦合之电扰动—第 1 部:定义及通则)	T35
14498-2-2009	C6403-2	道路車輛—經由傳導及耦合之電擾動—第 2 部:僅由電源線傳導之電暫態 (道路车辆—经由传导及耦合之电扰动—第 2 部:仅由电源线传导之电瞬时)	T35
14498-3-2001	C6403-3	道路車輛—經由傳導和耦合方式的電擾動—第 3 部:使用標稱電壓 12 V 或 24 V 之車輛—經由電源線以外之導線以電容式或電感式耦合的電暫態傳輸 (道路车辆—经由传导和耦合方式的电扰动—第 3 部:使用标称电压 12 V 或 24 V 之车辆—经由电源线以外之导线以电容式或电感式耦合的电瞬时传输)	K04
14499-2001	C6404	道路車輛—來自靜電放電的電擾動 (道路车辆—来自静电放电的电扰动)	T35
14500-2008	C6405	保護車載、船載及裝置上接收機之無線電擾動特性—限制值與量測方法 (保护车载、船载及装置上接收机之无线电扰动特性—限制值与量测方法)	L06
14556-2001	C6412	道路用發光二極體文字顯示型交通資訊看板之功能特性測試 (道路用发光二极管文字显示型交通信息广告牌之功能特性测试)	R87
14557-2001	C6413	道路用發光二極體文字顯示型交通資訊看板之可靠度測試 (道路用发光二极管文字显示型交通信息广告牌之可靠度测试)	R87
14653-2002	C6414	聲學—噪音源聲功率位準測定—使用基本標準的指引 (声学—噪声源声功率位准测定—使用基本标准的指引)	A59
14654-2002	C6415	聲學—利用聲壓測定噪音源聲功率位準—迴響室的精密級方法 (声学—利用声压测定噪声源声功率位准—回响室的精密级方法)	A59
14655-1-2002	C6416-1	聲學—測定噪音源聲功率位準的工程級方法—用於迴響聲場小型、可移動的聲源—第一部:硬牆測試室的比較法 (声学—测定噪声源声功率位准的工程级方法—用于回响声场小型、可移动的声源—第一部:硬墙测试室的比较法)	A59
14655-2-2002	C6416-2	聲學—利用聲壓測定噪音源聲功率位準的工程級方法—用於迴響聲場小型、可移動的聲源—第二部:特殊迴響測試室的方法 (声学—利用声压测定噪声源声功率位准的工程级方法—用于回响声场小型、可移动的声源—第二部:特殊回响测试室的方法)	A59

标准号	台湾地区标准分类号	标准名称	中国标准分类
14656-2002	C6417	聲學—測定噪音源聲功率位準的工程級方法—用於一反射平面上的自由聲場條件 (声学—测定噪声源声功率位准的工程级方法—用于一反射平面上的自由声场条件)	A59
14657-2002	C6418	聲學—測定噪音源聲功率位準的精密級方法—用於無響室和半無響室 (声学—测定噪声源声功率位准的精密级方法—用于无响室和半无响室)	A59
14658-2002	C6419	聲學—測定噪音源聲功率位準的評估級方法—使用在一反射平面上之包封量測表面 (声学—测定噪声源声功率位准的评估级方法—使用在一反射平面上之包封量测表面)	A59
14659-2002	C6420	聲學—利用聲壓測定噪音源聲功率位準—現場的比較法 (声学—利用声压测定噪声源声功率位准—现场的比较法)	A59
14660-1-2002	C6421-1	聲學—利用聲強測定噪音源聲功率位準—第一部:在非連續點的量測 (声学—利用声强测定噪声源声功率位准—第一部:在非连续点的量测)	A59
14660-2-2002	C6421-2	聲學—利用聲強測定噪音源聲功率位準—第二部:掃描量測 (声学—利用声强测定噪声源声功率位准—第二部:扫描量测)	A59
14672-2002	C6422	被動式射頻干擾濾波器和抑制元件特性之量測方法 (被动式射频干扰滤波器和抑制组件特性之量测方法)	M70
14675-2002	C6423	資訊技術設備—電磁免疫力特性—限制值與量測方法 (信息技术设备—电磁免疫力特性—限制值与量测方法)	L06
14676-1-2002	C6424-1	電磁相容—測試與量測技術—第1部:概觀 (电磁兼容—测试与量测技术—第1部:概观)	L06
14676-10-2004	C6424-10	電磁相容性—測試與量測技術—第10部:阻尼振盪磁場免疫力測試 (电磁兼容性—测试与量测技术—第10部:阻尼振荡磁场免疫力测试)	L06
14676-2-2002	C6424-2	電磁相容—測試與量測技術—第2部:靜電放電免疫力測試 (电磁兼容—测试与量测技术—第2部:静电放电免疫力测试)	L06
14676-3-2002	C6424-3	電磁相容—測試與量測技術—第3部:輻射、射頻、電磁場免疫力測試 (电磁兼容—测试与量测技术—第3部:辐射、射频、电磁场免疫力测试)	M74
14676-4-2002	C6424-4	電磁相容—測試與量測技術—第4部:電性快速暫態/叢訊的免疫力測試 (电磁兼容—测试与量测技术—第4部:电性快速瞬时/丛讯的免疫力测试)	M74
14676-5-2002	C6424-5	電磁相容—測試與量測技術—第5部:突波免疫力測試 (电磁兼容—测试与量测技术—第5部:突波免疫力测试)	M74
14676-6-2002	C6424-6	電磁相容—測試與量測技術—第6部:射頻場感應的傳導擾動免疫力 (电磁兼容—测试与量测技术—第6部:射频场感应的传导扰动免疫力)	M74
14676-8-2004	C6424-8	電磁相容性—測試與量測技術—第8部:電源頻率磁場免疫力測試 (电磁兼容性—测试与量测技术—第8部:电源频率磁场免疫力测试)	L06
14676-9-2004	C6424-9	電磁相容性—測試與量測技術—第9部:脈衝磁場免疫力測試 (电磁兼容性—测试与量测技术—第9部:脉冲磁场免疫力测试)	L06

标准号	台湾地区标准分类号	标准名称	中国标准分类
14858-2004	C6425	單燈頭及雙燈頭螢光燈之電子式安定器電磁發射測試方法 (单灯头及双灯头荧光灯之电子式安定器电磁发射测试方法)	L06
14935-2005	C6426	放大器功率增益與雜訊指數之量測法 (放大器功率增益与噪声指数之量测法)	M72
14958-1-2005	C6427-1	人體曝露於手持式及佩戴式無線裝置之射頻場—人體模型、儀器及程序—第1部:使用時靠近耳朵之手持式裝置(頻率介於300 MHz至3 GHz)之比吸收率(SAR)量測程序 (人体曝露于手持式及佩戴式无线装置之射频场—人体模型、仪器及程序—第1部:使用时靠近耳朵之手持式装置(频率介于300 MHz至3 GHz)之比吸收率(SAR)量测程序)	L06
14959-2005	C6428	時變電場、磁場及電磁場曝露之限制值(300 GHz以下) (时变电场、磁场及电磁场曝露之限制值(300 GHz以下))	L06
14973-2006	C6429	數位電視接收機之一般量測法 (数字电视接收机之一般量测法)	M74
15114-2007	C6430	結晶矽陸上太陽光電模組—設計確認和型式認可 (结晶硅陆上太阳光电模块—设计确认和型式认可)	F12
15115-2007	C6431	薄膜矽陸上太陽光電模組—設計確認和型式認可 (薄膜硅陆上太阳光电模块—设计确认和型式认可)	F12
15116-2007	C6432	太陽光電模組紫外線測試 (太阳光电模块紫外线测试)	F12
15117-2007	C6433	太陽光電系統—電力調節器—量測效率之程序 (太阳光电系统—电力调节器—量测效率之程序)	F12
15118-1-2007	C6434-1	太陽光電模組之安全確認—第1部:構造要求 (太阳光电模块之安全确认—第1部:构造要求)	F12
15118-2-2007	C6434-2	太陽光電模組之安全確認—第2部:測試要求 (太阳光电模块之安全确认—第2部:测试要求)	F12
15119-2007	C6435	太陽光電系統之性能監測—量測、數據交換與分析指南 (太阳光电系统之性能监测—量测、数据交换与分析指南)	F12
15120-2007	C6436	太陽光電發電系統用之二次電池——般要求與測試方法 (太阳光电发电系统用之二次电池——般要求与测试方法)	F12
15194-1-2008	C6437-1	道路車輛—來自窄頻輻射電磁能量的電擾動之車輛試驗法—第1部:通則及用語 (道路车辆—来自窄频辐射电磁能量的电扰动之车辆试验法—第1部:通则及用语)	L06
15194-2-2008	C6437-2	道路車輛—來自窄頻輻射電磁能量的電擾動之車輛試驗法—第2部:車外輻射源 (道路车辆—来自窄频辐射电磁能量的电扰动之车辆试验法—第2部:车外辐射源)	L06
15194-4-2008	C6437-4	道路車輛—來自窄頻輻射電磁能量的電擾動之車輛試驗法—第4部:大電流注入 (道路车辆—来自窄频辐射电磁能量的电扰动之车辆试验法—第4部:大电流注入)	L06
15195-2008	C6438	陸上太陽光電發電系統—概述與指南 (陆上太阳光电发电系统—概述与指南)	F12
15196-2008	C6439	太陽光電模組之鹽霧腐蝕試驗 (太阳光电模块之盐雾腐蚀试验)	F12
15197-2008	C6440	太陽光電模組抗撞擊損壞能力之測試(撞擊抵抗力測試) (太阳光电模块抗撞击损坏能力之测试(撞击抵抗力测试))	F12
15198-2008	C6441	結晶矽太陽光電陣列之Ⅰ—Ⅴ特性現場量測 (结晶硅太阳光电数组之Ⅰ—Ⅴ特性现场量测)	F12

标准号	台湾地区标准分类号	标准名称	中国标准分类
15199-2008	C6442	建築物之電力安裝—第 7～712 部:特別設立或地點之要求—太陽光電電力供應系統 (建筑物之电力安装—第 7～712 部:特别设立或地点之要求—太阳光电电力供应系统)	F12
15207-1-2008	C6443-1	道路車輛—窄頻輻射電磁能量之電擾動組件試驗法—第 1 部:通則及詞彙 (道路车辆—窄频辐射电磁能量之电扰动组件试验法—第 1 部:通则及词汇)	L06
15207-2-2008	C6443-2	道路車輛—窄頻輻射電磁能量之電擾動組件試驗法—第 2 部:內襯吸波材料屏蔽圍體 (道路车辆—窄频辐射电磁能量之电扰动组件试验法—第 2 部:内衬吸波材料屏蔽围体)	L06
15207-3-2008	C6443-3	道路車輛—窄頻輻射電磁能量之電擾動組件試驗法—第 3 部:橫向電磁波室 (道路车辆—窄频辐射电磁能量之电扰动组件试验法—第 3 部:横向电磁波室)	L06
15207-4-2008	C6443-4	道路車輛—窄頻輻射電磁能量之電擾動組件試驗法—第 4 部:大電流注入 (道路车辆—窄频辐射电磁能量之电扰动组件试验法—第 4 部:大电流注入)	L06
15207-5-2008	C6443-5	道路車輛—窄頻輻射電磁能量之電擾動組件試驗法—第 5 部:帶線 (道路车辆—窄频辐射电磁能量之电扰动组件试验法—第 5 部:带线)	L06
15207-7-2008	C6443-7	道路車輛—窄頻輻射電磁能量之電擾動組件試驗法—第 7 部:直接射頻功率注入 (道路车辆—窄频辐射电磁能量之电扰动组件试验法—第 7 部:直接射频功率注入)	L06

C7　电子仪器零件

标准号	台湾地区标准分类号	标准名称	中国标准分类
691-2000	C7001	螢光燈管(一般照明用) (荧光灯管(一般照明用))	K71
1179-1985	C7002	低壓電容器 (低压电容器)	L11
1264-1983	C7004	電訊用小型電源變壓器 (电讯用小型电源变压器)	L17
1372-1985	C7005	高壓電力電容器 (高压电力电容器)	L11
2058-1994	C7006	電訊機用小燈泡 (电讯机用小灯泡)	K72
2320-1984	C7010	碳膜固定電阻器 (碳膜固定电阻器)	L11
2321-1972	C7011	普通級碳膜捻轉變阻器 (普通级碳膜捻转变阻器)	L13
3009-1994	C7015	簡易型電晶體收音機 (简易型晶体管收音机)	M74
3010-1994	C7016	普通型電晶體收音機 (普通型晶体管收音机)	M74
3260-1971	C7021	峰化線圈 (峰化线圈)	K74

标准号	台湾地区标准分类号	标准名称	中国标准分类
3306-1989	C7022	射頻饋電線 (射频馈电线)	M74
3516-1998	C7023	電子設備用陶瓷固定電容器(種類 1:溫度補償用) (电子设备用陶瓷固定电容器(种类 1:温度补偿用))	E33
3544-1994	C7024	唱盤 (唱盘)	M71
3664-1973	C7026	直流用固定塑膠膜電容器 (直流用固定塑料膜电容器)	L11
3767-1985	C7027	電晶體收音機用聚乙烯可變電容器 (晶体管收音机用聚乙烯可变电容器)	L11
4327-1990	C7028	電器用電容器 (电器用电容器)	L11
4328-1985	C7029	電動機起動用電解電容器 (电动机起动用电解电容器)	L11
4382-1986	C7031	微音器 (微音器)	M72
4494-1985	C7032	電話插頭(PJ-047B,PJ-047R 型)及附件螺釘 (电话插头(PJ-047B,PJ-047R 型)及附件螺钉)	M40
4495-1985	C7033	電話插頭(PJ-051B,PJ-051R 型)及附件螺釘 (电话插头(PJ-051B,PJ-051R 型)及附件螺钉)	M40
4496-1985	C7034	電話插頭(PJ-054B,PJ-054R 型)及附件螺釘 (电话插头(PJ-054B,PJ-054R 型)及附件螺钉)	M42
4497-1985	C7035	電話插頭(PJ-055B,PJ-055R 及 PJ-055M 型)及附件螺釘 (电话插头(PJ-055B,PJ-055R 及 PJ-055M 型)及附件螺钉)	M42
4498-1985	C7036	電話插頭(PJ-068 型)及附件螺釘 (电话插头(PJ-068 型)及附件螺钉)	M40
4499-1985	C7037	電話插頭(PJ-291 型)及附件螺釘 (电话插头(PJ-291 型)及附件螺钉)	M42
4500-1985	C7038	電話插頭(PJ-292 型)及附件螺釘 (电话插头(PJ-292 型)及附件螺钉)	M42
4501-1985	C7039	電話插頭(PJ-309 型)及附件螺釘 (电话插头(PJ-309 型)及附件螺钉)	M42
4502-1985	C7040	電話插頭(PJ-327 型)及附件螺釘 (电话插头(PJ-327 型)及附件螺钉)	M42
4503-1985	C7041	電話插頭(PJ-540B,PJ-540R 型)及附件螺釘 (电话插头(PJ-540B,PJ-540R 型)及附件螺钉)	M42
4504-1985	C7042	電話插頭(PJ-636 型)及附件螺釘 (电话插头(PJ-636 型)及附件螺钉)	M42
4505-1985	C7043	電話插頭附件(螺釘、接線端子及外殼) (电话插头附件(螺钉、接线端子及外壳))	M40
4507-1985	C7044	電話插口(JJ-015 及 JJ-019 型) (电话插口(JJ-015 及 JJ-019 型))	M40
4508-1986	C7045	電話插口(JJ-016,JJ-017,JJ-024,JJ-035,JJ-072,JJ-084,JJ-085,JJ-086 及JJ-087 型) (电话插口(JJ-016,JJ-017,JJ-024,JJ-035,JJ-072,JJ-084,JJ-085,JJ-086 及 JJ-087 型))	M40
4509-1986	C7046	電話插口(JJ-022,JJ-042,JJ-073,JJ-074,JJ-075,JJ-077,JJ-078 型) (电话插口(JJ-022,JJ-042,JJ-073,JJ-074,JJ-075,JJ-077,JJ-078 型))	M40
4510-1986	C7047	電話插口(JJ-026 型) (电话插口(JJ-026 型))	M40

标 准 号	台湾地区标准分类号	标 准 名 称	中国标准分 类
4511-1986	C7048	電話插口(JJ-034 型) (电话插口(JJ-034 型))	M40
4512-1986	C7049	電話插口(JJ-048 型) (电话插口(JJ-048 型))	M40
4513-1986	C7050	電話插口(JJ-055 型) (电话插口(JJ-055 型))	M40
4514-1986	C7051	電話插口(JJ-079,JJ-081,JJ-082 及JJ-106 型) (电话插口(JJ-079,JJ-081,JJ-082 及JJ-106 型))	M40
4515-1986	C7052	電話插口(JJ-083 型) (电话插口(JJ-083 型))	M40
4516-1986	C7053	電話插口(JJ-088 型) (电话插口(JJ-088 型))	M40
4517-1986	C7054	電話插口(JJ-089 型) (电话插口(JJ-089 型))	M40
4518-1986	C7055	電話插口(JJ-092,JJ-093,JJ-096 及JJ-097 型) (电话插口(JJ-092,JJ-093,JJ-096 及JJ-097 型))	M40
4519-1986	C7056	電話插口(JJ-095,JJ-101 及 JJ-103 型) (电话插口(JJ-095,JJ-101 及 JJ-103 型))	M40
4520-1986	C7057	電話插口(JJ-098,JJ-099 及 JJ-102 型) (电话插口(JJ-098,JJ-099 及 JJ-102 型))	M40
4521-1985	C7058	電話插口(JJ-104,JJ-105 及 JJ-107 型) (电话插口(JJ-104,JJ-105 及 JJ-107 型))	M40
4522-1986	C7059	電話插口(JJ-133 型) (电话插口(JJ-133 型))	M40
4523-1986	C7060	電話插口(JJ-134 型) (电话插口(JJ-134 型))	M40
4524-1986	C7061	電話插口(JJ-033 型) (电话插口(JJ-033 型))	M40
4588-1985	C7062	電子機器用瓷質可變電容器 (电子机器用瓷质可变电容器)	L11
4707-1979	C7071	電子機器用金屬化塑膠膜電容器(特性 N) (电子机器用金属化塑料膜电容器(特性 N))	L11
4708-1990	C7072	直流用塑膠膜電容器(特性 M) (直流用塑料膜电容器(特性 M))	L11
4739-1986	C7075	射頻同軸 C01 型連接器 (射频同轴 C01 型连接器)	L23
4740-1986	C7076	射頻同軸 C02 型連接器 (射频同轴 C02 型连接器)	L23
4741-1986	C7077	射頻同軸 C03 型連接器 (射频同轴 C03 型连接器)	L23
4742-1986	C7078	射頻同軸 C04 型連接器 (射频同轴 C04 型连接器)	L23
4743-1986	C7079	射頻同軸 C05 型連接器 (射频同轴 C05 型连接器)	L23
4744-1986	C7080	射頻同軸 C11 型連接器 (射频同轴 C11 型连接器)	L23
4786-1985	C7081	圓錐型揚聲器 (圆锥型扬声器)	M72
4787-1984	C7082	號角型揚聲器 (号角型扬声器)	M72
4854-1985	C7083	電子機器用圓形連接器 (电子机器用圆形连接器)	L23

标 准 号	台湾地区 标准分类号	标 准 名 称	中国标准 分 类
4855-1985	C7084	電子機器用長方形連接器 (电子机器用长方形连接器)	L23
4856-1998	C7085	電子設備用鋁質電解電容器(固體及非固體電解質) (电子设备用铝质电解电容器(固体及非固体电解质))	L11
4858-1998	C7086	電子設備用鉭質電解電容器(非固體或固體電解質) (电子设备用钽质电解电容器(非固体或固体电解质))	L11
4859-1979	C7087	雲母固定電容器 (云母固定电容器)	L11
4860-1998	C7088	電子設備用陶瓷固定電容器(種類 2:高介電常數) (电子设备用陶瓷固定电容器(种类 2:高介电常数))	L11
4954-1985	C7090	磁帶錄影機 (磁带录像机)	M71
4955-1985	C7091	錄影機之錄影磁帶格式 (录像机之录像磁带格式)	M71
4956-1985	C7092	錄影機之連接法 (录像机之连接法)	M71
4957-1985	C7093	磁性錄影帶用帶盤 (磁性录像带用带盘)	M71
4972-1985	C7094	絕緣碳膜固定電阻器 (绝缘碳膜固定电阻器)	L11
4973-1985	C7095	混合碳固定電阻器 (混合碳固定电阻器)	L11
4974-1979	C7096	功率型被覆線繞電阻器 (功率型被覆线绕电阻器)	L13
4975-1979	C7097	特殊級碳族可變電阻器 (特殊级碳族可变电阻器)	L14
4976-1979	C7098	線繞可變電阻器 (线绕可变电阻器)	L14
4977-1979	C7099	功率型被覆線繞可變電阻器 (功率型被覆线绕可变电阻器)	L14
4978-1984	C7100	F01 型玻管式熔線 (F01 型玻管式熔线)	K31
4979-1984	C7101	F02 型玻管式熔線 F02 型玻管式熔线)	L24
4980-1984	C7102	F05 型玻管式熔線 (F05 型玻管式熔线)	L24
4981-1984	C7103	F06 型瓷管式熔線 (F06 型瓷管式熔线)	L24
5199-1984	C7104	音量(VU)計 (音量(VU)计)	A59
5206-1980	C7105	天線放電單元 (天线放电单元)	M51
5430-1989	C7107	電唱機唱片用之唱針針尖 (电唱机唱片用之唱针针尖)	M71
5549-1980	C7108	無線電干擾濾波器 (无线电干扰滤波器)	L18
5767-1980	C7110	1.27 公分(1/2 英吋)B 型塑膠之磁帶捲盤 (1.27 公分(1/2 英吋)B 型塑料之磁带卷盘)	L31
5768-1980	C7111	A 型磁帶盤軸及捲盤 (A 型磁带盘轴及卷盘)	L31
5771-1987	C7113	盤形無絕緣熱敏電阻器(型號 TDX) (盘形无绝缘热敏电阻器(型号 TDX))	L15

标准号	台湾地区标准分类号	标准名称	中国标准分类
5772-1987	C7114	盤形絕緣熱敏電阻器(型號 TDC) (盘形绝缘热敏电阻器(型号 TDC))	L15
5773-1987	C7115	管形無絕緣熱敏電阻器(型號 TRX) (管形无绝缘热敏电阻器(型号 TRX))	L15
5774-1987	C7116	管形絕緣熱敏電阻器(型號 TRC) (管形绝缘热敏电阻器(型号 TRC))	L15
6127-1986	C7117	可靠度保證單件半導體裝置總則 (可靠度保证单件半导体装置总则)	L40
6133-1980	C7123	小型耳機 (小型耳机)	L31
6134-1980	C7124	電子用變壓器切槽鐵蕊 (电子用变压器切槽铁蕊)	L19
6135-2000	C7125	助聽器—第 0 部:電聲特性的量測 (助听器—第 0 部:电声特性的量测)	L31
6135-1-2000	C7125-1	助聽器—第 1 部:以感應拾波線圈為輸入的助聽器 (助听器—第 1 部:以感应拾波线圈为输入的助听器)	L31
6135-10-2000	C7125-10	助聽器—第 10 部:相關標準之指引 (助听器—第 10 部:相关标准之指引)	L31
6135-11-2000	C7125-11	助聽器—第 11 部:助聽器及相關設備之符號及標示 (助听器—第 11 部:助听器及相关设备之符号及标示)	L31
6135-12-2000	C7125-12	助聽器—第 12 部:電氣連接系統之尺寸 (助听器—第 12 部:电气连接系统之尺寸)	L31
6135-2-2000	C7125-2	助聽器—第 2 部:用自動增益控制電路的助聽器 (助听器—第 2 部:用自动增益控制电路的助听器)	L31
6135-3-2000	C7125-3	助聽器—第 3 部:不完全配戴在聽者身上的助聽設備 (助听器—第 3 部:不完全配戴在听者身上的助听设备)	L31
6135-4-2000	C7125-4	助聽器—第 4 部:助聽器用音頻感應迴路之磁場強度 (助听器—第 4 部:助听器用音频感应回路之磁场强度)	L31
6135-5-2000	C7125-5	助聽器—第 5 部:插入式耳機的突起部 (助听器—第 5 部:插入式耳机的突起部)	L31
6135-6-2000	C7125-6	助聽器—第 6 部:電氣輸入電路的特性 (助听器—第 6 部:电气输入电路的特性)	L31
6135-7-2000	C7125-7	助聽器—第 7 部:交貨時品質檢驗之性能特性的量測 (助听器—第 7 部:交货时质量检验之性能特性的量测)	L31
6135-8-2000	C7125-8	助聽器—第 8 部:模擬現場工作情況之性能特性的量測 (助听器—第 8 部:仿真现场工作情况之性能特性的量测)	L31
6135-9-2000	C7125-9	助聽器—第 9 部:用骨導振動器輸出之助聽器性能特性的量測 (助听器—第 9 部:用骨导振动器输出之助听器性能特性的量测)	L31
6136-1983	C7126	電子用旋轉開關 (电子用旋转开关)	L22
6144-1980	C7127	聽筒插頭及插座之特性標準 (听筒插头及插座之特性标准)	M05
6433-1980	C7129	電子設備用音頻變壓器 (电子设备用音频变压器)	L17
6434-1980	C7130	電子設備用電源濾波電感器 (电子设备用电源滤波电感器)	L17
6559-1980	C7132	無線電接收機用輸出變壓器 (无线电接收机用输出变压器)	L17
6655-1983	C7133	電視天線饋電線(UHF 用) (电视天线馈电线(UHF 用))	M74

标准号	台湾地区 标准分类号	标准名称	中国标准 分类
6804-1980	C7140	對稱,非線性變阻器 (对称,非线性变阻器)	L13
7129-1995	C7143	聲度表 (声度表)	N65
7130-1986	C7144	振動位準計 (振动位准计)	N65
7131-1986	C7145	手工具用振動位準計 (手工具用振动位准计)	K34
7227-1990	C7146	第二類高壓陶質電容器 (第二类高压陶质电容器)	L11
7635-1981	C7147	電子機器用低頻變壓器通則 (电子机器用低频变压器通则)	L19
8231-1984	C7148	F03 型瓷管式熔線 (F03 型瓷管式熔线)	L10
8232-1984	C7149	F07 型玻管式熔線 (F07 型玻管式熔线)	L10
8382-1982	C7150	廣播與電視天線耦合及線旁路用之橫線電容器 (广播与电视天线耦合及线旁路用之横线电容器)	L11
8562-1982	C7151	扁電纜連接器 (扁电缆连接器)	L23
8804-1982	C7152	電子遙控玩具 (电子遥控玩具)	Y57
8806-1982	C7153	工業用電子式自動平衡型記錄器 (工业用电子式自动平衡型记录器)	N14
9978-1993	C7156	潛水石英錶 (潜水石英表)	Y11
10556-1985	C7157	印刷電路用銅積層板(紙基材環氧樹脂) (印刷电路用铜积层板(纸基材环氧树脂))	L30
10557-1985	C7158	印刷電路用銅積層板(合成纖維布基材環氧樹脂) (印刷电路用铜积层板(合成纤维布基材环氧树脂))	L63
10558-1985	C7159	印刷電路用銅積層板(玻璃纖維布基材環氧樹脂) (印刷电路用铜积层板(玻璃纤维布基材环氧树脂))	L30
10559-1985	C7160	印刷電路用銅積層板(紙基材酚樹脂) (印刷电路用铜积层板(纸基材酚树脂))	L63
10560-1985	C7161	多層印刷電路用銅積層板(玻璃纖維布基材環氧樹脂) (多层印刷电路用铜积层板(玻璃纤维布基材环氧树脂))	L30
10561-1985	C7162	多層印刷電路用預浸後半硬化環氧樹脂片(Pre-Preg)(玻璃纖維布基材環氧樹脂) (多层印刷电路用预浸后半硬化环氧树脂片(Pre-Preg)(玻璃纤维布基材环氧树脂))	L30
10562-2000	C7163	單、雙面印刷電路板 (单、双面印刷电路板)	L63
10650-1983	C7164	F15 型人造纖維管式熔線 (F15 型人造纤维管式熔线)	L10
10651-1983	C7165	F16 型人造纖維管式熔線 (F16 型人造纤维管式熔线)	L10
10869-1984	C7166	電子式電話機用線 (电子式电话机用线)	M40
10870-1984	C7167	電子式電話機聽筒線及延長線之插頭 (电子式电话机听筒线及延长线之插头)	M42
10871-1984	C7168	電子式電話機聽筒線及延長線端子 (电子式电话机听筒线及延长线端子)	M42

标准号	台湾地区 标准分类号	标准名称	中国标准 分类
10958-1984	C7169	導波管及凸緣之编目方法 (导波管及凸缘之编目方法)	L26
10959-1984	C7170	4 000 MHz 頻帶用矩形導波管及凸緣 (4 000 MHz 频带用矩形导波管及凸缘)	K13
10960-1984	C7171	7 000 MHz 頻帶用矩形導波管及凸緣 (7 000 MHz 频带用矩形导波管及凸缘)	L26
10961-1984	C7172	6 000 MHz 頻帶用矩形導波管及凸緣 (6 000 MHz 频带用矩形导波管及凸缘)	L26
10962-1984	C7173	9 000 MHz 頻帶用矩形導波管及凸緣 (9 000 MHz 频带用矩形导波管及凸缘)	L26
10963-1984	C7174	10 000 MHz 頻帶用矩形導波管及凸緣 (10 000 MHz 频带用矩形导波管及凸缘)	L26
10964-1984	C7175	3 000 MHz 頻帶用矩形導波管及凸緣 (3 000 MHz 频带用矩形导波管及凸缘)	L26
10965-1984	C7176	5 000 MHz 頻帶用矩形導波管及凸緣 (5 000 MHz 频带用矩形导波管及凸缘)	L26
11011-2000	C7177	用戶電話機 (用户电话机)	M40
11095-1984	C7178	F19 人造纖維管式刀型熔線 (F19 人造纤维管式刀型熔线)	K45
11624-1986	C7179	無線電機振盪用 CR-84/u 石英晶體 (无线电机振荡用 CR-84/u 石英晶体)	L18
11625-1986	C7180	交直流分路射頻干擾衰减用紙介質電容器 (交直流分路射频干扰衰减用纸介质电容器)	L11
11718-1986	C7181	再生式收音機(無中週變壓器者) (再生式收音机(无中周变压器者))	M74
11763-1986	C7182	電晶體喊話器 (晶体管喊话器)	M72
11764-1991	C7183	磁性錄音標準帶 (磁性录音标准带)	M71
11784-1991	C7184	錄音機試驗用錄音帶 (录音机试验用录音带)	M71
11829-1987	C7185	發光二極體(指示用) (发光二极管(指示用))	L41
11874-1987	C7186	雲母固定電容器(CM35 型) (云母固定电容器(CM35 型))	L11
11875-1987	C7187	雲母固定電容器(CM50 型) (云母固定电容器(CM50 型))	L11
11877-1987	C7189	12.7 mm 安裝孔距之電唱機拾音器 (12.7 mm 安装孔距之电唱机拾音器)	M71
11898-1987	C7192	可靠度保證塑膠膜電容器(特性 M) (可靠度保证塑料膜电容器(特性 M))	L11
11900-1987	C7194	電子設備用陶瓷固定電容器(半導體) (电子设备用陶瓷固定电容器(半导体))	L11
12250-1991	C7195	磁性錄音帶 (磁性录音带)	M71
12251-1991	C7196	磁性錄音帶用捲盤 (磁性录音带用卷盘)	M71
12252-1994	C7197	標準電容式微音器 (标准电容式微音器)	M72
12253-1988	C7198	振盪器用石英振盪晶體(1 MHz～125 MHz 用) (振荡器用石英振荡晶体(1 MHz～125 MHz 用))	L18

标准号	台湾地区标准分类号	标准名称	中国标准分类
12254-1988	C7199	振盪器用石英振盪晶體(200 kHz～1 000 kHz 用) (振荡器用石英振荡晶体(200 kHz～1 000 kHz 用))	L21
12255-1988	C7200	人工石英原晶 (人工石英原晶)	L21
12256-1988	C7201	石英振盪晶體用恆溫箱 (石英振荡晶体用恒温箱)	K34
12257-1988	C7202	晶體濾波器 (晶体滤波器)	L18
12289-1988	C7203	可靠度保證金屬皮膜固定電阻器(特性 H,J 及 K)(故障率設定) (可靠度保证金属皮膜固定电阻器(特性 H,J 及 K)(故障率设定))	L13
12290-1988	C7204	可靠度保證金屬皮膜固定電阻器(特性 C 及 E) (可靠度保证金属皮膜固定电阻器(特性 C 及 E))	L13
12292-1988	C7205	可靠度保證混合碳固定電阻器(故障率設定) (可靠度保证混合碳固定电阻器(故障率设定))	L13
12293-1988	C7206	可靠度保證混合碳固定電阻器(方式 1 之等級 X) (可靠度保证混合碳固定电阻器(方式 1 之等级 X))	L13
12294-1988	C7207	可靠度保證混合碳固定電阻器(方式 2 之等級 X) (可靠度保证混合碳固定电阻器(方式 2 之等级 X))	L13
12296-1988	C7208	可靠度保證功率型線繞固定電阻器(特性 S)(故障率設定) (可靠度保证功率型线绕固定电阻器(特性 S)(故障率设定))	L13
12813-2000	C7210	低速率(1 200 bps)顯示型傳呼器 (低速率(1 200 bps)显示型传呼器)	M30
12815-1990	C7212	β方式 12.65 mm(0.5 in)磁帶螺線掃描視頻卡式磁帶系統 (β方式 12.65 mm(0.5 in)磁带螺线扫描视频卡式磁带系统)	L64
12816-1-2000	C7213-1	VHS 方式 12.65 mm(0.5 in)磁帶螺線掃描影像卡式磁帶系統—第 1 部:VHS 及 C-VHS 影像磁帶系統 (VHS 方式 12.65 mm(0.5 in)磁带螺线扫描影像卡式磁带系统—第 1 部:VHS 及 C-VHS 影像磁带系统)	M71
12816-3-2000	C7213-3	VHS 方式 12.65 mm(0.5 in)磁帶螺線掃描影像卡式磁帶系統—第 3 部:S-VHS (VHS 方式 12.65 mm(0.5 in)磁带螺线扫描影像卡式磁带系统—第 3 部:S-VHS)	G83
12890-2000	C7214	多功能用戶電話機 (多功能用户电话机)	M40
13087-1992	C7217	可靠度保證發光二極體大型燈(戶外顯示用) (可靠度保证发光二极管大型灯(户外显示用))	L41
13091-1992	C7218	發光二極體顯示幕(戶外用)產品標準 (发光二极管显示屏(户外用)产品标准)	L41
13198-1993	C7219	電子設備用固定多層陶瓷晶片電容器 (电子设备用固定多层陶瓷芯片电容器)	L11
13233-2000	C7220	傳真機 (传真机)	M39
13306-1-1-2007	C7221-1-1	射頻擾動和免疫力量測設備與量測方法—第 1—1 部:射頻擾動和免疫力量測設備—量測設備 (射频扰动和免疫力量测设备与量测方法—第 1—1 部:射频扰动和免疫力量测设备—量测设备)	L06
13306-1-2-2007	C7221-1-2	射頻擾動和免疫力量測設備與量測方法—第 1—2 部:射頻擾動和免疫力量測設備—輔助設備—傳導干擾 (射频扰动和免疫力量测设备与量测方法—第 1—2 部:射频扰动和免疫力量测设备—辅助设备—传导干扰)	L06

标准号	台湾地区标准分类号	标准名称	中国标准分类
13306-1-3-2007	C7221-1-3	射頻擾動和免疫力量測設備與量測方法—第1—3部:射頻擾動和免疫力量測設備—輔助設備—擾動功率 (射频扰动和免疫力量测设备与量测方法—第1—3部:射频扰动和免疫力量测设备—辅助设备—扰动功率)	L06
13306-1-4-2007	C7221-1-4	射頻擾動和免疫力量測設備與量測方法—第1—4部:射頻擾動和免疫力量測設備—輔助設備—輻射擾動 (射频扰动和免疫力量测设备与量测方法—第1—4部:射频扰动和免疫力量测设备—辅助设备—辐射扰动)	L06
13306-1-5-2007	C7221-1-5	射頻擾動和免疫力量測設備與量測方法—第1—5部:射頻擾動和免疫力量測設備—30 MHz至1 000 MHz之天線校正場地 (射频扰动和免疫力量测设备与量测方法—第1—5部:射频扰动和免疫力量测设备—30 MHz至1 000 MHz之天线校正场地)	L06
13306-2-1-2007	C7221-2-1	射頻擾動和免疫力量測設備與量測方法—第2—1部:擾動和免疫力量測方法—傳導擾動量測 (射频扰动和免疫力量测设备与量测方法—第2—1部:扰动和免疫力量测方法—传导扰动量测)	L06
13306-2-2-2007	C7221-2-2	射頻擾動和免疫力量測設備與量測方法—第2—2部:擾動和免疫力量測方法—擾動功率量測 (射频扰动和免疫力量测设备与量测方法—第2—2部:扰动和免疫力量测方法—扰动功率量测)	L06
13306-2-3-2007	C7221-2-3	射頻擾動和免疫力量測設備與量測方法—第2—3部:擾動和免疫力量測方法—輻射擾動量測 (射频扰动和免疫力量测设备与量测方法—第2—3部:扰动和免疫力量测方法—辐射扰动量测)	L06
13306-2-4-2007	C7221-2-4	射頻擾動和免疫力量測設備與量測方法—第2—4部:擾動和免疫力量測方法—免疫力量測 (射频扰动和免疫力量测设备与量测方法—第2—4部:扰动和免疫力量测方法—免疫力量测)	L06
13331-1994	C7222	音壓校正器 (音压校正器)	N65
13452-2000	C7223	有線電話無線主副機(80 MHz以下) (有线电话无线主副机(80 MHz以下))	Y60
13583-1995	C7224	積分均值聲度表 (积分均值声度表)	N65
13622-1997	C7225	電子設備用固定晶片電阻器 (电子设备用固定芯片电阻器)	L13
13625-1995	C7226	圓形砷化鎵單晶片產品標準 (圆形砷化镓单芯片产品标准)	H83
13782-1996	C7227	自動控制用可靠度保證紅外發光二極體 (自动控制用可靠度保证红外发光二极管)	L41
13808-1997	C7228	發光二極體磊晶片 (发光二极管磊芯片)	L41
13809-1997	C7229	發光二極體晶粒 (发光二极管晶粒)	L41
13810-1997	C7230	發光二極體用支架 (发光二极管用支架)	L41
13811-1997	C7231	發光二極體數字型反射套板 (发光二极管数字型反射套板)	K14
13902-1997	C7232	陰極射線示波器特性 (阴极射线示波器特性)	L38

标准号	台湾地区标准分类号	标准名称	中国标准分类
13903-1997	C7233	儲存式陰極射線示波器特性 (储存式阴极射线示波器特性)	L38
13904-1997	C7234	取樣示波器特性 (取样示波器特性)	L38
13991-1997	C7235	電子設備用可單獨量測個別電阻元件之固定網路電阻器 (电子设备用可单独量测个别电阻组件之固定网络电阻器)	L13
13992-1997	C7236	電子設備用不可單獨量測所有電阻元件之固定網路電阻器 (电子设备用不可单独量测所有电阻组件之固定网络电阻器)	L13
14270-1998	C7237	75 Ω FD 型有線電視同軸電纜連接器 (75 Ω FD 型有线电视同轴电缆连接器)	L23
14337-1999	C7238	光回返損失計 (光回返损失计)	N30
14338-1999	C7239	光功率計 (光功率计)	N30
14339-1999	C7240	光插入損失計 (光插入损失计)	N30
14340-1999	C7241	光時域反射儀 (光时域反射仪)	N30
14341-1999	C7242	光譜分析儀 (光谱分析仪)	N33
14342-1999	C7243	穩定光源 (稳定光源)	N33
14403-2000	C7244	氣導式助聽器量測用暫時性的頭部與軀幹模擬器 (气导式助听器量测用暂时性的头部与躯干仿真器)	L31
14411-2000	C7245	整體服務數位網路第Ⅰ型數位電話機 (整体服务数字网络第Ⅰ型数字电话机)	M38
14412-2000	C7246	整體服務數位網路第Ⅱ型數位電話機 (整体服务数字网络第Ⅱ型数字电话机)	M38
14413-2000	C7247	整體服務數位網路 a/b 線終端配接器 (整体服务数字网络 a/b 线终端配接器)	M38
14414-2000	C7248	整體服務數位網路 X.25 終端配接器 (整体服务数字网络 X.25 终端配接器)	L76
14415-2000	C7249	整體服務數位網路 RS232 終端配接器 (整体服务数字网络 RS232 终端配接器)	M38
14416-2000	C7250	整體服務數位網路字元型數據終端設備接取單元 (整体服务数字网络字符型数据终端设备接取单元)	L78
14417-2000	C7251	整體服務數位網路分封型數據終端設備接取單元 (整体服务数字网络分封型数据终端设备接取单元)	M38
14418-2000	C7252	整體服務數位網路第Ⅰ型網路終接器 (整体服务数字网络第Ⅰ型网络终接器)	M38
14435-2000	C7253	中速率(2 400 bps)顯示型傳呼器 (中速率(2 400 bps)显示型传呼器)	M36
14436-2000	C7254	高速率(6 250 bps,6 400 bps)顯示型傳呼器 (高速率(6 250 bps,6 400 bps)显示型传呼器)	M36
14466-1-2000	C7255-1	視聽、影像及電視設備與系統—第1部:通則 (视听、影像及电视设备与系统—第1部:通则)	M70
14466-10-2000	C7255-10	視聽、影像及電視設備與系統第10部:音訊卡帶系統 (视听、影像及电视设备与系统—第10部:音讯卡带系统)	M71
14466-11-2000	C7255-11	視聽、影像及電視設備與系統—第11部:影像記錄系統—用於瀏覽之操作實務 (视听、影像及电视设备与系统—第11部:影像记录系统—用于浏览之操作实务)	M76

标 准 号	台湾地区标准分类号	标 准 名 称	中国标准分类
14466-13-2000	C7255-13	視聽、影像及電視設備與系統—第 13 部:卡式聲音成音系統之數位計數器 (视听、影像及电视设备与系统—第 13 部:卡式声音成音系统之数字计数器)	M71
14466-14-2000	C7255-14	視聽、影像及電視設備與系統—第 14 部:聲音磁條卡片系統 (视听、影像及电视设备与系统—第 14 部:声音磁条卡片系统)	M71
14466-15-2000	C7255-15	視聽、影像及電視設備與系統—第 15 部:聲音活頁 (视听、影像及电视设备与系统—第 15 部:声音活页)	M71
14466-16-2000	C7255-16	視聽、影像及電視設備與系統—第 16 部:教育用聲音卡式磁帶之標籤 (视听、影像及电视设备与系统—第 16 部:教育用声音卡式磁带之卷标)	M71
14466-17-2000	C7255-17	視聽、影像及電視設備與系統—第 17 部:語音學習系統 (视听、影像及电视设备与系统—第 17 部:语音学习系统)	M71
14466-18-2000	C7255-18	視聽、影像及電視設備與系統—第 18 部:視聽應用具內建三端閘流體之自動幻燈片投影機之連接器 (视听、影像及电视设备与系统—第 18 部:视听应用具内建三端闸流体之自动幻灯片投影机之连接器)	M71
14466-2-2000	C7255-2	視聽、影像及電視設備與系統—第 2 部:詞彙 (视听、影像及电视设备与系统—第 2 部:词汇)	M74
14466-20-2000	C7255-20	視聽、影像及電視設備與系統—第 20 部:16 mm 聲音軟片放映機之性能量測方法及報告 (视听、影像及电视设备与系统—第 20 部:16 mm 声音胶卷放映机之性能量测方法及报告)	M70
14466-21-2000	C7255-21	視聽、影像及電視設備與系統—第 21 部:教育及訓練用之影像磁帶帶頭與帶尾 (视听、影像及电视设备与系统—第 21 部:教育及训练用之影像磁带带头与带尾)	M71
14466-3-2000	C7255-3	視聽、影像及電視設備與系統—第 3 部:視聽系統內設備互連用連接器 (视听、影像及电视设备与系统—第 3 部:视听系统内设备互连用连接器)	M74
14466-7-2000	C7255-7	視聽、影像及電視設備與系統—第 7 部:視聽設備的安全搬運及操作 (视听、影像及电视设备与系统—第 7 部:视听设备的安全搬运及操作)	M70
14466-8-2000	C7255-8	視聽、影像及電視設備與系統—第 8 部:符號標誌與識別 (视听、影像及电视设备与系统—第 8 部:符号标志与识别)	M70
14467-1-2000	C7256-1	視聽、影像及電視設備與系統—第 5 部:控制、同步及定址碼—第1 章:同步磁帶/影像操作實務 (视听、影像及电视设备与系统—第 5 部:控制、同步及寻址码—第 1 章:同步磁带/影像操作实务)	M71
14467-2-2000	C7256-2	視聽、影像及電視設備與系統—第 5 部:同步、控制及定址碼—第 2 章:兩靜止式投影機之控制系統—操作實務 (视听、影像及电视设备与系统—第 5 部:同步、控制及寻址码—第 2 章:两静止式投影机之控制系统—操作实务)	M70
14468-2000	C7257	連接電信公眾網路之終端設備 (连接电信公众网络之终端设备)	M32
14469-2000	C7258	自動報警通信終端設備 (自动报警通信终端设备)	M32
14546-2007	C7259	發光二極體交通號誌燈燈面及燈箱 (发光二极管交通号志灯灯面及灯箱)	R87

标准号	台湾地区标准分类号	标准名称	中国标准分类
14555-2001	C7262	道路用發光二極體文字顯示型交通資訊看板 (道路用发光二极管文字显示型交通信息广告牌)	R87
14577-2001	C7263	按鍵式電話系統 (按键式电话系统)	M40
14578-2001	C7264	混合式用戶專用交換機系統 (混合式用户专用交换机系统)	M40
14610-2004	C7265	900 MHzGSM 行動電話系統—用戶話機 (900 MHzGSM 行动电话系统—用户话机)	M36
14611-2004	C7266	900 MHzGSM 行動電話系統—空中介面 (900 MHzGSM 行动电话系统—空中接口)	M36
14612-2004	C7267	1 800 MHzGSM 行動電話系統—用戶話機 (1 800 MHzGSM 行动电话系统—用户话机)	M36
14613-2004	C7268	1 800 MHzGSM 行動電話系統—空中介面 (1 800 MHzGSM 行动电话系统—空中接口)	M36
14677-1-2002	C7269-1	聲音系統設備—第 1 部:概述 (声音系统设备—第 1 部:概述)	M70
14677-2-2002	C7269-2	聲音系統設備—第 2 部:術語之解說和計算方法 (声音系统设备—第 2 部:术语之解说和计算方法)	M70
14677-3-2002	C7269-3	聲音系統設備—第 3 部:擴大機 (声音系统设备—第 3 部:扩大机)	M72
14677-4-2002	C7269-4	聲音系統設備—第 4 部:微音器 (声音系统设备—第 4 部:微音器)	M72
14677-7-2002	C7269-7	聲音系統設備—第 7 部:頭戴式耳機及耳塞式耳機 (声音系统设备—第 7 部:头戴式耳机及耳塞式耳机)	M70
14694-1-2002	C7270-1	聲音、影像及視聽系統之互連與匹配值—第 1 部:影像系統適用之 21 針連接器—第 1 類應用 (声音、影像及视听系统之互连与匹配值—第 1 部:影像系统适用之 21 针连接器—第 1 类应用)	M04
14694-2-2002	C7270-2	聲音、影像及視聽系統之互連與匹配值—第 2 部:影像系統適用之 21 針連接器—第 2 類應用 (声音、影像及视听系统之互连与匹配值—第 2 部:影像系统适用之 21 针连接器—第 2 类应用)	M04
14694-3-2002	C7270-3	聲音、影像及視聽系統之互連與匹配值—第 3 部:ENG 攝影機與可攜式 VTRs 使用非複合式信號互連之介面 (声音、影像及视听系统之互连与匹配值—第 3 部:ENG 摄影机与可携式 VTRs 使用非复合式信号互连之接口)	M04
14694-4-2002	C7270-4	聲音、影像及視聽系統之互連與匹配值—第 4 部:家用數位匯流排(D2B)連接器及線纜組 (声音、影像及视听系统之互连与匹配值—第 4 部:家用数字总线(D2B)连接器及线缆组)	M04
14694-5-2002	C7270-5	聲音、影像及視聽系統之互連與匹配值—第 5 部:影像系統適用之 Y/C 連接器—電氣匹配值與連接器說明 (声音、影像及视听系统之互连与匹配值—第 5 部:影像系统适用之 Y/C 连接器—电气匹配值与连接器说明)	M04
15027-1-2006	C7271-1	聲音系統設備—結合可攜式音訊設備之頭戴式或耳塞式耳機—最大音壓位準量測法及限制—第 1 部:對整組設備量測之通則 (声音系统设备—结合可携式音讯设备之头戴式或耳塞式耳机—最大音压位准量测法及限制—第 1 部:对整组设备量测之通则)	L31

机动车及航太工程

标准号	台湾地区标准分类号	标准名称	中国标准分类

D1 一 般

标准号	台湾地区标准分类号	标准名称	中国标准分类
2732-1983	D1001	汽車速率計校準方法 (汽车速率计校准方法)	T39
3104-1988	D1002	機器腳踏車速率計校準法 (机器脚踏车速率计校准法)	T39
4678-1994	D1003	汽車等用外胎、內胎、輪圈、輪圈帶及襯帶之標稱方法 (汽车等用外胎、内胎、轮圈、轮圈带及衬带之标称方法)	G41
5559-1987	D1004	汽車用分電盤白金總成之形狀及安裝尺度 (汽车用分电盘白金总成之形状及安装尺度)	T36
5779-1987	D1005	汽車用電驛總則 (汽车用电驿总则)	T36
5781-1987	D1006	汽車用起動馬達之額定輸出 (汽车用起动马达之额定输出)	T36
7368-1981	D1008	壓路機規範之標準格式 (压路机规范之标准格式)	R19
7669-1981	D1009	汽車零件電鍍通則 (汽车零件电镀通则)	T04
7670-1981	D1010	汽車零件塗膜通則 (汽车零件涂膜通则)	T30
7671-1981	D1011	汽車零件之耐候性試驗通則 (汽车零件之耐候性试验通则)	T04
7881-1986	D1013	農業用輪式曳引機規範之標準格式 (农业用轮式曳引机规范之标准格式)	T67
7894-1995	D1015	汽車用開關及其零件之檢驗通則 (汽车用开关及其零件之检验通则)	T35
7980-1981	D1017	汽車用排氣淨化裝置試驗通則 (汽车用排气净化装置试验通则)	T13
8237-1982	D1018	貨車牽引車及拖車間剎車連結器及電線連接器之裝置方法 (货车牵引车及拖车间刹车连结器及电线连接器之装置方法)	T74
8238-1982	D1019	貨車牽引車及半搭拖車連接部之尺度 (货车牵引车及半搭拖车连接部之尺度)	T72
8568-1982	D1020	小客車及貨車規範之標準格式 (小客车及货车规范之标准格式)	T40
8569-1982	D1021	機動平土機之規範之標準格式 (机动平土机之规范之标准格式)	P97
8570-1982	D1022	履帶式牽引機規範之標準格式 (履带式牵引机规范之标准格式)	T67
8571-1982	D1023	叉舉車規範之標準格式 (叉举车规范之标准格式)	J83
8572-1985	D1024	汽車用電器零件詞彙(充電、起動、點火、預熱系統) (汽车用电器零件词汇(充电、起动、点火、预热系统))	T35
8573-1985	D1025	汽車用電器零件詞彙(燈系統) (汽车用电器零件词汇(灯系统))	T38
8574-1985	D1026	汽車用電器零件詞彙(雨刷系統) (汽车用电器零件词汇(雨刷系统))	T26
8575-1985	D1027	汽車用電器零件詞彙(儀錶系統) (汽车用电器零件词汇(仪表系统))	T39
8576-1985	D1028	汽車用電器零件詞彙(電驛斷電器及閃光器系統) (汽车用电器零件词汇(电驿断电器及闪光器系统))	T36

标 准 号	台湾地区 标准分类号	标 准 名 称	中国标准 分　类
8577-1985	D1029	汽車用電器零件詞彙(音響警告系統) (汽车用电器零件词汇(音响警告系统))	T36
8578-1985	D1030	汽車用電器零件詞彙(開關系統) (汽车用电器零件词汇(开关系统))	T36
8579-1985	D1031	汽車用電器零件詞彙(配線束) (汽车用电器零件词汇(配线束))	T36
9385-1982	D1032	汽車用煞車配管之簡略繪圖法 (汽车用刹车配管之简略绘图法)	T04
9386-1982	D1033	汽車用煞車配管系統之圖示符號 (汽车用刹车配管系统之图标符号)	T04
9586-1982	D1034	汽車用儀表一般通則(一) (汽车用仪表一般通则(一))	T39
9587-1982	D1035	汽車用儀表一般通則(二) (汽车用仪表一般通则(二))	T39
9589-1982	D1036	汽車用電子設備環境試驗通則 (汽车用电子设备环境试验通则)	T35
9590-1997	D1037	車輛種類詞彙 (车辆种类词汇)	T40
9591-1982	D1038	汽車名詞(基礎名詞) (汽车名词(基础名词))	T40
9592-1982	D1039	汽車名詞(尺度名詞) (汽车名词(尺度名词))	T40
9593-1982	D1040	汽車名詞(質量、重量名詞) (汽车名词(质量、重量名词))	T40
9594-1982	D1041	汽車名詞(性能名詞) (汽车名词(性能名词))	T40
9849-1983	D1042	被曳引式鋼纜操作型刮土機規範之標準格式 (被曳引式钢缆操作型刮土机规范之标准格式)	T00
9850-1983	D1043	車輪式及履帶式曳引鏟土機規範之標準格式 (车轮式及履带式曳引铲土机规范之标准格式)	T00
9851-1983	D1044	營造機械用柴油引擎規範之標準格式 (营造机械用柴油引擎规范之标准格式)	J91
9852-1983	D1045	橡膠輪胎壓路機規範之標準格式 (橡胶轮胎压路机规范之标准格式)	R19
9991-1983	D1046	汽車用油封安裝部位之設計及使用方法 (汽车用油封安装部位之设计及使用方法)	T33
9992-1983	D1047	汽車煞車系統名詞(零件) (汽车刹车系统名词(零件))	T24
10064-1983	D1048	汽車懸吊裝置名詞 (汽车悬吊装置名词)	T04
10065-1983	D1049	汽車用附屬設備及裝飾用品名詞 (汽车用附属设备及装饰用品名词)	T40
10157-1983	D1050	汽車用迴路保險絲及易熔鏈之選用 (汽车用回路保险丝及易熔链之选用)	T35
10158-1983	D1051	汽車用低壓電線之電流額量 (汽车用低压电线之电流额量)	T36
10159-1983	D1052	汽車用電線束之電線色碼 (汽车用电线束之电线色码)	T35
10160-1983	D1053	汽車用電線束長度之尺度許可差 (汽车用电线束长度之尺度许可差)	T35
10163-1983	D1054	汽車煞車系統名詞(種類、煞車作用與煞車操作) (汽车刹车系统名词(种类、刹车作用与刹车操作))	T24

标 准 号	台湾地区标准分类号	标 准 名 称	中国标准分类
10246-1983	D1055	汽車用管接頭名詞 (汽车用管接头名词)	T32
10247-1983	D1056	汽車用非金屬管之管接頭名詞 (汽车用非金属管之管接头名词)	T04
10248-1983	D1057	小客車車體名詞 (小客车车体名词)	T42
10492-1983	D1058	汽車轉向系統名詞 (汽车转向系统名词)	T23
10493-1983	D1059	汽車操縱性及安全性名詞 (汽车操纵性及安全性名词)	T04
10620-1983	D1060	工業及工程車輛用輪圈輪廓 (工业及工程车辆用轮圈轮廓)	T22
10622-1983	D1061	汽車用保險槓高度 (汽车用保险杠高度)	T22
10701-1994	D1062	汽車計費表總則 (汽车计费表总则)	T39
10702-1993	D1063	汽車計費表名詞 (汽车计费表名词)	T39
10799-1984	D1064	汽車三次元參考座標 (汽车三次元参考坐标)	T40
11301-1985	D1065	汽車用電器零件詞彙(電子裝置) (汽车用电器零件词汇(电子装置))	T35
12123-1987	D1066	汽車用高壓線圈與分電盤裝置之基本尺度 (汽车用高压线圈与分电盘装置之基本尺度)	T37
12916-2008	D1067	液化石油氣汽車燃氣系統之安裝及檢驗 (液化石油气汽车燃气系统之安装及检验)	T58
13181-1995	D1068	液化石油氣汽車燃氣系統零組件檢驗法—總則 (液化石油气汽车燃气系统零组件检验法—总则)	A42
13181-1-1995	D1068-1	液化石油氣汽車燃氣系統—容器附件檢驗法 (液化石油气汽车燃气系统—容器附件检验法)	A42
13181-2-1995	D1068-2	液化石油氣汽車燃氣系統—壓力調整器與氣化器檢驗法 (液化石油气汽车燃气系统—压力调整器与气化器检验法)	A42
13181-3-1995	D1068-3	液化石油氣汽車燃氣系統—關閉閥檢驗法 (液化石油气汽车燃气系统—关闭阀检验法)	T58
13181-4-1995	D1068-4	液化石油氣汽車燃氣系統—橡膠軟管檢驗法 (液化石油气汽车燃气系统—橡胶软管检验法)	T58
13181-5-1997	D1068-5	液化石油氣汽車燃氣系統—加氣接頭檢驗法 (液化石油气汽车燃气系统—加气接头检验法)	A42
13181-6-1995	D1068-6	液化石油氣汽車燃氣系統—容器檢驗法 (液化石油气汽车燃气系统—容器检验法)	A42
13181-7-1995	D1068-7	液化石油氣汽車燃氣系統—洩漏測試程序 (液化石油气汽车燃气系统—泄漏测试程序)	A42
13181-8-1995	D1068-8	液化石油氣汽車燃氣系統—振動測試程序 (液化石油气汽车燃气系统—振动测试程序)	A42
13865-1997	D1069	汽車儀表及控制器標誌 (汽车仪表及控制器标志)	T39
13866-1997	D1070	汽車儀表及控制器配置 (汽车仪表及控制器配置)	T39
14126-1998	D1071	電動輔助自行車 (电动辅助自行车)	Y14

标准号	台湾地区标准分类号	标准名称	中国标准分类
14246-1998	D1072	道路車輛—車輛辨識號碼 (道路车辆—车辆辨识号码)	T08
14295-1999	D1073	汽車重量量測法 (汽车重量量测法)	T04
14386-1-1999	D1074-1	電動機器腳踏車—詞彙 (电动机器脚踏车—词汇)	Y14
14386-10-2000	D1074-10	電動機器腳踏車電磁干擾限制值與量測方法 (电动机器脚踏车电磁干扰限制值与量测方法)	T99
14386-11-2000	D1074-11	電動機器腳踏車—電池壽命試驗法 (电动机器脚踏车—电池寿命试验法)	Y14
14386-12-2000	D1074-12	電動機器腳踏車—電池容量試驗法 (电动机器脚踏车—电池容量试验法)	T04
14386-13-2000	D1074-13	電動機器腳踏車—電池能量及功率密度試驗法 (电动机器脚踏车—电池能量及功率密度试验法)	Y14
14386-14-2000	D1074-14	電動機器腳踏車—充電設施總則 (电动机器脚踏车—充电设施总则)	Y14
14386-15-2000	D1074-15	電動機器腳踏車—特殊安全準則及試驗法 (电动机器脚踏车—特殊安全准则及试验法)	Y14
14386-2-2000	D1074-2	電動機器腳踏車—整車性能試驗總則 (电动机器脚踏车—整车性能试验总则)	Y14
14386-3-2000	D1074-3	電動機器腳踏車—最高速率試驗法 (电动机器脚踏车—最高速率试验法)	Y14
14386-4-2000	D1074-4	電動機器腳踏車—加速性能試驗法 (电动机器脚踏车—加速性能试验法)	Y14
14386-5-2000	D1074-5	電動機器腳踏車—爬坡能力試驗法 (电动机器脚踏车—爬坡能力试验法)	Y14
14386-6-2000	D1074-6	電動機器腳踏車—一次充電行駛距離及交流充電電能消耗率試驗法 (电动机器脚踏车—一次充电行驶距离及交流充电电能消耗率试验法)	T90
14386-7-2000	D1074-7	電動機器腳踏車—行駛時電能消耗率試驗法 (电动机器脚踏车—行驶时电能消耗率试验法)	Y14
14386-8-2000	D1074-8	電動機器腳踏車—車用馬達模擬功率試驗法 (电动机器脚踏车—车用马达模拟功率试验法)	T90
14386-9-2000	D1074-9	電動機器腳踏車—車用馬達與控制器連結功率輸出試驗法 (电动机器脚踏车—车用马达与控制器连结功率输出试验法)	Y14
14391-1999	D1075	電動車儀表及控制器標誌 (电动车仪表及控制器标志)	Y14
14873-1-2004	D1076-1	道路車輛—氣囊組件—第1部:詞彙 (道路车辆—气囊组件—第1部:词汇)	A42
14873-2-2004	D1076-2	道路車輛—氣囊組件—第2部:氣囊模組 (道路车辆—气囊组件—第2部:气囊模块)	A42
14873-3-2004	D1076-3	道路車輛—氣囊組件—第3部:充氣器 (道路车辆—气囊组件—第3部:充气器)	T26
15100-2007	D1077	機器腳踏車操控標誌 (机器脚踏车操控标志)	T80

D2 零 件

标准号	台湾地区标准分类号	标准名称	中国标准分类
422-2000	D2001	汽車用鉛蓄電池 (汽车用铅蓄电池)	T37/K84

标准号	台湾地区标准分类号	标准名称	中国标准分类
2586-1996	D2002	汽車用煞車襯及煞車襯墊 （汽车用刹车衬及刹车衬垫）	G12
2935-1995	D2003	汽車引擎用活塞銷 （汽车引擎用活塞销）	T12
2945-2007	D2004	車輛用鎢絲燈泡 （车辆用钨丝灯泡）	T38
3011-1996	D2005	汽車用離合器摩擦片 （汽车用离合器摩擦片）	T21
3012-1996	D2006	汽車煞車襯及離合器摩擦片用鉚釘 （汽车刹车衬及离合器摩擦片用铆钉）	H46
3102-1986	D2007	汽車引擎用套筒型半分軸承 （汽车引擎用套筒型半分轴承）	T12
3211-2003	D2008	汽車發動機活塞 （汽车发动机活塞）	T12
3472-1999	D2009	汽車用液壓煞車缸之橡膠杯（使用非礦油系煞車液） （汽车用液压刹车缸之橡胶杯（使用非矿油系刹车液））	T24
3473-2000	D2010	汽車用液壓煞車分泵 （汽车用液压刹车分泵）	T24
3474 1999	D2011	汽車用液壓煞車總泵 （汽车用液压刹车总泵）	H42
3972-2007	D2012	車輛用座椅安全帶 （车辆用座椅安全带）	T26
4596-1986	D2014	汽車用電扇 （汽车用电扇）	T14
4596-1-1987	D2014-1	汽車用電扇過流保護器 （汽车用电扇过流保护器）	T14
4679-1986	D2015	汽車用輪圈之輪廓 （汽车用轮圈之轮廓）	T22
4982-2007	D2016	預警三角標誌牌 （预警三角标志牌）	T08
5323-1986	D2017	汽車用水泵滾珠軸承 （汽车用水泵滚珠轴承）	T12
5324-1980	D2018	汽車用大王梢止推滾珠軸承 （汽车用大王梢止推滚珠轴承）	T12
5435-1987	D2020	汽車用起動電動機小齒輪及環形齒輪之尺度 （汽车用起动电动机小齿轮及环形齿轮之尺度）	T36
5560-1986	D2021	汽車防止點火干擾用之外電阻器 （汽车防止点火干扰用之外电阻器）	T37
5561-1986	D2022	汽車用點火線圈 （汽车用点火线圈）	T37
5561-1-1986	D2022-1	汽車用點火線圈安裝帶 （汽车用点火线圈安装带）	T37
5561-2-1986	D2022-2	汽車用點火線圈及分電盤用高壓接線端子 （汽车用点火线圈及分电盘用高压接线端子）	T37
5561-3-1986	D2022-3	汽車用點火線圈低壓接線端子 （汽车用点火线圈低压接线端子）	T37
5566-1987	D2023	汽車用照明開關 （汽车用照明开关）	T36
5567-1987	D2024	汽車用起動器開關 （汽车用起动器开关）	T36
5778-1987	D2025	汽車用推拉式開關 （汽车用推拉式开关）	T36

标准号	台湾地区 标准分类号	标准名称	中国标准 分类
5780-1987	D2026	汽車用機械式煞車燈開關 （汽车用机械式刹车灯开关）	T36
5782-1993	D2027	汽車用點煙器 （汽车用点烟器）	T36
5784-1988	D2028	機器腳踏車燃料箱旋塞接頭尺度 （机器脚踏车燃料箱旋塞接头尺度）	T81
5785-1989	D2029	汽車用化油器凸緣之形狀及尺度 （汽车用化油器凸缘之形状及尺度）	T13
5786-1986	D2030	汽車擋風玻璃電動噴洗器 （汽车挡风玻璃电动喷洗器）	T26
5787-1986	D2031	汽車喇叭電驛 （汽车喇叭电驿）	T38
5788-1986	D2032	汽車用轉向信號燈閃光器 （汽车用转向信号灯闪光器）	T38
5789-1987	D2033	汽車頭燈用腳踏式變光開關 （汽车头灯用脚踏式变光开关）	T36
5790-1986	D2034	汽車用危險警示信號燈閃光器 （汽车用危险警示信号灯闪光器）	T38
5791-1986	D2035	汽車用溫度指示器 （汽车用温度指示器）	T39
5792-1989	D2036	汽車用膨脹塞 （汽车用膨胀塞）	T34
5793-1989	D2037	汽車用封閉帽塞 （汽车用封闭帽塞）	T34
5794-1983	D2038	汽車用推拔螺旋塞 （汽车用推拔螺旋塞）	T32
5795-1987	D2039	汽車用機油壓力表 （汽车用机油压力表）	T39
5796-1987	D2040	汽車用電流表 （汽车用电流表）	T39
5797-1987	D2041	大客車車內用白熾燈 （大客车车内用白炽灯）	T38
5798-1987	D2042	汽車用燃料表 （汽车用燃料表）	T39
6159-1989	D2043	汽車燃料箱注入口頸及蓋之形狀及尺度 （汽车燃料箱注入口颈及盖之形状及尺度）	T13
6160-1993	D2044	汽車水箱之壓力蓋及注入口頸 （汽车水箱之压力盖及注入口颈）	T14
6161-1986	D2045	汽車用液壓煞車橡膠軟管 （汽车用液压刹车橡胶软管）	T24
6162-1993	D2046	汽車用冷卻水軟管 （汽车用冷却水软管）	T14
6165-1987	D2047	汽車用可調整叉形接頭 （汽车用可调整叉形接头）	T23
6166-1987	D2048	汽車用可調整叉形接頭之叉部 （汽车用可调整叉形接头之叉部）	T32
6167-1987	D2049	汽車用可調整叉形接頭用銷 （汽车用可调整叉形接头用销）	T31
6172-2006	D2050	車輛用照後鏡 （车辆用照后镜）	T26
6173-1987	D2051	汽車用機油壓力警示火丁開關 （汽车用机油压力警示火丁开关）	T36

标　准　号	台湾地区 标准分类号	标　准　名　称	中国标准 分　类
6174-1987	D2052	汽車用液壓式煞車火丁開關 (汽车用液压式刹车火丁开关)	T36
6175-1987	D2053	汽車停車火丁開關 (汽车停车火丁开关)	T13
6322-1986	D2054	汽車用雨刷片及雨刷臂 (汽车用雨刷片及雨刷臂)	T26
6323-1987	D2055	汽車車門燈開關 (汽车车门灯开关)	T36
6324-1987	D2056	汽車倒車燈開關 (汽车倒车灯开关)	T36
6436-1986	D2057	汽車用警告蜂鳴器 (汽车用警告蜂鸣器)	T36
6810-1987	D2058	汽車用附起動開關之方向盤鎖 (汽车用附起动开关之方向盘锁)	T26
6811-1987	D2059	汽車用熱水式暖氣機 (汽车用热水式暖气机)	T26
6813-1986	D2060	汽車用電喇叭 (汽车用电喇叭)	T36
6814-1994	D2061	汽車用速率計 (汽车用速率计)	T39
6815-1994	D2062	汽車速率計及行駛記錄器用可撓軸 (汽车速率计及行驶记录器用可挠轴)	T39
6816-1985	D2063	汽車行駛速率記錄器 (汽车行驶速率记录器)	T39
6902-1990	D2064	汽車用電線端子(環眼型) (汽车用电线端子(环眼型))	T35
6903-1990	D2065	汽車用電線端子(横接環眼型) (汽车用电线端子(横接环眼型))	T35
6904-1990	D2066	汽車用電線端生(横接叉型) (汽车用电线端生(横接叉型))	T36
6905-1990	D2067	汽車用電線端子(叉型) (汽车用电线端子(叉型))	T36
6906-1990	D2068	汽車用蓄電池板製電線端子(BA 型) (汽车用蓄电池板制电线端子(BA 型))	T36
6907-1990	D2069	汽車用蓄電池管製電線端子(BB 型) (汽车用蓄电池管制电线端子(BB 型))	T35
6908-1990	D2070	汽車用蓄電池横接電線端子(BC 型) (汽车用蓄电池横接电线端子(BC 型))	T13
6909-1990	D2071	汽車用蓄電池縱接電線端子(BD 型) (汽车用蓄电池纵接电线端子(BD 型))	T36
6910-1990	D2072	汽車用蓄電池翼形螺帽電線端子(BE 型) (汽车用蓄电池翼形螺帽电线端子(BE 型))	T36
6911-1990	D2073	汽車用分電盤高壓線端子(IA 型) (汽车用分电盘高压线端子(IA 型))	T36
7023-1990	D2074	汽車用火星塞電線端子(IB 型) (汽车用火星塞电线端子(IB 型))	T35
7024-1991	D2075	汽車用電線端子(塞型陽端子) (汽车用电线端子(塞型阳端子))	T35
7025-1991	D2076	汽車用電線端子(塞型陰端子) (汽车用电线端子(塞型阴端子))	T35
7026-1991	D2077	汽車用電線端子(塞型雙陰端子) (汽车用电线端子(塞型双阴端子))	T36

标准号	台湾地区标准分类号	标准名称	中国标准分类
7027-1991	D2078	汽車用電線端子(平板型陽端子) (汽车用电线端子(平板型阳端子))	T36
7028-1991	D2079	汽車用電線端子(T型陽端子) (汽车用电线端子(T型阳端子))	T36
7029-1989	D2080	全拖車用拖桿環首之形狀、尺度及活動範圍 (全拖车用拖杆环首之形状、尺度及活动范围)	T72
7030-1986	D2081	半拖車用第五輪聯結銷之形狀及尺度 (半拖车用第五轮联结销之形状及尺度)	T72
7031-1986	D2082	農業用曳引機繫扣之尺度 (农业用曳引机系扣之尺度)	T60
7032-1986	D2083	農業用輪式曳引機連桿型拖桿之尺度 (农业用轮式曳引机连杆型拖杆之尺度)	T60
7132-1991	D2084	汽車輪胎氣門嘴 (汽车轮胎气门嘴)	T20
7133-1981	D2085	汽車用離合器釋放滾珠軸承 (汽车用离合器释放滚珠轴承)	T21
7134-1986	D2086	汽車柴油引擎用S型燃料噴油嘴之形狀及尺度 (汽车柴油引擎用S型燃料喷油嘴之形状及尺度)	T13
7135-1995	D2087	汽車用輕合金盤型輪圈 (汽车用轻合金盘型轮圈)	T21
7136-1985	D2088	汽車引擎用鑄鐵汽缸襯套 (汽车引擎用铸铁汽缸衬套)	T13
7140-1990	D2089	汽車用電動式燃料泵 (汽车用电动式燃料泵)	T13
7667-1981	D2090	汽車引擎用汽缸蓋墊 (汽车引擎用汽缸盖垫)	T12
7668-1981	D2091	汽車汽油引擎用拋棄型機油濾清器 (汽车汽油引擎用抛弃型机油滤清器)	T13
7675-1987	D2092	大客車用車門卡止器 (大客车用车门卡止器)	T42
7676-1992	D2093	大客車用車門抵門橡膠條 (大客车用车门抵门橡胶条)	T42
7677-1992	D2094	大客車用路線字幕捲動器 (大客车用路线字幕卷动器)	T42
7678-1987	D2095	大客車用窗銷 (大客车用窗销)	T42
7679-1989	D2096	大客車進氣式通風裝置 (大客车进气式通风装置)	T42
7680-1989	D2097	大客車用座椅之形狀及尺度 (大客车用座椅之形状及尺度)	T42
7681-2005	D2098	汽車用門鎖及鉸鏈 (汽车用门锁及铰链)	T26
7882-1986	D2099	曳引車及拖車間空氣煞車聯結器 (曳引车及拖车间空气刹车联结器)	T24
7887-1982	D2101	機動車用封閉式頭燈 (机动车用封闭式头灯)	T38
7889-1981	D2102	汽車用輪圈螺帽 (汽车用轮圈螺帽)	T20
7890-1989	D2103	大客車用車窗防風雨橡膠鑲條 (大客车用车窗防风雨橡胶镶条)	T26
7891-1987	D2104	汽車水冷式引擎用電阻式火星塞 (汽车水冷式引擎用电阻式火星塞)	T39

标准号	台湾地区标准分类号	标准名称	中国标准分类
7892-1997	D2105	汽車用速率指示裝置 （汽车用速率指示装置）	T39
7893-1986	D2106	汽車用雨刷馬達 （汽车用雨刷马达）	T21
7969-1987	D2107	大客車用門鎖 （大客车用门锁）	T42
7971-1991	D2108	汽車輪胎氣門嘴心子外殼及固定座 （汽车轮胎气门嘴心子外壳及固定座）	T13
7972-1991	D2109	汽車輪胎氣門嘴蓋及襯墊 （汽车轮胎气门嘴盖及衬垫）	G41
7973-1991	D2110	汽車輪胎氣門嘴心子 （汽车轮胎气门嘴心子）	G41
7974-1991	D2111	汽車輪胎氣門嘴螺帽 （汽车轮胎气门嘴螺帽）	T31
7975-1991	D2112	汽車輪胎氣門嘴墊圈與套環 （汽车轮胎气门嘴垫圈与套环）	T31
7976-1992	D2113	冷藏、冷凍汽車之保冷車體 （冷藏、冷冻汽车之保冷车体）	T52
7978-1986	D2114	電控氣動喇叭 （电控气动喇叭）	T36
7979-1993	D2115	汽車用預熱塞 （汽车用预热塞）	T14
8233-1991	D2116	汽車輪胎氣門嘴螺紋 （汽车轮胎气门嘴螺纹）	T13
8235-1986	D2117	農業用曳引機動力分導裝置之主輸出軸 （农业用曳引机动力分导装置之主输出轴）	T67
8239-1986	D2118	貨車曳引車及拖車間 7 根導線連接器 （货车曳引车及拖车间 7 根导线连接器）	T36
8386-1990	D2119	汽車用機械驅動式燃料泵 （汽车用机械驱动式燃料泵）	J20
8388-1993	D2121	汽車輪胎氣門嘴伸長桿 （汽车轮胎气门嘴伸长杆）	T13
8480-1982	D2122	汽車用液壓離合器總泵 （汽车用液压离合器总泵）	T21
8481-1982	D2123	汽車用液壓離合器操作缸總成 （汽车用液压离合器操作缸总成）	T21
8482-1985	D2124	汽車用操縱線 （汽车用操纵线）	T23
8483-1985	D2125	兩輪機車用操縱線 （两轮机车用操纵线）	T84
8673-1987	D2126	汽車用離合器蓋總成 （汽车用离合器盖总成）	T21
8675-1987	D2127	汽車用離合器片總成 （汽车用离合器片总成）	T21
8812-1982	D2128	汽車用警示信號燈 （汽车用警示信号灯）	T38
8814-1993	D2129	機器腳踏車用煞車蹄片總成 （机器脚踏车用刹车蹄片总成）	T82
8815-1982	D2130	汽車用盤型輪圈之安裝方式及尺度 （汽车用盘型轮圈之安装方式及尺度）	T22
8816-1982	D2131	工業車輛用二片分離式輪圈之安裝尺度 （工业车辆用二片分离式轮圈之安装尺度）	T22

标准号	台湾地区标准分类号	标准名称	中国标准分类
8943-1991	D2132	汽車輪胎氣門嘴本體 (汽车轮胎气门嘴本体)	G41
8947-1986	D2133	汽車用熔線盒 (汽车用熔线盒)	T36
8949-1986	D2134	汽車用熔線 (汽车用熔线)	H62
8952-1989	D2135	汽車用排氣消音器總成 (汽车用排气消音器总成)	T36
8953-1987	D2136	陸用小型內燃機汽缸 (陆用小型内燃机汽缸)	J92
8954-1982	D2137	汽車擋風玻璃雨刷用軸襯 (汽车挡风玻璃雨刷用轴衬)	T21
8955-1988	D2138	機器腳踏車用鏈條調整器 (机器脚踏车用链条调整器)	T82
8956-1988	D2139	機器腳踏車用握把 (机器脚踏车用握把)	T84
8957-1988	D2140	機器腳踏車用排氣管襯墊 (机器脚踏车用排气管衬垫)	T81
9169-1982	D2141	兩輪機車用機油排洩孔螺旋塞 (两轮机车用机油排泄孔螺旋塞)	T81
9170-1986	D2142	汽車用套筒伸縮型減震器 (汽车用套筒伸缩型减震器)	T22
9172-1986	D2143	汽車用附反跳液壓停止塊之套筒伸縮型減震器 (汽车用附反跳液压停止块之套筒伸缩型减震器)	T22
9173-1986	D2144	汽車用單管充氣減震器 (汽车用单管充气减震器)	T22
9174-1983	D2145	兩輪機車用引擎連桿 (两轮机车用引擎连杆)	T81
9250-1986	D2146	叉舉車 (叉举车)	J83
9251-1982	D2147	兩輪機車用輪圈 (两轮机车用轮圈)	T83
9374-1986	D2148	汽車用手動式擋風玻璃噴洗器 (汽车用手动式挡风玻璃喷洗器)	T20
9375-1982	D2149	汽車用配管夾與配線夾 (汽车用配管夹与配线夹)	T35
9376-1988	D2150	機器腳踏車用變速搖臂總成 (机器脚踏车用变速摇臂总成)	T84
9377-1988	D2151	機器腳踏車用前後鏈輪 (机器脚踏车用前后链轮)	T81
9378-1986	D2152	汽車蓄電池用鋁製低壓電纜 (汽车蓄电池用铝制低压电缆)	K13
9380-1986	D2153	汽車用電裝備之附屬導線 (汽车用电装备之附属导线)	K12
9381-1988	D2154	汽車用多根接頭 (汽车用多根接头)	T35
9383-1988	D2155	汽車電子用及防水用多根接頭 (汽车电子用及防水用多根接头)	T20
9479-1995	D2156	汽車用鋼製盤型輪圈 (汽车用钢制盘型轮圈)	T22
9482-1982	D2157	汽車用輪轂螺栓 (汽车用轮毂螺栓)	T31

标 准 号	台湾地区 标准分类号	标 准 名 称	中国标准 分 类
9585-1982	D2158	汽車用引擎電轉速表 (汽车用引擎电转速表)	T39
9588-1982	D2159	汽車用電燈泡燈頭及插座之種類與尺度 (汽车用电灯泡灯头及插座之种类与尺度)	T38
9595-1982	D2160	汽車用板片彈簧 (汽车用板片弹簧)	T22
9597-1982	D2161	汽車用懸吊裝置螺旋彈簧 (汽车用悬吊装置螺旋弹簧)	T22
9847-1986	D2162	汽車用氣煞車軟管 (汽车用气刹车软管)	T24
9848-1986	D2163	氣煞車鬆隙調整器 (气刹车松隙调整器)	T24
9983-1983	D2164	汽車用軟管夾 (汽车用软管夹)	T06
9984-1983	D2165	汽車用喇叭口管配件 (汽车用喇叭口管配件)	T20
9985-1983	D2166	汽車用非喇叭口管配件 (汽车用非喇叭口管配件)	T20
9986-1983	D2167	汽車用塞脹鉚釘 (汽车用塞胀铆钉)	T31
9988-1983	D2168	汽車用光製墊圈 (汽车用光制垫圈)	T31
9989-1983	D2169	汽車用油封 (汽车用油封)	T33
10155-1986	D2170	汽車用倒車警告器 (汽车用倒车警告器)	T32
10161-1983	D2171	汽車用金屬配管 (汽车用金属配管)	T32
10332-1986	D2172	汽車用氣煞車尼龍管 (汽车用气刹车尼龙管)	T24
10705-1983	D2173	小客車用塑膠保險槓 (小客车用塑料保险杠)	T42
10709-1986	D2174	汽車用真空煞車軟管 (汽车用真空刹车软管)	T21
10710-1983	D2175	汽車用液壓煞車分泵之橡膠防塵蓋 (汽车用液压刹车分泵之橡胶防尘盖)	T24
10711-1983	D2176	汽車用液壓盤式煞車分泵之橡膠封環 (汽车用液压盘式刹车分泵之橡胶封环)	T24
10712-1983	D2177	汽車用液壓煞車總泵貯油槽膜片襯墊 (汽车用液压刹车总泵贮油槽膜片衬垫)	T24
10801-1984	D2178	汽車用頭燈清潔器 (汽车用头灯清洁器)	T26
10934-1984	D2179	汽車用液壓煞車分泵放氣閥 (汽车用液压刹车分泵放气阀)	T24
10980-1-2000	D2180-1	電動車用鉛蓄電池——一般要求及檢驗法 (电动车用铅蓄电池——一般要求及检验法)	K84
10980-2-1999	D2180-2	電動車用鉛蓄電池—種類及標示 (电动车用铅蓄电池—种类及标示)	K84
11058-2009	D2181	汽車用座椅頭枕 (汽车用座椅头枕)	T20
11059-1984	D2182	汽車室內尺度測定用之三次元座位人體模型 (汽车室内尺度测定用之三次元座位人体模型)	T04

标准号	台湾地区标准分类号	标准名称	中国标准分类
11061-1984	D2184	汽車用柴油引擎之直列型燃料噴射泵 (汽车用柴油引擎之直列型燃料喷射泵)	T13
11062-1984	D2185	汽車用柴油引擎之燃料噴射管端部及管接頭之形狀及尺度 (汽车用柴油引擎之燃料喷射管端部及管接头之形状及尺度)	T32
11063-1984	D2186	汽車用S型燃料噴油嘴固定器 (汽车用S型燃料喷油嘴固定器)	T13
11064-1984	D2187	汽車用P型燃料噴油嘴固定器 (汽车用P型燃料喷油嘴固定器)	T13
11497-2007	D2188	汽車用兒童保護裝置 (汽车用儿童保护装置)	T26
11500-1986	D2189	汽車用雙管充氣減震器 (汽车用双管充气减震器)	T22
12374-1988	D2190	機器腳踏車用進排氣閥 (机器脚踏车用进排气阀)	T81
13094-2005	D2191	車輛用座椅及固定器之強度 (车辆用座椅及固定器之强度)	T26
13095-2005	D2192	車輛用座椅安全帶之安裝及其固定器 (车辆用座椅安全带之安装及其固定器)	T26
13453-1994	D2193	大貨車及拖車安全防護裝置 (大货车及拖车安全防护装置)	T09
13538-1995	D2195	汽車燈光信號裝置 (汽车灯光信号装置)	T38
13864-1997	D2196	煞車真空倍力器 (刹车真空倍力器)	T24
13952-1997	D2197	汽車用速率限制裝置 (汽车用速率限制装置)	T39
14127-1998	D2198	氣壓煞車作動器 (气压刹车作动器)	T24
14130-1998	D2199	汽車擋風玻璃用雨刷及噴洗系統 (汽车挡风玻璃用雨刷及喷洗系统)	T26
14343-1999	D2201	汽車用防鎖死煞車系統 (汽车用防锁死刹车系统)	T24
14501-2009	D2202	機器腳踏車燈光信號裝置 (机器脚踏车灯光信号装置)	T38
14997-2006	D2203	自行車用打氣泵 (自行车用打气泵)	Y92
15085-2007	D2204	機動車輛用氣體放電式頭燈 (机动车辆用气体放电式头灯)	T39
15086-2007	D2205	機動車輛用氣體放電式光源 (机动车辆用气体放电式光源)	T39

D3 检 验

标准号	台湾地区标准分类号	标准名称	中国标准分类
2731-1997	D3013	汽車運轉試驗法通則 (汽车运转试验法通则)	T40
2733-2000	D3014	汽油小客車燃料消耗量試驗法 (汽油小客车燃料消耗量试验法)	T24
2734-1989	D3015	汽車煞車試驗法 (汽车刹车试验法)	T40
2735-1997	D3016	汽車加速性能試驗法 (汽车加速性能试验法)	T40

标准号	台湾地区标准分类号	标准名称	中国标准分类
2736-1994	D3017	汽車滑行試驗法 (汽车滑行试验法)	T40
2737-1989	D3018	汽車最高速率試驗法 (汽车最高速率试验法)	T40
2738-1989	D3019	汽車陡坡路試驗法 (汽车陡坡路试验法)	T40
2739-1989	D3020	汽車長坡路試驗法 (汽车长坡路试验法)	T40
2740-1989	D3021	汽車牽引試驗法 (汽车牵引试验法)	T40
2741-1989	D3022	汽車砂地試驗法 (汽车砂地试验法)	T40
2742-1989	D3023	汽車起動試驗法 (汽车起动试验法)	T40
2743-1989	D3024	汽車行駛試驗法 (汽车行驶试验法)	T40
2744-1989	D3025	汽車分解檢查方法 (汽车分解检查方法)	T40
2745-1968	D3026	汽車用柴油發動機性能試驗法 (汽车用柴油发动机性能试验法)	T13
3103-1988	D3028	機器腳踏車運轉試驗法總則 (机器脚踏车运转试验法总则)	T80
3105-2001	D3029	機器腳踏車燃料消耗量試驗法 (机器脚踏车燃料消耗量试验法)	T80
3106-1988	D3030	機器腳踏車煞車試驗法 (机器脚踏车刹车试验法)	T80
3107-1988	D3031	機器腳踏車加速試驗法 (机器脚踏车加速试验法)	T80
3108-1988	D3032	機器腳踏車滑行試驗法 (机器脚踏车滑行试验法)	T80
3111-1988	D3034	機器腳踏車爬坡能力試驗法 (机器脚踏车爬坡能力试验法)	T80
3112-1988	D3035	機器腳踏車行駛試驗法 (机器脚踏车行驶试验法)	T80
3113-1988	D3036	機器腳踏車喇叭音量試驗法 (机器脚踏车喇叭音量试验法)	H62
4760-1988	D3039	機器腳踏車最高速率試驗法 (机器脚踏车最高速率试验法)	T80
5120-1986	D3041	汽車用分電盤之電容器試驗法 (汽车用分电盘之电容器试验法)	T35
5319-1987	D3042	汽車用交流發電機安裝尺度 (汽车用交流发电机安装尺度)	T36
5320-1987	D3043	汽車用分電盤安裝尺度 (汽车用分电盘安装尺度)	T36
5321-1987	D3044	汽車用起動電動機安裝尺度 (汽车用起动电动机安装尺度)	T12
5322-1987	D3045	汽車用直流發電機安裝尺度 (汽车用直流发电机安装尺度)	T36
5433-1994	D3046	汽車用輕便式輪型液壓千斤頂檢驗法 (汽车用轻便式轮型液压千斤顶检验法)	T40
5434-1989	D3047	汽車零件之高溫及低溫試驗法 (汽车零件之高温及低温试验法)	T04

标准号	台湾地区标准分类号	标准名称	中国标准分类
5436-1992	D3048	冷藏、冷凍汽車之保冷車體性能試驗法 (冷藏、冷冻汽车之保冷车体性能试验法)	T52
5437-1989	D3049	汽車用排氣消音器性能試驗法 (汽车用排气消音器性能试验法)	T36
5562-1980	D3050	汽車空轉時排氣中之一氧化碳測量方法 (汽车空转时排气中之一氧化碳测量方法)	Z64
5564-1987	D3052	汽車用發電機之額定輸出及試驗法 (汽车用发电机之额定输出及试验法)	T36
5565-1987	D3053	汽車用電器之測試電壓 (汽车用电器之测试电压)	T35
5651-1989	D3054	汽車用汽油濾清器檢驗法 (汽车用汽油滤清器检验法)	T13
5652-1981	D3055	汽車用機油濾清器性能檢驗法 (汽车用机油滤清器性能检验法)	T13
5776-1986	D3056	汽車用電喇叭檢驗法 (汽车用电喇叭检验法)	T36
5799-2008	D3058	機動車輛噪音量試驗法 (机动车辆噪音量试验法)	T40
6163-1980	D3059	汽車用氧化觸媒式排氣淨化裝置試驗方法 (汽车用氧化触媒式排气净化装置试验方法)	T13
6164-1980	D3060	汽車用一氧化碳測定器之性能試驗方法 (汽车用一氧化碳测定器之性能试验方法)	T39
6168-1987	D3061	汽車用火星塞試驗方法 (汽车用火星塞试验方法)	T37
6169-1987	D3062	汽車用交流發電機試驗法 (汽车用交流发电机试验法)	T36
6170-1987	D3063	汽車用直流發電機試驗法 (汽车用直流发电机试验法)	T36
6171-1987	D3064	汽車用起動電動機試驗法 (汽车用起动电动机试验法)	T36
6665-1986	D3065	汽車用轉向信號燈開關之性能試驗法 (汽车用转向信号灯开关之性能试验法)	T36
6812-1987	D3066	汽車用熱水式暖氣機檢驗法 (汽车用热水式暖气机检验法)	T26
7137-1997	D3067	車輛零組件正弦振動試驗法 (车辆零组件正弦振动试验法)	J04
7138-1998	D3068	車輛零件之耐濕及耐水試驗法 (车辆零件之耐湿及耐水试验法)	A42
7139-1981	D3069	汽車零件之防塵及耐塵試驗通則 (汽车零件之防尘及耐尘试验通则)	T13
7665-1981	D3070	汽車用氣冷式汽油引擎性能試驗法 (汽车用气冷式汽油引擎性能试验法)	T11
7666-1981	D3071	汽車用水冷式汽油引擎性能試驗法 (汽车用水冷式汽油引擎性能试验法)	T12
7672-1981	D3072	汽車內部尺度之測量方法 (汽车内部尺度之测量方法)	T26
7673-1981	D3073	汽車外部尺度之測量方法 (汽车外部尺度之测量方法)	T26
7884-2007	D3074	車輛用照明與信號設備 (车辆用照明与信号设备)	T38
7895-2001	D3077	汽油車排氣污染量試驗法 (汽油车排气污染量试验法)	R09

标 准 号	台湾地区 标准分类号	标 准 名 称	中国标准 分　类
7896-1986	D3078	汽車用分電盤試驗法 (汽车用分电盘试验法)	T35
7897-1981	D3079	汽車用冷氣機檢驗法 (汽车用冷气机检验法)	T26
7977-1981	D3080	空氣彈簧用橡膠伸縮氣囊試驗法 (空气弹簧用橡胶伸缩气囊试验法)	T24
8234-1986	D3081	農業用曳引機主動力分導裝置性能試驗法 (农业用曳引机主动力分导装置性能试验法)	T67
8236-1986	D3082	農業用曳引機轉向性能試驗法 (农业用曳引机转向性能试验法)	T67
8240-1988	D3083	汽車用化油器性能試驗法總則 (汽车用化油器性能试验法总则)	T13
8241-1988	D3084	汽車用化油器起動性能試驗法 (汽车用化油器起动性能试验法)	T13
8242-1988	D3085	汽車用化油器溫車運轉性能試驗法 (汽车用化油器温车运转性能试验法)	T13
8243-1988	D3086	汽車用化油器無負載性能試驗法 (汽车用化油器无负载性能试验法)	T13
8244-1988	D3087	汽車用化油器負載性能試驗法 (汽车用化油器负载性能试验法)	T13
8245-1988	D3088	汽車用化油器傾斜性能試驗法 (汽车用化油器倾斜性能试验法)	T13
8246-1988	D3089	汽車用化油器高溫性能試驗法 (汽车用化油器高温性能试验法)	T13
8247-1988	D3090	汽車用化油器低溫性能試驗法 (汽车用化油器低温性能试验法)	T13
8248-1988	D3091	汽車用化油器高度性能試驗法 (汽车用化油器高度性能试验法)	T13
8249-1988	D3092	汽車用化油器市區道路行駛性能試驗法 (汽车用化油器市区道路行驶性能试验法)	T13
8250-1989	D3093	汽車用化油器加速性能試驗法 (汽车用化油器加速性能试验法)	T13
8251-1989	D3094	汽車用化油器減速性能試驗法 (汽车用化油器减速性能试验法)	T81
8252-1989	D3095	汽車用化油器轉彎性能試驗法 (汽车用化油器转弯性能试验法)	T81
8253-1989	D3096	汽車用化油器壞路性能試驗法 (汽车用化油器坏路性能试验法)	T13
8254-1989	D3097	汽車用化油器排氣測定性能試驗法 (汽车用化油器排气测定性能试验法)	Z64
8255-1989	D3098	汽車用化油器總和流量性能試驗法 (汽车用化油器总和流量性能试验法)	T13
8256-1989	D3099	汽車用化油器加速泵性能試驗法 (汽车用化油器加速泵性能试验法)	T81
8257-1989	D3100	汽車用化油器自動裝置性能試驗法 (汽车用化油器自动装置性能试验法)	T13
8258-1989	D3101	汽車用化油器操作部位性能試驗法 (汽车用化油器操作部位性能试验法)	T13
8259-1989	D3102	汽車用化油器燃料洩漏性能試驗法 (汽车用化油器燃料泄漏性能试验法)	T13
8260-1989	D3103	汽車用化油器耐久性能試驗法 (汽车用化油器耐久性能试验法)	T13

标准号	台湾地区标准分类号	标准名称	中国标准分类
8484-1985	D3104	汽車用操縱線檢驗法 （汽车用操纵线检验法）	T23
8485-1985	D3105	兩輪機車用操縱線檢驗法 （两轮机车用操纵线检验法）	T84
8563-1982	D3106	汽車常用剎車下坡模擬試驗—路段試驗法 （汽车常用刹车下坡模拟试验—路段试验法）	T24
8564-1982	D3107	汽車常用剎車下坡模擬試驗—測功計試驗法 （汽车常用刹车下坡模拟试验—测功计试验法）	T24
8565-1982	D3108	小客車剎車裝置—測功計試驗法 （小客车刹车装置—测功计试验法）	T42
8566-1986	D3109	汽車用氣煞車試驗法 （汽车用气刹车试验法）	T24
8567-1986	D3110	汽車用氣煞車性能 （汽车用气刹车性能）	T24
8674-1987	D3111	汽車用離合器蓋總成檢驗法 （汽车用离合器盖总成检验法）	T21
8676-1987	D3112	汽車用離合器片總成檢驗法 （汽车用离合器片总成检验法）	T21
8677-1982	D3113	汽車用離合器試驗臺上性能試驗法 （汽车用离合器试验台上性能试验法）	T21
8678-1993	D3114	貨車、大客車常用煞車—路段試驗法 （货车、大客车常用刹车—路段试验法）	T24
8679-1993	D3115	貨車、大客車常用煞車—路段性能要求 （货车、大客车常用刹车—路段性能要求）	T24
8680-1993	D3116	貨車、大客車煞車裝置—測功計試驗法 （货车、大客车刹车装置—测功计试验法）	T24
8807-2009	D3117	汽車轉向系統碰撞之性能 （汽车转向系统碰撞之性能）	T23
8808-1997	D3118	汽車最小迴轉半徑試驗法 （汽车最小回转半径试验法）	T23
8809-1982	D3119	小客車迴轉性能之試驗法 （小客车回转性能之试验法）	T42
8810-1982	D3120	汽車迴轉時之轉向力試驗法 （汽车回转时之转向力试验法）	T23
8811-1982	D3121	汽車靜止時之轉向力試驗法 （汽车静止时之转向力试验法）	T23
8813-1993	D3122	機器腳踏車用煞車蹄片總成檢驗法 （机器脚踏车用刹车蹄片总成检验法）	T82
8944-1991	D3123	汽車輪胎氣門嘴檢驗法 （汽车轮胎气门嘴检验法）	G41
8945-1982	D3124	小客車用擋風玻璃除霜器性能試驗法 （小客车用挡风玻璃除霜器性能试验法）	A42
8946-1982	D3125	貨車用擋風玻璃除霜器性能試驗法 （货车用挡风玻璃除霜器性能试验法）	A42
8948-1986	D3126	汽車用熔線盒檢驗法 （汽车用熔线盒检验法）	T36
8950-1986	D3127	汽車用熔線試驗法 （汽车用熔线试验法）	T36
8951-1982	D3128	汽車用水箱散熱性能試驗法 （汽车用水箱散热性能试验法）	T14
8958-1982	D3129	兩輪機車進排氣閥之檢驗法 （两轮机车进排气阀之检验法）	T81

标 准 号	台湾地区 标准分类号	标 准 名 称	中国标准 分 类
9171-1986	D3130	汽車用套筒伸縮型減震器檢驗法 (汽车用套筒伸缩型减震器检验法)	T22
9244-1982	D3131	汽車彎道行駛性能試驗法 (汽车弯道行驶性能试验法)	T40
9245-1982	D3132	小客車與輕拖車連結時車道變換性能試驗法 (小客车与轻拖车连结时车道变换性能试验法)	T40
9246-1982	D3133	小客車與輕拖車連結時迴轉性能試驗法 (小客车与轻拖车连结时回转性能试验法)	A30
9247-1982	D3134	小客車與輕拖車連結時曲折彎道行駛性能試驗法 (小客车与轻拖车连结时曲折弯道行驶性能试验法)	T40
9248-1998	D3135	汽車轉向柱之性能試驗法 (汽车转向柱之性能试验法)	T23
9249-1982	D3136	汽車用整體式動力轉向裝置性能之臺上試驗法 (汽车用整体式动力转向装置性能之台上试验法)	T23
9372-1982	D3138	汽車用空氣濾清器性能試驗法 (汽车用空气滤清器性能试验法)	T13
9373-1982	D3139	汽車柴油引擎用燃油濾清器性能試驗法 (汽车柴油引擎用燃油滤清器性能试验法)	T13
9379-1986	D3140	汽車蓄電池用鋁製低壓電纜試驗法 (汽车蓄电池用铝制低压电缆试验法)	T35
9382-1988	D3141	汽車用多根接頭試驗法 (汽车用多根接头试验法)	T36
9384-1988	D3142	汽車電子用及防水用多根接頭試驗法 (汽车电子用及防水用多根接头试验法)	T36
9387-1982	D3143	聯結車彎道路段常用煞車試驗法 (联结车弯道路段常用刹车试验法)	T24
9388-1982	D3144	聯結車路段常用煞車試驗法 (联结车路段常用刹车试验法)	T24
9389-1982	D3145	聯結車路段常用煞車試驗之要求性能 (联结车路段常用刹车试验之要求性能)	T24
9480-1982	D3146	汽車用輪胎噪音試驗法 (汽车用轮胎噪音试验法)	T13)
9481-1996	D3147	汽車用輪胎均勻性試驗法 (汽车用轮胎均匀性试验法)	G41
9596-1986	D3148	汽車用懸吊彈簧強度檢驗法 (汽车用悬吊弹簧强度检验法)	T22
9598-1982	D3149	汽車用前輪軸剛性試驗法 (汽车用前轮轴刚性试验法)	T22
9853-1983	D3150	自行式起重機性能試驗法 (自行式起重机性能试验法)	J80
9987-1983	D3151	汽車用塞脹鉚釘檢驗法 (汽车用塞胀铆钉检验法)	A42
9990-1983	D3152	汽車用油封性能試驗法 (汽车用油封性能试验法)	T33
10156-1986	D3153	汽車用倒車警告器檢驗法 (汽车用倒车警告器检验法)	T38
10162-1983	D3154	汽車用金屬配管檢驗法 (汽车用金属配管检验法)	T32
10333-1986	D3155	汽車用氣剎車尼龍管檢驗法 (汽车用气刹车尼龙管检验法)	T24
10652-1983	D3156	氣壓伺服及真空伺服煞車之性能要求 (气压伺服及真空伺服刹车之性能要求)	T24

标准号	台湾地区标准分类号	标准名称	中国标准分类
10653-1983	D3157	氣壓伺服及真空伺服煞車試驗法 (气压伺服及真空伺服刹车试验法)	T24
10703-1993	D3158	小客車保險槓擺錘衝擊試驗法 (小客车保险杠摆锤冲击试验法)	T42
10704-1983	D3159	汽車用前燈燈光瞄準檢驗法 (汽车用前灯灯光瞄准检验法)	T38
10706-1983	D3160	小客車用塑膠製保險槓檢驗法 (小客车用塑料制保险杠检验法)	T20
10707-1983	D3161	汽車前覆蓋閂鎖系統試驗法 (汽车前覆盖闩锁系统试验法)	T27
10713-1983	D3163	汽車常用煞車實車試驗法—煞車試驗機 (汽车常用刹车实车试验法—刹车试验机)	T21
10800-1984	D3164	汽車汽油引擎用燃料過濾器試驗方法 (汽车汽油引擎用燃料过滤器试验方法)	T13
11386-1992	D3165	機器腳踏車排氣污染量試驗法 (机器脚踏车排气污染量试验法)	Z64
11496-1987	D3166	汽油車引擎曲軸箱通氣回流系統試驗法 (汽油车引擎曲轴箱通气回流系统试验法)	T13
11499-1986	D3168	汽車用雨刷片及雨刷臂檢驗法 (汽车用雨刷片及雨刷臂检验法)	T20
11530-1986	D3169	配衡型叉舉車安定性檢驗法 (配衡型叉举车安定性检验法)	J83
11531-1986	D3170	伸縮型及跨提型叉舉車安定性檢驗法 (伸缩型及跨提型叉举车安定性检验法)	J83
11532-1986	D3171	側舉型叉舉車安定性檢驗法 (侧举型叉举车安定性检验法)	J83
11533-1986	D3172	檢提型叉舉車安定性檢驗法 (检提型叉举车安定性检验法)	J83
11534-1987	D3173	汽油車引擎燃料蒸發控制系統試驗法 (汽油车引擎燃料蒸发控制系统试验法)	T13
11644-2002	D3174	柴油車無負載急加速排氣煙度試驗法 (柴油车无负载急加速排气烟度试验法)	T47
11645-2002	D3175	柴油車全負載定轉速排氣煙度檢驗法 (柴油车全负载定转速排气烟度检验法)	Z64
12172-1987	D3176	汽車用圓盤煞車襯墊接着面生銹試驗法 (汽车用圆盘刹车衬垫接着面生锈试验法)	T24
12173-2005	D3177	汽車用煞車韌襯壓縮應變試驗法 (汽车用刹车韧衬压缩应变试验法)	T24
12174-1987	D3178	汽車用煞車韌襯及圓盤煞車襯墊之銹膠着試驗法 (汽车用刹车韧衬及圆盘刹车衬垫之锈胶着试验法)	T24
12175-2005	D3179	汽車用煞車韌襯材料抗剪強度試驗法 (汽车用刹车韧衬材料抗剪强度试验法)	T24
12176-1987	D3180	汽車用煞車韌襯及圓盤煞車襯墊之熱膨脹試驗法 (汽车用刹车韧衬及圆盘刹车衬垫之热膨胀试验法)	T24
12177-1987	D3181	汽車用圓盤煞車襯墊之熱板加熱膨脹試驗法 (汽车用圆盘刹车衬垫之热板加热膨胀试验法)	T24
12178-1987	D3182	汽車用煞車韌襯及圓盤煞車襯墊之比重試驗法 (汽车用刹车韧衬及圆盘刹车衬垫之比重试验法)	T24
12179-1987	D3183	汽車用煞車韌襯及圓盤煞車襯墊之氣孔率試驗法 (汽车用刹车韧衬及圆盘刹车衬垫之气孔率试验法)	T24
12299-1988	D3184	機器腳踏車無負載急加速排煙試驗法 (机器脚踏车无负载急加速排烟试验法)	T80

标准号	台湾地区标准分类号	标准名称	中国标准分类
12567-1989	D3185	汽油車排氣濃度試驗法 (汽油车排气浓度试验法)	Z64
12626-1992	D3186	電子式汽車計費表檢驗法 (电子式汽车计费表检验法)	T39
12656-1990	D3187	汽車用燃料泵膜片試驗法 (汽车用燃料泵膜片试验法)	T14
12985-1992	D3188	小客車定圓旋轉試驗法 (小客车定圆旋转试验法)	A42
13060-1992	D3189	汽車衝擊試驗之計測 (汽车冲击试验之计测)	A42
13096-1992	D3190	小客車車頂強度試驗法 (小客车车顶强度试验法)	T27
13097-1992	D3191	小客車側門強度試驗法 (小客车侧门强度试验法)	A42
13308-1993	D3193	半拖車用第五輪聯結銷檢驗法 (半拖车用第五轮联结销检验法)	T72
13376-2005	D3194	汽車用圓盤式煞車襯墊及鼓輪式煞車蹄片總成抗剪強度試驗法 (汽车用圆盘式刹车衬垫及鼓轮式刹车蹄片总成抗剪强度试验法)	T24
13387-1994	D3195	車輛內裝材料燃燒性試驗法 (车辆内装材料燃烧性试验法)	T05
13440-1994	D3196	汽車傾斜穩定度計算法 (汽车倾斜稳定度计算法)	J10
13441-1994	D3197	汽車傾斜穩定度試驗法 (汽车倾斜稳定度试验法)	J10
13953-1997	D3198	液壓煞車系統試驗法 (液压刹车系统试验法)	T24
14128-1998	D3199	小客車用儀表板衝擊試驗法 (小客车用仪表板冲击试验法)	T04
14129-1998	D3200	車輛零組件隨機振動試驗法 (车辆零组件随机振动试验法)	T04
14410-2004	D3201	機器腳踏車排氣系統外露表面溫度試驗法 (机器脚踏车排气系统外露表面温度试验法)	Y14
14579-1-2009	D3202-1	汽車火災預防檢驗法—第1部:燃料箱 (汽车火灾预防检验法—第1部:燃料箱)	T04
14579-2-2009	D3202-2	汽車火災預防檢驗法—第2部:小客車碰撞 (汽车火灾预防检验法—第2部:小客车碰撞)	T04
14580-2009	D3203	小客車之前面碰撞試驗法 (小客车之前面碰撞试验法)	T04
14581-2009	D3204	小客車之後面碰撞試驗法 (小客车之后面碰撞试验法)	T04
15263-2009	D3205	小型車之側面碰撞試驗法 (小型车之侧面碰撞试验法)	T04

D4 工 具

标准号	台湾地区标准分类号	标准名称	中国标准分类
4074-2002	D4001	汽車用輕便式液壓千斤頂 (汽车用轻便式液压千斤顶)	T40
4075-1985	D4002	汽車(修車房)用液壓千斤頂 (汽车(修车房)用液压千斤顶)	T40

标 准 号	台湾地区标准分类号	标 准 名 称	中国标准分类
4076-1994	D4003	汽車用輕便式螺旋千斤頂 (汽车用轻便式螺旋千斤顶)	T40
4077-1977	D4004	汽車用升降機 (汽车用升降机)	T25
4078-1977	D4005	汽車用車輛升降機總則 (汽车用车辆升降机总则)	T25
5432-1994	D4006	汽車用輕便式輪型液壓千斤頂 (汽车用轻便式轮型液压千斤顶)	T40
8389-1985	D4007	汽車用氣動舉升器 (汽车用气动举升器)	T25
8817-1982	D4008	汽車用輪圈螺帽扳手 (汽车用轮圈螺帽扳手)	T40
9845-2003	D4009	柴油車用反射式排氣煙度計 (柴油车用反射式排气烟度计)	T81
9846-1995	D4010	柴油車用透光式排氣煙度計 (柴油车用透光式排气烟度计)	T47
10249-1983	D4011	汽車用輪胎氣門嘴拉具 (汽车用轮胎气门嘴拉具)	T43
10621-1991	D4012	汽車用輪胎氣壓錶(計) (汽车用轮胎气压表(计))	T39
10742-1984	D4013	頭燈試驗機 (头灯试验机)	T47
10743-1984	D4014	機械瞄準型封閉式頭燈組頭燈瞄準裝置 (机械瞄准型封闭式头灯组头灯瞄准装置)	T38

轨道工程

标准号	台湾地区标准分类号	标准名称	中国标准分类

E1 材 料

标准号	台湾地区标准分类号	标准名称	中国标准分类
1150-1972	E1001	輕型鋼軌 (轻型钢轨)	S11
2519-1996	E1003	鐵路木枕(軌距 1 067 mm 者) (铁路木枕(轨距 1 067 mm 者))	S11
2664-1966	E1004	三十七公斤鋼軌用木枕墊板 (三十七公斤钢轨用木枕垫板)	H52
2665-1972	E1005	防爬器(鐵路用) (防爬器(铁路用))	S12
2787-1996	E1006	鋼軌用魚尾板 (钢轨用鱼尾板)	P52
2788-1996	E1007	輕型鋼軌用魚尾板 (轻型钢轨用鱼尾板)	H52
3268-1971	E1008	普通鋼軌 (普通钢轨)	H52
7033-1981	E1009	魚尾板用彈簧墊圈 (鱼尾板用弹簧垫圈)	J13
7981-1981	E1010	鐵路車輛用弓形把手 (铁路车辆用弓形把手)	S34
8959-1982	E1011	鐵路車輛用鋼製壓套軸襯,D 型 (铁路车辆用钢制压套轴衬,D 型)	S34
8960-1982	E1012	鐵路車輛用鋼製壓入軸襯,C 型 (铁路车辆用钢制压入轴衬,C 型)	S34
9694-1982	E1013	鐵路車輛氣軔用膠軟管 (铁路车辆气轫用胶软管)	S32
9695-1982	E1014	鐵路車輛用車長閥 (铁路车辆用车长阀)	S32
9696-1982	E1015	鐵路車輛用貯氣筒 (铁路车辆用贮气筒)	S32
9697-1982	E1016	鐵路車輛軔管用空氣濾塵器 (铁路车辆轫管用空气滤尘器)	S32
9698-1982	E1017	電氣連結器 (电气连结器)	S35
9699-1982	E1018	自動連結器 (自动连结器)	S31
9700-1982	E1019	自動連結器用合金鋼鑄件 (自动连结器用合金钢铸件)	J31
9701-1982	E1020	鐵路車輛用密著連結器 (铁路车辆用密着连结器)	S31
9702-1982	E1021	鐵路車輛用橡皮緩衝器 (铁路车辆用橡皮缓冲器)	S31
9703-1982	E1022	鐵路車輛緩衝器用橡膠材料 (铁路车辆缓冲器用橡胶材料)	G33
9993-1983	E1023	鐵路車輛用防振橡膠通則 (铁路车辆用防振橡胶通则)	S33
9994-1983	E1024	鐵路車輛軸簧及枕簧用防振橡膠 (铁路车辆轴簧及枕簧用防振橡胶)	S33
9995-1983	E1025	鐵路車輛搖枕錨桿用防振橡膠 (铁路车辆摇枕锚杆用防振橡胶)	S33

标准号	台湾地区标准分类号	标准名称	中国标准分类
9996-1983	E1026	鐵路車輛車軸軸承之止推檔用防振橡膠 （铁路车辆车轴轴承之止推档用防振橡胶）	S33
9997-1983	E1027	鐵路車輛側承用防振橡膠 （铁路车辆侧承用防振橡胶）	S33
10066-1983	E1028	鐵路車輛油壓減震器用防振橡膠 （铁路车辆油压减震器用防振橡胶）	S33
10067-1983	E1029	鐵路車輛牽引馬達及驅動裝置懸承用防振橡膠 （铁路车辆牵引马达及驱动装置悬承用防振橡胶）	S33
10068-1983	E1030	鐵路車輛柴油引擎懸承用防振橡膠 （铁路车辆柴油引擎悬承用防振橡胶）	S33
10069-1983	E1031	鐵路車輛附屬裝置懸承用防振橡膠 （铁路车辆附属装置悬承用防振橡胶）	S33
10070-1983	E1032	鐵路車輛止檔用防振橡膠 （铁路车辆止档用防振橡胶）	S33
10494-1983	E1033	鐵路車輛用碳鋼輪箍 （铁路车辆用碳钢轮箍）	S34
11198-1985	E1034	鐵路車輛用電磁閥 （铁路车辆用电磁阀）	S35
11199-1985	E1035	鐵路車輛用氣壓式車窗雨刷器 （铁路车辆用气压式车窗雨刷器）	S34
11200-1985	E1036	鐵路車輛空氣彈簧用高度自動調節閥 （铁路车辆空气弹簧用高度自动调节阀）	S32
11202-1985	E1037	鐵路車輛用軸箱 （铁路车辆用轴箱）	S33
11203-1985	E1038	鐵路車輛滑動軸承之軸箱用防塵板 （铁路车辆滑动轴承之轴箱用防尘板）	S30
11204-1985	E1039	鐵路車輛用滑動軸承 （铁路车辆用滑动轴承）	S34
11205-1985	E1040	鐵路車輛用油封 （铁路车辆用油封）	S34
11278-1996	E1041	端部熱處理鋼軌 （端部热处理钢轨）	H52
11279-1985	E1042	熱處理鋼軌 （热处理钢轨）	H52
11280-1985	E1043	鐵路車輛用車軸 （铁路车辆用车轴）	S33
11281-1985	E1044	鐵路車輛用平頭圓銷 （铁路车辆用平头圆销）	S34
11282-1985	E1045	鐵路車輛用襯套 （铁路车辆用衬套）	S34
11283-1985	E1046	鐵路車輛用開口銷 （铁路车辆用开口销）	S34
11284-1985	E1047	鐵路車輛用青銅停止閥（5 kgf/cm^2） （铁路车辆用青铜停止阀（5 kgf/cm^2））	S33
11406-1985	E1048	鐵路車輛用輪軸 （铁路车辆用轮轴）	S33
11407-1985	E1049	鐵路車輛用整體滾軋碳鋼車輪 （铁路车辆用整体滚轧碳钢车轮）	H52
11408-1995	E1050	鐵路車輛用三通旋塞 （铁路车辆用三通旋塞）	S33
11409-1995	E1051	鐵路車輛用角旋塞 （铁路车辆用角旋塞）	S33

标准号	台湾地区标准分类号	标准名称	中国标准分类
11410-1995	E1052	鐵路車輛用切斷旋塞 (铁路车辆用切断旋塞)	S33
11411-1995	E1053	鐵路車輛用排洩旋塞 (铁路车辆用排泄旋塞)	S33
11412-1995	E1054	鐵路車輛用帶測孔之切斷旋塞 (铁路车辆用带测孔之切断旋塞)	S33
11413-1985	E1055	鐵路車輛用螺旋式管接頭 (铁路车辆用螺旋式管接头)	S34
14566-2001	E1056	螺旋道釘 (螺旋道钉)	H52
14568-2001	E1057	軌道用螺栓及螺帽 (轨道用螺栓及螺帽)	S11
14625-2002	E1058	軌道用彈簧墊圈 (轨道用弹簧垫圈)	H52
14626-2002	E1059	錳鋼岔心 (锰钢岔心)	H52
14678-2002	E1060	客車廂之玻璃窗 (客车厢之玻璃窗)	S33
14827-2004	E1061	60 kg 普通鋼軌之剖面 (60 kg 普通钢轨之剖面)	H52
14828-2004	E1062	54 kg 普通鋼軌之剖面 (54 kg 普通钢轨之剖面)	H52
14829-2004	E1063	軌道車輛用壓縮螺旋彈簧 (轨道车辆用压缩螺旋弹簧)	S33
14930-2005	E1064	軌道客車及行李車之車門、出入台、車窗、台階、握桿及扶手 (轨道客车及行李车之车门、出入台、车窗、台阶、握杆及扶手)	S34
15219-2009	E1065	標準型鋼軌 (标准型钢轨)	H52
15220-2009	E1066	鋼軌襯墊 (钢轨衬垫)	H52

E2 检 验

标准号	台湾地区标准分类号	标准名称	中国标准分类
8261-1982	E2001	鐵路車輛之重量測定法 (铁路车辆之重量测定法)	S50
8262-1983	E2002	鐵路車輛之車內噪音試驗方法 (铁路车辆之车内噪音试验方法)	S50
8263-1982	E2003	鐵路車輛之防水試驗方法 (铁路车辆之防水试验方法)	S50
8264-1982	E2004	鐵路車輛組件之振動試驗法 (铁路车辆组件之振动试验法)	S50
8265-1982	E2005	鐵路車輛組件之衝擊試驗法 (铁路车辆组件之冲击试验法)	S50
8486-1982	E2006	鐵路柴油客車完工檢查通則 (铁路柴油客车完工检查通则)	S51
10495-1983	E2007	鐵路車輛用碳鋼輪箍落重試驗裝置 (铁路车辆用碳钢轮箍落重试验装置)	H52
11813-1987	E2008	鐵路車輛用空氣壓縮機檢驗法 (铁路车辆用空气压缩机检验法)	S32
14567-2001	E2009	螺旋道釘檢驗法 (螺旋道钉检验法)	S11

标 准 号	台湾地区 标准分类号	标 准 名 称	中国标准 分 类
14569-2001	E2010	軌道用螺栓及螺帽檢驗法 (轨道用螺栓及螺帽检验法)	S11

E3 一 般

标 准 号	台湾地区 标准分类号	标 准 名 称	中国标准 分 类
8487-1982	E3001	鐵路車輛用電弧熔接接頭設計方法 (铁路车辆用电弧熔接接头设计方法)	S34
8488-1982	E3002	鐵路車輛用點熔接接頭設計方法 (铁路车辆用点熔接接头设计方法)	S34
8489-1982	E3003	鐵路車輛用合成閘瓦 (铁路车辆用合成闸瓦)	S34
8490-1982	E3004	鐵路車輛用車軸強度設計方法 (铁路车辆用车轴强度设计方法)	S33
10802-1984	E3005	鐵路車輛用單頭與雙頭梯形螺紋(理論值) (铁路车辆用单头与双头梯形螺纹(理论值))	J04
10803-1984	E3006	鐵路車輛用單頭與雙頭梯形螺紋(螺紋限界尺度與加工裕度,螺紋量規之製造許可差與許可磨耗量) (铁路车辆用单头与双头梯形螺纹(螺纹限界尺度与加工裕度,螺纹量规之制造许可差与许可磨耗量))	J04
11201-1985	E3007	鐵路車輛用布頓氏管氣壓錶 (铁路车辆用布顿氏管气压表)	N11
13993-1997	E3008	鐵路車輛詞彙 (铁路车辆词汇)	S04
13994-1997	E3009	鐵路號誌保安類詞彙 (铁路号志保安类词汇)	S04
13995-1997	E3010	電車線路用金屬零件詞彙 (电车线路用金属零件词汇)	S04
13996-1997	E3011	鐵路路線詞彙 (铁路路线词汇)	S04
13997-1997	E3012	鐵路道岔類詞彙 (铁路道岔类词汇)	S04
14942-2005	E3013	軌道客車電氣照明 (轨道客车电气照明)	S34

造 船 工 程

标准号	台湾地区 标准分类号	标准名称	中国标准 分类

F1 检 验

标准号	台湾地区标准分类号	标准名称	中国标准分类
2316-1964	F1001	船用小型內燃發動機性能檢驗標準 (船用小型内燃发动机性能检验标准)	U44
2700-1996	F1002	木船用鋼釘 (木船用钢钉)	H61
3004-1983	F1003	船用內燃主機廠試法 (船用内燃主机厂试法)	U44
3304-1971	F1004	船用內燃發動機性能檢驗標準 (船用内燃发动机性能检验标准)	U44
3913-1983	F1005	船用探照燈檢驗法 (船用探照灯检验法)	U63
3914-1983	F1006	船用閥及旋塞之檢查通則 (船用阀及旋塞之检查通则)	U53
10856-1984	F1009	船用自動控制機器環境檢驗通則 (船用自动控制机器环境检验通则)	U62
12770-1990	F1017	船用浮煙信號設備檢驗法 (船用浮烟信号设备检验法)	U27

F2 材 料

标准号	台湾地区标准分类号	标准名称	中国标准分类
3064-1970	F2001	船舶用圓型窗強化玻璃 (船舶用圆型窗强化玻璃)	U26

F3 工具、机器

标准号	台湾地区标准分类号	标准名称	中国标准分类
1102-1992	F3001	船匠用鋸 (船匠用锯)	U80
3808-1988	F3003	船用鑄鐵球閥(5 kgf/cm²) (船用铸铁球阀(5 kgf/cm²))	U53
3809-1986	F3004	船用鑄鐵角閥(5 kgf/cm²) (船用铸铁角阀(5 kgf/cm²))	U52
3810-1988	F3005	船用鑄鐵旋緊止回球形閥(5 kgf/cm²) (船用铸铁旋紧止回球形阀(5 kgf/cm²))	U52
3811-1986	F3006	船用鑄鐵閘閥(5 kgf/cm²) (船用铸铁闸阀(5 kgf/cm²))	U53
3812-1986	F3007	船用鑄鐵閘閥(10 kgf/cm²) (船用铸铁闸阀(10 kgf/cm²))	U53
3813-1986	F3008	船用鑄鐵旋緊止回角閥(10 kgf/cm²) (船用铸铁旋紧止回角阀(10 kgf/cm²))	U52
3814-1986	F3009	船用鑄鋼立式止浪閥 (船用铸钢立式止浪阀)	U52
3815-1975	F3010	船用擠壓型鋁方窗 (船用挤压型铝方窗)	U26
3816-1986	F3011	船用鋁合金舷窗 (船用铝合金舷窗)	U26
3817-1986	F3012	船用固定方窗 (船用固定方窗)	U26

标准号	台湾地区 标准分类号	标准名称	中国标准 分类
3912-1976	F3013	船用探照燈 (船用探照灯)	U63
3937-1996	F3014	錨 (锚)	U21
5209-1983	F3015	船用小型開口滑車 (船用小型开口滑车)	U24
5210-1980	F3016	船用滑車之槽輪 (船用滑车之槽轮)	U24
5325-1980	F3017	艙口鎖緊柄 (舱口锁紧柄)	U26
5326-1980	F3018	艙蓋壓條扣 (舱盖压条扣)	U26
5327-1983	F3019	艙口壓條 (舱口压条)	U26
5328-1980	F3020	艙口楔 (舱口楔)	U26
5329-1983	F3021	艙壁通風器 (舱壁通风器)	U54
5330-1980	F3022	船用木質扶手 (船用木质扶手)	U26
5331-1983	F3023	船用扶手柱 (船用扶手柱)	U26
5332-1980	F3024	手動舵輪 (手动舵轮)	U24
5333-1980	F3025	繫船管 (系船管)	U21
5334-1997	F3026	繫纜樁 (系缆桩)	U21
5335-1980	F3027	簡易型繫纜樁 (简易型系缆桩)	U21
5438-1980	F3028	救生艇用鋼滑車 (救生艇用钢滑车)	U27
5439-1980	F3029	船用纖維繩牽索鋼滑車 (船用纤维绳牵索钢滑车)	U24
5440-1997	F3030	船用纖維繩牽索附轉環鋼滑車 (船用纤维绳牵索附转环钢滑车)	U24
5441-1980	F3031	船用信號旗鋼滑車 (船用信号旗钢滑车)	U24
5442-1997	F3032	巴拿馬導索器 (巴拿马导索器)	U21
5443-1980	F3033	開口型導索器 (开口型导索器)	U21
5444-1980	F3034	封閉型導索器 (封闭型导索器)	U21
5568-1997	F3035	船用攀梯踏腳 (船用攀梯踏脚)	U26
5569-1997	F3036	船用鋼直梯 (船用钢直梯)	U26
5570-1983	F3037	鋼質甲板梯 (钢质甲板梯)	U26
5571-1996	F3038	船用蝶形螺帽 (船用蝶形螺帽)	J13

标准号	台湾地区 标准分类号	标准名称	中国标准 分类
5572-1996	F3039	船用眼板 （船用眼板）	R31
5573-1999	F3040	蕈形通風筒 （蕈形通风筒）	U47
5574-1997	F3041	鵝頸通風筒 （鹅颈通风筒）	U47
5575-1980	F3042	煙斗形通風筒 （烟斗形通风筒）	U47
6035-2000	F3043	船舶用鉛蓄電池 （船舶用铅蓄电池）	U61
6176-1996	F3044	船用人孔 （船用人孔）	U26
6177-1997	F3045	船用鋼質非風雨密門 （船用钢质非风雨密门）	U26
6178-1998	F3046	水密滑門 （水密滑门）	U26
6179-1997	F3047	水密滑門開閉指示器 （水密滑门开闭指示器）	U26
6180-1999	F3048	船用鋼質風雨密門(圓角型)裝具 （船用钢质风雨密门(圆角型)装具）	U25
6181-1996	F3049	船用油面計孔 （船用油面计孔）	U55
6182-1998	F3050	船用鋼質風雨密門(圓角型) （船用钢质风雨密门(圆角型)）	U25
6325-1980	F3051	測深管甲板裝具 （测深管甲板装具）	U26
6326-1980	F3052	管口蓋 （管口盖）	U26
6327-1980	F3053	管口蓋板手 （管口盖板手）	U55
6328-1980	F3054	貨油艙傳動軸之萬向接頭 （货油舱传动轴之万向接头）	U48
6329-1983	F3055	船舶冷藏庫用排水孔裝具 （船舶冷藏库用排水孔装具）	U26
6330-1998	F3056	船用鑄鐵管套筒型伸縮接頭 （船用铸铁管套筒型伸缩接头）	U55
6437-1980	F3057	船用鑄鋼管套筒型伸縮接頭 （船用铸钢管套筒型伸缩接头）	U55
6438-1980	F3058	自閉平行旋塞式短測深管頭 （自闭平行旋塞式短测深管头）	U55
6439-1980	F3059	自閉閘閥式短測深管頭 （自闭闸阀式短测深管头）	U55
6440-1980	F3060	船用鋼管夾 （船用钢管夹）	U55
6441-1983	F3061	船用鋼管 U 型螺栓 （船用钢管 U 型螺栓）	U55
6442-1980	F3062	船用小口徑銅管之甲板或艙壁貫穿管套 （船用小口径铜管之甲板或舱壁贯穿管套）	U55
6443-1980	F3063	船用底閥 （船用底阀）	U52
6444-1980	F3064	鉸鏈式測深管蓋 （铰链式测深管盖）	U55

标准号	台湾地区标准分类号	标准名称	中国标准分类
6562-1980	F3065	錨位浮標 (锚位浮标)	R62
6563-1980	F3066	小型制錨器 (小型制锚器)	U21
6564-1980	F3067	緊索螺旋扣 (紧索螺旋扣)	U21
6565-1980	F3068	吊鏈 (吊链)	U24
6566-1980	F3069	制索鏈 (制索链)	R46
6567-1980	F3070	小型吊鏈 (小型吊链)	U24
6817-1980	F3071	船用鋼纜捲盤 (船用钢缆卷盘)	U22
6820-1980	F3072	船用小型鋼纜捲盤 (船用小型钢缆卷盘)	U22
6825-1980	F3073	船用環板 (船用环板)	U24
6826-1980	F3074	埋入式鏈環板 (埋入式链环板)	U24
6827-1980	F3075	牛角形繫索扣 (牛角形系索扣)	U21
6828-1980	F3076	船用鋼纜牽索之眼板 (船用钢缆牵索之眼板)	U21
6829-1980	F3077	船舶吊桿牽索用繫索扣 (船舶吊杆牵索用系索扣)	U24
6830-1980	F3078	船用肘節銷 (船用肘节销)	U21
6831-1980	F3079	船用小鏈 (船用小链)	U21
6832-1980	F3080	船用小鏈之S形環 (船用小链之S形环)	U21
6833-1980	F3081	船用小鏈之眼板 (船用小链之眼板)	U21
6912-1981	F3082	船用艙口樑吊索 (船用舱口梁吊索)	U24
6913-1981	F3083	船用吊桿頂索之小型鋼索鉗 (船用吊杆顶索之小型钢索钳)	U24
6914-1981	F3084	船用小型鋼滑車 (船用小型钢滑车)	U22
6915-19955	F3085	船用消防斧 (船用消防斧)	U80
6916-1983	F3086	船用繩梯 (船用绳梯)	U26
6917-1981	F3087	船用傾斜計 (船用倾斜计)	U65
6918-1981	F3088	船用號鐘 (船用号钟)	U56
7232-1981	F3089	小型船舶用舵承 (小型船舶用舵承)	U24
7233-1981	F3090	鑄鐵製壓扣型制鏈器 (铸铁制压扣型制链器)	U21

标准号	台湾地区标准分类号	标准名称	中国标准分类
7234-1981	F3091	鑄鐵製甲板端滾子 (铸铁制甲板端滚子)	U21
7235-1981	F3092	鋼板製甲板端滾子 (钢板制甲板端滚子)	U21
7236-1981	F3093	心軸型人工操舵裝置 (心轴型人工操舵装置)	U24
7237-1981	F3094	船用纜索孔蓋 (船用缆索孔盖)	U21
7238-1981	F3095	鏈型人工操舵裝置 (链型人工操舵装置)	U21
7239-1989	F3096	船用青銅球閥(5 kgf/cm²) (船用青铜球阀(5 kgf/cm²))	U53
7240-1981	F3097	船用青銅角閥(5 kgf/cm²) (船用青铜角阀(5 kgf/cm²))	U53
7241-1988	F3098	船用青銅球閥(16 kgf/cm²) (船用青铜球阀(16 kgf/cm²))	U53
7242-1981	F3099	船用青銅角閥(16 kgf/cm²) (船用青铜角阀(16 kgf/cm²))	U53
7243-1987	F3100	船用鑄鐵球形閥(10 kgf/cm²) (船用铸铁球形阀(10 kgf/cm²))	U53
7244-1981	F3101	船用鑄鐵角閥(10 kgf/cm²) (船用铸铁角阀(10 kgf/cm²))	U53
7245-1987	F3102	船用鑄鐵球形閥(16 kgf/cm²) (船用铸铁球形阀(16 kgf/cm²))	U53
7246-1981	F3103	船用鑄鐵角閥(16 kgf/cm²) (船用铸铁角阀(16 kgf/cm²))	U52
7369-1981	F3104	鏈型人工操舵裝置之導滑車 (链型人工操舵装置之导滑车)	U24
7370-1981	F3105	鑄鋼製壓扣型制鏈器 (铸钢制压扣型制链器)	U21
7371-1981	F3106	第二級錨鍊用鑄鋼舌型制鏈器 (第二级锚炼用铸钢舌型制链器)	U21
7372-1981	F3107	鑄鐵製小型甲板端滾子 (铸铁制小型甲板端滚子)	U21
7373-1981	F3108	鋼板製小型甲板端滾子 (钢板制小型甲板端滚子)	U21
7374-1981	F3109	小型導索器 (小型导索器)	U21
7682-1987	F3110	船用鑄鋼球形閥(5 kgf/cm²) (船用铸钢球形阀(5 kgf/cm²))	U53
7683-1981	F3111	船用鑄鋼角閥(5 kgf/cm²) (船用铸钢角阀(5 kgf/cm²))	U52
7684-1987	F3112	船用鑄鋼球形閥(20 kgf/cm²) (船用铸钢球形阀(20 kgf/cm²))	U53
7685-1981	F3113	船用鑄鋼角閥(20 kgf/cm²) (船用铸钢角阀(20 kgf/cm²))	U52
7686-1987	F3114	船用鑄鋼球形閥(30 kgf/cm²) (船用铸钢球形阀(30 kgf/cm²))	U53
7687-1981	F3115	船用鑄鋼角閥(30 kgf/cm²) (船用铸钢角阀(30 kgf/cm²))	U52
7688-1987	F3116	船用鑄鋼球形閥(40 kgf/cm²) (船用铸钢球形阀(40 kgf/cm²))	U53

标 准 号	台湾地区 标准分类号	标 准 名 称	中国标准 分 类
7689-1981	F3117	船用鑄鋼角閥(40 kgf/cm²) (船用铸钢角阀(40 kgf/cm²))	U52
7690-1981	F3118	船用水平滾子 (船用水平滚子)	U21
7691-1981	F3119	船用小型鑄鋼製制鏈器 (船用小型铸钢制制链器)	U21
7692-1981	F3120	船用小型立式滾子 (船用小型立式滚子)	U21
7693-1981	F3121	錨鏈扣 (锚链扣)	U22
7694-1981	F3122	萬向導索器 (万向导索器)	U21
7695-1981	F3123	第二級錨鍊用滾舌型制鏈器 (第二级锚炼用滚舌型制链器)	U21
7696-1981	F3124	船舶拖航及繫泊用腋板 (船舶拖航及系泊用腋板)	U21
7787-1981	F3125	導索器 (导索器)	U21
7788-1981	F3126	拖船用雙十字型繫樁 (拖船用双十字型系桩)	U21
7789-1981	F3127	木材綑縛用鬆緊螺旋扣 (木材捆缚用松紧螺旋扣)	U24
7790-1981	F3128	木材綑縛用鏈 (木材捆缚用链)	U21
7791-1981	F3129	船舶一般用吊臂 (船舶一般用吊臂)	U24
7792-1981	F3130	船舶一般用鏈 (船舶一般用链)	U21
7898-1987	F3131	船用鑄鋼球形閥(10 kgf/cm²) (船用铸钢球形阀(10 kgf/cm²))	U53
7899-1981	F3132	船用鑄鋼角閥(10 kgf/cm²) (船用铸钢角阀(10 kgf/cm²))	U52
7900-1987	F3133	船用展性鑄鐵球形閥(5 kgf/cm²) (船用展性铸铁球形阀(5 kgf/cm²))	U53
7901-1981	F3134	船用展性鑄鐵角閥(5 kgf/cm²) (船用展性铸铁角阀(5 kgf/cm²))	U52
7902-1987	F3135	船用展性鑄鐵球形閥(16 kgf/cm²) (船用展性铸铁球形阀(16 kgf/cm²))	U53
7903-1981	F3136	船用展性鑄鐵角閥(16 kgf/cm²) (船用展性铸铁角阀(16 kgf/cm²))	U52
7904-1987	F3137	船用鍛鋼球形閥(40 kgf/cm²) (船用锻钢球形阀(40 kgf/cm²))	U53
7905-1981	F3138	船用鍛鋼角閥(40 kgf/cm²) (船用锻钢角阀(40 kgf/cm²))	U52
7984-1981	F3139	船舶一般用吊柱 (船舶一般用吊柱)	U24
7985-1981	F3140	船用吊貨鉤 (船用吊货钩)	U24
7986-1981	F3141	船用吊桿頂索捲放裝置 (船用吊杆顶索卷放装置)	U24
7987-1981	F3142	船用鋼板製吊桿 (船用钢板制吊杆)	U24

标准号	台湾地区标准分类号	标准名称	中国标准分类
8107-1981	F3143	船用鑄鐵軟管閥 (船用铸铁软管阀)	U52
8108-1981	F3144	船用青銅軟管閥 (船用青铜软管阀)	U52
8109-1981	F3145	船用軟管接頭與配件 (船用软管接头与配件)	U55
8110-1987	F3146	船用鍛鋼壓縮空氣球形閥 (船用锻钢压缩空气球形阀)	U53
8111-1981	F3147	船用鍛鋼壓縮空氣角閥 (船用锻钢压缩空气角阀)	U52
8112-1987	F3148	船用鑄鋼壓縮空氣球形閥 (船用铸钢压缩空气球形阀)	U53
8113-1981	F3149	船用吊桿頂索架 (船用吊杆顶索架)	U24
8114-1981	F3150	船用吊桿鵝頸架 (船用吊杆鹅颈架)	U24
8115-1981	F3151	吊桿承頭部裝具 (吊杆承头部装具)	U24
8116-1981	F3152	船用輕載吊桿頂索架 (船用轻载吊杆顶索架)	U24
8117-1981	F3153	船用輕載吊桿鵝頸架 (船用轻载吊杆鹅颈架)	U24
8118-1981	F3154	船用輕載吊桿 (船用轻载吊杆)	U24
8270-1982	F3155	船用鍛鋼壓力計閥(100 kgf/cm^2) (船用锻钢压力计阀(100 kgf/cm^2))	U53
8271-1982	F3156	船用青銅壓力計旋塞(20 kgf/cm^2) (船用青铜压力计旋塞(20 kgf/cm^2))	U53
8272-1988	F3157	船用青銅管套帽型球形閥(5 kgf/cm^2) (船用青铜管套帽型球形阀(5 kgf/cm^2))	U53
8273-1982	F3158	船用青銅管套帽型角閥(5 kgf/cm^2) (船用青铜管套帽型角阀(5 kgf/cm^2))	U52
8274-1988	F3159	船用青銅管套帽型球形閥(16 kgf/cm^2) (船用青铜管套帽型球形阀(16 kgf/cm^2))	U53
8275-1982	F3160	船用青銅管套帽型角閥(16 kgf/cm^2) (船用青铜管套帽型角阀(16 kgf/cm^2))	U52
8491-1982	F3161	船體用鑄鋼角閥 (船体用铸钢角阀)	U52
8492-1988	F3162	船用青銅螺桿止回球形閥(5 kgf/cm^2) (船用青铜螺杆止回球形阀(5 kgf/cm^2))	U52
8493-1982	F3163	船用青銅螺桿止回角閥(5 kgf/cm^2) (船用青铜螺杆止回角阀(5 kgf/cm^2))	U52
8494-1988	F3164	船用鑄鐵螺桿止回球形閥(5 kgf/cm^2) (船用铸铁螺杆止回球形阀(5 kgf/cm^2))	U53
8495-1982	F3165	船用鑄鐵螺桿止回角閥(5 kgf/cm^2) (船用铸铁螺杆止回角阀(5 kgf/cm^2))	U52
8496-1982	F3166	船用青銅升程止回閥(5 kgf/cm^2) (船用青铜升程止回阀(5 kgf/cm^2))	U52
8681-1982	F3167	艙口蓋板 (舱口盖板)	U26
8682-1982	F3168	船用油密艙口蓋 (船用油密舱口盖)	U26

标准号	台湾地区标准分类号	标准名称	中国标准分类
8683-1982	F3169	船用鋼質小型艙口蓋 (船用钢质小型舱口盖)	U26
8684-1982	F3170	船用鋼質小型艙口蓋之裝具 (船用钢质小型舱口盖之装具)	U26
8685-1982	F3171	船用棘輪扳手 (船用棘轮扳手)	U80
8686-1982	F3172	簡便型艙蓋壓條扣 (简便型舱盖压条扣)	U26
8689-1988	F3173	船用鑄鐵升程止回球形閥(5 kgf/cm^2) (船用铸铁升程止回球形阀(5 kgf/cm^2))	U52
8690-1982	F3174	船用鑄鐵升程止回角閥(5 kgf/cm^2) (船用铸铁升程止回角阀(5 kgf/cm^2))	U52
8691-1982	F3175	船體用鑄鋼閘閥 (船体用铸钢闸阀)	U53
8692-1987	F3176	船體用鑄鋼球形閥 (船体用铸钢球形阀)	U53
8818-1982	F3177	船用鑄鋼閘閥(10 kgf/cm^2) (船用铸钢闸阀(10 kgf/cm^2))	U53
8819-1982	F3178	船用青銅昇桿式閘閥(5 kgf/cm^2) (船用青铜升杆式闸阀(5 kgf/cm^2))	U53
8820-1982	F3179	船用青銅昇桿式閘閥(10 kgf/cm^2) (船用青铜升杆式闸阀(10 kgf/cm^2))	U53
8821-1982	F3180	船用鑄鐵閘閥(16 kgf/cm^2) (船用铸铁闸阀(16 kgf/cm^2))	U53
8822-1982	F3181	船用青銅擺動止回閥(5 kgf/cm^2) (船用青铜摆动止回阀(5 kgf/cm^2))	U52
8823-1982	F3182	船用鑄鐵擺動止回閥(5 kgf/cm^2) (船用铸铁摆动止回阀(5 kgf/cm^2))	U52
8824-1982	F3183	船用鑄鐵擺動止回閥(10 kgf/cm^2) (船用铸铁摆动止回阀(10 kgf/cm^2))	U52
8825-1988	F3184	船用鑄鐵螺桿止回球形閥(10 kgf/cm^2) (船用铸铁螺杆止回球形阀(10 kgf/cm^2))	U52
8961-1988	F3185	船用鑄鐵螺桿止回球形閥(16 kgf/cm^2) (船用铸铁螺杆止回球形阀(16 kgf/cm^2))	U52
8962-1982	F3186	船用鑄鐵螺桿止回角閥(16 kgf/cm^2) (船用铸铁螺杆止回角阀(16 kgf/cm^2))	U52
8963-1982	F3187	船用黃銅停止閥附咬接接頭(30 kgf/cm^2) (船用黄铜停止阀附咬接接头(30 kgf/cm^2))	U52
8964-1982	F3188	船用青銅凸緣旋塞(5 kgf/cm^2) (船用青铜凸缘旋塞(5 kgf/cm^2))	U53
8965-1982	F3189	船用青銅旋塞(16 kgf/cm^2) (船用青铜旋塞(16 kgf/cm^2))	U53
8966-1988	F3190	船用青銅球形閥(20 kgf/cm^2) (船用青铜球形阀(20 kgf/cm^2))	U53
9253-1982	F3191	船用青銅角閥(20 kgf/cm^2) (船用青铜角阀(20 kgf/cm^2))	U52
9254-1982	F3192	船用附鎖旋塞 (船用附锁旋塞)	U53
9255-1987	F3193	船用鑄鐵球形閥(3 kgf/cm^2) (船用铸铁球形阀(3 kgf/cm^2))	U53
9256-1982	F3194	船用鑄鐵角閥(3 kgf/cm^2) (船用铸铁角阀(3 kgf/cm^2))	U52

标准号	台湾地区标准分类号	标准名称	中国标准分类
9257-1988	F3195	船用青銅球形閥(3 kgf/cm^2) (船用青铜球形阀(3 kgf/cm^2))	U53
9258-1982	F3196	船用青銅角閥(3 kgf/cm^2) (船用青铜角阀(3 kgf/cm^2))	U52
9259-1982	F3197	船用鑄鐵閘閥(3 kgf/cm^2) (船用铸铁闸阀(3 kgf/cm^2))	U53
9260-1982	F3198	船用鑄鐵吸入歧管閥(5 kgf/cm^2) (船用铸铁吸入歧管阀(5 kgf/cm^2))	U52
9261-1982	F3199	船用鑄鐵排出歧管閥(5 kgf/cm^2) (船用铸铁排出歧管阀(5 kgf/cm^2))	U52
9483-1982	F3200	船用燃油櫃自閉型排洩閥 (船用燃油柜自闭型排泄阀)	U52
9484-1982	F3201	船用燃油櫃緊急關斷閥 (船用燃油柜紧急关断阀)	U52
9485-1982	F3202	船用鑄鋼凸緣型安全閥(30 kgf/cm^2) (船用铸钢凸缘型安全阀(30 kgf/cm^2))	U52
9486-1982	F3203	船用鍛鋼螺接型安全閥(30 kgf/cm^2) (船用锻钢螺接型安全阀(30 kgf/cm^2))	U52
9487-1988	F3204	船用青銅管套帽型螺桿止回球形閥(5 kgf/cm^2) (船用青铜管套帽型螺杆止回球形阀(5 kgf/cm^2))	U53
9488-1982	F3205	船用青銅管套帽型螺桿止回角閥(5 kgf/cm^2) (船用青铜管套帽型螺杆止回角阀(5 kgf/cm^2))	U52
9489-1988	F3206	船用青銅管套帽型螺桿止回球形閥(16 kgf/cm^2) (船用青铜管套帽型螺杆止回球形阀(16 kgf/cm^2))	U52
9490-1982	F3207	船用青銅管套帽型螺桿止回角閥(16 kgf/cm^2) (船用青铜管套帽型螺杆止回角阀(16 kgf/cm^2))	U52
9491-1988	F3208	船用青銅管套帽型升程止回球形閥(5 kgf/cm^2) (船用青铜管套帽型升程止回球形阀(5 kgf/cm^2))	U52
9492-1982	F3209	船用青銅管套帽型升程止回角閥(5 kgf/cm^2) (船用青铜管套帽型升程止回角阀(5 kgf/cm^2))	U52
10071-1983	F3210	船用小型人孔 (船用小型人孔)	U26
10072-1983	F3211	小型船舶用鋼質風雨密門裝具 (小型船舶用钢质风雨密门装具)	U26
10073-1983	F3212	船舶艙櫃清潔孔用蓋 (船舶舱柜清洁孔用盖)	U26
10074-1983	F3213	小型船舶用鋼質非水密門 (小型船舶用钢质非水密门)	U26
10081-1983	F3214	船用簡便型固定舷窗 (船用简便型固定舷窗)	U26
10082-1983	F3215	船用滅焰器 (船用灭焰器)	U42
10083-1983	F3216	船用通氣艙口蓋 (船用通气舱口盖)	U26
10084-1983	F3217	船舶露天部位空心門 (船舶露天部位空心门)	U26
10250-1983	F3218	甲板天窗 (甲板天窗)	U26
10251-1983	F3219	船用上下滑動方窗 (船用上下滑动方窗)	U20
10252-1983	F3220	船用鉸鏈式方窗 (船用铰链式方窗)	U26

标 准 号	台湾地区 标准分类号	标 准 名 称	中国标准 分 类
10253-1983	F3221	船舶冷藏糧食庫用玻璃纖維強化塑膠門 (船舶冷藏粮食库用玻璃纤维强化塑料门)	U26
10254-1983	F3222	船用青銅製舷窗 (船用青铜制舷窗)	U26
10338-1983	F3223	鋼質碼頭梯 (钢质码头梯)	U26
10339-1983	F3224	鋁合金質碼頭梯 (铝合金质码头梯)	U26
10340-1983	F3225	舷牆梯 (舷墙梯)	U20
10341-1983	F3226	巴拿馬運河引水人平台 (巴拿马运河引水人平台)	U26
10342-1983	F3227	引水軟梯 (引水软梯)	U26
10343-1983	F3228	救生艇筏用乘載梯 (救生艇筏用乘载梯)	U27
10344-1983	F3229	鋁合金舷梯 (铝合金舷梯)	U26
10345-1983	F3230	鋼質舷梯 (钢质舷梯)	U26
10429-1983	F3231	船用開口滑車 (船用开口滑车)	U24
10430-1983	F3232	船用鋼索帶木滑車 (船用钢索带木滑车)	U24
10431-1983	F3233	船用鋼帶木滑車 (船用钢带木滑车)	U24
10432-1983	F3234	船舶吊桿頂索用鋼滑車 (船舶吊杆顶索用钢滑车)	U24
10433-1983	F3235	船舶吊貨用鋼滑車 (船舶吊货用钢滑车)	U24
10434-1983	F3236	船舶吊貨用鑄鋼滑車(附滚子軸承) (船舶吊货用铸钢滑车(附滚子轴承))	U24
10435-1983	F3237	船舶吊貨用鋼滑車(附滚子軸承) (船舶吊货用钢滑车(附滚子轴承))	U24
12568-1989	F3238	船用括刀 (船用括刀)	U80
14287-1998	F3239	船用鋼質風雨密門(方角型) (船用钢质风雨密门(方角型))	U25
14344-1999	F3240	船用鋼質風雨密門(方角型)裝具 (船用钢质风雨密门(方角型)装具)	U25

F4 一 般

标 准 号	台湾地区 标准分类号	标 准 名 称	中国标准 分 类
6818-1980	F4001	船用鋼纜之使用標準 (船用钢缆之使用标准)	H49
6819-1980	F4002	船用麻索之使用標準 (船用麻索之使用标准)	U21
6821-1980	F4003	小型船舶鋼纜之使用標準 (小型船舶钢缆之使用标准)	U21
6822-1980	F4004	小型船舶麻索之使用標準 (小型船舶麻索之使用标准)	U21

标准号	台湾地区 标准分类号	标准名称	中国标准 分类
6823-1980	F4005	船用鋼纜與捲索筒之固著法 （船用钢缆与卷索筒之固着法）	U21
6824-1980	F4006	船用帆布使用標準 （船用帆布使用标准）	U26
7982-1981	F4007	船舶通風系統製圖符號 （船舶通风系统制图符号）	U54
7983-1981	F4008	船舶救生及滅火設備製圖符號 （船舶救生及灭火设备制图符号）	U27
8687-1982	F4009	艙口蓋板標示法 （舱口盖板标示法）	U26
8688-1982	F4010	艙口樑標示法 （舱口梁标示法）	U26
10629-2006	F4011	救生衣（充氣式） （救生衣（充气式））	U27
11184-1985	F4012	船用警報及指示法 （船用警报及指示法）	U60
11185-1985	F4013	船用音響信號器及指示燈使用標準 （船用音响信号器及指示灯使用标准）	U60
11501-2006	F4014	救生圈 （救生圈）	U27
11503-2006	F4015	救生圈之自燃燈 （救生圈之自燃灯）	U27
11505-2006	F4016	救生衣燈 （救生衣灯）	U27
11518-2006	F4017	救生衣（非充氣式） （救生衣（非充气式））	U27
11831-2006	F4018	浸水衣 （浸水衣）	U27
11833-2006	F4019	救生筏艇用保溫具 （救生筏艇用保温具）	U27
12767-2006	F4020	救生圈之自動煙號 （救生圈之自动烟号）	U27
12769-1990	F4021	船用浮煙信號設備 （船用浮烟信号设备）	U27
12771-2006	F4022	手持紅光信號 （手持红光信号）	U27
12773-2006	F4023	火箭式降落傘信號彈 （火箭式降落伞信号弹）	U27
14986-2006	F4024	救生浮索 （救生浮索）	U27
14987-2006	F4025	救生設備通則 （救生设备通则）	U04
14988-2006	F4026	防曝露衣 （防曝露衣）	U27

F5 船用电机

标准号	台湾地区 标准分类号	标准名称	中国标准 分类
7784-1984	F5001	船用電機工程製圖符號（動力類） （船用电机工程制图符号（动力类））	U60
7785-1984	F5002	船用電機工程製圖符號（照明類） （船用电机工程制图符号（照明类））	U60

标 准 号	台湾地区标准分类号	标 准 名 称	中国标准分类
7786-1984	F5003	船用電機工程製圖符號(通信類) (船用电机工程制图符号(通信类))	U60
7906-1987	F5004	船用電纜貫穿防水格南(箱用) (船用电缆贯穿防水格南(箱用))	U69
7907-1986	F5005	船用輕便電纜橡膠護套 (船用轻便电缆橡胶护套)	U69
7908-1981	F5006	船用小型端子 (船用小型端子)	U69
7909-1981	F5007	船用端子盤 (船用端子盘)	U69
7910-1986	F5008	船用壓著端子用端子盤 (船用压着端子用端子盘)	U69
7988-1981	F5009	船用燈座 (船用灯座)	U63
7989-1984	F5010	船用燈前玻璃罩 (船用灯前玻璃罩)	U63
7990-1984	F5011	船用玻璃燈罩 (船用玻璃灯罩)	U63
7991-1983	F5012	船用指示燈玻璃燈罩 (船用指示灯玻璃灯罩)	U63
7992-1981	F5013	船用摩斯信號燈透鏡 (船用摩斯信号灯透镜)	U63
8266-1982	F5014	船用電機器具防水試驗通則 (船用电机器具防水试验通则)	U61
8267-1985	F5015	船用白熾燈照明器具溫升試驗總則 (船用白炽灯照明器具温升试验总则)	U63
8268-1985	F5016	船用白熾燈照明器具構造總則 (船用白炽灯照明器具构造总则)	U63
8269-1985	F5017	船用電燈泡 (船用电灯泡)	U63
8390-1985	F5018	船用手提燈(防水型) (船用手提灯(防水型))	U63
8391-1982	F5019	船用手提燈(非防水型) (船用手提灯(非防水型))	U63
8392-1985	F5020	船用摩斯信號燈 (船用摩斯信号灯)	U63
8393-1982	F5021	船用摩斯信號燈電鍵 (船用摩斯信号灯电键)	U62
8394-1985	F5022	船用晝光信號燈 (船用昼光信号灯)	U63
8395-1985	F5023	船用手提晝光信號燈 (船用手提昼光信号灯)	U63
8396-1985	F5024	船用信號燈 (船用信号灯)	U63
8580-1982	F5025	船用引擎遙控台外形尺度 (船用引擎遥控台外形尺度)	U62
8581-1982	F5026	船用引擎遙控台內配線準則 (船用引擎遥控台内配线准则)	U62
8582-1982	F5027	船用引擎遙控台內配管準則 (船用引擎遥控台内配管准则)	U62
8583-1986	F5028	船用小型開關(非防水型) (船用小型开关(非防水型))	U62

标准号	台湾地区标准分类号	标准名称	中国标准分类
8584-1986	F5029	船用小型開關(防水型) (船用小型开关(防水型))	U62
8585-1982	F5030	船用小型倒扳開關 (船用小型倒扳开关)	U62
8586-1982	F5031	船用單元開關 (船用单元开关)	U62
8587-1982	F5032	船用旋轉開關 (船用旋转开关)	U62
8588-1986	F5033	船用防爆燈控制開關 (船用防爆灯控制开关)	U62
9390-1987	F5034	船用螢光火丁安定器 (船用荧光火丁安定器)	U63
9391-1985	F5035	船用螢光木台燈 (船用荧光木台灯)	U63
9392-1985	F5036	船用螢光壁燈(非防水型) (船用荧光壁灯(非防水型))	U63
9393-1985	F5037	船用螢光頂板燈(非防水型) (船用荧光顶板灯(非防水型))	U63
9394-1985	F5038	船用螢光頂板燈(防水型) (船用荧光顶板灯(防水型))	U63
9395-1982	F5039	船用螢光床頭燈(附備用燈型) (船用荧光床头灯(附备用灯型))	U63
9599-1986	F5040	船用投射燈 (船用投射灯)	U63
9600-1986	F5041	船用通道燈(防水型) (船用通道灯(防水型))	U63
9601-1986	F5042	船用汎光燈(反射型投射電燈泡式) (船用泛光灯(反射型投射电灯泡式))	U63
9602-1986	F5043	船用汎光燈(高壓水銀燈式) (船用泛光灯(高压水银灯式))	U63
9603-1986	F5044	船用汎光燈(鹵素電燈泡式) (船用泛光灯(卤素电灯泡式))	U63
9854-1983	F5045	船用電纜貫穿格南(艙壁、甲板用) (船用电缆贯穿格南(舱壁、甲板用))	U69
9855-1983	F5046	船用電纜夾 (船用电缆夹)	U69
9856-1983	F5047	船用電纜固定支架 (船用电缆固定支架)	U69
9857-1983	F5048	船用照明燈調光器 (船用照明灯调光器)	U63
9858-1983	F5049	船用儀器照明燈調光器 (船用仪器照明灯调光器)	U63
10075-1987	F5050	船用分電箱(保險絲型,250 V 以下) (船用分电箱(保险丝型,250 V 以下))	U61
10076-1987	F5051	船用區電箱(保險絲型,250 V 以下) (船用区电箱(保险丝型,250 V 以下))	U61
10077-1983	F5052	船用區電箱(簡易型,125 V 以下) (船用区电箱(简易型,125 V 以下))	U61
10078-1983	F5053	船用分電箱(簡易型,125 V 以下) (船用分电箱(简易型,125 V 以下))	U61
10079-1987	F5054	船用分電箱(斷路器型,250 V 以下) (船用分电箱(断路器型,250 V 以下))	U61

标准号	台湾地区 标准分类号	标准名称	中国标准 分类
10080-1987	F5055	船用區電箱(斷路器型,250 V 以下) (船用区电箱(断路器型,250 V 以下))	U61
10164-1987	F5056	船用小型接線盒(防水型) (船用小型接线盒(防水型))	U62
10165-1987	F5057	船用小型接線盒(非防水型) (船用小型接线盒(非防水型))	U62
10166-1987	F5058	船用岸電接線箱 (船用岸电接线箱)	U61
10167-1987	F5059	船用小型岸電接線箱 (船用小型岸电接线箱)	U61
10255-1983	F5060	船用電機器具振動試驗通則 (船用电机器具振动试验通则)	U61
10256-1986	F5061	船用貨燈 (船用货灯)	U63
10257-1986	F5062	船用貨燈(簡易型) (船用货灯(简易型))	U63
10258-1986	F5063	船用貨燈(特殊型) (船用货灯(特殊型))	U63
10334-1985	F5064	船用凹入型頂板燈(非防水型) (船用凹入型顶板灯(非防水型))	U63
10335-1985	F5065	船用頂板燈(非防水型) (船用顶板灯(非防水型))	U63
10336-1983	F5066	船用防爆頂板燈 (船用防爆顶板灯)	U63
10337-1986	F5067	小艇甲板燈 (小艇甲板灯)	U63
10496-1985	F5068	船用壁燈(防水型) (船用壁灯(防水型))	U63
10497-1985	F5069	船用懸吊燈 (船用悬吊灯)	U63
10498-1985	F5070	船用懸吊燈(簡易型) (船用悬吊灯(简易型))	U63
10499-1985	F5071	船用手提燈(簡易型) (船用手提灯(简易型))	U63
10563-1986	F5072	船用插頭(非防水型) (船用插头(非防水型))	U62
10564-1986	F5073	船用插頭(防水型) (船用插头(防水型))	U62
10565-1986	F5074	船用插座(防水型) (船用插座(防水型))	U62
10566-1986	F5075	船用插座(非防水型) (船用插座(非防水型))	U62
10623-1986	F5076	船用插頭及出線插座(防水型) (船用插头及出线插座(防水型))	U62
10624-1987	F5077	船用電鈴(防水型) (船用电铃(防水型))	U63
10625-1987	F5078	船用蜂鳴器 (船用蜂鸣器)	U63
10626-1987	F5079	船用按鈕 (船用按钮)	U60
10627-1987	F5080	船用電子號角 (船用电子号角)	U63

标准号	台湾地区标准分类号	标准名称	中国标准分类
10628-1987	F5081	船用小型電動警報器 （船用小型电动警报器）	U62
10765-1984	F5082	船用電器耐壓防爆構造及試驗通則 （船用电器耐压防爆构造及试验通则）	U60
10766-1984	F5083	船用防爆艙壁燈 （船用防爆舱壁灯）	U63
10767-1985	F5084	船用防爆手提燈（乾電池式） （船用防爆手提灯（干电池式））	U63
10768-19865	F5085	海圖燈 （海图灯）	U63
10769-1986	F5086	船用汎光燈（高壓鈉氣燈式） （船用泛光灯（高压钠气灯式））	U63
10770-1984	F5087	航行燈指示器 （航行灯指示器）	U63
10771-1984	F5088	航行燈指示器（簡易型） （航行灯指示器（简易型））	U65
10853-1984	F5089	船用電器本質安全防爆構造及檢驗通則 （船用电器本质安全防爆构造及检验通则）	U60
10854-1984	F5090	船用電器外殼防護型式及檢驗通則 （船用电器外壳防护型式及检验通则）	U60
10855-1984	F5091	船用電器塑膠選用準則 （船用电器塑料选用准则）	U60
10935-1984	F5092	船用電力式大軸轉速表 （船用电力式大轴转速表）	U62
10936-1984	F5093	電動式舵角指示器 （电动式舵角指示器）	U65
10937-1984	F5094	船用電俥鐘 （船用电车钟）	U20
10938-1984	F5095	船用小型電俥鐘 （船用小型电车钟）	U63
11186-1985	F5096	船用無線電裝置通則 （船用无线电装置通则）	U66
11187-1985	F5097	船用無線電裝置試驗法 （船用无线电装置试验法）	U66
11535-1986	F5098	船用磁羅經 （船用磁罗经）	U65
11536-1986	F5099	船用壓力開關 （船用压力开关）	U62
11537-1986	F5100	船用壓力式溫度開關 （船用压力式温度开关）	U62
11538-1986	F5101	船用白金測溫電阻管 （船用白金测温电阻管）	U62
11614-1986	F5102	船用電子式壓力信號發送器 （船用电子式压力信号发送器）	U56
11615-1986	F5103	甲級防火隔艙電纜貫穿部設計基準 （甲级防火隔舱电缆贯穿部设计基准）	U69
11616-1986	F5104	冷凍貨櫃用出線插座匣（防水型） （冷冻货柜用出线插座匣（防水型））	U69
11617-1986	F5105	冷凍貨櫃電源用出線插座元件 （冷冻货柜电源用出线插座组件）	U69
11618-1986	F5106	冷凍貨櫃監測用出線插座元件 （冷冻货柜监测用出线插座组件）	U69

标准号	台湾地区标准分类号	标准名称	中国标准分类
11790-1986	F5107	船用交流發電機 (船用交流发电机)	U61
11791-1986	F5108	船用電器備品表之格式 (船用电器备品表之格式)	U60
11792-1986	F5109	船用電器備品箱 (船用电器备品箱)	U60
11793-1986	F5110	船用電器名牌 (船用电器名牌)	U60
11794-1986	F5111	船用電器電纜導入口與端子間之最小尺度 (船用电器电缆导入口与端子间之最小尺度)	U69
11814-1987	F5112	船用低壓三相感應電動機 (船用低压三相感应电动机)	U61
11815-1993	F5113	船用低壓三相鼠籠型感應電動機尺度 (船用低压三相鼠笼型感应电动机尺度)	U61
11816-1987	F5114	船用電器及導體之配置與色別 (船用电器及导体之配置与色别)	U69
11817-1987	F5115	船用電纜貫穿防水格南之適用基準 (船用电缆贯穿防水格南之适用基准)	U69
11994-1987	F5116	船用電動機起動器及控制器之電纜固定方法 (船用电动机起动器及控制器之电缆固定方法)	U69
11995-1987	F5117	船用電動機起動器及控制器之備品供給基準 (船用电动机起动器及控制器之备品供给基准)	U62
11996-1987	F5118	船用電器控制器之號碼 (船用电器控制器之号码)	U62
11997-1987	F5119	船用交流電動機用起動器及控制器 (船用交流电动机用起动器及控制器)	U62
11998-1987	F5120	船用電動機起動器之端子符號 (船用电动机起动器之端子符号)	U62
12155-1987	F5121	船用高壓水銀燈安定器 (船用高压水银灯安定器)	U63
12156-1987	F5122	船用住艙區用電鈴 (船用住舱区用电铃)	U63
12157-1987	F5123	延伸警報盤 (延伸警报盘)	U62

铁金属冶炼

标准号	台湾地区标准分类号	标准名称	中国标准分类

G1 一 般

109-1996	G1001	鋼鐵符號 (钢铁符号)	H40
1490-2006	G1011	熱軋型鋼之形狀、尺度、質量及其許可差 (热轧型钢之形状、尺度、质量及其许可差)	H40
2868-1996	G1013	鋼料鍛造成形比之表示法 (钢料锻造成形比之表示法)	J32
3013-1993	G1015	熱軋鋼板、鋼片及鋼帶之形狀、尺度、質量及其許可差 (热轧钢板、钢片及钢带之形状、尺度、质量及其许可差)	H22
3158-2008	G1016	軋製或鍛製鋼料之製品分析法及其許可差 (轧制或锻制钢料之制品分析法及其许可差)	J32
3666-1973	G1017	鋼鐵材料之磁粉探傷法 (钢铁材料之磁粉探伤法)	H61
8278-2001	G1018	熱軋扁鋼之形狀、尺度、質量及其許可差 (热轧扁钢之形状、尺度、质量及其许可差)	H44
8279-1982	G1019	熱軋直棒鋼與捲狀棒鋼之形狀、尺度、重量及其許可差 (热轧直棒钢与卷状棒钢之形状、尺度、重量及其许可差)	H44
9267-2005	G1020	不銹鋼及耐熱鋼鋼板及鋼片質量計算法 (不锈钢及耐热钢钢板及钢片质量计算法)	H40
9705-1984	G1021	鐵及鋼之發光光譜分析法通則 (铁及钢之发光光谱分析法通则)	H11
9706-1984	G1022	鐵及鋼之光電式發光光譜分析法通則 (铁及钢之光电式发光光谱分析法通则)	H11
10005-1984	G1023	金屬材料之光電式發光光譜分析法通則 (金属材料之光电式发光光谱分析法通则)	H11
11835-1987	G1024	鋼鐵熱處理詞彙 (钢铁热处理词汇)	H05
11836-1987	G1025	鋼鐵詞彙(製品及品質) (钢铁词汇(制品及品质))	H40
12868-1991	G1026	鋼鐵詞彙(試驗) (钢铁词汇(试验))	H40
12973-1992	G1027	浪形鋼片之形狀及尺度 (浪形钢片之形状及尺度)	H46
13813-1997	G1028	鋼板及扁鋼之厚度方向特性 (钢板及扁钢之厚度方向特性)	H46
13920-1997	G1029	鑄鋼件之外觀試驗方法與等級分類 (铸钢件之外观试验方法与等级分类)	H41
14570-2008	G1030	鋼及鋼製品之交貨技術規範通則 (钢及钢制品之交货技术规范通则)	H40
14571-2001	G1031	鋼及鋼製品之檢驗文件 (钢及钢制品之检验文件)	H40

G2 检 验

1111-1989	G2009	鋼纜及其鋼線檢驗法 (钢缆及其钢线检验法)	H49
2111-1996	G2013	金屬材料拉伸試驗法 (金属材料拉伸试验法)	H22

标准号	台湾地区标准分类号	标准名称	中国标准分类
2112-2005	G2014	金屬材料拉伸試驗試片 (金属材料拉伸试验试片)	H22
2149-1997	G2015	矽鐵化學分析法 (硅铁化学分析法)	H42
2151-1997	G2016	錳鐵化學分析法 (锰铁化学分析法)	H11
2153-1997	G2017	矽錳化學分析法 (硅锰化学分析法)	H62
2608-1982	G2018	鋼料之檢驗通則 (钢料之检验通则)	H40
2908-2002	G2019	鋼料條痕缺陷目視試驗法 (钢料条痕缺陷目视试验法)	H44
2910-2008	G2020	鋼內非金屬介在物之顯微鏡試驗法 (钢内非金属介在物之显微镜试验法)	H24
2911-2002	G2021	鋼之硬化能試驗法 (钢之硬化能试验法)	H62
3033-2000	G2022	金屬材料衝擊試驗試片 (金属材料冲击试验试片)	H21
3034-1996	G2023	金屬材料衝擊試驗法 (金属材料冲击试验法)	P48
3829-1987	G2028	機械構造用碳鋼鋼料檢驗法 (机械构造用碳钢钢料检验法)	H40
3915-1986	G2031	鋼之火花試驗法 (钢之火花试验法)	H24
3939-1986	G2032	鋼料硫印試驗法 (钢料硫印试验法)	H21
3940-1999	G2033	金屬材料彎曲試驗試片 (金属材料弯曲试验试片)	H23
3941-1999	G2034	金屬材料之彎曲試驗法 (金属材料之弯曲试验法)	H23
4179-1997	G2041	鋼料火焰淬火及高週波淬火硬化層深度測定法 (钢料火焰淬火及高周波淬火硬化层深度测定法)	A42
4761-1997	G2051	鐵合金化學分析法通則 (铁合金化学分析法通则)	H11
4762-1986	G2052	不銹鋼之5%硫酸腐蝕試驗法 (不锈钢之5%硫酸腐蚀试验法)	H25
4763-1986	G2053	不銹鋼之硫酸一硫酸鐵腐蝕試驗法 (不锈钢之硫酸一硫酸铁腐蚀试验法)	H25
4764-1986	G2054	不銹鋼之65%硝酸腐蝕試驗法 (不锈钢之65%硝酸腐蚀试验法)	H25
4765-1986	G2055	不銹鋼之硝酸一氫氟酸腐蝕試驗法 (不锈钢之硝酸一氢氟酸腐蚀试验法)	H25
4766-1986	G2056	不銹鋼之硫酸一硫酸銅腐蝕試驗法 (不锈钢之硫酸一硫酸铜腐蚀试验法)	H25
4958-1997	G2057	金屬材料之疲勞試驗法通則 (金属材料之疲劳试验法通则)	H22
5336-1997	G2058	鋼及耐熱合金鋼之高溫拉伸試驗法 (钢及耐热合金钢之高温拉伸试验法)	H22
7375-1997	G2078	金屬材料之回轉彎曲疲勞試驗法 (金属材料之回转弯曲疲劳试验法)	H23
7376-1997	G2079	金屬板之平面彎曲疲勞試驗法 (金属板之平面弯曲疲劳试验法)	H23

标 准 号	台湾地区标准分类号	标 准 名 称	中国标准分 类
7793-1981	G2086	磷鐵化學分析法 (磷铁化学分析法)	H11
8001-1981	G2093	鈦鐵化學分析法 (钛铁化学分析法)	H11
8002-1981	G2094	釩鐵化學分析法 (钒铁化学分析法)	H11
8003-1981	G2095	硼鐵化學分析法 (硼铁化学分析法)	H11
8004-1981	G2096	金屬錳中碳之化學分析法 (金属锰中碳之化学分析法)	H13
8005-1981	G2097	金屬錳中矽、磷、硫及鐵之化學分析法 (金属锰中硅、磷、硫及铁之化学分析法)	H13
8122-1981	G2103	鈮鐵化學分析法 (铌铁化学分析法)	H11
8123-1981	G2104	鈣矽中鈣及矽之化學分析法 (钙硅中钙及硅之化学分析法)	H12
8124-1981	G2105	鈣矽中碳之化學分析法 (钙硅中碳之化学分析法)	H12
8280-1982	G2106	金屬矽中矽之化學分析法(重量法) (金属硅中硅之化学分析法(重量法))	H17
8281-1982	G2107	金屬矽中矽之化學分析法(中和滴定法) (金属硅中硅之化学分析法(中和滴定法))	H17
8282-1982	G2108	金屬矽中碳之化學分析法(中和滴定法) (金属硅中碳之化学分析法(中和滴定法))	H17
8283-1982	G2109	金屬矽中碳之化學分析法(導電率法) (金属硅中碳之化学分析法(导电率法))	H17
8284-1982	G2110	金屬矽中碳之化學分析法(電量法) (金属硅中碳之化学分析法(电量法))	H17
8285-1982	G2111	金屬矽中磷之化學分析法(中和滴定法) (金属硅中磷之化学分析法(中和滴定法))	H17
8286-1982	G2112	金屬矽中磷之化學分析法(鉬藍吸光光度法) (金属硅中磷之化学分析法(钼蓝吸光光度法))	H17
8287-1982	G2113	金屬矽中硫之化學分析法(重量法) (金属硅中硫之化学分析法(重量法))	H17
8288-1982	G2114	金屬矽中硫之化學分析法(燃燒中和滴定法) (金属硅中硫之化学分析法(燃烧中和滴定法))	H17
8401-1982	G2117	鈣矽中磷之化學分析法 (钙硅中磷之化学分析法)	H12
8402-1982	G2118	鉬鐵化學分析法 (钼铁化学分析法)	H11
8403-1982	G2119	金屬鉻中鉻及碳之化學分析法 (金属铬中铬及碳之化学分析法)	H13
8404-1982	G2120	金屬鉻中矽、磷、硫、鐵及鋁之化學分析法 (金属铬中硅、磷、硫、铁及铝之化学分析法)	H13
9271-1982	G2130	鑄珠及碎礫之粒度試驗法 (铸珠及碎砾之粒度试验法)	H54
9494-1982	G2135	金屬矽中鐵之化學分析法(EDTA 滴定法) (金属硅中铁之化学分析法(EDTA 滴定法))	H17
9495-1982	G2136	金屬矽中鐵之化學分析法(磺基水楊酸吸光光度法) (金属硅中铁之化学分析法(磺基水杨酸吸光光度法))	H17
9496-1982	G2137	金屬矽中鐵之化學分析法(原子吸光光度法) (金属硅中铁之化学分析法(原子吸光光度法))	H17

标准号	台湾地区标准分类号	标准名称	中国标准分类
9497-1982	G2138	金屬矽中鋁之化學分析法(EDTA 滴定法) (金属硅中铝之化学分析法(EDTA 滴定法))	H17
9498-1982	G2139	金屬矽中鋁之化學分析法(鉻薁醇—S 吸光光度法) (金属硅中铝之化学分析法(铬薁醇—S 吸光光度法))	H17
9499-1982	G2140	金屬矽中鋁之化學分析法(原子吸光光度法) (金属硅中铝之化学分析法(原子吸光光度法))	H17
9500-1982	G2141	金屬矽中鈣之化學分析法(EDTA 滴定法) (金属硅中钙之化学分析法(EDTA 滴定法))	H17
9501-1982	G2142	金屬矽中鈣之化學分析法(GHA 吸光光度法) (金属硅中钙之化学分析法(GHA 吸光光度法))	H17
9502-1982	G2143	金屬矽中鈣之化學分析法(原子吸光光度法) (金属硅中钙之化学分析法(原子吸光光度法))	H17
9859-1983	G2148	鎢鐵中鎢之化學分析法 (钨铁中钨之化学分析法)	H11
9860-1983	G2149	鎢鐵中碳之化學分析法 (钨铁中碳之化学分析法)	H11
9861-1983	G2150	鎢鐵中矽之化學分析法 (钨铁中硅之化学分析法)	H11
9862-1983	G2151	鎢鐵中錳之化學分析法 (钨铁中锰之化学分析法)	H11
9863-1983	G2152	鎢鐵中磷之化學分析法 (钨铁中磷之化学分析法)	H11
9864-1983	G2153	鎢鐵中硫之化學分析法 (钨铁中硫之化学分析法)	H11
9865-1983	G2154	鎢鐵中銅之化學分析法 (钨铁中铜之化学分析法)	H11
9866-1983	G2155	鎢鐵中鉍之化學分析法 (钨铁中铋之化学分析法)	H11
9867-1983	G2156	鎢鐵中銻之化學分析法 (钨铁中锑之化学分析法)	H11
9868-1983	G2157	鎢鐵中錫之化學分析法 (钨铁中锡之化学分析法)	H11
9869-1983	G2158	鎢鐵中砷之化學分析法 (钨铁中砷之化学分析法)	H11
9870-1983	G2159	包層鋼之試驗法通則 (包层钢之试验法通则)	H54
9872-1983	G2160	不銹鋼包層鋼檢驗法 (不锈钢包层钢检验法)	H54
9874-1983	G2161	鎳及鎳合金包層鋼檢驗法 (镍及镍合金包层钢检验法)	H54
9876-1983	G2162	鈦包層鋼檢驗法 (钛包层钢检验法)	H21
9878-1983	G2163	銅及銅合金包層鋼檢驗法 (铜及铜合金包层钢检验法)	H54
10006-1984	G2167	鐵及鋼之光電式發光光譜分析法 (铁及钢之光电式发光光谱分析法)	H11
10168-1983	G2168	鋼之滲碳硬化層深度測定法 (钢之渗碳硬化层深度测定法)	H21
10169-1983	G2169	鋼之脫碳層深度測定法 (钢之脱碳层深度测定法)	H26
10170-1983	G2170	不銹鋼之 10%草酸浸蝕試驗法 (不锈钢之 10%草酸浸蚀试验法)	H40

标准号	台湾地区标准分类号	标准名称	中国标准分类
10171-1983	G2171	不銹鋼之42%氯化鎂應力腐蝕試驗法 (不锈钢之42%氯化镁应力腐蚀试验法)	H25
10172-1983	G2172	不銹鋼之氯化亞鐵腐蝕試驗法 (不锈钢之氯化亚铁腐蚀试验法)	H25
10259-1983	G2173	矽鉻鐵中矽之化學分析法 (硅铬铁中硅之化学分析法)	H11
10260-1983	G2174	釸鉻鐵中鉻之化學分析法 (釸铬铁中铬之化学分析法)	H11
10261-1983	G2175	釸鉻鐵中碳之化學分析法 (釸铬铁中碳之化学分析法)	H11
10262-1983	G2176	矽鉻鐵中磷之化學分析法 (硅铬铁中磷之化学分析法)	H42
10436-2000	G2177	鋼料沃斯田體晶粒度試驗法 (钢料沃斯田体晶粒度试验法)	H24
10437-2000	G2178	鋼料肥粒體晶粒度試驗法 (钢料肥粒体晶粒度试验法)	A28
10438-1983	G2179	鋼料巨觀組織檢查法 (钢料巨观组织检查法)	H24
10500-1984	G2180	鐵及鋼之螢光X射線分析法通則 (铁及钢之荧光X射线分析法通则)	H26
10501-1984	G2181	不銹鋼之螢光X射線分析法 (不锈钢之荧光X射线分析法)	N77
10502-1984	G2182	生鐵、鑄鐵、碳鋼及低合金鋼之螢光X射線分析法 (生铁、铸铁、碳钢及低合金钢之荧光X射线分析法)	H11
10503-1984	G2183	生鐵及鑄鐵之發光光譜分析法 (生铁及铸铁之发光光谱分析法)	H26
10504-1983	G2184	鉻鐵中鉻之化學分析法 (铬铁中铬之化学分析法)	H42
10505-1983	G2185	鉻鐵中碳之化學分析法 (铬铁中碳之化学分析法)	H42
10506-1983	G2186	鉻鐵中矽之化學分析法 (铬铁中硅之化学分析法)	H11
10507-1983	G2187	鉻鐵中磷之化學分析法 (铬铁中磷之化学分析法)	H42
10508-1983	G2188	鉻鐵中硫之化學分析法 (铬铁中硫之化学分析法)	H11
10509-1983	G2189	鉻鐵中氮之化學分析法 (铬铁中氮之化学分析法)	H42
10567-1986	G2190	鐵合金採樣法總則 (铁合金采样法总则)	H42
10857-1994	G2219	鍛鋼件之製造、試驗及檢驗通則 (锻钢件之制造、试验及检验通则)	J32
11012-2008	G2221	鐵及鋼—分析法通則 (铁及钢—分析法通则)	H11
11013-2001	G2222	鐵及鋼—矽定量法 (铁及钢—硅定量法)	H11
11014-1984	G2223	鋼鐵中錳定量法 (钢铁中锰定量法)	H42
11015-2001	G2224	鐵及鋼—磷定量法 (铁及钢—磷定量法)	H11
11069-2001	G2228	鐵及鋼—碳定量法 (铁及钢—碳定量法)	H11

标准号	台湾地区 标准分类号	标准名称	中国标准 分类
11070-1984	G2229	金屬材料中碳定量法通則 (金属材料中碳定量法通则)	H10
11071-1984	G2230	碳鋼及低合金鋼之發光光譜分析法 (碳钢及低合金钢之发光光谱分析法)	H11
11072-1984	G2231	鐵及鋼之螢光 X 射線分析法 (铁及钢之荧光 X 射线分析法)	H11
11165-2001	G2234	鐵及鋼—銅定量法 (铁及钢—铜定量法)	H40
11166-2001	G2235	鐵及鋼—鎢定量法 (铁及钢—钨定量法)	H11
11167-2001	G2236	鐵及鋼—釩定量法 (铁及钢—钒定量法)	H11
11168-2004	G2237	鐵及鋼—鈷定量法 (铁及钢—钴定量法)	H11
11206-2002	G2238	鐵及鋼—原子吸收光譜分析法 (铁及钢—原子吸收光谱分析法)	H11
11243-2001	G2241	鐵及鋼—鈦定量法 (铁及钢—钛定量法)	H11
11244-2004	G2242	鐵及鋼—鋁定量法 (铁及钢—铝定量法)	H40
11245-2001	G2243	鐵及鋼—砷定量法 (铁及钢—砷定量法)	H11
11246-2001	G2244	鐵及鋼—錫定量法 (铁及钢—锡定量法)	H11
11302-2001	G2245	鐵及鋼—鉻定量法 (铁及钢—铬定量法)	H11
11303-2001	G2246	鐵及鋼—硼定量法 (铁及钢—硼定量法)	H11
11304-2002	G2247	鐵及鋼—氮定量法 (铁及钢—氮定量法)	H40
11305-2002	G2248	鋼—鉛定量法 (钢—铅定量法)	H11
11306-1985	G2249	鋼中鋯定量法 (钢中锆定量法)	H42
11387-2001	G2251	鐵及鋼—硫定量法 (铁及钢—硫定量法)	H11
11388-2001	G2252	鐵及鋼—鎳定量法 (铁及钢—镍定量法)	H40
11389-2001	G2253	鐵及鋼—鉬定量法 (铁及钢—钼定量法)	H11
11390-1985	G2254	金屬材料中硫定量法通則 (金属材料中硫定量法通则)	H11
11447-2002	G2255	鋼—硒定量法 (钢—硒定量法)	H11
11448-1985	G2256	鋼中碲定量法 (钢中碲定量法)	H42
11449-1985	G2257	鐵及鋼中銻定量法 (铁及钢中锑定量法)	H11
11450-2002	G2258	鋼—鉭定量法 (钢—钽定量法)	H11
11451-2002	G2259	鐵及鋼—鈮定量法 (铁及钢—铌定量法)	H11

标准号	台湾地区标准分类号	标准名称	中国标准分类
11452-1985	G2260	鎳鉻鐵合金化學分析法 (镍铬铁合金化学分析法)	H42
11520-1986	G2261	不銹鋼之孔蝕電位測定法 (不锈钢之孔蚀电位测定法)	H24
11521-1986	G2262	不銹鋼之陽極極化曲線測定法 (不锈钢之阳极极化曲线测定法)	H21
11576-1986	G2263	鐵合金之螢光X射線分析法 (铁合金之荧光X射线分析法)	A42
11629-1986	G2264	鐵合金成分試樣之採樣法(之一:錳鐵、矽鐵、鉻鐵、矽錳及矽鉻) (铁合金成分试样之采样法(之一:锰铁、硅铁、铬铁、硅锰及硅铬))	H42
11630-1986	G2265	鐵合金成分試樣之採樣法(之二:鎢鐵、鉬鐵、釩鐵、鈦鐵及鈮鐵) (铁合金成分试样之采样法(之二:钨铁、钼铁、钒铁、钛铁及铌铁))	H42
11631-1986	G2266	鐵合金成分試樣之採樣法(之三:磷鐵、金屬錳、金屬矽、金屬鉻、鈣矽及硼鐵) (铁合金成分试样之采样法(之三:磷铁、金属锰、金属硅、金属铬、钙硅及硼铁))	H42
11632-1986	G2267	鐵合金粒度試樣採樣法及粒度測定法 (铁合金粒度试样采样法及粒度测定法)	H42
12258-1988	G2268	不銹鋼電化學再活性化率測定法 (不锈钢电化学再活性化率测定法)	H10
13100-1992	G2269	金屬材料抗折試片 (金属材料抗折试片)	H22
13388-1994	G2270	鋼鐵感應耦合電漿發光光譜分析法 (钢铁感应耦合电浆发光光谱分析法)	H11
13391-1994	G2271	鑄鋼件之製造、試驗及檢驗通則 (铸钢件之制造、试验及检验通则)	A00
14288-2006	G2272	鋼鐵之氮化層深度測定法 (钢铁之氮化层深度测定法)	A29
14289-2006	G2273	鋼鐵之氮化層表面硬度測定法 (钢铁之氮化层表面硬度测定法)	A29
14290-1998	G2274	金屬材料拉伸潛變試驗法 (金属材料拉伸潜变试验法)	H22
14291-1998	G2275	金屬材料拉伸潛變破斷試驗法 (金属材料拉伸潜变破断试验法)	H22
14310-1999	G2276	薄板金屬材料塑性應變比試驗法 (薄板金属材料塑性应变比试验法)	H22
14311-1999	G2277	薄板金屬材料之加工硬化指數試驗法 (薄板金属材料之加工硬化指数试验法)	H22
14312-1999	G2278	金屬材料拉伸鬆弛試驗法 (金属材料拉伸松弛试验法)	H22
14502-2001	G2279	鋼及鋼製品—機械試驗用供試樣及試片之採取位置和製備 (钢及钢制品—机械试验用供试样及试片之采取位置和制备)	H40
14893-2005	G2280	金屬材料中氧定量法通則 (金属材料中氧定量法通则)	H10
14894-2005	G2281	金屬材料中氫定量法通則 (金属材料中氢定量法通则)	H10
15161-2008	G2282	鐵及鋼—化學成分定量分析用試樣之採取及製備 (铁及钢—化学成分定量分析用试样之采取及制备)	H11
15162-2008	G2283	鋼製品之鋼液分析法 (钢制品之钢液分析法)	A29
15163-2008	G2284	預力混凝土管用硬鋼線耐氫脆試驗法 (预力混凝土管用硬钢线耐氢脆试验法)	H49

标准号	台湾地区标准分类号	标准名称	中国标准分类
15235-2009	G2285	陽極被覆鋼板之加速循環腐蝕試驗法 （阳极被覆钢板之加速循环腐蚀试验法）	H46

G3　钢铁材料及制品

标准号	台湾地区标准分类号	标准名称	中国标准分类
575-2006	G3002	鉚釘用鋼棒 （铆钉用钢棒）	H44
941-2000	G3011	鋼纜 （钢缆）	H49
1180-1989	G3024	釣魚用鋼纜 （钓鱼用钢缆）	H49
1244-2009	G3027	熱浸鍍鋅鋼片及鋼捲 （热浸镀锌钢片及钢卷）	H46
1468-1999	G3029	低碳鋼線 （低碳钢线）	H49
2056-1982	G3030	低壓有縫鋼管 （低压有缝钢管）	H48
2065-1996	G3031	煉鋼用生鐵 （炼钢用生铁）	H41
2065-1-1996	G3031-1	鑄造用生鐵 （铸造用生铁）	H41
2067-1988	G3033	包覆熔接條心線用線料 （包覆熔接条心线用线料）	H49
2148-1991	G3034	矽鐵 （硅铁）	H42
2150-1991	G3035	錳鐵 （锰铁）	H42
2152-1991	G3036	矽錳 （硅锰）	H62
2323-1986	G3037	棘鐵絲 （棘铁丝）	Y72
2472-1992	G3038	灰口鑄鐵件 （灰口铸铁件）	H42
2473-2006	G3039	一般結構用軋鋼料 （一般结构用轧钢料）	H40
2520-1991	G3040	磷鐵 （磷铁）	H42
2671-1994	G3046	鍍鋅低碳鋼絞線 （镀锌低碳钢绞线）	H49
2672-1994	G3047	鍍鋅鋼絞線 （镀锌钢绞线）	H49
2673-1996	G3048	一般用途之碳鋼鍛鋼件 （一般用途之碳钢锻钢件）	J32
2904-1997	G3050	高速工具鋼鋼料 （高速工具钢钢料）	H40
2905-1997	G3051	彈簧鋼鋼料 （弹簧钢钢料）	H46
2906-1994	G3052	碳鋼鑄鋼件 （碳钢铸钢件）	J31
2936-1994	G3054	黑心展性鑄鐵件 （黑心展性铸铁件）	J31

标准号	台湾地区标准分类号	标准名称	中国标准分类
2937-1994	G3055	白心展性鑄鐵件 (白心展性铸铁件)	J31
2938-1994	G3056	波來體展性鑄鐵件 (波来体展性铸铁件)	J31
2947-2003	G3057	銲接結構用軋鋼料 (焊接结构用轧钢料)	G51
2964-1997	G3058	碳工具鋼鋼料 (碳工具钢钢料)	H40
2965-1992	G3059	合金工具鋼鋼料 (合金工具钢钢料)	H61
3014-2001	G3060	高碳鉻軸承鋼鋼料 (高碳铬轴承钢钢料)	G18
3198-1982	G3062	矽砂(鑄造用) (硅砂(铸造用))	D52
3229-1987	G3063	機械構造用鉻鉬鋼鋼料 (机械构造用铬钼钢钢料)	H40
3230-1987	G3064	機械構造用鎳鉻鋼鋼料 (机械构造用镍铬钢钢料)	H40
3231-1987	G3065	機械構造用鉻鋼鋼料 (机械构造用铬钢钢料)	H40
3270-2006	G3067	不銹鋼棒 (不锈钢棒)	H40
3271-1987	G3068	機械構造用鎳鉻鉬鋼鋼料 (机械构造用镍铬钼钢钢料)	H40
3290-1994	G3069	鋼琴線 (钢琴线)	H44
3291-1993	G3070	鏈條用鋼棒 (链条用钢棒)	H44
3292-1991	G3071	鋼鐵廢料分類 (钢铁废料分类)	H40
3332-1998	G3073	預力混凝土應力消除無被覆鋼線及鋼絞線 (预力混凝土应力消除无被覆钢线及钢绞线)	H62
3379-1988	G3074	鋼琴線料 (钢琴线料)	G12
3475-1991	G3075	鉻鐵 (铬铁)	H49
3476-2006	G3076	不銹鋼線 (不锈钢线)	H40
3477-2006	G3077	不銹鋼線料 (不锈钢线料)	H40
3696-1999	G3078	高碳鋼線材 (高碳钢线材)	H49
3697-1994	G3079	硬鋼線 (硬钢线)	H49
3780-1991	G3080	金屬錳 (金属锰)	H62
3782-1991	G3081	矽鉻 (硅铬)	H62
3824-1991	G3083	鎢鐵 (钨铁)	H42
3826-1991	G3084	鉬鐵 (钼铁)	H42

标准号	台湾地区标准分类号	标准名称	中国标准分类
3827-1991	G3085	釩鐵 (钒铁)	H42
3828-1987	G3086	機械構造用碳鋼鋼料 (机械构造用碳钢钢料)	H40
3830-1994	G3087	高錳鋼鑄鋼件 (高锰钢铸钢件)	J31
3892-2006	G3091	光面鋼棒用熱軋碳鋼鋼料 (光面钢棒用热轧碳钢钢料)	H40
4000-1994	G3092	不銹鋼鑄鋼件 (不锈钢铸钢件)	J31
4002-1994	G3093	耐熱鋼鑄鋼件 (耐热钢铸钢件)	J31
4004-2003	G3094	硫及硫複合易切削碳鋼鋼料 (硫及硫复合易切削碳钢钢料)	H40
4041-1996	G3095	鉻鉬鋼鍛鋼件 (铬钼钢锻钢件)	H40
4043-1996	G3096	鎳鉻鉬鋼鍛鋼件 (镍铬钼钢锻钢件)	H40
4155-1993	G3097	鍍錫鋼片及鍍錫用底片 (镀锡钢片及镀锡用底片)	H40
4178-1982	G3098	高壓有縫鋼管 (高压有缝钢管)	H48
4269-2002	G3099	銲接結構用耐候性熱軋鋼料 (焊接结构用耐候性热轧钢料)	J31
4271-1995	G3100	中溫壓力容器用鋼板 (中温压力容器用钢板)	H46
4273-2001	G3101	高壓瓦斯容器用鋼板、鋼片及鋼帶 (高压瓦斯容器用钢板、钢片及钢带)	H46
4435-1995	G3102	一般結構用碳鋼鋼管 (一般结构用碳钢钢管)	H48
4437-1995	G3103	機械結構用碳鋼鋼管 (机械结构用碳钢钢管)	H48
4442-1994	G3104	彈簧用油回火碳鋼鋼線 (弹簧用油回火碳钢钢线)	H49
4443-1997	G3105	特殊用途合金鋼螺栓用鋼棒 (特殊用途合金钢螺栓用钢棒)	H44
4444-1987	G3106	機械構造用鋁鉻鉬鋼鋼料 (机械构造用铝铬钼钢钢料)	H40
4445-1987	G3107	機械構造用錳鋼鋼料及錳鉻鋼鋼料 (机械构造用锰钢钢料及锰铬钢钢料)	H40
4620-1992	G3108	高耐候性軋鋼料 (高耐候性轧钢料)	H40
4622-2003	G3109	熱軋軟鋼鋼板、鋼片及鋼帶 (热轧软钢钢板、钢片及钢带)	H40
4624-1993	G3110	鋼管用熱軋碳鋼鋼帶 (钢管用热轧碳钢钢带)	H46
4626-1995	G3111	壓力配管用碳鋼鋼管 (压力配管用碳钢钢管)	H48
5121-1991	G3112	硼鐵 (硼铁)	H42
5122-1991	G3113	鈦鐵 (钛铁)	H42

标准号	台湾地区标准分类号	标准名称	中国标准分类
5123-1991	G3114	鈮鐵 （铌铁）	H42
5124-1991	G3115	鈣矽 （钙硅）	H42
5125-1991	G3116	金屬鉻 （金属铬）	H12
5126-1991	G3117	金屬矽 （金属硅）	H12
5800-1995	G3118	機械結構用合金鋼鋼管 （机械结构用合金钢钢管）	H48
5802-2009	G3119	機械結構用不銹鋼鋼管 （机械结构用不锈钢钢管）	H48
5804-1995	G3120	高溫配管用碳鋼鋼管 （高温配管用碳钢钢管）	H48
5806-1995	G3121	配管用合金鋼鋼管 （配管用合金钢钢管）	H48
6183-2000	G3122	一般結構用輕型鋼 （一般结构用轻型钢）	H44
6185-2000	G3123	一般結構用銲接 II 形輕型鋼 （一般结构用焊接 II 形轻型钢）	H44
6331-2006	G3124	配管用不銹鋼鋼管 （配管用不锈钢钢管）	H48
6333-1995	G3125	低溫配管用鋼管 （低温配管用钢管）	H48
6335-1995	G3126	高壓配管用碳鋼鋼管 （高压配管用碳钢钢管）	H48
6445-1995	G3127	配管用碳鋼鋼管 （配管用碳钢钢管）	H48
6447-1995	G3128	配管用電弧銲碳鋼鋼管 （配管用电弧焊碳钢钢管）	H48
6568-2003	G3129	輸水用塗覆裝鋼管 （输水用涂覆装钢管）	H48
6666-2001	G3130	輸水用塗覆裝鋼管之管件 （输水用涂覆装钢管之管件）	Q81
6668-2006	G3131	不銹鋼衛生鋼管 （不锈钢卫生钢管）	Q81
6919-1999	G3132	銲接鋼線網 （焊接钢线网）	H49
6920-1995	G3133	波形鋼管及波形管片 （波形钢管及波形管片）	H48
7141-1995	G3134	一般結構用矩形碳鋼鋼管 （一般结构用矩形碳钢钢管）	H48
7143-1994	G3135	銲接結構用鑄鋼件 （焊接结构用铸钢件）	J31
7145-1994	G3136	結構用高強度碳鋼及低合金鋼鑄鋼件 （结构用高强度碳钢及低合金钢铸钢件）	J31
7147-1994	G3137	高溫高壓用鑄鋼件 （高温高压用铸钢件）	J31
7149-1994	G3138	低溫高壓用鑄鋼件 （低温高压用铸钢件）	J31
7377-1995	G3139	高壓貯氣瓶用無縫鋼管 （高压贮气瓶用无缝钢管）	H48

标 准 号	台湾地区标准分类号	标 准 名 称	中国标准分类
7379-1995	G3140	鍋爐及熱交換器用碳鋼鋼管 (锅炉及热交换器用碳钢钢管)	H48
7381-1995	G3141	鍋爐及熱交換器用合金鋼鋼管 (锅炉及热交换器用合金钢钢管)	H48
7383-2006	G3142	鍋爐及熱交換器用不銹鋼鋼管 (锅炉及热交换器用不锈钢钢管)	H48
7385-1995	G3143	低溫熱交換器用鋼管 (低温热交换器用钢管)	H48
7479-1994	G3144	彈簧用油回火矽錳合金鋼鋼線 (弹簧用油回火硅锰合金钢钢线)	H49
7794-2007	G3152	熱軋成形不銹鋼型鋼 (热轧成形不锈钢型钢)	H44
7911-2006	G3153	冷加工不銹鋼棒 (冷加工不锈钢棒)	H44
7993-2002	G3154	一般結構用銲接 H 型鋼 (一般结构用焊接 H 型钢)	H48
7995-1994	G3155	閥彈簧用油回火碳鋼鋼線 (阀弹簧用油回火碳钢钢线)	H48
7997-1994	G3156	閥彈簧用油回火鉻釩合金鋼鋼線 (阀弹簧用油回火铬钒合金钢钢线)	H49
7999-1994	G3157	閥彈簧用油回火矽鉻合金鋼鋼線 (阀弹簧用油回火硅铬合金钢钢线)	H49
8119-2007	G3158	不銹鋼鍛件用鋼胚 (不锈钢锻件用钢胚)	H43
8276-1996	G3159	鍛造用碳鋼鋼胚 (锻造用碳钢钢胚)	H43
8277-2006	G3160	再軋碳鋼鋼料 (再轧碳钢钢料)	H40
8397-1998	G3161	彈簧用不銹鋼線 (弹簧用不锈钢线)	H49
8399-1998	G3162	彈簧用冷軋不銹鋼鋼帶 (弹簧用冷轧不锈钢钢带)	H46
8497-2005	G3163	熱軋不銹鋼鋼板、鋼片及鋼帶 (热轧不锈钢钢板、钢片及钢带)	H46
8499-2005	G3164	冷軋不銹鋼鋼板、鋼片及鋼帶 (冷轧不锈钢钢板、钢片及钢带)	H44
8693-1999	G3166	低碳鋼線材 (低碳钢线材)	H49
8694-1988	G3167	冷打及冷鍛用碳鋼線料 (冷打及冷锻用碳钢线料)	H49
8695-1994	G3168	預力混凝土用硬鋼線 (预力混凝土用硬钢线)	H49
8696-1995	G3169	鍋爐及壓力容器用碳鋼及鉬合金鋼鋼板 (锅炉及压力容器用碳钢及钼合金钢钢板)	H46
8697-1995	G3170	低溫壓力容器用碳鋼鋼板 (低温压力容器用碳钢钢板)	H46
8698-1995	G3171	低溫壓力容器用鎳鋼鋼板 (低温压力容器用镍钢钢板)	H46
8699-1996	G3172	壓力容器用碳鋼鍛鋼件 (压力容器用碳钢锻钢件)	H46
8700-1996	G3173	壓力容器用淬火—回火合金鋼鍛鋼件 (压力容器用淬火—回火合金钢锻钢件)	J32

标 准 号	台湾地区 标准分类号	标 准 名 称	中国标准 分 类
8701-1996	G3174	高溫壓力容器用合金鋼鍛鋼件 (高温压力容器用合金钢锻钢件)	J32
8702-2005	G3175	壓力容器用不銹鋼鍛件 (压力容器用不锈钢锻件)	J32
8826-2003	G3176	鏈節形鋼線網 (链节形钢线网)	Y72
8827-2003	G3177	波線鋼線網 (波线钢线网)	Y72
8828-2003	G3178	六角形鋼線網 (六角形钢线网)	Y72
8829-2003	G3179	工業用編織鋼線網 (工业用编织钢线网)	Y72
8967-2001	G3180	軟鋼及高強度鋼用活性氣體遮護金屬電弧銲接實心銲線 (软钢及高强度钢用活性气体遮护金属电弧焊接实心焊线)	H49
8968-1988	G3181	包覆電銲條用心線 (包覆电焊条用心线)	H49
8969-1995	G3182	中、常溫壓力容器用碳鋼鋼板 (中、常温压力容器用碳钢钢板)	H46
8971-1995	G3183	鍋爐及壓力容器用錳鉬及錳鉬鎳合金鋼鋼板 (锅炉及压力容器用锰钼及锰钼镍合金钢钢板)	H46
8973-1995	G3184	壓力容器用淬火—回火之錳鉬及錳鉬鎳合金鋼鋼板 (压力容器用淬火—回火之锰钼及锰钼镍合金钢钢板)	H46
8975-2002	G3185	琺瑯用脫碳鋼片及鋼帶 (珐琅用脱碳钢片及钢带)	J31
9268-2006	G3189	冷打及冷鍛用不銹鋼線 (冷打及冷锻用不锈钢线)	H40
9269-1998	G3190	銲接用不銹鋼線料 (焊接用不锈钢线料)	H40
9270-1982	G3191	鑄珠及碎礫 (铸珠及碎砾)	H54
9272-1993	G3192	預力混凝土用鋼筋 (预力混凝土用钢筋)	H44
9274-1993	G3193	熱軋汽車結構用鋼板、鋼片及鋼捲 (热轧汽车结构用钢板、钢片及钢卷)	H40
9276-2006	G3194	光面鋼棒(碳鋼及合金鋼) (光面钢棒(碳钢及合金钢))	H44
9278-2003	G3195	冷軋碳鋼鋼片及鋼帶 (冷轧碳钢钢片及钢带)	H46
9493-1995	G3196	航空器用鋼纜 (航空器用钢缆)	H49
9604-1998	G3197	耐蝕耐熱超合金棒 (耐蚀耐热超合金棒)	H59
9606-1998	G3198	耐蝕耐熱超合金板及片 (耐蚀耐热超合金板及片)	H59
9608-1998	G3199	耐熱鋼棒 (耐热钢棒)	H44
9610-1998	G3200	耐熱鋼板及鋼片 (耐热钢板及钢片)	H46
9704-1988	G3201	浪形鋼板 (浪形钢板)	H46
9871-1983	G3202	不銹鋼包層鋼 (不锈钢包层钢)	H54

标准号	台湾地区 标准分类号	标准名称	中国标准 分类
9873-1983	G3203	鎳及鎳合金包層鋼 （镍及镍合金包层钢）	H54
9875-1983	G3204	鈦包層鋼 （钛包层钢）	H54
9877-1983	G3205	銅及銅合金包層鋼 （铜及铜合金包层钢）	H54
9998-1993	G3206	熱浸法鍍鋁鋼片及鋼帶 （热浸法镀铝钢片及钢带）	H46
10000-1995	G3207	機械控制用鋼纜 （机械控制用钢缆）	H49
10001-1995	G3208	熱交換器用無縫鎳鉻鐵合金管 （热交换器用无缝镍铬铁合金管）	H48
10003-1995	G3209	配管用無縫鎳鉻鐵合金管 （配管用无缝镍铬铁合金管）	H48
10439-2005	G3210	高溫用合金鋼螺栓材料 （高温用合金钢螺栓材料）	H40
10568-2002	G3211	電鍍鍍鋅鋼片及鋼捲 （电镀镀锌钢片及钢卷）	H46
10716-1995	G3213	鍋爐及壓力容器用鉻鉬合金鋼鋼板 （锅炉及压力容器用铬钼合金钢钢板）	H49
10718-1983	G3214	包裝軟墊之碳鋼製管夾 （包装软垫之碳钢制管夹）	H46
10744-1995	G3215	銲接結構用離心鑄鋼管 （焊接结构用离心铸钢管）	H48
10746-1995	G3216	高溫高壓用離心鑄鋼管 （高温高压用离心铸钢管）	H48
10804-1992	G3217	烤漆熱浸鍍鋅鋼片及鋼捲 （烤漆热浸镀锌钢片及钢卷）	H40
10806-2007	G3218	冷作成形不銹鋼型鋼 （冷作成形不锈钢型钢）	H44
10808-2004	G3219	延性鑄鐵管 （延性铸铁管）	H48
10939-1994	G3220	冷打及冷鍛用碳鋼鋼線 （冷打及冷锻用碳钢钢线）	H49
10940-2003	G3221	著色塗覆鍍鋅低碳鋼線 （着色涂覆镀锌低碳钢线）	H49
11067-1996	G3222	低溫壓力容器用碳鋼及合金鋼鍛鋼件 （低温压力容器用碳钢及合金钢锻钢件）	H46
11107-1995	G3223	中、常溫壓力容器用高強度鋼板 （中、常温压力容器用高强度钢板）	H46
11109-2001	G3224	銲接結構用高降伏強度鋼板 （焊接结构用高降伏强度钢板）	H46
11207-1997	G3225	鑽孔用中空鋼料 （钻孔用中空钢料）	H46
11241-1993	G3226	電解鍍鉻無錫鋼片 （电解镀铬无锡钢片）	H40
11360-2003	G3227	彈簧用冷軋鋼帶 （弹簧用冷轧钢带）	J26
11362-2003	G3228	聚氯乙烯被覆鋼線 （聚氯乙烯被覆钢线）	H49
11363-1994	G3229	熱浸鍍鋁鋼線 （热浸镀铝钢线）	H40

标 准 号	台湾地区 标准分类号	标 准 名 称	中国标准 分 类
11999-1987	G3230	保證硬化能構造用鋼料(H 鋼) (保证硬化能构造用钢料(H 钢))	H40
12241-1988	G3231	多層卷壓力容器用高張力鋼板及鋼帶 (多层卷压力容器用高张力钢板及钢带)	H46
12488-1989	G3232	燒結碳鋼構件 (烧结碳钢构件)	H40
12489-1989	G3233	燒結不銹鋼構件 (烧结不锈钢构件)	H40
12529-1989	G3234	鐵粉 (铁粉)	H41
12657-1990	G3245	鋼鐵材料磁粉探傷試驗法及瑕疵磁粉花紋之等級分類 (钢铁材料磁粉探伤试验法及瑕疵磁粉花纹之等级分类)	H26
12728-1990	G3246	切擴鋼網 (切扩钢网)	H49
13061-1992	G3247	鐵塔用高強度鋼料 (铁塔用高强度钢料)	H40
13098-1992	G3248	沃斯回火球狀石墨鑄鐵件 (沃斯回火球状石墨铸铁件)	H41
13099-1992	G3249	沃斯田體鑄鐵件 (沃斯田体铸铁件)	H40
13154-2003	G3250	冷軋特殊鋼鋼帶 (冷轧特殊钢钢带)	H46
13216-1993	G3251	熱軋高強度具成形性汽車結構用鋼片及鋼捲 (热轧高强度具成形性汽车结构用钢片及钢卷)	J31/ H40
13217-1993	G3252	冷軋高強度具成形性汽車結構用鋼片及鋼捲 (冷轧高强度具成形性汽车结构用钢片及钢卷)	H40
13272-1993	G3253	延性鑄鐵管件 (延性铸铁管件)	H41
13273-2003	G3254	延性鑄鐵管及管件內面用環氧樹脂粉體塗裝 (延性铸铁管及管件内面用环氧树脂粉体涂装)	H48
13343-1994	G3255	彈簧用油回火矽鉻合金鋼鋼線 (弹簧用油回火硅铬合金钢钢线)	H49
13377-1994	G3256	冷打及冷鍛用硼鋼線料 (冷打及冷锻用硼钢线料)	J32
13378-1994	G3257	冷打及冷鍛用硼鋼鋼線 (冷打及冷锻用硼钢钢线)	J32
13392-1994	G3258	一般配管用不銹鋼鋼管 (一般配管用不锈钢钢管)	H48
13517-2006	G3259	配管用銲接大口徑不銹鋼鋼管 (配管用焊接大口径不锈钢钢管)	H68
13638-2003	G3260	聚乙烯被覆鋼管 (聚乙烯被覆钢管)	H48
13639-1996	G3261	加熱爐用鋼管 (加热炉用钢管)	H48
13812-2003	G3262	建築結構用軋鋼料 (建筑结构用轧钢料)	H40
13817-1997	G3263	不銹鋼件之表面鈍化層 (不锈钢件之表面钝化层)	H40
14302-1999	G3264	鍍鋅低碳鋼線 (镀锌低碳钢线)	H49
14401-1-2000	G3265-1	石油及天然氣工業—管線用鋼管交貨之技術規範—A 級管之要求 (石油及天然气工业—管线用钢管交货之技术规范—A 级管之要求)	H48

标准号	台湾地区 标准分类号	标准名称	中国标准 分类
14401-2-2000	G3265-2	石油及天然氣工業—管線用鋼管交貨之技術規範—B級管之要求 （石油及天然气工业—管线用钢管交货之技术规范—B级管之要求）	H48
14438-2000	G3266	縮狀石墨鑄鐵件 （缩状石墨铸铁件）	J31
14859-2004	G3267	污水用延性鑄鐵管、管件、配件及接頭 （污水用延性铸铁管、管件、配件及接头）	H48
15108-2007	G3268	埋設用不銹鋼可撓性波紋管接頭 （埋设用不锈钢可挠性波纹管接头）	J15
15164-2008	G3269	預力混凝土管用硬鋼線 （预力混凝土管用硬钢线）	H49
15236-2009	G3270	熱浸鍍5%鋁—鋅合金鋼片及鋼捲 （热浸镀5%铝—锌合金钢片及钢卷）	H46
15237-2009	G3271	熱浸鍍55%鋁—鋅合金鋼片及鋼捲 （热浸镀55%铝—锌合金钢片及钢卷）	H47

非铁金属冶炼

标准号	台湾地区标准分类号	标准名称	中国标准分类

H1 一 般

标准号	台湾地区标准分类号	标准名称	中国标准分类
7796-1992	H1007	電鍍工程圖表示法 (电镀工程图表示法)	A29
8506-1986	H1008	鋁表面處理詞彙 (铝表面处理词汇)	A29
8589-1990	H1009	電鍍詞彙 (电镀词汇)	A29
14975-2006	H1010	奈米材料詞彙 (纳米材料词汇)	H04

H2 检 验

标准号	台湾地区标准分类号	标准名称	中国标准分类
202-1983	H2005	鋅金屬分析法 (锌金属分析法)	H13
273-1988	H2010	電解銅分析法 (电解铜分析法)	H62
274-1983	H2011	錫錠分析法 (锡锭分析法)	H62
760-1986	H2022	家庭用鋁製品檢驗通則 (家庭用铝制品检验通则)	Y73
1182-2008	H2024	銲錫用助銲劑試驗法 (焊锡用助焊剂试验法)	J33
1247-1995	H2025	熱浸法鍍鋅檢驗法 (热浸法镀锌检验法)	A29
2069-1984	H2026	鋁及鋁合金化學檢驗法 (铝及铝合金化学检验法)	H12
2254-1987	H2029	鋁及鋁合金之片及板檢驗法 (铝及铝合金之片及板检验法)	H61
2258-1982	H2031	鋁擠型條檢驗法 (铝挤型条检验法)	E31
3161-1996	H2034	鋅粉化學分析法 (锌粉化学分析法)	H71
4160-1987	H2042	表面處理用鐵氰錯鹽試驗法 (表面处理用铁氰错盐试验法)	A29
4161-1987	H2043	金屬鍍層用電解式厚度測定法 (金属镀层用电解式厚度测定法)	A29
4162-1987	H2044	金屬鍍層用噴流試驗式膜厚度測定法 (金属镀层用喷流试验式膜厚度测定法)	A29
4195-1982	H2045	非鐵金屬材料之檢驗通則 (非铁金属材料之检验通则)	H60
4196-1982	H2046	基體金屬之試驗及檢驗通則 (基体金属之试验及检验通则)	H60
4829-1979	H2047	鋅電鍍層滴定式厚度測定法 (锌电镀层滴定式厚度测定法)	A29
4830-1979	H2048	鎘電鍍層滴定式厚度測定法 (镉电镀层滴定式厚度测定法)	A29
5129-1988	H2050	非鐵金屬材料之體積電阻係數及導電率測定法 (非铁金属材料之体积电阻系数及导电率测定法)	H60

标 准 号	台湾地区 标准分类号	标 准 名 称	中国标准 分 类
6337-1985	H2051	照明及電子設備用鎢鉬材料試驗通則 （照明及电子设备用钨钼材料试验通则）	L38
7489-1991	H2052	精煉銀分析法 （精炼银分析法）	H15
8010-1981	H2053	鋅噴敷層產品試驗法 （锌喷敷层产品试验法）	A29
8011-1981	H2054	鋁噴敷層產品試驗法 （铝喷敷层产品试验法）	A29
8289-1986	H2055	鋼噴敷試驗法 （钢喷敷试验法）	A29
8291-1982	H2056	自含熔劑合金噴敷試驗法 （自含熔剂合金喷敷试验法）	A29
8293-1982	H2057	鋼鐵之鋁噴敷層試驗法 （钢铁之铝喷敷层试验法）	A29
8296-1995	H2058	鋼鐵之熱浸法鍍鋁檢驗法 （钢铁之热浸法镀铝检验法）	A29
8406-1989	H2059	鋁及鋁合金之陽極氧化膜厚度試驗法 （铝及铝合金之阳极氧化膜厚度试验法）	A29
8407-1989	H2060	鋁及鋁合金之陽極氧化膜封孔度試驗法 （铝及铝合金之阳极氧化膜封孔度试验法）	A29
8408-1982	H2061	鋁及鋁合金之著色陽極氧化膜耐光度促進試驗法 （铝及铝合金之着色阳极氧化膜耐光度促进试验法）	H61
8409-1989	H2062	鋁及鋁合金之陽極氧化膜變形龜裂試驗法 （铝及铝合金之阳极氧化膜变形龟裂试验法）	A29
8410-1982	H2063	鋁及鋁合金之陽極氧化膜耐蝕性試驗法 （铝及铝合金之阳极氧化膜耐蚀性试验法）	A29
8411-1982	H2064	鋁及鋁合金之陽極氧化膜耐磨性試驗法 （铝及铝合金之阳极氧化膜耐磨性试验法）	A29
8412-1989	H2065	鋁合金及應力腐蝕龜裂試驗法 （铝合金及应力腐蚀龟裂试验法）	H25
8704-1982	H2066	草酸陽極氧化處理電解液分析法 （草酸阳极氧化处理电解液分析法）	A29
8705-1982	H2067	硫酸陽極氧化處理電解液分析法 （硫酸阳极氧化处理电解液分析法）	A29
9398-2008	H2068	銲錫化學分析法 （焊锡化学分析法）	H13
9504-1982	H2069	銅及銅合金結晶粒度測定法 （铜及铜合金结晶粒度测定法）	H23
9880-1983	H2070	錫鍍層試驗法 （锡镀层试验法）	A29
11112-1984	H2071	鉛錠分析法 （铅锭分析法）	H62
11414-1985	H2074	鎢鉬材料分析法 （钨钼材料分析法）	H14
11720-1986	H2075	鉑分析法 （铂分析法）	H15
11942-2000	H2076	銅及銅合金分析法通則 （铜及铜合金分析法通则）	H10
11942-1-1999	H2076-1	銅及銅合金中銅定量法 （铜及铜合金中铜定量法）	H62
11942-10-1999	H2076-10	銅及銅合金中鈷定量法 （铜及铜合金中钴定量法）	H62

标准号	台湾地区标准分类号	标准名称	中国标准分类
11942-11-2000	H2076-11	銅及銅合金中矽定量法 (铜及铜合金中硅定量法)	H13
11942-12-2000	H2076-12	銅及銅合金中鋅定量法 (铜及铜合金中锌定量法)	H13
11942-13-2000	H2076-13	銅合金中鈹定量法 (铜合金中铍定量法)	H13
11942-14-2000	H2076-14	銅中碲定量法 (铜中碲定量法)	H62
11942-15-2000	H2076-15	銅中硒定量法 (铜中硒定量法)	H62
11942-16-2000	H2076-16	銅中汞定量法 (铜中汞定量法)	H62
11942-17-2000	H2076-17	銅中氧定量法 (铜中氧定量法)	H62
11942-18-2000	H2076-18	銅中鉍定量法 (铜中铋定量法)	H62
11942-19-2000	H2076-19	銅及銅合金中鎘定量法 (铜及铜合金中镉定量法)	H13
11942-2-1999	H2076-2	銅及銅合金中錫定量法 (铜及铜合金中锡定量法)	H62
11942-20-2001	H2076-20	銅及銅合金中硫定量法 (铜及铜合金中硫定量法)	H62
11942-21-2001	H2076-21	銅及銅合金中鉻定量法 (铜及铜合金中铬定量法)	H13
11942-22-2001	H2076-22	銅及銅合金中銻定量法 (铜及铜合金中锑定量法)	H13
11942-23-2000	H2076-23	銅及銅合金之螢光X射線分析法 (铜及铜合金之荧光X射线分析法)	H62
11942-3-1999	H2076-3	銅及銅合金中鉛定量法 (铜及铜合金中铅定量法)	H62
11942-4-1999	H2076-4	銅及銅合金中鐵定量法 (铜及铜合金中铁定量法)	H62
11942-5-1999	H2076-5	銅及銅合金中錳定量法 (铜及铜合金中锰定量法)	H13
11942-6-1999	H2076-6	銅及銅合金中鎳定量法 (铜及铜合金中镍定量法)	H62
11942-7-1999	H2076-7	銅及銅合金中鋁定量法 (铜及铜合金中铝定量法)	H62
11942-8-1999	H2076-8	銅及銅合金中磷定量法 (铜及铜合金中磷定量法)	H62
11942-9-1999	H2076-9	銅及銅合金中砷定量法 (铜及铜合金中砷定量法)	H62
12114-1987	H2079	金屬鍍層與金屬氧化層用橫截面顯微鏡式厚度測定法 (金属镀层与金属氧化层用横截面显微镜式厚度测定法)	A29
12125-1987	H2081	鎳銅合金分析法 (镍铜合金分析法)	H13
12126-1987	H2082	銅及銅合金之原子吸光光譜分析法 (铜及铜合金之原子吸光光谱分析法)	H62
12536-1989	H2088	鎢粉及碳化鎢粉化學分析法 (钨粉及碳化钨粉化学分析法)	H14
12834-1991	H2089	銅及銅合金管渦電流檢驗法 (铜及铜合金管涡电流检验法)	H62

标准号	台湾地区标准分类号	标准名称	中国标准分类
12840-1991	H2090	銀焊料分析法 (银焊料分析法)	J33
12841-1991	H2091	貴金屬焊料取樣法 (贵金属焊料取样法)	J33
12903-1991	H2092	電子管用鎳材料分析法通則 (电子管用镍材料分析法通则)	L90
12904-1991	H2093	電子管用鎳材料中矽檢驗法 (电子管用镍材料中硅检验法)	H62
12905-1991	H2094	電子管用鎳材料中鎂檢驗法 (电子管用镍材料中镁检验法)	H62
12906-1991	H2095	電子管用鎳材料中銅檢驗法 (电子管用镍材料中铜检验法)	H62
12907-1991	H2096	電子管用鎳材料中鐵檢驗法 (电子管用镍材料中铁检验法)	H62
12908-1991	H2097	電子管用鎳材料中錳檢驗法 (电子管用镍材料中锰检验法)	H62
12909-1991	H2098	電子管用鎳材料中碳檢驗法 (电子管用镍材料中碳检验法)	H62
12910-1991	H2099	電子管用鎳材料中硫檢驗法 (电子管用镍材料中硫检验法)	H62
12911-1991	H2100	電子管用鎳材料中鈦檢驗法 (电子管用镍材料中钛检验法)	H62
12912-1991	H2101	電子管用鎳材料中鎢檢驗法 (电子管用镍材料中钨检验法)	H62
12913-1991	H2102	電子管用鎳材料中鈷檢驗法 (电子管用镍材料中钴检验法)	H62
13046-1992	H2103	鎂合金分析法通則 (镁合金分析法通则)	H61
13047-1992	H2104	鎂合金中鋁定量法 (镁合金中铝定量法)	H61
13048-1992	H2105	鎂合金中鋅定量法 (镁合金中锌定量法)	H61
13049-1992	H2106	鎂合金中錳定量法 (镁合金中锰定量法)	H61
13050-1992	H2107	鎂合金中矽定量法 (镁合金中硅定量法)	H61
13051-1992	H2108	鎂合金中銅定量法 (镁合金中铜定量法)	H61
13052-1992	H2109	鎂合金中鎳定量法 (镁合金中镍定量法)	H61
13053-1992	H2110	鎂合金中鐵定量法 (镁合金中铁定量法)	H61
13054-1992	H2111	鎂合金中鈹定量法 (镁合金中铍定量法)	H61
13055-1992	H2112	鎂合金中鋯定量法 (镁合金中锆定量法)	H61
13056-1992	H2113	鎂合金中稀土元素定量法 (镁合金中稀土元素定量法)	H61
13058-1992	H2114	鎘金屬分析法 (镉金属分析法)	H62
13101-1992	H2115	表面處理用腐蝕泥試驗法 (表面处理用腐蚀泥试验法)	A29

标准号	台湾地区标准分类号	标准名称	中国标准分类
13155-1993	H2116	塑膠電鍍層外觀評定法 (塑料电镀层外观评定法)	A29
13505-1995	H2117	鎂錠分析法 (镁锭分析法)	H62
13521-1995	H2118	陰極防蝕用犧牲陽極性能檢驗法 (阴极防蚀用牺牲阳极性能检验法)	H25
13921-1997	H2119	壓鑄鋅合金之光電式發光光譜分析法 (压铸锌合金之光电式发光光谱分析法)	H62
13922-1997	H2120	壓鑄鋅合金化學分析法 (压铸锌合金化学分析法)	H62
14503-2001	H2121	陽極處理之鋁及鋁合金—孔蝕評估之分級系統—圖示法 (阳极处理之铝及铝合金—孔蚀评估之分级系统—图标法)	H61
14895-2005	H2122	鈦及鈦合金—取樣法 (钛及钛合金—取样法)	H64
14896-2005	H2123	鈦及鈦合金—分析法通則 (钛及钛合金—分析法通则)	H64
14896-1-2005	H2123-1	鈦及鈦合金—氮定量法 (钛及钛合金—氮定量法)	H64
14896-10-2005	H2123-10	鈦合金—鈀定量法 (钛合金—钯定量法)	H13
14896-11-2005	H2123-11	鈦合金—鋁定量法 (钛合金—铝定量法)	H13
14896-12-2005	H2123-12	鈦—鈉定量法 (钛—钠定量法)	H13
14896-13-2005	H2123-13	鈦合金—釩定量法 (钛合金—钒定量法)	H13
14896-14-2005	H2123-14	鈦—原子發光光譜分析法 (钛—原子发光光谱分析法)	H13
14896-2-2005	H2123-2	鈦及鈦合金—錳定量法 (钛及钛合金—锰定量法)	H64
14896-3-2005	H2123-3	鈦及鈦合金—鐵定量法 (钛及钛合金—铁定量法)	H64
14896-4-2005	H2123-4	鈦—氯定量法 (钛—氯定量法)	H64
14896-5-2005	H2123-5	鈦及鈦合金—鎂定量法 (钛及钛合金—镁定量法)	H64
14896-6-2005	H2123-6	鈦及鈦合金—碳定量法 (钛及钛合金—碳定量法)	H64
14896-7-2005	H2123-7	鈦及鈦合金—矽定量法 (钛及钛合金—硅定量法)	H13
14896-8-2005	H2123-8	鈦及鈦合金—氫定量法 (钛及钛合金—氢定量法)	H13
14896-9-2005	H2123-9	鈦及鈦合金—氧定量法 (钛及钛合金—氧定量法)	H13
14898-2005	H2124	海綿鈦之勃氏硬度測定法 (海绵钛之勃氏硬度测定法)	H64
15228-1-2008	H2125-1	無鉛銲錫試驗法—第 1 部:熔融溫度範圍測定法 (无铅焊锡试验法—第 1 部:熔融温度范围测定法)	H21
15228-2-2008	H2125-2	無鉛銲錫試驗法—第 2 部:機械性質試驗—拉伸試驗法 (无铅焊锡试验法—第 2 部:机械性质试验—拉伸试验法)	H22
15228-3-2008	H2125-3	無鉛銲錫試驗法—第 3 部:擴展性試驗法 (无铅焊锡试验法—第 3 部:扩展性试验法)	H23

标准号	台湾地区标准分类号	标准名称	中国标准分类
15228-4-2008	H2125-4	無鉛銲錫試驗法—第4部:沾錫性試驗—潤濕平衡法 (无铅焊锡试验法—第4部:沾锡性试验—润湿平衡法)	H13
15228-5-2008	H2125-5	無鉛銲錫試驗法—第5部:銲錫接點之拉伸及剪斷試驗法 (无铅焊锡试验法—第5部:焊锡接点之拉伸及剪断试验法)	H22
15228-6-2008	H2125-6	無鉛銲錫試驗法—第6部:釘架引腳式封裝結構之銲錫接腳45°拉力試驗法 (无铅焊锡试验法—第6部:钉架引脚式封装结构之焊锡接脚45°拉力试验法)	H22
15228-7-2008	H2125-7	無鉛銲錫試驗法—第7部:表面黏著元件上銲錫接點之剪力強度試驗法 (无铅焊锡试验法—第7部:表面黏着组件上焊锡接点之剪力强度试验法)	H22

H3 非铁原料及制品

标准号	台湾地区标准分类号	标准名称	中国标准分类
6-1983	H3001	電解銅 (电解铜)	H62
7-1984	H3002	鉛錠 (铅锭)	H62
8-1993	H3003	初生鋁錠 (初生铝锭)	H61
9-2005	H3004	鋅錠 (锌锭)	H62
47-1996	H3005	鎳金屬 (镍金属)	H62
1181-2008	H3018	松脂心銲錫線 (松脂心焊锡线)	J33
1308-1985	H3019	鋁及鋁合金管 (铝及铝合金管)	H61
2068-1987	H3021	鋁及鋁合金之合金種類及鍊度符號 (铝及铝合金之合金种类及炼度符号)	H61
2154-1985	H3022	印刷用鉛合金 (印刷用铅合金)	H62
2249-1992	H3023	鋁箔 (铝箔)	H61
2251-1992	H3024	褙紙鋁箔 (褙纸铝箔)	H61
2253-1987	H3025	鋁及鋁合金之片及板 (铝及铝合金之片及板)	H61
2257-1982	H3027	鋁擠型條 (铝挤型条)	H61
2474-1991	H3028	銀焊料 (银焊料)	J33
2475-2008	H3029	銲錫—化學成分及形狀 (焊锡—化学成分及形状)	G51
2550-1995	H3030	非鐵金屬線網 (非铁金属线网)	Y72
2609-1982	H3031	波形鋁片 (波形铝片)	H61
2674-1995	H3032	鉛管(一般用) (铅管(一般用))	H62

标准号	台湾地区标准分类号	标准名称	中国标准分类
2701-1986	H3034	鋁蒸籠 （铝蒸笼）	H61
2966-1992	H3037	冷凝器及熱交換器用無縫鋁合金管 （冷凝器及热交换器用无缝铝合金管）	H61
2968-1990	H3038	飾物金屬之標示及成分 （饰物金属之标示及成分）	E34
3114-1970	H3040	彈簧用磷青銅板片 （弹簧用磷青铜板片）	G11
3160-1996	H3041	鋅粉 （锌粉）	H71
3333-1997	H3043	壓鑄用鋅合金錠 （压铸用锌合金锭）	H62
3334-1997	H3044	鋅合金壓鑄件 （锌合金压铸件）	G17
3435-1986	H3045	鋅餅 （锌饼）	H62
3547-1986	H3046	鋅板 （锌板）	H62
3636-1987	H3047	雙面空心銅鉚釘 （双面空心铜铆钉）	J11
3667-1984	H3048	鋁及鋁合金棒、桿及線 （铝及铝合金棒、杆及线）	H61
4006-1985	H3049	鉛板 （铅板）	H62
4008-1985	H3050	黃銅棒 （黄铜棒）	H62
4045-1985	H3051	磷青銅棒 （磷青铜棒）	H62
4047-1985	H3052	磷青銅線 （磷青铜线）	H62
4080-1989	H3053	鑄造用青銅錠 （铸造用青铜锭）	H62
4081-1989	H3054	鑄造用磷青銅錠 （铸造用磷青铜锭）	K36
4082-1988	H3055	鑄造用高拉力黃銅錠 （铸造用高拉力黄铜锭）	H62
4083-1989	H3056	鑄造用鉛青銅錠 （铸造用铅青铜锭）	H62
4125-1989	H3057	青銅鑄件 （青铜铸件）	H62
4126-1989	H3058	磷青銅鑄件 （磷青铜铸件）	H62
4127-1989	H3059	鉛青銅鑄件 （铅青铜铸件）	H62
4157-2005	H3060	鉻及鎳電鍍層 （铬及镍电镀层）	A29
4334-1996	H3062	磷銅金屬 （磷铜金属）	H62
4335-1989	H3063	鑄造用鋁青銅錠 （铸造用铝青铜锭）	H62
4336-2002	H3064	黃銅鑄件 （黄铜铸件）	H62

标 准 号	台湾地区 标准分类号	标 准 名 称	中国标准 分　类
4383-1985	H3065	黃銅板及捲片 (黄铜板及卷片)	H62
4384-1984	H3066	加鉛易削黃銅板、捲片 (加铅易削黄铜板、卷片)	H62
4386-1988	H3068	高拉力黃銅鑄件 (高拉力黄铜铸件)	H62
4745-1988	H3069	電線用銅條 (电线用铜条)	H62
4746-1988	H3070	導電用鋁鐵合金條 (导电用铝铁合金条)	H61
4819-1989	H3071	鋁青銅鑄件 (铝青铜铸件)	J71
4824-1987	H3076	工程用金電鍍層 (工程用金电镀层)	A29
4825-2005	H3077	裝飾用銀電鍍層 (装饰用银电镀层)	A29
4826-1987	H3078	錫電鍍層 (锡电镀层)	A29
4827-2004	H3079	鋼鐵底材之鋅電鍍層 (钢铁底材之锌电镀层)	A29
4828-1987	H3080	鋼鐵底材之鎘電鍍層 (钢铁底材之镉电镀层)	A29
5127-1991	H3081	銅及銅合金無縫管 (铜及铜合金无缝管)	H62
5338-1989	H3083	切削用超硬合金 (切削用超硬合金)	J41
5339-1980	H3084	錫粉 (锡粉)	H71
6338-1985	H3085	照明及電子設備用鎢線 (照明及电子设备用钨线)	L38
6339-1985	H3086	照明及電子設備用鎢棒 (照明及电子设备用钨棒)	L38
6341-1985	H3088	照明及電子設備用釷鎢線及棒 (照明及电子设备用钍钨线及棒)	L38
6342-1985	H3089	照明及電子設備用鎢鉬合金線 (照明及电子设备用钨钼合金线)	H63
6343-1985	H3090	照明及電子設備用鉬線 (照明及电子设备用钼线)	H63
6344-1985	H3091	照明及電子設備用鉬棒 (照明及电子设备用钼棒)	H63
6345-1985	H3092	照明及電子設備用鉬片 (照明及电子设备用钼片)	H63
7488-1981	H3093	精煉銀 (精炼银)	H68
7797-1981	H3094	鋼鐵表面熔鋅之噴敷層 (钢铁表面熔锌之喷敷层)	A29
8009-1981	H3095	鋼鐵表面熔鋁之噴敷層 (钢铁表面熔铝之喷敷层)	A29
8290-1986	H3096	鋼噴敷 (钢喷敷)	A29
8292-1982	H3097	自含熔劑合金噴敷 (自含熔剂合金喷敷)	A29

标准号	台湾地区标准分类号	标准名称	中国标准分类
8294-1982	H3098	鋼鐵之鋁噴敷作業方法 (钢铁之铝喷敷作业方法)	A29
8295-1995	H3099	鋼鐵之熱浸法鍍鋁 (钢铁之热浸法镀铝)	A29
8297-1995	H3100	熱浸法鍍鋁作業方法 (热浸法镀铝作业方法)	A29
8405-1982	H3101	鋁及鋁合金陽極氧化與塗裝複合皮膜 (铝及铝合金阳极氧化与涂装复合皮膜)	A29
8503-1995	H3102	熱浸法鍍鋅作業方法 (热浸法镀锌作业方法)	A29
8504-1982	H3103	鋅噴敷作業方法 (锌喷敷作业方法)	H62
8505-1987	H3104	電鍍作業設備 (电镀作业设备)	J70
8507-1982	H3105	鋁及鋁合金之陽極氧化皮膜 (铝及铝合金之阳极氧化皮膜)	A29
8508-1986	H3106	鋅合金底材電鍍鉻作業方法 (锌合金底材电镀铬作业方法)	A29
8590-1982	H3107	鋁及鋁合金之硫酸陽極氧化處理作業 (铝及铝合金之硫酸阳极氧化处理作业)	A29
8703-1982	H3108	鋁及鋁合金之草酸陽極氧化處理作業 (铝及铝合金之草酸阳极氧化处理作业)	A29
8977-1982	H3109	銅鎳鉻一般電鍍作業方法 (铜镍铬一般电镀作业方法)	H62
9396-1993	H3110	再生鋁錠 (再生铝锭)	H69
9397-1982	H3111	鋁及鋁合金廢料分類法 (铝及铝合金废料分类法)	H61
9503-1985	H3112	磷青銅板及捲片 (磷青铜板及卷片)	H62
9505-1985	H3113	黃銅線 (黄铜线)	H62
9612-1982	H3114	鋁及鋁合金鍛件 (铝及铝合金锻件)	J32
9879-1983	H3115	錫錠 (锡锭)	H62
10007-1995	H3116	鋼鐵之熱浸法鍍鋅 (钢铁之热浸法镀锌)	A29
10008-1983	H3117	鎂合金防蝕處理法 (镁合金防蚀处理法)	H61
10263-1983	H3118	鋼鐵之機械法鍍鋅 (钢铁之机械法镀锌)	A29
10346-1983	H3119	無氧銅原條及原塊 (无氧铜原条及原块)	H62
10347-1983	H3120	製造電線用銅錠 (制造电线用铜锭)	H62
10348-1983	H3121	(革刃)煉銅原條及原塊 ((革刃)炼铜原条及原块)	H62
10440-1985	H3122	鎳銀板及捲片 (镍银板及卷片)	H68
10441-1985	H3123	鎳銀棒及線 (镍银棒及线)	H62

标准号	台湾地区标准分类号	标准名称	中国标准分类
10442-1986	H3124	銅及銅合金棒 (铜及铜合金棒)	H62
10443-1983	H3125	銅及銅合金線 (铜及铜合金线)	H62
10719-1994	H3126	鋁製管夾 (铝制管夹)	H61
10879-1985	H3127	鈹銅合金板、片、帶及棒 (铍铜合金板、片、带及棒)	H62
10981-1984	H3128	矽青銅鑄件 (硅青铜铸件)	H62
10982-1984	H3129	軸承用鋁合金鑄件 (轴承用铝合金铸件)	J11
10983-1984	H3130	軸承用銅鉛合金鑄件 (轴承用铜铅合金铸件)	J31
11016-1984	H3131	鉚接用鋁及鋁合金桿及線 (铆接用铝及铝合金杆及线)	H61
11073-1984	H3132	銅及銅合金板、捲片 (铜及铜合金板、卷片)	H62
11111-1987	H3133	鋁及鋁合金鉻酸鹽表面處理 (铝及铝合金铬酸盐表面处理)	H61
11188-1985	H3134	鈹銅合金線 (铍铜合金线)	H62
11307-1987	H3135	工程用銀電鍍層 (工程用银电镀层)	A29
11391-2005	H3136	塑膠之銅鎳鉻電鍍層 (塑料之铜镍铬电镀层)	A29
11392-1987	H3137	銅電鍍層 (铜电镀层)	A29
11633-1986	H3138	可撓性金屬填料 (可挠性金属填料)	H60
11634-1986	H3139	金屬線填料 (金属线填料)	H60
11795-1986	H3140	硬鉛板 (硬铅板)	H61
11796-1986	H3141	硬鉛鑄件 (硬铅铸件)	H61
11797-1986	H3142	被覆電纜用鉛及鉛合金 (被覆电缆用铅及铅合金)	H61
12000-1987	H3143	鑄件用鋁及鋁合金錠 (铸件用铝及铝合金锭)	H61
12048-1987	H3144	裝飾用金電鍍層 (装饰用金电镀层)	A29
12049-1987	H3145	鋁粉 (铝粉)	H61
12089-1987	H3146	鋼鐵底材之鉛與鉛錫合金電鍍層 (钢铁底材之铅与铅锡合金电镀层)	A29
12090-1987	H3147	工程用金屬底材化學鎳鍍層 (工程用金属底材化学镍镀层)	A29
12091-1987	H3148	工程用銠電鍍層 (工程用铑电镀层)	A29
12092-1987	H3149	工程用鈀電鍍層 (工程用钯电镀层)	A29

标准号	台湾地区标准分类号	标准名称	中国标准分类
12486-1989	H3150	燒結黃銅構件 (烧结黄铜构件)	V10
12487-1989	H3151	燒結青銅構件 (烧结青铜构件)	H72
12534-1989	H3152	銅粉 (铜粉)	H71
12535-1989	H3153	鎢粉及碳化鎢粉 (钨粉及碳化钨粉)	H71
12685-1990	H3154	工程用鉻電鍍層 (工程用铬电镀层)	A29
12823-1990	H3155	杜美線 (杜美线)	K10
12979-1992	H3156	鋁合金壓鑄件 (铝合金压铸件)	H61
13057-1992	H3157	鎘金屬 (镉金属)	H62
13102-1992	H3158	電鍍用鋅陽極 (电镀用锌阳极)	A29
13103-1992	H3159	金屬底材之真空鍍鋁 (金属底材之真空镀铝)	A29
13104-1992	H3160	噴砂 (喷砂)	A29
13274-1993	H3161	鋼鐵底材之染黑處理 (钢铁底材之染黑处理)	H11
13504-1995	H3162	鎂錠 (镁锭)	H62
13518-1995	H3163	陰極防蝕用鎂合金犧牲陽極 (阴极防蚀用镁合金牺牲阳极)	H62
13519-1995	H3164	陰極防蝕用鋅合金犧牲陽極 (阴极防蚀用锌合金牺牲阳极)	H62
13520-1995	H3165	陰極防蝕用鋁合金犧牲陽極 (阴极防蚀用铝合金牺牲阳极)	H61
13867-1997	H3166	銅及銅合金銲接管 (铜及铜合金焊接管)	J15
13868-1997	H3167	鋁及鋁合金銲接管 (铝及铝合金焊接管)	J15
13869-1997	H3168	鎳及鎳合金板及捲片 (镍及镍合金板及卷片)	H62
13870-1997	H3169	鎳及鎳合金無縫管 (镍及镍合金无缝管)	H62
14897-2005	H3170	海綿鈦 (海绵钛)	H64
15031-2006	H3171	鋼鐵熱浸鍍5%鋁—鋅 (钢铁热浸镀5%铝—锌)	A29
15121-2007	H3172	鋁及鋁合金塗裝及烤漆片及帶 (铝及铝合金涂装及烤漆片及带)	H61
15257-2009	H3173	熱浸鍍鋅層損傷及裸點修補 (热浸镀锌层损伤及裸点修补)	A29

核 子 工 程

标准号	台湾地区标准分类号	标准名称	中国标准分类

J1 一 般

标准号	台湾地区标准分类号	标准名称	中国标准分类
3818-1975	J1001	核科學與技術分類編號通則 (核科学与技术分类编号通则)	F04
3819-1975	J1002	核科學與技術分類編號(物理及化學) (核科学与技术分类编号(物理及化学))	F04
3820-1975	J1003	核科學與技術分類編號(生物及醫學) (核科学与技术分类编号(生物及医学))	F04
3821-1975	J1004	核科學與技術分類編號(一般工程) (核科学与技术分类编号(一般工程))	F04
14166-1998	J1005	核能級電氣設備驗證通則 (核能级电气设备验证通则)	F80
14183-1998	J1006	核安級低壓三相鼠籠型感應電動機 (核安级低压三相鼠笼型感应电动机)	F65
14222-1998	J1007	核安級無熔線斷路器 (核安级无熔线断路器)	K43
14240-1998	J1008	核能電廠安全系統設備設計驗證通則 (核能电厂安全系统设备设计验证通则)	F65
14292-1998	J1009	核安級自力操作和動力操作閥功能 (核安级自力操作和动力操作阀功能)	F69
14296-1999	J1010	核安級交流電磁開關 (核安级交流电磁开关)	L22
14371-1999	J1011	核安級漏電電驛 (核安级漏电电驿)	F40
14372-1999	J1012	核安級電氣設備耐震驗證通則 (核安级电气设备耐震验证通则)	F40
14421-2000	J1013	核安級電纜和接頭 (核安级电缆和接头)	K13
14439-2000	J1014	核安級電池充電器 (核安级电池充电器)	F83
14504-2001	J1015	電子式人員輻射監測器 (电子式人员辐射监测器)	F84

J2 检 验

标准号	台湾地区标准分类号	标准名称	中国标准分类
7038-1999	J2005	飲用水中氚檢驗法 (饮用水中氚检验法)	C51
7388-1981	J2011	放射性同位素分析法—總貝他粒子計數法 (放射性同位素分析法—总贝他粒子计数法)	F50
7390-1981	J2013	放射性同位素分析法—碘化鈉(鉈)偵檢器偵測伽馬射線法 (放射性同位素分析法—碘化钠(铊)侦检器侦测伽马射线法)	F50
7391-1981	J2014	放射性同位素分析法—鍺偵檢器偵測伽馬射線法 (放射性同位素分析法—锗侦检器侦测伽马射线法)	F50
7490-1998	J2019	水樣之微量鈾檢驗法(螢光分析法) (水样之微量铀检验法(荧光分析法))	F46
7491-1998	J2020	水樣之鐳放射性核種檢驗法 (水样之镭放射性核种检验法)	F46
8299-1999	J2031	水樣之阿伐能譜操作法 (水样之阿伐能谱操作法)	Z16

标 准 号	台湾地区标准分类号	标 准 名 称	中国标准分类
8300-2007	J2032	水中阿伐(α)粒子放射性之測試法 (水中阿伐(α)粒子放射性之测试法)	F46
8301-1999	J2033	水樣中貝他(β)粒子放射性測定法 (水样中贝他(β)粒子放射性测定法)	F46
8413-2002	J2034	核能級硝酸鈽溶液之化學、質譜、分光化學、核子及放射化學分析法 (核能级硝酸钸溶液之化学、质谱、分光化学、核子及放射化学分析法)	F53
8830-1998	J2048	中子通量率、通量與能譜之測定法—放射活化技術測定法 (中子通量率、通量与能谱之测定法—放射活化技术测定法)	F30
8831-1998	J2049	熱中子通量率之測定法—放射活化技術測定法 (热中子通量率之测定法—放射活化技术测定法)	F30
8832-1998	J2050	核能級銀—銦—鎘合金中銀、銦、鎘含量及微量雜質之測定法 (核能级银—铟—镉合金中银、铟、镉含量及微量杂质之测定法)	H15
8978-1998	J2052	快中子通量率測定法—鐵之放射性活化法 (快中子通量率测定法—铁之放射性活化法)	F70
8979-1998	J2053	快中子通量率測定法—鎳之放射性活化法 (快中子通量率测定法—镍之放射性活化法)	F70
8980-1998	J2054	快中子通量率測定法—硫之放射性活化法 (快中子通量率测定法—硫之放射性活化法)	F40
8981-1998	J2055	快中子通量率測定法—鋁之放射性活化法 (快中子通量率测定法—铝之放射性活化法)	F70
8982-2001	J2056	六氟化鈾分析法 (六氟化铀分析法)	F46
10349-2001	J2091	X射線防護用具之鉛厚當量檢驗法 (X射线防护用具之铅厚当量检验法)	F79
10570-1983	J2092	輻射暴露計之校正方法 (辐射暴露计之校正方法)	F84
14271-1998	J2093	核安級固定式鉛蓄電池驗證法 (核安级固定式铅蓄电池验证法)	F40
14383-1999	J2094	水樣之高解析度加馬能譜測定法 (水样之高分辨率加马能谱测定法)	Z10
14440-2000	J2095	水樣中低活性碘-131 測定法 (水样中低活性碘-131 测定法)	Z16
14441-2000	J2096	水樣中鍶-90 測定法 (水样中锶-90 测定法)	Z16
14558-2001	J2097	水中鐳-226 檢驗法 (水中镭-226 检验法)	Z16
14559-2001	J2098	飲用水中氡檢驗法 (饮用水中氡检验法)	Z16

J3 核能材料

标 准 号	台湾地区标准分类号	标 准 名 称	中国标准分类
7798-1998	J3002	核能級碳化硼粉 (核能级碳化硼粉)	F46/G
7799-1998	J3003	核能級碳化硼丸 (核能级碳化硼丸)	F46/G
7800-1998	J3004	核能級銀—銦—鎘合金 (核能级银—铟—镉合金)	F46
7801-1998	J3005	核能級氧化鋁丸 (核能级氧化铝丸)	F60

标准号	台湾地区标准分类号	标准名称	中国标准分类
7802-1998	J3006	核能級三氧化二釓粉 （核能级三氧化二钆粉）	F40
8127-1998	J3009	可燒結之核能級二氧化鈾粉 （可烧结之核能级二氧化铀粉）	F46
14239-1998	J3010	核安級低壓配線用熔線 （核安级低压配线用熔线）	K31

化学工业

标准号	台湾地区标准分类号	标准名称	中国标准分类

K0 一　般

标准号	台湾地区标准分类号	标准名称	中国标准分类
6216-1988	K0001	高純度正己烷 (高纯度正己烷)	D21
6217-1988	K0002	高純度正庚烷 (高纯度正庚烷)	D21
6218-1988	K0003	高純度正辛烷 (高纯度正辛烷)	G64
6219-1988	K0004	高純度正壬烷 (高纯度正壬烷)	G64
6220-1988	K0005	高純度正癸烷 (高纯度正癸烷)	G64
6221-1988	K0006	高純度正十一烷 (高纯度正十一烷)	G64
6222-1988	K0007	高純度正十二烷 (高纯度正十二烷)	G64
6223-1988	K0008	高純度正十三烷 (高纯度正十三烷)	D21
6490-1980	K0009	分析化學名詞(光學部門) (分析化学名词(光学部门))	G04
6492-1980	K0010	水溶液 pH 測定方法 (水溶液 pH 测定方法)	G04
6493-1980	K0011	極譜圖分析法通則 (极谱图分析法通则)	G04
6494-1980	K0012	吸收光度分析法通則 (吸收光度分析法通则)	G04
6839-1980	K0013	pH 值測定用玻璃電極 (pH 值测定用玻璃电极)	N51
6840-1980	K0014	黏度計校正用標準液 (黏度计校正用标准液)	A67
8834-1996	K0015	化學製品密度及比重測定法 (化学制品密度及比重测定法)	G04
8835-1996	K0016	化學製品熔點及熔融範圍測定法 (化学制品熔点及熔融范围测定法)	G04
8836-1996	K0017	化學製品凝固點測定法 (化学制品凝固点测定法)	G04
8837-1996	K0018	化學製品旋光度測定法 (化学制品旋光度测定法)	G04
8838-1996	K0019	化學製品減量及殘留分測定法 (化学制品减量及残留分测定法)	G04
8839-1996	K0020	化學製品折射率測定法 (化学制品折射率测定法)	G04
9178-1982	K0021	氣相層析一般檢驗法 (气相层析一般检验法)	T22
9179-1995	K0022	化學分析法通則 (化学分析法通则)	G04
9180-1996	K0023	化學製品蒸餾測定法 (化学制品蒸馏测定法)	G04
9622-1982	K0024	化學分析用白金蒸發皿 (化学分析用白金蒸发皿)	N64

标准号	台湾地区标准分类号	标准名称	中国标准分类
9623-1982	K0025	化學分析用白金舟皿 (化学分析用白金舟皿)	N64
9624-1982	K0026	化學分析用白金坩堝 (化学分析用白金坩埚)	N64
11209-1995	K0027	原子吸收光譜分析法通則 (原子吸收光谱分析法通则)	G04
11619-1986	K0028	螢光 X 射線分析法總則 (荧光 X 射线分析法总则)	G04
12128-1987	K0029	電位差、電流、電量滴定法通則 (电位差、电流、电量滴定法通则)	K04
12416-2006	K0030	原子發光光譜分析通則 (原子发光光谱分析通则)	G04
12461-1988	K0031	草酸盐 pH 標準液 (草酸盐 pH 标准液)	G60
12462-1988	K0032	碳酸盐 pH 标准液 (碳酸盐 pH 标准液)	G60
12463-1988	K0033	中性磷酸盐 pH 标准液 (中性磷酸盐 pH 标准液)	G60
12464-1988	K0034	硼酸盐 pH 标准液 (硼酸盐 pH 标准液)	G60
12465-1988	K0035	碳酸盐 pH 标准液 (碳酸盐 pH 标准液)	G60
12466-1988	K0036	磷酸盐 pH 标准液 (磷酸盐 pH 标准液)	G60
12467-1988	K0037	鉻標準液 (铬标准液)	A65
12468-1988	K0038	銻標準液 (锑标准液)	G60
12469-1988	K0039	砷標準液 (砷标准液)	G60
12470-1988	K0040	錳標準液 (锰标准液)	A65
12508-1989	K0041	離子電極方法通則 (离子电极方法通则)	G04
12509-1989	K0042	氣相層析/質譜分析法通則 (气相层析/质谱分析法通则)	G04
12510-1989	K0043	紅外線氣體分析儀 (红外线气体分析仪)	N51
12586-1989	K0044	分析化學用語(基礎部門) (分析化学用语(基础部门))	A43
12587-1989	K0045	分析化學用語(電化學部門) (分析化学用语(电化学部门))	A43
12588-1989	K0046	分析化學用語(層析術部門) (分析化学用语(层析术部门))	A43
13105-1992	K0047	紅外線分光光度分析法通則 (红外线分光光度分析法通则)	A01
13106-1996	K0048	化學製品水分測定法 (化学制品水分测定法)	G04
13466-1995	K0049	銅標準液 (铜标准液)	G60
13467-1995	K0050	鋅標準液 (锌标准液)	A65

标准号	台湾地区标准分类号	标准名称	中国标准分类
13468-1995	K0051	鎘標準液 (镉标准液)	A65
13469-1995	K0052	鎳標準液 (镍标准液)	A65
13470-1995	K0053	鈷標準液 (钴标准液)	A65
13471-1995	K0054	鉛標準液 (铅标准液)	A65
13472-1995	K0055	鐵標準液 (铁标准液)	A65
13473-1995	K0056	鉍標準液 (铋标准液)	A65
13567-1995	K0057	化學製品篩分法 (化学制品筛分法)	G04
13568-1995	K0058	化學製品酸價、皂化價、酯價、碘價、羥價及不皂化物試驗法 (化学制品酸价、皂化价、酯价、碘价、羟价及不皂化物试验法)	G04
14823-2004	K0059	石油類試驗用玻璃溫度計 (石油类试验用玻璃温度计)	J31
14825-2004	K0060	精油命名原則 (精油命名原则)	B33
14844-2004	K0061	天然芳香原料詞彙 (天然芳香原料词汇)	Y41
14845-2004	K0062	精油命名 (精油命名)	X14
14900-2005	K0063	精油—包裝材料、調節及儲存通則 (精油—包装材料、调节及储存通则)	X14
14901-2005	K0064	精油—容器標籤與標示通則 (精油—容器标签与标示通则)	X14
14918-2005	K0065	離子層析法通則 (离子层析法通则)	A43
14919-2005	K0066	硫酸離子標準液 (硫酸离子标准液)	A65

K1 原 料

标准号	台湾地区标准分类号	标准名称	中国标准分类
18-1981	K1002	鹽酸(工業用) (盐酸(工业用))	G11
20-1981	K1004	硝酸(工業用) (硝酸(工业用))	G11
22-1985	K1006	硫酸(工業用) (硫酸(工业用))	G11
26-1984	K1010	碳酸鈉(純鹼)(工業用) (碳酸钠(纯碱)(工业用))	G11
51-1981	K1013	碳酸氫銨(工業用) (碳酸氢铵(工业用))	G12
52-1981	K1014	氯化銨(工業用) (氯化铵(工业用))	G10
54-1981	K1015	硝酸銨(工業用) (硝酸铵(工业用))	G12
63-1981	K1017	碳酸氫鈉(工業用)(小蘇打) (碳酸氢钠(工业用)(小苏打))	G12

标 准 号	台湾地区 标准分类号	标 准 名 称	中国标准 分 类
194-1984	K1020	正丁醇(工業級) (正丁醇(工业级))	G16
195-1981	K1021	液體二氧化碳 (液体二氧化碳)	G13
196-1952	K1022	塊狀乾冰 (块状干冰)	G13
197-1984	K1023	丙酮(工業級) (丙酮(工业级))	G17
263-1962	K1024	無水氨 (无水氨)	G11
264-1975	K1025	電石 (电石)	G16
374-1957	K1026	工業用 DDT (工业用 DDT)	G17
375-2008	K1027	天然樟腦 (天然樟脑)	G17
377-2004	K1028	漂白粉 (漂白粉)	G12
379-1970	K1029	石膏 (石膏)	J43
380-1984	K1030	氯化鈣(工業用) (氯化钙(工业用))	G12
430-1981	K1032	液體燒鹼 (液体烧碱)	G11
431-1981	K1033	固體燒鹼 (固体烧碱)	G11
432-1981	K1034	液氯 (液氯)	G13
433-1981	K1035	氯酸鉀(工業用) (氯酸钾(工业用))	G12
434-1981	K1036	硫化鈉(工業用) (硫化钠(工业用))	G12
435-1981	K1037	硫酸鈉(工業用) (硫酸钠(工业用))	G12
436-1981	K1038	氯化鎂(工業用) (氯化镁(工业用))	G21
633-1987	K1039	工業用甘油 (工业用甘油)	G16
636-1957	K1040	工業級 BHC (工业级 BHC)	G17
697-1965	K1041	工業用活性碳(粉狀) (工业用活性碳(粉状))	G76
699-1991	K1042	原鹽 (原盐)	G12
999-1974	K1045	天然薄荷腦 (天然薄荷脑)	B36
1005-1981	K1046	高壓瓶裝氧氣 (高压瓶装氧气)	G86
1036-1958	K1049	工業級五氯酚 (工业级五氯酚)	G17
1061-1975	K1050	工業用盐基性碳酸鎂 (工业用盐基性碳酸镁)	G12

标 准 号	台湾地区标准分类号	标 准 名 称	中国标准分 类
1063-1959	K1051	工業用輕燒氧化鎂 (工业用轻烧氧化镁)	G13
1340-1980	K1052	冰醋酸 (冰醋酸)	G11
1342-1992	K1053	二硫亞磺酸鈉(工業用) (二硫亚磺酸钠(工业用))	G12
1374-1961	K1054	高純度氬氣 (高纯度氩气)	G64
1379-1961	K1055	工業級硝酸銀 (工业级硝酸银)	G12
1381-1980	K1056	甲醛(37%級) (甲醛(37%级))	G17
1383-1972	K1057	工業級沉澱碳酸鈣 (工业级沉淀碳酸钙)	G12
1385-1961	K1058	脂肪酸 (脂肪酸)	G17
1397-1975	K1059	酒精(工業用) (酒精(工业用))	G16
1413-1962	K1060	芒硝 (芒硝)	G12
1414-1962	K1061	工業用正己烷 (工业用正己烷)	G16
1421-1962	K1062	工業級硫代硫酸鈉 (工业级硫代硫酸钠)	G12
1423-1962	K1063	工業級無水亞硫酸鈉 (工业级无水亚硫酸钠)	G12
1425-1962	K1064	工業級尿素 (工业级尿素)	G17
1473-1980	K1065	苯(工業級及硝化級) (苯(工业级及硝化级))	G16
1474-1980	K1066	甲苯(工業級) (甲苯(工业级))	G16
2072-1974	K1067	硫酸鋁(工業用) (硫酸铝(工业用))	G12
2074-1992	K1068	硫酸鋁(自來水淨化用) (硫酸铝(自来水净化用))	G12
2076-1962	K1069	工業級檸檬酸 (工业级柠檬酸)	G17
2117-1963	K1070	工業用發煙硫酸 (工业用发烟硫酸)	G11
2155-1969	K1071	硫化元青 (硫化元青)	G57
2157-2004	K1072	工業用溶解乙炔 (工业用溶解乙炔)	G16
2186-1963	K1073	工業用醋酸乙烯 (工业用醋酸乙烯)	G17
2190-1984	K1074	重鉻酸鈉(工業用) (重铬酸钠(工业用))	G12
2198-1984	K1075	重鉻酸鉀(工業用) (重铬酸钾(工业用))	G12
2199-1963	K1076	硫酸銅(工業級) (硫酸铜(工业级))	G12

标准号	台湾地区 标准分类号	标准名称	中国标准 分类
2202-1984	K1077	氧化鋅(工業用) (氧化锌(工业用))	G13
2234-1963	K1078	冷劑用一氯甲烷 (冷剂用一氯甲烷)	G17
2235-1963	K1079	冷劑用二氟二氯甲烷 (冷剂用二氟二氯甲烷)	G17
2236-1975	K1080	壓縮氫氣(工業級) (压缩氢气(工业级))	G11
2237-1975	K1081	氨水(工業級) (氨水(工业级))	G14
2238-1989	K1082	矽酸鈉 (硅酸钠)	G12
2263-1980	K1083	二甲苯(工業級) (二甲苯(工业级))	G16
2326-1964	K1084	酚(工業用)(乾餾製) (酚(工业用)(干馏制))	G17
2327-1964	K1085	間甲酚(工業用) (间甲酚(工业用))	G11
2328-1964	K1086	塔酸(高沸點) (塔酸(高沸点))	G17
2329-1964	K1087	粗甲酚 (粗甲酚)	G17
2330-1982	K1088	萘 (萘)	G11
2357-1987	K1089	工業用硝化纖維素 (工业用硝化纤维素)	G17
2359-1964	K1090	氟矽酸鈉(工業級) (氟硅酸钠(工业级))	G12
2361-2005	K1091	珂羅定(工業級) (珂罗定(工业级))	G52
2362-1980	K1092	二甲苯(硝化級) (二甲苯(硝化级))	G16
2363-1980	K1093	二甲苯(十度級) (二甲苯(十度级))	G51
2366-1973	K1094	氰化鋅(電鍍用) (氰化锌(电镀用))	G12
2368-1973	K1095	氰化鎘(工業級) (氰化镉(工业级))	G12
2370-1964	K1096	氯化亞汞(工業級) (氯化亚汞(工业级))	G12
2451-1965	K1097	赤磷(工業級) (赤磷(工业级))	G13
2453-1965	K1098	硝酸鍶(工業級) (硝酸锶(工业级))	G12
2455-1984	K1099	矽酸鎂(工業用) (硅酸镁(工业用))	G12
2479-1965	K1100	三氧化鉻(工業級) (三氧化铬(工业级))	G13
2481-1965	K1101	硼酸(工業級) (硼酸(工业级))	G11
2483-1965	K1102	對甲苯磺酰胺 (对甲苯磺酰胺)	G17

标准号	台湾地区标准分类号	标准名称	中国标准分类
2523-1965	K1103	鉻酸鉀(工業級) (铬酸钾(工业级))	G12
2525-1966	K1104	氰化銅(工業級) (氰化铜(工业级))	G13
2526-1965	K1105	過氧化氫(工業級) (过氧化氢(工业级))	G13
2528-1966	K1106	過硼酸鈉(工業級) (过硼酸钠(工业级))	G12
2529-1965	K1107	十二烷苯(工業用) (十二烷苯(工业用))	E43
2554-1966	K1108	磷酸鈉(工業級) (磷酸钠(工业级))	G12
2556-1978	K1109	乙酸戊酯(98%級) (乙酸戊酯(98%级))	G17
2561-1982	K1110	氧化鎘(工業級) (氧化镉(工业级))	G13
2587-1972	K1111	加碘洗滌鹽 (加碘洗涤盐)	G12
2588-1966	K1112	加碘再製鹽 (加碘再制盐)	X38
2589-1966	K1113	嫘縈級液體燒鹼 (嫘萦级液体烧碱)	G11
2610-1966	K1114	硝酸亞汞(工業用) (硝酸亚汞(工业用))	G12
2612-1983	K1115	鄰苯二甲酸二丁酯(D. B. P.)(99%級) (邻苯二甲酸二丁酯(D. B. P.)(99%级))	G17
2614-1971	K1116	苯駢呋喃—茚樹脂 (苯骈呋喃—茚树脂)	G32
2616-1978	K1117	乙酸乙酯 (乙酸乙酯)	G17
2617-1978	K1118	乙酸丁酯 (乙酸丁酯)	G17
2619-1966	K1119	磷酸(工業用) (磷酸(工业用))	G11
2621-1972	K1120	氫氧化鎂(工業用) (氢氧化镁(工业用))	G11
2623-1972	K1121	氫氧化鋁 (氢氧化铝)	G11
2631-1966	K1122	煤氣(煤乾餾,工業燃料用) (煤气(煤干馏,工业燃料用))	E24
2678-1966	K1123	甲醛合次硫酸氫鈉(工業用) (甲醛合次硫酸氢钠(工业用))	G17
2680-1966	K1124	高壓瓶裝氮氣 (高压瓶装氮气)	G86
2746-1967	K1125	碳黑(橡膠工業用) (碳黑(橡胶工业用))	G49
2789-1995	K1126	甲醇(工業用) (甲醇(工业用))	G16
2791-1967	K1127	二胺基蔗二磺酸 (二胺基蔗二磺酸)	G56
2916-1968	K1128	矽乾石 (硅干石)	G17

标准号	台湾地区标准分类号	标准名称	中国标准分类
2918-2008	K1129	銲錫膏 (焊锡膏)	J33
2950-1970	K1130	二硫化碳(工業級) (二硫化碳(工业级))	G12
2983-1969	K1131	焊接用氬氣 (焊接用氩气)	G86
2989-1969	K1132	硼砂(工業級) (硼砂(工业级))	G12
3015-1969	K1133	蜂蠟 (蜂蜡)	B47
3017-1969	K1134	液體苛性鉀 (液体苛性钾)	G12
3021-2008	K1136	合成樟腦粉 (合成樟脑粉)	B72
3046-1969	K1137	香茅醇 (香茅醇)	C80
3072-1970	K1138	二氧化鈦(橡膠用) (二氧化钛(橡胶用))	G13
3074-1970	K1139	草酸鈉(工業級) (草酸钠(工业级))	G17
3082-1970	K1140	丙烷(工業級) (丙烷(工业级))	G16
3115-1972	K1141	氯磺酸 (氯磺酸)	G11
3117-1970	K1142	過錳酸鉀(工業級) (过锰酸钾(工业级))	G12
3139-1972	K1143	乙炔黑 (乙炔黑)	G49
3164-1971	K1144	乙醇胺 (乙醇胺)	G12
3165-1971	K1145	無水亞硫酸鈉(鍋爐水處理用) (无水亚硫酸钠(锅炉水处理用))	G12
3166-1971	K1146	硝酸鈉(鍋爐水處理用) (硝酸钠(锅炉水处理用))	G12
3167-1971	K1147	消石灰(淨化給水用) (消石灰(净化给水用))	G77
3168-1982	K1148	甲基纖維素(工業級) (甲基纤维素(工业级))	G17
3170-1973	K1149	溴化銀(工業級) (溴化银(工业级))	G12
3171-1971	K1150	氯化鋅(工業級) (氯化锌(工业级))	G12
3177-1970	K1151	氯化汞(乾電池用) (氯化汞(干电池用))	G12
3179-1970	K1152	氯化銨(乾電池用) (氯化铵(干电池用))	G12
3181-1984	K1153	磷酸鈉(工業用) (磷酸钠(工业用))	G12
3214-1971	K1154	硬脂酸鋅粉 (硬脂酸锌粉)	G04
3238-1986	K1155	甘薯澱粉(工業用) (甘薯淀粉(工业用))	C80

标准号	台湾地区标准分类号	标准名称	中国标准分类
3335-1972	K1156	二氯乙烷 (二氯乙烷)	G17
3337-1983	K1157	1,1,1-三氯乙烷(工業級) (1,1,1-三氯乙烷(工业级))	G17
3339-1972	K1158	赤血鹽(工業級) (赤血盐(工业级))	G12
3341-1972	K1159	石碳酸(一般工業用) (石碳酸(一般工业用))	G12
3342-1972	K1160	樹脂酸鈣 (树脂酸钙)	G12
3380-2004	K1161	硬脂酸鋁(工業級) (硬脂酸铝(工业级))	G18
3395-2004	K1162	次氯酸鈣漂白液 (次氯酸钙漂白液)	G12
3397-2005	K1163	自來水用次氯酸鈉 (自来水用次氯酸钠)	G12
3480-1972	K1164	石墨粉 (石墨粉)	D53
3699-2002	K1165	化學分析用水 (化学分析用水)	G04
3703-1974	K1169	丁二烯 (丁二烯)	G16
3716-1974	K1170	六氯苯 (六氯苯)	G17
3718-1974	K1171	丁烷(工業級) (丁烷(工业级))	E24
3719-2003	K1172	天然氣 (天然气)	E24
3720-1974	K1173	工業用無水鉻酸鈉 (工业用无水铬酸钠)	G12
3726-1975	K1174	工業級檸檬酸銨鐵(綠色) (工业级柠檬酸铵铁(绿色))	G12
3753-1977	K1175	蓄電池用硫酸 (蓄电池用硫酸)	G11
3778-1975	K1176	工業用乙醛 (工业用乙醛)	G17
3923-1986	K1177	辛醇(工業用) (辛醇(工业用))	G16
3950-1976	K1178	對苯二甲酸(T. P. A)(工業級) (对苯二甲酸(T. P. A)(工业级))	G17
4010-1983	K1179	鄰苯二甲酸二-2-乙基己酯(D. O. P.) (邻苯二甲酸二-2-乙基己酯(D. O. P.))	G17
4086-1977	K1180	二乙二醇 (二乙二醇)	G16
4087-1977	K1181	三乙二醇 (三乙二醇)	G16
4111-1977	K1182	四氯乙烯(工業級) (四氯乙烯(工业级))	G17
4138-1977	K1190	三氯乙烯(工業級) (三氯乙烯(工业级))	G17
4140-1977	K1191	N,N′-二亞硝基五亞甲基四胺發泡劑 (N,N′-二亚硝基五亚甲基四胺发泡剂)	G71

标准号	台湾地区标准分类号	标准名称	中国标准分类
4275-1978	K1200	固體氫氧化鉀 (固体氢氧化钾)	G11
4279-1978	K1201	聚乙烯醇 (聚乙烯醇)	G17
4284-1978	K1202	工業用三聚磷酸鈉 (工业用三聚磷酸钠)	G17
4387-1992	K1203	乙酸正丙酯(96%級) (乙酸正丙酯(96%级))	G17
4388-1992	K1204	乙酸異丙酯(99%級) (乙酸异丙酯(99%级))	G17
4449-1978	K1205	硫粉(橡膠用) (硫粉(橡胶用))	G13
4637-1978	K1206	丁酮(工業級) (丁酮(工业级))	G17
4638-1978	K1207	2-乙氧基乙醇(工業級) (2-乙氧基乙醇(工业级))	G17
4639-1978	K1208	丁氧基乙醇(工業級) (丁氧基乙醇(工业级))	G17
4862-1979	K1209	異丙醇(99%級) (异丙醇(99%级))	G16
4863-1979	K1210	第二丁醇(工業級) (第二丁醇(工业级))	G16
4864-1979	K1211	乙酸第二丁酯(85～88%級) (乙酸第二丁酯(85～88%级))	G17
4865-1979	K1212	磷酸三甲苯酯(99%級) (磷酸三甲苯酯(99%级))	G17
4883-1979	K1214	乙酸異丁酯(95%級) (乙酸异丁酯(95%级))	G17
4884-1979	K1215	乙酸甲基戊酯(95%級) (乙酸甲基戊酯(95%级))	G17
4885-1979	K1216	乙酸乙氧基乙酯(95%級) (乙酸乙氧基乙酯(95%级))	G17
4886-1979	K1217	乙酸乙烯酯 (乙酸乙烯酯)	G17
5218-1980	K1218	工業用三聚氰胺 (工业用三聚氰胺)	V13
5220-1980	K1219	工業用二苯胺 (工业用二苯胺)	G16
5226-1980	K1220	二氧化錫 (二氧化锡)	G13
5227-1980	K1221	聚異丁烯 (聚异丁烯)	G18
5228-1980	K1222	乙醚 (乙醚)	G16
5229-1980	K1223	硫酸鉀 (硫酸钾)	G12
5230-1980	K1224	異丁醇 (异丁醇)	G16
5231-1980	K1225	戊醇 (戊醇)	G16
5232-1980	K1226	二丙酮醇 (二丙酮醇)	G16

标准号	台湾地区标准分类号	标准名称	中国标准分类
5233-1980	K1227	甲基異丁基(代)甲醇 (甲基异丁基(代)甲醇)	G16
5234-1980	K1228	乙二醇 (乙二醇)	G16
5235-1980	K1229	丙二醇 (丙二醇)	G16
5236-1980	K1230	二丙二醇 (二丙二醇)	G16
5237-1980	K1231	己二醇 (己二醇)	G16
5445-1980	K1232	癸二酸乙己酯 (癸二酸乙己酯)	G17
5447-1980	K1233	二硝基甲苯(固體) (二硝基甲苯(固体))	G17
5449-1980	K1234	矽酸鈣 (硅酸钙)	G12
5450-1980	K1235	硬脂酸鎂 (硬脂酸镁)	G17
5451-2001	K1236	六亞甲四胺 (六亚甲四胺)	G17
5452-1980	K1237	鄰苯二甲酸二乙酯 (邻苯二甲酸二乙酯)	G17
5457-1980	K1238	3,3,5-三甲基 2-環己烯酮 (3,3,5-三甲基 2-环己烯酮)	G17
5458-1980	K1239	甲基異戊基酮 (甲基异戊基酮)	G17
5460-1980	K1240	甲基異丁基酮 (甲基异丁基酮)	G17
5461-1980	K1241	精製苯 (精制苯)	G16
5588-1980	K1242	氟碳化合物 (氟碳化合物)	G17
5600-1980	K1243	甲苯(硝化級) (甲苯(硝化级))	G16
5601-1980	K1244	二甲苯(五度級) (二甲苯(五度级))	G16
5824-1980	K1245	精製吡啶 (精制吡啶)	G17
5826-1980	K1247	精製苯二甲酐-1308 (精制苯二甲酐-1308)	G17
5827-1980	K1248	對第三丁基酚 98 (对第三丁基酚 98)	G17
5828-1980	K1249	環己烷 995 (环己烷 995)	G17
5829-1980	K1250	精製酚-405 (精制酚-405)	G17
5830-1980	K1251	丙烯酸乙酯 (丙烯酸乙酯)	G17
5831-1980	K1252	丙烯酸正丁酯 (丙烯酸正丁酯)	G17
5832-1980	K1253	2-乙基(代)丙烯酸己酯 (2-乙基(代)丙烯酸己酯)	G17

标准号	台湾地区标准分类号	标准名称	中国标准分类
5833-1995	K1254	順丁烯二酐(工業用) (顺丁烯二酐(工业用))	G17
5842-1980	K1255	無水硫酸鈉 (无水硫酸钠)	G12
7156-1981	K1256	乙(酸)酐 (乙(酸)酐)	G17
7157-1981	K1257	酒石酸 (酒石酸)	G17
7158-1981	K1258	琥珀酸 (琥珀酸)	G17
7427-1981	K1259	松油脂肪酸 (松油脂肪酸)	G17
7428-1981	K1260	脱水蓖麻酸 (脱水蓖麻酸)	G17
7429-1981	K1261	蒸餾椰子脂肪酸 (蒸馏椰子脂肪酸)	G17
7430-1981	K1262	蒸餾玉蜀黍脂肪酸 (蒸馏玉蜀黍脂肪酸)	G17
7431-1981	K1263	蒸餾大豆脂肪酸 (蒸馏大豆脂肪酸)	G17
7432-1981	K1264	分餾與蒸餾棉子脂肪酸 (分馏与蒸馏棉子脂肪酸)	G17
7433-1981	K1265	蒸餾亞麻仁脂肪酸 (蒸馏亚麻仁脂肪酸)	G17
8014-1981	K1266	黑蠟 (黑蜡)	E42
8016-1981	K1267	堪地里拉蠟 (堪地里拉蜡)	E42
8018-1981	K1268	2-乙基己酸鉛 (2-乙基己酸铅)	G17
8020-1981	K1269	2-硝基二苯胺 (2-硝基二苯胺)	G17
8022-1981	K1270	2-胺基萘磺酸 (2-胺基萘磺酸)	G17
8024-1981	K1271	柳酸鉛 (柳酸铅)	G17
9301-1982	K1272	阿拉伯膠(電底火劑用) (阿拉伯胶(电底火剂用))	G39
9506-1982	K1273	分析用重鉻酸鉀-硫酸試劑(安瓿裝) (分析用重铬酸钾-硫酸试剂(安瓿装))	G62
10657-1983	K1274	鄰苯二甲酸二正辛酯(D. N. O. P.) (邻苯二甲酸二正辛酯(D. N. O. P.))	G17
10658-1983	K1275	鄰苯二甲酸二丁酯(D. B. P.) (邻苯二甲酸二丁酯(D. B. P.))	G17
11190-1986	K1276	錳乾電池用錳粉 (锰干电池用锰粉)	G55
12537-2005	K1278	自來水用聚氯化鋁 (自来水用聚氯化铝)	G77
12875-2006	K1279	洗滌鹽 (洗涤盐)	G12
13353-1994	K1280	工業用石灰 (工业用石灰)	G12

标 准 号	台湾地区 标准分类号	标 准 名 称	中国标准 分 类
14817-2004	K1281	三氯異三聚氰酸漂白劑 (三氯异三聚氰酸漂白剂)	G12
14867-2007	K1282	廢水用聚氯化鋁 (废水用聚氯化铝)	A14
14868-2004	K1283	廢水用氯化鐵(Ⅱ) (废水用氯化铁(Ⅱ))	A65
15028-2006	K1284	氯離子標準液 (氯离子标准液)	G62
15029-2006	K1285	自來水用氫氧化鈉 (自来水用氢氧化钠)	G13
15122-2007	K1286	氫燃料 (氢燃料)	E46

K2 颜料、油漆

标 准 号	台湾地区 标准分类号	标 准 名 称	中国标准 分 类
13-1984	K2001	油漆用碳酸鉛白 (油漆用碳酸铅白)	G54
14-1984	K2002	油漆用硫酸鉛白 (油漆用硫酸铅白)	G54
15-1984	K2003	油漆用鋅鋇白 (油漆用锌钡白)	G54
16-1989	K2004	二氧化鈦(顏料) (二氧化钛(颜料))	G54
554-1986	K2005	噴漆稀釋劑 (喷漆稀释剂)	G52
601-1987	K2006	調合漆(合成樹脂型) (调合漆(合成树脂型))	G51
606-1984	K2011	瓷漆 (瓷漆)	G51
609-1987	K2014	噴漆 (喷漆)	G51
610-1986	K2015	鋼船用油性甲板漆 (钢船用油性甲板漆)	G51
701-1993	K2016	碳黑(顏料用) (碳黑(颜料用))	G49
766-1993	K2017	氧化鋅(顏料用) (氧化锌(颜料用))	G52
770-1970	K2018	烤漆 (烤漆)	G51
772-1970	K2019	烤漆用透明清漆 (烤漆用透明清漆)	G51
774-1986	K2020	紅丹底漆 (红丹底漆)	G51
776-1986	K2021	鋅鉻黃防銹底漆 (锌铬黄防锈底漆)	G51
778-1986	K2022	木船用油性船底漆 (木船用油性船底漆)	G51
779-1986	K2023	鋼船用油性水線漆 (钢船用油性水线漆)	G51
780-1986	K2024	鋼船用油性船底防銹漆 (钢船用油性船底防锈漆)	G51

标准号	台湾地区标准分类号	标准名称	中国标准分类
781-1986	K2025	鋼船用油性船底防污漆 (钢船用油性船底防污漆)	G51
1042-1989	K2026	紅丹(顏料) (红丹(颜料))	G54
1044-1958	K2027	黃丹粉 (黄丹粉)	G53
1112-1986	K2028	醇酸樹脂烤漆 (醇酸树脂烤漆)	G51
1157-1987	K2029	醇酸樹脂瓷漆 (醇酸树脂瓷漆)	G51
1248-1986	K2030	油性頭度底漆 (油性头度底漆)	G51
1248-2-1986	K2030-2	油性二度底漆 (油性二度底漆)	G51
1248-3-1986	K2030-3	油性中塗底漆 (油性中涂底漆)	G51
1248-4-1986	K2030-4	油性補土 (油性补土)	G51
1333-2006	K2031	路線漆 (路线漆)	G51
2070-1986	K2032	乳化塑膠漆 (乳化塑料漆)	G51
2159-1986	K2033	鋼船用油性船舶面漆 (钢船用油性船舶面漆)	G51
2161-1986	K2035	鋼船用油性船邊漆 (钢船用油性船边漆)	G51
2162-1986	K2036	鋼船用油性船舶紅丹底漆 (钢船用油性船舶红丹底漆)	G51
2164-1986	K2038	鋼船用油性船舶鋅鉻黃底漆 (钢船用油性船舶锌铬黄底漆)	G51
2364-1986	K2039	螢光漆 (荧光漆)	G51
2372-1969	K2040	各色油墨(標識用) (各色油墨(标识用))	A17
2410-1989	K2041	耐酸漆 (耐酸漆)	G51
2476-1986	K2042	無光噴漆 (无光喷漆)	G51
2625-1980	K2043	標印漆 (标印漆)	G51
2627-1989	K2045	快乾無光瓷漆 (快干无光瓷漆)	G51
2628-1986	K2046	半光防銹瓷漆 (半光防锈瓷漆)	G51
2809-1986	K2048	生漆 (生漆)	G51
2948-1986	K2049	噴漆性底漆 (喷漆性底漆)	G51
2949-1986	K2050	耐熱漆 (耐热漆)	G51
3233-1980	K2051	塗布油稀釋劑 (涂布油稀释剂)	G52

标准号	台湾地区标准分类号	标准名称	中国标准分类
3297-1977	K2052	群青 （群青）	G54
3835-1975	K2053	氧化鐵（顏料用） （氧化铁（颜料用））	G54
3837-1975	K2054	鋅鉻黃 （锌铬黄）	G54
3921-1986	K2055	皮革用噴漆 （皮革用喷漆）	G51
3945-1989	K2056	鉻黃（顏料） （铬黄（颜料））	G54
3952-1976	K2057	氧化亞銅（油漆用） （氧化亚铜（油漆用））	G52
4907-1986	K2058	紅丹鋅鉻黃防銹底漆 （红丹锌铬黄防锈底漆）	G51
4908-1986	K2059	一般用防銹底漆 （一般用防锈底漆）	G51
4909-1986	K2060	一氧化二鉛防銹底漆 （一氧化二铅防锈底漆）	G51
4910-1986	K2061	油性凡立水 （油性凡立水）	G52
4911-1986	K2062	木器用透明頭度底漆 （木器用透明头度底漆）	G51
4912-1986	K2063	木器用透明二度底漆 （木器用透明二度底漆）	G51
4913-1986	K2064	透明噴漆 （透明喷漆）	G51
4914-1986	K2065	噴漆用發白防止劑 （喷漆用发白防止剂）	G52
4915-1986	K2066	氯化橡膠系紅丹防銹底漆 （氯化橡胶系红丹防锈底漆）	G51
4916-1986	K2067	氯化橡膠系鋅鉻黃防銹底漆 （氯化橡胶系锌铬黄防锈底漆）	G51
4917-1986	K2068	氯化橡膠系鋅鉻鉛紅防銹底漆 （氯化橡胶系锌铬铅红防锈底漆）	G51
4918-1986	K2069	氯化橡膠系紅氧化鐵防銹底漆 （氯化橡胶系红氧化铁防锈底漆）	G51
4919-1989	K2070	氯化橡膠系面漆 （氯化橡胶系面漆）	G51
4920-1986	K2071	氯化橡膠系鋼船外板防銹漆 （氯化橡胶系钢船外板防锈漆）	G51
4921-1986	K2072	氯化橡膠船底防污漆 （氯化橡胶船底防污漆）	G51
4922-1989	K2073	氯化橡膠系鋼船水線漆 （氯化橡胶系钢船水线漆）	G51
4923-1986	K2074	氯化橡膠系鋼船船邊漆 （氯化橡胶系钢船船边漆）	G51
4924-1986	K2075	氯化橡膠系鋼船甲板漆 （氯化橡胶系钢船甲板漆）	G51
4925-1986	K2076	聚氯乙烯系紅丹防銹底漆 （聚氯乙烯系红丹防锈底漆）	G51
4926-1986	K2077	聚氯乙烯系鋅鉻黃防銹底漆 （聚氯乙烯系锌铬黄防锈底漆）	G51

标准号	台湾地区标准分类号	标准名称	中国标准分类
4927-1990	K2078	聚氯乙烯系瓷漆 (聚氯乙烯系瓷漆)	G51
4928-1986	K2079	聚氯乙烯系鋼船外板防銹漆 (聚氯乙烯系钢船外板防锈漆)	G51
4929-1986	K2080	聚氯乙烯系鋼船船底防污漆 (聚氯乙烯系钢船船底防污漆)	G51
4930-1986	K2081	聚氯乙烯系鋼船水線漆 (聚氯乙烯系钢船水线漆)	G51
4931-1986	K2082	聚氯乙烯系鋼船船邊漆 (聚氯乙烯系钢船船边漆)	G51
4932-1986	K2083	聚氯乙烯系木船船底防污漆 (聚氯乙烯系木船船底防污漆)	G51
4933-1987	K2084	丙烯酸酯系樹脂烤漆 (丙烯酸酯系树脂烤漆)	G51
4934-1986	K2085	伐銹底漆 (伐锈底漆)	G51
4935-1986	K2086	環氧樹脂非鋅底漆 (环氧树脂非锌底漆)	G51
4936-1986	K2087	環氧樹脂鋅粉底漆 (环氧树脂锌粉底漆)	G51
4937-1986	K2088	無機鋅粉底漆(溶劑型) (无机锌粉底漆(溶剂型))	G51
4938-1987	K2089	環氧樹脂漆 (环氧树脂漆)	G51
4939-1986	K2090	環氧樹脂柏油漆 (环氧树脂柏油漆)	G51
4940-1987	K2091	水性水泥漆 (水性水泥漆)	G51
4941-1986	K2092	胺基醇酸樹脂瓷漆 (胺基醇酸树脂瓷漆)	G51
4942-1986	K2093	木器用聚胺酯頭度底漆 (木器用聚胺酯头度底漆)	G51
4943-1986	K2094	木器用聚胺酯二度底漆 (木器用聚胺酯二度底漆)	G51
4944-1986	K2095	木器用聚胺酯透明漆 (木器用聚胺酯透明漆)	G51
5032-1986	K2096	烤底漆 (烤底漆)	G51
5212-1980	K2098	胺基樹脂 (胺基树脂)	G32
5213-1980	K2099	中油型夫酸酐樹脂 (中油型夫酸酐树脂)	G32
5214-1980	K2100	長油型夫酸酐樹脂 (长油型夫酸酐树脂)	G32
5215-1980	K2101	短油型夫酸酐樹脂 (短油型夫酸酐树脂)	G32
5867-1980	K2102	鹼式硫酸鉛藍 (碱式硫酸铅蓝)	G54
5868-1980	K2103	燈黑 (灯黑)	G54
5869-1980	K2104	骨黑 (骨黑)	G54

标准号	台湾地区标准分类号	标准名称	中国标准分类
5870-1980	K2105	黄氧化鐵 （黄氧化铁）	G54
5871-1986	K2106	綠氧化鉻顏料 （绿氧化铬颜料）	G54
5872-1980	K2107	夫氰綠 （夫氰绿）	G54
5873-1986	K2108	鉻酸鍶顏料 （铬酸锶颜料）	G54
5874-1980	K2109	鹼式矽鉻酸鉛 （碱式硅铬酸铅）	G54
5875-1980	K2110	棕土 （棕土）	G54
5876-1980	K2111	赭石 （赭石）	G54
5877-1980	K2112	黄土 （黄土）	G54
5878-1980	K2113	甲苯胺紅 （甲苯胺红）	G54
5879-1980	K2114	紅色及棕色顏料用氧化鐵 （红色及棕色颜料用氧化铁）	G54
5880-1980	K2115	防污漆用氧化汞 （防污漆用氧化汞）	G54
5881-1980	K2116	顏料用雲母粉 （颜料用云母粉）	G54
5882-1986	K2117	矽藻土顏料 （硅藻土颜料）	G54
5883-1986	K2118	硫酸鋇顏料 （硫酸钡颜料）	G54
5884-1980	K2119	矽酸鎂(顏料用) （硅酸镁(颜料用)）	G54
6235-1980	K2120	塗料用硫化鋅 （涂料用硫化锌）	G53
6236-1980	K2121	塗料用鉛基氧化鋅 （涂料用铅基氧化锌）	G54
6237-1980	K2122	塗料用磷矽鉛酸 （涂料用磷硅铅酸）	G54
6470-1980	K2123	對位紅色料 （对位红色料）	G54
6475-1980	K2124	2-甲氧基乙醇 （2-甲氧基乙醇）	G17
8144-1986	K2125	溶劑型水泥漆 （溶剂型水泥漆）	Q18
8422-1982	K2126	膏狀氧化鋅 （膏状氧化锌）	G13
8423-1982	K2127	橙色蟲膠及其它蟲膠 （橙色虫胶及其它虫胶）	G52
8424-1982	K2128	防污漆用銅粉 （防污漆用铜粉）	G52
8706-1986	K2129	鋁粉調合漆 （铝粉调合漆）	G51
10086-1983	K2130	新聞紙印刷油墨 （新闻纸印刷油墨）	A17

标 准 号	台湾地区 标准分类号	标 准 名 称	中国标准 分 类
10088-1983	K2131	油印機油墨 (油印机油墨)	A17
10353-1983	K2132	立索紅 B (立索红 B)	G53
10354-1983	K2133	亮猩紅 G (亮猩红 G)	G54
10355-1983	K2134	顏料猩紅 3B (颜料猩红 3B)	G54
10356-1983	K2135	亮火因脂紅 6B (亮火因脂红 6B)	G54
10357-1983	K2136	色澱紅 C (色淀红 C)	G54
10358-1983	K2137	色澱紅 D (色淀红 D)	G54
10359-1983	K2138	永久紅 4R (永久红 4R)	G54
10360-1983	K2139	棗紅 5B (枣红 5B)	G54
10361-1983	K2140	棗紅 10B (枣红 10B)	G54
10362-1983	K2141	堅牢黄 G (坚牢黄 G)	G54
11489-1986	K2142	油性調合漆 (油性调合漆)	G51
11722-1986	K2143	塗料稠度用福特杯 (涂料稠度用福特杯)	K64
11724-1986	K2144	木材用白色調合底漆 (木材用白色调合底漆)	G51
11726-1986	K2145	蟲膠清漆及漂白蟲膠清漆 (虫胶清漆及漂白虫胶清漆)	G51
11728-2000	K2146	建築用防火塗料 (建筑用防火涂料)	Q18
11729-1986	K2147	檟如樹脂二度漆 (槚如树脂二度漆)	G51
11731-1986	K2148	二度噴漆 (二度喷漆)	G51
11799-1986	K2149	檟如樹脂清漆 (槚如树脂清漆)	G51
11801-1986	K2150	檟如樹脂瓷漆 (槚如树脂瓷漆)	G51
11803-1986	K2151	噴漆油灰 (喷漆油灰)	G52
11805-1986	K2152	檟如樹脂油灰 (槚如树脂油灰)	G52
11807-1986	K2153	不飽和聚酯樹脂油灰 (不饱和聚酯树脂油灰)	G52
11944-1987	K2154	沉澱硫酸鋇及重晶石粉(顏料) (沉淀硫酸钡及重晶石粉(颜料))	G54
11946-1987	K2155	檟如樹脂頭度底漆 (槚如树脂头度底漆)	G51
11948-1987	K2156	松香(松脂) (松香(松脂))	B72

标准号	台湾地区 标准分类号	标准名称	中国标准 分类
12129-1987	K2157	鹼式鉻酸鉛防銹漆 (碱式铬酸铅防锈漆)	G51
12131-1987	K2158	氰胺化鉛防銹漆 (氰胺化铅防锈漆)	G51
12133-1987	K2159	鋅粉防銹漆 (锌粉防锈漆)	G52
12135-1987	K2160	鉛酸鈣防銹漆 (铅酸钙防锈漆)	G51
12137-1987	K2161	多彩花紋塗料 (多彩花纹涂料)	G51
12139-1987	K2162	酞酸樹脂清漆 (酞酸树脂清漆)	G51
12141-1987	K2163	氯乙烯樹脂清漆 (氯乙烯树脂清漆)	G51
12143-1987	K2164	丙烯酸酯系樹脂清漆 (丙烯酸酯系树脂清漆)	G51
12145-1987	K2165	家庭用地板清漆 (家庭用地板清漆)	G51
12147-1987	K2166	家庭用木質及金屬製品塗料 (家庭用木质及金属制品涂料)	G51
12158-1987	K2167	鐵藍(顏料) (铁蓝(颜料))	G54
12160-1987	K2168	發光塗料 (发光涂料)	G51
12162-1987	K2169	松香硬酯 (松香硬酯)	G52
12164-1987	K2170	塗料用鋁漿 (涂料用铝浆)	G52
12181-1987	K2171	氯苯類 (氯苯类)	G17
12182-1987	K2172	氯硝苯類 (氯硝苯类)	G17
12183-1987	K2173	對硝苯胺 (对硝苯胺)	G17
12184-1987	K2174	聯甲氧苯胺(4,4′-二胺-3,3′二甲氧聯苯) (联甲氧苯胺(4,4′-二胺-3,3′二甲氧联苯))	G56
12185-1987	K2175	2-胺-1-萘磺酸 (2-胺-1-萘磺酸)	G56
12186-1987	K2176	羰基J酸(二鈉鹽) (羰基J酸(二钠盐))	G56
12187-1987	K2177	3-甲柳酸(2-羥-3-甲苯甲酸) (3-甲柳酸(2-羟-3-甲苯甲酸))	G56
12188-1987	K2178	4,4′-二胺二苯乙烯-2,2′-二磺酸 (4,4′-二胺二苯乙烯-2,2′-二磺酸)	G56
12195-1987	K2179	乙醯苯胺 (乙酰苯胺)	G56
12196-1987	K2180	N,N-二甲苯胺 (N,N-二甲苯胺)	G56
12197-1987	K2181	N,N-二乙苯胺 (N,N-二乙苯胺)	G56
12198-1987	K2182	N-乙苯胺 (N-乙苯胺)	G16

标准号	台湾地区标准分类号	标准名称	中国标准分类
12199-1987	K2183	N-甲苯胺 (N-甲苯胺)	G16
12200-1987	K2184	N-苄-N-乙苯胺 (N-苄-N-乙苯胺)	G56
12201-1987	K2185	對胺苯磺酸 (对胺苯磺酸)	G17
12202-1987	K2186	柳酸(鄰羥苯甲酸) (柳酸(邻羟苯甲酸))	G56
12203-1987	K2187	間苯二酚 (间苯二酚)	G17
12204-1987	K2188	鄰聯甲苯胺(4,4′-二胺-3,3′-二甲聯苯) (邻联甲苯胺(4,4′-二胺-3,3′-二甲联苯))	G56
12205-1987	K2189	2S酸(單鈉鹽) (2S酸(单钠盐))	G17
12206-1987	K2190	8-胺-1-萘磺酸 (8-胺-1-萘磺酸)	G56
12207-1987	K2191	對硝苯酚 (对硝苯酚)	G56
12208-1987	K2192	苯基J酸 (苯基J酸)	G56
12224-1988	K2193	氯化苄 (氯化苄)	G56
12226-1988	K2194	苯甲醛 (苯甲醛)	G17
12228-1988	K2195	安息香酸(苯甲酸) (安息香酸(苯甲酸))	G56
12230-1988	K2196	酞酐 (酞酐)	G56
12232-1988	K2197	二胺基苯類 (二胺基苯类)	G17
12233-1988	K2198	硝基苯及硝基甲苯類 (硝基苯及硝基甲苯类)	G16
12234-1988	K2199	胺基苯類 (胺基苯类)	G17
12264-1994	K2200	塗料用三聚磷酸鋁 (涂料用三聚磷酸铝)	G54
12266-1994	K2201	醇酸樹脂系三聚磷酸鋁防銹底漆 (醇酸树脂系三聚磷酸铝防锈底漆)	G51
12268-1994	K2202	環氧樹脂系三聚磷酸鋁防銹底漆 (环氧树脂系三聚磷酸铝防锈底漆)	G51
12270-1994	K2203	氯化橡膠系三聚磷酸鋁防銹底漆 (氯化橡胶系三聚磷酸铝防锈底漆)	G51
12272-1988	K2204	鄰胺苯甲酸 (邻胺苯甲酸)	G17
12273-1988	K2205	對氯鄰硝苯胺 (对氯邻硝苯胺)	G17
12274-1988	K2206	環己酮 (环己酮)	G17
12275-1988	K2207	己二酸 (己二酸)	G17
12276-1988	K2208	N-乙醯乙醯苯胺類化合物 (N-乙酰乙酰苯胺类化合物)	G17

标 准 号	台湾地区 标准分类号	标 准 名 称	中国标准 分 类
12277-1988	K2209	4-胺-2-氯甲苯-5-磺酸鈉 (4-胺-2-氯甲苯-5-磺酸钠)	G17
12278-1988	K2210	鄰硝苯基甲基醚 (邻硝苯基甲基醚)	G17
12279-1988	K2211	4-羥-1-萘磺酸鈉〔NW 酸(鈉鹽)〕 (4-羟-1-萘磺酸钠〔NW 酸(钠盐)〕)	G17
12300-1988	K2212	氯甲苯類 (氯甲苯类)	G17
12301-1988	K2213	堅牢黃 10G(顏料) (坚牢黄 10G(颜料))	G54
12302-1988	K2214	對位紅(顏料) (对位红(颜料))	G53
12303-1988	K2215	一品紅(顏料) (一品红(颜料))	G54
12304-1988	K2216	聯苯胺黃(顏料) (联苯胺黄(颜料))	G54
12305-1988	K2217	聯苯胺橙(顏料) (联苯胺橙(颜料))	G54
12306-1988	K2218	栗紅 M(顏料) (栗红 M(颜料))	G54
12307-1988	K2219	堅牢亮猩紅(顏料) (坚牢亮猩红(颜料))	G54
12308-1988	K2220	銀硃紅(顏料) (银朱红(颜料))	G54
12309-1988	K2221	苯二甲藍(顏料) (苯二甲蓝(颜料))	G54
12310-1988	K2222	堅牢天藍(顏料) (坚牢天蓝(颜料))	G54
12311-1988	K2223	苯胺黑(顏料) (苯胺黑(颜料))	G54
12341-1988	K2224	萘酚類 (萘酚类)	G17
12342-1988	K2225	3-羥-2-萘甲酸 (3-羟-2-萘甲酸)	G56
12343-1988	K2226	1-萘胺 (1-萘胺)	G56
12344-1988	K2227	對胺萘磺酸鈉 (对胺萘磺酸钠)	G12
12345-1988	K2228	H 酸(單鈉鹽) (H 酸(单钠盐))	G11
12346-1988	K2229	J 酸 (J 酸)	G11
12398-1988	K2230	γ 酸 (γ 酸)	G56
12399-1988	K2231	鄰甲苯磺醯胺 (邻甲苯磺酰胺)	G56
12400-1988	K2232	甲氧苯胺類 (甲氧苯胺类)	G56
12401-1988	K2233	氯苯胺類 (氯苯胺类)	G56
12402-1988	K2234	間胺基酚 (间胺基酚)	G56

标准号	台湾地区标准分类号	标准名称	中国标准分类
12417-1988	K2235	間胺苯磺酸 (间胺苯磺酸)	G56
12418-1988	K2236	C 酸 (C 酸)	G56
12419-1988	K2237	二硝苯類 (二硝苯类)	G56
12420-1988	K2238	R 酸(二鈉鹽) (R 酸(二钠盐))	G56
12421-1988	K2239	G 酸(二鉀鹽) (G 酸(二钾盐))	G12
12484-1989	K2240	噴霧罐裝噴漆 (喷雾罐装喷漆)	G51
13442-1994	K2241	家庭用室內牆壁塗料 (家庭用室内墙壁涂料)	Q18
13658-1996	K2242	塗料用試驗板 (涂料用试验板)	G50
14132-1998	K2243	無機鋅粉底漆(水性) (无机锌粉底漆(水性))	G51
14141-1998	K2244	點火系電絕緣用防水清漆 (点火系电绝缘用防水清漆)	G51
14306-1-1999	K2245-1	塗料及有關製品塗裝前之鋼面處理—噴射清理鋼面之表面粗糙度特性(磨料噴射清理表面評估用 ISO 表面輪廓參比標準板之規範及意義) (涂料及有关制品涂装前之钢面处理—喷射清理钢面之表面粗糙度特性(磨料喷射清理表面评估用 ISO 表面轮廓参比标准板之规范及意义))	A29
14306-2-1999	K2245-2	塗料及有關製品塗裝前之鋼面處理—噴射清理鋼面之表面粗糙度特性(磨料噴射清理鋼面輪廓分級方法—參比標準板法) (涂料及有关制品涂装前之钢面处理—喷射清理钢面之表面粗糙度特性(磨料喷射清理钢面轮廓分级方法—参比标准板法))	A29
14306-3-1999	K2245-3	塗料及有關製品塗裝前之鋼面處理—噴射清理鋼面之表面粗糙度特性(ISO 表面輪廓參比標準板校正方法及剖面曲線測定法—調焦顯微鏡法) (涂料及有关制品涂装前之钢面处理—喷射清理钢面之表面粗糙度特性(ISO 表面轮廓参比标准板校正方法及剖面曲线测定法—调焦显微镜法))	A29
14306-4-1999	K2254-4	塗料及有關製品塗裝前之鋼面處理—噴射清理鋼面之表面粗糙度特性(ISO 表面輪廓參比標準板校正方法及剖面曲線測定法—觸針法) (涂料及有关制品涂装前之钢面处理—喷射清理钢面之表面粗糙度特性(ISO 表面轮廓参比标准板校正方法及剖面曲线测定法—触针法))	A29

K3 塑胶类

标准号	台湾地区标准分类号	标准名称	中国标准分类
1087-1989	K3001	氯乙烯塑膠混合粒(電線、電纜用) (氯乙烯塑料混合粒(电线、电缆用))	K15
1295-1989	K3002	聚氯乙烯 (聚氯乙烯)	G17

标准号	台湾地区标准分类号	标准名称	中国标准分类
1296-1989	K3003	聚氯乙烯軟管 （聚氯乙烯软管）	G33
1298-2007	K3004	聚氯乙烯塑膠硬質管 （聚氯乙烯塑料硬质管）	G33
1302-1993	K3006	導電線用聚氯乙烯塑膠硬質管 （导电线用聚氯乙烯塑料硬质管）	K15
1440-1962	K3007	軟質聚氯乙烯塑膠片 （软质聚氯乙烯塑料片）	G55
2219-2005	K3008	氯乙烯—乙酸乙烯酯共聚合塑膠粉 （氯乙烯—乙酸乙烯酯共聚合塑料粉）	G32
2228-1971	K3009	一般用聚甲基丙烯酸甲酯樹脂板 （一般用聚甲基丙烯酸甲酯树脂板）	G32
2232-2005	K3010	尿素膠 （尿素胶）	G39
2334-1981	K3011	飲水（自來水）用聚氯乙烯塑膠硬質管接頭配件 （饮水（自来水）用聚氯乙烯塑料硬质管接头配件）	G17
2456-1999	K3012	自來水用聚乙烯塑膠管 （自来水用聚乙烯塑料管）	G17
2458-1993	K3013	化學工業及一般用高密度聚乙烯塑膠管 （化学工业及一般用高密度聚乙烯塑料管）	G17
2535-1992	K3014	泡沫聚苯乙烯隔熱材料 （泡沫聚苯乙烯隔热材料）	Q25
2706-1972	K3017	乳化聚醋酸乙烯膠合劑 （乳化聚醋酸乙烯胶合剂）	G39
2939-1972	K3018	聚乙烯樹脂 （聚乙烯树脂）	G32
2985-1974	K3019	尿素樹脂成型材料 （尿素树脂成型材料）	G18
2987-1974	K3020	酚甲醛樹脂成型粉 （酚甲醛树脂成型粉）	G32
3142-1970	K3021	聚氯乙烯塑膠板 （聚氯乙烯塑料板）	G33
3144-1987	K3022	聚氯乙烯塑膠浪板 （聚氯乙烯塑料浪板）	G13
3216-1982	K3023	聚氯乙烯塑膠地毯 （聚氯乙烯塑料地毯）	Q22
3272-1977	K3024	聚甲基丙烯酸甲酯波形板 （聚甲基丙烯酸甲酯波形板）	Q22
3293-1992	K3025	軟質聚氯乙烯夾網塑膠皮 （软质聚氯乙烯夹网塑料皮）	G33
3295-1992	K3026	聚氯丁二烯橡膠接著劑 （聚氯丁二烯橡胶接着剂）	G39
3308-1975	K3027	聚氯乙烯石棉地磚 （聚氯乙烯石棉地砖）	Q61
3637-1980	K3029	苯乙烯單體 （苯乙烯单体）	G16
3707-1973	K3030	酚樹脂或其他熱硬化性樹脂加工餐具萃取之酚及甲醛量 （酚树脂或其它热硬化性树脂加工餐具萃取之酚及甲醛量）	Y68
3895-1990	K3031	可撓性聚氯乙烯止水帶 （可挠性聚氯乙烯止水带）	G33
3918-1976	K3032	普通級聚苯乙烯成型材料 （普通级聚苯乙烯成型材料）	G33

标准号	台湾地区标准分类号	标准名称	中国标准分类
4053-1-2006	K3033-1	自來水用硬質聚氯乙烯塑膠管 （自来水用硬质聚氯乙烯塑料管）	Q81
4089-1993	K3034	玻璃纖維強化塑膠波形板 （玻璃纤维强化塑料波形板）	Q23
4451-1978	K3035	軟質聚胺基甲酸乙酯泡沫塑膠墊 （软质聚胺基甲酸乙酯泡沫塑料垫）	Y81
5345-1980	K3036	黏著劑有關名詞定義 （黏着剂有关名词定义）	G38
5346-2005	K3037	塑膠—縮寫用語與符號（第 1 部：基本聚合物與其特性） （塑料—缩写用语与符号（第 1 部：基本聚合物与其特性））	G31
5346-1-2005	K3037-1	塑膠—縮寫用語與符號（第 2 部：填充材料與強化材料） （塑料—缩写用语与符号（第 2 部：填充材料与强化材料））	G31
5346-2-2005	K3037-2	塑膠—縮寫用語與符號（第 3 部：可塑劑） （塑料—缩写用语与符号（第 3 部：可塑剂））	G31
5346-3-2005	K3037-3	塑膠—縮寫用語與符號（第 4 部：阻燃劑） （塑料—缩写用语与符号（第 4 部：阻燃剂））	G31
5844-1980	K3038	衣料用軟質聚胺基甲酸乙酯泡沫塑膠 （衣料用软质聚胺基甲酸乙酯泡沫塑料）	G32
5850-1980	K3039	聚丙烯管之容許應力隨時間與溫度之衰減函數 （聚丙烯管之容许应力随时间与温度之衰减函数）	G18
5851-1980	K3040	聚丙烯管破裂強度試驗條件 （聚丙烯管破裂强度试验条件）	G18
5854-1980	K3041	硬質聚氯乙烯管之不透明性 （硬质聚氯乙烯管之不透明性）	G18
5856-1980	K3042	硬質聚氯乙烯管之耐丙酮性 （硬质聚氯乙烯管之耐丙酮性）	G18
6224-1980	K3043	聚氯乙烯黏著劑 （聚氯乙烯黏着剂）	G18
6479-1987	K3044	風管用硬質聚氯乙烯塑膠平板 （风管用硬质聚氯乙烯塑料平板）	Q22
6480-1987	K3045	聚氯乙烯塑膠接材（平板用） （聚氯乙烯塑料接材（平板用））	Q22
6482-1993	K3046	聚胺酯運動場所用舖設材料 （聚胺酯运动场所用铺设材料）	Q22
6484-1981	K3047	軟質聚氯乙烯塑膠扶手 （软质聚氯乙烯塑料扶手）	Q74
7044-1981	K3048	聚丁烯塑膠薄管 （聚丁烯塑料薄管）	G33
7046-1981	K3049	聚丁烯塑膠薄管及配件-熱水配管系統用 （聚丁烯塑料薄管及配件-热水配管系统用）	G85
7056-1981	K3050	聚氯乙烯硬質浪管 （聚氯乙烯硬质浪管）	G33
7159-1986	K3051	建築物防水用聚氯乙烯軟質膠布 （建筑物防水用聚氯乙烯软质胶布）	G18
7161-1982	K3052	丙烯塑膠模製及擠壓用之材料 （丙烯塑料模制及挤压用之材料）	G33
7398-2009	K3053	玻璃纖維切股氈 （玻璃纤维切股毡）	G18
7399-1981	K3054	玻璃纖維紗束 （玻璃纤维纱束）	Q36
7400-1981	K3055	玻璃纖維紗 （玻璃纤维纱）	Q36

标准号	台湾地区标准分类号	标准名称	中国标准分类
7401-1981	K3056	玻璃纖維編紗束 (玻璃纤维编纱束)	G18
7402-1981	K3057	玻璃纖維切股 (玻璃纤维切股)	G18
8425-1982	K3058	鋼管外覆材用玻璃纖維蓆 (钢管外覆材用玻璃纤维席)	G18
8426-1982	K3059	地毯底材用玻璃纖維蓆 (地毯底材用玻璃纤维席)	Q36
8427-1982	K3060	印刷電路板用玻璃纖維蓆 (印刷电路板用玻璃纤维席)	Q36
9519-1982	K3061	聚氯乙烯塑膠皮 (聚氯乙烯塑料皮)	G33
9715-2009	K3062	強化塑膠用液狀不飽和聚酯樹脂 (强化塑料用液状不饱和聚酯树脂)	G32
9717-1982	K3063	玻璃纖維織布 (玻璃纤维织布)	G18
9718-1982	K3064	玻璃纖維織布(已處理) (玻璃纤维织布(已处理))	Q36
9719-1982	K3065	玻璃纖維織帶 (玻璃纤维织带)	Q36
9720-1982	K3066	玻璃纖維處理織帶(已處理) (玻璃纤维处理织带(已处理))	Q36
9896-1983	K3067	乙烯酯酸乙烯酯樹脂 (乙烯酯酸乙烯酯树脂)	G32
10510-1983	K3068	聚四氟乙烯塑膠帶 (聚四氟乙烯塑料带)	G17
10511-1983	K3069	聚四氟乙烯塑膠板 (聚四氟乙烯塑料板)	G17
10659-1983	K3070	農業用聚乙烯塑膠膜 (农业用聚乙烯塑料膜)	G17
11074-1984	K3071	三聚氰胺樹脂成型材料 (三聚氰胺树脂成型材料)	G18
11285-1985	K3072	硬質丙烯腈-丁二烯-苯乙烯(ABS)塑膠成型材料 (硬质丙烯腈-丁二烯-苯乙烯(ABS)塑料成型材料)	G33
11335-1995	K3073	聚碳酸酯塑膠板 (聚碳酸酯塑料板)	G17
11337-1985	K3074	丙烯腈-丁二烯-苯乙烯塑膠板 (丙烯腈-丁二烯-苯乙烯塑料板)	G17
11339-1985	K3075	乙酸纖維素塑膠板 (乙酸纤维素塑料板)	G11
11366-1985	K3076	熱固性樹脂裝飾板 (热固性树脂装饰板)	Q18
11415-1985	K3077	聚四氟乙烯普通尺度許可差(機械切削) (聚四氟乙烯普通尺度许可差(机械切削))	G17
11416-1985	K3078	聚醯胺(尼龍 6,66)板及棒之尺度 (聚酰胺(尼龙 6,66)板及棒之尺度)	G33
11608-1986	K3079	玻璃纖維強化塑膠加強聚氯乙烯塑膠硬質管 (玻璃纤维强化塑料加强聚氯乙烯塑料硬质管)	Q23
11646-2004	K3080	污水與工業用玻璃纖維強化塑膠管 (污水与工业用玻璃纤维强化塑料管)	Q81
11648-1998	K3081	自來水用玻璃纖維強化塑膠壓力管 (自来水用玻璃纤维强化塑料压力管)	Q81

标准号	台湾地区标准分类号	标准名称	中国标准分类
11650-1986	K3082	玻璃纖維強化塑膠配電箱體 (玻璃纤维强化塑料配电箱体)	K05
11652-1986	K3083	玻璃纖維強化塑膠燈桿 (玻璃纤维强化塑料灯杆)	K47
11654-1986	K3084	玻璃纖維強化塑膠儲水槽 (玻璃纤维强化塑料储水槽)	Q81
11656-1986	K3085	玻璃纖維強化塑膠化學槽(纏絲成型) (玻璃纤维强化塑料化学槽(缠丝成型))	G94
11658-1993	K3086	玻璃纖維強化塑膠化糞槽體 (玻璃纤维强化塑料化粪槽体)	Q81
11660-1986	K3087	玻璃纖維強化塑膠座椅 (玻璃纤维强化塑料座椅)	Y81
11710-1986	K3088	硬質聚氯乙烯塑膠片及膜 (硬质聚氯乙烯塑料片及膜)	G32
11908-2009	K3089	低壓電表用塑膠箱體及固定板 (低压电表用塑料箱体及固定板)	K36
12001-1987	K3090	木材用酚樹脂黏著劑 (木材用酚树脂黏着剂)	G18
12003-1987	K3091	木材用乾酪素黏著劑 (木材用干酪素黏着剂)	G39
12005-1987	K3092	聚氯乙烯金屬積層板 (聚氯乙烯金属积层板)	G33
12493-1989	K3093	垃圾掩埋場用高密度聚乙烯不透水布 (垃圾掩埋场用高密度聚乙烯不透水布)	G33
12698-1993	K3094	管筏用聚氯乙烯硬質塑膠管 (管筏用聚氯乙烯硬质塑料管)	G18
12719-1990	K3095	農業用聚乙烯遮光網 (农业用聚乙烯遮光网)	G33
12721-1990	K3096	高密度聚乙烯背心袋 (高密度聚乙烯背心袋)	A82
12835-1991	K3097	天然氣用聚乙烯塑膠管 (天然气用聚乙烯塑料管)	Q22
12876-1991	K3098	自來水用交連高密度聚乙烯夾鋁塑膠管 (自来水用交连高密度聚乙烯夹铝塑料管)	G42
13023-1996	K3099	玻璃纖維強化塑膠嵌板組合式儲水槽 (玻璃纤维强化塑料嵌板组合式储水槽)	Q81
13025-1992	K3100	玻璃纖維強化塑膠地下儲油槽 (玻璃纤维强化塑料地下储油槽)	Q81
13156-1999	K3101	自來水用聚乙烯夾鋁塑膠管 (自来水用聚乙烯夹铝塑料管)	Q81
13158-1995	K3102	自來水用丙烯腈-丁二烯-苯乙烯(ABS)塑膠管 (自来水用丙烯腈-丁二烯-苯乙烯(ABS)塑料管)	G42
13344-1994	K3103	管及接頭配件用硬質丙烯腈-丁二烯-苯乙烯(ABS)混合膠料 (管及接头配件用硬质丙烯腈-丁二烯-苯乙烯(ABS)混合胶料)	G18
13346-1994	K3104	自來水用丙烯腈-丁二烯-苯乙烯(ABS)塑膠管接頭配件 (自来水用丙烯腈-丁二烯-苯乙烯(ABS)塑料管接头配件)	G42
13454-1994	K3105	玻璃纖維強化塑膠地下油管及配件 (玻璃纤维强化塑料地下油管及配件)	G18
13474-1995	K3106	化學工業及一般用丙烯腈-丁二烯-苯乙烯(ABS)塑膠管及接頭配件 (化学工业及一般用丙烯腈-丁二烯-苯乙烯(ABS)塑料管及接头配件)	G33

标准号	台湾地区标准分类号	标准名称	中国标准分类
13496-2000	K3107	自來水用內襯聚乙烯之聚氯乙烯塑膠硬質管 (自来水用内衬聚乙烯之聚氯乙烯塑料硬质管)	G33
13506-1995	K3108	玻璃纖維強化塑膠管配件 (玻璃纤维强化塑料管配件)	Q81
13546-1995	K3109	聚甲基丙烯酸甲酯成型材料 (聚甲基丙烯酸甲酯成型材料)	G33
13629-1996	K3110	聚碳酸酯成形材料 (聚碳酸酯成形材料)	G55
13746-1996	K3111	污水及一般用內襯聚乙烯之聚氯乙烯塑膠硬質管 (污水及一般用内衬聚乙烯之聚氯乙烯塑料硬质管)	Q22
13871-1996	K3112	聚氯乙烯防蝕襯裡片 (聚氯乙烯防蚀衬里片)	G33
14241-1998	K3113	塑膠工業辭彙 (塑料工业词汇)	G30
14345-2005	K3114	耐衝擊硬質聚氯乙烯塑膠管 (耐冲击硬质聚氯乙烯塑料管)	G42
14442-2000	K3115	硬質聚氯乙烯(PVC)混合料與氯化聚氯乙烯(CPVC)混合料 (硬质聚氯乙烯(PVC)混合料与氯化聚氯乙烯(CPVC)混合料)	G33
14493-2000	K3116	氯化聚氯乙烯(CPVC)塑膠管及其配件用溶劑型接著劑 (氯化聚氯乙烯(CPVC)塑料管及其配件用溶剂型接着剂)	G33
14494-2000	K3117	輸水用玻璃纖維強化塑膠管 (输水用玻璃纤维强化塑料管)	G33
14572-2001	K3118	聚乙烯波紋管 (聚乙烯波纹管)	G33
14589-2001	K3119	硬質聚氯乙烯塑膠芯層發泡管 (硬质聚氯乙烯塑料芯层发泡管)	G33
14661-2002	K3120	可堆肥化塑膠 (可堆肥化塑料)	G31
14664-2002	K3121	氯化聚氯乙烯(CPVC)塑膠管 (氯化聚氯乙烯(CPVC)塑料管)	G33
14679-2002	K3122	聚丙烯塑膠管 (聚丙烯塑料管)	G33
14808-2004	K3123	氯化聚氯乙烯(CPVC)塑膠接頭配件 (氯化聚氯乙烯(CPVC)塑料接头配件)	G33
14846-2004	K3124	聚胺酯合成皮 (聚胺酯合成皮)	Y47
14899-2005	K3125	聚乙烯大口徑異型管壁污水與排水管 (聚乙烯大口径异型管壁污水与排水管)	P42
15010-2006	K3126	耐衝擊硬質聚氯乙烯塑膠管接頭 (耐冲击硬质聚氯乙烯塑料管接头)	G33
15258-2009	K3127	用於紙與其他可堆肥基質覆層之生物可分解塑膠 (用于纸与其他可堆肥基质覆层之生物可分解塑料)	G31

K4 橡 胶 类

标准号	台湾地区标准分类号	标准名称	中国标准分类
736-1999	K4001	自行車用外胎 (自行车用外胎)	G41
738-1999	K4002	自行車用內胎 (自行车用内胎)	G41
745-1983	K4003	動力傳動用三角橡膠帶 (动力传动用三角橡胶带)	G18

标准号	台湾地区标准分类号	标准名称	中国标准分类
747-1980	K4004	動力傳動用平面橡膠帶 (动力传动用平面橡胶带)	G42
806-1957	K4005	橡膠管總則 (橡胶管总则)	A00
807-1986	K4006	給水用橡膠軟管 (给水用橡胶软管)	Q81
808-1986	K4007	壓縮空氣用橡膠軟管 (压缩空气用橡胶软管)	G42
809-1986	K4008	氧氣用橡膠軟管 (氧气用橡胶软管)	G42
810-1986	K4009	乙炔用橡膠軟管 (乙炔用橡胶软管)	G42
811-1986	K4010	蒸汽用橡膠軟管 (蒸汽用橡胶软管)	G42
812-1986	K4011	空氣泵用橡膠軟管 (空气泵用橡胶软管)	G42
813-1986	K4012	灑水用橡膠軟管 (洒水用橡胶软管)	G42
814-1986	K4013	吸水用橡膠軟管 (吸水用橡胶软管)	G42
1153-1959	K4014	板車用外胎 (板车用外胎)	G41
1155-1959	K4015	板車用內胎 (板车用内胎)	G41
1431-2007	K4017	汽車用外胎(輪胎) (汽车用外胎(轮胎))	G41
1432-2006	K4018	汽車用內胎 (汽车用内胎)	G41
2196-1972	K4019	煙膠 (烟胶)	B72
2230-1963	K4020	再生膠 (再生胶)	G48
2533-1974	K4021	天然橡膠乳液 (天然橡胶乳液)	B72
3281-1982	K4023	阿拉伯膠(一般用) (阿拉伯胶(一般用))	B45
3550-1991	K4024	工業用橡膠墊料 (工业用橡胶垫料)	G47
3668-2005	K4025	汽車輪胎—種類及尺度 (汽车轮胎—种类及尺度)	G41
3669-2006	K4026	機車輪胎—種類及尺度 (机车轮胎—种类及尺度)	G41
3670-2007	K4027	轎車輪胎—種類及尺寸 (轿车轮胎—种类及尺寸)	G41
3671-2006	K4028	輕型卡車及小型卡車用輪胎尺度 (轻型卡车及小型卡车用轮胎尺度)	G41
3672-1995	K4029	卡車及大客車用輪胎之尺度 (卡车及大客车用轮胎之尺度)	G41
3673-1991	K4030	工業車輛及建設工程用輪胎之尺度 (工业车辆及建设工程用轮胎之尺度)	G41
3675-1991	K4032	農業機械用輪胎之尺度 (农业机械用轮胎之尺度)	G41

标 准 号	台湾地区 标准分类号	标 准 名 称	中国标准 分 类
3706-1996	K4033	越野及泥雪地用特殊花紋外胎 (越野及泥雪地用特殊花纹外胎)	G41
4628-1978	K4034	硫化促進劑 MBT(2-氫硫基苯噻唑) (硫化促进剂 MBT(2-氢硫基苯噻唑))	G71
4629-1978	K4035	硫化促進劑 MBTS(雙硫苯噻唑) (硫化促进剂 MBTS(双硫苯噻唑))	G71
4630-1978	K4036	硫化促進劑 DPG(二苯胍) (硫化促进剂 DPG(二苯胍))	G71
4631-1978	K4037	硫化促進劑 ZnMDC(二甲基二硫代氨基甲酸鋅) (硫化促进剂 ZnMDC(二甲基二硫代氨基甲酸锌))	G71
4632-1978	K4038	硫化促進劑 TMTD(雙硫化四甲基硫代甲醯胺) (硫化促进剂 TMTD(双硫化四甲基硫代甲酰胺))	G71
4633-1978	K4039	硫化促進劑 ZnEPDC(乙苯基二硫代氨基甲酸鋅) (硫化促进剂 ZnEPDC(乙苯基二硫代氨基甲酸锌))	G71
4634-1978	K4040	硫化促進劑 NaBDC(二正丁基二硫代氨基甲酸鈉) (硫化促进剂 NaBDC(二正丁基二硫代氨基甲酸钠))	G71
4635-1978	K4041	硫化促進劑 TMTM(單硫化四甲基硫代甲醯胺) (硫化促进剂 TMTM(单硫化四甲基硫代甲酰胺))	G71
4636-1978	K4042	硫化促進劑 DOTG(二鄰甲苯胍) (硫化促进剂 DOTG(二邻甲苯胍))	G71
4861-1987	K4043	橡膠抗氧化劑 DNPD(N,N′-二β萘基-對苯二胺) (橡胶抗氧化剂 DNPD(N,N′-二β萘基-对苯二胺))	G71
4878-1996	K4044	工業車輛用實心輪胎之尺度 (工业车辆用实心轮胎之尺度)	G41
4879-2008	K4045	機車用外胎 (机车用外胎)	G41
4880-1989	K4046	農業機械用輪胎 (农业机械用轮胎)	G41
4881-1993	K4047	工業車輛及工程機械用輪胎 (工业车辆及工程机械用轮胎)	G41
4959-2006	K4048	卡客車用翻修輪胎 (卡客车用翻修轮胎)	G41
5005-1979	K4049	硫化促進劑 CBS(N-環己基-2-苯噻唑亞磺醯胺) (硫化促进剂 CBS(N-环己基-2-苯噻唑亚磺酰胺))	G16
5216-2006	K4050	機車用內胎 (机车用内胎)	G41
5217-1980	K4051	輪胎整修用混合膠料 (轮胎整修用混合胶料)	G35
5340-1980	K4052	硫化橡膠儲存方法 (硫化橡胶储存方法)	G35
5820-1980	K4053	二氧化矽粉(橡膠用) (二氧化硅粉(橡胶用))	G13
6491-1980	K4054	農業用噴霧機橡膠管 (农业用喷雾机橡胶管)	G42
6921-2009	K4055	自行車用橡膠握套 (自行车用橡胶握套)	G47
6922-1981	K4056	氣門嘴用橡膠小軟管 (气门嘴用橡胶小软管)	G41
6923-1981	K4057	幼童車用實心輪胎 (幼童车用实心轮胎)	G41
6924-1981	K4058	嵌入自行車鋼圈之實心輪胎 (嵌入自行车钢圈之实心轮胎)	G41

标准号	台湾地区标准分类号	标准名称	中国标准分类
6925-1981	K4059	自行車用橡膠踏板 (自行车用橡胶踏板)	G47
6926-1981	K4060	自行車用剎車橡皮塊 (自行车用刹车橡皮块)	G47
6927-1981	K4061	自行車用橡膠擋泥片 (自行车用橡胶挡泥片)	G18
9003-1982	K4062	橡膠用碳酸鈣 (橡胶用碳酸钙)	G12
9005-1982	K4063	橡膠用氧化鎂 (橡胶用氧化镁)	G13
9011-1982	K4064	輸油用橡膠管 (输油用橡胶管)	G18
9012-1982	K4065	輸吸油兩用橡膠管 (输吸油两用橡胶管)	G18
9013-1982	K4066	高液壓橡膠管(甲種) (高液压橡胶管(甲种))	G42
9014-1982	K4067	高液壓橡膠管(乙種) (高液压橡胶管(乙种))	G42
9617-1982	K4068	釀造用橡膠管 (酿造用橡胶管)	G42
9618-1982	K4069	潛水用橡膠管 (潜水用橡胶管)	G42
9619-1982	K4070	化學品用橡膠管 (化学品用橡胶管)	G42
9620-1994	K4071	氣體燃料用橡膠軟管 (气体燃料用橡胶软管)	G94
9621-1994	K4072	液化石油氣用橡膠管 (液化石油气用橡胶管)	G94
9890-1983	K4073	泡沫乳膠墊 (泡沫乳胶垫)	G44
9892-1983	K4074	防振橡膠之橡膠材料 (防振橡胶之橡胶材料)	G35
10015-1983	K4075	硫化橡膠動態性質用名詞 (硫化橡胶动态性质用名词)	G34
10023-2002	K4076	布層心體橡膠輸送帶 (布层心体橡胶输送带)	Y48
10025-1983	K4077	輕便型輸送機用橡膠帶 (轻便型输送机用橡胶带)	G42
10026-1983	K4078	耐燃性輸送用橡膠帶 (耐燃性输送用橡胶带)	G42
10724-1999	K4079	自行車用外胎尺度 (自行车用外胎尺度)	G41
10774-2001	K4080	自來水管件用橡膠製品 (自来水管件用橡胶制品)	G43
11733-1986	K4081	橡膠絲 (橡胶丝)	G47
11879-1987	K4082	橡膠抗氧化劑 TMDQ(2,2,4-三甲基-1,2-二氫喹啉聚合物) (橡胶抗氧化剂 TMDQ(2,2,4-三甲基-1,2-二氢喹啉聚合物))	G71
11881-1987	K4083	橡膠抗氧化劑 IPPD(N-異丙基-N′-苯基-對苯二胺) (橡胶抗氧化剂 IPPD(N-异丙基-N′-苯基-对苯二胺))	G71
12843-1991	K4084	垃圾掩埋場用氯磺化聚乙烯夾網橡膠不透水布 (垃圾掩埋场用氯磺化聚乙烯夹网橡胶不透水布)	Q17

标准号	台湾地区标准分类号	标准名称	中国标准分类
13422-2009	K4085	鋼索心體輸送橡膠帶 （钢索心体输送橡胶带）	G33
13728-1996	K4086	橡膠詞彙 （橡胶词汇）	G34
13814-1997	K4087	氣體燃料用鋼線補強橡膠管 （气体燃料用钢线补强橡胶管）	G33
13815-1997	K4088	液壓用織物補強橡膠管 （液压用织物补强橡胶管）	G35
14582-2001	K4089	污水用玻璃纖維強化塑膠重力流管 （污水用玻璃纤维强化塑料重力流管）	G33

K5 油　料

标准号	台湾地区标准分类号	标准名称	中国标准分类
11-1972	K5001	桐油 （桐油）	X14
77-1965	K5002	精製雜醇油 （精制杂醇油）	G17
92-1989	K5004	油漆用生亞麻仁油 （油漆用生亚麻仁油）	B32
118-1982	K5006	蓖麻油(工業用) （蓖麻油(工业用)）	X14
192-1962	K5007	豆油(工業用) （豆油(工业用)）	X14
207-1968	K5008	香茅油 （香茅油）	B36
261-1983	K5009	煞車油 （煞车油）	E39
768-1979	K5013	熟煉亞麻仁油 （熟炼亚麻仁油）	X14
1000-1974	K5014	薄荷原油 （薄荷原油）	X14
1093-1974	K5015	脱腦薄荷油 （脱脑薄荷油）	X14
1304-2002	K5016	乳化瀝青 （乳化沥青）	E43
1378-1990	K5019	麻紡油 （麻纺油）	E34
1398-1990	K5020	夏油 （夏油）	E49
1399-1974	K5021	皮鞋油 （皮鞋油）	Y44
1469-1994	K5022	車用汽油 （车用汽油）	E31
1470-1994	K5023	煤油 （煤油）	E31
1471-2007	K5024	車用柴油 （车用柴油）	E31
1471-1-2005	K5024-1	普通柴油 （普通柴油）	E31
1472-2007	K5025	燃料油 （燃料油）	E31

标准号	台湾地区标准分类号	标准名称	中国标准分类
2078-1963	K5026	人造玫瑰油(外銷用) (人造玫瑰油(外销用))	B36
2194-1970	K5027	凡士林(工業用) (凡士林(工业用))	E42
2240-1982	K5028	椰子油(工業用) (椰子油(工业用))	X14
2259-1983	K5029	航空汽油 (航空汽油)	E31
2260-2007	K5030	鋪路柏油(瀝青)—針入度分級 (铺路柏油(沥青)—针入度分级)	E43
2265-1990	K5034	雜酚油用溶劑油 (杂酚油用溶剂油)	E33
2324-2005	K5036	工業用瀝青 (工业用沥青)	E43
2325-2005	K5037	煤粉 (煤粉)	G18
2405-2008	K5038	樟腦白油 (樟脑白油)	B72
2530-1965	K5039	氯蠟 (氯蜡)	G17
2558-2001	K5040	航空燃油 (航空燃油)	E31
2682-2008	K5042	芳樟葉油 (芳樟叶油)	B72
2683-2008	K5043	黃樟油 (黄樟油)	B72
2969-1994	K5044	車用機油(SE/CD 級) (车用机油(SE/CD 级))	E34
2970-1994	K5045	車用機油(SF/CD 級) (车用机油(SF/CD 级))	E34
2971-1994	K5046	車用機油(S-3 級) (车用机油(S-3 级))	G55
2972-1994	K5047	透平油 (透平油)	E39
2973-1988	K5048	液壓油 (液压油)	E39
2974-1988	K5049	壓縮機油 (压缩机油)	E34
2975-1988	K5050	冷凍機油 (冷冻机油)	E34
2976-2001	K5051	錠子油 (锭子油)	E34
2977-1988	K5052	車用多效齒輪油 (车用多效齿轮油)	E34
2978-1988	K5053	齒輪油(普通) (齿轮油(普通))	E34
2979-1988	K5054	汽缸油 (汽缸油)	E34
2981-1988	K5056	機械油 (机械油)	E34
2982-1988	K5057	鋼索油 (钢索油)	E34

标准号	台湾地区标准分类号	标准名称	中国标准分类
3023-2008	K5058	樟腦油 （樟脑油）	B72
3025-2008	K5059	芳樟油 （芳樟油）	B72
3698-2005	K5060	水溶性切削冷却液 （水溶性切削冷却液）	E45
3919-1976	K5061	橡膠用石蠟油 （橡胶用石蜡油）	E42
4128-1977	K5062	雜酚油用煤塔溶劑 （杂酚油用煤塔溶剂）	G18
4129-1977	K5063	雜酚油用石油溶劑 （杂酚油用石油溶剂）	E33
4389-1978	K5064	包裝用防水臘 （包装用防水腊）	A82
5834-1980	K5065	高比重甘油 （高比重甘油）	G16
5847-1980	K5066	凡士林(琥珀色) （凡士林(琥珀色)）	E42
6346-2008	K5067	巴西黃樟油 （巴西黄樟油）	B72
6347-1980	K5068	藍桉油 （蓝桉油）	B72
6348-1980	K5069	義大利壓榨檸檬油 （意大利压榨柠檬油）	B72
6349-1980	K5070	薄荷油 （薄荷油）	B36
6350-1980	K5071	迷迭香油 （迷迭香油）	B72
6351-1980	K5072	綠薄荷油 （绿薄荷油）	B36
6352-1980	K5073	眾香漿果 （众香浆果）	B72
6353-1980	K5074	月桂油 （月桂油）	B72
6354-1980	K5075	壓榨葡萄柚子油 （压榨葡萄柚子油）	B72
6355-1980	K5076	澳洲檀香油 （澳洲檀香油）	B72
6356-1980	K5077	巴拉圭橙葉油 （巴拉圭橙叶油）	B72
6449-1980	K5078	澳洲桉油(桉醚含量 80 至 85%) （澳洲桉油(桉醚含量 80 至 85%)）	B72
6450-1980	K5079	壓榨甜橙油 （压榨甜橙油）	B72
6451-1980	K5080	丁香葉油 （丁香叶油）	B36
6452-1980	K5081	丁香花油 （丁香花油）	B36
6453-1980	K5082	丁香莖油 （丁香茎油）	B36
6454-1980	K5083	肉豆蔻油 （肉豆蔻油）	B36

标准号	台湾地区标准分类号	标准名称	中国标准分类
6455-1980	K5084	肉桂油 （肉桂油）	B33
6456-1981	K5085	檸檬香茅油 （柠檬香茅油）	B33
6457-1980	K5086	洋茴香油 （洋茴香油）	B33
6458-1980	K5087	法國薰衣草油 （法国熏衣草油）	B36
6459-1980	K5088	酸橙油 （酸橙油）	B72
6460-1980	K5089	蒸餾雷姆油 （蒸馏雷姆油）	B72
6461-1980	K5090	香水樹油 （香水树油）	B72
6462-1980	K5091	肉桂葉油 （肉桂叶油）	B72
6463-1980	K5092	西班牙洋丹生油 （西班牙洋丹生油）	B72
6464-1980	K5093	石芹果油 （石芹果油）	B72
6465-1980	K5094	義大利椪柑油 （意大利椪柑油）	B72
6466-1980	K5095	畢澄茄油 （毕澄茄油）	B72
6467-1980	K5096	巴西玫瑰木油 （巴西玫瑰木油）	B72
6468-1980	K5097	全果壓榨雷姆油 （全果压榨雷姆油）	B72
6469-1980	K5098	爪哇香茅油 （爪哇香茅油）	B36
7410-1981	K5099	荏籽原油 （荏籽原油）	B33
7411-1981	K5100	亞麻仁原油 （亚麻仁原油）	B32
7412-1981	K5101	桐油原油 （桐油原油）	B33
7413-1981	K5102	大麻籽原油 （大麻籽原油）	B33
7414-1981	K5103	紅花籽原油 （红花籽原油）	B33
7415-1981	K5104	黑棕原油 （黑棕原油）	B33
7416-1981	K5105	玉米原油 （玉米原油）	B33
7417-1981	K5106	棉籽原油 （棉籽原油）	B32
7418-1981	K5107	菜籽原油 （菜籽原油）	B31
7419-1981	K5108	米糠原油 （米糠原油）	B22
7420-1981	K5109	木棉籽原油 （木棉籽原油）	B32

标准号	台湾地区标准分类号	标准名称	中国标准分类
7422-1981	K5111	蓖麻籽原油 (蓖麻籽原油)	B33
7423-1981	K5112	油茶籽原油 (油茶籽原油)	B33
7424-1981	K5113	棕櫚原油 (棕榈原油)	B72
7425-1981	K5114	棕櫚仁原油 (棕榈仁原油)	B72
7426-1981	K5115	椰子原油 (椰子原油)	B33
7917-1988	K5116	大豆原油 (大豆原油)	B23
7918-1981	K5117	葵花籽原油 (葵花籽原油)	B33
8130-1981	K5118	芫荽油 (芫荽油)	B36
8131-1981	K5119	義大利香柑油 (意大利香柑油)	B72
8132-1981	K5120	鋸齒檸檬香茅油 (锯齿柠檬香茅油)	B36
8133-1981	K5121	錫蘭香茅油 (锡兰香茅油)	B36
8134-1981	K5122	宮人草油 (宫人草油)	B36
8135-1981	K5123	海地油 (海地油)	B36
8528-1982	K5124	荏籽油(工業用) (荏籽油(工业用))	B31
8529-1982	K5125	亞麻仁油(工業用) (亚麻仁油(工业用))	B32
8530-1982	K5126	麻籽油(工業用) (麻籽油(工业用))	B33
8531-1982	K5127	紅花籽油(工業用) (红花籽油(工业用))	B33
9303-1982	K5128	脫膠大豆油(工業用) (脱胶大豆油(工业用))	B23
10445-1983	K5130	去漬防銹油 (去渍防锈油)	E41
10446-1983	K5131	一般防銹油 (一般防锈油)	E41
10447-1983	K5132	溶劑稀釋防銹油 (溶剂稀释防锈油)	E41
10448-1983	K5133	防銹用石蠟脂 (防锈用石蜡脂)	E42
10449-1983	K5134	霧化防銹油 (雾化防锈油)	E41
10720-1994	K5135	車用機油(SE/CC 級) (车用机油(SE/CC 级))	E34
10721-1994	K5136	車用機油(SF/CC 級) (车用机油(SF/CC 级))	E34
10722-1994	K5137	工業用齒輪油 (工业用齿轮油)	E34

标准号	台湾地区标准分类号	标准名称	中国标准分类
10723-1994	K5138	潤滑基礎油 (润滑基础油)	E34
12180-1987	K5139	汽車用煞車韌襯及圓盤煞車襯墊之氣孔率試驗油 (汽车用煞车韧衬及圆盘煞车衬垫之气孔率试验油)	E49
12614-2007	K5140	車用無鉛汽油 (车用无铅汽油)	E31
12951-2003	K5141	液化石油氣 (液化石油气)	E24
13379-2004	K5142	石油醚 (石油醚)	E34
13380-2005	K5143	己烷 (己烷)	G52
13954-1997	K5149	白蠟油 (白蜡油)	E42
14184-1998	K5150	聚合物改質柏油 (聚合物改质柏油)	E43
14690-2002	K5151	脂肪烴溶劑 (脂肪烃溶剂)	G17
14691-2002	K5152	芳香烴溶劑 (芳香烃溶剂)	G17
14797-2004	K5153	礦物型溶劑 (矿物型溶剂)	G52
14915-2005	K5154	庚烷(工業用) (庚烷(工业用))	G52
15072-2007	K5155	生質柴油—脂肪酸甲酯 (生质柴油—脂肪酸甲酯)	E31
15073-2007	K5156	鋪路柏油(瀝青)—黏度分級 (铺路柏油(沥青)—黏度分级)	E43
15109-2007	K5157	變性燃料乙醇(含生質酒精)—供汽油摻配作為汽車火花點火引擎燃料 (变性燃料乙醇(含生质酒精)—供汽油掺配作为汽车火花点火引擎燃料)	E31
15259-2009	K5158	阿拉伯混種薰衣草油(法國) (阿拉伯混种熏衣草油(法国))	Y41
15260-2009	K5159	檀香油 (檀香油)	Y41
15261-2009	K5160	玉米薄荷油 (玉米薄荷油)	Y41
15271-2009	K5161	檸檬桉油 (柠檬桉油)	Y41
15272-2009	K5162	伊蘭伊蘭油 (伊兰伊兰油)	Y41
15273-2009	K5163	西班牙穗薰衣草油 (西班牙穗熏衣草油)	Y41

K6 检验

标准号	台湾地区标准分类号	标准名称	中国标准分类
12-1972	K6001	桐油檢驗法 (桐油检验法)	B72
58-1972	K6004	石棉分析法 (石棉分析法)	D53

标 准 号	台湾地区 标准分类号	标 准 名 称	中国标准 分 类
60-1972	K6006	石墨分析法 （石墨分析法）	D53
78-1965	K6007	精製雜醇油檢驗法 （精制杂醇油检验法）	G17
93-1989	K6008	油漆用生亞麻仁油檢驗法 （油漆用生亚麻仁油检验法）	B32
115-1975	K6009	酒精檢驗法 （酒精检验法）	G16
117-1987	K6010	工業用甘油檢驗法 （工业用甘油检验法）	G16
119-1963	K6011	工業用蓖麻油檢驗法 （工业用蓖麻油检验法）	B33
187-1975	K6012	電石檢驗法 （电石检验法）	G16
188-1971	K6013	氰氮化鈣分析法 （氰氮化钙分析法）	G12
189-1972	K6014	螢石檢驗法 （萤石检验法）	D52
190-1971	K6015	過磷酸鈣分析法 （过磷酸钙分析法）	G21
280-1975	K6018	氨水檢驗法 （氨水检验法）	G14
281-1953	K6019	石灰水化學檢驗法 （石灰水化学检验法）	G12
282-1969	K6020	硫酸鹽化學檢驗法 （硫酸盐化学检验法）	G12
283-2001	K6021	工業鹽取樣法及化學分析法 （工业盐取样法及化学分析法）	X38
285-1953	K6022	鈉硝化學檢驗法 （钠硝化学检验法）	G12
287-1994	K6024	石灰化學分析法 （石灰化学分析法）	D53
288-1969	K6025	鐵鋁氧石化學檢驗法 （铁铝氧石化学检验法）	D51
295-1974	K6028	銲臘化學檢驗法 （焊腊化学检验法）	J33
626-1987	K6029	調和漆（合成樹脂型）檢驗法 （调和漆（合成树脂型）检验法）	G04
627-1972	K6030	瓷漆檢驗法 （瓷漆检验法）	G51
628-1987	K6031	噴漆檢驗法 （喷漆检验法）	G51
629-1986	K6032	鋼船用油性甲板漆檢驗法 （钢船用油性甲板漆检验法）	G51
631-1975	K6034	工業用硝酸檢驗法 （工业用硝酸检验法）	G11
635-1962	K6036	工業級 DDT 及其製品之檢驗法 （工业级 DDT 及其制品之检验法）	G17
698-1965	K6037	工業用活性碳（粉狀）檢驗法 （工业用活性碳（粉状）检验法）	G04
726-1963	K6039	工業用氫氧化鈉檢驗法 （工业用氢氧化钠检验法）	G11

标准号	台湾地区 标准分类号	标准名称	中国标准 分类
734-1956	K6047	橡膠磨耗試驗標準 (橡胶磨耗试验标准)	G40
737-1993	K6049	自行車用橡膠外胎檢驗法 (自行车用橡胶外胎检验法)	G41
739-1993	K6050	自行車用橡膠内胎檢驗法 (自行车用橡胶内胎检验法)	G41
744-1979	K6051	碾米車衮筒檢驗標準 (碾米车衮筒检验标准)	A00
746-1983	K6052	動力傳動用三角橡膠帶檢驗法 (动力传动用三角橡胶带检验法)	G42
748-1980	K6053	動力傳動用平面橡膠帶檢驗法 (动力传动用平面橡胶带检验法)	G42
767-1993	K6054	氧化鋅(顏料用)檢驗法 (氧化锌(颜料用)检验法)	G52
769-1975	K6055	熟煉亞麻仁油檢驗法 (熟炼亚麻仁油检验法)	G52
771-1970	K6056	烤漆檢驗法 (烤漆检验法)	G51
773-1970	K6057	烤漆用透明清漆檢驗法 (烤漆用透明清漆检验法)	G51
775-1986	K6058	紅丹底漆檢驗法 (红丹底漆检验法)	G51
782-1962	K6059	工業用硫化鈉檢驗法 (工业用硫化钠检验法)	G12
783-1984	K6060	碳酸鈉(純鹼)檢驗法 (碳酸钠(纯碱)检验法)	G11
815-1970	K6061	氯酸鉀檢驗法 (氯酸钾检验法)	G12
816-1972	K6062	豆油檢驗法 (豆油检验法)	B23
817-1965	K6063	香茅油檢驗法 (香茅油检验法)	B36
818-1957	K6064	樟腦檢驗法 (樟脑检验法)	B72
886-1986	K6065	噴漆稀釋劑檢驗法 (喷漆稀释剂检验法)	G52
909-1957	K6066	雜酚油之採樣法 (杂酚油之采样法)	G18
910-1957	K6067	雜酚油之比重檢驗法 (杂酚油之比重检验法)	G18
911-1957	K6068	雜酚油之水分檢驗法 (杂酚油之水分检验法)	G18
912-1957	K6069	雜酚油之黏度檢驗法 (杂酚油之黏度检验法)	G18
913-1957	K6070	雜酚油之分餾試驗法 (杂酚油之分馏试验法)	G18
914-1957	K6071	雜酚油之苯不溶物檢驗法 (杂酚油之苯不溶物检验法)	G18
915-1957	K6072	雜酚油焦炭殘渣檢驗法 (杂酚油焦炭残渣检验法)	G18
916-1957	K6073	雜酚油之結晶試驗法 (杂酚油之结晶试验法)	G18

标准号	台湾地区标准分类号	标准名称	中国标准分类
917-1957	K6074	雜酚油之酸性油檢驗法 (杂酚油之酸性油检验法)	G18
919-1974	K6075	硫酸銨檢驗法 (硫酸铵检验法)	G12
920-1984	K6076	氯化鈣檢驗法 (氯化钙检验法)	G12
921-1965	K6077	魚藤根檢驗法 (鱼藤根检验法)	B66
960-1957	K6078	工業級 BHC 及精製 BHC 檢驗法 (工业级 BHC 及精制 BHC 检验法)	G17
963-1972	K6079	無水氨檢驗法 (无水氨检验法)	G11
997-1985	K6080	工業用硫酸檢驗法 (工业用硫酸检验法)	G11
998-1962	K6081	工業用硝酸銨檢驗法 (工业用硝酸铵检验法)	G12
1001-1960	K6082	天然薄荷腦檢驗法 (天然薄荷脑检验法)	B36
1002-1963	K6083	工業用鹽酸檢驗法 (工业用盐酸检验法)	G11
1003-1974	K6084	工業用氯化鎂檢驗法 (工业用氯化镁检验法)	G12
1004-1974	K6085	工業級硫酸鈉檢驗法 (工业级硫酸钠检验法)	G12
1006-1965	K6086	高壓瓶裝氧氣檢驗法 (高压瓶装氧气检验法)	G86
1038-1984	K6090	油漆用碳酸鉛白檢驗法 (油漆用碳酸铅白检验法)	G54
1039-1984	K6091	油漆用硫酸鉛白檢驗法 (油漆用硫酸铅白检验法)	G54
1040-1984	K6092	油漆用鋅鋇白檢驗法 (油漆用锌钡白检验法)	G54
1041-1989	K6093	二氧化鈦(顏料)檢驗法 (二氧化钛(颜料)检验法)	G54
1043-1989	K6094	紅丹(顏料)檢驗法 (红丹(颜料)检验法)	G54
1045-1958	K6095	黃丹粉檢驗法 (黄丹粉检验法)	G54
1059-1975	K6096	液氯檢驗法 (液氯检验法)	G13
1062-1975	K6097	工業用鹽基性碳酸鎂檢驗法 (工业用盐基性碳酸镁检验法)	G12
1064-1959	K6098	工業用輕燒氧化鎂檢驗法 (工业用轻烧氧化镁检验法)	G13
1068-1959	K6099	軟木紙檢驗法 (软木纸检验法)	Y31
1088-1989	K6100	氯乙烯塑膠混合粒(電線、電纜用)檢驗法 (氯乙烯塑料混合粒(电线、电缆用)检验法)	K15
13139-1993	K61000	碳黑(顏料用)檢驗法 (碳黑(颜料用)检验法)	G54
13159-1995	K61002	自來水用丙烯腈-丁二烯-苯乙烯(ABS)塑膠管檢驗法 (自来水用丙烯腈-丁二烯-苯乙烯(ABS)塑料管检验法)	E24

标准号	台湾地区标准分类号	标准名称	中国标准分类
13182-1993	K61003	車輛用煞車油檢驗法 (车辆用煞车油检验法)	G55
13183-1993	K61004	航空渦輪機燃油游離水分試驗法 (航空涡轮机燃油游离水分试验法)	E31
13275-1993	K61005	天然氣成分試驗法(氣相層析法) (天然气成分试验法(气相层析法))	Q81
13276-1993	K61006	以露點溫度測定氣態燃料中水蒸氣含量試驗法 (以露点温度测定气态燃料中水蒸气含量试验法)	E24
13277-1993	K61007	蒸餾燃油低溫過濾阻塞點試驗法 (蒸馏燃油低温过滤阻塞点试验法)	E31
13289-1993	K61008	航空燃油凝固點試驗法 (航空燃油凝固点试验法)	E31
13290-1993	K61009	航空燃油氫含量估計值試驗法 (航空燃油氢含量估计值试验法)	E31
1089-1989	K6101	聚氯乙烯檢驗法 (聚氯乙烯检验法)	G31
13291-1993	K61010	航空渦輪燃油銅含量試驗法 (航空涡轮燃油铜含量试验法)	E31
13332-1994	K61011	塑膠洛氏硬度試驗法 (塑料洛氏硬度试验法)	G30
13333-1994	K61012	塑膠密度及比重試驗法 (塑料密度及比重试验法)	G31
13334-1994	K61013	硬質塑膠埃若德(IZOD)衝擊試驗法 (硬质塑料埃若德(IZOD)冲击试验法)	G31
13335-1994	K61014	塑膠薄膜及薄片落鏢衝擊試驗法 (塑料薄膜及薄片落镖冲击试验法)	G33
13336-1994	K61015	塑膠薄膜及薄片抗拉性能試驗法 (塑料薄膜及薄片抗拉性能试验法)	G33
13345-1994	K61016	管及接頭配件用硬質丙烯腈-丁二烯-苯乙烯(ABS)混合膠料檢驗法 (管及接头配件用硬质丙烯腈-丁二烯-苯乙烯(ABS)混合胶料检验法)	G33
13347-1994	K61017	自來水用丙烯腈-丁二烯-苯乙烯(ABS)塑膠管接頭配件檢驗法 (自来水用丙烯腈-丁二烯-苯乙烯(ABS)塑料管接头配件检验法)	Q81
13423-1994	K61018	鋼索心體輸送橡膠帶檢驗法 (钢索心体输送橡胶带检验法)	J81
13429-1994	K61019	特氏閉杯式閃點試驗法 (特氏闭杯式闪点试验法)	G04
1094-1972	K6102	薄荷原油及脫腦薄荷油檢驗法 (薄荷原油及脱脑薄荷油检验法)	X14
13443-1994	K61020	家庭用室內牆壁塗料檢驗法 (家庭用室内墙壁涂料检验法)	G51
13455-1994	K61021	玻璃纖維強化塑膠地下油管及配件檢驗法 (玻璃纤维强化塑料地下油管及配件检验法)	E08
13475-1995	K61022	化學工業及一般用丙烯腈-丁二烯-苯乙烯(ABS)塑膠管及接頭配件檢驗法 (化学工业及一般用丙烯腈-丁二烯-苯乙烯(ABS)塑料管及接头配件检验法)	G33
13507-1995	K61024	玻璃纖維強化塑膠管配件檢驗法 (玻璃纤维强化塑料管配件检验法)	G33

标 准 号	台湾地区 标准分类号	标 准 名 称	中国标准 分 类
13547-1995	K61025	聚甲基丙烯酸甲酯成型材料檢驗法 (聚甲基丙烯酸甲酯成型材料检验法)	G17
13553-1995	K61027	碳纖維試驗法 (碳纤维试验法)	Q53
13554-1995	K61028	碳纖維織物試驗法 (碳纤维织物试验法)	W59
13555-1995	K61029	碳纖維強化塑膠抗拉性能試驗法 (碳纤维强化塑料抗拉性能试验法)	Q53
1113-1959	K6103	低温烤漆檢驗法 (低温烤漆检验法)	G51
13556-1995	K61030	碳纖維強化塑膠抗曲性能試驗法 (碳纤维强化塑料抗曲性能试验法)	Q53
13557-1995	K61031	碳纖維強化塑膠之纖維含量及空孔率試驗法 (碳纤维强化塑料之纤维含量及空孔率试验法)	Q53
13558-1995	K61032	碳纖維強化塑膠壓縮性能試驗法 (碳纤维强化塑料压缩性能试验法)	Q53
13559-1995	K61033	碳纖維強化塑膠層間剪斷強度試驗法 (碳纤维强化塑料层间剪断强度试验法)	Q53
13590-1995	K61034	塑膠燃燒性試驗法-氧指數法 (塑料燃烧性试验法-氧指数法)	G31
13747-1996	K61035	污水及一般用內襯聚乙烯之聚氯乙烯塑膠硬質管檢驗法 (污水及一般用内衬聚乙烯之聚氯乙烯塑料硬质管检验法)	G33
13784-1996	K61036	硬質塑膠落錘衝擊試驗法通則 (硬质塑料落锤冲击试验法通则)	G33
13786-1996	K61037	塑膠脆化温度試驗法 (塑料脆化温度试验法)	G31
13787-1996	K61038	塑膠薄膜及薄片之撕裂強度試驗法 (塑料薄膜及薄片之撕裂强度试验法)	G33
13788-1996	K61039	塑膠薄膜及薄片透濕度試驗法(儀器法) (塑料薄膜及薄片透湿度试验法(仪器法))	G33
1154-1959	K6104	板車用外胎檢驗法 (板车用外胎检验法)	G41
13872-1997	K61040	聚氯乙烯防蝕襯裡片檢驗法 (聚氯乙烯防蚀衬里片检验法)	G33
13873-1997	K61041	石油溶劑考立丁醇(KB)值試驗法 (石油溶剂考立丁醇(KB)值试验法)	E30
13874-1997	K61042	油料中鎳、鈉、釩含量試驗法(原子吸收光譜法) (油料中镍、钠、钒含量试验法(原子吸收光谱法))	G04
13875-1997	K61043	燃料油中鋁及矽含量試驗法(灰化熔融感應耦合電漿原子放射光譜法及原子吸收光譜法) (燃料油中铝及硅含量试验法(灰化熔融感应耦合电浆原子放射光谱法及原子吸收光谱法))	E31
13876-1997	K61044	潤滑油脂之合成橡膠膨脹性試驗法 (润滑油脂之合成橡胶膨胀性试验法)	E34
13877-1997	K61045	石油產品硫含量試驗法(X-射線光譜法) (石油产品硫含量试验法(X-射线光谱法))	E30
13923-1997	K61046	塑膠薄膜及薄片之厚度試驗法 (塑料薄膜及薄片之厚度试验法)	G33
13955-1997	K61047	石油產品反應試驗法 (石油产品反应试验法)	E30
14116-1998	K61048	輕質液態石油產品中微量硫分試驗法(氧化微庫侖法) (轻质液态石油产品中微量硫分试验法(氧化微库仑法))	E30

标准号	台湾地区标准分类号	标准名称	中国标准分类
14185-1998	K61049	瀝青材料韌性及極限張應力試驗法 (沥青材料韧性及极限张应力试验法)	E33
1156-1959	K6105	板車用內胎檢驗法 (板车用内胎检验法)	G41
14186-1998	K61050	無填充料瀝青黏度測定法(布魯克熱力黏度計法) (无填充料沥青黏度测定法(布鲁克热力黏度计法))	E43
14242-1998	K61051	航空燃油過氧化物值測定法 (航空燃油过氧化物值测定法)	E31
14243-1998	K61052	煤油及航空燃油發煙點試驗法 (煤油及航空燃油发烟点试验法)	E31
14247-1998	K61053	航空燃油中萘族烴試驗法(紫外線光譜法) (航空燃油中萘族烃试验法(紫外线光谱法))	E31
14248-1998	K61054	乳化瀝青餾餘物與非牛頓流體瀝青視黏度試驗法〈真空毛細管黏度計法〉 (乳化沥青馏余物与非牛顿流体沥青视黏度试验法〈真空毛细管黏度计法〉)	E43
14249-1998	K61055	柏油(瀝青)動黏度試驗法 (柏油(沥青)动黏度试验法)	A53
14250-1998	K61056	柏油(瀝青)流動膜之熱及空氣效應試驗法(滾動薄膜烘箱法) (柏油(沥青)流动膜之热及空气效应试验法(滚动薄膜烘箱法))	E43
14297-1999	K61057	汽油中醚類與醇類測定法(氣相層析法) (汽油中醚类与醇类测定法(气相层析法))	E31
14298-1999	K61058	汽油中各種芳香烴測定法(氣相層析法) (汽油中各种芳香烃测定法(气相层析法))	E31
14432-2009	K61059	塑膠材料在控制堆肥環境下最終好氧生物分解度測定法—二氧化碳釋出量分析法—第1部:一般方法 (塑料材料在控制堆肥环境下最终好气生物分解度测定法—二氧化碳释出量分析法—第1部:一般方法)	G31
1158-1987	K6106	醇酸樹脂瓷漆檢驗法 (醇酸树脂瓷漆检验法)	G51
14433-2000	K61060	塑膠材料在水溶性培養基中最終好氧生物分解度測定法—密閉呼吸計之需氧量分析法 (塑料材料在水溶性培养基中最终好气生物分解度测定法—密闭呼吸计之需氧量分析法)	G31
14470-2000	K61061	汽油含鉛量測定法(一氯化碘法) (汽油含铅量测定法(一氯化碘法))	E31
14471-2000	K61062	石油產品中硫含量測定法(高溫法) (石油产品中硫含量测定法(高温法))	E31
14472-2000	K61063	石油產品中硫含量測定法(能量分散式X-射線螢光光譜法) (石油产品中硫含量测定法(能量分布式X-射线荧光光谱法))	E30
14473-2000	K61064	閃點測定法(迷你閉杯式法) (闪点测定法(迷你闭杯式法))	E31
14474-2000	K61065	液態油品密度及比重測定法(數位式密度計法) (液态油品密度及比重测定法(数字式密度计法))	E31
14475-2000	K61066	航空燃油淨燃燒熱計算法 (航空燃油净燃烧热计算法)	E31
14476-2000	K61067	石油氣中硫含量測定法(氧化微庫侖法) (石油气中硫含量测定法(氧化微库仑法))	E31
14477-2000	K61068	石油產品中殘碳量測定法(微量法) (石油产品中残碳量测定法(微量法))	E30

标准号	台湾地区标准分类号	标准名称	中国标准分类
14478-2000	K61069	塑膠材料在水性培養基中最終好氧生物分解度測定法—釋出二氧化碳分析法 (塑料材料在水性培养基中最终好气生物分解度测定法—释出二氧化碳分析法)	G31
1216-1968	K6107	工業級碳酸氫鈉檢驗法 (工业级碳酸氢钠检验法)	G12
14505-2001	K61070	輕質碳氫化合物,汽車燃料及油中總含硫量測定法(紫外線螢光法) (轻质碳氢化合物,汽车燃料及油中总含硫量测定法(紫外线荧光法))	E31
14506-2001	K61071	石油產品流動點測定法(自動壓力脈衝法) (石油产品流动点测定法(自动压力脉冲法))	E31
14535-2001	K61072	塑膠材料燃燒試驗法 (塑料材料燃烧试验法)	G31
14560-2001	K61073	汽油中芳香烴含量測定法(氣體層析法) (汽油中芳香烃含量测定法(气体层析法))	E31
14561-2001	K61074	車用及航空汽油中苯及甲苯含量測定法(氣體層析法) (车用及航空汽油中苯及甲苯含量测定法(气体层析法))	E31
14605-2001	K61075	石油蠟及石蠟脂凍凝點試驗法 (石油蜡及石蜡脂冻凝点试验法)	E42
14627-2002	K61076	汽油中含氧化物試驗法(氣相層析—氧選擇性火焰離子化偵測法) (汽油中含氧化物试验法(气相层析—氧选择性火焰离子化侦测法))	E31
14628-2002	K61077	汽油及含氧汽油蒸氣壓試驗法(乾式法) (汽油及含氧汽油蒸气压试验法(干式法))	E31
14638-2002	K61078	超純水中有機碳(TOC)之試驗法 (超纯水中有机碳(TOC)之试验法)	G04
14639-2002	K61079	超純水之導電率試驗法 (超纯水之导电率试验法)	G04
1217-1960	K6108	石油及其產品之取樣法 (石油及其产品之取样法)	E30
14640-2002	K61080	超純水中金屬元素之試驗法 (超纯水中金属元素之试验法)	G04
14641-2002	K61081	超純水中二氧化矽之試驗法 (超纯水中二氧化硅之试验法)	G04
14642-2002	K61082	超純水中陰離子之試驗法 (超纯水中阴离子之试验法)	G04
14665-2002	K61083	天然氣及氣體燃料中硫化合物試驗法(氣相層析和化學發光法) (天然气及气体燃料中硫化合物试验法(气相层析和化学发光法))	Q82
14666-2002	K61084	石油產品蒸氣壓試驗法(迷你法) (石油产品蒸气压试验法(迷你法))	E31
14667-2002	K61085	石油產品流動點試驗法(自動傾斜法) (石油产品流动点试验法(自动倾斜法))	E43
14668-2002	K61086	航空燃油凝固點相轉移自動測定法 (航空燃油凝固点相转移自动测定法)	E31
14669-2002	K61087	航空燃油酸價試驗法 (航空燃油酸价试验法)	E31
14670-2002	K61088	航空燃油潤滑度試驗法 (航空燃油润滑度试验法)	E31

标准号	台湾地区标准分类号	标准名称	中国标准分类
14717-2003	K61089	由成分分析計算液化石油氣物理性質法 (由成分分析计算液化石油气物理性质法)	E31
1218-2004	K6109	石油產品常壓蒸餾試驗法 (石油产品常压蒸馏试验法)	J47
14718-2003	K61090	液化石油氣硫化氫試驗法(醋酸鉛法) (液化石油气硫化氢试验法(醋酸铅法))	E31
14719-2003	K61091	丙烷乾度試驗法(閥凍結法) (丙烷干度试验法(阀冻结法))	E31
14745-2003	K61092	石油產品中硫含量試驗法(氫解比色法) (石油产品中硫含量试验法(氢解比色法))	E31
14746-2003	K61093	航空燃油水分離性測定法(可攜帶式微水分離器法) (航空燃油水分离性测定法(可携带式微水分离器法))	E31
14765-2003	K61094	氣體燃料熱值與壓縮因子及相對密度計算法 (气体燃料热值与压缩因子及相对密度计算法)	G89
14766-2003	K61095	蒸餾油中水分及沉澱物測定法(離心法) (蒸馏油中水分及沉淀物测定法(离心法))	E31
14772-2003	K61096	礦物型溶劑芳香烴檢驗法(氣相層析法) (矿物型溶剂芳香烃检验法(气相层析法))	E31
14783-2003	K61097	烴類溶劑苯含量氣相層析試驗法 (烃类溶剂苯含量气相层析试验法)	E31
14784-2003	K61098	石油溶劑微量苯試驗法(毛細管柱氣相層析法) (石油溶剂微量苯试验法(毛细管柱气相层析法))	E31
14818-2004	K61099	固體材料燃燒煙濃度試驗法—比光學密度垂直試驗法 (固体材料燃烧烟浓度试验法—比光学密度垂直试验法)	G04
1219-1990	K6110	石油產品銅片腐蝕性測定法 (石油产品铜片腐蚀性测定法)	E30
14819-2004	K61100	材料表面耐燃燒性試驗法—輻射熱源垂直試驗法 (材料表面耐燃烧性试验法—辐射热源垂直试验法)	G04
14820-2004	K61101	固體材料燃燒毒性氣體濃度試驗法—檢測管法 (固体材料燃烧毒性气体浓度试验法—检测管法)	G04
14824-2004	K61102	正壬烷以下石油腦成分試驗法(毛細管柱氣相層析法) (正壬烷以下石油脑成分试验法(毛细管柱气相层析法))	E31
14830-2004	K61103	揮發性有機液體蒸餾範圍試驗法 (挥发性有机液体蒸馏范围试验法)	X61
14831-2004	K61104	低烯烴汽油含氧化物、飽和烴、烯烴、環烷烴及芳香烴(O-PONA)測定法(氣相層析法) (低烯烃汽油含氧化物、饱和烃、烯烃、环烷烃及芳香烃(O-PONA)测定法(气相层析法))	G17
14860-2004	K61105	石油產品蒸氣壓試驗法(大氣壓迷你法) (石油产品蒸气压试验法(大气压迷你法))	E31
14861-2004	K61106	汽油總烯烴含量試驗法(多維管柱氣相層析法) (汽油总烯烃含量试验法(多维管柱气相层析法))	E31
14862-2004	K61107	汽油硫含量試驗法(波長分散式X射線螢光光譜法) (汽油硫含量试验法(波长分布式X射线荧光光谱法))	E31
14902-2005	K61108	精油(含三級醇)—經冷甲醯化反應測定酯價以評估自由醇含量法 (精油(含三级醇)—经冷甲酰化反应测定酯价以评估自由醇含量法)	X14
14903-2005	K61109	精油—含不易皂化酯基酯價測定法 (精油—含不易皂化酯基酯价测定法)	X14
1220-2001	K6111	石油產品賽氏顏色試驗法(賽氏比色計法) (石油产品赛氏颜色试验法(赛氏比色计法))	E30

标准号	台湾地区标准分类号	标准名称	中国标准分类
14904-2005	K61110	精油—閃點測定法 (精油—闪点测定法)	B33
14906-2005	K61111	石油產品酸價試驗法(電位滴定法) (石油产品酸价试验法(电位滴定法))	E24
14922-2005	K61112	精油—填充管柱氣相層析法通則 (精油—填充管柱气相层析法通则)	B33
14923-2005	K61113	精油—毛細管柱氣相層析法通則 (精油—毛细管柱气相层析法通则)	B33
14924-2005	K61114	精油—高效能液相層析法通則 (精油—高效能液相层析法通则)	B33
14936-2005	K61115	瀝青物料取樣操作法 (沥青物料取样操作法)	E43
14937-2005	K61116	柏油材料受熱及空氣影響試驗法(薄膜烘箱法) (柏油材料受热及空气影响试验法(薄膜烘箱法))	Q20
14938-2005	K61117	柏油黏度試驗法(真空毛細管黏度計法) (柏油黏度试验法(真空毛细管黏度计法))	Q20
14939-2005	K61118	柏油體積校正至基準溫度計算法 (柏油体积校正至基准温度计算法)	E43
14943-2005	K61119	精油—層析特性成分分布通則—第 1 部:標準中層析特性成分分布之建立 (精油—层析特性成分分布通则—第 1 部:标准中层析特性成分分布之建立)	Y41
14944-2005	K61120	精油—層析特性成分分布通則—第 2 部:精油樣品層析特性成分分布之應用 (精油—层析特性成分分布通则—第 2 部:精油样品层析特性成分分布之应用)	Y41
14949-2005	K61121	汽油組成分測定法(高解析毛細管柱氣相層析法) (汽油组成分测定法(高解析毛细管柱气相层析法))	E31
15018-2006	K61122	B-100 生質柴油游離甘油與總甘油含量測定法 (B-100 生质柴油游离甘油与总甘油含量测定法)	E31
15019-2006	K61123	潤滑油添加劑元素含量測定法(感應耦合電漿原子發射光譜法) (润滑油添加剂元素含量测定法(感应耦合电浆原子发射光谱法))	E30
15020-2006	K61124	石油產品減壓蒸餾試驗法 (石油产品减压蒸馏试验法)	E30
15039-1-2006	K61125-1	塗料與清漆—揮發性有機化合物含量之測定—第 1 部:扣除法 (涂料与清漆—挥发性有机化合物含量之测定—第 1 部:扣除法)	G51
15039-2-2006	K61125-2	塗料與清漆—揮發性有機化合物含量之測定—第 2 部:氣相層析法 (涂料与清漆—挥发性有机化合物含量之测定—第 2 部:气相层析法)	G51
15040-2006	K61126	塗料與清漆—低 VOC 乳膠漆(罐內 VOC)揮發性有機化合物含量之測定 (涂料与清漆—低 VOC 乳胶漆(罐内 VOC)挥发性有机化合物含量之测定)	G51
15051-2007	K61127	油脂衍生物(脂肪酸甲酯)—總脂肪酸甲酯及次亞麻油酸甲酯含量測定法 (油脂衍生物(脂肪酸甲酯)—总脂肪酸甲酯及次亚麻油酸甲酯含量测定法)	E31

标准号	台湾地区标准分类号	标准名称	中国标准分类
15052-2007	K61128	生質柴油(脂肪酸甲酯)—鈉含量測定法(原子吸收光譜法) (生质柴油(脂肪酸甲酯)—钠含量测定法(原子吸收光谱法))	E31
15053-2007	K61129	生質柴油(脂肪酸甲酯)—鉀含量測定法(原子吸收光譜法) (生质柴油(脂肪酸甲酯)—钾含量测定法(原子吸收光谱法))	E31
1222-1997	K6113	石油及其產品之陶氏試驗法 (石油及其产品之陶氏试验法)	E30
15054-2007	K61130	生質柴油(脂肪酸甲酯)—鈣、鎂含量測定法(感應耦合電漿原子發射光譜法) (生质柴油(脂肪酸甲酯)—钙、镁含量测定法(感应耦合电浆原子发射光谱法))	E31
15055-2007	K61131	中質蒸餾油污染物測定法 (中质蒸馏油污染物测定法)	E30
15056-2007	K61132	油脂衍生物(脂肪酸甲酯)—氧化穩定性測定法(加速氧化法) (油脂衍生物(脂肪酸甲酯)—氧化稳定性测定法(加速氧化法))	E30
15057-2008	K61133	中質石油餾分—脂肪酸甲酯含量測定法(紅外光譜法) (中质石油馏分—脂肪酸甲酯含量测定法(红外光谱法))	E30
15058-2007	K61134	生質柴油(脂肪酸甲酯)—磷含量測定法(感應耦合電漿原子發射光譜法) (生质柴油(脂肪酸甲酯)—磷含量测定法(感应耦合电浆原子发射光谱法))	E31
15059-2007	K61135	中質石油餾分—分離脂肪酸甲酯及其組成測定法(液相層析法/氣相層析法) (中质石油馏分—分离脂肪酸甲酯及其组成测定法(液相层析法/气相层析法))	E30
15060-2007	K61136	生質柴油(脂肪酸甲酯)—碘價測定法 (生质柴油(脂肪酸甲酯)—碘价测定法)	E31
15061-2007	K61137	柴油及家用加熱燃油—冷濾點測定法 (柴油及家用加热燃油—冷滤点测定法)	E31
15062-2007	K61138	塗料—逸散甲醛塗膜與三聚氰胺泡棉試驗法—小型容器中恒定狀態甲醛濃度之測定 (涂料—逸散甲醛涂膜与三聚氰胺泡棉试验法—小型容器中恒定状态甲醛浓度之测定)	Q18
15063-2007	K61139	乳化聚合物游離甲醛液相層析測定法 (乳化聚合物游离甲醛液相层析测定法)	G51
1223-1963	K6114	魚肝油(原油)檢驗法 (鱼肝油(原油)检验法)	X14
15074-2007	K61140	柴油潤滑性試驗法(HFRR 高頻往復式測試裝置法) (柴油润滑性试验法(HFRR 高频往复式测试装置法))	E31
15078-2007	K61141	中質蒸餾燃油氧化穩定性測定法 (中质蒸馏燃油氧化稳定性测定法)	E34
15079-2007	K61142	中質蒸餾燃油芳香烴類別含量測定法(高效液相層析/折射率偵檢法) (中质蒸馏燃油芳香烃类别含量测定法(高效液相层析/折射率侦检法))	E34
15080-2007	K61143	建築用塗料之揮發性有機化合物(VOC)最大限量值 (建筑用涂料之挥发性有机化合物(VOC)最大限量值)	Q18
15087-2007	K61144	變性燃料乙醇中乙醇含量測定法(氣相層析法) (变性燃料乙醇中乙醇含量测定法(气相层析法))	E30
15088-2007	K61145	有機液體含水量試驗法(Karl Fischer 庫侖法) (有机液体含水量试验法(Karl Fischer 库仑法))	E30

标 准 号	台湾地区标准分类号	标 准 名 称	中国标准分 类
15089-2007	K61146	油漆、亮光漆及相似物揮發性溶劑及中間物酸度試驗法 (油漆、亮光漆及相似物挥发性溶剂及中间物酸度试验法)	E33
15090-2007	K61147	乙醇、變性燃料乙醇及燃料乙醇 pHe 測定法 (乙醇、变性燃料乙醇及燃料乙醇 pHe 测定法)	E31
15101-2007	K61148	橡膠—物理試驗用試片之製備及調節之一般程序 (橡胶—物理试验用试片之制备及调节之一般程序)	G34
15110-2007	K61149	汽油碳氫化合物類型、含氧化物及苯含量測定法(多維管柱系統式氣相層析法) (汽油碳氢化合物类型、含氧化物及苯含量测定法(多维管柱系统式气相层析法))	E31
1249-1986	K6115	油性頭度底漆檢驗法 (油性头度底漆检验法)	G51
15111-2007	K61150	水導電度及電阻率試驗法 (水导电度及电阻率试验法)	E31
15112-2007	K61151	汽油烯烴含量測定法(超臨界流體層析法) (汽油烯烃含量测定法(超临界流体层析法))	E31
15200-1-1-2007	K61152-1-1	塗料一般試驗方法—第 1—1 部:通則——一般試驗(條件與方法) (涂料一般试验方法—第 1—1 部:通则——一般试验(条件与方法))	G51
15200-1-2-2007	K61152-1-2	塗料一般試驗方法—第 1—2 部:通則—取樣 (涂料一般试验方法—第 1—2 部:通则—取样)	G51
15200-1-3-2007	K61152-1-3	塗料一般試驗方法—第 1—3 部:通則—試驗用試樣之檢查與製備 (涂料一般试验方法—第 1—3 部:通则—试验用试样之检查与制备)	G51
15200-1-4-2007	K61152-1-4	塗料一般試驗方法—第 1—4 部:通則—試驗用標準試驗板 (涂料一般试验方法—第 1—4 部:通则—试验用标准试验板)	G51
15200-1-5-2007	K61152-1-5	塗料一般試驗方法—第 1—5 部:通則—試驗板之塗裝(刷塗) (涂料一般试验方法—第 1—5 部:通则—试验板之涂装(刷涂))	G51
15200-1-6-2007	K61152-1-6	塗料一般試驗方法—第 1—6 部:通則—調節與試驗之溫度及濕度 (涂料一般试验方法—第 1—6 部:通则—调节与试验之温度及湿度)	G51
15200-1-7-2007	K61152-1-7	塗料一般試驗方法—第 1—7 部:通則—膜厚測定 (涂料一般试验方法—第 1—7 部:通则—膜厚测定)	G51
15200-1-8-2007	K61152-1-8	塗料一般試驗方法—第 1—8 部:通則—參比樣品 (涂料一般试验方法—第 1—8 部:通则—参比样品)	G51
15200-2-1-2008	K61152-2-1	塗料一般試驗法—第 2—1 部:塗料性狀與安定性—加登納色標 (涂料一般试验法—第 2—1 部:涂料性状与安定性—加登纳色标)	G50
15200-2-2-2008	K61152-2-2	塗料一般試驗法—第 2—2 部:塗料性狀與安定性—黏度 (涂料一般试验法—第 2—2 部:涂料性状与安定性—黏度)	G50
15200-2-3-2008	K61152-2-3	塗料一般試驗法—第 2—3 部:塗料性狀與安定性—密度 (涂料一般试验法—第 2—3 部:涂料性状与安定性—密度)	G50
15200-2-4-2008	K61152-2-4	塗料一般試驗法—第 2—4 部:塗料性狀與安定性—研磨細度 (涂料一般试验法—第 2—4 部:涂料性状与安定性—研磨细度)	G50

标准号	台湾地区标准分类号	标准名称	中国标准分类
15200-2-5-2008	K61152-2-5	塗料一般試驗法—第2—5部:塗料性狀與安定性—可使用時間 (涂料一般试验法—第2—5部:涂料性状与安定性—可使用时间)	G50
15200-2-6-2008	K61152-2-6	塗料一般試驗法—第2—6部:塗料性狀與安定性—儲存安定性 (涂料一般试验法—第2—6部:涂料性状与安定性—储存安定性)	G50
15200-3-1-2009	K61152-3-1	塗料一般試驗法—第3—1部:塗膜形成性—塗布面積(刷塗) (涂料一般试验法—第3—1部:涂膜形成性—涂布面积(刷涂))	G51
15200-3-2-2009	K61152-3-2	塗料一般試驗法—第3—2部:塗膜形成性—表面乾燥性(小透明玻璃珠法) (涂料一般试验法—第3—2部:涂膜形成性—表面干燥性(小透明玻璃珠法))	G51
15200-3-3-2009	K61152-3-3	塗料一般試驗法—第3—3部:塗膜形成性—堅結乾燥性 (涂料一般试验法—第3—3部:涂膜形成性—坚结干燥性)	G51
15200-3-4-2009	K61152-3-4	塗料一般試驗法—第3—4部:塗膜形成性—產品與被塗布面之適合性 (涂料一般试验法—第3—4部:涂膜形成性—产品与被涂布面之适合性)	G51
15200-3-5-2009	K61152-3-5	塗料一般試驗法—第3—5部:塗膜形成性—耐壓著性 (涂料一般试验法—第3—5部:涂膜形成性—耐压着性)	G51
15200-3-6-2009	K61152-3-6	塗料一般試驗法—第3—6部:塗膜形成性—不黏著乾燥性 (涂料一般试验法—第3—6部:涂膜形成性—不黏着干燥性)	G51
15123-2007	K61153	塗料—總鉛測定—火焰原子吸收光譜法 (涂料—总铅测定—火焰原子吸收光谱法)	G51
15124-2007	K61154	液態氫—陸用車輛加氫系統介面 (液态氢—陆用车辆加氢系统接口)	T13
15129-2007	K61155	酒精汽油水容限(相分離)試驗法 (酒精汽油水容限(相分离)试验法)	E31
15202-2008	K61156	黃樟油與肉豆蔻油—黃樟油精與順及反異黃樟油精含量測定法(填充管柱氣相層析法) (黄樟油与肉豆蔻油—黄樟油精与顺及反异黄樟油精含量测定法(填充管柱气相层析法))	B36
15203-2008	K61157	香檸檬油、檸檬油、柑橘油及萊姆油—香檸檬烯含量測定高效能液相層析法(HPLC) (香柠檬油、柠檬油、柑橘油及莱姆油—香柠檬烯含量测定高效能液相层析法(HPLC))	B72
15231-2009	K61158	柑橘油—紫外光譜CD值測定法 (柑橘油—紫外光谱CD值测定法)	E20
15232-2009	K61159	機械程序製檸檬油、檸檬葉油及萊姆油—檸檬油醛(橙花醛+香葉草醛)含量測定法(毛細管柱氣相層析法) (机械程序制柠檬油、柠檬叶油及莱姆油—柠檬油醛(橙花醛+香叶草醛)含量测定法(毛细管柱气相层析法))	E20
1272-1981	K6116	皮革檢驗法(總則及取樣法) (皮革检验法(总则及取样法))	Y45
15262-2009	K61160	塑膠材料在試驗性規模之特定堆肥條件下崩解度測定法 (塑料材料在试验性规模之特定堆肥条件下崩解度测定法)	G31
15274-2009	K61161	自來水用器具—對水質影響試驗法 (自来水用器具—对水质影响试验法)	Q81

标准号	台湾地区标准分类号	标准名称	中国标准分类
15289-2009	K61163	硫化橡膠製品中加工油多環芳香烴之測定法 (硫化橡胶制品中加工油多环芳香烃之测定法)	G35
1273-1960	K6117	皮革檢驗法(脫色程度試驗) (皮革检验法(脱色程度试验))	Y45
1274-1981	K6118	皮革厚度檢驗法 (皮革厚度检验法)	Y45
1275-1960	K6119	皮革檢驗法(折裂試驗) (皮革检验法(折裂试验))	Y45
1276-1960	K6120	皮革檢驗法(皺紋試驗) (皮革检验法(皱纹试验))	Y45
1277-1960	K6121	皮革檢驗法(耐壓程度試驗) (皮革检验法(耐压程度试验))	Y45
1278-1981	K6122	皮革抗拉強度檢驗法 (皮革抗拉强度检验法)	Y45
1279-1981	K6123	皮革撕裂強度檢驗法 (皮革撕裂强度检验法)	Y45
1280-1981	K6124	皮革液中熱收縮溫度檢驗法 (皮革液中热收缩温度检验法)	Y45
1281-1981	K6125	皮革伸長率檢驗法 (皮革伸长率检验法)	Y45
1282-1981	K6126	皮革耐水度檢驗法 (皮革耐水度检验法)	Y45
1283-1981	K6127	皮革之脂肪分檢驗法 (皮革之脂肪分检验法)	Y45
1284-1981	K6128	皮革之皮質分檢驗法 (皮革之皮质分检验法)	Y45
1285-1981	K6129	皮革之可溶性成分檢驗法 (皮革之可溶性成分检验法)	Y45
1286-1981	K6130	皮革之可溶性灰分檢驗法 (皮革之可溶性灰分检验法)	Y45
1287-1960	K6131	皮革檢驗法(結合單寧酸量試驗) (皮革检验法(结合单宁酸量试验))	Y45
1288-1981	K6132	皮革之水分檢驗法 (皮革之水分检验法)	Y45
1289-1960	K6133	皮革檢驗法(含氮量試驗) (皮革检验法(含氮量试验))	Y45
1290-1981	K6134	皮革之總灰分檢驗法 (皮革之总灰分检验法)	Y45
1291-1981	K6135	皮革之含鉻量檢驗法 (皮革之含铬量检验法)	Y45
1292-1981	K6136	皮革之鞣製程度檢驗法 (皮革之鞣制程度检验法)	Y45
1293-1960	K6137	皮革檢驗法(對硝基苯酚試驗) (皮革检验法(对硝基苯酚试验))	Y45
1294-1981	K6138	皮革之 pH 值檢驗法 (皮革之 pH 值检验法)	Y45
1297-1989	K6139	聚氯乙烯軟管檢驗法 (聚氯乙烯软管检验法)	G33
1303-1992	K6142	導電線用聚氯乙烯塑膠硬質管檢驗法 (导电线用聚氯乙烯塑料硬质管检验法)	K15
1341-1960	K6144	工業用冰醋酸檢驗法 (工业用冰醋酸检验法)	G11

标准号	台湾地区标准分类号	标准名称	中国标准分类
1343-1992	K6145	工業用二硫亞磺酸鈉檢驗法 (工业用二硫亚磺酸钠检验法)	G12
1375-1969	K6146	氬氣檢驗法 (氩气检验法)	G13
1376-1974	K6147	芳油檢驗法 (芳油检验法)	B72
1380-1961	K6148	工業級硝酸銀檢驗法 (工业级硝酸银检验法)	G12
1382-1974	K6149	工業級甲醛檢驗法 (工业级甲醛检验法)	G17
1384-1972	K6150	工業級沈澱碳酸鈣檢驗法 (工业级沈淀碳酸钙检验法)	G12
1386-1969	K6151	脂肪酸檢驗法 (脂肪酸检验法)	G17
1400-1974	K6152	皮鞋油檢驗法 (皮鞋油检验法)	Y44
1415-1962	K6153	工業用正己烷檢驗法 (工业用正己烷检验法)	G16
1419-1984	K6154	丙酮檢驗法 (丙酮检验法)	G17
1420-1962	K6155	丁醇檢驗法 (丁醇检验法)	G16
1422-1962	K6156	工業級硫代硫酸鈉檢驗法 (工业级硫代硫酸钠检验法)	G12
1424-1963	K6157	工業級無水亞硫酸鈉檢驗法 (工业级无水亚硫酸钠检验法)	G12
1426-1975	K6158	工業級尿素檢驗法 (工业级尿素检验法)	G12
1439-1973	K6159	酵母粉檢驗法 (酵母粉检验法)	X69
1441-1962	K6160	軟質聚氯乙烯塑膠片檢驗法 (软质聚氯乙烯塑料片检验法)	G33
2071-1987	K6161	乳化塑膠漆檢驗法 (乳化塑料漆检验法)	G51
2073-1979	K6162	硫酸鋁(工業級)檢驗法 (硫酸铝(工业级)检验法)	G12
2075-1992	K6163	硫酸鋁(自來水淨化用)檢驗法 (硫酸铝(自来水净化用)检验法)	G77
2077-1974	K6164	工業級檸檬酸檢驗法 (工业级柠檬酸检验法)	G17
2156-1969	K6166	硫化元青檢驗法 (硫化元青检验法)	G17
2158-1992	K6167	工業用溶解乙炔檢驗法 (工业用溶解乙炔检验法)	G51
2187-1963	K6168	工業用醋酸乙烯檢驗法 (工业用醋酸乙烯检验法)	G17
2189-1965	K6169	膠黏用糊精檢驗法 (胶黏用糊精检验法)	G12
2191-1984	K6170	重鉻酸鈉檢驗法 (重铬酸钠检验法)	G12
2193-1963	K6171	非鐵金屬擦光劑檢驗法 (非铁金属擦光剂检验法)	J43

标准号	台湾地区标准分类号	标准名称	中国标准分类
2195-1974	K6172	凡士林檢驗法 （凡士林检验法）	E42
2197-1972	K6173	煙膠檢驗法 （烟胶检验法）	G12
2201-1963	K6174	動物膠檢驗法 （动物胶检验法）	G13
2203-1984	K6175	氧化鋅檢驗法 （氧化锌检验法）	G13
2229-1971	K6176	一般用聚甲基丙烯酸甲酯樹脂板檢驗法 （一般用聚甲基丙烯酸甲酯树脂板检验法）	G32
2231-1963	K6177	再生膠檢驗法 （再生胶检验法）	G48
2233-1975	K6178	尿素膠檢驗法 （尿素胶检验法）	G17
2239-1989	K6179	矽酸鈉檢驗法 （硅酸钠检验法）	X14
2241-1974	K6180	椰子油（工業用）檢驗法 （椰子油（工业用）检验法）	X14
2269-1980	K6181	賽珞凡檢驗法 （赛珞凡检验法）	Y39
2331-1982	K6182	萘之硫酸著色試驗法 （萘之硫酸着色试验法）	A42
2332-1982	K6183	萘凝固點測定法 （萘凝固点测定法）	X14
2335-1998	K6184	自來水用聚氯乙烯塑膠硬質管及接頭配件檢驗法 （自来水用聚氯乙烯塑料硬质管及接头配件检验法）	Q81
2358-1987	K6185	工業用硝化纖維素檢驗法 （工业用硝化纤维素检验法）	G12
2360-1964	K6186	氟矽酸鈉檢驗法 （氟硅酸钠检验法）	G52
2365-1986	K6187	螢光漆檢驗法 （荧光漆检验法）	G51
2367-1973	K6188	氰化鋅（工業級）檢驗法 （氰化锌（工业级）检验法）	G12
2369-1973	K6189	氰化鎘（工業級）檢驗法 （氰化镉（工业级）检验法）	G12
2371-1964	K6190	氯化亞汞（工業級）檢驗法 （氯化亚汞（工业级）检验法）	G51
2373-1969	K6191	各色油墨（標識用）檢驗法 （各色油墨（标识用）检验法）	A17
2406-1965	K6192	樟腦白油檢驗法 （樟脑白油检验法）	B72
2408-1981	K6193	水肥皂檢驗法 （水肥皂检验法）	Y43
2411-1989	K6194	耐酸漆檢驗法 （耐酸漆检验法）	G51
2452-1965	K6195	赤磷（工業級）檢驗法 （赤磷（工业级）检验法）	G13
2454-1965	K6196	硝酸鍶（工業級）檢驗法 （硝酸锶（工业级）检验法）	G12
2459-1993	K6198	化學工業及一般用高密度聚乙烯塑膠管檢驗法 （化学工业及一般用高密度聚乙烯塑料管检验法）	G33

标准号	台湾地区标准分类号	标准名称	中国标准分类
2480-1973	K6200	三氧化鉻(工業級)檢驗法 (三氧化铬(工业级)检验法)	G11
2482-1965	K6201	硼酸(工業級)檢驗法 (硼酸(工业级)检验法)	G16
2484-1965	K6202	對甲苯磺醯胺檢驗法 (对甲苯磺酰胺检验法)	G17
2485-1965	K6203	瀝青軟化點測定法(水銀法) (沥青软化点测定法(水银法))	E43
2486-1965	K6204	瀝青軟化點測定法(環球法) (沥青软化点测定法(环球法))	E43
2487-1965	K6205	瀝青及煤塔灰分定量法 (沥青及煤塔灰分定量法)	G18/E43
2488-1965	K6206	瀝青及煤塔之苯不溶物測定法 (沥青及煤塔之苯不溶物测定法)	G18/E43
2489-1965	K6207	瀝青及煤塔固定碳測定法 (沥青及煤塔固定碳测定法)	G18/E43
2490-1965	K6208	瀝青、煤塔及酚類之水分測定法 (沥青、煤塔及酚类之水分测定法)	G18/E43
2491-1965	K6209	瀝青熱量測定法(斷熱式熱量測定法) (沥青热量测定法(断热式热量测定法))	E43
2492-1965	K6210	瀝青全硫分測定法 (沥青全硫分测定法)	E43
2493-1965	K6211	煤塔比重測定法 (煤塔比重测定法)	G18
2494-1965	K6212	煤塔黏度測定法 (煤塔黏度测定法)	G18
2495-1965	K6213	煤塔分餾試驗法 (煤塔分馏试验法)	G17
2496-1965	K6214	粗甲酚,間-甲酚及塔酸(高沸點)之分餾試驗法 (粗甲酚,间-甲酚及塔酸(高沸点)之分馏试验法)	G18
2497-1965	K6215	乾餾製酚之凝固點測定法 (干馏制酚之凝固点测定法)	G17
2498-1965	K6216	乾餾製酚中性油試驗法 (干馏制酚中性油试验法)	G17
2499-1965	K6217	酚類比重測定法 (酚模拟重测定法)	G17
2500-1965	K6218	間—甲酚定量法 (间—甲酚定量法)	G17
2501-1965	K6219	粗甲酚及間—甲酚之硫化氫檢驗法 (粗甲酚及间—甲酚之硫化氢检验法)	G18
2524-1973	K6220	鉻酸鉀(工業級)檢驗法 (铬酸钾(工业级)检验法)	G12
2527-1965	K6221	過氧化氫(工業級)檢驗法 (过氧化氢(工业级)检验法)	G12
2531-1965	K6222	氯蠟檢驗法 (氯蜡检验法)	G17
2534-1974	K6223	天然橡膠乳液檢驗法 (天然橡胶乳液检验法)	B72
2536-1992	K6224	泡沫聚苯乙烯隔熱材料檢驗法 (泡沫聚苯乙烯隔热材料检验法)	Q25
2551-1966	K6225	氰化銅(工業級)檢驗法 (氰化铜(工业级)检验法)	G12

标准号	台湾地区标准分类号	标准名称	中国标准分类
2555-1966	K6227	磷酸鈉(工業級)檢驗法 (磷酸钠(工业级)检验法)	G17
2557-1966	K6228	醋酸戊酯(工業級)檢驗法 (醋酸戊酯(工业级)检验法)	E31
2592-1967	K6230	氣體中二氧化碳,不飽和煙,氧,一氧化碳,氫,甲烷之分析法 (气体中二氧化碳,不饱和烃,氧,一氧化碳,氢,甲烷之分析法)	G86
2611-1966	K6231	硝酸亞汞檢驗法 (硝酸亚汞检验法)	G17
2615-1972	K6233	苯駢呋喃-茚樹脂檢驗法 (苯骈呋喃-茚树脂检验法)	G32
2618-1978	K6234	工業用醋酸酯溶劑檢驗法 (工业用醋酸酯溶剂检验法)	G17
2620-1972	K6235	磷酸(工業用)檢驗法 (磷酸(工业用)检验法)	G11
2622-1972	K6236	氫氧化鎂檢驗法 (氢氧化镁检验法)	G11
2624-1972	K6237	氫氧化鋁化學檢驗法 (氢氧化铝化学检验法)	G14
2632-1966	K6238	煤氣發熱量測定法 (煤气发热量测定法)	E24
2633-1966	K6239	煤氣中硫化氫測定法 (煤气中硫化氢测定法)	E24
2634-1966	K6240	煤氣中氨測定法 (煤气中氨测定法)	E24
2635-1966	K6241	煤氣中總硫分測定法 (煤气中总硫分测定法)	E24
2679-1974	K6242	甲醛合次硫酸氫鈉檢驗法 (甲醛合次硫酸氢钠检验法)	G17
2681-1966	K6243	高壓瓶裝氮氣檢驗法 (高压瓶装氮气检验法)	G86
2705-1971	K6245	氣體燃料比重測定法 (气体燃料比重测定法)	E46
2747-1967	K6246	碳黑檢驗法 (碳黑检验法)	G49
2748-1974	K6247	液化石油氣蒸氣壓檢驗法 (液化石油气蒸气压检验法)	E46
2749-1974	K6248	液化石油氣揮發性硫試驗法(燃燈法) (液化石油气挥发性硫试验法(燃灯法))	E31
2750-2003	K6249	液化石油氣銅片腐蝕性試驗法 (液化石油气铜片腐蚀性试验法)	E31
2751-2003	K6250	液化石油氣揮發性試驗法 (液化石油气挥发性试验法)	E46
2752-1967	K6251	商用丙烷乾度試驗法(溴化鈷法) (商用丙烷干度试验法(溴化钴法))	G16
2753-1967	K6252	商用丙烷之蒸發殘餘試驗法(凝汞法) (商用丙烷之蒸发残余试验法(凝汞法))	G17
2754-1967	K6253	商用丙烷之乾度試驗法(露點法) (商用丙烷之干度试验法(露点法))	G16
2755-1974	K6254	芳香族煙之顏色測定法 (芳香族烃之颜色测定法)	G16
2756-1974	K6255	芳香族煙蒸餾試驗法 (芳香族烃蒸馏试验法)	G16

标准号	台湾地区标准分类号	标准名称	中国标准分类
2757-1974	K6256	芳香族煙之酸洗顏色測定法 (芳香族烃之酸洗颜色测定法)	G16
2758-1974	K6257	芳香族煙之酸性及鹼性測定法 (芳香族烃之酸性及碱性测定法)	G16
2759-1967	K6258	芳香族煙內硫化氫及二氧化硫含量之定性測定法 (芳香族烃内硫化氢及二氧化硫含量之定性测定法)	G16
2760-1974	K6259	芳香族煙對銅腐蝕性之測定法 (芳香族烃对铜腐蚀性之测定法)	G17
2761-1967	K6260	芳香族內石臘煙測定法 (芳香族内石腊烃测定法)	G17
2762-1974	K6261	苯之凝固點測定法 (苯之凝固点测定法)	G16
2792-1967	K6264	二胺基芪二磺酸檢驗法 (二胺基芪二磺酸检验法)	G17
2810-1986	K6265	生漆檢驗法 (生漆检验法)	W57
2913-1968	K6266	清潔劑烷煙中不磺化碳氫化物檢驗法 (清洁剂烷烃中不磺化碳氢化物检验法)	E49
2914-1968	K6267	石油產品及添加劑之外觀檢驗法 (石油产品及添加剂之外观检验法)	E30
2915-1968	K6268	石油蒸餾物中不飽和碳氫化物以溴值測定之方法 (石油蒸馏物中不饱和碳氢化物以溴值测定之方法)	G17
2917-1968	K6269	矽乾石檢驗法 (硅干石检验法)	G13
2919-1968	K6270	銲錫膏檢驗法 (焊锡膏检验法)	J33
2940-1972	K6271	聚乙烯樹脂檢驗法 (聚乙烯树脂检验法)	G32
2986-1974	K6272	尿素樹脂成型材料檢驗法 (尿素树脂成型材料检验法)	G18
2988-1974	K6273	酚甲醛樹脂成型粉檢驗法 (酚甲醛树脂成型粉检验法)	G32
2990-1969	K6274	硼砂檢驗法 (硼砂检验法)	G04
2991-1969	K6275	錫及錫合金化學檢驗法 (锡及锡合金化学检验法)	H62
3016-1969	K6276	蜂蠟檢驗法 (蜂蜡检验法)	G12
3018-1978	K6277	工業級氫氧化鉀檢驗法 (工业级氢氧化钾检验法)	G11
3022-1969	K6279	粗製樟腦檢驗法 (粗制樟脑检验法)	B72
3024-1969	K6280	本樟油檢驗法 (本樟油检验法)	B72
3051-1969	K6281	工業用片鹼檢驗標準 (工业用片碱检验标准)	W12
3073-1970	K6282	二氧化鈦檢驗法(橡膠用) (二氧化钛检验法(橡胶用))	G54
3075-1970	K6283	工業級草酸鈉檢驗法 (工业级草酸钠检验法)	G17
3081-1970	K6284	石膏檢驗法 (石膏检验法)	G17

标准号	台湾地区 标准分类号	标准名称	中国标准 分类
3116-1972	K6285	氯磺酸檢驗法 (氯磺酸检验法)	G12
3140-1970	K6286	乙炔黑檢驗法 (乙炔黑检验法)	G49
3143-1987	K6287	聚氯乙烯塑膠板檢驗法 (聚氯乙烯塑料板检验法)	G33
3145-1971	K6288	液體二氧化碳檢驗法 (液体二氧化碳检验法)	G86
3169-1982	K6289	甲基纖維素檢驗法 (甲基纤维素检验法)	G17
3172-1971	K6290	氯化鋅(工業級)檢驗法 (氯化锌(工业级)检验法)	G12
3178-1970	K6291	氯化汞檢驗法(乾電池用) (氯化汞检验法(干电池用))	G12
3180-1970	K6292	氯化銨檢驗法 (氯化铵检验法)	G12
3182-1984	K6293	磷酸鈉檢驗法 (磷酸钠检验法)	E31
3183-2003	K6294	液化石油氣殘留物試驗法 (液化石油气残留物试验法)	X70
3213-1971	K6295	閥砂膏檢驗法 (阀砂膏检验法)	J43
3215-1971	K6296	硬脂酸鋅粉檢驗法 (硬脂酸锌粉检验法)	G17
3217-1982	K6297	聚氯乙烯塑膠地毯檢驗法 (聚氯乙烯塑料地毯检验法)	X11
3234-1971	K6298	乙醇胺檢驗法 (乙醇胺检验法)	G17
3235-1971	K6299	塑膠粉細度試驗法 (塑料粉细度试验法)	G16
3236-1971	K6300	壓縮氫氣檢驗法 (压缩氢气检验法)	G18
3237-1971	K6301	壓縮氫氣雜質檢驗法 (压缩氢气杂质检验法)	G86
3273-1977	K6302	聚甲基丙烯酸甲酯波形板檢驗法 (聚甲基丙烯酸甲酯波形板检验法)	Q22
3274-1971	K6303	聚甲基丙烯酸甲酯樹脂波形板檢驗法(荷重試驗法) (聚甲基丙烯酸甲酯树脂波形板检验法(荷重试验法))	Q22
3275-1971	K6304	聚甲基丙烯酸甲酯樹脂波形板檢驗法(光線透過率測定法) (聚甲基丙烯酸甲酯树脂波形板检验法(光线透过率测定法))	Q22
3276-1971	K6305	聚甲基丙烯酸甲酯樹脂波形板檢驗法(吸水率測定法) (聚甲基丙烯酸甲酯树脂波形板检验法(吸水率测定法))	Q22
3277-1971	K6306	聚甲基丙烯酸甲酯樹脂波形板檢驗法(衝擊強度試驗法) (聚甲基丙烯酸甲酯树脂波形板检验法(冲击强度试验法))	Q22
3278-1971	K6307	聚甲基丙烯酸甲酯樹脂波形板檢驗法(老化試驗法) (聚甲基丙烯酸甲酯树脂波形板检验法(老化试验法))	Q22
3279-1971	K6308	聚甲基丙烯酸甲酯樹脂波形板檢驗法(抗拉強度試驗法) (聚甲基丙烯酸甲酯树脂波形板检验法(抗拉强度试验法))	Q22
3280-1971	K6309	聚甲基丙烯酸甲酯樹脂波形板檢驗法(耐候性試驗法) (聚甲基丙烯酸甲酯树脂波形板检验法(耐候性试验法))	G18
3294-1992	K6310	軟質聚氯乙烯夾網塑膠皮檢驗法 (软质聚氯乙烯夹网塑料皮检验法)	G33

标准号	台湾地区标准分类号	标准名称	中国标准分类
3296-1992	K6311	聚氯丁二烯橡膠接著劑檢驗法 (聚氯丁二烯橡胶接着剂检验法)	G51
3309-1977	K6312	聚氯乙烯塑膠石棉地磚檢驗法 (聚氯乙烯塑料石棉地砖检验法)	Q61
3312-1986	K6314	甘薯澱粉(工業用)檢驗法 (甘薯淀粉(工业用)检验法)	X11
3313-1972	K6315	防潮熱封玻璃紙檢驗法 (防潮热封玻璃纸检验法)	Y32
3336-1972	K6316	二氯乙烷檢驗法 (二氯乙烷检验法)	G17
3338-1983	K6317	1,1,1,-三氯乙烷(工業級)檢驗法 (1,1,1,-三氯乙烷(工业级)检验法)	G12
3340-1972	K6318	赤血鹽(工業級)檢驗法 (赤血盐(工业级)检验法)	G11
3343-1972	K6319	樹脂酸鈣檢驗法 (树脂酸钙检验法)	G17
3382-1972	K6321	汽油內原有膠質含量測定法 (汽油内原有胶质含量测定法)	E31
3383-1972	K6322	石油產品的康氏殘碳量測定法 (石油产品的康氏残碳量测定法)	E30
3384-1972	K6323	潤滑油起泡性檢驗法 (润滑油起泡性检验法)	E34
3385-1972	K6324	蒸氣渦輪油在含有水分時之防銹能力檢驗法 (蒸气涡轮油在含有水分时之防锈能力检验法)	E34
3386-1972	K6325	石油氣內硫化氫及硫醇測定法(電位滴定法) (石油气内硫化氢及硫醇测定法(电位滴定法))	E24
3387-1972	K6326	C2 至 C5 烴類之氣體層析法 (C2 至 C5 烃类之气体层析法)	G04
3388-1972	K6327	氣體內硫化氫的測定法(托氏法) (气体内硫化氢的测定法(托氏法))	G86
3389-1987	K6328	由 40°及 100 ℃動黏度計算黏度指數之方法 (由 40°及 100 ℃动黏度计算黏度指数之方法)	E30
3390-1972	K6329	透明與不透明液體之黏度測定法(動力及公制黏度) (透明与不透明液体之黏度测定法(动力及公制黏度))	E30
3391-2001	K6330	石油產品 ASTM 顏色試驗法(ASTM 色標) (石油产品 ASTM 颜色试验法(ASTM 色标))	E30
3399-1986	K6333	無光噴漆檢驗法 (无光喷漆检验法)	G51
3481-1972	K6335	工業用碳酸氫銨檢驗法 (工业用碳酸氢铵检验法)	G12
3482-1987	K6336	石油產品皂化值測定法 (石油产品皂化值测定法)	E30
3483-1974	K6337	石油產品賽氏黏度檢驗法 (石油产品赛氏黏度检验法)	E30
3484-1974	K6338	石油產品流動點檢驗法 (石油产品流动点检验法)	E30
3517-1973	K6339	石油與瀝青類產品之水分測定法 (石油与沥青类产品之水分测定法)	E30
3518-1973	K6340	石油類產品或合成流體的油水乳化性能試驗法 (石油类产品或合成流体的油水乳化性能试验法)	E30
3549-1973	K6341	溴化銀(工業級)檢驗法 (溴化银(工业级)检验法)	G12

标准号	台湾地区标准分类号	标准名称	中国标准分类
3551-1987	K6342	工業用橡膠墊料檢驗法 (工业用橡胶垫料检验法)	G47
3552-1996	K6343	硫化橡膠物理試驗法通則 (硫化橡胶物理试验法通则)	G34
3553-1996	K6344	硫化橡膠拉伸試驗法 (硫化橡胶拉伸试验法)	G34
3554-2007	K6345	硫化橡膠或熱塑性橡膠伸長永久變形試驗法 (硫化橡胶或热塑性橡胶伸长永久变形试验法)	G34
3555-2008	K6346	硫化或熱塑性橡膠硬度試驗法 (硫化或热塑性橡胶硬度试验法)	G34
3556-1999	K6347	硫化橡膠老化試驗法 (硫化橡胶老化试验法)	G34
3557-1999	K6348	硫化橡膠接著試驗法 (硫化橡胶接着试验法)	G34
3559-2007	K6350	硫化橡膠或熱塑性橡膠抗撕裂強度試驗法 (硫化橡胶或热塑性橡胶抗撕裂强度试验法)	G34
3560-2007	K6351	硫化橡膠或熱塑性橡膠壓縮永久變形試驗法 (硫化橡胶或热塑性橡胶压缩永久变形试验法)	G34
3561-2007	K6352	硫化橡膠或熱塑性橡膠反跳彈性試驗法 (硫化橡胶或热塑性橡胶反跳弹性试验法)	G34
3562-2007	K6353	硫化橡膠或熱塑性橡膠耐液性試驗法 (硫化橡胶或热塑性橡胶耐液性试验法)	G34
3563-1985	K6354	硫化橡膠低伸長應力試驗法 (硫化橡胶低伸长应力试验法)	G34
3564-2007	K6355	硫化橡膠或熱塑性橡膠低溫試驗法 (硫化橡胶或热塑性橡胶低温试验法)	G34
3565-1973	K6356	天然橡膠化學分析法(揮發物分析法) (天然橡胶化学分析法(挥发物分析法))	B72
3566-1973	K6357	天然橡膠化學分析法(雜物分析法) (天然橡胶化学分析法(杂物分析法))	B72
3567-1973	K6358	天然橡膠化學分析法(灰分分析法) (天然橡胶化学分析法(灰分分析法))	B72
3568-1973	K6359	天然橡膠化學分析法(銅分析法) (天然橡胶化学分析法(铜分析法))	B72
3569-1973	K6360	天然橡膠化學分析法(錳分析法) (天然橡胶化学分析法(锰分析法))	B72
3570-1973	K6361	天然橡膠化學分析法(鐵分析法) (天然橡胶化学分析法(铁分析法))	B72
3571-1973	K6362	天然橡膠化學分析法(丙酮萃取法) (天然橡胶化学分析法(丙酮萃取法))	B72
3572-1973	K6363	天然橡膠化學分析法(氮之分析法) (天然橡胶化学分析法(氮之分析法))	B72
3573-1973	K6364	天然橡膠化學分析法(橡膠碳氫物分析法) (天然橡胶化学分析法(橡胶碳氢物分析法))	E31
3574-2001	K6365	閃點測定法(潘-馬氏閉杯式法) (闪点测定法(潘-马氏闭杯式法))	E30
3575-1987	K6366	石油產品及烴類溶劑苯胺點及混合苯胺點試驗法 (石油产品及烃类溶剂苯胺点及混合苯胺点试验法)	E30
3576-1973	K6367	石油產品灰分檢驗法 (石油产品灰分检验法)	E30
3577-1973	K6368	液體石油產品中烴類型態之檢驗法(螢光性吸收法) (液体石油产品中烃类型态之检验法(荧光性吸收法))	E31

标准号	台湾地区标准分类号	标准名称	中国标准分类
3578-1973	K6369	航空燃油中硫醇之檢驗法(色指示劑法) (航空燃油中硫醇之检验法(色指示剂法))	E31
3704-1974	K6370	丁二烯檢驗法 (丁二烯检验法)	G16
3717-1974	K6371	六氯苯檢驗法 (六氯苯检验法)	G17
3721-1974	K6372	工業級無水鉻酸鈉檢驗法 (工业级无水铬酸钠检验法)	G12
3727-1975	K6373	工業級檸檬酸銨鐵(綠色)檢驗法 (工业级柠檬酸铵铁(绿色)检验法)	G17
3754-1975	K6374	木炭粉檢驗法 (木炭粉检验法)	B73
3755-1975	K6375	肥料級氯化鉀檢驗法 (肥料级氯化钾检验法)	B73
3775-1990	K6377	克氏開口杯閃點與著火點測定法 (克氏开口杯闪点与着火点测定法)	E30
3776-1975	K6378	石油產品藍氏殘碳量測定法 (石油产品蓝氏残碳量测定法)	E24
3777-1975	K6379	燃料氣水汽含量測定法(露點法) (燃料气水汽含量测定法(露点法))	G17
3779-1975	K6380	工業用乙醛檢驗法 (工业用乙醛检验法)	G17
3836-1975	K6381	氧化鐵檢驗法 (氧化铁检验法)	G13
3838-1975	K6382	鋅鉻黃檢驗法 (锌铬黄检验法)	G54
3894-1975	K6383	苯乙烯單體檢驗法 (苯乙烯单体检验法)	G16
3896-1992	K6384	可撓性聚氯乙烯止水帶檢驗法 (可挠性聚氯乙烯止水带检验法)	G33
3920-1976	K6385	橡膠用石臘油檢驗法 (橡胶用石腊油检验法)	E42
3922-1976	K6386	皮鞋面革用噴漆檢驗法 (皮鞋面革用喷漆检验法)	G51
3946-1989	K6387	鉻黃(顏料)檢驗法 (铬黄(颜料)检验法)	G51
3947-1976	K6388	高純度乙烯中,乙烯其他烯烴類,惰性物及氫之測定法 (高纯度乙烯中,乙烯其他烯烃类,惰性物及氢之测定法)	G17
3948-1976	K6389	乙烯氣中水汽含量之測定法 (乙烯气中水汽含量之测定法)	G17
3949-1976	K6390	氣體層析分析的校正和計算 (气体层析分析的校正和计算)	G86
3951-1976	K6391	對苯二甲酸檢驗法(工業級) (对苯二甲酸检验法(工业级))	G11
3953-1982	K6392	氧化亞銅檢驗法 (氧化亚铜检验法)	G13
4011-1983	K6393	苯二甲酸酯檢驗法 (苯二甲酸酯检验法)	G17
4012-1986	K6394	辛醇(工業用)檢驗法 (辛醇(工业用)检验法)	G16
4013-1976	K6395	聚苯乙烯成型材料檢驗法 (聚苯乙烯成型材料检验法)	G33

标准号	台湾地区标准分类号	标准名称	中国标准分类
4014-1976	K6396	四氯乙烯檢驗法 (四氯乙烯检验法)	G17
4054-1976	K6397	乙烯中微量乙炔及二氧化碳之分析法 (乙烯中微量乙炔及二氧化碳之分析法)	G17
4055-1976	K6398	乙烯中微量總硫分之分析法 (乙烯中微量总硫分之分析法)	G17
4088-1981	K6399	乙二醇檢驗法 (乙二醇检验法)	G16
4110-1977	K6400	三氯乙烯檢驗法 (三氯乙烯检验法)	G17
4139-1977	K6402	群青檢驗法 (群青检验法)	G51
4141-1977	K6403	N,N′-二亞硝基五亞甲基四胺發泡劑檢驗法 (N,N′-二亚硝基五亚甲基四胺发泡剂检验法)	G16
4276-1978	K6409	照相製版用修整膠檢驗法 (照相制版用修整胶检验法)	N41
4278-1978	K6410	照相製版修整用浮石筆檢驗法 (照相制版修整用浮石笔检验法)	N41
4280-1978	K6411	聚乙烯醇檢驗法 (聚乙烯醇检验法)	G17
4281-1978	K6412	工業用高級醇類總醇量測定法(容量法) (工业用高级醇类总醇量测定法(容量法))	G64
4282-1978	K6413	工業用高級醇類灰分之測定法(重量分析法) (工业用高级醇类灰分之测定法(重量分析法))	G64
4283-1978	K6414	工業用高級醇類顏色之測定法(硫酸法) (工业用高级醇类颜色之测定法(硫酸法))	G64
4285-1978	K6415	工業用三聚磷酸鈉檢驗法 (工业用三聚磷酸钠检验法)	G12
4286-1978	K6416	石油產品中和價之測定法(顏色指示劑滴定法) (石油产品中和价之测定法(颜色指示剂滴定法))	E30
4390-1978	K6417	塑膠材料光學性質測定用之試樣製備法-成型法 (塑料材料光学性质测定用之试样制备法-成型法)	G31
4391-1978	K6418	塑膠材料光學性質測定用之試樣製備法-鑄型法 (塑料材料光学性质测定用之试样制备法-铸型法)	G31
4392-1978	K6419	硬質塑膠之撓曲性能測定法 (硬质塑料之挠曲性能测定法)	G31
4393-1978	K6420	熱塑性塑膠之衛氏軟化溫度測定法 (热塑性塑料之卫氏软化温度测定法)	G32
4394-1978	K6421	熱塑性塑膠射出成型法製備之試樣 (热塑性塑料射出成型法制备之试样)	G32
4395-1978	K6422	熱塑性塑膠壓製成型法製備之試樣 (热塑性塑料压制成型法制备之试样)	G32
4396-1992	K6423	塑膠之抗拉性能試驗法 (塑料之抗拉性能试验法)	G31
4446-1978	K6424	費煦(Karl Fischer)含水量測定法 (费煦(Karl Fischer)含水量测定法)	G04
4447-1992	K6425	塑膠耐化學藥品性檢驗法 (塑料耐化学药品性检验法)	G31
4448-1992	K6426	塑膠扭轉剛性與溫度關係測定法 (塑料扭转刚性与温度关系测定法)	G31
4450-1978	K6427	硫粉檢驗法 (硫粉检验法)	G13

标准号	台湾地区标准分类号	标准名称	中国标准分类
4452-1978	K6428	軟質聚胺基甲酸乙酯泡沫塑膠墊檢驗法 (软质聚胺基甲酸乙酯泡沫塑料垫检验法)	Y81
777-1959	K6429	船殼用漆檢驗法 (船壳用漆检验法)	G51
2629-1986	K6430	鋼船用油性船舶面漆檢驗法 (钢船用油性船舶面漆检验法)	G51
4525-1978	K6431	橡膠用有機藥品之一般檢驗法 (橡胶用有机药品之一般检验法)	G15
4831-1979	K6433	潤滑脂分析法 (润滑脂分析法)	E36
4866-1979	K6434	磷酸三甲苯酯(99%級)檢驗法 (磷酸三甲苯酯(99%级)检验法)	G17
4887-1979	K6435	乙酸乙烯酯檢驗法 (乙酸乙烯酯检验法)	G17
4984-1979	K6436	合成清潔劑之生物分解度檢驗法 (合成清洁剂之生物分解度检验法)	Y43
4985-1979	K6437	非離子性界面活性劑之生物分解度檢驗法 (非离子性界面活性剂之生物分解度检验法)	G73
4986-1979	K6438	合成清潔劑之化學分析法 (合成清洁剂之化学分析法)	Y43
4987-1979	K6439	合成清潔劑之物理性檢驗法 (合成清洁剂之物理性检验法)	Y43
5130-1980	K6440	黏著劑檢驗法(總則) (黏着剂检验法(总则))	G38
5131-1980	K6441	液狀黏著劑之比重測定法 (液状黏着剂之比重测定法)	G38
5132-1980	K6442	黏著劑之貯藏安定性測定法 (黏着剂之贮藏安定性测定法)	G38
5133-1980	K6443	黏著劑之不揮發分測定法 (黏着剂之不挥发分测定法)	G18
5134-1980	K6444	黏著劑之可用時限測定法 (黏着剂之可用时限测定法)	G38
5135-1980	K6445	液狀黏著劑之塗佈量測定法 (液状黏着剂之涂布量测定法)	G38
5136-1980	K6446	黏著之堆積黏性測定法 (黏着之堆积黏性测定法)	G38
5137-1980	K6447	黏著之黏著強度進展性測定法 (黏着之黏着强度进展性测定法)	G38
5138-1980	K6448	黏著劑之軟化溫度測定法 (黏着剂之软化温度测定法)	G38
5139-1980	K6449	硬橡膠抗壓碎強度之測定法 (硬橡胶抗压碎强度之测定法)	G34
5140-1980	K6450	硬橡膠撓曲強度之測定法 (硬橡胶挠曲强度之测定法)	G34
5141-1980	K6451	硬橡膠斷裂時抗拉強度及伸長率之測定法 (硬橡胶断裂时抗拉强度及伸长率之测定法)	G34
5219-1980	K6452	工業用三聚氰胺檢驗法 (工业用三聚氰胺检验法)	G16
5221-1980	K6453	工業用二苯胺檢驗法 (工业用二苯胺检验法)	G16
5238-1980	K6454	二氧化錫檢驗法 (二氧化锡检验法)	G13

标准号	台湾地区标准分类号	标准名称	中国标准分类
5239-1980	K6455	硫酸鉀檢驗法 (硫酸钾检验法)	G12
5240-1980	K6456	聚異丁烯檢驗法 (聚异丁烯检验法)	G17
5241-1980	K6457	乙醚檢驗法 (乙醚检验法)	G16
5341-2007	K6458	硫化橡膠或熱塑性橡膠密度測定法 (硫化橡胶或热塑性橡胶密度测定法)	G34
5342-1980	K6459	塑膠品中可塑劑移行性之測定法 (塑料品中可塑剂移行性之测定法)	G31
5343-1980	K6460	塑膠品中可塑劑損耗之測定法(活性碳法) (塑料品中可塑剂损耗之测定法(活性碳法))	G31
5344-1980	K6461	松香之皂化值檢驗法 (松香之皂化值检验法)	B72
5347-1980	K6462	松香內樹脂酸氣相層析檢驗法 (松香内树脂酸气相层析检验法)	B72
5348-1980	K6463	松香含鐵量檢驗法 (松香含铁量检验法)	B72
5349-1980	K6464	松香酸值檢驗法 (松香酸值检验法)	B72
5350-1980	K6465	脂肪酸內松香酸檢驗法 (脂肪酸内松香酸检验法)	G17
5351-1980	K6466	松香灰分檢驗法 (松香灰分检验法)	B72
5352-1980	K6467	松香油檢驗法 (松香油检验法)	B72
5353-1980	K6468	松香內非皂化物檢驗法 (松香内非皂化物检验法)	B72
5354-1980	K6469	松油松香中脂肪酸檢驗法 (松油松香中脂肪酸检验法)	B72
5446-1980	K6470	癸二酸乙己酯檢驗法 (癸二酸乙己酯检验法)	G17
5448-1980	K6471	二硝基甲苯(固體)檢驗法 (二硝基甲苯(固体)检验法)	G17
5453-1980	K6472	矽酸鈣檢驗法 (硅酸钙检验法)	G12
5454-1980	K6473	硬脂酸鎂檢驗法 (硬脂酸镁检验法)	G17
5455-1980	K6474	鄰苯二甲酸二乙酯檢驗法 (邻苯二甲酸二乙酯检验法)	G17
5459-1980	K6476	醛類和酮類純度之檢驗法 (醛类和酮类纯度之检验法)	G17
5580-1980	K6477	活性碳視密度測定法 (活性碳视密度测定法)	G13
5581-1980	K6478	活性碳灰分含量測定法 (活性碳灰分含量测定法)	G13
5582-1980	K6479	活性碳水分含量檢驗法 (活性碳水分含量检验法)	G13
5583-1980	K6480	活性碳顆粒大小分佈測定法 (活性碳颗粒大小分布测定法)	G13
5584-1980	K6481	引擎用防凍劑、防銹劑、冷却劑儲存鹼量檢驗法 (引擎用防冻剂、防锈剂、冷却剂储存碱量检验法)	E60

标准号	台湾地区标准分类号	标准名称	中国标准分类
5585-1980	K6482	引擎用冷却劑沸點檢驗法 (引擎用冷却剂沸点检验法)	E60
5586-1980	K6483	引擎用防凍劑、防銹劑、冷却劑之灰分檢驗法 (引擎用防冻剂、防锈剂、冷却剂之灰分检验法)	E60
5587-1980	K6484	引擎用防凍劑比重測定法(比重計法) (引擎用防冻剂比重测定法(比重计法))	E60
5589-1980	K6485	氟碳化合物檢驗法 (氟碳化合物检验法)	G12
5590-1980	K6486	三氯三氟乙烷氯離子含量檢驗法 (三氯三氟乙烷氯离子含量检验法)	G17
5591-1980	K6487	三氯三氟乙烷酸值檢驗法 (三氯三氟乙烷酸值检验法)	G17
5592-1980	K6488	三氯三氟乙烷中不揮發物檢驗法 (三氯三氟乙烷中不挥发物检验法)	G17
5593-1980	K6489	三氯三氟乙烷純度檢驗法 (三氯三氟乙烷纯度检验法)	G17
5594-1980	K6490	油漆與乾漆膜中含鉛量之測定法 (油漆与干漆膜中含铅量之测定法)	G50
5595-1980	K6491	油漆中砷含量之測定法 (油漆中砷含量之测定法)	G50
5596-1980	K6492	油漆中低濃度含鉛量之測定法 (油漆中低浓度含铅量之测定法)	G50
5597-1980	K6493	油漆液體反應性之測定法 (油漆液体反应性之测定法)	G50
5598-1980	K6494	油漆稠度之測定法(Stormer 黏度計法) (油漆稠度之测定法(Stormer 黏度计法))	G50
5599-1980	K6495	凡立水中松香定性試驗測定法 (凡立水中松香定性试验测定法)	G52
5602-1980	K6496	甲基異丁基酮之氣相層析法 (甲基异丁基酮之气相层析法)	G17
5603-1980	K6497	單環芳香族烴中測定非芳香族烴中測定非芳香族烴之氣相層析法 (单环芳香族烃中测定非芳香族烃中测定非芳香族烃之气相层析法)	G17
5604-1980	K6498	黏著劑之黏合強度測定法(總則) (黏着剂之黏合强度测定法(总则))	G38
5605-1980	K6499	黏著劑之抗拉強度測定法 (黏着剂之抗拉强度测定法)	G38
5606-1980	K6500	黏著劑之抗剪強度測定法(拉力負荷法) (黏着剂之抗剪强度测定法(拉力负荷法))	G38
5607-1980	K6501	黏著劑之黏度測定法 (黏着剂之黏度测定法)	G38
5608-1980	K6502	黏著劑之黏合強度耐水耐潮測定法 (黏着剂之黏合强度耐水耐潮测定法)	G38
5609-1980	K6503	黏著劑之黏合強度耐化學藥品測定法 (黏着剂之黏合强度耐化学药品测定法)	G38
5808-1980	K6504	木材用黏著劑之抗剪強度測定法(拉力負荷法) (木材用黏着剂之抗剪强度测定法(拉力负荷法))	G38
5809-1980	K6505	黏著劑之抗剪強度測定法(壓縮負荷法) (黏着剂之抗剪强度测定法(压缩负荷法))	G38
5810-1980	K6506	黏著劑之抗剪強度測定法(衝擊法) (黏着剂之抗剪强度测定法(冲击法))	G38

标准号	台湾地区标准分类号	标准名称	中国标准分类
5811-1980	K6507	黏著劑之剝裂强度測定法 (黏着剂之剥裂强度测定法)	G38
5812-1980	K6508	黏著劑之剝離強度測定法 (黏着剂之剥离强度测定法)	G38
5813-1980	K6509	碳黑之 pH 值測定法 (碳黑之 pH 值测定法)	G49
5814-1980	K6510	碳黑熱失量之測定法 (碳黑热失量之测定法)	G49
5815-1980	K6511	粒狀碳黑之傾注密度測定法 (粒状碳黑之倾注密度测定法)	G49
5816-1980	K6512	粒狀碳黑細粉含量測定法 (粒状碳黑细粉含量测定法)	G49
5817-1980	K6513	碳黑粒狀大小分佈測定法 (碳黑粒状大小分布测定法)	G49
5818-1980	K6514	碳黑之碘吸附值測定法 (碳黑之碘吸附值测定法)	D51
5819-1980	K6515	二氧化矽粉(橡膠用)檢驗法 (二氧化硅粉(橡胶用)检验法)	G13
5821-1980	K6516	塑膠製品之抗變色性測定法(碳弧光法) (塑料制品之抗变色性测定法(碳弧光法))	G33
5823-1986	K6517	錳乾電池用錳粉檢驗法 (锰干电池用锰粉检验法)	G18
5835-1980	K6518	蒸餾殘餘物或液體烴之酸度檢驗法 (蒸馏残余物或液体烃之酸度检验法)	G17
5836-1980	K6519	揮發溶劑與稀釋劑之嗅味檢驗法 (挥发溶剂与稀释剂之嗅味检验法)	G17
5837-1980	K6520	芳香烴類之溴指數測定法(電位滴定法) (芳香烃类之溴指数测定法(电位滴定法))	G17
5838-1980	K6521	芳香烴類之溴指數測定法(電量滴定法) (芳香烃类之溴指数测定法(电量滴定法))	G17
5839-1980	K6522	石油烴之溴指數測定法(電導差滴定法) (石油烃之溴指数测定法(电导差滴定法))	G17
5840-1980	K6523	石油餾出物及工業用脂族烯類之溴值測定法(電導差滴定法) (石油馏出物及工业用脂族烯类之溴值测定法(电导差滴定法))	G17
5841-1980	K6524	硫化橡膠碳黑含量測定法(熱解法) (硫化橡胶碳黑含量测定法(热解法))	G34
5843-1980	K6525	無水硫酸鈉檢驗法 (无水硫酸钠检验法)	G12
5845-1980	K6526	衣料用軟質聚胺基甲酸乙酯泡沫塑膠檢驗法 (衣料用软质聚胺基甲酸乙酯泡沫塑料检验法)	G31
5846-1992	K6527	硬質塑膠之沙丕(Charpy)衝擊試驗法 (硬质塑料之沙丕(Charpy)冲击试验法)	G31
5848-1980	K6528	凡士林檢驗法(琥珀色) (凡士林检验法(琥珀色))	E42
5849-1980	K6529	工業用硫酸鉀 105 ℃下失重測定法 (工业用硫酸钾 105 ℃下失重测定法)	G12
5852-1980	K6530	壓力下使用之硬質聚氯乙烯射出成型管件耐熱試驗法 (压力下使用之硬质聚氯乙烯射出成型管件耐热试验法)	G04
5853-1980	K6531	壓力下使用之硬質聚氯乙烯帶有彈性活套接頭之管件耐熱試驗法 (压力下使用之硬质聚氯乙烯带有弹性活套接头之管件耐热试验法)	G33

标准号	台湾地区标准分类号	标准名称	中国标准分类
5855-1980	K6532	硬質聚氯乙烯管之不透明性測定法 (硬质聚氯乙烯管之不透明性测定法)	G33
5857-1980	K6533	硬質聚氯乙烯管之耐丙酮性測定法 (硬质聚氯乙烯管之耐丙酮性测定法)	G33
5863-1980	K6534	鹼式矽鉻酸鉛中二氧化矽檢驗法 (碱式硅铬酸铅中二氧化硅检验法)	G12
5864-1980	K6535	鹼式矽鉻酸鉛中總鉛量檢驗法 (碱式硅铬酸铅中总铅量检验法)	G12
5865-1980	K6536	鹼式矽鉻酸鉛中三氧化鉻檢驗法 (碱式硅铬酸铅中三氧化铬检验法)	G12
5866-1980	K6537	有機塗料酸值之檢驗法 (有机涂料酸值之检验法)	G51
5885-1980	K6538	顏料中水分及其他揮發分含量檢驗法 (颜料中水分及其他挥发分含量检验法)	G53
5886-1980	K6539	黑色顏料中溶劑萃取分檢驗法 (黑色颜料中溶剂萃取分检验法)	G53
5887-1980	K6540	顏料吸油量檢驗法(加登納—古曼法) (颜料吸油量检验法(加登纳—古曼法))	G53
5888-1980	K6541	顏料油分吸收檢驗法(刮刀磨擦法) (颜料油分吸收检验法(刮刀磨擦法))	G53
6187-1980	K6542	油漆、凡立水、噴漆及有關產品用揮發溶劑中之不揮發物檢驗法 (油漆、凡立水、喷漆及有关产品用挥发溶剂中之不挥发物检验法)	G50
6188-1980	K6543	油漆、凡立水、噴漆及有關產品用揮發溶劑及中間化學品之酸度檢驗法 (油漆、凡立水、喷漆及有关产品用挥发溶剂及中间化学品之酸度检验法)	G50
6189-1993	K6544	航空燃料水反應試驗法 (航空燃料水反应试验法)	E31
6190-1980	K6545	航空燃料中硫醇測定法(電流滴定法) (航空燃料中硫醇测定法(电流滴定法))	E31
6191-1980	K6546	航空燃料中硫醇測定法(電位滴定法) (航空燃料中硫醇测定法(电位滴定法))	E31
6192-1993	K6547	汽油、煤油、航空渦輪燃油及蒸餾燃油硫醇硫試驗法(電位法) (汽油、煤油、航空涡轮燃油及蒸馏燃油硫醇硫试验法(电位法))	E31
6193-1980	K6548	工業用聚甲醛檢驗法(總則) (工业用聚甲醛检验法(总则))	G17
6194-1980	K6549	工業用聚甲醛灰分檢驗法 (工业用聚甲醛灰分检验法)	G17
6195-1980	K6550	工業用聚甲醛鐵分檢驗法(2,2′-二吡啶光度計法) (工业用聚甲醛铁分检验法(2,2′-二吡啶光度计法))	G17
6196-1980	K6551	工業用聚甲醛水不溶物檢驗法 (工业用聚甲醛水不溶物检验法)	G17
6197-1980	K6552	工業用氯酸鈉水分測定法(重量分析法) (工业用氯酸钠水分测定法(重量分析法))	G12
6198-1980	K6553	工業用磷酸三甲苯酸度測定法(滴定法) (工业用磷酸三甲苯酸度测定法(滴定法))	G17
6199-1980	K6554	工業用磷酸三甲苯游離酚含量測定法(滴定法) (工业用磷酸三甲苯游离酚含量测定法(滴定法))	G17

标准号	台湾地区标准分类号	标准名称	中国标准分类
6200-1980	K6555	工業用氟化鈉水不溶物測定法 (工业用氟化钠水不溶物测定法)	G12
6201-1980	K6556	工業用氟化鈉水分測定法 (工业用氟化钠水分测定法)	G12
6202-1980	K6557	工業用氟化鋁試樣之製備與儲存法 (工业用氟化铝试样之制备与储存法)	G12
6203-1980	K6558	粉粒狀材料視密度測定法 (粉粒状材料视密度测定法)	G04
6204-1980	K6559	模塑材料視密度測定法 (模塑材料视密度测定法)	G04
6205-1980	K6560	液態化學品 20 ℃時密度測定法 (液态化学品 20 ℃时密度测定法)	G04
6206-1980	K6561	液態鹵化烴酸度測定法(滴定法) (液态卤化烃酸度测定法(滴定法))	G17
6207-1980	K6562	液態鹵化烴蒸發殘餘物測定法 (液态卤化烃蒸发残余物测定法)	G17
6208-1980	K6563	工業用粗硼砂燒失量測定法 (工业用粗硼砂烧失量测定法)	G12
6209-1980	K6564	工業用尿素含水量測定法(Karl Fischer Method) (工业用尿素含水量测定法(Karl Fischer Method))	G17
6211-1980	K6566	工業用順丁烯二酐之熔融態顏色檢驗法 (工业用顺丁烯二酐之熔融态颜色检验法)	G17
6212-1980	K6567	工業用順丁烯二酐游離酸度檢驗法(電位滴定法) (工业用顺丁烯二酐游离酸度检验法(电位滴定法))	G17
6213-1980	K6568	工業用順丁烯二酐含量檢驗法(滴定法) (工业用顺丁烯二酐含量检验法(滴定法))	G17
6214-1980	K6569	工業用順丁烯二酐灰分檢驗法 (工业用顺丁烯二酐灰分检验法)	G17
6215-1980	K6570	工業用順丁烯二酐鐵分檢驗法(2,2′-二吡啶光度計法) (工业用顺丁烯二酐铁分检验法(2,2′-二吡啶光度计法))	G17
6225-1980	K6571	聚氯乙烯黏著劑檢驗法 (聚氯乙烯黏着剂检验法)	G39
6238-1980	K6572	塗料用磷矽酸鉛含鉛量檢驗法 (涂料用磷硅酸铅含铅量检验法)	G12
6239-1980	K6573	塗料用磷矽酸鉛含磷量檢驗法 (涂料用磷硅酸铅含磷量检验法)	G12
6240-1980	K6574	塗料用磷矽酸鉛二氧化矽含量檢驗法 (涂料用磷硅酸铅二氧化硅含量检验法)	G12
6241-1980	K6575	塗料用磷矽酸鉛中水合水含量檢驗法 (涂料用磷硅酸铅中水合水含量检验法)	G12
6357-1980	K6576	原油及燃料油中沈澱物之測定法(萃取法) (原油及燃料油中沈淀物之测定法(萃取法))	E04
6358-1980	K6577	原油及燃料油中水份與沉澱物之測定法(離心機法) (原油及燃料油中水份与沉淀物之测定法(离心机法))	E31
6359-1980	K6578	液體烴類燃料之燃燒熱測定法(彈卡計法) (液体烃类燃料之燃烧热测定法(弹卡计法))	E31
6360-1980	K6579	石油產品硫分測定法(氧彈法) (石油产品硫分测定法(氧弹法))	E30
6361-1997	K6580	顏料中一般性質之檢驗法 (颜料中一般性质之检验法)	G53
6362-1980	K6581	顏料中粗粒檢驗法 (颜料中粗粒检验法)	G53

标准号	台湾地区标准分类号	标准名称	中国标准分类
6363-1986	K6582	鉻酸鍶顏料檢驗法 (铬酸锶颜料检验法)	G54
6364-1986	K6583	矽藻土顏料檢驗法 (硅藻土颜料检验法)	G54
6365-1986	K6584	硫酸鋇顏料檢驗法 (硫酸钡颜料检验法)	G54
6366-1980	K6585	顏料用雲母之檢驗法 (颜料用云母之检验法)	D53
6471-1980	K6586	含鐵及錳之黃色、橙色、紅色及棕色顏料檢驗法 (含铁及锰之黄色、橙色、红色及棕色颜料检验法)	G53
6472-1980	K6587	氧化汞顏料檢驗法 (氧化汞颜料检验法)	G54
6473-1980	K6588	對位紅色料及甲苯胺紅顏料檢驗法 (对位红色料及甲苯胺红颜料检验法)	G54
6474-1980	K6589	顏料滲出性檢驗法 (颜料渗出性检验法)	G53
6481-1987	K6590	聚氯乙烯塑膠接材(平板用)檢驗法 (聚氯乙烯塑料接材(平板用)检验法)	Q22
6483-1993	K6591	聚胺酯運動場所用舖設材料檢驗法 (聚胺酯运动场所用铺设材料检验法)	Q22
6485-1980	K6592	軟質聚氯乙烯塑膠扶手檢驗法 (软质聚氯乙烯塑料扶手检验法)	Q74
6486-1980	K6593	聚乙烯塑膠管長度變化之測定法(恆溫浴法) (聚乙烯塑料管长度变化之测定法(恒温浴法))	G33
6487-1980	K6594	聚丙烯塑膠管長度變化之測定法 (聚丙烯塑料管长度变化之测定法)	G33
6488-1980	K6595	硬質聚氯乙烯塑膠管長度變化之測定法(恆溫浴法) (硬质聚氯乙烯塑料管长度变化之测定法(恒温浴法))	G33
6489-1980	K6596	硫酸對硬質聚氯乙烯塑膠管之影響及檢驗法 (硫酸对硬质聚氯乙烯塑料管之影响及检验法)	G33
6570-2006	K6597	精油—取樣法 (精油—取样法)	Y41
6571-2006	K6598	精油—相對密度(20 ℃)測定法 (精油—相对密度(20 ℃)测定法)	Y41
6572-2006	K6599	精油—折射率測定法 (精油—折射率测定法)	Y41
6573-2006	K6600	精油—試樣製備法 (精油—试样制备法)	Y41
6574-2006	K6601	精油—旋光度測定法 (精油—旋光度测定法)	Y41
6575-2006	K6602	精油—酯值測定法 (精油—酯值测定法)	Y41
6576-2006	K6603	精油—乙醇混溶性測定法 (精油—乙醇混溶性测定法)	Y41
6577-2009	K6604	精油—凝固點測定法 (精油—凝固点测定法)	Y41
6578-2006	K6605	精油—1,8-桉醚含量測定法 (精油—1,8-桉醚含量测定法)	Y41
6579-2009	K6606	精油—酸價測定法 (精油—酸价测定法)	Y41
6580-2006	K6607	精油—酚類含量測定法 (精油—酚类含量测定法)	Y41

标准号	台湾地区标准分类号	标准名称	中国标准分类
6670-1980	K6608	丁酮氣相層析檢驗法 (丁酮气相层析检验法)	G17
6671-1980	K6609	無色單體丙烯酸酯中氫醌甲醚之測定 (无色单体丙烯酸酯中氢醌甲醚之测定)	G17
6672-1980	K6610	氣相層析法測定丙烯酸酯之純度 (气相层析法测定丙烯酸酯之纯度)	G17
6677-2006	K6611	精油—自由與總醇含量估計法(酯值測定法) (精油—自由与总醇含量估计法(酯值测定法))	Y41
6678-2006	K6612	精油—羰值測定法(自由羥胺法) (精油—羰值测定法(自由羟胺法))	Y41
6679-2006	K6613	精油—羰值測定法(氯化羥銨電位法) (精油—羰值测定法(氯化羟铵电位法))	Y41
6680-2006	K6614	精油(含三級醇)—自由醇含量估計法(乙醯化後酯值測定法) (精油(含三级醇)—自由醇含量估计法(乙酰化后酯值测定法))	Y41
6681-2006	K6615	精油—一級及二級自由醇含量估計法(吡啶乙醯化法) (精油—一级及二级自由醇含量估计法(吡啶乙酰化法))	Y41
6682-1980	K6616	香葉草油及玫瑰油熱甲醯化後之酯值測定法 (香叶草油及玫瑰油热甲酰化后之酯值测定法)	Y41
6683-1980	K6617	塑膠及硬塑膠受負荷下撓曲溫度之測定法 (塑料及硬塑料受负荷下挠曲温度之测定法)	G30
6684-1980	K6618	胺基塑膠料揮發物之測定法 (胺基塑料料挥发物之测定法)	G31
6834-1986	K6619	橡膠管檢驗法 (橡胶管检验法)	G33
6835-1980	K6620	苯中二硫化碳檢驗法 (苯中二硫化碳检验法)	G17
6836-1980	K6621	苯中噻吩檢驗法(比色法) (苯中噻吩检验法(比色法))	G16
6837-1980	K6622	苯中微量噻吩檢驗法(分光光度計法) (苯中微量噻吩检验法(分光光度计法))	G16
6838-1980	K6623	燃料油中釩含量之檢驗法 (燃料油中钒含量之检验法)	E31
6928-1989	K6624	室内用乳膠漆耐洗刷性試驗法 (室内用乳胶漆耐洗刷性试验法)	Q18
6929-1981	K6625	油漆催乾劑中鈣或鋅含量檢驗法(乙二胺四乙酸 EDTA 法) (油漆催干剂中钙或锌含量检验法(乙二胺四乙酸 EDTA 法))	G52
6930-1981	K6626	油漆催乾劑中錳含量檢驗法(乙二胺四乙酸 EDTA 法) (油漆催干剂中锰含量检验法(乙二胺四乙酸 EDTA 法))	G52
6931-1981	K6627	油漆催乾劑中鉛含量檢驗法(乙二胺四乙酸 EDTA 法) (油漆催干剂中铅含量检验法(乙二胺四乙酸 EDTA 法))	G52
6932-1981	K6628	油漆催乾劑中鈷含量檢驗法(乙二胺四乙酸 EDTA 法) (油漆催干剂中钴含量检验法(乙二胺四乙酸 EDTA 法))	G52
6933-1981	K6629	照像用藥品檢驗法 (照像用药品检验法)	G84
7039-1981	K6630	防護塗料用脂肪酸檢驗法 (防护涂料用脂肪酸检验法)	G17
7040-1981	K6631	乾性油及脂肪酸灰分測定法 (干性油及脂肪酸灰分测定法)	G18
7041-1981	K6632	脂肪酸及聚合脂肪酸酸值測定法 (脂肪酸及聚合脂肪酸酸值测定法)	G17

标准号	台湾地区标准分类号	标准名称	中国标准分类
7042-1981	K6633	乾性油、脂肪酸及聚合脂肪酸皂化值測定法 （干性油、脂肪酸及聚合脂肪酸皂化值测定法）	G17
7043-1981	K6634	乾性油、脂肪酸及聚合脂肪酸中不皂化物測定法 （干性油、脂肪酸及聚合脂肪酸中不皂化物测定法）	G17
7045-1981	K6635	聚丁烯塑膠薄管檢驗法 （聚丁烯塑料薄管检验法）	G33
7047-1981	K6636	聚丁烯塑膠管及配件檢驗法—熱水配管系統用 （聚丁烯塑料管及配件检验法—热水配管系统用）	Q81
7048-1981	K6637	熱塑性塑膠管及配件之尺寸測定法 （热塑性塑料管及配件之尺寸测定法）	G33
7049-1981	K6638	烯烴類塑膠中碳黑含量檢驗法 （烯烃类塑料中碳黑含量检验法）	G31
7050-1981	K6639	塑膠管在內部恆壓下之破壞時間測定法 （塑料管在内部恒压下之破坏时间测定法）	G33
7051-1981	K6640	塑膠管及配件之短時間斷裂強度測定法 （塑料管及配件之短时间断裂强度测定法）	G33
7057-1981	K6641	聚氯乙烯硬質浪管檢驗法 （聚氯乙烯硬质浪管检验法）	G33
7160-1986	K6642	建築物防水用聚氯乙烯軟質膠布檢驗法 （建筑物防水用聚氯乙烯软质胶布检验法）	Q17
7162-1981	K6643	聚合脂肪酸檢驗法 （聚合脂肪酸检验法）	G33
7163-1981	K6644	透明液顏色檢驗法—加登納色標 （透明液颜色检验法—加登纳色标）	G04
7164-1981	K6645	脂肪酸凝固度測定法 （脂肪酸凝固度测定法）	G33
7165-1981	K6646	乾性油及脂肪酸碘值測定法 （干性油及脂肪酸碘值测定法）	G17
7166-1992	K6647	脂肪酸加熱後之顏色檢驗法 （脂肪酸加热后之颜色检验法）	G17
7167-1992	K6648	脂肪油及脂肪酸羥價測定法 （脂肪油及脂肪酸羟价测定法）	G17
7168-1981	K6649	精製萘酸洗顏色檢驗法 （精制萘酸洗颜色检验法）	G17
7169-1981	K6650	萘蒸發殘渣檢驗法 （萘蒸发残渣检验法）	G16
7170-1981	K6651	氣相層析法測定環己烷純度和其苯含量 （气相层析法测定环己烷纯度和其苯含量）	G16
7253-1981	K6652	乾性油熱失量測定法 （干性油热失量测定法）	G17
7254-1981	K6653	熟煉乾性油丙酮容許度測定法 （熟炼干性油丙酮容许度测定法）	G17
7255-1981	K6654	乾性油熱凝物之定量測定法 （干性油热凝物之定量测定法）	G17
7256-1981	K6655	乾性油加熱後之顏色檢驗法 （干性油加热后之颜色检验法）	G17
7257-1981	K6656	噴漆溶劑之庚烷溶混性檢驗法 （喷漆溶剂之庚烷溶混性检验法）	G52
7258-1981	K6657	奧氣油中不溶於氯仿之物質測定法 （奥气油中不溶于氯仿之物质测定法）	G18
7259-1981	K6658	乾性油乾燥性檢驗法 （干性油干燥性检验法）	G18

标准号	台湾地区标准分类号	标准名称	中国标准分类
7260-1981	K6659	乾性油膠化時間測定法 (干性油胶化时间测定法)	G18
7261-1981	K6660	油漆、清漆及有關物料用液態油類、脂肪酸及聚合脂肪酸取樣法 (油漆、清漆及有关物料用液态油类、脂肪酸及聚合脂肪酸取样法)	G51
7396-1981	K6661	聚乙烯介電常數與散逸因素測試法—液體置換法 (聚乙烯介电常数与散逸因素测试法—液体置换法)	G31
7397-2009	K6662	玻璃纖維製品檢驗法 (玻璃纤维制品检验法)	Q36
7403-1981	K6663	透明液體顏色測定法(鉑—鈷溶液分級法) (透明液体颜色测定法(铂—钴溶液分级法))	G04
7405-1981	K6665	油漆、凡立水、噴漆及有關產品密度測定法 (油漆、凡立水、喷漆及有关产品密度测定法)	G50
7406-1981	K6666	硬質泡沫塑膠尺度測定法 (硬质泡沫塑料尺度测定法)	G31
7407-1981	K6667	泡沫橡膠及泡沫塑膠視密度測定法 (泡沫橡胶及泡沫塑料视密度测定法)	G31
7408-1981	K6668	硬質泡沫塑膠抗壓強度測定法 (硬质泡沫塑料抗压强度测定法)	G31
7409-1981	K6669	硬質泡沫塑膠抗剪強度測定法 (硬质泡沫塑料抗剪强度测定法)	G35
7434-1981	K6670	桐油品質檢驗法 (桐油质量检验法)	B72
7435-1981	K6671	乾性油及其衍生物總碘質測定法 (干性油及其衍生物总碘质测定法)	G17
7436-1981	K6672	生亞麻仁油內渣滓測定法(容量法) (生亚麻仁油内渣滓测定法(容量法))	B32
7437-1981	K6673	生亞麻仁油內渣滓測定法(重量法) (生亚麻仁油内渣滓测定法(重量法))	B32
7438-1981	K6674	清漆不揮發分測定法 (清漆不挥发分测定法)	G50
7701-1981	K6675	皮革皮面龜裂檢驗法 (皮革皮面龟裂检验法)	Y45
7702-1981	K6676	皮革耐寒性檢驗法 (皮革耐寒性检验法)	Y45
7703-1981	K6677	皮革吸濕度檢驗法 (皮革吸湿度检验法)	Y45
7704-1981	K6678	皮革透濕度檢驗法 (皮革透湿度检验法)	Y45
7705-1985	K6679	皮革耐撓性檢驗法 (皮革耐挠性检验法)	Y45
7724-1981	K6680	脂肪族季銨氯化物灰分測定法 (脂肪族季铵氯化物灰分测定法)	G17
7725-1981	K6681	脂肪族季銨氯化物碘值測定法 (脂肪族季铵氯化物碘值测定法)	G17
7726-1981	K6682	脂肪族胺類,醯胺基胺類及雙胺類碘值測定法 (脂肪族胺类,酰胺基胺类及双胺类碘值测定法)	G17
7727-1981	K6683	脂肪族季銨氯化物 pH 值測定法 (脂肪族季铵氯化物 pH 值测定法)	G17
7728-1981	K6684	脂肪族氮化合物中非胺類百分率測定法 (脂肪族氮化合物中非胺类百分率测定法)	G17

标准号	台湾地区标准分类号	标准名称	中国标准分类
7729-1981	K6685	脂肪族季銨氯化物不揮發物(固體)測定法 (脂肪族季铵氯化物不挥发物(固体)测定法)	G17
7734-1981	K6686	塑膠荷重變形測定法 (塑料荷重变形测定法)	G31
7735-1981	K6687	塑膠之密度測定法—密度梯度法 (塑料之密度测定法—密度梯度法)	G31
7819-1981	K6688	皮革吸水度檢驗法 (皮革吸水度检验法)	Y45
7913-1981	K6689	脂族胺類、醯胺類及雙胺類中第一、第二、第三與總胺值測定法-參比電位法 (脂族胺类、酰胺类及双胺类中第一、第二、第三与总胺值测定法-参比电位法)	G17
7914-1981	K6690	脂族胺類第一、第二、第三與總胺值測定法—指示劑法 (脂族胺类第一、第二、第三与总胺值测定法—指示剂法)	G17
7915-1981	K6691	脂族第四胺氯化物平均分子量測定法 (脂族第四胺氯化物平均分子量测定法)	G17
7916-1981	K6692	脂族胺類第一、第二及第三胺值百分率測定法 (脂族胺类第一、第二及第三胺值百分率测定法)	G17
8012-1987	K6693	環氧樹脂漆檢驗法 (环氧树脂漆检验法)	G51
8013-1986	K6694	伐銹底漆檢驗法 (伐锈底漆检验法)	G51
8015-1981	K6695	黑蠟檢驗法 (黑蜡检验法)	E42
8017-1981	K6696	堪地里拉蠟檢驗法 (堪地里拉蜡检验法)	E42
8019-1981	K6697	2-乙基己酸鉛檢驗法 (2-乙基己酸铅检验法)	G17
8021-1981	K6698	2-硝基二苯胺檢驗法 (2-硝基二苯胺检验法)	G17
8023-1981	K6699	2-胺基萘磺酸檢驗法 (2-胺基萘磺酸检验法)	G17
8025-1981	K6700	柳酸鉛檢驗法 (柳酸铅检验法)	G17
8033-1981	K6701	多元酸中灰分測定法 (多元酸中灰分测定法)	G04
8136-2005	K6702	精油—蒸發殘餘物定量法 (精油—蒸发残余物定量法)	Y41
8137-2009	K6703	精油—減壓蒸餾殘渣測定法 (精油—减压蒸馏残渣测定法)	Y41
8421-1982	K6705	白色顏料調色強度檢驗法 (白色颜料调色强度检验法)	G53
8428-1982	K6706	玻璃纖維蓆之檢驗法 (玻璃纤维席之检验法)	Q36
8514-1982	K6707	有色顏料本色及著色力檢驗法 (有色颜料本色及着色力检验法)	G53
8515-1982	K6708	透明塗料光安定性檢驗法 (透明涂料光安定性检验法)	G50
8516-1982	K6709	熱塑性塑膠流率測定法(擠壓塑性儀) (热塑性塑料流率测定法(挤压塑性仪))	G31
8522-1982	K6710	無鉛塗料鉛含量檢驗法 (无铅涂料铅含量检验法)	G50

标准号	台湾地区标准分类号	标准名称	中国标准分类
8523-1982	K6711	含甲醇製品中之甲醇檢驗法 (含甲醇制品中之甲醇检验法)	G04
8524-1982	K6712	含酚製品中之酚檢驗法 (含酚制品中之酚检验法)	G04
8525-1982	K6713	酒精中揮發性變性添加劑檢驗法 (酒精中挥发性变性添加剂检验法)	G16
8526-1982	K6714	金屬表面之聚乙烯皮膜檢驗法 (金属表面之聚乙烯皮膜检验法)	G33
8527-1982	K6715	硬質塑膠平板之彎曲疲勞試驗法(平面彎曲法) (硬质塑料平板之弯曲疲劳试验法(平面弯曲法))	G33
8595-1982	K6716	溶劑型油漆中顏料含量測定法(高速離心法) (溶剂型油漆中颜料含量测定法(高速离心法))	G50
8596-1982	K6717	油漆沉降度評價法 (油漆沉降度评价法)	G50
8597-1982	K6718	室外油漆裂化度評價法 (室外油漆裂化度评价法)	G50
8598-1982	K6719	油漆揮發性含量檢驗法 (油漆挥发性含量检验法)	G50
8603-1982	K6720	合成清潔劑之取樣法 (合成清洁剂之取样法)	Y43
9004-1982	K6721	橡膠用碳酸鈣檢驗法 (橡胶用碳酸钙检验法)	G12
9006-1982	K6722	橡膠用氧化鎂檢驗法 (橡胶用氧化镁检验法)	G13
9007-1995	K6723	塗料一般檢驗法-取樣及試驗一般條件 (涂料一般检验法-取样及试验一般条件)	G51
9284-1982	K6724	塑膠與電絕緣材料之耐衝擊檢驗法 (塑料与电绝缘材料之耐冲击检验法)	K15
9302-1982	K6725	阿拉伯膠(電底火劑用)檢驗法 (阿拉伯胶(电底火剂用)检验法)	G39
9304-1982	K6726	動植物原油取樣法 (动植物原油取样法)	X14
9403-1982	K6727	填隙混合物及填封物之下陷度檢驗法 (填隙混合物及填封物之下陷度检验法)	Q24
9404-1982	K6728	顏料媒液系統分散細度檢驗法 (颜料媒液系统分散细度检验法)	G53
9405-1982	K6729	油漆、凡立水、噴漆及有關產品磨耗抗力檢驗法(鼓風磨耗試驗法) (油漆、凡立水、喷漆及有关产品磨耗抗力检验法(鼓风磨耗试验法))	G51
9520-1982	K6730	聚氯乙烯塑膠皮檢驗法 (聚氯乙烯塑料皮检验法)	G33
9716-1982	K6731	液狀不飽和聚酯樹脂檢驗法 (液状不饱和聚酯树脂检验法)	G31
9724-1996	K6732	越野及泥雪地用特殊花紋外胎檢驗法 (越野及泥雪地用特殊花纹外胎检验法)	G41
9725-1996	K6733	塗料一般檢驗法—塗料性狀 (涂料一般检验法—涂料性状)	G50
9891-1983	K6734	泡沫乳膠墊檢驗法 (泡沫乳胶垫检验法)	G44
9893-1983	K6735	防振橡膠之試驗方法 (防振橡胶之试验方法)	G34

标准号	台湾地区标准分类号	标准名称	中国标准分类
9894-1995	K6736	塗料一般檢驗法—儲存安定性 (涂料一般检验法—储存安定性)	G50
9895-1983	K6737	噴霧塗料中固形分測定法 (喷雾涂料中固形分测定法)	G50
9897-1983	K6738	乙烯—醋酸乙烯酯樹脂中醋酸乙烯酯含量檢驗法 (乙烯—醋酸乙烯酯树脂中醋酸乙烯酯含量检验法)	G17
9898-1983	K6739	乙烯-醋酸乙烯酯樹脂中醋酸乙烯酯含量檢驗法(皂化法) (乙烯-醋酸乙烯酯树脂中醋酸乙烯酯含量检验法(皂化法))	G17
10011-1983	K6740	聚氯丁二烯合成橡膠檢驗法 (聚氯丁二烯合成橡胶检验法)	G34
10012-1983	K6741	聚氯丁二烯合成橡膠乳膠檢驗法 (聚氯丁二烯合成橡胶乳胶检验法)	G34
10013-1983	K6742	丙烯腈丁二烯合成橡膠乳膠檢驗法 (丙烯腈丁二烯合成橡胶乳胶检验法)	G34
10014-1983	K6743	丙烯腈丁二烯合成橡膠檢驗法 (丙烯腈丁二烯合成橡胶检验法)	G34
10016-1983	K6744	硫化橡膠動態性質試驗方法 (硫化橡胶动态性质试验方法)	G34
10017-2007	K6745	硫化橡膠或熱塑性橡膠屈曲龜裂試驗法 (硫化橡胶或热塑性橡胶屈曲龟裂试验法)	G34
10018-2008	K6746	硫化橡膠或熱塑性橡膠耐臭氧龜裂性試驗法(靜態及動態應變試驗) (硫化橡胶或热塑性橡胶耐臭氧龟裂性试验法(静态及动态应变试验))	G34
10019-1983	K6747	硫化橡膠壓縮試驗法 (硫化橡胶压缩试验法)	G34
10020-2007	K6748	硫化橡膠或熱塑性橡膠應力鬆弛試驗法 (硫化橡胶或热塑性橡胶应力松弛试验法)	G34
10085-1983	K6752	聚偏二氯乙烯檢驗法 (聚偏二氯乙烯检验法)	G31
10087-1983	K6753	新聞紙印刷油墨試驗法 (新闻纸印刷油墨试验法)	A17
10089-1983	K6754	油印機油墨試驗法 (油印机油墨试验法)	A17
10090-1983	K6755	瀝青物針入度試驗法 (沥青物针入度试验法)	E43
10091-1983	K6756	瀝青物延性試驗法 (沥青物延性试验法)	E43
10092-1983	K6757	瀝青物於三氯乙烯中溶解度試驗法 (沥青物于三氯乙烯中溶解度试验法)	E43
10093-1983	K6758	油及瀝青化合物加熱減量試驗法 (油及沥青化合物加热减量试验法)	E30
10094-1983	K6759	新舊潤滑油中含鉛量之測定法 (新旧润滑油中含铅量之测定法)	E34
10095-1983	K6760	新舊潤滑劑中含氯量之測定法(醇化鈉法) (新旧润滑剂中含氯量之测定法(醇化钠法))	E34
10096-1983	K6761	潤滑油及添加劑中含鋅量之測定法(極譜法) (润滑油及添加剂中含锌量之测定法(极谱法))	E34
10097-1983	K6762	油脂脫色試驗方法 (油脂脱色试验方法)	X14
10098-1983	K6763	油脂之脫酸方法 (油脂之脱酸方法)	X14

标准号	台湾地区标准分类号	标准名称	中国标准分类
10099-1983	K6764	油脂之顏色試驗方法(諾威朋比色計法) (油脂之颜色试验方法(诺威朋比色计法))	X14
10100-1983	K6765	油脂之酸價試驗方法 (油脂之酸价试验方法)	X14
10264-1983	K6766	潤滑油中所含金屬之化學分析法 (润滑油中所含金属之化学分析法)	E34
10265-1983	K6767	潤滑油及其添加劑中磷含量測定法 (润滑油及其添加剂中磷含量测定法)	E34
10266-1983	K6768	潤滑脂視黏度測定法 (润滑脂视黏度测定法)	E36
10267-1983	K6769	潤滑脂及油類之蒸發損失測定法 (润滑脂及油类之蒸发损失测定法)	E34
10268-1983	K6770	潤滑脂在廣溫範圍內之蒸發損失測定法 (润滑脂在广温范围内之蒸发损失测定法)	E34
10270-1983	K6771	聚胺酯合成皮檢驗法 (聚胺酯合成皮检验法)	Y47
10271-1983	K6772	未硫化橡膠物理性能檢驗法(總則) (未硫化橡胶物理性能检验法(总则))	G34
10272-1983	K6773	未硫化橡膠物理性能檢驗之試片製作方法 (未硫化橡胶物理性能检验之试片制作方法)	G34
10273-1983	K6774	未硫化橡膠木尼黏度檢驗法 (未硫化橡胶木尼黏度检验法)	G34
10274-1983	K6775	未硫化橡膠木尼早期硫化檢驗法 (未硫化橡胶木尼早期硫化检验法)	G34
10275-1983	K6776	未硫化橡膠威廉可塑度檢驗法 (未硫化橡胶威廉可塑度检验法)	G34
10350-1983	K6777	苯乙烯丁二烯合成橡膠乳膠檢驗法 (苯乙烯丁二烯合成橡胶乳胶检验法)	G34
10351-1983	K6778	苯乙烯丁二烯合成橡膠檢驗法 (苯乙烯丁二烯合成橡胶检验法)	G34
10352-1983	K6779	顏料檢驗法 (颜料检验法)	G53
10363-1983	K6780	乳化瀝青脫乳化性試驗法 (乳化沥青脱乳化性试验法)	E43
10364-1983	K6781	乳化瀝青荷電試驗法 (乳化沥青荷电试验法)	E43
10365-1983	K6782	乳化瀝青靜置分離試驗法 (乳化沥青静置分离试验法)	E43
10366-1983	K6783	乳化瀝青水泥混合試驗法 (乳化沥青水泥混合试验法)	E43
10367-1983	K6784	乳化瀝青篩析試驗法 (乳化沥青筛析试验法)	A14
10368-1983	K6785	乳化瀝青之水溶混性試驗法 (乳化沥青之水溶混性试验法)	E33
10369-1983	K6786	乳化瀝青冷凍試驗法 (乳化沥青冷冻试验法)	E43
10370-1983	K6787	乳化瀝青塗層能力及防水性試驗法 (乳化沥青涂层能力及防水性试验法)	E43
10371-1983	K6788	乳化瀝青儲存穩定性試驗法 (乳化沥青储存稳定性试验法)	E43
10450-1983	K6789	防銹油一般性質檢驗法 (防锈油一般性质检验法)	E41

标准号	台湾地区标准分类号	标准名称	中国标准分类
10451-1983	K6790	防銹油腐蝕性能檢驗法 (防锈油腐蚀性能检验法)	E41
10452-1983	K6791	防銹油防銹性能檢驗法 (防锈油防锈性能检验法)	E41
10453-1983	K6792	防銹油除膜性能檢驗法 (防锈油除膜性能检验法)	E41
10454-1983	K6793	乳化瀝青蒸餾殘渣量測定法 (乳化沥青蒸馏残渣量测定法)	E43
10455-1983	K6794	乳化瀝青蒸餾餾出油定性法(微量蒸餾法) (乳化沥青蒸馏馏出油定性法(微量蒸馏法))	E43
10456-1983	K6795	乳化瀝青蒸發殘渣量測定法 (乳化沥青蒸发残渣量测定法)	E33
10457-1983	K6796	乳化瀝青蒸餾或蒸發殘渣之特性測定法 (乳化沥青蒸馏或蒸发残渣之特性测定法)	E43
10458-1983	K6797	特快凝陽離子乳化瀝青之鑑別試驗法 (特快凝阳离子乳化沥青之鉴别试验法)	E43
10459-1983	K6798	瀝青物漂浮試驗法 (沥青物漂浮试验法)	E43
10660-1983	K6799	農業用聚乙烯塑膠膜檢驗法 (农业用聚乙烯塑料膜检验法)	G33
10756-1994	K6800	塗料一般檢驗法(有關塗料的塗膜形成機能試驗法) (涂料一般检验法(有关涂料的涂膜形成机能试验法))	G51
10756-1-1994	K6800-1	塗料一般檢驗法(有關塗膜之視覺特性之試驗法) (涂料一般检验法(有关涂膜之视觉特性之试验法))	G51
10757-1995	K6801	塗料一般檢驗法(有關塗膜之物理、化學抗性之試驗法) (涂料一般检验法(有关涂膜之物理、化学抗性之试验法))	G51
10859-1984	K6803	橡膠用配合劑檢驗法 (橡胶用配合剂检验法)	G71
10880-1994	K6804	塗料成分檢驗法—通則 (涂料成分检验法—通则)	G50
10880-1-1994	K6804-1	塗料成分檢驗法—加熱殘分 (涂料成分检验法—加热残分)	G52
10880-10-1995	K6804-10	塗料成分檢驗法—碘價 (涂料成分检验法—碘价)	G52
10880-11-1995	K6804-11	塗料成分檢驗法—氯化碘試驗 (涂料成分检验法—氯化碘试验)	G50
10880-12-1996	K6804-12	塗料成分檢驗法(溶劑可溶物中酚樹脂之定性試驗) (涂料成分检验法(溶剂可溶物中酚树脂之定性试验))	G50
10880-13-1996	K6804-13	塗料成分檢驗法(溶劑可溶物中硝化纖維素之定性試驗) (涂料成分检验法(溶剂可溶物中硝化纤维素之定性试验))	G52
10880-14-1996	K6804-14	塗料成分檢驗法(溶劑可溶物中酞酐之定量試驗) (涂料成分检验法(溶剂可溶物中酞酐之定量试验))	G50
10880-15-1996	K6804-15	塗料成分檢驗法(溶劑可溶物中氮之定量試驗) (涂料成分检验法(溶剂可溶物中氮之定量试验))	G50
10880-16-1996	K6804-16	塗料成分檢驗法—樹脂分中氯之定量 (涂料成分检验法—树脂分中氯之定量)	G50
10880-17-1996	K6804-17	塗料成分檢驗法—磷酸之定量 (涂料成分检验法—磷酸之定量)	G52
10880-18-1996	K6804-18	塗料成分檢驗法—溶劑不溶物中之水可溶物 (涂料成分检验法—溶剂不溶物中之水可溶物)	G52
10880-19-1996	K6804-19	塗料成分檢驗法—溶劑不溶物萃取液 pH 值 (涂料成分检验法—溶剂不溶物萃取液 pH 值)	G52

标准号	台湾地区标准分类号	标准名称	中国标准分类
10880-2-1994	K6804-2	塗料成分檢驗法—加熱減量 (涂料成分检验法—加热减量)	G52
10880-20-1996	K6804-20	塗料成分檢驗法—溶劑不溶物中全鉛之定量試驗 (涂料成分检验法—溶剂不溶物中全铅之定量试验)	G50
10880-21-1996	K6804-21	塗料成分檢驗法—溶劑不溶物中氧化鉛之定量試驗 (涂料成分检验法—溶剂不溶物中氧化铅之定量试验)	G52
10880-22-1996	K6804-22	塗料成分檢驗法—溶劑不溶物中四氧化三鉛之定量試驗 (涂料成分检验法—溶剂不溶物中四氧化三铅之定量试验)	G50
10880-23-1996	K6804-23	塗料成分檢驗法—溶劑不溶物中鉛酸鈣之定量試驗 (涂料成分检验法—溶剂不溶物中铅酸钙之定量试验)	G50
10880-24-1996	K6804-24	塗料成分檢驗法—溶劑不溶物中氰化鉛之定量試驗 (涂料成分检验法—溶剂不溶物中氰化铅之定量试验)	G50
10880-25-1996	K6804-25	塗料成分檢驗法—溶劑不溶物中金屬鋅之定量試驗 (涂料成分检验法—溶剂不溶物中金属锌之定量试验)	G50
10880-26-1996	K6804-26	塗料成分檢驗法—溶劑不溶物中總鋅之定量試驗 (涂料成分检验法—溶剂不溶物中总锌之定量试验)	G50
10880-27-1996	K6804-27	塗料成分檢驗法—溶劑不溶物中氧化鋅之定量試驗 (涂料成分检验法—溶剂不溶物中氧化锌之定量试验)	G50
10880-28-1996	K6804-28	塗料成分檢驗法—溶劑不溶物中鉻酐(三氧化鉻)之定量試驗 (涂料成分检验法—溶剂不溶物中铬酐(三氧化铬)之定量试验)	G50
10880-29-1997	K6804-29	塗料成分檢驗法—溶劑不溶物中氧化鐵(Ⅲ)之定量試驗 (涂料成分检验法—溶剂不溶物中氧化铁(Ⅲ)之定量试验)	G50
10880-3-1994	K6804-3	塗料成分檢驗法—溶劑不溶物 (涂料成分检验法—溶剂不溶物)	G52
10880-30-1997	K6804-30	塗料成分檢驗法—溶劑不溶物中二氧化鈦之定量試驗 (涂料成分检验法—溶剂不溶物中二氧化钛之定量试验)	G50
10880-31-1997	K6804-31	塗料成分檢驗法—溶劑不溶物中氧化銻(Ⅲ)之定量試驗 (涂料成分检验法—溶剂不溶物中氧化锑(Ⅲ)之定量试验)	G50
10880-32-1997	K6804-32	塗料成分檢驗法—溶劑不溶物中鋁之定量試驗 (涂料成分检验法—溶剂不溶物中铝之定量试验)	G50
10880-33-1997	K6804-33	塗料成分檢驗法—塗料中銅之定量試驗 (涂料成分检验法—涂料中铜之定量试验)	G50
10880-34-1997	K6804-34	塗料成分檢驗法—樹脂分之紅外線分光光度法定性試驗 (涂料成分检验法—树脂分之红外线分光光度法定性试验)	G52
10880-35-1997	K6804-35	塗料成分檢驗法—溶劑不溶物中顏料分之 X 射線繞射法定性試驗 (涂料成分检验法—溶剂不溶物中颜料分之 X 射线绕射法定性试验)	G50
10880-36-1997	K6804-36	塗料成分檢驗法—溶劑分之氣相層析法定性及定量試驗 (涂料成分检验法—溶剂分之气相层析法定性及定量试验)	G52
10880-4-1995	K6804-4	塗料成分檢驗法—乙醇不溶物 (涂料成分检验法—乙醇不溶物)	G52
10880-5-1995	K6804-5	塗料成分檢驗法—灰分 (涂料成分检验法—灰分)	G52
10880-6-1995	K6804-6	塗料成分檢驗法—水分定量(費煦法) (涂料成分检验法—水分定量(费煦法))	G52
10880-7-1995	K6804-7	塗料成分檢驗法—蒸餾試驗 (涂料成分检验法—蒸馏试验)	G52
10880-8-1995	K6804-8	塗料成分檢驗法—酸價 (涂料成分检验法—酸价)	G52

标 准 号	台湾地区标准分类号	标 准 名 称	中国标准分类
10880-9-1995	K6804-9	塗料成分檢驗法—不皂化物 (涂料成分检验法—不皂化物)	G52
11113-1984	K6805	石墨水分含量試驗法 (石墨水分含量试验法)	G13
11114-1984	K6806	石墨灰分含量試驗法 (石墨灰分含量试验法)	G13
11170-1984	K6807	重鉻酸鉀檢驗法 (重铬酸钾检验法)	G12
11171-1984	K6808	矽酸鎂檢驗法 (硅酸镁检验法)	G12
11286-1985	K6810	硬質丙烯腈-丁二烯-苯乙烯(ABS)塹膠成型材料檢驗法 (硬质丙烯腈-丁二烯-苯乙烯(ABS)堑胶成型材料检验法)	G33
11338-1985	K6812	丙烯腈-丁二烯-苯乙烯塑膠板檢驗法 (丙烯腈-丁二烯-苯乙烯塑料板检验法)	G33
11340-1985	K6813	乙酸纖維素塑膠板檢驗法 (乙酸纤维素塑料板检验法)	G33
11364-1985	K6814	八面沸石之單位晶格恆數測定法 (八面沸石之单位晶格恒数测定法)	D53
11365-1985	K6815	相對沸石繞射強度試驗法 (相对沸石绕射强度试验法)	D53
11367-1985	K6816	熱固性樹脂裝飾板檢驗法 (热固性树脂装饰板检验法)	Q18
11454-1985	K6817	鉻鞣劑檢驗法 (铬鞣剂检验法)	G17
11455-1985	K6818	皮革處理膜之剝離強度測定法 (皮革处理膜之剥离强度测定法)	Y45
11477-1986	K6819	噴漆性底漆檢驗法 (喷漆性底漆检验法)	G51
11478-1986	K6820	耐熱漆檢驗法 (耐热漆检验法)	G51
11479-1987	K6821	水性水泥漆檢驗法 (水性水泥漆检验法)	G51
11480-1986	K6822	溶劑型水泥漆檢驗法 (溶剂型水泥漆检验法)	G51
11481-1986	K6823	鋁粉調合漆檢驗法 (铝粉调合漆检验法)	G51
11490-1986	K6824	油性調合漆檢驗法 (油性调合漆检验法)	G51
11507-1986	K6825	綠氧化鉻顏料檢驗法 (绿氧化铬颜料检验法)	G54
11539-1989	K6826	快乾無光瓷漆檢驗法 (快干无光瓷漆检验法)	G51
11540-1986	K6827	半光防銹瓷漆檢驗法 (半光防锈瓷漆检验法)	G51
11541-1986	K6828	油性凡立水檢驗法 (油性凡立水检验法)	G52
11542-1990	K6829	聚氯乙烯系瓷漆檢驗法 (聚氯乙烯系瓷漆检验法)	G51
11543-1986	K6830	木器用透明頭度底漆檢驗法 (木器用透明头度底漆检验法)	G51
11544-1986	K6831	木器用透明二度底漆檢驗法 (木器用透明二度底漆检验法)	G51

标准号	台湾地区标准分类号	标准名称	中国标准分类
11545-1986	K6832	木器用聚胺酯頭度底漆檢驗法 (木器用聚胺酯头度底漆检验法)	G51
11546-1986	K6833	木器用聚胺酯二度底漆檢驗法 (木器用聚胺酯二度底漆检验法)	G51
11547-1986	K6834	木器用聚胺酯透明漆檢驗法 (木器用聚胺酯透明漆检验法)	G51
11548-1986	K6835	烤底漆檢驗法 (烤底漆检验法)	G51
11550-1987	K6837	醇酸樹脂烤漆檢驗法 (醇酸树脂烤漆检验法)	G51
11558-1987	K6838	鋅鉻黃防銹底漆檢驗法 (锌铬黄防锈底漆检验法)	G51
11559-1986	K6839	油性補土檢驗法 (油性补土检验法)	G51
11560-1986	K6840	油性二度底漆檢驗法 (油性二度底漆检验法)	G51
11561-1986	K6841	油性中塗底漆檢驗法 (油性中涂底漆检验法)	G51
11562-1986	K6842	紅丹鋅鉻黃防銹底漆檢驗法 (红丹锌铬黄防锈底漆检验法)	G51
11563-1986	K6843	一般用防銹底漆檢驗法 (一般用防锈底漆检验法)	G51
11564-1986	K6844	一氧化二鉛防銹底漆檢驗法 (一氧化二铅防锈底漆检验法)	G51
11565-1986	K6845	氯化橡膠系紅丹防銹底漆檢驗法 (氯化橡胶系红丹防锈底漆检验法)	G51
11566-1986	K6846	氯化橡膠系鋅鉻黃防銹底漆檢驗法 (氯化橡胶系锌铬黄防锈底漆检验法)	G51
11577-1986	K6847	氯化橡膠系鋅鉻鉛紅防銹底漆檢驗法 (氯化橡胶系锌铬铅红防锈底漆检验法)	G51
11578-1986	K6848	氯化橡膠系紅氧化鐵防銹底漆檢驗法 (氯化橡胶系红氧化铁防锈底漆检验法)	G51
11579-1986	K6849	氯化橡膠面漆檢驗法 (氯化橡胶面漆检验法)	G51
11580-1986	K6850	聚氯乙烯系鋅鉻黃防銹底漆檢驗法 (聚氯乙烯系锌铬黄防锈底漆检验法)	G51
11581-1986	K6851	聚氯乙烯系紅丹防銹底漆檢驗法 (聚氯乙烯系红丹防锈底漆检验法)	G51
11582-1986	K6852	環氧樹脂非鋅底漆檢驗法 (环氧树脂非锌底漆检验法)	G51
11583-1986	K6853	環氧樹脂鋅粉底漆檢驗法 (环氧树脂锌粉底漆检验法)	G51
11584-1989	K6854	無機鋅粉底漆(溶劑型)檢驗法 (无机锌粉底漆(溶剂型)检验法)	G51
11585-1986	K6855	環氧樹脂柏油漆檢驗法 (环氧树脂柏油漆检验法)	G51
11586-1986	K6856	木船用油性船底漆檢驗法 (木船用油性船底漆检验法)	G51
11587-1986	K6857	鋼船用油性水線漆檢驗法 (钢船用油性水线漆检验法)	G51
11588-1986	K6858	鋼船用油性船底防銹漆檢驗法 (钢船用油性船底防锈漆检验法)	G51

标准号	台湾地区 标准分类号	标准名称	中国标准 分类
11589-1986	K6859	鋼船用油性船底防污漆檢驗法 (钢船用油性船底防污漆检验法)	G51
11590-1986	K6860	鋼船用油性船邊漆檢驗法 (钢船用油性船边漆检验法)	G51
11591-1988	K6861	鋼鉛用油性鉛舶紅丹底漆檢驗法 (钢铅用油性铅舶红丹底漆检验法)	G51
11592-1986	K6862	鋼船用油性船舶鋅鉻黃底漆檢驗法 (钢船用油性船舶锌铬黄底漆检验法)	G51
11593-1986	K6863	氯化橡膠系鋼船外板防銹漆檢驗法 (氯化橡胶系钢船外板防锈漆检验法)	G51
11594-1986	K6864	氯化橡膠系鋼船船底防污漆檢驗法 (氯化橡胶系钢船船底防污漆检验法)	G51
11595-1986	K6865	氯化橡膠系鋼船水線漆檢驗法 (氯化橡胶系钢船水线漆检验法)	G51
11596-1986	K6866	氯化橡膠系鋼船船邊漆檢驗法 (氯化橡胶系钢船船边漆检验法)	G51
11597-1986	K6867	氯化橡膠系鋼船甲板漆檢驗法 (氯化橡胶系钢船甲板漆检验法)	G51
11598-1986	K6868	聚氯乙烯系鋼船外板防銹漆檢驗法 (聚氯乙烯系钢船外板防锈漆检验法)	G51
11599-1986	K6869	聚氯乙烯系鋼船船底防污漆檢驗法 (聚氯乙烯系钢船船底防污漆检验法)	G51
11600-1986	K6870	聚氯乙烯系鋼船船邊漆檢驗法 (聚氯乙烯系钢船船边漆检验法)	G51
11601-1986	K6871	聚氯乙烯系鋼船水線漆檢驗法 (聚氯乙烯系钢船水线漆检验法)	G51
11602-1986	K6872	聚氯乙烯系木船船底防污漆檢驗法 (聚氯乙烯系木船船底防污漆检验法)	G51
11603-1986	K6873	皮革用噴漆檢驗法 (皮革用喷漆检验法)	G51
11604-1986	K6874	透明噴漆檢驗法 (透明喷漆检验法)	G51
11605-1986	K6875	丙烯酸酯系樹脂烤漆檢驗法 (丙烯酸酯系树脂烤漆检验法)	G51
11606-1986	K6876	胺基醇酸樹脂瓷漆檢驗法 (胺基醇酸树脂瓷漆检验法)	G51
11607-1995	K6877	塗料一般檢驗法(有關塗膜之長期耐久性之試驗法) (涂料一般检验法(有关涂膜之长期耐久性之试验法))	G51
11609-1986	K6878	玻璃纖維強化塑膠加強聚氯乙烯塑膠硬質管檢驗法 (玻璃纤维强化塑料加强聚氯乙烯塑料硬质管检验法)	Q23
11651-1986	K6881	玻璃纖維強化塑膠配電箱體檢驗法 (玻璃纤维强化塑料配电箱体检验法)	K36
11653-1986	K6882	玻璃纖維強化塑膠燈桿檢驗法 (玻璃纤维强化塑料灯杆检验法)	K47
11655-1986	K6883	玻璃纖維強化塑膠儲水槽檢驗法 (玻璃纤维强化塑料储水槽检验法)	Q81
11657-1986	K6884	玻璃纖維強化塑膠化學槽(纏絲成型)檢驗法 (玻璃纤维强化塑料化学槽(缠丝成型)检验法)	G94
11659-1993	K6885	玻璃纖維強化塑膠化糞槽體檢驗法 (玻璃纤维强化塑料化粪槽体检验法)	Q23
11661-1986	K6886	玻璃纖維強化塑膠座椅檢驗法 (玻璃纤维强化塑料座椅检验法)	Y81

标准号	台湾地区标准分类号	标准名称	中国标准分类
11711-1986	K6887	硬質聚氯乙烯塑膠片及膜檢驗法 (硬质聚氯乙烯塑料片及膜检验法)	G33
11721-1986	K6888	噴漆用發白防止劑檢驗法 (喷漆用发白防止剂检验法)	G52
11725-1986	K6889	木材用白色調合底漆檢驗法 (木材用白色调合底漆检验法)	G51
11727-1986	K6890	蟲膠清漆及漂白蟲膠清漆檢驗法 (虫胶清漆及漂白虫胶清漆检验法)	G51
11730-1989	K6891	檟如樹脂二度漆檢驗法 (槚如树脂二度漆检验法)	G51
11732-1986	K6892	二度噴漆檢驗法 (二度喷漆检验法)	G51
11734-1986	K6893	橡膠絲檢驗法 (橡胶丝检验法)	G42
11798-1986	K6894	鋼船船底塗料防污性試驗法 (钢船船底涂料防污性试验法)	G51
11800-1989	K6895	檟如樹脂清漆檢驗法 (槚如树脂清漆检验法)	G51
11802-1989	K6896	檟如樹脂瓷漆檢驗法 (槚如树脂瓷漆检验法)	G51
11804-1986	K6897	噴漆油灰檢驗法 (喷漆油灰检验法)	G51
11806-1986	K6898	檟如樹脂油灰檢驗法 (槚如树脂油灰检验法)	G55
11808-1986	K6899	不飽和聚酯樹脂油灰檢驗法 (不饱和聚酯树脂油灰检验法)	G51
11880-1987	K6900	橡膠抗氧化劑 TMDQ(2,2,4-三甲基-1,2-二氫喹啉聚合物)檢驗法 (橡胶抗氧化剂 TMDQ(2,2,4-三甲基-1,2-二氢喹啉聚合物)检验法)	G71
11882-1987	K6901	橡膠抗氧化劑 IPPD(N-異丙基-N′-苯基-對苯二胺)檢驗法 (橡胶抗氧化剂 IPPD(N-异丙基-N′-苯基-对苯二胺)检验法)	G49
11883-1987	K6902	橡膠抗氧化劑 DNPD(N,N′-二β萘基-對苯二胺)檢驗法 (橡胶抗氧化剂 DNPD(N,N′-二β萘基-对苯二胺)检验法)	G71
11945-1987	K6904	沉澱硫酸鋇及重晶石粉(顏料)檢驗法 (沉淀硫酸钡及重晶石粉(颜料)检验法)	G52
11947-1987	K6905	檟如樹脂頭度底漆檢驗法 (槚如树脂头度底漆检验法)	G51
11949-1987	K6906	松香檢驗法 (松香检验法)	B72
12002-1987	K6907	木材用酚樹脂黏著劑檢驗法 (木材用酚树脂黏着剂检验法)	G39
12004-1987	K6908	木材用乾酪素黏著劑檢驗法 (木材用干酪素黏着剂检验法)	G39
12006-1987	K6909	聚氯乙烯金屬積層板檢驗法 (聚氯乙烯金属积层板检验法)	H60
12011-1987	K6910	車用燃油震爆性試驗法(研究法) (车用燃油震爆性试验法(研究法))	E31
12012-1987	K6911	石油產品雷氏蒸氣壓試驗法 (石油产品雷氏蒸气压试验法)	E30
12013-1987	K6912	汽油含鉛量試驗法(原子吸光光譜分析法) (汽油含铅量试验法(原子吸光光谱分析法))	E31

标准号	台湾地区标准分类号	标准名称	中国标准分类
12014-1987	K6913	汽油氧化穩定性試驗法(誘導期法) (汽油氧化稳定性试验法(诱导期法))	E31
12015-1987	K6914	石油混濁點試驗法 (石油混浊点试验法)	E21
12016-1987	K6915	蒸餾燃油之十六烷指數計算法 (蒸馏燃油之十六烷指数计算法)	E31
12017-1990	K6916	原油及液體石油產品比重測定法(比重計法) (原油及液体石油产品比重测定法(比重计法))	E30
12093-1987	K6917	聚氯乙烯塑膠浪板檢驗法 (聚氯乙烯塑料浪板检验法)	G33
12127-1993	K6918	有機染顏料中間物一般試驗法 (有机染颜料中间物一般试验法)	G56
12130-1987	K6919	鹼式鉻酸鉛防銹漆檢驗法 (碱式铬酸铅防锈漆检验法)	G51
12132-1987	K6920	氰胺化鉛防銹漆檢驗法 (氰胺化铅防锈漆检验法)	G51
12134-1987	K6921	鋅粉防銹漆檢驗法 (锌粉防锈漆检验法)	G51
12136-1987	K6922	鉛酸鈣防銹漆檢驗法 (铅酸钙防锈漆检验法)	G51
12138-1987	K6923	多彩花紋塗料檢驗法 (多彩花纹涂料检验法)	G51
12140-1987	K6924	酞酸樹脂清漆檢驗法 (酞酸树脂清漆检验法)	G51
12142-1987	K6925	氯乙烯樹脂清漆檢驗法 (氯乙烯树脂清漆检验法)	G51
12144-1987	K6926	丙烯酸酯系樹脂清漆檢驗法 (丙烯酸酯系树脂清漆检验法)	G51
12146-1987	K6927	家庭用地板清漆檢驗法 (家庭用地板清漆检验法)	G51
12148-1987	K6928	家庭用木質及金屬製品塗料檢驗法 (家庭用木质及金属制品涂料检验法)	G51
12159-1987	K6929	鐵藍(顏料)檢驗法 (铁蓝(颜料)检验法)	G54
12161-1987	K6930	發光塗料檢驗法 (发光涂料检验法)	G51
12163-1987	K6931	松香硬酯檢驗法 (松香硬酯检验法)	G17
12165-1987	K6932	塗料用鋁漿檢驗法 (涂料用铝浆检验法)	G52
12189-1987	K6933	評估車用機油性能之多缸引擎序列試驗法—序列ⅡD試驗法 (评估车用机油性能之多缸引擎序列试验法—序列ⅡD试验法)	E34
12190-1987	K6934	評估車用機油性能之多缸引擎序列試驗法—序列ⅢD試驗法 (评估车用机油性能之多缸引擎序列试验法—序列ⅢD试验法)	E34
12191-1987	K6935	評估車用機油性能之多缸引擎序列試驗法—序列VD試驗法 (评估车用机油性能之多缸引擎序列试验法—序列VD试验法)	E34

标准号	台湾地区标准分类号	标准名称	中国标准分类
12192-1987	K6936	車用機油推測臨界泵動溫度試驗法 (车用机油推测临界泵动温度试验法)	E34
12193-1987	K6937	車用機油低溫視黏度測定法 (车用机油低温视黏度测定法)	E34
12194-1987	K6938	評估車用機油高溫氧化特性試驗法—L38 試驗法 (评估车用机油高温氧化特性试验法—L38 试验法)	E34
12212-1988	K6939	齒輪油熱氧化穩定性試驗法 (齿轮油热氧化稳定性试验法)	E34
12213-1988	K6940	齒輪油於齒輪箱内之負荷及極壓試驗法(高速—低扭矩,低速—高扭矩試驗) (齿轮油于齿轮箱内之负荷及极压试验法(高速—低扭矩,低速—高扭矩试验))	E34
12214-1988	K6941	齒輪油於齒輪箱内之負荷及極壓試驗法(高速及陡震負荷試驗) (齿轮油于齿轮箱内之负荷及极压试验法(高速及陡震负荷试验))	E34
12215-1988	K6942	潤滑油成溝點試驗法 (润滑油成沟点试验法)	E34
12225-1988	K6943	氯化苄檢驗法 (氯化苄检验法)	G10
12227-1988	K6944	苯甲醛檢驗法 (苯甲醛检验法)	G56
12229-1988	K6945	安息香酸(苯甲酸)檢驗法 (安息香酸(苯甲酸)检验法)	G56
12231-1988	K6946	酞酐檢驗法 (酞酐检验法)	G56
12260-1988	K6947	極壓潤滑油抗氧化性能試驗法 (极压润滑油抗氧化性能试验法)	E34
12261-1988	K6948	潤滑油沉澱價試驗法 (润滑油沉淀价试验法)	E34
12262-1988	K6949	含抑制劑礦油之氧化特性試驗法 (含抑制剂矿油之氧化特性试验法)	E34
12263-1988	K6950	夏油之未磺化值試驗法 (夏油之未磺化值试验法)	E49
12265-1994	K6951	塗料用三聚磷酸鋁檢驗法 (涂料用三聚磷酸铝检验法)	G51
12267-1994	K6952	醇酸樹脂系三聚磷酸鋁防銹底漆檢驗法 (醇酸树脂系三聚磷酸铝防锈底漆检验法)	G51
12269-1994	K6953	環氧樹脂系三聚磷酸鋁防銹底漆檢驗法 (环氧树脂系三聚磷酸铝防锈底漆检验法)	G51
12271-1994	K6954	氯化橡膠系三聚磷酸鋁防銹底漆檢驗法 (氯化橡胶系三聚磷酸铝防锈底漆检验法)	G51
12375-1988	K6955	潤滑油極壓性能試驗法 (Timken 法) (润滑油极压性能试验法 (Timken 法))	E34
12376-1988	K6956	石油產品硫分測定法(燃燈法) (石油产品硫分测定法(燃灯法))	E30
12377-1988	K6957	煤油燃燒品質試驗法 (煤油燃烧质量试验法)	E31
12378-1988	K6958	潤滑油負載能力試驗法(FZG 法) (润滑油负载能力试验法(FZG 法))	E34
12482-1989	K6959	評估車用機油性能之柴油單缸引擎試驗法—卡特必勒 1H2 試驗法 (评估车用机油性能之柴油单缸引擎试验法—卡特必勒 1H2 试验法)	E34

标准号	台湾地区标准分类号	标准名称	中国标准分类
12483-1989	K6960	評估車用機油性能之柴油單缸引擎試驗法—卡特必勒 1G2 試驗法 (评估车用机油性能之柴油单缸引擎试验法—卡特必勒 1G2 试验法)	E34
12494-1989	K6961	垃圾掩埋場用高密度聚乙烯不透水布檢驗法 (垃圾掩埋场用高密度聚乙烯不透水布检验法)	G33
12511-1989	K6962	質譜分析法通則 (质谱分析法通则)	N54
12512-1989	K6963	高效能液相層析分析法通則 (高效能液相层析分析法通则)	N54
12615-1993	K6964	航空燃油氧化穩定性試驗法(潛在殘餘物法) (航空燃油氧化稳定性试验法(潜在残余物法))	E31
12616-1989	K6965	航空燃油含靜電逸散劑導電度測定法 (航空燃油含静电逸散剂导电度测定法)	E31
12617-1989	K6966	航空燃油熱氧化穩定性試驗法(JFTOT 程序) (航空燃油热氧化稳定性试验法(JFTOT 程序))	E31
12627-1989	K6967	熱塑性塑膠之熱老化性檢驗法(烘箱法)通則 (热塑性塑料之热老化性检验法(烘箱法)通则)	G32
12628-1989	K6968	塑膠硬度(Durometer)測定方法 (塑料硬度(Durometer)测定方法)	G31
12699-1990	K6969	管筏用聚氯乙烯硬質塑膠管檢驗法 (管筏用聚氯乙烯硬质塑料管检验法)	G33
12720-1990	K6970	農業用聚乙烯遮光網檢驗法 (农业用聚乙烯遮光网检验法)	G33
12722-1990	K6971	高密度聚乙烯背心袋檢驗法 (高密度聚乙烯背心袋检验法)	A82
12761-2001	K6972	十六烷指數計算法(四變數公式法) (十六烷指数计算法(四变量公式法))	E31
12762-2000	K6973	汽油含鉛量測定法(X-射線光譜法) (汽油含铅量测定法(X-射线光谱法))	E31
12763-1990	K6974	汽油內四乙鉛、四甲鉛分離法 (汽油内四乙铅、四甲铅分离法)	E31
12776-1990	K6975	玻璃纖維強化塑膠檢驗法總則 (玻璃纤维强化塑料检验法总则)	Q23
12777-1990	K6976	玻璃纖維強化塑膠之纖維含量測定法 (玻璃纤维强化塑料之纤维含量测定法)	Q23
12778-1990	K6977	玻璃纖維強化塑膠之空孔率測定法 (玻璃纤维强化塑料之空孔率测定法)	Q23
12779-1990	K6978	玻璃纖維強化塑膠之抗拉性能測定法 (玻璃纤维强化塑料之抗拉性能测定法)	Q23
12780-2009	K6979	玻璃纖維強化塑膠之抗曲性能測定法 (玻璃纤维强化塑料之抗曲性能测定法)	Q23
12781-1990	K6980	玻璃纖維強化塑膠之壓縮性能測定法 (玻璃纤维强化塑料之压缩性能测定法)	Q23
12782-1990	K6981	玻璃纖維強化塑膠之層間剪斷強度測定法 (玻璃纤维强化塑料之层间剪断强度测定法)	Q23
12783-1990	K6982	玻璃纖維強化塑膠之橫向剪斷性能測定法 (玻璃纤维强化塑料之横向剪断性能测定法)	Q23
12784-1990	K6983	玻璃纖維強化塑膠之面內剪斷性能測定法 (玻璃纤维强化塑料之面内剪断性能测定法)	Q23
12785-1990	K6984	玻璃纖維強化塑膠之巴可爾硬度測定法 (玻璃纤维强化塑料之巴可尔硬度测定法)	Q23

标准号	台湾地区 标准分类号	标准名称	中国标准 分类
12836-1991	K6985	天然氣用聚乙烯塑膠管檢驗法 (天然气用聚乙烯塑料管检验法)	Q22
12844-1991	K6986	垃圾掩埋場用氯磺化聚乙烯夾網橡膠不透水布檢驗法 (垃圾掩埋场用氯磺化聚乙烯夹网橡胶不透水布检验法)	G33
12877-1991	K6987	自來水用交連高密度聚乙烯夾鋁塑膠管檢驗法 (自来水用交连高密度聚乙烯夹铝塑料管检验法)	G33
12952-1992	K6988	液化石油氣取樣法 (液化石油气取样法)	E24
12953-1992	K6989	輕質碳氫化合物密度試驗法 (轻质碳氢化合物密度试验法)	G62
13024-1996	K6990	玻璃纖維強化塑膠嵌板組合式儲水槽檢驗法 (玻璃纤维强化塑料嵌板组合式储水槽检验法)	Q81
13026-1992	K6991	玻璃纖維強化塑膠地下儲油槽檢驗法 (玻璃纤维强化塑料地下储油槽检验法)	G33
13062-1992	K6992	碳纖維及環氧樹脂製預浸材料檢驗法 (碳纤维及环氧树脂制预浸材料检验法)	G17
13063-1992	K6993	環氧樹脂及硬化劑試驗法總則 (环氧树脂及硬化剂试验法总则)	G55
13064-1992	K6994	環氧樹脂及硬化劑比重測定法 (环氧树脂及硬化剂比重测定法)	G32
13065-1992	K6995	環氧樹脂及硬化劑黏度測定法 (环氧树脂及硬化剂黏度测定法)	G55
13066-1992	K6996	環氧樹脂軟化點測定法 (环氧树脂软化点测定法)	G55
13067-1992	K6997	環氧樹脂之環氧當量試驗法 (环氧树脂之环氧当量试验法)	G18
13068-1992	K6998	環氧樹脂之胺系硬化劑總胺價試驗法 (环氧树脂之胺系硬化剂总胺价试验法)	G17
13069-1992	K6999	溶劑稀釋型環氧樹脂不揮發分試驗法 (溶剂稀释型环氧树脂不挥发分试验法)	G55

K7 化学试药

标准号	台湾地区 标准分类号	标准名称	中国标准 分类
1501-1995	K7001	化學試藥試驗法通則 (化学试药试验法通则)	G60
1520-1993	K7020	乙酸(試藥) (乙酸(试药))	G63
1523-1993	K7023	乙酐(試藥) (乙酐(试药))	G63
1524-1996	K7024	化學試藥(丙酮) (化学试药(丙酮))	G63
1525-1961	K7025	化學試藥(乙腈)(氰化甲烷) (化学试药(乙腈)(氰化甲烷))	G63
1526-1961	K7026	化學試藥 氧化乙醯 (化学试药 氧化乙酰)	G16
1527-1961	K7027	化學試藥 瓊脂(石花菜) (化学试药 琼脂(石花菜))	G62
1528-1993	K7028	乙醇(95%)(試藥) (乙醇(95%)(试药))	G63
1529-1993	K7029	乙醇(99.5%)(試藥) (乙醇(99.5%)(试药))	G63

标准号	台湾地区标准分类号	标准名称	中国标准分类
1530-1996	K7030	化學試藥(奧林三羧酸銨) (化学试药(奥林三羧酸铵))	G63
1531-1961	K7031	化學試藥 鋁 (化学试药 铝)	G13
1532-1961	K7032	化學試藥(硫酸銨鋁)(銨礬) (化学试药(硫酸铵铝)(铵矾))	G12
1533-1961	K7033	化學試藥(氯化鋁,無水) (化学试药(氯化铝,无水))	G62
1534-1961	K7034	化學試藥(氯化鋁,水合) (化学试药(氯化铝,水合))	G62
1535-1961	K7035	化學試藥(硝酸鋁) (化学试药(硝酸铝))	G12
1536-1961	K7036	化學試藥 氧化鋁(色層分析用) (化学试药 氧化铝(色层分析用))	G13
1537-1961	K7037	化學試藥 氧化鋁(灼燒氧化鋁) (化学试药 氧化铝(灼烧氧化铝))	G13
1538-1996	K7038	化學試藥(12 水合硫酸鉀鋁) (化学试药(12 水合硫酸钾铝))	G12
1539-1961	K7039	化學試藥 硫酸鋁 (化学试药 硫酸铝)	G12
1540-1961	K7040	化學試藥(胺基乙酸)(甘膠;甘胺基酸) (化学试药(胺基乙酸)(甘胶;甘胺基酸))	G17
1541-1961	K7041	化學試藥 對(位)胺基苯乙酮 (化学试药 对(位)胺基苯乙酮)	G17
1543-1996	K7043	化學試藥(1-胺基-2-萘酚-4-磺酸) (化学试药(1-胺基-2-萘酚-4-磺酸))	G17
1544-1996	K7044	化學試藥(乙酸銨) (化学试药(乙酸铵))	G12
1546-1962	K7046	化學試藥 溴化銨 (化学试药 溴化铵)	G62
1547-1996	K7047	化學試藥(碳酸銨) (化学试药(碳酸铵))	G12
1548-1993	K7048	氯化銨(試藥) (氯化铵(试药))	G62
1550-1996	K7050	化學試藥(檸檬酸氫二銨) (化学试药(柠檬酸氢二铵))	G12
1551-1962	K7051	化學試藥 重鉻酸銨 (化学试药 重铬酸铵)	G62
1552-1962	K7052	化學試藥 氟化銨 (化学试药 氟化铵)	G62
1553-1991	K7053	氨水(試藥) (氨水(试药))	G62
1554-1962	K7054	化學試藥 碘化銨 (化学试药 碘化铵)	G62
1555-1962	K7055	化學試藥(鉬酸銨) (化学试药(钼酸铵))	G62
1556-1996	K7056	化學試藥(硝酸銨) (化学试药(硝酸铵))	G12
1557-1996	K7057	化學試藥(一水合草酸銨) (化学试药(一水合草酸铵))	G12
1558-1996	K7058	化學試藥(過氧二硫酸銨) (化学试药(过氧二硫酸铵))	G12

标准号	台湾地区标准分类号	标准名称	中国标准分类
1559-1998	K7059	化學試藥(磷酸氫二銨) (化学试药(磷酸氢二铵))	G12
1560-1962	K7060	化學試藥 磷酸銨,單鹼式(磷酸二氧銨) (化学试药 磷酸铵,单碱式(磷酸二氧铵))	G12
1561-1996	K7061	化學試藥(胺磺酸銨) (化学试药(胺磺酸铵))	G12
1562-1962	K7062	化學試藥(硫酸銨) (化学试药(硫酸铵))	G12
1563-1962	K7063	化學試藥(硫化銨溶液) (化学试药(硫化铵溶液))	G62/G67
1564-1962	K7064	化學試藥 酒石酸銨 (化学试药 酒石酸铵)	G12
1565-1996	K7065	化學試藥(硫氰酸銨) (化学试药(硫氰酸铵))	G12
1566-1962	K7066	化學試藥金凡酸銨(偏金凡酸銨) (化学试药金凡酸铵(偏金凡酸铵))	G12
1567-1997	K7067	化學試藥(苯胺) (化学试药(苯胺))	G16
1568-1962	K7068	化學試藥(苯胺合氯化氫)(氯化苯胺) (化学试药(苯胺合氯化氢)(氯化苯胺))	G16
1569-1962	K7069	化學試藥(硫酸苯胺) (化学试药(硫酸苯胺))	G16
1570-1962	K7070	化學試藥(蒽酮) (化学试药(蒽酮))	G63
1571-1962	K7071	化學試藥(三氯化銻) (化学试药(三氯化锑))	G62
1572-1991	K7072	L-阿拉伯糖(試藥)(L-樹膠糖) (L-阿拉伯糖(试药)(L-树胶糖))	G66
1573-1962	K7073	化學試藥(五氧化砷)(砷酐) (化学试药(五氧化砷)(砷酐))	G13
1574-1991	K7074	三氧化二砷(試藥) (三氧化二砷(试药))	G13
1575-1962	K7075	化學試藥(三氧化二砷)(亞砷酐) (化学试药(三氧化二砷)(亚砷酐))	G62
1576-1962	K7076	化學試藥(石棉)(酸洗) (化学试药(石棉)(酸洗))	G62
1577-2001	K7077	L(+)—抗壞血酸(試藥) (L(+)—抗坏血酸(试药))	G63
1578-1962	K7078	化學試藥(天冬鹼)(左-胺基琥珀-醯胺) (化学试药(天冬碱)(左-胺基琥珀-酰胺))	G66
1579-1962	K7079	化學試藥〔石蕊色素(甲)〕 (化学试药〔石蕊色素(甲)〕)	G65
1580-1962	K7080	化學試藥(醋酸鋇) (化学试药(醋酸钡))	G63
1581-1962	K7081	化學試藥(碳酸鋇) (化学试药(碳酸钡))	G62
1582-1996	K7082	化學試藥(二水合氯化鋇) (化学试药(二水合氯化钡))	G62
1583-1962	K7083	化學試藥(鉻酸鋇) (化学试药(铬酸钡))	G12
1584-1996	K7084	化學試藥(八水合氫氧化鋇) (化学试药(八水合氢氧化钡))	G12

标准号	台湾地区标准分类号	标准名称	中国标准分类
1585-1962	K7085	化學試藥(氧氫化鋇,無水物) (化学试药(氧氢化钡,无水物))	G12
1586-1962	K7086	化學試藥(硝酸鋇) (化学试药(硝酸钡))	G12
1587-1962	K7087	化學試藥(硫酸鋇) (化学试药(硫酸钡))	G12
1588-1962	K7088	化學試藥(過氧化鋇)(二氧化鋇) (化学试药(过氧化钡)(二氧化钡))	G13
1589-1962	K7089	化學試藥(苯甲醛) (化学试药(苯甲醛))	G17
1590-1998	K7090	化學試藥(苯) (化学试药(苯))	G63
1591-1962	K7091	化學試藥〔對對一二胺基聯苯〕(聯苯胺) (化学试药〔对对一二胺基联苯〕(联苯胺))	G65
1592-1962	K7092	化學試藥(對對一二胺基聯苯二鹽酸鹽) (化学试药(对对一二胺基联苯二盐酸盐))	G63
1593-1962	K7093	化學試藥(苯甲酸) (化学试药(苯甲酸))	G11
1594-1962	K7094	化學試藥(苯甲酸,原級標準) (化学试药(苯甲酸,原级标准))	G11
1595-1962	K7095	化學試藥(α-安息香肟) (化学试药(α-安息香肟))	A65
1596-1962	K7096	化學試藥(氯化苯甲醯) (化学试药(氯化苯甲酰))	G63
1597-1962	K7097	化學試藥(苯甲醇)(苄醇) (化学试药(苯甲醇)(苄醇))	G63
1598-1962	K7098	化學試藥(氯化苄)(苯基氯甲烷) (化学试药(氯化苄)(苯基氯甲烷))	G63
1599-1962	K7099	化學試藥(氯化亞鉍)(三氯化鉍) (化学试药(氯化亚铋)(三氯化铋))	G62
1600-1962	K7100	化學試藥(硝酸亞鉍)(三硝酸鉍) (化学试药(硝酸亚铋)(三硝酸铋))	G62
1601-1962	K7101	化學試藥(碳酸氧鉍)(鹽基性碳酸鉍,次碳酸鉍) (化学试药(碳酸氧铋)(盐基性碳酸铋,次碳酸铋))	G62
1602-1962	K7102	化學試藥(硝酸氧鉍)(鹽基性硝酸鉍,次硝酸鉍) (化学试药(硝酸氧铋)(盐基性硝酸铋,次硝酸铋))	G62
1603-1998	K7103	化學試藥(硼酸) (化学试药(硼酸))	G11
1604-1964	K7104	化學試藥(硼酐)(三氧化硼) (化学试药(硼酐)(三氧化硼))	G62
1605-1996	K7105	化學試藥(溴甲酚綠) (化学试药(溴甲酚绿))	G17
1606-1964	K7106	化學試藥(溴甲酚紫)(二溴鄰(位)甲酚磺酸丙酯) (化学试药(溴甲酚紫)(二溴邻(位)甲酚磺酸丙酯))	G65/G66
1607-1998	K7107	化學試藥(溴) (化学试药(溴))	G13
1608-1998	K7108	化學試藥(溴酚藍) (化学试药(溴酚蓝))	G17
1609-1996	K7109	化學試藥(溴瑞香草酚藍) (化学试药(溴瑞香草酚蓝))	G17
1610-1964	K7110	化學試藥(百路新) (化学试药(百路新))	G63

标准号	台湾地区标准分类号	标准名称	中国标准分类
1611-1996	K7111	化學試藥(1-丁醇) (化学试药(1-丁醇))	G63
1612-1962	K7112	化學試藥(克卡得林) (化学试药(克卡得林))	G63
1613-1962	K7113	化學試藥(醋酸鎘) (化学试药(醋酸镉))	G63
1614-1962	K7114	化學試藥(溴化鎘) (化学试药(溴化镉))	G62
1615-1962	K7115	化學試藥(氯化鎘) (化学试药(氯化镉))	G62
1616-1962	K7116	化學試藥(碘化鎘) (化学试药(碘化镉))	G62
1617-1962	K7117	化學試藥(硝酸鎘) (化学试药(硝酸镉))	G62
1618-1962	K7118	化學試藥(硫酸鎘) (化学试药(硫酸镉))	G62
1619-1998	K7119	化學試藥(一水合乙酸鈣) (化学试药(一水合乙酸钙))	G12
1620-1996	K7120	化學試藥(碳酸鈣) (化学试药(碳酸钙))	G12
1621-1964	K7121	化學試藥(沉澱碳酸鈣)(鹼金屬鹽及氯化物含量低) (化学试药(沉淀碳酸钙)(碱金属盐及氯化物含量低))	G62
1622-1964	K7122	化學試藥(氯化鈣,無水) (化学试药(氯化钙,无水))	G62
1623-1964	K7123	化學試藥(氯化鈣,無水)(乾燥劑用) (化学试药(氯化钙,无水)(干燥剂用))	G62
1624-1998	K7124	化學試藥(二水合氯化鈣) (化学试药(二水合氯化钙))	G62
1625-1964	K7125	化學試藥(氫氧化鈣) (化学试药(氢氧化钙))	G62
1626-1964	K7126	化學試藥(硝酸鈣) (化学试药(硝酸钙))	G62
1627-1964	K7127	化學試藥(氧化鈣) (化学试药(氧化钙))	G62
1628-1964	K7128	化學試藥(磷酸氫鈣)(磷酸鈣,重鹼式) (化学试药(磷酸氢钙)(磷酸钙,重碱式))	G62
1629-1964	K7129	化學試藥(磷酸二氫鈣) (化学试药(磷酸二氢钙))	G62
1630-1964	K7130	化學試藥(硫酸鈣) (化学试药(硫酸钙))	G62
1631-1964	K7131	化學試藥(α-樟腦酸) (化学试药(α-樟脑酸))	G63
1632-1964	K7132	化學試藥(羊脂醇)(辛醇-〔2〕) (化学试药(羊脂醇)(辛醇-〔2〕))	G63
1633-1964	K7133	化學試藥(碳,脫色用)(活性碳) (化学试药(碳,脱色用)(活性碳))	G62
1634-1964	K7134	化學試藥(二硫化碳) (化学试药(二硫化碳))	G63
1635-1994	K7135	化學試藥(四氯化碳) (化学试药(四氯化碳))	G63
1636-1964	K7136	化學試藥(臘脂蟲酸) (化学试药(臘脂虫酸))	G65/G66

标准号	台湾地区标准分类号	标准名称	中国标准分类
1637-1964	K7137	化學試藥(酪素) (化学试药(酪素))	G63
1638-1964	K7138	化學試藥(硫酸鈰銨) (化学试药(硫酸铈铵))	G62
1639-1964	K7139	化學試藥(水合氯醛) (化学试药(水合氯醛))	G63
1640-1998	K7140	化學試藥(三水合對甲苯磺醯氯胺鈉) (化学试药(三水合对甲苯磺酰氯胺钠))	G63
1641-1996	K7141	化學試藥(氯仿) (化学试药(氯仿))	G63
1642-1966	K7142	化學試藥(膽固醇) (化学试药(胆固醇))	G66
1643-1966	K7143	化學試藥(氯化膽鹼汁) (化学试药(氯化胆碱汁))	G66
1644-1966	K7144	化學試藥(氯化鉻) (化学试药(氯化铬))	G62
1645-1966	K7145	化學試藥(硫酸鉀鉻)(鉻礬) (化学试药(硫酸钾铬)(铬矾))	G62
1646-1966	K7146	化學試藥(三氧化鉻)(鉻酸酐) (化学试药(三氧化铬)(铬酸酐))	G62
1647-1966	K7147	化學試藥(變色酸)(1,8-二羥基萘-3,6-二磺酸) (化学试药(变色酸)(1,8-二羟基萘-3,6-二磺酸))	G63
1648-1966	K7148	化學試藥(辛可寧) (化学试药(辛可宁))	G63
1649-1998	K7149	化學試藥(一水合檸檬酸) (化学试药(一水合柠檬酸))	G11
1650-1998	K7150	化學試藥(噻唑黃) (化学试药(噻唑黄))	A65
1651-1966	K7151	化學試藥(醋酸鈷) (化学试药(醋酸钴))	G63
1652-1966	K7152	化學試藥(氯化鈷) (化学试药(氯化钴))	G62
1653-1966	K7153	化學試藥(硝酸鈷) (化学试药(硝酸钴))	G62
1654-1966	K7154	化學試藥(硫酸鈷) (化学试药(硫酸钴))	G62
1655-1966	K7155	化學試藥(珂羅啶) (化学试药(珂罗啶))	G63
1656-1966	K7156	化學試藥(剛果紅) (化学试药(刚果红))	G65/G66
1657-1966	K7157	化學試藥(剛果試驗紙) (化学试药(刚果试验纸))	G65
1658-1966	K7158	化學試藥(銅) (化学试药(铜))	G62
1659-1966	K7159	化學試藥(甲酚紅) (化学试药(甲酚红))	G65
1660-1966	K7160	化學試藥(甲基紫) (化学试药(甲基紫))	G65/G66
1661-1998	K7161	化學試藥(庫番龍) (化学试药(库番龙))	A65
1662-1966	K7162	化學試藥(醋酸銅) (化学试药(醋酸铜))	G63

标准号	台湾地区标准分类号	标准名称	中国标准分类
1663-1966	K7163	化學試藥(氯化銅銨) (化学试药(氯化铜铵))	G62
1664-1966	K7164	化學試藥(溴化銅) (化学试药(溴化铜))	G62
1665-1966	K7165	化學試藥(碳酸銅) (化学试药(碳酸铜))	G62
1666-1966	K7166	化學試藥(氯化銅) (化学试药(氯化铜))	G62
1667-1966	K7167	化學試藥(硝酸銅) (化学试药(硝酸铜))	G62
1668-1966	K7168	化學試藥(氧化銅,粉狀) (化学试药(氧化铜,粉状))	G62
1669-1966	K7169	化學試藥(氧化銅,線狀) (化学试药(氧化铜,线状))	G62
1670-1965	K7170	化學試藥(氯化鉀銅) (化学试药(氯化钾铜))	G62
1671-1996	K7171	化學試藥(五水合硫酸銅(Ⅱ)) (化学试药(五水合硫酸铜(Ⅱ)))	G12
1672-1965	K7172	化學試藥(硫酸銅,無水) (化学试药(硫酸铜,无水))	G62
1673-1965	K7173	化學試藥(氯化亞銅) (化学试药(氯化亚铜))	G62
1674-1965	K7174	化學試藥(溴化氰) (化学试药(溴化氰))	G62
1675-1965	K7175	化學試藥(環己烷) (化学试药(环己烷))	G63
1676-1965	K7176	化學試藥(環己醇) (化学试药(环己醇))	G63
1677-1965	K7177	化學試藥(環己酮) (化学试药(环己酮))	G63
1678-1965	K7178	化學試藥(德瓦達合金) (化学试药(德瓦达合金))	G62
1679-2000	K7179	水合糊精(試藥) (水合糊精(试药))	G63
1680-1965	K7180	化學試藥(葡萄糖,無水) (化学试药(葡萄糖,无水))	G66/G63
1681-1965	K7181	化學試藥(二乙醯單肟) (化学试药(二乙酰单肟))	G63
1682-1965	K7182	化學試藥(2,6-二溴氯亞胺基醌) (化学试药(2,6-二溴氯亚胺基醌))	G63
1683-1965	K7183	化學試藥(二氯螢光黃) (化学试药(二氯荧光黄))	G65
1684-1998	K7184	化學試藥(二水合 2,6-二氯靛酚鈉) (化学试药(二水合 2,6-二氯靛酚钠))	G63
1685-1965	K7185	化學試藥(2,6-二氯醌 - 氯亞胺基) (化学试药(2,6-二氯醌 - 氯亚胺基))	G65
1686-1965	K7186	化學試藥(胺基二乙醇) (化学试药(胺基二乙醇))	G63
1687-1965	K7187	化學試藥(乙種毛地黃葉苷) (化学试药(乙种毛地黄叶苷))	G63
1688-1965	K7188	化學試藥(二碘螢光黃) (化学试药(二碘荧光黄))	G65

标 准 号	台湾地区标准分类号	标 准 名 称	中国标准分类
1689-1965	K7189	化學試藥(對-二甲胺基偶氮苯) (化学试药(对-二甲胺基偶氮苯))	G65/G63
1690-1965	K7190	化學試藥(對-二甲胺基苯甲醛) (化学试药(对-二甲胺基苯甲醛))	G63
1691-1965	K7191	化學試藥(對-二甲胺基苯玫瑰紅) (化学试药(对-二甲胺基苯玫瑰红))	G63
1692-1965	K7192	化學試藥(二甲基苯胺) (化学试药(二甲基苯胺))	G63
1693-1996	K7193	化學試藥(N,N-二甲基甲醯胺) (化学试药(N,N-二甲基甲酰胺))	G63
1694-1996	K7194	化學試藥(二甲基乙二醛肟) (化学试药(二甲基乙二醛肟))	G63
1695-1965	K7195	化學試藥(硫酸二甲脂) (化学试药(硫酸二甲脂))	G63
1696-1965	K7196	化學試藥(3,5-二硝基氯化苯甲醯) (化学试药(3,5-二硝基氯化苯甲酰))	G63
1697-1965	K7197	化學試藥(2,4-二硝基氯苯) (化学试药(2,4-二硝基氯苯))	G63
1698-1965	K7198	化學試藥(2,4-二硝基酚) (化学试药(2,4-二硝基酚))	G65
1699-1965	K7199	化學試藥(2,4-二硝基苯肼) (化学试药(2,4-二硝基苯肼))	G63
1700-1965	K7200	化學試藥(二氧陸圜) (化学试药(二氧陆圜))	G63
1701-1996	K7201	化學試藥(二苯胺) (化学试药(二苯胺))	G16
1702-1966	K7202	化學試藥(對-二苯基聯苯胺) (化学试药(对-二苯基联苯胺))	G63
1703-1998	K7203	化學試藥(1,5-二苯基代碳醯二肼) (化学试药(1,5-二苯基代碳酰二肼))	G63
1704-1966	K7204	化學試藥(二苯基代偶氮碳醯肼) (化学试药(二苯基代偶氮碳酰肼))	G63
1705-1998	K7205	化學試藥(2,2′-聯吡啶) (化学试药(2,2′-联吡啶))	G63
1706-1994	K7206	化學試藥(伸乙二胺四乙酸二氫二鈉二水合物) (化学试药(伸乙二胺四乙酸二氢二钠二水合物))	G63
1707-1998	K7207	化學試藥(1,5-二苯基硫腙) (化学试药(1,5-二苯基硫腙))	G63
1708-1994	K7208	化學試藥曙紅 Y(四溴螢光黃鈉) (化学试药曙红 Y(四溴荧光黄钠))	G66
1709-1994	K7209	化學試藥(毛染鉻黑 T) (化学试药(毛染铬黑 T))	G65
1710-1966	K7210	化學試藥(厄斯卡混合劑) (化学试药(厄斯卡混合剂))	G62
1711-1966	K7211	化學試藥(乙醇胺) (化学试药(乙醇胺))	G63
1712-1994	K7212	化學試藥(二乙醚) (化学试药(二乙醚))	G16
1713-1966	K7213	化學試藥(乙醚,絕對) (化学试药(乙醚,绝对))	G63
1714-1966	K7214	化學試藥(乙酸乙酯) (化学试药(乙酸乙酯))	G63

标准号	台湾地区标准分类号	标准名称	中国标准分类
1715-1966	K7215	化學試藥(溴乙烷) (化学试药(溴乙烷))	G63
1716-1966	K7216	化學試藥(氰基乙酸乙烷) (化学试药(氰基乙酸乙烷))	G63
1717-1966	K7217	化學試藥(乙二胺) (化学试药(乙二胺))	G63
1718-1966	K7218	化學試藥(四乙酸乙二胺) (化学试药(四乙酸乙二胺))	G63
1719-2009	K7219	乙二醇(試藥) (乙二醇(试药))	G63
1720-1966	K7220	化學試藥(碘乙烷) (化学试药(碘乙烷))	G63
1721-1966	K7221	化學試藥(正-乙基哌嗶啶) (化学试药(正-乙基哌哔啶))	G63
1722-1998	K7222	化學試藥(十二水合硫酸鐵(Ⅲ)銨) (化学试药(十二水合硫酸铁(Ⅲ)铵))	G60
1723-1998	K7223	化學試藥(六水合氯化鐵(Ⅲ)) (化学试药(六水合氯化铁(Ⅲ)))	G62
1723-1-1966	K7224	化學試藥(氯化鐵,低磷分) (化学试药(氯化铁,低磷分))	G62
1724-1966	K7225	化學試藥(檸檬酸鐵) (化学试药(柠檬酸铁))	G63
1725-1966	K7226	化學試藥(硝酸鐵) (化学试药(硝酸铁))	G62
1726-1966	K7227	化學試藥(硫酸鐵) (化学试药(硫酸铁))	G62
1727-1998	K7228	化學試藥(六水合硫酸鐵(Ⅱ)銨) (化学试药(六水合硫酸铁(Ⅱ)铵))	G12
1728-2004	K7229	四水合氯化鐵(Ⅱ)(試藥) (四水合氯化铁(Ⅱ)(试药))	G62
1729-1998	K7230	化學試藥(七水合硫酸鐵(Ⅱ)) (化学试药(七水合硫酸铁(Ⅱ)))	G12
1730-1966	K7231	化學試藥(硫化亞鐵) (化学试药(硫化亚铁))	G62
1731-1998	K7232	化學試藥(螢光黃鈉) (化学试药(荧光黄钠))	G62
1732-2000	K7233	甲醛液(試藥) (甲醛液(试药))	G17
1733-1966	K7234	化學試藥(甲醯胺) (化学试药(甲酰胺))	G63
1734-1967	K7235	化學試藥(甲酸) (化学试药(甲酸))	G63
1735-2000	K7236	鹼性品紅(試藥) (碱性品红(试药))	G63
1736-1967	K7237	化學試藥(呋喃甲醛) (化学试药(呋喃甲醛))	G63
1737-1967	K7238	化學試藥(沒食子酸) (化学试药(没食子酸))	G63
1738-1967	K7239	化學試藥(玻璃絨) (化学试药(玻璃绒))	G62
1739-1967	K7240	化學試藥(甘油) (化学试药(甘油))	G63

标准号	台湾地区标准分类号	标准名称	中国标准分类
1740-1967	K7241	化學試藥(氯化金) (化学试药(氯化金))	G62
1741-2000	K7242	六亞甲四胺(試藥) (六亚甲四胺(试药))	G63
1742-1967	K7243	化學試藥(硫酸肼) (化学试药(硫酸肼))	G63
1743-1967	K7244	化學試藥(氫碘酸) (化学试药(氢碘酸))	G62
1744-1967	K7245	化學試藥(氫溴酸) (化学试药(氢溴酸))	G62
1745-1997	K7246	化學試藥(氫氯酸) (化学试药(氢氯酸))	G11
1746-1967	K7247	化學試藥(氫氟酸) (化学试药(氢氟酸))	G62
1747-1967	K7248	化學試藥(氫氟矽酸) (化学试药(氢氟硅酸))	G62
1748-1994	K7249	化學試藥(過氧化氫,30%) (化学试药(过氧化氢,30%))	G13
1749-1968	K7250	化學試藥(對苯二酚) (化学试药(对苯二酚))	G63
1750-1968	K7251	化學試藥(鹽酸羥胺) (化学试药(盐酸羟胺))	G63
1751-2000	K7252	8-喹啉酚(試藥) (8-喹啉酚(试药))	G63
1752-1968	K7253	化學試藥(冰洲石) (化学试药(冰洲石))	G62
1753-2001	K7254	靛胭脂(試藥) (靛胭脂(试药))	G65
1754-1968	K7255	化學試藥(碘酸) (化学试药(碘酸))	G62
1755-1994	K7256	化學試藥(碘) (化学试药(碘))	G13
1756-1968	K7257	化學試藥(五氧化二碘) (化学试药(五氧化二碘))	G62
1757-1968	K7258	化學試藥(7-碘-8-羥基喹啉-5-磺酸) (化学试药(7-碘-8-羟基喹啉-5-磺酸))	G63
1758-1968	K7259	化學試藥(還原鐵) (化学试药(还原铁))	G62
1759-1968	K7260	化學試藥(鐵線) (化学试药(铁线))	G62
1760-2000	K7261	2,3-吲哚林二酮(試藥) (2,3-吲哚林二酮(试药))	G63
1761-1997	K7262	化學試藥(3-甲基-1-丁醇) (化学试药(3-甲基-1-丁醇))	G63
1762-2001	K7263	2-甲基-1-丙醇(試藥) (2-甲基-1-丙醇(试药))	G63
1763-1968	K7264	化學試藥(異辛烷) (化学试药(异辛烷))	G63
1764-2001	K7265	2-丙醇(試藥) (2-丙醇(试药))	G63
1765-1968	K7266	化學試藥(樹脂酚藍) (化学试药(树脂酚蓝))	G65/G66

标准号	台湾地区标准分类号	标准名称	中国标准分类
1766-1968	K7267	化學試藥(乳酸) (化学试药(乳酸))	G63
1767-1968	K7268	化學試藥(乳糖) (化学试药(乳糖))	G66
1768-1968	K7269	化學試藥(鉛) (化学试药(铅))	G62
1769-1968	K7270	化學試藥(醋酸鉛) (化学试药(醋酸铅))	G63
1770-1968	K7271	化學試藥(碳酸鉛) (化学试药(碳酸铅))	G62
1771-1968	K7272	化學試藥(氯化鉛) (化学试药(氯化铅))	G62
1772-1968	K7273	化學試藥(鉻酸鉛) (化学试药(铬酸铅))	G62
1773-1968	K7274	化學試藥(二氧化鉛) (化学试药(二氧化铅))	G62
1774-1966	K7275	化學試藥(一氧化鉛)(密陀僧) (化学试药(一氧化铅)(密陀僧))	G62
1775-2000	K7276	硝酸鉛(Ⅱ)(試藥) (硝酸铅(Ⅱ)(试药))	G12
1776-1966	K7277	化學試藥(四氧化三鉛)(紅鉛,鉛丹) (化学试药(四氧化三铅)(红铅,铅丹))	G62
1777-1966	K7278	化學試藥(鹼式醋酸鉛)(糖分析用鹼式醋酸鉛) (化学试药(碱式醋酸铅)(糖分析用碱式醋酸铅))	G63
1778-1966	K7279	化學試藥(硫酸鉛) (化学试药(硫酸铅))	G62
1779-1966	K7280	化學試藥(果糖) (化学试药(果糖))	G66
1780-1966	K7281	化學試藥(氯化鋰) (化学试药(氯化锂))	G62
1781-1966	K7282	化學試藥(硝酸鋰) (化学试药(硝酸锂))	G62
1782-1966	K7283	化學試藥(硫酸鋰) (化学试药(硫酸锂))	G62
1783-1966	K7284	化學試藥(石蕊試紙) (化学试药(石蕊试纸))	G65
1784-1966	K7285	化學試藥(石蕊試紙,藍色) (化学试药(石蕊试纸,蓝色))	G65
1785-1966	K7286	化學試藥(石蕊試紙,紅色) (化学试药(石蕊试纸,红色))	G65
1786-1966	K7287	化學試藥(鎂) (化学试药(镁))	G62
1787-1966	K7288	化學試藥(醋酸鎂) (化学试药(醋酸镁))	G63
1788-1966	K7289	化學試藥(碳酸鎂) (化学试药(碳酸镁))	G62
1789-1966	K7290	化學試藥(氯化鎂) (化学试药(氯化镁))	G62
1790-1968	K7291	化學試藥(硝酸鎂) (化学试药(硝酸镁))	G62
1791-1968	K7292	化學試藥(氧化鎂) (化学试药(氧化镁))	G62

标准号	台湾地区标准分类号	标准名称	中国标准分类
1792-1968	K7293	化學試藥(過氯酸美,無水) (化学试药(过氯酸美,无水))	G62
1793-1968	K7294	化學試藥(硫酸鎂) (化学试药(硫酸镁))	G62
1794-1968	K7295	化學試藥(鄰,對-二羥基偶氮對硝基苯) (化学试药(邻,对-二羟基偶氮对硝基苯))	G63
1795-1968	K7296	化學試藥(碳酸錳) (化学试药(碳酸锰))	G62
1796-2001	K7297	四水合氯化錳(Ⅱ)(試藥) (四水合氯化锰(Ⅱ)(试药))	G62
1797-1968	K7298	化學試藥(二氧化錳,沉澱) (化学试药(二氧化锰,沉淀))	G62
1798-2001	K7299	五水合硫酸錳(Ⅱ)(試藥) (五水合硫酸锰(Ⅱ)(试药))	G62
1799-1971	K7300	化學試藥(己六醇) (化学试药(己六醇))	G63
1800-1971	K7301	化學試藥(醋酸汞) (化学试药(醋酸汞))	G63
1801-1996	K7302	化學試藥(溴化汞(Ⅱ)) (化学试药(溴化汞(Ⅱ)))	G62
1802-1997	K7303	化學試藥(氯化汞(Ⅱ)) (化学试药(氯化汞(Ⅱ)))	G62
1803-1971	K7304	化學試藥(氰化汞) (化学试药(氰化汞))	G62
1804-1971	K7305	化學試藥(碘化汞,紅色) (化学试药(碘化汞,红色))	G62
1805-1971	K7306	化學試藥(硝酸汞) (化学试药(硝酸汞))	G62
1806-1971	K7307	化學試藥(氧化汞,紅色) (化学试药(氧化汞,红色))	G62
1807-1971	K7308	化學試藥(氧化汞,黃色) (化学试药(氧化汞,黄色))	G62
1808-1971	K7309	化學試藥(硫酸汞) (化学试药(硫酸汞))	G624
1809-1971	K7310	化學試藥(氯化亞汞) (化学试药(氯化亚汞))	G62
1810-1971	K7311	化學試藥(硝酸亞汞) (化学试药(硝酸亚汞))	G62
1811-1971	K7312	化學試藥(汞) (化学试药(汞))	G62
1812-1971	K7313	化學試藥(偏磷酸) (化学试药(偏磷酸))	G62
1813-1971	K7314	化學試藥(甲醇) (化学试药(甲醇))	G63
1814-1971	K7315	化學試藥(六次甲基四胺) (化学试药(六次甲基四胺))	G63
1815-1971	K7316	化學試藥(硫酸對甲基胺基酚) (化学试药(硫酸对甲基胺基酚))	G63
1816-2001	K7317	亞甲藍(試藥) (亚甲蓝(试药))	G65
1817-1970	K7318	化學試藥(碘甲烷) (化学试药(碘甲烷))	G63

标准号	台湾地区标准分类号	标准名称	中国标准分类
1818-1970	K7319	化學試藥(甲基橙) (化学试药(甲基橙))	G65/G66
1819-1970	K7320	化學試藥(甲基紅) (化学试药(甲基红))	G65/G66
1820-1970	K7321	化學試藥(鉬酸 85%) (化学试药(钼酸 85%))	G62
1821-1970	K7322	化學試藥(三氧化鉬)(無水鉬酸) (化学试药(三氧化钼)(无水钼酸))	G62
1822-1970	K7323	化學試藥(一氯醋酸) (化学试药(一氯醋酸))	G63
1823-1969	K7324	化學試藥(α-萘酚) (化学试药(α-萘酚))	G63
1824-1969	K7325	化學試藥(β-萘酚) (化学试药(β-萘酚))	G63
1825-1969	K7326	化學試藥(β-萘醌-4-磺酸鈉) (化学试药(β-萘醌-4-磺酸钠))	G63
1826-1969	K7327	化學試藥(氫氯酸 α-萘胺) (化学试药(氢氯酸 α-萘胺))	G63
1827-1969	K7328	化學試藥(氫氯酸-N-乙二萘胺) (化学试药(氢氯酸-N-乙二萘胺))	G63
1828-1969	K7329	化學試藥(醋酸亞鎳) (化学试药(醋酸亚镍))	G63
1829-2003	K7330	六水合硫酸鎳(Ⅱ)銨(試藥) (六水合硫酸镍(Ⅱ)铵(试药))	G63
1830-1969	K7331	化學試藥(碳酸亞鎳) (化学试药(碳酸亚镍))	G62
1831-1997	K7332	化學試藥(六水合氯化鎳(Ⅱ)) (化学试药(六水合氯化镍(Ⅱ)))	G62
1832-1969	K7333	化學試藥(硝酸亞鎳) (化学试药(硝酸亚镍))	G62
1833-1969	K7334	化學試藥(硫酸亞鎳) (化学试药(硫酸亚镍))	G62
1834-1996	K7335	化學試藥(寧海準) (化学试药(宁海准))	G63
1835-1969	K7336	化學試藥(硝胺) (化学试药(硝胺))	G63
1836-1969	K7337	化學試藥(對硝基苯胺) (化学试药(对硝基苯胺))	G63
1837-2001	K7338	硝酸(試藥) (硝酸(试药))	G62
1838-1969	K7339	化學試藥(發烟硝酸)(比重 1.5) (化学试药(发烟硝酸)(比重 1.5))	G62
1839-1969	K7340	化學試藥(鄰-硝基苯甲醛) (化学试药(邻-硝基苯甲醛))	G63
1840-2003	K7341	硝基苯(試藥) (硝基苯(试药))	G63
1841-1969	K7342	化學試藥(對-硝基苯甲醯氯) (化学试药(对-硝基苯甲酰氯))	G63
1842-1969	K7343	化學試藥(硝酸試劑) (化学试药(硝酸试剂))	G63
1843-1969	K7344	化學試藥(α-亞硝基-β-萘酚) (化学试药(α-亚硝基-β-萘酚))	G63

标准号	台湾地区标准分类号	标准名称	中国标准分类
1844-1969	K7345	化學試藥(1-亞硝基-2-羥基萘-3,6-磺酸鈉) (化学试药(1-亚硝基-2-羟基萘-3,6-磺酸钠))	G63
1845-1996	K7346	化學試藥(二水合草酸) (化学试药(二水合草酸))	G63
1846-1969	K7347	化學試藥(氯化鈀) (化学试药(氯化钯))	G62
1847-1969	K7348	化學試藥(腖) (化学试药(胨))	G63
1848-2003	K7349	過氯酸(試藥) (过氯酸(试药))	G62
1849-1969	K7350	化學試藥(石油醚) (化学试药(石油醚))	G63
1850-2003	K7351	水合 1,10-啡啉(試藥) (水合 1,10-啡啉(试药))	G63
1851-2003	K7352	酚(試藥) (酚(试药))	G63
1852-2003	K7353	酚酞(試藥) (酚酞(试药))	G63
1853-2003	K7354	酚紅(試藥) (酚红(试药))	G11
1854-1969	K7355	化學試藥(苯胂酸) (化学试药(苯胂酸))	G63
1855-1969	K7356	化學試藥(間苯二胺鹽酸) (化学试药(间苯二胺盐酸))	G63
1856-1969	K7357	化學試藥(苯肼) (化学试药(苯肼))	G63
1857-2003	K7358	氯化苯肼(試藥) (氯化苯肼(试药))	G63
1858-1973	K7359	化學試藥(苯基胺脲) (化学试药(苯基胺脲))	G63
1859-1973	K7360	化學試藥(1,3,5 苯三酚) (化学试药(1,3,5 苯三酚))	G63
1860-1973	K7361	化學試藥(磷鉬酸) (化学试药(磷钼酸))	G62
1861-1973	K7362	化學試藥(磷酸) (化学试药(磷酸))	G62
1862-1973	K7363	化學試藥(亞磷酸) (化学试药(亚磷酸))	G62
1863-1973	K7364	化學試藥(氧氯化磷) (化学试药(氧氯化磷))	G62
1864-1973	K7365	化學試藥(五氯化磷) (化学试药(五氯化磷))	G62
1865-1973	K7366	化學試藥(五氧化二磷) (化学试药(五氧化二磷))	G62
1866-1973	K7367	化學試藥(磷,紅色) (化学试药(磷,红色))	G62
1867-1973	K7368	化學試藥(三氯化磷) (化学试药(三氯化磷))	G62
1868-1973	K7369	化學試藥(磷鎢酸) (化学试药(磷钨酸))	G62
1869-1973	K7370	化學試藥(鄰苯二甲酐) (化学试药(邻苯二甲酐))	G63

标准号	台湾地区标准分类号	标准名称	中国标准分类
1870-1973	K7371	化學試藥(苦味酸) (化学试药(苦味酸))	G63
1871-1973	K7372	化學試藥(4-硝基-3-甲基-1-對硝苯基吡唑啉酮) (化学试药(4-硝基-3-甲基-1-对硝苯基吡唑啉酮))	G63
1872-1973	K7373	化學試藥(氯鉑酸) (化学试药(氯铂酸))	G62
1873-1973	K7374	化學試藥(鉀) (化学试药(钾))	G62
1874-1973	K7375	化學試藥(醋酸鉀) (化学试药(醋酸钾))	G63
1875-1973	K7376	化學試藥(碳酸氫鉀) (化学试药(碳酸氢钾))	G62
1876-1973	K7377	化學試藥(酸式鄰苯二甲酸鉀) (化学试药(酸式邻苯二甲酸钾))	G63
1877-1973	K7378	化學試藥(硫酸氫鉀) (化学试药(硫酸氢钾))	G62
1878-2001	K7379	溴酸鉀(試藥) (溴酸钾(试药))	G62
1879-1996	K7380	化學試藥(溴化鉀) (化学试药(溴化钾))	G12
1880-1973	K7381	化學試藥(碳酸鉀,無水) (化学试药(碳酸钾,无水))	G62
1881-2003	K7382	氯酸鉀(試藥) (氯酸钾(试药))	G62
1882-1997	K7383	化學試藥(氯化鉀) (化学试药(氯化钾))	G12
1883-1996	K7384	化學試藥(鉻酸鉀) (化学试药(铬酸钾))	G12
1884-1973	K7385	化學試藥(檸檬酸鉀) (化学试药(柠檬酸钾))	G63
1885-2003	K7386	氰化鉀(試藥) (氰化钾(试药))	G12
1886-1994	K7387	化學試藥(二鉻酸鉀)(重鉻酸鉀) (化学试药(二铬酸钾)(重铬酸钾))	G62
1887-2003	K7388	六氰鐵(Ⅲ)酸鉀(試藥) (六氰铁(Ⅲ)酸钾(试药))	G62
1888-2000	K7389	三水合六氰鐵(Ⅱ)酸鉀(試藥) (三水合六氰铁(Ⅱ)酸钾(试药))	G62
1889-2000	K7390	氟化鉀(試藥) (氟化钾(试药))	G62
1890-2001	K7391	氫氧化鉀(試藥) (氢氧化钾(试药))	G12
1891-1973	K7392	化學試藥(碘酸鉀) (化学试药(碘酸钾))	G62
1892-1975	K7393	化學試藥(碘化鉀) (化学试药(碘化钾))	G62
1893-1975	K7394	化學試藥(偏重硫酸鉀) (化学试药(偏重硫酸钾))	G62
1894-1975	K7395	化學試藥(硝酸鉀) (化学试药(硝酸钾))	G62
1895-1997	K7396	化學試藥(亞硝酸鉀) (化学试药(亚硝酸钾))	G12

标 准 号	台湾地区标准分类号	标 准 名 称	中国标准分类
1896-1975	K7397	化學試藥(草酸鉀) (化学试药(草酸钾))	G63
1897-2003	K7398	過氯酸鉀(試藥) (过氯酸钾(试药))	G12
1898-1996	K7399	化學試藥(過碘酸鉀) (化学试药(过碘酸钾))	G12
1899-1982	K7400	化學試藥(過錳酸鉀) (化学试药(过锰酸钾))	G12
1900-1982	K7401	化學試藥(過氧二硫酸鉀) (化学试药(过氧二硫酸钾))	G12
1901-1975	K7402	化學試藥(磷酸一氫酸) (化学试药(磷酸一氢酸))	G62
1902-1975	K7403	化學試藥(磷酸二氫鉀) (化学试药(磷酸二氢钾))	G62
1903-1975	K7404	化學試藥(玫瑰紅酸鉀) (化学试药(玫瑰红酸钾))	G63
1904-2003	K7405	四水合(＋)—酒石酸鈉鉀 (試藥) (四水合(＋)—酒石酸钠钾 (试药))	G63
1905-1975	K7406	化學試藥(硫酸鉀) (化学试药(硫酸钾))	G62
1906-1975	K7407	化學試藥(酒石酸鉀) (化学试药(酒石酸钾))	G63
1907-1975	K7408	化學試藥(硫代氰酸鉀) (化学试药(硫代氰酸钾))	G62
1908-1975	K7409	化學試藥(黃酸鉀) (化学试药(黄酸钾))	G63
1909-1975	K7410	化學試藥(丙二醇) (化学试药(丙二醇))	G63
1910-2003	K7411	吡啶(試藥) (吡啶(试药))	G17
1911-1975	K7412	化學試藥(焦性沒食子酸(鄰-苯三酚) (化学试药(焦性没食子酸(邻-苯三酚))	G63
1912-1975	K7413	化學試藥(喹啉-2-甲酸) (化学试药(喹啉-2-甲酸))	G63
1913-1975	K7414	化學試藥(四羥基蒽醌) (化学试药(四羟基蒽醌))	G63
1914-1975	K7415	化學試藥(苯醌合苯二酚) (化学试药(苯醌合苯二酚))	G63
1915-1975	K7416	化學試藥(萊內克鹽) (化学试药(莱内克盐))	G63
1916-1975	K7417	化學試藥(間-二酚) (化学试药(间-二酚))	G63
1917-1975	K7418	化學試藥(L-鼠李糖) (化学试药(L-鼠李糖))	G66
1918-1975	K7419	化學試藥(洛透明 B) (化学试药(洛透明 B))	G63
1919-1975	K7420	化學試藥(玫紅酸) (化学试药(玫红酸))	G65/G66
1920-1975	K7421	化學試藥(R-鹽) (化学试药(R-盐))	G63
1921-1975	K7422	化學試藥(乙二硫二胺) (化学试药(乙二硫二胺))	G63

标准号	台湾地区标准分类号	标准名称	中国标准分类
1922-1970	K7423	化學試藥(水楊醛肟) (化学试药(水杨醛肟))	G63
1923-1970	K7424	化學試藥(水楊酸) (化学试药(水杨酸))	G63
1924-1970	K7425	化學試藥(海砂) (化学试药(海砂))	G62
1925-1970	K7426	化學試藥(亞硒酸) (化学试药(亚硒酸))	G62
1926-1970	K7427	化學試藥(硒) (化学试药(硒))	G62
1927-1970	K7428	化學試藥(氫氯化胺脲) (化学试药(氢氯化胺脲))	G63
1928-1970	K7429	化學試藥(矽膠) (化学试药(硅胶))	G62
1929-1970	K7430	化學試藥(偏矽酸) (化学试药(偏硅酸))	G62
1930-1970	K7431	化學試藥(矽鎢酸) (化学试药(硅钨酸))	G62
1931-1970	K7432	化學試藥(銀,沉澱) (化学试药(银,沉淀))	G62
1932-1970	K7433	化學試藥(醋酸銀) (化学试药(醋酸银))	G63
1933-1970	K7434	化學試藥(碘酸銀) (化学试药(碘酸银))	G62
1934-2003	K7435	硝酸銀(試藥) (硝酸银(试药))	G62
1935-1970	K7436	化學試藥(氧化銀) (化学试药(氧化银))	G62
1936-1970	K7437	化學試藥(硫酸銀) (化学试药(硫酸银))	G62
1937-1970	K7438	化學試藥(鹼石灰) (化学试药(碱石灰))	G62
1938-1976	K7439	化學試藥(鈉) (化学试药(钠))	G62
1939-2001	K7440	三水合乙酸鈉(試藥) (三水合乙酸钠(试药))	G63
1940-1976	K7441	化學試藥(無水醋酸鈉) (化学试药(无水醋酸钠))	G63
1941-2003	K7442	茜素磺酸鈉(試藥) (茜素磺酸钠(试药))	G66
1942-1976	K7443	化學試藥(磷酸銨鈉) (化学试药(磷酸铵钠))	G62
1943-1976	K7444	化學試藥(一氫砷酸鈉) (化学试药(一氢砷酸钠))	G62
1944-1976	K7445	化學試藥(偏亞砷酸鈉) (化学试药(偏亚砷酸钠))	G62
1945-1996	K7446	化學試藥(碳酸氫鈉) (化学试药(碳酸氢钠))	G12
1946-1976	K7447	化學試藥(鉍酸鈉) (化学试药(铋酸钠))	G62
1947-1976	K7448	化學試藥(融熔硫酸氫鈉) (化学试药(融熔硫酸氢钠))	G62

标准号	台湾地区标准分类号	标准名称	中国标准分类
1948-1976	K7449	化學試藥(水合硫酸氫鈉) (化学试药(水合硫酸氢钠))	G62
1949-1991	K7450	亞硫酸氫鈉(試藥) (亚硫酸氢钠(试药))	G62
1950-1976	K7451	化學試藥(酒石酸氫鈉) (化学试药(酒石酸氢钠))	G63
1951-2003	K7452	十水合四硼酸鈉(試藥) (十水合四硼酸钠(试药))	G63
1952-1976	K7453	化學試藥(融熔四硼酸鈉) (化学试药(融熔四硼酸钠))	G62
1953-1976	K7454	化學試藥(溴酸鈉) (化学试药(溴酸钠))	G62
1954-2001	K7455	碳酸鈉(試藥) (碳酸钠(试药))	G12
1955-1976	K7456	化學試藥(十水碳酸鈉) (化学试药(十水碳酸钠))	G62
1956-1976	K7457	化學試藥(一水碳酸鈉) (化学试药(一水碳酸钠))	G62
1957-1976	K7458	化學試藥(氯酸鈉) (化学试药(氯酸钠))	G62
1958-1997	K7459	化學試藥(氯化鈉) (化学试药(氯化钠))	G12
1959-2003	K7460	二水合檸檬酸三鈉(試藥) (二水合柠檬酸三钠(试药))	G60
1960-1977	K7461	化學試藥(亞硝酸鈷鈉) (化学试药(亚硝酸钴钠))	G62
1961-2003	K7462	氰化鈉(試藥) (氰化钠(试药))	G60
1962-2003	K7463	三水合 N,N-二乙二硫胺甲酸鈉(試藥) (三水合 N,N-二乙二硫胺甲酸钠(试药))	G60
1963-1977	K7464	化學試藥(四乙酸乙二胺鈉) (化学试药(四乙酸乙二胺钠))	G63
1964-1977	K7465	化學試藥(氟化鈉) (化学试药(氟化钠))	G62
1965-1977	K7466	化學試藥(甲酸鈉) (化学试药(甲酸钠))	G63
1966-1977	K7467	化學試藥(低亞硫酸鈉) (化学试药(低亚硫酸钠))	G62
1967-2001	K7468	氫氧化鈉(試藥) (氢氧化钠(试药))	G62
1968-1977	K7469	化學試藥(次磷酸鈉) (化学试药(次磷酸钠))	G62
1969-1977	K7470	化學試藥(碘酸鈉) (化学试药(碘酸钠))	G62
1970-1977	K7471	化學試藥(鉬酸鈉) (化学试药(钼酸钠))	G62
1971-1977	K7472	化學試藥(硝酸鈉) (化学试药(硝酸钠))	G62
1972-1997	K7473	化學試藥(亞硝酸鈉) (化学试药(亚硝酸钠))	G62
1973-1977	K7474	化學試藥(亞硝醯鐵氰化鈉) (化学试药(亚硝酰铁氰化钠))	G62

标准号	台湾地区标准分类号	标准名称	中国标准分类
1974-2003	K7475	草酸鈉(試藥) (草酸钠(试药))	G61
1975-1977	K7476	化學試藥(過碘酸鈉) (化学试药(过碘酸钠))	G62
1976-1977	K7477	化學試藥(過氧化鈉) (化学试药(过氧化钠))	G62
1977-1977	K7478	化學試藥(無水磷酸-氫鈉) (化学试药(无水磷酸-氢钠))	G62
1978-1977	K7479	化學試藥(七水合磷酸-氫鈉) (化学试药(七水合磷酸-氢钠))	G62
1979-1977	K7480	化學試藥(十二水合磷酸-氫鈉) (化学试药(十二水合磷酸-氢钠))	G62
1980-1977	K7481	化學試藥(磷酸二氫化鈉) (化学试药(磷酸二氢化钠))	G62
1981-1978	K7482	化學試藥(磷酸鈉) (化学试药(磷酸钠))	G62
1982-1978	K7483	化學試藥(焦磷酸鈉) (化学试药(焦磷酸钠))	G62
1983-1978	K7484	化學試藥(柳酸鈉) (化学试药(柳酸钠))	G63
1985-1978	K7486	化學試藥(硫酸鈉) (化学试药(硫酸钠))	G62
1986-1978	K7487	化學試藥(無水硫酸鈉) (化学试药(无水硫酸钠))	G62
1987-1978	K7488	化學試藥(無水硫酸鈉)(液體乾燥用) (化学试药(无水硫酸钠)(液体干燥用))	G62
1988-2003	K7489	九水合硫化鈉(試藥) (九水合硫化钠(试药))	G62
1989-1978	K7490	化學試藥(無水亞硫酸鈉) (化学试药(无水亚硫酸钠))	G62
1990-2003	K7491	二水合(+)-酒石酸鈉(試藥) (二水合(+)-酒石酸钠(试药))	G63
1991-1978	K7492	化學試藥(硫代氰酸鈉) (化学试药(硫代氰酸钠))	G62
1992-1978	K7493	化學試藥(硫醇乙酸鈉) (化学试药(硫醇乙酸钠))	G63
1993-1978	K7494	化學試藥(硫代硫酸鈉) (化学试药(硫代硫酸钠))	G62
1994-1978	K7495	化學試藥(鎢酸鈉) (化学试药(钨酸钠))	G62
1995-1978	K7496	化學試藥(無水氯化錫)(發煙氯化錫,四氯化錫) (化学试药(无水氯化锡)(发烟氯化锡,四氯化锡))	G62
1996-1978	K7497	化學試藥(氯化錫,晶體)(四氯化錫晶體) (化学试药(氯化锡,晶体)(四氯化锡晶体))	G62
1997-1978	K7498	化學試藥(氯化亞錫) (化学试药(氯化亚锡))	G62
1998-1978	K7499	化學試藥(可溶性澱粉)(用於糖化力之測定) (化学试药(可溶性淀粉)(用于糖化力之测定))	G63
1999-1978	K7500	化學試藥(可溶性澱粉)(碘滴定用) (化学试药(可溶性淀粉)(碘滴定用))	G63
2000-1978	K7501	化學試藥(碳酸鍶) (化学试药(碳酸锶))	G62

标准号	台湾地区标准分类号	标准名称	中国标准分类
2001-1978	K7502	化學試藥(氯化鍶) (化学试药(氯化锶))	G62
2002-2003	K7503	硝酸鍶(試藥) (硝酸锶(试药))	G62
2003-1978	K7504	化學試藥(琥珀酸) (化学试药(琥珀酸))	G63
2004-1978	K7505	化學試藥(蔗糖) (化学试药(蔗糖))	G66
2005-2001	K7506	胺硫酸(試藥) (胺硫酸(试药))	G11
2006-1979	K7507	化學試藥(對-胺基苯磺酸) (化学试药(对-胺基苯磺酸))	G63
2007-1979	K7508	化學試藥(磺基柳酸) (化学试药(磺基柳酸))	G63
2008-2001	K7509	硫酸(試藥) (硫酸(试药))	G11
2009-1979	K7510	化學試藥(發煙硫酸) (化学试药(发烟硫酸))	G62
2010-1979	K7511	化學試藥(亞硫酸) (化学试药(亚硫酸))	G62
2011-1979	K7512	化學試藥(鞣酸) (化学试药(鞣酸))	G63
2012-1996	K7513	化學試藥(L(+)-酒石酸) (化学试药(L(+)-酒石酸))	G63
2013-1979	K7514	化學試藥(氫氧化四乙銨) (化学试药(氢氧化四乙铵))	G63
2014-1979	K7515	化學試藥(氫氧化四甲銨) (化学试药(氢氧化四甲铵))	G63
2015-1979	K7516	化學試藥(硝酸亞鉈) (化学试药(硝酸亚铊))	G62
2016-1979	K7517	化學試藥(硫醇乙酸) (化学试药(硫醇乙酸))	G63
2017-1979	K7518	化學試藥(乙硫醇β氨基萘) (化学试药(乙硫醇β氨基萘))	G63
2018-1979	K7519	化學試藥(氨基硫脲) (化学试药(氨基硫脲))	G63
2019-1979	K7520	化學試藥(硫脲) (化学试药(硫脲))	G63
2020-1979	K7521	化學試藥(硝酸釷) (化学试药(硝酸钍))	G62
2021-1979	K7522	化學試藥(麝香草酚)(甲-異丙酚) (化学试药(麝香草酚)(甲-异丙酚))	G63
2022-1979	K7523	化學試藥(麝香草酚藍) (化学试药(麝香草酚蓝))	G65
2023-1979	K7524	化學試藥(麝香草酚酞) (化学试药(麝香草酚酞))	G65
2024-1979	K7525	化學試藥(錫) (化学试药(锡))	G62
2025-1979	K7526	化學試藥(三氯化鈦)(氯化亞鈦) (化学试药(三氯化钛)(氯化亚钛))	G62
2026-1979	K7527	化學試藥(三氯醋酸) (化学试药(三氯醋酸))	G62

标准号	台湾地区标准分类号	标准名称	中国标准分类
2027-1979	K7528	化學試藥(3,3′-二甲基聯苯胺) (化学试药(3,3′-二甲基联苯胺))	G63
2028-1979	K7529	化學試藥(甲苯) (化学试药(甲苯))	G63
2029-1979	K7530	化學試藥(氯化三苯基四氮二烯伍圜) (化学试药(氯化三苯基四氮二烯伍圜))	G63
2030-1979	K7531	化學試藥(薑黄紙) (化学试药(姜黄纸))	G65
2031-1979	K7532	化學試藥(醋酸鈾醯) (化学试药(醋酸铀酰))	G69
2032-1979	K7533	化學試藥(醋酸鈾醯鈷)(醋酸鈾醯鎂)(醋酸鈾醯鋅) (化学试药(醋酸铀酰钴)(醋酸铀酰镁)(醋酸铀酰锌))	G69
2033-1979	K7534	化學試藥(硝酸鈾醯) (化学试药(硝酸铀酰))	G69
2034-1979	K7535	化學試藥(尿素) (化学试药(尿素))	G63
2035-1979	K7536	化學試藥(尿酸) (化学试药(尿酸))	G63
2036-1979	K7537	化學試藥(硫酸釩醯) (化学试药(硫酸钒酰))	G62
2037-1979	K7538	化學試藥(香草精) (化学试药(香草精))	G63
2038-1979	K7539	化學試藥(二甲苯) (化学试药(二甲苯))	G63
2039-1979	K7540	化學試藥(木糖) (化学试药(木糖))	G66
2040-1979	K7541	化學試藥(鋅) (化学试药(锌))	G62
2041-1979	K7542	化學試藥(醋酸鋅) (化学试药(醋酸锌))	G63
2042-1979	K7543	化學試藥(碳酸鋅) (化学试药(碳酸锌))	G62
2043-2000	K7544	氯化鋅(試藥) (氯化锌(试药))	G62
2044-1979	K7545	化學試藥(鋅粉) (化学试药(锌粉))	G62
2045-1979	K7546	化學試藥(硝酸鋅) (化学试药(硝酸锌))	G62
2046-1979	K7547	化學試藥(氧化鋅) (化学试药(氧化锌))	G62
2047-1979	K7548	化學試藥(硫酸鋅) (化学试药(硫酸锌))	G62
2048-1979	K7549	化學試藥(硝酸鋯) (化学试药(硝酸锆))	G62
7708-1988	K7550	化學試藥(氯化銫) (化学试药(氯化铯))	G62
7709-1981	K7551	化學試藥(間胺基(苯)酚) (化学试药(间胺基(苯)酚))	G17
7710-1981	K7552	化學試藥(氯金酸) (化学试药(氯金酸))	G11
7711-1981	K7553	化學試藥(2,4-嘧啶二酮) (化学试药(2,4-嘧啶二酮))	G17

标准号	台湾地区标准分类号	标准名称	中国标准分类
7712-1988	K7554	化學試驗(乙硫醇) (化学试验(乙硫醇))	G16
7713-1981	K7555	化學試藥(鄰胺基苯甲酸)(鄰胺基安息香酸) (化学试药(邻胺基苯甲酸)(邻胺基安息香酸))	A65
7714-1981	K7556	化學試藥(蒽) (化学试药(蒽))	A65
7715-1981	K7557	化學試藥(硫) (化学试药(硫))	G13
7716-1997	K7558	化學試藥(4-胺基安替比林) (化学试药(4-胺基安替比林))	G63
7717-1988	K7559	化學試藥(苯甲酸苄酯) (化学试药(苯甲酸苄酯))	G63
7718-1981	K7560	化學試藥(吲哚) (化学试药(吲哚))	G63
7719-1988	K7561	化學試藥(水分測定用氯化鈣) (化学试药(水分测定用氯化钙))	G63
7720-1981	K7562	化學試藥(鹼式醋酸鋁) (化学试药(碱式醋酸铝))	G63
7721-1981	K7563	化學試藥(氯化三苯基四氮唑) (化学试药(氯化三苯基四氮唑))	G63
7722-1981	K7564	化學試藥(油酸鈉) (化学试药(油酸钠))	G63
7723-1981	K7565	化學試藥(橙 G)(酸性耐光橙) (化学试药(橙 G)(酸性耐光橙))	G65/G66
7730-1981	K7566	化學試藥(茜素黃 GG) (化学试药(茜素黄 GG))	G65
7731-1988	K7567	化學試藥(氯甲基環氧乙烷) (化学试药(氯甲基环氧乙烷))	G63
7732-1981	K7568	化學試藥(氯化銀) (化学试药(氯化银))	G10
7733-1981	K7569	化學試藥(一水合過氯酸鈉) (化学试药(一水合过氯酸钠))	G12
7803-1988	K7570	化學試藥(鋅粉) (化学试药(锌粉))	G62
7804-1981	K7571	化學試藥(亞砷酸鉀) (化学试药(亚砷酸钾))	G12
7805-1988	K7572	化學試藥(亞硝酸異戊酯) (化学试药(亚硝酸异戊酯))	G63
7806-1988	K7573	化學試藥(甲氧苯) (化学试药(甲氧苯))	G63
7807-1981	K7574	化學試藥(偶氮苯) (化学试药(偶氮苯))	G16
7808-1981	K7575	化學試藥(乙醛) (化学试药(乙醛))	G17
7809-1981	K7576	化學試藥(乙醯胺) (化学试药(乙酰胺))	G63
7812-1981	K7577	化學試藥(油酸) (化学试药(油酸))	G11
7813-1981	K7578	化學試藥(茜素黃 R) (化学试药(茜素黄 R))	G65
7814-1988	K7579	化學試藥(氯化硫醯) (化学试药(氯化硫酰))	G62

标准号	台湾地区标准分类号	标准名称	中国标准分类
7815-1988	K7580	化學試藥(2-氯乙醇) (化学试药(2-氯乙醇))	G63
7816-1981	K7581	化學試藥(菊芋多醣) (化学试药(菊芋多醣))	G66
7817-1981	K7582	化學試藥(β-吲哚基醋酸鉀) (化学试药(β-吲哚基醋酸钾))	G63
7818-1981	K7583	化學試藥(六氯鉑酸(Ⅳ)鉀) (化学试药(六氯铂酸(Ⅳ)钾))	G62
7820-1981	K7584	化學試藥(卵蛋白) (化学试药(卵蛋白))	G66
7821-1981	K7585	化學試藥(氯酸鋇) (化学试药(氯酸钡))	G62
7822-1981	K7586	化學試藥(二氯氧化鋯) (化学试药(二氯氧化锆))	G62
7823-1981	K7587	化學試藥(金黄胺) (化学试药(金黄胺))	G63
8026-1988	K7588	化學試藥(苯乙酮) (化学试药(苯乙酮))	G63
8027-1985	K7589	化學試藥(亞硒酸鈉) (化学试药(亚硒酸钠))	G62
8028-1981	K7590	化學試藥(二氯化金井(Ⅱ)) (化学试药(二氯化金井(Ⅱ)))	G63
8029-1981	K7591	化學試藥(二鹽酸對胺二甲苯胺) (化学试药(二盐酸对胺二甲苯胺))	G63
8030-1981	K7592	化學試藥(鹽酸苯肼) (化学试药(盐酸苯肼))	G63
8138-1981	K7593	化學試藥(環己六醇) (化学试药(环己六醇))	G63
8139-1981	K7594	化學試藥〔4 胺(基)-3-羥(基)-1-萘磺酸〕 (化学试药〔4 胺(基)-3-羟(基)-1-萘磺酸〕)	G63
8140-1988	K7595	化學試藥(水合氯化錫) (化学试药(水合氯化锡))	G62
8141-1988	K7596	化學試藥(氯化亞硫醯) (化学试药(氯化亚硫酰))	G62
8142-1981	K7597	化學試藥(鹽酸-1,10-二氮菲) (化学试药(盐酸-1,10-二氮菲))	G63
8517-1988	K7598	化學試藥(鋁粉) (化学试药(铝粉))	G62
8518-1982	K7599	化學試藥(鹽酸甲胺) (化学试药(盐酸甲胺))	G63
8519-1982	K7600	化學試藥(鹽酸辛可寧) (化学试药(盐酸辛可宁))	G63
8520-1982	K7601	化學試藥(氯化鉒) (化学试药(氯化钍))	G62
8521-1988	K7602	化學試藥(3-氧丁酸乙酯) (化学试药(3-氧丁酸乙酯))	G63
8844-1982	K7603	化學試藥(O-乙二硫碳酸鉀) (化学试药(O-乙二硫碳酸钾))	G63
8845-1988	K7604	化學試藥(正甲酸三乙酯) (化学试药(正甲酸三乙酯))	G63
8846-1982	K7605	化學試藥(對二甲苯酚藍) (化学试药(对二甲苯酚蓝))	G65

标准号	台湾地区标准分类号	标准名称	中国标准分类
8847-1982	K7606	化學試藥(咔唑) (化学试药(咔唑))	G63
8848-1982	K7607	化學試藥(黃嘌呤) (化学试药(黄嘌呤))	G63
8849-1988	K7608	化學試藥(喹啉) (化学试药(喹啉))	G63
8850-1982	K7609	化學試藥(偏過碘酸鈉) (化学试药(偏过碘酸钠))	G62
8851-1982	K7610	化學試藥(胺甲酸乙酯)(脲烷) (化学试药(胺甲酸乙酯)(脲烷))	G63
8852-1982	K7611	化學試藥(甲酸胺) (化学试药(甲酸胺))	G63
8853-1982	K7612	化學試藥(茬青醇) (化学试药(茬青醇))	G63
8985-1982	K7613	化學試藥(外觀溶液狀態及比濁檢驗) (化学试药(外观溶液状态及比浊检验))	G63
8986-1982	K7614	化學試藥(濁度基準) (化学试药(浊度基准))	A65
8987-1982	K7615	化學試藥(酸鹼性之檢驗) (化学试药(酸碱性之检验))	A65
8988-1982	K7616	化學試藥(乾失量測定) (化学试药(干失量测定))	A65
8989-1982	K7617	化學試藥(比重之測定) (化学试药(比重之测定))	G60
8990-1982	K7618	化學試藥(折射率之測定) (化学试药(折射率之测定))	G63
8991-1982	K7619	化學試藥(銨鹽、硝酸鹽及總氮量之檢驗) (化学试药(铵盐、硝酸盐及总氮量之检验))	G60
8992-1982	K7620	化學試藥(油脂、脂肪酸及高級醇之檢驗) (化学试药(油脂、脂肪酸及高级醇之检验))	G60
8993-1982	K7621	化學試藥(硫酸著色物質檢驗法) (化学试药(硫酸着色物质检验法))	G60
8994-1982	K7622	化學試藥(焰色反應檢驗) (化学试药(焰色反应检验))	G60
8995-1982	K7623	化學試藥(吸光度測定法) (化学试药(吸光度测定法))	G60
8996-1982	K7624	化學試藥(紙層分析—胺基酸檢驗法) (化学试药(纸层分析—胺基酸检验法))	G60
9008-1982	K7625	化學試藥(酪素鈉) (化学试药(酪素钠))	G60
9009-1982	K7626	化學試藥(正癸酸) (化学试药(正癸酸))	G63
9010-1982	K7627	化學試藥(正己酸) (化学试药(正己酸))	G11
9285-1988	K7628	化學試藥(四氯化鈦) (化学试药(四氯化钛))	G62
9286-1988	K7629	化學試藥(大理石) (化学试药(大理石))	G62
9287-1982	K7630	化學試藥(氯乙酸) (化学试药(氯乙酸))	G11
9288-1988	K7631	化學試藥(丁酮) (化学试药(丁酮))	G17

标准号	台湾地区标准分类号	标准名称	中国标准分类
9289-1982	K7632	化學試藥(無水硫酸鋁) (化学试药(无水硫酸铝))	G62
9290-1982	K7633	化學試藥(對胺酚) (化学试药(对胺酚))	G17
9291-1982	K7634	化學試藥(兒茶酚) (化学试药(儿茶酚))	G63
9292-1988	K7635	化學試藥(加拿大香膠) (化学试药(加拿大香胶))	G60
9293-1982	K7636	化學試藥(溴化鈉) (化学试药(溴化钠))	G11
9294-1982	K7637	化學試藥(石油本精) (化学试药(石油本精))	G63
9295-1982	K7638	化學試藥(碳酸鉀鈉) (化学试药(碳酸钾钠))	G63
9296-1982	K7639	化學試藥(順丁烯二酸) (化学试药(顺丁烯二酸))	G63
9297-1982	K7640	化學試藥(沉澱法製二氧化矽) (化学试药(沉淀法制二氧化硅))	G13
9298-1982	K7641	化學試藥(鎳) (化学试药(镍))	G13
9299-1982	K7642	化學試藥(鉻酸銀) (化学试药(铬酸银))	G12
9300-1982	K7643	化學試藥(聚乙烯醇) (化学试药(聚乙烯醇))	G63
9406-1982	K7644	化學試藥(1,2-二氯乙烷) (化学试药(1,2-二氯乙烷))	G17
9407-1982	K7645	化學試藥(皮粉) (化学试药(皮粉))	G63
9408-1982	K7646	化學試藥(三氯乙烯) (化学试药(三氯乙烯))	G17
9409-1982	K7647	化學試藥(三苯氯甲烷) (化学试药(三苯氯甲烷))	G17
9410-1982	K7648	化學試藥(吡咯) (化学试药(吡咯))	G63
9411-1982	K7649	化學試藥(對苯二胺) (化学试药(对苯二胺))	G16
9507-1982	K7650	化學試藥(2-甲-1-丙醇) (化学试药(2-甲-1-丙醇))	G63
9508-1982	K7651	化學試藥(2-丁醇) (化学试药(2-丁醇))	G16
9509-1982	K7652	化學試藥(2-甲-2-丙醇) (化学试药(2-甲-2-丙醇))	G16
9510-1982	K7653	化學試藥(正丙醇) (化学试药(正丙醇))	G63
9511-1982	K7654	化學試藥(二苯酮) (化学试药(二苯酮))	G63
9512-1982	K7655	化學試藥(麥芽糖) (化学试药(麦芽糖))	G66/G63
9513-1982	K7656	化學試藥(L-白胺酸) (化学试药(L-白胺酸))	G63
9514-1982	K7657	化學試藥(L-異白胺酸) (化学试药(L-异白胺酸))	G63

标准号	台湾地区 标准分类号	标准名称	中国标准 分类
9515-1982	K7658	化學試藥(1,1,2,2-四氯乙烷) (化学试药(1,1,2,2-四氯乙烷))	G17
9516-1982	K7659	化學試藥(異丙醚) (化学试药(异丙醚))	G63
9517-1982	K7660	化學試藥(鄰苯二胺) (化学试药(邻苯二胺))	G63
9518-1982	K7661	化學試藥(N-溴琥珀醯亞胺) (化学试药(N-溴琥珀酰亚胺))	G63
10101-1983	K7662	化學試藥(氰化銀) (化学试药(氰化银))	G62
10102-1983	K7663	化學試藥(二鉻酸鈉) (化学试药(二铬酸钠))	G12
10103-1983	K7664	化學試藥(石蠟) (化学试药(石蜡))	G63
10104-1983	K7665	化學試藥(液態石蠟) (化学试药(液态石蜡))	G63
10105-1983	K7666	化學試藥(乙醯丙酮) (化学试药(乙酰丙酮))	G63
10106-1983	K7667	化學試藥(己烷) (化学试药(己烷))	G63
10107-1983	K7668	化學試藥(三氯化碘) (化学试药(三氯化碘))	G10
10108-1983	K7669	化學試藥(柳酸甲酯) (化学试药(柳酸甲酯))	G63
10109-1983	K7670	化學試藥(晶紫) (化学试药(晶紫))	G63
10110-1983	K7671	化學試藥(銀粉) (化学试药(银粉))	G62
10276-1983	K7672	化學試藥(對硝苯肼) (化学试药(对硝苯肼))	G63
10277-1983	K7673	化學試藥(十八醇) (化学试药(十八醇))	G63
10278-1983	K7674	化學試藥(鉛粉) (化学试药(铅粉))	G62
10279-1983	K7675	化學試藥(2,5 二硝苯酚) (化学试药(2,5 二硝苯酚))	G17
10280-1983	K7676	化學試藥(澱粉) (化学试药(淀粉))	G63
10281-1983	K7677	化學試藥(硝酸錳) (化学试药(硝酸锰))	G62
10282-1983	K7678	化學試藥(鄰硝苯酚) (化学试药(邻硝苯酚))	G17
10283-1983	K7679	化學試藥(對硝苯酚) (化学试药(对硝苯酚))	G17
10284-1983	K7680	化學試藥(間二硝苯) (化学试药(间二硝苯))	G63
10725-1983	K7682	化學試藥(三氧化二銻) (化学试药(三氧化二锑))	G13
12897-1991	K7683	六氯鉑(Ⅳ)酸六水合物(試藥) (六氯铂(Ⅳ)酸六水合物(试药))	G62
12983-1992	K7684	容量分析用標準試藥 (容量分析用标准试药)	G04

标准号	台湾地区标准分类号	标准名称	中国标准分类
13255-1993	K7685	二氫氯化鄰聯甲苯胺(試藥) (二氢氯化邻联甲苯胺(试药))	G16
13256-1993	K7686	硫氰酸汞(Ⅱ)(試藥) (硫氰酸汞(Ⅱ)(试药))	G60
13729-1996	K7687	化學試藥(二水合變色酸二鈉) (化学试药(二水合变色酸二钠))	G12
13748-1996	K7688	化學試藥(六水合硝酸錳(Ⅱ)) (化学试药(六水合硝酸锰(Ⅱ)))	G12
14920-2005	K7689	N,N-二乙二硫胺甲酸銀(試藥) (N,N-二乙二硫胺甲酸银(试药))	A65
14921-2005	K7690	二甲酚橙(試藥) (二甲酚橙(试药))	A65

K8 杂 类

标准号	台湾地区标准分类号	标准名称	中国标准分类
1067-1959	K8001	軟木紙(襯墊用) (软木纸(衬垫用))	Y39
1269-1960	K8002	皮革(底革) (皮革(底革))	Y47
1270-1960	K8003	皮革(腰帶革) (皮革(腰带革))	Y47
1271-1965	K8004	皮革(面革) (皮革(面革))	Y47
2188-1965	K8005	膠黏用糊精 (胶黏用糊精)	G17
2192-1963	K8006	非鐵金屬擦光劑 (非铁金属擦光剂)	J43
2200-1967	K8007	動物膠 (动物胶)	G39
3212-1971	K8010	閥砂膏 (阀砂膏)	J43
3519-1973	K8011	一般用黑白照相紙 (一般用黑白照相纸)	W58
3734-1978	K8013	照相製版用修整膠 (照相制版用修整胶)	Y55
4277-1978	K8014	照相製版修整用浮石筆 (照相制版修整用浮石笔)	N41
5822-1980	K8015	製革用生牛皮修整法 (制革用生牛皮修整法)	Y94
7706-1981	K8016	鞋用皮革 (鞋用皮革)	Y48
7707-1981	K8017	鞋面用人造皮 (鞋面用人造皮)	Y48
9721-1982	K8018	工業用圓皮帶 (工业用圆皮带)	Y48
9722-1982	K8019	工業用平皮帶 (工业用平皮带)	Y48
11453-1985	K8020	植物性單寧萃取物分析用皮粉 (植物性单宁萃取物分析用皮粉)	G63
14998-2006	K8021	抗彈防護材料 (抗弹防护材料)	G66/G63

标准号	台湾地区 标准分类号	标准名称	中国标准 分类
15011-2006	K8022	太陽能—詞彙(太陽熱能) (太阳能—词汇(太阳热能))	F12
15032-2006	K8023	太陽能—比較參考日射強度計校正各種場日射強度計 (太阳能—比较参考日射强度计校正各种场日射强度计)	F12
15033-2006	K8024	太陽能—量測半球太陽輻射與直接太陽輻射儀器之規格及分級 (太阳能—量测半球太阳辐射与直接太阳辐射仪器之规格及分级)	F12
15034-2006	K8025	太陽能熱水器—吸收器、連接管路及配件之彈性橡膠材料—評估方法 (太阳能热水器—吸收器、连接管路及配件之弹性橡胶材料—评估方法)	F12
15064-1-2007	K8026-1	太陽能—在不同地球表面接收狀況下之參考太陽光譜照射度—第1部:大氣光程1.5下之直接垂直與半球太陽照射度 (太阳能—在不同地球表面接收状况下之参考太阳光谱照射度—第1部:大气光程1.5下之直接垂直与半球太阳照射度)	F12
15065-2007	K8027	太陽能—使用一個日射強度計校正全天空輻射計 (太阳能—使用一个日射强度计校正全天空辐射计)	F12
15066-2007	K8028	太陽能—比較參考全天空輻射計校正場全天空輻射計 (太阳能—比较参考全天空辐射计校正场全天空辐射计)	F12
15125-1-2007	K8029-1	太陽能加熱—家用熱水系統—第1部:性能評比程序之室內試驗法 (太阳能加热—家用热水系统—第1部:性能评比程序之室内试验法)	F12
15125-2-2007	K8029-2	太陽能加熱—家用熱水系統—第2部:僅用太陽能系統的性能特性與年度性能預測之室外試驗法 (太阳能加热—家用热水系统—第2部:仅用太阳能系统的性能特性与年度性能预测之室外试验法)	F12
15125-3-2007	K8029-3	太陽能加熱—家用熱水系統—第3部:太陽能加輔助系統之性能試驗法 (太阳能加热—家用热水系统—第3部:太阳能加辅助系统之性能试验法)	F12
15126-2007	K8030	太陽能—熱水系統—相關內部腐蝕材料之選擇指引 (太阳能—热水系统—相关内部腐蚀材料之选择指引)	F12
15165-1-2008	K8031-1	太陽能集熱器試驗法—第1部:面蓋式液體加熱集熱器之熱性能及其壓降 (太阳能集热器试验法—第1部:面盖式液体加热集热器之热性能及其压降)	F12
15165-2-2008	K8031-2	太陽能集熱器試驗法—第2部:合格試驗程序 (太阳能集热器试验法—第2部:合格试验程序)	F12
15165-3-2008	K8031-3	太陽能集熱器試驗法—第3部:無面蓋式液體加熱集熱器(僅顯熱傳遞)之熱性能及其壓降 (太阳能集热器试验法—第3部:无面盖式液体加热集热器(仅显热传递)之热性能及其压降)	F12
15166-2008	K8032	太陽能—場全天空輻射計—使用實務建議 (太阳能—场全天空辐射计—使用实务建议)	F12

K9 公害关系

标准号	台湾地区 标准分类号	标准名称	中国标准 分类
3750-1975	K9001	廢水污水溶氧量檢驗法 (废水污水溶氧量检验法)	Z23
3751-1975	K9002	廢水污水生化需氧量檢驗法 (废水污水生化需氧量检验法)	Z23

标准号	台湾地区标准分类号	标准名称	中国标准分类
3752-1981	K9003	水中化學需氧量(CODcr)檢驗法—重鉻酸鉀法 (水中化学需氧量(CODcr)检验法—重铬酸钾法)	G11
3792-1975	K9004	廢水污水油脂檢驗法 (废水污水油脂检验法)	C51
3793-1981	K9005	水中固形物及蒸發殘留物檢驗法 (水中固形物及蒸发残留物检验法)	J88
3794-1975	K9006	廢水污水鹼度檢驗法 (废水污水碱度检验法)	Z23
3795-1981	K9007	水中酸度檢驗法 (水中酸度检验法)	R09
3796-1975	K9008	(空氣污染)排氣中之總氧化硫及二氧化硫檢驗法 ((空气污染)排气中之总氧化硫及二氧化硫检验法)	Z25
3797-1975	K9009	(空氣污染)火因道廢氣中含水量測定法 ((空气污染)火因道废气中含水量测定法)	Z25
3798-1975	K9010	(空氣污染)火因道廢氣含塵量之測定位置 ((空气污染)火因道废气含尘量之测定位置)	Z25
3822-1975	K9011	廢水污水中總阿伐〔α〕放射性測定法 (废水污水中总阿伐〔α〕放射性测定法)	Z23
3823-1975	K9012	廢水污水中總貝他〔β〕放射性測定法 (废水污水中总贝他〔β〕放射性测定法)	H42
3916-1976	K9013	大氣中落塵量測定法 (大气中落尘量测定法)	Z15
3917-1976	K9014	大氣中總懸浮微粒量測定法 (大气中总悬浮微粒量测定法)	Z15
3942-1976	K9015	廢水污水氨氮檢驗法 (废水污水氨氮检验法)	Z23
3943-1976	K9016	廢水污水有機氮檢驗法 (废水污水有机氮检验法)	Z23
3944-1976	K9017	廢水污水總凱氏氮檢驗法 (废水污水总凯氏氮检验法)	Z23
4049-1976	K9018	燃燒設備之廢氣組成測定法 (燃烧设备之废气组成测定法)	Z25
4050-1976	K9019	火因道廢氣流速及流率測定法 (火因道废气流速及流率测定法)	Z25
4051-1976	K9020	廢水、污水硝酸鹽含氮檢驗法 (废水、污水硝酸盐含氮检验法)	Z23
4052-1976	K9021	廢水、污水亞硝酸鹽含氮檢驗法 (废水、污水亚硝酸盐含氮检验法)	Z23
4084-1977	K9022	排氣中之二氧化氮檢驗法(查茲曼比色法) (排气中之二氧化氮检验法(查兹曼比色法))	Z25
4085-1977	K9023	排氣中之氮氧化物檢驗法(酚二磺酸法) (排气中之氮氧化物检验法(酚二磺酸法))	Z25
5222-1980	K9024	水中鈣及鎂檢驗法(原子吸收光譜法) (水中钙及镁检验法(原子吸收光谱法))	C51
5223-1980	K9025	水中鋅檢驗法(原子吸收光譜法,直接試樣) (水中锌检验法(原子吸收光谱法,直接试样))	C51
5224-1980	K9026	水中鎳檢驗法(原子吸收光譜法,直接試樣) (水中镍检验法(原子吸收光谱法,直接试样))	C51
5225-1980	K9027	水中錳檢驗法(原子吸收光譜法,直接試樣) (水中锰检验法(原子吸收光谱法,直接试样))	C51
5462-1980	K9028	水中鉛之檢驗法(原子吸收光譜法,直接試樣) (水中铅之检验法(原子吸收光谱法,直接试样))	Z16

标准号	台湾地区标准分类号	标准名称	中国标准分类
5463-1980	K9029	水中鎘之檢驗法(原子吸收光譜法,直接試樣) (水中镉之检验法(原子吸收光谱法,直接试样))	Z16
5464-2007	K9030	水中銅含量試驗法 (水中铜含量试验法)	Z16
5465-1980	K9031	水中鈷之檢驗法(原子吸收光譜法,直接試樣) (水中钴之检验法(原子吸收光谱法,直接试样))	Z16
5466-1980	K9032	水中鐵之檢驗法(原子吸收光譜法,直接試樣) (水中铁之检验法(原子吸收光谱法,直接试样))	Z16
5467-1980	K9033	水中鉬之檢驗法(原子吸收光譜法) (水中钼之检验法(原子吸收光谱法))	Z16
5468-1980	K9034	水中鉛之檢驗法(原子吸收光譜法,螯合-萃取試樣) (水中铅之检验法(原子吸收光谱法,螯合-萃取试样))	Z16
5576-1980	K9035	水中硼檢驗法(薑黃素法) (水中硼检验法(姜黄素法))	F46
5577-1980	K9036	水中硼檢驗法(胭脂紅法) (水中硼检验法(胭脂红法))	F46
5578-1980	K9037	水中鎘檢驗法(二硫伸法) (水中镉检验法(二硫仲法))	Z16
5579-1980	K9038	水中砷檢驗法(二乙胺二硫代甲酸銀法) (水中砷检验法(二乙胺二硫代甲酸银法))	Z16
5858-1981	K9039	工業廢水中氯離子檢驗法 (工业废水中氯离子检验法)	Z23
5859-1980	K9040	水中鋅之檢驗法(二硫伸法) (水中锌之检验法(二硫仲法))	Z16
5860-1980	K9041	水中氫氧離子之檢驗法 (水中氢氧离子之检验法)	Z16
5861-1980	K9042	水中鋁之檢驗法(螢光分析法) (水中铝之检验法(荧光分析法))	Z16
5862-1984	K9043	水及廢水中硫酸根離子檢驗法(重量法) (水及废水中硫酸根离子检验法(重量法))	Z16
6226-1980	K9044	水中鍶檢驗法(火焰光度計法) (水中锶检验法(火焰光度计法))	Z16
6227-1980	K9045	污水及廢水中鹼金屬及鹼土金屬水樣之預處理 (污水及废水中碱金属及碱土金属水样之预处理)	J88
6228-1980	K9046	水中溴離子檢驗法(比色法) (水中溴离子检验法(比色法))	Z16
6229-1980	K9047	水中鋰檢驗法(火焰光度計法) (水中锂检验法(火焰光度计法))	Z16
6230-1980	K9048	水中碘離子檢驗法(比色法) (水中碘离子检验法(比色法))	Z16
6231-1980	K9049	水中鉀之檢驗法(比色法) (水中钾之检验法(比色法))	C51
6232-1980	K9050	水中硝酸根離子之檢驗法 (水中硝酸根离子之检验法)	Z16
6233-1980	K9051	水之比重檢驗法(比重瓶法) (水之比重检验法(比重瓶法))	C51
6234-1980	K9052	水中釩之檢驗法 (水中钒之检验法)	C51
6476-1980	K9053	水中環己胺之檢驗法 (水中环己胺之检验法)	Z16
6477-1980	K9054	水中嗎福啉之檢驗法 (水中吗福啉之检验法)	Z16

标准号	台湾地区标准分类号	标准名称	中国标准分类
6478-1980	K9055	水中溶氧量之檢驗法(靛藍胭脂比色法) (水中溶氧量之检验法(靛蓝胭脂比色法))	Z16
6673-1980	K9056	電子工業用高純度水中微量銅之檢驗法 (电子工业用高纯度水中微量铜之检验法)	G04
6674-1980	K9057	水中矽檢驗法(重量法) (水中硅检验法(重量法))	Z16
6675-1980	K9058	水之表面張力測定法 (水之表面张力测定法)	Z16
6676-1980	K9059	水中砷檢驗法(光度計法) (水中砷检验法(光度计法))	Z16
7052-1981	K9060	工業廢水檢驗法(一般事項及樣品處理) (工业废水检验法(一般事项及样品处理))	Z23
7053-1981	K9061	工業廢水檢驗法(外觀及物理性質檢驗法) (工业废水检验法(外观及物理性质检验法))	Z23
7054-1992	K9062	排氣中之氯氣檢驗法 (排气中之氯气检验法)	Z25
7055-1992	K9063	排氣中之氯化氫檢驗法 (排气中之氯化氢检验法)	Z25
7247-1981	K9064	工業廢水流量測定法 (工业废水流量测定法)	Z23
7251-1981	K9065	水中化學需氧量(CODMn)檢驗法—過錳酸鉀法 (水中化学需氧量(CODMn)检验法—过锰酸钾法)	Z23
7252-1981	K9066	環境大氣中浮遊粉塵濃度測定法 (环境大气中浮游粉尘浓度测定法)	Z11
7439-1981	K9067	水中銨離子檢驗法 (水中铵离子检验法)	Z23
7440-1981	K9068	水中甲醛檢驗法 (水中甲醛检验法)	Z23
7810-1981	K9069	排氣中之氟化物檢驗法 (排气中之氟化物检验法)	Z25
7811-1981	K9070	排氣中之硫化氫檢驗法 (排气中之硫化氢检验法)	Z25
8031-1981	K9071	工業廢水中餘氯檢驗法 (工业废水中余氯检验法)	Z23
8032-1981	K9072	工業廢水中總碳及總有機碳檢驗法 (工业废水中总碳及总有机碳检验法)	Z23
8302-1982	K9073	工業廢水中正己烷萃取物—薩氏萃取器法 (工业废水中正己烷萃取物—萨氏萃取器法)	Z23
8303-1982	K9074	工業廢水中正己烷萃取物—浸漬法 (工业废水中正己烷萃取物—浸渍法)	Z23
8304-1982	K9075	工業廢水中正己烷萃取物—液相萃取法 (工业废水中正己烷萃取物—液相萃取法)	Z23
8305-1982	K9076	工業廢水中不揮發性烴類檢驗法 (工业废水中不挥发性烃类检验法)	Z23
8418-1982	K9077	工業廢水中氰離子檢驗法—吡啶吡唑啉法 (工业废水中氰离子检验法—吡啶吡唑咔法)	J88
8419-1982	K9078	工業廢水中氰離子檢驗法—硫氰酸汞法 (工业废水中氰离子检验法—硫氰酸汞法)	J88
8420-1984	K9079	工業廢水中氰化合物檢驗法(硝酸銀法) (工业废水中氰化合物检验法(硝酸银法))	J88
8599-1982	K9080	工業廢水中亞硫酸根離子檢驗法 (工业废水中亚硫酸根离子检验法)	Z23

标准号	台湾地区 标准分类号	标准名称	中国标准 分类
8600-1982	K9081	工業廢水中硫化物離子檢驗法 （工业废水中硫化物离子检验法）	J88
8601-1982	K9082	工業廢水中硫酸根離子檢驗法—吸光光度法 （工业废水中硫酸根离子检验法—吸光光度法）	Z23
8602-1982	K9083	工業廢水中硫酸根離子檢驗法—比濁法 （工业废水中硫酸根离子检验法—比浊法）	Z23
8840-1993	K9084	工業廢水中鎂檢驗法（滴定法） （工业废水中镁检验法（滴定法））	Z23
8841-1993	K9085	工業廢水中鈣檢驗法（滴定法） （工业废水中钙检验法（滴定法））	Z23
8842-1993	K9086	工業廢水中鉀檢驗法（火焰發射光譜測定法） （工业废水中钾检验法（火焰发射光谱测定法））	Z23
8843-1993	K9087	工業廢水中鈉檢驗法（火焰發射光譜測定法） （工业废水中钠检验法（火焰发射光谱测定法））	Z23
8997-1982	K9088	工業廢水中銅含量檢驗法（吸光光度法） （工业废水中铜含量检验法（吸光光度法））	Z23
8998-1982	K9089	工業廢水中銅含量檢驗法（原子吸光光度法） （工业废水中铜含量检验法（原子吸光光度法））	Z23
8999-1982	K9090	工業廢水中銅含量檢驗法（極譜儀法） （工业废水中铜含量检验法（极谱仪法））	Z23
9000-1982	K9091	工業廢水中農藥—巴拉松、甲基巴拉松及一品松檢驗法 （工业废水中农药—巴拉松、甲基巴拉松及一品松检验法）	Z23
9001-1982	K9092	工業廢水中農藥—五氯酚檢驗法 （工业废水中农药—五氯酚检验法）	J88
9002-1982	K9093	工業廢水中農藥—護粒松檢驗法 （工业废水中农药—护粒松检验法）	Z23
9181-1982	K9094	工業廢水中酚類檢驗法 （工业废水中酚类检验法）	J88
9182-1982	K9095	工業廢水中對甲酚類檢驗法 （工业废水中对甲酚类检验法）	Z23
9183-1982	K9096	工業廢水中界面活性劑檢驗法 （工业废水中界面活性剂检验法）	Z23
9184-1982	K9097	工業廢水中磷酸根離子檢驗法—氯化亞錫法 （工业废水中磷酸根离子检验法—氯化亚锡法）	Z23
9185-1982	K9098	排氣中之硫醇檢驗法（分光光度法） （排气中之硫醇检验法（分光光度法））	Z25
9186-1982	K9099	排氣中之氨檢驗法 （排气中之氨检验法）	Z25
9412-1994	K9100	水及廢水中磷酸鹽檢驗法—維生素 C 還原吸收光譜法 （水及废水中磷酸盐检验法—维生素 C 还原吸收光谱法）	J88
9413-1982	K9101	水及廢水中二氧化矽檢驗法—鉬黃法 （水及废水中二氧化硅检验法—钼黄法）	Z23
9414-1982	K9102	水及廢水中二氧化矽檢驗法—鉬藍法 （水及废水中二氧化硅检验法—钼蓝法）	J88
10009-1983	K9103	水與廢水中氟化物檢驗法—電極法 （水与废水中氟化物检验法—电极法）	Z23
10010-1983	K9104	水與廢水中氟化物檢驗法—SPADNS 法 （水与废水中氟化物检验法—SPADNS 法）	Z23
11169-1984	K9105	水中化學需氧量檢驗法（鹼性過錳酸鉀法） （水中化学需氧量检验法（碱性过锰酸钾法））	Z17
12686-1990	K9106	廢氣中之酚類檢驗法 （废气中之酚类检验法）	Z25

标准号	台湾地区 标准分类号	标准名称	中国标准 分类
12687-1990	K9107	廢氣中之吡啶檢驗法 (废气中之吡啶检验法)	Z25
12688-1990	K9108	廢氣中之苯檢驗法 (废气中之苯检验法)	Z25
12824-1990	K9109	廢氣中一氧化碳檢驗法 (废气中一氧化碳检验法)	Z25
12825-1990	K9110	廢氣中二硫化碳檢驗法 (废气中二硫化碳检验法)	Z25
13070-1992	K9111	水之色度檢驗法(比色法) (水之色度检验法(比色法))	C51
13071-1992	K9112	水之色度檢驗法(分光光度法) (水之色度检验法(分光光度法))	Z23
13072-1992	K9113	水之濁度檢驗法(濁度計法) (水之浊度检验法(浊度计法))	Z23
13107-1992	K9114	水中鉻之檢驗法(原子吸光光譜法) (水中铬之检验法(原子吸光光谱法))	Z23
13108-1992	K9115	水中鉻(Ⅵ)檢驗法(分光光度計法) (水中铬(Ⅵ)检验法(分光光度计法))	Z23
13109-1992	K9116	水中總汞檢驗法(冷蒸氣非火焰式原子吸光光譜法) (水中总汞检验法(冷蒸气非火焰式原子吸光光谱法))	Z23
13199-1993	K9117	大氣中氮氧化物檢驗法(化學發光法) (大气中氮氧化物检验法(化学发光法))	Z11
13200-1993	K9118	大氣中二氧化氮檢驗法(改良格拉斯—沙爾茲門法) (大气中二氧化氮检验法(改良格拉斯—沙尔兹门法))	Z11
13234-1993	K9119	氣體分析—校正用混合氣之調製(滲透法) (气体分析—校正用混合气之调制(渗透法))	G04
13257-1993	K9120	工業廢水中鈉檢驗法(火焰原子吸收光譜法) (工业废水中钠检验法(火焰原子吸收光谱法))	Z23
13258-1993	K9121	工業廢水中鉀檢驗法(火焰原子吸收光譜法) (工业废水中钾检验法(火焰原子吸收光谱法))	Z23
13259-1993	K9122	工業廢水中鈣檢驗法(火焰原子吸收光譜法) (工业废水中钙检验法(火焰原子吸收光谱法))	Z23
13260-1993	K9123	工業廢水中鎂檢驗法(火焰原子吸收光譜法) (工业废水中镁检验法(火焰原子吸收光谱法))	Z23
13348-1994	K9124	固體廢棄物 pH 值測定法 (固体废弃物 pH 值测定法)	Z13
13354-1994	K9125	廢棄物中總鋅檢驗法(火焰原子吸收光譜法) (废弃物中总锌检验法(火焰原子吸收光谱法))	Z13
13381-1994	K9126	事業廢棄物溶出液中總鎘分析法(火焰原子吸收光譜法) (事业废弃物溶出液中总镉分析法(火焰原子吸收光谱法))	Z63
13389-1994	K9127	事業廢棄物溶出液中砷檢驗法 (事业废弃物溶出液中砷检验法)	Z63

纺织工业

标 准 号	台湾地区标准分类号	标 准 名 称	中国标准分类

L1　一　般

标 准 号	台湾地区标准分类号	标 准 名 称	中国标准分类
2336-1971	L1001	纖維詞彙(原料部分) (纤维词汇(原料部分))	W04
2337-1964	L1002	纖維詞彙(紗線部份) (纤维词汇(纱线部份))	W04
3522-1975	L1004	德士制紗支 (德士制纱支)	A82
3839-1994	L1005	變褪色用灰色標 (变褪色用灰色标)	W04
3840-1994	L1006	污染用灰色標 (污染用灰色标)	W04
3841-1998	L1007	染色堅牢度試驗用附布 (染色坚牢度试验用附布)	W70
5611-2009	L1015	紡織品物理試驗法通則 (纺织品物理试验法通则)	W04
8148-2008	L1016	紡織物品洗標 (纺织物品洗标)	W55
11551-1986	L1019	紡紗機械左右側的決定方法 (纺纱机械左右侧的决定方法)	W93
11552-1986	L1020	併紗機、撚線機及絡紗機左右側的決定方法 (并纱机、捻线机及络纱机左右侧的决定方法)	W93
11553-1986	L1021	織造準備機械及織機左右側的決定方法 (织造准备机械及织机左右侧的决定方法)	W94
12658-1990	L1022	服飾詞彙(量測部分) (服饰词汇(量测部分))	Y75
14517-1-2001	L1023-1	纖維用語(纖維材料)—第一部:天然纖維 (纤维用语(纤维材料)—第一部:天然纤维)	W04
14517-2-2001	L1023-2	纖維用語(纖維材料)—第二部:人造纖維 (纤维用语(纤维材料)—第二部:人造纤维)	W04
14517-3-2001	L1023-3	纖維用語(纖維材料)—第三部:天然纖維及人造纖維之外的纖維材料 (纤维用语(纤维材料)—第三部:天然纤维及人造纤维之外的纤维材料)	W04
14585-2001	L1024	紗線的德士制表示法 (纱线的德士制表示法)	W04
14706-2002	L1025	纖維用語—試驗部門 (纤维用语—试验部门)	W04
14707-2002	L1026	服飾樣版之標示符號 (服饰样版之标示符号)	Y11
14720-2003	L1027	針步型式之分類與標示代號 (针步型式之分类与标示代号)	Y17
14736-2003	L1028	縫合之分類及標識 (缝合之分类及标识)	W13
14940-2009	L1029	紡織製品中游離甲醛之限量 (纺织制品中游离甲醛之限量)	G17
14945-2005	L1030	一般用途抗菌紡織品性能評估 (一般用途抗菌纺织品性能评估)	W04
14946-2005	L1031	醫用抗菌紡織品性能評估 (医用抗菌纺织品性能评估)	W04

标准号	台湾地区标准分类号	标准名称	中国标准分类
14947-2005	L1032	抗黴性紡織品性能評估 (抗霉性纺织品性能评估)	W04
14999-2006	L1033	防縐紡織品性能評估 (防绉纺织品性能评估)	W04
15000-2006	L1034	防水透濕紡織品性能評估 (防水透湿纺织品性能评估)	W04
15001-2006	L1035	防日光紫外線織物性能評估 (防日光紫外线织物性能评估)	W04

L2 纺织机械零件

标准号	台湾地区标准分类号	标准名称	中国标准分类
3842-1975	L2020	染色堅牢度試驗用耐汗試驗機 (染色坚牢度试验用耐汗试验机)	W98
3843-1975	L2021	染色堅牢度試驗用摩擦試驗機 (染色坚牢度试验用摩擦试验机)	W04
6581-1980	L2022	地毯厚度規 (地毯厚度规)	W56
7263-1981	L2026	環錠精紡機用塑膠筒管 (环锭精纺机用塑料筒管)	W93
8149-1981	L2027	耐洗染色堅牢度試驗機 (耐洗染色坚牢度试验机)	W98
8604-1982	L2028	織機之工作寬度 (织机之工作宽度)	W94
9024-1982	L2053	碳弧燈型耐光試驗機 (碳弧灯型耐光试验机)	W90
9529-1982	L2062	棉織機用經軸 (棉织机用经轴)	W94
9726-1983	L2064	環錠細紗機溝槽羅拉 (环锭细纱机沟槽罗拉)	W93
9727-1983	L2065	環錠細紗機溝槽羅拉之溝槽形狀及尺寸 (环锭细纱机沟槽罗拉之沟槽形状及尺寸)	W93
9728-1982	L2066	環錠細紗機導鉤板 (环锭细纱机导钩板)	W93
10174-1983	L2076	棉條桶 (棉条桶)	W93
10175-1983	L2077	棉紡系統用鋼刺條 (棉纺系统用钢刺条)	W93
10177-1983	L2079	環錠細紗機用隔紗板 (环锭细纱机用隔纱板)	W93

L3 检 验

标准号	台湾地区标准分类号	标准名称	中国标准分类
702-1985	L3010	棉紗(本白紗) (棉纱(本白纱))	W12
1226-1992	L3014	瓊麻纖維 (琼麻纤维)	W12
1227-1992	L3015	苧麻纖維檢驗法 (苎麻纤维检验法)	W12
1335-1989	L3017	毛巾織物(梭織品)檢驗法 (毛巾织物(梭织品)检验法)	W57

标准号	台湾地区标准分类号	标准名称	中国标准分类
1389-1988	L3018	麻袋檢驗法 (麻袋检验法)	W33
1407-1992	L3020	黃麻及鐘麻纖維檢驗法 (黄麻及钟麻纤维检验法)	W31
1444-1987	L3021	麻繩索檢驗法 (麻绳索检验法)	W58
1493-1998	L3026	耐日光染色堅牢度試驗法 (耐日光染色坚牢度试验法)	W70
1494-1999	L3027	耐洗染色堅牢度試驗法 (耐洗染色坚牢度试验法)	W04
1494-10-2008	L3027-10	耐皂洗色牢度試驗法 (耐皂洗色牢度试验法)	W04
1494-12-2009	L3027-12	紡織品—耐工業洗滌色牢度試驗法 (纺织品—耐工业洗涤色牢度试验法)	W55
1494-6-2009	L3027-6	紡織品—耐家庭與商用洗滌色牢度試驗法 (纺织品—耐家庭与商用洗涤色牢度试验法)	W55
1494-7-2009	L3027-7	紡織品—顏料著色紡織品耐濕刷色牢度試驗法 (纺织品—颜料着色纺织品耐湿刷色牢度试验法)	W55
1494-8-2009	L3027-8	紡織品—耐家庭與商用洗滌色牢度試驗法—無磷酸鹽標準清潔劑與低溫漂白活化劑 (纺织品—耐家庭与商用洗涤色牢度试验法—无磷酸盐标准清洁剂与低温漂白活化剂)	W55
1494-9-2009	L3027-9	紡織品—耐家庭與商用洗滌色牢度試驗法—無磷酸鹽標準清潔劑合併低溫漂白活化劑使用之氧化漂白反應 (纺织品—耐家庭与商用洗涤色牢度试验法—无磷酸盐标准清洁剂合并低温漂白活化剂使用之氧化漂白反应)	W55
1495-1983	L3028	耐熱水染色堅牢度檢驗法 (耐热水染色坚牢度检验法)	W04
1496-2008	L3029	耐汗色牢度試驗法 (耐汗色牢度试验法)	W04
1497-1998	L3030	耐水染色堅牢度試驗法 (耐水染色坚牢度试验法)	W04
1498-1998	L3031	耐氯漂白染色堅牢度試驗法 (耐氯漂白染色坚牢度试验法)	W04
1499-2008	L3032	耐摩擦色牢度試驗法 (耐摩擦色牢度试验法)	W04
2050-1992	L3034	亞麻纖維檢驗法 (亚麻纤维检验法)	W31
2079-1995	L3036	襯衫 (衬衫)	Y76
2273-1994	L3038	麻梭織物(漂染前) (麻梭织物(漂染前))	W33
2279-1984	L3044	漁網用耐綸絲撚線檢驗法 (渔网用耐纶丝捻线检验法)	B56
2339-1987	L3050	纖維混用率試驗法 (纤维混用率试验法)	W04
2340-1986	L3051	毛紗 (毛纱)	W22
2506-1985	L3055	聚酯縫線檢驗法 (聚酯缝线检验法)	W58
2638-1984	L3058	聚丙烯酸甲酯樹脂耐綸防水布檢驗法 (聚丙烯酸甲酯树脂耐纶防水布检验法)	W59

标准号	台湾地区标准分类号	标准名称	中国标准分类
2687-1980	L3061	包裝用毛氈檢驗法 (包装用毛毡检验法)	A82
2689-1980	L3062	襯墊用毛氈檢驗法 (衬垫用毛毡检验法)	W27
2690-2008	L3063	纖維製品防黴性能及其物理性能檢驗法 (纤维制品防霉性能及其物理性能检验法)	W04
2709-1992	L3064	棉帆布檢驗法 (棉帆布检验法)	W13
3344-1972	L3067	瓊麻纖維檢驗法 (琼麻纤维检验法)	W31
3394-1994	L3068	混製梭織物(漂染前) (混制梭织物(漂染前))	W62
3729-1985	L3072	棉縫線檢驗法 (棉缝线检验法)	W58
3760-1987	L3073	尼龍繩索檢驗法 (尼龙绳索检验法)	W58
3845-1998	L3074	耐碳弧燈光染色堅牢度試驗法 (耐碳弧灯光染色坚牢度试验法)	W04
3846-2008	L3075	耐氙弧燈光色牢度試驗法 (耐氙弧灯光色牢度试验法)	W04
3854-1977	L3076	織物瑕疵檢驗法 (织物瑕疵检验法)	W04
3955-1976	L3077	耐隆縫線檢驗法 (耐隆缝线检验法)	W58
3957-1976	L3078	維尼龍縫線檢驗法 (维尼龙缝线检验法)	W58
5610-1987	L3080	非織物檢驗法 (非织物检验法)	W59
5612-1980	L3081	織物透氣度檢驗法 (织物透气度检验法)	W04
5614-1980	L3083	織物尺度變化蒸汽檢驗法 (织物尺度变化蒸汽检验法)	W04
5616-1980	L3085	織物皺摺回復度檢驗法 (织物皱折回复度检验法)	W04
5618-1980	L3086	非織物瑕疵檢驗法 (非织物瑕疵检验法)	W59
6389-1980	L3091	羊毛及羊毛混紡織物皺摺回復度檢驗法 (羊毛及羊毛混纺织物皱折回复度检验法)	W12
6685-1980	L3099	織物試樣尺寸變化檢驗之準備、標示與量度法 (织物试样尺寸变化检验之准备、标示与量度法)	W04
6842-1989	L3103	鬆緊帶檢驗法 (松紧带检验法)	Y75
6934-1981	L3104	紡織纖維長度測定法(個別長度測定法) (纺织纤维长度测定法(个别长度测定法))	W04
6936-1981	L3106	羊毛纖維直徑之測定法(顯微鏡投影法) (羊毛纤维直径之测定法(显微镜投影法))	W21
7058-1995	L3107	地毯類織物防焰性試驗法(熱金屬螺帽法) (地毯类织物防焰性试验法(热金属螺帽法))	W56
7264-1981	L3111	環錠精紡機用塑膠筒管檢驗法 (环锭精纺机用塑料筒管检验法)	W93
7265-1981	L3112	繩子之取樣與試樣條件 (绳子之取样与试样条件)	W58

标准号	台湾地区标准分类号	标准名称	中国标准分类
7270-1987	L3113	維尼龍繩索檢驗法 (维尼龙绳索检验法)	W58
7271-1987	L3114	聚乙烯繩索檢驗法 (聚乙烯绳索检验法)	W58
7272-1987	L3115	聚丙烯繩索檢驗法 (聚丙烯绳索检验法)	W58
7273-1981	L3116	棉繩索檢驗法 (棉绳索检验法)	W58
7275-1985	L3117	蠶絲縫線檢驗法 (蚕丝缝线检验法)	W58
7279-1985	L3119	多元腦嫘縈棉縫線檢驗法 (多元脑嫘萦棉缝线检验法)	W58
7496-1995	L3121	地毯類織物防焰性試驗法(表面燃燒試驗法) (地毯类织物防焰性试验法(表面燃烧试验法))	W56
7501-1981	L3126	棉纖維試樣之取樣法 (棉纤维试样之取样法)	W11
7502-1981	L3127	人造棉狀纖維試樣之取樣法 (人造棉状纤维试样之取样法)	W11
7504-1981	L3128	亞麻帆布檢驗法 (亚麻帆布检验法)	W33
7506-1981	L3129	苧麻帆布檢驗法 (苎麻帆布检验法)	W33
7508-1981	L3130	交織帆布檢驗法 (交织帆布检验法)	W33
8035-1983	L3136	運動衣檢驗法 (运动衣检验法)	Y75
8037-2003	L3137	睡衣檢驗法 (睡衣检验法)	Y75
8038-1983	L3138	織物收縮率檢驗法 (织物收缩率检验法)	W04
8039-1981	L3139	伸縮織物之伸縮性檢驗法 (伸缩织物之伸缩性检验法)	W04
8040-2003	L3140	梭織物及針織物起毬檢驗法 (梭织物及针织物起球检验法)	W04
8146-1981	L3141	西服用化學纖維裡布檢驗法 (西服用化学纤维里布检验法)	W13
8150-1981	L3142	紡織品縫合強力檢驗法 (纺织品缝合强力检验法)	W04
8306-1982	L3143	纖維之抗張強力試驗法 (纤维之抗张强力试验法)	W04
8309-1983	L3146	運動褲檢驗法 (运动裤检验法)	Y75
8312-1982	L3148	織物及針織物帶電性檢驗法 (织物及针织物带电性检验法)	W04
8313-1982	L3149	織物及針織物洗濯後皺紋評價檢驗法 (织物及针织物洗濯后皱纹评价检验法)	W04
8429-1998	L3150	染色堅牢度試驗法通則 (染色坚牢度试验法通则)	W04
8430-1998	L3151	耐海水染色堅牢度試驗法 (耐海水染色坚牢度试验法)	W04
8431-1999	L3152	耐有機溶劑染色堅牢度試驗法 (耐有机溶剂染色坚牢度试验法)	W04

标准号	台湾地区标准分类号	标准名称	中国标准分类
8432-1998	L3153	耐有機溶劑摩擦染色堅牢度檢驗法 (耐有机溶剂摩擦染色坚牢度检验法)	W04
8433-1982	L3154	耐蒸熱染色堅牢度檢驗法 (耐蒸热染色坚牢度检验法)	W04
8434-1999	L3155	耐乾洗染色堅牢度試驗法 (耐干洗染色坚牢度试验法)	W04
8532-1999	L3156	耐熱壓燙染色堅牢度試驗法 (耐热压烫染色坚牢度试验法)	W04
8533-1982	L3157	耐貯藏中昇華染色堅牢度檢驗法 (耐贮藏中升华染色坚牢度检验法)	W04
8616-1982	L3158	耐絲光處理染色堅牢度檢驗法 (耐丝光处理染色坚牢度检验法)	W04
8617-1982	L3159	耐石咸餅沸煮染色堅牢度檢驗法 (耐石咸餅沸煮染色坚牢度检验法)	W01
8618-1982	L3160	耐蠶絲精練液染色堅牢度檢驗法 (耐蚕丝精练液染色坚牢度检验法)	W01
8619-1998	L3161	耐過氧化氫漂白染色堅牢度檢驗法 (耐过氧化氢漂白染色坚牢度检验法)	W01
8620-1999	L3162	耐亞硫酸氣體漂白染色堅牢度試驗法 (耐亚硫酸气体漂白染色坚牢度试验法)	W01
8621-1999	L3163	耐亞氯酸鈉漂白染色堅牢度試驗法 (耐亚氯酸钠漂白染色坚牢度试验法)	W01
8707-1982	L3164	化學纖維輪胎布用股紗檢驗法 (化学纤维轮胎布用股纱检验法)	W12
8708-1982	L3165	紡織品中之有機溶劑萃取物含量測定法 (纺织品中之有机溶剂萃取物含量测定法)	W04
8709-1982	L3166	紡織品中之硫分及灰分測定法 (纺织品中之硫分及灰分测定法)	W04
8711-1982	L3168	耐樹脂加工染色堅牢度檢驗法 (耐树脂加工染色坚牢度检验法)	W04
8712-1982	L3169	耐氯化硫硫化染色堅牢度檢驗法 (耐氯化硫硫化染色坚牢度检验法)	W01
8713-1982	L3170	耐蒸汽硫化染色堅牢度檢驗法 (耐蒸汽硫化染色坚牢度检验法)	W01
8714-1982	L3171	耐熱空氣硫化染色堅牢度檢驗法 (耐热空气硫化染色坚牢度检验法)	W04
9015-1998	L3172	耐甲醛染色堅牢度試驗法 (耐甲醛染色坚牢度试验法)	W04
9016-1982	L3173	耐氧化氮染色堅牢度檢驗法 (耐氧化氮染色坚牢度检验法)	W04
9017-1999	L3174	耐氯水染色堅牢度試驗法 (耐氯水染色坚牢度试验法)	W04
9018-1999	L3175	耐水滴染色堅牢度試驗法 (耐水滴染色坚牢度试验法)	W04
9019-1999	L3176	耐酸滴染色堅牢度試驗法 (耐酸滴染色坚牢度试验法)	W04
9020-1999	L3177	耐鹼滴染色堅牢度試驗法 (耐碱滴染色坚牢度试验法)	W04
9021-1998	L3178	耐乾熱染色堅牢度試驗法 (耐干热染色坚牢度试验法)	W01
9022-1999	L3179	耐高溫蒸熱染色堅牢度試驗法 (耐高温蒸热染色坚牢度试验法)	W04

标 准 号	台湾地区标准分类号	标 准 名 称	中国标准分类
9023-1982	L3180	耐摺皺染色堅牢度檢驗法 （耐折皱染色坚牢度检验法）	W01
9188-1982	L3181	黃麻毛氈檢驗法 （黄麻毛毡检验法）	W27
9305-1982	L3182	耐羊毛交染處理染色堅牢度檢驗法 （耐羊毛交染处理染色坚牢度检验法）	W04
9306-1982	L3183	耐氯化加工染色堅牢度檢驗法 （耐氯化加工染色坚牢度检验法）	W04
9307-1982	L3184	耐蒸呢工程染色堅牢度檢驗法 （耐蒸呢工程染色坚牢度检验法）	W04
9308-1999	L3185	耐煮呢處理染色堅牢度試驗法 （耐煮呢处理染色坚牢度试验法）	W04
9309-1982	L3186	耐鹼縮絨染色堅牢度檢驗法 （耐碱缩绒染色坚牢度检验法）	W04
9310-1999	L3187	耐氯化鋁碳化染色堅牢度試驗法 （耐氯化铝碳化染色坚牢度试验法）	W04
9311-1999	L3188	耐硫酸碳化染色堅牢度試驗法 （耐硫酸碳化染色坚牢度试验法）	W04
9312-1999	L3189	耐染浴鉻鹽染色堅牢度試驗法 （耐染浴铬盐染色坚牢度试验法）	W04
9313-1982	L3190	耐染浴內鐵鹽及銅鹽染色堅牢度檢驗法 （耐染浴内铁盐及铜盐染色坚牢度检验法）	W04
9626-1982	L3191	特殊用途耐綸帶檢驗法 （特殊用途耐纶带检验法）	W58
9901-1983	L3192	螢光增白耐光堅牢度檢驗法 （荧光增白耐光坚牢度检验法）	W04
9902-1998	L3193	耐光及汗染色堅牢度試驗法 （耐光及汗染色坚牢度试验法）	W04
9903-1983	L3194	感光變色染色堅牢度檢驗法 （感光变色染色坚牢度检验法）	W04
10285-1995	L3196	纖維製品防焰性試驗法 （纤维制品防焰性试验法）	W04
10375-1983	L3199	毛髮夾襯布檢驗法 （毛发夹衬布检验法）	W23
10377-1983	L3200	粗麻布檢驗法 （粗麻布检验法）	W33
10460-2007	L3201	纖維製品防水性檢驗法—靜水壓試驗 （纤维制品防水性检验法—静水压试验）	W04
10461-1983	L3202	纖維製品防水性檢驗法—噴灑試驗 （纤维制品防水性检验法—喷洒试验）	W04
10462-1983	L3203	纖維製品防水性檢驗法—淋雨試驗 （纤维制品防水性检验法—淋雨试验）	W04
10817-1984	L3205	漁網用維尼龍短纖紗合股線檢驗法 （渔网用维尼龙短纤纱合股线检验法）	W58
10818-1984	L3206	漁網用聚偏二氯乙烯原絲及聚氯乙烯原絲合股線檢驗法 （渔网用聚偏二氯乙烯原丝及聚氯乙烯原丝合股线检验法）	B56
10819-1984	L3207	合成纖維漁網檢驗法 （合成纤维渔网检验法）	B56
10967-1987	L3208	聚酯繩索檢驗法 （聚酯绳索检验法）	W58
10968-1996	L3209	針織布瑕疵扣點檢驗法 （针织布瑕疵扣点检验法）	W62

标准号	台湾地区标准分类号	标准名称	中国标准分类
11075-1984	L3210	羊毛纖維檢驗法 (羊毛纤维检验法)	B45
11076-1984	L3211	原毛檢驗法 (原毛检验法)	B45
11077-1984	L3212	洗淨羊毛檢驗法 (洗净羊毛检验法)	B45
11078-1984	L3213	羊毛毛條檢驗法 (羊毛毛条检验法)	B45
11080-1984	L3215	染色纖維品染料類別鑑定法 (染色纤维品染料类别鉴定法)	G57
11263-2003	L3216	紡製紗支試驗法 (纺制纱支试验法)	W04
11308-1985	L3217	織物撥油性檢驗法 (织物拨油性检验法)	W12
11309-1985	L3218	織物防污性檢驗法 (织物防污性检验法)	W04
11310-1985	L3219	織物抗再污染性檢驗法(Launder-Ometer 法) (织物抗再污染性检验法(Launder-Ometer 法))	W55
11311-1985	L3220	織物抗再污染性檢驗法(Terg-O-Tometer 法) (织物抗再污染性检验法(Terg-O-Tometer 法))	W04
11621-1986	L3221	尼龍輪胎用簾布檢驗法 (尼龙轮胎用帘布检验法)	W13
11767-1986	L3222	生絲檢驗法 (生丝检验法)	B45
12222-2009	L3223	紡織品透濕度試驗法 (纺织品透湿度试验法)	W04
12471-1988	L3224	棉纖維試驗法 (棉纤维试验法)	W10
12474-1988	L3225	梭織物及針織物熨收縮率試驗法 (梭织物及针织物熨收缩率试验法)	W13
12475-1988	L3226	梭織物及針織物償掛起毬試驗法 (梭织物及针织物偾挂起球试验法)	W04
12649-1989	L3227	鉤環型黏扣帶檢驗法 (钩环型黏扣带检验法)	Y76
12878-1991	L3228	梭織物及針織物的起拱變形試驗法 (梭织物及针织物的起拱变形试验法)	W04
12879-1991	L3229	梭織物的紗線扭變滑溜試驗法 (梭织物的纱线扭变滑溜试验法)	W04
12898-1991	L3230	梭織物及針織物染料、整理加工劑之遷移性試驗法 (梭织物及针织物染料、整理加工剂之迁移性试验法)	W04
12899-1991	L3231	纖維製品之螢光增白劑類別判定法 (纤维制品之荧光增白剂类别判定法)	W04
12914-1991	L3232	梭織物及針織物圈絨保持性試驗法 (梭织物及针织物圈绒保持性试验法)	W55
12915-1991	L3233	一般織物試驗法 (一般织物试验法)	W55
12943-1991	L3234	樹脂加工梭織物及針織物試驗法 (树脂加工梭织物及针织物试验法)	W63
13584-2003	L3235	人造絲狀纖維紗試驗法 (人造丝状纤维纱试验法)	W51
13593-1995	L3236	纖維製地毯類織物之構造試驗法 (纤维制地毯类织物之构造试验法)	W56

标准号	台湾地区标准分类号	标准名称	中国标准分类
13594-1995	L3237	纖維製地毯類織物承受載重之厚度減少試驗法 (纤维制地毯类织物承受载重之厚度减少试验法)	W56
13595-1995	L3238	纖維製地毯類織物之性能試驗法 (纤维制地毯类织物之性能试验法)	W56
13601-1995	L3239	兒童睡衣防焰性試驗法 (儿童睡衣防焰性试验法)	Y76
13749-1996	L3240	窗簾布之遮光性試驗法 (窗帘布之遮旋光性试验法)	W04
13750-1996	L3241	梭織物及針織物紗反轉色變試驗法 (梭织物及针织物纱反转色变试验法)	W04
13751-1996	L3242	梭織物及針織物摩擦熔融試驗法 (梭织物及针织物摩擦熔融试验法)	W04
13752-1996	L3243	針織布試驗法 (针织布试验法)	W04
13756-1996	L3244	人造棉狀纖維試驗法 (人造棉状纤维试验法)	W42
13785-1996	L3245	合成絲狀纖維加工紗試驗法 (合成丝状纤维加工纱试验法)	W58
13905-1997	L3246	纖維製品吸水性試驗法 (纤维制品吸水性试验法)	L71
13906-1997	L3247	纖維製品縫目處縐摺評價法 (纤维制品缝目处绉折评价法)	L71
13907-1997	L3248	纖維製品抗菌性試驗法 (纤维制品抗菌性试验法)	L71
13924-1997	L3249	方塊地毯試驗法 (方块地毯试验法)	W56
13929-1997	L3250	靜電植絨布試驗法 (静电植绒布试验法)	W04
13980-1997	L3251	梭織物及針織物摺痕保持性試驗法 (梭织物及针织物折痕保持性试验法)	W04
13981-1997	L3252	毛毯試驗法 (毛毯试验法)	W04
13982-1997	L3253	羽毛試驗法 (羽毛试验法)	Y46
14167-1998	L3254	棉被用合成纖維填充棉試驗法 (棉被用合成纤维填充棉试验法)	W50
14821-2004	L3255	醫療用非織物試驗法 (医疗用非织物试验法)	G21
15102-2007	L3256	紡織品舒適性—穩態下熱阻度及水蒸氣阻度(流汗熱板)試驗法 (纺织品舒适性—稳态下热阻度及水蒸气阻度(流汗热板)试验法)	W04
15103-2007	L3257	紡織品耐摩損性馬丁代爾試驗法—第 1 部:馬丁代爾耐摩損試驗機 (纺织品耐摩损性马丁代尔试验法—第 1 部:马丁代尔耐摩损试验机)	W55
15104-2007	L3258	紡織品耐摩損性馬丁代爾試驗法—第 2 部:試樣耐摩損試驗法 (纺织品耐摩损性马丁代尔试验法—第 2 部:试样耐摩损试验法)	W55
15105-2007	L3259	紡織品耐摩損性馬丁代爾試驗法—第 3 部:質量減損試驗法 (纺织品耐摩损性马丁代尔试验法—第 3 部:质量减损试验法)	W55

标准号	台湾地区标准分类号	标准名称	中国标准分类
15106-2007	L3260	紡織品耐摩損性馬丁代爾試驗法—第4部:外觀變化評級法 (纺织品耐摩损性马丁代尔试验法—第4部:外观变化评级法)	W55
15107-2007	L3261	經家庭洗滌乾燥後服飾及其他紡織製品之外觀評估 (经家庭洗涤干燥后服饰及其他纺织制品之外观评估)	W04
15139-2007	L3262	橡膠或塑膠塗層織物之接著強力試驗法 (橡胶或塑料涂层织物之接着强力试验法)	W04
15140-2007	L3263	紡織品試驗之家庭洗滌及乾燥程序 (纺织品试验之家庭洗涤及干燥程序)	W04
15141-2007	L3264	紡織品起毬檢驗法—盒型起毬試驗法 (纺织品起球检验法—盒型起球试验法)	W04
15142-2007	L3265	紡織品起毬檢驗法—改良馬丁代爾法 (纺织品起球检验法—改良马丁代尔法)	W04
15204-2008	L3266	皮革—化學試驗—染色皮革中特定偶氮色料之測定法 (皮革—化学试验—染色皮革中特定偶氮色料之测定法)	Y46
15205-1-2008	L3267-1	紡織品—偶氮色料衍生特定芳香胺的測定法—第1部:不經萃取偵測特定偶氮色料之使用 (纺织品—偶氮色料衍生特定芳香胺的测定法—第1部:不经萃取侦测特定偶氮色料之使用)	W55
15205-2-2008	L3267-2	紡織品—偶氮色料衍生特定芳香胺的量測方法—第2部:纖維經萃取偵測特定偶氮色料之使用 (纺织品—偶氮色料衍生特定芳香胺的量测方法—第2部:纤维经萃取侦测特定偶氮色料之使用)	W55
15280-2009	L3268	彈性織物張力與伸度試驗法(定速伸長型試驗機) (弹性织物张力与伸度试验法(定速伸长型试验机))	W55

L4 原料、成品

标准号	台湾地区标准分类号	标准名称	中国标准分类
819-1994	L4001	棉梭織物(漂染前) (棉梭织物(漂染前))	W13
966-1992	L4002	苧麻纖維 (苎麻纤维)	W31
1224-1995	L4003	黏液嫘縈絲 (黏液嫘萦丝)	W41
1311-1996	L4004	黏液嫘縈棉狀纖維 (黏液嫘萦棉状纤维)	W11
1388-1988	L4005	麻袋 (麻袋)	W33
1405-1992	L4008	黃麻纖維 (黄麻纤维)	W31
1406-1992	L4009	鐘麻纖維 (钟麻纤维)	W31
1443-1987	L4011	麻繩索 (麻绳索)	W58
1475-1985	L4013	黏液嫘縈棉紗(棉紡式,本白紗) (黏液嫘萦棉纱(棉纺式,本白纱))	W12
1476-1994	L4014	黏液嫘縈棉梭織物(漂染前) (黏液嫘萦棉梭织物(漂染前))	W13
1477-1994	L4015	黏液嫘縈棉梭織物(漂染後) (黏液嫘萦棉梭织物(漂染后))	W13
1478-1994	L4016	蠶絲梭織物(漂染前) (蚕丝梭织物(漂染前))	W43

标准号	台湾地区标准分类号	标准名称	中国标准分类
2049-1992	L4018	亞麻纖維 (亚麻纤维)	W31
2204-1994	L4019	棉梭織物(漂染後) (棉梭织物(漂染后))	W13
2205-1994	L4020	棉天鵝絨及棉燈芯絨(漂染前) (棉天鹅绒及棉灯芯绒(漂染前))	W62
2206-1994	L4021	棉天鵝絨及棉燈芯絨(漂染後) (棉天鹅绒及棉灯芯绒(漂染后))	W62
2283-1995	L4022	聚酯絲 (聚酯丝)	W41
2285-1995	L4023	開領襯衫 (开领衬衫)	Y76
2460-1996	L4030	尼龍絲狀纖維加工紗 (尼龙丝状纤维加工纱)	W58
2505-1985	L4032	聚酯縫線 (聚酯缝线)	W58
2566-1996	L4037	聚酯棉狀纖維 (聚酯棉状纤维)	W52
2568-1995	L4038	尼龍—6 (尼龙—6)	W41
2637-1984	L4039	聚丙烯酸甲酯樹脂耐綸防水布 (聚丙烯酸甲酯树脂耐纶防水布)	W59
2686-1980	L4043	包裝用毛氈 (包装用毛毡)	A82
2688-1980	L4044	襯墊用毛氈 (衬垫用毛毡)	W27
2708-2001	L4046	棉帆布 (棉帆布)	W13
2768-1998	L4047	棉紗工作手套 (棉纱工作手套)	C73
2811-1973	L4048	床單 (床单)	W57
3489-1996	L4056	聚丙烯月青棉狀纖維(非收縮型) (聚丙烯月青棉状纤维(非收缩型))	W11
3677-1996	L4060	聚酯絲狀纖維半延伸紗 (聚酯丝状纤维半延伸纱)	W41
3678-1996	L4061	聚酯絲狀纖維加工紗 (聚酯丝状纤维加工纱)	W41
3728-1985	L4063	棉縫線 (棉缝线)	W58
3759-1987	L4064	尼龍繩索 (尼龙绳索)	W58
3853-1994	L4065	混製梭織物(漂染後) (混制梭织物(漂染后))	W13
3855-1994	L4066	麻梭織物(漂染後) (麻梭织物(漂染后))	W33
3856-1994	L4067	蠶絲梭織物(漂染後) (蚕丝梭织物(漂染后))	W43
3954-1976	L4068	耐隆縫線 (耐隆缝线)	W58
3956-1976	L4069	維尼龍縫線 (维尼龙缝线)	W58

标准号	台湾地区标准分类号	标准名称	中国标准分类
4397-1999	L4070	脫脂紗布 (脱脂纱布)	W13
4767-1985	L4071	棉混紡紗及黏液嫘縈棉混紡紗(棉紡式,漂染紗) (棉混纺纱及黏液嫘萦棉混纺纱(棉纺式,漂染纱))	W12
4888-1996	L4072	人造絲狀纖維束 (人造丝状纤维束)	W51
4889-1996	L4073	人造棉狀纖維條(未混棉) (人造棉状纤维条(未混棉))	W51
4890-1996	L4074	人造棉狀纖維條(已混棉) (人造棉状纤维条(已混棉))	W11
4891-1996	L4075	聚丙烯月青棉狀纖維(收縮型) (聚丙烯月青棉状纤维(收缩型))	W04
5617-1983	L4076	非織物襯裡布 (非织物衬里布)	W59
5889-1993	L4077	嫘縈絲織物(漂染前) (嫘萦丝织物(漂染前))	W43
5890-1993	L4078	嫘縈絲織物(漂染後) (嫘萦丝织物(漂染后))	W43
5891-1993	L4079	尼龍絲織物(漂染前) (尼龙丝织物(漂染前))	W43
5892-1993	L4080	尼龍絲織物(漂染後) (尼龙丝织物(漂染后))	W43
5893-1994	L4081	聚酯棉梭織物(漂染前) (聚酯棉梭织物(漂染前))	W13
5894-1994	L4082	聚酯棉梭織物(漂染後) (聚酯棉梭织物(漂染后))	W51
5895-1993	L4083	聚酯絲織物(漂染前) (聚酯丝织物(漂染前))	W43
5896-1993	L4084	聚酯絲織物(漂染後) (聚酯丝织物(漂染后))	W43
5897-1989	L4085	毛巾布(梭織品)(加工前) (毛巾布(梭织品)(加工前))	W13
5898-1989	L4086	毛巾布(梭織品)(加工後) (毛巾布(梭织品)(加工后))	W13
5899-1989	L4087	毛巾及毛巾被(梭織品) (毛巾及毛巾被(梭织品))	W57
5900-1989	L4088	毛巾織物(梭織品)製品 (毛巾织物(梭织品)制品)	W57
6367-1986	L4089	維尼龍紗(棉紡式,本白紗) (维尼龙纱(棉纺式,本白纱))	W58
6368-1986	L4090	維尼龍混紡紗(棉紡式,本白紗) (维尼龙混纺纱(棉纺式,本白纱))	W12
6369-1985	L4091	尼龍紗(棉紡式,本白紗) (尼龙纱(棉纺式,本白纱))	W12
6370-1985	L4092	尼龍混紡紗(棉紡式,本白紗) (尼龙混纺纱(棉纺式,本白纱))	W12
6371-1985	L4093	聚酯紗(棉紡式,本白紗) (聚酯纱(棉纺式,本白纱))	W12
6372-1985	L4094	聚酯混紡紗(棉紡式,本白紗) (聚酯混纺纱(棉纺式,本白纱))	W12
6373-1985	L4095	聚丙烯月青混紡紗(棉紡式,本白紗) (聚丙烯月青混纺纱(棉纺式,本白纱))	W12

标准号	台湾地区标准分类号	标准名称	中国标准分类
6374-1985	L4096	聚丙烯月青紗(棉紡式,本白普通紗) (聚丙烯月青纱(棉纺式,本白普通纱))	W12
6375-1985	L4097	棉混紡紗及黏液嫘縈棉混紡紗(棉紡式,本白紗) (棉混纺纱及黏液嫘萦棉混纺纱(棉纺式,本白纱))	W12
6376-1985	L4098	聚丙烯月青紗(棉紡式,本白蓬鬆紗) (聚丙烯月青纱(棉纺式,本白蓬松纱))	W12
6377-1985	L4099	絲光棉紗 (丝光棉纱)	W12
6378-1985	L4100	棉紗(漂染紗) (棉纱(漂染纱))	W12
6379-1985	L4101	黏液嫘縈棉紗(棉紡式,漂染紗) (黏液嫘萦棉纱(棉纺式,漂染纱))	W12
6380-1985	L4102	聚丙烯月青紗(棉紡式,漂染普通紗) (聚丙烯月青纱(棉纺式,漂染普通纱))	W12
6381-1985	L4103	聚丙烯月青混紡紗(棉紡式,漂染紗) (聚丙烯月青混纺纱(棉纺式,漂染纱))	W12
6382-1986	L4104	維尼龍紗(棉紡式,漂染紗) (维尼龙纱(棉纺式,漂染纱))	W58
6383-1986	L4105	維尼龍混紡紗(棉紡式,漂染紗) (维尼龙混纺纱(棉纺式,漂染纱))	W58
6384-1985	L4106	聚酯紗(棉紡式,漂染紗) (聚酯纱(棉纺式,漂染纱))	W12
6385-1985	L4107	聚酯混紡紗(棉紡式,漂染紗) (聚酯混纺纱(棉纺式,漂染纱))	W12
6386-1985	L4108	尼龍混紡紗(棉紡式,漂染紗) (尼龙混纺纱(棉纺式,漂染纱))	W58
6387-1985	L4109	尼龍紗(棉紡式,漂染紗) (尼龙纱(棉纺式,漂染纱))	W58
6388-1985	L4110	聚丙烯月青紗(棉紡式,漂染蓬鬆紗) (聚丙烯月青纱(棉纺式,漂染蓬松纱))	W12
6689-2004	L4111	針織內褲(男用) (针织内裤(男用))	W63
6690-2004	L4112	針織內衣 (针织内衣)	W63
6691-1985	L4113	尼龍紗(梳毛式,本白紗) (尼龙纱(梳毛式,本白纱))	W12
6692-1985	L4114	尼龍紗(梳毛式,漂染紗) (尼龙纱(梳毛式,漂染纱))	W12
6693-1988	L4115	聚丙烯月青混紡紗(梳毛式,本白紗) (聚丙烯月青混纺纱(梳毛式,本白纱))	W12
6694-1985	L4116	聚丙烯月青混紡紗(梳毛式,漂染紗) (聚丙烯月青混纺纱(梳毛式,漂染纱))	W12
6695-1985	L4117	聚丙烯月青紗(梳毛式,本白紗) (聚丙烯月青纱(梳毛式,本白纱))	W12
6696-1988	L4118	聚丙烯月青紗(梳毛式,漂染紗) (聚丙烯月青纱(梳毛式,漂染纱))	W12
6841-1989	L4119	鬆緊帶 (松紧带)	Y75
7062-1986	L4120	混紡毛紗(紡毛式,本白紗) (混纺毛纱(纺毛式,本白纱))	W22
7063-1986	L4121	混紡毛紗(紡毛式,漂染紗) (混纺毛纱(纺毛式,漂染纱))	W22

标 准 号	台湾地区 标准分类号	标 准 名 称	中国标准 分 类
7064-1986	L4122	混紡毛紗(梳毛式,本白紗) (混纺毛纱(梳毛式,本白纱))	W22
7065-1986	L4123	混紡毛紗(梳毛式,漂染紗) (混纺毛纱(梳毛式,漂染纱))	W22
7266-1981	L4124	棉繩索 (棉绳索)	W58
7267-1987	L4125	維尼龍繩索 (维尼龙绳索)	W58
7268-1987	L4126	聚乙烯繩索 (聚乙烯绳索)	W58
7269-1987	L4127	聚丙烯繩索 (聚丙烯绳索)	W58
7274-1981	L4128	蠶絲縫線 (蚕丝缝线)	W58
7278-1981	L4130	多元腦嫘縈棉縫線 (多元脑嫘萦棉缝线)	W58
7503-1981	L4131	亞麻帆布 (亚麻帆布)	W33
7505-1981	L4132	苧麻帆布 (苎麻帆布)	W33
7507-1981	L4133	交織帆布 (交织帆布)	W55
8034-1981	L4139	運動衣 (运动衣)	Y76
8036-1981	L4140	睡衣 (睡衣)	Y76
8145-1981	L4141	西服用化學纖維裏布 (西服用化学纤维里布)	W13
9187-1982	L4144	黄麻毛氈 (黄麻毛毡)	W27
9625-1982	L4145	特殊用途耐綸帶 (特殊用途耐纶带)	W58
9627-1982	L4146	聚酯帆布 (聚酯帆布)	W13
10374-1983	L4148	毛髮夾襯布 (毛发夹衬布)	W23
10376-1983	L4149	粗麻布 (粗麻布)	Y75
10966-1987	L4150	聚酯繩索 (聚酯绳索)	W58
10969-1996	L4151	針織布(漂染前) (针织布(漂染前))	W62
10970-1996	L4152	針織布(漂染後) (针织布(漂染后))	W62
11508-1986	L4153	亞麻及苧麻紗(棉紡式,本白紗) (亚麻及苎麻纱(棉纺式,本白纱))	W57
11620-1986	L4154	尼龍輪胎用簾布 (尼龙轮胎用帘布)	W58
11662-1998	L4155	毛絨針織布 (毛绒针织布)	W62
11766-1986	L4156	生絲 (生丝)	B45

标 准 号	台湾地区 标准分类号	标 准 名 称	中国标准 分 类
12443-1994	L4157	聚丙烯月青梭織物(漂染後) (聚丙烯月青梭织物(漂染后))	W13
12444-1994	L4158	毛梭織物(漂染後) (毛梭织物(漂染后))	W13
12648-1989	L4159	尼龍鉤環型黏扣帶 (尼龙钩环型黏扣带)	Y76
12659-1990	L4160	襯衫基本尺度 (衬衫基本尺度)	Y75
13591-1995	L4161	梭織地毯 (梭织地毯)	W56
13592-1995	L4162	植簇地毯 (植簇地毯)	W56

矿 业

标准号	台湾地区标准分类号	标准名称	中国标准分类

M1 原　　料

标准号	台湾地区标准分类号	标准名称	中国标准分类
1007-1982	M1003	高爐煉鐵用焦碳 (高炉炼铁用焦碳)	H32
1008-1982	M1004	鑄造用焦炭 (铸造用焦炭)	H32
2080-1963	M1007	白雲石 (白云石)	D52
2081-1962	M1008	硫(工業級) (硫(工业级))	G13
2207-1970	M1009	石灰石 (石灰石)	D53
2643-1972	M1012	螢石 (萤石)	D52
3345-1982	M1014	一般用焦炭 (一般用焦炭)	H32
3346-1982	M1015	發生爐用焦炭 (发生炉用焦炭)	H32
3897-1985	M1016	大理石材 (大理石材)	D53
6495-1980	M1017	白雲母片,薄片與薄層之外觀分級法 (白云母片,薄片与薄层之外观分级法)	Q63
6496-1980	M1018	白雲母片、薄片與薄層之尺度分級法 (白云母片、薄片与薄层之尺度分级法)	Q63
6497-1980	M1019	金雲母片、薄片與裂片之尺度分級法 (金云母片、薄片与裂片之尺度分级法)	Q63
6498-1980	M1020	金雲母裂片熱度分類法 (金云母裂片热度分类法)	Q63
6499-1980	M1021	雲母片、薄片、薄層與裂片之厚度測量法 (云母片、薄片、薄层与裂片之厚度测量法)	Q63
11264-1985	M1022	石棉 (石棉)	D53
14448-2000	M1023	花崗石石材 (花岗石石材)	D53
14449-2000	M1024	板岩石材 (板岩石材)	D53
14450-2000	M1025	石英質石材 (石英质石材)	D53
14451-2000	M1026	石灰石石材 (石灰石石材)	D53

M2 矿工用具

标准号	台湾地区标准分类号	标准名称	中国标准分类
2415-2005	M2001	帽用安全燈 (帽用安全灯)	K35
2764-1988	M2002	煤礦准用膠質炸藥(台灣區適用) (煤矿准用胶质炸药(台湾区适用))	G89
2766-1988	M2004	膠質炸藥 (胶质炸药)	G89

标准号	台湾地区标准分类号	标准名称	中国标准分类
2867-1985	M2005	礦坑用電機具防爆構造總則 (矿坑用电机具防爆构造总则)	K35
2867-1-1985	M2005-1	礦坑用電機具耐壓防爆構造 (矿坑用电机具耐压防爆构造)	K35
2867-10-1985	M2005-10	礦坑用電機具防爆構造與出線盒間導線連接法 (矿坑用电机具防爆构造与出线盒间导线连接法)	K35
2867-11-1985	M2005-11	礦坑用電機具防爆構造之出線盒與外部導線連接法 (矿坑用电机具防爆构造之出线盒与外部导线连接法)	K35
2867-12-1985	M2005-12	礦坑用電機具防爆構造與外部導線連接法 (矿坑用电机具防爆构造与外部导线连接法)	K35
2867-2-1985	M2005-2	礦坑用電機具微隙防爆構造 (矿坑用电机具微隙防爆构造)	K35
2867-3-1985	M2005-3	礦坑用電機具油浸防爆構造 (矿坑用电机具油浸防爆构造)	K35
2867-4-1985	M2005-4	礦坑用電機具內壓防爆構造 (矿坑用电机具内压防爆构造)	K35
2867-5-1985	M2005-5	礦坑用電機具增加安全防爆構造 (矿坑用电机具增加安全防爆构造)	K35
2867-6-1985	M2005-6	礦坑用電機具本質安全防爆構造 (矿坑用电机具本质安全防爆构造)	K35
2867-7-1985	M2005-7	電力用電機具防爆構造 (电力用电机具防爆构造)	K35
2867-8-1985	M2005-8	礦坑用電機具防爆構造之禁鬆構造 (矿坑用电机具防爆构造之禁松构造)	K35
2867-9-1985	M2005-9	礦坑用電機具防爆構造之出線盒 (矿坑用电机具防爆构造之出线盒)	K35
2941-1973	M2006	電容器型發爆器 (电容器型发爆器)	G89
3173-1985	M2007	礦場安全標識 (矿场安全标识)	D98
3174-1970	M2008	礦用安全電燈 (矿用安全电灯)	D98
3175-1971	M2009	安全電燈用被護電線 (安全电灯用被护电线)	K12
3285-1971	M2010	礦坑通風用鋼管 (矿坑通风用钢管)	H48
3524-1986	M2011	礦車用熔接三環鏈 (矿车用熔接三环链)	S31
3525-2005	M2012	礦車連結器 (矿车连结器)	S31
3680-1973	M2013	發電機型發爆器 (发电机型发爆器)	G89
5242-1980	M2014	干涉型可燃性氣體檢定器 (干涉型可燃性气体检定器)	D00
5243-1980	M2015	火焰安全燈 (火焰安全灯)	D98
5244-1980	M2016	礦用葉輪式風速計 (矿用叶轮式风速计)	D98
5245-1980	M2017	活動鑿岩鑽頭用螺紋 (活动凿岩钻头用螺纹)	J04
5246-1980	M2018	CA-7 型鎬煤機之尺度 (CA-7 型镐煤机之尺度)	D98

标准号	台湾地区标准分类号	标准名称	中国标准分类
5247-1980	M2019	活動鑿岩鑽頭用鑽楔 (活动凿岩钻头用钻楔)	J84
5248-1980	M2020	鎬煤機鋼鎬 (镐煤机钢镐)	D98
5249-1980	M2021	坑內用摩擦鐵柱 (坑内用摩擦铁柱)	D97
5250-1980	M2022	金屬樑 (金属梁)	D97
5251-1980	M2023	礦用I形鋼及魚尾板 (矿用I形钢及鱼尾板)	D80
5252-1980	M2024	比色式一氧化碳檢知器 (比色式一氧化碳检知器)	G04
5253-1980	M2025	測長式一氧化碳檢知器 (测长式一氧化碳检知器)	G04
5254-1980	M2026	礦用熱線式風速計(攜帶型) (矿用热线式风速计(携带型))	D98
5256-1980	M2027	安全護套及其炸藥 (安全护套及其炸药)	D80
5355-1980	M2028	岩石鑽機之金剛石岩心鑽頭 (岩石钻机之金刚石岩心钻头)	J84
5356-1980	M2029	岩心鑽機之金剛石修孔接頭 (岩心钻机之金刚石修孔接头)	J84
5357-1980	M2030	岩心鑽機之鎢碳鋼合金鑽頭及鑽頭胚子 (岩心钻机之钨碳钢合金钻头及钻头胚子)	J84
5358-1980	M2031	岩心鑽機之斜削鑽頭 (岩心钻机之斜削钻头)	J84
5359-1980	M2032	岩心鑽機之岩心襯套 (岩心钻机之岩心衬套)	J84
5360-1980	M2033	岩心鑽機之岩心襯套接頭 (岩心钻机之岩心衬套接头)	J84
5361-1980	M2034	岩心鑽機之岩心筒 (岩心钻机之岩心筒)	J84
5362-1980	M2035	岩心鑽機之岩心筒上接頭 (岩心钻机之岩心筒上接头)	J84
5363-1980	M2036	岩心鑽機之鑽桿 (岩心钻机之钻杆)	J84
5364-1980	M2037	岩心鑽機之鑽桿接頭 (岩心钻机之钻杆接头)	J84
5365-1980	M2038	岩心鑽機之套管 (岩心钻机之套管)	J84
5369-1980	M2039	礦車用鍛造三環鏈 (矿车用锻造三环链)	S31
5370-1982	M2040	礦用雙鏈輸送機及高強度圓鋼製環鏈之連接鉤環 (矿用双链输送机及高强度圆钢制环链之连接钩环)	D93
5371-1980	M2041	礦用雙鏈輸送機之刮板 (矿用双链输送机之刮板)	D93
5372-1980	M2042	礦用雙鏈輸送機之鏈槽 (矿用双链输送机之链槽)	D93
5373-1980	M2043	礦用雙鏈輸送機之環鏈 (矿用双链输送机之环链)	D93
5374-1980	M2044	礦用V形槽輸送鏈 (矿用V形槽输送链)	D93

标准号	台湾地区标准分类号	标准名称	中国标准分类
5375-1980	M2045	礦用H形槽輸送鏈 (矿用H形槽输送链)	D93
5619-1980	M2046	鑿岩機之夾頭襯套 (凿岩机之夹头衬套)	J84
5620-1980	M2047	鑿岩機用鑽柄之形狀及尺度 (凿岩机用钻柄之形状及尺度)	J84
5621-1980	M2048	鑿岩機用鑽桿柄之形狀及尺度 (凿岩机用钻杆柄之形状及尺度)	J84
5622-1980	M2049	鑿岩機用水管之形狀及尺度 (凿岩机用水管之形状及尺度)	J84
5623-1980	M2050	鑿岩機用鑽桿 (凿岩机用钻杆)	J84
5624-1980	M2051	鑿岩機用嵌入式鑽頭桿 (凿岩机用嵌入式钻头杆)	J84
5625-1980	M2052	鑿岩機用鑽桿延長接頭之形狀及尺度 (凿岩机用钻杆延长接头之形状及尺度)	J84
5626-1980	M2053	鑿岩機用輸氣及輸水管接頭之形狀及尺度 (凿岩机用输气及输水管接头之形状及尺度)	J84
5901-1980	M2054	干涉計型可燃性氣體自動警報器 (干涉计型可燃性气体自动警报器)	N19
5902-1980	M2055	熱線型可燃性氣體自動警報器 (热线型可燃性气体自动警报器)	N19
5904-1986	M2056	防爆用鈹銅合金開口扳手 (防爆用铍铜合金开口扳手)	J47
5905-1986	M2057	防爆用鈹銅合金鑿 (防爆用铍铜合金凿)	J84
5906-1986	M2058	防爆用鈹銅合金手鎚 (防爆用铍铜合金手锤)	J47
5907-1986	M2059	防爆用鈹銅合金雙頭方形大鎚 (防爆用铍铜合金双头方形大锤)	J47
5908-1986	M2060	防爆用鈹銅合金開桶扳手 (防爆用铍铜合金开桶扳手)	J47
5909-1986	M2061	防爆用鈹銅合金活動扳手 (防爆用铍铜合金活动扳手)	J47
5910-1986	M2062	防爆用鈹銅合金管鉗 (防爆用铍铜合金管钳)	J47
5911-1986	M2063	防爆用鈹銅合金螺絲起子 (防爆用铍铜合金螺丝起子)	J47
5912-1986	M2064	防爆用鈹銅合金偏位梅花扳手 (防爆用铍铜合金偏位梅花扳手)	J47
5913-1986	M2065	防爆用鈹銅合金鯉魚鉗 (防爆用铍铜合金鲤鱼钳)	J47
5914-1986	M2066	防爆用鈹銅合金鋼絲鉗 (防爆用铍铜合金钢丝钳)	J47
5915-1986	M2067	防爆用鈹銅合金十字鎬 (防爆用铍铜合金十字镐)	J47
6592-1980	M2068	軸流式電動局部扇風機 (轴流式电动局部扇风机)	J72
6593-1980	M2069	離心式局部扇風機(電動機直接聯結) (离心式局部扇风机(电动机直接联结))	J72
6597-1980	M2070	金屬礦場機車軌道舖設基準 (金属矿场机车轨道铺设基准)	P65

标准号	台湾地区标准分类号	标准名称	中国标准分类
6598-1980	M2071	礦用小型捲揚機 (矿用小型卷扬机)	D93
6599-1980	M2072	聚氯乙烯塑膠風管 (聚氯乙烯塑料风管)	D98
6600-1980	M2073	測定岩粉率用攜帶型偏光顯微鏡 (测定岩粉率用携带型偏光显微镜)	D91
6601-1980	M2074	氣壓型煤塵水分測定器 (气压型煤尘水分测定器)	D98
6699-1995	M2075	磨碎用球及輥子 (磨碎用球及辊子)	D94
6700-1998	M2076	簡便氧氣呼吸器 (简便氧气呼吸器)	C85
6701-1996	M2077	安全帶(繫身型) (安全带(系身型))	C73
6702-1995	M2078	煤礦防爆型電動機車用蓄電池 (煤矿防爆型电动机车用蓄电池)	K84
6703-1995	M2079	防爆型蓄電池電動機車用插頭連接器 (防爆型蓄电池电动机车用插头连接器)	S35
6704-1995	M2080	防爆型蓄電池電動機車用電池箱 (防爆型蓄电池电动机车用电池箱)	K84
6705-1998	M2081	氧氣自救呼吸器 (氧气自救呼吸器)	C85
6843-1980	M2082	選煤用戽斗提昇機 (选煤用戽斗提升机)	D93
6844-1980	M2083	索道用吊桶 (索道用吊桶)	D93
6845-1980	M2084	刨煤機用環鏈 (刨煤机用环链)	D91
6846-1980	M2085	刨煤機環鏈之鉤環 (刨煤机环链之钩环)	D98
6847-1980	M2086	防爆型蓄電池機車 (防爆型蓄电池机车)	K25
7746-1981	M2087	金屬網線(用於載隔煤屑) (金属网线(用于载隔煤屑))	D95
9415-1982	M2088	礦用高強度圓鋼製環鏈總則 (矿用高强度圆钢制环链总则)	D93
9417-1982	M2089	礦用高強度圓鋼製安全環鏈 (矿用高强度圆钢制安全环链)	D18

M3 检验

标准号	台湾地区标准分类号	标准名称	中国标准分类
284-1981	M3002	錳礦分析法總則 (锰矿分析法总则)	D32
289-1973	M3003	黃鐵礦化學檢驗法 (黄铁矿化学检验法)	D31
292-1953	M3004	閃鋅礦化學檢驗法 (闪锌矿化学检验法)	D42
2082-1962	M3005	工業級硫檢驗法 (工业级硫检验法)	G13
2507-1973	M3006	煤之結焦性試驗法 (煤之结焦性试验法)	D50

标准号	台湾地区标准分类号	标准名称	中国标准分类
2767-1988	M3007	工礦炸藥檢驗法 （工矿炸药检验法）	G89
2942-1973	M3008	電容器型發爆器檢驗法 （电容器型发爆器检验法）	G89
3378-1985	M3009	礦坑用電機具防爆構造試驗法 （矿坑用电机具防爆构造试验法）	K35
3681-1973	M3010	發電機型發爆器檢驗法 （发电机型发爆器检验法）	G89
5366-1980	M3011	岩石間接抗拉強度試驗法 （岩石间接抗拉强度试验法）	D04
5367-1980	M3012	岩石抗壓強度試驗法 （岩石抗压强度试验法）	D04
5368-1980	M3013	岩石強度試驗用採樣法及試樣備製法 （岩石强度试验用采样法及试样备制法）	D04
5376-2002	M3014	鐵礦石—分析法通則 （铁矿石—分析法通则）	D31
5376-1-2002	M3014-1	鐵礦石—鈉定量法 （铁矿石—钠定量法）	D31
5376-10-2002	M3014-10	鐵礦石—硫定量法 （铁矿石—硫定量法）	D31
5376-11-2003	M3014-11	鐵礦石—銅定量法 （铁矿石—铜定量法）	D31
5376-12-2002	M3014-12	鐵礦石—鈦定量法 （铁矿石—钛定量法）	D31
5376-13-2003	M3014-13	鐵礦石—鋁定量法 （铁矿石—铝定量法）	D31
5376-14-2003	M3014-14	鐵礦石—鈣定量法 （铁矿石—钙定量法）	D31
5376-15-2003	M3014-15	鐵礦石—鎂定量法 （铁矿石—镁定量法）	D31
5376-16-2003	M3014-16	鐵礦石—鎳定量法 （铁矿石—镍定量法）	D31
5376-17-2003	M3014-17	鐵礦石—鉻定量法 （铁矿石—铬定量法）	D31
5376-18-2003	M3014-18	鐵礦石—釩定量法 （铁矿石—钒定量法）	D31
5376-19-2003	M3014-19	鐵礦石—砷定量法 （铁矿石—砷定量法）	D31
5376-2-2002	M3014-2	鐵礦石—鉀定量法 （铁矿石—钾定量法）	D31
5376-20-2003	M3014-20	鐵礦石—錫定量法 （铁矿石—锡定量法）	D31
5376-21-2002	M3014-21	鐵礦石—鋅定量法 （铁矿石—锌定量法）	D31
5376-22-2002	M3014-22	鐵礦石—鉛定量法 （铁矿石—铅定量法）	D31
5376-23-2003	M3014-23	鐵礦石—鉍定量法 （铁矿石—铋定量法）	D31
5376-3-2002	M3014-3	鐵礦石—鈷定量法 （铁矿石—钴定量法）	D31
5376-4-2002	M3014-4	鐵礦石—結合水定量法 （铁矿石—结合水定量法）	D31

标准号	台湾地区标准分类号	标准名称	中国标准分类
5376-5-2002	M3014-5	鐵礦石—總鐵定量法 (铁矿石—总铁定量法)	D31
5376-6-2002	M3014-6	鐵礦石—酸可溶性鐵(Ⅱ)定量法 (铁矿石—酸可溶性铁(Ⅱ)定量法)	D31
5376-7-2002	M3014-7	鐵礦石—矽定量法 (铁矿石—硅定量法)	D31
5376-8-2002	M3014-8	鐵礦石—錳定量法 (铁矿石—锰定量法)	D31
5376-9-2003	M3014-9	鐵礦石—磷定量法 (铁矿石—磷定量法)	D31
5903-1986	M3022	防爆用鈹銅合金製工具類之不著火性試驗法 (防爆用铍铜合金制工具类之不着火性试验法)	J47
6594-1980	M3023	礦場捲揚用鋼索—技術標準 (矿场卷扬用钢索—技术标准)	H49
6595-1980	M3024	礦場捲揚用鋼索—麻繩之性質與檢驗 (矿场卷扬用钢索—麻绳之性质与检验)	H49
6596-1980	M3025	礦場捲揚用鋼索—浸漬化合物、潤滑劑、外表處理物之性質與檢驗 (矿场卷扬用钢索—浸渍化合物、润滑剂、外表处理物之性质与检验)	H49
6698-1995	M3026	磨碎工作指數試驗法 (磨碎工作指数试验法)	D94
6706-1995	M3027	鑿岩機性能試驗法 (凿岩机性能试验法)	J84
6708-1995	M3028	氣動螺鑽機性能試驗法 (气动螺钻机性能试验法)	J84
6937-1981	M3029	精製硫磺之分析法 (精制硫磺之分析法)	D50
6938-1981	M3030	造紙用填料及塗佈用白土之試驗法 (造纸用填料及涂布用白土之试验法)	D54
6939-1981	M3031	煤礦用石粉之品質標準 (煤矿用石粉之质量标准)	C84
7280-1981	M3032	銅、鉛、鋅、金、銀等之礦砂之採樣法 (铜、铅、锌、金、银等之矿砂之采样法)	D40
7281-1981	M3033	礦石中金及銀定量法總則 (矿石中金及银定量法总则)	D40
7282-1981	M3034	矽酸鹽礦中金及銀定量法 (硅酸盐矿中金及银定量法)	D53
7283-1981	M3035	氧化礦中金及銀定量法 (氧化矿中金及银定量法)	D40
7284-1981	M3036	硫化礦中金及銀定量法 (硫化矿中金及银定量法)	D51
7285-1981	M3037	含碲礦中金及銀定量法 (含碲矿中金及银定量法)	D51
7286-1981	M3038	含鉍礦中金及銀定量法 (含铋矿中金及银定量法)	D42
7287-1981	M3039	氰化法沉澱物中金及銀定量法 (氰化法沉淀物中金及银定量法)	H05
7288-1981	M3040	鑌銅及硬碴中金及銀定量法 (镔铜及硬碴中金及银定量法)	H13
7289-1981	M3041	泡銅中金及銀定量法 (泡铜中金及银定量法)	H13

标准号	台湾地区标准分类号	标准名称	中国标准分类
7290-1981	M3042	粗金銀錠中金及銀定量法 (粗金银锭中金及银定量法)	H15
7291-1981	M3043	泡銅中銅定量法 (泡铜中铜定量法)	H62
7441-1981	M3044	泡銅之採樣法及水份決定法 (泡铜之采样法及水份决定法)	H13
7442-1981	M3045	氰化法沉澱物之採樣法及水份決定法 (氰化法沉淀物之采样法及水份决定法)	H05
7443-1981	M3046	粗金銀錠之採樣法 (粗金银锭之采样法)	H15
7509-1981	M3047	礦砂中鎳定量法(二甲基乙二醛二肟重量法) (矿砂中镍定量法(二甲基乙二醛二肟重量法))	D04
7510-1981	M3048	礦砂中鎳定量法(二甲基乙二醛二肟分離 EDTA 滴定法) (矿砂中镍定量法(二甲基乙二醛二肟分离 EDTA 滴定法))	D04
7511-1981	M3049	礦砂中鎳定量法(氰化鉀直接滴定法) (矿砂中镍定量法(氰化钾直接滴定法))	D04
7512-1981	M3050	礦砂中鎳定量法(二甲基乙二醛二肟吸光光度法) (矿砂中镍定量法(二甲基乙二醛二肟吸光光度法))	D04
7513-1981	M3051	礦砂中錫定量法 (矿砂中锡定量法)	D04
7514-1981	M3052	礦砂中鎢定量法(熔解法) (矿砂中钨定量法(熔解法))	D04
7515-1981	M3053	礦砂中鎢定量法(酸分解法) (矿砂中钨定量法(酸分解法))	D04
7516-1981	M3054	礦砂中鈷定量法(重量法) (矿砂中钴定量法(重量法))	D40
7517-1981	M3055	礦砂中鈷定量法(電位差滴定法) (矿砂中钴定量法(电位差滴定法))	D04
7518-1981	M3056	礦砂中鈷定量法(極譜分析法) (矿砂中钴定量法(极谱分析法))	D04
7519-1981	M3057	礦砂中鈷定量法(吸光光度法) (矿砂中钴定量法(吸光光度法))	D04
7520-1981	M3058	礦砂中銻定量法 (矿砂中锑定量法)	D04
7824-1981	M3059	錳礦中化合水定量法(重量法) (锰矿中化合水定量法(重量法))	D32
7825-1981	M3060	錳礦中錳定量法(鉍酸鈉氧化法) (锰矿中锰定量法(铋酸钠氧化法))	D32
7826-1981	M3061	錳礦中錳定量法(過錳酸鉀直接滴定法) (锰矿中锰定量法(过锰酸钾直接滴定法))	D32
7827-1981	M3062	錳礦中錳定量法(草酸鈉直接滴定法) (锰矿中锰定量法(草酸钠直接滴定法))	D32
7828-1981	M3063	錳礦中活性氧定量法(硫酸亞鐵法) (锰矿中活性氧定量法(硫酸亚铁法))	D32
7829-1981	M3064	錳礦中活性氧定量法(草酸鈉法) (锰矿中活性氧定量法(草酸钠法))	D32
7830-1981	M3065	錳礦中鐵定量法(重鉻酸鉀滴定法) (锰矿中铁定量法(重铬酸钾滴定法))	D32
7831-1981	M3066	錳礦中鐵定量法(鄰-二氮雜菲吸光光度法) (锰矿中铁定量法(邻-二氮杂菲吸光光度法))	D32
7832-1981	M3067	錳礦中二氧化矽定量法(重量法) (锰矿中二氧化硅定量法(重量法))	D32

标准号	台湾地区标准分类号	标准名称	中国标准分类
7833-1981	M3068	錳礦中硫定量法(重量法) (锰矿中硫定量法(重量法))	D32
7834-1981	M3069	錳礦中氧化鋁定量法(滴定法) (锰矿中氧化铝定量法(滴定法))	D32
7835-1981	M3070	錳礦中氧化鈣定量法(過錳酸鉀滴定法) (锰矿中氧化钙定量法(过锰酸钾滴定法))	D32
7836-1981	M3071	錳礦中氧化鈣定量法(EDTA 滴定法) (锰矿中氧化钙定量法(EDTA 滴定法))	D32
7837-1981	M3072	錳礦中氧化鈣定量法(火焰光度法) (锰矿中氧化钙定量法(火焰光度法))	D32
8041-1981	M3073	礦砂中銅定量法總則 (矿砂中铜定量法总则)	D04
8042-1981	M3074	礦砂中銅定量法(電解重量法) (矿砂中铜定量法(电解重量法))	D04
8043-1981	M3075	礦砂中銅定量法(硫代硫酸鈉滴定法) (矿砂中铜定量法(硫代硫酸钠滴定法))	D40
8044-1981	M3076	礦砂中銅定量法(銅氨錯離子吸光光度法) (矿砂中铜定量法(铜氨错离子吸光光度法))	D04
8045-1981	M3077	礦砂中銅定量法(原子吸光法) (矿砂中铜定量法(原子吸光法))	D04
8046-1981	M3078	鐵礦中銅定量法(硫代硫酸鈉滴定法) (铁矿中铜定量法(硫代硫酸钠滴定法))	D31
8047-1981	M3079	鐵礦中銅定量法(雙環己酮乙二醯二腙(BCOD)吸光光度法) (铁矿中铜定量法(双环己酮乙二酰二腙(BCOD)吸光光度法))	D31
8435-1982	M3080	長石分析法總則 (长石分析法总则)	D53
8436-1982	M3081	長石中燒失量定量法 (长石中烧失量定量法)	D53
8437-1982	M3082	長石中二氧化矽定量法(脫水重量及吸光光度併用法) (长石中二氧化硅定量法(脱水重量及吸光光度并用法))	D53
8438-1982	M3083	長石中二氧化矽定量法(凝集重量及吸光光度併用法) (长石中二氧化硅定量法(凝集重量及吸光光度并用法))	D53
8439-1982	M3084	長石中氧化鋁定量法(喔星重量法) (长石中氧化铝定量法(喔星重量法))	D53
8440-1982	M3085	長石中氧化鋁定量法(EDTA-鋅逆滴定法) (长石中氧化铝定量法(EDTA-锌逆滴定法))	D53
8441-1982	M3086	長石中氧化鐵定量法(鄰-二氮雜菲吸光光度法) (长石中氧化铁定量法(邻-二氮杂菲吸光光度法))	D53
8442-1982	M3087	長石中二氧化鈦定量法(二安替比林基代甲烷吸光光度法) (长石中二氧化钛定量法(二安替比林基代甲烷吸光光度法))	D53
8443-1982	M3088	長石中氧化鈉定量法(重量法) (长石中氧化钠定量法(重量法))	D53
8444-1982	M3089	長石中氧化鈉定量法(火焰光度法) (长石中氧化钠定量法(火焰光度法))	D53
8445-1982	M3090	長石中氧化鈉定量法(原子吸光法) (长石中氧化钠定量法(原子吸光法))	D53
8446-1982	M3091	長石中氧化鉀定量法(重量法) (长石中氧化钾定量法(重量法))	D53
8447-1982	M3092	長石中氧化鉀定量法(火焰光度法) (长石中氧化钾定量法(火焰光度法))	D53
8448-1982	M3093	長石中氧化鉀定量法(原子吸光法) (长石中氧化钾定量法(原子吸光法))	D53

标准号	台湾地区标准分类号	标准名称	中国标准分类
8854-1982	M3094	礦砂中砷定量法(蒸餾分離滴定法) (矿砂中砷定量法(蒸馏分离滴定法))	D04
8855-1982	M3095	礦砂中砷定量法(硫化氫分離滴定法) (矿砂中砷定量法(硫化氢分离滴定法))	D40
8856-1982	M3096	礦砂中砷定量法(砷酸銀分離滴定法) (矿砂中砷定量法(砷酸银分离滴定法))	D04
8857-1982	M3097	礦砂中鉍定量法(重量法) (矿砂中铋定量法(重量法))	D04
8858-1982	M3098	礦砂中鉍定量法(滴定法) (矿砂中铋定量法(滴定法))	D04
9416-1982	M3099	礦用高強度圓鋼製環鏈之檢驗法 (矿用高强度圆钢制环链之检验法)	D93
9418-1982	M3100	礦用雙鏈輸送機及高強度圓鋼製環鏈之連接鉤環檢驗法 (矿用双链输送机及高强度圆钢制环链之连接钩环检验法)	D93
9419-1982	M3101	白雲石灼熱減量定量法 (白云石灼热减量定量法)	D52
9420-1982	M3102	白雲石中二氧化矽定量法(重量法) (白云石中二氧化硅定量法(重量法))	D52
9421-1982	M3103	白雲石中氧化鋁定量法(EDTA 滴定法) (白云石中氧化铝定量法(EDTA 滴定法))	D50
9422-1982	M3104	白雲石中氧化鋁定量法(重量法) (白云石中氧化铝定量法(重量法))	D52
9423-1982	M3105	白雲石中氧化鐵定量法(鄰-二氮雜菲吸光光度法) (白云石中氧化铁定量法(邻-二氮杂菲吸光光度法))	D50
9424-1982	M3106	白雲石中氧化鈣定量法(EDTA 滴定法) (白云石中氧化钙定量法(EDTA 滴定法))	D50
9425-1982	M3107	白雲石中氧化鎂定量法(EDTA 間接滴定法) (白云石中氧化镁定量法(EDTA 间接滴定法))	D52
9426-1982	M3108	白雲石中氧化鎂定量法(EDTA 直接滴定法) (白云石中氧化镁定量法(EDTA 直接滴定法))	D52
9427-1982	M3109	白雲石中氧化磷定量法(甲基異丁基酮吸光光度法) 白云石中氧化磷定量法(甲基异丁基酮吸光光度法))	D52
9531-1982	M3110	不測定孔隙壓之不排水岩心試樣三軸抗壓強度試驗法 (不测定孔隙压之不排水岩心试样三轴抗压强度试验法)	D04
9532-1982	M3111	完整岩心試樣之直接抗拉強度試樣法 (完整岩心试样之直接抗拉强度试样法)	D04
10111-1983	M3112	天然及人造冰晶石試樣之製備與儲存 (天然及人造冰晶石试样之制备与储存)	D59
10112-1983	M3113	天然及人造冰晶石中二氧化矽定量法(還原鉬矽酸鹽吸光光度法) (天然及人造冰晶石中二氧化硅定量法(还原钼硅酸盐吸光光度法))	D59
10113-1983	M3114	天然及人造冰晶石中氟定量法(改良威拉-溫特法) (天然及人造冰晶石中氟定量法(改良乌伊拉-温特法))	D50
10114-1983	M3115	天然及人造冰晶石中鐵定量法(二氮雜菲吸光光度法) (天然及人造冰晶石中铁定量法(二氮杂菲吸光光度法))	D59
10115-1983	M3116	天然及人造冰晶石中鈉定量法(火焰光度法及原子吸光法) (天然及人造冰晶石中钠定量法(火焰光度法及原子吸光法))	D59
10116-1983	M3117	天然及人造冰晶石中鋁定量法〔喔星(8-羥基喹啉)重量法〕 (天然及人造冰晶石中铝定量法〔喔星(8-羟基喹啉)重量法〕)	D59
10117-1983	M3118	天然及人造冰晶石中鋁定量法(原子吸光法) (天然及人造冰晶石中铝定量法(原子吸光法))	D59

标准号	台湾地区 标准分类号	标准名称	中国标准 分类
10118-1983	M3119	天然及人造冰晶石中鈣定量法(火焰原子吸光法) (天然及人造冰晶石中钙定量法(火焰原子吸光法))	D59
10119-1983	M3120	天然及人造冰晶石中游離氟化物定量法(傳統試驗法) (天然及人造冰晶石中游离氟化物定量法(传统试验法))	D59
10120-1983	M3121	天然及人造冰晶石與工業用氟化鋁中水定量法(電計滴定法) (天然及人造冰晶石与工业用氟化铝中水定量法(电计滴定法))	D50
10121-1983	M3122	天然及人造冰晶石與工業用氟化鋁中水分定量法(重量法) (天然及人造冰晶石与工业用氟化铝中水分定量法(重量法))	D59
10122-1983	M3123	天然及人造冰晶石與工業用氟化鋁中硫酸鹽定量法(硫酸鋇重量法) (天然及人造冰晶石与工业用氟化铝中硫酸盐定量法(硫酸钡重量法))	D59
10123-1983	M3124	天然及人造冰晶石與工業用氟化鋁中磷定量法(還原鉬磷酸鹽吸光光度法) (天然及人造冰晶石与工业用氟化铝中磷定量法(还原钼磷酸盐吸光光度法))	D59
10124-1983	M3125	天然及人造冰晶石與工業用氟化鋁中硫定量法(X射線螢光光譜分析法) (天然及人造冰晶石与工业用氟化铝中硫定量法(X射线荧光光谱分析法))	D59
10181-1983	M3126	鐵礦中二氧化鈦定量法(二安替比林基甲烷吸光光度法) (铁矿中二氧化钛定量法(二安替比林基甲烷吸光光度法))	D31
10661-1983	M3137	煤炭採樣法 (煤炭采样法)	D20
10662-1983	M3138	焦炭採樣法 (焦炭采样法)	D21
10820-1984	M3139	煤炭及焦炭檢驗通則 (煤炭及焦炭检验通则)	D21
10821-1984	M3140	煤炭及焦炭之內含水分定量法 (煤炭及焦炭之内含水分定量法)	D21
10822-1984	M3141	煤炭及焦炭之灰分定量法 (煤炭及焦炭之灰分定量法)	D21
10823-1984	M3142	煤炭及焦炭之揮發分定量法 (煤炭及焦炭之挥发分定量法)	D21
10824-1984	M3143	煤炭及焦炭之固定碳計算法 (煤炭及焦炭之固定碳计算法)	D21
10825-1984	M3144	煤炭及焦炭之碳及氫定量法(李比希氏法) (煤炭及焦炭之碳及氢定量法(李比希氏法))	D21
10826-1984	M3145	煤炭及焦炭之總硫分定量法(艾席卡氏法) (煤炭及焦炭之总硫分定量法(艾席卡氏法))	D21/H32
10827-1984	M3146	煤炭及焦炭之總硫分定量法(高溫燃燒法) (煤炭及焦炭之总硫分定量法(高温燃烧法))	D21
10828-1984	M3147	煤炭及焦炭之氮定量法(克氏法) (煤炭及焦炭之氮定量法(克氏法))	D21
10829-1984	M3148	煤炭及焦炭之氧含量計算法 (煤炭及焦炭之氧含量计算法)	D21
10830-1984	M3149	煤炭及焦炭之磷定定法(鉬藍吸光光度法) (煤炭及焦炭之磷定定法(钼蓝吸光光度法))	D21
10831-1984	M3150	煤灰與焦灰之不燃燒性硫定量法 (煤灰与焦灰之不燃烧性硫定量法)	D21
10832-1984	M3151	煤炭中氯含量定量法 (煤炭中氯含量定量法)	D21

标准号	台湾地区标准分类号	标准名称	中国标准分类
10833-1984	M3152	煤炭中各種型態硫之定量法 (煤炭中各种型态硫之定量法)	D21
10834-1984	M3153	煤炭及焦炭之碳及氮定量法(謝惠德氏高溫法) (煤炭及焦炭之碳及氮定量法(谢惠德氏高温法))	D21
10835-1984	M3154	固體燃料之總熱值測定法(彈卡計法)及淨熱值之計算 (固体燃料之总热值测定法(弹卡计法)及净热值之计算)	D20
10836-1984	M3155	煤炭灰分及焦炭灰分之分析法 (煤炭灰分及焦炭灰分之分析法)	D21
10941-1984	M3156	粉碎煤之採樣及粒度分析法 (粉碎煤之采样及粒度分析法)	D20
10942-1984	M3157	無煙煤粒度分析法 (无烟煤粒度分析法)	D21
10943-1984	M3158	煉焦用細碎煙煤粒度分析法 (炼焦用细碎烟煤粒度分析法)	D24
10944-1984	M3159	燃料煤粒度分析法 (燃料煤粒度分析法)	D21
10945-1984	M3160	煉焦用細碎煙煤容積比重測定法 (炼焦用细碎烟煤容积比重测定法)	D24
10946-1984	M3161	煤炭耐墜試驗法 (煤炭耐坠试验法)	D21
10947-1984	M3162	煤炭自由膨脹指數測定法 (煤炭自由膨胀指数测定法)	D21
10948-1984	M3163	煤灰及焦灰之熔融性測定法 (煤灰及焦灰之熔融性测定法)	D21
11017-1984	M3164	煤炭易磨性試驗法(哈氏指數法) (煤炭易磨性试验法(哈氏指数法))	D21
11018-1984	M3165	反射光顯微鏡分析用煤樣調製法 (反射光显微镜分析用煤样调制法)	D21
11019-1984	M3166	煤炭有機成分反射光顯微鏡測定法 (煤炭有机成分反射光显微镜测定法)	D21
11020-1984	M3167	煤炭岩相組成反射光顯微鏡測定法 (煤炭岩相组成反射光显微镜测定法)	D21
11021-1984	M3168	煤炭黏結力測定法(羅加法) (煤炭黏结力测定法(罗加法))	D21
11022-1984	M3169	煤炭黏結力測定法(格銳京焦炭試驗法) (煤炭黏结力测定法(格锐京焦炭试验法))	D21
11023-1984	M3170	煤炭膨脹性試驗法(膨脹計法) (煤炭膨胀性试验法(膨胀计法))	D21
11024-1984	M3171	煤炭流動性試驗法(塑性計法) (煤炭流动性试验法(塑性计法))	D21
11025-1984	M3172	煤炭浮沉試驗法 (煤炭浮沉试验法)	D21
11115-1984	M3173	焦炭容積密度測定法(大型容器) (焦炭容积密度测定法(大型容器))	H32
11116-1984	M3174	焦炭容積密度測定法(小型容器) (焦炭容积密度测定法(小型容器))	H32
11117-1984	M3175	焦炭粒度分析法(標稱粒度大於20 mm) (焦炭粒度分析法(标称粒度大于20 mm))	H32
11118-1984	M3176	焦炭粒度分析法(標稱粒度 20 mm 以下) (焦炭粒度分析法(标称粒度 20 mm 以下))	H32
11119-1984	M3177	焦炭墜落強度檢驗法 (焦炭坠落强度检验法)	H32

标准号	台湾地区 标准分类号	标准名称	中国标准 分类
11120-1984	M3178	焦炭機械強度試驗法(標稱粒度大於 20mm) (焦炭机械强度试验法(标称粒度大于 20mm))	H32
11121-1984	M3179	焦炭真密度、視密度及孔隙度測定法 (焦炭真密度、视密度及孔隙度测定法)	H32
11122-1984	M3180	焦炭反應性試驗法 (焦炭反应性试验法)	H32
11223-1985	M3181	耐火黏土化學分析法 (耐火黏土化学分析法)	D54
11287-1985	M3182	矽石及矽砂化學分析法 (硅石及硅砂化学分析法)	D53
11288-1985	M3183	硫化鐵礦及硫磺礦採樣法及水分測定法 (硫化铁矿及硫磺矿采样法及水分测定法)	D31
11393-1985	M3184	石灰石化學分析法 (石灰石化学分析法)	A43
11457-1985	M3185	煉銅用廢雜銅及銅屑之採樣法及銅含量、水分決定法 (炼铜用废杂铜及铜屑之采样法及铜含量、水分决定法)	H13
11837-1987	M3186	礦砂中硫定量法 (矿砂中硫定量法)	D04
11838-1987	M3187	礦砂中硒定量法 (矿砂中硒定量法)	D40
11839-1987	M3188	礦砂中鈾定量法 (矿砂中铀定量法)	D04
11840-1987	M3189	礦砂中釷定量法 (矿砂中钍定量法)	D04
11841-1987	M3190	礦砂中稀土族定量法 (矿砂中稀土族定量法)	D04
11842-1987	M3191	礦砂中釔定量法 (矿砂中钇定量法)	D04
11843-1987	M3192	礦砂中釔系稀土族定量法 (矿砂中钇系稀土族定量法)	D40
11844-1987	M3193	礦砂中鈮及鉭定量法 (矿砂中铌及钽定量法)	D04
12280-1988	M3194	鉻礦、錳礦及鐵錳礦之採樣法及水分粒度測定法 (铬矿、锰矿及铁锰矿之采样法及水分粒度测定法)	D30
12312-1988	M3195	散裝非鐵金屬浮選精砂採樣法 (散装非铁金属浮选精砂采样法)	D04
12313-2005	M3196	鐵礦 石—矽、鈣、錳、鋁、鈦、鎂、磷、硫及鉀定量法—波長分散型X射線螢光光譜分析法 (铁矿 石—硅、钙、锰、铝、钛、镁、磷、硫及钾定量法—波长分散型 X 射线荧光光谱分析法)	D31
12314-1988	M3197	鉻礦砂分析法通則 (铬矿砂分析法通则)	D33
12315-1988	M3198	鉻礦砂中之氧化鉻定量法 (铬矿砂中之氧化铬定量法)	D33
12316-1988	M3199	鉻礦砂中之鐵定量法 (铬矿砂中之铁定量法)	D33
12317-1988	M3200	鉻礦砂中之二氧化矽定量法 (铬矿砂中之二氧化硅定量法)	D33
12318-1988	M3201	鉻礦砂中之氧化鎂定量法 (铬矿砂中之氧化镁定量法)	D33
12319-1988	M3202	鉻礦砂中之氧化鋁定量法 (铬矿砂中之氧化铝定量法)	D33

标 准 号	台湾地区标准分类号	标 准 名 称	中国标准分 类
12320-1988	M3203	鉻礦砂中之磷定量法 (铬矿砂中之磷定量法)	D33
12321-1988	M3204	鉻礦砂中之硫定量法 (铬矿砂中之硫定量法)	D33
14443-2000	M3205	板岩抗風化試驗法 (板岩抗风化试验法)	D53
14444-2000	M3206	板岩吸水率試驗法 (板岩吸水率试验法)	D53
14445-2000	M3207	板岩撓曲試驗法 (板岩挠曲试验法)	D53
14446-2000	M3208	岩石熱膨脹測定法 (岩石热膨胀测定法)	Q13
14447-2000	M3209	天然飾面石材表面光澤度測定法 (天然饰面石材表面光泽度测定法)	D53
14832-2004	M3210	鐵礦石—取樣及試樣調製法 (铁矿石—取样及试样调制法)	D41
14833-2004	M3211	鐵礦石—批之水分決定法 (铁矿石—批之水分决定法)	D31
14960-2005	M3212	鐵礦石—依篩分之粒度分布測定法 (铁矿石—依筛分之粒度分布测定法)	D31

M4 一 般

标 准 号	台湾地区标准分类号	标 准 名 称	中国标准分 类
6589-1980	M4001	詳細地質圖、計劃圖與地質剖面圖之圖形符號通則 (详细地质图、计划图与地质剖面图之图形符号通则)	D10
6590-1980	M4002	詳細地質圖、計劃圖與地質剖面圖之圖形符號:沉積岩表示法 (详细地质图、计划图与地质剖面图之图形符号:沉积岩表示法)	D10
6591-1980	M4003	詳細地質圖、計劃圖與地質剖面圖之圖形符號:火成岩表示法 (详细地质图、计划图与地质剖面图之图形符号:火成岩表示法)	D10
6697-1980	M4004	礦場符號 (矿场符号)	D10
6707-1995	M4005	鑿岩機規格之標示 (凿岩机规格之标示)	J84
6709-1995	M4006	氣動馬達規格之標示 (气动马达规格之标示)	K24
11368-1985	M4007	鑽採岩心用機械及器具詞彙 (钻采岩心用机械及器具词汇)	Y04
11456-2005	M4008	粉塊混合物—取樣法通則 (粉块混合物—取样法通则)	D04

农　业

标准号	台湾地区标准分类号	标准名称	中国标准分类

N1 农产品

标准号	台湾地区标准分类号	标准名称	中国标准分类
84-1985	N1003	豬鬃 （猪鬃）	B59
85-1947	N1004	大黄標準 （大黄标准）	B38
86-1947	N1005	五倍子 （五倍子）	B66
87-1970	N1006	麝香 （麝香）	B42
179-1990	N1007	茶葉 （茶叶）	X55
820-1985	N1009	粗製水禽羽 （粗制水禽羽）	B45
821-1987	N1010	洋蔥等級及包裝 （洋葱等级及包装）	B31
1119-1998	N1012	蒜頭 （蒜头）	B36
1120-1998	N1013	生薑 （生姜）	B36
1121-1997	N1014	寬皮柑類 （宽皮柑类）	B31
1122-1990	N1015	鳳梨等級及包裝 （菠萝等级及包装）	B31
1348-1998	N1016	分蔥頭 （分葱头）	B36
1446-1989	N1017	芝麻 （芝麻）	B33
1447-2001	N1018	花生 （花生）	B33
1449-1997	N1020	西瓜 （西瓜）	B31
2051-1982	N1021	荸薺 （荸荠）	B31
2090-1982	N1023	胡蘿蔔等級 （胡萝卜等级）	B31
2091-1982	N1024	蘿蔔等級及包裝 （萝卜等级及包装）	B31
2092-1982	N1025	甘藷等級 （甘藷等级）	B23
2093-1982	N1026	甘藍等級及包裝 （甘蓝等级及包装）	B31
2094-1982	N1027	結球白菜等級及包裝 （结球白菜等级及包装）	B31
2095-1982	N1028	花椰菜等級及包裝 （花椰菜等级及包装）	B31
2096-1982	N1029	茄子等級及包裝 （茄子等级及包装）	B31
2097-1982	N1030	胡瓜等級及包裝 （胡瓜等级及包装）	B31

标准号	台湾地区 标准分类号	标准名称	中国标准 分类
2098-1997	N1031	番茄 (西红柿)	B31
2099-1982	N1032	甜椒等級 (甜椒等级)	B31
2100-1996	N1033	雞蛋 (鸡蛋)	X18
2119-2008	N1034	精緻水禽羽 (精致水禽羽)	B45
2120-1982	N1035	冬瓜等級(台灣區適用) (冬瓜等级(台湾区适用))	B31
2121-1982	N1036	豌豆莢等級(台灣區適用) (豌豆荚等级(台湾区适用))	B31
2122-1982	N1037	馬鈴薯等級(台灣區適用) (马铃薯等级(台湾区适用))	B23
2123-1982	N1038	辣椒等級(台灣區適用) (辣椒等级(台湾区适用))	B36
2124-1982	N1039	隼人瓜等級 (隼人瓜等级)	B31
2125-1982	N1040	南瓜等級 (南瓜等级)	B31
2126-1995	N1041	豆薯 (豆薯)	B31
2127-1995	N1042	蓮藕 (莲藕)	B31
2128-1995	N1043	麻竹筍 (麻竹笋)	B31
2129-1995	N1044	薯蕷(山藥) (薯蓣(山药))	B31
2130-1995	N1045	檳榔芋 (槟榔芋)	B31
2131-1995	N1046	白芋 (白芋)	B31
2132-1995	N1047	菜豆 (菜豆)	B31
2133-1995	N1048	孟宗竹筍 (孟宗竹笋)	B31
2134-1995	N1049	扁蒲 (扁蒲)	B31
2211-1996	N1052	甜橙 (甜橙)	B31
2212-1996	N1053	柚 (柚)	B31
2349-1995	N1054	李 (李)	B31
2350-1995	N1055	番木瓜 (番木瓜)	B31
2378-1979	N1056	石花菜及龍鬚菜 (石花菜及龙须菜)	X20
2423-2007	N1057	稻穀 (稻谷)	B22
2424-2007	N1058	糙米 (糙米)	X11

标准号	台湾地区标准分类号	标准名称	中国标准分类
2425-2007	N1059	白米 （白米）	X11
2427-1996	N1061	小麥 （小麦）	B22
2428-1989	N1062	大麥 （大麦）	B22
2429-1989	N1063	燕麥 （燕麦）	B22
2430-1990	N1064	豆類 （豆类）	B23
2431-1989	N1065	油菜子 （油菜子）	B33
2432-1989	N1066	玉蜀黍 （玉蜀黍）	B22
2433-1981	N1067	西谷米 （西谷米）	X11
2510-1972	N1068	生獸皮 （生兽皮）	B45
2570-1985	N1069	翎羽 （翎羽）	B45
2714-1966	N1070	生骨粉 （生骨粉）	B45
2793-1989	N1071	大豆 （大豆）	B23
2817-1985	N1072	動物絨類 （动物绒类）	B45
2818-1985	N1073	亂馬毛 （乱马毛）	B45
2819-1985	N1074	狗毛 （狗毛）	B45
2820-1985	N1075	牛尾毛 （牛尾毛）	B45
2821-1985	N1076	馬鬃馬尾毛 （马鬃马尾毛）	B45
2822-1985	N1077	牛毛 （牛毛）	B45
2824-1985	N1078	山羊毛 （山羊毛）	B45
2825-1985	N1079	亂豬毛及其他亂獸毛 （乱猪毛及其他乱兽毛）	B45
2872-1995	N1080	大心芥菜 （大心芥菜）	B31
2873-1995	N1081	捲心芥菜 （卷心芥菜）	B31
2876-1995	N1082	食用甘蔗 （食用甘蔗）	B34
2880-1985	N1083	雞羽 （鸡羽）	B45
2881-1985	N1084	兔毛 （兔毛）	B45
2882-1968	N1085	小動物乾生皮 （小动物干生皮）	B45

标准号	台湾地区 标准分类号	标准名称	中国标准 分类
2951-1998	N1086	香蕉 (香蕉)	Y31
3053-1996	N1087	檸檬 (柠檬)	B31
3315-1981	N1088	林木種子 (林木种子)	B61
3316-1982	N1089	農藝作物種子 (农艺作物种子)	B21
3317-1982	N1090	蔬菜種子 (蔬菜种子)	B31
3684-1982	N1092	檬果等級及包裝 (檬果等级及包装)	B31
5627-1989	N1093	高粱 (高粱)	B22
6602-1998	N1094	芥菜子 (芥菜子)	B31
6848-1982	N1095	荔枝等級及包裝 (荔枝等级及包装)	B31
7292-1981	N1096	可可豆 (可可豆)	B35
8151-1981	N1097	咖啡及其產品語彙 (咖啡及其产品语汇)	B35
8732-1982	N1098	香辛料及調味料—豆蔻 (香辛料及调味料—豆蔻)	X44
9428-1983	N1099	硬荚豌豆等級 (硬荚豌豆等级)	B38
9628-1982	N1100	茭白筍等級 (茭白笋等级)	B31
9629-1982	N1101	絲瓜等級 (丝瓜等级)	B31
9630-1982	N1102	苦瓜等級 (苦瓜等级)	B31
9631-1982	N1103	白菜(小白菜、鳳山白菜、黃金白菜)等級 (白菜(小白菜、凤山白菜、黄金白菜)等级)	B31
9632-1982	N1104	韭菜薹等級 (韭菜薹等级)	B31
9633-1982	N1105	蕹菜(空心菜、甕菜)等級 (蕹菜(空心菜、瓮菜)等级)	B31
9634-1982	N1106	菠菜(菠菱菜)等級 (菠菜(菠菱菜)等级)	B31
9635-1982	N1107	芹菜等級 (芹菜等级)	B31
10192-1983	N1108	小胡瓜(花胡瓜)等級 (小胡瓜(花胡瓜)等级)	B31
10193-1983	N1109	嫩莖萵苣(萵苣筍)等級 (嫩茎莴苣(莴苣笋)等级)	B31
10194-1983	N1110	大蒜(青蒜)等級 (大蒜(青蒜)等级)	B31
10195-1983	N1111	蔥(北蔥、日蔥)等級 (葱(北葱、日葱)等级)	B36
10196-1983	N1112	結球萵苣等級 (结球莴苣等级)	B31

标准号	台湾地区 标准分类号	标准名称	中国标准 分类
10197-1983	N1113	青梗白菜等級 (青梗白菜等级)	B31
10198-1983	N1114	不結球萵苣(葉用)等級 (不结球莴苣(叶用)等级)	B31
10571-1983	N1115	枇杷等級 (枇杷等级)	B31
10572-1983	N1116	葡萄等級 (葡萄等级)	B31
10573-1983	N1117	横山梨等級 (横山梨等级)	B31
10574-1983	N1118	梨等級 (梨等级)	B31
10575-1983	N1119	蘋果等級 (苹果等级)	B31
10576-1983	N1120	蓮霧等級 (莲雾等级)	B31
10577-1983	N1121	楊桃等級 (杨桃等级)	B31
10578-1983	N1122	桃等級 (桃等级)	B31
12826-1990	N1123	鴨蛋 (鸭蛋)	N18
13444-1994	N1124	小麥詞彙 (小麦词汇)	X11
13445-1994	N1125	澱粉詞彙 (淀粉词汇)	X11
13446-2007	N1126	稻米辭彙 (稻米词汇)	B20
13486-1995	N1127	梅 (梅)	X26

N2 饲 料

标准号	台湾地区 标准分类号	标准名称	中国标准 分类
424-1998	N2001	花生仁餅(飼料用) (花生仁饼(饲料用))	B46
425-1998	N2002	豆餅(飼料用) (豆饼(饲料用))	B46
1417-1996	N2003	大豆粕(飼料用) (大豆粕(饲料用))	B46
2243-1995	N2004	魚粉(飼料用) (鱼粉(饲料用))	B46
2244-1995	N2005	魚溶漿(飼料用) (鱼溶浆(饲料用))	B46
2286-1999	N2006	花生粕(飼料用) (花生粕(饲料用))	B46
2287-1995	N2007	米糠(飼料用) (米糠(饲料用))	B46
2288-1995	N2008	脱脂米糠(飼料用) (脱脂米糠(饲料用))	B46
2289-1995	N2009	麩皮(飼料用) (麸皮(饲料用))	B46

标准号	台湾地区标准分类号	标准名称	中国标准分类
2290-1999	N2010	玉米粉(飼料用) (玉米粉(饲料用))	B46
2291-1995	N2011	菜子餅(飼料用) (菜子饼(饲料用))	B46
2292-1996	N2012	菜子粕(飼料用) (菜子粕(饲料用))	B46
2293-1998	N2013	銀合歡粉(飼料用) (银合欢粉(饲料用))	B46
2294-1998	N2014	狼尾草粉(飼料用) (狼尾草粉(饲料用))	B46
2295-1998	N2015	椰子粕(飼料用) (椰子粕(饲料用))	B46
2296-1983	N2016	脫脂乳粉(飼料用) (脱脂乳粉(饲料用))	B46
2297-1998	N2017	骨粉(飼料用) (骨粉(饲料用))	B46
2593-1998	N2018	醬油粕(飼料用) (酱油粕(饲料用))	B46
2594-1998	N2019	血粉(飼料用) (血粉(饲料用))	B46
2595-1984	N2020	羽毛粉(飼料用) (羽毛粉(饲料用))	B46
2710-1995	N2021	肉骨粉(飼料用) (肉骨粉(饲料用))	B46
2711-1998	N2022	亞麻仁粕(飼料用) (亚麻仁粕(饲料用))	B46
2823-1998	N2023	胡麻粕(飼料用) (胡麻粕(饲料用))	B46
2883-1998	N2024	帶殼花生餅(飼料用) (带壳花生饼(饲料用))	B46
3027-2000	N2026	配合飼料(家畜、家禽用) (配合饲料(家畜、家禽用))	B46
3054-1998	N2027	紅花子粕(飼料用) (红花子粕(饲料用))	B46
3109-1998	N2028	棉子粕(飼料用) (棉子粕(饲料用))	B46
3253-1995	N2030	蟹殼粉(飼料用) (蟹壳粉(饲料用))	B46
3302-1998	N2031	玉米餅(飼料用) (玉米饼(饲料用))	B46
3400-1995	N2032	動物油脂(飼料用) (动物油脂(饲料用))	B46
3401-1981	N2033	大麥糠(飼料用) (大麦糠(饲料用))	B46
3494-1995	N2034	魚溶粉(飼料用) (鱼溶粉(饲料用))	B46
3708-1995	N2036	魚骨粉(飼料用) (鱼骨粉(饲料用))	B46
3709-1998	N2037	蔗糖蜜(飼料用) (蔗糖蜜(饲料用))	B46
3724-1995	N2038	蝦殼粉(飼料用) (虾壳粉(饲料用))	B46

标准号	台湾地区标准分类号	标准名称	中国标准分类
3730-1995	N2039	混合魚溶粉(飼料用) (混合鱼溶粉(饲料用))	B46
3731-1995	N2040	脫殼大豆粕(飼料用) (脱壳大豆粕(饲料用))	B46
3924-1986	N2041	精製水產物肝油(飼料用) (精制水产物肝油(饲料用))	B46
3959-1986	N2042	酵母粉(飼料用) (酵母粉(饲料用))	B46
4142-1996	N2043	配合飼料(水產動物用) (配合饲料(水产动物用))	B54
4185-1998	N2044	銀合歡種子粉(飼料用) (银合欢种子粉(饲料用))	B46
4526-1995	N2045	磷酸鈣類(飼料用) (磷酸钙类(饲料用))	B46
10288-1986	N2046	酵母發酵飼料 (酵母发酵饲料)	B46
10837-1984	N2047	乳清粉(飼料用) (乳清粉(饲料用))	B46
10881-1984	N2048	酪乳粉(飼料用) (酪乳粉(饲料用))	B46

N3 肥料、农药

标准号	台湾地区标准分类号	标准名称	中国标准分类
53-2001	N3002	氯化銨(肥料級) (氯化铵(肥料级))	G21
55-2002	N3003	硝酸銨(肥料級) (硝酸铵(肥料级))	G21
262-2001	N3004	硫酸銨(肥料級) (硫酸铵(肥料级))	G21
266-2000	N3005	氰氮化鈣(肥料級) (氰氮化钙(肥料级))	G21
427-2001	N3006	過磷酸鈣(肥料級) (过磷酸钙(肥料级))	G20
428-2001	N3007	熔製磷肥 (熔制磷肥)	G21
1309-2001	N3013	尿素(肥料級) (尿素(肥料级))	G21
1436-2001	N3015	混合氮質肥料(液態) (混合氮质肥料(液态))	G21
2596-2001	N3016	蒸製骨粉肥料 (蒸制骨粉肥料)	B13
3076-2001	N3017	複合肥料 (复合肥料)	G21
3436-2001	N3018	硫酸鉀(肥料級) (硫酸钾(肥料级))	G21
3705-2001	N3019	氯化鉀(肥料級) (氯化钾(肥料级))	G21
3960-2001	N3020	垃圾堆肥 (垃圾堆肥)	G21
7068-1981	N3021	農藥有關名詞定義 (农药有关名词定义)	G23

标准号	台湾地区 标准分类号	标准名称	中国标准 分类
11845-2001	N3022	生石灰(肥料級) (生石灰(肥料级))	G21
11846-2001	N3023	消石灰(肥料級) (消石灰(肥料级))	G21
11847-2002	N3024	碳酸鈣(肥料級) (碳酸钙(肥料级))	G21
11848-2001	N3025	貝殼粉(肥料級) (贝壳粉(肥料级))	G21
11849-2001	N3026	混合石灰肥料 (混合石灰肥料)	G21
11850-2001	N3027	副產石灰肥料 (副产石灰肥料)	G21
11851-2001	N3028	硫酸鎂(肥料級) (硫酸镁(肥料级))	G21
11852-2001	N3029	氫氧化鎂(肥料級) (氢氧化镁(肥料级))	G21
11853-2001	N3030	加工鎂質肥料 (加工镁质肥料)	G21
11854-2001	N3031	腐植酸鎂肥料 (腐植酸镁肥料)	G21
11855-2001	N3032	木質素磺酸鎂肥料 (木质素磺酸镁肥料)	G21
11856-2001	N3033	副產鎂質肥料 (副产镁质肥料)	G21
11857-2001	N3034	混合鎂質肥料 (混合镁质肥料)	G21
11858-2001	N3035	硫酸錳肥料 (硫酸锰肥料)	G21
11859-2001	N3036	加工錳質肥料 (加工锰质肥料)	G21
11860-2001	N3037	礦渣錳質肥料 (矿渣锰质肥料)	G21
11861-2001	N3038	混合錳質肥料 (混合锰质肥料)	G21
11862-2001	N3039	硼酸鹽肥料 (硼酸盐肥料)	G21
11863-2001	N3040	硼酸肥料 (硼酸肥料)	G21
11864-2001	N3041	熔製硼質肥料 (熔制硼质肥料)	G21
11865-2001	N3042	加工硼質肥料 (加工硼质肥料)	G21
11866-2001	N3043	矽質石灰石肥料 (硅质石灰石肥料)	G21
11910-2001	N3044	矽酸爐渣肥料 (硅酸炉渣肥料)	G21
11911-2002	N3045	魚渣肥料 (鱼渣肥料)	G21
11912-2002	N3046	肉渣肥料 (肉渣肥料)	G21
11913-2002	N3047	肉骨粉肥料 (肉骨粉肥料)	G21

标准号	台湾地区标准分类号	标准名称	中国标准分类
11914-2002	N3048	生骨粉肥料 (生骨粉肥料)	G21
11915-2002	N3049	蒸製毛粉肥料 (蒸制毛粉肥料)	G21
11916-2002	N3050	蒸製皮革粉肥料 (蒸制皮革粉肥料)	G21
11917-2002	N3051	大豆粕肥料 (大豆粕肥料)	G21
11918-2002	N3052	花生粕肥料 (花生粕肥料)	G21
11919-2002	N3053	亞麻仁粕肥料 (亚麻仁粕肥料)	G21
11920-2002	N3054	米糠粕肥料 (米糠粕肥料)	G21
11921-2002	N3055	乾燥豆腐渣肥料 (干燥豆腐渣肥料)	G21
11922-2002	N3056	氮質海鳥糞肥料 (氮质海鸟粪肥料)	G21
11923-2002	N3057	乾燥菌體肥料 (干燥菌体肥料)	G21
11924-2002	N3058	家禽糞加工肥料 (家禽粪加工肥料)	G21
11925-2002	N3059	魚廢物加工肥料 (鱼废物加工肥料)	G21
11926-2002	N3060	副產動物質肥料 (副产动物质肥料)	G21
11927-2002	N3061	副產植物質肥料 (副产植物质肥料)	G21
11928-2002	N3062	混合有機質肥料 (混合有机质肥料)	G21
11950-2002	N3063	腐植酸銨肥料 (腐植酸铵肥料)	G21
11951-2002	N3064	硝酸鈉肥料 (硝酸钠肥料)	G21
11952-2002	N3065	硝酸鈣肥料 (硝酸钙肥料)	G21
11953-2002	N3066	硝酸銨鈣肥料 (硝酸铵钙肥料)	G21
11954-2002	N3067	丁烯醛縮合尿素肥料 (丁烯醛缩合尿素肥料)	G21
11955-2002	N3068	異丁醛縮合尿素肥料 (异丁醛缩合尿素肥料)	G21
11956-2002	N3069	裹覆尿素肥料 (裹覆尿素肥料)	G21
11957-2002	N3070	甲醛縮合尿素肥料 (甲醛缩合尿素肥料)	G21
11958-2002	N3071	硫酸甲肥料 (硫酸甲肥料)	G21
11959-2002	N3072	乙二醯二胺肥料 (乙二酰二胺肥料)	G21
11960-2002	N3073	副產氮質肥料 (副产氮质肥料)	G21

标准号	台湾地区 标准分类号	标准名称	中国标准 分类
11961-2002	N3074	混合氮質肥料 (混合氮质肥料)	G21
11963-2002	N3076	液態尿素硝酸銨肥料 (液态尿素硝酸铵肥料)	G21
11964-2002	N3077	硫酸鉀鎂肥料 (硫酸钾镁肥料)	G21
11965-2002	N3078	碳酸氫鉀肥料 (碳酸氢钾肥料)	G21
11966-2002	N3079	粗製鉀鹽肥料 (粗制钾盐肥料)	G21
11967-2002	N3080	加工滷汁鉀肥料 (加工卤汁钾肥料)	G21
11968-2002	N3081	腐植酸鉀肥料 (腐植酸钾肥料)	G21
11969-2002	N3082	矽酸鉀肥料 (硅酸钾肥料)	G21
11970-2002	N3083	副產鉀質肥料 (副产钾质肥料)	G21
12018-2002	N3084	混合鉀質肥料 (混合钾质肥料)	G21
12019-2002	N3085	腐植酸磷肥 (腐植酸磷肥)	G21
12020-2002	N3086	燒製磷肥 (烧制磷肥)	G21
12021-2002	N3087	加工磷質肥料 (加工磷质肥料)	G21
12022-2002	N3088	副產磷質肥料 (副产磷质肥料)	G21
12023-2002	N3089	重過磷酸鈣肥料 (重过磷酸钙肥料)	G21
12024-2002	N3090	混合磷質肥料 (混合磷质肥料)	G21
12025-2003	N3091	硫酸鋅肥料 (硫酸锌肥料)	G21
12026-2003	N3092	鉗合態鋅質肥料 (钳合态锌质肥料)	G21
12027-2003	N3093	氧化鋅肥料 (氧化锌肥料)	G21
12028-2003	N3094	鉗合態鐵質肥料 (钳合态铁质肥料)	G21
12029-2003	N3095	硫酸亞鐵肥料 (硫酸亚铁肥料)	G21
12030-2003	N3096	硫酸銅肥料 (硫酸铜肥料)	G21
12031-2003	N3097	鉗合態銅質肥料 (钳合态铜质肥料)	G21
12032-2003	N3098	鉬酸鈉肥料 (钼酸钠肥料)	G21
12033-2003	N3099	鉗合態錳質肥料 (钳合态锰质肥料)	G21
12034-2003	N3100	熔製微量要素肥料 (熔制微量要素肥料)	G21

标准号	台湾地区标准分类号	标准名称	中国标准分类
12099-2003	N3106	裹覆複合肥料 (裹覆复合肥料)	G21
12100-2003	N3107	家庭園藝用複合肥料 (家庭园艺用复合肥料)	G21
12101-2003	N3108	複合次微量要素肥料 (复合次微量要素肥料)	G21
12102-2003	N3109	液態複合次微量要素肥料 (液态复合次微量要素肥料)	G21
12572-2003	N3112	氧化鎂肥料 (氧化镁肥料)	G21
14534-2001	N3113	氮質肥料(液態) (氮质肥料(液态))	G21

N4 检 验

标准号	台湾地区标准分类号	标准名称	中国标准分类
1009-1986	N4003	茶葉檢驗法 (茶叶检验法)	X55
1482-1985	N4010	豬鬃檢驗法 (猪鬃检验法)	B45
1483-1985	N4011	水禽羽檢驗法 (水禽羽检验法)	B45
2101-1991	N4013	蛋檢驗法 (蛋检验法)	X18
2416-1979	N4016	石花菜及龍鬚菜檢驗法 (石花菜及龙须菜检验法)	X20
2511-1965	N4021	生獸皮檢驗法 (生兽皮检验法)	B45
2713-1978	N4023	飼料用羽毛粉之可消化蛋白質鑑定法 (饲料用羽毛粉之可消化蛋白质鉴定法)	B46
2770-1986	N4024	飼料檢驗法(總則) (饲料检验法(总则))	B46
2770-1-1986	N4024-1	飼料檢驗法(取樣) (饲料检验法(取样))	B46
2770-10-1986	N4024-10	飼料檢驗法(鹽酸不溶物之測定) (饲料检验法(盐酸不溶物之测定))	B46
2770-11-1986	N4024-11	飼料檢驗法(總糖分之測定) (饲料检验法(总糖分之测定))	B46
2770-12-1986	N4024-12	飼料檢驗法(澱粉之測定) (饲料检验法(淀粉之测定))	B46
2770-13-1986	N4024-13	飼料檢驗法(水溶性氯化物之測定) (饲料检验法(水溶性氯化物之测定))	B46
2770-14-1986	N4024-14	飼料檢驗法(尿素酶活性度試驗) (饲料检验法(尿素酶活性度试验))	B46
2770-15-1986	N4024-15	飼料檢驗法(鈣之測定) (饲料检验法(钙之测定))	B46
2770-16-1986	N4024-16	飼料檢驗法(磷之測定) (饲料检验法(磷之测定))	B46
2770-17-1986	N4024-17	飼料檢驗法(砷之測定) (饲料检验法(砷之测定))	B46
2770-18-1986	N4024-18	飼料檢驗法(鉻之測定) (饲料检验法(铬之测定))	B46

标准号	台湾地区标准分类号	标准名称	中国标准分类
2770-19-1986	N4024-19	飼料檢驗法(汞之測定) (饲料检验法(汞之测定))	B46
2770-2-1986	N4024-2	飼料檢驗法(樣品之製備) (饲料检验法(样品之制备))	B46
2770-20-1986	N4024-20	飼料檢驗法(鉛之測定) (饲料检验法(铅之测定))	B46
2770-21-1986	N4024-21	飼料檢驗法(鎘之測定) (饲料检验法(镉之测定))	B46
2770-22-2008	N4024-22	飼料檢驗法—熟化飼料粗脂肪之測定 (饲料检验法—熟化饲料粗脂肪之测定)	B46
2770-3-1986	N4024-3	飼料檢驗法(水分之測定) (饲料检验法(水分之测定))	B46
2770-4-1986	N4024-4	飼料檢驗法(粗脂肪之測定) (饲料检验法(粗脂肪之测定))	B46
2770-5-1986	N4024-5	飼料檢驗法(粗蛋白質之測定) (饲料检验法(粗蛋白质之测定))	B46
2770-6-1986	N4024-6	飼料檢驗法(揮發性鹽基態氮之測定) (饲料检验法(挥发性盐基态氮之测定))	B46
2770-7-1986	N4024-7	飼料檢驗法(尿素之測定) (饲料检验法(尿素之测定))	B46
2770-8-1986	N4024-8	飼料檢驗法(粗纖維之測定) (饲料检验法(粗纤维之测定))	B46
2770-9-1986	N4024-9	飼料檢驗法(粗灰分之測定) (饲料检验法(粗灰分之测定))	B46
2826-1985	N4025	獸毛檢驗法 (兽毛检验法)	B45
3026-1985	N4026	翎羽雞羽檢驗法 (翎羽鸡羽检验法)	B45
3080-1993	N4028	肥料中有害成分檢驗法(硫氰酸之測定) (肥料中有害成分检验法(硫氰酸之测定))	G21
3083-1970	N4029	麝香檢驗法 (麝香检验法)	B42
3287-1989	N4030	糧食類檢驗法 (粮食类检验法)	Q33
3352-1997	N4031	寬皮柑類檢驗法 (宽皮柑类检验法)	B31
3353-1997	N4032	柚檢驗法 (柚检验法)	B31
3354-1984	N4033	鳳梨檢驗法 (菠萝检验法)	B31
3355-1995	N4034	番木瓜檢驗法 (番木瓜检验法)	B31
3356-1997	N4035	西瓜檢驗法 (西瓜检验法)	B31
3357-1997	N4036	番茄檢驗法 (西红柿检验法)	B31
3491-2008	N4043	糙米檢驗法 (糙米检验法)	X11
3492-2007	N4044	白米檢驗法 (白米检验法)	X11
3493-2008	N4045	稻穀檢驗法 (稻谷检验法)	B22

标准号	台湾地区 标准分类号	标准名称	中国标准 分类
3682-1999	N4046	飼料中細菌檢驗法 (饲料中细菌检验法)	B46
4527-1982	N4047	飼料用磷酸鈣類檢驗法 (饲料用磷酸钙类检验法)	B46
5917-1999	N4048	菸葉及菸製品檢驗法—試驗場所之標準條件 (烟叶及烟制品检验法—试验场所之标准条件)	Z51
5918-1985	N4049	菸葉及菸製品檢驗法—植物鹼之測定(光譜測定法) (烟叶及烟制品检验法—植物碱之测定(光谱测定法))	B35
5919-1985	N4050	煙葉及煙制品檢驗法—煙流凝縮物内植物堿之測定(光譜測定法) (烟叶及烟制品检验法—烟流凝缩物内植物碱之测定(光谱测定法))	B35
5920-1980	N4051	菸葉及菸製品檢驗法—遺留於捲菸濾嘴内植物鹼之測定 (烟叶及烟制品检验法—遗留于卷烟滤嘴内植物碱之测定)	B35
5921-1985	N4052	菸葉及菸製品檢驗法—分析結果之表示法 (烟叶及烟制品检验法—分析结果之表示法)	B35
5922-1980	N4053	菸葉及菸製品檢驗法—遺留於濾嘴内煙流凝縮物中有色部分之測定(直接光譜測定法) (烟叶及烟制品检验法—遗留于滤嘴内烟流凝缩物中有色部分之测定(直接光谱测定法))	B35
5923-1985	N4054	菸葉及菸製品檢驗法—菸支空頭之測定 (烟叶及烟制品检验法—烟支空头之测定)	B35
5924-1985	N4055	菸葉及菸製品中二氧化矽含量之檢驗法(焚化法) (烟叶及烟制品中二氧化硅含量之检验法(焚化法))	B35
5925-1985	N4056	菸葉及菸製品中二氧化矽含量之檢驗法(濕式分解法) (烟叶及烟制品中二氧化硅含量之检验法(湿式分解法))	B35
6500-1980	N4057	肥料檢驗法(取樣) (肥料检验法(取样))	G20%B10
6501-2001	N4058	肥料檢驗法(水分之測定) (肥料检验法(水分之测定))	G20%B10
6603-1980	N4059	芥菜子乾燥減重之測定 (芥菜子干燥减重之测定)	B31
6604-1980	N4060	芥菜子中異硫氰酸丙烯酯之定量 (芥菜子中异硫氰酸丙烯酯之定量)	B31
6605-1980	N4061	芥菜子中對異硫氰酸羥基苄酯之定量 (芥菜子中对异硫氰酸羟基苄酯之定量)	B31
6710-1980	N4062	飼料中胡蘿蔔素檢驗法 (饲料中胡萝卜素检验法)	B46
6711-1980	N4063	飼用作物中氰化物檢驗法 (饲用作物中氰化物检验法)	B25
6712-1998	N4064	飼料用銅鹽檢驗法 (饲料用铜盐检验法)	B46
6940-1981	N4065	飼料中多氯聯苯之定量法 (饲料中多氯联苯之定量法)	B46
6941-1981	N4066	飼料用油脂中多氯聯苯之定量法 (饲料用油脂中多氯联苯之定量法)	B40
6942-1981	N4067	飼料用魚溶漿中多氯聯苯之定量法 (饲料用鱼溶浆中多氯联苯之定量法)	B46
6943-1981	N4068	飼料中 BHC 之定量法 (饲料中 BHC 之定量法)	B46
6944-1981	N4069	飼料中用亞鐵鹽檢驗法 (饲料中用亚铁盐检验法)	B46

标准号	台湾地区标准分类号	标准名称	中国标准分类
7066-1991	N4070	飼料及其原料中黃麴毒素檢驗法 (饲料及其原料中黄曲毒素检验法)	B46
7067-1981	N4071	飼料級棉子粕或棉子餅中游離棉子醇含量測定法 (饲料级棉子粕或棉子饼中游离棉子醇含量测定法)	B46
7293-1981	N4072	可可豆檢驗法—取樣 (可可豆检验法—取样)	B35
7294-1981	N4073	可可豆檢驗法—切剖檢驗 (可可豆检验法—切剖检验)	B35
7295-1981	N4074	可可豆檢驗法—水分之定量 (可可豆检验法—水分之定量)	B35
7838-1981	N4075	飼料添加物檢驗法—安保寧之測定 (饲料添加物检验法—安保宁之测定)	B46
8152-1981	N4076	綠(生)咖啡水分含量測定法(基礎參考法) (绿(生)咖啡水分含量测定法(基础参考法))	B35
8153-1981	N4077	綠(生)咖啡水分含量測定法(常用法) (绿(生)咖啡水分含量测定法(常用法))	B35
8314-1982	N4078	油籽—契約樣品之縮減至分析樣品 (油籽—契约样品之缩减至分析样品)	B33
8315-1982	N4079	油籽—水分及揮發物質含量之測定 (油籽—水分及挥发物质含量之测定)	B33
8316-1982	N4080	飼料添加物檢驗法—保奎諾之測定 (饲料添加物检验法—保奎诺之测定)	B46
8317-1982	N4081	飼料中保地諾之檢驗法 (饲料中保地诺之检验法)	B40
8318-1982	N4082	飼料添加物檢驗法—滴克奎諾之測定 (饲料添加物检验法—滴克奎诺之测定)	B46
8319-1982	N4083	預混飼料中維生素 A 檢驗法 (预混饲料中维生素 A 检验法)	B46
8320-1982	N4084	飼料用維生素 A 補充料檢驗法 (饲料用维生素 A 补充料检验法)	B46
8449-2001	N4085	肥料檢驗法(氮之測定) (肥料检验法(氮之测定))	G20
8450-1992	N4086	肥料檢驗法—磷之測定 (肥料检验法—磷之测定)	B10
8451-1992	N4087	肥料檢驗法—鉀之測定 (肥料检验法—钾之测定)	B10
8534-1982	N4088	飼料添加物檢驗法—衣索巴之測定 (饲料添加物检验法—衣索巴之测定)	B46
8535-1982	N4089	飼料添加物檢驗法—孟寧素之測定 (饲料添加物检验法—孟宁素之测定)	B46
8536-1982	N4090	飼料添加物檢驗法—乃卡巴精之測定 (饲料添加物检验法—乃卡巴精之测定)	B46
8730-1982	N4093	飼料中磺胺乃安之測定 (饲料中磺胺乃安之测定)	B40
8731-1982	N4094	飼料添加物檢驗法—柔林之測定 (饲料添加物检验法—柔林之测定)	B40
9025-1982	N4095	飼料添加物檢驗法—衣索金之測定 (饲料添加物检验法—衣索金之测定)	B46
9026-1982	N4096	飼料添加物檢驗法—寧畜定之測定 (饲料添加物检验法—宁畜定之测定)	B46
9027-1982	N4097	飼料添加物檢驗法—二丁基羥基甲苯與丁基羥基甲氧苯之測定 (饲料添加物检验法—二丁基羟基甲苯与丁基羟基甲氧苯之测定)	B46

标准号	台湾地区标准分类号	标准名称	中国标准分类
9028-2007	N4098	飼料添加物檢驗法—抗生素之微生物測定法通則 (饲料添加物检验法—抗生素之微生物测定法通则)	B46
9315-1982	N4100	飼料添加物檢驗法—胺苯亞砷酸之測定 (饲料添加物检验法—胺苯亚砷酸之测定)	B46
9316-2004	N4101	飼料中羥四環素、氯四環素及四環素檢驗方法 (饲料中羟四环素、氯四环素及四环素检验方法)	B46
9317-1982	N4102	飼料添加物檢驗法—枯草菌素之測定 (饲料添加物检验法—枯草菌素之测定)	B40
9533-2001	N4103	飼料中泰黴素及紅黴素之檢驗 (饲料中泰霉素及红霉素之检验)	B46
9534-2004	N4104	飼料中林可黴素檢驗方法 (饲料中林可霉素检验方法)	B46
9535-2004	N4105	飼料中新黴素檢驗方法 (饲料中新霉素检验方法)	B46
9536-1982	N4106	飼料中歐黴素之檢驗法 (饲料中欧霉素之检验法)	B46
10463-2005	N4109	飼料中青黴素之檢驗方法 (饲料中青霉素之检验方法)	B20
10464-1983	N4110	飼料添加物檢驗法—觀黴素之測定 (饲料添加物检验法—观霉素之测定)	B40
10465-2004	N4111	飼料中鏈黴素檢驗方法 (饲料中链霉素检验方法)	B20
10883-1984	N4114	飼料添加物檢驗法—丙酸之測定 (饲料添加物检验法—丙酸之测定)	B46
10884-1984	N4115	飼料添加物檢驗法—效高黴素之測定 (饲料添加物检验法—效高霉素之测定)	B46
10885-2001	N4116	飼料添加物檢驗法—防腐劑類之測定 (饲料添加物检验法—防腐剂类之测定)	B46
11123-1984	N4117	飼料添加物檢驗法—洛克沙生之測定 (饲料添加物检验法—洛克沙生之测定)	B46
11124-1984	N4118	飼料添加物檢驗法—歐來金得之測定 (饲料添加物检验法—欧来金得之测定)	B46
11125-1984	N4119	飼料添加物檢驗法—海樂福精之測定 (饲料添加物检验法—海乐福精之测定)	B46
11126-1984	N4120	飼料添加物檢驗法—乃託文之測定 (饲料添加物检验法—乃托文之测定)	B46
11127-1984	N4121	飼料添加物檢驗法—安巴素之測定 (饲料添加物检验法—安巴素之测定)	B46
11128-1984	N4122	飼料添加物檢驗法—待美嚐唑之測定 (饲料添加物检验法—待美嚐唑之测定)	B46
11129-2002	N4123	飼料中磺胺劑之檢驗 (饲料中磺胺剂之检验)	B46
11130-1984	N4124	飼料添加物檢驗法—安痢黴素之測定 (饲料添加物检验法—安痢霉素之测定)	B46
11131-1984	N4125	飼料添加物檢驗法—硫肽黴素之測定 (饲料添加物检验法—硫肽霉素之测定)	B40
11132-1984	N4126	飼料添加物檢驗法—恩黴素之測定 (饲料添加物检验法—恩霉素之测定)	B46
11133-1984	N4127	飼料添加物檢驗法—純黴素之測定 (饲料添加物检验法—纯霉素之测定)	B46
11134-1984	N4128	飼料添加物檢驗法—沙利黴素之測定 (饲料添加物检验法—沙利霉素之测定)	B46

标准号	台湾地区标准分类号	标准名称	中国标准分类
11135-1984	N4129	飼料添加物檢驗法—北里黴素之測定 (饲料添加物检验法—北里霉素之测定)	B46
11136-1984	N4130	飼料添加物檢驗法—康黴素之測定 (饲料添加物检验法—康霉素之测定)	B46
11137-1984	N4131	飼料添加物檢驗法—富樂黴素之測定 (饲料添加物检验法—富乐霉素之测定)	B46
11458-1985	N4132	菸葉檢驗法—原料批貨之取樣(總則) (烟叶检验法—原料批货之取样(总则))	B35
11459-1985	N4133	菸葉檢驗法—水分含量之測定 (烟叶检验法—水分含量之测定)	X85/B35
11460-1985	N4134	菸葉及菸製品檢驗法—有機氯農藥殘量測定 (烟叶及烟制品检验法—有机氯农药残量测定)	X85
11461-1985	N4135	菸葉及菸製品檢驗法—胺基二硫甲酸酯農藥殘量之測定(分子吸收分光儀法) (烟叶及烟制品检验法—胺基二硫甲酸酯农药残量之测定(分子吸收分光仪法))	X85
11462-1985	N4136	煙葉及煙制品檢驗法—順丁烯二醯肼抑芽素殘量測定 (烟叶及烟制品检验法—顺丁烯二酰肼抑芽素残量测定)	X85/B35
11463-2001	N4137	肥料檢驗法(總則) (肥料检验法(总则))	G20/B10
11463-1-1985	N4137-1	肥料檢驗法(矽之測定) (肥料检验法(硅之测定))	B10/G20
11463-2-1985	N4137-2	肥料檢驗法(錳之測定) (肥料检验法(锰之测定))	B10/G20
11664-1986	N4139	飼料中必利美達民之測定 (饲料中必利美达民之测定)	B46
11735-1986	N4140	精製水產物肝油檢驗法 (精制水产物肝油检验法)	B52
12573-2001	N4141	肥料檢驗法(鎂之測定) (肥料检验法(镁之测定))	G20
12900-1991	N4142	肥料檢驗法(作物毒害試驗) (肥料检验法(作物毒害试验))	G20
12954-1992	N4143	肥料中有害成分檢驗法(砷之測定) (肥料中有害成分检验法(砷之测定))	G20
12955-1992	N4144	肥料中有害成分檢驗法(鎘之測定) (肥料中有害成分检验法(镉之测定))	G20
12965-1992	N4145	肥料中有害成分檢驗法(二縮脲態氮之測定) (肥料中有害成分检验法(二缩脲态氮之测定))	G20
12966-1992	N4146	肥料中有害成分檢驗法(亞硝酸之測定) (肥料中有害成分检验法(亚硝酸之测定))	G20
12967-1992	N4147	肥料檢驗法(鋅之測定) (肥料检验法(锌之测定))	G20
12968-1992	N4148	肥料檢驗法(硼之測定) (肥料检验法(硼之测定))	G20
13027-1992	N4149	肥料檢驗法—泥炭及腐植質材料之測定 (肥料检验法—泥炭及腐植质材料之测定)	G21
13028-1992	N4150	肥料檢驗法—裹覆肥料溶出率之測定 (肥料检验法—裹覆肥料溶出率之测定)	G20
13029-1992	N4151	肥料中有害成份檢驗法—鎳之測定 (肥料中有害成份检验法—镍之测定)	G20
13030-1992	N4152	肥料中有害成份檢驗法—鉻之測定 (肥料中有害成份检验法—铬之测定)	G20

标准号	台湾地区标准分类号	标准名称	中国标准分类
13031-1992	N4153	肥料中有害成份檢驗法—鈦之測定 (肥料中有害成份检验法—钛之测定)	G20
13171-1993	N4154	肥料檢驗法(銅之測定) (肥料检验法(铜之测定))	G20
13172-1993	N4155	肥料檢驗法(鐵之測定) (肥料检验法(铁之测定))	G20
13173-1993	N4156	肥料檢驗法(鈷之測定) (肥料检验法(钴之测定))	G20
13174-1993	N4157	肥料檢驗法(鈣及鹼度之測定) (肥料检验法(钙及碱度之测定))	G20
13201-1993	N4158	肥料檢驗法(鉛之測定) (肥料检验法(铅之测定))	G20
13202-1993	N4159	肥料檢驗法(鉬之測定) (肥料检验法(钼之测定))	G20
13278-1993	N4160	肥料中有害成分檢驗法(胺基磺酸之測定) (肥料中有害成分检验法(胺基磺酸之测定))	G20
13279-1993	N4161	硫酸鹽類肥料中有害成分檢驗法(游離硫酸之測定) (硫酸盐类肥料中有害成分检验法(游离硫酸之测定))	G20
13280-1993	N4162	肥料中有害成分檢驗法(亞硫酸之測定) (肥料中有害成分检验法(亚硫酸之测定))	G20
13476-1995	N4163	穀類檢驗法—取樣 (谷类检验法—取样)	B20
13498-1995	N4164	穀類檢驗法—千粒重 (谷类检验法—千粒重)	X11
13499-1995	N4165	穀類檢驗法—灰分 (谷类检验法—灰分)	X11
13500-1995	N4166	穀類檢驗法—禾穀水分 (谷类检验法—禾谷水分)	B21
13501-1995	N4167	穀類檢驗法—玉米水分 (谷类检验法—玉米水分)	X11
13502-1995	N4168	食用甘蔗檢驗法 (食用甘蔗检验法)	X24
13511-1995	N4169	新鮮水果與蔬菜檢驗法—取樣 (新鲜水果与蔬菜检验法—取样)	B31
13560-1995	N4170	穀類檢驗法—布氏(Brabender)連續黏度法(一) (谷类检验法—布氏(Brabender)连续黏度法(一))	B22
13561-1995	N4171	穀類檢驗法—布氏(Brabender)連續黏度法(二) (谷类检验法—布氏(Brabender)连续黏度法(二))	B22
13569-1995	N4172	穀類檢驗法—α澱粉酶(澱粉液化酶)活性 (谷类检验法—α淀粉酶(淀粉液化酶)活性)	B20
13640-1996	N4173	穀類檢驗法—乾麵筋測定 (谷类检验法—干面筋测定)	X11
13641-1996	N4174	穀類檢驗法—濕麵筋測定(手洗法) (谷类检验法—湿面筋测定(手洗法))	X11
13642-1996	N4175	穀類檢驗法—濕麵筋測定(機械法) (谷类检验法—湿面筋测定(机械法))	X11
13878-1997	N4176	穀類檢驗法—沉降指數測定 (谷类检验法—沉降指数测定)	X82
14303-1999	N4177	小麥檢驗法 (小麦检验法)	B22
14373-1999	N4178	捲菸檢驗法—吸菸機用語釋義及標準條件 (卷烟检验法—吸烟机用语释义及标准条件)	X85

标准号	台湾地区标准分类号	标准名称	中国标准分类
14374-1999	N4179	捲菸檢驗法—總粒狀物及不含尼古丁乾粒狀物之測定 (卷烟检验法—总粒状物及不含尼古丁干粒状物之测定)	X85
14375-1999	N4180	捲菸檢驗法—煙流凝集物中尼古丁之測定(氣相層析法) (卷烟检验法—烟流凝集物中尼古丁之测定(气相层析法))	B30
14376-1999	N4181	捲菸檢驗法—煙流凝集物中水分之測定(氣相層析法) (卷烟检验法—烟流凝集物中水分之测定(气相层析法))	X85
14422-2000	N4182	捲菸檢驗法—抽樣 (卷烟检验法—抽样)	X85
14573-2001	N4183	澱粉及衍生產品之總磷含量之測定—分光光度法 (淀粉及衍生产品之总磷含量之测定—分光光度法)	X11
14574-2001	N4184	澱粉水解物葡萄糖當量測定法—Lane-Eynon 法 (淀粉水解物葡萄糖当量测定法—Lane-Eynon 法)	X11
14575-2001	N4185	澱粉及衍生產品二氧化硫含量之測定—酸滴定法及濁度法 (淀粉及衍生产品二氧化硫含量之测定—酸滴定法及浊度法)	X11
14618-2002	N4186	肥料檢驗法(氮素活性係數之測定) (肥料检验法(氮素活性系数之测定))	G21
14619-2002	N4187	飼料中 Salbutamol、Terbutaline 及 Clenbuterol 等受體素檢驗法 (饲料中 Salbutamol、Terbutaline 及 Clenbuterol 等受体素检验法)	B46
14643-2002	N4188	肥料檢驗法(氯及氯化鈉之測定) (肥料检验法(氯及氯化钠之测定))	G21
14680-2002	N4189	飼料中卡巴得、硝基夫喃及富來頓檢驗方法 (饲料中卡巴得、硝基夫喃及富来顿检验方法)	B46
14681-2002	N4190	肥料檢驗法(硫酸鹽之測定) (肥料检验法(硫酸盐之测定))	G21
14682-2002	N4191	肥料檢驗法(雙氰胺態氮之測定) (肥料检验法(双氰胺态氮之测定))	G20
14747-2003	N4192	肥料檢驗法(胍態氮之測定) (肥料检验法(胍态氮之测定))	G21
14748-2003	N4193	肥料檢驗法(二氧化碳之測定) (肥料检验法(二氧化碳之测定))	G21
14869-2004	N4194	飼料中四環素類之微生物篩檢方法 (饲料中四环素类之微生物筛检方法)	B20
14885-2005	N4195	飼料中氯黴素、甲磺氯黴素及氟甲磺氯黴素之檢驗方法 (饲料中氯霉素、甲磺氯霉素及氟甲磺氯霉素之检验方法)	B46
14886-2005	N4196	飼料中諾氟喹啉羧酸、大安氟喹啉羧酸、恩氟喹啉羧酸及歐氟喹啉羧酸之檢驗方法 (饲料中诺氟喹啉羧酸、大安氟喹啉羧酸、恩氟喹啉羧酸及欧氟喹啉羧酸之检验方法)	B46
14887-2005	N4197	飼料中氟滅菌、納利得酸及歐索林酸之檢驗方法 (饲料中氟灭菌、纳利得酸及欧索林酸之检验方法)	B46
14888-2005	N4198	飼料中雪華力新之檢驗方法 (饲料中雪华力新之检验方法)	B46
15075-2007	N4199	豬隻毛髮中受體素之檢驗法—salbutamol 之測定 (猪只毛发中受体素之检验法—salbutamol 之测定)	B46
15143-2007	N4200	豬隻毛髮中受體素之檢驗法—ractopamine 之測定 (猪只毛发中受体素之检验法—ractopamine 之测定)	B41
15214-2008	N4201	稻米酸鹼值檢驗法—BTB-MR 試驗法 (稻米酸碱值检验法—BTB-MR 试验法)	B22

食　品

标准号	台湾地区标准分类号	标准名称	中国标准分类

N5 食 品

标准号	台湾地区标准分类号	标准名称	中国标准分类
193-2009	N5001	食用花生油 (食用花生油)	X14
206-1998	N5002	蔗糖 (蔗糖)	X31
297-1995	N5003	味精(L-麩酸鈉) (味精(L-麸酸钠))	X66
423-2002	N5006	醬油 (酱油)	X44
550-2001	N5007	麵粉 (面粉)	X11
749-2009	N5009	食用大豆油 (食用大豆油)	X14
761-2003	N5010	人造奶油 (人造奶油)	X14
822-1982	N5011	鳳梨罐頭 (菠萝罐头)	X74
1228-2008	N5014	肉類罐頭 (肉类罐头)	X71
1229-1989	N5015	魚類罐頭 (鱼类罐头)	X73
1250-1985	N5016	洋菰罐頭 (洋菰罐头)	X79
1251-1991	N5017	番茄泥及番茄糊罐頭 (西红柿泥及西红柿糊罐头)	X77
1252-1987	N5018	果實類罐頭 (果实类罐头)	X74
1253-1995	N5019	竹筍類罐頭 (竹笋类罐头)	X77
1254-1989	N5020	醬菜類罐頭 (酱菜类罐头)	X77
1255-1982	N5021	薑類罐頭 (姜类罐头)	X77
1256-1982	N5022	荸薺罐頭 (荸荠罐头)	X77
1257-1986	N5023	豆類罐頭 (豆类罐头)	X77
1305-2006	N5024	蜂蜜 (蜂蜜)	X31
1345-2005	N5027	脫水蔬果 (脱水蔬果)	X24
1346-2005	N5028	蜜餞 (蜜饯)	X24
1347-2000	N5029	煉乳 (炼乳)	X16
1416-1998	N5030	大豆粉(食用) (大豆粉(食用))	X11

标准号	台湾地区 标准分类号	标准名称	中国标准 分类
1484-2008	N5033	粉絲 (粉丝)	X11
1486-2008	N5034	腸衣 (肠衣)	X22
2089-1995	N5036	食用瓜子 (食用瓜子)	X24
2169-1981	N5043	烏魚子 (乌鱼子)	X20
2171-2008	N5044	鹹蛋 (咸蛋)	X18
2173-2008	N5045	皮蛋 (皮蛋)	X18
2175-1985	N5046	草菰罐頭 (草菰罐头)	X79
2242-2009	N5049	食用米油 (食用米油)	X14
2246-1999	N5050	乾墨魚及乾魷魚 (干墨鱼及干鱿鱼)	X20
2247-2005	N5051	醃漬蔬果 (腌渍蔬果)	X26
2270-1995	N5052	碳酸飲料(已包裝) (碳酸饮料(已包装))	X14
2271-2009	N5053	食用芥花油 (食用芥花油)	X14
2300-2000	N5055	冷凍蝦類 (冷冻虾类)	X20
2341-1982	N5056	蜜柑罐頭 (蜜柑罐头)	X74
2342-2000	N5057	蒸發乳 (蒸发乳)	X16
2343-2001	N5058	乳粉 (乳粉)	X16
2348-1989	N5063	蘆筍罐頭 (芦笋罐头)	X77
2377-2009	N5065	水果及蔬菜汁飲料(已包裝) (水果及蔬菜汁饮料(已包装))	X51
2379-2000	N5066	魚堅魚青魚參類柴魚 (鱼坚鱼青鱼参类柴鱼)	X20
2418-1985	N5067	冷凍豌豆莢 (冷冻豌豆荚)	X26
2421-2009	N5069	食用豬脂 (食用猪脂)	X14
2434-1999	N5070	活性麵筋 (活性面筋)	X11
2509-2007	N5072	食用調製乳粉 (食用调制乳粉)	X16
2538-2000	N5073	溫參類魚脯 (温参类鱼脯)	X20
2539-1983	N5074	蔬菜類罐頭 (蔬菜类罐头)	X77
2771-1985	N5076	冷凍洋菰 (冷冻洋菰)	X26

标准号	台湾地区标准分类号	标准名称	中国标准分类
2772-2005	N5077	冷凍蔬果 （冷冻蔬果）	X26
2812-2008	N5078	冷藏、冷凍液蛋 （冷藏、冷冻液蛋）	X18
2815-2005	N5080	鹽醃梅 （盐腌梅）	X24
2816-2005	N5081	鹽漬薑 （盐渍姜）	X24
2832-2009	N5082	食用芝麻油 （食用芝麻油）	X14
2874-2000	N5083	葡萄糖漿及乾葡萄糖漿 （葡萄糖浆及干葡萄糖浆）	X31
2877-2000	N5085	乳酪 （奶酪）	X14
2878-2007	N5086	食用乳油 （食用乳油）	X14
2879-2007	N5087	食用再製乾酪(起司) （食用再制干酪(起司)）	X16
2993-1997	N5090	銀耳罐頭 （银耳罐头）	X79
3049-2009	N5091	食用紅花籽油 （食用红花籽油）	X14
3055-2001	N5092	生乳 （生乳）	X16
3056-2007	N5093	鮮乳 （鲜乳）	X16
3057-2003	N5094	調味乳 （调味乳）	X16
3058-2004	N5095	發酵乳 （发酵乳）	J43
3184-1987	N5096	玉米筍罐頭 （玉米笋罐头）	X77
3185-1982	N5097	甘藷罐頭 （甘藷罐头）	X79
3282-2008	N5098	蛋白粉 （蛋白粉）	X20
3286-1985	N5099	冷凍綠蘆筍 （冷冻绿芦笋）	X26
3314-1985	N5100	豆芽菜罐頭 （豆芽菜罐头）	X77
3348-2000	N5101	葡萄糖 （葡萄糖）	X11
3439-1995	N5105	柑橘果汁粉 （柑橘果汁粉）	X51
3497-1986	N5108	番茄罐頭 （西红柿罐头）	X77
3526-2002	N5109	蟹肉罐頭 （蟹肉罐头）	X14
3527-2009	N5110	食用玉米油 （食用玉米油）	X14
3683-1985	N5112	冷凍鳳梨 （冷冻菠萝）	X24

标准号	台湾地区标准分类号	标准名称	中国标准分类
3732-1999	N5113	冷凍魚類 (冷冻鱼类)	X20
3733-1999	N5114	冷藏及冷凍水產軟體動物 (冷藏及冷冻水产软体动物)	A15
3756-2002	N5115	蝦仁罐頭 (虾仁罐头)	X70
3757-1987	N5116	蠔菰罐頭 (蚝菰罐头)	X79
3758-1987	N5117	金菰罐頭 (金菰罐头)	W58
3898-1987	N5119	鮑魚菰罐頭 (鲍鱼菰罐头)	X79
3899-1996	N5120	麵包 (面包)	X28
3900-1997	N5121	冷凍烤鰻 (冷冻烤鳗)	X20
3925-1997	N5122	冷凍蛙腿 (冷冻蛙腿)	X20
3963-2008	N5123	蛋黃醬 (蛋黄酱)	X18
4056-2004	N5125	食鹽 (食盐)	X38
4146-1982	N5129	黃秋葵罐頭 (黄秋葵罐头)	X70
4147-1989	N5130	涼粉(仙草)罐頭 (凉粉(仙草)罐头)	X79
4148-1999	N5131	花生醬罐頭 (花生酱罐头)	X77
4149-1989	N5132	中式食品罐頭 (中式食品罐头)	X79
4186-2005	N5133	鹽漬洋菇 (盐渍洋菇)	X26
4202-2003	N5134	食用綠藻 (食用绿藻)	X04
4337-2002	N5135	蝸牛肉罐頭 (蜗牛肉罐头)	X73
4398-1997	N5136	冷凍蝸牛肉 (冷冻蜗牛肉)	X20
4453-1997	N5137	冷凍乾燥蝦仁 (冷冻干燥虾仁)	X20
4456-2002	N5138	鮪鰹魚類罐頭 (鲔鲣鱼类罐头)	X14
4528-1985	N5139	冷凍白蘆筍 (冷冻白芦笋)	X26
4640-2002	N5140	冷凍魚漿 (冷冻鱼浆)	X14
4681-1989	N5142	番茄醬罐頭 (西红柿酱罐头)	X77
4768-1979	N5143	冷凍調製食品 (冷冻调制食品)	X80
4832-2009	N5144	食用棉籽油 (食用棉籽油)	X14

标 准 号	台湾地区 标准分类号	标 准 名 称	中国标准 分 类
4833-2009	N5145	食用葵花籽油 (食用葵花籽油)	X14
4834-2009	N5146	食用椰子油 (食用椰子油)	X14
4835-2009	N5147	食用棕櫚仁油 (食用棕榈仁油)	X14
4836-2009	N5148	食用棕櫚油 (食用棕榈油)	X14
4837-2009	N5149	食用橄欖油及橄欖粕油 (食用橄榄油及橄榄粕油)	X14
4838-2005	N5150	鹽漬胡瓜 (盐渍胡瓜)	X26
4892-1997	N5154	果醬罐頭 (果酱罐头)	X24
4960-1995	N5155	糖果 (糖果)	X33
4988-2009	N5156	食用牛羊脂 (食用牛羊脂)	X14
4989-2003	N5157	食用烤酥油 (食用烤酥油)	X14
4991-2006	N5158	生麵條 (生面条)	X11
5628-1998	N5160	味噌 (味噌)	X42
5930-1985	N5161	蘋果罐頭 (苹果罐头)	X74
6394-2006	N5167	食用蕈及蕈製品 (食用蕈及蕈制品)	X26
6503-1997	N5168	食用胡椒粒及胡椒粉 (食用胡椒粒及胡椒粉)	X66
6506-2002	N5170	漁船上分級包裝冷凍蝦類 (渔船上分级包装冷冻虾类)	X14
6508-1986	N5171	乳脂冰淇淋(已包裝) (乳脂冰淇淋(已包装))	X53
6849-2008	N5174	嬰兒配方食品 (婴儿配方食品)	X82
6945-2000	N5175	冷藏魚勿仔魚脯 (冷藏鱼勿仔鱼脯)	X20
7069-2005	N5176	鹽漬竹筍 (盐渍竹笋)	X26
7522-1986	N5178	冰製食品(已包裝) (冰制食品(已包装))	X80
7523-1986	N5179	非乳脂冰淇淋(已包裝) (非乳脂冰淇淋(已包装))	X53
7524-2007	N5180	食用乳清粉 (食用乳清粉)	X26
7525-2009	N5181	食用調合植物油 (食用调合植物油)	X14
7526-2003	N5182	食用可可脂 (食用可可脂)	X14
7527-2009	N5183	食用軟質棕油 (食用软质棕油)	X14

标准号	台湾地区标准分类号	标准名称	中国标准分类
7528-2009	N5184	食用硬質棕油 (食用硬质棕油)	X14
8048-1981	N5187	香辛料及調味料之命名 (香辛料及调味料之命名)	X66
8049-1981	N5188	香辛料及調味料—咖哩粉 (香辛料及调味料—咖哩粉)	X66
8053-1999	N5189	魚鬆及魚酥 (鱼松及鱼酥)	X20
8055-1981	N5190	風味調味料 (风味调味料)	X66
8155-2009	N5192	食用熬製豬脂 (食用熬制猪脂)	X14
8156-2003	N5193	食用精製加工油脂 (食用精制加工油脂)	X14
8733-1982	N5194	香辛料及調味料—全果狀甘椒及粉狀甘椒 (香辛料及调味料—全果状甘椒及粉状甘椒)	X35
8734-1982	N5195	香辛料及調味料—全果狀辣椒及粉狀辣椒 (香辛料及调味料—全果状辣椒及粉状辣椒)	X35
9318-1982	N5196	特殊膳食用低鈉食品(包括食鹽代替品) (特殊膳食用低钠食品(包括食盐代替品))	B21
9319-1982	N5197	通心麵與西式麵條 (通心面与西式面条)	B21
9537-1996	N5198	速食麵 (方便面)	X11
9636-2002	N5199	冷藏魚類 (冷藏鱼类)	X14
9638-1982	N5200	食品中鈣磷含量檢驗法 (食品中钙磷含量检验法)	X04
9906-1983	N5201	嬰幼兒穀物類輔助食品 (婴幼儿谷物类辅助食品)	X82
10027-2006	N5202	食用椰子乾製品 (食用椰子干制品)	X24
10028-1983	N5203	食用可可粉 (食用可可粉)	X51
10029-1985	N5204	即溶咖啡 (速溶咖啡)	X51
10838-1984	N5206	嬰幼兒罐製食品 (婴幼儿罐制食品)	X82
10860-2007	N5207	乳粉類製品—總則 (乳粉类制品—总则)	X16
11138-1993	N5210	豆奶飲料(包裝) (豆奶饮料(包装))	X51
11139-1993	N5211	調製豆奶(包裝) (调制豆奶(包装))	X51
11140-1993	N5212	豆奶(包裝) (豆奶(包装))	X51
11172-2008	N5213	米粉絲 (米粉丝)	X11
11210-1993	N5214	殺菌袋(盒)裝食品 (杀菌袋(盒)装食品)	X08
11369-2000	N5215	高果糖糖漿 (高果糖糖浆)	J13

标准号	台湾地区标准分类号	标准名称	中国标准分类
11371-2001	N5216	乳糖 (乳糖)	X31
11509-2007	N5217	食用全脂羊乳粉 (食用全脂羊乳粉)	X16
11635-1995	N5218	餅乾 (饼干)	X28
11665-1986	N5219	葡萄乾(已包裝) (葡萄干(已包装))	X24
11712-1986	N5220	甜玉米罐頭 (甜玉米罐头)	X79
11809-1986	N5221	熱風乾製香菰 (热风干制香菰)	X26
11929-1987	N5222	裙帶菜乾 (裙带菜干)	X26
12149-1987	N5223	運動飲料(已包裝) (运动饮料(已包装))	X51
12650-1989	N5224	粥類罐頭 (粥类罐头)	X70
12700-2007	N5225	包裝礦泉水 (包装矿泉水)	X51
12729-2006	N5226	包裝豆腐 (包装豆腐)	X11
12730-2006	N5227	包裝豆花 (包装豆花)	X11
12852-2007	N5228	包裝飲用水 (包装饮用水)	X51
13235-2008	N5229	較大嬰兒配方輔助食品 (较大婴儿配方辅助食品)	X169
13292-2005	N5230	保久乳 (保久乳)	X16
14452-2000	N5234	大豆蛋白 (大豆蛋白)	X11
14453-2000	N5235	植物性蛋白 (植物性蛋白)	X11
14721-2003	N5236	食用藍藻 (食用蓝藻)	X04
14767-2009	N5237	食用高油酸紅花籽油 (食用高油酸红花籽油)	X14
14768-2009	N5238	食用高油酸葵花籽油 (食用高油酸葵花籽油)	X14
14834-2005	N5239	食用醋 (食用醋)	X41
14847-2004	N5240	米酒 (米酒)	X60
14848-2004	N5241	白酒 (白酒)	X61
14874-2009	N5242	食用中油酸葵花籽油 (食用中油酸葵花籽油)	X14
14875-2009	N5243	食用葡萄籽油 (食用葡萄籽油)	X14
22000-2006	N5244	食品安全管理系統—食品供應鏈中組織之要求 (食品安全管理系统—食品供应链中组织之要求)	C53

标准号	台湾地区 标准分类号	标准名称	中国标准 分　类
15144-2008	N5245	乾燥肉品 （干燥肉品）	X22
15145-2008	N5246	調理肉品 （调理肉品）	X22
15146-2008	N5247	醃漬肉品 （腌渍肉品）	X22
15147-2008	N5248	蛋類產品—總則 （蛋类产品—总则）	X22
15148-2008	N5249	冷藏冷凍畜禽肉 （冷藏冷冻畜禽肉）	X22
15149-2008	N5250	冷藏冷凍食用畜禽雜碎 （冷藏冷冻食用畜禽杂碎）	X22
15168-2008	N5251	香腸 （香肠）	X22
15170-2008	N5252	肉類產品—總則 （肉类产品—总则）	X22
15224-2008	N5253	特殊醫療用途嬰兒配方食品 （特殊医疗用途婴儿配方食品）	X16

N6　检　　验

标准号	台湾地区 标准分类号	标准名称	中国标准 分　类
548-1998	N6001	食鹽檢驗法 （食盐检验法）	X37
765-1995	N6007	味精(L-麩酸鈉)檢驗法 （味精(L-麸酸钠)检验法）	X66
967-1996	N6011	食品罐頭檢驗法—總則 （食品罐头检验法—总则）	X70
969-1996	N6013	食品罐頭檢驗法—罐外觀檢查 （食品罐头检验法—罐外观检查）	X70
970-1996	N6014	食品罐頭檢驗法—取樣 （食品罐头检验法—取样）	X70
971-1996	N6015	食品罐頭檢驗法—真空度之測定 （食品罐头检验法—真空度之测定）	X70
973-1996	N6017	食品罐頭檢驗法—罐內壁檢查 （食品罐头检验法—罐内壁检查）	X70
974-1996	N6018	食品罐頭檢驗法—裝量測定 （食品罐头检验法—装量测定）	X70
975-1996	N6019	食品罐頭檢驗法—填充汁之測定 （食品罐头检验法—填充汁之测定）	X70
978-1996	N6022	食品罐頭檢驗法—風味之檢查 （食品罐头检验法—风味之检查）	B31
979-1996	N6023	食品罐頭檢驗法—異物之檢查 （食品罐头检验法—异物之检查）	B31
1338-1998	N6026	蔗糖檢驗法 （蔗糖检验法）	X31
1451-1997	N6029	冷凍魚類檢驗法 （冷冻鱼类检验法）	X20
2170-1981	N6037	烏魚子檢驗法 （乌鱼子检验法）	X20
2301-2000	N6043	冷凍蝦類檢驗法 （冷冻虾类检验法）	X20

标准号	台湾地区 标准分类号	标准名称	中国标准 分类
3440-2007	N6056	乳品檢驗法—總則 (乳品检验法—总则)	X16
3441-2007	N6057	乳品檢驗法—酸度之滴定 (乳品检验法—酸度之滴定)	X16
3442-2007	N6058	乳品檢驗法—比重之測定 (乳品检验法—比重之测定)	X16
3443-2007	N6059	乳品檢驗法—水分之測定 (乳品检验法—水分之测定)	X16
3444-2007	N6060	乳品檢驗法—乳脂肪含量之測定 (乳品检验法—乳脂肪含量之测定)	X16
3445-2007	N6061	乳品檢驗法—乳糖之測定 (乳品检验法—乳糖之测定)	X16
3446-2007	N6062	乳品檢驗法—蔗糖之測定 (乳品检验法—蔗糖之测定)	X16
3447-2007	N6063	乳品檢驗法—磷酶之檢驗 (乳品检验法—磷酶之检验)	X16
3448-2007	N6064	乳品檢驗法—總固形物之測定 (乳品检验法—总固形物之测定)	X16
3449-2007	N6065	乳品檢驗法—蛋白質之測定 (乳品检验法—蛋白质之测定)	X16
3450-1972	N6066	乳品檢驗法(異性脂肪之鑑定) (乳品检验法(异性脂肪之鉴定))	X16
3451-2007	N6067	乳品檢驗法—沉澱物之測定 (乳品检验法—沉淀物之测定)	X16
3452-2007	N6068	乳品檢驗法—細菌之檢驗 (乳品检验法—细菌之检验)	X16
3453-2007	N6069	乳品檢驗法—生乳中抗生物質殘留之檢驗 (乳品检验法—生乳中抗生物质残留之检验)	X16
3454-2007	N6070	乳品檢驗法—乳粉溶解度指數之測定 (乳品检验法—乳粉溶解度指数之测定)	X16
3455-2007	N6071	乳品檢驗法—煉乳黏度之測定 (乳品检验法—炼乳黏度之测定)	X16
3639-2003	N6074	食用油脂檢驗法—總則 (食用油脂检验法—总则)	X14
3641-2003	N6076	食用油脂檢驗法—顏色之測定 (食用油脂检验法—颜色之测定)	X14
3642-2003	N6077	食用油脂檢驗法—水分及揮發物之測定 (食用油脂检验法—水分及挥发物之测定)	X14
3643-2003	N6078	食用油脂檢驗法—夾雜物之測定 (食用油脂检验法—夹杂物之测定)	X14
3644-2003	N6079	食用油脂檢驗法—比重之測定 (食用油脂检验法—比重之测定)	X14
3645-2003	N6080	食用油脂檢驗法—折射率之測定 (食用油脂检验法—折射率之测定)	X14
3646-2009	N6081	食用油脂檢驗法—碘價之測定 (食用油脂检验法—碘价之测定)	X14
3647-2003	N6082	食用油脂檢驗法—酸價之測定 (食用油脂检验法—酸价之测定)	X14
3648-2003	N6083	食用油脂檢驗法—皂化價之測定 (食用油脂检验法—皂化价之测定)	X14
3649-2003	N6084	食用油脂檢驗法—不皂化物之測定 (食用油脂检验法—不皂化物之测定)	X14

标准号	台湾地区标准分类号	标准名称	中国标准分类
3650-2003	N6085	食用油脂檢驗法—過氧化價之測定 (食用油脂检验法—过氧化价之测定)	X14
3651-2003	N6086	食用油脂檢驗法—混濁點之測定 (食用油脂检验法—混浊点之测定)	X14
3652-2003	N6087	食用油脂檢驗法—冷卻試驗 (食用油脂检验法—冷却试验)	X14
3653-2003	N6088	食用油脂檢驗法—穩定性試驗(活性氧化法) (食用油脂检验法—稳定性试验(活性氧化法))	X14
3722-2007	N6089	乳品檢驗法—食用乾酪灰分之測定 (乳品检验法—食用干酪灰分之测定)	X16
3723-2007	N6090	乳品檢驗法—食用乾酪氯化物含量之測定 (乳品检验法—食用干酪氯化物含量之测定)	X16
3736-2004	N6091	水果及蔬菜汁飲料檢驗法—總則 (水果及蔬菜汁饮料检验法—总则)	X51
3761-1982	N6092	碳酸飲料(汽水)檢驗法 (碳酸饮料(汽水)检验法)	X51
3791-1999	N6093	罐頭食品金屬含量檢驗法—含錫量之測定 (罐头食品金属含量检验法—含锡量之测定)	J88
3962-1997	N6094	速食麵檢驗法 (方便面检验法)	X11
4090-2009	N6097	食品中黃麴毒素檢驗法 (食品中黄曲毒素检验法)	X14
4399-1997	N6102	冷凍蝸牛肉檢驗法 (冷冻蜗牛肉检验法)	X20
4454-1997	N6103	冷凍乾燥蝦仁檢驗法 (冷冻干燥虾仁检验法)	X20
4455-1997	N6104	魚肉罐頭之血合肉判定法 (鱼肉罐头之血合肉判定法)	X73
4529-2003	N6105	食用油脂檢驗法—鉛含量之測定 (食用油脂检验法—铅含量之测定)	X14
4841-2003	N6109	食用油脂檢驗法—透明熔點試驗(毛細管法) (食用油脂检验法—透明熔点试验(毛细管法))	X14
5033-1984	N6114	食品中水分之檢驗方法 (食品中水分之检验方法)	X04
5034-1984	N6115	食品中粗灰分之檢驗方法 (食品中粗灰分之检验方法)	X04
5035-1986	N6116	食品中粗蛋白質之檢驗法 (食品中粗蛋白质之检验法)	X04
5036-1984	N6117	食品中粗脂肪之檢驗方法 (食品中粗脂肪之检验方法)	X04
5037-1997	N6118	食品檢驗法—粗纖維含量之測定 (食品检验法—粗纤维含量之测定)	X04
5255-1987	N6119	食品水分活性測定法 (食品水分活性测定法)	X00
5629-1997	N6120	食品檢驗法—異物之檢查 (食品检验法—异物之检查)	X00
5916-2001	N6121	食品中抗生物質殘留檢驗法 (食品中抗生物质残留检验法)	X10
5926-1997	N6122	香辛料及調味料之檢驗法—取樣 (香辛料及调味料之检验法—取样)	X66
5927-1997	N6123	香辛料及調味料之檢驗法—分析用粉狀樣品之製備 (香辛料及调味料之检验法—分析用粉状样品之制备)	X66

标准号	台湾地区标准分类号	标准名称	中国标准分类
5928-1997	N6124	香辛料及調味料之檢驗法—酒精萃取物之定量 (香辛料及调味料之检验法—酒精萃取物之定量)	X66
5929-1997	N6125	香辛料及調味料之檢驗法—夾雜物之定量 (香辛料及调味料之检验法—夹杂物之定量)	X66
6246-1997	N6126	醃漬食品檢驗法 (腌渍食品检验法)	X10
6257-2008	N6132	肉及肉製品檢驗法—取樣之一般規定 (肉及肉制品检验法—取样之一般规定)	X22
6258-2008	N6133	肉及肉製品檢驗法—水分含量之測定 (肉及肉制品检验法—水分含量之测定)	X22
6259-2008	N6134	肉及肉製品檢驗法—灰分含量之測定 (肉及肉制品检验法—灰分含量之测定)	X22
6260-2008	N6135	肉及肉製品檢驗法—pH值之測定 (肉及肉制品检验法—pH值之测定)	X22
6391-2008	N6137	肉及肉製品檢驗法—硝酸鹽含量之測定 (肉及肉制品检验法—硝酸盐含量之测定)	X22
6392-2008	N6138	肉及肉製品檢驗法—總脂肪含量之測定 (肉及肉制品检验法—总脂肪含量之测定)	X22
6393-2008	N6139	肉及肉製品檢驗法—游離脂肪含量之測定 (肉及肉制品检验法—游离脂肪含量之测定)	X22
6502-1997	N6140	香辛料及調味料之檢驗法—冷水萃取物之定量 (香辛料及调味料之检验法—冷水萃取物之定量)	X66
6509-1986	N6143	冰淇淋檢驗法 (冰淇淋检验法)	X53
6510-2008	N6144	肉及肉製品檢驗法—澱粉含量之測定 (肉及肉制品检验法—淀粉含量之测定)	X22
6511-2008	N6145	肉及肉製品檢驗法—粗蛋白質含量之測定 (肉及肉制品检验法—粗蛋白质含量之测定)	X22
6512-2008	N6146	肉及肉製品檢驗法—氯化物含量之測定 (肉及肉制品检验法—氯化物含量之测定)	X22
6608-2008	N6147	肉及肉製品檢驗法—L-羥基脯胺酸含量之測定 (肉及肉制品检验法—L-羟基脯胺酸含量之测定)	X22
6609-2008	N6148	肉及肉製品檢驗法—L-麩胺酸含量之測定 (肉及肉制品检验法—L-麸胺酸含量之测定)	X22
6610-2008	N6149	肉及肉製品檢驗法—黃豆粉和濃縮黃豆蛋白含量之測定 (肉及肉制品检验法—黄豆粉和浓缩黄豆蛋白含量之测定)	X22
6611-2008	N6150	肉及肉製品檢驗法—總磷含量之測定 (肉及肉制品检验法—总磷含量之测定)	X22
7070-1981	N6151	香辛料及調味料之檢驗法—水分含量之測定 (香辛料及调味料之检验法—水分含量之测定)	X66
7919-1981	N6153	香辛料及調味料之檢驗法—全灰分之定量 (香辛料及调味料之检验法—全灰分之定量)	X66
7920-1981	N6154	香辛料及調味料之檢驗法—水不溶性灰分之定量 (香辛料及调味料之检验法—水不溶性灰分之定量)	X66
7921-1981	N6155	香辛料及調味料之檢驗法—酸不溶性灰分之定量 (香辛料及调味料之检验法—酸不溶性灰分之定量)	X66
7922-1981	N6156	香辛料及調味料之檢驗法—非揮發性乙醚萃取物之定量 (香辛料及调味料之检验法—非挥发性乙醚萃取物之定量)	X66
8050-1981	N6157	香辛料及調味料之檢驗法—辣椒-辣味指數之測定 (香辛料及调味料之检验法—辣椒-辣味指数之测定)	X66

标准号	台湾地区标准分类号	标准名称	中国标准分类
8051-1981	N6158	香辛料及調味料之檢驗法—研磨細度之測定(手篩法) (香辛料及调味料之检验法—研磨细度之测定(手筛法))	X66
8052-2007	N6159	食品中組織胺檢驗法 (食品中组织胺检验法)	X04
8056-1981	N6161	風味調味料檢驗法 (风味调味料检验法)	X66
8452-2003	N6162	食用油脂檢驗法—上昇熔點之測定 (食用油脂检验法—上升熔点之测定)	X14
8622-2004	N6163	水果及蔬菜製品檢驗法—不溶性固形物之測定 (水果及蔬菜制品检验法—不溶性固形物之测定)	X10
8623-2004	N6164	水果及蔬菜製品檢驗法—錫之測定 (水果及蔬菜制品检验法—锡之测定)	X10
8624-2004	N6165	水果及蔬菜製品檢驗法—礦物質夾雜物之測定 (水果及蔬菜制品检验法—矿物质夹杂物之测定)	X10
8625-2004	N6166	水果及蔬菜製品檢驗法—鹽酸不溶灰分之測定 (水果及蔬菜制品检验法—盐酸不溶灰分之测定)	X10
8626-2004	N6167	水果及蔬菜製品檢驗法—可滴定酸度之測定 (水果及蔬菜制品检验法—可滴定酸度之测定)	X10
8859-1990	N6168	食品中維生素 A 含量測定法 (食品中维生素 A 含量测定法)	X04
8860-1982	N6169	食品中抗菌性物質殘留檢驗法(嬰兒食品用) (食品中抗菌性物质残留检验法(婴儿食品用))	C53
9320-1982	N6170	通心麵與西式麵條檢驗法 (通心面与西式面条检验法)	X11
9429-1982	N6171	飲料類製品檢驗法(皂甘素之測定) (饮料类制品检验法(皂甘素之测定))	X50
9430-1982	N6172	飲料類製品檢驗法(總固形物及水分之測定) (饮料类制品检验法(总固形物及水分之测定))	X51
9431-1982	N6173	飲料類製品檢驗法(非水溶性固形物之測定) (饮料类制品检验法(非水溶性固形物之测定))	X51
9432-2009	N6174	食品中咖啡因含量檢驗法 (食品中咖啡因含量检验法)	X50
9433-1982	N6175	飲料類製品檢驗法(香精油之測定) (饮料类制品检验法(香精油之测定))	X51
9434-1982	N6176	飲料類製品檢驗法(酸度之測定) (饮料类制品检验法(酸度之测定))	X51
9435-1982	N6177	飲料類製品檢驗法(水溶性固形物之測定) (饮料类制品检验法(水溶性固形物之测定))	X51
10030-1985	N6179	即溶咖啡檢驗法 (速溶咖啡检验法)	X51
10291-1983	N6180	飲料類製品檢驗法—甲醇之定量 (饮料类制品检验法—甲醇之定量)	X51
10888-2007	N6184	食品中亞硝酸鹽之檢驗法 (食品中亚硝酸盐之检验法)	X04
10889-1987	N6185	食品中色素之檢驗法 (食品中色素之检验法)	X04
10890-2009	N6186	食品微生物之檢驗法—生菌數之檢驗 (食品微生物之检验法—生菌数之检验)	C53
10891-1988	N6187	食品微生物之檢驗法—葡萄狀球菌之檢驗 (食品微生物之检验法—葡萄状球菌之检验)	C53

标准号	台湾地区 标准分类号	标准名称	中国标准 分类
10892-1984	N6188	食品中殺菌劑之檢驗法—有效餘氯之檢驗 (食品中杀菌剂之检验法—有效余氯之检验)	X04
10893-1994	N6189	食品中殺菌劑之檢驗法(過氧化氫之檢驗) (食品中杀菌剂之检验法(过氧化氢之检验))	X04
10949-2001	N6190	食品中防腐劑之檢驗法 (食品中防腐剂之检验法)	X42
10950-1986	N6191	食品中人工甘味劑之檢驗法 (食品中人工甘味剂之检验法)	X04
10951-1988	N6192	食品微生物之檢驗法—大腸桿菌之檢驗 (食品微生物之检验法—大肠杆菌之检验)	C53
10952-2000	N6193	食品微生物檢驗法—沙門氏桿菌之檢驗 (食品微生物检验法—沙门氏杆菌之检验)	C53
10984-1998	N6194	食品微生物之檢驗法—大腸桿菌群之檢驗 (食品微生物之检验法—大肠杆菌群之检验)	C53
11028-2007	N6196	乳品檢驗法—乳粉焦粒之測定 (乳品检验法—乳粉焦粒之测定)	X16
11247-1993	N6198	已裝食品殺菌袋(盒)檢驗法 (已装食品杀菌袋(盒)检验法)	X08
11289-1985	N6199	即溶咖啡不溶物成分測定法 (速溶咖啡不溶物成分测定法)	X14
11736-2007	N6202	乳品檢驗法—乳冰製品中脂肪含量之測定 (乳品检验法—乳冰制品中脂肪含量之测定)	X16
11737-2007	N6203	乳品檢驗法—乳脂肪中植物油脂之檢出 (乳品检验法—乳脂肪中植物油脂之检出)	X16
11810-1986	N6204	熱風乾製香蕉檢驗法 (热风干制香蕉检验法)	X26
11867-1997	N6205	食品罐頭檢驗法—檢漏試驗 (食品罐头检验法—检漏试验)	X70
11884-1987	N6206	糖果檢驗法 (糖果检验法)	X30
11930-1987	N6207	裙帶菜乾檢驗法 (裙带菜干检验法)	X26
12150-1987	N6208	運動飲料檢驗法 (运动饮料检验法)	X51
12538-1989	N6210	食品微生物檢驗法—腸炎弧菌之檢驗 (食品微生物检验法—肠炎弧菌之检验)	C53
12539-1989	N6211	食品微生物檢驗法—病原性大腸桿菌之檢驗 (食品微生物检验法—病原性大肠杆菌之检验)	X04
12540-2000	N6212	食品微生物檢驗法—仙人掌桿菌之檢驗 (食品微生物检验法—仙人掌杆菌之检验)	C53
12541-1989	N6213	食品微生物檢驗法—志賀氏桿菌之檢驗 (食品微生物检验法—志贺氏杆菌之检验)	C53
12542-1989	N6214	食品微生物檢驗法—金黃色葡萄球菌之檢驗 (食品微生物检验法—金黄色葡萄球菌之检验)	C53
12569-2006	N6215	水果及蔬菜汁飲料檢驗法—可溶性固形物之測定 (水果及蔬菜汁饮料检验法—可溶性固形物之测定)	X51
12571-2004	N6217	水果及蔬菜汁飲料檢驗法—灰分之測定 (水果及蔬菜汁饮料检验法—灰分之测定)	X51
12630-2006	N6219	水果及蔬菜汁飲料檢驗法—羥甲胺基氮之測定 (水果及蔬菜汁饮料检验法—羟甲胺基氮之测定)	X51
12631-2004	N6220	水果及蔬菜汁飲料檢驗法—磷之測定 (水果及蔬菜汁饮料检验法—磷之测定)	X51

标准号	台湾地区标准分类号	标准名称	中国标准分类
12632-2004	N6221	水果及蔬菜汁飲料檢驗法—游離胺基酸之測定 (水果及蔬菜汁饮料检验法—游离胺基酸之测定)	X50
12633-2004	N6222	水果及蔬菜汁飲料檢驗法—葡萄糖、果糖和蔗糖之測定(酵素法) (水果及蔬菜汁饮料检验法—葡萄糖、果糖和蔗糖之测定(酵素法))	X51
12634-2006	N6223	水果及蔬菜汁飲料檢驗法—糖類之測定(HPLC 法) (水果及蔬菜汁饮料检验法—糖类之测定(HPLC 法))	X50
12635-2004	N6224	水果及蔬菜汁飲料檢驗法—有機酸之測定 (水果及蔬菜汁饮料检验法—有机酸之测定)	X51
12636-2004	N6225	水果及蔬菜汁飲料檢驗法—檸檬酸之測定(酵素法) (水果及蔬菜汁饮料检验法—柠檬酸之测定(酵素法))	X50
12637-2004	N6226	水果及蔬菜汁飲料檢驗法—異檸檬酸之測定(酵素法) (水果及蔬菜汁饮料检验法—异柠檬酸之测定(酵素法))	X50
12638-2004	N6227	水果及蔬菜汁飲料檢驗法—鈉、鉀、鈣、鎂之測定(原子吸收光譜法) (水果及蔬菜汁饮料检验法—钠、钾、钙、镁之测定(原子吸收光谱法))	X51
12723-1990	N6228	嬰兒配方食品中維生素 E 含量測定法 (婴儿配方食品中维生素 E 含量测定法)	X82
12724-1990	N6229	食品中維生素 E 含量測定法 (食品中维生素 E 含量测定法)	X04
12725-1990	N6230	嬰兒配方食品中維生素 A 含量測定法 (婴儿配方食品中维生素 A 含量测定法)	X82
12869-1991	N6231	嬰兒配方食品中礦物質之檢驗方法—銅、鐵、鎂、錳、鉀、鈉、鋅之檢驗 (婴儿配方食品中矿物质之检验方法—铜、铁、镁、锰、钾、钠、锌之检验)	X82
12924-1991	N6232	包裝食品裝量檢驗法 (包装食品装量检验法)	X08
12925-1991	N6233	食品微生物之檢驗法—黴菌及酵母菌數之檢驗 (食品微生物之检验法—霉菌及酵母菌数之检验)	C53
12956-2007	N6234	乳品檢驗法—食用乾酪檸檬酸含量之測定 (乳品检验法—食用干酪柠檬酸含量之测定)	X16
12957-2007	N6235	乳品檢驗法—食用乾酪總磷含量之測定 (乳品检验法—食用干酪总磷含量之测定)	X16
12980-2007	N6236	乳品檢驗法—食用乾酪硝酸鹽和亞硝酸鹽含量之測定 (乳品检验法—食用干酪硝酸盐和亚硝酸盐含量之测定)	X16
12981-2007	N6237	乳品檢驗法—食用乾酪脂肪含量之測定 (乳品检验法—食用干酪脂肪含量之测定)	X16
12982-1992	N6238	食品微生物檢驗方法—李斯特菌之檢驗 (食品微生物检验方法—李斯特菌之检验)	C53
13110-1992	N6240	食品中農藥殘留量檢驗方法—有機磷劑亞素靈之檢驗 (食品中农药残留量检验方法—有机磷剂亚素灵之检验)	X04
13111-1992	N6241	食品中農藥殘留量檢驗方法—合成除蟲菊類賽洛寧之檢驗 (食品中农药残留量检验方法—合成除虫菊类赛洛宁之检验)	X04
13112-1992	N6242	食品中農藥殘留量檢驗方法—有機磷劑普硫松之檢驗 (食品中农药残留量检验方法—有机磷剂普硫松之检验)	X04
13113-1992	N6243	食品中農藥殘留量檢驗方法—殺菌劑芬瑞莫之檢驗 (食品中农药残留量检验方法—杀菌剂芬瑞莫之检验)	X04
13114-1992	N6244	食品中農藥殘留量檢驗方法—合成除蟲菊類福化利之檢驗 (食品中农药残留量检验方法—合成除虫菊类福化利之检验)	X04

标准号	台湾地区标准分类号	标准名称	中国标准分类
13115-1992	N6245	食品中農藥殘留量檢驗方法—殺菌劑依普同之檢驗 (食品中农药残留量检验方法—杀菌剂依普同之检验)	X04
13116-1992	N6246	食品中農藥殘留量檢驗方法—有機磷劑巴拉松之檢驗 (食品中农药残留量检验方法—有机磷剂巴拉松之检验)	X04
13117-1992	N6247	食品中農藥殘留量檢驗方法—有機磷劑益滅松之檢驗 (食品中农药残留量检验方法—有机磷剂益灭松之检验)	X04
13184-1993	N6248	食品中動物用藥殘留量檢驗方法—歐美德普之檢驗 (食品中动物用药残留量检验方法—欧美德普之检验)	X04
13185-1993	N6249	食品中動物用藥殘留量檢驗方法—歐來金得之檢驗 (食品中动物用药残留量检验方法—欧来金得之检验)	X04
13236-1993	N6250	食品中農藥殘留量檢驗方法—胺基甲酸鹽類比加普之檢驗 (食品中农药残留量检验方法—胺基甲酸盐模拟加普之检验)	X04
13237-1993	N6251	食品中農藥殘留量檢驗方法—胺基甲酸鹽類納乃得之檢驗 (食品中农药残留量检验方法—胺基甲酸盐类纳乃得之检验)	X04
13238-1993	N6252	食品中農藥殘留量檢驗方法—有機磷劑賽達松之檢驗 (食品中农药残留量检验方法—有机磷剂赛达松之检验)	X04
13239-1993	N6253	食品中農藥殘留量檢驗方法—有機磷劑福瑞松之檢驗 (食品中农药残留量检验方法—有机磷剂福瑞松之检验)	X04
13240-1993	N6254	食品中農藥殘留量檢驗方法—有機磷劑大福松之檢驗 (食品中农药残留量检验方法—有机磷剂大福松之检验)	X04
13241-1993	N6255	食品中農藥殘留量檢驗方法—有機磷劑谷速松之檢驗 (食品中农药残留量检验方法—有机磷剂谷速松之检验)	X04
13242-1993	N6256	食品中農藥殘留量檢驗方法—有機磷劑愛殺松之檢驗 (食品中农药残留量检验方法—有机磷剂爱杀松之检验)	X04
13243-1993	N6257	食品中農藥殘留量檢驗方法—合成除蟲菊精百滅寧之檢驗 (食品中农药残留量检验方法—合成除虫菊精百灭宁之检验)	X04
13244-1993	N6258	食品中農藥殘留量檢驗方法—殺菌劑免克寧之檢驗 (食品中农药残留量检验方法—杀菌剂免克宁之检验)	X04
13309-1993	N6259	食品中殘留農藥檢驗方法—胺基甲酸鹽劑貝芬替之檢驗 (食品中残留农药检验方法—胺基甲酸盐剂贝芬替之检验)	X04
13310-1993	N6260	食品中殘留農藥檢驗方法—有機磷劑巴賽松之檢驗 (食品中残留农药检验方法—有机磷剂巴赛松之检验)	G25
13311-1993	N6261	食品中殘留農藥檢驗方法—有機磷劑福賜米松之檢驗 (食品中残留农药检验方法—有机磷剂福赐米松之检验)	G25
13312-1993	N6262	食品中殘留農藥檢驗方法—有機氮劑大克爛之檢驗 (食品中残留农药检验方法—有机氮剂大克烂之检验)	X04
13313-1993	N6263	食品中殘留農藥檢驗方法—有機氮劑月青硫醌之檢驗 (食品中残留农药检验方法—有机氮剂月青硫醌之检验)	X04
13408-1994	N6264	食品中殘留農藥檢驗方法—有機磷劑施力松之檢驗 (食品中残留农药检验方法—有机磷剂施力松之检验)	X04
13409-1994	N6265	食品中殘留農藥檢驗方法—有機磷劑護粒松之檢驗 (食品中残留农药检验方法—有机磷剂护粒松之检验)	X04
13410-1994	N6266	食品中殘留農藥檢驗方法—有機磷劑芬滅松之檢驗 (食品中残留农药检验方法—有机磷剂芬灭松之检验)	X04
13411-1994	N6267	食品中殘留農藥檢驗方法—有機磷劑撲滅松之檢驗 (食品中残留农药检验方法—有机磷剂扑灭松之检验)	X04
13412-1994	N6268	食品中殘留農藥檢驗方法—有機磷劑歐滅松之檢驗 (食品中残留农药检验方法—有机磷剂欧灭松之检验)	X04
13413-1994	N6269	食品中殘留農藥檢驗方法—合成除蟲菊類亞滅寧之檢驗 (食品中残留农药检验方法—合成除虫菊类亚灭宁之检验)	X04
13414-1994	N6270	食品中殘留農藥檢驗方法—殺草劑二、四地之檢驗 (食品中残留农药检验方法—杀草剂二、四地之检验)	X00

标准号	台湾地区标准分类号	标准名称	中国标准分类
13415-1994	N6271	食品中殘留農藥檢驗方法—胺基甲酸鹽系劑安丹之檢驗 (食品中残留农药检验方法—胺基甲酸盐系剂安丹之检验)	X04
13434-1994	N6272	包裝飲用水中微生物之檢驗法—綠膿桿菌之檢驗 (包装饮用水中微生物之检验法—绿脓杆菌之检验)	X04
13435-1994	N6273	包裝飲用水中微生物之檢驗法—糞便性鏈球菌之檢驗 (包装饮用水中微生物之检验法—粪便性链球菌之检验)	X04
13570-1-1999	N6276	食品中殘留農藥檢驗方法—多重殘留分析法(Ⅰ) (食品中残留农药检验方法—多重残留分析法(Ⅰ))	X04
13570-2-1999	N6276-2	食品中殘留農藥檢驗方法—多重殘留分析法(Ⅱ) (食品中残留农药检验方法—多重残留分析法(Ⅱ))	X04
13570-3-2000	N6276-3	食品中殘留農藥檢驗方法—多重殘留分析法(Ⅲ) (食品中残留农药检验方法—多重残留分析法(Ⅲ))	C53
13571-1995	N6277	食品中殘留農藥檢驗方法—嗒咁類必汰草之檢驗 (食品中残留农药检验方法—嗒咁类必汰草之检验)	B20
13572-1995	N6278	食品中殘留農藥檢驗方法—胺基甲酸鹽劑丁基滅必蝨之檢驗 (食品中残留农药检验方法—胺基甲酸盐剂丁基灭必虱之检验)	B20
13573-1995	N6279	食品中殘留農藥檢驗方法—三唑基苯并噻唑類三賽唑之檢驗 (食品中残留农药检验方法—三唑基苯并噻唑类三赛唑之检验)	B20
13574-1995	N6280	食品中殘留農藥檢驗方法—胍類多寧之檢驗 (食品中残留农药检验方法—胍类多宁之检验)	B20
13630-1996	N6281	食品中動物用藥殘留量檢驗方法—孟寧素之檢驗 (食品中动物用药残留量检验方法—孟宁素之检验)	X04
13631-1996	N6282	乳品檢驗法—液狀乳中黃麴毒素 M1 及 M2 之檢驗 (乳品检验法—液状乳中黄曲毒素 M1 及 M2 之检验)	X16
13669-1996	N6283	食品中殘留農藥檢驗方法—有機磷劑美福松之檢驗 (食品中残留农药检验方法—有机磷剂美福松之检验)	X04
13670-1996	N6284	食品中殘留農藥檢驗方法—有機磷劑裕必松之檢驗 (食品中残留农药检验方法—有机磷剂裕必松之检验)	X04
13671-1996	N6285	食品中殘留農藥檢驗方法—殺蟲劑布芬淨之檢驗 (食品中残留农药检验方法—杀虫剂布芬净之检验)	X04
13672-1996	N6286	食品中殘留農藥檢驗方法—胺甲酸鹽劑免敵克之檢驗(HPLC法) (食品中残留农药检验方法—胺甲酸盐剂免敌克之检验(HPLC法))	X04
13673-1996	N6287	食品中殘留農藥檢驗方法—胺甲酸鹽劑免敵克之檢驗(GC法) (食品中残留农药检验方法—胺甲酸盐剂免敌克之检验(GC法))	X04
13674-1996	N6288	食品中殘留農藥檢驗方法—胺甲酸鹽劑硫敵克之檢驗 (食品中残留农药检验方法—胺甲酸盐剂硫敌克之检验)	X04
13675-1996	N6289	食品中殘留農藥檢驗方法—胺甲酸鹽劑硫敵克肟之檢驗 (食品中残留农药检验方法—胺甲酸盐剂硫敌克肟之检验)	X04
13757-1996	N6290	食品中殘留農藥檢驗方法—有機磷殺蟲劑必芬松之檢驗 (食品中残留农药检验方法—有机磷杀虫剂必芬松之检验)	X04
13758-1996	N6291	食品中殘留農藥檢驗方法—有機錫殺蟎劑錫蟎丹之檢驗 (食品中残留农药检验方法—有机锡杀螨剂锡螨丹之检验)	X04
13759-1996	N6292	食品中殘留農藥檢驗方法—醯基丙胺殺菌劑滅達樂之檢驗 (食品中残留农药检验方法—酰基丙胺杀菌剂灭达乐之检验)	X04
13760-1996	N6293	食品中残留农药检验方法—有机氯杀螨剂大克螨之检验 (食品中残留农药检验方法—有机氯杀螨剂大克螨之检验)	X04
13761-1996	N6294	食品中殘留農藥檢驗方法—胺甲酸鹽殺蟲劑免扶克之檢驗 (食品中残留农药检验方法—胺甲酸盐杀虫剂免扶克之检验)	X04
13818-1997	N6295	食品中殘留農藥檢驗方法—殺蟲劑免扶克代謝產物之檢驗 (食品中残留农药检验方法—杀虫剂免扶克代谢产物之检验)	X04

标准号	台湾地区标准分类号	标准名称	中国标准分类
13819-1997	N6296	食品中殘留農藥檢驗方法—殺草劑殺丹之檢驗 (食品中残留农药检验方法—杀草剂杀丹之检验)	X04
13820-1997	N6297	食品中殘留農藥檢驗方法—殺蟲劑滅必蝨之檢驗 (食品中残留农药检验方法—杀虫剂灭必虱之检验)	X04
13821-1997	N6298	食品中殘留農藥檢驗方法—殺蟲劑滅賜克之檢驗 (食品中残留农药检验方法—杀虫剂灭赐克之检验)	X04
13822-1997	N6299	食品中殘留農藥檢驗方法—殺蟲劑繁福松之檢驗 (食品中残留农药检验方法—杀虫剂繁福松之检验)	X04
13823-1997	N6300	食品中殘留農藥檢驗方法—殺蟲劑亞賜圃之檢驗 (食品中残留农药检验方法—杀虫剂亚赐圃之检验)	X04
13824-1997	N6301	食品中殘留農藥檢驗方法—殺草劑甲基合氯氟之檢驗 (食品中残留农药检验方法—杀草剂甲基合氯氟之检验)	X04
13825-1997	N6302	食品中殘留農藥檢驗方法—殺草劑氟氯比之檢驗 (食品中残留农药检验方法—杀草剂氟氯比之检验)	X04
13998-1997	N6303	食鹽中鉛、銅與鎘之檢驗法 (食盐中铅、铜与镉之检验法)	X35
14187-1998	N6305	食品中殘留農藥檢驗方法—殺草劑草殺淨之檢驗 (食品中残留农药检验方法—杀草剂草杀净之检验)	C53
14188-1998	N6306	食品中殘留農藥檢驗方法—殺蟎劑三亞蟎之檢驗 (食品中残留农药检验方法—杀螨剂三亚螨之检验)	C53
14189-1998	N6307	食品中殘留農藥檢驗方法—殺菌劑依瑞莫之檢驗 (食品中残留农药检验方法—杀菌剂依瑞莫之检验)	C53
14190-1998	N6308	食品中殘留農藥檢驗方法—殺菌劑普克利之檢驗 (食品中残留农药检验方法—杀菌剂普克利之检验)	C53
14329-1999	N6309	食品中殘留農藥檢驗方法—殺草劑亞喜芬之檢驗 (食品中残留农药检验方法—杀草剂亚喜芬之检验)	C53
14330-1999	N6310	食品中殘留農藥檢驗方法—殺草劑本達隆之檢驗 (食品中残留农药检验方法—杀草剂本达隆之检验)	C53
14346-1999	N6311	食品中殘留農藥檢驗方法—殺草劑理有龍之檢驗 (食品中残留农药检验方法—杀草剂理有龙之检验)	G23
14347-1999	N6312	食品中殘留農藥檢驗方法—殺草劑達有龍之檢驗 (食品中残留农药检验方法—杀草剂达有龙之检验)	G23
14348-1999	N6313	食品中殘留農藥檢驗方法—殺蟲劑雙特松之檢驗 (食品中残留农药检验方法—杀虫剂双特松之检验)	G23
14349-1999	N6314	食品中殘留農藥檢驗方法—殺蟎劑得氯蟎之檢驗 (食品中残留农药检验方法—杀螨剂得氯螨之检验)	G23
14350-1999	N6315	食品中動物用藥殘留量檢驗方法—安保寧之檢驗 (食品中动物用药残留量检验方法—安保宁之检验)	G23
14351-1999	N6316	食品中動物用藥殘留量檢驗方法—拉薩羅之檢驗 (食品中动物用药残留量检验方法—拉萨罗之检验)	G23
14352-1999	N6317	食品中動物用藥殘留量檢驗方法—海樂福精之檢驗 (食品中动物用药残留量检验方法—海乐福精之检验)	G23
14404-2000	N6318	食品中殘留農藥檢驗方法—殺蟎劑新殺蟎之檢驗 (食品中残留农药检验方法—杀螨剂新杀螨之检验)	C53
14405-2000	N6319	食品中殘留農藥檢驗方法—殺蟲劑佈飛松之檢驗 (食品中残留农药检验方法—杀虫剂布飞松之检验)	C53
14406-2000	N6320	食品中殘留農藥檢驗方法—殺菌劑白粉松之檢驗 (食品中残留农药检验方法—杀菌剂白粉松之检验)	C53
14407-2000	N6321	食品中殘留農藥檢驗方法—殺蟲劑溴磷松之檢驗 (食品中残留农药检验方法—杀虫剂溴磷松之检验)	C53
14419-2000	N6322	食品中殘留農藥檢驗方法—殺菌劑比多農之檢驗 (食品中残留农药检验方法—杀菌剂比多农之检验)	C53

标准号	台湾地区标准分类号	标准名称	中国标准分类
14420-2000	N6323	食品中殘留農藥檢驗方法—殺蟲劑佈嘉信之檢驗 (食品中残留农药检验方法—杀虫剂布嘉信之检验)	C53
14423-2001	N6324	食品中動物用藥殘留量檢驗方法—青黴素之檢驗 (食品中动物用药残留量检验方法—青霉素之检验)	C53
14424-2001	N6325	食品中動物用藥殘留量檢驗方法—金連黴素之檢驗 (食品中动物用药残留量检验方法—金连霉素之检验)	C53
14425-2001	N6326	食品中動物用藥殘留量檢驗方法—泰黴素之檢驗 (食品中动物用药残留量检验方法—泰霉素之检验)	C53
14426-2001	N6327	食品中動物用藥殘留量檢驗方法—紅黴素之檢驗 (食品中动物用药残留量检验方法—红霉素之检验)	C53
14427-2001	N6328	食品中動物用藥殘留量檢驗方法—新黴素之檢驗 (食品中动物用药残留量检验方法—新霉素之检验)	C53
14428-2001	N6329	食品中動物用藥殘留量檢驗方法—林可黴素之檢驗 (食品中动物用药残留量检验方法—林可霉素之检验)	C53
14454-2000	N6330	食品中動物用藥殘留量檢驗方法—氯吡啶之檢驗 (食品中动物用药残留量检验方法—氯吡啶之检验)	X04
14455-2000	N6331	食品中動物用藥殘留量檢驗方法—富來頓及硝化富樂遜之檢驗 (食品中动物用药残留量检验方法—富来顿及硝化富乐逊之检验)	X04
14456-2000	N6332	食品中動物用藥殘留量檢驗方法—滴克奎諾之檢驗 (食品中动物用药残留量检验方法—滴克奎诺之检验)	X04
14457-2000	N6333	食品中動物用藥殘留量檢驗方法—卡巴得之檢驗 (食品中动物用药残留量检验方法—卡巴得之检验)	X04
14458-2000	N6334	食品中動物用藥殘留量檢驗方法—羅苯嘧啶之檢驗 (食品中动物用药残留量检验方法—罗苯嘧啶之检验)	X04
14459-2000	N6335	食品中動物用藥殘留量檢驗方法—磺胺劑之檢驗 (食品中动物用药残留量检验方法—磺胺剂之检验)	C10
14460-1-2003	N6336-1	食品中動物用藥殘留量檢驗方法—氯黴素之檢驗(Ⅰ) (食品中动物用药残留量检验方法—氯霉素之检验(Ⅰ))	X04
14460-2-2003	N6336-2	食品中動物用藥殘留量檢驗方法—氯黴素之檢驗(Ⅱ) (食品中动物用药残留量检验方法—氯霉素之检验(Ⅱ))	X16
14461-2000	N6337	食品中動物用藥殘留量檢驗方法—黃體固酮、17α—羥基助孕酮,4—雄烯—3,17—二酮及睪固酮之檢驗 (食品中动物用药残留量检验方法—黄体固酮、17α—羟基助孕酮,4—雄烯—3,17—二酮及睾固酮之检验)	X04
14462-2000	N6338	食品中動物用藥殘留量檢驗方法—Zeranol、17α—雌素二醇及17β—雌素二醇之檢驗 (食品中动物用药残留量检验方法—Zeranol、17α—雌素二醇及17β—雌素二醇之检验)	X04
14479-2000	N6339	食品中動物用藥殘留量檢驗方法—愛滅蟲之檢驗 (食品中动物用药残留量检验方法—爱灭虫之检验)	X10
14480-2000	N6340	食品中動物用藥殘留量檢驗方法—乃託文之檢驗 (食品中动物用药残留量检验方法—乃托文之检验)	X10
14481-2000	N6341	食品中動物用藥殘留量檢驗方法—衣索巴之檢驗 (食品中动物用药残留量检验方法—衣索巴之检验)	X10
14482-2000	N6342	食品中動物用藥殘留量檢驗方法—乃卡巴精之檢驗 (食品中动物用药残留量检验方法—乃卡巴精之检验)	X10
14483-2000	N6343	食品中動物用藥殘留量檢驗方法—馬杜拉黴素之檢驗 (食品中动物用药残留量检验方法—马杜拉霉素之检验)	X10
14507-2001	N6344	食品微生物檢驗法—大腸桿菌0157:H7之檢驗 (食品微生物检验法—大肠杆菌0157:H7之检验)	C53

标 准 号	台湾地区 标准分类号	标 准 名 称	中国标准 分 类
14508-2001	N6345	食品微生物檢驗法—乳品中李斯特菌之檢驗 (食品微生物检验法—乳品中李斯特菌之检验)	C53
14518-2001	N6346	食品中殘留農藥檢驗方法—殺蟲劑護賽寧之檢驗 (食品中残留农药检验方法—杀虫剂护赛宁之检验)	C53
14519-2001	N6347	食品中殘留農藥檢驗方法—殺蟎劑克芬蟎之檢驗 (食品中残留农药检验方法—杀螨剂克芬螨之检验)	C53
14520-2001	N6348	食品中殘留農藥檢驗方法—殺菌劑邁克尼之檢驗 (食品中残留农药检验方法—杀菌剂迈克尼之检验)	C53
14521-2001	N6349	食品中殘留農藥檢驗方法—殺蟲劑克芬松之檢驗 (食品中残留农药检验方法—杀虫剂克芬松之检验)	C53
14522-2001	N6350	食品中殘留農藥檢驗方法—殺草劑施得圃之檢驗 (食品中残留农药检验方法—杀草剂施得圃之检验)	C53
14523-2001	N6351	食品中殘留農藥檢驗方法—殺菌劑本達樂之檢驗 (食品中残留农药检验方法—杀菌剂本达乐之检验)	C53
14524-2001	N6352	食品中殘留農藥檢驗方法—殺草劑固殺草及其代謝物之檢驗 (食品中残留农药检验方法—杀草剂固杀草及其代谢物之检验)	C53
14525-2001	N6353	食品中殘留農藥檢驗方法—殺菌劑賽福座及其代謝物之檢驗 (食品中残留农药检验方法—杀菌剂赛福座及其代谢物之检验)	C53
14526-2001	N6354	食品中殘留農藥檢驗方法—殺菌劑益發靈之檢驗 (食品中残留农药检验方法—杀菌剂益发灵之检验)	C53
14527-2001	N6355	食品中殘留農藥檢驗方法—殺菌劑腐絕之檢驗 (食品中残留农药检验方法—杀菌剂腐绝之检验)	C53
14528-2001	N6356	食品中殘留農藥檢驗方法—殺蟲劑賽扶寧之檢驗 (食品中残留农药检验方法—杀虫剂赛扶宁之检验)	C53
14536-2001	N6357	食品中動物用藥殘留量檢驗方法—已烯雌酚及 Hexestrol 之檢驗 (食品中动物用药残留量检验方法—已烯雌酚及 Hexestrol 之检验)	C53
14537-2001	N6358	食品中殘留農藥檢驗方法—殺草劑克草之檢驗 (食品中残留农药检验方法—杀草剂克草之检验)	C53
14538-2001	N6359	食品中殘留農藥檢驗方法—殺草劑拔敵草之檢驗 (食品中残留农药检验方法—杀草剂拔敌草之检验)	C53
14539-2001	N6360	食品中殘留農藥檢驗方法—殺菌劑菲克利之檢驗 (食品中残留农药检验方法—杀菌剂菲克利之检验)	C53
14540-2001	N6361	食品中殘留農藥檢驗方法—殺菌劑克熱淨之檢驗 (食品中残留农药检验方法—杀菌剂克热净之检验)	C53
14541-2001	N6362	食品中殘留農藥檢驗方法—殺蟲劑白克松之檢驗 (食品中残留农药检验方法—杀虫剂白克松之检验)	C53
14542-2001	N6363	食品中殘留農藥檢驗方法—殺蟎劑西脫蟎之檢驗 (食品中残留农药检验方法—杀螨剂西脱螨之检验)	C53
14543-2001	N6364	食品中殘留農藥檢驗方法—殺蟎劑合賽多之檢驗 (食品中残留农药检验方法—杀螨剂合赛多之检验)	C53
14544-2001	N6365	食品中殘留農藥檢驗方法—殺蟲劑亞烈寧之檢驗 (食品中残留农药检验方法—杀虫剂亚烈宁之检验)	C53
14586-2001	N6366	食品中抗生素類別檢驗法 (食品中抗生素类别检验法)	C53
14683-2002	N6367	食品中動物用藥殘留量檢驗方法—賀爾蒙多重分析法 (食品中动物用药残留量检验方法—贺尔蒙多重分析法)	C53
14684-2002	N6368	食品中動物用藥殘留量檢驗方法—諾氟喹啉羧酸、大安氟喹啉羧酸、恩氟喹啉羧酸之檢驗 (食品中动物用药残留量检验方法—诺氟喹啉羧酸、大安氟喹啉羧酸、恩氟喹啉羧酸之检验)	B42

标准号	台湾地区标准分类号	标准名称	中国标准分类
14758-2003	N6369	食品中戴奥辛及多氯聯苯殘留量檢驗方法 (食品中戴奥辛及多氯联苯残留量检验方法)	M74
14759-2009	N6370	食用油脂檢驗法—脂肪酸甲酯之測定 (食用油脂检验法—脂肪酸甲酯之测定)	X14
14760-2003	N6371	乳品檢驗法—乳酸菌之檢驗 (乳品检验法—乳酸菌之检验)	X16
14769-2003	N6372	食用油脂檢驗法—銅含量之測定 (食用油脂检验法—铜含量之测定)	X10
14835-2004	N6373	食品中殘留農藥檢驗方法—畜禽水產品中有機氯劑之多重殘留分析 (食品中残留农药检验方法—畜禽水产品中有机氯剂之多重残留分析)	C53
14836-2004	N6374	食品中茄紅素含量檢驗法 (食品中茄红素含量检验法)	X44
14849-2004	N6375	酒類檢驗法—酒精度之測定 (酒类检验法—酒精度之测定)	X62
14850-2004	N6376	酒類檢驗法—總酸度及揮發性酸度之測定 (酒类检验法—总酸度及挥发性酸度之测定)	X62
14851-2004	N6377	酒類檢驗法—總酯之測定 (酒类检验法—总酯之测定)	X60
14852-2004	N6378	酒類檢驗法—固形物之測定 (酒类检验法—固形物之测定)	X60
14853-2004	N6379	酒類檢驗法—雜醇油之測定 (酒类检验法—杂醇油之测定)	X62
14856-2004	N6380	水果及蔬菜汁飲料檢驗法—鈉、鉀、鈣、鎂之測定(火焰光度計法) (水果及蔬菜汁饮料检验法—钠、钾、钙、镁之测定(火焰光度计法))	X50
14876-2004	N6381	食用油脂檢驗法—穩定性指數之測定 (食用油脂检验法—稳定性指数之测定)	X14
15002-2006	N6382	水果及蔬菜汁飲料檢驗法—糖及糖醇之測定(HPLC 法) (水果及蔬菜汁饮料检验法—糖及糖醇之测定(HPLC 法))	X51
15021-2006	N6383	食品檢驗法—大豆異黃酮之測定 (食品检验法—大豆异黄酮之测定)	X11
15022-2006	N6384	食品檢驗法—兒茶素之測定 (食品检验法—儿茶素之测定)	X04
15137-2007	N6385	肉豬血清中磺胺劑之檢驗法—磺胺二甲嘧啶及磺胺二甲氧嘧啶殘留量之檢驗 (肉猪血清中磺胺剂之检验法—磺胺二甲嘧啶及磺胺二甲氧嘧啶残留量之检验)	B44
15150-2008	N6386	肉及肉製品檢驗法—總則 (肉及肉制品检验法—总则)	X22
15151-2008	N6387	蛋及蛋製品檢驗法—總則 (蛋及蛋制品检验法—总则)	X18
15241-2009	N6388	食品中黃麴毒素總量檢驗法—極性矽膠管柱螢光法 (食品中黄曲毒素总量检验法—极性硅胶管柱荧光法)	X10

N7 深层海水

标准号	台湾地区标准分类号	标准名称	中国标准分类
15091-2008	N7001	深層海水檢驗法—總則 (深层海水检验法—总则)	G04

标准号	台湾地区标准分类号	标准名称	中国标准分类
15091-1-2007	N7001-1	深層海水檢驗法—現場溫度之測量 (深层海水检验法—现场温度之测量)	G04
15091-10-2007	N7001-10	深層海水檢驗法—鎂之測定 (深层海水检验法—镁之测定)	G04
15091-11-2007	N7001-11	深層海水檢驗法—鈣之測定 (深层海水检验法—钙之测定)	G04
15091-12-2007	N7001-12	深層海水檢驗法—磷酸鹽之測定 (深层海水检验法—磷酸盐之测定)	G04
15091-13-2007	N7001-13	深層海水檢驗法—矽酸鹽之測定 (深层海水检验法—硅酸盐之测定)	G04
15091-14-2007	N7001-14	深層海水檢驗法—硝酸鹽之測定 (深层海水检验法—硝酸盐之测定)	G04
15091-15-2007	N7001-15	深層海水檢驗法—亞硝酸鹽之測定 (深层海水检验法—亚硝酸盐之测定)	G04
15091-16-2007	N7001-16	深層海水檢驗法—砷之測定 (深层海水检验法—砷之测定)	G04
15091-17-2007	N7001-17	深層海水檢驗法—總有機碳之測定 (深层海水检验法—总有机碳之测定)	G04
15091-18-2007	N7001-18	深層海水檢驗法—總細菌數之測定(DAPI 染色法) (深层海水检验法—总细菌数之测定(DAPI 染色法))	G04
15091-19-2007	N7001-19	深層海水檢驗法—大腸桿菌群之測定 (深层海水检验法—大肠杆菌群之测定)	G04
15091-2-2007	N7001-2	深層海水檢驗法—現場懸浮顆粒透光率之測量 (深层海水检验法—现场悬浮颗粒透光率之测量)	G04
15091-20-2007	N7001-20	深層海水檢驗法—鉛之測定 (深层海水检验法—铅之测定)	G04
15091-21-2007	N7001-21	深層海水檢驗法—鋅之測定 (深层海水检验法—锌之测定)	G04
15091-22-2007	N7001-22	深層海水檢驗法—銅之測定 (深层海水检验法—铜之测定)	G04
15091-23-2008	N7001-23	深層海水檢驗法—鉀之測定 (深层海水检验法—钾之测定)	G04
15091-24-2008	N7001-24	深層海水檢驗法—鍶之測定 (深层海水检验法—锶之测定)	G04
15091-25-2008	N7001-25	深層海水檢驗法—溴之測定 (深层海水检验法—溴之测定)	G04
15091-26-2008	N7001-26	深層海水檢驗法—硼之測定 (深层海水检验法—硼之测定)	G04
15091-27-2008	N7001-27	深層海水檢驗法—氟之測定 (深层海水检验法—氟之测定)	G04
15091-28-2008	N7001-28	深層海水檢驗法—硫酸根之測定 (深层海水检验法—硫酸根之测定)	G04
15091-29-2008	N7001-29	深層海水檢驗法—氨之測定 (深层海水检验法—氨之测定)	G04
15091-3-2007	N7001-3	深層海水檢驗法—現場鹽度之測量 (深层海水检验法—现场盐度之测量)	G04
15091-30-2008	N7001-30	深層海水檢驗法—葉綠素 a 之測定 (深层海水检验法—叶绿素 a 之测定)	G04
15091-4-2007	N7001-4	深層海水檢驗法—鹽度之測定 (深层海水检验法—盐度之测定)	G04
15091-5-2007	N7001-5	深層海水檢驗法—酸鹼值之測量 (深层海水检验法—酸碱值之测量)	G04

标准号	台湾地区 标准分类号	标准名称	中国标准 分类
15091-6-2007	N7001-6	深層海水檢驗法—溶氧量之測定 （深层海水检验法—溶氧量之测定）	G04
15091-7-2007	N7001-7	深層海水檢驗法—總懸浮顆粒濃度之測定 （深层海水检验法—总悬浮颗粒浓度之测定）	G04
15091-8-2007	N7001-8	深層海水檢驗法—氯之測定 （深层海水检验法—氯之测定）	G04
15091-9-2007	N7001-9	深層海水檢驗法—鈉之測定 （深层海水检验法—钠之测定）	G04

木　业

标 准 号	台湾地区标准分类号	标 准 名 称	中国标准分 类

O1 一 般

标准号	台湾地区标准分类号	标准名称	中国标准分类
442-1993	O1001	木材之分類 （木材之分类）	B68
443-1993	O1002	木材之常見缺點 （木材之常见缺点）	B68
444-2003	O1003	製材之分等 （制材之分等）	B70
445-1991	O1004	原木之商用長度 （原木之商用长度）	B68
1349-2008	O1010	普通合板 （普通合板）	B70
2215-2006	O1012	粒片板 （粒片板）	B70
2871-2006	O1017	方塊地板及鑲嵌地板 （方块地板及镶嵌地板）	Q71
3000-2001	O1018	木材之加壓注入防腐處理方法 （木材之加压注入防腐处理方法）	B71
3219-1985	O1019	加壓式竹柱防腐處理 （加压式竹柱防腐处理）	B71
4748-1991	O1020	原木之分等 （原木之分等）	B68
4749-1982	O1021	木材之測計(台灣區適用) （木材之测计(台湾区适用)）	B68
8057-2000	O1022	混凝土模板用合板 （混凝土模板用合板）	B70
8058-2008	O1023	特殊合板 （特殊合板）	B70
8453-1992	O1024	合板詞彙 （合板词汇）	B70
9907-2006	O1025	硬質纖維板 （硬质纤维板）	B70
9909-2006	O1026	中密度纖維板 （中密度纤维板）	B70
9911-2006	O1027	輕質纖維板 （轻质纤维板）	B70
10468-2006	O1029	吸音用輕質纖維板 （吸音用轻质纤维板）	B70
11029-2006	O1031	裝修用集成材 （装修用集成材）	B70
11030-2006	O1032	化粧單板貼面裝修用集成材 （化妆单板贴面装修用集成材）	B70
11031-2006	O1033	結構用集成材 （结构用集成材）	B70
11032-2006	O1034	化粧單板貼面結構用集成柱 （化妆单板贴面结构用集成柱）	B70
11341-2006	O1035	條狀地板 （条状地板）	Q71
11342-2006	O1036	複合木質地板 （复合木质地板）	B70

标 准 号	台湾地区标准分类号	标 准 名 称	中国标准分类
11666-1988	O1037	木工專業製圖—一般準則 （木工专业制图—一般准则）	P04
11666-1-1988	O1037-1	木工專業製圖—尺度標註 （木工专业制图—尺度标注）	P04
11666-2-1988	O1037-2	木工專業製圖—製圖符號 （木工专业制图—制图符号）	J04
11666-3-1988	O1037-3	木工專業製圖—表面符號 （木工专业制图—表面符号）	P04
11666-4-1988	O1037-4	木工專業製圖—公差與配合 （木工专业制图—公差与配合）	P04
11666-5-1988	O1037-5	木工專業製圖—門窗木工 （木工专业制图—门窗木工）	J04
11666-6-1988	O1037-6	木工專業製圖—生產圖範例 （木工专业制图—生产图范例）	P04
11667-1997	O1038	商用木材名稱 （商用木材名称）	B68
11668-2008	O1039	防焰合板 （防焰合板）	B70
11669-2008	O1040	耐燃合板 （耐燃合板）	B70
11670-1999	O1041	施工架踏板用合板 （施工架踏板用合板）	B70
11671-2007	O1042	結構用合板 （结构用合板）	B70
11818-2007	O1043	單板層積材 （单板层积材）	B70
13562-1995	O1044	防火門用合板 （防火门用合板）	B70
14495-2000	O1048	木材防腐劑 （木材防腐剂）	B71
14630-2002	O1049	針葉樹結構用製材 （针叶树结构用制材）	B68
14631-2002	O1050	框組壁工法結構用製材 （框组壁工法结构用制材）	B70
14632-2002	O1051	框組壁工法結構用縱接材 （框组壁工法结构用纵接材）	B68
14633-2002	O1052	框組壁工法結構用針葉樹製材之靜曲應力分等 （框组壁工法结构用针叶树制材之静曲应力分等）	B70
14646-2006	O1053	結構用單板層積材 （结构用单板层积材）	R87
14647-2007	O1054	結構用木質嵌板 （结构用木质嵌板）	B70
14749-2003	O1055	木質結構用金屬扣件 （木质结构用金属扣件）	P23
14773-2003	O1056	加壓注入防腐處理木地檻 （加压注入防腐处理木地槛）	X31

O2 检 验

标 准 号	台湾地区标准分类号	标 准 名 称	中国标准分类
450-2005	O2001	木材之物理與強度試驗之取樣方法與一般要求 （木材之物理与强度试验之取样方法与一般要求）	B68

标准号	台湾地区标准分类号	标准名称	中国标准分类
451-2005	O2002	木材密度試驗法 （木材密度试验法）	B68
452-2005	O2003	木材含水率試驗法 （木材含水率试验法）	B68
453-2005	O2004	木材抗壓試驗法 （木材抗压试验法）	B68
454-2005	O2005	木材抗彎試驗法 （木材抗弯试验法）	B68
455-2005	O2006	木材平行纖維方向剪力試驗法 （木材平行纤维方向剪力试验法）	B68
456-2005	O2007	木材抗拉試驗法 （木材抗拉试验法）	B68
457-2005	O2008	木材衝擊抗彎強度試驗法 （木材冲击抗弯强度试验法）	B68
458-2005	O2009	木材磨耗試驗法 （木材磨耗试验法）	B68
459-2005	O2010	木材尺度收縮率試驗法 （木材尺度收缩率试验法）	B68
460-2005	O2011	木材硬度試驗法 （木材硬度试验法）	B68
3084-2004	O2016	木材灰分試驗法 （木材灰分试验法）	B68
3085-2004	O2017	木材全纖維素試驗法 （木材全纤维素试验法）	B68
4713-2005	O2018	木材中乙醇甲苯萃取物試驗法 （木材中乙醇甲苯萃取物试验法）	B68
4715-2005	O2020	木材中1%氫氧化鈉溶解物試驗法 （木材中1%氢氧化钠溶解物试验法）	B68
4716-2005	O2021	木材中水溶解物試驗法 （木材中水溶解物试验法）	B68
6713-2005	O2023	木材平均年輪寬度試驗法 （木材平均年轮宽度试验法）	B68
6714-2005	O2024	木材吸水量試驗法 （木材吸水量试验法）	B68
6715-2005	O2025	木材吸濕性試驗法 （木材吸湿性试验法）	B68
6716-2005	O2026	木材劈裂試驗法 （木材劈裂试验法）	B68
6717-2000	O2027	木材防腐劑之性能基準及其試驗法 （木材防腐剂之性能基准及其试验法）	B71
6718-1995	O2028	木材引燃性試驗法 （木材引燃性试验法）	B68
6719-2005	O2029	木材釘著力試驗法 （木材钉着力试验法）	B68
7173-2005	O2030	木材潛變試驗法 （木材潜变试验法）	B68
13563-1995	O2061	防火門用合板試驗法 （防火门用合板试验法）	B70
14729-2003	O2062	木材中五氯酚類防腐劑檢測法 （木材中五氯酚类防腐剂检测法）	X31
14730-2003	O2063	木材防腐劑吸收量之測定方法 （木材防腐剂吸收量之测定方法）	X31

标准号	台湾地区标准分类号	标准名称	中国标准分类
14907-2005	O2064	木材中酸不溶性木質素試驗法 （木材中酸不溶性木质素试验法）	B68
14908-2005	O2065	木材中二氯甲烷萃取物試驗法 （木材中二氯甲烷萃取物试验法）	B68
14925-2005	O2066	木材體積收縮率試驗法 （木材体积收缩率试验法）	B68
14926-2005	O2067	木材尺度膨脹率試驗法 （木材尺度膨胀率试验法）	B68
14927-2005	O2068	木材體積膨脹率試驗法 （木材体积膨胀率试验法）	B68

纸　业

标准号	台湾地区标准分类号	标准名称	中国标准分类

P1　一　　般

标准号	台湾地区标准分类号	标准名称	中国标准分类
5-1992	P1001	紙張尺度(裁切後) (纸张尺度(裁切后))	Y30
90-1991	P1002	標準用紙之格式及尺度 (标准用纸之格式及尺度)	Y30
3402-1992	P1003	信箋 (信笺)	Y54
3403-1992	P1004	信封 (信封)	Y54
12986-1992	P1005	裁切前原紙尺度 (裁切前原纸尺度)	Y31
14685-2002	P1006	紙漿、紙及紙板表示性能之國際單位 (纸浆、纸及纸板表示性能之国际单位)	Y31

P2　纸　　类

标准号	台湾地区标准分类号	标准名称	中国标准分类
1091-2008	P2002	衛生紙 (卫生纸)	Y39
1394-1991	P2008	水泥袋紙 (水泥袋纸)	Y32
1454-2009	P2009	瓦楞紙板(外裝紙箱用) (瓦楞纸板(外装纸箱用))	Y31
1455-2009	P2010	裱面紙板 (裱面纸板)	Y31
1456-2009	P2011	未塗布白紙板 (未涂布白纸板)	Y31
1458-2009	P2013	牛皮紙(一般用) (牛皮纸(一般用))	Y32
1462-2005	P2017	打字薄紙 (打字薄纸)	Y32
2305-1984	P2025	夾層柏油紙 (夹层柏油纸)	Y32
2380-2009	P2026	棉紙 (棉纸)	Y32
2382-2009	P2028	手工宣紙 (手工宣纸)	Y32
2384-1985	P2030	毛邊紙 (毛边纸)	Y32
2386-2009	P2032	紙餐巾 (纸餐巾)	Y39
2391-2005	P2034	描圖紙 (描图纸)	Y32
2440-1984	P2035	感光紙 (感光纸)	Q33
2646-1991	P2037	鋁箔褙紙 (铝箔褙纸)	Y32
2719-2002	P2039	漂白針葉樹亞硫酸鹽木漿 (漂白针叶树亚硫酸盐木浆)	Y31

标准号	台湾地区标准分类号	标准名称	中国标准分类
2774-2002	P2040	未漂白針葉樹硫酸鹽木漿 (未漂白针叶树硫酸盐木浆)	Y31
2776-2002	P2042	漂白針葉樹硫酸鹽木漿 (漂白针叶树硫酸盐木浆)	Q25
2920-2009	P2043	西卡紙 (西卡纸)	Y32
2955-2009	P2045	瓦楞芯紙 (瓦楞芯纸)	Y32
3457-1985	P2048	平版印刷用捲筒新聞紙 (平版印刷用卷筒新闻纸)	Y32
3498-2009	P2049	灰紙板 (灰纸板)	Y31
3499-1998	P2050	高濕強地圖紙 (高湿强地图纸)	Y32
3501-2002	P2051	漂白闊葉樹硫酸鹽木漿 (漂白阔叶树硫酸盐木浆)	N64
3748-1992	P2052	A級圖畫紙 (A级图画纸)	Y32
3748-1-1992	P2052-1	B級圖畫紙(一般學生用) (B级图画纸(一般学生用))	Y32
4150-2008	P2054	面紙 (面纸)	Y39
4203-2005	P2055	單光紙 (单光纸)	Y33
4790-2002	P2057	紙漿與紙詞彙—紙漿一般名詞 (纸浆与纸词汇—纸浆一般名词)	Y30
4790-1-2002	P2057-1	紙漿與紙詞彙—紙漿製造名詞 (纸浆与纸词汇—纸浆制造名词)	Y30
4790-2-2002	P2057-2	紙漿與紙詞彙—紙漿種類名詞 (纸浆与纸词汇—纸浆种类名词)	Y30
4790-3-2002	P2057-3	紙漿與紙詞彙—紙與紙板一般名詞 (纸浆与纸词汇—纸与纸板一般名词)	Y04
4790-4-2002	P2057-4	紙漿與紙詞彙—紙之製造名詞 (纸浆与纸词汇—纸之制造名词)	Y30
4790-5-2002	P2057-5	紙漿與紙詞彙—紙漿、紙或紙板之性質及試驗名詞 (纸浆与纸词汇—纸浆、纸或纸板之性质及试验名词)	Y30
4790-6-2002	P2057-6	紙漿與紙詞彙—紙與紙板種類名詞 (纸浆与纸词汇—纸与纸板种类名词)	Y30
5038-1987	P2058	化學分析用濾紙 (化学分析用滤纸)	N64
5039-2005	P2059	崧皮紙 (崧皮纸)	Y32
5040-1979	P2060	格拉新紙 (格拉新纸)	Y32
8157-2009	P2062	濕巾 (湿巾)	Y39
9324-2004	P2063	衛生棉 (卫生棉)	Y39
10759-2009	P2065	袋用牛皮紙 (袋用牛皮纸)	Y32
10776-2009	P2066	塗布白紙板 (涂布白纸板)	Y31

标准号	台湾地区标准分类号	标准名称	中国标准分类
10777-1984	P2067	感光原紙 （感光原纸）	Y32
11248-1985	P2068	裱褙紙 （裱褙纸）	Y32
12104-2005	P2069	光學鏡片用擦拭紙 （光学镜片用擦拭纸）	Y32
12589-2009	P2070	紙管紙板 （纸管纸板）	Y31
12639-2004	P2071	嬰兒紙尿褲 （婴儿纸尿裤）	Y39
12746-1990	P2072	非碳複寫紙原紙 （非碳复写纸原纸）	Y32
12747-2005	P2073	電腦報表紙原紙 （计算机报表纸原纸）	Y32
12748-1990	P2074	製紙用磨木紙漿 （制纸用磨木纸浆）	Y31
12827-2005	P2075	電腦報表紙 （计算机报表纸）	Y33
12880-1991	P2076	塑膠編織貼合水泥袋紙 （塑料编织贴合水泥袋纸）	A82
12881-1991	P2077	塑膠編織貼合水泥袋 （塑料编织贴合水泥袋）	Y33
13073-2007	P2078	成人紙尿褲 （成人纸尿裤）	Y39
13140-2009	P2080	塗布紙—銅版紙 （涂布纸—铜版纸）	Y32
13141-2009	P2081	輕量塗布紙 （轻量涂布纸）	Y32
13186-1993	P2082	飲料杯用紙板 （饮料杯用纸板）	Y31
13187-1993	P2083	餐盒用紙板 （餐盒用纸板）	Y31
14392-2008	P2084	廚房用紙巾 （厨房用纸巾）	Y39
14863-2008	P2085	擦手紙 （擦手纸）	Y39
15152-2007	P2086	成人紙尿片 （成人纸尿片）	Y39
15276-2009	P2087	未塗布印刷書寫用紙 （未涂布印刷书写用纸）	Y32
15277-2009	P2088	銅西卡紙 （铜西卡纸）	Y32

P3 检　验

标准号	台湾地区标准分类号	标准名称	中国标准分类
1351-2005	P3001	紙、紙板及紙漿—樣本之調製與試驗之標準狀態 （纸、纸板及纸浆—样本之调制与试验之标准状态）	Y30
1352-2008	P3002	紙及紙板基重試驗法 （纸及纸板基重试验法）	Y32
1353-2008	P3003	紙及紙板低破裂強度試驗法 （纸及纸板低破裂强度试验法）	Y32

标准号	台湾地区标准分类号	标准名称	中国标准分类
1354-2009	P3004	紙及紙板抗張性質試驗法(擺錘法) (纸及纸板抗张性质试验法(摆锤法))	Y32
1355-1999	P3005	紙及紙板撕裂強度試驗法(Elmendorf 試驗機) (纸及纸板撕裂强度试验法(Elmendorf 试验机))	Y32
1356-2008	P3006	紙漿、紙及紙板灰分試驗法—525 ℃ (纸浆、纸及纸板灰分试验法—525 ℃)	Y31
1357-2008	P3007	紙及紙板透氣性試驗法(Gurley 法) (纸及纸板透气性试验法(Gurley 法))	Y32
1358-1991	P3008	紙之蕭波式耐折強度試驗法 (纸之萧波式耐折强度试验法)	Y30
1466-1989	P3010	紙漿、紙及紙板白度試驗法 (纸浆、纸及纸板白度试验法)	Y30
2054-2008	P3011	紙及紙板高破裂強度試驗法 (纸及纸板高破裂强度试验法)	Y30
2387-1993	P3014	紙之不透明度試驗法(89％反射率背襯) (纸之不透明度试验法(89％反射率背衬))	Y32
2388-1984	P3015	捲菸紙燃燒率試驗法 (卷烟纸燃烧率试验法)	A82
2512-1985	P3016	紙之抗水度試驗法—史托克上膠度法 (纸之抗水度试验法—史托克上胶度法)	Y32
2513-2008	P3017	紙及紙板平滑度試驗法(Bekk 法) (纸及纸板平滑度试验法(Bekk 法))	Y32
2514-1990	P3018	紙漿及紙之纖維組成試驗法 (纸浆及纸之纤维组成试验法)	Y32
2645-2008	P3019	紙及紙板吸水高度試驗法(毛細管吸水升高法或 Klemm 法) (纸及纸板吸水高度试验法(毛细管吸水升高法或 Klemm 法))	Y32
2720-1985	P3020	紙漿之過錳酸鉀值試驗法 (纸浆之过锰酸钾值试验法)	Y31
2721-1987	P3021	木材及紙漿中酸不溶性木質素試驗法 (木材及纸浆中酸不溶性木质素试验法)	Y31
2952-2005	P3022	試驗用紙漿之取樣法 (试验用纸浆之取样法)	Y31
2956-2008	P3024	瓦楞芯紙及紙板環壓強度試驗法 (瓦楞芯纸及纸板环压强度试验法)	J33
3086-1992	P3025	紙漿及紙類水分測定法(烘箱法) (纸浆及纸类水分测定法(烘箱法))	Y30
3086-1-1992	P3025-1	木材、紙漿及紙類水分測定法(甲苯蒸餾法) (木材、纸浆及纸类水分测定法(甲苯蒸馏法))	W13
3500-1988	P3027	紙及紙板表面強度蠟棒檢驗法 (纸及纸板表面强度蜡棒检验法)	Y31
3685-2008	P3028	紙及紙板厚度及密度試驗法 (纸及纸板厚度及密度试验法)	Y30
3686-1989	P3029	紙及紙板吸油度試驗法 (纸及纸板吸油度试验法)	Y30
3687-1973	P3030	紙及紙板撥水度試驗法 (纸及纸板拨水度试验法)	A82
4718-2008	P3031	紙及紙板二氧化鈦含量試驗法 (纸及纸板二氧化钛含量试验法)	Y32
4719-1979	P3032	紙中酪素之定性試驗法 (纸中酪素之定性试验法)	Y30
4720-1979	P3033	紙中石蠟含量試驗法 (纸中石蜡含量试验法)	Y30

标 准 号	台湾地区 标准分类号	标 准 名 称	中国标准 分 类
5175-1994	P3034	紙及紙板縱橫方向測定法 (纸及纸板纵横方向测定法)	Y32
5176-1994	P3035	紙張網面與毯面測定法 (纸张网面与毯面测定法)	Y32
5177-2008	P3036	紙及紙板濕潤抗張強度試驗法 (纸及纸板湿润抗张强度试验法)	Y30
5469-2002	P3037	紙漿中羧基含量試驗法 (纸浆中羧基含量试验法)	Y30
5470-2008	P3038	紙漿卡巴值試驗法 (纸浆卡巴值试验法)	Y31
5471-1980	P3039	紙及紙板酸堿度試驗法 (纸及纸板酸碱度试验法)	Y30
6947-2002	P3041	木漿用材含水量試驗法 (木浆用材含水量试验法)	Y30
6948-2002	P3042	紙漿用天然纖維原料之全纖維素試驗法(亞氯酸鹽法) (纸浆用天然纤维原料之全纤维素试验法(亚氯酸盐法))	Y30
6949-2002	P3043	木材及紙漿中甲氧基含量試驗法 (木材及纸浆中甲氧基含量试验法)	Y30
6950-2008	P3044	紙漿、紙及紙板灰分試驗法—900 ℃ (纸浆、纸及纸板灰分试验法—900 ℃)	Y30
6951-1981	P3045	紙板耐磨強度試驗法 (纸板耐磨强度试验法)	Y30
7296-1990	P3046	紙張耐油度試驗法 (纸张耐油度试验法)	Y31
7297-1981	P3047	紙板之紙層剝離強度試驗法 (纸板之纸层剥离强度试验法)	Y31
7298-2009	P3048	紙及紙板吸水度試驗法(Cobb 法) (纸及纸板吸水度试验法(Cobb 法))	Y30
7299-2009	P3049	紙及紙板 75°角鏡面光澤度試驗法 (纸及纸板 75°角镜面光泽度试验法)	Y30
7747-1981	P3050	紙及紙板內水溶性氯化物之分析法 (纸及纸板内水溶性氯化物之分析法)	Y30
7748-1993	P3051	紙漿黏度試驗法(Cannon-Fenske 毛細管黏度計法) (纸浆黏度试验法(Cannon-Fenske 毛细管黏度计法))	Y31
7749-2002	P3052	木材及紙漿中聚戊醣試驗法 (木材及纸浆中聚戊醣试验法)	Y31
9321-1992	P3053	紙漿內鐵含量之檢驗法(鄰二氮雜菲法) (纸浆内铁含量之检验法(邻二氮杂菲法))	Y31
9322-2002	P3054	紙漿與紙中錳含量檢驗法(過碘酸鈉比色法與原子吸收光譜法) (纸浆与纸中锰含量检验法(过碘酸钠比色法与原子吸收光谱法))	Y31
9323-2008	P3055	紙漿內酸不溶性灰分含量試驗法 (纸浆内酸不溶性灰分含量试验法)	Y31
10378-1993	P3057	紙及紙板耐折強度試驗法(MIT 試驗機) (纸及纸板耐折强度试验法(MIT 试验机))	Y30
10471-1995	P3058	紙漿內污點試驗法 (纸浆内污点试验法)	Y30
10471-1-1995	P3058-1	紙及紙板內污點試驗法 (纸及纸板内污点试验法)	Y30
10472-1995	P3059	紙漿內夾雜物試驗法(透射光法) (纸浆内夹杂物试验法(透射光法))	Y31
10579-1994	P3060	紙及紙板表面強度試驗法(IGT 試驗機) (纸及纸板表面强度试验法(IGT 试验机))	Y30

标准号	台湾地区标准分类号	标准名称	中国标准分类
10760-1997	P3060	加工處理紙及紙板防焰性試驗 (加工处理纸及纸板防焰性试验)	Y30
10726-1983	P3061	紙張之印刷油墨滲透性試驗法(蓖麻油法) (纸张之印刷油墨渗透性试验法(蓖麻油法))	Y31
10727-1983	P3062	吸墨紙之吸墨性試驗法 (吸墨纸之吸墨性试验法)	Y32
10761-1984	P3064	蠟紙及蠟紙板之表面蠟量試驗法 (蜡纸及蜡纸板之表面蜡量试验法)	Y30
10778-1984	P3065	捲菸紙燃燒速度試驗法 (卷烟纸燃烧速度试验法)	Y39
10863-1994	P3066	紙漿濃度試驗法 (纸浆浓度试验法)	Y31
10864-1984	P3067	紙漿海波值試驗法 (纸浆海波值试验法)	Y31
10865-2002	P3068	紙漿中 α-、β-、γ-纖維素試驗法 (纸浆中 α-、β-、γ-纤维素试验法)	Y31
11211-1994	P3069	紙漿游離度試驗法(加拿大標準游離度法) (纸浆游离度试验法(加拿大标准游离度法))	Y31
11212-1992	P3070	物理試驗用手抄紙抄造法 (物理试验用手抄纸抄造法)	Y30
11290-1985	P3071	紙中澱粉含量試驗法 (纸中淀粉含量试验法)	Y32
11291-1985	P3072	手抄紙物理性質試驗法 (手抄纸物理性质试验法)	Y32
11373-1985	P3073	紙漿之濾水時間試驗法 (纸浆之滤水时间试验法)	Y31
11374-1991	P3074	紙漿、紙及紙板銅價試驗法 (纸浆、纸及纸板铜价试验法)	Y30
11375-1985	P3075	染色紙樣之抄造試驗法 (染色纸样之抄造试验法)	Y32
11395-1996	P3076	紙及紙板剛度試驗法(Taber 剛度試驗機) (纸及纸板刚度试验法(Taber 刚度试验机))	Y30
11397-1985	P3078	紙之表面 pH 值試驗法 (纸之表面 pH 值试验法)	Y32
11482-1986	P3079	造紙用填料及顏料稠液 pH 值試驗法 (造纸用填料及颜料稠液 pH 值试验法)	Y30
11483-1986	P3080	衛生用薄紙柔軟度試驗法—Handle-O-Meter 法 (卫生用薄纸柔软度试验法—Handle-O-Meter 法)	Y39
11622-1994	P3081	紙漿纖維長度投影試驗法 (纸浆纤维长度投影试验法)	Y31
11820-2007	P3082	紙製品之可遷移性螢光物質試驗法 (纸制品之可迁移性荧光物质试验法)	Y33
11972-1987	P3084	化學分析用濾紙檢驗法 (化学分析用滤纸检验法)	N64
12103-1999	P3085	紙製品游離甲醛含量試驗法(乙醯丙酮法) (纸制品游离甲醛含量试验法(乙酰丙酮法))	Y33
12105-1987	P3086	紙中矽氧聚合物含量試驗法 (纸中硅氧聚合物含量试验法)	Y32
12106-1987	P3087	高吸水性紙吸水性試驗法—吸水速率法 (高吸水性纸吸水性试验法—吸水速率法)	Y32
12107-2008	P3088	瓦楞芯紙平壓強度試驗法 (瓦楞芯纸平压强度试验法)	Y32

标准号	台湾地区标准分类号	标准名称	中国标准分类
12108-1987	P3089	木材及紙漿中酸溶性木質素試驗法 （木材及纸浆中酸溶性木质素试验法）	Y31
12423-1988	P3090	紙張剛度試驗法(Gurley 式剛度試驗機) （纸张刚度试验法(Gurley 式刚度试验机)）	Y32
12424-1988	P3091	紙漿之表面積試驗法 （纸浆之表面积试验法）	Y31
12425-1988	P3092	紙張透明度試驗法 （纸张透明度试验法）	Y32
12426-2005	P3093	紙漿—供光學性質測定之試樣製備法 （纸浆—供光学性质测定之试样制备法）	Y32
12428-2002	P3095	紙漿纖維長度篩分試驗法 （纸浆纤维长度筛分试验法）	Y31
12495-1992	P3096	實驗室紙漿叩解法(打漿機法) （实验室纸浆叩解法(打浆机法)）	Y31
12496-1992	P3097	實驗室紙漿叩解法(PFI 研磨機法) （实验室纸浆叩解法(PFI 研磨机法)）	Y31
12590-1989	P3098	紙與紙板中有機氮之測定法 （纸与纸板中有机氮之测定法）	Y30
12591-1989	P3099	目視評定紙張色差之方法 （目视评定纸张色差之方法）	Y32
12592-1989	P3100	瓦楞紙板含蠟量試驗法 （瓦楞纸板含蜡量试验法）	Y31
12607-2009	P3101	紙及紙板抗張性質試驗法(恆速伸長法) （纸及纸板抗张性质试验法(恒速伸长法)）	Y30
12731-1990	P3103	紙漿、紙及紙板之白度中螢光成分定量試驗法 （纸浆、纸及纸板之白度中荧光成分定量试验法）	Y31
12732-2005	P3104	試驗用紙及紙板之取樣法 （试验用纸及纸板之取样法）	Y30
12733-1990	P3105	印刷紙之鬆度及鬆度值試驗法 （印刷纸之松度及松度值试验法）	Y32
12734-1990	P3106	紙與紙板中還原性硫之測定法 （纸与纸板中还原性硫之测定法）	Y30
12735-1990	P3107	白或近似白紙及紙板之 L、a、b 值 45°、0°色度試驗法 （白或近似白纸及纸板之 L、a、b 值 45°、0°色度试验法）	Y30
12736-1990	P3108	紙及紙板之顏色試驗法(CIE 表色法) （纸及纸板之颜色试验法(CIE 表色法)）	P96
12745-1990	P3109	紙與顏料中鎘與鋅之測定法 （纸与颜料中镉与锌之测定法）	Y30
12749-1990	P3110	染紙用水溶性染料之溶解度試驗法 （染纸用水溶性染料之溶解度试验法）	Y30
12750-1990	P3111	紙張抗彎性質試驗法(用 Clark 鋼度試驗機) （纸张抗弯性质试验法(用 Clark 钢度试验机)）	Y32
12751-1990	P3112	瓦楞芯紙吸水率試驗法 （瓦楞芯纸吸水率试验法）	Y31
12882-1991	P3113	塑膠編織貼合水泥袋紙鉤裂強度試驗法 （塑料编织贴合水泥袋纸钩裂强度试验法）	Y32
12883-2009	P3114	家庭用紙鬆度試驗法 （家庭用纸松度试验法）	Y30
12884-2005	P3115	紙漿用木材取樣與調製法及化學分析用木材之製備法 （纸浆用木材取样与调制法及化学分析用木材之制备法）	Y31
12885-2005	P3116	紙漿、紙與紙板擴散藍光反射率(ISO 白度)測定法 （纸浆、纸与纸板扩散蓝光反射率(ISO 白度)测定法）	Y30

标准号	台湾地区标准分类号	标准名称	中国标准分类
12886-1993	P3117	紙及紙板加速老化試驗法—105 ℃乾熱處理 (纸及纸板加速老化试验法—105 ℃干热处理)	Y32
12886-1-1993	P3117-1	紙及紙板加速老化試驗法—120 ℃或 150 ℃乾熱處理 (纸及纸板加速老化试验法—120 ℃或 150 ℃干热处理)	Y32
12887-1993	P3118	紙及紙板加速老化試驗法—90 ℃及 25%R. H. 濕熱處理 (纸及纸板加速老化试验法—90 ℃及 25%R. H. 湿热处理)	Y31
12887-1-1993	P3118-1	紙及紙板加速老化試驗法—80 ℃及 65%R. H. 濕熱處理 (纸及纸板加速老化试验法—80 ℃及 65%R. H. 湿热处理)	Y32
12888-1991	P3119	非木植物纖維鑑定法 (非木植物纤维鉴定法)	Y31
13119-2000	P3121	紙及紙板靜摩擦係數試驗法(傾斜平面法及水平平面法) (纸及纸板静摩擦系数试验法(倾斜平面法及水平平面法))	Y31
13120-2008	P3122	紙及紙板平滑度試驗法(Bendtsen 法) (纸及纸板平滑度试验法(Bendtsen 法))	Y31
13121-1992	P3123	紙漿之叩解度試驗法 (纸浆之叩解度试验法)	Y31
13122-1992	P3124	紙漿內銅含量之檢驗法 (纸浆内铜含量之检验法)	Y31
13142-1993	P3125	紙張吸墨度試驗法(K&N 油墨吸收試驗法) (纸张吸墨度试验法(K&N 油墨吸收试验法))	Y32
13143-1993	P3126	紙板內部結合強度試驗法(使用 Z-方向拉/壓式試驗機) (纸板内部结合强度试验法(使用 Z-方向拉/压式试验机))	Y32
13144-1993	P3127	紙及紙板內部結合強度試驗法(使用抗張強度試驗機) (纸及纸板内部结合强度试验法(使用抗张强度试验机))	Y32
13145-2002	P3128	紙漿中有機溶劑萃取物試驗法 (纸浆中有机溶剂萃取物试验法)	Y31
13146-2009	P3129	紙及紙板浸水吸水度試驗法 (纸及纸板浸水吸水度试验法)	Y31
13147-1993	P3130	紙漿中矽酸鹽及二氧化矽含量檢驗法(濕灰分法) (纸浆中硅酸盐及二氧化硅含量检验法(湿灰分法))	Y31
13314-2008	P3131	紙及紙板透氣度試驗法(Sheffield 法) (纸及纸板透气度试验法(Sheffield 法))	Y33
13349-1994	P3132	紙及紙板耐油度試驗法(棕櫚油滲透法) (纸及纸板耐油度试验法(棕榈油渗透法))	Y31
13355-1994	P3133	紙漿纖維粗細度試驗法 (纸浆纤维粗细度试验法)	Y31
13393-1994	P3134	紙漿相對黏度試驗法(王研法) (纸浆相对黏度试验法(王研法))	Y31
13394-1994	P3135	紙漿黏度試驗法(落球法) (纸浆黏度试验法(落球法))	Y31
13416-1994	P3136	造紙用填料及顏料採樣法 (造纸用填料及颜料采样法)	Y30
13417-1994	P3137	造紙用礦物質填料及顏料白度試驗法(擴散藍色光反射率法) (造纸用矿物质填料及颜料白度试验法(扩散蓝色光反射率法))	Y30
13418-1994	P3138	造紙用礦物質填料及顏料白度試驗法(45°/0°定向白度計法) (造纸用矿物质填料及颜料白度试验法(45°/0°定向白度计法))	Y30
13419-1994	P3139	造紙用礦物質填料及顏料粒度分佈試驗法 (造纸用矿物质填料及颜料粒度分布试验法)	Y30
14931-2005	P3140	紙與紙板不透明度(紙張背襯)試驗法—擴散反射率法 (纸与纸板不透明度(纸张背衬)试验法—扩散反射率法)	Y31

标准号	台湾地区标准分类号	标准名称	中国标准分类
15238-2008	P3141	紙及紙板表面粗糙度試驗法(Print—surf 法) (纸及纸板表面粗糙度试验法(Print—surf 法))	Y30
15239-2009	P3142	紙及紙板浸水破裂強度試驗法 (纸及纸板浸水破裂强度试验法)	Y30
15288-2009	P3143	紙漿、紙及紙板中細菌、酵母菌與黴菌菌落數測定法 (纸浆、纸及纸板中细菌、酵母菌与霉菌菌落数测定法)	Y30

环境保护

标准号	台湾地区标准分类号	标准名称	中国标准分类

Q1 一 般

标准号	台湾地区标准分类号	标准名称	中国标准分类
14064-2006	Q1001	產品標準含環境考量面之指引 (产品标准含环境考虑面之指引)	A00
14050-2004	Q1002	環境管理—詞彙 (环境管理—词汇)	Z04
14066-2000	Q1003	執行環境管理系統評鑑與驗證/登錄機構之一般要求事項 (执行环境管理系统评鉴与验证/登录机构之一般要求事项)	Z04
15012-2006	Q1004	塑膠—環境考量面—納入標準之一般指導綱要 (塑料—环境考虑面—纳入标准之一般指导纲要)	G31
14064-1-2006	Q1005-1	溫室氣體—第1部:組織層級溫室氣體排放與移除之量化及報告附指引之規範 (温室气体—第1部:组织层级温室气体排放与移除之量化及报告附指引之规范)	Z11
14064-2-2006	Q1005-2	溫室氣體—第2部:計畫層級溫室氣體排放減量或移除增量之量化、監督及報告附指引之規範 (温室气体—第2部:计划层级温室气体排放减量或移除增量之量化、监督及报告附指引之规范)	Z11
14064-3-2007	Q1005-3	溫室氣體—第3部:溫室氣體主張之確證與查證附指引之規範 (温室气体—第3部:温室气体主张之确证与查证附指引之规范)	Z11
14065-2008	Q1006	溫室氣體—使用於溫室氣體確證與查證機構之認證或其他認可形式之要求事項 (温室气体—使用于温室气体确证与查证机构之认证或其他认可形式之要求事项)	Z11

Q2 环境管理

标准号	台湾地区标准分类号	标准名称	中国标准分类
14001-2005	Q2001	環境管理系統—附使用指引之要求事項 (环境管理系统—附使用指引之要求事项)	Z01
14004-2005	Q2002	環境管理系統—原則、系統及支援技術之一般指導綱要 (环境管理系统—原则、系统及支持技术之一般指导纲要)	Z01
14040-2008	Q2006	環境管理—生命週期評估—原則與架構 (环境管理—生命周期评估—原则与架构)	Z04
14020-2003	Q2007	環境標誌與宣告—總則 (环境标志与宣告—总则)	Z04
14024-1999	Q2008	環境標誌與宣告—第一類環保標章—原則與程序 (环境标志与宣告—第一类环保标章—原则与程序)	Z00
14021-2000	Q2009	環境標誌與宣告—自行宣告之環境訴求(第二類環境標誌) (环境标志与宣告—自行宣告之环境诉求(第二类环境标志))	Z01
14031-2002	Q2012	環境管理—環境績效評估—指導綱要 (环境管理—环境绩效评估—指导纲要)	Z01
14025-2007	Q2014	環境標誌與宣告—第三類環境宣告—原則與程序 (环境标志与宣告—第三类环境宣告—原则与程序)	Z01
14015-2003	Q2015	環境管理—場址與組織之環境評估 (环境管理—场址与组织之环境评估)	Z01
14062-2005	Q2016	環境管理—整合環境考量面於產品設計與發展 (环境管理—整合环境考虑面于产品设计与发展)	Z01

标准号	台湾地区标准分类号	标准名称	中国标准分类
14048-2008	Q2017	環境管理—生命週期評估—數據文件化格式 （环境管理—生命周期评估—数据文件化格式）	Z00
14049-2008	Q2018	環境管理—生命週期評估—應用 14041 目的與範疇界定及盤查分析之應用範例 （环境管理—生命周期评估—应用 14041 目的与范畴界定及盘查分析之应用范例）	Z00
14044-2008	Q2019	環境管理—生命週期評估—要求事項與指導綱要 （环境管理—生命周期评估—要求事项与指导纲要）	Z04
14063-2009	Q2020	環境管理—環境溝通—指導綱要與範例 （环境管理—环境沟通—指导纲要与范例）	Z04

Q3 环境工程器材

标准号	台湾地区标准分类号	标准名称	中国标准分类
14431-2000	Q3001	油脂截留器性能試驗法 （油脂截留器性能试验法）	J88

Q4 资源化产品

标准号	台湾地区标准分类号	标准名称	中国标准分类
15223-2008	Q4001	廢棄物特性—溶出行為試驗—pH 對初始酸鹼添加之溶出影響 （废弃物特性—溶出行为试验—pH 对初始酸碱添加之溶出影响）	Z10

陶　业

标准号	台湾地区标准分类号	标准名称	中国标准分类

R1 一 般

标准号	台湾地区标准分类号	标准名称	中国标准分类
466-1984	R1002	建築用水泥瓦總則 (建筑用水泥瓦总则)	Q14
612-1986	R1006	耐火磚之形狀及尺度 (耐火砖之形状及尺度)	P16
625-1976	R1007	耐火黏土磚分級標準 (耐火黏土砖分级标准)	A01
704-1984	R1008	火山灰(一般用) (火山灰(一般用))	Q13
890-1979	R1009	搪瓷器皿總則 (搪瓷器皿总则)	Y26
981-1994	R1010	日用瓷器 (日用瓷器)	Q31
1047-1976	R1011	絕熱耐火磚分級標準 (绝热耐火砖分级标准)	Q45
3968-1976	R1012	矽質耐火磚分級標準 (硅质耐火砖分级标准)	Q41
3969-1976	R1013	富鋁紅柱石耐火器材分級標準 (富铝红柱石耐火器材分级标准)	Q42
3970-1976	R1014	耐火粒狀白雲石分級標準 (耐火粒状白云石分级标准)	Q43
3971-1976	R1015	火黏土及高鋁可塑物及鎚結料分級標準 (火黏土及高铝可塑物及锤结料分级标准)	Q42
6514-1996	R1016	化學工業用耐酸陶瓷器總則 (化学工业用耐酸陶瓷器总则)	G94
9737-2006	R1018	陶瓷面磚總則 (陶瓷面砖总则)	Q31
11636-1986	R1019	旋窯用耐火磚之形狀及尺度 (旋窑用耐火砖之形状及尺度)	Q40
11637-1986	R1020	熔鐵爐用耐火磚之形狀及尺度 (熔铁炉用耐火砖之形状及尺度)	Q40
13430-1994	R1021	耐火材料詞彙 (耐火材料词汇)	A90
13632-1996	R1022	白陶瓷器詞彙 (白陶瓷器词汇)	Q30

R2 陶类产品

标准号	台湾地区标准分类号	标准名称	中国标准分类
61-2005	R2001	卜特蘭水泥 (卜特兰水泥)	Q11
382-2007	R2002	普通磚 (普通砖)	Q15
383-1953	R2003	空心磚 (空心砖)	Q15
462-2001	R2004	黏土瓦 (黏土瓦)	Q17
467-1965	R2007	弓形水泥瓦 (弓形水泥瓦)	Q14

标准号	台湾地区标准分类号	标准名称	中国标准分类
468-1964	R2008	槽形水泥瓦 (槽形水泥瓦)	Q14
469-1959	R2009	平脊形水泥瓦 (平脊形水泥瓦)	Q14
475-1988	R2012	波形石棉水泥瓦 (波形石棉水泥瓦)	Q14
823-1985	R2013	普通平板玻璃 (普通平板玻璃)	Q33
891-1958	R2014	圆柱形搪瓷杯 (圆柱形搪瓷杯)	Y26
892-1958	R2015	斜胴搪瓷杯 (斜胴搪瓷杯)	Y26
893-1958	R2016	淺形搪瓷盆 (浅形搪瓷盆)	Y26
894-1958	R2017	深式搪瓷盆 (深式搪瓷盆)	Y26
895-1958	R2018	搪瓷面盆 (搪瓷面盆)	Y26
896-1958	R2019	搪瓷盤 (搪瓷盘)	Y26
897-1958	R2020	橢圓形搪瓷盤 (椭圆形搪瓷盘)	Y26
898-1958	R2021	搪瓷皿 (搪瓷皿)	Y26
899-1958	R2022	搪瓷碗 (搪瓷碗)	Y26
900-1958	R2023	搪瓷痰盂 (搪瓷痰盂)	Y26
901-1958	R2024	搪瓷燈罩(適用於螺紋式燈頭) (搪瓷灯罩(适用于螺纹式灯头))	Y26
902-1958	R2025	搪瓷茶盤 (搪瓷茶盘)	Y26
991-1995	R2034	瓷質燒結研磨輪 (瓷质烧结研磨轮)	Y24
1048-1985	R2035	耐火墁料 (耐火墁料)	Q46
1049-1981	R2036	高壓弧脊形水泥瓦 (高压弧脊形水泥瓦)	Q14
1072-1980	R2037	耐水砂紙 (耐水砂纸)	J43
1074-1984	R2038	砂紙 (砂纸)	J43
1076-1984	R2039	砂布 (砂布)	J43
1123-1976	R2040	鹽基性碳酸鎂保溫劑 (鹽基性碳酸镁保温剂)	Q25
1125-1976	R2041	鹽基性碳酸鎂保溫板(磚)及保溫管 (鹽基性碳酸镁保温板(砖)及保温管)	Q25
1183-1986	R2042	膠合玻璃 (胶合玻璃)	Q34
2176-1994	R2043	矽酸鈣保溫材料 (硅酸钙保温材料)	Q25

标准号	台湾地区 标准分类号	标准名称	中国标准 分类
2217-1985	R2044	強化玻璃 (强化玻璃)	Q33
2306-1972	R2045	白色卜特蘭水泥 (白色卜特兰水泥)	Q11
2352-1976	R2046	高鋁耐火磚分級標準 (高铝耐火砖分级标准)	Q42
2353-1965	R2047	燃煤蒸汽鍋爐用耐火磚 (燃煤蒸汽锅炉用耐火砖)	A82
2392-1965	R2048	建築用槽形土燒瓦 (建筑用槽形土烧瓦)	Q17
2394-1965	R2049	火黏土耐火磚(金屬冶煉用) (火黏土耐火砖(金属冶炼用))	Q42
2441-1997	R2050	壓花玻璃 (压花玻璃)	Q33
2442-1986	R2051	浮式及磨光平板玻璃 (浮式及磨光平板玻璃)	A82
2541-1984	R2052	雙層玻璃 (双层玻璃)	A82
2895-2005	R2053	玻璃食器 (玻璃食器)	Y22
3060-1969	R2055	坩堝(熔玻璃用) (坩埚(熔玻璃用))	C31
3061-1980	R2056	安瓿用玻璃管 (安瓿用玻璃管)	C31
3062-1980	R2057	安瓿 (安瓿)	N64
3063-1985	R2058	顯微鏡用載玻璃 (显微镜用载玻璃)	N32
3065-1985	R2059	玻璃棉保溫材料 (玻璃棉保温材料)	Q25
3147-1985	R2060	石棉編繩 (石棉编绳)	Q61
3220-2003	R2061	衛生陶瓷器—水洗馬桶 (卫生陶瓷器—水洗马桶)	Q18
3220-1-1998	R2061-1	衛生瓷器—水箱 (卫生瓷器—水箱)	Q31
3220-2-2003	R2061-2	衛生陶瓷器—小便器 (卫生陶瓷器—小便器)	Q31
3220-3-2007	R2061-3	衛生陶瓷器—洗面盆 (卫生陶瓷器—洗面盆)	Q18
3220-4-1998	R2061-4	衛生瓷器—廚房洗滌槽 (卫生瓷器—厨房洗涤槽)	P40
3220-5-1998	R2061-5	衛生瓷器—化驗盆 (卫生瓷器—化验盆)	P40
3220-6-1998	R2061-6	衛生瓷器—沖洗盆 (卫生瓷器—冲洗盆)	P40
3220-7-1998	R2061-7	衛生瓷器—拖布盆 (卫生瓷器—拖布盆)	P40
3242-1985	R2062	化學分析用瓷燒舟 (化学分析用瓷烧舟)	N64
3288-1998	R2063	金屬網(或線)入板玻璃 (金属网(或线)入板玻璃)	Q33

标准号	台湾地区标准分类号	标准名称	中国标准分类
3298-2008	R2064	陶質壁磚 （陶质壁砖）	Q31
3321-1971	R2067	鎂磚 （镁砖）	Q43
3322-1971	R2068	鉻磚 （铬砖）	Q43
3323-1971	R2069	鉻鎂磚及鎂鉻磚 （铬镁砖及镁铬砖）	Q43
3324-1985	R2070	耐火材料用高鋁水泥 （耐火材料用高铝水泥）	Q11
3325-1976	R2071	可鑄耐火物分級標準 （可铸耐火物分级标准）	Q40
3362-1985	R2072	普通玻璃杯 （普通玻璃杯）	Y22
3459-1985	R2073	卜特蘭水泥製程用添加劑 （卜特兰水泥制程用添加剂）	Q12
3502-1972	R2074	農藥用及化學品用玻璃 （农药用及化学品用玻璃）	G08
3586-1973	R2075	真珠岩保溫板(磚)及保溫管 （真珠岩保温板(砖)及保温管）	Q25
3588-1973	R2076	煉鋼電爐用耐火磚 （炼钢电炉用耐火砖）	Q44
3589-1985	R2077	輸氣卜特蘭水泥製造用輸氣添加劑 （输气卜特兰水泥制造用输气添加剂）	Q12
3654-1999	R2078	卜特蘭高爐水泥 （卜特兰高炉水泥）	Q11
3655-1973	R2079	水硬性水泥可塑稠性水泥漿及墁料之機械拌合法 （水硬性水泥可塑稠性水泥浆及墁料之机械拌合法）	Q13
3657-1973	R2080	岩棉保溫材料 （岩棉保温材料）	Q25
3725-1974	R2081	陶瓷飲食用具釉面之鉛與鎘量 （陶瓷饮食用具釉面之铅与镉量）	G12
3787-1995	R2082	磨料粒度 （磨料粒度）	J43
3788-1987	R2083	人造磨料 （人造磨料）	J43
3789-1995	R2084	強化樹脂黏結平面研磨輪 （强化树脂黏结平面研磨轮）	J43
3790-1995	R2085	樹脂黏結切割研磨輪 （树脂黏结切割研磨轮）	D53
3965-1987	R2086	研磨輪之形狀與尺度 （研磨轮之形状与尺度）	J43
3966-1987	R2087	研磨輪最高使用周邊速度 （研磨轮最高使用周边速度）	J43
3967-1995	R2088	樹脂黏結研磨輪 （树脂黏结研磨轮）	J43
4204-1995	R2089	帶柄研磨輪 （带柄研磨轮）	J43
4205-1995	R2090	橡膠黏結切割研磨輪 （橡胶黏结切割研磨轮）	J43
4206-1985	R2091	研磨纖維盤 （研磨纤维盘）	J43

标准号	台湾地区 标准分类号	标准名称	中国标准 分类
4207-1984	R2092	研磨環帶 (研磨环带)	J43
4208-1995	R2093	螺帽嵌入式盤形及環形研磨輪 (螺帽嵌入式盘形及环形研磨轮)	J43
4341-1985	R2094	有色吸熱平板玻璃 (有色吸热平板玻璃)	Q33
4342-1989	R2095	交通反光標誌塗料用玻璃珠 (交通反光标志涂料用玻璃珠)	Q37
4721-1979	R2096	耐火拱磚尺度 (耐火拱砖尺度)	P04
5041-1979	R2097	搪瓷桶 (搪瓷桶)	Y32
5042-1979	R2098	搪瓷水壺 (搪瓷水壶)	Y32
5079-1979	R2099	鑄用及模型用熟石膏 (铸用及模型用熟石膏)	Q62
5081-1985	R2100	陶瓷模型用熟石膏 (陶瓷模型用熟石膏)	Q62
5178-1980	R2101	搪瓷鍋 (搪瓷锅)	Y68
6513-1980	R2102	實驗室用玻璃分液漏斗與滴液漏斗 (实验室用玻璃分液漏斗与滴液漏斗)	N64
6517-1985	R2103	化學分析用瓷蒸發皿 (化学分析用瓷蒸发皿)	N64
6518-1980	R2104	化學分析用瓷燒管 (化学分析用瓷烧管)	N64
6519-1980	R2105	化學分析用高頻率燃燒坩堝 (化学分析用高频率燃烧坩埚)	N64
6520-1996	R2106	化學工業用耐酸陶瓷器—附有錐形凸緣之直管 (化学工业用耐酸陶瓷器—附有锥形凸缘之直管)	G94
6521-1996	R2107	化學工業用耐酸陶瓷器—附有錐形凸緣之 90 度彎管 (化学工业用耐酸陶瓷器—附有锥形凸缘之 90 度弯管)	G94
6522-1996	R2108	化學工業用耐酸陶瓷器—附有錐形凸緣之 45 度彎管 (化学工业用耐酸陶瓷器—附有锥形凸缘之 45 度弯管)	G94
6523-1996	R2109	化學工業用耐酸陶瓷器—附有錐形凸緣之 T 字管 (化学工业用耐酸陶瓷器—附有锥形凸缘之 T 字管)	G94
6524-1996	R2110	化學工業用耐酸陶瓷器—附有承窩之直管 (化学工业用耐酸陶瓷器—附有承窝之直管)	G94
6525-1996	R2111	化學工業用耐酸陶瓷器—附有承窩之 90 度彎管 (化学工业用耐酸陶瓷器—附有承窝之 90 度弯管)	G94
6526-1996	R2112	化學工業用耐酸陶瓷器—附有承窩之 45 度彎管 (化学工业用耐酸陶瓷器—附有承窝之 45 度弯管)	G94
6612-1985	R2113	化學分析用瓷勺皿 (化学分析用瓷勺皿)	N64
6613-1985	R2114	化學分析用瓷燒杯 (化学分析用瓷烧杯)	N64
6952-1996	R2115	化學工業用耐酸陶瓷器—反應塔底槽 (化学工业用耐酸陶瓷器—反应塔底槽)	G94
6953-1996	R2116	化學工業用耐酸陶瓷器—反應塔中管 (化学工业用耐酸陶瓷器—反应塔中管)	G94
6954-1996	R2117	化學工業用耐酸陶瓷器—反應塔上管 (化学工业用耐酸陶瓷器—反应塔上管)	G94

标准号	台湾地区标准分类号	标准名称	中国标准分类
6955-1996	R2118	化學工業用耐酸陶瓷器—反應塔頂蓋 (化学工业用耐酸陶瓷器—反应塔顶盖)	G94
6956-1996	R2119	化學工業用耐酸陶瓷器—反應塔填充物 (化学工业用耐酸陶瓷器—反应塔填充物)	N64
6958-1996	R2121	化學工業用耐酸陶瓷器—錐形凸緣管鎖緊用配件 (化学工业用耐酸陶瓷器—锥形凸缘管锁紧用配件)	G94
6959-1996	R2122	化學工業用耐酸耐熱磚 (化学工业用耐酸耐热砖)	G94
6960-1981	R2123	化學分析用瓷坩堝 (化学分析用瓷坩埚)	N64
7300-1986	R2124	化學分析用玻璃燒杯 (化学分析用玻璃烧杯)	N64
7301-1986	R2125	化學分析用玻璃燒瓶 (化学分析用玻璃烧瓶)	N64
7302-1986	R2126	化學分析用玻璃皿 (化学分析用玻璃皿)	N64
7303-1986	R2127	化學分析用玻璃漏斗 (化学分析用玻璃漏斗)	N64
7304-1986	R2128	化學分析用玻璃試管 (化学分析用玻璃试管)	N64
7305-1986	R2129	化學分析用玻璃試藥瓶 (化学分析用玻璃试药瓶)	N64
7306-1986	R2130	化學分析玻璃吸濾瓶 (化学分析玻璃吸滤瓶)	N64
7307-1986	R2131	化學分析用玻璃稱量瓶 (化学分析用玻璃称量瓶)	N64
7308-1986	R2132	化學分析用玻璃乾燥器 (化学分析用玻璃干燥器)	N64
7309-1986	R2133	化學分析用玻璃旋塞 (化学分析用玻璃旋塞)	N64
7310-1986	R2134	化學分析用玻璃連接管 (化学分析用玻璃连接管)	N64
7311-1986	R2135	化學分析用玻璃過濾器 (化学分析用玻璃过滤器)	N64
7312-1986	R2136	化學分析用左司勒玻璃萃取器組 (化学分析用左司勒玻璃萃取器组)	N64
7313-1986	R2137	化學分析用氣體乾燥塔 (化学分析用气体干燥塔)	N64
7314-1986	R2138	化學分析用玻璃洗氣瓶 (化学分析用玻璃洗气瓶)	N64
7315-1986	R2139	化學分析用啟氏氣體發生器 (化学分析用启氏气体发生器)	N64
7316-1986	R2140	化學分析用玻璃 U 形管 (化学分析用玻璃 U 形管)	N64
7317-1986	R2141	化學分析用玻璃比重瓶 (化学分析用玻璃比重瓶)	N64
7318-1986	R2142	化學分析用玻璃冷凝器 (化学分析用玻璃冷凝器)	N64
7319-1986	R2143	化學分析用玻璃集液器 (化学分析用玻璃集液器)	N64
7320-1986	R2144	化學分析用可互換磨砂玻璃接頭 (化学分析用可互换磨砂玻璃接头)	N64

标 准 号	台湾地区 标准分类号	标 准 名 称	中国标准 分 类
7321-1986	R2145	玻璃棒 (玻璃棒)	N64
7322-1986	R2146	玻璃管 (玻璃管)	N64
8541-1986	R2147	硼矽光學冕玻璃 (硼硅光学冕玻璃)	N05
8862-1982	R2148	化學分析用體積計之玻璃材料 (化学分析用体积计之玻璃材料)	N64
8863-1982	R2149	化學分析用玻璃滴定管 (化学分析用玻璃滴定管)	N64
8864-1982	R2150	化學分析用玻璃吸量管 (化学分析用玻璃吸量管)	N64
8865-1982	R2151	化學分析用玻璃量筒 (化学分析用玻璃量筒)	N64
8866-1982	R2152	化學分析用玻璃量瓶 (化学分析用玻璃量瓶)	N64
8867-1982	R2153	化學分析用玻璃液量計 (化学分析用玻璃液量计)	N64
9029-1985	R2154	實驗室用搪瓷皿 (实验室用搪瓷皿)	N64
9030-1985	R2155	實驗室用搪瓷桶 (实验室用搪瓷桶)	N64
9031-1985	R2156	實驗室用搪瓷圓形容器 (实验室用搪瓷圆形容器)	N64
9032-1985	R2157	實驗室用搪瓷三口反應鍋 (实验室用搪瓷三口反应锅)	N64
9033-1985	R2158	實驗室用搪瓷燒杯 (实验室用搪瓷烧杯)	N64
9034-1985	R2159	實驗室用搪瓷漏斗 (实验室用搪瓷漏斗)	N64
9035-1985	R2160	實驗室用搪瓷勺皿 (实验室用搪瓷勺皿)	N64
9326-2002	R2161	壓縮墊料板 (压缩垫料板)	D50
9738-2008	R2162	陶質地磚 (陶质地砖)	Q31
9739-2008	R2163	石質地磚 (石质地砖)	Q21
9740-2008	R2164	瓷質地磚 (瓷质地砖)	Q31
9741-2008	R2165	石質壁磚 (石质壁砖)	Q21
9742-2008	R2166	瓷質壁磚 (瓷质壁砖)	Q31
9743-2007	R2167	瓷質馬賽克面磚 (瓷质马赛克面砖)	Q31
9744-2007	R2168	石質馬賽克面磚 (石质马赛克面砖)	Q31
10125-1983	R2169	注射劑用玻璃瓶 (注射剂用玻璃瓶)	C31
10126-1983	R2170	注射劑用管玻璃瓶 (注射剂用管玻璃瓶)	C31

标准号	台湾地区 标准分类号	标准名称	中国标准 分类
10127-1983	R2171	耐酸玻璃瓶 (耐酸玻璃瓶)	N64
10631-2008	R2172	擠出面磚 (挤出面砖)	Q17
10985-2008	R2173	汽車用安全玻璃 (汽车用安全玻璃)	Q34
11141-1987	R2174	環片式研磨輪 (环片式研磨轮)	J43
11142-1987	R2175	氧化鎂黏結研磨輪 (氧化镁黏结研磨轮)	J43
11265-1985	R2176	石棉線 (石棉线)	Q61
11266-1985	R2177	石棉布 (石棉布)	Q61
11268-1985	R2179	產業機械用石棉煞車襯 (产业机械用石棉煞车衬)	Q61
11269-1985	R2180	水電解用石棉隔膜 (水电解用石棉隔膜)	N64
11270-2001	R2181	卜特蘭飛灰水泥 (卜特兰飞灰水泥)	Q11
11271-2001	R2182	卜特蘭飛灰水泥用飛灰 (卜特兰飞灰水泥用飞灰)	Q12
11417-1985	R2183	碳化矽電熱體 (碳化硅电热体)	Q44
11418-1985	R2184	熱電偶用非金屬保護管 (热电偶用非金属保护管)	N11
11419-1985	R2185	熱電偶用非金屬絕緣管 (热电偶用非金属绝缘管)	N11
11420-1985	R2186	顯微鏡用蓋玻璃 (显微镜用盖玻璃)	N32
11511-1986	R2187	光學用紅外線吸收玻璃 (光学用红外线吸收玻璃)	N30
11522-1986	R2188	高溫絕熱纖維氈 (高温绝热纤维毡)	Q25
12050-1987	R2189	耐熱玻璃製食物用器皿 (耐热玻璃制食物用器皿)	Y22
12167-1987	R2190	研磨套筒 (研磨套筒)	J43
12168-1987	R2191	帶柄式垂片研磨布、紙輪之形狀及尺度 (带柄式垂片研磨布、纸轮之形状及尺度)	J43
12169-1987	R2192	緣盤式垂片研磨布、紙輪之形狀及尺度 (缘盘式垂片研磨布、纸轮之形状及尺度)	J43
12379-1988	R2193	鏡材 (镜材)	Y89
12445-1988	R2194	化學工業用玻璃構件 (化学工业用玻璃构件)	N64
12938-2003	R2195	排水及污水用瓷化黏土管以及其配件與管接頭 (排水及污水用瓷化黏土管以及其配件与管接头)	P40
12969-1992	R2196	瓷質金斗與骨灰壇 (瓷质金斗与骨灰坛)	Y24
13032-1992	R2197	日射熱反射玻璃 (日射热反射玻璃)	Q33

标准号	台湾地区标准分类号	标准名称	中国标准分类
13356-1994	R2198	耐熱陶瓷餐具 (耐热陶瓷餐具)	Y68
13431-2009	R2199	窯燒花崗石面磚 (窑烧花岗石面砖)	Q21
13447-1994	R2200	熱處理增強玻璃 (热处理增强玻璃)	Q33
13487-1995	R2201	玻璃馬賽克面磚 (玻璃马赛克面砖)	Q30
13488-1995	R2202	磨石 (磨石)	J43
13548-1995	R2203	鋁質水泥 (铝质水泥)	Q11
13762-2004	R2204	360 度本體色強化玻璃反光路面標記 (360 度本体色强化玻璃反光路面标记)	T08
14293-1998	R2205	實驗室用參考示溫金隹 (实验室用参考示温金隹)	N61
14909-2008	R2206	瓷質拋光磚 (瓷质抛光砖)	Q15
14932-2005	R2207	玻璃容器製造用之廢棄碎玻璃原料 (玻璃容器制造用之废弃碎玻璃原料)	Q33
15093-2007	R2208	建築用玻璃磚 (建筑用玻璃砖)	Q15
15167-2008	R2208	蓮蓬頭 (莲蓬头)	Q15

R3 检验

标准号	台湾地区标准分类号	标准名称	中国标准分类
470-1981	R3002	水泥瓦檢驗標準 (水泥瓦检验标准)	Q14
476-1988	R3004	波形石棉水泥瓦檢驗法 (波形石棉水泥瓦检验法)	Q14
613-1956	R3007	耐火磚之取樣法 (耐火砖之取样法)	Q40
614-1978	R3008	耐火磚及絕熱耐火磚之尺度及體密度之試驗法 (耐火砖及绝热耐火砖之尺度及体密度之试验法)	Q40
615-1956	R3009	耐火磚翹曲之檢驗法 (耐火砖翘曲之检验法)	P04
616-1990	R3010	耐火磚抗壓強度試驗法 (耐火砖抗压强度试验法)	Q40
617-1998	R3011	耐火製品示溫錐比值(耐火度)測定法 (耐火制品示温锥比值(耐火度)测定法)	P04
618-1990	R3012	耐火磚再熱線性脹縮率試驗法 (耐火砖再热线性胀缩率试验法)	P04
619-1986	R3013	耐火磚視孔隙度、吸水率及比重試驗法 (耐火砖视孔隙度、吸水率及比重试验法)	P04
620-1998	R3014	耐火材料真密度測定法 (耐火材料真密度测定法)	P04
621-1990	R3015	耐火磚荷重耐火度試驗法 (耐火砖荷重耐火度试验法)	P04
622-1956	R3016	耐火磚之急熱急冷試驗法 (耐火砖之急热急冷试验法)	P04

标准号	台湾地区标准分类号	标准名称	中国标准分类
623-1956	R3017	耐火材料之篩析及含水量之試驗法 (耐火材料之筛析及含水量之试验法)	P16
624-1956	R3018	耐火材料及原料化學分析法 (耐火材料及原料化学分析法)	P04
705-1984	R3019	火山灰(一般用)檢驗法 (火山灰(一般用)检验法)	Q13
784-1983	R3020	水硬性水泥之採樣法 (水硬性水泥之采样法)	Q11
785-1983	R3021	水硬性水泥凝結時間檢驗法(吉爾摩氏針法) (水硬性水泥凝结时间检验法(吉尔摩氏针法))	Q11
786-1983	R3022	水硬性水泥凝結時間檢驗法(費開氏針法) (水硬性水泥凝结时间检验法(费开氏针法))	Q11
787-1983	R3023	水硬性水泥墁料之空氣含量檢驗法 (水硬性水泥墁料之空气含量检验法)	Q11
824-1965	R3024	普通平板玻璃外形檢驗法 (普通平板玻璃外形检验法)	Q33
14388-1999	R3024	精密陶瓷強度數據韋伯統計解析法 (精密陶瓷强度数据韦伯统计解析法)	Q33
903-1983	R3025	搪瓷器皿檢驗法 (搪瓷器皿检验法)	Y26
990-1994	R3026	日用瓷器檢驗法 (日用瓷器检验法)	Y24
993-1973	R3028	玻璃容器之取樣法 (玻璃容器之取样法)	A82
994-1973	R3029	玻璃容器靜壓試驗法 (玻璃容器静压试验法)	A83
995-1973	R3030	玻璃容器之熱震試驗法 (玻璃容器之热震试验法)	Y22
996-1973	R3031	玻璃容器抵抗化學侵蝕之試驗法 (玻璃容器抵抗化学侵蚀之试验法)	Y22
1010-1993	R3032	水硬性水泥墁料抗壓強度檢驗法(用 50 mm 或 2 in. 立方體試體) (水硬性水泥墁料抗压强度检验法(用 50 mm 或 2 in. 立方体试体))	Q11
1011-1983	R3033	水硬性水泥墁料抗拉強度檢驗法 (水硬性水泥墁料抗拉强度检验法)	Q11
1012-1988	R3034	水硬性水泥試驗用之流動性台 (水硬性水泥试验用之流动性台)	Q92
1046-1986	R3035	鈉鈣玻璃化學分析法 (钠钙玻璃化学分析法)	Q33
1073-1980	R3036	耐水砂紙檢驗法 (耐水砂纸检验法)	J43
1075-1981	R3037	砂紙檢驗法 (砂纸检验法)	J43
1077-1980	R3038	砂布檢驗法 (砂布检验法)	J43
1078-2001	R3039	水硬性水泥化學分析法 (水硬性水泥化学分析法)	Q11
1124-1976	R3040	鹽基性碳酸鎂保溫劑檢驗法 (盐基性碳酸镁保温剂检验法)	Q25
1126-1976	R3041	鹽基性碳酸鎂保溫板(磚)及保溫管檢驗法 (盐基性碳酸镁保温板(砖)及保温管检验法)	Q25

标准号	台湾地区标准分类号	标准名称	中国标准分类
1184-1986	R3043	膠合玻璃檢驗法 (胶合玻璃检验法)	Q34
1258-1985	R3044	卜特蘭水泥熱壓膨脹試驗法 (卜特兰水泥热压膨胀试验法)	Q11
2177-1995	R3045	矽酸鈣保溫材料檢驗法 (硅酸钙保温材料检验法)	Q25
2218-1985	R3046	強化玻璃檢驗法 (强化玻璃检验法)	Q34
2248-1989	R3047	水硬性水泥水合熱試驗法 (水硬性水泥水合热试验法)	Q11
2393-2005	R3048	白色卜特蘭水泥白度檢驗法 (白色卜特兰水泥白度检验法)	Q11
2885-1969	R3049	精陶瓷黏土採樣法 (精陶瓷黏土采样法)	D54
2886-1969	R3050	陶瓷黏土游離水之試驗法 (陶瓷黏土游离水之试验法)	D54
2887-1969	R3051	乾燥收縮及燒成收縮之測定法 (干燥收缩及烧成收缩之测定法)	D54
2888-1976	R3052	未燒製黏土破壞模數測定法 (未烧制黏土破坏模数测定法)	D54
2889-1984	R3053	已燒製陶瓷黏土材料抗壓強度試驗法 (已烧制陶瓷黏土材料抗压强度试验法)	D54
2890-1969	R3054	已燒製乾壓精陶瓷試樣常溫抗撓性能試驗法 (已烧制干压精陶瓷试样常温抗挠性能试验法)	D54
2891-1969	R3055	已燒製鑄製或擠製精陶瓷製品破壞模數試驗法 (已烧制铸制或挤制精陶瓷制品破坏模数试验法)	D54
2892-1969	R3056	已燒製精陶瓷製品水分膨脹試驗法 (已烧制精陶瓷制品水分膨胀试验法)	D54
2893-1969	R3057	已燒製精陶瓷材料比重試驗法 (已烧制精陶瓷材料比重试验法)	Q32
2894-1984	R3058	陶瓷黏土化學分析法 (陶瓷黏土化学分析法)	Y22
2924-1984	R3059	卜特蘭水泥細度檢驗法(氣透儀法) (卜特兰水泥细度检验法(气透仪法))	Q11
3187-1976	R3060	化學陶器抗壓強度試驗法 (化学陶器抗压强度试验法)	G94
3188-1976	R3061	化學陶器橫強度試驗法 (化学陶器横强度试验法)	G94
3189-1970	R3062	化學陶器研磨抗力試驗法 (化学陶器研磨抗力试验法)	G94
3190-1976	R3063	化學陶器之酸溶性鐵試驗法 (化学陶器之酸溶性铁试验法)	G94
3191-1976	R3064	化學陶器耐酸性試驗法 (化学陶器耐酸性试验法)	A22
3221-2003	R3065	衛生陶瓷器檢驗法 (卫生陶瓷器检验法)	A20
3243-1971	R3066	磨細非塑性陶瓷材料之篩析法 (磨细非塑性陶瓷材料之筛析法)	Q30
3244-1971	R3067	已燒製上釉精陶瓷器細裂阻力試驗法(高壓蒸煮器法) (已烧制上釉精陶瓷器细裂阻力试验法(高压蒸煮器法))	Q30
3245-1985	R3068	陶瓷釉磚熱震抗力試驗法 (陶瓷釉砖热震抗力试验法)	Q30

标准号	台湾地区标准分类号	标准名称	中国标准分类
3246-1971	R3069	已燒製精陶瓷製品線熱膨脹之測定法(膨脹計法) (已烧制精陶瓷制品线热膨胀之测定法(膨胀计法))	A82
3299-2006	R3071	陶瓷面磚檢驗法 (陶瓷面砖检验法)	Q31
3299-12-2009	R3071-12	陶瓷面磚試驗法—第12部:防滑性試驗法 (陶瓷面砖试验法—第12部:防滑性试验法)	Q31
3299-4-2009	R3071-4	陶瓷面磚試驗法—第4部:彎曲破壞載重及抗彎強度試驗法 (陶瓷面砖试验法—第4部:弯曲破坏载重及抗弯强度试验法)	Q31
3299-5-2009	R3071-5	陶瓷面磚試驗法—第5部:無釉地磚耐磨耗性試驗法 (陶瓷面砖试验法—第5部:无釉地砖耐磨耗性试验法)	Q31
3299-6-2009	R3071-6	陶瓷面磚試驗法—第6部:施釉地磚耐磨耗性試驗法 (陶瓷面砖试验法—第6部:施釉地砖耐磨耗性试验法)	Q31
3458-1983	R3072	卜特蘭水泥假凝結檢驗法(水泥漿法) (卜特兰水泥假凝结检验法(水泥浆法))	Q11
3503-1986	R3073	陶瓷釉面萃取之鉛量及鎘量檢驗法 (陶瓷釉面萃取之铅量及镉量检验法)	Q30
3587-1973	R3074	真珠岩保溫板(磚)及保溫管檢驗法 (真珠岩保温板(砖)及保温管检验法)	Q25
3590-1988	R3075	水硬性水泥之正常稠度檢驗法 (水硬性水泥之正常稠度检验法)	Q11
3656-1983	R3076	卜特蘭水泥之三氧化硫最佳含量檢驗法 (卜特兰水泥之三氧化硫最佳含量检验法)	Q11
3786-1987	R3077	研磨輪檢驗法 (研磨轮检验法)	J43
4093-1977	R3078	鹼性耐火磚水合阻力檢驗法 (碱性耐火砖水合阻力检验法)	Q43
4343-1989	R3080	交通反光標誌塗料用玻璃珠檢驗法 (交通反光标志涂料用玻璃珠检验法)	Q37
4457-1984	R3081	有色吸熱平板玻璃檢驗法 (有色吸热平板玻璃检验法)	Q33
4682-1978	R3082	粒狀耐火物體密度及孔隙度之測定法(汞位移法) (粒状耐火物体密度及孔隙度之测定法(汞位移法))	Q40
5080-1979	R3083	石膏及石膏製品之化學分析法 (石膏及石膏制品之化学分析法)	D53
5082-1985	R3084	陶瓷模型用熟石膏物理試驗法 (陶瓷模型用熟石膏物理试验法)	Q63
5474-1980	R3085	瓷質實驗儀器胚體孔隙度與釉缺陷檢驗法 (瓷质实验仪器胚体孔隙度与釉缺陷检验法)	N64
5475-1980	R3086	瓷質實驗儀器熱抗力與熱震抗力檢驗法 (瓷质实验仪器热抗力与热震抗力检验法)	N64
5476-1980	R3087	瓷質實驗儀器釉之高溫抗力檢驗法 (瓷质实验仪器釉之高温抗力检验法)	N64
5477-1980	R3088	瓷質實驗儀器灼燒時質量之穩定性檢驗法 (瓷质实验仪器灼烧时质量之稳定性检验法)	N64
5478-1980	R3089	瓷資實驗儀器釆由之酸碱抗力檢驗法 (瓷资实验仪器釆由之酸碱抗力检验法)	N64
5480-1980	R3090	錐形接頭直徑及長度規測系統 (锥形接头直径及长度规测系统)	N64
5481-1980	R3091	錐形接頭漏洩檢驗法 (锥形接头漏泄检验法)	N64
6516-1996	R3092	化學工業用耐酸陶瓷器檢驗法 (化学工业用耐酸陶瓷器检验法)	G94

标准号	台湾地区标准分类号	标准名称	中国标准分类
6614-1984	R3093	玻璃之平均線膨脹係數檢驗法 (玻璃之平均线膨胀系数检验法)	Q30
6850-1980	R3094	紅、橙及黃色搪瓷之色彩保持試驗法 (红、橙及黄色搪瓷之色彩保持试验法)	Y26
6851-1980	R3095	濕磨及乾磨搪瓷之篩析試驗法 (湿磨及干磨搪瓷之筛析试验法)	Y26
6852-1980	R3096	搪瓷器皿沸酸抗力之檢驗法 (搪瓷器皿沸酸抗力之检验法)	Y26
7529-1986	R3097	磨料採樣法 (磨料采样法)	J43
7530-1995	R3098	磨料粒度試驗法 (磨料粒度试验法)	J43
7531-1981	R3099	人造磨料之比重測定法 (人造磨料之比重测定法)	J43
7840-1981	R3100	熔氧化鋁磨料之燒結試驗法 (熔氧化铝磨料之烧结试验法)	J43
7841-1981	R3101	人造磨料之體密度測定法 (人造磨料之体密度测定法)	J43
7842-1981	R3102	人造磨料之毛細現象檢驗法 (人造磨料之毛细现象检验法)	J43
7843-1981	R3103	人造磨料之 pH 值測定法 (人造磨料之 pH 值测定法)	J43
8861-1982	R3104	化學分析用玻璃儀器之檢驗法 (化学分析用玻璃仪器之检验法)	N64
9436-1982	R3106	人造磨料之磁性物檢驗法 (人造磨料之磁性物检验法)	J43
9437-1982	R3107	人造磨料之革刃性試驗法(球磨機法) (人造磨料之革刃性试验法(球磨机法))	J43
9438-1982	R3108	熔氧化鋁磨料之化學分析法 (熔氧化铝磨料之化学分析法)	J43
9439-1982	R3109	碳化矽磨料之化學分析法 (碳化硅磨料之化学分析法)	G04
9745-1982	R3110	水硬性卜特蘭水泥墁料中硫酸鈣含量之檢驗法 (水硬性卜特兰水泥墁料中硫酸钙含量之检验法)	Q11
9746-1982	R3111	卜特蘭水泥墁料暴露於硫酸鹽中之潛在膨脹檢驗法 (卜特兰水泥墁料暴露于硫酸盐中之潜在膨胀检验法)	Q11
9747-1982	R3112	卜特蘭水泥細度檢驗法(濁度計法) (卜特兰水泥细度检验法(浊度计法))	Q11
10200-1983	R3113	耐火物在一氧化碳蒙氣內散解試驗法 (耐火物在一氧化碳蒙气内散解试验法)	Q40
10379-1983	R3114	搪瓷(琺瑯及景泰藍)製品放射性試驗法 (搪瓷(珐琅及景泰蓝)制品放射性试验法)	Q31
10473-1983	R3115	水泥細度篩析檢驗法 (水泥细度筛析检验法)	Q11
10866-1984	R3116	浮式及磨光平板玻璃檢驗法 (浮式及磨光平板玻璃检验法)	Q33
10986-2008	R3117	汽車用安全玻璃檢驗法 (汽车用安全玻璃检验法)	Q34
11081-1984	R3118	水泥工業用窯爐之熱平衡計算方法 (水泥工业用窑炉之热平衡计算方法)	Q92
11191-1985	R3119	陶瓷器、耐火物等燒成用隧道窯熱平衡計算方法 (陶瓷器、耐火物等烧成用隧道窑热平衡计算方法)	A42

标准号	台湾地区 标准分类号	标准名称	中国标准 分类
11249-1985	R3120	陶瓷器、耐火物等燒成用間歇窯(單窯)熱平衡計算法 (陶瓷器、耐火物等烧成用间歇窑(单窑)热平衡计算法)	Q90
11250-1985	R3121	礦物原料及其加工品之連續式乾燥爐熱平衡計算法 (矿物原料及其加工品之连续式干燥炉热平衡计算法)	Q96
11272-1985	R3122	水硬性水泥密度試驗法 (水硬性水泥密度试验法)	Q11
11273-1985	R3123	水硬性水泥以試驗篩 0.045 mm 386 濕篩試驗法 (水硬性水泥以试验筛 0.045 mm 386 湿筛试验法)	Q11
11274-1985	R3124	石灰燒成用窯爐熱平衡計算法 (石灰烧成用窑炉热平衡计算法)	Q99
11292-1985	R3125	玻璃應變點試驗法 (玻璃应变点试验法)	Q30
11293-1985	R3126	玻璃軟化點試驗法 (玻璃软化点试验法)	Q30
11421-1985	R3127	耐火原料耐火度試驗法 (耐火原料耐火度试验法)	Q40
11422-1985	R3128	火黏土質可塑耐火材料耐火度試驗法 (火黏土质可塑耐火材料耐火度试验法)	Q42
11423-1985	R3129	耐火墁料細度試驗法 (耐火墁料细度试验法)	Q46
11424-1985	R3130	耐火墁料凝結時間試驗法 (耐火墁料凝结时间试验法)	Q46
11425-1985	R3131	耐火墁料針入度試驗法 (耐火墁料针入度试验法)	Q46
11426-1985	R3132	火黏土質可塑耐火材料採樣法 (火黏土质可塑耐火材料采样法)	Q42
11427-1985	R3133	火黏土質可塑耐火材料水分含量試驗法 (火黏土质可塑耐火材料水分含量试验法)	Q42
11510-1986	R3134	硼矽玻璃化學分析法 (硼硅玻璃化学分析法)	N05
11512-1986	R3135	光學用紅外線吸收玻璃檢驗法 (光学用红外线吸收玻璃检验法)	N05
11523-1986	R3136	高溫絕熱纖維氈檢驗法 (高温绝热纤维毡检验法)	Q25
11554-1986	R3137	搪瓷(琺瑯)面萃取之鉛及鎘量檢驗法 (搪瓷(珐琅)面萃取之铅及镉量检验法)	Y88
11555-1986	R3138	陶瓷器、搪瓷(琺瑯)食品器具、容器表面萃取砷檢驗法 (陶瓷器、搪瓷(珐琅)食品器具、容器表面萃取砷检验法)	Q31
11638-1986	R3139	耐火磚尺度抽樣檢驗法 (耐火砖尺度抽样检验法)	Q40
11639-1986	R3140	耐火磚尺度測定法 (耐火砖尺度测定法)	Q40
11738-1986	R3141	絕熱耐火磚比重及真孔隙度試驗法 (绝热耐火砖比重及真孔隙度试验法)	Q45
11739-1986	R3142	絕熱耐火磚抗折強度試驗法 (绝热耐火砖抗折强度试验法)	Q45
11740-1986	R3143	絕熱耐火磚抗碎強度試驗法 (绝热耐火砖抗碎强度试验法)	Q45
11741-1986	R3144	絕熱耐火磚熱脹縮試驗法 (绝热耐火砖热胀缩试验法)	Q45
11742-1986	R3145	絕熱耐火磚再熱收縮試驗法 (绝热耐火砖再热收缩试验法)	Q45

标准号	台湾地区标准分类号	标准名称	中国标准分类
11743-1986	R3146	可鑄耐火材料採樣法 (可铸耐火材料采样法)	Q40
11973-1987	R3147	可鑄耐火材料粒度試驗法 (可铸耐火材料粒度试验法)	Q40
11974-1987	R3148	可鑄耐火材料抗碎強度及抗折強度試驗法 (可铸耐火材料抗碎强度及抗折强度试验法)	Q40
11975-1987	R3149	可鑄耐火材料熱脹縮試驗法 (可铸耐火材料热胀缩试验法)	Q40
11976-1987	R3150	輕質可鑄耐火材料粒度試驗法 (轻质可铸耐火材料粒度试验法)	Q45
11977-1987	R3151	輕質可鑄耐火材料抗碎強度及抗折強度試驗法 (轻质可铸耐火材料抗碎强度及抗折强度试验法)	P04
11978-1987	R3152	輕質可鑄耐火材料線變化率試驗法 (轻质可铸耐火材料线变化率试验法)	Q45
11979-1987	R3153	高鋁質及火黏土質可塑耐火材料抗碎強度及抗折強度試驗法 (高铝质及火黏土质可塑耐火材料抗碎强度及抗折强度试验法)	Q42
11980-1987	R3154	耐火墁料乾燥及加熱線變化率試驗法 (耐火墁料干燥及加热线变化率试验法)	P04
12051-1987	R3155	耐熱玻璃製食物用器皿檢驗法 (耐热玻璃制食物用器皿检验法)	Y22
12109-1987	R3156	耐火物爐渣侵蝕試驗法 (耐火物炉渣侵蚀试验法)	Q40
12110-1987	R3157	絕熱耐火磚導熱性試驗法(熱流法) (绝热耐火砖导热性试验法(热流法))	Q45
12111-1987	R3158	火黏土質可塑耐火材料加工性指數試驗法 (火黏土质可塑耐火材料加工性指数试验法)	Q42
12166-1987	R3159	研磨布及紙之選擇基準 (研磨布及纸之选择基准)	J43
12380-1988	R3160	鏡材檢驗法 (镜材检验法)	Y89
12381-1988	R3161	平板玻璃透射率、反射率及日光輻射熱取得率試驗法 (平板玻璃透射率、反射率及日光辐射热取得率试验法)	Q33
12701-1990	R3162	精密陶瓷彎曲強度(破壞模數)試驗法 (精密陶瓷弯曲强度(破坏模数)试验法)	Q32
12702-1990	R3163	精密陶瓷彈性係數試驗法 (精密陶瓷弹性系数试验法)	Q32
12703-1990	R3164	精密陶瓷高溫彎曲強度試驗法 (精密陶瓷高温弯曲强度试验法)	Q31
12704-1990	R3165	氧化鋁或石英粒度分布測定法(離心沈積法) (氧化铝或石英粒度分布测定法(离心沈积法))	G13
12705-1990	R3166	氧化鋁或石英粒度分布測定法(電感測帶技術) (氧化铝或石英粒度分布测定法(电感测带技术))	G13
12706-1990	R3167	氧化鋁或石英比表面積測定法(氮氣吸附法) (氧化铝或石英比表面积测定法(氮气吸附法))	G13
12764-1990	R3168	耐火磚抗折強度試驗法 (耐火砖抗折强度试验法)	Q40
12765-1990	R3169	耐火磚加熱線膨脹率試驗法 (耐火砖加热线膨胀率试验法)	Q40
12766-1990	R3170	可鑄耐火材料之線性脹縮率試驗法 (可铸耐火材料之线性胀缩率试验法)	Q40

标准号	台湾地区标准分类号	标准名称	中国标准分类
12786-1990	R3171	氮化矽粉末化學分析法 (氮化硅粉末化学分析法)	G14
12787-1990	R3172	耐火材料用鉻礦化學分析法 (耐火材料用铬矿化学分析法)	G10
12788-1990	R3173	耐火磚及耐火墁料螢光 X 射線光譜分析法 (耐火砖及耐火墁料荧光 X 射线光谱分析法)	Q40
12970-1992	R3175	瓷質金斗與骨灰壇檢驗法 (瓷质金斗与骨灰坛检验法)	Y24
13033-1992	R3176	日射熱反射玻璃檢驗法 (日射热反射玻璃检验法)	A42
13034-1992	R3177	低膨脹性玻璃熱膨脹係數試驗法(雷射干涉法) (低膨胀性玻璃热膨胀系数试验法(雷射干涉法))	A42
13432-2007	R3178	陶瓷面磚或類似材料表面靜摩擦係數試驗法(手拉式水平測力計法) (陶瓷面砖或类似材料表面静摩擦系数试验法(手拉式水平测力计法))	Q31
13448-1994	R3179	熱處理增強玻璃檢驗法 (热处理增强玻璃检验法)	A42
13585-1995	R3180	鋁質水泥墁料抗壓及抗彎強度試驗法 (铝质水泥墁料抗压及抗弯强度试验法)	Q13
13586-1995	R3181	鋁質水泥墁料凝結時間試驗法(費開氏針法) (铝质水泥墁料凝结时间试验法(费开氏针法))	Q13
13956-1997	R3183	精密陶瓷高溫彈性模數試驗法 (精密陶瓷高温弹性模数试验法)	Q32
13957-1997	R3184	精密陶瓷室溫及高溫抗拉強度試驗法 (精密陶瓷室温及高温抗拉强度试验法)	Q32
13958-1997	R3185	精密陶瓷破壞韌性試驗法 (精密陶瓷破坏韧性试验法)	Q32
13959-1997	R3186	精密陶瓷壓縮強度試驗法 (精密陶瓷压缩强度试验法)	Q32
13960-1997	R3187	非氧化物系精密陶瓷耐氧化性試驗法 (非氧化物系精密陶瓷耐氧化性试验法)	Q32
13983-1997	R3188	精密陶瓷維克氏硬度試驗法 (精密陶瓷维克氏硬度试验法)	Q32
13984-1997	R3189	精密陶瓷依雷射閃光法之熱擴散率、比熱容量、熱傳導率試驗法 (精密陶瓷依雷射闪光法之热扩散率、比热容量、热传导率试验法)	Q31
13985-1997	R3190	精密陶瓷彎曲潛變試驗法 (精密陶瓷弯曲潜变试验法)	Q31
13986-1997	R3191	精密陶瓷依球壓盤法之磨耗試驗法 (精密陶瓷依球压盘法之磨耗试验法)	Q32
13987-1997	R3192	精密陶瓷之酸、鹼腐蝕試驗法 (精密陶瓷之酸、碱腐蚀试验法)	Q32
14142-1998	R3193	精密陶瓷高溫、高壓環境適應性試驗法 (精密陶瓷高温、高压环境适应性试验法)	Q32
14143-1998	R3194	精密陶瓷用碳化矽微末化學分析法 (精密陶瓷用碳化硅微末化学分析法)	Q32
14144-1998	R3195	精密陶瓷高溫破壞革刃性試驗法 (精密陶瓷高温破坏革刃性试验法)	Q32
14145-1998	R3196	精密陶瓷以熱工分析之熱膨脹測定法 (精密陶瓷以热工分析之热膨胀测定法)	Q31

标准号	台湾地区标准分类号	标准名称	中国标准分类
14294-1998	R3197	緻密定型耐火製品抗硫酸性測定法 (致密定型耐火制品抗硫酸性测定法)	Q30
14313-1999	R3198	精密陶瓷粉末依液相沉降光透過法之粒徑分布測定法 (精密陶瓷粉末依液相沉降光透过法之粒径分布测定法)	Q32
14314-1999	R3199	精密陶瓷粉末粒子密度測定法 (精密陶瓷粉末粒子密度测定法)	Q32
14315-1999	R3200	精密陶瓷室溫彎曲疲勞試驗法 (精密陶瓷室温弯曲疲劳试验法)	Q32
14316-1999	R3201	精密陶瓷原料粒徑分布測定之試樣調製通則 (精密陶瓷原料粒径分布测定之试样调制通则)	Q32
14317-1999	R3202	精密陶瓷高溫維克氏硬度試驗法 (精密陶瓷高温维克氏硬度试验法)	L79
14387-1999	R3203	精密陶瓷接合體彎曲強度試驗法 (精密陶瓷接合体弯曲强度试验法)	Q32
14389-1999	R3205	精密陶瓷粉體 BET 氣體吸附比表面積測定法 (精密陶瓷粉体 BET 气体吸附比表面积测定法)	Q32
14390-1999	R3206	精密陶瓷微波射頻介電特性試驗法 (精密陶瓷微波射频介电特性试验法)	Q32
14910-2005	R3207	陶瓷面磚耐污染性試驗法 (陶瓷面砖耐污染性试验法)	Q31
14911-2005	R3208	陶瓷面磚或類似材料表面光澤度試驗法 (陶瓷面砖或类似材料表面光泽度试验法)	Q15
15094-2007	R3209	精密陶瓷—光觸媒材料之空氣淨化效能測試法—第 1 部:氮氧化物去除性能 (精密陶瓷—光触媒材料之空气净化效能测试法—第 1 部:氮氧化物去除性能)	Q31

R4 仪 器

标准号	台湾地区标准分类号	标准名称	中国标准分类
5473-1980	R4001	瓷質實驗儀器 (瓷质实验仪器)	N64
5479-1980	R4002	實驗室用互換錐形毛玻璃接頭 (实验室用互换锥形毛玻璃接头)	N64

日常用品

标准号	台湾地区标准分类号	标准名称	中国标准分类

S1 日用品

标准号	台湾地区标准分类号	标准名称	中国标准分类
260-1981	S1001	洗滌肥皂 (洗涤肥皂)	Y43
437-1987	S1003	盒裝安全火柴 (盒装安全火柴)	Y89
439-2006	S1004	牙膏 (牙膏)	Y43
549-1981	S1005	日用香皂 (日用香皂)	Y43
552-1981	S1006	鉛筆 (铅笔)	Y50
706-1982	S1007	熱水瓶 (热水瓶)	Y22
722-1981	S1008	顏色鉛筆 (颜色铅笔)	Y50
724-1981	S1009	海水肥皂 (海水肥皂)	Y43
904-1966	S1011	辦公桌 (办公桌)	Y81
905-1968	S1012	迴轉椅 (回转椅)	Y81
906-1968	S1013	靠椅 (靠椅)	Y81
964-1994	S1016	牙刷 (牙刷)	Y64
1065-2008	S1017	蠟燭 (蜡烛)	Y89
1082-2003	S1019	拉鍊 (拉炼)	Y73
2268-1980	S1022	賽珞凡 (赛珞凡)	Y39
2308-1983	S1023	毛筆刷 (毛笔刷)	Y89
2404-1972	S1024	打字用蠟紙 (打字用蜡纸)	Y54
2407-1981	S1025	水肥皂 (水肥皂)	Y43
2409-1981	S1026	肥皂片 (肥皂片)	Y43
2446-2008	S1027	塑膠製餐具 (塑料制餐具)	Y68
2463-2008	S1029	油性球鋒筆及其筆芯 (油性球锋笔及其笔芯)	Y50
2477-2009	S1031	洗衣用合成清潔劑 (洗衣用合成清洁剂)	Y43
2545-1983	S1033	包裝用橡皮圈 (包装用橡皮圈)	A82
2630-1971	S1038	煤氣(煤乾餾,家庭燃料用) (煤气(煤干馏,家庭燃料用))	G55

标准号	台湾地区标准分类号	标准名称	中国标准分类
2636-1966	S1039	紅墨水(書寫用) (红墨水(书写用))	Y50
2694-1983	S1041	家庭用縫紉機用針 (家庭用缝纫机用针)	Y17
2833-1981	S1042	木製辦公桌 (木制办公桌)	Y81
2840-2007	S1049	分板折合椅 (分板折合椅)	Y81
2984-1995	S1066	蠟筆及粉蠟筆 (蜡笔及粉蜡笔)	Y50
2996-1992	S1067	鋼製公文櫃 (钢制公文柜)	Y81
2997-1992	S1068	鋼製衣櫃 (钢制衣柜)	Y81
2998-1983	S1069	鋼製保險櫃 (钢制保险柜)	Y81
3028-1983	S1070	八號釘書釘 (八号钉书钉)	L72
3088-1992	S1071	鋼製辦公桌 (钢制办公桌)	Y81
3089-1992	S1072	鋼製辦公椅 (钢制办公椅)	Y81
3118-1992	S1074	鋼製檔案櫃 (钢制档案柜)	Y81
3119-1992	S1075	鋼製卡片箱 (钢制卡片箱)	J13
3283-1971	S1076	剝層紙捲蠟筆 (剥层纸卷蜡笔)	Y77
3460-1981	S1078	鋼筆用筆尖 (钢笔用笔尖)	Y55
3461-1977	S1079	棒球用木材球棒(少年用) (棒球用木材球棒(少年用))	Y55
3462-1977	S1080	硬式棒球用球 (硬式棒球用球)	Y56
3478-2009	S1081	塑膠鞋 (塑料鞋)	Y78
3735-1998	S1084	桌球檯 (桌球台)	Y55
3800-2008	S1085	食品及食具用合成清潔劑 (食品及餐具用合成清洁剂)	Y43
3862-1985	S1086	鋼琴 (钢琴)	Y58
3863-1975	S1087	吉他 (吉他)	Y58
3901-1975	S1088	化粧香皂 (化妆香皂)	Y43
4094-1991	S1089	羽球拍 (羽球拍)	Y55
4154-1988	S1090	20公升鋁水桶 (20公升铝水桶)	Y73
4722-1979	S1091	名片尺度 (名片尺度)	A14

标准号	台湾地区标准分类号	标准名称	中国标准分类
4799-1979	S1092	橡膠底帆布鞋及全橡膠鞋之標準鑄模尺度 (橡胶底帆布鞋及全橡胶鞋之标准铸模尺度)	Y99
4800-2000	S1093	鞋之尺碼 (鞋之尺码)	Y75
4801-1979	S1094	皮鞋楦頭之標準尺度 (皮鞋楦头之标准尺度)	Y99
4869-1979	S1096	鞋用橡膠底 (鞋用橡胶底)	Y78
4870-2000	S1097	長靴 (长靴)	Y78
4871-1979	S1098	輕登山靴 (轻登山靴)	Y78
6527-1983	S1099	碳酸飲料用玻璃瓶 (碳酸饮料用玻璃瓶)	Y22
6630-1980	S1100	鋼筆 (钢笔)	Y50
6632-1989	S1101	家庭用聚氯乙烯塑膠手套 (家庭用聚氯乙烯塑料手套)	G33
6634-1980	S1102	水彩 (水彩)	A17
6853-1996	S1103	打火機(點菸用) (打火机(点烟用))	Y89
6854-1980	S1104	印章用橡皮 (印章用橡皮)	Y54
6855-1986	S1105	塑膠製提桶 (塑料制提桶)	Y28
6856-1980	S1106	塑膠擦(擦鉛筆字用) (塑料擦(擦铅笔字用))	Y50
6858-1981	S1108	ABS 塑膠製硬殼手提箱 (ABS 塑料制硬壳手提箱)	Y28
6859-1981	S1109	ABS 塑膠製硬殼化粧箱 (ABS 塑料制硬壳化妆箱)	Y28
7071-1981	S1110	衣服掛鉤(單鉤,輕型) (衣服挂钩(单钩,轻型))	Y73
7072-1981	S1111	衣服掛鉤(單鉤,重型) (衣服挂钩(单钩,重型))	Y73
7073-1981	S1112	掛衣棒用 S 形衣服掛鉤 (挂衣棒用 S 形衣服挂钩)	Y73
7074-1981	S1113	簾幕掛鉤 (帘幕挂钩)	Y73
7075-1981	S1114	毛巾掛鉤 (毛巾挂钩)	Y73
7076-1981	S1115	衣服掛鉤(雙鉤式) (衣服挂钩(双钩式))	Y73
7077-1981	S1116	鎖匙掛鉤 (锁匙挂钩)	Y73
7078-1981	S1117	皿器用掛鉤 (皿器用挂钩)	Y73
7079-2008	S1118	自動鉛筆 (自动铅笔)	Y50
7081-2008	S1119	自動鉛筆用筆芯 (自动铅笔用笔芯)	Y50

标准号	台湾地区标准分类号	标准名称	中国标准分类
7323-1981	S1120	家用廚具 （家用厨具）	Y81
7445-2005	S1121	釘書針 （钉书针）	Y54
7446-1982	S1122	粉筆 （粉笔）	Y50
7447-1998	S1123	方形彈簧床墊 （方形弹簧床垫）	Y81
7449-1981	S1124	住宅用普通床 （住宅用普通床）	Y81
7451-1982	S1125	住宅用床尺度 （住宅用床尺度）	Y81
7751-1981	S1126	鉛筆用黑鉛芯 （铅笔用黑铅芯）	Y50
7753-1981	S1127	橡皮擦 （橡皮擦）	Y50
7844-1981	S1128	削鉛筆機 （削铅笔机）	Y50
7846-1981	S1129	鋼製筆尖 （钢制笔尖）	Y50
7925-1989	S1130	聚氯乙烯横式活動百葉窗 （聚氯乙烯横式活动百叶窗）	Q74
7927-1989	S1131	塑膠製洗滌用容器 （塑料制洗涤用容器）	Y28
8327-1989	S1132	塑膠水壺 （塑料水壶）	Y28
8542-1982	S1133	傘類 （伞类）	Y89
8544-1989	S1134	桌上用塑膠製有蓋食品容器 （桌上用塑料制有盖食品容器）	Y28
8547-1982	S1135	鞋用橡膠海棉中底片 （鞋用橡胶海棉中底片）	Y78
8632-2000	S1136	布鞋 （布鞋）	Y78
8634-1982	S1138	皮製運動鞋 （皮制运动鞋）	Y78
8635-1982	S1139	橡膠製運動鞋 （橡胶制运动鞋）	Y78
8739-1988	S1140	鋼製水桶 （钢制水桶）	H11
8741-1988	S1141	鋼製盥洗盆及洗濯盆 （钢制盥洗盆及洗濯盆）	Y73
8743-1988	S1142	鋼製水暖器 （钢制水暖器）	Y71
9038-1996	S1143	運動用橡皮球 （运动用橡皮球）	Y56
9040-1982	S1144	塑膠尺 （塑料尺）	A52
9443-2000	S1145	不銹鋼儲水槽 （不锈钢储水槽）	Q81
9544-1982	S1146	攜帶用熱水瓶 （携带用热水瓶）	Y22

标准号	台湾地区标准分类号	标准名称	中国标准分类
9545-1982	S1147	保溫飯盒 (保温饭盒)	Y68
9546-1982	S1148	冰瓶 (冰瓶)	Y22
9548-1982	S1149	保溫瓶,保溫盒用瓶膽 (保温瓶,保温盒用瓶胆)	Y22
9550-1982	S1150	裁縫用鋼製剪刀 (裁缝用钢制剪刀)	Y73
9639-1984	S1151	辦公桌之尺度 (办公桌之尺度)	Y81
9748-1996	S1152	介有補強層之運動用橡膠球 (介有补强层之运动用橡胶球)	Y56
9754-1982	S1154	橡膠製便鞋 (橡胶制便鞋)	Y78
10031-1983	S1156	美術用畫筆 (美术用画笔)	Y50
10128-1983	S1157	剪刀各部份名詞 (剪刀各部份名词)	Y73
10129-1983	S1158	剪紙用剪刀 (剪纸用剪刀)	Y73
10130-1983	S1159	一般用剪刀 (一般用剪刀)	Y73
10131-1983	S1160	理髮用剪刀 (理发用剪刀)	Y73
10201-1983	S1161	打印台 (打印台)	Y54
10202-1983	S1162	印泥 (印泥)	Y54
10293-1983	S1163	潛水用配鉛塊耐綸黑腰帶 (潜水用配铅块耐纶黑腰带)	Y55
10383-1983	S1164	鉛筆附裝用橡皮擦 (铅笔附装用橡皮擦)	Y50
10513-1985	S1166	吊環 (吊环)	Y55
10515-1998	S1167	釣魚鉤 (钓鱼钩)	H60
10516-1991	S1168	聚氯乙烯塑膠雨衣 (聚氯乙烯塑料雨衣)	G33
10518-1989	S1169	家庭用橡膠手套 (家庭用橡胶手套)	C73
10632-1983	S1170	皮鞋 (皮鞋)	Y78
10663-1983	S1171	樂器用頻率基準 (乐器用频率基准)	A57
10664-1983	S1172	小號 (小号)	Y58
10665-1983	S1173	豎笛 (竖笛)	Y58
10666-2007	S1174	拋棄式打火機—安全要求 (抛弃式打火机—安全要求)	Y89
10728-1983	S1175	釘書機 (订书机)	Y54

标准号	台湾地区 标准分类号	标准名称	中国标准 分类
10730-1983	S1176	颜色鉛筆用筆芯 (颜色铅笔用笔芯)	Y50
10971-1984	S1177	唱片 (唱片)	G83
10973-1992	S1178	匣式錄音帶 (匣式录音带)	G83
10975-1992	S1179	卡式錄音帶 (卡式录音带)	G83
11035-1985	S1180	鋼琴打弦器 (钢琴打弦器)	Y58
11213-1985	S1181	棉帆布腰帶 (棉帆布腰带)	Y76
11251-1985	S1182	濕式潛水衣 (湿式潜水衣)	Y55
11312-1985	S1183	油性標記筆 (油性标记笔)	Y50
11314-1985	S1184	水性標記筆 (水性标记笔)	Y50
11316-1987	S1185	刀叉碗盤餐具之裝飾銀電鍍層 (刀叉碗盘餐具之装饰银电镀层)	Y68
11343-1985	S1186	筆記簿 (笔记簿)	Y50
11344-1985	S1187	檔案夾(平書夾) (档案夹(平书夹))	Y54
11345-1985	S1188	檔案夾(摺夾及指標卡) (档案夹(折夹及指标卡))	Y54
11346-1985	S1189	報告用紙(橫式) (报告用纸(横式))	Y54
11464-1985	S1190	單槓 (单杠)	Y55
11466-1985	S1191	雙槓 (双杠)	Y56
11468-1985	S1192	跳馬 (跳马)	Y56
11469-1985	S1193	平衡木 (平衡木)	Y55
11471-1985	S1194	高低槓 (高低杠)	Y56
11473-1998	S1195	鞍馬 (鞍马)	Y56
11513-1986	S1196	不銹鋼壺 (不锈钢壶)	Y73
11610-1991	S1197	網球拍 (网球拍)	Y55
11673-1986	S1198	家具詞彙(一般詞彙) (家具词汇(一般词汇))	Y80
11673-1-1986	S1198-1	家具詞彙(分件詞彙) (家具词汇(分件词汇))	Y80
11673-2-1986	S1198-2	家具詞彙(式樣詞彙) (家具词汇(式样词汇))	Y80
11674-1986	S1199	家庭用學生書桌 (家庭用学生书桌)	Y81

标准号	台湾地区标准分类号	标准名称	中国标准分类
11675-1986	S1200	家庭用學生椅 (家庭用学生椅)	Y81
11676-2006	S1201	嬰兒床 (婴儿床)	Y57
11768-1986	S1202	鑰匙鎖保險櫃 (钥匙锁保险柜)	Y81
11769-1986	S1203	防盜保險櫃 (防盗保险柜)	A90
11770-1986	S1204	防盜金庫門與模構板 (防盗金库门与模构板)	P32
11811-1986	S1205	圓形放大鏡 (圆形放大镜)	N32
12035-1987	S1206	黑板總則 (黑板总则)	Y52
12037-1987	S1207	打磨黑板 (打磨黑板)	Q75
12038-1987	S1208	搪瓷(琺瑯)及烤漆黑板 (搪瓷(珐琅)及烤漆黑板)	Y52
12039-1987	S1209	搪瓷(琺瑯)黑板用表面材料 (搪瓷(珐琅)黑板用表面材料)	Y52
12216-1988	S1210	化粧棉 (化妆棉)	Y89
12323-1988	S1211	不銹鋼保溫杯 (不锈钢保温杯)	Y73
12324-1988	S1212	金屬製飯盒 (金属制饭盒)	Y68
12325-1988	S1213	金屬製多層菜盒 (金属制多层菜盒)	Y68
12497-1989	S1214	潛水鏡 (潜水镜)	Y55
12499-1991	S1215	壁球短拍 (壁球短拍)	Y55
12501-1991	S1216	壁球長拍 (壁球长拍)	Y55
12574-2004	S1217	家庭用壓力鍋 (家庭用压力锅)	Y68
12593-1989	S1218	手提冰箱 (手提冰箱)	Y61
12689-1990	S1219	帳篷(標準型) (帐篷(标准型))	Y56
12789-1990	S1220	輪式溜冰鞋 (轮式溜冰鞋)	Y55
12791-1990	S1221	擴胸器 (扩胸器)	Y64
12828-1990	S1222	跳床(家庭用) (跳床(家庭用))	Y81
12829-1990	S1223	體操用著地墊 (体操用着地垫)	Y55
12870-1991	S1224	滑溜板 (滑溜板)	Y55

标准号	台湾地区标准分类号	标准名称	中国标准分类
12940-1999	S1225	手推嬰幼兒車安全標準 (手推婴幼儿车安全标准)	Y57
12987-1992	S1226	聚乙烯製清潔袋 (聚乙烯制清洁袋)	K36
12988-1992	S1227	辦公椅之尺度 (办公椅之尺度)	Y81
12989-1992	S1228	辦公椅用腳輪 (办公椅用脚轮)	Y81
12990-1992	S1229	嬰兒搖床 (婴儿摇床)	Y57
13035-2007	S1230	嬰幼兒學步車 (婴幼儿学步车)	Y57
13357-1994	S1231	排球網柱組合 (排球网柱组合)	Y55
13549-1995	S1232	金屬製球棒安全標準 (金属制球棒安全标准)	Y55
13550-1995	S1233	高爾夫球詞彙(球桿部分) (高尔夫球词汇(球杆部分))	Y04
13602-2003	S1234	家庭用燃氣器具構造通則 (家庭用燃气器具构造通则)	Y69
13603-2003	S1235	家庭用燃氣熱水器 (家庭用燃气热水器)	N64
13604-2003	S1236	家庭用燃氣炊煮器具 (家庭用燃气炊煮器具)	Y68
14430-2000	S1237	學校用家具(普通教室用課桌椅) (学校用家具(普通教室用课桌椅))	Y81
14614-2001	S1238	泳鏡 (泳镜)	Y55
14620-2004	S1239	直排輪鞋 (直排轮鞋)	Y55
14933-2006	S1240	飲用水處理單元—適飲性 (饮用水处理单元—适饮性)	C53
14976-2006	S1241	兒童自行車 (儿童自行车)	Y92
15017-2006	S1242	兒童用高腳椅 (儿童用高脚椅)	Y57
15047-2008	S1243	香品 (香品)	Y89
15095-2007	S1244	金、銀紙 (金、银纸)	Y89
15127-2007	S1245	香品燃燒所產生之氣體測定法 (香品燃烧所产生之气体测定法)	Z25
15128-2007	S1246	拋棄式免洗衛生筷 (抛弃式免洗卫生筷)	Y87
15169-2007	S1247	香品燃燒所產生之多環芳香烴化合物測定法 (香品燃烧所产生之多环芳香烃化合物测定法)	Z25
15185-2008	S1248	折合桌 (折合桌)	Y81
15242-2009	S1250	拋棄式暖暖包 (抛弃式暖暖包)	Y89

标准号	台湾地区标准分类号	标准名称	中国标准分类

S2 检 验

标准号	台湾地区标准分类号	标准名称	中国标准分类
56-1981	S2001	肥皂檢驗法 （肥皂检验法）	G70
57-1959	S2002	藍黑墨水檢驗標準 （蓝黑墨水检验标准）	Y50
438-1987	S2003	盒裝安全火柴檢驗法 （盒装安全火柴检验法）	Y89
553-1981	S2005	鉛筆檢驗法 （铅笔检验法）	Y50
723-1981	S2006	顏色鉛筆檢驗法 （颜色铅笔检验法）	Y50
740-1963	S2007	雨衣布檢驗標準 （雨衣布检验标准）	W59
742-1982	S2009	運動鞋類檢驗法 （运动鞋类检验法）	Y77
763-1981	S2011	鐵筆用蠟紙檢驗標準 （铁笔用蜡纸检验标准）	Y54
885-1981	S2013	鉛筆用及打字用複寫紙檢驗標準 （铅笔用及打字用复写纸检验标准）	Y54
965-1981	S2016	橡皮擦檢驗法 （橡皮擦检验法）	Y50
2995-1983	S2023	打印台檢驗法 （打印台检验法）	Y54
4095-1991	S2024	羽球拍檢驗法 （羽球拍检验法）	Y56
6261-1980	S2031	機車、自行車籃框檢驗法 （机车、自行车篮框检验法）	Y73
6262-1992	S2032	嬰兒搖床檢驗法 （婴儿摇床检验法）	Y81
6263-1991	S2033	手推嬰幼兒車檢驗法（扭力試驗） （手推婴幼儿车检验法（扭力试验））	Y57
6263-1-1991	S2033-1	手推嬰幼兒車檢驗法（拉力試驗） （手推婴幼儿车检验法（拉力试验））	Y56
6263-10-1991	S2033-10	手推嬰幼兒車檢驗法（車台靜態耐用性試驗） （手推婴幼儿车检验法（车台静态耐用性试验））	Y56
6263-11-1991	S2033-11	手推嬰幼兒車檢驗法（車台動態耐用性試驗） （手推婴幼儿车检验法（车台动态耐用性试验））	Y56
6263-12-1991	S2033-12	手推嬰幼兒車檢驗法（車台舉起下壓耐用試驗） （手推婴幼儿车检验法（车台举起下压耐用试验））	Y56
6263-2-1991	S2033-2	手推嬰幼兒車檢驗法（模型嬰兒放置法） （手推婴幼儿车检验法（模型婴儿放置法））	Y56
6263-3-1991	S2033-3	手推嬰幼兒車檢驗法（煞車效果試驗） （手推婴幼儿车检验法（煞车效果试验））	Y56
6263-4-1991	S2033-4	手推嬰幼兒車檢驗法（煞車位移試驗） （手推婴幼儿车检验法（煞车位移试验））	Y56
6263-5-1991	S2033-5	手推嬰幼兒車檢驗法（煞車耐用試驗） （手推婴幼儿车检验法（煞车耐用试验））	Y56
6263-6-1991	S2033-6	手推嬰幼兒車檢驗法（安全帶，束縛系統試驗） （手推婴幼儿车检验法（安全带，束缚系统试验））	Y56

标准号	台湾地区标准分类号	标准名称	中国标准分类
6263-7-1991	S2033-7	手推嬰幼兒車檢驗法(車台穩定性試驗) (手推婴幼儿车检验法(车台稳定性试验))	Y56
6263-8-1991	S2033-8	手推嬰幼兒車檢驗法(車輪安全性試驗) (手推婴幼儿车检验法(车轮安全性试验))	Y56
6263-9-1991	S2033-9	手推嬰幼兒車檢驗法(車台鎖定裝置試驗) (手推婴幼儿车检验法(车台锁定装置试验))	Y56
6265-1980	S2035	廚房用鏟(杓)檢驗法 (厨房用铲(杓)检验法)	Y68
6266-1980	S2036	剃刀檢驗法 (剃刀检验法)	Y62
6267-1980	S2037	廚房用菜刀及水果刀檢驗法 (厨房用菜刀及水果刀检验法)	Y73
6268-1980	S2038	磨刀用油石檢驗法 (磨刀用油石检验法)	J43
6269-1982	S2039	傘類檢驗法 (伞类检验法)	Y89
6270-1980	S2040	折合鐵床檢驗法 (折合铁床检验法)	Y81
6271-1980	S2041	電動剪髮器檢驗法 (电动剪发器检验法)	Y62
6528-1980	S2042	碳酸飲料用玻璃瓶之厚度測定方法 (碳酸饮料用玻璃瓶之厚度测定方法)	X51
6529-1980	S2043	碳酸飲料用玻璃瓶之內壓耐壓試驗方法 (碳酸饮料用玻璃瓶之内压耐压试验方法)	X51
6530-1983	S2044	碳酸飲料用玻璃瓶之機械性撞擊試驗法 (碳酸饮料用玻璃瓶之机械性撞击试验法)	X51
6531-1980	S2045	碳酸飲料用玻璃瓶之冷熱試驗方法 (碳酸饮料用玻璃瓶之冷热试验方法)	X51
6631-1983	S2046	鋼筆檢驗法 (钢笔检验法)	Y50
6633-1989	S2047	家庭用聚氯乙烯塑膠手套檢驗法 (家庭用聚氯乙烯塑料手套检验法)	C57
6635-1980	S2048	水彩檢驗法 (水彩检验法)	A17
7444-1981	S2051	家用廚具檢驗法 (家用厨具检验法)	Y81
7450-1981	S2053	住宅用普通床檢驗法 (住宅用普通床检验法)	Y81
7752-1981	S2054	鉛筆用黑鉛芯檢驗法 (铅笔用黑铅芯检验法)	Y50
7845-1981	S2055	削鉛筆機檢驗法 (削铅笔机检验法)	Y50
7847-1981	S2056	鋼製筆尖檢驗法 (钢制笔尖检验法)	Y50
7926-1989	S2057	聚氯乙烯橫式活動百葉窗檢驗法 (聚氯乙烯横式活动百叶窗检验法)	Q74
7928-1989	S2058	塑膠製洗滌用容器檢驗法 (塑料制洗涤用容器检验法)	Y28
8158-1981	S2059	ABS 塑膠製硬殼旅行箱檢驗法 (ABS 塑料制硬壳旅行箱检验法)	Y28
8159-1981	S2060	ABS 塑膠製硬殼手提箱檢驗法 (ABS 塑料制硬壳手提箱检验法)	Y28

标准号	台湾地区标准分类号	标准名称	中国标准分类
8160-1981	S2061	ABS 塑膠製硬殼化粧箱檢驗法 (ABS 塑料制硬壳化妆箱检验法)	Y28
8161-1981	S2062	化粧用香水中香精油含量之檢驗法 (化妆用香水中香精油含量之检验法)	Y42
8162-1981	S2063	化粧用香水中甲醇與乙醇含量之檢驗法 (化妆用香水中甲醇与乙醇含量之检验法)	Y42
8328-1989	S2065	塑膠水壺檢驗法 (塑料水壶检验法)	Y62
8543-1982	S2066	粉筆檢驗法 (粉笔检验法)	Y50
8545-1989	S2067	桌上用塑膠製有蓋食品容器檢驗法 (桌上用塑料制有盖食品容器检验法)	Y28
8548-1982	S2069	鞋用橡膠海棉中底片檢驗法 (鞋用橡胶海棉中底片检验法)	Y75
8740-1988	S2070	鋼製水桶檢驗法 (钢制水桶检验法)	Y73
8742-1988	S2071	鋼製盥洗盆及洗濯盆試驗法 (钢制盥洗盆及洗濯盆试验法)	Y73
8744-1988	S2072	鋼製水暖器試驗法 (钢制水暖器试验法)	Y71
9036-1982	S2073	化粧品中 pH 值及酸鹼性試驗法 (化妆品中 pH 值及酸碱性试验法)	Y42
9037-1982	S2074	化粧品中液化瓦斯試驗法 (化妆品中液化瓦斯试验法)	Y42
9039-1996	S2075	運動用橡皮球檢驗法 (运动用橡皮球检验法)	Y56
9041-1982	S2076	塑膠尺檢驗法 (塑料尺检验法)	A52
9189-1983	S2077	化粧品中有機性着色劑試驗法—配合多種煤焦色素之製品 (化妆品中有机性着色剂试验法—配合多种煤焦色素之制品)	Y42
9190-1982	S2078	化粧品中有機性著色劑試驗法—含液狀油成分之製品 (化妆品中有机性着色剂试验法—含液状油成分之制品)	Y42
9191-1982	S2079	化粧品中有機性着色劑試驗法—含蠟類之固狀或半固狀製品 (化妆品中有机性着色剂试验法—含蜡类之固状或半固状制品)	Y42
9440-1982	S2080	化粧品中硼酸及硼酸鹽試驗法 (化妆品中硼酸及硼酸盐试验法)	Y40
9441-1982	S2081	化粧品中鹵酚系殺菌劑試驗法 (化妆品中卤酚系杀菌剂试验法)	Y42
9442-1982	S2082	化粧品中類磺胺試驗法 (化妆品中类磺胺试验法)	B70
9538-1999	S2084	化粧品中游離甲醛試驗法 (化妆品中游离甲醛试验法)	Y40
9539-1982	S2085	化粧品中硫醇基乙酸及其鹽類試驗法 (化妆品中硫醇基乙酸及其盐类试验法)	Y42
9540-1982	S2086	化粧品中動情激素試驗法 (化妆品中动情激素试验法)	Y42
9541-1982	S2087	化粧品中砷試驗法 (化妆品中砷试验法)	Y40
9542-1982	S2088	化粧品中氟化物試驗法 (化妆品中氟化物试验法)	Y42

标准号	台湾地区标准分类号	标准名称	中国标准分类
9543-1983	S2089	化粧品中鎘試驗法 (化妆品中镉试验法)	Y40
9547-1982	S2090	保溫瓶,保溫盒檢驗法 (保温瓶,保温盒检验法)	Y22
9549-1982	S2091	保溫瓶,保溫盒用瓶膽檢驗法 (保温瓶,保温盒用瓶胆检验法)	Y22
9749-1996	S2092	介有補強層之運動用橡膠球檢驗法 (介有补强层之运动用橡胶球检验法)	Y56
9752-1982	S2094	化粧品甲醇試驗法 (化妆品甲醇试验法)	Y42
9753-1982	S2095	化粧品中佛手柑腦試驗法 (化妆品中佛手柑脑试验法)	Y42
9913-1983	S2096	化粧品中卵磷脂試驗法 (化妆品中卵磷脂试验法)	Y42
9914-1983	S2097	化粧品中對胺基苯甲酸乙酯及鄰胺基苯甲酸乙酯試驗法 (化妆品中对胺基苯甲酸乙酯及邻胺基苯甲酸乙酯试验法)	Y40
10032-1983	S2099	美術用畫筆檢驗法 (美术用画笔检验法)	A17
10203-1983	S2100	印泥檢驗法 (印泥检验法)	Y54
10294-1983	S2101	潛水用配鉛塊耐綸黑腰帶檢驗法 (潜水用配铅块耐纶黑腰带检验法)	Y55
10380-1983	S2102	化粧品中鉻試驗法 (化妆品中铬试验法)	Y40
10381-1983	S2103	化粧品中鉍鹽試驗法 (化妆品中铋盐试验法)	Y40
10382-1984	S2104	化粧品中鉛試驗法 (化妆品中铅试验法)	Y40
10384-1983	S2105	鉛筆附裝用橡皮擦檢驗法 (铅笔附装用橡皮擦检验法)	Y50
10387-1983	S2107	包裝用橡皮圈檢驗法 (包装用橡皮圈检验法)	A82
10514-1985	S2108	吊環檢驗法 (吊环检验法)	Y55
10517-1991	S2109	聚氯乙烯塑膠雨衣檢驗法 (聚氯乙烯塑料雨衣检验法)	G33
10519-1989	S2110	家庭用橡膠手套檢驗法 (家庭用橡胶手套检验法)	C73
10633-1983	S2111	碳酸飲料用玻璃瓶中萃取之鉛、砷及鹼含量測定法 (碳酸饮料用玻璃瓶中萃取之铅、砷及碱含量测定法)	X51
10729-1983	S2112	釘書機檢驗法 (订书机检验法)	J04
10731-1983	S2113	顏色鉛筆用筆芯檢驗法 (颜色铅笔用笔芯检验法)	Y50
10762-1984	S2114	化粧品中汞試驗法 (化妆品中汞试验法)	Y42
10894-1984	S2115	家具性能試驗方法總則 (家具性能试验方法总则)	Y80
10972-1984	S2116	唱片檢驗法 (唱片检验法)	M71
10974-1992	S2117	匣式錄音帶檢驗法 (匣式录音带检验法)	G82

标准号	台湾地区 标准分类号	标准名称	中国标准 分类
10976-1992	S2118	卡式錄音帶檢驗法 (卡式录音带检验法)	G82
11034-1985	S2119	鋼琴檢驗法 (钢琴检验法)	Y58
11036-1985	S2120	鋼琴打弦器檢驗法 (钢琴打弦器检验法)	Y58
11313-1985	S2121	油性標記筆檢驗法 (油性标记笔检验法)	Y50
11315-1985	S2122	水性標記筆檢驗法 (水性标记笔检验法)	Y50
11465-1985	S2123	單槓檢驗法 (单杠检验法)	Y55
11467-1985	S2124	雙槓檢驗法 (双杠检验法)	Y55
11470-1985	S2125	平衡木檢驗法 (平衡木检验法)	Y55
11472-1985	S2126	高低槓檢驗法 (高低杠检验法)	Y55
11611-1991	S2127	網球拍檢驗法 (网球拍检验法)	Y55
11677-1986	S2128	家具表面材料有害物質試驗法 (家具表面材料有害物质试验法)	Y80
11678-1986	S2129	抽屜操作性能試驗法 (抽屉操作性能试验法)	Y80
11679-1986	S2130	家具垂直負載試驗法 (家具垂直负载试验法)	Y80
11680-1986	S2131	家具水平負載試驗法 (家具水平负载试验法)	Y80
11681-1986	S2132	家具偏心負載試驗法 (家具偏心负载试验法)	Y80
11682-1986	S2133	家具垂直負載疲勞試驗法 (家具垂直负载疲劳试验法)	Y80
11683-1986	S2134	家具水平負載疲勞試驗法 (家具水平负载疲劳试验法)	Y80
11684-1986	S2135	家具塗膜附著性試驗法 (家具涂膜附着性试验法)	Y80
11685-1986	S2136	家具塗膜防銹性試驗法 (家具涂膜防锈性试验法)	Y80
12036-1987	S2138	黑板檢驗法 (黑板检验法)	Y52
12052-1987	S2139	攜行金屬水壺檢驗法 (携行金属水壶检验法)	Y73
12217-1988	S2140	化粧棉檢驗法 (化妆棉检验法)	Y89
12498-1989	S2141	潛水鏡檢驗法 (潜水镜检验法)	R55
12500-1991	S2142	壁球短拍檢驗法 (壁球短拍检验法)	Y56
12502-1991	S2143	壁球長拍檢驗法 (壁球长拍检验法)	Y55
12594-1989	S2144	手提冰箱檢驗法 (手提冰箱检验法)	Y61

标准号	台湾地区标准分类号	标准名称	中国标准分类
12690-1990	S2145	帳篷檢驗法(支架彎曲試驗) (帐篷检验法(支架弯曲试验))	Y56
12691-1990	S2146	帳篷檢驗法(防銹試驗) (帐篷检验法(防锈试验))	Y56
12692-1990	S2147	帳篷檢驗法(燃燒性試驗—地布材料) (帐篷检验法(燃烧性试验—地布材料))	Y56
12693-1990	S2148	帳篷檢驗法(燃燒性試驗—營牆及帳頂材料) (帐篷检验法(燃烧性试验—营墙及帐顶材料))	Y56
12790-1990	S2149	輪式溜冰鞋檢驗法 (轮式溜冰鞋检验法)	Y55
12792-1990	S2150	擴胸器檢驗法 (扩胸器检验法)	Y64
12830-1990	S2151	體操用著地墊檢驗法 (体操用着地垫检验法)	Y55
12871-1991	S2152	滑溜板檢驗法 (滑溜板检验法)	Y55
13596-1995	S2153	蠟筆及粉蠟筆檢驗法 (蜡笔及粉蜡笔检验法)	Y50
13605-2003	S2154	家庭用燃氣器具試驗法 (家庭用燃气器具试验法)	Y69

卫生及医疗器材

标准号	台湾地区标准分类号	标准名称	中国标准分类

T1 医疗器械

标准号	台湾地区标准分类号	标准名称	中国标准分类
5931-1981	T1001	尿道探針 (尿道探针)	C36
5932-1981	T1002	尿道注入器 (尿道注入器)	C36
5933-1981	T1003	尿道洗淨注入器 (尿道洗净注入器)	C36
5934-1981	T1004	皮膚手術用有柄環鋸 (皮肤手术用有柄环锯)	C31
5935-1980	T1005	酒精棉容器 (酒精棉容器)	C48
5936-1981	T1006	二氧化碳冷凍治療器 (二氧化碳冷冻治疗器)	C47
5937-1980	T1007	滅菌盤(消毒盤) (灭菌盘(消毒盘))	C47
5938-1991	T1008	知覺計 (知觉计)	C38
5939-1980	T1009	醫療用探針及導管用標準計測板 (医疗用探针及导管用标准计测板)	C38
5940-1980	T1010	血壓計 (血压计)	C38
5941-1980	T1011	醫療用音叉 (医疗用音叉)	C32
4268-1980	T1012	壓舌板 (压舌板)	C38
6272-1981	T1013	導尿管 (导尿管)	C36
6273-1989	T1014	耳鼻喉科用洗淨管 (耳鼻喉科用洗净管)	C32
6274-1981	T1015	膀胱洗淨器 (膀胱洗净器)	C31
6275-1989	T1016	彎盆 (弯盆)	C30
6276-1989	T1017	洗眼托盤 (洗眼托盘)	C32
6277-1981	T1018	肛門鏡 (肛门镜)	C38
6278-1981	T1019	腹腔鏡 (腹腔镜)	C38
6279-1980	T1020	外科用刀 (外科用刀)	C31
6280-1989	T1021	外科用剪刀 (外科用剪刀)	C31
6281-1991	T1022	皮膚割切刀 (皮肤割切刀)	C31
6282-1980	T1023	醫療用敷裹鑷 (医疗用敷裹镊)	C31
6283-1980	T1024	醫療用鉗子 (医疗用钳子)	C31

标准号	台湾地区标准分类号	标准名称	中国标准分类
6284-1980	T1025	外科持針器 (外科持针器)	C31
6285-1989	T1026	採血小刺刀 (采血小刺刀)	C31
6286-1980	T1027	醫療用鉤 (医疗用钩)	C31
6287-1980	T1028	刮匙 (刮匙)	C35
6288-1989	T1029	探針 (探针)	C31
6289-1980	T1030	骨膜剝離器 (骨膜剥离器)	C35
6290-1980	T1031	骨膜起子 (骨膜起子)	C35
6291-1980	T1032	面皰壓取器 (面疱压取器)	C31
6626-1980	T1033	玻璃注射器(筒) (玻璃注射器(筒))	C31
6627-1989	T1034	套針 (套针)	C31
6966-1989	T1035	子宮銳匙 (子宫锐匙)	C31
6967-1989	T1036	子宮鈍匙 (子宫钝匙)	C36
6968-1981	T1037	動脈瘤針 (动脉瘤针)	C36
6969-1981	T1038	結紮系誘導器 (结扎系诱导器)	C31
6970-1981	T1039	尿道銳匙 (尿道锐匙)	C36
6971-1981	T1040	內尿道切開刀 (内尿道切开刀)	C36
6972-1981	T1041	尿道口切開球刀 (尿道口切开球刀)	C36
6973-1981	T1042	附板柄透鏡組 (附板柄透镜组)	C40
6974-1981	T1043	檢眼透鏡組 (检眼透镜组)	C40
6975-1981	T1044	骨銼 (骨锉)	C35
7324-1981	T1045	眼科用鉤 (眼科用钩)	C32
7325-1981	T1046	眼科用剪刀 (眼科用剪刀)	C32
7326-1989	T1047	眼科用鑷子 (眼科用镊子)	C32
7327-1981	T1048	眼科用刀 (眼科用刀)	C32
7328-1981	T1049	胃鏡 (胃镜)	C40
7754-1981	T1050	玻璃纖維導光肛門鏡 (玻璃纤维导光肛门镜)	C38

标准号	台湾地区标准分类号	标准名称	中国标准分类
7755-1981	T1051	玻璃纖維導光腹腔鏡 (玻璃纤维导光腹腔镜)	C38
8165-1981	T1052	注射針 (注射针)	C31
8166-1981	T1053	淚管探針 (泪管探针)	C31
8167-1981	T1054	扁桃腺絞斷器 (扁桃腺绞断器)	C32
8168-1981	T1055	扁桃腺切除器 (扁桃腺切除器)	C31
8333-1982	T1056	血球計 (血球计)	C44
8334-1982	T1057	血色素計 (血色素计)	C38
8335-1982	T1058	外科用鋸 (外科用锯)	C31
8336-1989	T1059	子宮頸管擴張器 (子宫颈管扩张器)	C31
9640-1984	T1060	醫療用塑膠注射筒 (医疗用塑料注射筒)	C31
11690-1986	T1061	體溫計 (体温计)	C38
12941-1991	T1062	呼吸道用吸管 (呼吸道用吸管)	C46
12974-1992	T1063	注射筒、針頭及其他醫療器材使用之 6%(盧耳式)斜度錐形接頭、第一部份:一般規定 (注射筒、针头及其他医疗器材使用之 6%(卢耳式)斜度锥形接头、第一部份:一般规定)	C31
12975-1992	T1064	醫療用輸液設備—單次使用之輸液套 (医疗用输液设备—单次使用之输液套)	C31
12976-1992	T1065	醫療用輸血設備—單次用輸血套 (医疗用输血设备—单次用输血套)	C30
12977-1992	T1066	單次使用之採血管(25 ml 以下) (单次使用之采血管(25 ml 以下))	C31
13075-2007	T1067	非侵入式自動血壓計 (非侵入式自动血压计)	C30
13315-1993	T1068	骨科體內植入物—氧化鋁陶瓷材料 (骨科体内植入物—氧化铝陶瓷材料)	C35
13316-1993	T1069	骨科植入物標示、包裝及標籤之要求 (骨科植入物标示、包装及标签之要求)	C35
13317-1993	T1070	骨科植入物之保管及處置標準 (骨科植入物之保管及处置标准)	C35
13358-1994	T1071	微波治療器 (微波治疗器)	C37
13382-1-2004	T1072-1	外科體內植入物—金屬材料—鍛造不鏽鋼 (外科体内植入物—金属材料—锻造不锈钢)	C35
13382-10-1995	T1072-10	外科植入物—骨科人工關節—基本需求 (外科植入物—骨科人工关节—基本需求)	C35
13382-11-1995	T1072-11	外科植入物—半人工及全人工膝關節(第一部分:分類、定義及尺寸之標示) (外科植入物—半人工及全人工膝关节(第一部分:分类、定义及尺寸之标示))	C35

标准号	台湾地区标准分类号	标准名称	中国标准分类
13382-12-1995	T1072-12	外科植入物—金屬骨螺絲具有六角螺絲頭螺絲之起子接觸帽孔,球形之螺帽下表面,不對稱之螺紋—尺寸 (外科植入物—金属骨螺丝具有六角螺丝头螺丝之起子接触帽孔,球形之螺帽下表面,不对称之螺纹—尺寸)	C35
13382-13-1995	T1072-13	外科植入物—具錐形下表面螺絲頭之金屬骨螺絲—尺寸 (外科植入物—具锥形下表面螺丝头之金属骨螺丝—尺寸)	C35
13382-14-1995	T1072-14	外科植入物—聚甲基丙烯酸甲脂　第一部分:骨科應用 (外科植入物—聚甲基丙烯酸甲脂　第一部分:骨科应用)	C35
13382-15-1995	T1072-15	外科植入物—金屬骨板—螺絲孔適用不對稱螺紋及球形下表面之螺絲 (外科植入物—金属骨板—螺丝孔适用不对称螺纹及球形下表面之螺丝)	C35
13382-16-1995	T1072-16	外科植入物—金屬骨板—螺絲孔及槽適用於錐形下表面螺絲 (外科植入物—金属骨板—螺丝孔及槽适用于锥形下表面螺丝)	C35
13382-17-1995	T1072-17	外科植入物—骨髓內釘系統—第一部分:橫斷面為梅花狀或V型之骨髓內釘 (外科植入物—骨髓内钉系统—第一部分:横断面为梅花状或V型之骨髓内钉)	C35
13382-18-1995	T1072-18	外科植入物—生物相容性—材料及器材之生物檢測方法的選擇(準則) (外科植入物—生物兼容性—材料及器材之生物检测方法的选择(准则))	C35
13382-19-1995	T1072-19	外科植入物—骨板彎曲強度與勁度的測定 (外科植入物—骨板弯曲强度与劲度的测定)	C35
13382-2-2004	T1072-2	外科體內植入物—金屬材料—鍛造鈷—鉻—鎢—鎳合金 (外科体内植入物—金属材料—锻造钴—铬—钨—镍合金)	C35
13382-20-1995	T1072-20	外科植入物—半及全人工髖關節—第一部分:分類、尺寸標示及規定 (外科植入物—半及全人工髋关节—第一部分:分类、尺寸标示及规定)	C35
13382-21-1995	T1072-21	外科植入物—半及全人工髖關節—第二部分:由金屬及塑膠製成之軸承面 (外科植入物—半及全人工髋关节—第二部分:由金属及塑料制成之轴承面)	C35
13382-22-1995	T1072-22	外科植入物—半及全人工髖關節—第三部分:不含扭力之股骨柄耐久性測試 (外科植入物—半及全人工髋关节—第三部分:不含扭力之股骨柄耐久性测试)	C35
13382-23-1995	T1072-23	外科植入物—半及全人工髖關節—第四部分:含扭力之股骨柄耐久性測試 (外科植入物—半及全人工髋关节—第四部分:含扭力之股骨柄耐久性测试)	C35
13382-24-1996	T1072-24	外科植入物—超高分子量聚乙烯(第一部分:粉狀) (外科植入物—超高分子量聚乙烯(第一部分:粉状))	C35
13382-25-1996	T1072-25	外科植入物—超高分子量聚乙烯(第二部分:成形材) (外科植入物—超高分子量聚乙烯(第二部分:成形材))	C35
13382-26-1996	T1072-26	外科植入物—骨針及骨線(第一部分:材料與機械特性要求) (外科植入物—骨针及骨线(第一部分:材料与机械特性要求))	C35
13382-27-1996	T1072-27	外科植入物—骨針及骨線(第二部分:Steinmann 骨針—尺度) (外科植入物—骨针及骨线(第二部分:Steinmann 骨针—尺度))	C35

标准号	台湾地区 标准分类号	标准名称	中国标准 分类
13382-28-1996	T1072-28	外科植入物—骨科使用之平行脚U形釘(一般要求) (外科植入物—骨科使用之平行脚U形钉(一般要求))	C35
13382-29-1996	T1072-29	外科植入物—不對稱螺紋與球形底面之金屬骨螺釘(機械要求及測試方法) (外科植入物—不对称螺纹与球形底面之金属骨螺钉(机械要求及测试方法))	C35
13382-3-2004	T1072-3	外科體內植入物—金屬材料—鍛造鈷—鎳—鉻—鉬—鎢—鐵合金 (外科体内植入物—金属材料—锻造钴—镍—铬—钼—钨—铁合金)	C35
13382-30-1996	T1072-30	外科植入物—成人之股骨端固定用裝置 (外科植入物—成人之股骨端固定用装置)	C35
13382-4-2004	T1072-4	外科體內植入物—金屬材料—鍛造鈷—鎳—鉻—鉬合金 (外科体内植入物—金属材料—锻造钴—镍—铬—钼合金)	C35
13382-5-2004	T1072-5	外科體內植入物—金屬材料—鈦金屬 (外科体内植入物—金属材料—钛金属)	C35
13382-6-2004	T1072-6	外科體內植入物—金屬材料—鑄造鈷—鉻—鉬合金 (外科体内植入物—金属材料—铸造钴—铬—钼合金)	C35
13382-7-2004	T1072-7	外科體內植入物—金屬材料—鍛造鈦—6鋁—4釩合金 (外科体内植入物—金属材料—锻造钛—6铝—4钒合金)	C35
13382-8-2004	T1072-8	外科體內植入物—金屬材料—可鍛及冷作加工鈷—鉻—鎳—鉬—鐵合金 (外科体内植入物—金属材料—可锻及冷作加工钴—铬—镍—钼—铁合金)	C35
13382-9-1995	T1072-9	外科植入物—骨髓內釘系統(第二部分:骨髓釘) (外科植入物—骨髓内钉系统(第二部分:骨髓钉))	C35
13460-1994	T1073	電刀裝置 (电刀装置)	C31
13477-1995	T1074	骨科鑽孔工具—第一部分:鑽頭、螺絲攻、錐坑切刀 (骨科钻孔工具—第一部分:钻头、螺丝攻、锥坑切刀)	C35
13478-1-1995	T1075-1	骨科器械—起子連接頭—第一部分:適用於六角凹槽螺絲頭之起子 (骨科器械—起子连接头—第一部分:适用于六角凹槽螺丝头之起子)	C35
13478-2-1995	T1075-2	骨科器械—起子連接頭—第二部分:單槽螺絲頭、十字槽螺絲頭及十字凹槽螺絲頭之螺絲起子 (骨科器械—起子连接头—第二部分:单槽螺丝头、十字槽螺丝头及十字凹槽螺丝头之螺丝起子)	C31
13478-3-1996	T1075-3	外科手術器械—金屬材料(第一部分:不銹鋼) (外科手术器械—金属材料(第一部分:不锈钢))	C31
14101-1997	T1076	A型超音波診斷裝置 (A型超音波诊断装置)	C41
14102-1997	T1077	手動掃描B型超音波診斷裝置 (手动扫描B型超音波诊断装置)	C41
14191-1-1998	T1078-1	氣管內管—第一部分:一般要求 (气管内管—第一部分:一般要求)	C46
14191-2-1998	T1078-2	氣管內管—第二部分:馬吉爾式(經口及經鼻) (气管内管—第二部分:马吉尔式(经口及经鼻))	C46
14191-3-1998	T1078-3	氣管內管—第三部分:默菲式 (气管内管—第三部分:默菲式)	C46
14191-4-1998	T1078-4	氣管內管—第四部分:柯爾式 (气管内管—第四部分:柯尔式)	C46

标准号	台湾地区标准分类号	标准名称	中国标准分类
14191-5-1998	T1078-5	氣管內管—第五部分:氣囊及內管的規格要求與測試方法 (气管内管—第五部分:气囊及内管的规格要求与测试方法)	C46
14192-1998	T1079	氣管內管接頭 (气管内管接头)	C14
14621-2002	T1080	保健產品之滅菌—確效及例行管制的要件—工業滅菌濕熱法 (保健产品之灭菌—确效及例行管制的要件—工业灭菌湿热法)	C47
14622-1-2002	T1081-1	保健產品之滅菌—生物指示劑—第一部份:通則 (保健产品之灭菌—生物指示剂—第一部份:通则)	C47
14622-2-2002	T1081-2	保健產品之滅菌—生物指示劑—第二部分:使用環氧乙烷滅菌的生物指示劑 (保健产品之灭菌—生物指示剂—第二部分:使用环氧乙烷灭菌的生物指示剂)	C47
14622-3-2002	T1081-3	保健產品之滅菌—生物指示劑—第三部分:用於濕熱滅菌的生物指示劑 (保健产品之灭菌—生物指示剂—第三部分:用于湿热灭菌的生物指示剂)	C47
14623-1-2002	T1082-1	保健產品之滅菌—化學指示劑—第一部分:一般規定 (保健产品之灭菌—化学指示剂—第一部分:一般规定)	C47
14623-2-2002	T1082-2	保健產品之滅菌—化學指示劑—第二部分:測試設備與方法 (保健产品之灭菌—化学指示剂—第二部分:测试设备与方法)	C31
14624-1-2002	T1083-1	醫療用輸液設備—第一部份:玻璃點滴瓶 (医疗用输液设备—第一部份:玻璃点滴瓶)	C31
14624-2-2002	T1083-2	醫療用輸液設備—第二部份:點滴瓶瓶塞 (医疗用输液设备—第二部份:点滴瓶瓶塞)	C31
14624-3-2002	T1083-3	醫療用輸液設備—第三部份:點滴瓶鋁蓋 (医疗用输液设备—第三部份:点滴瓶铝盖)	C31
14624-4-2002	T1083-4	醫療用輸液設備—第四部份:單次使用之重力式輸液套 (医疗用输液设备—第四部份:单次使用之重力式输液套)	C31
14624-5-2002	T1083-5	醫療用輸液設備—第五部份:量管型輸液套 (医疗用输液设备—第五部份:量管型输液套)	C31
14624-6-2002	T1083-6	醫療用輸液設備—第六部份:點滴瓶之凍晶乾燥瓶塞 (医疗用输液设备—第六部份:点滴瓶之冻晶干燥瓶塞)	C31
14624-7-2002	T1083-7	醫療用輸液設備—第七部份:鋁—塑膠組合成之點滴瓶蓋 (医疗用输液设备—第七部份:铝—塑料组合成之点滴瓶盖)	C31
14961-2005	T1084	小型醫療氣體鋼瓶—銷針標示軛式閥接頭 (小型医疗气体钢瓶—销针标示轭式阀接头)	J74
14962-2005	T1085	氣體鋼瓶—工業與醫療氣體鋼瓶之閥保護帽與閥保護套—設計、結構與試驗 (气体钢瓶—工业与医疗气体钢瓶之阀保护帽与阀保护套—设计、结构与试验)	J74
14963-2005	T1086	醫療用氣體混合器—獨立式氣體混合器 (医疗用气体混合器—独立式气体混合器)	C31
15004-2006	T1087	醫療氣體管線系統使用之氧氣濃縮機 (医疗气体管线系统使用之氧气浓缩机)	C36
15035-2006	T1088	體外診斷系統—糖尿病管理時自我檢測用血糖監測系統之規定 (体外诊断系统—糖尿病管理时自我检测用血糖监测系统之规定)	C44

标 准 号	台湾地区标准分类号	标 准 名 称	中国标准分 类

T2 医疗用具及卫生用品

标准号	台湾地区标准分类号	标准名称	中国标准分类
5942-1980	T2001	醫療用橡膠薄片 (医疗用橡胶薄片)	G45
5943-1980	T2002	橡膠製熱水袋 (橡胶制热水袋)	G45
5944-1980	T2003	橡膠製冰枕 (橡胶制冰枕)	G45
5945-1980	T2004	橡膠製冰袋 (橡胶制冰袋)	G45
5946-1980	T2005	橡膠製圓座墊 (橡胶制圆座垫)	G45
5947-1985	T2006	橡膠奶嘴 (橡胶奶嘴)	G45
6628-1989	T2007	醫療用指套 (医疗用指套)	G45
6629-2007	T2008	天然乳膠衛生套 (天然乳胶卫生套)	G45
7329-1981	T2009	醫療用膠布 (医疗用胶布)	C48
8068-1999	T2010	職業衛生用防護手套 (职业卫生用防护手套)	C73
8164-1998	T2011	勞工衛生用不滲透性防護衣 (劳工卫生用不渗透性防护衣)	C57
8454-2004	T2012	防音防護具 (防音防护具)	C73
8455-1982	T2013	攜帶式熱式風速計 (携带式热式风速计)	N95
8457-1982	T2014	氧濃度計及氧濃度警報器 (氧浓度计及氧浓度警报器)	N56
10295-1998	T2015	X射線防護手套 (X射线防护手套)	F79
10297-1998	T2016	X射線防護圍裙 (X射线防护围裙)	F79
10299-1983	T2017	醫用X射線裝置總則 (医用X射线装置总则)	C43
10388-1983	T2018	胸部X射線螢光照相用防護箱 (胸部X射线荧光照相用防护箱)	C43
10390-1983	T2019	胸、腹部用X射線水假體 (胸、腹部用X射线水假体)	C43
10392-1983	T2020	胸部X射線螢光照相裝置總則 (胸部X射线荧光照相装置总则)	A00
10394-1983	T2021	醫用X射線管總則 (医用X射线管总则)	C43
10520-1983	T2022	診斷用X射線準直儀 (诊断用X射线准直仪)	C43
10580-1983	T2023	醫用X射線機械裝置總則 (医用X射线机械装置总则)	C43
10582-1983	T2024	送藥車 (送药车)	T99

标准号	台湾地区 标准分类号	标准名称	中国标准 分类
10583-1983	T2025	病患推床 (病患推床)	Y81
10584-1983	T2026	外科器械架 (外科器械架)	C46
10667-1983	T2027	醫用X射線防護屏蔽 (医用X射线防护屏蔽)	C38
10668-1983	T2028	診斷用一體型X射線發生裝置 (诊断用一体型X射线发生装置)	C38
11252-1985	T2029	醫院用病床(欄柵式) (医院用病床(栏栅式))	Y81
11348-2009	T2030	奶瓶 (奶瓶)	Y20
11713-1986	T2031	眼鏡片 (眼镜片)	C32
11747-1986	T2032	醫療用非吸收性縫合線 (医疗用非吸收性缝合线)	C31
11748-1986	T2033	外科用X光顯影紗布(塊、腹部墊) (外科用X光显影纱布(块、腹部垫))	C43
12446-1988	T2035	軟性隱形眼鏡片 (软性隐形眼镜片)	C32
12447-1988	T2036	硬性隱形眼鏡片 (硬性隐形眼镜片)	C32
12448-2002	T2037	眼鏡片詞彙 (眼镜片词汇)	Y89
12519-1989	T2038	金屬眼鏡架 (金属眼镜架)	Y89
12521-1989	T2039	醋酸纖維素板料鏡架 (醋酸纤维素板料镜架)	C32
12523-1989	T2040	塑膠類眼鏡架材料 (塑料类眼镜架材料)	Y89
12525-2002	T2041	玻璃類眼鏡片材料 (玻璃类眼镜片材料)	Y89
12527-1989	T2042	眼鏡架詞彙 (眼镜架词汇)	Y89
12528-1989	T2043	眼鏡架用醋酸纖維素板 (眼镜架用醋酸纤维素板)	C32
12543-1997	T2044	外科手術用橡膠手套 (外科手术用橡胶手套)	G45
12793-1991	T2045	嬰兒保溫箱 (婴儿保温箱)	C46
12837-1991	T2046	一般醫療用聚氯乙烯手套 (一般医疗用聚氯乙烯手套)	C48
13016-1992	T2047	臭氧(O_3)發生器(小型無聲放電式) (臭氧(O_3)发生器(小型无声放电式))	C30
14251-1998	T2048	緊急用洗眼及沖淋設備 (紧急用洗眼及冲淋设备)	C69
15036-1-2006	T2049-1	用於人類血液和血液成品塑膠可折疊之容器—第1部:慣用容器(血袋) (用于人类血液和血液成品塑料可折叠之容器—第1部:惯用容器(血袋))	C31

标准号	台湾地区标准分类号	标准名称	中国标准分类

T3 牙科医疗器材

标准号	台湾地区标准分类号	标准名称	中国标准分类
6395-1989	T3001	牙科用鎳鉻合金線 (牙科用镍铬合金线)	C33
6396-1989	T3002	牙科用鎳鉻合金板 (牙科用镍铬合金板)	C33
6397-1989	T3003	牙科用不銹鋼線 (牙科用不锈钢线)	C33
6398-1989	T3004	牙科用鈷鉻合金線 (牙科用钴铬合金线)	C33
6399-1989	T3005	牙科用鍛造金銀鈀合金 (牙科用锻造金银钯合金)	C33
6616-1989	T3006	牙科鑄造用金銀鈀合金 (牙科铸造用金银钯合金)	C33
6617-1989	T3007	牙科用金銀鈀合金焊料 (牙科用金银钯合金焊料)	C33
6618-1980	T3008	牙科鑄造用銀合金 (牙科铸造用银合金)	C33
6619-1991	T3009	牙科用汞齊合金 (牙科用汞齐合金)	C33
6620-1989	T3010	牙科用易熔合金 (牙科用易熔合金)	C33
6621-1989	T3011	牙科用銀焊料 (牙科用银焊料)	C33
6622-1998	T3012	牙科用汞 (牙科用汞)	C33
6623-1989	T3013	牙科鑄造用 14K 金合金 (牙科铸造用 14K 金合金)	C33
6624-1989	T3014	牙科鑄造用 14K 金合金用添加合金 (牙科铸造用 14K 金合金用添加合金)	C33
6625-1989	T3015	牙科鑄造用鈷鉻合金 (牙科铸造用钴铬合金)	C33
6720-1980	T3016	電力牙科引擎用 K4 滑輪 (电力牙科引擎用 K4 滑轮)	C33
6721-1980	T3017	電力牙科引擎用傳動帶 (电力牙科引擎用传动带)	C33
6722-1989	T3018	電力牙科引擎活動用台架 (电力牙科引擎活动用台架)	C33
6723-1980	T3019	電力牙科引擎用托架 (电力牙科引擎用托架)	C33
6724-1989	T3020	牙科用電力引擎 (牙科用电力引擎)	C33
6961-1981	T3021	牙科用鑽針 (牙科用钻针)	C33
6962-1981	T3022	根管擴大針 (根管扩大针)	C33
6963-1989	T3023	牙科用軸桿 (牙科用轴杆)	C33
6964-1981	T3024	牙科用帶刺拔髓針 (牙科用带刺拔髓针)	C33

标准号	台湾地区标准分类号	标准名称	中国标准分类
6965-1981	T3025	牙科用平滑潔管針 (牙科用平滑洁管针)	C33
7083-1981	T3026	牙科彎手機用根管擴大針 (牙科弯手机用根管扩大针)	C33
7084-1981	T3027	牙科用拔索氏根管擴大針 (牙科用拔索氏根管扩大针)	C33
7085-1981	T3028	牙科用金剛砂磨輪 (牙科用金刚砂磨轮)	C33
7086-1989	T3029	牙科用金剛砂磨粒 (牙科用金刚砂磨粒)	C33
7087-1989	T3030	牙科用鑷子 (牙科用镊子)	C33
7452-1998	T3031	牙科用探針 (牙科用探针)	C33
7453-1981	T3032	牙科用鑿子 (牙科用凿子)	C33
7454-1981	T3033	牙科用匙形挖器 (牙科用匙形挖器)	C33
7455-1981	T3034	牙科用塑性材料充填器 (牙科用塑性材料充填器)	C33
7456-1981	T3035	牙結石刮刀 (牙结石刮刀)	C33
7756-1989	T3036	拔牙挺 (拔牙挺)	C33
7757-1989	T3037	牙科用骨銼 (牙科用骨锉)	C33
7758-1981	T3038	牙科用夾針柄 (牙科用夹针柄)	C33
8061-1981	T3039	拔牙鉗 (拔牙钳)	C33
8062-1989	T3040	牙科用牙冠剪 (牙科用牙冠剪)	C33
8063-1981	T3041	牙科用刮匙 (牙科用刮匙)	C33
8064-1981	T3042	牙科用蠟匙刀 (牙科用蜡匙刀)	C33
8065-1998	T3043	牙科用手機接頭尺度 (牙科用手机接头尺度)	C33
8067-1981	T3045	口鏡與口鏡柄 (口镜与口镜柄)	C33
8329-2000	T3046	牙科用合成聚體牙 (牙科用合成聚体牙)	C33
8331-1989	T3047	義齒床用瓷牙 (义齿床用瓷牙)	C33
8332-1982	T3048	牙科用熱塑性暫封劑 (牙科用热塑性暂封剂)	C33
8636-1989	T3049	牙科復形用自聚合甲基丙烯酸酯(壓克力)樹脂 (牙科复形用自聚合甲基丙烯酸酯(压克力)树脂)	C33
8637-1989	T3050	牙冠用熱聚合甲基丙烯酸酯(壓克力)樹脂 (牙冠用热聚合甲基丙烯酸酯(压克力)树脂)	C33
8868-1982	T3051	牙科鑄造用包埋材料 (牙科铸造用包埋材料)	C33

标准号	台湾地区标准分类号	标准名称	中国标准分类
8869-1982	T3052	牙科用磷酸鋅士敏汀 (牙科用磷酸锌士敏汀)	C33
8870-1982	T3053	牙科用矽酸鹽士敏汀 (牙科用硅酸盐士敏汀)	C33
8871-1987	T3054	牙科用普通石膏 (牙科用普通石膏)	C33
8872-1987	T3055	牙科用硬石膏 (牙科用硬石膏)	C33
11556-1986	T3056	牙科用基底板 (牙科用基底板)	C33
11557-1986	T3057	義齒床用熱聚性壓克力樹脂 (义齿床用热聚性压克力树脂)	C33
11686-1986	T3058	牙科用藻膠印模材 (牙科用藻胶印模材)	C33
11687-1986	T3059	瓊膠印模材 (琼胶印模材)	C33
11688-2000	T3060	牙科用樹脂基質充填材料 (牙科用树脂基质充填材料)	C33
11689-1986	T3061	牙科複製材料 (牙科复制材料)	C33
11744-1986	T3062	牙科嵌體鑄造用蠟 (牙科嵌体铸造用蜡)	C33
11745-1986	T3063	牙科基底板用蠟 (牙科基底板用蜡)	C33
11746-1986	T3064	牙用橡皮布 (牙用橡皮布)	C33
12801-1990	T3065	牙科用旋轉工具柄 (牙科用旋转工具柄)	C33
12802-1996	T3066	牙科用旋轉式器械測試法 (牙科用旋转式器械测试法)	C33
12641-1989	T3067	牙科用手術椅 (牙科用手术椅)	C33
12958-1992	T3068	牙科鑄造用基底金屬合金 (牙科铸造用基底金属合金)	C33
13017-1992	T3069	臭氧(O_3)發生器(小型無聲放電式)檢驗法 (臭氧(O_3)发生器(小型无声放电式)检验法)	C37
13764-1996	T3070	牙科用聚羧酸鋅黏合劑 (牙科用聚羧酸锌黏合剂)	C33
13765-1996	T3071	牙科用陶瓷 (牙科用陶瓷)	C33
14377-1999	T3072	牙科用玻璃離子體黏合劑 (牙科用玻璃离子体黏合剂)	C33
14496-2000	T3073	牙科材料—牙用聚合材料顏色穩定性的測定 (牙科材料—牙用聚合材料颜色稳定性的测定)	C33
15023-2006	T3074	單次使用之無菌牙科注射針頭 (单次使用之无菌牙科注射针头)	C33

T4 检 验

标准号	台湾地区标准分类号	标准名称	中国标准分类
8456-1982	T4002	攜帶式熱式風速計檢驗法 (携带式热式风速计检验法)	N95

标准号	台湾地区标准分类号	标准名称	中国标准分类
8458-1982	T4003	氧濃度計及氧濃度警報器檢驗法 (氧浓度计及氧浓度警报器检验法)	N56%N19
10296-1998	T4004	X射線防護手套檢驗法 (X射线防护手套检验法)	F79
10298-1998	T4005	X射線防護圍裙檢驗法 (X射线防护围裙检验法)	F79
10300-1983	T4006	醫用X射線裝置檢驗法 (医用X射线装置检验法)	C43
10389-1983	T4007	胸部X射線螢光照相用防護箱檢驗法 (胸部X射线荧光照相用防护箱检验法)	C43
10391-1983	T4008	胸、腹部用X射線水假體檢驗法 (胸、腹部用X射线水假体检验法)	C38
10393-1983	T4009	胸部X射線螢光照相裝置檢驗法 (胸部X射线荧光照相装置检验法)	C43
10395-1983	T4010	醫用X射線管檢驗法 (医用X射线管检验法)	C38
10521-1983	T4011	診斷用X射線準直儀檢驗法 (诊断用X射线准直仪检验法)	C43
10581-1983	T4012	醫用X射線機械裝置檢驗法 (医用X射线机械装置检验法)	C43
10669-1983	T4013	診斷用一體型X射線發生裝置檢驗法 (诊断用一体型X射线发生装置检验法)	C43
11253-1985	T4014	醫院用病床檢驗法(欄柵式) (医院用病床检验法(栏栅式))	C46
11347-1986	T4015	橡膠奶嘴檢驗法 (橡胶奶嘴检验法)	G45
11350-1985	T4017	橡膠製品之衛生檢驗法(總則) (橡胶制品之卫生检验法(总则))	G45
11350-1-1985	T4017-1	橡膠製品之衛生檢驗法(材質試驗) (橡胶制品之卫生检验法(材质试验))	G45
11350-2-1985	T4017-2	橡膠製品之衛生檢驗法(溶出試驗) (橡胶制品之卫生检验法(溶出试验))	G45
12449-1988	T4018	眼鏡片檢驗法 (眼镜片检验法)	C32
12520-1989	T4019	金屬眼鏡架檢驗法 (金属眼镜架检验法)	Y89
12522-1989	T4020	塑膠眼鏡架檢驗法 (塑料眼镜架检验法)	Y89
12524-1989	T4021	塑膠類眼鏡架材料檢驗法 (塑料类眼镜架材料检验法)	C32
12526-1989	T4022	玻璃類眼鏡片材料檢驗法 (玻璃类眼镜片材料检验法)	Y89
12595-1989	T4023	醫療用刀類銳度試驗法 (医疗用刀类锐度试验法)	C30
12794-1991	T4024	嬰兒保溫箱檢驗法 (婴儿保温箱检验法)	C47
12800-1990	T4025	牙科用旋轉工具檢驗法 (牙科用旋转工具检验法)	C33
12838-1991	T4026	一般醫療用聚氯乙烯手套檢驗法 (一般医疗用聚氯乙烯手套检验法)	C48
13076-1992	T4027	醫用電器之機械安全性檢驗法 (医用电器之机械安全性检验法)	C30

标 准 号	台湾地区标准分类号	标 准 名 称	中国标准分类
13077-1992	T4028	醫用電器之電安全性檢驗法 (医用电器之电安全性检验法)	C30
13245-1994	T4029	乳膠製衛生套檢驗法 (乳胶制卫生套检验法)	C30
13318-1993	T4030	測定砷含量的一般方法—二乙基二硫胺甲酸銀光度法 (测定砷含量的一般方法—二乙基二硫胺甲酸银光度法)	C30
13999-1997	T4036	脈衝式反射法超音波診斷裝置檢驗法 (脉冲式反射法超音波诊断装置检验法)	C41
14775-2003	T4037	醫用面罩材料細菌過濾效率試驗法—使用金黃色葡萄球菌生物氣霧 (医用面罩材料细菌过滤效率试验法—使用金黄色葡萄球菌生物气雾)	C48
14776-2003	T4038	醫用面罩對合成血液穿透阻力的試驗法—以已知速度定量的水平噴灑 (医用面罩对合成血液穿透阻力的试验法—以已知速度定量的水平喷洒)	C48
14777-2003	T4039	醫用面罩空氣交換壓力之試驗法 (医用面罩空气交换压力之试验法)	C48
14799-2004	T4040	防護衣材料對合成血液穿透阻力試驗法 (防护衣材料对合成血液穿透阻力试验法)	C31
14800-2004	T4041	使用 Phi-X174 噬菌體穿透力之試驗系統供防護衣材料對血液媒介病原穿透阻力的試驗法 (使用 Phi-X174 噬菌体穿透力之试验系统供防护衣材料对血液媒介病原穿透阻力的试验法)	C31
14801-2004	T4042	防護衣材料防水性試驗法—衝擊穿透試驗 (防护衣材料防水性试验法—冲击穿透试验)	C31
15007-2006	T4043	導管(非血管內導管):一般性質試驗法 (导管(非血管内导管):一般性质试验法)	C31

T5 一 般

标 准 号	台湾地区标准分类号	标 准 名 称	中国标准分类
13575-1-1995	T5001-1	輪椅—專有名詞、術語及定義 (轮椅—专有名词、术语及定义)	Y14
13575-2-1995	T5001-2	輪椅—最大總尺度 (轮椅—最大总尺度)	Y14
13575-3-1995	T5001-3	輪椅—依外觀特性分類 (轮椅—依外观特性分类)	Y14
13575-7-1995	T5001-7	輪椅—總尺度、質量及迴轉空間之測定 (轮椅—总尺度、质量及回转空间之测定)	Y14
13576-1995	T5002	外科器械—具可分離式刀片之手術刀的配合尺度 (外科器械—具可分离式刀片之手术刀的配合尺度)	C35
13577-1995	T5003	外科器械—剪刀類之一般要求及試驗方法 (外科器械—剪刀类之一般要求及试验方法)	C35
13643-1996	T5004	牙科材料之生物評估 (牙科材料之生物评估)	C33
14103-1-2009	T5005-1	義肢學與矯具學—詞彙—第 1 部:外用義肢與外用矯具之一般術語 (义肢学与矫具学—词汇—第 1 部:外用义肢与外用矫具之一般术语)	C35
14103-2-2009	T5005-2	義肢學與矯具學—詞彙—第 2 部:外用義肢與其穿戴者之術語 (义肢学与矫具学—词汇—第 2 部:外用义肢与其穿戴者之术语)	C35

标 准 号	台湾地区标准分类号	标 准 名 称	中国标准分 类
14103-3-2009	T5005-3	義肢學與矯具學—詞彙—第3部:外用矯具之術語 (义肢学与矫具学—词汇—第3部:外用矫具之术语)	C35
14104-1-2009	T5006-1	義肢學與矯具學—肢體缺陷—第1部:先天性肢體缺陷之描述 (义肢学与矫具学—肢体缺陷—第1部:先天性肢体缺陷之描述)	C35
14104-2-2009	T5006-2	義肢學與矯具學—肢體缺陷—第2部:下肢截肢之描述 (义肢学与矫具学—肢体缺陷—第2部:下肢截肢之描述)	C35
14104-3-2009	T5006-3	義肢學與矯具學—肢體缺陷—第3部:上肢截肢之描述 (义肢学与矫具学—肢体缺陷—第3部:上肢截肢之描述)	C35
14104-4-2009	T5006-4	義肢學與矯具學—肢體缺陷—第4部:導致截肢原因之描述 (义肢学与矫具学—肢体缺陷—第4部:导致截肢原因之描述)	C45
14104-5-2009	T5006-5	義肢學與矯具學—肢體缺陷—第5部:截肢病患臨床狀態之描述 (义肢学与矫具学—肢体缺陷—第5部:截肢病患临床状态之描述)	C45
14193-1998	T5007	血液透析器、血液過濾器、血液濃縮器 (血液透析器、血液过滤器、血液浓缩器)	C41
14194-1998	T5008	血液透析器、血液過濾器、血液濃縮器之體外迴路管 (血液透析器、血液过滤器、血液浓缩器之体外回路管)	C41
14195-1998	T5009	M型超音波診斷裝置 (M型超音波诊断装置)	C41
14196-1998	T5010	超音波治療設備安全的特殊規定 (超音波治疗设备安全的特殊规定)	C41
14197-1998	T5011	電子式線性掃描超音波診斷裝置 (电子式线性扫描超音波诊断装置)	C41
14353-1999	T5012	機動車輛上輪椅乘坐者安全拘束組件 (机动车辆上轮椅乘坐者安全拘束组件)	T09
14393-1-2004	T5013-1	醫療器材生物性評估—第一部分:評估與試驗 (医疗器材生物性评估—第一部分:评估与试验)	C44
14393-10-2005	T5013-10	醫療器材生物性評估—第10部:刺激性及延遲型過敏性測試 (医疗器材生物性评估—第10部:刺激性及延迟型过敏性测试)	C44
14393-11-2005	T5013-11	醫療器材生物性評估—第11部:全身毒性測試 (医疗器材生物性评估—第11部:全身毒性测试)	C44
14393-12-2005	T5013-12	醫療器材生物性評估—第12部:樣品製備及參考材料 (医疗器材生物性评估—第12部:样品制备及参考材料)	C44
14393-13-2005	T5013-13	醫療器材生物性評估—第13部:聚合物醫療器材降解產物之鑑別及定量 (医疗器材生物性评估—第13部:聚合物医疗器材降解产物之鉴别及定量)	C44
14393-14-2005	T5013-14	醫療器材生物性評估—第14部:陶瓷降解產物之鑑別及定量 (医疗器材生物性评估—第14部:陶瓷降解产物之鉴别及定量)	C44
14393-15-2006	T5013-15	醫療器材生物性評估—第15部:金屬及合金之降解產物的鑑別及定量 (医疗器材生物性评估—第15部:金属及合金之降解产物的鉴别及定量)	C44
14393-16-2006	T5013-16	醫療器材生物性評估—第16部:降解產物與可溶出物毒性動力學之研究設計 (医疗器材生物性评估—第16部:降解产物与可溶出物毒性动力学之研究设计)	C44

标 准 号	台湾地区 标准分类号	标 准 名 称	中国标准 分 类
14393-2-2004	T5013-2	醫療器材生物性評估—第二部分:動物福利之規定 (医疗器材生物性评估—第二部分:动物福利之规定)	C44
14393-20-2009	T5013-20	醫療器材生物性評估—第 20 部:醫療器材免疫毒理學試驗之原理與方法 (医疗器材生物性评估—第 20 部:医疗器材免疫毒理学试验之原理与方法)	C44
14393-3-2004	T5013-3	醫療器材生物性評估—第三部分:基因毒性、致癌性與生殖毒性之試驗 (医疗器材生物性评估—第三部分:基因毒性、致癌性与生殖毒性之试验)	C44
14393-4-2004	T5013-4	醫療器材生物性評估—第四部分:血液接觸特性測試方法的選擇 (医疗器材生物性评估—第四部分:血液接触特性测试方法的选择)	C44
14393-5-2004	T5013-5	醫療器材生物性評估—第五部分:體外細胞毒性試驗 (医疗器材生物性评估—第五部分:体外细胞毒性试验)	C30
14393-6-2004	T5013-6	醫療器材生物性評估—第六部分:植入後的局部效應測試 (医疗器材生物性评估—第六部分:植入后的局部效应测试)	C30
14393-7-2005	T5013-7	醫療器材生物性評估—第 7 部:環氧乙烷滅菌之殘留物 (医疗器材生物性评估—第 7 部:环氧乙烷灭菌之残留物)	C44
14393-8-2005	T5013-8	醫療器材生物性評估—第 8 部:生物測試用參考材料之選擇及資格認定 (医疗器材生物性评估—第 8 部:生物测试用参考材料之选择及资格认定)	C44
14393-9-2005	T5013-9	醫療器材生物性評估—第 9 部:潛在降解產物之鑑別及定量分析架構 (医疗器材生物性评估—第 9 部:潜在降解产物之鉴别及定量分析架构)	C44
14509-2005	T5014	醫電設備電性安全—第 1 部:一般安全規定 (医电设备电性安全—第 1 部:一般安全规定)	C37
14509-1-2001	T5014-1	醫電設備電性安全—第一部分:一般安全規定—附屬標準 1:醫電系統之安全規定 (医电设备电性安全—第一部分:一般安全规定—附属标准 1:医电系统之安全规定)	C37
14509-2-2001	T5014-2	醫電設備電性安全—第一部分:一般安全規定—附屬標準 2:電磁相容性之規定與測試 (医电设备电性安全—第一部分:一般安全规定—附属标准 2:电磁兼容性之规定与测试)	C37
14509-3-2001	T5014-3	醫電設備電性安全—第一部分:一般安全規定—附屬標準 3:診斷用 X 射線設備輻射防護之一般規定 (医电设备电性安全—第一部分:一般安全规定—附属标准 3:诊断用 X 射线设备辐射防护之一般规定)	C37
14509-4-2001	T5014-4	醫電設備電性安全—第一部分:一般安全規定—附屬標準 4:可程式化醫電系統 (医电设备电性安全—第一部分:一般安全规定—附属标准 4:可程序化医电系统)	C30
14708-2002	T5015	醫療器材—環氧乙烷滅菌確效與例行管制 (医疗器材—环氧乙烷灭菌确效与例行管制)	C47
14709-2002	T5016	保健產品之滅菌—輻射滅菌確效與例行管制規定 (保健产品之灭菌—辐射灭菌确效与例行管制规定)	C47
14774-2003	T5017	醫用面罩 (医用面罩)	C31
14778-2003	T5018	防護衣詞彙 (防护衣词汇)	C48

标准号	台湾地区标准分类号	标准名称	中国标准分类
14798-2004	T5019	拋棄式醫用防護衣—性能要求 (抛弃式医用防护衣—性能要求)	C31
14912-2005	T5020	醫電設備之安全標準規範 (医电设备之安全标准规范)	C30
14913-2005	T5021	醫電設備之圖形符號 (医电设备之图形符号)	C30
14964-2007	T5022	輪椅—應用指導綱要 (轮椅—应用指导纲要)	Y14
14964-1-2007	T5022-1	輪椅—第 1 部:靜態穩定性之測定 (轮椅—第 1 部:静态稳定性之测定)	Y14
14964-10-2006	T5022-10	輪椅—第 10 部:電動輪椅越障能力試驗 (轮椅—第 10 部:电动轮椅越障能力试验)	Y14
14964-11-2006	T5022-11	輪椅—第 11 部:測試用假人 (轮椅—第 11 部:测试用假人)	C47
14964-13-2006	T5022-13	輪椅—第 13 部:測試表面摩擦係數之測定 (轮椅—第 13 部:测试表面摩擦系数之测定)	C47
14964-14-2005	T5022-14	輪椅—第 14 部:電動輪椅之電力與控制系統測試方法與要求 (轮椅—第 14 部:电动轮椅之电力与控制系统测试方法与要求)	C47
14964-15-2007	T5022-15	輪椅—第 15 部:資訊宣告、文件與標示之要求 (轮椅—第 15 部:信息宣告、文件与标示之要求)	Y14
14964-16-2007	T5022-16	輪椅—第 16 部:座墊組件防火性之要求與測試方法 (轮椅—第 16 部:座垫组件防火性之要求与测试方法)	Y14
14964-19-2007	T5022-19	輪椅—第 19 部:機動車輛使用之輪型移動裝置 (轮椅—第 19 部:机动车辆使用之轮型移动装置)	Y14
14964-2-2007	T5022-2	輪椅—第 2 部:動態穩定性之測定 (轮椅—第 2 部:动态稳定性之测定)	Y14
14964-21-2007	T5022-21	輪椅—第 21 部:電動輪椅及電動代步車之電磁相容性要求和測試方法 (轮椅—第 21 部:电动轮椅及电动代步车之电磁兼容性要求和测试方法)	Y14
14964-22-2007	T5022-22	輪椅—第 22 部:設定程序 (轮椅—第 22 部:设定程序)	Y14
14964-23-2007	T5022-23	輪椅—第 23 部:介護者操作爬梯裝置之要求與測試方法 (轮椅—第 23 部:介护者操作爬梯装置之要求与测试方法)	Y14
14964-24-2007	T5022-24	輪椅—第 24 部:使用者操作爬梯裝置之要求與測試方法 (轮椅—第 24 部:使用者操作爬梯装置之要求与测试方法)	Y14
14964-3-2006	T5022-3	輪椅—第 3 部:煞車效率之測定 (轮椅—第 3 部:煞车效率之测定)	C47
14964-4-2007	T5022-4	輪椅—第 4 部:電動輪椅及代步車之耗能—理論行駛距離之測定 (轮椅—第 4 部:电动轮椅及代步车之耗能—理论行驶距离之测定)	Y14
14964-6-2005	T5022-6	輪椅—第 6 部:電動輪椅最大速度、加速度與減速度之測定 (轮椅—第 6 部:电动轮椅最大速度、加速度与减速度之测定)	Y14
14964-7-2006	T5022-7	輪椅—第 7 部:座椅及輪子尺度之量測 (轮椅—第 7 部:座椅及轮子尺度之量测)	C47
14964-8-2006	T5022-8	輪椅—第 8 部:輪椅靜力、衝擊與疲勞強度測試方法與要求 (轮椅—第 8 部:轮椅静力、冲击与疲劳强度测试方法与要求)	C47
14964-9-2007	T5022-9	輪椅—第 9 部:電動輪椅之耐候測試 (轮椅—第 9 部:电动轮椅之耐候测试)	Y14

标准号	台湾地区 标准分类号	标准名称	中国标准 分类
14989-2006	T5023	醫療器材風險管理 (医疗器材风险管理)	C30
14990-2006	T5024	醫療器材—用於醫療器材標識、標示與資訊之符號 (医疗器材—用于医疗器材标识、标示与信息之符号)	C30
14991-2006	T5025	命名—用於醫療器材法規管理資料交換之命名系統的規格 (命名—用于医疗器材法规管理数据交换之命名系统的规格)	C05
15003-1-2006	T5026-1	醫療氣體管線系統—第1部:壓縮醫療氣體及真空用管線 (医疗气体管线系统—第1部:压缩医疗气体及真空用管线)	C46
15003-2-2006	T5026-2	醫療氣體管線系統—第2部:麻醉氣體之清理排放系統 (医疗气体管线系统—第2部:麻醉气体之清理排放系统)	C46
15005-1-2006	T5027-1	醫療氣體管線系統之終端單元—第1部:壓縮醫療氣體與真空用終端單元 (医疗气体管线系统之终端单元—第1部:压缩医疗气体与真空用终端单元)	C36
15005-2-2006	T5027-2	醫療氣體管線系統之終端單元—第2部:麻醉氣體清理系統之終端單元 (医疗气体管线系统之终端单元—第2部:麻醉气体清理系统之终端单元)	C36
15006-2006	T5028	連接於醫療氣體管線系統終端單元之流量計裝置 (连接于医疗气体管线系统终端单元之流量计装置)	C36
15024-4-2006	T5029-4	單臂操作之步行輔具—要求與測試方法—第4部:三腳或多腳步行手杖 (单臂操作之步行辅具—要求与测试方法—第4部:三脚或多脚步行手杖)	C47
15037-1-2006	T5030-1	雙臂操作步行輔具—要求及測試法—第1部:助行器 (双臂操作步行辅具—要求及测试法—第1部:助行器)	C47
15037-2-2006	T5030-2	雙臂操作步行輔具—要求及測試法—第2部:帶輪助行器 (双臂操作步行辅具—要求及测试法—第2部:带轮助行器)	C47
15037-3-2006	T5030-3	雙臂操作步行輔具—要求及測試法—第3部:附前臂支撐桌助行器 (双臂操作步行辅具—要求及测试法—第3部:附前臂支撑桌助行器)	C47
15041-1-2007	T5031-1	非侵入式血壓計—第1部:一般規定 (非侵入式血压计—第1部:一般规定)	C38
15041-2-2007	T5031-2	非侵入式血壓計—第2部:機械式血壓計之補充規定 (非侵入式血压计—第2部:机械式血压计之补充规定)	C38
15041-3-2007	T5031-3	非侵入式血壓計—第3部:機電式血壓量測系統的補充規定 (非侵入式血压计—第3部:机电式血压量测系统的补充规定)	C38
15042-2007	T5032	間歇性測定患者體溫之紅外線體溫計 (间歇性测定患者体温之红外线体温计)	C38
15043-2007	T5033	間歇性測定患者體溫之電子式體溫計 (间歇性测定患者体温之电子式体温计)	C38
15044-2007	T5034	體溫計探針護套 (体温计探针护套)	C38
15067-2007	T5035	太陽眼鏡 (太阳眼镜)	Y89
15153-2007	T5036	醫療器材生物性評估—第17部:可溶出物質容忍限量之建立 (医疗器材生物性评估—第17部:可溶出物质容忍限量之建立)	C44
15154-2007	T5037	醫療器材生物性評估—第18部:材料之化學特性 (医疗器材生物性评估—第18部:材料之化学特性)	C44

标准号	台湾地区标准分类号	标准名称	中国标准分类
15155-2007	T5038	醫療器材生物性評估—第 19 部:材料之物理化學、形態及拓撲學的特性分析 (医疗器材生物性评估—第 19 部:材料之物理化学、形态及拓扑学的特性分析)	C44
15191-2008	T5039	木手杖 (木手杖)	C45
15192-2008	T5040	可調式金屬手杖 (可调式金属手杖)	C45
15212-3-2008	T5041-3	電子體溫計—第 3 部:具最大值(非預測性與預測性)裝置之小型電子體溫計的性能 (电子体温计—第 3 部:具最大值(非预测性与预测性)装置之小型电子体温计的性能)	C38
15212-4-2008	T5041-4	電子體溫計—第 4 部:用於連續量測之電子體溫計的性能 (电子体温计—第 4 部:用于连续量测之电子体温计的性能)	C38
15212-5-2008	T5041-5	電子體溫計—第 5 部:紅外線耳溫計(具最大值裝置)的性能 (电子体温计—第 5 部:红外线耳温计(具最大值装置)的性能)	C38
15226-2009	T5042	單次使用之無菌橡膠手套—規格 (单次使用之无菌橡胶手套—规格)	G45
15227-2009	T5043	單次使用之醫用檢驗手套—第 1 部:以乳膠或橡膠溶液製成之手套規格 (单次使用之医用检验手套—第 1 部:以乳胶或橡胶溶液制成之手套规格)	G45
15265-1-2009	T5044-1	義肢學與矯具學—義肢組件之分類與描述—第 1 部:義肢組件之分類 (义肢学与矫具学—义肢组件之分类与描述—第 1 部:义肢组件之分类)	C45
15265-2-2009	T5044-2	義肢學與矯具學—義肢組件之分類與描述—第 2 部:下肢義肢組件之描述 (义肢学与矫具学—义肢组件之分类与描述—第 2 部:下肢义肢组件之描述)	C45
15265-3-2009	T5044-3	義肢學與矯具學—義肢組件之分類與描述—第 3 部:上肢義肢組件之描述 (义肢学与矫具学—义肢组件之分类与描述—第 3 部:上肢义肢组件之描述)	C45
15266-2009	T5045	義肢學—髖關節結構之測試方法 (义肢学—髋关节结构之测试方法)	C45
15267-2009	T5046	醫療器材—醫療器材安全與性能選擇之指導綱要 (医疗器材—医疗器材安全与性能选择之指导纲要)	C45
15268-2009	T5047	外用義肢與外用矯具—要求與測試方法 (外用义肢与外用矫具—要求与测试方法)	C45
15269-2009	T5048	義肢學—下肢義肢結構測試—要求與測試方法 (义肢学—下肢义肢结构测试—要求与测试方法)	C45

资讯及通信

标 准 号	台湾地区标准分类号	标 准 名 称	中国标准分类

X0 一 般

标准号	台湾地区标准分类号	标准名称	中国标准分类
5204-1983	X0001	資訊處理—流程圖符號 (信息处理—流程图符号)	L73
7225-1983	X0002	資訊處理—流程圖符號慣用法 (信息处理—流程图符号惯用法)	L73
7648-1992	X0003	資料元及交換格式—資訊交換—日期及時間的表示法 (数据元及交换格式—信息交换—日期及时间的表示法)	L71
9359-1985	X0004	資料處理詞彙(第 1 部:基本術語) (数据处理词汇(第 1 部:基本术语))	L70
9360-1985	X0005	資料處理詞彙(第 2 部:算術與邏輯運算) (数据处理词汇(第 2 部:算术与逻辑运算))	L70
9361-1989	X0006	資訊處理系統—詞彙(第 3 部:設備技術) (信息处理系统—词汇(第 3 部:设备技术))	L60
9362-1990	X0007	資訊處理系統—詞彙(第 4 部:資料之組織) (信息处理系统—词汇(第 4 部:数据之组织))	L70
9691-1990	X0008	資訊處理系統—詞彙(第 5 部:資料之表示方法) (信息处理系统—词汇(第 5 部:数据之表示方法))	L70
9692-1989	X0009	資訊處理系統—詞彙(第 6 部:資料之準備與處理) (信息处理系统—词汇(第 6 部:数据之准备与处理))	L70
9693-1985	X0010	資料處理詞彙(第 7 部:數位計算機程式) (数据处理词汇(第 7 部:数字计算器程序))	L07
10239-1985	X0011	資料處理詞彙(第 10 部:作業技術及裝備) (数据处理词汇(第 10 部:作业技术及装备))	L70
10240-1990	X0012	資料處理系統—詞彙(第 11 部:處理單元) (数据处理系统—词汇(第 11 部:处理单元))	L70
10241-1990	X0013	資訊處理系統—詞彙(第 12 部:週邊設備) (信息处理系统—词汇(第 12 部:外围设备))	L70
10242-1985	X0014	資料處理詞彙(第 14 部:可靠性,維護及可用度) (数据处理词汇(第 14 部:可靠性,维护及可用度))	L70
10243-1985	X0015	資料處理詞彙(第 16 部:資訊理論) (数据处理词汇(第 16 部:信息论))	L70
10244-1990	X0016	資料處理系統—詞彙(第 19 部:類比計算) (数据处理系统—词汇(第 19 部:模拟计算))	L70
11404-1985	X0017	資料處理詞彙(第 9 部:數據通信) (数据处理词汇(第 9 部:数据通信))	L78
11405-1985	X0018	資料處理詞彙(第 13 部:電腦圖形) (数据处理词汇(第 13 部:计算机图形))	L81
12365-1988	X0019	光學辨識用文數字集—第二部,OCR—B 字集—印出影像之形狀與尺度 (光学辨识用文数字集—第二部,OCR—B 字集—印出影像之形状与尺度)	L71
12647-1989	X0020	資訊處理(計算機系統組態圖形符號及規定) (信息处理(计算器系统组态图形符号及规定))	L70
12717-2002	X0021	資訊技術—詞彙—第 8 部:安全 (信息技术—词汇—第 8 部:安全)	L70
12718-1990	X0022	資訊處理系統—詞彙(第 15 部:程式語言) (信息处理系统—词汇(第 15 部:程序语言))	L74
12758-1990	X0023	資訊處理系統—詞彙(第 18 部:分散資料處理) (信息处理系统—词汇(第 18 部:分散数据处理))	L70

标准号	台湾地区标准分类号	标准名称	中国标准分类
12759-1990	X0024	資訊處理系統—詞彙(第21部:程序電腦系統與技術處理間之介面) (信息处理系统—词汇(第21部:程序计算机系统与技术处理间之接口))	L70
12760-1990	X0025	資訊處理系統—詞彙(第22部:計算器) (信息处理系统—词汇(第22部:计算器))	L70
12822-1990	X0026	光學辨識用文數字集(第1部,OCR—A字—印出影像之形狀與尺度) (光学辨识用文数字集(第1部,OCR—A字—印出影像之形状与尺度))	L71
12959-1992	X0027	光學字符辨認之印刷規格 (光学字符辨认之印刷规格)	L78
12972-1-1992	X0028-1	事務機器—字彙—第一部:口述記錄設備 (事务机器—字汇—第一部:口述记录设备)	L63
12972-2-1992	X0028-2	事務機器—字彙—第二部:複印機 (事务机器—字汇—第二部:复印机)	N47
12972-3-1992	X0028-3	事務機器—字彙—第三部:住址印刷機 (事务机器—字汇—第三部:住址印刷机)	L63%Y
12972-4-1992	X0028-4	事務機器—字彙—第四部:開信機 (事务机器—字汇—第四部:开信机)	L63
12972-5-1992	X0028-5	事務機器—字彙—第五部:郵件折疊機 (事务机器—字汇—第五部:邮件折叠机)	M82
12972-7-1992	X0028-7	事務機器—字彙—第七部:自動郵資蓋印機 (事务机器—字汇—第七部:自动邮资盖印机)	M82
12972-9-1992	X0028-9	事務機器—字彙—第九部:打字機 (事务机器—字汇—第九部:打字机)	M82
13203-1993	X0029	表格設計單和佈局圖 (表格设计单和布局图)	N47
13359-1-1999	X0030-1	資訊技術—動態影音在數位儲存媒體約1.5 Mbps下之編碼—第1部:系統 (信息技术—动态影音在数字储存媒体约1.5 Mbps下之编码—第1部:系统)	L78
13359-2-1999	X0030-2	資訊技術—動態影音在數位儲存媒體約1.5 Mbps下之編碼—第2部:視訊 (信息技术—动态影音在数字储存媒体约1.5 Mbps下之编码—第2部:视讯)	L78
13359-3-1999	X0030-3	資訊技術—動態影音在數位儲存媒體約1.5 Mbps下之編碼—第3部:音訊 (信息技术—动态影音在数字储存媒体约1.5 Mbps下之编码—第3部:音讯)	L78
13359-4-1999	X0030-4	資訊技術—動態影音在數位儲存媒體約1.5 Mbps下之編碼—第4部:符合性測試 (信息技术—动态影音在数字储存媒体约1.5 Mbps下之编码—第4部:符合性测试)	L71
13383-1994	X0031	資訊處理—單擊決策表之規格 (信息处理—单击决策表之规格)	L78
13522-1995	X0032	ISDN術語詞彙 (ISDN术语词汇)	L70
13523-1995	X0033	數位傳輸、多工及搏碼調變之術語詞彙 (数字传输、多任务及搏码调变之术语词汇)	M30
13524-1995	X0034	地理點位置之經度緯度及海拔高度之標準表示法 (地理点位置之经度纬度及海拔高度之标准表示法)	L76

标准号	台湾地区标准分类号	标准名称	中国标准分类
13829-1997	X0035	寬頻整體服務數位網路—網路概述 (宽带整体服务数字网络—网络概述)	L76
13833-1997	X0036	同步數位階層設備相關標準結構 (同步数字阶层设备相关标准结构)	L71
13848-1997	X0037	電信管理網路—管理服務總覽 (电信管理网络—管理服务总览)	L79
13889-1997	X0038	資訊技術—開放系統互連—抽象語法記法(一)規格 (信息技术—开放系统互连—抽象语法记法(一)规格)	L79
13889-1-1998	X0038-1	資訊技術—抽象語法記法(一):基本記法規格 (信息技术—抽象语法记法(一):基本记法规格)	L79
13889-2-1998	X0038-2	資訊技術—抽象語法記法(一):資訊物件規格 (信息技术—抽象语法记法(一):信息对象规格)	L79
13889-3-1998	X0038-3	資訊技術—抽象語法記法(一):限制規格 (信息技术—抽象语法记法(一):限制规格)	L79
13889-4-1998	X0038-4	資訊技術—抽象語法記法(一):規格參數化 (信息技术—抽象语法记法(一):规格参数化)	L79
13890-1997	X0039	資訊技術—開放系統互連—抽象語法記法(一)基本編碼規則之規格 (信息技术—开放系统互连—抽象语法记法(一)基本编码规则之规格)	L79
13890-1-1998	X0039-1	資訊技術—抽象語法記法(一)編碼規則:基本編碼規則、正準編碼規則及相異編碼規則之規格 (信息技术—抽象语法记法(一)编码规则:基本编码规则、正准编码规则及相异编码规则之规格)	L79
14106-1-1997	X0040-1	技術性產品文件—處理電腦為基礎之技術性資訊—第1部:安全需求 (技术性产品文件—处理计算机为基础之技术性信息—第1部:安全需求)	L70

X1 通信技术

标准号	台湾地区标准分类号	标准名称	中国标准分类
10331-1989	X1001	資訊互換—串行位元資料傳輸用位元排列順序法 (信息互换—串行位数据传输用位排列顺序法)	L79
10426-1989	X1002	資訊互換—串行位元資料通信用字元結構與配類識別 (信息互换—串行位数据通信用字符结构与配类识别)	L71
10427-1989	X1003	資訊互換—並行位元資料通信用字元結構與配類識別 (信息互换—并行位数据通信用字符结构与配类识别)	L71
10685-1988	X1004	資料終端設備與資料電路終端設備間互換用串列二進資料之介面—總則 (数据终端设备与数据电路终端设备间互换用串行二进数据之接口—总则)	L63
10686-1988	X1005	資料終端設備與資料電路終端設備間互換用串列二進資料之介面—信號特性 (数据终端设备与数据电路终端设备间互换用串行二进数据之接口—信号特性)	L63
10687-1988	X1006	資料終端設備與資料電路終端設備間互換用串列二進資料之介面—介面機械特性 (数据终端设备与数据电路终端设备间互换用串行二进数据之接口—接口机械特性)	L78
10688-1988	X1007	資料終端設備與資料電路終端設備間互換用串列二進資料之介面—互換電路的功能敘述 (数据终端设备与数据电路终端设备间互换用串行二进数据之接口—互换电路的功能叙述)	L78

标准号	台湾地区标准分类号	标准名称	中国标准分类
10689-1988	X1008	資料終端設備及資料電路終端設備間互換用串列二進資料之介面—經選擇之通信系統組態所用之標準介面 (数据终端设备及数据电路终端设备间互换用串行二进数据之接口—经选择之通信系统组态所用之标准接口)	L78
10690-1988	X1009	資料終端設備與資料電路終端設備間互換用串列二進資料之介面—設計重點 (数据终端设备与数据电路终端设备间互换用串行二进数据之接口—设计重点)	L63
10691-1988	X1010	資料終端設備與資料電路終端設備間互換用串列二進資料之介面—名詞 (数据终端设备与数据电路终端设备间互换用串行二进数据之接口—名词)	L78
11402-1985	X1011	資料處理(核對字元系統) (数据处理(核对字符系统))	L71
11626-1986	X1012	資訊處理系統(資料通信用高階資料鏈控制程序—框結構) (信息处理系统(数据通信用高阶数据链控制程序—框结构))	L78
11627-1986	X1013	資料通信用高階資料鏈控制程序—順序元素之強化 (数据通信用高阶数据链控制程序—顺序元素之强化)	L79
11628-1986	X1014	資料處理系統(資料通信用高階資料鏈控制程序—程序級之統一) (数据处理系统(数据通信用高阶数据链控制程序—程序级之统一))	L79
12396-1988	X1015	串列資料傳輸用資料終端設備與同步資料電路終端設備間介面上之信號品質 (串行数据传输用数据终端设备与同步数据电路终端设备间接口上之信号质量)	L63
12397-1988	X1016	發送及接收資料處理終端設備與非同步資料電路終端設備介面串列資料傳輸之信號品質 (发送及接收数据处理终端设备与异步数据电路终端设备接口串行数据传输之信号质量)	L63
12796-1990	X1017	資訊處理—資料通信系統中基本模態控制程序 (信息处理—数据通信系统中基本模态控制程序)	L79
12797-1990	X1018	資料通信—基本模態控制程序—與碼無關之資訊轉移 (数据通信—基本模态控制程序—与码无关之信息转移)	L79
12798-1990	X1019	基本模態控制程序—補充事項 (基本模态控制程序—补充事项)	L79
12799-1990	X1020	基本模態控制程序—交談式資訊訊息轉移 (基本模态控制程序—交谈式信息讯息转移)	L79
13204-1993	X1021	資訊處理系統—開放系統互連—基本參考模式 (信息处理系统—开放系统互连—基本参考模式)	L79
13204-2-1999	X1021-2	資訊處理系統—開放系統互連—基本參考模型—第 2 部:安全架構 (信息处理系统—开放系统互连—基本参考模型—第 2 部:安全架构)	L79
13204-3-1996	X1021-3	開放系統互連—基本參考模型—第 3 部分:命名及定址 (开放系统互连—基本参考模型—第 3 部分:命名及寻址)	L79
13204-4-1995	X1021-4	資訊處理系統—開放系統互連—基本參考模型(第 4 部:管理框架) (信息处理系统—开放系统互连—基本参考模型(第 4 部:管理框架))	L79
13218-1993	X1022	資料處理系統—開放系統互連—服務規約 (数据处理系统—开放系统互连—服务规约)	L79

标准号	台湾地区标准分类号	标准名称	中国标准分类
13281-1-1999	X1023-1	資訊處理系統—開放系統互連—檔案轉送、存取與管理—第1部:一般說明 (信息处理系统—开放系统互连—档案转送、存取与管理—第1部:一般说明)	L79
13281-2-1999	X1023-2	資訊處理系統—開放系統互連—檔案轉送、存取與管理—第2部:虛擬檔案庫定義 (信息处理系统—开放系统互连—档案转送、存取与管理—第2部:虚拟档案库定义)	L79
13281-3-1999	X1023-3	資訊處理系統—開放系統互連—檔案轉送、存取與管理—第3部:檔案服務定義 (信息处理系统—开放系统互连—档案转送、存取与管理—第3部:档案服务定义)	L79
13281-4-1999	X1023-4	資訊處理系統—開放系統互連—檔案轉送、存取與管理—第4部:檔案協定規格 (信息处理系统—开放系统互连—档案转送、存取与管理—第4部:档案协议规格)	L79
13282-1993	X1024	資訊處理系統—資料通訊—網路服務定義 (信息处理系统—数据通讯—网络服务定义)	L79
13282-1-1993	X1024-1	資訊處理系統—資料通訊—網路服務定義—免接式傳輸 (信息处理系统—数据通讯—网络服务定义—免接式传输)	L79
13282-2-1996	X1024-2	網路服務定義—網路層定址 (网络服务定义—网络层寻址)	L79
13282-3-1993	X1024-3	資訊處理系統—資料通訊—網路服務定義—網路服務的額外特性 (信息处理系统—数据通讯—网络服务定义—网络服务的额外特性)	L79
13362-1994	X1025	數位階層位元速率 (数字阶层位速率)	L73
13363-1994	X1026	1 544 kbit/s 介面之實體及電氣特性 (1 544 kbit/s 接口之实体及电气特性)	M12
13364-1994	X1027	數位階層式第一位階使用之同步碼框結構 (数字阶层式第一位阶使用之同步码框结构)	L73
13365-1994	X1028	電信公司至用戶設施間之第一位階數位信號 (电信公司至用户设施间之第一位阶数字信号)	L73
13397-1994	X1029	資訊處理系統—開放系統互連—基本參考模型(免接模式傳輸) (信息处理系统—开放系统互连—基本参考模型(免接模式传输))	L79
13399-1994	X1030	整體服務數位網路用戶網路間介面—數據鏈路層規範 (整体服务数字网络用户网络间接口—数据链路层规范)	L78
13489-1995	X1031	階層式第一位階之碼框校準與循環冗餘核對程序 (阶层式第一位阶之码框校准与循环冗余核对程序)	L79
13659-1996	X1032	檔案轉送、存取及管理之實作需求規範 (档案转送、存取及管理之实作需求规范)	L79
13660-1-1996	X1033-1	檔案轉送、存取及管理—第1部分:結合控制服務元件、表現層及交談層協定規格 (档案转送、存取及管理—第1部分:结合控制服务组件、表现层及交谈层协议规格)	L79
13660-2-1996	X1033-2	檔案轉送、存取及管理—第2部分:文件型式限制集合與語法基本定義 (档案转送、存取及管理—第2部分:文件型式限制集合与语法基本定义)	L78

标准号	台湾地区 标准分类号	标准名称	中国标准 分类
13660-3-1996	X1033-3	檔案轉送、存取及管理—第3部分:非結構的簡易檔案轉送服務 (档案转送、存取及管理—第3部分:非结构的简易档案转送服务)	L79
13660-4-1996	X1033-4	檔案轉送、存取及管理—第4部分:攤平式位置之檔案轉送服務 (档案转送、存取及管理—第4部分:摊平式位置之档案转送服务)	L79
13660-5-1996	X1033-5	檔案轉送、存取及管理—第5部分:攤平式位置檔案存取服務 (档案转送、存取及管理—第5部分:摊平式位置档案存取服务)	L79
13660-6-1996	X1033-6	檔案轉送、存取及管理—第6部分:檔案管理服務 (档案转送、存取及管理—第6部分:档案管理服务)	L79
13661-1996	X1034	檔案轉送、存取及管理用結合控制服務元件、表現層及交談層等上層協定之實作需求規範 (档案转送、存取及管理用结合控制服务组件、表现层及交谈层等上层协议之实作需求规范)	M10
13662-1996	X1035	檔案轉送、存取及管理用免接式網路服務通訊協定之實作需求規範 (档案转送、存取及管理用免接式网络服务通讯协议之实作需求规范)	L79
13663-1996	X1036	區域網路及光纖分散式數據介面之實作需求規範 (局域网络及光纤分布式数据接口之实作需求规范)	L79
13664-1996	X1037	檔案轉送、存取及管理—協定實作符合性聲明一覽表 (档案转送、存取及管理—协议实作符合性声明一览表)	M10
13665-1996	X1038	開放系統互連—網路管理實作需求 (开放系统互连—网络管理实作需求)	L79
13666-1997	X1039	資訊技術—開放系統互連—管理功能之共同資訊—管理功能規範的共同定義 (信息技术—开放系统互连—管理功能之共同信息—管理功能规范的共同定义)	L79
13666-1-1997	X1039-1	資訊技術—開放系統互連—管理功能之共同資訊—第1部:物件管理 (信息技术—开放系统互连—管理功能之共同信息—第1部:对象管理)	L79
13666-2-1997	X1039-2	資訊技術—開放系統互連—管理功能之共同資訊—第2部:狀態管理 (信息技术—开放系统互连—管理功能之共同信息—第2部:状态管理)	L79
13666-3-1997	X1039-3	資訊技術—開放系統互連—管理功能之共同資訊—第3部:關係屬性 (信息技术—开放系统互连—管理功能之共同信息—第3部:关系属性)	L79
13666-4-1997	X1039-4	資訊技術—開放系統互連—管理功能之共同資訊—第4部:告警報告 (信息技术—开放系统互连—管理功能之共同信息—第4部:告警报告)	L79
13666-5-1997	X1039-5	資訊技術—開放系統互連—管理功能之共同資訊—第5部:事件報告 (信息技术—开放系统互连—管理功能之共同信息—第5部:事件报告)	L79
13666-6-1996	X1039-6	開放系統互連—管理功能之共同資訊—第6部分:存錄控制 (开放系统互连—管理功能之共同信息—第6部分:存录控制)	L79

标 准 号	台湾地区 标准分类号	标 准 名 称	中国标准 分 类
13667-1-1996	X1040-1	開放系統互連—管理功能—第 1 部分:一般管理能力 (开放系统互连—管理功能—第 1 部分:一般管理能力)	L79
13667-2-1996	X1040-2	開放系統互連—管理功能—第 2 部分:示警報告與狀態管理能力 (开放系统互连—管理功能—第 2 部分:示警报告与状态管理能力)	L79
13667-3-1996	X1040-3	開放系統互連—管理功能—第 3 部分:示警報告能力 (开放系统互连—管理功能—第 3 部分:示警报告能力)	L79
13667-4-1996	X1040-4	開放系統互連—管理功能—第 4 部分:一般事件報告 (开放系统互连—管理功能—第 4 部分:一般事件报告)	L79
13667-5-1996	X1040-5	開放系統互連—管理功能—第 5 部分:一般存錄控制 (开放系统互连—管理功能—第 5 部分:一般存录控制)	L79
13668-1-1996	X1041-1	開放系統互連—管理通訊—第 1 部分:共同管理資訊服務元件及遠程操作服務元件所使用之協定規格 (开放系统互连—管理通讯—第 1 部分:共同管理信息服务组件及远程操作服务组件所使用之协议规格)	L79
13668-2-1996	X1041-2	開放系統互連—管理通訊—第 2 部分:加強型管理通訊 (开放系统互连—管理通讯—第 2 部分:加强型管理通讯)	L79
13668-3-1996	X1041-3	開放系統互連—管理通訊—第 3 部分:基本管理通訊 (开放系统互连—管理通讯—第 3 部分:基本管理通讯)	L79
13676-1996	X1042	檔案轉送、存取及管理用連接型與免接型運送服務之協定實作需求規範 (档案转送、存取及管理用连接型与免接型运送服务之协议实作需求规范)	L79
13677-1998	X1043	資訊技術—數據通信—數據終端設備之 X.25 分封層協定 (信息技术—数据通信—数据终端设备之 X.25 分封层协定)	L78
13678-1996	X1044	整體服務數位網路分封資料轉送之實作需求規範 (整体服务数字网络分封数据转送之实作需求规范)	L76
13679-1996	X1045	交易處理協定實作規範 (交易处理协议实作规范)	L79
13680-1996	X1046	同步數位階層位元率 (同步数字阶层位率)	L73
13681-1996	X1047	同步數位階層之網路節點介面 (同步数字阶层之网络节点接口)	L73
13682-1996	X1048	開放系統互連—網路命名實作需求規範 (开放系统互连—网络命名实作需求规范)	L79
13683-1996	X1049	同步多工結構 (同步多任务结构)	L73
13684-1996	X1050	同步數位階層設備與系統之光介面 (同步数字阶层设备与系统之光接口)	L73
13685-1996	X1051	同步數位階層之光纜線路系統 (同步数字阶层之光缆线路系统)	L73
13686-1996	X1052	整體服務數位網路之網路計費能力之屬性 (整体服务数字网络之网络计费能力之属性)	L76
13687-1996	X1053	整體服務數位網路系列標準之指引 (整体服务数字网络系列标准之指引)	L76
13688-1996	X1054	整體服務數位網路服務之共同特性 (整体服务数字网络服务之共同特性)	L76
13689-1996	X1055	整體服務數位網路之多重用戶號碼增添服務 (整体服务数字网络之多重用户号码增添服务)	L76
13690-1996	X1056	階層式數位介面之實體及電氣特性 (阶层式数字接口之实体及电气特性)	M12

标准号	台湾地区标准分类号	标准名称	中国标准分类
13691-1996	X1057	整體服務數位網路之用戶網路間介面第三層—基本呼叫控制規格 （整体服务数字网络之用户网络间接口第三层—基本呼叫控制规格）	L76
13692-1996	X1058	整體服務數位網路所提供之分封式終端設備 （整体服务数字网络所提供之分封式终端设备）	L76
13693-1996	X1059	整體服務數位網路之分封式載送服務 （整体服务数字网络之分封式载送服务）	L76
13694-1996	X1060	整體服務數位網路支援之電訊服務定義 （整体服务数字网络支持之电讯服务定义）	L76
13695-1996	X1061	整體服務數位網路之發話號碼顯示增添服務 （整体服务数字网络之发话号码显示增添服务）	L76
13696-1996	X1062	整體服務數位網路之發話號碼不顯示增添服務 （整体服务数字网络之发话号码不显示增添服务）	L76
13697-1996	X1063	電信管理網路之原理 （电信管理网络之原理）	L79
13698-1996	X1064	整體服務數位網路之通話保留增添服務 （整体服务数字网络之通话保留增添服务）	L76
13699-1996	X1065	整體服務數位網路提供附加分封模式載送服務之框架 （整体服务数字网络提供附加分封模式载送服务之框架）	L76
13700-1996	X1066	整體服務數位網路與其網路能力的電信服務之特性描述方法 （整体服务数字网络与其网络能力的电信服务之特性描述方法）	L76
13701-1996	X1067	整體服務數位網路系列標準之前文及一般結構 （整体服务数字网络系列标准之前文及一般结构）	L76
13702-1996	X1068	整體服務數位網路與其他相關標準之關係 （整体服务数字网络与其他相关标准之关系）	L76
13703-1996	X1069	整體服務數位網路的網路能力電信服務特性之屬性技術 （整体服务数字网络的网络能力电信服务特性之属性技术）	L76
13704-1996	X1070	整體服務數位網路之連接號碼顯示增添服務 （整体服务数字网络之连接号码显示增添服务）	L76
13705-1996	X1071	整體服務數位網路之連接號碼不顯示增添服務 （整体服务数字网络之连接号码不显示增添服务）	L76
13706-1996	X1072	整體服務數位網路之電路式載送服務 （整体服务数字网络之电路式载送服务）	L76
13707-1996	X1073	整體服務數位網路支援之電訊服務 （整体服务数字网络支持之电讯服务）	L76
13708-1996	X1074	整體服務數位網路之用戶網路間介面數據鏈路層概觀 （整体服务数字网络之用户网络间接口数据链路层概观）	L76
13709-1996	X1075	整體服務數位網路之用戶網路間介面第三層概觀 （整体服务数字网络之用户网络间接口第三层概观）	L76
13710-1996	X1076	第七號信號系統簡介 （第七号信号系统简介）	L76
13711-1996	X1077	第七號信號系統訊息轉送部功能描述 （第七号信号系统讯息转送部功能描述）	L76
13712-1996	X1078	第七號信號系統訊息轉送部第 1 階功能描述 （第七号信号系统讯息转送部第 1 阶功能描述）	L76
13713-1996	X1079	第七號信號系統訊息轉送部第 2 階功能描述 （第七号信号系统讯息转送部第 2 阶功能描述）	L76
13714-1996	X1080	第七號信號系統訊息轉送部第 3 階功能描述 （第七号信号系统讯息转送部第 3 阶功能描述）	L76

标 准 号	台湾地区 标准分类号	标 准 名 称	中国标准 分 类
13715-1996	X1081	第七號信號系統訊息轉送部信號效能 (第七号信号系统讯息转送部信号效能)	L76
13716-1996	X1082	第七號信號系統訊息轉送部測試與維護 (第七号信号系统讯息转送部测试与维护)	L76
13730-1996	X1083	開放系統互連—網路定址實作需求規範 (开放系统互连—网络寻址实作需求规范)	L79
13731-1996	X1084	整體服務數位網路之訊框交換載送服務 (整体服务数字网络之讯框交换载送服务)	L76
13732-1996	X1085	整體服務數位網路之寬頻規範 (整体服务数字网络之宽带规范)	L76
13733-1996	X1086	寬頻整體服務數位網路之服務規範 (宽带整体服务数字网络之服务规范)	L76
13734-1996	X1087	寬頻整體服務數位網路用戶網路介面 (宽带整体服务数字网络用户网络接口)	L76
13735-1996	X1088	V系列介面數據終端設備以提供統計多工之整體服務數位網路支援 (V系列接口数据终端设备以提供统计多任务之整体服务数字网络支持)	L76
13736-1996	X1089	整體服務數位網路基本電信服務之一般動態描述 (整体服务数字网络基本电信服务之一般动态描述)	L76
13737-1996	X1090	整體服務數位網路載送服務種類之定義 (整体服务数字网络载送服务种类之定义)	L76
13738-1996	X1091	整體服務數位網路支援之電信服務之原則及描述方法 (整体服务数字网络支持之电信服务之原则及描述方法)	L76
13739-1996	X1092	訊框模式載送服務之信號方式規格 (讯框模式载送服务之信号方式规格)	L79
13740-1-1998	X1093-1	工業自動化系統—製造訊息規格—第1部:服務定義 (工业自动化系统—制造讯息规格—第1部:服务定义)	N18
13740-11-1998	X1093-11	工業自動化系統—製造訊息規格—第2部:協定規格 (工业自动化系统—制造讯息规格—第2部:协议规格)	N10
13741-1-1997	X1094-1	資訊技術—開放系統互連—虛擬終端機基本類別—應用規範—第5部:非同步模式通用遠端簽入應用規範 (信息技术—开放系统互连—虚拟终端机基本类别—应用规范—第5部:异步模式通用远程签入应用规范)	L79
13741-2-1996	X1094-2	虛擬終端機—非同步模式透通的虛擬終端機環境規範 (虚拟终端机—异步模式透通的虚拟终端机环境规范)	L63
13741-3-1997	X1094-3	資訊技術—開放系統互連—虛擬終端機基本類別—應用規範—第3部:同步模式表格應用規範 (信息技术—开放系统互连—虚拟终端机基本类别—应用规范—第3部:同步模式表格应用规范)	L79
13741-4-1996	X1094-4	虛擬終端機—通用遠端簽入之同步、信號、協商、子協商控制物件 (虚拟终端机—通用远程签入之同步、信号、协商、子协商控制对象)	L63
13741-5-1997	X1094-5	資訊技術—開放系統互連—虛擬終端機基本類別—應用規範—第2部:共同支援層需求表列 (信息技术—开放系统互连—虚拟终端机基本类别—应用规范—第2部:共同支持层需求表列)	L79
13741-6-1997	X1094-6	資訊技術—開放系統互連—虛擬終端機基本類別—應用規範之註册—第4部:同步模式分頁應用規範 (信息技术—开放系统互连—虚拟终端机基本类别—应用规范之注册—第4部:同步模式分页应用规范)	L79

标准号	台湾地区标准分类号	标准名称	中国标准分类
13742-1-1996	X1095-1	信息處理系統—抽象服務定義規約 (信息处理系统—抽象服务定义规约)	L79
13742-2-1996	X1095-2	信息處理系統—總體架構 (信息处理系统—总体架构)	L79
13742-3-1996	X1095-3	信息處理系統—抽象服務定義及程序 (信息处理系统—抽象服务定义及程序)	L79
13742-5-1998	X1095-5	資訊技術—訊息處理系統—第5部:訊息儲存機:抽象服務的定義 (信息技术—讯息处理系统—第5部:讯息储存机:抽象服务的定义)	L79
13742-6-1998	X1095-6	資訊技術—訊息處理系統—第6部:協定規格 (信息技术—讯息处理系统—第6部:协议规格)	L79
13742-7-1999	X1095-7	資訊技術—文字通信—訊息導向文字交換系統　第七部分:人際訊息系統 (信息技术—文字通信—讯息导向文字交换系统　第七部分:人际讯息系统)	L67
13743-1996	X1096	寬頻整體服務數位網路之用戶網路介面—實體層規格 (宽带整体服务数字网络之用户网络接口—实体层规格)	L76
13744-1996	X1097	寬頻整體服務數位網路用語 (宽带整体服务数字网络用语)	L76
13745-1996	X1098	電信管理網路介面規格方法學 (电信管理网络接口规格方法学)	L79
13795-1996	X1099	整體服務數位網路用戶與網路間介面概觀與原則—介面結構及接取能力 (整体服务数字网络用户与网络间接口概观与原则—接口结构及接取能力)	L76
13796-1996	X1100	整體服務數位網路用戶與網路間介面概觀與原則—參考組態 (整体服务数字网络用户与网络间接口概观与原则—参考组态)	L78
13797-1996	X1101	整體服務數位網路用戶與網路間介面概觀與原則 (整体服务数字网络用户与网络间接口概观与原则)	L76
13828-1997	X1102	整體服務數位網路(ISDN)特徵及演進 (整体服务数字网络(ISDN)特征及演进)	L76
13830-1997	X1103	寬頻整體服務數位網路—協定參考模式及其應用 (宽带整体服务数字网络—协议参考模式及其应用)	L76
13831-1997	X1104	寬頻整體服務數位網路—非同步傳送模式層規格 (宽带整体服务数字网络—异步传送模式层规格)	L78
13832-1997	X1105	寬頻整體服務數位網路—非同步傳送模式適應層規格 (宽带整体服务数字网络—异步传送模式适应层规格)	L76
13834-1997	X1106	同步數位階層設備之類型及一般特性 (同步数字阶层设备之类型及一般特性)	L73
13835-1997	X1107	1 544 kbps 階層式數位網路抖動及漂移之控制 (1 544 kbps 阶层式数字网络抖动及漂移之控制)	M36
13836-1997	X1108	國際數位連接受控滑失率目標值 (国际数字连接受控滑失率目标值)	L79
13839-1997	X1109	第七號信號系統—信號接續控制部之功能敘述 (第七号信号系统—信号接续控制部之功能叙述)	L76
13841-1997	X1110	第七號信號系統—信號接續控制部之程序 (第七号信号系统—信号接续控制部之程序)	L78
13842-1997	X1111	第七號信號系統—信號接續控制部之效能 (第七号信号系统—信号接续控制部之效能)	L78

标准号	台湾地区标准分类号	标准名称	中国标准分类
13843-1997	X1112	第七號信號系統—整體服務數位網路增添服務 (第七号信号系统—整体服务数字网络增添服务)	L76
13844-1997	X1113	第七號信號系統—交易能力之功能敘述 (第七号信号系统—交易能力之功能叙述)	L76
13845-1997	X1114	第七號信號系統—交易能力資訊元素定義 (第七号信号系统—交易能力信息元素定义)	L76
13847-1997	X1115	第七號信號系統—交易能力之程序 (第七号信号系统—交易能力之程序)	L76
13849-1997	X1116	電信管理網路—管理功能 (电信管理网络—管理功能)	L79
13850-1997	X1117	整體服務數位網路之訊框傳送載送服務 (整体服务数字网络之讯框传送载送服务)	L76
13857-1997	X1118	資訊處理系統—開放系統互連—結合控制服務元件服務 (信息处理系统—开放系统互连—结合控制服务组件服务)	L79
13858-1997	X1119	資訊處理系統—開放系統互連—結合控制服務元件協定 (信息处理系统—开放系统互连—结合控制服务组件协议)	L79
13858-2-1998	X1119-2	資訊技術—開放系統互連—結合控制服務元件協定規格:協定實作符合性聲明一覽表 (信息技术—开放系统互连—结合控制服务组件协议规格:协议实作符合性声明一览表)	L79
13859-1997	X1120	資訊技術—開放系統互連—傳送服務定義 (信息技术—开放系统互连—传送服务定义)	L79
13860-1997	X1121	資訊技術—開放系統互連—提供連接模式傳送服務協定 (信息技术—开放系统互连—提供连接模式传送服务协议)	L79
13861-1997	X1122	信息處理系統—表現轉送語法及記法 (信息处理系统—表现转送语法及记法)	L79
13862-1997	X1123	信息處理系統—遠程作業及可靠轉送伺服器 (信息处理系统—远程作业及可靠转送服务器)	L79
13880-1997	X1124	整體服務數位網路—惡意呼叫追蹤增添服務 (整体服务数字网络—恶意呼叫追踪增添服务)	L76
13881-1997	X1125	整體服務數位網路—副址增添服務 (整体服务数字网络—副址增添服务)	L76
13882-1997	X1126	整體服務數位網路—話中插接增添服務 (整体服务数字网络—话中插接增添服务)	L76
13883-1997	X1127	整體服務數位網路—忙線時、未應答及無條件指定轉接增添服務 (整体服务数字网络—忙线时、未应答及无条件指定转接增添服务)	L76
13885-1997	X1128	國際電報交換服務—電報交換目的地碼及電報交換網路識別碼之服務與操作規定 (国际电报交换服务—电报交换目的地码及电报交换网络识别码之服务与操作规定)	L76
13887-1997	X1129	資訊技術—開放系統互連—表現層服務定義 (信息技术—开放系统互连—表现层服务定义)	L79
13888-1-1997	X1130-1	資訊技術—開放系統互連—連接式表現層協定—第1部:協定規格 (信息技术—开放系统互连—连接式表现层协议—第1部:协议规格)	L79
13888-2-1997	X1130-2	資訊技術—開放系統互連—連接式表現層協定—第2部:協定實作符合性聲明一覽表 (信息技术—开放系统互连—连接式表现层协议—第2部:协议实作符合性声明一览表)	L79

标准号	台湾地区标准分类号	标准名称	中国标准分类
13891-1-1997	X1131-1	資訊技術—開放系統互連—共同管理資訊協定—第 1 部：規格 （信息技术—开放系统互连—共同管理信息协议—第 1 部：规格）	L79
13891-2-1997	X1131-2	資訊技術—開放系統互連—共同管理資訊協定—第 2 部：協定實作符合性聲明一覽表 （信息技术—开放系统互连—共同管理信息协议—第 2 部：协议实作符合性声明一览表）	L79
13892-1997	X1132	資訊技術—整體服務數位網路以分封式終端設備提供開放系統互連接續式網路服務 （信息技术—整体服务数字网络以分封式终端设备提供开放系统互连接续式网络服务）	L78
13893-1997	X1133	資訊技術—系統間電信與資訊交換—網路層之協定識別 （信息技术—系统间电信与信息交换—网络层之协议识别）	L79
13894-1997	X1134	資訊處理系統—開放系統互連—網路層內部組織 （信息处理系统—开放系统互连—网络层内部组织）	L79
13895-1997	X1135	附加資訊轉送增添服務 （附加信息转送增添服务）	L79
13898-1997	X1136	數位系統服務狀態中違規碼監視器 （数字系统服务状态中违规码监视器）	L79
13901-1997	X1137	基於同步數位階層的數位網路中之抖動及漂移控制 （基于同步数字阶层的数字网络中之抖动及漂移控制）	L73
13908-1997	X1138	資訊處理系統—開放系統互連—基本連接導向交談協定規格 （信息处理系统—开放系统互连—基本连接导向交谈协议规格）	L79
13908-2-1997	X1138-2	資訊技術—開放系統互連—基本連接導向交談協定規格—第 2 部：協定實作符合性聲明一覽表 （信息技术—开放系统互连—基本连接导向交谈协议规格—第 2 部：协议实作符合性声明一览表）	L79
13909-1997	X1139	資訊技術—系統間通訊與資訊交換—高階資料鏈路控制程序—X. 25 鏈路接取協定平衡相容資料終端機資料鏈路程序 （信息技术—系统间通讯与信息交换—高阶数据链路控制程序—X. 25 链路接取协议平衡兼容数据终端机数据链路程序）	L79
13910-1997	X1140	資訊處理系統—開放系統互連—基本連接導向交談服務定義 （信息处理系统—开放系统互连—基本连接导向交谈服务定义）	L79
13911-1997	X1141	資訊技術—開放系統互連—虛擬終端機基本類別服務 （信息技术—开放系统互连—虚拟终端机基本类别服务）	L79
13912-1-1997	X1142-1	資訊技術—開放系統互連—虛擬終端機基本類別協定—第 1 部：規格 （信息技术—开放系统互连—虚拟终端机基本类别协议—第 1 部：规格）	L79
13912-2-1997	X1142-2	資訊技術—開放系統互連—虛擬終端機基本類別協定—第 2 部：協定實作符合性聲明一覽表 （信息技术—开放系统互连—虚拟终端机基本类别协议—第 2 部：协议实作符合性声明一览表）	L79
13913-1-1997	X1143-1	資訊技術—開放系統互連—虛擬終端機基本類別—控制物件型式定義之註冊—第 1 部：循序與非循序應用控制物件 （信息技术—开放系统互连—虚拟终端机基本类别—控制对象型式定义之注册—第 1 部：循序与非循序应用控制对象）	L79

标准号	台湾地区 标准分类号	标准名称	中国标准 分类
13913-10-1997	X1143-10	資訊技術—開放系統互連—虛擬終端機基本類別—控制物件型式定義之註冊—第 10 部:第 1 項表格欄位登錄引導控制物件 (信息技术—开放系统互连—虚拟终端机基本类别—控制对象型式定义之注册—第 10 部:第 1 项表格字段登录引导控制对象)	L79
13913-11-1997	X1143-11	資訊技術—開放系統互連—虛擬終端機基本類別—控制物件型式定義之註冊—第 11 部:第 1 項分頁欄位登錄引導控制物件 (信息技术—开放系统互连—虚拟终端机基本类别—控制对象型式定义之注册—第 11 部:第 1 项分页字段登录引导控制对象)	L79
13913-2-1997	X1143-2	資訊技術—開放系統互連—虛擬終端機基本類別—控制物件型式定義之註冊—第 2 部:循序與非循序終端控制物件 (信息技术—开放系统互连—虚拟终端机基本类别—控制对象型式定义之注册—第 2 部:循序与非循序终端控制对象)	L79
13913-3-1997	X1143-3	資訊技術—開放系統互連—虛擬終端機基本類別—控制物件型式定義之註冊—第 3 部:應用參考資訊物件記錄載入控制物件與終端參考資訊物件記錄通知控制物件 (信息技术—开放系统互连—虚拟终端机基本类别—控制对象型式定义之注册—第 3 部:应用参考信息对象记录加载控制对象与终端参考信息对象记录通知控制对象)	L79
13913-4-1997	X1143-4	資訊技術—開放系統互連—虛擬終端機基本類別—控制物件型式定義之註冊—第 4 部:水平定位點控制物件 (信息技术—开放系统互连—虚拟终端机基本类别—控制对象型式定义之注册—第 4 部:水平定位点控制对象)	L79
13913-5-1997	X1143-5	資訊技術—開放系統互連—虛擬終端機基本類別—控制物件型式定義之註冊—第 5 部:邏輯影像控制物件 (信息技术—开放系统互连—虚拟终端机基本类别—控制对象型式定义之注册—第 5 部:逻辑影像控制对象)	L79
13913-6-1997	X1143-6	資訊技術—開放系統互連—虛擬終端機基本類別—控制物件型式定義之註冊—第 6 部:狀態信息控制物件 (信息技术—开放系统互连—虚拟终端机基本类别—控制对象型式定义之注册—第 6 部:状态信息控制对象)	L79
13913-7-1997	X1143-7	資訊技術—開放系統互連—虛擬終端機基本類別—控制物件型式定義之註冊—第 7 部:登錄控制控制物件 (信息技术—开放系统互连—虚拟终端机基本类别—控制对象型式定义之注册—第 7 部:登录控制控制对象)	L79
13913-8-1997	X1143-8	資訊技術—開放系統互連—虛擬終端機基本類別—控制物件型式定義之註冊—第 8 部:第 1 項表格欄位登錄指令控制物件 (信息技术—开放系统互连—虚拟终端机基本类别—控制对象型式定义之注册—第 8 部:第 1 项表格字段登录指令控制对象)	L79
13913-9-1997	X1143-9	資訊技術—開放系統互連—虛擬終端機基本類別—控制物件型式定義之註冊—第 9 部:第 1 項分頁欄位登錄指令控制物件 (信息技术—开放系统互连—虚拟终端机基本类别—控制对象型式定义之注册—第 9 部:第 1 项分页字段登录指令控制对象)	L79
13914-1-1997	X1144-1	資訊技術—開放系統互連—系統管理—第 1 部:物件管理功能 (信息技术—开放系统互连—系统管理—第 1 部:对象管理功能)	L79

标准号	台湾地区标准分类号	标准名称	中国标准分类
13914-2-1997	X1144-2	資訊技術—開放系統互連—系統管理—第 2 部:狀態管理功能 (信息技术—开放系统互连—系统管理—第 2 部:状态管理功能)	L79
13914-3-1997	X1144-3	資訊技術—開放系統互連—系統管理—第 3 部:表示關係之屬性 (信息技术—开放系统互连—系统管理—第 3 部:表示关系之属性)	L79
13914-4-1997	X1144-4	資訊技術—開放系統互連—系統管理—第 4 部:告警報告功能 (信息技术—开放系统互连—系统管理—第 4 部:告警报告功能)	L79
13914-5-1997	X1144-5	資訊技術—開放系統互連—系統管理—第 5 部:事件報告管理功能 (信息技术—开放系统互连—系统管理—第 5 部:事件报告管理功能)	L79
13914-6-1997	X1144-6	資訊技術—開放系統互連—系統管理—第 6 部:日誌控制功能 (信息技术—开放系统互连—系统管理—第 6 部:日志控制功能)	L79
13914-7-1997	X1144-7	資訊技術—開放系統互連—系統管理—第 7 部:安全告警報告功能 (信息技术—开放系统互连—系统管理—第 7 部:安全告警报告功能)	L79
13914-8-1999	X1144-8	資訊技術—開放系統互連—系統管理—第 8 部:安全審計存底功能 (信息技术—开放系统互连—系统管理—第 8 部:安全审计存底功能)	L79
13915-1-1997	X1145-1	資訊技術—開放系統互連—目錄系統—第 1 部:觀念、模型與服務概要 (信息技术—开放系统互连—目录系统—第 1 部:观念、模型与服务概要)	L79
13915-2-1997	X1145-2	資訊技術—開放系統互連—目錄系統—第 2 部:模型 (信息技术—开放系统互连—目录系统—第 2 部:模型)	L79
13915-3-1997	X1145-3	資訊技術—開放系統互連—目錄系統—第 3 部:抽象服務定義 (信息技术—开放系统互连—目录系统—第 3 部:抽象服务定义)	L79
13915-4-1997	X1145-4	資訊技術—開放系統互連—目錄系統—第 4 部:分散作業程序 (信息技术—开放系统互连—目录系统—第 4 部:分散作业程序)	L79
13915-5-1997	X1145-5	資訊技術—開放系統互連—目錄系統—第 5 部:協定規格 (信息技术—开放系统互连—目录系统—第 5 部:协议规格)	L79
13915-6-1997	X1145-6	資訊技術—開放系統互連—目錄系統—第 6 部:選定屬性型式 (信息技术—开放系统互连—目录系统—第 6 部:选定属性型式)	L79
13915-7-1997	X1145-7	資訊技術—開放系統互連—目錄系統—第 7 部:選定物件類別 (信息技术—开放系统互连—目录系统—第 7 部:选定对象类别)	L79
13915-8-1999	X1145-8	資訊技術—開放系統互連—目錄系統—第 8 部:鑑別框架 (信息技术—开放系统互连—目录系统—第 8 部:鉴别框架)	L79

标准号	台湾地区标准分类号	标准名称	中国标准分类
13915-9-1999	X1145-9	資訊技術—開放系統互連—目錄系統—第9部:複製 (信息技术—开放系统互连—目录系统—第9部:复制)	L79
13916-1-1997	X1146-1	資訊處理系統—文字通信—遠程作業—第1部:模型、記法和服務定義 (信息处理系统—文字通信—远程作业—第1部:模型、记法和服务定义)	L67
13916-2-1997	X1146-2	資訊處理系統—文字通信—遠程作業—第2部:協定規格 (信息处理系统—文字通信—远程作业—第2部:协议规格)	L67
13918-1997	X1147	位元速率低於原級速率之錯誤性能測量基本參數 (位速率低于原级速率之错误性能测量基本参数)	M50
13925-1-1997	X1148-1	資訊技術—開放系統互連—管理資訊結構—第1部:管理資訊模型 (信息技术—开放系统互连—管理信息结构—第1部:管理信息模型)	L79
13925-2-1997	X1148-2	資訊技術—開放系統互連—管理資訊結構—第2部:管理資訊定義 (信息技术—开放系统互连—管理信息结构—第2部:管理信息定义)	L79
13925-4-1997	X1148-4	資訊技術—開放系統互連—管理資訊結構—第4部:被管理物件定義指引 (信息技术—开放系统互连—管理信息结构—第4部:被管理对象定义指引)	L79
13926-2-1998	X1149-2	資訊技術—開放系統互連—分散式交易處理—第2部:開放系統互連交易處理服務 (信息技术—开放系统互连—分布式交易处理—第2部:开放系统互连交易处理服务)	L79
13926-3-1997	X1149-3	資訊技術—開放系統互連—分散式交易處理—第3部:協定規格 (信息技术—开放系统互连—分布式交易处理—第3部:协议规格)	L79
13926-4-1997	X1149-4	資訊技術—開放系統互連—分散式交易處理—第4部:協定實作符合性聲明一覽表 (信息技术—开放系统互连—分布式交易处理—第4部:协议实作符合性声明一览表)	L79
13926-5-1997	X1149-5	資訊技術—開放系統互連—分散式交易處理—第5部:應用上下文一覽表及指引 (信息技术—开放系统互连—分布式交易处理—第5部:应用上下文一览表及指引)	L79
13926-6-1997	X1149-6	資訊技術—開放系統互連—分散式交易處理—第6部:非結構資料轉送 (信息技术—开放系统互连—分布式交易处理—第6部:非结构数据转送)	L79
13927-1997	X1150	資訊技術—開放系統互連—系統管理綜觀 (信息技术—开放系统互连—系统管理综观)	L79
13928-1-1997	X1151-1	資訊技術—免接式網路服務協定—第1部:協定規格 (信息技术—免接式网络服务协议—第1部:协议规格)	L79
13928-3-1997	X1151-3	資訊技術—免接式網路服務協定—第3部:X.25子網路基本服務 (信息技术—免接式网络服务协议—第3部:X.25子网络基本服务)	L79
13928-4-1997	X1151-4	資訊技術—免接式網路服務協定—第4部:開放系統互連數據鏈接服務子網路基本服務 (信息技术—免接式网络服务协议—第4部:开放系统互连数据链接服务子网络基本服务)	L79

标准号	台湾地区标准分类号	标准名称	中国标准分类
13930-1997	X1152	整體服務數位網路基本用戶網路間介面—第一層規範 (整体服务数字网络基本用户网络间接口—第一层规范)	L76
13931-1997	X1153	整體服務數位網路原級速率用戶網路間介面—第一層規範 (整体服务数字网络原级速率用户网络间接口—第一层规范)	L76
13932-1997	X1154	關於接地之不平衡的傳輸觀(定義及方法) (关于接地之不平衡的传输观(定义及方法))	M40
13933-1997	X1155	整體服務數位網路原級速率接取維護原則應用 (整体服务数字网络原级速率接取维护原则应用)	L76
13934-1997	X1156	同步數位階層多工設備功能方塊的特性 (同步数字阶层多任务设备功能方块的特性)	L73
13988-1997	X1157	同步數位階層管理 (同步数字阶层管理)	L73
14121-1998	X1158	同步數位階層為基礎之傳送網路架構 (同步数字阶层为基础之传送网络架构)	L78
14133-1998	X1159	資訊技術—開放系統互連—承諾、併作及復原服務元件用服務定義 (信息技术—开放系统互连—承诺、并作及复原服务组件用服务定义)	L79
14134-1998	X1160	資訊技術—開放系統互連—承諾、併作及復原服務元件用協定:協定規格 (信息技术—开放系统互连—承诺、并作及复原服务组件用协议:协议规格)	L79
14146-1998	X1161	網路元件觀點的同步數位階層管理資訊模型 (网络组件观点的同步数字阶层管理信息模型)	L78
14148-1998	X1162	非電話信號之線傳輸—視聽服務標準框架 (非电话信号之线传输—视听服务标准框架)	M60
14149-1998	X1163	非電話信號之線傳輸—使用可達2 Mbps數位通道視聽系統之多點控制單元 (非电话信号之线传输—使用可达2 Mbps数字信道视听系统之多点控制单元)	M60
14150-1998	X1164	非電話信號之線傳輸—使用可達2 Mbps數位通道建立視聽終端機間通訊之系統 (非电话信号之线传输—使用可达2 Mbps数字信道建立视听终端机间通讯之系统)	M60
14151-1998	X1165	非電話信號之線傳輸—使用可達2 Mbps數位通道建立三部或以上視聽終端機間通訊之程序 (非电话信号之线传输—使用可达2 Mbps数字信道建立三部或以上视听终端机间通讯之程序)	M60
14152-1998	X1166	非電話信號之傳輸—視聽電傳服務中之 64 至 1 920 kbps 通道之訊框結構 (非电话信号之传输—视听电传服务中之 64 至 1 920 kbps 信道之讯框结构)	M60
14153-1998	X1167	非電話信號之傳輸—使用 64 至 1 920 kbps 通道訊框結構之LSD/HSD/MLP 通道之單工應用即時控制協定 (非电话信号之传输—使用 64 至1 920 kbps信道讯框结构之LSD/HSD/MLP 信道之单工应用实时控制协议)	M60
14154-1998	X1168	非電話信號之傳輸—多重 64 或 56 kbps 通道之同步聚合 (非电话信号之传输—多重 64 或 56 kbps 通道之同步聚合)	M60
14155-1998	X1169	非電話信號之傳輸—視聽系統之訊框同步控制與指示信號 (非电话信号之传输—视听系统之讯框同步控制与指示信号)	M60
14157-1998	X1170	資訊技術—數據通信—15 極數據終端設備與數據電路終接設備間介面連接器與接頭號碼編配 (信息技术—数据通信—15 极数据终端设备与数据电路终接设备间接口连接器与接头号码编配)	L78

标准号	台湾地区标准分类号	标准名称	中国标准分类
14158-1998	X1171	資訊技術—數據通信—25 極數據終端設備與數據電路終接設備間介面連接器與接頭號碼編配 (信息技术—数据通信—25 极数据终端设备与数据电路终接设备间接口连接器与接头号码编配)	L78
14159-1998	X1172	資訊技術—數據通信—37 極數據終端設備與數據電路終接設備間介面連接器與接頭號碼編配 (信息技术—数据通信—37 极数据终端设备与数据电路终接设备间接口连接器与接头号码编配)	L78
14160-1998	X1173	資訊技術—系統間電信與資訊交換—數據終端設備與數據電路終接設備間介面的起停傳輸信號品質 (信息技术—系统间电信与信息交换—数据终端设备与数据电路终接设备间接口的起停传输信号质量)	L78
14161-1998	X1174	資訊技術—系統間電信與資訊交換—雙絞線多點互連 (信息技术—系统间电信与信息交换—双绞线多点互连)	M11
14162-1998	X1175	資訊技術—系統間電信與資訊交換—參考點 S 和 T 之整體服務數位網路基本接取介面的介面連接器及接頭編配 (信息技术—系统间电信与信息交换—参考点 S 和 T 之整体服务数字网络基本接取接口的接口连接器及接头编配)	L78
14163-1-1998	X1176-1	資訊技術—高效能並行介面—第 1 部:機械、電氣及信號協定規格 (信息技术—高效能并行接口—第 1 部:机械、电气及信号协议规格)	L65
14168-1-1998	X1177-1	資訊技術—國際標準規範之框架及分類—第 1 部:一般原則及文件框架 (信息技术—国际标准规范之框架及分类—第 1 部:一般原则及文件框架)	L79
14168-2-1998	X1177-2	資訊技術—國際標準規範之框架及分類—第 2 部:開放系統互連之原則與分類 (信息技术—国际标准规范之框架及分类—第 2 部:开放系统互连之原则与分类)	L79
14169-1-1998	X1178-1	資訊技術—國際標準規範—共同上層需求—第 1 部:基本連接導向需求 (信息技术—国际标准规范—共同上层需求—第 1 部:基本连接导向需求)	L79
14170-1998	X1179	寬頻整體服務數位網路運作與維護原則及功能 (宽带整体服务数字网络运作与维护原则及功能)	L78
14171-1998	X1180	資訊處理系統—系統間資訊交換—數據終端設備與數據電路終接設備間介面同步傳輸信號品質 (信息处理系统—系统间信息交换—数据终端设备与数据电路终接设备间接口同步传输信号质量)	L79
14172-1998	X1181	非同步傳送模式細胞與近同步數位階層之對映 (异步传送模式细胞与近同步数字阶层之对映)	L78
14173-1998	X1182	寬頻整體服務數位網路非同步傳送模式層細胞轉送效能 (宽带整体服务数字网络异步传送模式层细胞转送效能)	L78
14174-1998	X1183	寬頻整體服務數位網路非同步傳送模式調適層功能描述 (宽带整体服务数字网络异步传送模式调适层功能描述)	L78
14175-1998	X1184	寬頻整體服務數位網路非同步傳送模式調適層—網路節點介面信號用服務特定協調功能 (宽带整体服务数字网络异步传送模式调适层—网络节点接口信号用服务特定协调功能)	L78
14198-2-1998	X1185-2	資訊技術—開放系統互連—免接式交談協定:協定實作符合性聲明一覽表 (信息技术—开放系统互连—免接式交谈协议:协议实作符合性声明一览表)	L79

标 准 号	台湾地区标准分类号	标 准 名 称	中国标准分类
14202-1998	X1186	非電話信號之傳輸—使用 14153 標準視訊會議的遠端攝影機控制協定 (非电话信号之传输—使用 14153 标准视讯会议的远程摄影机控制协议)	L78
14203-1998	X1187	視訊會議服務:通則 (视讯会议服务:通则)	M21
14204-1998	X1188	音頻的脈波碼調變 (音频的脉波码调变)	M12
14206-1998	X1189	非電話信號之傳輸—視聽服務機密系統 (非电话信号之传输—视听服务机密系统)	L78
14207-1998	X1190	非電話信號之傳輸—視聽服務之加密鑰管理與鑑別系統 (非电话信号之传输—视听服务之加密钥管理与鉴别系统)	L78
14208-1998	X1191	寬頻整體服務數位網路非同步傳送模式調適層—寬頻整體服務數位網路元信號方式協定 (宽带整体服务数字网络异步传送模式调适层—宽带整体服务数字网络元信号方式协议)	L78
14209-1998	X1192	寬頻整體服務數位網路訊務控制及壅塞控制 (宽带整体服务数字网络讯务控制及壅塞控制)	L78
14210-1998	X1193	寬頻整體服務數位網路—使用者及第二號數位用戶信號系統的原由及位置之使用 (宽带整体服务数字网络—使用者及第二号数字用户信号系统的原由及位置之使用)	L78
14211-1998	X1194	寬頻整體服務數位網路—第七號信號系統之寬頻整體服務數位網路使用者部與第二號數位用戶信號系統間互作 (宽带整体服务数字网络—第七号信号系统之宽带整体服务数字网络使用者部与第二号数字用户信号系统间互作)	L78
14212-1998	X1195	寬頻整體服務數位網路—第七號信號系統之寬頻整體服務數位網路使用者部與窄頻整體服務數位網路使用者部間互作 (宽带整体服务数字网络—第七号信号系统之宽带整体服务数字网络使用者部与窄频整体服务数字网络使用者部间互作)	L78
14213-1-1998	X1196-1	資訊技術—開放系統互連—開放系統互連註冊機構作業程序—第 1 部:一般程序 (信息技术—开放系统互连—开放系统互连注册机构作业程序—第 1 部:一般程序)	L79
14213-2-1998	X1196-2	資訊技術—開放系統互連—開放系統互連註冊機構作業程序—第 2 部:開放系統互連文件型式的註冊程序 (信息技术—开放系统互连—开放系统互连注册机构作业程序—第 2 部:开放系统互连文件型式的注册程序)	L79
14213-3-1998	X1196-3	資訊技術—開放系統互連—開放系統互連註冊機構作業程序—第 3 部:物件識別符組件值之註冊 (信息技术—开放系统互连—开放系统互连注册机构作业程序—第 3 部:对象识别符组件值之注册)	L79
14213-4-1998	X1196-4	資訊技術—開放系統互連—開放系統互連註冊機構作業程序—第 4 部:虛擬終端機環境規範之註冊 (信息技术—开放系统互连—开放系统互连注册机构作业程序—第 4 部:虚拟终端机环境规范之注册)	L79
14213-5-1998	X1196-5	資訊技術—開放系統互連—開放系統互連註冊機構作業程序—第 5 部:虛擬終端機控制物件定義之註冊 (信息技术—开放系统互连—开放系统互连注册机构作业程序—第 5 部:虚拟终端机控制对象定义之注册)	L79
14213-6-1998	X1196-6	資訊技術—開放系統互連—開放系統互連註冊機構作業程序—第 6 部:應用處理及應用個體 (信息技术—开放系统互连—开放系统互连注册机构作业程序—第 6 部:应用处理及应用个体)	L79

标准号	台湾地区标准分类号	标准名称	中国标准分类
14213-7-2005	X1196-7	資訊技術—開放系統互連—開放系統互連註冊機構作業程序—第7部:用於特定内容之國際名稱指定 (信息技术—开放系统互连—开放系统互连注册机构作业程序—第7部:用于特定内容之国际名称指定)	L79
14214-1998	X1197	寬頻整體服務數位網路—第二號數位用戶信號系統—基本呼叫/連接控制用之使用者與網路間介面第三層規格 (宽带整体服务数字网络—第二号数字用户信号系统—基本呼叫/连接控制用之使用者与网络间接口第三层规格)	L78
14215-1998	X1198	整體服務數位網路——般結構及服務能力—使用者對使用者信號 (整体服务数字网络——般结构及服务能力—使用者对使用者信号)	L78
14218-1998	X1199	第七號信號系統—整體服務數位網路使用者部功能描述 (第七号信号系统—整体服务数字网络使用者部功能描述)	L78
14219-1998	X1200	第七號信號系統—整體服務數位網路使用者部訊息及信號一般功能 (第七号信号系统—整体服务数字网络使用者部讯息及信号一般功能)	L78
14223-1998	X1201	同屬網路資訊模型 (同属网络信息模型)	L79
14224-1998	X1202	電信管理網路管理資訊目錄 (电信管理网络管理信息目录)	L78
14225-1998	X1203	用於Q3介面的低層協定規範 (用于Q3接口的低层协议规范)	L78
14226-1998	X1204	用於Q3介面的高層協定規範 (用于Q3接口的高层协议规范)	L79
14227-1998	X1205	第七號信號系統—整體服務數位網路使用者部格式及編碼 (第七号信号系统—整体服务数字网络使用者部格式及编码)	L79
14228-1998	X1206	第七號信號系統—整體服務數位網路使用者部信號程序 (第七号信号系统—整体服务数字网络使用者部信号程序)	L79
14229-1998	X1207	使用第一號數位用戶信號系統之附加資訊轉送增添服務用之階段3描述 (使用第一号数字用户信号系统之附加信息转送增添服务用之阶段3描述)	M21
14230-1998	X1208	寬頻整體服務數位網路非同步傳送模式調適層—特定服務連接導向協定 (宽带整体服务数字网络异步传送模式调适层—特定服务连接导向协议)	L79
14231-1998	X1209	寬頻整體服務數位網路非同步傳送模式調適層信號方式—特定服務協調功能以支援在用戶網路介面的信號方式 (宽带整体服务数字网络异步传送模式调适层信号方式—特定服务协调功能以支持在用户网络接口的信号方式)	M21
14304-1-1999	X1210-1	資訊技術—開放系統互連—免接式表現協定:協定規格 (信息技术—开放系统互连—免接式表现协议:协议规格)	L79
14304-2-1999	X1210-2	資訊技術—開放系統互連—免接式表現協定:協定實作符合性聲明一覽表 (信息技术—开放系统互连—免接式表现协议:协议实作符合性声明一览表)	L79
14305-1-1999	X1211-1	資訊技術—開放系統互連—結合控制服務元件使用之免接式協定:協定規格 (信息技术—开放系统互连—结合控制服务组件使用之免接式协议:协议规格)	L79

标准号	台湾地区标准分类号	标准名称	中国标准分类
14305-2-1999	X1211-2	資訊技術—開放系統互連—結合控制服務元件使用之免接式協定:協定實作符合性聲明一覽表 (信息技术—开放系统互连—结合控制服务组件使用之免接式协议:协议实作符合性声明一览表)	L79
14320-1999	X1212	數位傳輸設備效能量測之數位測試型樣 (数字传输设备效能量测之数字测试型样)	L79
14321-1-1999	X1213-1	訊框中繼服務特定收斂子層 (讯框中继服务特定收敛子层)	M19
14322-1999	X1214	訊框中繼載送服務互作 (讯框中继载送服务互作)	L79
14323-1999	X1215	整體服務數位網路—寬頻整體服務數位網路設備層面—以網路元件觀點的非同步傳送模式管理 (整体服务数字网络—宽带整体服务数字网络设备层面—以网络组件观点的异步传送模式管理)	L78
14324-1-1999	X1216-1	寬頻整體服務數位網路使用者部—點對多點呼叫及連接控制用之網路節點介面規格 (宽带整体服务数字网络使用者部—点对多点呼叫及连接控制用之网络节点接口规格)	L78
14325-1999	X1217	寬頻整體服務數位網路—第二號數位用戶信號系統—附加訊務參數 (宽带整体服务数字网络—第二号数字用户信号系统—附加讯务参数)	L78
14326-1999	X1218	第二號數位用戶信號系統—呼叫/連接建立階段中之連接特性協商 (第二号数字用户信号系统—呼叫/连接建立阶段中之连接特性协商)	L78
14327-1-1999	X1219-1	第二號數位用戶信號系統—連接修改:由連接擁有者從事之尖峰細胞速率修改 (第二号数字用户信号系统—连接修改:由连接拥有者从事之尖峰细胞速率修改)	L78
14331-3-1999	X1220-3	資訊技術—開放系統互連—國際標準規範:開放系統互連分散交易處理—第3部:承諾、同作及復原應用協定資料單元之支援 (信息技术—开放系统互连—国际标准规范:开放系统互连分散交易处理—第3部:承诺、同作及复原应用协议数据单元之支持)	L79
14333-1999	X1221	寬頻整體服務數位網路—第七部信號系統寬頻整體服務數位網路使用者部—基本呼叫程序 (宽带整体服务数字网络—第七部信号系统宽带整体服务数字网络使用者部—基本呼叫程序)	L78
14334-1-1999	X1222-1	資訊技術—開放系統互連—開放系統之安全框架:概述 (信息技术—开放系统互连—开放系统之安全框架:概述)	L79
14334-2-1999	X1222-2	資訊技術—開放系統互連—開放系統之安全框架:鑑別框架 (信息技术—开放系统互连—开放系统之安全框架:鉴别框架)	L79
14334-3-1999	X1222-3	資訊技術—開放系統互連—開放系統之安全框架:存取控制框架 (信息技术—开放系统互连—开放系统之安全框架:存取控制框架)	L79
14334-5-1999	X1222-5	資訊技術—開放系統互連—開放系統之安全框架:機密性框架 (信息技术—开放系统互连—开放系统之安全框架:机密性框架)	L70

标准号	台湾地区标准分类号	标准名称	中国标准分类
14354-1999	X1223	資訊技術—開放系統互連—承諾、同作及復原服務之時排序規範語言描述 (信息技术—开放系统互连—承诺、同作及复原服务之时排序规范语言描述)	L79
14355-1999	X1224	資訊技術—開放系統互連—承諾、同作及復原協定之時排序規範語言描述 (信息技术—开放系统互连—承诺、同作及复原协议之时排序规范语言描述)	L79
14358-1999	X1225	資訊技術—開放系統互連—應用層結構 (信息技术—开放系统互连—应用层结构)	L79
14360-1999	X1226	寬頻整體服務數位網路—第七號信號系統寬頻整體服務數位網路使用者部之功能描述 (宽带整体服务数字网络—第七号信号系统宽带整体服务数字网络使用者部之功能描述)	L78
14361-1999	X1227	寬頻整體服務數位網路—第七號信號系統寬頻整體服務數位網路使用者部訊息及信號之一般功能 (宽带整体服务数字网络—第七号信号系统宽带整体服务数字网络使用者部讯息及信号之一般功能)	L78
14362-1999	X1228	寬頻整體服務數位網路—第七號信號系統寬頻整體服務數位網路使用者部—格式及碼 (宽带整体服务数字网络—第七号信号系统宽带整体服务数字网络使用者部—格式及码)	L78
14363-1999	X1229	資訊技術—開放系統互連—開放系統之安全框架:完整性框架 (信息技术—开放系统互连—开放系统之安全框架:完整性框架)	L79
14364-1999	X1230	資訊技術—開放系統互連—開放系統之安全框架:安全稽核及警報框架 (信息技术—开放系统互连—开放系统之安全框架:安全稽核及警报框架)	L79
14365-1999	X1231	資訊技術—系統間的電信和資訊交換—傳送層安全協定 (信息技术—系统间的电信和信息交换—传送层安全协议)	L79
14378-1999	X1232	資訊技術—系統間電信與資訊交換—使用 X.25 提供 OSI 連接模式網路服務 (信息技术—系统间电信与信息交换—使用 X.25 提供 OSI 连接模式网络服务)	L79
14648-2002	X1233	傳送網路管理—開放分散式處理參考模型(RM—ODP)框架之應用 (传送网络管理—开放分布式处理参考模型(RM—ODP)框架之应用)	L79
14662-2002	X1234	傳送網路管理—基本傳送網路模型之計算介面 (传送网络管理—基本传送网络模型之计算接口)	L79
14692-2002	X1235	傳送網路管理—資訊觀點之共通元件 (传送网络管理—信息观点之共通组件)	L79
14693-2002	X1236	傳送網路管理—簡易子網路連接管理之企業觀點 (传送网络管理—简易子网络连接管理之企业观点)	L79
14695-2002	X1237	以 5.3 及 6.3 kbps 傳輸之多媒體通信用雙速率語音編碼器 (以 5.3 及 6.3 kbps 传输之多媒体通信用双速率语音编码器)	L71
14696-2002	X1238	低位元速率通信用視訊編碼 (低位速率通信用视讯编码)	L71
14697-2002	X1239	低位元速率多媒體通信用終端設備 (低位速率多媒体通信用终端设备)	L71

标准号	台湾地区标准分类号	标准名称	中国标准分类
14698-2002	X1240	視聽服務之基本結構—傳輸多工及同步—低位元速率多媒體通信之多工協定 （视听服务之基本结构—传输多任务及同步—低位速率多媒体通信之多任务协议）	L71
14699-2002	X1241	傳送網路管理—子網路連接管理之資訊觀點 （传送网络管理—子网络连接管理之信息观点）	L79
14700-2002	X1242	傳送網路之一般功能架構 （传送网络之一般功能架构）	L79
14713-2004	X1243	資訊技術—開放系統互連—物件識別符之註冊 （信息技术—开放系统互连—对象识别符之注册）	L79
14722-2003	X1244	在數位市話交換機中 V 介面以 2 048 kbps 支援接取網路的 V5.1 介面 （在数字市话交换机中 V 接口以 2 048 kbps 支持接取网络的 V5.1 接口）	M40
14723-2003	X1245	寬頻整體服務數位網路使用者部—非同步傳送模式終端系統位址 （宽带整体服务数字网络使用者部—异步传送模式终端系统地址）	L79
14724-2003	X1246	寬頻整體服務數位網路使用者部—呼叫優先權 （宽带整体服务数字网络使用者部—呼叫优先权）	L79
14727-2003	X1247	寬頻整體服務數位網路使用者部—網路產生之交談識別符：網路呼叫相關識別符 （宽带整体服务数字网络使用者部—网络产生之交谈识别符：网络呼叫相关识别符）	L79
14737-2003	X1248	寬頻整體服務數位網路使用者部—可維持的細胞速率和服務品質之附加訊務參數的支援 （宽带整体服务数字网络使用者部—可维持的细胞速率和服务质量之附加讯务参数的支持）	L79
14738-2003	X1249	寬頻整體服務數位網路使用者部—訊框中繼之支援 （宽带整体服务数字网络使用者部—讯框中继之支持）	L79
14739-2003	X1250	寬頻整體服務數位網路使用者部之延伸—支援可用的位元速率非同步傳送模式轉送能力的訊務參數之信號能力 （宽带整体服务数字网络使用者部之延伸—支持可用的位速率异步传送模式转送能力的讯务参数之信号能力）	L79
14740-2003	X1251	寬頻整體服務數位網路使用者部之延伸—支援非同步傳送模式區塊轉送之非同步傳送模式轉送能力的訊務參數之信號能力 （宽带整体服务数字网络使用者部之延伸—支持异步传送模式区块转送之异步传送模式转送能力的讯务参数之信号能力）	L79
14750-2003	X1252	寬頻整體服務數位網路使用者部—修改程序 （宽带整体服务数字网络使用者部—修改程序）	L79
14751-2003	X1253	在 B-ISDN 與以 64 kbps 為基礎的ISDN之間互作的一般安排 （在 B-ISDN 与以 64 kbps 为基础的 ISDN 之间互作的一般安排）	L79
14752-2003	X1254	寬頻整體服務數位網路使用者部之延伸—於寬頻載送能力參數中非同步傳送模式轉送能力之支援 （宽带整体服务数字网络使用者部之延伸—于宽带载送能力参数中异步传送模式转送能力之支持）	L79
14753-2003	X1255	寬頻整體服務數位網路使用者部之延伸—應用產生之識別符 （宽带整体服务数字网络使用者部之延伸—应用产生之识别符）	L79
14761-2003	X1256	寬頻整體服務數位網路使用者部—寬頻整體服務數位網路之網路節點介面信號能力集 2 步驟 1 之概觀 （宽带整体服务数字网络使用者部—宽带整体服务数字网络之网络节点接口信号能力集 2 步骤 1 之概观）	L79

标准号	台湾地区标准分类号	标准名称	中国标准分类
14762-2003	X1257	寬頻整體服務數位網路使用者部—於連接建立期間協商之支援 (宽带整体服务数字网络使用者部—于连接建立期间协商之支持)	L79
14763-2003	X1258	寬頻整體服務數位網路使用者部之延伸—可維持的細胞速率參數之修改程序 (宽带整体服务数字网络使用者部之延伸—可维持的细胞速率参数之修改程序)	L79
14764-2003	X1259	第一號數位用戶信號系統—資料鏈路層—訊框模式載送服務用之整體服務數位網路資料鏈路層規格 (第一号数字用户信号系统—数据链路层—讯框模式载送服务用之整体服务数字网络数据链路层规格)	L79
14864-2004	X1260	數位傳輸系統—數位區段及數位線路系統—接取網路—非對稱數位用戶線收發器 (数字传输系统—数字区段及数字线路系统—接取网络—非对称数字用户线收发器)	L73
14870-2004	X1261	傳輸系統及介質、數位系統及網路—數位區段及數位線路系統—接取網路—數位用戶線收發器之交握程序 (传输系统及介质、数字系统及网络—数字区段及数字线路系统—接取网络—数字用户线收发器之交握程序)	L73
14871-2004	X1262	數位用戶線標準之綜觀 (数字用户线标准之综观)	L73
14872-2004	X1263	傳輸系統及介質、數位系統及網路—數位區段及數位線路系統—接取網路—數位用戶線收發器測試程序 (传输系统及介质、数字系统及网络—数字区段及数字线路系统—接取网络—数字用户线收发器测试程序)	L73
14877-2007	X1264	數位用戶線收發器之實體層管理 (数字用户线收发器之实体层管理)	L73
14928-2005	X1265	在數位市話交換機中 V 介面以 2 048 kbps 支援接取網路之 V5.2 介面 (在数字市话交换机中 V 接口以 2 048 kbps 支持接取网络之 V5.2 接口)	M20
15068-2007	X1266	網際網路協定第 6 版(IPv6)規格 (因特网协议第 6 版(IPv6)规格)	L70
15069-2007	X1267	IPv6 不具狀態的位址自動組態設定 (IPv6 不具状态的地址自动组态设定)	L70
15070-2007	X1268	經由乙太網路之 IPv6 封包傳輸 (经由以太网络之 IPv6 封包传输)	L70
15081-2007	X1269	用於網際網路協定第 6 版(IPv6)之鄰節點探索 (用于因特网协定第 6 版(IPv6)之邻节点探索)	L79
15082-2007	X1270	用於 IPv6 規格之網際網路控制訊息協定 (用于 IPv6 规格之因特网控制讯息协议)	L70
15083-2007	X1271	IPv6 路徑最大傳輸單位之探索 (IPv6 路径最大传输单位之探索)	L70
15096-2007	X1272	IPv6 全域單播位址格式 (IPv6 全域单播地址格式)	L79
15097-2007	X1273	經由 PPP 之 IPv6 協定 (经由 PPP 之 IPv6 协定)	L79
15098-2007	X1274	IPv6 巨封包 (IPv6 巨封包)	L79
15131-2007	X1275	IPv6 主機及路由器之變遷機制 (IPv6 主机及路由器之变迁机制)	L79

标 准 号	台湾地区标准分类号	标 准 名 称	中国标准分 类
15132-2007	X1276	網際網路協定第 6 版(IPv6)定址架構 (因特网协议第 6 版(IPv6)寻址架构)	L79
15157-2008	X1277	用於網際網路協定第 6 版之動態主機組態協定 (用于因特网协议第 6 版之动态主机组态协议)	L79
15158-2008	X1278	IPv6 訊流標籤之文字規約 (IPv6 讯流卷标之文字规约)	L79
15159-2008	X1279	擴充支援 IPv6 之網域名稱系統 (扩充支持 IPv6 之网域名称系统)	L79
15178-2008	X1280	IPv6 中之行動性支援 (IPv6 中之行动性支持)	L79
15179-2008	X1281	行動節點與本家代理器間使用 IPsec 保護行動 IPv6 信號方式 (行动节点与本家代理器间使用 IPsec 保护行动 IPv6 信号方式)	L79
15180-2008	X1282	IPv6 封包經光纖通道之傳輸 (IPv6 封包经光纤信道之传输)	L79

X2　通 信 设 备

标 准 号	台湾地区标准分类号	标 准 名 称	中国标准分 类
5766-1980	X2001	類比至數位轉換器設備 (模拟至数字转换器设备)	L87
9979-1983	X2002	資料終端設備與資料通訊設備間之同步高速資料發送(信)率 (数据终端设备与数据通讯设备间之同步高速数据发送(信)率)	L78
13360-1994	X2003	數據通訊—34 插腳 DTE/DCE 介面連接器及插腳配置 (数据通讯—34 插脚 DTE/DCE 接口连接器及插脚配置)	L79
13396-1994	X2004	區域及都會網路媒體存取控制橋接器 (区域及都会网络媒体存取控制桥接器)	L78
13837-1997	X2005	色散移位單模光纜特性 (色散移位单模光缆特性)	M40
13838-1997	X2006	50/125 及 62.5/125 微米多模斜射率型光纜特性 (50/125 及 62.5/125 微米多模斜射率型光缆特性)	M40
13896-1-1998	X2007-1	資訊技術—光纖分散式數據介面—第 1 部:符記環實體層協定 (信息技术—光纤分布式数据接口—第 1 部:符记环实体层协议)	L79
13896-2-1997	X2007-2	資訊處理系統—光纖分散資料介面—第 2 部:符記環介質存取控制 (信息处理系统—光纤分散数据接口—第 2 部:符记环介质存取控制)	L79
13896-3-1997	X2007-3	資訊處理系統—光纖分散資料介面—第 3 部:介質相依實體層 (信息处理系统—光纤分散数据接口—第 3 部:介质相依实体层)	L79
13896-5-1998	X2007-5	資訊技術—光纖分散式數據介面—第 5 部:併合環控制 (信息技术—光纤分布式数据接口—第 5 部:并合环控制)	L79
13897-1997	X2008	64 kbps 及 N×64 kbps 位元速率之錯誤性能測量設備 (64 kbps 及 N×64 kbps 位速率之错误性能测量设备)	L86
13899-1997	X2009	服務狀態中監視 2 048、8 448、34 368 和 139 264 kbps 信號之設備 (服务状态中监视 2 048、8 448、34 368 和 139 264 kbps 信号之设备)	L86

标准号	台湾地区 标准分类号	标准名称	中国标准 分类
13900-1997	X2010	數位系統之時序抖動測量設備 (数字系统之时序抖动测量设备)	L86
13917-1997	X2011	操作速率為原級速率及以上之錯誤性能量測設備 (操作速率为原级速率及以上之错误性能量测设备)	L86
13919-1997	X2012	服務狀態中監視 1 544 kbps 信號之設備 (服务状态中监视 1 544 kbps 信号之设备)	L86
14199-1998	X2013	非電話信號之線傳輸—以原級數位群組傳輸之視訊會議編解碼器 (非电话信号之线传输—以原级数位群组传输之视讯会议编译码器)	L78
14200-1998	X2014	非電話信號之線傳輸—廣播型式視聽多點系統和終端機設備 (非电话信号之线传输—广播型式视听多点系统和终端机设备)	L78
14216-1998	X2015	非電話信號線路傳輸—窄頻可視電話系統及終端機設備 (非电话信号线路传输—窄频可视电话系统及终端机设备)	L78
14217-1998	X2016	非電話信號線路傳輸—p×64 kbps 視聽服務用之視訊編解碼器 (非电话信号线路传输—p×64 kbps 视听服务用之视讯编译码器)	L78
14273-1998	X2017	自動讀表系統使用有線電信網路讀表介面單元 (自动读表系统使用有线电信网络读表接口单元)	L65
14274-1998	X2018	自動讀表系統使用無線通信網路讀表介面單元 (自动读表系统使用无线通信网路读表接口单元)	L65

X3 电脑软件

标准号	台湾地区 标准分类号	标准名称	中国标准 分类
9980-1983	X3001	計算機程式摘要 (计算器程序摘要)	L73
12644-1989	X3002	資訊處理(處理由群錄構成順序檔之程式流程) (信息处理(处理由群录构成顺序文件之程序流程))	L75
12646-1989	X3003	資訊處理(程式結構及表示法之規定) (信息处理(程序结构及表示法之规定))	L75
13395-1994	X3004	資訊處理—資訊交換唯讀型光碟的卷與檔案結構 (信息处理—信息交换只读型光盘的卷与档案结构)	L75
13449-1994	X3005	程式語言—C (程序语言—C)	L74
13853-1-1997	X3006-1	電腦圖形儲存與轉送圖象描述資訊的元檔—第 1 部:功能規格 (计算机图形储存与转送图象描述信息的元文件—第 1 部:功能规格)	L81
13853-2-1998	X3006-2	資訊技術—電腦圖形—儲存與轉送圖象描述資訊的元檔—第 2 部:字元編碼 (信息技术—计算机图形—储存与转送图象描述信息的元文件—第 2 部:字符编码)	L81
13853-3-1998	X3006-3	資訊技術—電腦圖形—儲存與轉送圖象描述資訊的元檔—第3 部:二進制編碼 (信息技术—计算机图形—储存与转送图象描述信息的元文件—第 3 部:二进制编码)	L81
13853-4-1998	X3006-4	資訊技術—電腦圖形—儲存與轉送圖象描述資訊的元檔—第 4 部:簡潔文編碼 (信息技术—计算机图形—储存与转送图象描述信息的元文件—第 4 部:简洁文编码)	L81

标准号	台湾地区标准分类号	标准名称	中国标准分类
14332-1999	X3007	資訊技術—程式語言—通訊用高階語言 (信息技术—程序语言—通讯用高级语言)	L74
14802-2004	X3008	資訊技術—系統與軟體完整性層級 (信息技术—系统与软件完整性层级)	L70
14837-2005	X3009	資訊技術—軟體生命週期過程 (信息技术—软件生命周期过程)	L71
14948-1-2005	X3010-1	軟體工程—產品品質—第1部:品質模型 (软件工程—产品质量—第1部:质量模型)	L77
15008-2006	X3013	系統工程—系統生命週期過程 (系统工程—系统生命周期过程)	L77
15014-1-2006	X3014-1	資訊技術—軟體產品評估—第1部:概觀 (信息技术—软件产品评估—第1部:概观)	L71
15014-2-2006	X3014-2	軟體工程—產品評估—第2部:規劃與管理 (软件工程—产品评估—第2部:规划与管理)	L77
15014-3-2006	X3014-3	軟體工程—產品評估—第3部:發展者過程 (软件工程—产品评估—第3部:发展者过程)	L77
15014-4-2006	X3014-4	軟體工程—產品評估—第4部:獲取者過程 (软件工程—产品评估—第4部:获取者过程)	L77
15014-5-2006	X3014-5	資訊技術—軟體產品評估—第5部:評估者過程 (信息技术—软件产品评估—第5部:评估者过程)	L71
15014-6-2006	X3014-6	軟體工程—產品評估—第6部:評估模組的文件製作 (软件工程—产品评估—第6部:评估模块的文件制作)	L77
15264-1-2009	X3015-1	資訊技術—過程評鑑—第1部:概念與詞彙 (信息技术—过程评鉴—第1部:概念与词汇)	L71
15264-2-2009	X3015-2	軟體工程—過程評鑑—第2部:履行評鑑 (软件工程—过程评鉴—第2部:履行评鉴)	L77
15264-3-2009	X3015-3	資訊技術—過程評鑑—第3部:履行評鑑之指南 (信息技术—过程评鉴—第3部:履行评鉴之指南)	L71
15264-4-2009	X3015-4	資訊技術—過程評鑑—第4部:過程改善與過程能力判定使用之指南 (信息技术—过程评鉴—第4部:过程改善与过程能力判定使用之指南)	L71
15264-5-2009	X3015-5	資訊技術—過程評鑑—第5部:示範性過程評鑑模型 (信息技术—过程评鉴—第5部:示范性过程评鉴模型)	L71

X4 电脑及周边设备

标准号	台湾地区标准分类号	标准名称	中国标准分类
6892-1988	X4001	資訊處理—儀器互換用76 mm(3 in)孔之磁帶盤軸及捲盤 (信息处理—仪器互换用76 mm(3 in)孔之磁带盘轴及卷盘)	L64
6893-1988	X4002	資訊處理—儀器互換用空白磁帶之一般尺度 (信息处理—仪器互换用空白磁带之一般尺度)	G83
6894-1988	X4003	資訊處理—儀器互換用精密磁帶捲盤 (信息处理—仪器互换用精密磁带卷盘)	L64
6895-1988	X4004	資訊處理—資訊交換用25.4 mm(1 in)穿孔磁帶捲盤與軸心之尺度 (信息处理—信息交换用25.4 mm(1 in)穿孔磁带卷盘与轴心之尺度)	G83
6896-1988	X4005	資訊處理—儀器互換用8 mm(5/16 in)孔磁帶捲盤 (信息处理—仪器互换用8 mm(5/16 in)孔磁带卷盘)	L64
6897-1981	X4006	電算機用12.7 mm(1/2 in)磁帶捲盤 (电算机用12.7 mm(1/2 in)磁带卷盘)	L64

标准号	台湾地区标准分类号	标准名称	中国标准分类
7220-1983	X4007	資訊處理—打孔紙帶饋孔及碼孔之位置與尺度 (信息处理—打孔纸带馈孔及码孔之位置与尺度)	L64
7224-1983	X4008	打孔紙帶卷資料交換之一般規範 (打孔纸带卷数据交换之一般规范)	L64
9981-1983	X4009	資訊處理—印字機及打字機之印字色帶寬度 (信息处理—印字机及打字机之印字色带宽度)	L63
10245-1983	X4012	資料互換標準碼—數值機器控制孔帶 (数据互换标准码—数值机器控制孔带)	L64
10428-1983	X4013	資訊處理—80 行打孔卡片之矩形孔尺寸與位置 (信息处理—80 行打孔卡片之矩形孔尺寸与位置)	L64
11216-1985	X4015	事務機器與資料處理設備(數字應用之鍵盤配置) (事务机器与数据处理设备(数字应用之键盘配置))	L63
11217-1985	X4016	資訊處理用之事務機器及列印機(一次用紙或塑膠色帶之寬度及表示帶之終端標示) (信息处理用之事务机器及打印机(一次用纸或塑料色带之宽度及表示带之终端标示))	L64
11221-1985	X4018	事務機器與資料處理設備(行間距與字元間距) (事务机器与数据处理设备(行间距与字符间距))	L63
11403-1985	X4019	資料處理(處理計算系統與技術處理間介面之說明) (数据处理(处理计算系统与技术处理间接口之说明))	L73
11719-1994	X4020	資訊處理用之事務機器及列印機(超過 19mm 布色帶之寬度) (信息处理用之事务机器及打印机(超过 19 mm 布色带之宽度))	L63
13322-1993	X4024	加法器—功能鍵盤配置 (加法器—功能键盘配置)	M70
13337-1994	X4025	紙質或塑膠印字色帶(捲盤特性) (纸质或塑料印字色带(卷盘特性))	L64
13366-1994	X4026	平版複印機—印版的裝版要點 (平版复印机—印版的装版要点)	N47
13367-1994	X4027	複印機紙版—最少套印及裝版要點 (复印机纸版—最少套印及装版要点)	N47
13368-1994	X4028	複印機—對準性 (复印机—对准性)	N47
13369-1-1994	X4029-1	事務機器—規格書應包含的最少資訊　第 1 部:複印機 (事务机器—规格书应包含的最少信息　第 1 部:复印机)	N47
13369-2-1994	X4029-2	事務機器—規格書應包含的最少資訊　第 2 部:文件複印機 (事务机器—规格书应包含的最少信息　第 2 部:文件复印机)	N47
13369-3-1994	X4029-3	事務機器—規格書應包含的最少資訊　第 3 部:郵資蓋印機 (事务机器—规格书应包含的最少信息　第 3 部:邮资盖印机)	M82
13597-1995	X4030	事務機器—位址列印裝置之行數與字元容量 (事务机器—地址打印装置之行数与字符容量)	A82
13598-1995	X4031	印字色帶—容器上應出現的最少標示 (印字色带—容器上应出现的最少标示)	A88
14484-1-2000	X4032-1	資訊技術—文件及辦公室系統用鍵盤配置—第 1 部:鍵盤配置一般原則 (信息技术—文件及办公室系统用键盘配置—第 1 部:键盘配置一般原则)	L70
14484-2-2000	X4032-2	資訊技術—文件及辦公室系統用鍵盤配置—第 2 部:文數段 (信息技术—文件及办公室系统用键盘配置—第 2 部:文数段)	L63
14484-3-2000	X4032-3	資訊技術—文件及辦公室系統用鍵盤配置—第 3 部:文數段之文數區補充配置 (信息技术—文件及办公室系统用键盘配置—第 3 部:文数段之文数区补充配置)	L70

标准号	台湾地区标准分类号	标准名称	中国标准分类
14484-4-2000	X4032-4	資訊技術—文件及辦公室系統用鍵盤配置—第 4 部:數字段 (信息技术—文件及办公室系统用键盘配置—第 4 部:数字段)	L70
14484-5-2000	X4032-5	資訊技術—文件及辦公室系統用鍵盤配置—第 5 部:編輯段 (信息技术—文件及办公室系统用键盘配置—第 5 部:编辑段)	L63
14484-6-2000	X4032-6	資訊技術—文件及辦公室系統用鍵盤配置—第 6 部:功能段 (信息技术—文件及办公室系统用键盘配置—第 6 部:功能段)	L70
14484-7-2000	X4032-7	資訊技術—文件及辦公室系統用鍵盤配置—第 7 部:用於表示功能之符號 (信息技术—文件及办公室系统用键盘配置—第 7 部:用于表示功能之符号)	L70
14484-8-2000	X4032-8	資訊技術—文件及辦公室系統用鍵盤配置—第 8 部:字符分置於數字鍵板之鍵 (信息技术—文件及办公室系统用键盘配置—第 8 部:字符分置于数字键板之键)	L63

X5 编码及代码

标准号	台湾地区标准分类号	标准名称	中国标准分类
5205-1996	X5001	資訊技術—資訊交換用七位元碼字元集 (信息技术—信息交换用七位码字符集)	L71
7219-1983	X5002	資訊處理—孔帶上碼字元集(組)之表示法(六與七數元) (信息处理—孔带上码字符集(组)之表示法(六与七数元))	L71
7221-1983	X5003	資訊處理—資訊偵錯之縱向配類(同位)法 (信息处理—信息侦错之纵向配类(同位)法)	L72
7222-1989	X5004	資訊處理—起止與同步字元導向傳輸之字元結構 (信息处理—起止与同步字符导向传输之字符结构)	L72
7223-1983	X5005	資訊處理—七數元碼字元集(組)之控制字元圖示法 (信息处理—七数元码字符集(组)之控制字符图标法)	L71
7654-1997	X5006	資訊技術—字元碼結構及延伸技術 (信息技术—字符码结构及延伸技术)	L71
7656-1997	X5007	資訊技術—資訊交換用八位元碼—實作結構及規則 (信息技术—信息交换用八位码—实作结构及规则)	L72
8380-1984	X5008	機器之數值控制—七數元碼字元集(組) (机器之数值控制—七数元码字符集(组))	A14
8381-1982	X5009	資訊交換—人類性別表示法 (信息交换—人类性别表示法)	L71
9982-1983	X5010	資訊處理—孔卡上碼字元集(組)表示法(七與八數元) (信息处理—孔卡上码字符集(组)表示法(七与八数元))	L71
10545-1983	X5011	數據保密(加/解密)運算法 (数据保密(加/解密)运算法)	L80
11643-2007	X5012	中文標準交換碼 (中文标准交换码)	L76
11643-2-2007	X5012-2	中文字基礎部件及部件屬性 (中文字基础部件及部件属性)	L71
11643-3-2007	X5012-3	中文字筆畫分類 (中文字笔画分类)	L71
12645-1989	X5013	資訊處理(64 位元區塊密碼演繹法之操作模式) (信息处理(64 位区块密码演绎法之操作模式))	L71
12842-2009	X5014	國家名稱代碼表示法 (国家名称代码表示法)	A24
12873-2006	X5015	貨幣及基金代碼表示法 (货币及基金代码表示法)	A24

标准号	台湾地区标准分类号	标准名称	中国标准分类
13078-1992	X5016	資訊處理—資訊交換用字元串數值表示法 (信息处理—信息交换用字符串数值表示法)	L78
13160-1993	X5017	資訊處理—有限字元集系統中國際單位制及其他單位制表示法 (信息处理—有限字符集系统中国际单位制及其他单位制表示法)	L78
13161-1993	X5018	使用於國際貿易的計量單位代碼 (使用于国际贸易的计量单位代码)	L78
13188-2006	X5019	語言名稱代碼表示法 (语言名称代码表示法)	L71
13189-2009	X5020	國際地方代碼 (国际地方代码)	L71
13205-1993	X5021	資訊交換—機構識別之結構 (信息交换—机构识别之结构)	L71
13228-1993	X5022	電子資料交換—資料元索引 (电子数据交换—数据元索引)	L79
13246-1993	X5023	資訊處理—8 位元單一位元組碼化圖形字元集(第 1 部:拉丁字母第一號) (信息处理—8 位单一字节码化图形字符集(第 1 部:拉丁字母第一号))	L78
13247-1993	X5024	資訊處理—8 位元單一位元組碼化圖形字元集(第 2 部:拉丁字母第二號) (信息处理—8 位单一字节码化图形字符集(第 2 部:拉丁字母第二号))	L78
13283-1993	X5025	電子資料交換—語法規則 (电子数据交换—语法规则)	L67
13283-5-2004	X5025-5	行政管理、商務與運輸用電子資料交換(EDIFACT)—應用層語法規則(第 4 版語法)—第 5 部:針對批次式 EDI 的安全規則(鑑別性、完整性、來源不可否認性) (行政管理、商务与运输用电子数据交换(EDIFACT)—应用层语法规则(第 4 版语法)—第 5 部:针对批次式 EDI 的安全规则(鉴别性、完整性、来源不可否认性))	L70
13283-6-2004	X5025-6	行政管理、商務與運輸用電子資料交換(EDIFACT)—應用層語法規則(第 4 版語法)—第 6 部:安全的鑑別與認可訊息(訊息型式—AUTACK) (行政管理、商务与运输用电子数据交换(EDIFACT)—应用层语法规则(第 4 版语法)—第 6 部:安全的鉴别与认可讯息(讯息型式—AUTACK))	L70
13283-9-2002	X5025-9	行政管理、商務與運輸用電子資料交換(EDIFACT)—應用層語法規則(第 4 版語法)—第 9 部:安全金鑰與憑證管理訊息(訊息型式—KEYMAN) (行政管理、商务与运输用电子数据交换(EDIFACT)—应用层语法规则(第 4 版语法)—第 9 部:安全金钥与凭证管理讯息(讯息型式—KEYMAN))	L70
13323-1993	X5026	電子資料交換—合成資料元索引 (电子数据交换—合成数据元索引)	L67
13324-1993	X5027	電子資料交換—資料段索引 (电子数据交换—数据段索引)	L67
13325-1993	X5028	資訊處理—8 位元單一位元組碼化圖形字元集(第 3 部:拉丁字母第三號) (信息处理—8 位单一字节码化图形字符集(第 3 部:拉丁字母第三号))	L78

标准号	台湾地区标准分类号	标准名称	中国标准分类
13326-1993	X5029	資訊處理—8位元單一位元組碼化圖形字元集(第4部:拉丁字母第四號) (信息处理—8位单一字节码化图形字符集(第4部:拉丁字母第四号))	L71
13327-1993	X5030	資訊處理—8位元單一位元組碼化圖形字元集(第5部:拉丁/斯拉夫字母) (信息处理—8位单一字节码化图形字符集(第5部:拉丁/斯拉夫字母))	L71
13328-1993	X5031	資訊處理—8位元單一位元組碼化圖形字元集(第9部:拉丁字母第五號) (信息处理—8位单一字节码化图形字符集(第9部:拉丁字母第五号))	L78
13329-1993	X5032	數位電視製播的編碼參數 (数字电视制播的编码参数)	L71
13361-1994	X5033	公眾數據網路之國際編號計畫 (公众数据网络之国际编号计划)	M11
13384-1994	X5034	資訊處理—8位元單一位元組碼化圖形字元集(第6部:拉丁/阿拉伯字母) (信息处理—8位单一字节码化图形字符集(第6部:拉丁/阿拉伯字母))	L78
13385-1994	X5035	資訊處理—8位元單一位元組碼化圖形字元集(第7部:拉丁/希臘字母) (信息处理—8位单一字节码化图形字符集(第7部:拉丁/希腊字母))	L73
13386-1994	X5036	資訊處理—8位元單一位元組碼化圖形字元集(第8部:拉丁/希伯來字母) (信息处理—8位单一字节码化图形字符集(第8部:拉丁/希伯来字母))	L78
13398-1994	X5037	資料密碼技術—使用區塊加密演算法的密碼核對功能的資料完整性機制 (数据密码技术—使用区块加密算法的密码核对功能的数据完整性机制)	L78
13479-1995	X5038	資訊技術—碼字元集的控制功能 (信息技术—码字符集的控制功能)	L71
13525-1-1995	X5039-1	資訊處理—文字通信編碼字元集(第1部:一般性介紹) (信息处理—文字通信编码字符集(第1部:一般性介绍))	L71
13526-1995	X5040	銀行業—批發式訊息鑑別需求 (银行业—批发式讯息鉴别需求)	L64
13527-1995	X5041	銀行業和相關金融服務—零售式訊息鑑別需求 (银行业和相关金融服务—零售式讯息鉴别需求)	L76
13528-1-1995	X5042-1	銀行業—認可的訊息鑑別演算法:第一部份:資料加密演算法 (银行业—认可的讯息鉴别算法:第一部份:数据加密算法)	A10
13528-2-1995	X5042-2	銀行業—認可的訊息鑑別演算法:第二部份:訊息鑑別者演算法 (银行业—认可的讯息鉴别算法:第二部份:讯息鉴别者算法)	A10
13529-1-1995	X5043-1	銀行業—批發式訊息加密程序:第一部份:一般原理 (银行业—批发式讯息加密程序:第一部份:一般原理)	L64
13529-2-1995	X5043-2	銀行業—批發式訊息加密程序:第二部份:資料加密演算法 (银行业—批发式讯息加密程序:第二部份:数据加密算法)	L80
13530-1995	X5044	貿易文件中碼的位置 (贸易文件中码的位置)	L64
13564-1-1995	X5045-1	資訊技術—圖像編碼法(第1部:識別) (信息技术—图像编码法(第1部:识别))	L78

标准号	台湾地区标准分类号	标准名称	中国标准分类
13564-2-1995	X5045-2	資訊技術—圖像編碼法(第 2 部:登錄程序) (信息技术—图像编码法(第 2 部:登录程序))	L78
13565-1995	X5046	資訊技術—n 位元區塊加密演算法之運算模式 (信息技术—n 位区块加密算法之运算模式)	L78
13587-1995	X5047	銀行業　金鑰管理(批發用) (银行业　金钥管理(批发用))	L67
13798-1-1996	X5048-1	銀行業—個人識別碼管理與安全(第一部:個人識別碼保護之原則與技術) (银行业—个人识别码管理与安全(第一部:个人识别码保护之原则与技术))	L80
13798-2-1996	X5048-2	銀行業—個人識別碼管理與安全(第二部:認可的個人識別碼加密演算法) (银行业—个人识别码管理与安全(第二部:认可的个人识别码加密算法))	L80
13840-1997	X5050	第七號信號系統—信號接續控制部之格式及編碼 (第七号信号系统—信号接续控制部之格式及编码)	L78
13846-1997	X5051	第七號信號系統—交易能力之格式與編碼 (第七号信号系统—交易能力之格式与编码)	L76
13884-1997	X5052	整體服務數位網路的編號計畫 (整体服务数字网络的编号计划)	L76
13886-1997	X5053	資訊技術—供文字通信使用之碼化圖形字元集—拉丁字母 (信息技术—供文字通信使用之码化图形字符集—拉丁字母)	L76
14105-1-1997	X5054-1	資訊技術—安全技術—雜湊函數—第 1 部:概說 (信息技术—安全技术—杂凑函数—第 1 部:概说)	L70
14105-2-1997	X5054-2	資訊技術—安全技術—雜湊函數—第 2 部:使用 n 位元區塊加密演算法之雜湊函數 (信息技术—安全技术—杂凑函数—第 2 部:使用 n 位区块加密算法之杂凑函数)	L70
14105-3-2007	X5054-3	資訊技術—安全技術—雜湊函數—第 3 部:專屬雜湊函數 (信息技术—安全技术—杂凑函数—第 3 部:专属杂凑函数)	L70
14105-4-2003	X5054-4	資訊技術—安全技術—雜湊函數—第 4 部:使用模算術之雜湊函數 (信息技术—安全技术—杂凑函数—第 4 部:使用模算术之杂凑函数)	L70
14147-1-1998	X5055-1	資訊技術—字型資訊交換—第 1 部:架構 (信息技术—字型信息交换—第 1 部:架构)	L70
14147-2-1998	X5055-2	資訊技術—字型資訊交換—第 2 部:交換格式 (信息技术—字型信息交换—第 2 部:交换格式)	L70
14147-3-1998	X5055-3	資訊技術—字型資訊交換—第 3 部:字符形狀表示 (信息技术—字型信息交换—第 3 部:字符形状表示)	L71
14201-1998	X5057	64 kbps 以內之 7 kHz 音訊編碼 (64 kbps 以内之 7 kHz 音讯编码)	M12
14205-1998	X5058	數位傳輸系統之一般觀念終端設備—使用低延遲碼激發線性預測之 16 kbps 語音編碼 (数字传输系统之一般观念终端设备—使用低延迟码激发线性预测之 16 kbps 语音编码)	L63
14275-1998	X5059	連續色調靜止影像之數位壓縮及編碼—第一部:需求及指引 (连续色调静止影像之数字压缩及编码—第一部:需求及指引)	L78
14275-2-1999	X5059-2	資訊技術—連續色調靜態影像之數位壓縮與編碼—第 2 部:符合性測試 (信息技术—连续色调静态影像之数字压缩与编码—第 2 部:符合性测试)	A14

标准号	台湾地区标准分类号	标准名称	中国标准分类
14318-1999	X5060	資訊處理—資料加密—實體層互運需求 (信息处理—数据加密—实体层互运需求)	L71
14357-1-1999	X5061-1	資訊技術—動態影音資訊之同屬編碼—第 1 部:系統 (信息技术—动态影音信息之同属编码—第 1 部:系统)	L71
14357-2-1999	X5061-2	資訊技術—動態影音資訊之同屬編碼—第 2 部:視訊 (信息技术—动态影音信息之同属编码—第 2 部:视讯)	L71
14357-3-1999	X5061-3	資訊技術—動態影音資訊之同屬編碼—第 3 部:音訊 (信息技术—动态影音信息之同属编码—第 3 部:音讯)	L71
14359-1999	X5062	資訊技術—影音資訊碼化表示—漸進式雙位準影像壓縮 (信息技术—影音信息码化表示—渐进式双位准影像压缩)	L71
14366-1999	X5063	中文分詞處理原則 (中文分词处理原则)	L67
14583-2001	X5064	中文自造字字型傳輸交換格式 (中文自造字字型传输交换格式)	L71
14649-2008	X5066	資訊技術—廣用多八位元編碼字元集(UCS) (信息技术—广用多八位编码字符集(UCS))	L70
14649-1-2002	X5066-1	資訊技術—廣用多八位元編碼字元集(UCS)—第 1 部:架構及基本多語文字面 (信息技术—广用多八位编码字符集(UCS)—第 1 部:架构及基本多语文字面)	L71
14649-2-2003	X5066-2	資訊技術—廣用多八位元編碼字元集(UCS)—第 2 部:輔助字面 (信息技术—广用多八位编码字符集(UCS)—第 2 部:辅助字面)	L71
14754-2009	X5067	中文資料處理排序屬性 (中文数据处理排序属性)	L71
15408-1-2004	X5068-1	資訊技術—安全技術—資訊技術安全評估準則—第 1 部:簡介及一般模型 (信息技术—安全技术—信息技术安全评估准则—第 1 部:简介及一般模型)	L70
15408-2-2004	X5068-2	資訊技術—安全技術—資訊技術安全評估準則—第 2 部:安全功能需求 (信息技术—安全技术—信息技术安全评估准则—第 2 部:安全功能需求)	L70
15408-3-2004	X5068-3	資訊技術—安全技術—資訊技術安全評估準則—第 3 部:安全保證需求 (信息技术—安全技术—信息技术安全评估准则—第 3 部:安全保证需求)	L70
14838-2004	X5069	域名專用中文字碼對照表 (域名专用中文字码对照表)	A24
15181-2008	X5070	電子業務延伸標示語言—核心組件館 (电子业务延伸标示语言—核心组件馆)	L70
15182-2008	X5071	電子業務延伸標示語言—第 5 部:ebXML 核心組件技術規格 (电子业务延伸标示语言—第 5 部:ebXML 核心组件技术规格)	L70

X6 资讯应用

标准号	台湾地区标准分类号	标准名称	中国标准分类
12818-1990	X6001	識別卡(實體特性) (识别卡(实体特性))	A13
12819-1990	X6002	識別卡(編號系統) (识别卡(编号系统))	A13

标准号	台湾地区 标准分类号	标准名称	中国标准 分类
12819-2-1997	X6002-2	識別卡—發卡單位識別;第2部:申請與登錄程序 (识别卡—发卡单位识别;第2部:申请与登录程序)	L80
12820-1990	X6003	識別卡(金融交易卡) (识别卡(金融交易卡))	A13
12821-1-1990	X6004-1	識別卡(登錄技術第1部,壓刻) (识别卡(登录技术第1部,压刻))	A13
12821-2-1990	X6004-2	識別卡(登錄技術第2部,磁條) (识别卡(登录技术第2部,磁条))	A13
12821-3-1990	X6004-3	識別卡(登錄技術第3部,ID—1型卡片壓刻字元位置) (识别卡(登录技术第3部,ID—1型卡片压刻字元位置))	A13
12821-4-1990	X6004-4	識別卡(登錄技術第4部,唯讀磁軌之位置—軌1及軌2) (识别卡(登录技术第4部,只读磁道之位置—轨1及轨2))	A13
12821-5-1990	X6004-5	識別卡(登錄技術第5部,讀/寫磁軌之位置—軌3) (识别卡(登录技术第5部,读/写磁道之位置—轨3))	A13
12942-1991	X6005	金融卡(軌3上之磁條資料內容) (金融卡(轨3上之磁条数据内容))	A11
12960-1992	X6006	存摺上之磁條 (存折上之磁条)	L64
12961-1992	X6007	識別卡—卡產生訊息—金融交易內容 (识别卡—卡产生讯息—金融交易内容)	A13
12971-1-1999	X6008-1	識別卡(接觸式IC卡)第1部:物理特性 (识别卡(接触式IC卡)第1部:物理特性)	L64
12971-2-1992	X6008-2	識別卡(具接點之IC卡,第二部份:接點的尺寸及位置) (识别卡(具接点之IC卡,第二部份:接点的尺寸及位置))	L64
12971-3-1999	X6008-3	識別卡(接觸式IC卡)第3部:電子信號及傳輸協定 (识别卡(接触式IC卡)第3部:电子信号及传输协议)	L64
12971-4-1997	X6008-4	識別卡(具接點之IC卡);第4部:產業間交換用命令 (识别卡(具接点之IC卡);第4部:产业间交换用命令)	L71
12971-5-1997	X6008-5	識別卡(具接點之IC卡);第5部:應用識別碼的編碼系統與登錄程序 (识别卡(具接点之IC卡);第5部:应用识别码的编码系统与登录程序)	L80
12971-6-1999	X6008-6	識別卡(接觸式IC卡)第6部:產業間資料元件 (识别卡(接触式IC卡)第6部:产业间数据组件)	L67
12978-1997	X6009	金融交易卡產生的訊息—訊息交換規格 (金融交易卡产生的讯息—讯息交换规格)	L71
13789-1-1996	X6010-1	實體鑑別機制—第一部:一般模型 (实体鉴别机制—第一部:一般模型)	L64
13789-2-1996	X6010-2	實體鑑別機制—第二部:使用對稱加密演算法之機制 (实体鉴别机制—第二部:使用对称加密算法之机制)	L64
13789-3-1996	X6010-3	實體鑑別機制—第三部:使用公開金鑰演算法之實體鑑別 (实体鉴别机制—第三部:使用公开金钥算法之实体鉴别)	L64
13789-4-1996	X6010-4	實體鑑別機制—第四部:使用密碼檢驗函數之機制 (实体鉴别机制—第四部:使用密码检验函数之机制)	L64
13789-5-2004	X6010-5	資訊技術—安全技術—實體鑑別機制—第5部:使用零資訊技術機制 (信息技术—安全技术—实体鉴别机制—第5部:使用零信息技术机制)	L70
13851-1-1997	X6011-1	開放式文件格式中延伸文件結構內使用字元、光柵圖形及幾何圖形之內容架構—第1部:文件應用標準 (开放式文件格式中延伸文件结构内使用字符、光栅图形及几何图形之内容架构—第1部:文件应用标准)	L71

标 准 号	台湾地区标准分类号	标 准 名 称	中国标准分类
13852-2-1997	X6012-2	辦公室文件格式中加強型文件結構內使用字元、光柵圖形及幾何圖形之內容架構—第2部:實作支援需求 (办公室文件格式中加强型文件结构内使用字符、光栅图形及几何图形之内容架构—第2部:实作支持需求)	L71
13854-1997	X6013	資訊處理—文字與辦公室系統—標準通用標示語言 (信息处理—文字与办公室系统—标准通用标示语言)	L74
13855-1997	X6014	資訊技術—標準通用標示語言支援設施—標準通用標示語言文件交換格式 (信息技术—标准通用标示语言支持设施—标准通用标示语言文件交换格式)	L74
13856-1997	X6015	資訊技術—標準通用標示語言支援設施—公開文字所有者識別符之註冊程序 (信息技术—标准通用标示语言支持设施—公开文字所有者识别符之注册程序)	L74
13935-1-1997	X6016-1	金融交易卡—IC卡與卡片讀寫設備間的訊息;第1部:原則與架構 (金融交易卡—IC卡与卡片读写设备间的讯息;第1部:原则与架构)	L80
13935-2-1997	X6016-2	金融交易卡—IC卡與卡片讀寫設備間的訊息;第2部:功能 (金融交易卡—IC卡与卡片读写设备间的讯息;第2部:功能)	L80
13935-3-1997	X6016-3	金融交易卡—IC卡與卡片讀寫設備間的訊息;第3部:訊息(命令與回應) (金融交易卡—IC卡与卡片读写设备间的讯息;第3部:讯息(命令与响应))	L80
13936-1-1997	X6017-1	金融交易卡—使用IC卡的金融交易系統下的安全架構;第1部:IC卡生命週期 (金融交易卡—使用IC卡的金融交易系统下的安全架构;第1部:IC卡生命周期)	L80
13936-2-1999	X6017-2	金融交易卡—使用IC卡金融交易系統的安全結構—第2部:交易處理 (金融交易卡—使用IC卡金融交易系统的安全结构—第2部:交易处理)	L67
13936-3-2000	X6017-3	金融交易卡—使用IC卡之金融交易系統安全架構—第3部:密碼金鑰關係 (金融交易卡—使用IC卡之金融交易系统安全架构—第3部:密码金钥关系)	A11
13936-4-1999	X6017-4	金融交易卡—使用IC卡金融交易系統的安全結構—第4部:安全應用模組 (金融交易卡—使用IC卡金融交易系统的安全结构—第4部:安全应用模块)	A11
13936-5-1997	X6017-5	金融交易卡—使用IC卡的金融交易系統下的安全架構;第5部:演算法的運用 (金融交易卡—使用IC卡的金融交易系统下的安全架构;第5部:算法的运用)	L80
13936-6-1997	X6017-6	金融交易卡—使用IC卡的金融交易系統下的安全架構;第6部:持卡者驗證 (金融交易卡—使用IC卡的金融交易系统下的安全架构;第6部:持卡者验证)	L80
13936-7-2000	X6017-7	金融交易卡—使用IC卡之金融交易系統安全架構—第7部:金鑰管理 (金融交易卡—使用IC卡之金融交易系统安全架构—第7部:金钥管理)	A11

标准号	台湾地区标准分类号	标准名称	中国标准分类
13936-8-2000	X6017-8	金融交易卡—使用 IC 卡之金融交易系統安全架構—第 8 部:一般原則及概要 (金融交易卡—使用 IC 卡之金融交易系统安全架构—第 8 部:一般原则及概要)	A11
13938-1-1997	X6018-1	識別卡—無接點 IC 卡;第 1 部:物理特性 (识别卡—无接点 IC 卡;第 1 部:物理特性)	L80
13938-2-1997	X6018-2	識別卡—無接點 IC 卡;第 2 部:耦合區的尺寸與位置 (识别卡—无接点 IC 卡;第 2 部:耦合区的尺寸与位置)	L80
13939-1997	X6019	識別卡—光學記憶卡——般特性 (识别卡—光学记忆卡——般特性)	L80
13940-1-1997	X6020-1	識別卡—光學記憶卡—線性記錄法;第 1 部:實體特性 (识别卡—光学记忆卡—线性记录法;第 1 部:实体特性)	L80
13940-2-1997	X6020-2	識別卡—光學記憶卡—線性記錄法;第 2 部:可存取光學區的尺寸與位置 (识别卡—光学记忆卡—线性记录法;第 2 部:可存取光学区的尺寸与位置)	L80
13940-3-1997	X6020-3	識別卡—光學記憶卡—線性記錄法;第 3 部:光學特性 (识别卡—光学记忆卡—线性记录法;第 3 部:光学特性)	L80
14107-1997	X6021	銀行業及相關金融業務—簽到鑑別 (银行业及相关金融业务—签到鉴别)	A11
14176-1-2005	X6022-1	醫學數位影像及通信—第 1 部:簡介與概述 (医学数字影像及通信—第 1 部:简介与概述)	L67
14176-10-2007	X6022-10	醫學數位影像及通信—第 10 部:媒體交換之媒體儲存與檔案格式 (医学数字影像及通信—第 10 部:媒体交换之媒体储存与档案格式)	L67
14176-11-2007	X6022-11	醫學數位影像及通信—第 11 部:媒體儲存應用規範 (医学数字影像及通信—第 11 部:媒体储存应用规范)	L67
14176-12-2007	X6022-12	醫學數位影像及通信—第 12 部:媒體交換之媒體格式與實體媒體 (医学数字影像及通信—第 12 部:媒体交换之媒体格式与实体媒体)	L67
14176-14-2007	X6022-14	醫學數位影像及通信—第 14 部:灰階標準顯示函數 (医学数字影像及通信—第 14 部:灰阶标准显示函数)	C07
14176-15-2007	X6022-15	醫學數位影像及通信—第 15 部:安全規範 (医学数字影像及通信—第 15 部:安全规范)	C07
14176-18-2008	X6022-18	醫學數位影像及通信—第 18 部:DICOM 永續物件之資訊網存取 (医学数字影像及通信—第 18 部:DICOM 永续对象之信息网存取)	L67
14176-2-2005	X6022-2	醫學數位影像及通信—第 2 部:符合性 (医学数字影像及通信—第 2 部:符合性)	C07
14176-3-1998	X6022-3	醫學數位影像及通信—第 3 部:資訊物件定義 (医学数字影像及通信—第 3 部:信息对象定义)	L67
14176-4-1998	X6022-4	醫學數位影像及通信—第 4 部:服務類別規格 (医学数字影像及通信—第 4 部:服务类别规格)	L67
14176-5-1998	X6022-5	醫學數位影像及通信—第 5 部:資料結構及編碼 (医学数字影像及通信—第 5 部:数据结构及编码)	L67
14176-6-2005	X6022-6	醫學數位影像及通信—第 6 部:資料辭典 (医学数字影像及通信—第 6 部:资料辞典)	C07
14176-7-1998	X6022-7	醫學數位影像及通信—第 7 部:訊息交換 (医学数字影像及通信—第 7 部:讯息交换)	L67

标准号	台湾地区标准分类号	标准名称	中国标准分类
14176-8-2005	X6022-8	醫學數位影像及通信—第8部:訊息交換之網路通信支援 (医学数字影像及通信—第8部:讯息交换之网络通信支持)	C07
14176-9-1998	X6022-9	醫學數位影像及通信—第9部:訊息交換之點對點通信支援 (医学数字影像及通信—第9部:讯息交换之点对点通信支持)	L67
14232-1998	X6023	醫療資訊通信協定第七層 (医疗信息通信协议第七层)	L79
14233-1998	X6024	資訊處理—標準通用標示語言支援設施—標準通用標示語言的使用技術 (信息处理—标准通用标示语言支持设施—标准通用标示语言的使用技术)	L74
14233-11-1998	X6024-11	資訊處理—標準通用標示語言支援設施—標準通用標示語言的使用技術—第11部:ISO中央秘書處之國際標準與技術報告應用 (信息处理—标准通用标示语言支持设施—标准通用标示语言的使用技术—第11部:ISO中央秘书处之国际标准与技术报告应用)	L74
14233-13-1998	X6024-13	資訊處理—標準通用標示語言支援設施—標準通用標示語言的使用技術—第13部:數學與科學之公用個體集 (信息处理—标准通用标示语言支持设施—标准通用标示语言的使用技术—第13部:数学与科学之公用个体集)	L74
14234-1998	X6025	資訊技術—處理語言—文件式樣語意與規格語言 (信息技术—处理语言—文件式样语意与规格语言)	L74
14235-1998	X6026	資訊技術—超媒體/時基結構語言(HyTime) (信息技术—超媒体/时基结构语言(HyTime))	L74
14236-1998	X6027	資訊技術—標準通用標示語言與文字登錄系統—標準通用標示語言語法導引編輯系統的指引 (信息技术—标准通用标示语言与文字登录系统—标准通用标示语言语法导引编辑系统的指引)	L74
14237-1998	X6028	資訊與文件—電子原稿的準備和標示 (信息与文件—电子原稿的准备和标示)	A14
14319-10-1999	X6029-10	資訊技術—開放文件架構(ODA)與交換格式—第10部:正式規格 (信息技术—开放文件架构(ODA)与交换格式—第10部:正式规格)	L71
14319-11-1999	X6029-11	資訊技術—開放文件架構(ODA)與交換格式—第11部:表格結構與表格編排 (信息技术—开放文件架构(ODA)与交换格式—第11部:表格结构与表格编排)	L71
14319-12-1999	X6029-12	資訊技術—開放文件架構(ODA)與交換格式—第12部:文件片段之識別 (信息技术—开放文件架构(ODA)与交换格式—第12部:文件片段之识别)	L71
14319-3-2003	X6029-3	資訊技術—開放文件架構與交換格式—第3部:調處開放文件架構(ODA)文件用之抽象介面 (信息技术—开放文件架构与交换格式—第3部:调处开放文件架构(ODA)文件用之抽象界面)	L71
14319-4-2003	X6029-4	資訊技術—開放文件架構與交換格式—第4部:文件規範 (信息技术—开放文件架构与交换格式—第4部:文件规范)	L71
14319-5-2003	X6029-5	資訊技術—開放文件架構與交換格式—第5部:開放文件交換格式 (信息技术—开放文件架构与交换格式—第5部:开放文件交换格式)	L71

标准号	台湾地区标准分类号	标准名称	中国标准分类
14319-6-2003	X6029-6	資訊技術—開放文件架構與交換格式—第 6 部:字元內容架構 (信息技术—开放文件架构与交换格式—第 6 部:字符内容架构)	L71
14319-7-2003	X6029-7	資訊技術—開放文件架構與交換格式—第 7 部:光柵圖形內容架構 (信息技术—开放文件架构与交换格式—第 7 部:光栅图形内容架构)	L71
14319-8-2003	X6029-8	資訊技術—開放文件架構與交換格式—第 8 部:幾何圖形內容架構 (信息技术—开放文件架构与交换格式—第 8 部:几何图形内容架构)	L71
14356-1999	X6030	資訊技術—開放文件架構與交換格式:文件結構 (信息技术—开放文件架构与交换格式:文件结构)	L70
14356-1-2001	X6030-1	資訊技術—開放文件架構與交換格式—第一部:文件結構 (信息技术—开放文件架构与交换格式—第一部:文件结构)	L67
14379-1-1999	X6031-1	銀行業—使用非對稱演算法的金鑰管理—第 1 部:原理、程序及格式 (银行业—使用非对称算法的金钥管理—第 1 部:原理、程序及格式)	A11
14379-2-1999	X6031-2	銀行業—使用非對稱演算法的金鑰管理—第 2 部:使用 RSA 密碼系統之核准演算法 (银行业—使用非对称算法的金钥管理—第 2 部:使用 RSA 密码系统之核准算法)	A11
14380-1-1999	X6032-1	銀行業—零售式金鑰管理—第 1 部:金鑰管理導論 (银行业—零售式金钥管理—第 1 部:金钥管理导论)	A11
14380-2-1999	X6032-2	銀行業—零售式金鑰管理—第 2 部:對稱密碼系統之金鑰管理技術 (银行业—零售式金钥管理—第 2 部:对称密码系统之金钥管理技术)	A11
14380-3-1999	X6032-3	銀行業—零售式金鑰管理—第 3 部:對稱密碼系統之金鑰生命週期 (银行业—零售式金钥管理—第 3 部:对称密码系统之金钥生命周期)	A11
14381-1-2007	X6033-1	資訊技術—安全技術—金鑰管理—第 1 部:框架 (信息技术—安全技术—金钥管理—第 1 部:框架)	L70
14381-2-1999	X6033-2	資訊技術—安全技術—金鑰管理—第 2 部:使用對稱技術的機制 (信息技术—安全技术—金钥管理—第 2 部:使用对称技术的机制)	L80
14381-3-2007	X6033-3	資訊技術—安全技術—金鑰管理—第 3 部:使用非對稱技術的機制 (信息技术—安全技术—金钥管理—第 3 部:使用非对称技术的机制)	L80
14510-1-2007	X6034-1	資訊技術—安全技術—不可否認—第 1 部:概述 (信息技术—安全技术—不可否认—第 1 部:概述)	L80
14510-2-2001	X6034-2	資訊技術—安全技術—不可否認性—第 2 部:使用對稱技術之機制 (信息技术—安全技术—不可否认性—第 2 部:使用对称技术之机制)	L80
14510-3-2001	X6034-3	資訊技術—安全技術—不可否認性—第 3 部:使用非對稱技術之機制 (信息技术—安全技术—不可否认性—第 3 部:使用非对称技术之机制)	L80

标准号	台湾地区标准分类号	标准名称	中国标准分类
14563-2001	X6035	資訊技術—安全技術—具訊息回復的數位簽章方案—第2部:使用雜湊函數之機制 (信息技术—安全技术—具讯息回复的数字签章方案—第2部:使用杂凑函数之机制)	L70
14564-2001	X6036	資訊技術—開放系統互連—開放系統之安全框架—第4部:不可否認框架 (信息技术—开放系统互连—开放系统之安全框架—第4部:不可否认框架)	L79
14629-1-2002	X6037-1	資訊技術—安全技術—具附件之數位簽章—第1部:一般 (信息技术—安全技术—具附件之数字签章—第1部:一般)	L71
14629-3-2004	X6037-3	資訊技術—安全技術—具附件之數位簽章—第3部:憑證基礎機制 (信息技术—安全技术—具附件之数字签章—第3部:凭证基础机制)	L70
14644-2002	X6038	銀行及相關金融服務業—資訊安全指引 (银行及相关金融服务业—信息安全指引)	A11
14686-2002	X6039	資訊技術—安全技術—密碼演算法的註冊程序 (信息技术—安全技术—密码算法的注册程序)	L78
27002-2007	X6040	資訊技術—安全技術—資訊安全管理之作業規範 (信息技术—安全技术—信息安全管理之作业规范)	L78
14728-2003	X6042	位元速率低於64 kbps作業網路與以64 kbps為基礎的ISDN及B-ISDN網路間的互作 (位速率低于64 kbps作业网络与以64 kbps为基础的ISDN及B-ISDN网络间的互作)	L79
14731-2003	X6043	資訊安全管理系統驗證/登錄機構之認證指引 (信息安全管理系统验证/登录机构之认证指引)	L70
14770-1-2003	X6044-1	銀行業—零售式安全密碼裝置—第1部:觀念、需求與評估方法 (银行业—零售式安全密码装置—第1部:观念、需求与评估方法)	L80
14785-1-2003	X6045-1	資訊技術—軟體過程評鑑—第1部:觀念和入門指導 (信息技术—软件过程评鉴—第1部:观念和入门指导)	L70
14785-2-2003	X6045-2	資訊技術—軟體過程評鑑—第2部:過程和過程能力的參考模型 (信息技术—软件过程评鉴—第2部:过程和过程能力的参考模型)	L70
14785-3-2003	X6045-3	資訊技術—軟體過程評鑑—第3部:履行評鑑 (信息技术—软件过程评鉴—第3部:履行评鉴)	L70
14785-4-2004	X6045-4	資訊技術—軟體過程評鑑—第4部:履行評鑑指導 (信息技术—软件过程评鉴—第4部:履行评鉴指导)	L71
14785-5-2004	X6045-5	資訊技術—軟體過程評鑑—第5部:評鑑模型和指標指引 (信息技术—软件过程评鉴—第5部:评鉴模型和指针指引)	L70
14785-6-2004	X6045-6	資訊技術—軟體過程評鑑—第6部:評鑑員勝任指導 (信息技术—软件过程评鉴—第6部:评鉴员胜任指导)	X71
14785-7-2004	X6045-7	資訊技術—軟體過程評鑑—第7部:過程改善指導 (信息技术—软件过程评鉴—第7部:过程改善指导)	L70
14785-8-2004	X6045-8	資訊技術—軟體過程評鑑—第8部:判定供應者過程能力指導 (信息技术—软件过程评鉴—第8部:判定供应者过程能力指导)	L70
14785-9-2004	X6045-9	資訊技術—軟體過程評鑑—第9部:詞彙 (信息技术—软件过程评鉴—第9部:词汇)	L71

标准号	台湾地区标准分类号	标准名称	中国标准分类
14929-1-2008	X6046-1	資訊技術—安全技術—資訊與通訊技術安全管理—第1部：資訊與通訊技術安全管理概念與模型 (信息技术—安全技术—信息与通讯技术安全管理—第1部：信息与通讯技术安全管理概念与模型)	L71
14929-3-2005	X6046-3	資訊技術—資訊技術安全管理指導綱要—第3部:資訊技術安全管理之技術 (信息技术—信息技术安全管理指导纲要—第3部:信息技术安全管理之技术)	A01
14929-4-2005	X6046-4	資訊技術—資訊技術安全管理指導綱要—第4部:保護措施之選擇 (信息技术—信息技术安全管理指导纲要—第4部:保护措施之选择)	L70
14929-5-2006	X6046-5	資訊技術—資訊技術安全管理指導綱要—第5部:網路安全管理指引 (信息技术—信息技术安全管理指导纲要—第5部:网络安全管理指引)	L70
14992-2006	X6047	資訊技術—安全技術—資訊技術入侵偵測框架 (信息技术—安全技术—信息技术入侵侦测框架)	L71
14993-2006	X6048	資訊技術—安全技術—保護剖繪註冊程序 (信息技术—安全技术—保护剖绘注册程序)	L71
27001-2007	X6049	資訊技術—安全技術—資訊安全管理系統—要求事項 (信息技术—安全技术—信息安全管理系统—要求事项)	L80
15099-2007	X6050	資訊技術—系統安全工程—能力成熟度模型 (信息技术—系统安全工程—能力成熟度模型)	L80
20000-1-2007	X6053-1	資訊技術—服務管理—第1部:規格 (信息技术—服务管理—第1部:规格)	L70
20000-2-2007	X6053-2	資訊技術—服務管理—第2部:作業規範 (信息技术—服务管理—第2部:作业规范)	L70
15133-2007	X6054	資訊技術—安全技術—受信賴第三方服務的使用與管理之指導綱要 (信息技术—安全技术—受信赖第三方服务的使用与管理之指导纲要)	L80
15134-3-2007	X6055-3	資訊技術—安全技術—資訊技術網路安全—第3部:使用安全閘道之網路間的安全通訊 (信息技术—安全技术—信息技术网络安全—第3部:使用安全网关之网络间的安全通讯)	L80
15135-2007	X6056	資訊技術—安全技術—密碼模組安全要求 (信息技术—安全技术—密码模块安全要求)	L80
15190-2008	X6057	能力成熟度模型整合之評鑑要求 (能力成熟度模型整合之评鉴要求)	L77
15200-1-2008	X6058-1	資訊技術—家庭電子系統架構—第1部:簡介 (信息技术—家庭电子系统架构—第1部:简介)	L79
15201-2008	X6059	資訊技術—家庭電子系統用語 (信息技术—家庭电子系统用语)	L67
15208-1-2008	X6060-1	Linux 標準基礎核心(LSB Core)規格第3.1版—第1部:同屬規格 (Linux 标准基础核心(LSB Core)规格第3.1版—第1部:同属规格)	L77
15208-2-2008	X6060-2	Linux 標準基礎核心(LSB Core)規格第3.1版—第2部：IA32架構規格 (Linux 标准基础核心(LSB Core)规格第3.1版—第2部：IA32架构规格)	L77

标准号	台湾地区 标准分类号	标准名称	中国标准 分类
15209-1-2008	X6061-1	資訊技術—家庭電子系統介面—第1部:通用介面類別1 (信息技术—家庭电子系统接口—第1部:通用接口类别1)	L67
15209-2-2008	X6061-2	資訊技術—家庭電子系統介面—第2部:簡單介面型式1 (信息技术—家庭电子系统接口—第2部:简单接口型式1)	L67
15210-1-2008	X6062-1	資訊技術—品項管理之無線射頻識別—第1部:參考架構及參數定義 (信息技术—品项管理之无线射频识别—第1部:参考架构及参数定义)	L71
15210-2-2008	X6062-2	資訊技術—品項管理之無線射頻識別—第2部:低於135 kHz空中介面通信參數 (信息技术—品项管理之无线射频识别—第2部:低于135 kHz空中接口通信参数)	L71
15210-3-2008	X6062-3	資訊技術—品項管理之無線射頻識別—第3部:13.56 MHz空中介面通信參數 (信息技术—品项管理之无线射频识别—第3部:13.56 MHz空中接口通信参数)	L71
15211-2008	X6063	健康資訊學—醫學數位影像及通信暨工作流程及資料處理 (健康信息学—医学数字影像及通信暨工作流程及数据处理)	L67
15215-2008	X6064	資訊技術—安全技術—資訊安全事故管理 (信息技术—安全技术—信息安全事故管理)	L71
15216-2008	X6065	資訊技術—安全技術—產出保護剖繪與安全標的之指導 (信息技术—安全技术—产出保护剖绘与安全标的之指导)	L71
15234-1-2009	X6066-1	資訊技術—安全技術—基於橢圓曲線之密碼技術—第1部:一般 (信息技术—安全技术—基于椭圆曲线之密码技术—第1部:一般)	L70
15234-2-2009	X6066-2	資訊技術—安全技術—基於橢圓曲線之密碼技術—第2部:數位簽章 (信息技术—安全技术—基于椭圆曲线之密码技术—第2部:数位签章)	L70
15234-3-2009	X6066-3	資訊技術—安全技術—基於橢圓曲線之密碼技術—第3部:金鑰建立 (信息技术—安全技术—基于椭圆曲线之密码技术—第3部:金钥建立)	L70
15234-4-2009	X6066-4	資訊技術—安全技術—基於橢圓曲線之密碼技術—第4部:具訊息復原之數位簽章 (信息技术—安全技术—基于椭圆曲线之密码技术—第4部:具讯息复原之数字签章)	L70
15251-2009	X6067	資訊技術—辦公室應用軟體之開放文件格式 (信息技术—办公室应用软件之开放文件格式)	L70
15252-2009	X6068	工業自動化系統及整合—開放系統應用整合架構—第5部:基於HDLC之控制系統參考說明 (工业自动化系统及整合—开放系统应用整合架构—第5部:基于HDLC之控制系统参考说明)	N10
15253-2009	X6069	家庭電子系統用之數字鍵盤 (家庭电子系统用之数字键盘)	Y60
15275-1-2009	X6070-1	資訊技術—自動識別與資料擷取技術—調和詞彙—第1部:自動識別與資料擷取相關用語 (信息技术—自动识别与数据撷取技术—调和词汇—第1部:自动识别与数据撷取相关用语)	L71
15275-3-2009	X6070-3	資訊技術—自動識別與資料擷取技術—調和詞彙—第3部:無線射頻識別 (信息技术—自动识别与数据撷取技术—调和词汇—第3部:无线射频识别)	L71

标 准 号	台湾地区标准分类号	标 准 名 称	中国标准分类
15243-2-2009	X6071-2	資訊技術—家庭電子系統架構—第 2 部:裝置模組性 (信息技术—家庭电子系统架构—第 2 部:装置模块性)	L67
15243-3-2009	X6071-3	資訊技術—家庭電子系統架構—第 3 部:各通信層 (信息技术—家庭电子系统架构—第 3 部:各通信层)	L67

X7　检验法及认证

标 准 号	台湾地区标准分类号	标 准 名 称	中国标准分类
12340-1997	X7004	終端機檢驗法 (终端机检验法)	L63
13937-1997	X7005	識別卡檢驗法 (识别卡检验法)	L80
15136-2007	X7006	學習物件詮釋資料 (学习对象诠释数据)	L67
15221-2008	X7007	數位物件識別符語法 (数字对象识别符语法)	L67
15222-2008	X7008	資訊及文件—都柏林核心詮釋資料元件集 (信息及文件—都柏林核心诠释数据组件集)	L67

工 业 安 全

标准号	台湾地区标准分类号	标准名称	中国标准分类

Z1 一 般

标准号	台湾地区标准分类号	标准名称	中国标准分类
1261-1987	Z1001	高壓氧氣鋼瓶安全規章 (高压氧气钢瓶安全规章)	G93
1325-1986	Z1003	液氨鋼瓶安全規章 (液氨钢瓶安全规章)	G93
1332-1992	Z1004	液化石油氣安全規章(家庭燃料用) (液化石油气安全规章(家庭燃料用))	Q82
1363-1961	Z1005	機械動力傳動設備安全規章 (机械动力传动设备安全规章)	J04
1467-1962	Z1006	工作傷害記錄及計算方法 (工作伤害记录及计算方法)	H49
2223-1987	Z1007	研磨輪安全規章 (研磨轮安全规章)	J43
2502-1987	Z1009	塑膠工業防塵爆炸規章 (塑料工业防尘爆炸规章)	W58
2571-1993	Z1010	液氯儲運使用安全規章 (液氯储运使用安全规章)	G93
2650-1981	Z1011	橡膠工業用滚壓機器安全規章 (橡胶工业用滚压机器安全规章)	G95
3415-1987	Z1012	動力壓機安全規章(總則) (动力压机安全规章(总则))	J62
3416-1987	Z1013	動力壓機安全規章(定義) (动力压机安全规章(定义))	J62
3417-1987	Z1014	動力壓機安全規章(壓機構造及裝置) (动力压机安全规章(压机构造及装置))	J62
3418-1991	Z1015	動力壓機安全規章(工作點安全防護) (动力压机安全规章(工作点安全防护))	J62
3419-1987	Z1016	動力壓機安全規章(動力壓機輔助設備) (动力压机安全规章(动力压机辅助设备))	J62
3420-1987	Z1017	動力壓機安全規章(模具之設計構造及調定) (动力压机安全规章(模具之设计构造及调定))	J62
3421-1987	Z1018	動力壓機安全規章(檢查) (动力压机安全规章(检查))	J62
3326-1987	Z1019	冷凍設備高壓安全規章 (冷冻设备高压安全规章)	A82
3364-1993	Z1020	穀倉火災與爆炸防止標準 (谷仓火灾与爆炸防止标准)	A82
3658-1990	Z1021	火災分類 (火灾分类)	C80
7249-2009	Z1022	液氨汽車運輸槽體 (液氨汽车运输槽体)	T58
9328-1987	Z1024	安全用顏色通則 (安全用颜色通则)	A00
9329-1987	Z1025	管系識別 (管系识别)	P09
9330-1987	Z1026	安全標識 (安全标识)	A22
9331-1987	Z1027	安全用色光通則 (安全用色光通则)	A00

标准号	台湾地区标准分类号	标准名称	中国标准分类
9332-1987	Z1028	安全標識板 (安全标识板)	A22
9641-1984	Z1029	火藥擊釘器 (火药击钉器)	J48
9642-1984	Z1030	火藥擊釘器工具安全標準 (火药击钉器工具安全标准)	A01
9643-1984	Z1031	火藥筒(擊子) (火药筒(击子))	J48
9644-1984	Z1032	擊釘 (击钉)	J48
9646-1987	Z1033	螢光安全用顏色通則 (荧光安全用颜色通则)	A00
9647-1987	Z1034	螢光安全標識板 (荧光安全标识板)	C65
9648-1987	Z1035	安全標識燈 (安全标识灯)	C65
10207-2007	Z1036	出口標示燈及避難方向指示燈 (出口标示灯及避难方向指示灯)	C65
10208-1995	Z1037	避難方向指標 (避难方向指标)	C72
10779-2006	Z1039	道路照明 (道路照明)	R80
10781-2006	Z1040	行人穿越道照明 (行人穿越道照明)	R80
10839-1989	Z1041	螢光燈泡之色度分類 (荧光灯泡之色度分类)	K71
10840-1984	Z1042	放電燈泡之色度範圍 (放电灯泡之色度范围)	K71
11640-1988	Z1043	雷射安全使用標準 (雷射安全使用标准)	C69
12112-1987	Z1044	照度標準 (照度标准)	K70
12281-1988	Z1045	隧道照明標準 (隧道照明标准)	R80
13284-1993	Z1046	洩爆指導要點 (泄爆指导要点)	C67
13350-1994	Z1047	機械式停車場安全標準(一般通則) (机械式停车场安全标准(一般通则))	T09
13350-1-1994	Z1047-1	機械式停車場安全標準(垂直循環式停車裝置) (机械式停车场安全标准(垂直循环式停车装置))	T09
13350-10-1994	Z1047-10	機械式停車場安全標準(升降滑動式) (机械式停车场安全标准(升降滑动式))	T09
13350-2-1994	Z1047-2	機械式停車場安全標準(平面往復式) (机械式停车场安全标准(平面往复式))	T09
13350-3-1994	Z1047-3	機械式停車場安全標準(升降機式) (机械式停车场安全标准(升降机式))	T09
13350-4-1994	Z1047-4	機械式停車場安全標準(水平循環式停車裝置) (机械式停车场安全标准(水平循环式停车装置))	T09
13350-5-1994	Z1047-5	機械式停車場安全標準(多層循環式) (机械式停车场安全标准(多层循环式))	T09
13350-6-1994	Z1047-6	機械式停車場安全標準〔方向轉換裝置(旋轉台)〕 (机械式停车场安全标准〔方向转换装置(旋转台)〕)	T09

标 准 号	台湾地区标准分类号	标 准 名 称	中国标准分类
13350-7-1997	Z1047-7	機械式停車場(汽車用升降機) (机械式停车场(汽车用升降机))	T09
13350-8-1994	Z1047-8	機械式停車場安全標準(簡易升降式) (机械式停车场安全标准(简易升降式))	A90
13350-9-1994	Z1047-9	機械式停車場安全標準(多段式停車裝置) (机械式停车场安全标准(多段式停车装置))	T09
14254-1998	Z1048	呼吸防護具詞彙 (呼吸防护具词汇)	Y56
14402-2006	Z1049	公路運輸槽車用防止駛離裝置 (公路运输槽车用防止驶离装置)	T58
14741-2007	Z1050	天然氣用微電腦膜式氣量計 (天然气用微电脑膜式气量计)	A53
15030-2008	Z1051	化學品分類及標示—總則 (化学品分类及标示—总则)	A80
15030-1-2008	Z1051-1	化學品分類及標示—爆炸物 (化学品分类及标示—爆炸物)	A80
15030-10-2008	Z1051-10	化學品分類及標示—發火性固體 (化学品分类及标示—发火性固体)	A80
15030-11-2008	Z1051-11	化學品分類及標示—自熱物質 (化学品分类及标示—自热物质)	A80
15030-12-2008	Z1051-12	化學品分類及標示—禁水性物質 (化学品分类及标示—禁水性物质)	A80
15030-13-2008	Z1051-13	化學品分類及標示—氧化性液體 (化学品分类及标示—氧化性液体)	A80
15030-14-2008	Z1051-14	化學品分類及標示—氧化性固體 (化学品分类及标示—氧化性固体)	A80
15030-15-2008	Z1051-15	化學品分類及標示—有機過氧化物 (化学品分类及标示—有机过氧化物)	A80
15030-16-2008	Z1051-16	化學品分類及標示—金屬腐蝕物 (化学品分类及标示—金属腐蚀物)	A80
15030-17-2008	Z1051-17	化學品分類及標示—急毒性物質 (化学品分类及标示—急毒性物质)	A80
15030-18-2008	Z1051-18	化學品分類及標示—腐蝕/刺激皮膚物質 (化学品分类及标示—腐蚀/刺激皮肤物质)	A80
15030-19-2008	Z1051-19	化學品分類及標示—嚴重損傷/刺激眼睛物質 (化学品分类及标示—严重损伤/刺激眼睛物质)	A80
15030-2-2008	Z1051-2	化學品分類及標示—易燃氣體 (化学品分类及标示—易燃气体)	A80
15030-20-2008	Z1051-20	化學品分類及標示—呼吸道或皮膚過敏物質 (化学品分类及标示—呼吸道或皮肤过敏物质)	A80
15030-21-2008	Z1051-21	化學品分類及標示—生殖細胞致突變性物質 (化学品分类及标示—生殖细胞致突变性物质)	A80
15030-22-2008	Z1051-22	化學品分類及標示—致癌物質 (化学品分类及标示—致癌物质)	A80
15030-23-2008	Z1051-23	化學品分類及標示—生殖毒性物質 (化学品分类及标示—生殖毒性物质)	A80
15030-24-2008	Z1051-24	化學品分類及標示—特定標的器官系統毒性物質—單一暴露 (化学品分类及标示—特定标的器官系统毒性物质—单一暴露)	A80
15030-25-2008	Z1051-25	化學品分類及標示—特定標的器官系統毒性物質—重複暴露 (化学品分类及标示—特定标的器官系统毒性物质—重复暴露)	A80

标准号	台湾地区标准分类号	标准名称	中国标准分类
15030-26-2008	Z1051-26	化學品分類及標示—吸入性危害物質 (化学品分类及标示—吸入性危害物质)	A80
15030-27-2008	Z1051-27	化學品分類及標示—水環境之危害物質 (化学品分类及标示—水环境之危害物质)	A80
15030-3-2008	Z1051-3	化學品分類及標示—易燃氣膠 (化学品分类及标示—易燃气胶)	A80
15030-4-2008	Z1051-4	化學品分類及標示—氧化性氣體 (化学品分类及标示—气化性气体)	A80
15030-5-2008	Z1051-5	化學品分類及標示—加壓氣體 (化学品分类及标示—加压气体)	A80
15030-6-2008	Z1051-6	化學品分類及標示—易燃液體 (化学品分类及标示—易燃液体)	A80
15030-7-2008	Z1051-7	化學品分類及標示—易燃固體 (化学品分类及标示—易燃固体)	A80
15030-8-2008	Z1051-8	化學品分類及標示—自反應物質 (化学品分类及标示—自反应物质)	A80
15030-9-2008	Z1051-9	化學品分類及標示—發火性液體 (化学品分类及标示—发火性液体)	A80

Z2 安全仪器

标准号	台湾地区标准分类号	标准名称	中国标准分类
441-1994	Z2001	化學泡沫滅火器 (化学泡沫灭火器)	C84
1387-2007	Z2003	滅火器 (灭火器)	C84
1408-2006	Z2004	滅火彈 (灭火弹)	C84
1427-1988	Z2005	工程用普通雷管 (工程用普通雷管)	G89
1428-1988	Z2006	工程用電雷管 (工程用电雷管)	G89
1429-1988	Z2007	工程用安全導火索 (工程用安全导火索)	G89
2396-2007	Z2009	騎乘機車用防護頭盔 (骑乘机车用防护头盔)	C73
3504-1998	Z2019	安全面具 (安全面具)	C73
4598-1998	Z2022	電工安全帽 (电工安全帽)	C73
6636-1998	Z2023	防毒面具 (防毒面具)	C73
6637-1998	Z2024	防塵面具 (防尘面具)	C73
6638-1998	Z2025	輸氣管面具 (输气管面具)	C73
6860-1998	Z2026	空氣呼吸器 (空气呼吸器)	C73
6861-1998	Z2027	開放式氧氣呼吸器 (开放式氧气呼吸器)	C73
6862-1998	Z2028	密閉循環式氧氣呼吸器 (密闭循环式氧气呼吸器)	C73

标准号	台湾地区标准分类号	标准名称	中国标准分类
6863-2009	Z2029	安全鞋 (安全鞋)	C73
7088-1998	Z2030	液化石油氣用調整器 (液化石油气用调整器)	Q82
7174-1998	Z2031	遮光防護具 (遮光防护具)	F79
7175-2005	Z2032	熔接用防護面具(頭盔型及手持盾型) (熔接用防护面具(头盔型及手持盾型))	C73
7176-2002	Z2033	強化玻璃透鏡之防護眼鏡 (强化玻璃透镜之防护眼镜)	C73
7177-2002	Z2034	硬質塑膠透鏡之防護眼鏡 (硬质塑料透镜之防护眼镜)	C73
7178-1998	Z2035	熔接用防護手套 (熔接用防护手套)	C73
7532-1988	Z2036	導爆索 (导爆索)	G89
7534-1998	Z2037	高處作業用安全帶 (高处作业用安全带)	C73
7760-1981	Z2039	液化石油氣用漏氣警報器 (液化石油气用漏气警报器)	N19
8873-2002	Z2040	火警警報設備總則 (火警警报设备总则)	C81
8874-1998	Z2041	火警探測器 (火警探测器)	C81
8875-1995	Z2042	火警中繼器 (火警中继器)	C81
8876-1998	Z2043	火警發信機及其火警警鈴、標示燈 (火警发信机及其火警警铃、标示灯)	C81
8877-2002	Z2044	火警受信總機 (火警受信总机)	C81
8878-2009	Z2045	防帶靜電鞋 (防带静电鞋)	C73
9192-1995	Z2046	消防用水泵一般準則 (消防用水泵一般准则)	C84
9193-1995	Z2047	消防用水泵車 (消防用水泵车)	C84
9194-1995	Z2048	手拉式消防用水泵車 (手拉式消防用水泵车)	C84
9195-1995	Z2049	移動式消防用水泵車 (移动式消防用水泵车)	C84
10205-1989	Z2050	消防緊急用蓄電池設備 (消防紧急用蓄电池设备)	C84
10206-2007	Z2051	消防水帶用快速接頭 (消防水带用快速接头)	C84
10522-1993	Z2052	消防用緊急廣播設備 (消防用紧急广播设备)	C81
10672-1987	Z2053	消防用水流探測裝置 (消防用水流探测装置)	C81
10673-1989	Z2054	消防用櫃式緊急電源受電設備 (消防用柜式紧急电源受电设备)	C80
10763-1995	Z2055	消防用一齊開放閥 (消防用一齐开放阀)	C84

标准号	台湾地区 标准分类号	标准名称	中国标准 分类
10977-1989	Z2056	緊急電源用配電盤及分電盤 （紧急电源用配电盘及分电盘）	K36
10978-2002	Z2057	噴霧式迷你型滅火器 （喷雾式迷你型灭火器）	C84
11174-1989	Z2058	耐燃電線 （耐燃电线）	P04
11175-1989	Z2059	耐熱電線 （耐热电线）	K12
11176-1989	Z2060	二氧化碳、鹵化烷及乾粉等滅火設備用容器閥、安全裝置及破壞板 （二氧化碳、卤化烷及干粉等灭火设备用容器阀、安全装置及破坏板）	C84
11177-1989	Z2061	移動式二氧化碳、鹵化烷及乾粉等滅火設備用橡皮管、噴嘴、噴嘴開關閥及橡皮管輪盤 （移动式二氧化碳、卤化烷及干粉等灭火设备用橡皮管、喷嘴、喷嘴开关阀及橡皮管轮盘）	C80
11254-1985	Z2062	密閉型自動撒水頭 （密闭型自动撒水头）	J20
11885-1987	Z2063	消防用鹵代烴類使用安全規章 （消防用卤代烃类使用安全规章）	C84
11981-1998	Z2064	防一氧化碳用自救呼吸器 （防一氧化碳用自救呼吸器）	C85
12403-1990	Z2065	液化石油氣球型儲槽及其附屬設備 （液化石油气球型储槽及其附属设备）	E98
12405-1988	Z2066	鋁合金製液化天然氣儲槽構造 （铝合金制液化天然气储槽构造）	E98
12406-1988	Z2067	液化石油氣用壓縮機 （液化石油气用压缩机）	J72
12407-1988	Z2068	液化石油氣用泵 （液化石油气用泵）	J20
12429-1988	Z2069	工程用遲發電雷管 （工程用迟发电雷管）	G33
12452-1988	Z2070	電工用絕緣工作梯 （电工用绝缘工作梯）	K47
12453-1988	Z2071	家庭用鋁合金製工作梯 （家庭用铝合金制工作梯）	H61
12477-1988	Z2072	液化石油氣工廠用閥 （液化石油气工厂用阀）	G91
12478-1988	Z2073	液化石油氣工廠用電氣設備 （液化石油气工厂用电气设备）	E24
12479-1988	Z2074	液化石油氣工廠用計測裝置 （液化石油气工厂用计测装置）	E91
12544-1999	Z2075	防振手套 （防振手套）	C73
12546-1998	Z2076	電用橡膠手套 （电用橡胶手套）	C73
12707-1998	Z2077	職業衛生用長統靴 （职业卫生用长统靴）	C73
12853-1991	Z2080	液化石油氣設施用防護牆及防火牆 （液化石油气设施用防护墙及防火墙）	P32
12854-1991	Z2081	液化石油氣設施用消防設備 （液化石油气设施用消防设备）	C84

标 准 号	台湾地区 标准分类号	标 准 名 称	中国标准 分 类
12855-1991	Z2082	液化石油氣設施用消防設備之維護 (液化石油气设施用消防设备之维护)	C84
12856-1991	Z2083	液化石油氣用配管 (液化石油气用配管)	Q82
12857-1991	Z2084	液化石油氣用臥式圓筒形地下儲槽 (液化石油气用卧式圆筒形地下储槽)	Q82
12858-1993	Z2085	液化石油氣加氣站規章 (液化石油气加气站规章)	E24
12859-1991	Z2086	液化石油氣用橡皮管組件 (液化石油气用橡皮管组件)	Q82
12860-1991	Z2087	液化石油氣用橡皮管組件之儲藏及使用 (液化石油气用橡皮管组件之储藏及使用)	Q82
12861-2007	Z2088	液化石油氣槽車用管線安全連接器 (液化石油气槽车用管线安全连接器)	T33
12926-1991	Z2091	100 mm、65 mm 進出水口固定型操作式消防水瞄 (100 mm、65 mm 进出水口固定型操作式消防水瞄)	C84
12927-1991	Z2092	可移動式 65 mm 雙入水口自動搖擺消防水瞄 (可移动式 65 mm 双入水口自动摇摆消防水瞄)	C84
12928-1991	Z2093	手提型輕水(水層膜)泡沫滅火器 (手提型轻水(水层膜)泡沫灭火器)	C84
12932-1991	Z2097	海龍 1301、1211 用鋼瓶及鋼瓶閥 (海龙 1301、1211 用钢瓶及钢瓶阀)	C84
12933-1995	Z2098	室外地上消防栓 (室外地上消防栓)	C84
12991-2003	Z2099	液化石油氣汽車用加氣接頭 (液化石油气汽车用加气接头)	J19
13036-1992	Z2100	工業用液化石油氣壓力調整器 (工业用液化石油气压力调整器)	J16
13229-1996	Z2101	緩降機 (缓降机)	Q78
13230-1997	Z2102	金屬製避難梯 (金属制避难梯)	J81
13231-1996	Z2103	避難器具 (避难器具)	J81
13370-2004	Z2104	騎乘車輛人員用眼睛防護具 (骑乘车辆人员用眼睛防护具)	Y14
13371-2005	Z2105	自行車、溜冰鞋、滑板及直排輪等活動用頭盔 (自行车、溜冰鞋、滑板及直排轮等活动用头盔)	Y14
13400-2007	Z2106	滅火器用滅火藥劑 (灭火器用灭火药剂)	C84
13436-2000	Z2107	懸掛式簡易自動滅火裝置 (悬挂式简易自动灭火装置)	C84
13539-1995	Z2108	液化石油氣超流遮斷裝置 (液化石油气超流遮断装置)	E98
13578-1997	Z2109	消防用水帶 (消防用水带)	C81
13579-1995	Z2110	消防栓閥 (消防栓阀)	C84
13644-1996	Z2111	燃氣閥 (燃气阀)	Q82
13645-2004	Z2112	燃氣自動緊急遮斷裝置 (燃气自动紧急遮断装置)	Q82

标准号	台湾地区标准分类号	标准名称	中国标准分类
13646-1996	Z2113	天然氣洩漏警報設備 (天然气泄漏警报设备)	C81
14118-1998	Z2114	高、中壓天然氣用緊急遮斷閥 (高、中压天然气用紧急遮断阀)	J16
14252-1998	Z2115	安全網 (安全网)	C69
14253-1998	Z2116	背負式安全帶 (背负式安全带)	C69
14255-1998	Z2117	呼吸防護具面體 (呼吸防护具面体)	C73
14382-1999	Z2118	防護手套一般要求 (防护手套一般要求)	C73
14384-1-1999	Z2119-1	化學藥品及微生物防護手套—用語及性能要求 (化学药品及微生物防护手套—用语及性能要求)	G38
14384-2-1999	Z2119-2	化學藥品及微生物防護手套—抗穿透性之測定 (化学药品及微生物防护手套—抗穿透性之测定)	C73
14384-3-1999	Z2119-3	化學藥品及微生物防護手套—抗化學藥品滲透性之測定 (化学药品及微生物防护手套—抗化学药品渗透性之测定)	C73
14394-2008	Z2120	液化石油氣用夾套式鋼瓶閥 (液化石油气用夹套式钢瓶阀)	G93
14395-2002	Z2121	液化石油氣用夾套式調整器 (液化石油气用夹套式调整器)	G93
14511-2001	Z2122	機械危害防護手套 (机械危害防护手套)	C73
14529-2001	Z2123	攜帶式卡式爐 (携带式卡式炉)	Q82
14530-2002	Z2124	攜帶式卡式爐用燃料容器 (携带式卡式炉用燃料容器)	Q82
14755-2003	Z2125	抛棄式防塵口罩 (抛弃式防尘口罩)	Y14
14756-2003	Z2126	附加活性碳抛棄式防塵口罩 (附加活性碳抛弃式防尘口罩)	Y14
15183-2008	Z2127	天然氣不完全燃燒及/或洩漏警報器 (天然气不完全燃烧及/或泄漏警报器)	C81
15184-2008	Z2128	液化石油氣不完全燃燒警報器 (液化石油气不完全燃烧警报器)	C81
15230-2009	Z2129	不可充填式金屬製攜帶用瓦斯罐 (不可充填式金属制携带用瓦斯罐)	A82
15254-2009	Z2130	戶外用液化石油氣烹煮爐 (户外用液化石油气烹煮炉)	J66
15255-2009	Z2131	自救用呼吸防護裝置—火場避難用附設頭套(面罩)過濾裝置 (自救用呼吸防护装置—火场避难用附设头套(面罩)过滤装置)	C85

Z3 检验

标准号	台湾地区标准分类号	标准名称	中国标准分类
1336-2007	Z3001	工地用防護頭盔 (工地用防护头盔)	C69
2652-1979	Z3002	五十公撮兩輪機動車安全檢驗標準 (五十公撮两轮机动车安全检验标准)	B91

标准号	台湾地区标准分类号	标准名称	中国标准分类
3267-1986	Z3004	彩色電視機安全輻射量檢驗標準 (彩色电视机安全辐射量检验标准)	M74
3514-1974	Z3009	經處理木材可燃性試驗法(焚燒管儀器法) (经处理木材可燃性试验法(焚烧管仪器法))	P23
3580-1974	Z3010	經處理木材可燃性試驗法(格架試驗法) (经处理木材可燃性试验法(格架试验法))	P23
3591-1999	Z3012	公路油罐車罐體 (公路油罐车罐体)	T58
4599-1998	Z3015	電工安全帽檢驗法 (电工安全帽检验法)	C73
5636-1986	Z3016	液氨鋼瓶構造標準 (液氨钢瓶构造标准)	A00
7089-1998	Z3017	液化石油氣用調整器檢驗法 (液化石油气用调整器检验法)	Q82
7248-1999	Z3018	液化石油氣汽車運輸槽體 (液化石油气汽车运输槽体)	T27
7533-1988	Z3019	導爆索檢驗法 (导爆索检验法)	G89
7535-1998	Z3020	高處作業用安全帶檢驗法 (高处作业用安全带检验法)	C73
7536-1981	Z3021	液化石油氣用漏氣警報器檢驗法 (液化石油气用漏气警报器检验法)	N19
9645-1984	Z3022	擊釘檢驗法 (击钉检验法)	J48
10204-1989	Z3023	消防緊急用自備發電設備檢驗法 (消防紧急用自备发电设备检验法)	C80
10780-1986	Z3025	道路路面亮度測定法 (道路路面亮度测定法)	R86
11037-1986	Z3026	火警警報設備用探測器及發信機檢驗法 (火警警报设备用探测器及发信机检验法)	C81
11038-1986	Z3027	火警警報設備用中繼器檢驗法 (火警警报设备用中继器检验法)	A91
11039-1998	Z3028	火警警報設備用受信總機檢驗法 (火警警报设备用受信总机检验法)	C81
11255-1985	Z3029	密閉型自動撒水頭檢驗法 (密闭型自动撒水头检验法)	C80
12454-1988	Z3030	家庭用鋁合金製工作梯檢驗法 (家庭用铝合金制工作梯检验法)	H61
12545-1999	Z3031	防振手套檢驗法 (防振手套检验法)	C85
13580-1995	Z3032	消防栓閥檢驗法 (消防栓阀检验法)	C81
14256-1998	Z3033	絕緣防護具之耐電壓試驗法 (绝缘防护具之耐电压试验法)	C69
14257-1998	Z3034	呼吸防護具面體洩漏率試驗法 (呼吸防护具面体泄漏率试验法)	C57
14258-1998	Z3035	呼吸防護具之選擇、使用及維護方法 (呼吸防护具之选择、使用及维护方法)	C57

品 质 管 理

标准号	台湾地区标准分类号	标准名称	中国标准分类

Z4 品 管

标准号	台湾地区标准分类号	标准名称	中国标准分类
1395-1974	Z4001	品質管制常用符號 (质量管理常用符号)	A00
2311-1964	Z4002	品質管制指南 (质量管理指南)	A00
2312-1974	Z4003	分析數據用的管制圖法 (分析数据用的管制图法)	A41
2579-1987	Z4004	品質管制詞彙 (质量管理词汇)	A00
2580-1974	Z4005	生產過程中管制品質用之管制圖法 (生产过程中管制质量用之管制图法)	A00
2779-1994	Z4006	計數值檢驗抽樣程序及抽樣表 (计数值检验抽样程序及抽样表)	A20
2925-1968	Z4007	規定極限值之有效位數指示法 (规定极限值之有效位数指示法)	Y62
3149-1971	Z4008	機械性質試驗用術語之定義 (机械性质试验用术语之定义)	A42
3222-1971	Z4009	評估各批或各製程之平均品質所用樣本大小之選擇實務 (评估各批或各制程之平均质量所用样本大小之选择实务)	A82
8459-1983	Z4010	群體平均值與基準值之差的檢定(標準差已知,單側) (群体平均值与基准值之差的检定(标准差已知,单侧))	A41
8460-1983	Z4011	群體平均值與基準值之差的檢定(標準差已知,雙側) (群体平均值与基准值之差的检定(标准差已知,双侧))	A41
8461-1983	Z4012	群體平均值與基準值之差的檢定(標準差未知,單側) (群体平均值与基准值之差的检定(标准差未知,单侧))	A41
8462-1983	Z4013	群體平均值與基準值之差的檢定(標準差未知,雙側) (群体平均值与基准值之差的检定(标准差未知,双侧))	A41
8549-1983	Z4014	兩個平均值之差的檢定(標準差已知,單側) (两个平均值之差的检定(标准差已知,单侧))	A41
8550-1983	Z4015	兩個平均值之差的檢定(標準差已知,雙側) (两个平均值之差的检定(标准差已知,双侧))	A41
8745-1983	Z4016	兩個平均值之差的檢定(標準差未知,單側) (两个平均值之差的检定(标准差未知,单侧))	A20
8746-1983	Z4017	兩個平均值之差的檢定(標準差未知,雙側) (两个平均值之差的检定(标准差未知,双侧))	A41
8747-1983	Z4018	群體平均值之區間推定(標準差已知) (群体平均值之区间推定(标准差已知))	A41
8748-1983	Z4019	群體平均值之區間推定(標準差未知) (群体平均值之区间推定(标准差未知))	A41
8879-1983	Z4020	兩個平均值之差的區間推定(標準差已知) (两个平均值之差的区间推定(标准差已知))	A41
8880-1983	Z4021	兩個平均值之差的區間推定(標準差未知) (两个平均值之差的区间推定(标准差未知))	A20
9042-1982	Z4022	隨機抽樣法 (随机抽样法)	A20
9445-1987	Z4023	計量值檢驗抽樣程序及抽樣表 (计量值检验抽样程序及抽样表)	A20
10301-1983	Z4024	個別值與移動全距管制圖 (个别值与移动全距管制图)	A41

标准号	台湾地区标准分类号	标准名称	中国标准分类
10474-1983	Z4025	未知變異數與已知變異數差異之檢定(單側) (未知变异数与已知变异数差异之检定(单侧))	A20
10475-1983	Z4026	未知變異數與已知變異數差異之檢定(雙側) (未知变异数与已知变异数差异之检定(双侧))	A41
10674-1983	Z4027	兩個群體變異數是否有差異之顯著性檢定(單側) (两个群体变异数是否有差异之显著性检定(单侧))	A41
10675-1983	Z4028	兩個群體變異數是否有差異之顯著性檢定(雙側) (两个群体变异数是否有差异之显著性检定(双侧))	A41
10953-1984	Z4029	群體變異數之區間推定 (群体变异数之区间推定)	A41
10954-1984	Z4030	群體變異數比之區間推定 (群体变异数比之区间推定)	A41
11771-1986	Z4032	化學分析及物理試驗許可差總則 (化学分析及物理试验许可差总则)	A40
12680-2008	Z4033	品質管理系統—基本原理與詞彙 (质量管理系统—基本原理与词汇)	A00
12680-2-1999	Z4033-2	品質管理與品質保證標準—第二部分:12681、12682及12683應用之一般指導綱要 (质量管理与质量保证标准—第二部分:12681、12682及12683应用之一般指导纲要)	A00
12680-3-1995	Z4033-3	品質管理與品質保證標準—第三部分:12681(ISO 9001)應用於軟體開發、供應及維護之指導綱要 (质量管理与质量保证标准—第三部分:12681(ISO 9001)应用于软件开发、供应及维护之指导纲要)	A00
12680-4-1996	Z4033-4	品質管理與品質保證標準—第四部分:可恃性方案管理指引 (质量管理与质量保证标准—第四部分:可恃性方案管理指引)	A00
12681-2009	Z4034	品質管理系統—要求 (质量管理系统—要求)	A00
12684-2002	Z4037	品質管理系統—績效改進指導綱要 (质量管理系统—绩效改进指导纲要)	A00
12684-2-1994	Z4037-2	品質管理與品質系統要項—第二部分:服務業指導綱要 (质量管理与质量系统要项—第二部分:服务业指导纲要)	A00
12684-3-1997	Z4037-3	品質管理與品質系統要項—第三部分:加工材料指導綱要 (质量管理与质量系统要项—第三部分:加工材料指导纲要)	A00
12684-4-1996	Z4037-4	品質管理與品質系統要項—第四部分:品質改進指導綱要 (质量管理与质量系统要项—第四部分:质量改进指导纲要)	A00
13219-1993	Z4039	第三者驗證系統與相關標準之基本法則 (第三者验证系统与相关标准之基本法则)	A01
13220-2000	Z4040	供應者的符合性聲明之一般準則 (供应者的符合性声明之一般准则)	A00
13221-1993	Z4041	第三者驗證系統標示符合標準之方法 (第三者验证系统标示符合标准之方法)	A00
13248-1993	Z4042	錯用符合標誌時,驗證機構採取矯正措施之指導綱要 (错用符合标志时,验证机构采取矫正措施之指导纲要)	A00
13249-1993	Z4043	典型的第三者產品驗證系統之一般規則 (典型的第三者产品验证系统之一般规则)	A00
13250-1998	Z4044	執行產品驗證系統的機構之一般要求 (执行产品验证系统的机构之一般要求)	A00
13285-1998	Z4045	執行品質系統評鑑與驗證/登錄的機構之一般要求 (执行质量系统评鉴与验证/登录的机构之一般要求)	A00
13286-1993	Z4046	驗證機構對其內部品質系統之檢討方法 (验证机构对其内部质量系统之检讨方法)	A00

标 准 号	台湾地区 标准分类号	标 准 名 称	中国标准 分 类
13293-1993	Z4047	第三者驗證產品時使用供應商品質系統之方法 （第三者验证产品时使用供货商质量系统之方法）	A00
13606-2009	Z4049	標準化與相關活動——一般詞彙 （标准化与相关活动——一般词汇）	A22
13657-1996	Z4050	品質手冊發展指導綱要 （质量手册发展指导纲要）	A00
13827-2007	Z4051	量測管理系統—量測過程與量測設備要求 （量测管理系统—量测过程与量测设备要求）	A00
14119-1998	Z4052	驗證/登錄機構的評鑑與認證之一般要求 （验证/登录机构的评鉴与认证之一般要求）	A00
14177-1998	Z4053	品質管理—品質計畫指導綱要 （质量管理—质量计划指导纲要）	A00
14238-2006	Z4054	品質管理系統—形態管理指導綱要 （质量管理系统—形态管理指导纲要）	A00
14385-1999	Z4055	符合性評鑑良好作業規範 （符合性评鉴良好作业规范）	A00
14396-1999	Z4056	草擬符合性評鑑適用標準之指導綱要 （草拟符合性评鉴适用标准之指导纲要）	A00
14485-2006	Z4057	品質管理系統—專案品質管理指導綱要 （质量管理系统—项目质量管理指导纲要）	A00
17025-2007	Z4058	測試與校正實驗室能力一般要求 （测试与校正实验室能力一般要求）	A00
14725-2003	Z4059	不同型式的執行檢驗機構運作之一般準則 （不同型式的执行检验机构运作之一般准则）	A00
14786-2003	Z4060	製程能力分析指導綱要 （制程能力分析指导纲要）	A20
14787-2003	Z4061	迴歸分析指導綱要 （回归分析指导纲要）	A20
14788-2003	Z4062	多變量分析指導綱要 （多变量分析指导纲要）	A20
14789-2003	Z4063	可靠度分析指導綱要 （可靠度分析指导纲要）	A20
14790-2003	Z4064	品質管理系統—ISO 9001:2000 應用於汽車生產與其相關服務件的組織之特定要求 （质量管理系统—ISO 9001:2000 应用于汽车生产与其相关服务件的组织之特定要求）	A00
14809-2004	Z4065	品質與/或環境管理系統稽核指導綱要 （质量与/或环境管理系统稽核指导纲要）	A00
14889-2005	Z4066	風險管理—詞彙—標準使用指導綱要 （风险管理—词汇—标准使用指导纲要）	A82
14914-2005	Z4067	田口式品質工程與其應用指導綱要 （田口式质量工程与其应用指导纲要）	A20
14951-2005	Z4068	實驗設計指導綱要 （实验设计指导纲要）	Q13
15009-2006	Z4069	實驗室間比對之能力測試 （实验室间比对之能力测试）	A00
15013-2006	Z4070	用於法規目的之醫療器材品質管理系統要求 （用于法规目的之医疗器材质量管理系统要求）	A00
15071-2007	Z4071	電機電子元件及產品有害物質過程管理系統要求(HSPM) （电机电子组件及产品有害物质过程管理系统要求(HSPM)）	A00
17000-2009	Z4072	符合性評鑑—詞彙與一般原則 （符合性评鉴—词汇与一般原则）	A00
17024-2009	Z4073	符合性評鑑—人員驗證機構運作之一般要求 （符合性评鉴—人员验证机构运作之一般要求）	A00

物流及包装

标 准 号	台湾地区标准分类号	标 准 名 称	中国标准分类

Z5 包 装 材 料

标 准 号	台湾地区标准分类号	标 准 名 称	中国标准分类
802-1984	Z5006	金屬製提桶 (金属制提桶)	A82
827-1988	Z5007	食品罐頭用圓形金屬空罐 (食品罐头用圆形金属空罐)	A82
1161-1988	Z5011	食品罐頭用瓦楞紙箱 (食品罐头用瓦楞纸箱)	A82
1322-1995	Z5016	鋼桶用口基及口蓋 (钢桶用口基及口盖)	A82
2108-1991	Z5017	內銷用水泥紙袋 (内销用水泥纸袋)	Q11
2180-1985	Z5018	食品用特殊型金屬空罐 (食品用特殊型金属空罐)	B91
2354-2003	Z5020	外裝用瓦楞紙箱 (外装用瓦楞纸箱)	Y33
2400-2007	Z5022	包裝捆紮用鋼帶 (包装捆扎用钢带)	A82
2444-1990	Z5024	聚乙烯塑膠瓶 (聚乙烯塑料瓶)	A82
2574-1975	Z5026	食品用玻璃容器(總則) (食品用玻璃容器(总则))	A82
2773-1998	Z5028	食品用金屬空罐塗膜 (食品用金属空罐涂膜)	Y31
3032-1994	Z5029	木製平墊板 (木制平垫板)	H10
3148-2003	Z5030	包裝貨物搬運用標誌 (包装货物搬运用标志)	H11
3192-1997	Z5031	包裝食品標示 (包装食品标示)	X08
3223-1970	Z5032	聚丙烯織製無縫邊袋(五十公斤裝砂糖用) (聚丙烯织制无缝边袋(五十公斤装砂糖用))	J47
3247-2005	Z5033	青果運輸用瓦楞紙箱 (青果运输用瓦楞纸箱)	B31
3248-2006	Z5034	防潮熱封玻璃紙 (防潮热封玻璃纸)	A82
3363-2005	Z5035	瓦楞紙板詞彙 (瓦楞纸板词汇)	Y31
3365-1972	Z5036	王冠式瓶蓋 (王冠式瓶盖)	A82
3465-1981	Z5037	聚丙烯包裝帶 (聚丙烯包装带)	A82
3742-2009	Z5047	貨櫃之代碼、識別及標誌 (货柜之代码、识别及标志)	A88
3743-2009	Z5048	第一類貨櫃—分類、尺度及額定質量 (第一类货柜—分类、尺度及额定质量)	A85
3745-2009	Z5050	第一類貨櫃—櫃角裝置規格 (第一类货柜—柜角装置规格)	A85
3746-1-2008	Z5051-1	第一類貨櫃—規格與試驗—第 1 部:通用貨櫃 (第一类货柜—规格与试验—第 1 部:通用货柜)	A85

标准号	台湾地区标准分类号	标准名称	中国标准分类
3746-2-1988	Z5051-2	第一類貨櫃—規格與試驗—第二篇:保溫貨櫃 (第一类货柜—规格与试验—第二篇:保温货柜)	A85
3746-3-1988	Z5051-3	第一類貨櫃—規格與試驗—第三篇:液體及氣體之槽貨櫃 (第一类货柜—规格与试验—第三篇:液体及气体之槽货柜)	A85
3746-4-1988	Z5051-4	第一類貨櫃—規格與試驗—第五篇:平台(貨櫃) (第一类货柜—规格与试验—第五篇:平台(货柜))	A85
3746-5-1988	Z5051-5	第一類貨櫃—規格與試驗—第六 c 篇:附完整上部結構之開側平台貨櫃 (第一类货柜—规格与试验—第六 c 篇:附完整上部结构之开侧平台货柜)	A85
3747-2005	Z5052	貨櫃詞彙 (货柜词汇)	A85
4059-2001	Z5053	包裝詞彙 (包装词汇)	A80
4153-2001	Z5054	各類墊板詞彙 (各类垫板词汇)	B70
4187-1977	Z5055	打包鐵皮扣 (打包铁皮扣)	A82
4188-2004	Z5056	包裝用接著劑詞彙 (包装用接着剂词汇)	A82
4210-1991	Z5058	外銷用水泥紙袋 (外销用水泥纸袋)	Q11
4287-2003	Z5059	包裝用感壓性布黏膠帶 (包装用感压性布黏胶带)	A82
4289-2003	Z5060	包裝用感壓性紙黏膠帶 (包装用感压性纸黏胶带)	A82
4291-2003	Z5061	包裝用感壓性聚氯乙烯黏膠帶 (包装用感压性聚氯乙烯黏胶带)	A82
4293-2003	Z5062	感壓性玻璃紙黏膠帶 (感压性玻璃纸黏胶带)	A82
4340-2005	Z5063	包裝用紙袋之詞彙及種類 (包装用纸袋之词汇及种类)	A82
6727-1994	Z5069	包裝用矽膠乾燥劑 (包装用硅胶干燥剂)	G13
6729-1990	Z5070	包裝用聚乙烯塑膠膜 (包装用聚乙烯塑料膜)	A82
6864-2006	Z5071	危險物運輸標示 (危险物运输标示)	A88
7090-2007	Z5080	防濕包裝方法 (防湿包装方法)	A83
7181-1981	Z5082	罐裝噴霧劑之標示 (罐装喷雾剂之标示)	A82
7182-1981	Z5083	噴霧容器之安全裝量規格 (喷雾容器之安全装量规格)	A82
8171-1994	Z5098	鋼製平墊板 (钢制平垫板)	A82
8172-1994	Z5099	一貫運輸用木製平墊板 (一贯运输用木制平垫板)	A82
8337-2003	Z5100	防蝕用感壓性聚氯乙烯黏膠帶 (防蚀用感压性聚氯乙烯黏胶带)	A82
8551-2007	Z5101	聚乙烯加工紙 (聚乙烯加工纸)	Y32

标准号	台湾地区标准分类号	标准名称	中国标准分类
8553-2007	Z5102	氣化性腐蝕抑制劑 (气化性腐蚀抑制剂)	E41
8638-1982	Z5103	表面處理用遮蔽黏膠帶 (表面处理用遮蔽黏胶带)	Y54
8639-2007	Z5104	印刷用感壓性黏著薄膜 (印刷用感压性黏着薄膜)	A17
8749-2003	Z5105	包裝用感壓性聚丙烯黏膠帶 (包装用感压性聚丙烯黏胶带)	A82
8751-1982	Z5106	聚烯羥類織袋用帶狀延伸紗 (聚烯羟类织袋用带状延伸纱)	A82
8881-1995	Z5107	一貫運輸用箱狀墊板 (一贯运输用箱状垫板)	A82
8883-2009	Z5108	箱形墊板 (箱形垫板)	A82
8884-1997	Z5109	墊板式料架 (垫板式料架)	A85
9196-2007	Z5110	氣化性腐蝕抑制劑處理紙 (气化性腐蚀抑制剂处理纸)	Y32
9446-2009	Z5112	鋼製圓桶—密蓋式 (钢制圆桶—密盖式)	A82
9449-1982	Z5113	印刷用感壓黏性膠紙 (印刷用感压黏性胶纸)	A82
9757-1982	Z5116	加強合板箱 (加强合板箱)	A82
9759-2006	Z5118	防水包裝 (防水包装)	A83
9760-2002	Z5119	防水瓦楞紙板 (防水瓦楞纸板)	A85
9761-1991	Z5120	防銹包裝方法通則 (防锈包装方法通则)	A00
9763-1982	Z5121	馬口鐵噴霧罐 (马口铁喷雾罐)	A82
10034-2002	Z5122	包裝貨物試驗容器之部位標示方法 (包装货物试验容器之部位标示方法)	A82
10035-1983	Z5123	木箱(外銷包裝用) (木箱(外销包装用))	A82
10132-2000	Z5124	包裝用發泡聚苯乙烯緩衝材 (包装用发泡聚苯乙烯缓冲材)	A82
10133-1983	Z5125	重包裝用聚乙烯袋之尺度 (重包装用聚乙烯袋之尺度)	A82
10135-1983	Z5126	防止幼童開拆之包裝分類法 (防止幼童开拆之包装分类法)	A83
10396-1983	Z5127	防銹用耐油性防護材料 (防锈用耐油性防护材料)	A82
10478-2007	Z5129	噴塗型可剝性保護用塑膠漆 (喷涂型可剥性保护用塑料漆)	G51
10480-1986	Z5130	吹模成型塑膠容器 (吹模成型塑料容器)	A82
10481-1983	Z5131	食品包裝用塑膠薄膜 (食品包装用塑料薄膜)	A82
10676-1983	Z5132	熱收縮包裝用塑膠膜 (热收缩包装用塑料膜)	A82

标准号	台湾地区标准分类号	标准名称	中国标准分类
11144-1984	Z5133	靜電敏感元件用記號及標籤 (静电敏感组件用记号及卷标)	L15
11515-1986	Z5135	木製墊木底架(外銷包裝用) (木制垫木底架(外销包装用))	A82
11714-1986	Z5136	木架條板箱(外銷包裝用) (木架条板箱(外销包装用))	A82
11886-2003	Z5137	雙面黏膠帶 (双面黏胶带)	A82
12113-1993	Z5138	單位裝載貨物尺度 (单位装载货物尺度)	A83
12235-2009	Z5139	第一類貨櫃—裝卸及固定 (第一类货柜—装卸及固定)	A82
12236-1988	Z5140	空運未經認可下貨艙用貨櫃—規格及試驗 (空运未经认可下货舱用货柜—规格及试验)	V52
12237-1988	Z5141	貨櫃綜合銘牌 (货柜综合铭牌)	A85
12238-1988	Z5142	空運貨櫃—廣體機下貨艙底盤受制認可貨櫃 (空运货柜—广体机下货舱底盘受制认可货柜)	V52
12408-2002	Z5143	商品條碼 (商品条形码)	A82
12409-2002	Z5144	商品配銷條碼 (商品配销条形码)	A82
12803-1990	Z5145	十八公升金屬方型空桶 (十八公升金属方型空桶)	A82
12992-2003	Z5146	感壓性黏膠帶及黏膠片詞彙 (感压性黏胶带及黏胶片词汇)	A82
13018-1992	Z5147	塑膠製平墊板 (塑料制平垫板)	A82
13251-2003	Z5148	運輸包裝貨物矩形尺度 (运输包装货物矩形尺度)	A85
13261-1993	Z5149	鋼製提桶 (钢制提桶)	Y73
13263-1993	Z5150	金屬板製口蓋及口蓋座 (金属板制口盖及口盖座)	A82
13294-2006	Z5151	瓦楞紙箱之型式 (瓦楞纸箱之型式)	A82
13508-1995	Z5152	滑片墊板 (滑片垫板)	A82
13509-1995	Z5153	附柱墊板 (附柱垫板)	A82
13581-2001	Z5154	產業用料架詞彙 (产业用料架词汇)	A85
13626-2009	Z5155	鋼製圓桶—掀蓋式 (钢制圆桶—掀盖式)	A82
13816-2002	Z5156	物流詞彙 (物流词汇)	A80
14108-1997	Z5157	駛入式料架 (驶入式料架)	A82
14584-2001	Z5158	紙製平墊板 (纸制平垫板)	A85
14650-2002	Z5159	流通條碼—128 基本規範 (流通条形码—128 基本规范)	A82

标准号	台湾地区标准分类号	标准名称	中国标准分类
14663-2002	Z5160	包裝物品之提運處理注意標示 （包装物品之提运处理注意标示）	A82
14742-2003	Z5161	單位裝載貨物之安定性試驗法 （单位装载货物之安定性试验法）	Q25
14822-2004	Z5162	防止幼童開拆之包裝—可重覆包裝之要求與測試程序 （防止幼童开拆之包装—可重复包装之要求与测试程序）	L08
15217-2008	Z5163	手提式汽油容器 （手提式汽油容器）	E90

Z6 检 验

标准号	台湾地区标准分类号	标准名称	中国标准分类
803-1984	Z6001	金屬製提桶檢驗法 （金属制提桶检验法）	A82
1318-1995	Z6002	液體用鋼桶檢驗法 （液体用钢桶检验法）	A82
2109-1991	Z6003	內銷用水泥紙袋試驗法 （内销用水泥纸袋试验法）	Q11
2445-1990	Z6005	聚乙烯塑膠瓶檢驗法 （聚乙烯塑料瓶检验法）	A83
2543-2003	Z6006	包裝貨物之壓縮及堆疊試驗法 （包装货物之压缩及堆栈试验法）	L08
2544-1993	Z6007	包裝貨物及運輸容器之傾斜衝擊試驗法 （包装货物及运输容器之倾斜冲击试验法）	A83
2575-1973	Z6008	食品用容器玻璃中氧化鈉浸出量試驗法 （食品用容器玻璃中氧化钠浸出量试验法）	A82
2576-1966	Z6009	玻璃容器偏圓度檢驗法 （玻璃容器偏圆度检验法）	A82
2577-1972	Z6010	玻璃容器垂直度檢驗法 （玻璃容器垂直度检验法）	A82
2578-1972	Z6011	玻璃容器穩定度試驗法 （玻璃容器稳定度试验法）	A82
2999-2004	Z6012	包裝貨物與單位裝載之落下的垂直衝擊試驗法 （包装货物与单位装载之落下的垂直冲击试验法）	L08
3327-1988	Z6013	瓦楞紙板膠合強度試驗法 （瓦楞纸板胶合强度试验法）	Y31
3347-1999	Z6014	罐頭食品空罐內容量之測定 （罐头食品空罐内容量之测定）	X70
3366-1973	Z6015	王冠式瓶蓋檢驗法 （王冠式瓶盖检验法）	X08
3511-1991	Z6016	外裝用瓦楞紙箱壓縮強度試驗法 （外装用瓦楞纸箱压缩强度试验法）	Y33
4060-1985	Z6019	食品罐頭用圓形金屬空罐檢驗法 （食品罐头用圆形金属空罐检验法）	A82
4211-1991	Z6020	外銷用水泥紙袋試驗法 （外销用水泥纸袋试验法）	Q11
4339-1978	Z6025	紙袋膠縫耐水浸潤時間之試驗法 （纸袋胶缝耐水浸润时间之试验法）	A82
6728-1980	Z6028	防銹油收容貯藏試驗法 （防锈油收容贮藏试验法）	E41
6730-1990	Z6029	包裝用聚乙烯塑膠膜檢驗法 （包装用聚乙烯塑料膜检验法）	G33

标准号	台湾地区标准分类号	标准名称	中国标准分类
6865-1980	Z6030	噴霧性產品中水分之定量法 (喷雾性产品中水分之定量法)	A83
6866-1980	Z6031	噴霧性產品之噴出率檢驗法 (喷雾性产品之喷出率检验法)	A83
6867-1980	Z6032	玻璃噴霧瓶內壓力之測定 (玻璃喷雾瓶内压力之测定)	A83
6868-1980	Z6033	金屬噴霧容器內壓力之測定(穿孔測定法) (金属喷雾容器内压力之测定(穿孔测定法))	A83
6869-1980	Z6034	金屬噴霧容器內壓力之測定(閥測定法) (金属喷雾容器内压力之测定(阀测定法))	A83
7093-1981	Z6036	防濕包裝材料之透濕度試驗法(杯皿法) (防湿包装材料之透湿度试验法(杯皿法))	A83
7179-1981	Z6037	噴霧容器檢驗報告總則 (喷雾容器检验报告总则)	A82
7180-1981	Z6038	噴霧性產品可燃性之測定法 (喷雾性产品可燃性之测定法)	A82
7459-1981	Z6039	噴霧性產品之儲藏試驗 (喷雾性产品之储藏试验)	A82
7537-1981	Z6040	玻璃噴霧罐之裝填及檢查 (玻璃喷雾罐之装填及检查)	A83
8170-1994	Z6041	平墊板檢驗法 (平垫板检验法)	A82
8882-1995	Z6047	一貫運輸用箱狀墊板試驗法 (一贯运输用箱状垫板试验法)	A82
9199-1982	Z6050	熱浸型可剝塑膠塗料檢驗法 (热浸型可剥塑料涂料检验法)	G51
9333-1982	Z6051	充壓食品容器之內容物存留百分比之測定法 (充压食品容器之内容物存留百分比之测定法)	A83
9447-1982	Z6052	噴霧性產品中揮發物質含量試驗法(真空蒸餾法) (喷雾性产品中挥发物质含量试验法(真空蒸馏法))	A82
9448-1982	Z6053	噴霧性產品中揮發物質含量試驗法(密度法) (喷雾性产品中挥发物质含量试验法(密度法))	A82
9450-1982	Z6054	印刷用感壓黏性膠紙檢驗法 (印刷用感压黏性胶纸检验法)	A82
9451-1982	Z6055	石油系溶劑清淨法 (石油系溶剂清净法)	E33
9649-1982	Z6056	噴霧性食品鼓漲試驗法 (喷雾性食品鼓涨试验法)	A83
9650-1982	Z6057	玻璃噴霧瓶落下試驗法 (玻璃喷雾瓶落下试验法)	A83
9762-1982	Z6058	噴罐製品內壓下降速率測定法 (喷罐制品内压下降速率测定法)	A82
9764-1982	Z6059	噴霧閥浸管 A-D 尺度測量法 (喷雾阀浸管 A-D 尺度测量法)	A83
9917-1983	Z6060	噴霧性產品噴散式樣之比較法 (喷雾性产品喷散式样之比较法)	A83
10033-1-2005	Z6061-1	包裝貨物性能試驗計畫之編擬通則—第 1 部:一般原則 (包装货物性能试验计划之编拟通则—第 1 部:一般原则)	A20
10033-2-2005	Z6061-2	包裝貨物性能試驗計畫之編擬通則—第 2 部:量化數據 (包装货物性能试验计划之编拟通则—第 2 部:量化数据)	A82
10033-3-2005	Z6061-3	包裝貨物性能試驗計畫之編擬通則—第 3 部:評估試驗法通則 (包装货物性能试验计划之编拟通则—第 3 部:评估试验法通则)	A82

标准号	台湾地区 标准分类号	标准名称	中国标准 分类
10036-1983	Z6062	噴霧性產品滲出速率試驗法 (喷雾性产品渗出速率试验法)	A82
10037-1983	Z6063	空間殺蟲劑噴霧粒子大小分布之試驗法 (空间杀虫剂喷雾粒子大小分布之试验法)	A82
10134-1983	Z6064	噴霧性產品噴出量試驗法 (喷雾性产品喷出量试验法)	A82
10397-1983	Z6065	防銹用耐油性防護材料檢驗法 (防锈用耐油性防护材料检验法)	A82
10477-1983	Z6066	聚乙烯加工玻璃紙檢驗法 (聚乙烯加工玻璃纸检验法)	A82
10482-1983	Z6068	包裝用緩衝材料之靜態壓縮試驗方法 (包装用缓冲材料之静态压缩试验方法)	A82
10591-1986	Z6075	食品包裝用塑膠薄膜檢驗法 (食品包装用塑料薄膜检验法)	A82
10634-1983	Z6076	大形紙袋縫合強度試驗法 (大形纸袋缝合强度试验法)	Y33
10635-1983	Z6077	牛皮紙袋墜落試驗法 (牛皮纸袋坠落试验法)	Y33
10636-1983	Z6078	包裝材料透水度試驗法 (包装材料透水度试验法)	A83
10677-1983	Z6079	熱收縮包裝用塑膠膜檢驗法 (热收缩包装用塑料膜检验法)	A82
11484-1986	Z6080	紙板及瓦楞紙板衝孔強度試驗法 (纸板及瓦楞纸板冲孔强度试验法)	A82
11485-1986	Z6081	瓦楞紙板豎壓強度試驗法—矩形試片 (瓦楞纸板竖压强度试验法—矩形试片)	A82
11486-1986	Z6082	瓦楞紙板豎壓強度試驗法—蝶形試片 (瓦楞纸板竖压强度试验法—蝶形试片)	A82
11487-1986	Z6083	瓦楞紙板濕潤分層試驗法 (瓦楞纸板湿润分层试验法)	A82
11488-1986	Z6084	瓦楞紙板平壓強度試驗法 (瓦楞纸板平压强度试验法)	A82
11888-2008	Z6086	感壓性黏膠帶與黏膠片試驗法 (感压性黏胶带与黏胶片试验法)	A82
12218-1988	Z6087	食用器具、容器、包裝之衛生檢驗法—玻璃製品 (食用器具、容器、包装之卫生检验法—玻璃制品)	C53
12219-1988	Z6088	食用器具、容器、包裝之衛生檢驗法—金屬罐 (食用器具、容器、包装之卫生检验法—金属罐)	C53
12220-1988	Z6089	食用器具、容器、包裝之衛生檢驗法—塑膠類(一般規定) (食用器具、容器、包装之卫生检验法—塑料类(一般规定))	C53
12221-1988	Z6090	食用器具、容器、包裝之衛生檢驗法—塑膠類(分類規定) (食用器具、容器、包装之卫生检验法—塑料类(分类规定))	C53
12804-1990	Z6091	十八公升金屬方型空桶檢驗法 (十八公升金属方型空桶检验法)	A82
12962-1992	Z6092	危險品包裝(鋼桶)檢驗法 (危险品包装(钢桶)检验法)	A82
12993-2006	Z6093	包裝貨物與單位裝載之固定低頻率振動試驗法 (包装货物与单位装载之固定低频率振动试验法)	L08
13019-1992	Z6094	塑膠製平墊板試驗法(滑溜、彎曲潛變、耐候性、物體墜落) (塑料制平垫板试验法(滑溜、弯曲潜变、耐候性、物体坠落))	A82
13190-2004	Z6095	包裝貨物與單位裝載試驗之前處理 (包装货物与单位装载试验之前处理)	A80

标准号	台湾地区标准分类号	标准名称	中国标准分类
13262-1993	Z6097	鋼製提桶試驗法 (钢制提桶试验法)	A82
13510-1995	Z6098	附柱墊板試驗法 (附柱垫板试验法)	A82
14615-2001	Z6099	包裝用緩衝材料之特性試驗法 (包装用缓冲材料之特性试验法)	A82
14616-2001	Z6100	包裝用構造體緩衝材料之特性試驗法 (包装用构造体缓冲材料之特性试验法)	A80
14634-2002	Z6101	包裝設計的製品之衝擊強度試驗法 (包装设计的制品之冲击强度试验法)	A82
14839-2004	Z6102	包裝貨物與單位裝載之灑水試驗法 (包装货物与单位装载之洒水试验法)	A20
14865-2004	Z6103	包裝貨物與單位裝載之水平衝擊試驗法 (包装货物与单位装载之水平冲击试验法)	Q25
14994-2006	Z6104	包裝貨物與單位裝載之可變動頻率正弦波振動試驗法 (包装货物与单位装载之可变动频率正弦波振动试验法)	L08

一般及其他

标准号	台湾地区标准分类号	标准名称	中国标准分类

Z7　杂　类

标准号	台湾地区标准分类号	标准名称	中国标准分类
1-1988	Z7001	等比標準數 (等比标准数)	A20
2-1944	Z7002	標準直徑 (标准直径)	A52
35-1947	Z7003	標準檢測溫度 (标准检测温度)	A54
37-1986	Z7004	公釐與吋換算表 (公厘与吋换算表)	A51
88-1991	Z7005	標準之分類 (标准之分类)	A24
89-1973	Z7006	標準之編號 (标准之编号)	A24
386-1984	Z7008	試驗篩 (试验筛)	A28
2307-1983	Z7010	排筆 (排笔)	Y89
2309-1983	Z7011	漆刷 (漆刷)	Y89
2395-1986	Z7012	試驗場所之標準大氣狀況 (试验场所之标准大气状况)	Z51
2521-1984	Z7016	貼合積層鋁箔 (贴合积层铝箔)	A82
2598-1972	Z7019	木炭(燃料用)(暫行標準) (木炭(燃料用)(暂行标准))	B73
2647-1972	Z7020	牛皮紙膠帶(水溶性合板用)(暫行標準) (牛皮纸胶带(水溶性合板用)(暂行标准))	G39
2827-1967	Z7022	索環(連墊圈) (索环(连垫圈))	Y73
2828-1996	Z7023	塑膠狀態調節及試驗場所之標準狀態 (塑料状态调节及试验场所之标准状态)	Z51
2829-1979	Z7024	醫護用氧氣瓶推車 (医护用氧气瓶推车)	T99
2957-1996	Z7026	軟鋼用氣銲銲條 (软钢用气焊焊条)	H41
2994-1987	Z7027	可移動高壓氣體容器內容物標識法 (可移动高压气体容器内容物标识法)	J74
3066-1982	Z7031	刻浸沒線玻璃水銀溫度計 (刻浸没线玻璃水银温度计)	Y33
3463-1983	Z7036	泡沫塑膠病床墊 (泡沫塑料病床垫)	H22
3505-2001	Z7037	鋁及鋁合金裸銲條及銲線 (铝及铝合金裸焊条及焊线)	J36
3506-2007	Z7038	高強度鋼用被覆銲條 (高强度钢用被覆焊条)	J33
3507-2007	Z7039	不銹鋼被覆銲條 (不锈钢被覆焊条)	J33
3509-1996	Z7040	硬面銲被覆銲條 (硬面焊被覆焊条)	J33

标准号	台湾地区 标准分类号	标准名称	中国标准 分类
3510-1997	Z7041	銅及銅合金被覆銲條 (铜及铜合金被覆焊条)	J33
3510-1-1997	Z7041-1	銅及銅合金氣銲條 (铜及铜合金气焊条)	A82
3592-1997	Z7042	鎳及鎳合金被覆銲條 (镍及镍合金被覆焊条)	J33
3689-1993	Z7043	標準之程式 (标准之程序)	A00
3710-1974	Z7044	鋼焊接部之放射線透過試驗法及照相底片之等級分類法 (钢焊接部之放射线透过试验法及照相底片之等级分类法)	J33
3799-1985	Z7045	受信箱 (受信箱)	G17
3858-1975	Z7046	丁字尺 (丁字尺)	Y50
3859-1981	Z7047	纖維捲尺 (纤维卷尺)	A52
3860-1998	Z7048	鋼製捲尺 (钢制卷尺)	A52
3926-1976	Z7049	印刷活字的基本尺度 (印刷活字的基本尺度)	A19
3927-1996	Z7050	校對符號 (校对符号)	A19
4120-1998	Z7051	超音波檢測用G型標準規塊 (超音波检测用G型标准规块)	N77
4121-1998	Z7052	超音波檢測鋼板用N1型標準規塊 (超音波检测钢板用N1型标准规块)	N77
4122-1998	Z7053	超音波檢測用A1型標準規塊 (超音波检测用A1型标准规块)	N77
4123-1998	Z7054	超音波斜束檢測用A2型標準規塊 (超音波斜束检测用A2型标准规块)	N77
4124-1998	Z7055	超音波斜束檢測用A3型標準規塊 (超音波斜束检测用A3型标准规块)	N77
4189-1999	Z7056	營釘 (营钉)	Y56
4214-1978	Z7057	蓬布帶用調整環 (蓬布带用调整环)	Y73
6870-1980	Z7058	16公釐雙面銅環 (16公厘双面铜环)	Y73
4345-1989	Z7059	反光片及反光膠帶 (反光片及反光胶带)	C65
4791-1979	Z7060	10 mm外徑雙面銅環 (10 mm外径双面铜环)	Y73
4792-1979	Z7061	14 mm外徑雙面銅環 (14 mm外径双面铜环)	J13
4793-1979	Z7062	25 mm半圓型環 (25 mm半圆型环)	Y73
4794-1979	Z7063	25 mm鐵扣環 (25 mm铁扣环)	Y73
4795-1979	Z7064	38 mm乙形掛鉤 (38 mm乙形挂钩)	J13
4796-1979	Z7065	170 mm口徑漏斗 (170 mm口径漏斗)	N64

标 准 号	台湾地区 标准分类号	标 准 名 称	中国标准 分 类
4797-2007	Z7066	玩具安全(一般要求) (玩具安全(一般要求))	Y57
4797-1-2007	Z7066-1	玩具安全(耐燃性) (玩具安全(耐燃性))	Y57
4797-2-2004	Z7066-2	玩具安全(特定元素之遷移) (玩具安全(特定元素之迁移))	Y57
4797-3-2004	Z7066-3	玩具安全(物理性) (玩具安全(物理性))	Y57
4797-4-1996	Z7066-4	玩具安全(化學或相關科學實驗套組) (玩具安全(化学或相关科学实验套组))	Y57
4797-5-1996	Z7066-5	玩具安全(非實驗套組之化學玩具套組) (玩具安全(非实验套组之化学玩具套组))	Y57
5257-1980	Z7067	製程流程圖繪圖符號 (制程流程图绘图符号)	A01
5384-1980	Z7068	25 公釐銅掛鉤 (25 公厘铜挂钩)	Y73
5948-1980	Z7069	測定石油及石油氣用之標準情況 (测定石油及石油气用之标准情况)	E04
6984-1981	Z7070	顯微鏡標本夾之配合 (显微镜标本夹之配合)	N32
7460-1981	Z7071	圓頂扣件—結鈕 B 型 (圆顶扣件—结钮 B 型)	Y73
7461-1981	Z7072	圓頂扣件—掛鈕 C 型及 D 型 (圆顶扣件—挂钮 C 型及 D 型)	Y73
7462-1981	Z7073	圓頂扣件—旋入掛鈕 H 型 (圆顶扣件—旋入挂钮 H 型)	Y73
7463-1981	Z7074	圓頂扣件—旋套掛鈕 J 型 (圆顶扣件—旋套挂钮 J 型)	Y73
7464-1981	Z7075	圓型扣鈕—鉚裝扣鈕 A 型 (圆型扣钮—铆装扣钮 A 型)	Y73
7465-1981	Z7076	圓形扣鈕—旋入扣鈕 B 型 (圆形扣钮—旋入扣钮 B 型)	Y73
7466-1981	Z7077	鐵皮扣鈕及固定片 (铁皮扣钮及固定片)	Y73
7467-1981	Z7078	簡易彈簧掛鉤 (简易弹簧挂钩)	Y73
7468-1981	Z7079	扣合彈簧掛鉤 (扣合弹簧挂钩)	Y73
7469-1981	Z7080	滾筒帶扣 (滚筒带扣)	Y73
7470-1981	Z7081	皮帶帶扣 (皮带带扣)	Y73
7471-1981	Z7082	帶襻 (带襻)	Y73
7472-1981	Z7083	夾片 (夹片)	Y73
7761-1981	Z7084	彈簧掛鉤(長方形環首片形彈簧) (弹簧挂钩(长方形环首片形弹簧))	Y73
7762-1981	Z7085	彈簧掛鉤(圓形或橢圓形環首片形彈簧) (弹簧挂钩(圆形或椭圆形环首片形弹簧))	Y73
7763-1981	Z7086	彈簧掛鉤(長方形或圓形環首板扣) (弹簧挂钩(长方形或圆形环首板扣))	Y73

标准号	台湾地区 标准分类号	标准名称	中国标准 分类
7764-1981	Z7087	彈簧掛鉤(半圓形線製) (弹簧挂钩(半圆形线制))	Y73
7765-1981	Z7088	彈簧掛鉤(圓形線製成或鍛製) (弹簧挂钩(圆形线制成或锻制))	Y73
7766-1981	Z7089	帶環(圓金屬線製) (带环(圆金属线制))	J13
7767-1981	Z7090	帶環(半圓金屬線製) (带环(半圆金属线制))	J13
7768-1981	Z7091	安全別針 (安全别针)	Y75
7769-1981	Z7092	鋁片製雙鉚鈕 (铝片制双铆钮)	J13
7770-1981	Z7093	金屬片製四孔鈕 (金属片制四孔钮)	Y73
7771-1981	Z7094	帆布用穿環 (帆布用穿环)	Y73
7772-1981	Z7095	紙片用穿環 (纸片用穿环)	Y73
8173-1981	Z7096	夾鉗(玻璃製球面接頭用) (夹钳(玻璃制球面接头用))	N64
8174-1981	Z7097	玻璃製球面接頭(實驗室用) (玻璃制球面接头(实验室用))	N64
8175-1981	Z7098	實驗室支架用直立桿 (实验室支架用直立杆)	N64
8176-1981	Z7099	夾鉗(實驗室用) (夹钳(实验室用))	N64
8177-1981	Z7100	實驗室支架用底板 (实验室支架用底板)	N61
8178-1981	Z7101	實驗儀器用V形座面固定式雙頭夾具 (实验仪器用V形座面固定式双头夹具)	N61
8179-1981	Z7102	實驗儀器用V形座面可旋轉固定式雙頭夾具 (实验仪器用V形座面可旋转固定式双头夹具)	N61
8180-1981	Z7103	實驗儀器用鉤形夾具 (实验仪器用钩形夹具)	N61
8181-1981	Z7104	車輪防動枕木 (车轮防动枕木)	T40
8752-1982	Z7105	製圖儀器名詞 (制图仪器名词)	Y50
8887-1982	Z7106	製圖儀器之性能分級 (制图仪器之性能分级)	Y50
8888-1982	Z7107	P系列精密製圖儀器之換腳圓規 (P系列精密制图仪器之换脚圆规)	Y50
8889-1982	Z7108	P系列精密製圖儀器之分規 (P系列精密制图仪器之分规)	Y50
8890-1982	Z7109	P系列精密製圖儀器之換腳彈簧圓規 (P系列精密制图仪器之换脚弹簧圆规)	Y50
8891-1982	Z7110	P系列精密製圖儀器之彈簧圓規及分規 (P系列精密制图仪器之弹簧圆规及分规)	Y50
8892-1982	Z7111	P系列精密製圖儀器換腳點圓規 (P系列精密制图仪器换脚点圆规)	Y50
8893-1982	Z7112	P系列精密製圖儀器之鴨嘴筆尖 (P系列精密制图仪器之鸭嘴笔尖)	Y50

标准号	台湾地区标准分类号	标准名称	中国标准分类
9043-1982	Z7113	P系列精密製圖儀器之鉛筆尖 (P系列精密制图仪器之铅笔尖)	Y50
9044-1982	Z7114	P系列精密製圖儀器之針尖 (P系列精密制图仪器之针尖)	Y50
9045-1982	Z7115	P系列精密製圖儀器之接長桿 (P系列精密制图仪器之接长杆)	Y50
9046-1982	Z7116	製圖儀器之用針 (制图仪器之用针)	Y50
9047-1982	Z7117	製圖儀器之樞針 (制图仪器之枢针)	Y50
9048-1982	Z7118	P系列精密製圖儀器之鴨嘴筆 (P系列精密制图仪器之鸭嘴笔)	Y50
9049-1982	Z7119	P系列精密製圖儀器之粗線鴨嘴筆 (P系列精密制图仪器之粗线鸭嘴笔)	Y50
9050-1982	Z7120	塑膠煙灰缸 (塑料烟灰缸)	Y28
9052-1982	Z7121	塑膠蓆 (塑料席)	Y28
9765-1982	Z7123	製圖儀器之曲線鴨嘴筆 (制图仪器之曲线鸭嘴笔)	Y50
9766-1982	Z7124	製圖儀器之雙線曲線鴨嘴筆 (制图仪器之双线曲线鸭嘴笔)	Y50
9767-1982	Z7125	製圖儀器之雙線鴨嘴筆 (制图仪器之双线鸭嘴笔)	Y50
9768-1982	Z7126	製圖儀器之圓心釘及圓心板 (制图仪器之圆心钉及圆心板)	Y50
9769-1982	Z7127	製圖儀器之比例分規 (制图仪器之比例分规)	Y50
9770-1982	Z7128	製圖儀器之大型彈簧圓規 (制图仪器之大型弹簧圆规)	Y50
9771-1982	Z7129	S系列製圖儀器之換腳圓規 (S系列制图仪器之换脚圆规)	Y50
9772-1982	Z7130	S系列製圖儀器之分規 (S系列制图仪器之分规)	Y50
9773-1982	Z7131	S系列製圖儀器之兩用彈簧圓規 (S系列制图仪器之两用弹簧圆规)	Y50
9774-1982	Z7132	S系列製圖儀器之彈簧圓規及分規 (S系列制图仪器之弹簧圆规及分规)	Y50
9775-1982	Z7133	公里與哩換算表 (公里与哩换算表)	A51
9776-1982	Z7134	公里與浬換算表 (公里与浬换算表)	A51
9777-1982	Z7135	公尺與呎換算表 (公尺与呎换算表)	A51
9778-1982	Z7136	公尺與碼換算表 (公尺与码换算表)	A51
9779-1982	Z7137	平方公尺與平方呎換算表 (平方公尺与平方呎换算表)	A51
9780-1982	Z7138	平方公尺與平方碼換算表 (平方公尺与平方码换算表)	A51
9781-1982	Z7139	平方公分與平方吋換算表 (平方公分与平方吋换算表)	A51

标准号	台湾地区标准分类号	标准名称	中国标准分类
9782-1982	Z7140	立方公尺與立方呎換算表 (立方公尺与立方呎换算表)	A51
9783-1982	Z7141	立方公分與立方吋換算表 (立方公分与立方吋换算表)	A51
9918-1983	Z7142	公噸與英噸換算表 (公吨与英吨换算表)	A51
9919-1983	Z7143	公噸與美噸換算表 (公吨与美吨换算表)	A51
9920-1983	Z7144	公斤與磅換算表 (公斤与磅换算表)	A51
9921-1983	Z7145	公克與盎司換算表 (公克与盎司换算表)	A51
9922-1983	Z7146	公秉與美桶換算表 (公秉与美桶换算表)	A51
9923-1983	Z7147	公升與加侖換算表 (公升与加仑换算表)	A51
9924-1983	Z7148	S系列製圖儀器之換腳點圓規 (S系列制图仪器之换脚点圆规)	Y50
9925-1983	Z7149	S系列製圖儀器之鉛筆尖 (S系列制图仪器之铅笔尖)	Y50
9926-1983	Z7150	S系列製圖儀器之鴨嘴筆尖 (S系列制图仪器之鸭嘴笔尖)	Y50
9927-1983	Z7151	S系列製圖儀器之針尖 (S系列制图仪器之针尖)	Y50
9928-1983	Z7152	S系列製圖儀器之接長桿 (S系列制图仪器之接长杆)	Y50
9929-1983	Z7153	S系列製圖儀器之鴨嘴筆 (S系列制图仪器之鸭嘴笔)	Y50
9930-1983	Z7154	製圖儀器之調節鈕 (制图仪器之调节钮)	Y50
9931-1983	Z7155	製圖儀器之螺紋襯套 (制图仪器之螺纹衬套)	Y50
9932-1983	Z7156	製圖儀器之握針器 (制图仪器之握针器)	Y50
9933-1983	Z7157	P系列製圖儀器之圓規針筆接頭 (P系列制图仪器之圆规针笔接头)	Y50
9934-1983	Z7158	S系列製圖儀器之原子筆尖 (S系列制图仪器之原子笔尖)	Y50
10038-1983	Z7159	鋼絲刷 (钢丝刷)	Y50
10136-1983	Z7160	不透明材料色差表示方法 (不透明材料色差表示方法)	A26
10398-1983	Z7161	公斤力公尺與呎磅力換算表 (公斤力公尺与呎磅力换算表)	A51
10399-1983	Z7162	每平方公分公斤力與每平方吋磅力換算表 (每平方公分公斤力与每平方吋磅力换算表)	A51
10400-1983	Z7163	每平方公釐公斤力與每平方吋英噸力換算表 (每平方公厘公斤力与每平方吋英吨力换算表)	A51
10401-1983	Z7164	每平方公釐公斤力與每平方吋美噸力換算表 (每平方公厘公斤力与每平方吋美吨力换算表)	A51
10402-1983	Z7165	毫巴與公釐水銀柱高換算表 (毫巴与公厘水银柱高换算表)	A51

标准号	台湾地区标准分类号	标准名称	中国标准分类
10403-1983	Z7166	公釐水銀柱高與大氣壓換算表 (公厘水银柱高与大气压换算表)	A51
10404-1983	Z7167	仟瓦與英馬力換算表 (仟瓦与英马力换算表)	A51
10405-1983	Z7168	攝氏溫度與華氏溫度換算表 (摄氏温度与华氏温度换算表)	A51
10895-1984	Z7169	量測名詞 (量测名词)	A51
10987-2007	Z7170	國際單位制(SI) (国际单位制(SI))	A51
10988-1984	Z7171	帶端用金屬護套 (带端用金属护套)	J13
11041-1984	Z7172	英制熱單位與千卡之換算表 (英制热单位与千卡之换算表)	A51
11042-1984	Z7173	千卡與瓦特小時之換算表 (千卡与瓦特小时之换算表)	A51
11043-1984	Z7174	公制馬力與千瓦之換算表 (公制马力与千瓦之换算表)	A51
11044-1984	Z7175	公制馬力與英制馬力之換算表 (公制马力与英制马力之换算表)	A51
11045-1984	Z7176	公斤力與牛頓之換算表 (公斤力与牛顿之换算表)	A51
11046-1984	Z7177	公斤力公尺與牛頓公尺或焦耳之換算表 (公斤力公尺与牛顿公尺或焦耳之换算表)	A51
11082-1984	Z7178	公斤力每平方公分與百萬帕斯卡之換算表 (公斤力每平方公分与百万帕斯卡之换算表)	A51
11083-1984	Z7179	公釐水柱高與千帕斯卡之換算表 (公厘水柱高与千帕斯卡之换算表)	A51
11084-1984	Z7180	公釐水銀柱高與千帕斯卡之換算表 (公厘水银柱高与千帕斯卡之换算表)	A51
11085-1984	Z7181	大氣壓與百萬帕斯卡之換算表 (大气压与百万帕斯卡之换算表)	A51
11086-1984	Z7182	公斤力每平方公釐與百萬帕斯卡之換算表 (公斤力每平方公厘与百万帕斯卡之换算表)	A51
11027-1984	Z7183	固體、液體及氣體之密度及比重之名詞定義 (固体、液体及气体之密度及比重之名词定义)	A42
11145-1984	Z7184	卡與焦耳之換算表 (卡与焦耳之换算表)	A51
11146-1984	Z7185	千卡每小時每公尺每攝度與瓦特每公尺每克耳文之換算表 (千卡每小时每公尺每摄度与瓦特每公尺每克耳文之换算表)	A51
11147-1984	Z7186	千卡每小時每平方公尺每攝度與瓦特每平方公尺每克耳文之換算表 (千卡每小时每平方公尺每摄度与瓦特每平方公尺每克耳文之换算表)	A51
11148-1984	Z7187	卡每公克每攝度與千焦耳每公斤每克耳文之換算表 (卡每公克每摄度与千焦耳每公斤每克耳文之换算表)	A51
11149-1984	Z7188	千瓦小時與百萬焦耳之換算表 (千瓦小时与百万焦耳之换算表)	A51
11150-1984	Z7189	節與公尺每秒之換算表 (节与公尺每秒之换算表)	A51
11178-1984	Z7190	25 mm 目形銅環 (25 mm 目形铜环)	Y73

标准号	台湾地区标准分类号	标准名称	中国标准分类
11179-1984	Z7191	椰子纖維病床墊 （椰子纤维病床垫）	C46
11256-1985	Z7192	XYZ 表色系及 X10Y10Z10 表色系之顏色表示法 （XYZ 表色系及 X10Y10Z10 表色系之颜色表示法）	A26
11257-1985	Z7193	氙標準白色光源 （氙标准白色光源）	A26
11294-1985	Z7194	測色用之標準光及標準光源 （测色用之标准光及标准光源）	A60
11295-1985	Z7195	利用三屬性表示色彩之方法 （利用三属性表示色彩之方法）	A26
11296-1985	Z7196	量、單位及符號之總則 （量、单位及符号之总则）	A51
11296-1-1985	Z7196-1	空間與時間之單位及量 （空间与时间之单位及量）	A51
11296-10-1985	Z7196-10	核反應與游離輻射之單位及量 （核反应与游离辐射之单位及量）	A51
11296-11-1985	Z7196-11	物理科學與應用科學所用之數學記號與符號 （物理科学与应用科学所用之数学记号与符号）	A42
11296-12-1985	Z7196-12	無因次參數 （无因次参数）	A51
11296-13-1985	Z7196-13	固態物理學之單位及量 （固态物理学之单位及量）	A51
11296-2-1985	Z7196-2	週期性與相關現象之單位及量 （周期性与相关现象之单位及量）	A51
11296-3-1985	Z7196-3	力學之單位及量 （力学之单位及量）	A51
11296-4-1985	Z7196-4	熱學之單位及量 （热学之单位及量）	A51
11296-5-1985	Z7196-5	電磁學之單位及量 （电磁学之单位及量）	A42
11296-6-1985	Z7196-6	光學與相關電磁輻射之單位及量 （光学与相关电磁辐射之单位及量）	A51
11296-7-1985	Z7196-7	聲學之單位及量 （声学之单位及量）	A42
11296-8-1985	Z7196-8	物理化學與分子物理之單位及量 （物理化学与分子物理之单位及量）	A51
11296-9-1985	Z7196-9	原子、核物理之單位及量 （原子、核物理之单位及量）	A51
11351-1985	Z7197	物體色之測定方法 （物体色之测定方法）	A26
11352-1985	Z7198	表面色之比較方法 （表面色之比较方法）	A26
11353-1985	Z7199	光源色之測定方法 （光源色之测定方法）	A26
11516-1986	Z7200	尼龍橡膠雨衣防水用黏膠帶（熱封型） （尼龙橡胶雨衣防水用黏胶带（热封型））	G38
11623-1986	Z7201	圓密耳與平方公釐換算表 （圆密耳与平方公厘换算表）	A51
11723-1986	Z7202	鉛筆法塗膜刮搔試驗機 （铅笔法涂膜刮搔试验机）	A42
11822-1987	Z7203	含蠟尼龍束帶（電線電纜集束用） （含蜡尼龙束带（电线电缆集束用））	J13

标准号	台湾地区标准分类号	标准名称	中国标准分类
11889-1989	Z7204	透鏡式指北針(軍用型) (透镜式指北针(军用型))	N31
12476-1988	Z7205	等比標準數應用指南 (等比标准数应用指南)	A20
12480-1992	Z7206	粉末冶金詞彙 (粉末冶金词汇)	H70
12485-1989	Z7207	選擇等比標準數與更修整等比標準數值之指南 (选择等比标准数与更修整等比标准数值之指南)	A20
12670-1990	Z7209	熔接後熱處理 (熔接后热处理)	J36
12775-1994	Z7210	玩具槍(塑膠球形射出物及色彈發射用) (玩具枪(塑料球形射出物及色弹发射用))	Y57
12831-1998	Z7211	銲接詞彙 (焊接词汇)	A22
12864-2007	Z7212	國際標準書號 (国际标准书号)	A42
13002-1992	Z7213	熔接姿勢之定義 (熔接姿势之定义)	J33
13005-1992	Z7214	軟鋼及低合金鋼 TIG 熔接用鋼棒及鋼線 (软钢及低合金钢 TIG 熔接用钢棒及钢线)	J33
13006-1992	Z7215	鉬鋼及鉻鉬鋼 MAG 熔接用實心鋼線 (钼钢及铬钼钢 MAG 熔接用实心钢线)	J33
13007-1992	Z7216	鉬鋼及鉻鉬鋼 MAG 熔接用空心填入熔劑鋼線 (钼钢及铬钼钢 MAG 熔接用空心填入熔剂钢线)	J33
13008-1992	Z7217	熔接用不銹鋼棒及鋼線 (熔接用不锈钢棒及钢线)	J33
13009-1992	Z7218	堆焊熔接用不銹鋼帶及熔劑 (堆焊熔接用不锈钢带及熔剂)	J33
13010-1992	Z7219	不銹鋼電弧熔接用填入熔劑鋼線 (不锈钢电弧熔接用填入熔剂钢线)	H49
13011-2007	Z7220	9%鎳鋼用 TIG 銲接裸銲條及實心銲線 (9%镍钢用 TIG 焊接裸焊条及实心焊线)	H49
13012-2007	Z7221	9%鎳鋼用潛弧銲接銲線及銲藥 (9%镍钢用潜弧焊接焊线及焊药)	H49
13013-1992	Z7222	銅及銅合金 TIG 熔接、MIG 熔接用熔接棒及熔接銅線 (铜及铜合金 TIG 熔接、MIG 熔接用熔接棒及熔接铜线)	J33
13014-2001	Z7223	碳鋼及低合金鋼用潛弧銲接實心銲線 (碳钢及低合金钢用潜弧焊接实心焊线)	J33
13015-1992	Z7224	碳鋼及低合金鋼潛弧熔接用熔劑 (碳钢及低合金钢潜弧熔接用熔剂)	J33
13037-2007	Z7225	耐候性鋼用被覆銲條 (耐候性钢用被覆焊条)	H49
13040-2007	Z7227	9%鎳鋼用被覆銲條 (9%镍钢用被覆焊条)	H49
13041-1995	Z7228	校正及測試實驗室之認證制度—運作及認證之一般準則 (校正及测试实验室之认证制度—运作及认证之一般准则)	A00
13043-1994	Z7230	玩具槍用塑膠球形射出物及色彈 (玩具枪用塑料球形射出物及色弹)	Y57
13123-1992	Z7231	測試實驗室被認證之通則 (测试实验室被认证之通则)	A01
13124-1992	Z7232	檢驗機構被認證之通則 (检验机构被认证之通则)	A01

标准号	台湾地区 标准分类号	标准名称	中国标准 分类
13125-1992	Z7233	實驗室能力測試之推展與操作 (实验室能力测试之推展与操作)	A00
13126-1992	Z7234	金屬和無機被覆—儲存狀態下之腐蝕試驗通則 (金属和无机被覆—储存状态下之腐蚀试验通则)	A01
13127-1992	Z7235	金屬和無機被覆—靜態戶外曝露腐蝕試驗通則 (金属和无机被覆—静态户外曝露腐蚀试验通则)	A01
13128-1992	Z7236	非金屬材料大氣環境曝露測試基準 (非金属材料大气环境曝露测试基准)	L04
13148-2003	Z7237	資訊交換格式 (信息交换格式)	A14
13149-1993	Z7238	西文資料審查文獻,訂定主題及選擇索引詞彙之方法 (西文资料审查文献,订定主题及选择索引词汇之方法)	A22
13150-1993	Z7239	館際互借書目資料項目標準 (馆际互借书目数据项标准)	L78
13151-2007	Z7240	圖書館統計 (图书馆统计)	A14
13152-1993	Z7241	摘要撰寫標準 (摘要撰写标准)	A14
13153-1993	Z7242	國際標準期刊號標準 (国际标准期刊号标准)	A19
13162-1993	Z7243	制定標準建議書格式 (制定标准建议书格式)	A14
13222-1993	Z7244	書目排檢原則 (书目排检原则)	A14
13223-2003	Z7245	索引編製標準 (索引编制标准)	A14
13224-1993	Z7246	西文單一語文索引典編製標準 (西文单一语文索引典编制标准)	A14
13225-1993	Z7247	期刊館藏著錄標準 (期刊馆藏著录标准)	A14
13226-1993	Z7248	機讀編目格式標準 (机读编目格式标准)	A14
13227-2003	Z7249	書目資料著錄總則 (书目数据著录总则)	A14
13338-1994	Z7250	硬式棒球用頭盔 (硬式棒球用头盔)	C72
13339-1994	Z7251	軟式棒球及壘球用頭盔 (软式棒球及垒球用头盔)	C72
13340-1994	Z7252	棒球及壘球捕手用頭盔 (棒球及垒球捕手用头盔)	C72
13372-1994	Z7253	玻璃濾光下日光曝露測試基準 (玻璃滤光下日光曝露测试基准)	C57
13401-1994	Z7254	金屬及合金之腐蝕—大氣腐蝕性之分類 (金属及合金之腐蚀—大气腐蚀性之分类)	A29
13402-2002	Z7255	金屬及無機被覆層在金屬底材上之腐蝕試驗法—試片及製品之腐蝕試驗分級評估 (金属及无机被覆层在金属底材上之腐蚀试验法—试片及制品之腐蚀试验分级评估)	A29
13461-1994	Z7256	資訊檢索服務與協定標準 (信息检索服务与协议标准)	L67
13462-1994	Z7257	共同指令語言 (共同指令语言)	L74

标准号	台湾地区标准分类号	标准名称	中国标准分类
13463-1994	Z7258	圖書及其他出版品書背題名標準 (图书及其他出版品书背题名标准)	A14
13490-1995	Z7259	機關團體簡稱標準 (机关团体简称标准)	L72
13491-1995	Z7260	書面文獻章節層次編碼標準 (书面文献章节层次编码标准)	L72
13503-1995	Z7261	學位論文撰寫格式標準 (学位论文撰写格式标准)	A14
13607-1995	Z7262	文獻處理—書目控制字元 (文献处理—书目控制字符)	A14
13608-1995	Z7263	叢書題名展現標準 (丛书题名展现标准)	A19
13609-1995	Z7264	圖書書名葉標準 图书书名叶标准	A19
13610-1995	Z7265	科學與技術報告撰寫格式 科学与技术报告撰写格式	A14
13611-1995	Z7266	學術論著參考書目格式 学术论著参考书目格式	A13
13612-1995	Z7267	公共圖書館建築設備 (公共图书馆建筑设备)	P33
13719-1996	Z7268	軟鋼用被覆銲條 (软钢用被覆焊条)	J33
13753-2005	Z7269	金屬及合金之腐蝕—大氣腐蝕性(測定標準試片之腐蝕速率以評估腐蝕性) (金属及合金之腐蚀—大气腐蚀性(测定标准试片之腐蚀速率以评估腐蚀性))	A29
13754-1996	Z7270	金屬及合金之腐蝕—大氣腐蝕性(污染之測定) (金属及合金之腐蚀—大气腐蚀性(污染之测定))	A29
13771-1996	Z7271	文獻與資訊詞彙—第1部:基本術語 (文献与信息词汇—第1部:基本术语)	A22
13773-1996	Z7273	技術報告標準號 (技术报告标准号)	A14
13774-1996	Z7274	期刊與圖書之文章書目識別號 (期刊与图书之文章书目识别号)	A14
13775-1996	Z7275	非期刊性質出版品館藏著錄標準 (非期刊性质出版品馆藏著录标准)	A14
13776-1996	Z7276	圖書館與檔案室典藏出版品與文件之紙質保存性標準 (图书馆与档案室典藏出版品与文件之纸质保存性标准)	A14
13944-1997	Z7277	熔填金屬化學分析用試驗材料製作法 (熔填金属化学分析用试验材料制作法)	H17
13945-1997	Z7278	電子訂購圖書格式 (电子订购图书格式)	A14
13946-1997	Z7279	文獻與資訊詞彙—第2部:傳統文獻 (文献与信息词汇—第2部:传统文献)	A22
13947-1999	Z7280	國際標準錄音/錄影資料代碼 (国际标准录音/录像数据代码)	L72
13948-1997	Z7281	國際標準樂譜號 (国际标准乐谱号)	A14
13949-1997	Z7282	文獻處理—期刊出版品摘要表 (文献处理—期刊出版品摘要表)	A14
13950-1997	Z7283	期刊目次格式 (期刊目次格式)	A14

标准号	台湾地区标准分类号	标准名称	中国标准分类
14122-1998	Z7284	金屬及合金之腐蝕—大氣腐蝕—試片腐蝕生成物清除法 (金属及合金之腐蚀—大气腐蚀—试片腐蚀生成物清除法)	A29
14123-2006	Z7285	金屬及合金之腐蝕—大氣腐蝕測試(現場測試之一般要求) (金属及合金之腐蚀—大气腐蚀测试(现场测试之一般要求))	A29
14276-1998	Z7286	電驅動玩具之安全要求 (电驱动玩具之安全要求)	Y57
14307-1999	Z7287	文獻與資訊詞彙—第3(a)部:文獻資料採訪、辨識與分析 (文献与信息词汇—第3(a)部:文献资料采访、辨识与分析)	A14
14308-1999	Z7288	圖書館之鋼製書架 (图书馆之钢制书架)	A14
14309-1999	Z7289	期刊及連續性出版品文章編排格式 (期刊及连续性出版品文章编排格式)	L72
14512-2001	Z7290	人造大氣中腐蝕試驗法——一般要求事項 (人造大气中腐蚀试验法——一般要求事项)	H25
14513-2001	Z7291	腐蝕及腐蝕試驗詞彙 (腐蚀及腐蚀试验词汇)	H25
14590-2001	Z7292	銲接材料之尺度、質量、許可差、製品狀態、標示及包裝 (焊接材料之尺度、质量、许可差、制品状态、标示及包装)	J33
14591-2001	Z7293	碳鋼及低合金鋼潛弧銲接熔填金屬之品質區分及試驗法 (碳钢及低合金钢潜弧焊接熔填金属之品质区分及试验法)	J33
14592-2001	Z7294	鉬鋼及鉻鉬鋼用被覆銲條 (钼钢及铬钼钢用被覆焊条)	J33
14593-2001	Z7295	低溫用鋼用被覆銲條 (低温用钢用被覆焊条)	J33
14594-2001	Z7296	鑄鐵用被覆銲條 (铸铁用被覆焊条)	J33
14595-2001	Z7297	鎳及鎳合金裸銲條及實心銲線 (镍及镍合金裸焊条及实心焊线)	J33
14596-2001	Z7298	軟鋼、高強度鋼及低溫用鋼用電弧銲接包藥銲線 (软钢、高强度钢及低温用钢用电弧焊接包药焊线)	J33
14597-2001	Z7299	硬面銲用包藥銲線 (硬面焊用包药焊线)	J33
14598-2001	Z7300	電熱氣體電弧銲接用包藥銲線 (电热气体电弧焊接用包药焊线)	J33
14599-2001	Z7301	耐候性鋼用 CO_2 氣體遮護金屬電弧銲接包藥銲線 (耐候性钢用 CO_2 气体遮护金属电弧焊接包药焊线)	J33
14600-2001	Z7302	不銹鋼潛弧銲接實心銲線及銲藥 (不锈钢潜弧焊接实心焊线及焊药)	J33
14601-2001	Z7303	低溫用鋼用活性氣體遮護金屬電弧銲接實心銲線 (低温用钢用活性气体遮护金属电弧焊接实心焊线)	J33
14710-2002	Z7304	金屬及合金之腐蝕—孔蝕評估法 (金属及合金之腐蚀—孔蚀评估法)	A29
14711-2002	Z7305	金屬及其他無機被覆層—含凝結水氣之二氧化硫腐蝕試驗法 (金属及其他无机被覆层—含凝结水气之二氧化硫腐蚀试验法)	Y11
14712-2002	Z7306	塗料及清漆—含二氧化硫潮濕大氣之抗腐蝕性測定法 (涂料及清漆—含二氧化硫潮湿大气之抗腐蚀性测定法)	A29
14810-2004	Z7307	管線被覆缺陷(針孔)測定法 (管线被覆缺陷(针孔)测定法)	A29
14811-2004	Z7308	現場土壤電阻率之維納(Wenner)四極測定法 (现场土壤电阻率之维纳(Wenner)四极测定法)	A29

标准号	台湾地区标准分类号	标准名称	中国标准分类
14812-2004	Z7309	金屬及合金之腐蝕一黄銅耐脱鋅測定法 (金属及合金之腐蚀一黄铜耐脱锌测定法)	A29
14916-2006	Z7310	反光片型路面標記 (反光片型路面标记)	Q37

Z8 检 验

标准号	台湾地区标准分类号	标准名称	中国标准分类
2113-1987	Z8002	勃氏硬度試驗法 (勃氏硬度试验法)	H22
2114-1986	Z8003	洛氏硬度試驗法 (洛氏硬度试验法)	H22
2115-1983	Z8004	維克氏硬度試驗法 (维克氏硬度试验法)	H22
2648-1972	Z8005	牛皮紙膠帶(水溶性,合板用)檢驗法 (牛皮纸胶带(水溶性,合板用)检验法)	G39
3464-1987	Z8007	艾氏凹壓試驗法 (艾氏凹压试验法)	A82
3508-1996	Z8008	熔填金屬硬度試驗法 (熔填金属硬度试验法)	J33
3512-1972	Z8009	木炭(燃料用)檢驗法 (木炭(燃料用)检验法)	J65
3712-1974	Z8012	金屬材料之超音波探傷試驗法 (金属材料之超音波探伤试验法)	H24
3861-1975	Z8013	捲尺檢驗法 (卷尺检验法)	Y58
4344-1978	Z8014	反光安全標誌板檢驗標準 (反光安全标志板检验标准)	C65
4346-1989	Z8015	反光片及反光膠帶檢驗法 (反光片及反光胶带检验法)	C65
7094-1983	Z8017	維克氏及諾布氏顯微鏡下硬度試驗法 (维克氏及诺布氏显微镜下硬度试验法)	H22
7095-1989	Z8018	蕭氏硬度試驗法 (萧氏硬度试验法)	H22
7183-1981	Z8019	噪音級測定方法 (噪音级测定方法)	Z32
7250-1989	Z8020	熔接燻煙之平均濃度測定法 (熔接熏烟之平均浓度测定法)	Z25
7473-1986	Z8022	洛氏表面硬度試驗法 (洛氏表面硬度试验法)	H22
7773-1981	Z8023	光澤度測量方法 (光泽度测量方法)	J04
8753-1989	Z8024	風扇、鼓風機、壓縮機、噪音級測定法 (风扇、鼓风机、压缩机、噪音级测定法)	Z32
8754-1989	Z8025	風扇、鼓風機、壓縮機、噪音譜測定法 (风扇、鼓风机、压缩机、噪音谱测定法)	Z32
8886-2002	Z8026	鹽水噴霧試驗法 (盐水喷雾试验法)	A29
8894-1982	Z8027	鑄砂黏土分測定法 (铸砂黏土分测定法)	D52
8895-1982	Z8028	鑄砂粒度測定法 (铸砂粒度测定法)	D52

标准号	台湾地区标准分类号	标准名称	中国标准分类
8896-1982	Z8029	鑄砂透氣度測定法 (铸砂透气度测定法)	D52
8897-1982	Z8030	鑄砂強度測定法 (铸砂强度测定法)	D52
8898-1982	Z8031	鑄砂水分測定法 (铸砂水分测定法)	D52
8899-1982	Z8032	鑄砂灼損量測定法 (铸砂灼损量测定法)	D52
8900-1982	Z8033	鑄砂老化度測定法 (铸砂老化度测定法)	D52
9051-1982	Z8034	塑膠煙灰缸檢驗法 (塑料烟灰缸检验法)	Y28
9053-1982	Z8035	塑膠蓆檢驗法 (塑料席检验法)	Y28
9200-1982	Z8036	刻浸沒線玻璃水銀溫度計補正試驗法 (刻浸没线玻璃水银温度计补正试验法)	N11
9201-1982	Z8037	燒結含油軸承含油率測定法 (烧结含油轴承含油率测定法)	J10
9202-1982	Z8038	金屬粉末流動度測定法 (金属粉末流动度测定法)	H22
9203-1982	Z8039	金屬粉試料取樣法 (金属粉试料取样法)	H71
9204-1982	Z8040	金屬粉視密度測定法 (金属粉视密度测定法)	H71
9205-1982	Z8041	金屬燒結材料之燒結密度測定法 (金属烧结材料之烧结密度测定法)	H72
9206-1982	Z8042	燒結含油合金之有效孔隙率測定法 (烧结含油合金之有效孔隙率测定法)	H72
9207-1982	Z8043	燒結含油軸承之壓環強度測定法 (烧结含油轴承之压环强度测定法)	J10
9334-1987	Z8044	安全標識板檢驗法 (安全标识板检验法)	M30
9651-1987	Z8045	螢光安全標識板檢驗法 (荧光安全标识板检验法)	C65
9652-1987	Z8046	安全標識燈檢驗法 (安全标识灯检验法)	C65
11040-1984	Z8047	錐杯試驗法 (锥杯试验法)	H22
11047-1994	Z8048	液滲檢測法通則 (液渗检测法通则)	A00
11048-1994	Z8049	磁粒檢測法通則 (磁粒检测法通则)	H24
11049-1991	Z8050	射線檢測法通則 (射线检测法通则)	H24
11050-1995	Z8051	渦電流檢測法通則 (涡电流检测法通则)	H24
11051-1985	Z8052	脈波反射式超音波檢驗法通則 (脉波反射式超音波检验法通则)	H24
11224-1991	Z8053	脈波反射式超音波檢測儀系統評鑑 (脉波反射式超音波检测仪系统评鉴)	N77
11225-1985	Z8054	鑄件表面液滲檢驗法 (铸件表面液渗检验法)	H26

标 准 号	台湾地区标准分类号	标 准 名 称	中国标准分 类
11226-1991	Z8055	碳鋼熔接件射線檢測法 (碳钢熔接件射线检测法)	J33
11376-1985	Z8056	鍛件液滲檢驗法 (锻件液渗检验法)	J32
11377-1985	Z8057	鑄件及鍛件磁粒檢驗法 (铸件及锻件磁粒检验法)	H26
11378-1995	Z8058	銲道磁粒檢測法 (焊道磁粒检测法)	J33
11379-1991	Z8059	鑄件射線檢測法 (铸件射线检测法)	J31
11398-1994	Z8060	銲道液滲檢測法 (焊道液渗检测法)	J33
11399-1985	Z8061	壓力容器用鋼板直束法超音波檢驗法 (压力容器用钢板直束法超音波检验法)	H26
11400-1985	Z8062	金屬棒桿及線渦電流檢驗法 (金属棒杆及线涡电流检验法)	H26
11401-1995	Z8063	鋼對接銲道超音波檢測法 (钢对接焊道超音波检测法)	J33
11517-1986	Z8064	尼龍橡膠雨衣防水用黏膠帶(熱封型)檢驗法 (尼龙橡胶雨衣防水用黏胶带(热封型)检验法)	Y76
11749-1986	Z8065	非破壞檢測詞彙(液滲檢測名詞) (非破坏检测词汇(液渗检测名词))	H26
11750-1986	Z8066	非破壞檢測詞彙(磁粒檢測名詞) (非破坏检测词汇(磁粒检测名词))	H26
11751-1986	Z8067	非破壞檢測詞彙(射線檢測名詞) (非破坏检测词汇(射线检测名词))	H26
11823-1987	Z8068	非破壞檢測詞彙(渦電流檢測名詞) (非破坏检测词汇(涡电流检测名词))	A20
12404-1988	Z8069	儲槽熔接施工法之確認試驗方法 (储槽熔接施工法之确认试验方法)	J33
12450-1988	Z8070	液體比重測定法 (液体比重测定法)	N51
12451-1988	Z8071	固體比重測定法 (固体比重测定法)	N51
12455-1988	Z8072	對接熔接拉伸試驗方法 (对接熔接拉伸试验方法)	J33
12547-1989	Z8073	前面填角熔接接合之拉伸試驗法 (前面填角熔接接合之拉伸试验法)	J33
12548-1989	Z8074	側面填角熔接接合之剪切試驗法 (侧面填角熔接接合之剪切试验法)	J33
12618-2000	Z8075	鋼結構銲道超音波檢測法 (钢结构焊道超音波检测法)	H26
12619-1989	Z8076	不銹鋼熔接件射線檢測法 (不锈钢熔接件射线检测法)	J33
12620-1994	Z8077	鋼管渦電流檢測法 (钢管涡电流检测法)	H26
12621-1989	Z8078	探漏檢測法通則 (探漏检测法通则)	H26
12622-1989	Z8079	大型鍛鋼軸件超音波檢測法 (大型锻钢轴件超音波检测法)	H26
12660-1990	Z8080	鑑定熔接技術之試驗法 (鉴定熔接技术之试验法)	J33

标准号	台湾地区标准分类号	标准名称	中国标准分类
12661-1990	Z8081	滲透探傷試驗法及瑕疵顯現條紋之等級分類 (渗透探伤试验法及瑕疵显现条纹之等级分类)	H26
12662-1990	Z8082	鑑定氣體壓力熔接技術之試驗法 (鉴定气体压力熔接技术之试验法)	J33
12663-1990	Z8083	鈦熔接縫放射線透射試驗法及透射照片之等級分類 (钛熔接缝放射线透射试验法及透射照片之等级分类)	J33
12664-1990	Z8084	鑑定熔接塑膠技術之試驗法 (鉴定熔接塑料技术之试验法)	G31
12665-1990	Z8085	鑑定不銹鋼熔接技術之試驗法 (鉴定不锈钢熔接技术之试验法)	J33
12666-1990	Z8086	鑑定半自動熔接技術之試驗法 (鉴定半自动熔接技术之试验法)	J33
12667-1990	Z8087	熔接施工法之確認試驗法 (熔接施工法之确认试验法)	J33
12668-1990	Z8088	鋼熔接縫超音波探傷試驗法及試驗結果之等級分類 (钢熔接缝超音波探伤试验法及试验结果之等级分类)	J33
12669-1990	Z8089	鋁合金熔接技術檢定之試驗法 (铝合金熔接技术检定之试验法)	J33
12671-1990	Z8090	不銹鋼熔接縫放射線透射試驗法及透射照片之等級分類 (不锈钢熔接缝放射线透射试验法及透射照片之等级分类)	J33
12672-1990	Z8091	鋁熔接縫放射線透射試驗法及透射照片之等級分類 (铝熔接缝放射线透射试验法及透射照片之等级分类)	J33
12673-1990	Z8092	對接熔接縫自由彎曲試驗法 (对接熔接缝自由弯曲试验法)	J33
12674-1990	Z8093	對接熔接縫滾筒彎曲試驗法 (对接熔接缝滚筒弯曲试验法)	J33
12675-1990	Z8094	鋁合金熔接縫超音波探傷試驗技術檢定之試驗法 (铝合金熔接缝超音波探伤试验技术检定之试验法)	J33
12676-1990	Z8095	對接熔接縫模彎試驗法 (对接熔接缝模弯试验法)	J33
12677-1990	Z8096	熔接縫放射線透射試驗技術檢定之試驗法 (熔接缝放射线透射试验技术检定之试验法)	J33
12805-1990	Z8097	填角熔接接合之裂斷試驗法 (填角熔接接合之裂断试验法)	J33
12806-1990	Z8098	T形填角熔接接合之彎曲試驗法 (T形填角熔接接合之弯曲试验法)	J33
12845-1998	Z8099	結構用鋼板超音波直束檢測法 (结构用钢板超音波直束检测法)	H26
12846-1991	Z8100	氦質譜儀示蹤氣探針探漏法 (氦质谱仪示踪气探针探漏法)	N54
12847-1991	Z8101	目視檢測法通則 (目视检测法通则)	N04
12944-1994	Z8102	玩具槍檢驗法 (玩具枪检验法)	Y57
12945-1991	Z8103	玩具槍用充填氣體容器檢驗標準 (玩具枪用充填气体容器检验标准)	Y57
12994-1992	Z8104	超硬合金全碳量測定法(重量法) (超硬合金全碳量测定法(重量法))	H10
12995-1992	Z8105	超硬合金游離碳量測定法(重量法) (超硬合金游离碳量测定法(重量法))	H10
12996-1992	Z8106	超硬合金金屬元素含量測定法—X射線螢光分析法(熔融法) (超硬合金金属元素含量测定法—X射线荧光分析法(熔融法))	H26

标准号	台湾地区 标准分类号	标准名称	中国标准 分类
12997-1992	Z8107	超硬合金孔隙率及游離碳測定法(金相法) (超硬合金孔隙率及游离碳测定法(金相法))	H10
12998-1992	Z8108	超硬合金顯微組織測定法(金相法) (超硬合金显微组织测定法(金相法))	H10
12999-1992	Z8109	超硬合金壓縮試驗法 (超硬合金压缩试验法)	H22
13000-1992	Z8110	超硬合金横向破壞強度試驗法 (超硬合金横向破坏强度试验法)	H59
13001-1992	Z8111	鋁管圓周對頭熔接縫之放射線透射試驗法 (铝管圆周对头熔接缝之放射线透射试验法)	J33
13003-1992	Z8112	鋁 T 形熔接縫放射線透射試驗法 (铝 T 形熔接缝放射线透射试验法)	J33
13004-1992	Z8113	不銹鋼包層鋼板熔接施工程序確認試驗法 (不锈钢包层钢板熔接施工程序确认试验法)	A01
13020-2000	Z8114	鋼結構銲道射線檢測法 (钢结构焊道射线检测法)	H26
13021-2000	Z8115	鋼結構銲道目視檢測法 (钢结构焊道目视检测法)	J33
13038-1992	Z8116	寬幅對接熔接縫抗拉試驗法 (宽幅对接熔接缝抗拉试验法)	J33
13163-1993	Z8117	填角熔接部之無瑕疵試驗法 (填角熔接部之无瑕疵试验法)	J33
13164-1993	Z8118	點熔接接合之拉剪試驗法 (点熔接接合之拉剪试验法)	J33
13165-1993	Z8119	點熔接接合之斷面巨觀試驗法 (点熔接接合之断面巨观试验法)	J33
13166-1993	Z8120	閃電熔接部之檢驗法(鋼) (闪电熔接部之检验法(钢))	J33
13252-1993	Z8121	點熔接接合之拉伸試驗法 (点熔接接合之拉伸试验法)	J33
13253-1993	Z8122	點熔接部之檢驗法 (点熔接部之检验法)	J33
13254-1993	Z8123	樁熔接部之彎曲試驗法 (桩熔接部之弯曲试验法)	J33
13264-1993	Z8124	篩分試驗法 (筛分试验法)	A28
13341-2000	Z8125	鋼結構銲道磁粒檢測法 (钢结构焊道磁粒检测法)	H26
13342-1994	Z8126	非破壞檢測詞彙(超音波檢測名詞) (非破坏检测词汇(超音波检测名词))	N67
13403-1994	Z8127	無縫及電阻銲鋼管超音波檢測法 (无缝及电阻焊钢管超音波检测法)	H26
13404-1994	Z8128	電弧銲鋼管超音波檢測法 (电弧焊钢管超音波检测法)	H26
13405-1994	Z8129	渦電流檢測系統綜合性能評鑑法 (涡电流检测系统综合性能评鉴法)	N29
13406-1994	Z8130	鋼鐵產品之渦電流外繞線圈檢測法 (钢铁产品之涡电流外绕线圈检测法)	N20
13464-2000	Z8131	鋼結構銲道液滲檢測法 (钢结构焊道液渗检测法)	H26
13588-2006	Z8132	非破壞檢測人員資格檢定與驗證 (非破坏检测人员资格检定与验证)	N70

标准号	台湾地区标准分类号	标准名称	中国标准分类
13717-1996	Z8133	熔填金屬拉伸及衝擊試驗法 (熔填金属拉伸及冲击试验法)	H22
13718-1996	Z8134	鋼鐵銲道氫含量測定法 (钢铁焊道氢含量测定法)	H17
14135-1998	Z8135	金屬材料超音波測厚法 (金属材料超音波测厚法)	H26
14136-1998	Z8136	鍛鋼品超音波檢測法 (锻钢品超音波检测法)	H26
14137-1998	Z8137	鈦管渦電流檢測法 (钛管涡电流检测法)	H26
14138-1998	Z8138	鈦管超音波檢測法 (钛管超音波检测法)	H26
15138-2007	Z8139	塑膠玩具中鄰苯二甲酸酯類可塑劑檢驗法 (塑料玩具中邻苯二甲酸酯类可塑剂检验法)	Y57

Z9　照相及电影

标准号	台湾地区标准分类号	标准名称	中国标准分类
5142-2001	Z9001	照相術—三腳架聯接部分 (照相术—三脚架联接部分)	N46
5143-1980	Z9002	照相機曝光時間標示法 (照相机曝光时间标示法)	N46
5144-1980	Z9003	照相機鏡頭光圈標示法 (照相机镜头光圈标示法)	N46
5145-1980	Z9004	照相用濾鏡(裝框與未裝框) (照相用滤镜(装框与未装框))	N43
5146-1980	Z9005	感光計曝光用之光源—模擬日光光譜分佈 (感光计曝光用之光源—模拟日光光谱分布)	N46
5147-1980	Z9006	手持照相機用之小型閃光燈電接頭尺寸 (手持照相机用之小型闪光灯电接头尺寸)	N46
5148-2001	Z9007	照相術—照相機閃光燈附件靴座 (照相术—照相机闪光灯附件靴座)	N46
5149-1980	Z9008	閃光指數之規定 (闪光指数之规定)	N46
5150-2001	Z9009	照相術—顯像處理化學品—對苯二酚規格 (照相术—显像处理化学品—对苯二酚规格)	G84
5151-2001	Z9010	照相術—顯像處理化學品—無水碳酸鈉及一水合碳酸鈉規格 (照相术—显像处理化学品—无水碳酸钠及一水合碳酸钠规格)	G84
5152-1980	Z9011	硫代硫酸鈉結晶(照相級) (硫代硫酸钠结晶(照相级))	G84
5153-2001	Z9012	照相術—顯像處理化學品—溴化鉀規格 (照相术—显像处理化学品—溴化钾规格)	G84
5154-2001	Z9013	照相術—顯像處理化學品—冰醋酸規格 (照相术—显像处理化学品—冰醋酸规格)	G84
5155-1980	Z9014	一般彩色軟片—單張型材料之尺寸 (一般彩色胶卷—单张型材料之尺寸)	G80
5156-1980	Z9015	照相機用連續色調黑白負片速率測定法 (照相机用连续色调黑白负片速率测定法)	G80
5157-1980	Z9016	35 公釐幻燈捲片尺度與版式 (35 公厘幻灯卷片尺度与版式)	G80

标准号	台湾地区标准分类号	标准名称	中国标准分类
5158-1989	Z9017	127、120及620捲裝軟片背紙與軟片軸之尺度 (127、120及620卷装胶卷背纸与胶卷轴之尺度)	G80
5159-1980	Z9018	捲裝軟片感光乳劑面之邊緣標記 (卷装胶卷感光乳剂面之边缘标记)	G80
5160-1980	Z9019	照相機用35公釐軟片匣尺度 (照相机用35公厘胶卷匣尺度)	G80
5161-1980	Z9020	已曝光彩色捲裝軟片之鑑別 (已曝光彩色卷装胶卷之鉴别)	G80
5162-1989	Z9021	投影幻燈片尺度 (投影幻灯片尺度)	G80
5163-1980	Z9022	照相用彩色反轉片速率之測定—感光計曝光與評估法 (照相用彩色反转片速率之测定—感光计曝光与评估法)	N44
5164-1980	Z9023	照相打字與文字照相裝置用軟片(捲裝型)之尺度 (照相打字与文字照相装置用胶卷(卷装型)之尺度)	G81
5165-1980	Z9024	捲筒紙印相機使用之黑白相紙尺寸 (卷筒纸印相机使用之黑白相纸尺寸)	G81
5166-1980	Z9025	一般用彩色相紙—單張型材料之尺寸 (一般用彩色相纸—单张型材料之尺寸)	G81
5167-1980	Z9026	捲筒紙印相機使用之彩色相紙尺寸 (卷筒纸印相机使用之彩色相纸尺寸)	G81
5168-1980	Z9027	感光材料包裝數量 (感光材料包装数量)	G81
5169-1980	Z9028	使用焦距為35公釐之物鏡及五孔型35公釐軟片之立體系統 (使用焦距为35公厘之物镜及五孔型35公厘胶卷之立体系统)	G81
5170-1980	Z9029	攝影機用8公釐R型電影軟片 (摄影机用8公厘R型电影胶卷)	G81
5171-1980	Z9030	35公釐電影負片音軌之位置與寬度尺度 (35公厘电影负片音轨之位置与宽度尺度)	G81
5172-1980	Z9031	8公釐S型電影軟片之切裁與打孔尺度 (8公厘S型电影胶卷之切裁与打孔尺度)	G81
5173-1980	Z9032	攝影機用8公釐S型有孔電影軟片 (摄影机用8公厘S型有孔电影胶卷)	G81
5174-1980	Z9033	電影安全軟片 (电影安全胶卷)	G81
5258-1980	Z9034	35公釐電影軟片與磁帶軟片之切裁與打孔尺度 (35公厘电影胶卷与磁带胶卷之切裁与打孔尺度)	G80
5259-1980	Z9035	正前方放映時之8公釐S型電影軟片之放映 (正前方放映时之8公厘S型电影胶卷之放映)	G80
5260-1980	Z9036	裝未曝光電影軟片與磁帶軟片盒上標示法 (装未曝光电影胶卷与磁带胶卷盒上标示法)	G81
5261-1980	Z9037	無需光學裝置即可閱讀之影印紙之尺度 (无需光学装置即可阅读之影印纸之尺度)	G81
5262-1988	Z9038	使用35 mm以及16 mm軟片相機之畫面尺寸 (使用35 mm以及16 mm胶卷相机之画面尺寸)	N43
5385-1980	Z9039	氫氧化鈉(照相級) (氢氧化钠(照相级))	G84
5386-1980	Z9040	氫氧化鈉檢驗法(照相級) (氢氧化钠检验法(照相级))	G84
5387-1980	Z9041	苯並三唑(照相級) (苯并三唑(照相级))	G84

标准号	台湾地区标准分类号	标准名称	中国标准分类
5388-1980	Z9042	苯並三唑檢驗法(照相級) (苯并三唑检验法(照相级))	G84
5389-1980	Z9043	十二結晶水硫酸鋁鉀(照相級) (十二结晶水硫酸铝钾(照相级))	G84
5390-1980	Z9044	十二結晶水硫酸鋁鉀檢驗法(照相級) (十二结晶水硫酸铝钾检验法(照相级))	G84
5639-1980	Z9045	鏡頭焦距標示法 (镜头焦距标示法)	N43
5640-1980	Z9046	對焦攝影鏡頭之距離標示 (对焦摄影镜头之距离标示)	N43
5642-2001	Z9048	照相術—接口在直徑 127 mm 以下之鏡頭前桶—對附件接環重要之尺度 (照相术—接口在直径 127 mm 以下之镜头前桶—对附件接环重要之尺度)	N43
5643-1980	Z9049	攝影對物鏡頭零件之命名 (摄影对物镜头零件之命名)	N43
6292-1980	Z9050	已調配攝影沖洗藥品之命名與標誌 (已调配摄影冲洗药品之命名与标志)	G84
6293-1980	Z9051	攝影鏡頭之焦距測定通則 (摄影镜头之焦距测定通则)	N43
6294-1980	Z9052	攝影鏡頭之焦距測定法(焦距比較法) (摄影镜头之焦距测定法(焦距比较法))	N43
6295-1980	Z9053	攝影鏡頭之焦距測定法(遠物瞄準法) (摄影镜头之焦距测定法(远物瞄准法))	N43
6296-1980	Z9054	攝影鏡頭之焦距測定法(節點滑動法) (摄影镜头之焦距测定法(节点滑动法))	N43
6297-1980	Z9055	8 mm 電影攝影機 (8 mm 电影摄影机)	N42
7096-1981	Z9056	照相機用快門啟動線接頭 (照相机用快门启动线接头)	N46
7097-1981	Z9057	照相機用自拍器 (照相机用自拍器)	N46
7098-1981	Z9058	8 mm,16 mm 電影攝影機螺座及凸緣焦距 (8 mm,16 mm 电影摄影机螺座及凸缘焦距)	N42
7099-1981	Z9059	8 mm 電影攝影機之捲盤軸 (8 mm 电影摄影机之卷盘轴)	N42
7100-1981	Z9060	8 mm 電影攝影機用底片捲盤 (8 mm 电影摄影机用底片卷盘)	N41
7474-1981	Z9061	焦面快門 (焦面快门)	N42
7475-1981	Z9062	攝影鏡頭之有效孔徑,F 數,孔徑比及 T 數等測定方法 (摄影镜头之有效孔径,F 数,孔径比及 T 数等测定方法)	N43
7476-1981	Z9063	有效 F 數及有效 T 數之測定方法 (有效 F 数及有效 T 数之测定方法)	A41
9935-1986	Z9064	光學玻璃 (光学玻璃)	N05
9936-1986	Z9065	光學玻璃光學性質試驗法 (光学玻璃光学性质试验法)	N30
9937-1986	Z9066	光學玻璃化學耐久性試驗法(粉末法) (光学玻璃化学耐久性试验法(粉末法))	N05
9938-1986	Z9067	光學玻璃化學耐久性試驗法(表面法) (光学玻璃化学耐久性试验法(表面法))	N30

标准号	台湾地区标准分类号	标准名称	中国标准分类
9939-1986	Z9068	光學玻璃諾布氏硬度試驗法 (光学玻璃诺布氏硬度试验法)	N05
9940-1986	Z9069	光學玻璃磨耗度試驗法 (光学玻璃磨耗度试验法)	N05
9941-1986	Z9070	光學玻璃筋紋試驗法 (光学玻璃筋纹试验法)	N05
9942-1986	Z9071	光學玻璃氣泡試驗法 (光学玻璃气泡试验法)	N05
9943-1986	Z9072	光學玻璃含異物試驗法 (光学玻璃含异物试验法)	N05
9944-1986	Z9073	光學玻璃應變試驗法 (光学玻璃应变试验法)	N05
12503-1989	Z9074	閃光火丁輸出光量檢驗法 (闪光火丁输出光量检验法)	N46
12504-1989	Z9075	閃光火丁(消耗性無反射聚光器)之光量對時間之特性定義 (闪光火丁(消耗性无反射聚光器)之光量对时间之特性定义)	N46
12505-2001	Z9076	照相術—照相鏡頭—物距刻度之標示 (照相术—照相镜头—物距刻度之标示)	N43
12807-1997	Z9077	微縮品製作—文件及圖面微縮軟片品質之要求 (微缩品制作—文件及图面微缩胶卷质量之要求)	A14
12808-1997	Z9078	微縮品製作—輪轉式縮攝機拍攝微縮軟片品質之要求 (微缩品制作—轮转式缩摄机拍摄微缩胶卷质量之要求)	A14
13352-1-1994	Z9079-1	微縮技術詞彙(第一部:通用術語) (微缩技术词汇(第一部:通用术语))	N04
13352-10-2001	Z9079-10	微縮技術詞彙(第十部:索引) (微缩技术词汇(第十部:索引))	A14
13352-2-1994	Z9079-2	微縮技術詞彙(第二部:影像位置與縮攝方式) (微缩技术词汇(第二部:影像位置与缩摄方式))	A14
13352-3-1994	Z9079-3	微縮技術詞彙(第三部:軟片處理法) (微缩技术词汇(第三部:胶卷处理法))	A14
13352-4-1994	Z9079-4	微縮技術詞彙(第四部:材料與包裝) (微缩技术词汇(第四部:材料与包装))	A15
13352-5-1994	Z9079-5	微縮技術詞彙(第五部:影像品質之檢驗與可讀性) (微缩技术词汇(第五部:影像质量之检验与可读性))	A14
13352-6-1994	Z9079-6	微縮技術詞彙(第六部:設備) (微缩技术词汇(第六部:设备))	A15
13352-7-1994	Z9079-7	微縮技術詞彙(第七部:電腦微縮技術) (微缩技术词汇(第七部:计算机微缩技术))	N04
13352-8-2001	Z9079-8	微縮技術詞彙(第八部:應用) (微缩技术词汇(第八部:应用))	A14
13420-1994	Z9080	微縮攝影技術—拍攝文件之第一代銀鹽膠膜軟片—密度規格 (微缩摄影技术—拍摄文件之第一代银盐胶膜胶卷—密度规格)	A14
13421-1994	Z9081	微縮攝影技術—重氮片及氣泡片的目視密度—密度規格 (微缩摄影技术—重氮片及气泡片的目视密度—密度规格)	A14
13450-1994	Z9082	剪輯資料之拍攝—第一部分:16 mm 銀鹽捲片 (剪辑数据之拍摄—第一部分:16 mm 银盐卷片)	G81
13451-1994	Z9083	剪輯資料之拍攝—第二部分:A6 型微縮單片 (剪辑数据之拍摄—第二部分:A6 型微缩单片)	G81
13566-1995	Z9084	微縮品製作—拍攝文件第一代銀鹽片之作業程序、檢驗與品質管制 (微缩品制作—拍摄文件第一代银盐片之作业程序、检验与质量管理)	A14

标 准 号	台湾地区标准分类号	标 准 名 称	中国标准分类
13633-1996	Z9085	微縮技術—尺度 A6 透明單片的統一格式—第 1 式與第 2 式影像排列法 (微缩技术—尺度 A6 透明单片的统一格式—第 1 式与第 2 式影像排列法)	A14
13634-1996	Z9086	微縮技術—尺度 A6 透明單片的不同格式—A 式與 B 式影像排列法 (微缩技术—尺度 A6 透明单片的不同格式—A 式与 B 式影像排列法)	A14
13720-1996	Z9087	微縮技術—國際標準組織二號解像率測試卡—結構與應用 (微缩技术—国际标准组织二号解像率测试卡—结构与应用)	A14
13721-1996	Z9088	微縮技術—使用 35 mm 微縮捲片拍攝報紙供永久保存用 (微缩技术—使用 35 mm 微缩卷片拍摄报纸供永久保存用)	A14
13722-1996	Z9089	文獻—圖書與期刊的微縮單片標題 (文献—图书与期刊的微缩单片标题)	A14
13800-1996	Z9090	照相技術—顯像處理完畢之存檔底片—銀鹽膠膜聚酯纖維片基底片—基本規格 (照相技术—显像处理完毕之存盘底片—银盐胶膜聚酯纤维片基底片—基本规格)	G81
13801-1996	Z9091	照相技術—顯像處理完畢之存檔底片—銀鹽膠膜纖維素酯片基底片—基本規格 (照相技术—显像处理完毕之存盘底片—银盐胶膜纤维素酯片基底片—基本规格)	G81
13941-1997	Z9092	微縮技術—16 mm 及 35 mm 銀鹽片之文件縮攝法—作業程序 (微缩技术—16 mm 及 35 mm 银盐片之文件缩摄法—作业程序)	A14
13942-1997	Z9093	微縮技術—電腦輸出微縮單片(COM)—A6 型微縮單片 (微缩技术—计算机输出微缩单片(COM)—A6 型微缩单片)	A14
13951-1997	Z9094	微縮技術—作業流程圖符號及其應用 (微缩技术—作业流程图符号及其应用)	A14
14109-1-2000	Z9095-1	技術類製圖和其他規格化製圖文件之微縮—第一部:操作程序 (技术类制图和其他规格化制图文件之微缩—第一部:操作程序)	A14
14109-2-2000	Z9095-2	技術類製圖和其他規格化製圖文件之微縮—第二部:35 mm 銀鹽軟片的品質規範與控制 (技术类制图和其他规格化制图文件之微缩—第二部:35 mm 银盐胶卷的质量规范与控制)	A14
14109-3-2000	Z9095-3	技術類製圖和其他規格化製圖文件之微縮—第三部:填載 35 mm微縮軟片之孔卡 (技术类制图和其他规格化制图文件之微缩—第三部:填载 35 mm 微缩胶卷之孔卡)	A14
14109-4-2000	Z9095-4	技術類製圖和其他規格化製圖文件之微縮—第四部:專門及特殊延伸尺寸製圖文件之微縮 (技术类制图和其他规格化制图文件之微缩—第四部:专门及特殊延伸尺寸制图文件之微缩)	A14
14109-5-2002	Z9095-5	技術類製圖和其他規格化製圖文件之微縮—第五部:使用重氮片複製孔卡微縮影像之測試程序 (技术类制图和其他规格化制图文件之微缩—第五部:使用重氮片复制孔卡微缩影像之测试程序)	A14
14109-6-2002	Z9095-6	技術類製圖和其他規格化製圖文件之微縮—第六部:35 mm 微縮片放大系統的品質規範與控制 (技术类制图和其他规格化制图文件之微缩—第六部:35 mm 微缩片放大系统的质量规范与控制)	A14

标准号	台湾地区 标准分类号	标准名称	中国标准 分类
14367-1999	Z9098	照相技術—軟片尺度—用於微縮技術之軟片 (照相技术—胶卷尺度—用于微缩技术之胶卷)	A15
14368-1999	Z9099	微縮技術—製作原始文件的建議 (微缩技术—制作原始文件的建议)	A14
14369-1999	Z9100	微縮技術—透明微縮品閱讀影印機—特性 (微缩技术—透明微缩品阅读复印机—特性)	N47
14370-1999	Z9101	微縮技術—透明微縮品閱讀機—性能檢驗 (微缩技术—透明微缩品阅读机—性能检验)	A14
14397-1999	Z9102	微縮技術—縮攝用之圖形符號 (微缩技术—缩摄用之图形符号)	A14
14398-1999	Z9103	微縮技術—平床式縮攝機系統—檢驗用的檢驗目標 (微缩技术—平床式缩摄机系统—检验用的检验目标)	A14
14617-2001	Z9104	微縮技術—16mm與35mm微縮軟片防光片盤與片盤—規格 (微缩技术—16 mm与35 mm微缩胶卷防光片盘与片盘—规格)	A14
14687-2002	Z9105	微縮技術—製作具備法律效力微縮品的建議 (微缩技术—制作具备法律效力微缩品的建议)	A14
15025-1-2008	Z9106-1	印刷技術—半色調分色、打樣及印刷品之製作過程控制—第1部:參數及測量方法 (印刷技术—半色调分色、打样及印刷品之制作过程控制—第1部:参数及测量方法)	A17
15025-2-2006	Z9106-2	印刷技術—半色調分色、打樣和印刷品的製作過程控制—第2部:平版印刷製程 (印刷技术—半色调分色、打样和印刷品的制作过程控制—第2部:平版印刷制程)	A17

索引